DER BROCKHAUS Wetter und Klima

DER BROCKHAUS

Wetter und Klima

Phänomene, Vorhersage, Klimawandel

Herausgegeben von der
Lexikonredaktion des Verlags
F. A. Brockhaus, Mannheim

FAB
F. A. BROCKHAUS
Mannheim · Leipzig

Bibliografische Information der Deutschen Nationalbibliothek
Die Deutsche Nationalbibliothek verzeichnet diese Publikation in der Deutschen Nationalbibliografie; detaillierte bibliografische Daten sind im Internet über http://dnb.ddb.de abrufbar.

Printed in Germany

ISBN 978-3-7653-3381-1

Projektleitung Dr. Rainer Aschemeier
Redaktion Dr. Ulrich Kilian, Ulrike Emrich M. A.
Bildredaktion Dr. Ulrich Kilian
Autoren Dr. Katja Bammel, Dr. Angelika Fallert-Müller, Dr. Ulrich Kilian, Dr. Sabine Klonk

Herstellung Andreas Preising, Verona Meiling
Layout fliegende Teilchen, Berlin
Umschlagkonzept glas AG, Seeheim-Jugenheim
Umschlaggestaltung Ulrike Diestel, Leipzig
Umschlagabbildungen picture-alliance/dpa, Frankfurt am Main: Satellitenbild; Inmagine GmbH, Nidderau/RadiusImages: Windsack
Satz A–Z Satztechnik GmbH, Mannheim (PageOne, alfa Media Partner GmbH)
Druck und Bindung Firmengruppe APPL, Wemding

VORWORT

»Guten Morgen! Schönes Wetter heute!« Diese so oder in Abwandlungen bekannte Grußformel zeigt: Das Wetter ist uns stets präsent. Der Wetterbericht der Spätnachrichten ist oft das Letzte, was wir vor dem Zubettgehen wahrnehmen, und morgens gilt der erste Blick in die Zeitung meist der Wettervorhersage. Wetter bestimmt, wie wir uns kleiden, ob wir uns gut oder schlecht fühlen, ob der geplante Wochenendausflug klappt oder »ins Wasser fällt«.

Zunehmend interessieren wir uns aber für weit mehr als das Tageswetter. Die langjährige Entwicklung der Witterungsereignisse – das Klima – rückt in den Vordergrund. Der Friedensnobelpreis 2007 für Al Gore und den Weltklimarat IPCC zeigte, dass der Klimawandel kein Hirngespinst ist. Die Erderwärmung findet statt – Tag für Tag. Wir alle machen mit, und wir alle werden mit den Auswirkungen der Klimaänderung leben müssen. Aber oft ist unklar, was uns die Zukunft wirklich bringen wird. Schlagzeilen wie »Die Eisbären sterben aus« oder »Hurrikans im Mittelmeer« tragen nicht selten eher zur Verunsicherung als zur Information bei.

»Der Brockhaus Wetter und Klima« ist eine wirkungsvolle Orientierungshilfe, räumt auf mit Gerüchten und liefert stattdessen gesicherte Fakten und glaubhafte Modelle anerkannter Wissenschaftler. »Der Brockhaus Wetter und Klima« verrät außerdem, welchen traditionellen Bauernregeln man zuverlässig trauen kann und auf welche man sich besser nicht zu sehr verlassen sollte. Ausführliche Artikel zu jedem einzelnen Monat des Jahres und zu jeder Jahreszeit geben Auskunft über typische Wetterlagen, Niederschlagsverteilung, Sonnenscheindauer und die bekanntesten Wetterregeln.

Zusätzliche Biografien der wichtigsten Wissenschaftler und Klimaforscher sowie die Beschäftigung mit dem Phänomen der ansteigenden Erderwärmung, die das Werk wie ein roter Faden durchzieht, machen den »Brockhaus Wetter und Klima« zum umfassendsten Nachschlagewerk seiner Art.

Unter mehr als 1500 Stichwörtern und 90 Infokästen findet sich dabei nicht nur nüchtern Informatives, sondern auch viel Unterhaltsames und Unbekanntes, das zum ungezielten Lesen einlädt. Zehn Sonderartikel vertiefen zum einen aktuell diskutierte Bereiche der Klimaforschung und eröffnen zum anderen einen kulturgeschichtlichen Unterbau zu den beiden Naturerscheinungen, die uns jeden Tag aufs Neue beschäftigen: Wetter und Klima.

Mannheim — Redaktion F. A. Brockhaus

DIE SONDERARTIKEL IM ÜBERBLICK

Doppelseitige, illustrierte Sonderartikel behandeln in ausführlicher Form aktuell diskutierte Themen rund um Wetter und Klima.

40 41

1 2 3

BEOBACHTUNG

1) Wer nicht nur über das Wetter reden will, kann es mit einfachen Mitteln selbst beobachten.

Es gibt kaum einen Menschen, der nicht am Wetter interessiert ist. Viele müssen sich beruflich dafür interessieren, etwa Piloten und Besitzer von Biergärten. Andere planen ihre Freizeit danach, wie Wanderer und Segler. Alle reden also vom Wetter – und informieren sich darüber. Eine Vielzahl an Informationsquellen steht zur Verfügung: die täglichen Wettervorhersagen in Zeitung, Radio und Fernsehen, Satellitenbilder aus dem Internet, Wetterstationen fürs eigene Wohnzimmer mit vielen Funktionen und vieles mehr. Dennoch verspüren auch gut informierte Menschen den Wunsch, das Wetter selbst zu messen, zu protokollieren und vorherzusagen.

Wetterprotokoll

A und O der Wetterbeobachtung ist eine regelmäßige Wetteraufzeichnung. Auch die professionelle Wettervorhersage arbeitet letztlich nicht anders: Aus dem aktuellen Zustand der Atmosphäre wird eine Prognose für die weitere Wetterentwicklung abgeleitet. Am Beginn der eigenen Wetterbeobachtung steht also der Entwurf eines Beobachtungsbogens, man findet aber auch zahlreiche Vorlagen im Internet. Ganz gleich, für welche Version man sich entscheidet: Wichtig ist eine vollständige und immer zur gleichen Zeit erfolgende Aufzeichnung – ansonsten ist die Aussagekraft nur schwach. Eine gewisse Disziplin ist also notwendig, aber man stellt schnell fest: Langweilig wird das Wetter nie.

Zu den instrumentell messbaren Wetterdaten zählen die Temperatur, die Niederschlagsmenge und der Luftdruck. Diese Parameter bilden das Zentrum der Wetteraufzeichnung. Darüber hinaus müssen im Wetterprotokoll aber weitere Beobachtungen festgehalten werden: die Bewölkung, die Windrichtung, die Schneedecke, die Zahl der Sonnenscheinstunden – bis hin zur Vegetationsphase und dem Verhalten von Tieren. War es neblig am Morgen? Gab es ein Gewitter am Nachmittag? Vielleicht mit Hagel?

Messinstrumente

Eine professionelle Wetterhütte kostet einige Tausend Euro. Dieser Aufwand muss in der »offiziellen« Meteorologie betrieben werden, für den Privatgebrauch leisten aber auch einfache Instrumente aus dem Bau- oder Elektronikmarkt für wenige Euro gute Dienste. Das Thermometer muss für den Außenbereich geeignet sein und am besten eine Minimum-Maximum-Funktion besitzen, um in das Beobachtungsprotokoll Tageshöchst- und -tiefstwerte eintragen zu können. Wer richtige Tagesmittelwerte bestimmen will, muss allerdings mehrmals täglich die Temperatur messen, mindestens zu den Mannheimer Stunden um 7, 14 und 21 Uhr mitteleuropäischer Zeit. Bequem sind natürlich Funkthermometer mit einem Außensensor. Welches Thermometer man letztendlich benutzt, ist zweitrangig – wichtig ist der Standort: zwei Meter über dem Boden, ohne direkte Sonneneinstrahlung und möglichst weit weg vom wärmenden Haus. Optimal ist natürlich ein (weiß gestrichenes!) Wetterhäuschen, das man sich mit etwas handwerklichem Geschick selbst zimmern und an einem günstigen Platz, etwa auf einer Wiese, aufstellen kann. Ein brauchbarer Standort ist auch die Nordseite eines Baumstamms.

Für die Niederschlagsmessung reicht im Prinzip ein Messbecher mit einer trichterförmigen Öffnung und einer Skala. Will man es genauer haben, sollte man auf den sogenannten Niederschlagsmesser nach Hellmann zurückgreifen, der auch bei den Wetterdiensten Standard ist. Die Niederschläge fallen in eine präzise festgelegte Öffnungsfläche und können auf den Millimeter genau auf die vergleichbare Angabe »Niederschlag pro Quadratmeter« hochgerechnet werden. Auch automatisch arbeitende Funkregenmesser sind inzwischen erschwinglich. Bei dieser Messung füllt sich eine Schale mit Niederschlägen. Hat sie ein bestimmtes Gewicht erreicht, kippt die Schale und entleert sich. Aus der Anzahl der Kippbewegungen wird die Niederschlagsmenge berechnet, gespeichert und an die Basisstation übertragen. Auch für den Niederschlag gilt unabhängig vom Gerät: Eine einwandfreie Messung benötigt einen geeigneten Standort des Regenmessers, der typisch für das lokale Klima ist und auch die Registrierung schräg einfallenden Niederschlags zulässt. Und im Winter? Will man auch die gefallene Schneemenge messen, braucht der Auffangbehälter eine Heizung, um den Schnee zunächst zu schmelzen. Wer diesen Aufwand scheut, beschränkt sich in der kalten Jahreszeit auf die Regenmenge und gegebenenfalls die Schneehöhe.

Den Luftdruck erfasst man mit einem Barometer. Auch dieses Instrument gibt es inzwischen natürlich digital, mit dem Vorteil, dass die Messwerte direkt gespeichert werden. Wer ordentlich und regelmäßig misst und sein Wettertagebuch führt, kann darauf verzichten und auf das »klassische« analoge Barometer zurückgreifen, das vielleicht im Wohnzimmer hängt, meistens kombiniert mit einem Hygrometer zur Luftfeuchtemessung. Viele Wanderer und Bergsteiger besitzen auch einen Höhenmesser, der ja nichts anderes als ein Barometer ist. Bei einem Barometer spielt der Standort keine Rolle – der Luftdruck im Garten unterscheidet sich nicht von dem in der Wohnung –, beim Hygrometer schon. Funkwetterstationen mit einem Außensensor liefern in der Regel aber neben der Temperatur auch eine Feuchtigkeitsmessung.

Bliebe noch die Windrichtung, aber die lässt sich ja an allem ablesen, was sich im Wind bewegt: Bäume, Sträucher, Wetterhähne, Rauchfahnen. Nützlich dabei ist natürlich ein Kompass.

Hobby Meteorologie

Wer Geschmack an der Meteorologie gefunden hat, der wird irgendwann sicher mit der Anschaffung einer vollautomatischen Funkwetterstation liebäugeln, die es selbst in semiprofessioneller Qualität schon für wenige Hundert Euro zu kaufen gibt. Hier ist alles integriert, was man zum Wettermessen braucht: Thermometer, Barometer, Hygrometer, Windmesser, Niederschlagsmesser und eine Basisstation, welche die alle paar Minuten gemessenen Daten sammelt und für die Weiterverarbeitung am Computer bereithält. Mit einem geeigneten Programm kann man die Wetterdaten auf dem PC grafisch aufbereiten und Jahresstatistiken daraus erstellen. Um eine fundierte Antwort auf die Frage »Und wie ist bei euch so das Wetter?« wird man dann nie mehr verlegen sein.

2) Dazu zählt auch die Beobachtung der Natur, etwa des Zeitpunkts der Apfelblüte.

3) Leistungsfähige Wetterstationen sind inzwischen auch für Hobbymeteorologen erschwinglich.

40 **BEOBACHTUNG** Die eigene Wetterstation

56 **CHAOSTHEORIE** Alles über den »Butterfly Effect«

68 **DEUTSCHLANDWETTER** Klimawandel – auch in Deutschland?

114 **GESCHICHTE** Warum Regen den Römern den Sieg verhagelte

154 **IRRTÜMER** Der entlarvte Wetterfrosch

178 **KLIMADEBATTE** Von Klimaschutz und Klimawandel

228 **MUSIK UND WETTER** Vertonte Sommernacht

308 **TECHNIK** Wie Technik die Erderwärmung stoppen soll

342 **WASSERMANGEL** Ein hausgemachtes Problem

348 **WETTERBEEINFLUSSUNG** Warum zur Olympiaeröffnung die Sonne scheint

DIE INFOKÄSTEN IM ÜBERBLICK

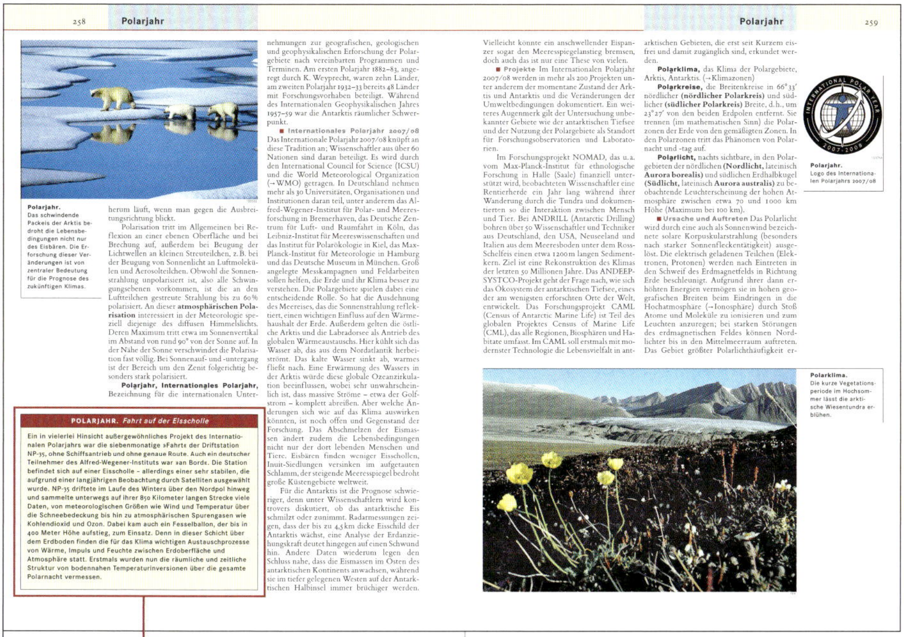

Hervorgehobene **Infokästen** liefern interessante Hintergrundinformationen, Hinweise zu regionalen Besonderheiten, beachtenswerten Sehenswürdigkeiten und historischen Ereignissen.

PHÄNOMENE

11 **adiabatisch** | Vom Tal zum Gipfel
12 **Aerosol** | Mehr Dreck, weniger Regen
22 **Äquator** | Eis trotz heiß
26 **Atmosphäre** | Planetenatmosphären
48 **Blutregen** | Außerirdische?
51 **Brechung** | Platte Sonne
63 **Coriolis-Kraft** | Ohne sie keine Hochs und Tiefs
78 **Eiszeit** | The World is a Potatoe
88 **Erdrotation** | Schneller durch Laub?
104 **Frost** | Der Trick mit dem Eis
106 **Frühling** | Frühlingserwachen
131 **Hagel** | Groß, größer, am größten
133 **Harmattan** | Dünger für den Regenwald
160 **Jetstream** | Ritt auf dem Stream
197 **leuchtende Nachtwolken** | Saisonauftakt
199 **Luft** | Klimaturm
204 **Luftstrom** | Schießender Wind
274 **Santa-Ana-Wind** | Teufelshauch
275 **Schirokko** | Wo ist die Sonne?
302 **Streuung** | Physik des Qualms
314 **Tiefdruckgebiet** | Unheil aus Genua
360 **Wind** | Turbulenzen auf Jupiter
367 **Wirbel** | Tornado in der Flasche
370 **Wolken** | Einschätzung

KLIMAWANDEL

19 **Antarktis** | Immer schneller
23 **Arktis** | Eisfreier Nordpol
24 **Arktis** | Frühling immer früher
43 **Biodiversität** | Bedrohte Fauna und Flora
106 **Frühling** | Wärmster Frühling aller Zeiten
126 **Golfstrom** | Er läuft und läuft und läuft...
143 **Hurrikan** | Mehr oder weniger?
172 **Klimaänderungen** | Auch auf dem Mars
172 **Klimaänderungen** | Das 20. Jahrhundert
182 **Klimasystem** | Gestörter Kreislauf
257 **Phänologie** | Gewinner und Verlierer
287 **Sommer** | Alle Rekorde gesprengt
290 **Sonnenaktivität** | Die Sonne ist nicht schuld

KLIMASCHUTZ

85 **Energiesparen** | Eigentlich ganz einfach
152 **IPCC** | Qualitätskontrolle
182 **Klimaschutz** | Klimaschutzindex
187 **Kohlendioxid** | Eisen gegen Klimawandel?
223 **Methan** | Rülpsfilter für Rinder
286 **Solarmobil** | World Solar Challenge
340 **Wasserkreislauf** | Eigentlich genug für alle

METHODEN UND FORSCHUNG

30 **Aufwindkraftwerk** | Ein einfaches Prinzip
60 **CO_2-Sequestrierung** | In die Tiefe
80 **Elektrofahrzeug** | Technik von morgen ... und gestern
109 **GAFOR-Code** | Einstufung
123 **Gletscher** | Schutzfolie fürs Eis
180 **Klimamodell** | Vertrauenswürdig?
201 **Luftfeuchtigkeit** | Trockene und feuchte Wärme
212 **Meeresspiegel** | Was ist normal?
212 **Meeresspiegelanstieg** | Vermessung eines Untergangs
214 **Meeresströmungen** | Die Weltreise der Plastikenten
222 **Methan** | Energiespender Methanhydrat
252 **Paläoklimatologie** | Klimaarchiv Vansee
255 **Permafrostboden** | Ein Loch in der Zugspitze
258 **Polarjahr** | Fahrt auf der Eisscholle
267 **Regen** | Rennen oder nicht?
267 **Regen** | Korallen als Regenmesser
276 **Schnee** | Kunstschnee
315 **Tiefdruckgebiet** | Namensgebung
319 **Treibhauseffekt** | Im extremen Treibhaus
321 **Treibhauseffekt** | Wachsen unter Glas
324 **Tropfen** | Mitnichten harmlos
332 **Verdunstung** | Pusten hilft
336 **Wasser** | Nicht normal
356 **Wettervorhersage** | Geschichte
356 **Wettervorhersage** | Das Wetter auf See

BAUERNREGELN UND ABERGLAUBE

18 **Altweibersommer** | Beleidigungsfreier Spätsommer
37 **Bauernregeln** | Alles Unsinn?
46 **Blitz** | Potz Blitz!
116 **Gewitter** | Buchen und Eichen meiden
117 **Gewitter** | Gegenmittel Ochsenschädel
158 **Jahreszeiten** | Werden und Vergehen
260 **Polarlicht** | Furcht und Schrecken
268 **Regenbogen** | Faszinierende Erscheinung
278 **Schnee** | Geruchlos, oder doch nicht?
290 **Sonne** | Schiff am Himmel
338 **Wasser** | Vielschichtige Bedeutung

FORSCHER UND INSTITUTIONEN

16 **Alfred-Wegener-Institut** | Ausgezeichnete Kommunikationsfreude
24 **Arrhenius** | Bessere Zeiten
141 **Luke Howard** | Fan Goethe
211 **Meereskunde** | Bedeutende Kontrolleure
272 **Saffir-Simpson-Hurrikanskala**
310 **Temperaturskala** | Welche ist die beste?
316 **Tornado** | Jagd nach dem Wind
326 **Tsunami** | Üben in der Nordsee
361 **Wind** | Götter des Windes

GESUNDHEIT

98 **Feuchtigkeit** | Winterlicher Durst
102 **Föhn** | Moderne Theorie, Kopfweh wie gehabt
199 **Luft** | Frischluft ja, Zugluft nein
200 **Luftdruck** | Dünne Luft
273 **Sauerstoff** | Unverzichtbar
283 **Smog** | Problemkind Mexico City
295 **Stadtklima** | Frischluft für die Stadt

Abbe [ˈæbɪ], Cleveland, amerikanischer Astronom und Meteorologe, * New York 3. 12. 1838, † Chevy Chase (Md.) 28. 10. 1916. Abbe studierte zunächst Astronomie an der Universität von Michigan und privat bei Benjamin Apthorp Gould (* 1824, † 1896) in Cambridge (Mass.). Anschließend lehrte er mehrere Jahre in Michigan, verbrachte zwei Jahre in Russland und war ab 1868 Direktor des Observatoriums in Cincinnati (Ohio). Sein Interesse verlagerte sich aber zunehmend auf die Meteorologie. Aus den Informationen über Stürme und ihre Verteilung im Land, die ihn telegrafisch erreichten, veröffentlichte er am 22. September 1869 die erste private Wettervorhersage für Cincinnati. Sie diente als Vorbild für den nationalen Wetterdienst, der im November 1870 seinen Betrieb aufnahm. 1871 wurde Abbe Chefmeteorologe der neuen Behörde und gab am 19. Februar 1871 die erste seiner auf statistischen Auswertungen basierenden 3-Tage-Vorhersagen heraus. Am 8. November folgte die erste Sturmwarnung. 1891 wurde der Wetterdienst in das U.S. Weather Bureau umgewandelt, und Abbe behielt seine Position bis zu seinem Lebensende.

Ein Problem der damaligen Zeit bestand darin, dass jede Gemeinde ihre eigene Lokalzeit benutzte. Das hatte zur Folge, dass Reisende ständig ihre Uhr korrigieren mussten. Abbe übernahm deshalb 1879 die Praxis der Eisenbahngesellschaften, für eine Standardisierung Zeitzonen zu definieren, und schlug für sein Land eine Einteilung in vier Zonen vor, die 1883 von der Regierung eingeführt wurde. Das System diente als Vorbild für die weltweiten Zeitzonen.

Abbot [ˈæbət], Charles Greeley, amerikanischer Astrophysiker und Meteorologe, * Wilton (N. H.) 31. 5. 1872, † Riverdale (Md.) 17. 12. 1973; leitete 1907–44 das Smithsonian Astrophysical Observatory in Washington (D. C.), arbeitete besonders über die Strahlung der Sterne und der Sonne; untersuchte den Einfluss der Sonnenstrahlung auf das Wetter.

Abendhauptlicht, → Zodiakallicht.

Abendrot, Rotfärbung des westlichen Himmels nach Sonnenuntergang (entsprechend vor Sonnenaufgang am östlichen Himmel das **Morgenrot**). Die kurzwelligen blauen und grünen Anteile des Sonnenlichts werden durch → Rayleigh-Streuung an den Luftmolekülen beim besonders langen abendlichen (morgendlichen) Weg durch die Atmosphäre stärker gestreut (und gelangen zu einem geringeren Anteil zum Beobachter) als die langwelligen gelben und roten Strahlungsanteile. Infolge des → Mie-Effekts wird bei der Streuung durch Dunstteilchen die Vorwärtsrichtung stark bevorzugt, sodass der gelbe und rote Strahlungsanteil vorwiegend in Richtung der untergegangenen (der noch nicht aufgegangenen) Sonne wahrzunehmen sind.

■ **Volksglauben** Zahlreiche Bauernregeln bringen zum Ausdruck, dass das Abendrot ein Indikator für gutes Wetter ist. Für westlichen Wind, wie er in unseren Breiten meistens vorherrscht, steckt dahinter ein meteorologischer Zusammenhang, denn Abendrot bedeutet, dass im Westen keine Wolken aufziehen, die schlechtes Wetter mit sich bringen. Im Gegensatz dazu hat ein wolkenfreier Osten für die Wetterentwicklung keine besondere Bedeutung; ein intensiv rot leuchtender Morgenhimmel deutet aber einen hohen Wasserdampfgehalt in den unteren Luftschichten an, was im Tagesverlauf zur Bildung von Regenwolken führen kann. Beispiele für entsprechende Wetterregeln: *»Dem Morgenrot ist nicht zu trauen«, »Geht die Sonne feurig auf, folgen Wind und Regen drauf«, »Der schönste Tag beginnt mit einer stillen Morgenröte«, »Abendrot und Morgenhell sind ein guter Reisegesell«.*

Zumindest bei Westwind, der in unseren Breiten überwiegt, zeigt **Abendrot,** dass keine Schlechtwetterwolken aufziehen, während beim Morgenrot schon die ersten Regenwolken angestrahlt werden: *Abendrot, Schönwetterbrot – Morgenrot, schlecht Wetter droht.*

Abflussjahr, hydrologisches Jahr, in Abweichung vom Kalenderjahr festgelegter Zeitraum zur besseren zeitlichen Erfassung hydrologischer Vorgänge. In Deutschland umfasst das Abflussjahr die Zeit vom 1. November bis zum 31. Oktober; es wird mit der Jahreszahl desjenigen Kalenderjahres belegt, in das die Monate Januar bis Oktober fallen.

Abgleitfront, → Front.

Abgleitinversion, Inversion, die durch Abgleiten einer über einer Abgleitfläche liegenden Warmluft entsteht. Da die abgleitende Warmluft sich adiabatisch erwärmt und austrocknet, ist eine Abgleitinversion mit einem Rückgang der relativen Feuchte verbunden. Die Vertikalverteilung von Temperatur und Feuchte entspricht derjenigen einer Absinkinversion.

ablandiger Wind, an der Küste oder am Ufer größerer Seen ein Wind vom Land zum

3046

Abendrot. Das Abendrot gilt nach einer alten Bauernregel als Vorbote für schönes Wetter.

Wasser; bei der Land- und Seewindzirkulation der nächtliche Landwind.

Ablation, *Geografie:* das Abschmelzen oder Verdunsten von Eis und Schnee durch Sonneneinstrahlung, Luftwärme, Wind und Regen. Durch die Ablation entstehen verschiedene Schmelzformen, z.B. der →Büßerschnee.

Ablenkung des Windes, eine v.a. durch äußere Einflüsse verursachte Abweichung des Windes von der Richtung des →Gradientwindes. Die regelmäßig auftretende Ablenkung in der bodennahen Luftschicht wird durch die Reibung verursacht. Hierfür gibt es verschiedene Berechnungsmethoden. Daneben gibt es im lokalen Bereich zahlreiche Fälle von Ablenkung durch orografische Gegebenheiten; so führen Gebirgsränder, Täler und auch Steilküsten zu einer Angleichung der Windrichtung an die vorgegebenen orografischen Strukturen.

Absinken, eine abwärtsgerichtete Luftbewegung in der freien Atmosphäre. Ursachen sind entweder großräumige dynamische Prozesse, wie z.B. divergente Strömungsverteilung in den unteren Schichten von Hochdruckgebieten und das dadurch bedingte Nachsinken in der Höhe, oder kleinräumige Kompensationsströme, wie sie z.B. aus Kontinuitätsgründen in wolkenfreien Räumen zwischen Konvektionswolken notwendig sind. Die auftretenden Absinkgeschwindigkeiten sind im Bereich von Hochdruckgebieten mit Größenordnungen von wenigen cm/s sehr klein; sie erreichen nur in der Umgebung von intensiven zyklonalen Entwicklungen wesentlich höhere Werte.

Absinkinversion, Inversion, die an der Untergrenze einer absinkenden Luftschicht entsteht; wegen der adiabatischen Erwärmung und der Austrocknung der absinkenden Luft ist sie immer durch einen markanten Rückgang der relativen Feuchte mit der Höhe charakterisiert. Absinkinversionen sind eine sehr verbreitete Erscheinung v.a. bei antizyklonalem Wetter und in der kalten Jahreszeit. Sie liegen am häufigsten in einer Höhe von 800 bis 1200 m und haben eine vertikale Erstreckung von wenigen Hundert Metern.

absoluter Nullpunkt, der Nullpunkt der thermodynamischen →Temperaturskala, festgelegt als die absolute Temperatur 0 K (→Kelvin): 0 K = –273,15 °C. Am absoluten Nullpunkt befinden sich alle physikalischen Systeme im Zustand niedrigster Energie, dem Grundzustand. Dieser Temperatur kann man beliebig nahekommen, sie aber nie erreichen.

Absorption [spätlatein., zu latein. absorbere »absorbieren«], die Aufnahme der Sonnenstrahlung und deren Umwandlung in Wärme, Elektrizität und chemische Energie durch die Atmosphäre und die Erdoberfläche.

100563

Adad.
Die Basaltstele aus der Zeit Tiglatpilesers III. zeigt den Wetter- und Regengott Adad auf einem Stier stehend. In den Händen schwenkt er Bündel mit Blitzen (8. Jh. v. Chr.; Paris, Louvre).

In den höchsten Atmosphärenschichten absorbieren Sauerstoff- und Stickstoffmoleküle die Gamma- und Röntgenstrahlung und die extrem kurzwellige Ultraviolettstrahlung bis zu Wellenlängen um 0,2 µm, wodurch die starke Temperaturzunahme in der Thermosphäre verursacht wird. Am stärksten greift das in Höhen zwischen 20 und 50 km sich bildende Ozon in den kurzwelligen Strahlungsfluss ein, indem es die gefährliche kurzwellige UV-Strahlung (<0,29 µm) vollständig aus dem Energiespektrum der Sonnenstrahlung filtert. Durch diese Absorption wird die starke Erwärmung in der stratosphärischen Ozonschicht verursacht. Die restliche UV-Strahlung und die sichtbare Strahlung passieren fast ungehindert die Atmosphäre (»optisches Fenster«). Im nahen infraroten Spektralbereich (0,73–4 µm) sind der Wasserdampf und das Kohlendioxid wirkungsvolle Absorber, während Sauerstoff- und Ozonmoleküle sowie einige Spurengase hier vergleichsweise wenig absorbieren. Wasserdampf, Kohlendioxid und anthropogene Spurenstoffe absorbieren am stärksten im Bereich der infraroten terrestrischen Strahlung (→Strahlungsbilanz, →Treibhauseffekt).

Abwind, Luftströmung mit abwärtsgerichteter Vertikalkomponente, deren Geschwindigkeit 0,1 m/s und mehr beträgt (geringer: **Absinken**); tritt im Bereich von →Frontalzonen, Schauer- und Gewitterwolken sowie im Lee überströmter Gebirge auf.

Adad, Adda, Addu, aramäisch **Hadad,** *babylonisch-assyrische Mythologie:* Gott des Regens und des Gewitters. Während in Südbabylonien Adads negatives Wirken durch zerstörerische Naturgewalten im Vordergrund stand, galt er in den Regenfeldbaugebieten Nordmesopotamiens als Gott der Fruchtbarkeit. Seine Erscheinungsform und sein Symboltier waren der Stier, sein Symbolzeichen das Blitzbündel.

Adiabate [zu griechisch adiábatos »nicht zu durchschreiten«], **Isentrope,** Kurve in einem thermischen Zustandsdiagramm, die die Zustände gleicher →Entropie eines thermodynamischen Systems verbindet. Da bei einer Zustandsänderung längs einer Adiabate keine Entropieänderung eintritt, findet auch kein Wärmeaustausch mit der Umgebung statt; in diesem Fall muss jeder zur Verrichtung von Arbeit erforderliche Energiebetrag aus der inneren Energie des thermodynamischen Systems bzw. der →Enthalpie gedeckt werden.

adiabatisch, 1) *Meteorologie:* zu Temperaturänderungen vertikal bewegter Luftmassen führend, ohne dass dabei ein Wärmeaustausch mit der Umgebung geschieht, da die molekulare Wärmeleitung in Luft außerordentlich gering ist; aufsteigende Luft dehnt sich aus und kühlt dabei ab, absinkende wird komprimiert und erwärmt sich. Praktisch alle

ADIABATISCH — *Vom Tal zum Gipfel*

Die Grafik zeigt als Beispiel für eine adiabatisch verlaufende Vertikalbewegung ein Luftpaket auf 700 m Meereshöhe, z. B. Garmisch, das zum Gipfel der Zugspitze aufsteigt. Zu Beginn hat das Luftpaket eine Temperatur von 23 °C und eine relative Feuchte von 50 %; das entspricht 9 g Wasserdampf pro kg trockener Luft. Bis zum Kondensationsniveau auf 2 100 m Höhe kühlt das Luftpaket trockenadiabatisch bis auf 9 °C ab; die relative Feuchte beträgt jetzt 100 %, Wolken entstehen. Die weitere Abkühlung erfolgt feuchtadiabatisch mit 0,5 °C pro 100 m. Am Gipfel beträgt die Temperatur 4,5 °C; 100 % Luftfeuchte entsprechen nun 5 g Wasserdampf pro kg trockener Luft. 4 g Wasserdampf pro kg Trockenluft sind also in Form von Wolken oder Regen verloren gegangen.

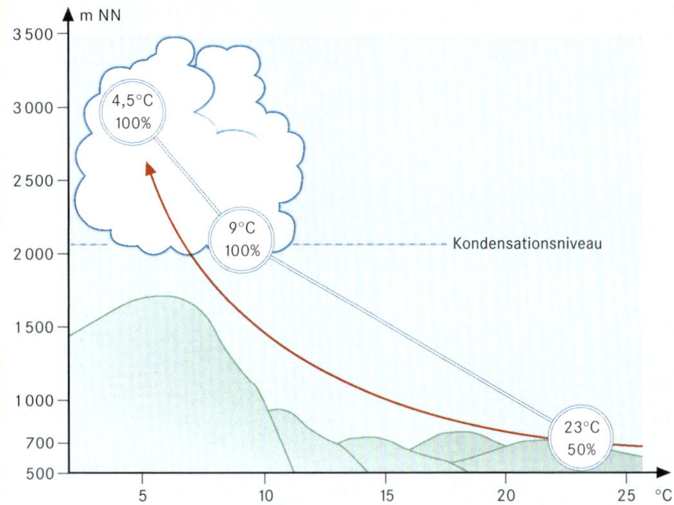

Vertikalbewegungen in der Lufthülle der Erde verlaufen adiabatisch, unterhalb des Kondensationsniveaus **trockenadiabatisch** (Temperaturänderung 1 °C/100 m), oberhalb **feuchtadiabatisch** (Temperaturänderung etwa 0,5 °C/100 m).

2) *Physik:* bei einem Gas Bezeichnung für einen Vorgang, bei dem keine Wärme zwischen dem System und der Umgebung ausgetauscht wird. Wärmeänderungen in einem solchen System können nur auf Kosten oder zugunsten der inneren Energie stattfinden. Wenn z. B. in der Atmosphäre bei Vertikalbewegungen ein Luftquantum schnell gehoben wird, dehnt es sich adiabatisch aus, da es unter geringeren Luftdruck gelangt. Die Ausdehnungsarbeit erfordert einen Energieaufwand, der die innere Energie des Luftquantums mindert, erkennbar an einer Abkühlung bzw. Temperaturabnahme. Umgekehrt gelangt ein absinkendes Luftquantum unter höheren Druck und wird komprimiert.

adiabatischer Prozess, physikalische oder chemische Zustandsänderung, die so schnell verläuft oder so gut isoliert ist, dass während ihres Ablaufs keine Wärme zwischen dem System und der Umgebung ausgetauscht wird. (→ adiabatisch)

Adriatief, Tiefdruckgebiet über dem Adriatischen Meer. Die Zyklogenese über dem oberitalienischen Raum erfolgt, wenn auf der Rückseite eines über Mitteleuropa ostwärts ziehenden Tiefs mit einer nördlichen Strömung Kaltluft gegen die Alpen geführt wird. Dabei entsteht durch die gestaute Kaltluft auf der Luvseite der Alpen ein Hochdruckkeil, auf der Leeseite dagegen in relativ warmer Luft eine zyklonale Ausbuchtung der Isobaren (Leetief). Die Kaltluft fließt dann durch die Leitwirkung der Westalpen mit starken bis stürmischen Winden durch das Rhonetal zum westlichen Mittelmeer. Die Veränderungen im Temperatur- und Strömungsfeld verursachen dabei südlich der Alpen kräftigen Luftdruckfall und damit die Entstehung von Tiefdruckgebieten, die auch für das Wetter Mitteleuropas große Bedeutung haben.

Advektion [latein. »Zufuhr«], *Meteorologie, Meereskunde:* im Gegensatz zur Konvektion der von Luft- oder Wasserbewegungen bewirkte Transport von Wärmeenergie (z. B. in Warm- oder Kaltluftmassen), Wasserdampf u. a. mitgeführten oder gelösten Substanzen (z. B. Aerosole in der Luft, Salze im Meerwasser) in horizontaler oder auch (z. B. in Aufwinden) vertikaler Richtung. In der Atmosphäre bestimmt die im Rahmen der atmosphärischen Zirkulation erfolgende Advektion nicht nur das Zustandekommen und die Dauer von Wärme- und Kälteabschnitten im Witterungsgeschehen, sondern auch die Labilität oder Stabilität der vertikalen Temperaturschichtung.

Advektionswetterlage, Wetterlage, bei der großräumige horizontale Luftbewegungen vorherrschen, die einen Austausch von warmen und kalten, feuchten und trockenen Luftmassen zwischen den verschiedenen Zonen der Erde bewirken; so führen z. B. Westwetterlagen im Winter milde, im Sommer meist kühle Meeresluft nach Mitteleuropa.

advektiv, auf Advektion beruhend.

a|eril, aerisch, in der freien Luft befindlich, durch Einwirkung von Luft entstanden.

a|erodynamische Aufheizung, die starke Erwärmung eines sich schnell durch die Atmosphäre der Erde (oder eines anderen Planeten) bewegenden Körpers (z. B. Flugkörper,

Meteorit) und der Luft in seiner nahen Umgebung.

A|erogramm, aerologisches Diagramm(papier) mit logarithmischen Skalen für Temperatur (Abszisse) und Druck (Ordinate).

A|erologie, Teilgebiet der Meteorologie zur Erkundung der Atmosphäre bis 50 km Höhe (darüber →Aeronomie). Die **wissenschaftliche Aerologie** untersucht in vielfältiger Weise die physikalischen und chemischen Zustände und Vorgänge in dieser Schicht unter Verwendung von Messdaten (Flugzeuge, Ballons, Raketen, Satelliten) und Modellen.

Die **praktische Aerologie** beschränkt sich auf die Erfassung von Temperatur, Feuchte, Luftdruck und Wind, früher mit Drachen, heute durch →Radiosonden bis circa 30 km Höhe. Sie liefert diese Angaben weltweit, genormt und regelmäßig (00 und 12 Uhr GMT) als Grundlage für Höhenwetterkarten. Diese besonders für die Luftfahrt wichtigen Daten werden durch Fernmessungen von Satelliten aus ergänzt (→Satellitenmeteorologie).

A|eronomie [zu griechisch nómos »Gesetz«], Teilbereich der Meteorologie bzw. Geophysik; die Wissenschaft von den als **Hochatmosphäre** oberhalb der Stratopause (50 km) gelegenen Schichten der Erdatmosphäre, deren Eigenschaften wesentlich durch die von der Ultraviolett- und Teilchenstrahlung der Sonne herrührende Dissoziation und Ionisation der Luftmoleküle (einschließlich ihrer Rekombination) sowie anderen →solarterrestrischen Erscheinungen bestimmt sind. Dabei werden mit Mess- und Beobachtungsverfahren vom Boden aus (z. B. Radar- und Streustrahlungsmessungen) sowie mit →Radiosonden, Raketen und Satelliten z. B. fotochemische Prozesse (Ozon) sowie atmosphärische Leuchterscheinungen (→Polarlicht) untersucht. Außerdem behandelt die Aeronomie auch die Bewegungsvorgänge (Turbulenz und Zirkulation, Schwere- und Gezeitenwellen) sowie die Feldstrukturen (magnetisches bzw. elektrisches Feld) in der Hochatmosphäre, schließlich ihre Wechselwirkungen mit dem interplanetarischen Raum.

A|erosol [zu latein. solutus »aufgelöst«], ein Zweiphasensystem, bestehend aus einer Gasphase (Luft oder andere Gase) und einer Partikelphase (Feststoffe oder Flüssigkeiten). Die Partikel sind so klein, dass sie in dem Gas feinstverteilt sind. Aerosolpartikel sind also luft-(gas-)getragene Partikel.

Das bedeutendste natürliche Aerosol ist die Lufthülle der Erde. In ihr befinden sich überall Partikel. Sie liegen in unterschiedlicher Größe, Form, Ladung, Zusammensetzung und Konzentration vor. Sind die Konzentrationen dieser Partikel so hoch, dass sie visuell wahrnehmbar sind, spricht man von Wolken oder Nebel (Flüssigkeit in Gas) bzw. Staub oder Rauch (Feststoff in Gas). Auch Kombinationen dieser Begriffe werden verwendet wie etwa Smog (aus engl. smoke »Rauch« + fog »Nebel«).

AEROSOL

Mehr Dreck, weniger Regen

100562

Wenn Wolken an Hängen aufsteigen, kommt es normalerweise zu ergiebigen Regenfällen. Steigungs- oder auch Stauregen nennen das die Meteorologen sinnigerweise. Denn wenn Luft aufsteigt, kühlt sie ab und büßt an Wasserdampfkapazität ein – Wolken bilden sich.

Ist die Luft allerdings verschmutzt, wird dieser Prozess verhindert. Aerosole wirken in Wolken zwar als Kondensationskeime, doch die dadurch entstandenen Tröpfchen sind zu leicht, um als Regen zu fallen. Die Wolken steigen daher im Gebirge höher auf, teilweise sogar über den Bergkamm hinweg und auf der anderen Seite hinab. Am Mount Hua (Bild), 120 km östlich der zentralchinesischen Stadt Xi'an, konnten Wissenschaftler den Zusammenhang zwischen Niederschlägen und Luftverschmutzung direkt nachweisen. Der mittlere Jahresniederschlag hat dort in den letzten 50 Jahren um ein Fünftel abgenommen, während die Aerosolkonzentration immer mehr zugenommen hat.

Da Steigungsregen wichtig für die Wasserreserven vor allem im Hinterland von Verdichtungsräumen ist, bedroht der Smog über einer Stadt vor allem in trockenen Gebieten nicht nur direkt die Gesundheit, sondern auch die Trinkwasserversorgung.

Aerosol.
Diese Satellitenaufnahme von der Ostküste der USA zeigt eine Wolkenbedeckung und darunter »Schiffsspuren« (ship tracks). Sie kommen durch die von den Schiffsmotoren ausgestoßenen Aerosole zustande.

Die Größe atmosphärischer Partikel liegt zwischen 0,001 und 100 µm. Größere Partikel sinken infolge der Gravitation der Erde sehr schnell und lagern sich am Boden des Raums ab, der das Aerosol begrenzt (Sedimentation). Kleinere Partikel lagern sich aufgrund ihrer schnellen Diffusion an größere Partikel an. In der Aerosoltechnologie, -toxikologie und -therapie unterscheidet man im Allgemeinen ultrafeine (Nano-), feine und grobe Partikel. Die ultrafeinen Partikel sind kleiner als 0,1 µm, die feinen Partikel liegen im Bereich 0,1–2 µm und die groben Partikel sind größer als 2 µm. Teilchengröße und Teilchenzahl eines Aerosols werden mit verschiedenen Filterverfahren gemessen und mit Geräten wie Konimeter, Staubzählkammer (Teilchen werden nach der Sedimentation in geschlossener Kammer mikroskopisch ausgezählt) sowie nach dem Impinger-Prinzip (Auswaschen aus dem Gasstrom mit Wasser), ferner durch → Lidar, → Sodar und radiometrische Verfahren (Filtern, Absorptionsmessung mit Betastrahlen).

Die Zusammensetzung eines Aerosols unterliegt starken lokalen Schwankungen. Häufig sind die Aerosolteilchen elektrisch geladen und wirken als Kondensationskerne. Je nach ihrer Konzentration und dem Grad ihrer elektrischen Aufladung können sie das Wettergeschehen bestimmen (Bildung von Wolken, Nebel, Niederschlägen). Aerosolteilchen reichern sich auf natürliche Weise an, z. B. durch vulkanischen Staub, Sand aus Wüsten, Salze aus ozeanischen Gebieten. Anthropogen werden sie besonders durch Verbrennungsvorgänge in Industrie und Technik, in Haushalten, Verkehrsmitteln usw. vermehrt.

Aerosonde, in der Aerologie und Aeronomie verwendetes Messgerätesystem (→ Ballonsonde, → Radiosonde).

A|erostatik, Zweig der Aeromechanik; die Lehre von den Gleichgewichtszuständen der (ruhenden) Luft, allgemein der (ruhenden) Gase, unter Einwirkung äußerer Kräfte, besonders der Schwerkraft. Wenn Gasmassen untersucht werden, deren Höhenausdehnung 10 m und mehr beträgt, muss die variable Gas-

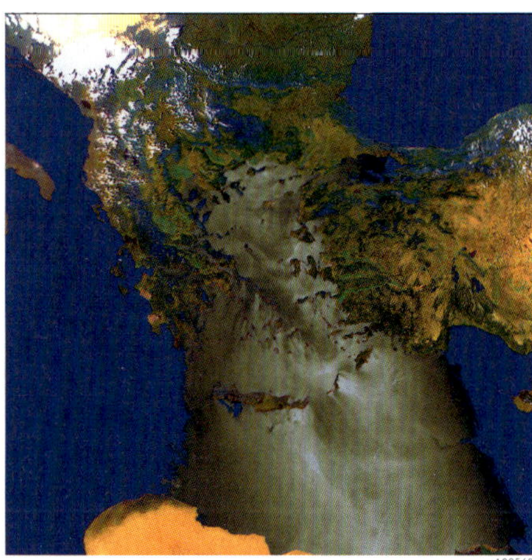

Aerosol.
Diese Aufnahme des in 800 km Höhe die Erde umkreisenden US-Satelliten NOAA-12 zeigt die Aerosolwolke, die 1998 durch ausgedehnte Waldbrände in Griechenland entstanden ist.

dichte berücksichtigt werden. Bei dünnen Schichten ergeben sich nur geringe Abweichungen gegenüber der Hydrostatik. Ein Anwendungsbereich der Aerostatik ist die barometrische Höhenmessung (→barometrische Höhenformel).

Agassiz [aga'si], Jean Louis Rodolphe, schweizerisch-amerikanischer Anatom, Zoologe, Geologe und Paläontologe, *Môtier (heute zu Haut-Vully; Kanton Freiburg) 28. 5. 1807, †Cambridge (Mass.) 14. 12. 1873; ab 1832 Professor in Neuenburg (Schweiz), ab 1846 in den USA; war Mitbegründer der Eiszeitforschung und verfasste u. a. wegweisende Schriften über Gletscher. Er entwickelte die Theorie der neogenen Eiszeit, in der die Alpen und Nordeuropa mit einer mächtigen Eisschicht bedeckt waren.

ageostrophischer Wind, →geostrophischer Wind.

Aggregatzustand, nach dem Ordnungszustand ihrer Atome, Moleküle oder Ionen sowie deren Wechselwirkung und Beweglichkeit bestimmte Erscheinungsform der Stoffe als Festkörper, Flüssigkeit, Dampf oder Gas oder Plasma, die durch Druck und Temperatur sowie durch den Schmelz- und Siedepunkt bestimmt ist. Die Atome und Moleküle (und ihre Ionen) als Bausteine der stofflichen Materie sind im Wesentlichen einer gegenseitigen Anziehung und der Wärmebewegung unterworfen, die sich im entgegengesetzten Sinn auf ihren Zusammenhalt in den Stoffen auswirken: Bei verstärkter Wärmebewegung infolge Temperaturerhöhung wird ein Stoff durch →Schmelzen, →Sieden oder Verdampfen vom festen über den flüssigen in den gasförmigen Aggregatzustand übergehen (die Umkehrung dieser Phasenübergänge sind die Kondensation und das Erstarren). Dabei kann der flüssige Aggregatzustand übersprungen werden (→Sublimation).

Von besonderer Bedeutung für die Meteorologie sind die drei Aggregatzustände fest, flüssig und gasförmig von Wasser. Seine Kondensations-, Verdunstungs-, Schmelz- und Gefriervorgänge bilden die Grundlage des Wetters auf der Erde.

Agrarmeteorologie, Teilgebiet der Meteorologie, das meteorologische und klimatologische Erkenntnisse auf die Landwirtschaft anwendet; in den letzten Jahrzehnten von zunehmender Bedeutung für die Ernährungssicherung der wachsenden Erdbevölkerung. Der Einfluss von Wetter und Klima auf Kulturpflanzen und Tiere beschränkt sich im Wesentlichen auf die bodennahe Luftschicht. Daher ist die Agrarmeteorologie vielfach angewandte →Mikrometeorologie unter Einbeziehung der Physik des Erdbodens. Mikroklima und Bodenklima lassen sich in begrenztem Umfang durch geeignete Kulturmaßnahmen (Mulchen, Frost- und Windschutz) modifizieren. Ebenso wichtig ist die Agrarmeteorologie bei der Standortplanung für den ertragsgünstigsten Anbau von Nutzpflanzen. Auch das Auftreten von Schädlingen und Pflanzenkrankheiten kann wetterabhängig sein. Daher kann die Agrarmeteorologie bei ihrer Bekämpfung ebenso erfolgreich mitarbeiten wie bei der Beratung von Tierhaltung und Viehzucht.

In Deutschland unterhält der Deutsche Wetterdienst eine Abteilung für Agrarmeteorologie mit unterstellten Versuchs- und Beratungsstellen in mehreren Städten. Ähnliche

Airglow.
Aufnahme aus dem Spaceshuttle Discovery heraus

100562

ALBEDO: ALBEDOWERTE FÜR DIE SONNENSTRAHLUNG	
Wolken	60–90 %
Neuschnee	75–95 %
Altschnee	40–70 %
Gletschereis	30–45 %
Wasser	2–70 %
Sandboden	15–40 %
Ackerboden	7–17 %
Laubwälder im Sommer	15–20 %
Nadelwälder	5–12 %
Tropischer Regenwald	10–12 %
Wiesen	2–15 %
Beton	14–22 %
Erde insgesamt	ca. 30 %

Organisationen bestehen in vielen anderen Staaten; die »Meteorologische Weltorganisation« (WMO) bemüht sich um eine zentrale Beratung und eine Förderung der Forschungsarbeiten.

AIM [Abkürzung für englisch **A**eronomy of **Ic**e in the **M**esosphere], am 25. April 2007 gestarteter NASA-Satellit zur Beobachtung →leuchtender Nachtwolken. Er umkreist die Erde in einem polaren Orbit und soll 26 Monate lang mit mehreren Instrumenten an Bord Entstehung und Entwicklung der Wolken beobachten.

Airglow [ˈeəgləʊ, englisch to glow »leuchten«], **Luftleuchten,** ein schwaches Leuchten des Nachthimmels, das in der Atmosphäre oberhalb von 70 km Höhe durch Rekombinationsprozesse der am Tage durch Ultraviolett- und Röntgenstrahlen der Sonne ionisierten und dissoziierten Luftmoleküle erzeugt wird; trägt zum gesamten →Nachthimmelslicht bei.

Akklimatisation [zu lateinisch ad »zu, hinzu, bei, an« und →Klima], im engeren Sinne die längerfristige Anpassung eines Lebewesens an ein anderes Klima; im weiteren Sinne die kurzfristige Anpassung (Adaptation) an veränderte Umwelt- und Klimabedingungen, bei der der Körper zuerst auf den Wechsel zur Erreichung eines möglichst optimalen Gleichgewichtes zwischen innerem und äußerem Milieu reagiert. Die Anpassung vollzieht sich je nach Ausmaß des Klimagegensatzes in mehreren Tagen bis zu einigen Monaten; für ältere oder organisch vorgeschädigte Menschen ist sie gestört oder verzögert.

Aktionszentrum, *Meteorologie:* an einer bestimmten Stelle der Erdoberfläche häufig auftretendes Hoch- oder Tiefdruckgebiet, das dort länger bestehen bleibt und entscheidenden Einfluss auf das Wetter eines größeren Gebietes ausübt (z. B. Azorenhoch, Islandtief).

Albedo [lateinisch »weiße Farbe«], Maß für das Rückstrahlvermögen von diffus reflektierenden, also nicht spiegelnden Oberflächen v. a. der Sonnenstrahlung durch Erdoberfläche, Atmosphäre und Wolken (→Strahlungsbilanz). Die **geometrische Albedo** ist definiert als der von einem senkrecht bestrahlten Oberflächenelement diffus in den Halbraum remittierte Bruchteil der auffallenden Lichtmenge, die **sphärische Albedo** als das Verhältnis der von einer nicht spiegelnden Kugeloberfläche nach allen Richtungen remittierten Lichtmenge zur parallel eingestrahlten Lichtmenge. Die sphärische Albedo ist bei gleichen Materialien meist etwas größer als die geometrische und ermöglicht in der Astronomie Rückschlüsse auf die Oberflächenbeschaffenheit der Planeten.

Alberti, Leon Battista, italienischer Humanist, Künstler und Gelehrter, * Genua 14. 2. 1404, † Rom 25. 4. 1472; war eine führende Gestalt des italienischen Frühhumanismus von universaler Begabung (»uomo universale«); beschrieb 1450 als Erster ein Anemometer zur Windmessung.

Aleutentief, meist umfangreiches Tiefdruckgebiet über dem Nordpazifik im Bereich der Aleuten; infolge ständiger Neubildung von Zyklonen auch in den Karten der mittleren Luftdruckverteilung des Winters erkennbar; vergleichbar mit dem Islandtief im nordatlantischen Bereich.

Alfred-Wegener-Institut. Wissenschaftler des AWI beim Bohren von Eiskernen in der Antarktis

Alfred-Wegener-Institut für Polar- und Meeresforschung, Abkürzung **AWI,** 1980 in Bremerhaven gegründet zur wissenschaftlichen Erforschung beider Polargebiete; Hauptaufgaben: Förderung der deutschen Polarforschung durch Koordination und technisch-logistische Unterstützung, Beratung der Bundesregierung und selbstständige Forschung. Seit 1992 unterhält das AWI eine Forschungsstelle in Potsdam. Das AWI ist Mit-

ALFRED-WEGENER-INSTITUT — ***Ausgezeichnete Kommunikationsfreude***

100157

Wissenschaftliche Erkenntnisse interessieren nicht nur andere Wissenschaftler, sondern auch viele »normale« Menschen. Gerade wenn es um Themen geht, die auch viele Menschen betreffen. Die weitere Entwicklung des Erdklimas zählt sicher zu diesen Themen mit hohem Öffentlichkeitswert.

Von Beginn an war deshalb die Forschungsgruppe »Glaziologie« des AWI daran interessiert, ihre Arbeit allgemein verständlich und spannend darzustellen. Sie nutzt intensiv das Internet, gestaltet Ausstellungen und Videos und lädt Journalisten ein, einen Einblick in ihre Arbeit zu gewinnen. Dieses Engagement wurde 2007 von der Deutschen Forschungsgemeinschaft mit dem Communicator-Preis ausgezeichnet. Erstmals erhält ein ganzes Team diesen Preis. Die Bremerhavener Glaziologen suchen seit zwei Jahrzehnten im ewigen Eis nach Spuren der Klimageschichte. Im Rahmen des europäischen Gemeinschaftsprojekts EPICA bargen sie dabei 2003 auf dem antarktischen Plateau den bislang ältesten Eiskern – Schätzungen gehen von etwa 900 000 Jahren aus.

Der Blick geht aber auch nach vorne, zur zukünftigen Klimaentwicklung. Hier entwickelte die Arbeitsgruppe in den vergangenen Jahren zahlreiche Modellstudien und Szenarien, die sich vor allem mit dem Abschmelzen der polaren Eiskörper und dessen möglichen Folgen für die Meeresspiegelschwankungen befassen.

glied der Hermann von Helmholtz-Gemeinschaft Deutscher Forschungszentren.

Zum Forschungsinstitut gehören das Polarforschungsschiff Polarstern, die deutsche Neumayer-Forschungsstation in der Antarktis, die deutsch-französische AWIPEV-Forschungsbasis auf Spitzbergen, die Biologische Anstalt Helgoland und die Wattenmeerstation Sylt.

Alicia, ein Hurrikan der Stufe 4 auf der →Saffir-Simpson-Hurrikanskala, der am 18. August 1983 auf Südtexas traf. Er rief Windgeschwindigkeiten bis 185 km/h hervor und verursachte verheerende Schäden in Galveston und Houston. Mindestens 17 Menschen fielen dem Hurrikan zum Opfer; der volkswirtschaftliche Schaden wird auf drei Milliarden US-Dollar geschätzt.

Allison, ein tropischer Sturm, der sich im Juni 2001 über der Karibik entwickelte. Er erreichte keine Hurrikanstärke, richtete aber dennoch enorme Schäden an, u.a. massive Überschwemmungen im Großraum Houston in Florida. Insgesamt kamen in mehreren US-Bundesstaaten 47 Menschen ums Leben, der volkswirtschaftliche Schaden betrug sechs Milliarden US-Dollar.

allochthone Witterung, eine durch großräumige Druckunterschiede geprägte Witterung; entsteht bei zyklonalen Großwetterlagen, bei denen Luftmassen mit unterschiedlichem Wärme- und Feuchtegehalt aus weit entfernten Gebieten herangeführt werden; geringe Tagestemperaturschwankung. Die im Allgemeinen kräftige Luftströmung verhindert die Entstehung kleinräumiger, tagesperiodischer Windsysteme; Gegensatz: autochthone Witterung.

Alpenglühen, Widerschein des nach Sonnenuntergang bei wolkenfreiem Westhimmel auftretenden Purpurlichtes (→Dämmerung) an Fels- und Eisgipfeln; i.w.S. auch die rötliche Beleuchtung der Berge durch die untergehende Sonne.

Alternativenergien, die →erneuerbaren Energien.

Altimeter [zu lateinisch altus »hoch« und ...metrie], **barometrischer Höhenmesser,** *Geodäsie* und *Meteorologie:* ein Aneroidbarometer mit linear geteilter metrischer Höhenskala, das zur barometrischen Höhenmessung dient; mit zusätzlicher Registriereinrichtung als **Altigraf** (»Höhenschreiber«) bezeichnet.

Altocumulus [lateinisch altus »hoch, tief« und cumulus »Haufen«], Abkürzung **Ac, Altokumulus, grobe Schäfchenwolke,** eine Wolkengattung, die zu den mittelhohen →Wolken (Höhenlage in den mittleren Breiten zwischen 2 und 7 km) zählt. Altocumulus bildet weiße und/oder graue Flecken, Felder oder Schichten von Wolken, im Allgemeinen mit Eigenschatten, aus schuppenartigen Teilen, Ballen, Walzen u.Ä. bestehend, die manchmal faserig oder diffus aussehen und zusammengewachsen sein können. Altocumulus enthält überwiegend und fast immer Wassertröpfchen; bei sehr niedrigen Temperaturen unter –10 °C können sich auch Eiskristalle bilden. Da sich Altocumuli in niedrigerer Höhe als die Cirrocumuli befinden, erscheinen ihre Details größer. In der Regel bedecken sie große Teile des Himmels.

■ **Wetterbedeutung** Altocumulus ist überwiegend ein Schlechtwetterbote in labiler Wetterlage. Befinden sich jedoch nur einige Gruppen von Altocumuli am Himmel und zeigen ein stabiles Bild, ist vorerst nicht mit einer Wetteränderung zu rechnen. Erscheinen sie jedoch zusammen mit Cirrocumuli und verdichten sich zudem, wird damit langsam eine Wetterverschlechterung signalisiert. Bilden sie in mehreren Schichten übereinander eine geschlossene Wolkendecke, ist mit baldigem Regen zu rechnen. Ziehen Altocumuli großflächig und in wellenartiger Anordnung auf, besteht Gewittergefahr in den nächsten Stunden; ebenso, wenn die Altocumuli plötzlich zu großen Cumuli aufquellen.

■ **Wichtige Sonderformen** Der zinnenartig aufquellende **Altocumulus castellanus** bildet sich meist in den Morgenstunden und zeigt sich vor oder während eines Gewitters. Diese Türmchenwolken bilden sich in der Regel in kurzer Zeit und ohne Ankündigung. Manchmal erscheinen sie zusammen mit dem an der Basis ausgefransten **Altocumulus floccus.** Mit höhersteigender Sonne lösen sich die Wolken meist wieder auf, bevor sich dann am Nachmittag Cumuli, die zu Gewittern führen, bilden. Sieht man also am Morgen Altocumuli castellani, kann man noch am gleichen Tag mit großer Wahrscheinlichkeit Gewitter erwarten. Sind sie in nach oben aufquellenden Schichtwolkenbahnen angeordnet, zeigen sie eine labile Schichtung an und signalisieren damit eine labile Wetterlage.

Altocumulus undulatus ist eine hohe Schichtwolke, die durch die Verbindung mehrerer Altocumuluswolken entsteht. Meist zerfällt sie wieder in einzelne Wolken. Altocumulus undulatus entsteht an der Grenzfläche zweier verschiedener Luftmassen und deutet auf einen baldigen Wetterumschwung hin.

Eine bedeutende Sonderform ist auch der **Altocumulus lenticularis**, die typische Föhnwolke mit ihren langen, fisch-, zigarren- oder zeppelinförmigen Gebilden. Sie besitzen eine ebene, manchmal leicht gewölbte Unterseite, wodurch ein linsenförmiger Querschnitt zustande kommt.

Altostratus [lateinisch sternere, stratum »hinbreiten«], Abkürzung **As,** eine Wolkengattung, die zu den mittelhohen →Wolken (Höhenlage in den mittleren Breiten zwischen 2 und 7 km) zählt; graue oder bläuliche Wolkenfelder bzw. -schichten von streifigem oder einförmigem Aussehen, die den Himmel ganz oder teilweise bedecken und stellenweise so dünn sind, dass die Sonne schwach zu erkennen ist. Die Wolken bestehen aus Wassertröpfchen und Eiskristallen, neben denen auch Regentropfen und Schneeflocken vorhanden sind.

Alpenglühen in den Loferer Steinbergen (Salzburger Kalkalpen)

■ **Wetterbedeutung** Altostratus-Wolken bilden sich häufig aus Cirrostratus und wachsen langsam zu immer größerer Mächtigkeit, wobei sie zunächst in ein leichtes, dann in ein immer dichteres Grau übergehen. Anfangs scheint noch die Sonne durch die Altostratus-Schicht, mit zunehmder Dicke verschwindet sie jedoch dahinter. Das kündigt das Eintreffen einer Warmfront an, regnerisches Wetter ist zu erwarten. Die Stärke, mit der die Sonne noch durch die Wolkenschicht scheint, kann relativ zuverlässig für eine zeitliche Vorhersage des Regens genutzt werden. Erscheint die Sonne diffus, aber mit scharfem Rand, dauert es noch etwa acht bis zehn Stunden bis zum ersten Tropfen. Ist die Sonne nur noch durch eine Aufhellung zu erahnen, bleiben noch vier bis acht Stunden. Ist die Sonne schließlich völlig verschwunden und segeln dunkle Wolkenteile (**Altostratus fractus** oder **pannus**) unter der Hauptwolke, steht der Regen unmittelbar bevor.

100573

Altocumulus. Altocumulus lenticularis

In der Regel ist dann anhaltendes regnerisches und nasskaltes Wetter zu erwarten, in den Alpen auch Schneefall bis in mittlere Lagen.

Altostratus unterscheidet sich von Cirrostratus dadurch, dass Altostratus das Sonnenlicht bis zur völligen Verdeckung abschwächt, während Cirrostratus Sonnenlicht immer durchlässt. Außerdem können bei Cirrostratus Haloerscheinungen auftreten, bei Altostratus hingegen nicht.

Altweibersommer, Schönwetterperiode, die mit großer Häufigkeit Ende September besonders im östlichen Mitteleuropa auftritt (→Singularitäten); Ursache ist ein Festlandhoch über Osteuropa, das trocken-kontinentale Luft nach Mitteleuropa einströmen lässt. Der Altweibersommer wird charakterisiert durch plötzliche starke Laubverfärbung und das Auftreten von Spinnfäden, an denen sich meist junge Spinnen mit dem Wind forttragen lassen. Eine gleichartige Wetterperiode im östlichen Nordamerika, die oft nur wenige Tage andauert, wird **Indianersommer** (englisch **Indian Summer**) genannt.

ALTWEIBERSOMMER. ***Beleidigungsfreier Spätsommer***

Der Volksglaube hält die Spinnfäden des Altweibersommers für ein Werk von Elfen, Zwergen, mythischen Spinnerinnen (Frau Holle) oder der Jungfrau Maria (»Marienseide«, »Liebfrauenfäden«, französisch »fils de la Vierge«, niederländisch »mariendraadjes«). Man nahm an, dass es baldige Hochzeit verheißt, wenn sich fliegende Spinnfäden im Haar eines jungen Mädchens verfangen.

Dass der Altweibersommer nach den ersten kühlen und feuchten Herbsttagen noch einmal schönes Wetter und Süddeutschland Temperaturen bis 30 °C beschert, darauf kann man sich zumindest statistisch verlassen: In sieben von zehn Jahren tritt diese Wetterlage auf.

Dass der Begriff Altweibersommer keine Diskriminierung von Seniorinnen darstellt, wurde 2007 vom Landgericht Darmstadt geklärt. Das Gericht wies die Klage einer 78-Jährigen zurück, die sich im Wetterbericht durch die Bezeichnung »Weib« bzw. – noch schlimmer – »altes Weib« in ihren Persönlichkeitsrechten verletzt fühlte. Weder liege eine bewusste Beleidigung durch den Deutschen Wetterdienst noch eine Herabwürdigung einer bestimmten Gruppe, hier der »alten Frauen«, vor, so das Gericht. Übrigens ein Landgericht, das offenbar Humor besitzt: Es verkündete das Urteil am 2. Februar – da war »Weiberfasching«.

Ambosswolke, voll entwickelte Gewitterwolke (Cumulonimbus), die in ihrem oberen, aus Eisteilchen bestehenden Teil eine ambossähnliche Form besitzt **(Cumulonimbus incus).**

AMDAR [Abkürzung für englisch **A**ircraft **M**eteorological **D**ata **R**elay], weltweites Messnetz, das die meterologischen Daten von Linienflugzeugen sammelt. Nahezu alle modernen Verkehrsflugzeuge führen meteorologische Sensoren an Bord mit, die ursprünglich zur Navigation und zur Regelung der Flugsysteme dienten. Seit den 1970er-Jahren werden diese Daten für die Wettervorhersage genutzt. Ein Teil der Flugzeuge überträgt die meteorologischen Daten per Satellit, die meisten nutzen jedoch die Standardfunkverbindungen. Folgende Sensoren liefern Messdaten: Pitot-Rohr (statischer und dynamischer Druck), Außentemperaturfühler, Trägheits-Navigationssystem (Lagewinkel, axiale Beschleunigungen), Feuchtefühler, Angle-of-Attack-Sensor (Korrektur der Druckmessung bezüglich Fluglage), Vereisungssensor.

Das europäische Konsortium **E-AMDAR** unter Beteiligung von 14 europäischen Wetterdiensten übermittelt täglich ca. 32 000 meteorologische Meldungen von 650 Flugzeugen der europäischen Luftfahrtgesellschaften.

Amplitude [lateinisch »Größe«, »Weite«], *Meteorologie:* der Unterschied zwischen dem Höchst- und Tiefstwert eines Witterungselementes, z. B. der Temperatur.

anabatisch [zu griechisch anabaínein »hinaufsteigen«], *Meteorologie:* aufsteigend (von Winden); Gegensatz: katabatisch.

Analyse [griechisch análysis »Auflösung«], *Meteorologie:* die Untersuchung einer Wetterlage mittels Karten, Vertikalschnitten und anderen Diagrammen, →Wettervorhersage.

Anatol, ein Orkan, der am 3. Dezember 1999 über Dänemark und den Südwesten Schwedens hinwegzog. Er war einer von drei schweren Winterstürmen des Jahres 1999; einige Wochen später folgten →Lothar und →Martin. Die mittlere Windgeschwindigkeit bei Anatol betrug 136 km/h, in den Spitzenböen wurden bis zu 183 km/h erreicht. Das Tief entwickelte sich über dem östlichen Nordatlantik und bezog seine Energie aus dem Temperaturkontrast der Luftmassen, die an seinen Fronten aufeinandertrafen: auf der einen Seite kalte subpolare Meeresluft, auf der anderen Seite milde subtropische Meeresluft. Der Kerndruck des Tiefs betrug nördlich von Irland noch 995 hPa, sechs Stunden später über Schottland bereits 980 hPa, weitere sechs Stunden über der zentralen Nordsee nur noch 960 hPa. Die Intensivierung des Sturms wurde zusätzlich durch die noch relativ warmen Meerestemperaturen des östlichen Nordatlantiks und der Nordsee unterstützt.

Anatol richtete vor allem in Norddeutschland und Dänemark starke Schäden an. In Dänemark gilt Anatol als der schwerste Orkan des 20. Jahrhunderts. An der Nordseeküste lief eine schwere Sturmflut auf, die in Hamburg einen Pegelhöchststand von 5,95 m über NN bewirkte. Die Inseln vor der deutschen Nordseeküste, insbesondere Sylt und Amrum, mussten erhebliche Dünenabbrüche hinnehmen. Insgesamt kamen in Europa durch den Orkan 17 Menschen ums Leben, der volks-

ANGLERWETTER: BEISSINDEX	
10	bestmögliche Aussichten
9	ausgezeichnete Aussichten
8	sehr gute Aussichten
7	vielversprechende Aussichten
6	eingeschränkt gute Aussichten
5	gute Aussichten
4	mittlere Aussichten
3	befriedigende Aussichten
2	schlechte Aussichten
1	sehr schlechte Aussichten
0	keine (hoffnungslos schlechte) Aussichten

wirtschaftliche Schaden betrug fast 3 Milliarden US-Dollar.

Andrew ['ændru:], Hurrikan der höchsten Kategorie 5 auf der →Saffir-Simpson-Hurrikanskala, der zwischen dem 23. und 26. August 1992 über die Bahamas und die US-Bundesstaaten Florida und Louisiana zog und dabei Windgeschwindigkeiten bis zu 264 km/h erreichte. Der niedrigste Luftdruck im Zentrum betrug 922 mbar. Andrew gilt als der Wirbelsturm, der im 20. Jahrhundert in den USA und der Karibik die schwersten Schäden anrichtete. In Florida wurden die Städte Homestead und Florida City nahezu vollständig zerstört, 38 Menschen kamen ums Leben, 63 000 Häuser wurden zerstört, der Schaden wird auf 20 Milliarden US-Dollar geschätzt. In Louisiana verloren 44 000 Menschen ihr Heim, der Schaden wird hier auf 300 Millionen US-Dollar geschätzt.

Anemometer, Messgerät zur Bestimmung der Windgeschwindigkeit; mit zusätzlicher Registrierungseinrichtung als **Anemograf** bezeichnet. Man unterscheidet **Rotationsanemometer** zur Messung der mittleren Windgeschwindigkeit, meist ein **Schalenkreuzanemometer** mit drei oder vier halbkugelförmigen Schalen an einer senkrechten Achse oder ein Flügelradanemometer, und **aerodynamische Anemometer,** die über eine Druckmessung die momentane Windgeschwindigkeit angeben, z. B. das **Druckplattenanemometer,** bei dem diese aus dem Druck ermittelt wird, den der Wind auf eine senkrecht zur Windrichtung gestellte Fläche ausübt, oder **Staurohranemometer** wie z. B. den →Böenschreiber.

Anemotropometer, Gerät zur Bestimmung und Anzeige der Windrichtung; ein **Anemotropograf** ist außerdem mit einer Registriervorrichtung zum Aufzeichnen der wechselnden Windrichtungen versehen.

Aneroidbarometer [griechisch a... un..., los..., nicht, ohne, und nērós »fließend«, »nass«, d. h. »ohne Flüssigkeit«], →Barometer.

Anglerwetter, fünftägige Wettervorhersage, die vom Deutschen Wetterdienst herausgegeben wird. Sie besteht aus einer Wettertabelle und einem Beißindex für 16 Fischarten. Der Beißindex gibt auf einer Skala von 1 bis 10 den Grad der Beißlust der Fische aufgrund von bestimmten Regeln wie Jahreszeit, Witterungseinflüssen, Tageszeit und Flusslauf an, wobei der Maximalgrad 10 eine 80%ige Beißwahrscheinlichkeit bedeutet.

Anomalie, *Meteorologie:* Abweichung einer meteorologischen Größe von ihrem räumlichen, meist jedoch von ihrem zeitlichen Mittelwert; tritt unvermittelt auf und kann mehrere Jahre anhalten (→Klimaschwankungen).

Antarktis, die um den Südpol gelegenen Land- und Meeresgebiete mit einer Fläche von 52 Mio. km². Davon entfallen 12,4 Mio.

ANTARKTIS

Immer schneller

100674

Die Veränderungen in der Antarktis verblüffen immer wieder. Zwar hat der Schneefall seit den 1950er-Jahren zugenommen, andererseits schrumpfen die Gletscher. Speziell auf der Antarktischen Halbinsel hat sich der Abfluss des Eises ins Meer zwischen 1993 und 2005 um zwölf Prozent beschleunigt, wie Radaraufnahmen der europäischen Satelliten ERS-1 und ERS-2 zeigten. Ihr durchschnittliches Tempo nahm von 86 auf 97 Zentimeter pro Tag zu. Ursache dieser deutlichen Beschleunigung ist vermutlich die Tatsache, dass ein durch Abschmelzen dünnerer Gletscher dort, wo er die See erreicht, angehoben wird. Dadurch nimmt die Reibung zwischen Eis und Fels ab, der Gletscher fließt schneller.

Ein Opfer des Klimawandels droht deshalb die Hütte des Südpolpioniers Robert Falcon Scott zu werden. Der World Monument Fund setzte sie daher 2007 auf seine Liste der 100 am meisten gefährdeten Denkmäler dieser Erde.

km² auf den im Zentrum der Antarktis gelegenen antarktischen Kontinent, 1,5 Mio. km² auf Schelfeistafeln und 38 Mio. km² auf das Südpolarmeer. Mehr als 97 % des antarktischen Kontinents liegen unter bis zu 4 km dickem Eis. Damit ist das antarktische Inlandeis die größte zusammenhängende Eismasse der Erde. Das auf über 30 Mio. km³ geschätzte Volumen des zum Teil über 200 000 Jahre alten Inlandeises entspricht rund 90 % des Eisvolumens und damit rund 80 % der Süßwasservorräte der Erde. An den Rändern des Kontinents fließt das Eis in großen Auslassgletschern ab oder schiebt sich als schwimmendes Schelfeis in breiter Front über den Schelf und bildet große Mengen Eisberge und Treibeis.

■ **Klima** Das Klima der Antarktis ist das kälteste der Erde. Die Jahresmitteltemperaturen liegen im Innern der Antarktis weithin unter −30 °C. Die Mitteltemperaturen des Winters betragen zwischen −40 und −60 °C, die des Sommers überschreiten 0 °C nur in Teilen der Antarktischen Halbinsel. Als absoluter Kältepol der Erde gilt die russische Station Wostok (3 488 m über dem Meeresspiegel) in der Ostantarktis, wo am 21. 7. 1983 eine Temperatur von −89,2 °C gemessen wurde.

■ **Klimawandel** Da die Temperatur der Antarktis praktisch überall deutlich unter dem Gefrierpunkt liegt, führt auch eine Erwärmung um mehrere Grad Celsius zu keinem verstärkten Abschmelzen des Eises im Inland. Der Eisschild schmilzt höchstens an der Küste, wo er auf wärmeres Ozeanwasser trifft. Inzwischen gibt es Hinweise auf eine dynamische Reaktion des Eises. Im Februar 2002 zerbarst das Larsen-B-Eisschelf, wobei sich die hinter dem Eisschelf abfließenden Kontinentaleisströme seitdem stark beschleunigt haben. Im März 2008 löste sich ein 41 km × 2,5 km großer Eisblock aus dem Wilkins-Schelfeis, anschließend brach dadurch ausgelöst eine Eisfläche von 405 km² auseinander. Sollten in Zukunft größere Eisschelfe wie das Ross-Schelf verschwinden, ist ein beschleunigtes Abfließen des westantarktischen Eisschilds zu befürchten.

> Ein wirklich schöner **April** mit der richtigen Mischung aus Sonne und Regen ist so selten, dass ein Sprichwort aus der französischen Schweiz besagt: *Wenn man drei schöne Aprilmonate erlebt hat, ist es Zeit, zu sterben.*

antarktische Konvergenz, die gesamte Antarktis umschließende Zone in 50 bis 60° s. Br., die das kalte antarktische Oberflächenwasser vom wärmeren subantarktischen Wasser trennt. Die antarktische Konvergenz stellt eine Frontalzone des Meeres dar, eine geneigte Fläche, bei der sich das wärmere Wasser keilförmig über das kältere schiebt; ihre Lage und Stärke beeinflusst die atmosphärische Zirkulation in den antarktischen und angrenzenden Gebieten.

Antipassat, frühere Bezeichnung für die oberhalb der → Passate vermutete polwärts gerichtete Gegenströmung als das obere, zurückkehrende Glied der → Hadley-Zelle. Ein derart geschlossener Passatkreislauf existiert in Wirklichkeit nicht. Der Rücktransport der am Äquator aufsteigenden Luft in der Höhe vollzieht sich infolge verschiedenartiger Zirkulationsstrukturen (Easterly Waves, äquatoriale Westwindzone, Cloud-Cluster, ständige Umbildung einzelner Hochdruckzellen in den Subtropen u. a.) äußerst unregelmäßig im Vergleich zur Konstanz der Passate.

Antizyklone [griechisch »Gegenwirbel«], Gebiet hohen Luftdrucks (→ Hochdruckgebiet). Als **antizyklonal** bezeichnet man Luftströmungen, die sich auf der Nordhalbkugel der Erde im Uhrzeigersinn, auf der Südhalbkugel im Gegensinn um eine Antizyklone herumbewegen.

Appleton ['æpltən], Sir (seit 1941) Edward Victor, britischer Physiker, *Bradford 6. 9. 1892, †Edinburgh 21. 4. 1965; lehrte an der Universität Edinburgh. Appleton führte ab 1924 experimentelle Untersuchungen über das Verhalten der stark ionisierten, daher elektrisch leitenden Schichten in der Atmosphäre durch und entdeckte dabei eine oberhalb der Heaviside- oder E-Schicht gelegene zweite leitende Schicht, die heute allg. als F-Schicht bezeichnete **Appleton-Schicht** (→ Ionosphäre). Gemeinsam mit seinen Mitarbeitern entwickelte er Verfahren zum Studium dieser Ionosphärenschichten und wies ihre Bedeutung für astronomische, meteorologische und funktechnische Probleme nach. Appleton hatte 1940/41 maßgeblichen Anteil an der Entwicklung der Radarortung von Flugzeugen; er erhielt 1947 den Nobelpreis für Physik.

April [lateinisch aprilis; wahrscheinlich aus einer von etruskisch aprodita (Aphrodite) abgeleiteten Kurzform aprū(n) entstanden oder als ursprünglich zweiter Monat zu Sanskrit apara »folgender«], der vierte Monat des julianischen Kalenders (ursprünglich zweiter Monat) mit 30 Tagen; Sinnbild des Wetterwendischen (Aprilwetter, Aprilschauer). Der alte deutsche Name war **Ostermond** oder **Ostermonat** (wegen des Ostertermins).

■ **Temperaturen** Die mittlere Temperatur im April in Deutschland beträgt 7,4 °C, die durchschnittlichen Tageshöchstwerte liegen bei 13 °C. Mindestens einmal im April klettert das Thermometer auf über 25 °C, selten auch schon über 30 °C. Andererseits wird es in durchschnittlich fünf Nächten noch frostig kalt. In einem »normalen« April herrscht am 10. April letztmals Frost. In den zehn Städten Berlin, Bremen, Chemnitz, Erfurt, Frankfurt am Main, Freiburg im Breisgau, Hamburg, Hannover, Köln und München übersteigt am 24. April die Durchschnittstemperatur die 10-Grad-Marke, in Köln bereits am 19., in München erst am 30. April.

■ **Niederschläge** Die durchschnittliche Niederschlagsmenge beträgt 40–50 mm im Flachland und 60–90 mm im Gebirge, verteilt auf etwa 15 Regentage. Die Schauerneigung nimmt im April merklich zu. Zwei- bis drei-

April. Ein Bad im Rhein im April 2007, der als wärmster April seit Beginn der flächendeckenden Aufzeichnungen vor über 100 Jahren in die Geschichte einging

mal muss auch in den Niederungen im Schnitt noch mit Schnee gerechnet werden.

■ **Sonnenscheindauer** Durchschnittlich fünf Stunden pro Tag ist im April die Sonne zu sehen, das ganze Monat bringt es auf 160 bis 180 Sonnenscheinstunden. An vier Tagen im April scheint im Mittel die Sonne gar nicht. Die durchschnittliche Bedeckung des sichtbaren Himmels beträgt 65 %, die relative Luftfeuchtigkeit liegt bei 72 % und damit um fünf Prozentpunkte niedriger als im März. Dementsprechend gibt es im April weniger Nebel als im Vormonat.

■ **Wetterlagen** Südost-, Süd- und Südwestlagen führen im Westen und im Norden zu Bewölkung mit etwas Regen, im Osten wechseln Sonne und Wolken ab; die Temperaturen liegen bei 18–25 °C mit ersten sommerlichen Tagen und Gewittern gegen Monatsende. West- und Tiefdrucklagen bringen wechselhaftes Wetter mit Durchzug von Regenfronten; oberhalb 1500 m muss mit Neuschnee gerechnet werden. Nordwest- und Nordlagen sorgen meist für das klassische Aprilwetter mit Regen, Graupel, Schnee und Sonne in raschem Wechsel; die Temperaturen liegen zwischen 3 und 9 °C mit nächtlicher Frostgefahr. Nordost-, Ost- und Hochdrucklagen bringen viel Sonne und damit frühlingshafte Temperaturen tagsüber, nachts ist aber noch mit Bodenfrost zu rechnen.

■ **Typischer Wetterverlauf** Charakteristische Wetterlagen zu bestimmten Daten sind im April weniger ausgeprägt als in anderen Monaten. Das liegt daran, dass sich der europäische Kontinent bereits aufgewärmt hat, die Temperaturen über dem nördlichen Atlantik und dem Polargebiet aber noch niedrig sind. Gelangt diese Kaltluft über das Festland und erwärmt sich, steigt sie nach oben, kondensiert und bildet Schauerwolken. Gleichzeitig sinkt Luft ab, deren relative Feuchte zurückgeht und die für Wolkenlücken sorgt. Dieses Auf- und Absteigen sorgt für die raschen Wetterwechsel im April. Mit ruhigem Hochdruckwetter ist noch am ehesten zwischen dem 16. und 20. April zu rechnen, davor und danach – um den 9. bzw. 21. April – treten häufig Kälterückfälle auf. Gegen Ende des Monats ist erfahrungsgemäß mit viel Regen zu rechnen, wenn Schlechtwettergebiete von der Adria aus nordwärts ziehen.

■ **Wetterregeln** Das wechselhafte Aprilwetter wird in vielen Bauernregeln beschrieben, beispielsweise *»Wohl hundertmal schlägt das Wetter um, das ist des Aprils Privilegium«.*

Ein Zusammenhang zwischen April- und Maiwetter – *»Wächst der April, steht der Mai still«* – wird von der Statistik nicht bestätigt. Auch zwischen April und Juni ist die von der Regel *»Gibt's im April mehr Regen als Sonnenschein, wird warm und trocken der Juni sein«* behauptete Verbindung nur schwach: Den 46 zu nassen Aprilmonaten im Zeitraum 1871–1970 folgte in 26 Fällen ein trockener und in 20 Fällen ein nasser Juni. Noch weniger geeignet zur Prognose ist der Amantiustag am 8. April (*»Wenn's viel regnet am Amantiustag, ein dürrer Sommer folgen mag«*), denn einem unterdurchschnittlichen Niederschlag an diesem Datum folgen gleich häufig nasse und trockene Sommer. Dass sonniges Wetter zum Aprilende meist nur vorübergehend ist, entspricht der allgemeinen Erfahrung und wird in zahlreichen Bauernregeln beschrieben: *»Gewitter vom Georgiustag (23. 4.) folgt gewiss noch Kälte nach«*, *»Ist Georgii warm und schön, wird man noch raues Wetter seh'n«*, *»Ist's vor Markus (25. 4.) warm, wird's danach kalt«*. *»Erst Mitte Mai ist der Winter vorbei«* heißt deshalb folgerichtig eine Regel zu den Eisheiligen.

Die Wechselhaftigkeit des **Aprilwetters** wird in vielen Bauernregeln zum Ausdruck gebracht:
April, April macht, was er will.
Der April ist ein launischer Gesell, bald ist er trüb, bald ist er hell.
Aprilwetter und Kartenglück wechseln jeden Augenblick.

Aprilwetter, unbeständiges Wetter, gekennzeichnet durch raschen Wechsel von Sonnenschein und Bewölkung mit Regen-, Schnee- und Graupelschauern bei starker Böigkeit des Windes, meist aus nordwestlichen Richtungen. Ursache ist die feuchtlabile Schichtung der auf der Rückseite von Tiefdruckgebieten nach Mitteleuropa einfließenden maritimarktischen Kaltluft. Oft zeigt die Luftdruckverteilung auch ein stabiles Hoch über Nordwesteuropa und den angrenzenden Meeresteilen bei gleichzeitig tiefem Luftdruck über Skandinavien, sodass tagelang feuchtkalte Meeresluftmassen aus dem grönländischen Raum und dem Nordmeergebiet nach Mitteleuropa strömen. Das Schauerwetter wird beim Überströmen des Festlandes infolge rascher Erwärmung der untersten Luftschichten und der dadurch bedingten Hebung der labil geschichteten Luft ausgelöst. Häufigstes Vorkommen im Frühjahr, besonders typisch im April.

■ **Volksglauben** Zahlreiche Wetterregeln bringen die Wechselhaftigkeit des Aprilwetters zum Ausdruck (siehe Kasten). Der Spruch *»Der April treibt sein Gspiel, der Mai hat auch noch allerlei«* weist zudem darauf hin, dass auch im Mai nicht immer beständiges Wetter herrscht. Dass die Landwirtschaft im April auf Regen hofft, bringt die Regel *»Nasser April ist der Bauern Will«* zum Ausdruck. Auf einen warmen und feuchten April sollten dann am besten ein kühler Mai und nasser Juni folgen: *»April warm, Mai kühl, Juni nass, füllt dem Bauern Scheuer und Fass.«*

Äquator [lateinisch »Gleichmacher«], **1)** der die Erde in die Nord- und die Südhälfte teilende größte Breitenkreis der Erde (Länge rd. 40 075 km). Seine durch den Erdmittelpunkt gehende Ebene steht senkrecht zur Erdachse, der Rotationsachse des einer Kugel angenäherten Geoids. Er wird von den Meridianen der »Erdkugel« senkrecht geschnitten und in Längengrade geteilt. Alle auf ihm liegenden Orte haben die geografische Breite null.

2) *Meteorologie:* 1) **thermischer Äquator, Wärmeäquator,** eine auf der Erdoberfläche die Orte der stärksten Erwärmung (höchste Jahresmittel der Temperatur) verbindende Linie; sie liegt größtenteils nördlich des Erdäquators: Im Juli reicht sie auf den Kontinenten über den nördlichen Wendekreis hinaus, im Januar liegt sie um den Erdäquator und reicht auf den Kontinenten bis zum südlichen Wendekreis. Die asymmetrische Lage des thermischen Äquators beruht auf dem größeren Landanteil und dem um 6 Tage längeren Sommer auf der nördlichen Hemisphäre sowie auf dem Kälteeinfluss der Antarktis; 2) **meteorologischer Äquator,** die Grenzlinie zwischen der nord- und der südhemisphärischen →Zirkulation der Atmosphäre; sie liegt in der Konvergenzzone von Nordost- und Südostpassat, die durch hohe Niederschläge und fast ständige Bewölkung gekennzeichnet ist.

ÄQUATOR. *Eis trotz heiß*

Der Äquator steht gemeinhin synonym für Wärme und Hitze. Dass diese Gleichsetzung eingeschränkt werden muss, macht vor allem der Kilimandscharo deutlich. Zwar liegt er auf dem dritten Breitengrad und damit in einer tropisch-heißen Region, seine Höhe von knapp 5900 Metern sorgt allerdings dafür, dass sein Gipfel nach wie vor vergletschert ist – allerdings mit stark rückläufigem Trend. Allein im letzten Jahrzehnt des 20. Jahrhunderts schrumpfte die Eisfläche um 25 %. Die Durchschnittstemperatur hängt eben nicht nur vom Breitengrad, sondern auch von der Höhe ab. Im Mittel sinkt sie um ein halbes Grad pro 100 Höhenmeter.
Neben dem Kilimandscharo gibt es noch zwei weitere Gletschermassive in Afrika, das Ruwenzori-Gebirge an der Grenze zwischen dem Kongo und Uganda sowie das Mount-Kenia-Massiv. Auch andere Kontinente haben hohe Berge in Äquatornähe, die mit ewigem Eis glänzen können, beispielsweise der Chimborazo in Ecuador.

äquatoriale Tiefdruckrinne, in der mittleren Luftdruckverteilung der Erde eine Zone tiefen Luftdrucks, an die sich nördlich und südlich des Äquators die subtropischen Hochdruckgürtel anschließen. In der äquatorialen Tiefdruckrinne treffen die Passate der Nord- und Südhalbkugel zusammen; man nennt dieses Gebiet deshalb auch die innertropische Konvergenz.

Äquatorialluft, sehr feuchte und die wärmste der Hauptluftmassen der Erde, die in ihrem Ursprungsgebiet, den Innertropen, labil geschichtet ist. Sie dringt nur selten nach Europa vor.

Äquinoktialregen, jahreszeitliche Niederschlagsmaxima (Frühjahr, Herbst) im Bereich der innertropischen Konvergenzzone (→Zenitalregen).

Äquinoktialstürme, zur Zeit der Äquinoktien v. a. in den Subtropen auftretende, oft von gewittrigen Regenfällen begleitete Stürme.

Äquivalenttemperatur, *Meteorologie:* Lufttemperatur, die sich bei vollständiger Kondensation des in feuchter Luft enthaltenen Wasserdampfes einstellt, wenn die frei werdende Kondensationswärme nur an die Luft abgegeben wird.

Arago-Punkt [nach D. F. J. Arago], →Himmelsstrahlung.

ARGO, (Array for Real-time Geostrophic Oceanography) internationales Beobachtungsnetz, bei dem die Daten von 3000 Treibbojen (sogenannte Floats) gesammelt werden, welche die Temperatur und den Salzgehalt der

Ozeane bis in eine Tiefe von 2000 m messen und ihre Daten an Satelliten übertragen. Durch die Positionsangaben der Bojen können zudem Meeresströmungen erfasst werden. Jede Boje besteht aus einem 90 cm langen Zylinder, auf dem eine 90 cm lange Antenne sitzt. Der Zylinder enthält eine Kunststoffblase, die mit Wasser gefüllt werden kann, sodass die Boje auf ihre Arbeitshöhe absinkt und sich zehn Tage lang mit der Strömung bewegt und Messungen durchführt. Anschließend wird das Wasser aus der Blase gepumpt, damit die Boje wieder an die Oberfläche steigt und ihre Messdaten versendet. Jährliche müssen etwa 750 neue Bojen ausgesetzt werden, um die Gesamtzahl an Geräten konstant zu halten. Alle Daten der ARGO-Sonden sind frei verfügbar.

Argon [griechisch argós »träge«, wegen der chemischen Reaktionsträgheit], chemisches Symbol **Ar,** ein Edelgas, das mit einem Anteil von 0,94 Volumenprozent in der Luft das am häufigsten vorkommende Edelgas ist. Größtenteils stammt es aus dem radioaktiven Zerfall des Kaliumisotops ^{40}K.

arid [lateinisch], trocken, dürr. Im **ariden Klima** ist die Verdunstung größer als der Niederschlag, sodass in diesen Gebieten ständiger oberflächlicher Abfluss fehlt. **Vollarid** ist ein Klima, wenn die mögliche Verdunstung das ganze Jahr über größer ist als der Niederschlag, **semiarid,** wenn während des größeren Teils des Jahres aride Bedingungen herrschen. Die Typen der natürlichen Vegetation in den Tropen und Subtropen hängen in erster Linie von der Länge der ariden und humiden Jahreszeit ab; vollarid sind die Kernwüsten der Erde, semiarid die Savannen und Steppen der Tropen bzw. Subtropen.

Aridität, Trockenheit, Dürre.

Aristoteles, griechisch **Aristoteles,** genannt der Stagirit, griechischer Philosoph, *Stagira (östlich Chalkidike) 384 v. Chr., †bei Chalkis (auf Euböa) 322 v. Chr. Von 367 bis zu Platons Tod (348/347) gehörte Aristoteles zu Platons Akademie. Unter dem Druck antimakedonischer Politik musste er Athen verlassen und war u. a. am makedonischen Hof König Philipps II. als Erzieher seines Sohnes Alexander tätig. Die veränderten politischen Verhältnisse ab 338 erlaubten die Rückkehr nach Athen (335/334). Dort gründete Aristoteles die »Peripatetische Schule«, so genannt nach den Wandelgängen, die den Schauplatz seines Wirkens im Lykeion darstellten. Nach dem Tod Alexanders des Großen (323) musste Aristoteles 322 nach Chalkis fliehen und starb bald darauf.

Das hinterlassene Schriftwerk umfasst die Gebiete der Logik und Erkenntnistheorie, der Naturphilosophie, der Metaphysik, der Ethik, Politik, Rhetorik und Kunsttheorie. Von seinen naturwissenschaftlichen Schriften sind u. a. die »Physica« und die »Meteorologica« überliefert. Letzteres ist die älteste geschlossene Abhandlung über atmosphärische und hydrologische Fragen. Aristoteles deutet und erklärt darin weitgehend zutreffend eine Reihe meteorologischer Phänomene wie die Verdunstung, die Kondensation mit abnehmender Temperatur, die Wolkenbildung sowie die Niederschläge Regen, Schnee, Tau und Reif. Laut Aristoteles dringt atmosphärische Luft in die Poren und Spalten der Erde ein, kühlt ab und bildet durch Kondensation neues Wasser, das anschließend durch Flüsse und Quellen wieder an die Oberfläche tritt. Das Meer sieht er im Wesentlichen als tief liegendes Becken, in dem sich alles Wasser sammelt, welches durch die Flüsse aus höher gelegenen Gebieten zuströmt. Sein Salzgehalt stammt aus irdischen Stoffen, die über Verdunstung, Luftströmungen und Niederschläge in das Meer gelangen.

ARISTOTELES
***384 v. Chr.,**
†322 v. Chr.

100563

- prägte den Begriff Meteorologie
- deutete viele Wetterphänomene richtig
- hinterließ naturphilosophische Schriften

Arktikfront, *Meteorologie:* Grenzfläche zwischen Arktik- und Polarluft in etwa 65–75° n. Br. In diesem Bereich kommen →Fronten jedoch nur zeitweise vor; die Annahme eines geschlossenen Frontenzuges rings um die Arktis hat sich als nicht haltbar erwiesen.

Arktikluft, arktische Luftmasse, die im Bereich des im Mittel vorhandenen polaren Hochdruckgebiets in arktischen Breiten entsteht. Je nach ihrem Weg nach Süden unterscheidet man **kontinentale Arktikluft,** die über Nordsibirien und Nordrussland nach Mitteleuropa strömt, und **maritime Arktikluft,** die über das Nordmeer nach Süden strömt.

Arktis [zu griechisch árktos »Bär«, »Großer Bär« (Nordgestirn)], die um den Nordpol gelegenen Land- und Meergebiete. Zentrum der Arktis ist das permanent von Eis bedeckte Nordpolarmeer mit den im küstennahen Bereich nur saisonal vereisten Nebenmeeren. Zur terrestrischen Arktis gehören die nördlichsten Teile Amerikas, Skandinaviens, Russ-

ARKTIS. ***Eisfreier Nordpol***

Viele Klimaforscher vermuten, dass spätestens ab dem Jahr 2050 der Nordpol im Sommer regelmäßig eisfrei sein dürfte. Bereits im Zeitraum 1979 bis 2000 sowie im Jahr 2005 war das Eis deutlich zurückgegangen, im September 2007 war die Nordwestpassage zum ersten Mal seit Messbeginn völlig eisfrei. Berechnungen mit Klimamodellen zeigen, dass eine weitere Reduktion zu befürchten ist. Auch an Grönlands Küsten schmilzt im Sommer mehr Eis als in früheren Jahren. Dieser Rückgang des arktischen Eises hat eine Reihe von Konsequenzen. Durch den Rückgang der reflektierenden Eisfläche ändert sich die Energiebilanz der Polarregion erheblich, was voraussichtlich die Erwärmung verstärken wird. Das ganze Ökosystem mit den Eisbären an der Spitze geriete außerdem in Bedrohung, da der Lebenszyklus vieler Tiere vom Meereis abhängt.
Manche erhoffen sich jedoch auch neue Chancen für die Wirtschaft, vor allem durch die Öffnung des arktischen Ozeans für die Schifffahrt.

ARKTIS *Frühling immer früher*

Hierzulande hat man den Eindruck, der Frühling verschiebe sich immer weiter nach vorne. Der Eindruck täuscht nicht: So zeigt etwa eine Studie der TU München an 550 Pflanzen, dass der »Lenz« heute sechs bis acht Tage früher als vor 30 Jahren kommt. Doch auch im äußersten arktischen Norden beginnt der Frühling immer früher. Eine Langzeitstudie von 1996 bis 2005 rund um die Forschungsstation Zackenberg im nordöstlichen Grönland ergab, dass das Winterende in den letzten zehn Jahren um durchschnittlich 14,5 Tage im Kalender nach vorne gewandert ist. Die Studie untersuchte das Verhalten von Pflanzen, Schmetterlingen, Vögeln und anderen Tierarten. Im Blickpunkt standen vor allem die Frühlingsaktivitäten: Wachstum, Blüte, Eierlegen. Einzelne Arten entwickeln sogar 30 Tage früher Frühlingsgefühle als noch vor zehn Jahren.

Ähnliche Studien ermittelten für Europa eine Vorverlegung um 2,5 Tage und weltweit um 5,1 Tage innerhalb der letzten zehn Jahre. Die Jahreszeiten verändern sich also, und das mit erstaunlicher Geschwindigkeit. Wissenschaftler befürchten, dass diese schnellen Verhaltensänderungen das natürliche Beziehungsnetz der Arten stören könnten.

Das Bild zeigt Blüten des achtblättrigen Silberwurz, eines typischen Vertreters der arktischen Vegetation.

lands mit weiten Teilen Sibiriens sowie zahlreiche Inseln wie Grönland.

■ **Klima** Auch nach dem Maximum der letzten Vereisung im Pleistozän vor rund 20 000 Jahren zeigten sich in der Arktis stärkere Klimaschwankungen. Mit dem Ende des Pleistozäns kam es zunächst zu einer deutlichen Erwärmung, die vor ca. 12 000 Jahren durch eine vorübergehende Abkühlung und Zunahme der Vereisung (Jüngere Dryas) unterbrochen wurde. Mit Beginn der holozänen Warmzeit (vor rund 10 000 Jahren) stabilisierte sich das Klima mit nur noch relativ geringen Temperaturschwankungen. Das hochmittelalterliche Klimaoptimum (Höhepunkt im 11. Jahrhundert) ermöglichte die Besiedlung Grönlands durch die Wikinger. Perioden der Abkühlung hatten u. a. im 16. Jahrhundert (kleine Eiszeit) und 19. Jahrhundert ihre Höhepunkte. Die starke Erwärmung in jüngerer Zeit (seit der ersten Hälfte des 20. Jahrhunderts) wird mit der vom Menschen verursachten Emission von Treibhausgasen begründet. Nach allgemein akzeptierten Modellvorstellungen werden sich Änderungen des globalen Klimas stärker in der Arktis als in niederen Breiten auswirken. Im arktischen Klimasystem kommt dem Meereis eine entscheidende Rolle zu (Rückstrahlung, Wärmefluss, Ozean/Atmosphäre). Die sommerliche Meereisbedeckung im Nordpolarmeer hat in den letzten 30 Jahren um 15–20 % abgenommen.

arktische Zone, Gebiet jenseits des nördlichen Polarkreises, dessen Vegetation der Tundra entspricht.

Arrhenius, Svante August, schwedischer Physikochemiker, *auf Gut Vik bei Uppsala 19. 2. 1859, †Stockholm 2. 10. 1927. Arrhenius studierte ab 1876 Mathematik, Physik und Chemie in Uppsala und Stockholm und promovierte 1884. Ein großzügiges Reisestipendium der Schwedischen Akademie der Wissenschaften führte ihn in den folgenden Jahren durch weite Teile Europas. 1891 nahm er wieder eine Stelle in Stockholm an, ab 1895 als Professor und ab 1905 – bereits mit dem Nobelpreis für Chemie ausgezeichnet – auch als Direktor des dort neu gegründeten Nobelinstituts für physikalische Chemie.

Arrhenius' bedeutendste wissenschaftliche Leistung war die Theorie der Dissoziation starker Elektrolyte, für die er auch 1903 den Nobelpreis erhielt. Er forschte allerdings auch auf anderen Gebieten wie der Kosmologie

ARRHENIUS. *Bessere Zeiten*

Svante Arrhenius erkannte als Erster den Zusammenhang zwischen der Zunahme des Kohlendioxidgehalts in der Atmosphäre und der Erderwärmung. Allerdings gewann er – zu Hause im kühlen Schweden – dem Klimawandel auch eine positive Seite ab: »Man hört oft Klagen darüber, dass die in der Erde angehäuften Kohlenschätze von der heutigen Menschheit ohne Gedanken an die Zukunft verbraucht werden [...]. Doch kann es vielleicht zum Trost gereichen, dass es hier wie so oft keinen Schaden gibt, der nicht auch sein Gutes hat. Durch Einwirkung des erhöhten Kohlensäuregehaltes der Luft hoffen wir, uns allmählich Zeiten mit gleichmäßigeren und besseren klimatischen Verhältnissen zu nähern, besonders in den kälteren Teilen der Erde; Zeiten, da die Erde um das Vielfache erhöhte Ernten zu tragen vermag zum Nutzen des rasch anwachsenden Menschengeschlechtes.«

und der Biochemie. Auch geophysikalische Probleme zählten zu seinem Interesse; er beschäftigte sich mit Nordlicht, Kugelblitz, Vulkanen, Erdmagnetismus und dem Verhältnis von UV-Strahlen und der Ionisation der Erdatmosphäre.

Bereits 1896 erkannte Arrhenius als Erster die Rolle des Kohlendioxid für das Klima der Erde. Er ging der Frage nach, wie sich eine Verdopplung des CO_2-Gehalts durch die Verbrennung fossiler Ressourcen auf das Klima auswirken würde. Dabei machte er eine Reihe von Annahmen und Abschätzungen und berechnete einen Temperaturanstieg von 4 bis 6 Grad Celcius. Dieser Wert liegt durchaus im Bereich der heutigen Prognosen zur globalen Erwärmung.

aschgraues Mondlicht, das → Erdlicht.

Aßmann, Richard, deutscher Meteorologe, *Magdeburg 13. 4. 1845, †Gießen 28. 5. 1918; Der Sohn eines Lederfabrikanten studierte zunächst Medizin, promovierte 1869 zum Dr. med. und ließ sich anschließend als Landarzt nieder. Nebenher beschäftigte er sich intensiv mit der Witterungskunde, betrieb meteorologische Studien und richtete sich ein Observatorium ein. Aßmann erkannte den Wert zuverlässiger Wettervorhersagen und übernahm 1880 die Leitung des von ihm mitbegründeten Meteorologischen Instituts der Magdeburgischen Zeitung, in der am 12. 12. 1880 die erste Zeitungswetterkarte Deutschlands veröffentlicht wurde. 1881 gründete Aßmann den Verein für landwirtschaftliche Wetterkunde; aus den Mitgliedsbeiträgen finanzierte er den Aufbau eines Beobachtungsnetzes mit über 250 Messstationen. 1882 gründete er die Monatszeitschrift für praktische Wetterkunde, die er ab 1884 unter dem Titel »Das Wetter« herausgab. 1886 wurde Aßmann Oberbeamter am Königlichen Meteorologischen Institut Berlin-Grünau.

Aßmann widmete sich intensiv der Erforschung der Erdatmosphäre und der dazu notwendigen Messverfahren; u.a. entwickelte er 1892 das nach ihm benannte Aspirationspsychrometer. Zeitgleich mit L.-P. Teisserenc de Bort entdeckte er den Schichtaufbau der Atmosphäre und und die Temperaturkonstanz in der Stratosphäre.

Von 1905 bis 1914 war Aßmann Direktor des auf seine Initiative hin errichteten Königlich-Preußischen Aeronautischen Observatoriums in Lindenberg, anschließend bis zu seinem Tod Honorarprofessor an der Universität Gießen. Nicht zuletzt durch seine langjährig betriebenen Zeitschriftenprojekte wirkte Aßmann bis zu seinem Lebensende nachhaltig für die Popularisierung der Wetterkunde. Er gilt als Pionier der wissenschaftlichen Aeronautik und Mitbegründer der → Aerologie.

Atmidometer, Atmometer, Vorrichtung zur Messung der Verdunstung.

Atmosphäre [griechisch sphaĩra »Kugel«], *Meteorologie:* die Gashülle eines Sterns oder Planeten, die mit dessen Entwicklung und Zusammensetzung verbunden ist; speziell die Lufthülle der Erde.

■ **Erdatmosphäre** Die Erdatmosphäre umgibt die feste Erde bzw. den Ozean, sie wird durch die Erdanziehung festgehalten und nimmt an der Erdrotation teil. An ihrer unteren Grenzfläche steht sie in intensiver Wechselwirkung mit der Land- bzw. Ozeanoberfläche; nach oben hin geht sie allmählich in den interplanetaren Raum über, mit dem sie ebenfalls in komplizierter Wechselwirkung steht.

■ **Zusammensetzung** Die Erdatmosphäre besteht aus einem als Luft bezeichneten Gemisch verschiedener Gase, als Hydrometeore bezeichneten Wasser- und Eispartikeln, die als Wolken und Niederschlag in Erscheinung treten, sowie aus Aerosolen (Lithometeoren, d.h. flüssigen bzw. festen Partikeln, die aber keine Hydrometeore sind). Trockene Luft enthält die in der Tabelle aufgelisteten Gase (unter 1 Volumenprozent als Spurengase bezeichnet, unter 0,2 ppt vernachlässigt).

Einige Gase sind in ihren Konzentrationen anthropogen beeinflusst, was teils für das Klima (Treibhauseffekt), teils für die Luftqualität von Bedeutung ist; FCKW (Fluorchlorkohlenwasserstoffe) sind völlig anthropogen. Der für das Wetter- und Klimageschehen überaus wichtige Wasserdampf (H_2O) ist räumlich und zeitlich stark variabel (in Bodennähe von weniger als 1 Volumenprozent bis maximal rund 4 Volumenprozent; mittlere Konzentration in Bodennähe 2,6 Volumenprozent, in der Troposphäre 1,5 Volumenprozent). Aerosole können hier z.B. Stäube, Meersalzteilchen, Pflanzenpollen oder Bakterien sein.

Das Mischungsverhältnis der Gase ändert sich bis in etwa 110 km Höhe (Bereich der **Homosphäre**) nicht wesentlich, da durch dauernde horizontale und vertikale Bewegungen (→ Austausch) ein Absetzen nach ihrer unterschiedlichen Dichte verhindert wird. Das Ozon wird in Schichten zwischen 20 und 50 km Höhe durch die Ultraviolettstrahlung der Sonne mit Wellenlängen von 200 bis 240 Nanometer ($1\,nm = 10^{-9}\,m$) aus dem Sauerstoff gebildet und zwischen 20 und 25 km angereichert. Seine Höhenverteilung hängt auch von der atmosphärischen Zirkulation ab. Ozon absorbiert im Wellenbereich bis 290 nm sämtliche UV-Strahlung. Ab 100 km aufwärts werden Sauerstoffmoleküle durch UV-Licht (etwa 175 nm) in atomaren Sauerstoff zerlegt, sodass oberhalb von 140 km, abgesehen von Spuren von O_2, der Sauerstoff nur in atomarer Form vorkommt. Auch die Stickstoffmoleküle zerfallen offenbar in größeren Höhen in Stickstoffatome. Oberhalb von 110 km Höhe beginnt sich die Atmosphäre nach dem Gewicht

SVANTE ARRHENIUS
***1859, †1927**

beschäftigte sich mit vielen geophysikalischen Problemen

erkannte die Rolle des Kohlendioxids für die Atmosphäre

berechnete den Temperaturanstieg für eine Verdopplung des CO_2-Gehalts

RICHARD ASSMANN
***1845, †1918**

103762

Pionier der wissenschaftlichen Aeronautik

entdeckte die Stratosphäre

begründete die Aerologie

trug maßgeblich zur Popularisierung der Wetterkunde bei

ATMOSPHÄRE. ***Planetenatmosphären***

Die Atmosphären der Planeten Venus und Mars weichen zwar in Dichte und Zusammensetzung stark von der Erdatmosphäre ab, stellen aber im Prinzip die gleiche Erscheinung dar. Auf dem Merkur hingegen konnte noch keine Atmosphäre nachgewiesen werden. Die Atmosphären der großen Planeten Jupiter und Saturn unterscheiden sich nicht nur in Zusammensetzung und Dichte, sondern stehen auch mit den tieferen Schichten in stärkerem Austausch, als dies bei den Atmosphären der Planeten mit definierter Oberfläche der Fall ist. Kleine Körper, wie der Erdmond und die Monde der Planeten des Sonnensystems, haben im Allgemeinen keine merkliche Atmosphäre. Ausnahmen sind jedoch der Saturnmond Titan, der eine undurchsichtige Atmosphäre aus 82 % Stickstoff und Beimengungen von Kohlenstoffen besitzt, und der Neptunmond Triton mit einer dünnen Stickstoffatmosphäre.

ihrer Bestandteile zu entmischen. In Höhen von über 600 bis 1 000 km herrscht das leichte Helium vor, darüber der noch leichtere Wasserstoff.

■ **Vertikale Gliederung** Die vertikale Gliederung der Atmosphäre kann nach der Temperaturverteilung, der Ionisation (wesentlich für die chemischen und elektrischen Eigenschaften der Atmosphäre) und der Gaszusammensetzung vorgenommen werden.

■ **Troposphäre** In der Troposphäre erlaubt die relativ hohe Wasserdampfkonzentration in Zusammenhang mit der Zirkulation die häufige Bildung von Wolken und Niederschlag, die typisch für Wettervorgänge sind. Die hier täglich umgesetzten Energiemengen sind um viele Zehnerpotenzen größer als die aller bisher verfügbaren irdischen Energiequellen. In der Troposphäre herrscht durch horizontalen und vertikalen Austausch starke Durchmischung, die Temperatur nimmt im Mittel um 6,5 °C je km nach oben ab. Eine etwa 1 bis 2 km hohe Grundschicht **(Peplosphäre)** mit häufiger Temperaturumkehr (→Inversion) resultiert aus dem Strahlungs- und Reibungseinfluss des Erdbodens; auf diese Schicht beschränkt sich hauptsächlich der tägliche Gang der Temperatur und der Reibungseinfluss auf den Wind.

Die Obergrenze der Troposphäre, die **Tropopause,** liegt etwa zwischen 8 km Höhe (Polargebiet) mit Temperaturen von −40 °C (Sommer) bis −65 °C (Winter) und 17 km Höhe (Tropen) mit Temperaturen von −75 °C bis −80 °C (Normmittelwert 11 km, −55 °C). Knapp unterhalb der Tropopause treten in mittleren Breiten bandförmig verlaufende Zonen sehr hoher Windgeschwindigkeiten auf, die an die stärksten troposphärischen Luftmassengegensätze gebunden sind (→Frontalzone). Die dort herrschenden Strahlströme (→Jetstreams) erreichen Geschwindigkeiten von über 400 km/h.

■ **Stratosphäre** Oberhalb der Tropopause, in der Stratosphäre, nehmen Windgeschwindigkeit und Luftfeuchtigkeit rasch ab, sodass die Stratosphäre praktisch wolkenfrei ist (vereinzelte Perlmutterwolken in 25 bis 30 km Höhe). Die Temperaturen steigen in der oberen Stratosphäre kräftig an und erreichen an der **Stratopause** etwa −10 °C bis +10 °C. Diese Erwärmung wird durch die sogenannte **Ozonschicht** verursacht, die energiereiche UV-Strahlung absorbiert. In der Polarnacht kühlt die polare Stratosphäre auf −65 °C bis −85 °C ab und erwärmt sich im Sommer auf etwa −40 °C, eine gegenüber der tropischen Stratosphäre sehr starke jährliche Schwankung. Im Zusammenhang mit dieser Überwärmung während der Sommermonate dreht sich oberhalb von 20 km Höhe die Strömung von westlichen auf östliche Richtungen. Luftdruck und Luftdichte, deren Werte bis zur Tropopause auf etwa ein Zehntel der Bodenwerte gesunken sind, nehmen bis zur Stratopause auf ein Tausendstel ab.

■ **Mesosphäre, Thermosphäre** In der Mesosphäre nimmt die Temperatur wieder rasch ab, in mittleren Breiten bis auf rund −90 °C im Bereich der **Mesopause** (80 km Höhe). Hier bilden sich die →leuchtenden Nachtwolken. Oberhalb der Mesopause steigt die Temperatur in der Thermosphäre, die keine bestimmte Obergrenze hat, auf über 1 000 °C in 200 km Höhe an. Etwa mit der Mesopause fällt auch die Untergrenze der Ionosphäre zusammen.

■ **Ionosphäre** Die Ionosphäre reicht tagsüber mit ihrer Ionisierung in der D-Schicht in Höhen noch etwas unterhalb der Mesopause hinab; nachts beginnt die Ionisierung erst oberhalb von 90 km merklich zu werden. In

ATMOSPHÄRE: ZUSAMMENSETZUNG DER ATMOSPHÄRE

Gas, chemische Formel	Raumanteil[1]		
Stickstoff, N_2	78,084 %		
Sauerstoff, O_2	20,946 %		
Argon, Ar	0,934 %		
Kohlendioxid, CO_2	0,038 %	= 379 ppm[2]	
Neon, Ne		18,18 ppm	
Helium, He		5,24 ppm	
Methan, CH_4		1,77 ppm[2]	
Krypton, Kr		1,14 ppm	
Wasserstoff, H_2		0,56 ppm[3]	
Distickstoffoxid (Lachgas), N_2O		0,32 ppm[2]	
Ozon, O_3, stratosphärisch		0,31 ppm	
Kohlenmonoxid, CO			50–200 ppb[4]
Xenon, Xe			90 ppb
Ozon, O_3, troposphärisch			30 ppb
FCKW			4,84 ppb
Stickoxide, NO_x (= $NO + NO_2$)			0,5–5 ppb[4]
sowie in Spuren: Schwefeldioxid, Jod, Ammoniak, Wasserstoffperoxid			

1) Volumenprozent bzw. ppm = 10^{-6}, ppb = 10^{-9}, ppt = 10^{-12} Volumenanteile.
2) Konzentration ansteigend, angegeben ist der Wert für 2005. 3) Stark variabel.
4) Räumlich-zeitlich stark variabel, in Ballungsgebieten bis ungefähr um den Faktor 10 höhere Werte möglich.

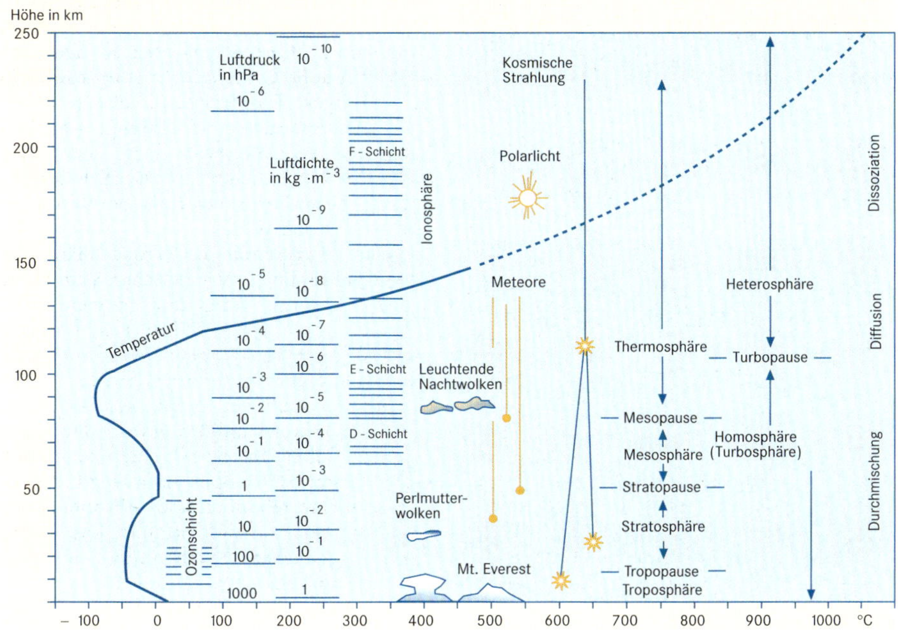

Atmosphäre. Aufbau und mittlere Temperaturverteilung der Erdatmosphäre

der E-Schicht (100–140 km Höhe) nimmt nachts die Ionisierung auf etwa ein Hundertstel des Mittagswertes ab, doch gibt es auch nachts spontan Ionisierungszunahmen bis zum 30-Fachen des Mittagswertes. In der F-Schicht (180–300 km Höhe) bildet sich tagsüber im Sommer eine Stufe, die F_1-Schicht, während der obere Teil, die F_2-Schicht, ständig vorhanden ist. Die Ionisierung fällt in der F-Schicht nachts auf etwa ein Zehntel des Mittagswertes.

Auch in der Ionosphäre gibt es Bewegungsvorgänge, die durch Gezeitenkräfte und elektrische Felder hervorgerufen und durch magnetische Felder beeinflusst werden. Da die Ionisierungsprozesse vom Zenitwinkel der Sonne, also von der geografischen Breite und der Tages- und Jahreszeit, die Bewegungsvorgänge aber von der Richtung des erdmagnetischen Feldes, also der magnetischen Breite, abhängen, ist die resultierende globale Verteilung der Ionisierung sehr kompliziert. Oberhalb des Ionisierungsmaximums in 250–350 km Höhe nimmt die Dichte der Ladungsträger viel langsamer ab als nach unten; gleichzeitig nimmt der Ionisierungsgrad (Verhältnis der geladenen zu den ungeladenen Teilchen) nach oben zu. Die vier Schichten, in denen die Ionen und Elektronen konzentriert sind, reflektieren Radiowellen.

■ **Exosphäre** Die Exosphäre **(Dissipationssphäre)** ab etwa 500–1 000 km Höhe bildet den Übergang der Erdatmosphäre zum interplanetaren Raum; sie fällt z. T. mit dem oberen Bereich der Thermosphäre und mit dem unteren Bereich der →Magnetosphäre zusammen. In ihr sind die Gasmoleküle weitgehend ionisiert. Sie ist der Höhenbereich, aus dem Teilchen, die eine genügend große Geschwindigkeit radial nach außen haben, aus dem Schwerefeld der Erde in den interplanetaren Raum entweichen können. Der Verlust von Helium ist nachgewiesen, da wesentlich weniger Helium in der Atmosphäre enthalten ist, als während geologischer Zeiten in der Erdkruste erzeugt wurde. In dieser Höhe befinden sich auch die Van-Allen-Gürtel (→Strahlungsgürtel).

■ **Physikalische Eigenschaften** Die Wärmeleitfähigkeit der Luft ist mit 0,0243 W/(m · K) sehr gering; Wärmetransport findet daher besonders durch Austausch statt. Auch die innere (molekulare) Reibung der Luft ist gering; die Reibung an der Erdoberfläche dagegen führt zu einer Abbremsung sowie zur Ablenkung zum tieferen (geringeren) Luftdruck hin (→barisches Windgesetz). Die Dichte der Luft beträgt im Meeresniveau 1,293 kg/m^3, der Druck 1013,25 hPa. Beide nehmen nach oben hin ab, wobei für den Druck die Faustformel eine Halbierung nach jeweils rund 5,5 km Höhenunterschied gilt. Die Masse der Atmosphäre liegt mit $5{,}13 \cdot 10^{18}$ kg bei knapp einem Millionstel der Erdmasse insgesamt.

Die Temperaturen der Thermosphäre oberhalb 200 km (1 000 bis 2 000 °C) sind kaum noch mit dem Temperaturbegriff der kinetischen Gastheorie zu deuten; sie entsprechen den thermischen Schwingungen der Neutralgasteilchen, Elektronen und Ionen. Unterschiedliche »Temperaturen« dieser Bestandteile sind wahrscheinlich.

Dass Tiere den Zustand der **Atmosphäre** auf Monate voraus »berechnen« können, ist kaum vorstellbar, auch wenn viele Bauernregeln das zum Ausdruck bringen:
Sind die Maulwurfshügel hoch im Garten, ist ein strenger Winter zu erwarten.
Oder:
Je höher die Ameisenhügel, desto straffer des Winters Zügel.

■ **Biologische Bedeutung** Die Atmosphäre wirkt wie ein Filter, der erst das Leben in seiner jetzigen Form ermöglicht. Im infraroten (Wärme-)Strahlungsbereich wird die Einstrahlung der Sonne durchgelassen, die

Atmosphäre. Der Saturnmond Titan – abgebildet ist das erste Farbbild seiner Oberfläche nach der Landung der Huygens-Sonde im Januar 2005 – ist der einzige Mond unseres Sonnensystems, der eine planetenähnliche, dichte Atmosphäre besitzt. Sie besteht hauptsäch lich aus Stickstoff, Methan, Ammoniak, Argon und Spuren komplexer Moleküle.

100562

Rückstrahlung durch die Erdoberfläche aber, besonders bei Wolkenbedeckung, zurückgehalten (→Treibhauseffekt). Fehlt die Bewölkung, so tritt starke nächtliche Auskühlung (Strahlungsfrost; Wüstenklima) auf. Im ultravioletten Bereich wird der biologisch sehr wirksame Bereich mit Wellenlängen um 250 nm bei der Ozonbildung und -zerstörung absorbiert. Die kurzwellige Ultraviolettstrahlung wird bei der Dissoziation des Sauerstoffs und bei den Ionisierungsprozessen in der Ionosphäre absorbiert.

■ **Entstehung** Die Frage nach der Entstehung der Erdatmosphäre gilt v.a. der Entwicklung des freien Sauerstoffs. Da die Erde nach ihrer Bildung von so gut wie keinen atmosphärenartigen Gasen umhüllt war, muss sich die **Uratmosphäre** aus den Gasen entwickelt haben, die sich bei der Zusammenballung des Planeten – infolge der ansteigenden Temperatur im Erdinnern – von den Feststoffen trennten und nach außen entwichen. Wahrscheinlich enthielt die Uratmosphäre hauptsächlich Wasserdampf, Kohlendioxid und Stickstoff sowie Spuren von Gasen wie Schwefelwasserstoff, Schwefeldioxid, Chlorwasserstoff, Fluorwasserstoff, Wasserstoff, Kohlenmonoxid, Methan, Ammoniak und Edelgase (v.a. Argon). Freier Sauerstoff war damals nicht vorhanden; dieser hätte auch die Entstehung des Lebens, d.h. die auf sauerstofffreie Umgebung angewiesene Bildung der Aminosäuren, der Baustoffe der Proteine, aus einfachen Molekülen verhindert. Der Wasserdampf kondensierte nach ausreichender Abkühlung ab einer gewissen Konzentration zu Wasser (Entstehung der Hydrosphäre), in dem sich ein Teil des Kohlendioxids löste und durch Verbindung mit dem vom Festland eingeschwemmten Calcium Kalksedimente bildete.

Der freie Sauerstoff der Atmosphäre kann nicht aus dem Erdinnern stammen, wo der Sauerstoff v.a. in den Silikatmineralen zu fest gebunden ist, und auch nicht oder kaum durch Fotolyse entstanden sein, sondern wurde durch die Fotosynthese der Cyanobakterien und grünen Pflanzen produziert. Bis vor 3,8 Mrd. Jahren, der Entstehungszeit der ältesten bekannten Sedimente, hatten sich bereits 50 bis 60% der heute vorliegenden Sauerstoffmenge gebildet. Allerdings entstand zu Beginn der Entwicklung des Lebens noch kein freier, gasförmiger Sauerstoff; er wurde vielmehr von den Bakterien in Form sauerstoffreicher Verbindungen (z.B. Sulfate) ausgeschieden. Außerdem gab es bis vor 2 Mrd. Jahren nur Leben im Meer. Dieses enthielt große Mengen von gelöstem zweiwertigem Eisen, das mit dem nun entstehenden Sauerstoff zu unlöslichem Eisenoxid (Fe_2O_3) reagierte (Bildung von Bändereisenerzen). Erst nachdem das zweiwertige Eisen des Meeres umgewandelt worden war, konnten größere Mengen von Sauerstoffgas in die Atmosphäre gelangen. Es verband sich zwar hier mit dem zweiwertigen Eisen der Abtragungsprodukte kontinentaler Gesteine (Bildung von roten Sandsteinen), doch lief dieser Prozess sehr viel langsamer als im Meer ab, sodass sich nun erstmals ein Überschuss an freiem Sauerstoff in der Atmosphäre ansammeln konnte. Da alle Lebewesen, deren Zellen einen Kern enthalten (Eukaryoten), Sauerstoff atmen, muss spätestens bei ihrem ersten Auftreten (vor 1,3–1,5 Mrd. Jahren) die Konzentration des Sauerstoffs in der damaligen Atmosphäre ein Prozent des heutigen Werts, die unbedingt erforderliche Menge, betragen haben. Ab dem Oberkarbon, seit etwa 320 Mio. Jahren, war sie so hoch wie heute.

■ SIEHE AUCH Front · Hochdruckgebiet · Klima · Meteorologie · Tiefdruckgebiet · Wetter · Zirkulation der Atmosphäre

atmosphärische Extinktion, die Abschwächung des Sonnen- und Sternenlichts beim Durchgang durch die Erdatmosphäre, beruhend auf der Absorption durch Kohlendioxid, Ozon, Wasserdampf u.a. sowie auf der Rayleigh- und Mie-Streuung an Luftmolekülen und Dunstteilchen; außerdem wirkt auch eine Reflexion an Wolken und Schwebeteilchen mit. Die atmosphärische Extinktion ist wellenlängenabhängig, nimmt vom Zenit zum Horizont hin zu und ist bei astrofotografischen Messungen zu berücksichtigen. Da der Blauanteil des Sonnenlichts am stärksten gestreut wird, erscheint der Taghimmel blau gefärbt (→ Himmelsblau). Steht die Sonne in Horizontnähe, ist der Weg des Sonnenlichts durch die Atmosphäre besonders lang, d.h., es wird besonders viel kurzwelliges Licht an dem an sich »weißen« Sonnenlicht gestreut, sodass die Sonne im langwelligen Rotlicht zu leuchten scheint.

atmosphärische Gegenstrahlung, Gegenstrahlung, die gegen die Erdoberfläche gerichtete langwellige → Strahlung der Atmosphäre. Sie beruht darauf, dass die von der Erdoberfläche kommende langwellige Strahlung v.a. vom atmosphärischen Wasserdampf (in den Spektralbereichen um 6,3 µm und oberhalb 18 µm) und Kohlendioxid (in den Spektralbereichen um 4,3 µm und 15 µm) absorbiert und nach Umwandlung in Wärmeenergie (→ Treibhauseffekt) in Form langwelliger Strahlung zum größten Teil wieder zur Erde zurückgestrahlt wird.

atmosphärische Grenzschicht, die → Grenzschicht.

atmosphärische Optik, meteorologische Optik, Teilgebiet der physikalischen Optik, Meteorologie und Geophysik, das sich mit den optischen Erscheinungen in der Atmosphäre befasst. Dazu gehören die durch Brechung, Reflexion und/oder Beugung der Lichtstrahlen an Wassertropfen bzw. Eiskristallen verursachten Erscheinungen wie Halo, Kranz, Glorie, Regenbogen, ferner die durch Interferenz und Streuung an Luftmolekülen und/oder Aerosolteilchen bewirkten Effekte wie das Himmelsblau, die verschiedenen Dämmerungserscheinungen und die Lufttrübung (mit ihren Auswirkungen auf die Sichtverhältnisse), schließlich die auf der atmosphärischen Refraktion beruhenden verschiedenen Formen der Luftspiegelung sowie die Szintillation.

atmosphärische Refraktion, atmosphärische Lichtbrechung, die → Brechung der Lichtstrahlen in der Atmosphäre, deren Ursache die vorwiegend in vertikaler Richtung, durch lokal unterschiedlich erwärmte Luft auch in horizontaler Richtung erfolgende Änderung der Dichte und damit der Brechzahl der Luft ist. Da diese Änderungen stetig erfolgen und sehr klein sind, ist auch die Refraktion stetig und nur gering; legen die Lichtstrahlen aber lange Wege durch die Atmosphäre zurück, so erreicht die atmosphärische Refraktion merkliche Größe. Man unterscheidet die **irdische** oder **terrestrische Refraktion,** bei der es sich um eine Refraktion von Strahlen handelt, die sich zwischen zwei irdischen Punkten ausbreiten (sie bewirkt → Luftspiegelungen), und die **astronomische** oder **sphärische Refraktion,** d.h. die Brechung der Lichtstrahlen von Gestirnen in der Erdatmosphäre, die im Zenit fehlt, aber mit wachsender Zenitdistanz zunimmt und am Horizont den Wert 36′34,4″ **(Horizontalrefraktion)** erreicht. Dadurch »verfrüht« oder »verspätet« sich der Auf- bzw. Untergang eines Himmelsobjekts. Da der scheinbare Sonnendurchmesser etwa der Refraktion im Horizont entspricht, ist die Sonne in Wirklichkeit bereits untergegangen, wenn ihr unterer Rand den Horizont berührt. Weil die Anhebung für das flacher einfallende Licht des unteren Randes der Sonnenscheibe stärker ist als für den oberen Rand, wirkt die vertikale Achse um 6′ verkürzt, die Sonnenscheibe folglich abgeplattet.

Aufgleiten, *Meteorologie:* das Übereinanderschieben von verschieden temperierten und damit unterschiedlich dichten Luftmassen, v.a. von Warm- auf Kaltluft im Bereich einer Warmfront. (→ Front)

Aufgleitfläche, im Sinne der norwegischen Schule eine schräge Frontfläche, über die wärmere Luft auf eine darunterliegende kältere Luft aufgleitet. Dabei bildet sich, nachdem das Kondensationsniveau erreicht ist, eine ausgedehnte Schichtbewölkung (Aufgleitbewölkung) aus, die mit großflächig auftretenden, anhaltenden Niederschlägen verbunden sein kann. Im engeren Sinne versteht man unter einer Aufgleitfläche eine Gleitfläche, in der Luft schräg aufwärtsgleitet.

Aufgleitfront, → Front.

Aufklaren, das Sichtbarwerden des klaren Himmels bei ständig abnehmender Bewölkung; typisch für die Rückseite von → Fronten.

auflandig, von der See zum Land gerichtet (bei Winden und Strömungen).

Aufwind, aufwärtsgerichtete Luftströmung; Gegensatz: Abwind. Man unterscheidet zwischen Wärmeaufwind (→ Thermik), Geländeaufwind (→ Stau) und Scherungsaufwind, der entsteht, wenn bei einer Zunahme des Horizontalwindes mit der Höhe dort der Druck fällt. Aufwind führt häufig zu Wolkenbildung. Die größten Geschwindigkeiten um 50 m/s treten als turbulenter Aufwind an der Vorderseite von Gewittern auf.

Gibt es bei Sonnenschein **Aufwind,** werden auch Insekten von der Strömung erfasst; und wenn das Futter hoch fliegt, müssen die Verwerter folgen:
Siehst du die Schwalben niedrig fliegen, wirst du Regenwetter kriegen. Fliegen die Schwalben in den Höh'n, kommt ein Wetter, das ist schön.

Aufwindkraftwerk, ein solarthermisches Kraftwerk, das die Eigenschaft nutzt, dass warme Luft nach oben steigt. Unter einem transparenten und an der Seite offenen Dach, das luftdicht an einen Kamin angeschlossen ist und zusammen mit dem Boden einen Kollektor bildet, wird Luft durch die Sonne erwärmt. Die erwärmte Luft steigt in

Aufwindkraftwerk. In einem Aufwindkraftwerk steigt Luft, die von der Sonne erwärmt wird, in einem Kamin auf und treibt eine oder mehrere Turbinen an. Das Prinzip wurde bereits in den 1930er-Jahren entwickelt, bisher aber nur in einer kleinen Versuchsanlage in Manzanares (Spanien) erprobt.

5549

dem Kamin auf, gleichzeitig wird durch den Kaminsog warme Luft aus dem Kollektor nachgesaugt und kalte Luft in den Kollektor geführt. Dadurch bewirkt die Sonnenstrahlung einen kontinuierlichen Aufwind. In einer Turbine am Fuß des Kamins wird die in der Luftströmung enthaltene Energie in mechanische und dann über einen Generator in elektrische Energie umgewandelt.

■ **Umsetzung** 1981/82 konnte der Stuttgarter Architekt und Bauingenieur Jörg Schlaich (*1934) erstmals eine Experimentieranlage im spanischen Manzanares südlich von Madrid errichten, die bis 1989 mit einer elektrischen Spitzenleistung von 50 kW erfolgreich lief. Der Kamin hatte eine Höhe von 195 m und einen Durchmesser von 10 m; der Kollektor besaß einen Durchmesser von 240 m. Sobald die Strömungsgeschwindigkeit einen bestimmten Wert – typischerweise 2,5 m/s – überschritt, startete die Anlage automatisch und synchronisierte sich mit dem Stromnetz. Eine wirtschaftliche Nutzung ist aber praktisch ausschließlich in Gebieten mit starker Sonneneinstrahlung und großen Turmhöhen denkbar. Deshalb plant das Unternehmen EnviroMission eine Anlage im australischen Mildura, die eine Turmhöhe von 1000 m und einen Kollektordurchmesser von 7000 m haben soll. Seine elektrische Gesamtleistung von 200 MW soll sich auf 32 Turbinen mit einer Nennleistung von jeweils 6,25 MW aufteilen. Die Inbetriebnahme ist für frühestens 2010 geplant.

Aufzug, *Meteorologie:* die Aufeinanderfolge bestimmter Wolkenformen vor dem Herannahen einer →Front, z. B. Cirrostratus, Altostratus, Nimbostratus vor einer Warmfront, oder Cirrus, Altocumulus, Cumulonimbus vor einer Kaltfront; typisches Vorzeichen einer Wetterverschlechterung.

Auge, *Meteorologie:* windstilles und wolkenloses Gebiet von rund 20 km Durchmesser im Zentrum eines →tropischen Wirbelsturms.

August [lateinisch Augustus (mensis), nach dem römischen Kaiser Augustus], der achte Monat des julianischen Kalenders (ursprünglich im julianischen Kalender sechster Monat, **Sextilis**), mit 31 Tagen. Frühere deutsche Namen waren **Ährenmonat** oder **Erntemonat (Erntemond), Ernting.**

■ **Volksglauben** Der 10. August, Tag des als Feuer- und Wetterpatron verehrten heiligen Laurentius, teilt den Sommer. Der 24. August gilt in Bayern und Österreich vielfach als Herbstbeginn; es ist der Tag des heiligen Bartholomäus.

■ **Temperaturen** Die Durchschnittstemperatur im August beträgt im Mittel 16,5 °C und für die zehn Städte Berlin, Bremen, Chemnitz, Erfurt, Frankfurt am Main, Freiburg im Breisgau, Hamburg, Hannover, Köln

AUFWINDKRAFTWERK. *Ein einfaches Prinzip*

Bereits um 1500 zeichnete Leonardo da Vinci eine Vorrichtung, die aufsteigende warme Luft in einem Kamin nutzt, um einen Grillspieß zu drehen. Die moderne Variante beschrieb erstmals der Autor – aus seiner Feder stammen die berühmten KOSMOS-Jugendbücher – und Visionär Hanns Günther in seinem 1931 erschienenen Buch »In hundert Jahren – Die künftige Energieversorgung der Welt«. In diesem Werk schlug er angesichts der Endlichkeit der Kohlevorräte Kraftwerkstypen vor, die heute im Rahmen der Nutzung erneuerbarer Energien ernsthaft erprobt werden: Aufwindkraftwerk, Wellenkraftwerk, Gezeitenkraftwerk.

und München 17,2 °C, wobei es in Freiburg im Breisgau am wärmsten ist. An sieben Tagen im August steigt das Thermometer über 25 °C, an ebenso vielen Tagen über 30 °C. Der mittlere Tageshöchstwert liegt für die zehn Städte bei 23 °C, der Mittelwert des Monatsmaximus bei 29 °C. Temperaturen über 40 °C können auch im August auftreten.

■ **Niederschläge** Die durchschnittliche Niederschlagsmenge im August beträgt 77 mm, verteilt auf 15 Tage. Damit regnet es etwa 10 % weniger als im Juli. Auch im August können wie im Juli Starkregenereignisse – meist Gewitter – die monatliche Niederschlagsmenge auf über 200 mm ansteigen lassen.

■ **Sonnenscheindauer** Die mittlere Sonnenscheindauer beträgt im August 197 Stunden, also etwa 6,5 Stunden pro Tag. Die Werte unterscheiden sich kaum für Flachland und Mittelgebirge, da auch hier der August viele heitere Abschnitte besitzt. Nur an ein bis zwei Tagen scheint die Sonne gar nicht; im Schnitt ist der sichtbare Himmel zu 59 % bedeckt.

■ **Luftdruck** Wie im Juli liegt auch im August das Monatsmittel bei 1014 hPa. Noch dominiert die Monsunströmung, verbunden mit häufigen Westwetterlagen.

■ **Wetterlagen** Südost-, Süd- und Südwestlagen bringen im August sommerliche Temperaturen bis 33 °C, wobei es sehr schwül werden kann mit heftigen Gewittern, vor allem wenn das Wetter auf Westwind dreht. West- und Tiefdrucklagen bringen wechselhaftes Wetter mit Durchzug von Regenfronten, die Temperaturen steigen nicht über 27 °C. Bei Nordwest- und Nordlagen ist es noch etwas kühler (maximal 22 °C), besonders im Osten und am Alpennordrand fällt viel Regen; am Monatsende leitet diese Wetterlage frühherbstliche Witterung ein. Nordost-, Ost- und Hochdrucklagen sorgen hingegen für sonniges und beständiges Wetter mit zunehmend steigenden Temperaturen; am Nachmittag sind Wärmegewitter möglich.

■ **Typischer Wetterverlauf** In der Regel beginnt der August mit einer Schönwetterperiode, wobei mit den wärmsten Tagen um den 6. August herum gerechnet werden muss. Ab Mitte August beginnt oft wechselhaftes Westwetter, da Mitteleuropa wiederholt von Tiefdruckwirbeln gestreift wird, die vom Atlantik her ostwärts ziehen. Gegen Ende eines typischen Augusts breitet sich von den Azoren hoher Luftdruck aus und sorgt für spätsommerliches Schönwetter.

■ **Wetterregeln** Im August werden die Tage schon wieder deutlich kürzer und die Nächte bei sternenklarem Himmel – also in Hochdruckgebieten, die nur langsam ziehen und damit für mehrere Tage das Wetter bestimmen – kühler, sodass sich Tau bildet: *»Wenn's im August taut, bleibt das Wetter traut«*, *»Wenn's im August stark tauen tut, bleibt gewöhnlich auch das Wetter gut«*. Schlägt das Wetter um, treten nachmittags oft Gewitter auf, nachdem es am Vormittag noch sonnig war: *»Augustsonne, die schon früh brennt, nimmt nachmittags kein gutes End.«* Die Bauern wünschen sich im August vor allem gutes Erntewetter: *»Trockener August ist des Bauern Lust«*, *»August ohne Feuer macht das Brot teuer«*. Einen belegbaren statistischen Zusammenhang gibt es zwischen einem besonders warmen August und einem zu milden Februar, umgekehrt – August und Februar zu kalt – aber nicht: *»Wie der August war, wird der künftige Februar.«* Ein heißer Augustbeginn hat mit einer Wahrscheinlichkeit von 60 % einen Winter mit übernormalem Anteil von Tagen mit mehr als 1 cm Schneedecke zur Folge: *»Ist's in der ersten Augustwoche heiß, bleibt der Winter lange weiß.«* Auch zwischen einer Schönwetterperiode um den 10. August (Laurentiustag) und einem zu trockenen Herbst (*»Schöner Laurentiustag, trockener Herbst«*) lässt sich ein statistischer Zusammenhang belegen, allerdings nicht zwischen zu wenig Sonne am 10. Juli und der Herbstwitterung. Die Erhaltungsneigung einer Schönwetterperiode um den 15. August (Maria Himmelfahrt) beschreibt die Regel *»Wie das Wetter am Himmelfahrtstag, so es noch zwei Wochen sein mag«*. Auch der Bartholomäustag am 24. August wird gerne mit der kommenden Herbstwitterung in Verbindung gebracht: *»Bartholomäi hat's Wetter parat für den Herbst bis zur Saat.«*

August. Im August liegt die Hauptflugzeit der Wanderfalter, zu denen auch der Admiral zählt.

August, Ernst Ferdinand, deutscher Physiker und Meteorologe, *Prenzlau 18. 2. 1795, †Berlin 25. 3. 1870; Gymnasiallehrer in Joachimsthal (heute Jáchymov) und Berlin; arbeitete v. a. auf dem Gebiet der Hygrometrie; entwickelte das Psychrometer (1828) und baute Differenzialbarometer, Spiralhygroskope sowie Heliostate; stellte 1830 die Dampfdruckformel des Wasserdampfs auf.

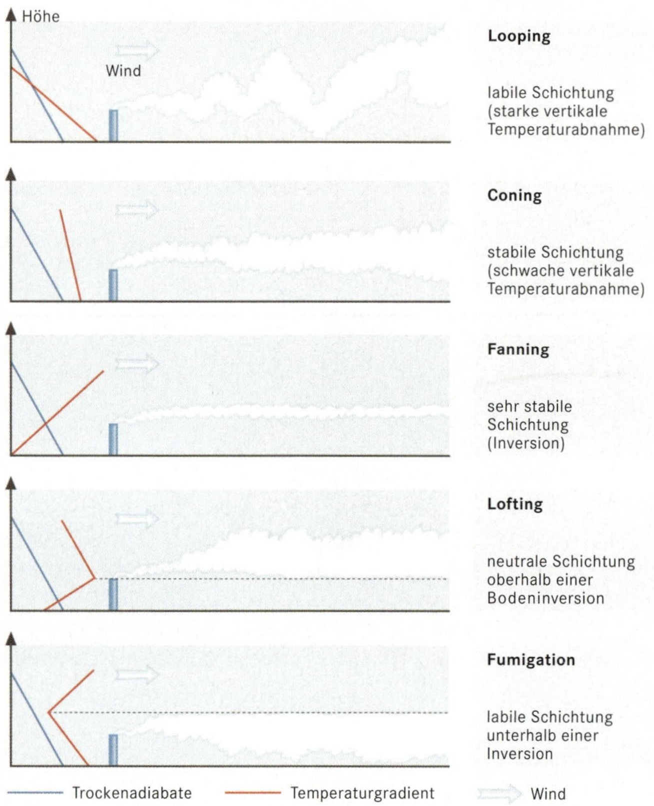

Ausbreitungstypen. Je nach Luft- und Temperaturschichtung ergeben sich verschiedene Formen für Schornsteinabluftfahnen.

Aureole, *atmosphärische Optik:* der →Hof.

Aurora australis, das südliche →Polarlicht; als **Aurora borealis** wird das nördliche Polarlicht bezeichnet.

Ausbreitungstypen, Zuordnung der Form einer Schornsteinabluftfahne zur vertikalen Temperaturschichtung.

■ **Grundtypen** Es werden drei Grundtypen unterschieden. Der **Fanning-Typ** (von englisch to fan »fächeln«) stellt sich bei einer sehr stabilen Schichtung ein, wie sie bei einer Inversion vorliegt. Die von der Emissionsquelle ausgehenden Luftbeimengungen breiten sich in Form eines flachen, sich strömungsabwärts immer weiter öffnenden Fächers aus. Der **Coning-Typ** (von englisch to cone »kegelförmig machen«) zeigt eine nur leicht stabile Schichtung an, bei der die vertikale Temperaturabnahme schwach ausgeprägt ist. Die Fahne wird strömungsabwärts immer voluminöser und nimmt die Form einer Keule an. Der Coning-Typ ist ein Übergangsstadium zwischen dem Fanning- und dem **Looping-Typ** (von englisch loop »Schleife«), der bei einer labilen Schichtung mit starker vertikaler Temperaturabnahme auftritt. Die Luftteilchen durchlaufen dabei eine fortgesetzte Schleifenbahn, wobei sie unter Umständen bis zum Erdboden gedrückt werden können, was an diesen Orten die Schadstoffbelastung erhöht. Allerdings löst sich die Fahne mit der Entfernung zur Quelle relativ schnell auf.

■ **Sondertypen** Neben diesen drei Grundtypen unterscheidet man noch zwei Sondertypen. Bei der **Fumigation** (von lateinisch fumigare »rauchen«) liegt über einer nahezu adiabatischen Schicht am Boden eine Höheninversion. Gelingt es nicht, die Abgase bis auf die Höhe dieser Inversion zu bringen, stellt die Fumigation die umweltschädlichste Situation dar, weil sich die Abgase unterhalb der Inversion aufgrund der labilen Schichtung sehr gut ausbreiten können, während sie nach oben durch die Inversion blockiert werden. Als **Lofting** (englisch »das Hochschlagen des Golfballs«) bezeichnet man einen Schichtungstyp, bei dem eine Inversion relativ geringer Mächtigkeit nur in Bodennähe vorhanden ist, während sich darüber eine neutrale Schichtung mit adiabatischem Temperaturabfall befindet. Diese Situation ist typisch für wolkenarme Nächte und stellt meist nur eine vorübergehende Situation von einigen Stunden Dauer dar. Erfolgt die Emission oberhalb der Inversion – ansonsten entspricht die Situation wieder dem Fanning-Typ –, sinken die Schadstoffe nicht unter die Inversion ab und verdünnen sich nach oben.

Ausdehnungsthermometer, →Thermometer.

Ausgleichsströmung, Bezeichnung für eine durch Temperaturunterschiede ausgelöste horizontale Luftströmung. Durch das Aufsteigen erwärmter Luft wölben sich über dem wärmeren Gebiet die Druckflächen auf, sodass in der Höhe ein Massenabfluss erfolgt, der am Boden Druckfall und die Bildung eines flachen Tiefs verursacht. Umgekehrt sinkt über kühleren Gebieten die Luft ab, sodass am Boden relativ hoher Druck entsteht. In der so in Gang gesetzten Zirkulation bewirkt in den unteren Schichten die Ausgleichsströmung vom Hoch zum Tief einen Druck- und Wärmeausgleich.

Ausgleichsströmungen sind u.a. der Luftzug beim Öffnen eines Fensters, Flurwinde, Hangwinde, Teile der periodischen Windsysteme (Berg- und Talwind, Land- und Seewind, Monsun) und der Passat.

Auslösetemperatur, diejenige Temperatur, die ein Luftteilchen am Erdboden annehmen muss, um aufgrund des Dichteunterschieds zur umgebenden Luft bis in die Höhe aufzusteigen, in der der enthaltene Wasserdampf kondensiert und es zur Bildung von Quellwolken kommt. Die Auslösetemperatur ist eine für den Segelflugsport wichtige meteorologische Größe.

Ausstrahlung, die Aussendung von Licht-, Wärme- oder anderen elektromagne-

Azorenhoch. Seinen Namen verdankt das Hoch der portugiesischen Inselgruppe der Azoren.

tischen Strahlen durch einen Körper und die damit verbundene Energieabgabe; i.e.S. die Wärmeabstrahlung der Erdoberfläche an die darüberliegenden Luftschichten sowie der gesamten Atmosphäre an den Weltraum, deren Betrag 98% der extraterrestrischen Energiezufuhr entspricht. Die **effektive Ausstrahlung** ist die um die →atmosphärische Gegenstrahlung verminderte Ausstrahlung, denn nur ein kleiner Teil der terrestrischen Wärmestrahlung (6%) gelangt auf direktem Weg in den Weltraum, während 92% von Wasserdampf und Kohlendioxid sowie von anderen Spurengasen in der Atmosphäre absorbiert werden. Davon kommen 77% als atmosphärische Gegenstrahlung der Erde wieder zugute. Die effektive Ausstrahlung der Erdoberfläche beträgt demnach 21% (98–77), sodass ihr ein effektiver Gewinn von 30% (51–21) verbleibt.

Austausch, *Meteorologie* und *Ozeanografie:* die durch kleinräumige, schnell wechselnde Luftbewegung (aufgrund von Konvektion und Turbulenz) bewirkte Durchmischung der atmosphärischen Luft, wobei zwischen benachbarten Schichten Luftmengen »ausgetauscht« werden und damit ein Austausch von Masse, Wärme, Energie und auch von Beimengungen wie Wasserdampf und Staub stattfindet, und zwar auch quer zur mittleren Windrichtung. Dieser Austausch ist ein Vorgang, bei dem jede austauschbare Größe zu einem entsprechenden, dem Gradienten dieser Größe proportionalen physikalischen Fluss führt; insbesondere haben die zugehörigen Massen- und Wärmeflüsse in vertikaler Richtung gegenüber denen der molekularen Diffusion und Wärmeleitung eine 10^6-fach höhere Stärke und Reichweite.

Der Austausch sucht eine adiabatische Schichtung mit in allen Höhen gleicher potenzieller Temperatur zu erreichen. Er ist u.a. verantwortlich für die Ausbreitung der täglichen Temperaturwelle vom Erdboden nach oben und für die vertikale Windgeschwindigkeit. In horizontaler Richtung zielt er auf den Ausgleich der Temperaturunterschiede zwischen Pol und Äquator. Entsprechende Durchmischungs- und Transportvorgänge laufen im Meerwasser ab.

Autan [o'tã], warmer, trockener Fallwind in Südfrankreich, von den Pyrenäen und Cevennen herabwehend.

autochthone Witterung, eine durch lokale und regionale Einflussfaktoren gestaltete Witterung; entsteht bei antizyklonaler Großwetterlage (Hochdruck) mit ausgeprägtem Tagesgang der Temperatur; häufig begleitet von Ausgleichsströmungen (→Land- und Seewind, →Berg- und Talwind) sowie →Inversionen. Der Gegensatz dazu ist die allochthone Witterung.

Azorenhoch, eine häufig über dem mittleren Nordatlantik liegende Hochdruckzelle mit Kern südlich oder westlich der Azoren, die zur Zone des subtropischen hohen Luftdrucks gehört. Das Zentrum des Azorenhochs verschiebt sich jahreszeitlich mit dem Sonnenstand; es dehnt sich im Sommer häufig bis Spanien und Südfrankreich aus. Besonders in den Übergangsjahreszeiten kommt es häufiger zu erheblichen Lageverschiebungen des Azorenhochs mit entsprechenden Witterungsanomalien über West- und Mitteleuropa. (→Zirkulation der Atmosphäre)

Azur [französisch azur »Lapislazuli«, »Himmelsblau«; von arabisch lāzaward »Lasurstein«, »Lasurfarbe«], das →Himmelsblau.

B

Baal [auch 'ba:al, westsemitisch baʿlu, hebräisch baʿal »Herr«], bei den Westsemiten die allgemeine Bezeichnung für einen Gott, ihr entspricht die feminine Form **Baalat** (balat) für eine Göttin; in Verbindung mit einem Ortsnamen bezeichnete Baal lokale Ortsgottheiten. Das ursprüngliche Appellativ Baal wurde in Syrien zum Namen des amoritischen Wettergottes, was besonders die Texte aus Ugarit zeigen.

Der amoritische Wettergott Baal, der »Fürst« und »Herr der Erde«, galt als der Sohn des Himmelsgottes El oder auch des Wetter-, Fruchtbarkeits- und Getreidegottes Dagon; seine Erscheinungsform war der Stier, das Symbol der Fruchtbarkeit. Als sein Wohnsitz wurde der Berg Sapan (Zaphon, der Djebel el-Agra) mit dem Palast des Baal angenommen. Im ugaritischen Mythos ist der Todesgott Mot Gegenspieler des Baal, der Mot zunächst unterliegt; Anat, die Göttin der Fruchtbarkeit, aber richtet Mot zugrunde und befreit Baal, der wiederaufersteht und in seinen Palast zurückkehrt. Dieser Wechsel der Herrschaft zwischen Baal und Mot steht im Zusammenhang mit dem Zyklus der Jahreszeiten (Fruchtbarkeit – Dürre).

100562

Ballonsonde. Vorbereitung zum Start eines Wetterballons an der AWIPEV-Forschungsbasis auf Spitzbergen

Babinet-Punkt, babinetscher Punkt [babi'nɛ-, nach dem französischen Physiker Jacques Babinet, *1794, †1872], →Himmelsstrahlung.

Baguio, regionale Bezeichnung auf den Philippinen für einen →tropischen Wirbelsturm.

Bali-Roadmap, auf der Weltklimakonferenz im Dezember 2007 auf Bali verabschiedetes Verhandlungsmandat, auf dessen Grundlage das Nachfolgeabkommen zum Kyoto-Protokoll basieren soll. Die 192 beteiligten Staaten einschließlich der USA formulierten keine konkreten Klimaschutzziele, sondern einigten sich auf eine Zusammenarbeit bis 2012 und darüber hinaus. Bis zur Klimaschutzkonferenz Ende 2009 in Kopenhagen soll ein neues Klimaschutzabkommen ausgehandelt werden. Viele Klimaschützer beurteilen das Verhandlungsmandat skeptisch, da vor allem auf Druck der USA keine Emissionsziele aufgenommen wurden. Allerdings ist ein Hinweis auf die Erkenntnisse des →IPCC enthalten. Dem vierten Klimareport des IPCC zufolge müssen die Treibhausgasemissionen bis 2050 um mehr als 50 % gesenkt werden, wenn die Erderwärmung auf rund zwei Grad begrenzt werden soll. Auch sollen die Emissionen nur noch bis 2015 ansteigen und danach zurückgehen. Für die Industrieländer wird in diesem Szenario für 2020 eine Reduzierung um 25 bis 40 % für erforderlich gehalten. Allerdings enthält der IPCC-Bericht auch weniger ehrgeizige Szenarien, die eine stärkere Erderwärmung in Kauf nehmen.

Außerdem wurde bei der Konferenz auf Bali ein Anpassungsfonds beschlossen, der vor allem Entwicklungsländer bei der Bewältigung der Folgen des Klimawandels unterstützen soll. Finanziert werden soll er durch eine Abgabe auf bestimmte Projekte im Rahmen des →Emissionshandels. Bis 2012 ist eine Gesamtsumme von 300 bis 500 Mio. US-Dollar geplant. Ebenfalls beschlossen wurden Regeln für den Technologietransfer, mit dem Industriestaaten Entwicklungsländern im Bereich Energieeffizienz und Umwelttechnik helfen sollen. Schließlich soll der Kampf gegen die Rodung tropischer Wälder, die erheblich zum Treibhauseffekt beiträgt, verstärkt und in den UN-Klimaschutzprozess integriert werden.

Ballonsonde [ba'lɔŋ-], unbemannter, wasserstoffgefüllter Ballon mit registrierenden aerologischen und/oder meteorologischen Geräten für Messungen in höheren Luftschichten der Atmosphäre. (→Radiosonde)

Ballontheodolit [ba'lɔŋ-], speziell für Zwecke der Aerologie konstruierter Theodolit, der früher zur Flugbahnverfolgung von aerologischen Ballons diente. Heute geschieht die Messung der Abdrift eines Ballons und damit der Geschwindigkeit des Höhenwindes mithilfe von Radargeräten.

Bar, Einheitenzeichen **bar** [zu griechisch báros »Schwere«, »Gewicht«], gesetzliche Einheit des Drucks, besonders des Luftdrucks (als spezieller Name für das 10^5-Fache der SI-Einheit Pascal):

$$1\,\text{bar} = 0{,}1\,\text{MPa} = 10^5\,\text{N/m}^2 = 10\,197{,}16\,\text{kp/m}^2 = 0{,}986\,923\,\text{atm} = 750{,}062\,\text{Torr}.$$

In der Meteorologie wird meist die kleinere Einheit **Millibar** (= Hektopascal) verwendet:

$$1\,\text{mbar} = 10^{-3}\,\text{bar} = 1\,\text{hPa}.$$

Barfrost, Blachfrost, Frost ohne Schneedecke.

barisches Windgesetz, *Meteorologie:* Aussage über die Beziehung zwischen Windrichtung und Luftdruck: Auf der Nordhalbkugel strömt der Wind (infolge der Coriolis-Kraft) im Uhrzeigersinn um ein Hochdruckgebiet, gegen den Uhrzeigersinn um ein Tiefdruckgebiet; dabei bewirkt in den untersten Luftschichten die Reibung an der Erdoberfläche, dass die Luft spiralförmig aus Gebieten hohen Luftdrucks in Gebiete niederen Luftdrucks strömt; hieraus folgt die **Buys-Ballot-Regel,** nach welcher der tiefe Druck links (auf der Südhalbkugel rechts) liegt, wenn man dem Wind den Rücken zukehrt.

Barograf, mit einer Schreibvorrichtung versehenes Barometer, das den zeitlichen Verlauf der Luftdruckschwankungen während eines Zeitraums (meist sieben Tage) als **Barogramm** auf einer von einem Uhrwerk gedrehten Papierwalze aufzeichnet; vorwiegend in Form eines **Aneroidbarografen** (mit einem Aneroidbarometer als Messgerät).

baroklin, ein Zustand der Atmosphäre, bei dem die Flächen gleichen Luftdrucks gegenüber den Flächen gleicher Dichte bzw. Temperatur geneigt sind, sodass sich Schnittlinien ergeben. Auf einer Luftdruckfläche herrschen deshalb unterschiedliche Temperaturen, und der Abstand zweier Luftdruckflächen ist jeweils von der horizontal uneinheitlichen Mitteltemperatur zwischen den beiden Flächen abhängig. Die Neigung übereinanderliegender Luftdruckflächen ist deshalb verschieden, sodass sich auch der Wind mit der Höhe ändert. Eine horizontale Strömung in einer Luftdruckfläche hat wegen der nicht einheitlichen Temperaturverteilung immer auch eine Temperaturänderung zur Folge.

■ **Baroklinität** Baroklinität ist die Voraussetzung u. a. für Energieumwandlungen, für die Bildung von Störungen sowie für die Vertiefungen und Auffüllungen von Tiefdruckgebieten in der Atmosphäre. Die reale Atmosphäre ist immer baroklin geschichtet. Allerdings kann die Stärke der Baroklinität sehr unterschiedlich sein. In der Horizontalen gibt es weite Gebiete einheitlicher Luftmassen, in denen die Baroklinität nur schwach ist, und schmale Gebiete des Übergangs von einer Luftmasse zu einer anderen, in der die Baroklinität sehr hohe Werte erreichen kann. Auch in der Vertikalen kann die Baroklinität unterschiedlich sein, erkennbar an dem Maß der Temperaturadvektion in verschiedenen Höhenstufen.

barokline Wellen, Wellen in einer baroklinen Atmosphäre. Sie sind verbunden mit der Entwicklung von Hoch- und Tiefdruckgebieten am Boden und weisen als Folge der Baroklinität eine deutliche Verschiebung zu den gleichzeitigen Temperaturwellen auf. Barokline Wellen sind zahlreicher als lange Rossby-Wellen. Sie werden von diesen gesteuert, verlagern sich rasch und ändern dabei ihre Amplitude, die im Allgemeinen mit der Höhe abnimmt.

Barometer, Gerät zur Messung des Luftdrucks.

■ **Flüssigkeitsbarometer** Bei den Flüssigkeitsbarometern wird das auf die Flächeneinheit bezogene Gewicht einer dem Luftdruck das Gleichgewicht haltenden Flüssigkeitssäule gemessen. Speziell bei **Quecksilberbarometern** geschieht dies durch Messen der Länge einer auf 0 °C und Normalschwere reduzierten Quecksilbersäule, die bei einer Länge von 760 mm einen Druck von 1013,25 Millibar (= 1013,25 · 10^2 Pa) ausübt.

Das erste Quecksilberbarometer wurde 1643 von E. Torricelli erfunden, der beobachtete, dass sich die Höhe der Quecksilbersäule je nach Wetterlage verändert. Er führte diese Beobachtung auf den Luftdruck zurück und nutzte sie zur Konstruktion von Barometern. **Gefäßbarometer** bestehen aus einem mit Quecksilber gefüllten Gefäß, auf das die Außenluft wirkt und in das ein einseitig geschlossenes, vollständig mit Quecksilber gefülltes Rohr **(Torricelli-Rohr)** mit der (vorübergehend geschlossenen) Öffnung nach unten gestellt ist. Wird die Öffnung freigegeben, so fällt im Rohr die Flüssigkeit so weit, bis der Druck der verbleibenden Säule gleich dem äußeren Luftdruck ist; oberhalb der Flüssigkeitssäule bildet sich ein luftleerer Raum **(torricellisches Vakuum).** Die Höhe der Flüssigkeitssäule ist ein Maß für den Luftdruck. Schwankungen des

100563

Barometer. Evangelista Torricelli erfand das Quecksilberbarometer.

Kälte im November bringt häufig **Barfrost** mit sich. Da der Boden nicht durch eine Schneedecke geschützt ist, dringt der Frost in ihn ein und schadet der Aussaat:
Bringt November Morgenrot, der Aussaat dann viel Schaden droht.

BAROMETER: WETTERTABELLE	
starkes, schnelles Steigen	unbeständiges, stürmisches Wetter, Niederschläge in Böen, Nachtfrostgefahr bei nordwestlichen und nördlichen Winden; bei kräftigem Temperaturabfall Aussicht auf Besserung
langsames, stetiges Steigen	beständiges Wetter
sehr hoher Stand	im Winter sehr kalt, im Sommer mäßig warm
beginnendes Fallen	Verschlechterung des Wetters
schnelles Fallen	rasch fortschreitender Sturm
langsames Fallen	ausgiebige Niederschläge
sehr tiefer Stand	im Winter mild, im Sommer kühl

Quecksilberspiegels im Gefäß infolge Luftdruckänderungen werden hier durch Verschieben der Messskala kompensiert, bei **Fortinbarometern** mithilfe eines durch eine Schraube von unten her verschiebbaren Gefäßbodens. **Heberbarometer** bestehen aus u-förmig gebogenen Glasrohren mit einem geschlossenen Schenkel, der das Torricelli-Rohr bildet, und einem offenen Schenkel mit der Funktion des Barometergefäßes; der Barometerstand ergibt sich aus der Differenz der Skalenablesung am oberen und unteren Quecksilberspiegel. Das genaueste Luftdruckmessungen erlaubende **Gefäßheberbarometer** ist eine Kombination von Heber- und Fortinbarometer.

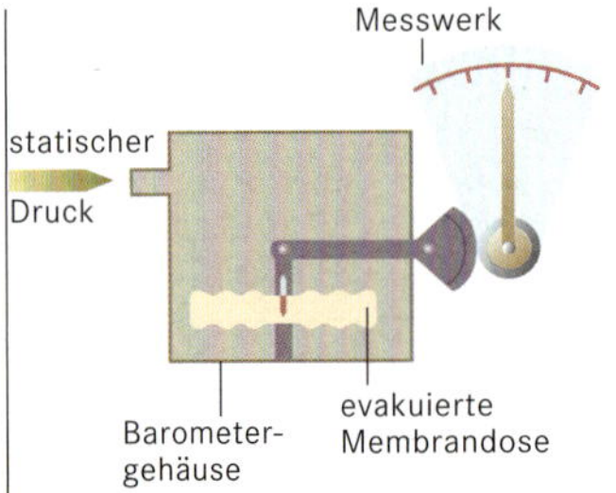

Barometer. Aneroidbarometer

■ **Aneroidbarometer** Von anderer Art sind die **Aneroidbarometer** (auch **Metallbarometer, Dosenbarometer** oder **Federbarometer** genannt), bei denen die elastische Verformung von fast oder ganz luftleeren metallischen Hohlkörpern, besonders einer oder mehreren Vidie-Dosen, ein Maß für den auf diese wirkenden Luftdruck ist; die Formänderungen der Hohlkörper werden durch ein Hebelsystem verstärkt und auf einen Zeiger oder eine Schreibvorrichtung (→Barograf) übertragen.

■ **Weitere Ausführungen** Auch die **Bourdon-Röhre,** eine ringförmig gebogene, flache, luftleere Metallröhre, wird zu Luftdruckmessungen verwendet, ebenso das als **Siedebarometer** bezeichnete Hypsometer, bei dem der Luftdruck durch die Bestimmung des Siedepunktes von Flüssigkeiten (meist destilliertes Wasser) gemessen wird.

barometrische Höhenformel, Formel, die den Zusammenhang zwischen Luftdruck p und Höhe h bei einheitlicher absoluter Temperatur T in der Atmosphäre beschreibt und über Messungen des Luftdrucks in zwei verschiedenen Höhen die Bestimmung der Höhendifferenz erlaubt **(barometrische Höhenmessung).** Ist p_0 der Druck in der Höhe h_0, so gilt:

$$p = p_0 \cdot e^{-(h-h_0)/RT} \text{ oder } h-h_0 = RT \cdot \ln(p_0/p),$$

wobei $R = 29{,}7$ m/K die durch die molare Masse der Luft und die Fallbeschleunigung dividierte allgemeine Gaskonstante ist. Die barometrische Höhenformel wird bei der Eichung von barometrischen Höhenmessern, bei der Höhenmessung und in der Aerologie herangezogen. Für genaue Berechnungen müssen auch der Wasserdampfgehalt der jeweiligen Luftschicht (Verwendung der virtuellen →Temperatur) sowie die Änderung der Fallbeschleunigung mit der Höhe und der geografischen Breite berücksichtigt werden.

barometrische Höhenstufe, der Höhenunterschied (in Metern) zwischen zwei Punkten, deren Luftdruck um 1 hPa verschieden ist. Dieser Höhenunterschied ist abhängig von der Luftdichte; in Meereshöhe beträgt er 8 m für 1 hPa. Mit zunehmender Höhe (und abnehmendem Luftdruck) vergrößert sich die barometrische Höhenstufe und liegt in 5500 m ü. M. bei 16 Metern.

Barothermograf, Kombination von →Barograf und →Thermograf zur gleichzeitigen Registrierung von Luftdruck und Lufttemperatur.

barotrop, Bezeichnung für einen Zustand der Atmosphäre, bei dem die Flächen gleichen Luftdrucks und gleicher Dichte bzw. gleicher Temperatur parallel verlaufen. Die Dichte und die Temperatur sind dann eindeutig durch den Luftdruck bestimmt, d. h., jedem Luftdruckwert sind feste Werte der Temperatur und der Luftdichte zugeordnet. Auf jeder Luftdruckfläche herrschen deshalb jeweils einheitliche Temperaturen und zwischen zwei beliebigen Luftdruckflächen einheitliche Mitteltemperaturen. Die Neigung der Luftdruckflächen ist in allen Höhen die gleiche; somit ändern sich auch Windrichtung und Windgeschwindigkeit mit der Höhe nicht.

■ **Barotropie** Barotropie kann theoretisch durch verschiedene Annahmen erreicht werden; so kann man z. B. die Dichte oder die Temperatur oder auch die potenzielle Temperatur in der gesamten Atmosphäre als konstant annehmen. Da es in einer baroklinen Atmosphäre keine Schnittpunkte zwischen Isobaren und Isothermen gibt, kann keine Temperaturadvektion auftreten; ebenso wenig kann es zu thermodynamischen Energieumwandlungen und zu Entwicklungsprozessen (Zyklogenesen, Antizyklogenesen) kommen.

Bart, ein Taifun, der sich am 17. September 1999 östlich von Taiwan entwickelte und von dort nach Nordwesten zog. Am 20. September erreichte er Taifunstärke, zog an Okinawa vorbei und traf am 23. September auf Kyūshū, die südlichste der vier Hauptinseln Japans. Durch Überschwemmungen und Erdrutsche infolge des Taifuns kamen in Japan über 30 Menschen ums Leben. Der volkswirtschaftliche Schaden belief sich auf 5 Milliarden US-Dollar.

Bauernregeln, Volkswetterregeln, volkstümliche Merksprüche (häufig als Reim) der Wettervorhersage und der Ernteweissagung, auch Regeln über bäuerliche Arbeitstermine, über Aderlass und Gesundheit; Tages- und Monatsregeln, Gewittersprüche sowie Tier- und Pflanzendeutungen. Bauernregeln beruhen zum Teil auf örtlichen Wetterbeobachtungen für Lostage, sind zum Merken und Weitergeben oft prägnant formuliert und machen einen großen Teil der volkstümlichen Spruchweisheit aus.

■ **Entstehung und Hintergrund** Das Wettergeschehen als bedeutender Umweltfaktor hat die Menschen schon immer interessiert, lange bevor die physikalischen Ursachen einzelner Wetterphänomene bekannt waren. Es bestand besonders im ländlichen Raum ein starkes Interesse an meteorologischen Voraussagen, die v. a. für die Landwirtschaft wichtig waren. Der Arbeitsrhythmus im Jahr, Ernteaussichten und damit die Sicherung des Lebensunterhalts waren primär von Witterungseinflüssen und damit von Wetterbeobachtungen abhängig. Aber auch andere Berufsgruppen wie Gärtner, Winzer, Fischer und Seefahrer waren stark an das Wetter gebunden.

Bauernregeln entstanden über einen langen Zeitraum aus Naturbeobachtung und Erfahrung, im Wunsch nach Deutung und Einordnung, oft auch mit bewusstem Bezug zur kalendarischen Ordnung, zur Abfolge der Heiligen- und Festtage, mitunter auch nur durch Analogiebildung und geprägt von abergläubischen Vorstellungen. Sie sind – angepasst an die jeweiligen klimatischen Verhältnisse – in allen Kulturen, von Lappland bis Portugal, in Brasilien oder bei den Indianern Nordamerikas, zu finden und häufig in Volkskalendern (am bekanntesten: hundertjähriger Kalender), die seit Beginn der Neuzeit sehr populär waren, überliefert.

■ **Einteilung** Man kann die Bauernregeln inhaltlich in verschiedene Gruppen fassen: **Wetterregeln** treffen eine Aussage über die kurzfristige Wetterentwicklung (z. B. »Morgenrot – schlecht Wetter droht«); **Witterungsregeln** deuten auf den nach einem bestimmten Zeitraum zu erwartenden Wettercharakter einer längeren Zeitspanne hin (z. B. »Regnet es am Siebenschläfertag, es noch sieben Wochen regnen mag«); **Ernteregeln** dienen der Erntevorhersage (z. B. »Ist der Mai kühl und nass, füllt's dem Bauern Scheun' und Fass«); **kalendergebundene Regeln** berücksichtigen Lostage für die Prognose (z. B. für die »Eisheiligen«: »Pankraz, Servaz, Bonifaz und die kalte Sophie, vorher lach nie«); **Tier- und Pflanzenregeln** leiten aus dem Verhalten von Tieren und dem Wachstum von Pflanzen Aussagen über Wetter und Witterung ab (z. B. »Bleiben die Schwalben lange, sei vor dem Winter nicht bange«).

■ **Geschichte** Bauernregeln sind aus allen Kulturen bekannt. Schon in einer griechischen Schrift des 3. Jahrhunderts v. Chr. findet sich der Spruch »Nordwind, der bei Nacht entsteht, bis zum dritten Tag vergeht«, und eine römische Bauernregel aus dem 4. Jahrhundert lautet: »Winterstaub und Frühjahrsregen bringt, Camill, dir Erntesegen.« In Deutschland ist der erste Hinweis auf Bauernregeln bei Albertus Magnus (* um 1200, † 1280) zu finden; in seinen lateinischen Abhandlungen sind Bezeichnungen wie »bäuerliche Beobachtungen« und Ähnliches überliefert. Frühe Sammlungen von Bauernregeln stammen von dem Astrologen Johannes Rasch (1590) und dem Prediger Johannes Colerus (1591), dessen Werk in vielen Auflagen weit verbreitet war.

Das bäuerliche Leben des Mittelalters war – da nur wenige Lesen und Schreiben konnten beziehungsweise einen eigenen Kalender besaßen – an kirchlichen Festtagen orientiert. Nach diesen richteten sich z. B. die Abgaben (»Zehnt«). Wahrscheinlich deshalb (nicht, weil man den entsprechenden Heiligen diesbezügliche Kräfte zugeschrieben hat) dienen den meisten Witterungsregeln kirchliche Heiligentage als Bezugspunkte (z. B. Dreikö-

BAUERNREGELN. ***Alles Unsinn?***

Bauernregeln sind mit ihren – oft nur regional begrenzten – Aussagen über das künftige Wettergeschehen und den Witterungsablauf Volksweisheiten, die ursprünglich für Alltag und Arbeit bestimmt waren und als konkrete Verhaltenshinweise entstanden sind. Die meisten Klimaregeln finden eine Entsprechung im Singularitätenkalender, der für bestimmte Zeiträume statistisch nachweisbare Temperaturbesonderheiten verzeichnet. Zumeist entstammen Bauernregeln einer sehr sorgfältigen Naturbeobachtung. Ihre Aussagekraft hängt aber vom Umfeld ab: Eine im Alpenraum gültige Aussage muss in Norddeutschland nicht unbedingt gelten, und eine Ernteregel hat einen ganz anderen Zweck als die kurzfristige Wetterprognose. Dass sich die Lostage mit der Einführung des gregorianischen Kalenders um zehn Tage verschoben haben, ist bei Regeln aus »vorgregorianischer« Zeit ebenso zu berücksichtigen wie die zunehmende Erwärmung des Klimas. Schließlich geben die Bauernregeln keine Naturgesetze wieder, sondern sie sind statistische Aussagen, die mit einer bestimmten Wahrscheinlichkeit zutreffen. Die meteorologische Bedeutung der Regeln liegt meist in der Erhaltungstendenz einer Hochdruckwetterlage begründet.
Absurd ist dagegen der Glaube an den »hundertjährigen Kalender«, denn dieser geht von einer konstruierten Periodizität des Wetters und der Witterung aus, die sich statistisch nicht nachweisen lässt.

nigstag, 6. 1.; Mariä Lichtmess, 2. 2.; Siebenschläfer, 27. 6.).

Es ist jedoch schwierig, die Lostage der Bauernregeln genau zu bestimmen, wenn unbekannt ist, wann die Regeln entstanden sind. Im Jahr 46 v. Chr. war der julianische Kalender eingeführt worden; mit der Kalenderreform von Papst Gregor XIII. (1582, Verschiebung um zehn Tage) änderten sich natürlich auch die Lostage der Regeln aus der Zeit des julianischen Kalenders: Wenn vom Siebenschläfertag, dem 27. 6., die Rede ist, müsste heute vom 7. 7. ausgegangen werden. Besonders deutlich werden die Probleme, wenn man dann noch berücksichtigt, dass der gregorianische Kalender in einigen protestantischen Ländern erst im späten 18. Jahrhundert, in Osteuropa erst im 20. Jahrhundert eingeführt wurde.

Bauklimatologie, Gebäudeklimatologie, Zweig der Klimatologie, der sich mit Temperatur-, Wind-, Licht- und Strahlungsverhältnissen an und in Bauwerken sowie deren Rückwirkungen auf die lokale bioklimatische Situation in Städten befasst. Die Bauklimatologie will damit zur Verbesserung der Bauhygiene beitragen.

100674

Baumgrenze. In Hochgebirgen wie den Alpen wird die Baumgrenze meist von hohen Gipfeln überschritten; je nach geografischer Breite variiert ihre Höhe jedoch erheblich.

Baumgrenze, klimabedingte Wachstumsgrenze für Bäume, die durch Kälte, Trockenheit oder Kürze der Vegetationszeit bestimmt ist. In den Tropen bis zu 4200 m ü. M., in den Alpen bei etwa 1900 bis 2400 m ü. M., bei 60° s. Br. und 70° n. Br. auf Meeresniveau.

Baumringchronologie, die →Jahresringchronologie.

Baur, Franz, deutscher Meteorologe, *München 14. 2. 1887, †Bad Homburg v. d. Höhe 20. 11. 1977; war ab 1930 Professor in Frankfurt am Main, 1929–45 Leiter des Instituts für langfristige Witterungsvorhersage in Bad Homburg v. d. Höhe; schuf Grundlagen für die Großwetterkunde und die langfristige Wettervorhersage.

Bayamos, heftige tropische Gewitterstürme, die vom Land aus auf die Südküste Kubas hereinbrechen, vor allem auf die Bucht von Bayamo. Sie erzeugen Böen bis Orkanstärke und sind von heftigen Regenschauern begleitet.

Beaufort ['bəʊfət], Sir (seit 1848) Francis, britischer Admiral, *Navan (Irland) 7. 5. 1774, †Hove (Sussex, England) 17. 12. 1857. Bereits mit 13 Jahren ging Beaufort als Schiffsjunge zur Marine und entwickelte ein starkes meteorologisches Interesse. Er legte ein Journal an, in dem er mit kurzen Kommentaren das generelle Wetter aufzeichnete. Mit 22 Jahren wurde Beaufort Leutnant, mit 29 Jahren erhielt er sein erstes Kommando auf der H.M.S. Woolwich, einem Kriegsschiff. 1806, während eines Aufenthalts vor Montevideo, entwickelte er die später nach ihm benannte Windskala. Diese beruhte auf der Idee, den Wind nicht direkt zu messen, sondern die Windstärke aus bestimmten optischen Anzeichen abzuleiten, ohne meteorologisches Messgerät. Ursprünglich bestand die Skala aus 13 unterschiedlichen Windstärken von 0 bis 12. Die Stärken 2 bis 4 beschrieben die Geschwindigkeit in Knoten, die ein Schiff bei voll gesetzten Segeln in ruhigem Wasser vorantreibt. Für die Stärken 5 bis 9 gab Beaufort die zu setzenden Segel an, für die höchsten Windstärken die Maßnahmen, um Stürmen standzuhalten.

1812 wurde Beaufort im östlichen Mittelmeer bei einem Gefecht mit türkischen Piraten verletzt und kehrte daraufhin in seine Heimat zurück. 1817 erschienen in England die Aufzeichnungen seiner Reise; sie wurden unter dem Titel »Reise durch Klein-Asien, Armenien und Kurdistan« auch in Deutschland veröffentlicht.

1829 wurde Beaufort, der ein brillanter Kartenzeichner war, zum Hydrografen der Admiralität bestellt, 1838 führte die Marine offiziell seine Windskala ein. 1846 stieg er zum Konteradmiral auf, 1848 wurde er von Königin Victoria in den Bathorden zweiter Klasse berufen. Als die britische Regierung 1831 die »Beagle« auf eine weitere Vermessungsreise unter der Leitung von Robert FitzRoy nach Südamerika startete, fuhr auf Geheiß Beauforts Charles Darwin mit, der auf dieser Reise den Grundstein seiner Evolutionstheorie legte.

Erst 1855 trat Beaufort in den Ruhestand. Ihm zu Ehren wird das Polarmeer nördlich von Alaska Beaufort-See genannt.

Beaufortskala ['bəʊfət-; nach dem britischen Admiral Sir Francis Beaufort, *1774, †1857], →Windstärke.

Beckmann-Thermometer [nach dem deutschen Chemiker Ernst Otto Beckmann,

*1853, †1923], ein spezielles Quecksilberthermometer zur genauen Messung (bis auf 10^{-3} K) kleiner Temperaturdifferenzen in verschiedenen Temperaturbereichen (v.a. bei der Bestimmung von Reaktionswärmen in Kalorimetern und bei der Molekülmassenbestimmung); eine im oberen Teil schleifenförmige Erweiterung der Kapillare, in die ein Teil der Quecksilberfüllung gebracht werden kann, ermöglicht die Verschiebung des 5–6 °C breiten Messbereichs.

Bedeckung, *Meteorologie:* →Bewölkung.

Beißindex, →Anglerwetter.

Belat, im südlichen Saudi-Arabien und in Oman auftretender Wind, der vorwiegend aus nördlichen Richtungen kommt. Er kann zeitweise Sturmstärke erreichen und hat aufgrund des aufgewirbelten und mitgeführten Sandes Sichtverschlechterungen zur Folge.

Benzenberg, Johann Friedrich, deutscher Physiker, Astronom und Publizist, *Schöller (heute zu Wuppertal) 5. 5. 1777, †Bilk (heute zu Düsseldorf) 7. 6. 1846; Studium der Theologie in Marburg und der Mathematik in Göttingen; Gymnasiallehrer in Hamburg und Düsseldorf; führte mit H. W. Brandes 1798–1800 in Göttingen erste exakte Beobachtungen von Meteoren durch und bestimmte deren Höhen und Geschwindigkeiten. Mit der 1802–04 bei Fallversuchen nachgewiesenen Ostabweichung fallender Körper lieferte Benzenberg einen empirischen Beweis für die Erdrotation.

Beobachtung *Sonderartikel Seite 40/41*

Beobachtungstermin, *Meteorologie:* feste Uhrzeit, zu der die Beobachtungen der meteorologischen und/oder Klimaelemente durchgeführt werden. Man unterscheidet noch zwischen acht (dreistündlich) synoptischen Terminen (00, 03, 06, 09, 12, 15, 18, 21 Uhr UTC) und drei Klimaterminen (07, 14, 21 Uhr MOZ [mittlere Ortszeit]; **Mannheimer Stunden**) je Tag, jedoch besteht der Trend zur Vereinheitlichung des synoptischen und klimatologischen Beobachtungsdienstes, d.h. zur Angleichung der Beobachtungstermine.

Bergener Schule, die →norwegische Schule.

Bergeron [bɛrʒəˈrɔŋ], Tor, schwedischer Meteorologe, *Godstone (bei London) 15. 8. 1891, †Uppsala 13. 6. 1977; Mitarbeiter von V. Bjerknes an den Arbeitsmethoden der modernen Wettervorhersage, entwickelte zus. mit Walter Findeisen die Theorie der Bildung von Niederschlägen aus Mischwolken (**Bergeron-Findeisen-Prozess**).

Bergeron-Findeisen-Theorie [bɛrʒəˈrɔŋ-, nach T. Bergeron und Walter Findeisen, *1909, †1945], Theorie, die die Entstehung großtropfigen Regens in den außertropischen Breiten dem Wachstum von Eiskristallen auf Kosten der Wassertropfen in den Mischwolken zuschreibt. Während in den Tropen die Atmosphäre infolge hoher Verdunstung so viel Wasserdampf enthält, dass großtropfiger Regen allein durch Kondensation und Zusammenfließen von Wassertröpfchen bei Berührung entsteht, reicht in den außertropischen Breiten der Feuchtegehalt der Luft für ein Tröpfchenwachstum auf die für großtropfigen Regen erforderliche Größe allein durch Kondensation nicht aus. Außerdem stehen hier so viele Kondensationskerne zur Verfügung, dass nicht einige große, sondern sehr viele kleine Wolkentröpfchen (Durchmesser 0,02–0,10 mm), mitunter auch Sprühregentropfen (Durchmesser 0,10–0,50 mm) gebildet werden.

Nach der Bergeron-Findeisen-Theorie erfolgt die Bildung von Regentropfen (Durchmesser 0,50–5,0 mm) über die Eisphase der Wolkenelemente. In den in größere Höhen reichenden Wolken befinden sich im Temperaturbereich zwischen −10 °C und −35 °C unterkühlte Wassertröpfchen und Eiskristalle nebeneinander. Bei gleicher Oberflächengestalt ist aber der Sättigungsdampfdruck über Eis niedriger als über Wasser, d.h., die Wolkenluft ist über den Wassertröpfchen ungesättigt, sodass diese verdunsten und der Wasserdampf sich durch Sublimation an den Eiskristallen niederschlägt. Eine weitere Vergrößerung der Eiskristalle erfolgt durch Berührung und Anfrieren von unterkühlten Tröpfchen, Verhaken von mehreren Schneekristallen und durch Anziehungskräfte bei entgegengesetzter elektrischer Ladung. Werden die Eiskristalle wegen ihrer Größe nicht mehr vom Aufwind in den Wolken getragen, beginnen sie zu fallen und schmelzen bei Erreichen des Temperaturbereichs über 0 °C, sodass sie als großtropfiger Regen am Erdboden ankommen. Im Winter unterbleibt meistens das Aufschmelzen, und der Niederschlag fällt als Schnee.

Bergklima, →Höhenklima.

Berg- und Talwind, in Gebirgen an Schönwettertagen auftretendes tagesperiodisches Windsystem, bewirkt durch die gegenüber der freien Atmosphäre tagsüber stärkere Erwärmung (infolge kräftiger Sonneneinstrahlung am Berg und dadurch aufsteigender Luftmassen) und nächtliche Abkühlung (durch stärkere Ausstrahlung an den Hängen und auf den Hochflächen sich bildende und abfließende Kaltluft). Dabei überlagern sich ein gegen Mittag einsetzender und gegen Abend abflauender, talaufwärts gerichteter Wind (Talwind) mit einem Hangaufwind, der von Sonnenaufgang bis Sonnenuntergang weht, und ein vom späten Abend bis zum Morgen talabwärts wehender Bergwind mit einem Hangabwind; es kommt dabei zu komplizierten Überschneidungen der Windsysteme.

Berliner Phänomen, die erstmals 1952 von dem Meteorologen R. Scherhag über Berlin festgestellte plötzliche starke Erwärmung

Fortsetzung S. 42

SIR FRANCIS BEAUFORT
***1774, †1857**

103509

interessierte sich schon als Schiffsjunge für Meteorologie

war Hydrograf der Admiralität

entwickelte die nach ihm benannte Windskala

100562

1

BEOBACHTUNG

1) Wer nicht nur über das Wetter reden will, kann es mit einfachen Mitteln selbst beobachten.

Es gibt kaum einen Menschen, der nicht am Wetter interessiert ist. Viele müssen sich beruflich dafür interessieren, etwa Piloten und Besitzer von Biergärten. Andere planen ihre Freizeit danach, wie Wanderer und Segler. Alle reden also vom Wetter – und informieren sich darüber. Eine Vielzahl an Informationsquellen steht zur Verfügung: die täglichen Wettervorhersagen in Zeitung, Radio und Fernsehen, Satellitenbilder aus dem Internet, Wetterstationen fürs eigene Wohnzimmer mit vielen Funktionen und vieles mehr. Dennoch verspüren auch gut informierte Menschen den Wunsch, das Wetter selbst zu messen, zu protokollieren und vorherzusagen.

Wetterprotokoll

A und O der Wetterbeobachtung ist eine regelmäßige Wetteraufzeichnung. Auch die professionelle Wettervorhersage arbeitet letztlich nicht anders: Aus dem aktuellen Zustand der Atmosphäre wird eine Prognose für die weitere Wetterentwicklung abgeleitet. Am Beginn der eigenen Wetterbeobachtung steht also der Entwurf eines Beobachtungsbogens, man findet aber auch zahlreiche Vorlagen im Internet. Ganz gleich, für welche Version man sich entscheidet: Wichtig ist eine vollständige und immer zur gleichen Zeit erfolgende Aufzeichnung – ansonsten ist die Aussagekraft nur schwach. Eine gewisse Disziplin ist also notwendig, aber man stellt schnell fest: Langweilig wird das Wetter nie.

Zu den instrumentell messbaren Wetterdaten zählen die Temperatur, die Niederschlagsmenge und der Luftdruck. Diese Parameter bilden das Zentrum der Wetteraufzeichnung. Darüber hinaus müssen im Wetterprotokoll aber weitere Beobachtungen festgehalten werden: die Bewölkung, die Windrichtung, die Schneedecke, die Zahl der Sonnenscheinstunden – bis hin zur Vegetationsphase und dem Verhalten von Tieren. War es neblig am Morgen? Gab es ein Gewitter am Nachmittag? Vielleicht mit Hagel?

Messinstrumente

Eine professionelle Wetterhütte kostet einige Tausend Euro. Dieser Aufwand muss in der »offiziellen« Meteorologie betrieben werden, für den Privatgebrauch leisten aber auch einfache Instrumente aus dem Bau- oder Elektronikmarkt für wenige Euro gute Dienste. Das Thermometer muss für den Außenbereich geeignet sein und am besten eine Minimum-Maximum-Funktion besitzen, um in das Beobachtungsprotokoll Tageshöchst- und -tiefstwerte eintragen zu können. Wer richtige Tagesmittelwerte bestimmen will, muss allerdings mehrmals täglich die Temperatur messen, mindestens zu den Mannheimer Stunden um 7, 14 und 21 Uhr mitteleuropäischer Zeit. Bequem sind natürlich Funkthermometer mit einem Außensensor. Welches Thermometer man letztendlich benutzt, ist zweitrangig – wichtig ist der Standort: zwei Meter über dem Boden, ohne direkte Sonneneinstrahlung und möglichst weit weg vom wärmenden Haus. Optimal ist natürlich ein (weiß gestrichenes!) Wetterhäuschen, das man sich mit etwas handwerklichem Geschick selbst zimmern und an einem günstigen Platz, etwa auf einer Wiese, aufstellen kann. Ein brauchbarer Standort ist auch die Nordseite eines Baumstamms.

2

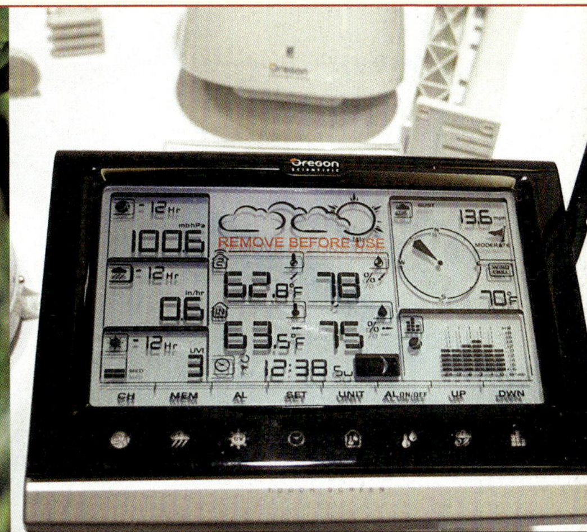

100562

3

2) Dazu zählt auch die Beobachtung der Natur, etwa des Zeitpunkts der Apfelblüte.

3) Leistungsfähige Wetterstationen sind inzwischen auch für Hobbymeteorologen erschwinglich.

Für die Niederschlagsmessung reicht im Prinzip ein Messbecher mit einer trichterförmigen Öffnung und einer Skala. Will man es genauer haben, sollte man auf den sogenannten Niederschlagsmesser nach Hellmann zurückgreifen, der auch bei den Wetterdiensten Standard ist. Die Niederschläge fallen in eine präzise festgelegte Öffnungsfläche und können auf den Millimeter genau auf die vergleichbare Angabe »Niederschlag pro Quadratmeter« hochgerechnet werden. Auch automatisch arbeitende Funkregenmesser sind inzwischen erschwinglich. Bei dieser Messung füllt sich eine Schale mit Niederschlägen. Hat sie ein bestimmtes Gewicht erreicht, kippt die Schale und entleert sich. Aus der Anzahl der Kippbewegungen wird die Niederschlagsmenge berechnet, gespeichert und an die Basisstation übertragen. Auch für den Niederschlag gilt unabhängig vom Gerät: Eine einwandfreie Messung benötigt einen geeigneten Standort des Regenmessers, der typisch für das lokale Klima ist und auch die Registrierung schräg einfallenden Niederschlags zulässt. Und im Winter? Will man auch die gefallene Schneemenge messen, braucht der Auffangbehälter eine Heizung, um den Schnee zunächst zu schmelzen. Wer diesen Aufwand scheut, beschränkt sich in der kalten Jahreszeit auf die Regenmenge und gegebenenfalls die Schneehöhe.

Den Luftdruck erfasst man mit einem Barometer. Auch dieses Instrument gibt es inzwischen natürlich digital, mit dem Vorteil, dass die Messwerte direkt gespeichert werden. Wer ordentlich und regelmäßig misst und sein Wettertagebuch führt, kann darauf verzichten und auf das »klassische« analoge Barometer zurückgreifen, das vielleicht im Wohnzimmer hängt, meistens kombiniert mit einem Hygrometer zur Luftfeuchtemessung. Viele Wanderer und Bergsteiger besitzen auch einen Höhenmesser, der ja nichts anderes als ein Barometer ist. Bei einem Barometer spielt der Standort keine Rolle – der Luftdruck im Garten unterscheidet sich nicht von dem in der Wohnung –, beim Hygrometer schon. Funkwetterstationen mit einem Außensensor liefern in der Regel aber neben der Temperatur auch eine Feuchtigkeitsmessung.

Bliebe noch die Windrichtung, aber die lässt sich ja an allem ablesen, was sich im Wind bewegt: Bäume, Sträucher, Wetterhähne, Rauchfahnen. Nützlich dabei ist natürlich ein Kompass.

Hobby Meteorologie

Wer Geschmack an der Meteorologie gefunden hat, der wird irgendwann sicher mit der Anschaffung einer vollautomatischen Funkwetterstation liebäugeln, die es selbst in semiprofessioneller Qualität schon für wenige Hundert Euro zu kaufen gibt. Hier ist alles integriert, was man zum Wettermessen braucht: Thermometer, Barometer, Hygrometer, Windmesser, Niederschlagsmesser und eine Basisstation, welche die alle paar Minuten gemessenen Daten sammelt und für die Weiterverarbeitung am Computer bereithält. Mit einem geeigneten Programm kann man die Wetterdaten auf dem PC grafisch aufbereiten und Jahresstatistiken daraus erstellen. Um eine fundierte Antwort auf die Frage »Und wie ist bei euch so das Wetter?« wird man dann nie mehr verlegen sein.

Fortsetzung von S. 39
der Stratosphäre gegen Ende des Winters. Sie tritt nahezu in jedem nordhemisphärischen Winter auf, im südhemisphärischen Winter nur sehr bedingt. Die Ursachen der Stratosphärenerwärmungen sind Zirkulationsstörungen durch planetarische Wellen. Diese werden u.a. an den großen Gebirgszügen der Nordhemisphäre angeregt und breiten sich durch die Troposphäre bis in die Stratosphäre aus.

Bewölkung. Meteorologen sprechen von einem klaren Himmel, wenn weniger als 30 % mit Wolken bedeckt sind.

Bermudahoch, über dem Nordatlantik im Gebiet der Bermudainseln häufig anzutreffendes Hochdruckgebiet; Teil des subtropischen Hochdruckgürtels; bedeutsam für Wetter, Witterung und Klima im Südosten der USA und auf den Westindischen Inseln.

Berson, Joseph Arthur Stanislaus, deutscher Meteorologe und Aeronaut, *Neusandez 6. 8. 1859, †Berlin 3. 12. 1942; seit 1899 Hauptobservator am Königlich Preußischen Aeronautischen Observatorium; führte zahlreiche Ballonfahrten durch (1901 erstmals bis zu einer Höhe von 10800 m), bei denen er das Vorhandensein der Stratosphäre nachwies.

Bestrahlungsstärke, Formelzeichen E, E_e, SI-Einheit ist Watt pro Quadratmeter ($\mathrm{W/m^2}$); der Quotient aus dem auf eine Fläche A auftreffenden →Strahlungsfluss Φ und dieser Fläche: $E = \Phi/A$, genauer $E = \mathrm{d}\Phi/\mathrm{d}A$. Die entsprechende fotometrische Größe ist die Beleuchtungsstärke.

Beugung, *Physik:* **Diffraktion,** allgemein jede Abweichung der Ausbreitung eines Wellenvorgangs oder einer Strahlung – insbesondere von Licht – von der ursprünglichen Richtung der Wellennormalen bzw. der Strahlrichtung, die von Hindernissen oder auch von Dichteänderungen des durchquerten Mediums verursacht wird und nicht auf Brechung oder Reflexion daran zurückzuführen ist, sondern allein auf der Wellennatur des Vorgangs bzw. der Strahlung beruht und daher stets mit Interferenz verbunden ist. Eine scharfe begriffliche Abgrenzung zur →Streuung ist nicht möglich; meist spricht man im Grenzfall der Beugung von Licht an sehr kleinen Teilchen von Streuung des Lichts.

Die optische Beugung tritt an Öffnungen und Hindernissen im Strahlengang, z.B. Wolkentröpfchen, auf. Durch Beugung an den Wassertröpfchen oder den Eiskristallen der Wolken entstehen verschiedene optische Erscheinungen der Atmosphäre wie →Höfe um Sonne und Mond.

Bewölkung, Grad der Bedeckung des Himmels mit Wolken; er wird geschätzt und in Zehnteln des sichtbaren Himmels bei Klimabeobachtungen, häufiger aber in Achteln (Okta) bei täglichen Wetterbeobachtungen angegeben; dabei bedeuten: 0= wolkenlos, 1–2= heiter, 3= leicht bewölkt, 4–6= wolkig, 7= stark bewölkt, 8= bedeckt. Die Bewölkung hängt vom Vorhandensein wasserdampfgesättigter Luft und vom Ausmaß vertikaler Luftbewegungen ab; die stärkste Bewölkung tritt in Gebieten mit aufsteigender Luftbewegung auf (z.B. im Stau von Gebirgen, an Fronten, in labil geschichteter Kaltluft beim Aufgleiten über kältere Luftmassen), wenn die feuchte Luft über das jeweilige Kondensationsniveau gehoben wird; bei absinkender, meist mit Erwärmung verbundener Luftbewegung lösen sich Wolkendecken auf (z.B. in Hochdruckgebieten). Die Bewölkung zeichnet die Luftbewegung gut nach; daher sind Satellitenaufnahmen von ihrer Verteilung unerlässliches Hilfsmittel der Wettervorhersage geworden.

Bezold, Wilhelm von, deutscher Physiker und Meteorologe, *München 21.6.1837, †Berlin 17.2.1907; Professor an der TH München (1868–85) und in Berlin; dort erster deutscher Professor für Meteorologie und Direktor des Preußischen Meteorologischen Instituts; arbeitete u.a. über physikalische Probleme der Meteorologie (v.a. zur Thermodynamik der Atmosphäre), über die atmosphärische Elektrizität und den Erdmagnetismus; baute das Netz der meteorologischen Stationen in Bayern und Preußen auf.

BImSchV, Abkürzung für **B**undes-**Im**missions**sch**utz**v**erordnung, →Immissionsschutz.

Binnenmeer, durch eine schmale Meerenge mit dem Ozean verbundener Teil des Weltmeeres (z.B. Schwarzes Meer).

Biodiesel, Bezeichnung für Fettsäuremethylester (Abkürzung FAME, von englisch **f**atty **a**cid **m**ethyl **e**ster), die aus Pflanzenölen, z.B. Rapsöl, hergestellt und als Kraftstoff oder Kraftstoffkomponente verwendet werden. Pflanzenöl kann auch direkt in einem umgestellten Verbrennungsmotor eingesetzt werden, findet aus praktischen Gründen (z.B. hohe Viskosität, vergleichsweise hohe Emissionen bei der Verbrennung) aber kaum Verwendung. Stattdessen werden die reinen, auf

Glycerin aufbauenden pflanzlichen Fettsäureester mit Methanol in die entsprechenden Methylester umgewandelt. Als Pflanzenöle kommen u.a. Rapsöl und Sojaöl zum Einsatz. Diese Stoffe eignen sich als Ersatz für fossilen Diesel, ohne dass motorische Anpassungen erforderlich sind. Trotzdem müssen Veränderungen an den Tankkomponenten der Dieselfahrzeuge vorgenommen werden, da Biodiesel die aus Kunststoff gefertigten Kraftstoffleitungen angreift.

■ **Vorteile** Die Energiegewinnung aus nachwachsenden Rohstoffen ist grundsätzlich nachhaltig, außerdem ist die CO_2-Bilanz günstiger als bei herkömmlichem Diesel. Umstritten ist allerdings, ob Biodiesel vollkommen CO_2-neutral ist, da bei der Herstellung und Verarbeitung Emissionen freigesetzt werden, die nicht durch die Fotosynthese der Pflanzen vorher aus der Atmosphäre entnommen wurden. Verschiedene Studien kommen zu dem Ergebnis, dass je nach Pflanzenart die Klimabilanz zwischen 20 und 80% günstiger als bei fossilem Diesel ausfällt. Als Vorteil wird auch gewertet, dass die Pflanzen, die zu Biodiesel verarbeitet werden, in zahlreichen Ländern angebaut werden können und somit eine geografische Abhängigkeit analog zum Erdöl vermieden werden kann. Biodiesel bietet außerdem deutlich verbesserte Schmiereigenschaften gegenüber fossilem Diesel, wodurch der Motorverschleiß begrenzt wird. Biodiesel ist zudem schwefelfrei, emittiert bis zu 50% weniger Ruß, bis zu 60% weniger unverbrannte Kohlenwasserstoffe, enthält keine Aromaten (z.B. Naphthalin) und ist biologisch abbaubar.

■ **Nachteile** Für Deutschland lehnt das Bundesumweltamt die Herstellung von Biodiesel ab, da durch die beschränkte Anbaufläche Biodiesel nur einige Prozent des herkömmlichen Dieselkraftstoffs ersetzen kann, selbst wenn die Hälfte der Anbaufläche für den Rapsanbau genutzt wird. Hinzu kommen Probleme, die beim Anbau von Monokulturen entstehen.

Auf internationaler Ebene wird kritisiert, dass der Anbau von Ölsaaten zur Kraftstoffgewinnung die Produktion von Lebensmitteln verdrängt und dadurch verteuert. Vor allem für Menschen in Entwicklungsländern kann das gravierende Folgen haben. Um neue Anbauflächen zu schaffen, werden auch große Flächen Regenwald zum Teil illegal gerodet.

■ **Angebot** In Deutschland wird an etwa 1900 Tankstellen Biodiesel abgegeben. Im Jahr 2005 wurden etwa 1,8 Mio t angeboten. Seit Mai 2003 ist in der EU eine »Richtlinie zur Förderung von Biokraftstoffen« in Kraft, die in Deutschland mit der Verabschiedung des Biokraftstoffquotengesetzes am 26. Oktober 2006 umgesetzt wurde. Danach wird der Mindestanteil am gesamten Kraftstoffverkauf ab 2010 auf mindestens 6,75% festgeschrieben.

5674

Biodiesel. Über 600 Mio. Liter Biodiesel wurden im Jahr 2006 abgegeben. Das Biokraftstoffquotengesetz schreibt bis 2015 einen Anteil an Biokraftstoffen von 8% vor.

Biodiversität, biologische Vielfalt, Eigenschaft biologischer Systeme, voneinander verschieden zu sein. Sie umfasst die genetische Variabilität innerhalb einer Art, die Mannigfaltigkeit der Arten und die Vielfalt von Ökosystemen. Biodiversität gestattet den Arten und Lebensgemeinschaften, sich wandelnden Umweltbedingungen anzupassen und damit ihr Fortbestehen zu sichern.

■ **Klimawandel** Wissenschaftliche Studien belegen, dass der Klimawandel die natürlich Vielfalt von Pflanzen und Tieren gefährdet. Computersimulationen des → PIK für den Vierten Sachstandsbericht des → IPCC zeigen, dass sich fast alle Ökosysteme der Erde großräumig verändern werden. In weite Bereiche der baumlosen Tundra dringt Wald vor, während sich die Waldzone vom südlichen Rand her aufgrund zunehmender Trockenheit auflockert. In Mischwäldern nehmen Laubbäume gegenüber Nadelbäumen zu. Trockenheit verändert die Ökosysteme des südlichen Afrika und könnte auch südamerikanische Regenwaldgebiete gefährden. Auch in einigen Regionen Deutschlands nimmt Trockenheit zu und gefährdet Feuchtgebiete. Zudem schwinden an kältere Bedingungen angepasste Arten, wie etwa alpine Pflanzen oder von der

BIODIVERSITÄT. ***Bedrohte Fauna und Flora***

Viele Tiere und Pflanzen »warten« quasi in den Hochgebirgsregionen auf die nächste Eiszeit wie auf kleinen vor Wärme geschützten Inseln. Eine Erwärmung um drei Grad Celsius würde 80% dieser Refugien verschwinden lassen. Die Folge: Die Hälfte der bekannten 613 alpinen Pflanzen wäre vom Aussterben bedroht, beispielsweise das Stängellose Leimkraut, das u.a. im Nationalpark Berchtesgaden heimisch ist. Profitieren würden hingegen die Arten tieferer Lagen, die ihren Lebensraum ausdehnen könnten.
Andere sensible Ökosysteme werden voraussichtlich schon bei einer Temperaturänderung um ein Grad Celsius empfindlich gestört, beispielsweise die Korallenriffe und die tropischen Hochlandwälder im australischen Queensland. Bei einer globalen Erwärmung zwischen zwei und drei Grad wäre z.B. die Karoo, eine Halbwüstenlandschaft in der zentralen Ebene Südafrikas, akut vom Verschwinden bedroht – und mit ihr etwa 2800 endemische Pflanzenarten.

Bioenergie. Die 400-Seelen-Gemeinde Mauenheim im Landkreis Tuttlingen versorgt sich ausschließlich mit eigener, regenerativer Wärme und Biostrom aus einer Biogasanlage. Mauenheim ist damit das erste Bioenergiedorf in Baden-Württemberg und deutschlandweit das zweite.

100562

vergangenen Eiszeit übrig gebliebene Vorkommen einzelner Arten. Aus dem Mittelmeerraum wandern hingegen wärmeliebende Pflanzen und Tiere wie etwa Libellen und Schmetterlinge nach Norden, sodass die Artenzahlen in einigen Gebieten zunehmen. Schreitet der Klimawandel aber ungebremst voran, wird langfristig der Verlust von Biodiversität und ihren Funktionen überwiegen, da sich das Klima schneller verändern würde, als Arten ihr Verbreitungsgebiet anpassen könnten. Die größte direkte Gefährdung der Biodiversität ist jedoch die Landnutzung durch den Menschen, angetrieben durch ein weiteres Bevölkerungswachstum und die Ausweitung landwirtschaftlicher Flächen.

■ **Neue Krankheiten** Viele Experten befürchten, dass der Klimawandel Deutschland zu einem Einwanderungsland für Tropenkrankheiten machen könnte, da die Anzahl der Überträger, zum Beispiel Mücken- oder Zeckenarten, mit der Erwärmung zunimmt. So weitet beispielsweise die Sandmücke ihren Lebensraum beständig in Richtung Norden aus, 1999 wurden die ersten vier Exemplare in Baden-Württemberg gesichtet. Die Insekten sind darauf angewiesen, dass einige Sommernächte nicht unter 20 °C abkühlen.

Bioenergie, Sammelbezeichnung für die Energie der Biomasse, d. h. die in den Organismen eines Lebensraums chemisch gebundene Energie. Sie zählt zu den erneuerbaren Energien. Zur Bioenergie zählen Biokraftstoffe wie Biodiesel sowie Strom und Wärme aus Biomasse. Mit über 70 % leistet Biomasse den größten Beitrag zur Endenergie aus regenerativen Energiequellen. Sie wird vor allem zum Heizen genutzt. 94 % der regenerativen Wärme kommt aus Biomasse, vor allem Holz. Während bei der Stromerzeugung Wind- und Wasserkraft eindeutig dominieren, ist Biomasse in absehbarer Zeit die einzige regenerative Quelle für alternative Kraftstoffe.

■ **Klimaschutz** Da Biomasse bei der Verbrennung nur die Menge Kohlendioxid in die Atmosphäre wieder abgibt, die die Pflanzen zuvor durch Fotosynthese aus der Atmosphäre entnommen haben, um wachsen zu können, leistet sie einen wichtigen Beitrag zum Klimaschutz. Durch die Nutzung erneuerbarer Energien konnten die CO_2-Emissionen 2006 um 101,5 Mio. Tonnen reduziert werden, davon allein rund 47 Mio. Tonnen (46 %) durch die Nutzung von Bioenergie.

Bioklima, die Gesamtheit der nach ihrer unterschiedlichen Einwirkung auf lebende Organismen gegliederten Einflüsse des Klimas.

Bioklimatologie, Bioklimatik, Teilgebiet der Biometeorologie des Menschen, in dessen Rahmen der Einfluss des Klimas auf den Menschen untersucht wird. Grundlagen sind die durch Verfeinerung der Wetteranalyse, Anwendung statistischer Korrelationsmethoden und Schaffung künstlicher klimatischer Bedingungen in Klimakammern gewonnenen Erkenntnisse, die bioklimatischen Wirkungskomplexe wie Abkühlungsgröße oder Schwüle sowie die Lufthygiene; sie ermöglichen insgesamt eine bioklimatische Bewertung einzelner Landschaftsbereiche und Klimate (z. B. als therapeutisch anwendbare Klimate, etwa als Schon-, Reiz-, Höhen- oder Seeklima) in der Klimaheilkunde und im Kurortklimadienst.

Biokraftstoffe, aus nachwachsenden Rohstoffen erzeugte Kraftstoffe, im Gegensatz zu Kraftstoffen, die aus Erdöl gewonnen werden. Sie zählen zu den →erneuerbaren Energien. Biokraftstoffe werden aus Pflanzen (z. B. Zuckerrohr, Mais) oder Holz(resten) u. a. durch Vergärung gewonnen. Zu den wichtigsten Biokraftstoffen gehören **Bioalkohol** und der aus verschiedenen Pflanzenölen durch Zusatz von Methanol gewonnene →**Biodiesel.** Er eignet sich als Rapsölmethylester auch für übliche Dieselmotoren. In speziellen Verbrennungsmotoren können Pflanzenöle auch direkt eingesetzt werden. Aus Biogas erzeugtes Methan, das in Erdgasfahrzeugen eingesetzt werden kann, zählt ebenfalls zu den Biokraftstoffen. Wegen des mittlerweile im industriellen Maßstab erfolgenden Anbaus der Kraftstoff liefernden Pflanzen wird zunehmend von **Agrarkraftstoffen** anstatt Biokraftstoffen gesprochen.

■ **CO_2-Bilanz** Biokraftstoffe tragen zur Reduzierung des CO_2-Ausstoßes bei. Ein vollständig geschlossener CO_2-Keislauf ist jedoch nicht gegeben. Dabei müsste das im Motor gebildete CO_2 von Pflanzen aufgenommen und anschließend wieder vollständig in Kraftstoff umgewandelt werden. Ein Teil des Energieinhalts des Kraftstoffs wird aber während der Aufbereitung des pflanzlichen Rohstoffs verbraucht. Experten meinen daher, dass die Ökobilanz für Biodiesel gegenüber fossilem Diesel leicht positiv bis neutral ausfällt.

■ **Klimaschutz** Seit Mai 2003 ist in der EU eine »Richtlinie zur Förderung von Biokraftstoffen« in Kraft. Hintergrund dieser Richtlinie ist das Klimaschutzziel der EU, einen CO_2-Ausstoß pro Fahrzeug von 120 g/km zu erreichen (Mittelklassefahrzeuge des Jahres 2008 haben einen Wert, der zwischen 150 und 200 g/km liegt). Nach dem Hinweis des Verbandes der Internationalen Kraftfahrzeughersteller e.V. (VDIK) und des ADAC Anfang 2008, dass mehr als drei Millionen benzingetriebene Fahrzeuge eine Beimischung E10 (die für 2020 anvisierte Obergrenze) nicht vertragen werden, hat das Bundesumweltministerium die entsprechende Verordnung zunächst nicht erlassen, sondern der Automobilindustrie auferlegt, das Klimaschutzziel von 120 g/km CO_2-Ausstoß ab 2012 mit anderen technischen Mitteln zu erreichen. Ein weiterer Grund für den Stopp der Verordnung sind offene Fragen zur Klimabilanz von Biokraftstoffen.

In den USA wird Methyl-*tert*-butylether (MTBE) als Kraftstoffkomponente für Ottokraftstoffe in zunehmendem Maße durch biogenes Ethanol ersetzt. Auch in anderen Staaten, z.B. Brasilien, China und Indien, kommen zunehmend Biokraftstoffe zum Einsatz.

Biometeorologie, Meteorobiologie, die Wissenschaft von den direkten und indirekten Einflüssen der Atmosphäre auf die belebte Natur. Biometeorologie ist somit ein Grenzgebiet zwischen Meteorologie, Medizin und Biologie, das je nach Anwendungsbereich folgendermaßen unterteilt wird. Den Menschen betreffend: Medizinmeteorologie (auch Humanbiometeorologie genannt) mit Biosynoptik und Bioklimatologie; die Tierwelt betreffend: Veterinärbiometeorologie; die Pflanzen betreffend: Agrarmeteorologie und Forstmeteorologie. Die Biometeorologie ist ein Teilbereich von Umweltforschung und Ökologie.

5694

Bioklimatologie. Das spezielle sogenannte Reizklima an Meeresküsten und im Hochgebirge ist z.B. hilfreich bei chronischen Krankheiten der Atemwege.

Biosphäre, Gesamtheit der mit Lebewesen besiedelten Schichten der Erde; umfasst die oberste Schicht der Erdkruste (Lithosphäre) einschließlich des Wassers (Hydrosphäre) und die unterste Schicht der Lufthülle.

Biosphäre. Die Biosphäre der Erde ist einzigartig in unserem Sonnensystem.

Biotropie [zu griechisch tropḗ »Drehung«, »Wendung«], die Beeinflussung von Körperfunktionen durch Wettervorgänge (Luftdruck, Temperatur, Windstärke, Luftfeuchtigkeit, Niederschlagsmenge und Bewölkungsgrad); Biotropie umfasst sowohl physiologische Reaktionen des Körpers auf Wetter- und Klimaveränderungen als auch die in Zusammenhang mit bestimmten Wetterlagen gehäuft auftretenden Befindlichkeitsstörungen (Wetterfühligkeit mit Kopfschmerzen, Schlafstörungen und psychischen Missempfindungen) oder die vermehrt und verstärkt auftretenden Krankheitssymptome (z.B. Luftnot, Schmerzen, Blutdrucksteigerung) bei kranken Menschen.

Biowetter, die Bewertung der Auswirkung des momentanen Wetters auf Gesundheit und Wohlbefinden des Menschen.

Birkenklima, feuchtwinterkaltes Klima, das zum borealen Klima gehört. Es ist charakterisiert durch kurze Sommer und lange, sehr kalte Winter. Die mittlere Temperatur des wärmsten Monats liegt bei 13 bis 16 °C, sechs bis sieben Monate lang liegen die mittleren Monatstemperaturen unter dem Gefrierpunkt. Die mittlere Jahrestemperatur liegt bei –1 bis –7 °C, an den Küsten etwas oberhalb von 0 °C. In allen Monaten sind starke Fröste möglich, auch Niederschläge fallen zu allen Jahreszeiten.

Bise [alemannisch; französisch bi:z], kalter Wind aus Nord bis Nordost im schweizerischen und französischen Alpenvorland.

Bishop-Ring [ˈbɪʃəp-; nach dem amerikanischen Missionar Sereno Edward Bishop, *1827, †1909], durch Lichtbeugung und Reflexion von Sonnenlicht an feinen Staubteilchen (v.a. nach Vulkanausbrüchen) hervorgerufene atmosphärische Leuchterscheinung (→ Kranz); ein rotbrauner Ring um die Sonne, der ein bläulich weiß leuchtendes Gebiet umschließt.

VILHELM BJERKNES
***1862, †1951**

- entwickelte Zirkulationstheoreme
- war Mitschöpfer der Polarfronttheorie
- begründete die norwegische Schule

Bjerknes, Vilhelm, norwegischer Physiker und Meteorologe, *Christiania (heute Oslo) 14. 3. 1862, †ebenda 9. 4. 1951. Bjerknes studierte Mathematik und Physik an der Universität Christiania und promovierte 1892. 1895 wurde er Professor für Mechanik und mathematische Physik in Stockholm, 1907 Professor in Christiania und 1912 in Leipzig. 1917 erhielt er einen Ruf an die Universität Bergen und baute hier das geophysikalische Institut zu einer Wetterdienstzentrale aus und begründete die sogenannte »norwegische Schule«, in der die Theorie der → Polarfront entwickelt wurde. 1926 übernahm er schließlich die Professur für theoretische Physik an der Universität Oslo.

Bjerknes erweiterte die Wirbel- und Zirkulationssätze der Physik für die kinetische und dynamische Zirkulation in reibungslosen Flüssigkeiten und stellte einen in der Meteorologie, Ozeanografie und Astrophysik angewendeten fundamentalen Zirkulationssatz der Strömungslehre auf, aus dem er später die Theorie über den Entwicklungsverlauf von Zyklonen erarbeitete. Er schuf die Grundlagen der modernen Wettervorhersage und entwickelte zahlreiche neue Arbeitsmethoden für die Meteorologie und Ozeanografie. Er trat für die Rationalisierung der meteorologischen Einheiten ein und ließ in seiner Leipziger Zeit dreidimensionale Analysen der atmosphärischen Zustände durchführen. In Bergen konnte er mithilfe eines kleinen, aber dichten Messnetzes die Warmfront, die Kaltfront und die Okklusion bei Zyklonen erkennen.

BLITZ. ***Potz Blitz!***

Die Interjektion »potz« ist entstellt aus »Gottes« und wurde im Frühneuhochdeutschen in bestimmten Fügungen verwendet, die sich auf das Leiden Jesu Christi beziehen. Die heute veralteten Wendungen »Potz Blitz« und auch »Potz Donnerwetter« sind als Ausrufe der Verwunderung, des Erstaunens oder der Verärgerung zu verstehen: Potz Blitz, hat der uns an der Nase herumgeführt! Potz Donnerwetter, du sollst nicht dauernd widersprechen!

BLIDS, von der Firma Siemens AG seit 1992 kommerziell betriebenes Blitzortungssystem mit Sitz in Karlsruhe. Es ortet Gewitterblitze in Deutschland, der Schweiz, Polen, Benelux, Tschechien, der Slowakei und Ungarn. Die registrierten Blitze stehen Wetterdiensten, Energieversorgungsunternehmen, der Industrie und Versicherungsgesellschaften zur Verfügung. Auch Freiluftveranstaltungen und Ballonfahrer verwerten die Informationen. BLIDS nutzt die Daten von über 130 verbundene Messstationen in Europa, die den Netzwerkverbund EUCLID bilden. Damit werden Gewitterblitze auf bis zu 300 m genau geortet.

Die Ortung nutzt das Time-of-Arrival-(TOA-)Prinzip, bei dem mehrere Empfänger die von der Blitzentladung ausgehenden elektromagnetischen Wellen registrieren. Aus der Differenz der in den Empfängern aufgezeichneten Zeiten wird anschließend der Einschlagsort berechnet. Neben dem Einschlagsort können auch Polarität und Stromstärke des Blitzes bestimmt werden. Die präzise zeitliche Synchronisation der Empfänger liefert das Satellitennavigationssystem GPS.

BLITZ: DEUTSCHLANDSTATISTIK 2007

stärkster Tag:	21. Juni	162 139 Blitze
stärkste Woche:	21. Kalenderwoche	452 160 Blitze
stärkster Monat:	Juni	1 023 778 Blitze
Gesamtsumme:		**2 662 409 Blitze**

(Quelle: BLIDS)

Blitz, eine v.a. bei einem → Gewitter eintretende, von starken Licht- und Schallerscheinungen begleitete natürliche Funkenentladung sehr großen Ausmaßes (Dauer etwa 10^{-5} s), die entweder zwischen zwei Wolken mit entgegengesetzter elektrischer Aufladung **(Wolkenblitz)** oder zwischen einer Wolke und der Erdoberfläche **(Erdblitz)** stattfindet. Sie erfolgt bei der häufigsten Form, dem **Linienblitz,** ruckweise entlang einer hell leuchtenden, häufig verzweigten Zickzackspur (**Blitzbahn** oder **Blitzkanal;** Durchmesser einige cm) und ist von dem als → Donner bekannten starken Geräusch begleitet. Jedem Linienblitz gehen schwächere »Vorentladungen« voraus, die durch schrittweise Ionisation der Luft Entladungskanäle aufbauen. Hat ein Kanal den Erdboden oder eine gegenpolige Wolke erreicht, so erfolgt die stromstarke Hauptentladung (beim Erdblitz meist vom Erdboden zur Wolke hin), die aus mehreren Teilentladungen bestehen kann. Sie dauert etwa 5 µs und klingt allmählich in der zehnfachen Zeit ab. Oft erfolgen mehrere »Blitzschläge« durch die gleichen Kanäle. Die zu einem Blitz führenden Spannungsdifferenzen betragen in der Regel einige 100 Mio. V; die in ihm fließenden Ströme haben Stromstärken bis etwa 10^5 A und erzeugen im Blitzkanal Temperaturen von über 20 000 K. Die in einem Blitzschlag umgesetzte Energie beträgt etwa 40 kWh im Mittel. Nach Schätzungen finden auf der gesamten Erdoberfläche pro Sekunde etwa 100 Blitzentladungen statt. – Neben den Linienblitzen gibt es **Flächenblitze,** die entstehen, wenn die einzelnen Teilentladungen eines Linienblitzes durch rasche Bewegung der Luftmasse flächenhaft auseinandergezogen werden, sowie die sehr seltenen **Perlschnurblitze,** die wahrscheinlich als in einem Blitzkanal gebildete leuchtende, stark ionisierte Gasmassen aufzufassen sind, und den seltenen → Kugelblitz.

■ **Blitzeinschlag** Menschen werden vom Blitz selten direkt getroffen. Bei den meisten Unfällen handelt es sich um einen elektrischen Schlag aufgrund des »Spannungstrichters«, der durch das Fließen des Blitzstroms im Erdboden entsteht. Je nach der Schrittweite überbrückt der Mensch in der Nähe der Einschlagstelle eine mehr oder weniger große Spannung, die **Schrittspannung,** die einen für ihn gefährlichen Strom durch seinen Körper treibt. Deshalb sollte man im freien Feld die Nähe von Bäumen, Masten u. Ä. meiden und sich, die Füße dicht beieinander, hinhocken (auf keinen Fall hinlegen).

Die Todesrate der vom Blitz getroffenen Personen beträgt 40 %. Todesursachen sind Atemlähmung, Herzfrequenzstörung oder schwerste Verbrennungen. Bei Überlebenden stellen sich häufig neurologische Ausfälle ein, meist in Form von Lähmungen, ferner Linsentrübung (z. T. mit völliger Erblindung; **Blitzstar**) und baumartig verästelte braunrote Hautverfärbungen **(Blitzfiguren).**

Eines der schwersten Blitzunglücke ereignete sich am 27. Oktober 1697 in Athlone in Irland. Damals wurde dort während eines Sturms nach drei gewaltigen Donnerschlägen das Schloss von einem Blitz (»ein wunderbarer, großer Feuerkörper von runder Gestalt« – vielleicht ein Kugelblitz?) getroffen, der den direkten Weg ins Waffenarsenal fand. 260 Pulverfässer und andere Zündstoffe jagten 1 000 Musketen, 220 Fässer mit Kugeln und ein riesiges Lager mit kriegerischen Eisenwaren in die Luft. Das Schloss wurde ebenso wie 64 Häuser auf der Stelle restlos zerstört, acht

100562

Blitz.
Die Stromstärke eines durchschnittlichen Blitzes beträgt 20 000 Ampere. Neuere Forschungen haben nachgewiesen, dass Blitze auch Röntgen- und Gammastrahlung aussenden.

Menschen kamen ums Leben. Das Übrige fiel dem Feuer zum Opfer. Stadt und Schloss mussten vollständig neu aufgebaut werden.

Blitzauskunft, Mitteilung über erfolgte Blitzeinschläge für einen bestimmten Standort in einem bestimmten Zeitraum. Sie dienen als Grundlage für die Regelung von Versicherungsleistungen bei Blitzschäden. Blitzauskünfte werden u. a. vom Deutschen Wetterdienst gegen Gebühr angeboten. Die Blitzauskunft basiert auf einem Ortungssystem, bei dem jeder Blitz in Deutschland erfasst wird. Aufgrund dieser Daten kann ermittelt werden, wann und in welcher Entfernung vom Schadensort die nächsten Blitze aufgetreten sind. Die Genauigkeit einer solchen Blitzauskunft liegt bei über 90 Prozent.

Blitzblumen, die → Gewitterblumen.

Blizzard ['blɪzəd, englisch], Schnee- und Eissturm v. a. in Nordamerika, der bis zur Orkanstärke anschwellen kann. Er ist ein Vorstoß polarer Rückseitenkaltluft hinter durchziehenden Tiefdruckgebieten, der als Norther die Golfstaaten der USA und Mexiko erreichen kann. Der amerikanische National Weather Service definiert einen Blizzard als einen mindestens drei Stunden andauernden

BLIZZARD: NESIS-SKALA

Stufe	NESIS-Wert	Beschreibung
1	1–2,49	notable
2	2,5–3,99	significant
3	4–5,99	major
4	6–9,99	crippling
5	>10,0	extreme

Blizzard. Schneepflüge räumen den Times Square in New York nach einem Blizzard im Dezember 2000.

Wind mit einer Mindestgeschwindigkeit von 56 km/h und einer Maximaltemperatur von −7 °C, der eine mindestens 25 cm dicke Schneeschicht produziert oder die Sicht auf unter 400 m begrenzt. Blizzards sind vor allem gefährlich wegen des → White-out sowie der gefühlten Temperaturabnahme durch → Wind-Chill.

Blizzards sind nicht auf Nordamerika beschränkt, sondern können auch in anderen Gegenden auftreten. Im Februar 1983 starben beispielsweise 47 Menschen bei einem Blizzard in der Nähe von Alayh im Libanon. Die vermutlich verheerendsten Blizzards der jüngeren amerikanischen Geschichte ereigneten sich 1888 und 1993. 1888 fror u. a. der East River in New York zu, Manhatten war von bis zu 9 m hohen Schneewehen verschluckt; 400 Menschen kamen ums Leben. 1993 war zwischen dem 12. und dem 15. März der gesamte Osten Nordamerikas betroffen, etwa 270 Menschen starben. Diesen Sturm und einen Blizzard vom Januar 1996 ordnet die NOAA auf ihrer 2006 eingeführten Blizzardskala NESIS (**N**orth**e**ast **S**nowfall **I**mpact **S**cale) in der höchsten Stufe 5 ein. Der NESIS-Wert berechnet sich aus der vom Blizzard betroffenen Fläche, der Schneemenge und der Anzahl der Menschen entlang der Zugstrecke des Sturms.

blockierendes Hoch, nahezu ortsfestes, bis in große Höhen reichendes, warmes Hochdruckgebiet; entsteht in mittleren Breiten aus einem nach Norden vorgeschobenen Keil eines Subtropenhochs. Durch die Blockierung werden die zonale Strömung in mehrere Äste mit meridionalen Komponenten aufgespalten und die Tiefdruckgebiete an ihrer normalen Verlagerung gehindert und um das Höhenhoch herumgesteuert. Wegen ihrer langen Lebensdauer bestimmen die blockierenden Hochs oft für 8–14 Tage und länger die Großwetterlage eines Gebietes. Bevorzugte Gebiete für Blockierungen liegen vor den Westküsten Europas und Nordamerikas mit einem zeitlichen Maximum im Spätwinter und Frühling und einem Minimum im Spätsommer. Die Höhenströmung ähnelt dem griechischen Großbuchstaben Omega, weshalb man auch von einer Omegasituation spricht.

Blocking Action [- ˈækʃn, englisch], → Low-Index-Zirkulation.

Blutregen, *Meteorologie:* durch ausgefälltes Aerosol, v. a. Wüstenstaub (in Mitteleuropa aus der Sahara stammend, in Ostasien aus Innerasien), rot gefärbte Niederschläge.

Der Blutregen galt seit alter Zeit als ein schlimmes Vorzeichen (»Prodigium«). Livius und Ovid berichten vom Auftreten des Blut-

BLUTREGEN. ***Außerirdische?***

Im Jahr 2001 regnete es im indischen Kerala Außerirdische. So lautet zumindest eine der Erklärungen für ein seltsames Phänomen, das dort mehrmals zwischen Juli und September auftrat. Auf einem nur wenige Quadratkilometer großen Gebiet regnete eine Flüssigkeit nieder, die wie Blut aussah. Außerdem berichten Zeugen von explosionsartigen Geräuschen. Als Erklärung ausgeschlossen werden kann eine Färbung durch Wüstenstaub wie beim »normalen« Blutregen. Enthielt der Regen vielleicht Algensporen? Diese Erklärung galt eine Weile lang als die richtige, man legte die Kuriosität zu den Akten.
Doch 2003 stellte ein indischer Physiker die Hypothese auf, die roten Teilchen, die das Wasser färben – angeblich Algensporen –, seien nicht terrestrischen Ursprungs, denn er fand keine DNA in den roten Teilchen. Britische Wissenschaftler hingegen führten diesen Umstand auf schlampiges Experimentieren zurück – bei Nachfolgeuntersuchungen konnten sie Hinweise auf DNA finden. Endgültig geklärt ist die Frage also noch nicht.

regens vor wichtigen Ereignissen der römischen Geschichte, so z. B. vor der Ermordung Caesars. Seit dem 16. Jh. galt der Blutregen in Europa als ein Zeichen für Pest und Krieg und wurde dementsprechend immer wieder kommentiert.

Bö, Böe [niederdeutsch], Windstoß, kurze Änderung von Windgeschwindigkeit und -richtung in turbulenten und konvektiven Luftbewegungen, mit einer Geschwindigkeitszunahme von mindestens 5 m/s in 20 s, besonders beim Durchzug von labilen Kaltfronten, z. B. in Schauern und Gewittern; die damit verbundene allg. Luftunruhe wird als Böigkeit bezeichnet. **Vertikalböen** treten in der unteren Troposphäre bei starker Thermik, in der freien Atmosphäre im Bereich der Starkwindschicht (CAT, Abkürzung für englisch **c**lear **a**ir **t**urbulence) auf; sie können für den Flugverkehr gefährlich werden.

Böenkragen sind wulstförmige Wolken an der Vorderseite von Schauerfronten, in der Regel unmittelbar über der Bö.

Bodeneis, das im gefrorenen Boden, v. a. im Permafrostboden, vorhandene → Eis; fossiles Bodeneis aus den pleistozänen Kaltzeiten heißt **Steineis.**

Bodenfrost, *Meteorologie:* durch zu hohe Ausstrahlung verursachte Temperaturen unter 0 °C an der Bodenoberfläche bei sonst positiver Lufttemperatur; sie lassen das in den obersten Bodenschichten enthaltene Porenwasser gefrieren, wodurch es zu einer Volumenvergrößerung und weiter zu Aufwölbungen und »Frostaufbrüchen« des Bodens kommt.

Bodeninversion, Inversion, bei der die Temperaturumkehr, d. h. die Temperaturzunahme mit der Höhe, unmittelbar am Boden beginnt. Sie entsteht dadurch, dass sich die bodennahe Luftschicht von der durch Ausstrahlung abgekühlten Unterlage aus abkühlt.

Bodeninversionen bilden sich vorwiegend in klaren, windstillen Nächten. Ihre Mächtigkeit beträgt meist nur einige Dekameter, ihre Stärke ist von der Länge der Nacht, d. h. von der Jahreszeit, abhängig. Im Sommer werden sie durch Sonneneinstrahlung am Vormittag rasch wieder aufgelöst, im Winter können sie tagelang anhalten.

Bei der Bildung von Bodeninversionen spielt das Relief der Landschaft eine große Rolle; schon geringe Einsenkungen begünstigen die Entwicklung von Bodeninversionen wesentlich.

Bodennebel, eine oft nur wenige Meter mächtige Nebelschicht; entsteht bei nächtlicher Ausstrahlung durch Abkühlung der untersten Luftschicht unter den Taupunkt (häufig in klaren Nächten über feuchten Niederungen) und löst sich meist bald nach Sonnenaufgang auf. – Bild Seite 50

Bodentemperatur, sowohl die Temperatur der Luft in Bodennähe (gemessen in 2 m Höhe, als »Temperatur am Erdboden« in 5 cm Höhe) als auch die Temperatur im Erdboden. Letztere liegt am Tage unter dem Einfluss der Sonnenstrahlung meist über, nachts infolge der → Ausstrahlung unter der Lufttemperatur. Im Erdboden zeigt die Bodentemperatur mit zunehmender Tiefe abnehmende Tagesschwankungen, in etwa 1 m Tiefe nur noch jahreszeitliche Unterschiede (in Mitteleuropa bis in 10–15 m Tiefe). Auch im Boden geht die Wärmezufuhr fast ausschließlich auf die Sonneneinstrahlung zurück (daneben u. a. auf warmes Regenwasser), wobei neben der Exposition, der Bodenbedeckung (Vegetation, Schnee), der Bodenfarbe, der Art und Zusammensetzung der festen Bodensubstanz u. a. besonders der Wassergehalt eine Rolle spielt: Feuchte Böden (»kalte Böden«) erwärmen sich weniger und langsamer als trockene und kühlen weniger und langsamer ab. In größeren Tiefen nimmt infolge der → Erdwärme die Bodentemperatur zu; es gilt die → geothermische Tiefenstufe.

In jüngerer Zeit hat die Nutzung der im Boden gespeicherten Wärme (oberhalb des Grundwassers oder aus seinem Bereich) durch Wärmepumpen zur Beheizung von Wohnhäusern an Bedeutung gewonnen. Für die Vegetation sind die Zusammensetzung des Bodens und dessen Temperatur wichtig.

Bodenwind, die unmittelbar über dem Erdboden bestehende Luftströmung; die Bodenwindgeschwindigkeit wird meist in 6 m Höhe über Grund, bei Wald und Bebauung 10 m darüber gemessen. Der Bodenwind ist Teil der atmosphärischen → Grenzschicht, in der der Wind zum tiefen Druck hin abgelenkt wird. Er ist besonders bedeutsam für die Luftfahrt, da Starts und Landungen stets ihm entgegen erfolgen müssen.

Böe, heftiger Windstoß, → Bö.

Böenschreiber, Gerät zur Registrierung der Windgeschwindigkeit und/oder der Böigkeit (→ Bö). Messgeber ist ein in eine Wind-

100573

Bö.
Der Böenkragen, auch Böenwalze genannt, ist eine lang gestreckte Wolkenwalze, die sich vor anrückender Kaltluft ausbildet und mit heftigen Sturmböen deren Ankunft verkündet.

Bodennebel. Dichter Bodennebel in einer Senke nahe der Stadt Scottsbluff im US-Bundesstaat Nebraska

100573

fahne eingebautes und von dieser stets in Windrichtung gedrehtes Staurohr; das Messprinzip entspricht dem des →Prandtl-Rohrs: Die im Staurohr durch den Wind erzeugten Drücke werden durch Rohrleitungen einem Glockenmanometer zugeführt, und zwar der von der Windgeschwindigkeit abhängige Staudruck in das Innere einer Glocke, die in einer Flüssigkeit schwimmt, der statische Druck in den Raum darüber. Die Bewegung der sich hebenden oder senkenden Glocke wird auf eine Registriertrommel übertragen.

Böigkeit, Bezeichnung für kurzzeitige Schwankungen der Windgeschwindigkeit und der Windrichtung durch die Turbulenz der Luft. Da Böigkeit durch Unebenheiten und ungleichmäßige Erwärmung der Erdoberfläche verursacht wird, ist sie im Allgemeinen über Land größer als über dem Meer.

Bora [italienisch; aus griechisch boréas »Nordwind«], heftiger, kalter, trockener Fallwind an der Küste Dalmatiens, auch übertragen auf ähnliche Winde vom kalten Hochland zum wärmeren Tiefland in anderen Gebieten.

boreal [zu griechisch boréas »Nordwind«], Bezeichnung für die kaltgemäßigten Klimazonen mit kühlen, feuchten Sommern und kalten, über ein halbes Jahr andauernden Wintern. In der Pflanzen- und Tiergeografie auch Bezeichnung für die in diesen Zonen vorkommenden Faunen- und Florenelemente, so z.B. den südlich der arktischen Florenregion gelegenen **borealen Nadelwald** des eurasiatischen und nordamerikanischen Kontinents, der hauptsächlich von Kiefern, Fichten, Tannen, aber auch von laubabwerfenden Bäumen (z.B. Birken) gebildet wird.

Boreas, griechisch **Boreas,** der zuweilen stürmische Nordwind, der in der Ägäis im Sommer weht. In der *griechischen Mythologie* ist Boreas der Gott der Nordostwinde, Sohn des Astraios und der Eos. Er entführte Oreithyia, eine Tochter des athenischen Königs Erechtheus, die ihm zwei Söhne, die Boreaden, gebar. Boreas wurde besonders von den Athenern (wegen seiner Hilfe gegen die Perser in der Schlacht von Salamis, 480 v.Chr.) verehrt. Dargestellt wurde er z.B. am Turm der Winde in Athen.

Bourdon-Feder, bourdonsche Röhre [burˈdɔ̃-; nach dem französischen Ingenieur Eugène Bourdon, *1808, †1884], Biegefeder in Form eines kreisförmig gebogenen Metallröhrchens von zweiseitig abgeflachtem Querschnitt, das sich bei Druckanstieg im Innern streckt; diese Bewegung kann auf ein Zeigerwerk übertragen werden. Die Bourdon-Feder ist wesentlicher Bestandteil von Druckmessgeräten.

Bowen [ˈbəʊɪn], Ira Sprague, amerikanischer Physiker und Astronom, *Seneca Falls (N. Y.) 21. 12. 1898, †Los Angeles (Calif.) 6. 2. 1973; 1946–64 Direktor des Mount-Wilson-Observatoriums, 1948–64 auch des Palomar-Observatoriums; arbeitete u.a. über Atomstruktur und kosmische Strahlung und untersuchte v.a. die Spektren von Gasnebeln und interstellarer Materie. Bowen wies 1927 endgültig nach, dass die Materie im ganzen Weltall aus denselben Elementen wie die Erde besteht; stellte das nach ihm benannte **Bowen-Verhältnis** auf, das Verhältnis der Stromdichten von fühlbarer und latenter Wärme (→Umwandlungsenthalpie). Es stellt einen wichtigen Faktor bei Energiebetrachtungen in der atmosphärischen →Grenzschicht dar.

Boyle [bɔɪl], Robert, englischer Naturforscher, *Lismore (Irland) 25. 1. 1627, †London

30. 12. 1691; einer der Begründer der Royal Society; lebte nach einer Bildungsreise durch Europa (1637–44) als reicher Privatmann in Oxford, seit 1668 in London und befasste sich mit naturwissenschaftlichen Experimenten. Boyle wiederholte u. a. die Versuche von O. von Guericke und E. Torricelli mit verbesserten Luftpumpen und beschrieb sie erstmals 1660. Er entdeckte 1662 experimentell den Zusammenhang zwischen Druck und Volumen der Luft. Dieser wird in dem nach ihm und E. Mariotte benannten Druck-Volumen-Gesetz (Boyle-Mariotte-Gesetz) der Gase beschrieben.

Brackwasser, Gewässerbereich, der wegen der Mischung von Meer- und Süßwasser oder Einstrom von Süßwasser in einen Salzwasserbereich durch einen stark schwankenden Salzgehalt (von 3,0 bis 0,05 %) gekennzeichnet ist, wobei die Werte für die Gesamtmineralisation mit 1 000 bis 10 000 mg pro Liter zwischen denen der Ozeane und dem des Süßwassers liegen.

Brandes, Heinrich Wilhelm, deutscher Physiker und Meteorologe, *Groden (heute zu Cuxhaven) 27. 7. 1777, †Leipzig 17. 5. 1834; Professor in Breslau (1811–26) und Leipzig; wies als Student mit J. F. Benzenberg 1798 den kosmischen Ursprung der Meteore nach; regte schon 1816 die Erstellung von synoptischen Wetterkarten an und leistete wichtige Beiträge zur Kenntnis des Wetterablaufs und seiner Vorhersagbarkeit.

Brechung, Refraktion, die Richtungsänderung von Wellen und Strahlen, insbesondere von Licht, an der Grenzfläche zweier unterschiedlicher Medien, in denen die Ausbreitungsgeschwindigkeit verschieden groß ist. Zwischen den Richtungen des einfallenden und des gebrochenen Strahles besteht der gesetzmäßige Zusammenhang **(Brechungsgesetz),** dass der in ein dichteres Medium einfallende Strahl entsprechend dem Verhältnis des Brechungsindex des dichteren zu dem des dünneren Mediums zum Einfallslot hin abgelenkt wird. Der Brechungswinkel hängt von der Wellenlänge ab und nimmt beim sichtbaren Licht mit abnehmender Wellenlänge zu. So wird z. B. blaues Licht stärker gebrochen als rotes Licht.

Die Brechung des Lichts beim Durchgang durch die Atmosphäre hat eine Reihe von optischen Phänomenen zur Folge. So sieht beispielsweise ein Beobachter die Sonne höher, als sie tatsächlich steht. Deshalb sieht man die Sonne bei Sonnenaufgang schon voll, wenn sie noch vollständig unter dem Horizont steht (und umgekehrt beim Sonnenuntergang). In den Polargebieten ist der Effekt besonders stark und führt dazu, dass die Polarnacht um mehrere Tage kürzer ausfällt, als sich aus den einfachen geometrischen Verhältnissen ergibt. Auch die Abplattung der Sonnen- und Mondscheibe bei Horizontstand rührt von der atmosphärischen Brechung her.

Auch der Grüne Strahl, ein kurzer grüner Blitz unmittelbar nach dem Verschwinden bzw. vor dem Erscheinen der Sonne ist eine Folge der Brechung, und zwar ihrer Wellen-

BRECHUNG

Platte Sonne

3046

Die Dämmerung ist der Übergang zwischen Tag und Nacht – und ein intensives Farben- und Formenspiel, vor allem am Meer. Der Inbegriff des romantischen Sonnenuntergangs ist natürlich die Rotfärbung unseres Zentralgestirns von Gelb nach Rot. Dieses Phänomen kommt dadurch zustande, dass das Licht der Sonne einen immer längeren Weg durch die Atmosphäre zurücklegen muss, wenn diese dem Horizont entgegenwandert. Der blaue Anteil des Lichts wird dabei stark gestreut, während das rote Licht wegen seiner kürzeren Wellenlänge mehr oder weniger unbehindert bis an unser Auge dringt.

Wer genau hinschaut, dem fällt noch ein zweites Phänomen auf: Die Sonne erscheint merkwürdig abgeplattet, kurz bevor sie untergeht. Das ist keine optische Täuschung (wie die vermeintlich größere Sonne), sondern liegt daran, dass die Lichtstrahlen gebrochen werden, und zwar umso stärker, je tiefer die Sonne steht. Direkt am Horizont macht die Brechung ein halbes Grad aus, die Sonne ist also eigentlich schon verschwunden, wenn wir sie noch sehen. Außerdem ist die Brechung am unteren Rand der Sonnenscheibe größer als am oberen Rand – die Sonne erscheint oval.

Brennstoffzelle. Seit 2008 wird ein Alsterdampfer in Hamburg von einer Brennstoffzellenbatterie mit Energie versorgt.

längenabhängigkeit. Deswegen müsste beim Sonnenuntergang eigentlich der blaue Anteil des Sonnenlichtspektrums als letzte Farbe zu sehen sein, doch Blau wird durch Streuung aus dem Sonnenlicht herausgefiltert, sodass das grüne Segment der Sonne sichtbar wird, sobald alle anderen Segmente bereits unter dem Horizont stehen.

Weitere Refraktionseffekte sind die →Luftspiegelungen, die →Halos und der →Regenbogen.

Breite, *Geografie, Geophysik:* 1) Die **geografische Breite** eines Ortes ist bei Annahme einer ellipsoidischen Erdfigur der Winkel φ, den die Ellipsoidnormale des Ortes mit der Äquatorebene bildet. Sie wird vom Äquator polwärts als **nördliche Breite** (n. Br.) und **südliche Breite** (s. Br.) von 0° (= Äquator) bis 90° (= Pol) gezählt. Orte gleicher Breite liegen auf einem **Breitenkreis** oder **Parallelkreis.** Die astronomisch bestimmte geografische Breite kann wegen der Lotabweichung von der ellipsoidischen Breite bis zu 1′ abweichen. In der Geodäsie werden ferner die **geozentrische Breite** γ und die **reduzierte Breite** β benutzt. 2) Die **geomagnetische Breite** ist entsprechend auf den erdmagnetischen →Äquator bezogen, der gegen den Erdäquator geneigt ist; sie ist gegenüber der geografischen Breite um 11° geringer.

Breitenkreis, →Breite.

Brennstoffzelle, Brennstoffelement, elektrische Stromquelle, in der durch elektrochemische Oxidation (»kalte Verbrennung«) chemische Energie direkt in elektrische Energie umgewandelt wird. Im Unterschied zu Batterien liegen in Brennstoffzellen die chemischen Energieträger gasförmig vor, das heißt, sie können kontinuierlich zugeführt werden, sodass eine Brennstoffzelle kontinuierlich Strom erzeugen kann. In der klassischen Brennstoffzelle wird Wasserstoff (H_2) mit Sauerstoff (O_2) oxidiert. Dabei entstehen Wasser und Elektronen, also Strom.

■ **Nutzung** Aufgrund der geringen Spannung, die eine einzelne Brennstoffzelle liefert, werden in der Regel viele Brennstoffzellen zu einer **Brennstoffzellenbatterie** zusammengeschaltet, die als **Stack** bezeichnet wird. Die Brennstoffzelle wurde bereits erfolgreich in der Raumfahrt, in Unterwasserstationen und zur Notstromversorgung eingesetzt. Wegen des theoretisch erzielbaren hohen Wirkungsgrades und der schadstoffarmen Technik werden Brennstoffzellen als besonders zukunftsträchtige Energiequelle eingeschätzt. Einer breiten Anwendung stehen bisher die hohen Kosten für die H_2-Bereitstellung, die hohen Fertigungskosten und die kurze Lebensdauer entgegen. Für die Automobilindustrie fehlt außerdem die H_2-Infrastruktur (Tankstellen). Trotzdem entwickeln alle großen Automobilkonzerne gegenwärtig Fahrzeuge mit Brennstoffzellenantrieb; im Fuhrpark des Bundesverkehrsministeriums fahren die ersten Autos mit Brennstoffzellenantrieb. Mögliche Alternativen zur direkten Wasserstoffspeicherung sind Treibstoffe wie Ethanol, Methanol oder andere Kohlenwasserstoffe, von denen kurz vor Gebrauch der Wasserstoff durch katalytische Verfahren gewonnen wird.

Der Wirkungsgrad, der bei der Stromerzeugung mit Brennstoffzellen (einschließlich der Brennstoffreformierung) gegenwärtig erzielt wird, liegt bei etwa 35–65 %. Wird reiner Wasserstoff als Brennstoff verwendet und die

Abwärme durch die →Kraft-Wärme-Kopplung zum Heizen genutzt, sind Wirkungsgrade bis zu 90% möglich. Das Besondere an den Brennstoffzellen ist, dass diese Wirkungsgrade bereits bei niedrigen Leistungen erreicht werden. Dadurch können neue Anwendungen erschlossen und Beiträge zum Klimaschutz geleistet werden.

Noch im Forschungsstadium befinden sich **Bio-Brennstoffzellen.** Sie enthalten neben der Brennstoffzelle eine Vorrichtung zur Kultivierung spezieller Mikroorganismen. Diese werden zur Produktion des Wasserstoffs genutzt, z.B. aus Glucose, die u.a. Bestandteil von Küchenabfällen ist.

Breva [italienisch], tagsüber wehender Talwind am Comer See, nach Norden gerichtet. **Tivano** heißt der nachts nach Süden wehende Bergwind.

Brewster-Punkt ['bru:stə-; nach dem britischen Physiker David Brewster, *1781, †1868], →Himmelsstrahlung.

Brise [französisch], leichterer bis mittlerer Wind, zwischen Windstärke 2 (leichte Brise) und 5 (frische Brise); guter Segelwind.

Brockengespenst, eine atmosphärisch-optische Erscheinung (→Glorie).

Bruhns, Karl Christian, deutscher Astronom, *Plön 22. 11. 1830, †Leipzig 25. 7. 1881; ab 1860 Professor in Leipzig, ab 1868 auch Direktor der unter seiner Leitung erbauten Sternwarte. Bruhns entdeckte u.a. sechs Kometen und bestimmte die Bahnelemente von Planetoiden und Kometen genauer. Er war Mitglied der Preußischen Gradmessungskommission und begründete 1863 das erste deutsche meteorologische Beobachtungssystem.

Bruins [brœjns], Evert Marie, niederländischer Physiker und Mathematiker, *Woudrichem (Prov. Nordbrabant) 4. 1. 1909, †1990; beschrieb bereits 1938 theoretisch den dann 1958 von J. A. Van Allen entdeckten und heute nach diesem benannten →Strahlungsgürtel der Erde.

Brüllende Vierziger, Roaring Forties ['rɔ:rɪŋ 'fɔ:tɪz, englisch], seemännische Bezeichnung für die beständigen, starken bis stürmischen, oft auch orkanartigen Westwinde zwischen 40° und 50° Breite auf der Südhalbkugel.

Buchan ['bʌkən], Alexander, britischer Meteorologe, *Kinnesswood (bei Kinross) 11. 4. 1829, †Edinburgh 13. 5. 1907; untersuchte besonders die langzeitigen Schwankungen des Luftdrucks und die atmosphärische Zirkulation; gab 1869 die erste Isobarenkarte über die Luftdruck- und Windverhältnisse auf der ganzen Erde heraus.

Bundes-Immissionsschutzgesetz, Kurzbezeichnung für das »Gesetz zum Schutz vor schädlichen Umwelteinwirkungen durch Luftverunreinigungen, Geräusche, Erschütterungen u.ä. Vorgänge« vom 15. 3. 1974 i.d.F.v. 26. 9. 2002. Der →Immissionsschutz wird besonders dadurch verwirklicht, dass Anlagen mit umweltschädlichen Emissionen der Genehmigung und Überwachung unterliegen.

Buran [russ.], Nordoststurm in Russland und Zentralasien, besonders im Winter mit starkem Schneetreiben, seltener als Staubsturm im Sommer **(Karaburan).**

Büßerschnee, Zackenfirn, spanisch **Penitentes** (»Büßer«), Ablationsform von Schnee, Firn und Gletschereis subtropischer und tropischer Hochgebirge bei hoch stehender Sonne und geringer Luftfeuchtigkeit, also starker Verdunstung. Die Pyramiden, Zacken und Pfeiler sind regelmäßig in Reihen angeordnet und gegen die einfallenden Sonnenstrahlen geneigt. – Der Name Büßerschnee geht auf den Volksglauben (Chile, Argentinien) zurück, der in den einzelnen Pfeilern in Eis verwandelte Pilger- oder Büßergestalten sah.

Buys-Ballot ['bœjz bɑ'lo:], Christophorus Henricus Didericus, niederländischer Meteorologe, *Kloetinge (Südbeveland) 10. 10. 1817, †Utrecht 3. 2. 1890. Nach dem Studium der Literatur- und Naturwissenschaften in Utrecht wurde Buys-Ballot 1847 an dieser Universität Professor für Mathematik und 1870 für Experimentalphysik. Im Anschluss an die erste internationale und von Buys-Ballot maßgeblich vorbereitete Konferenz über maritime Meteorologie 1853 in Brüssel war er 1854 an der Gründung des Königlich Niederländischen Meteorologischen Instituts beteiligt. Bis 1877 leitete Buys-Ballot dieses Institut.

Buys-Ballot untersuchte – wie schon vor ihm H. W. Brandes und H. W. Dove – den Zusammenhang zwischen Luftdruck und Wind und wies das →barische Windgesetz als allgemeingültig nach. Daraus folgerte er schließlich die nach ihm benannte Regel.

Ab 1860 baute Buys-Ballot das erste europäische Sturmwarnsystem auf. Außerdem entwarf er ein System von Wetterkarten, das auf der Abweichung der Wetterdaten von den mittleren meteorologischen Werten beruhte. Buys-Ballot war auch beim Aufbau der Internationalen Meteorologischen Organisation federführend beteiligt.

Buys-Ballot-Regel [niederländisch 'bœjz bɑ'lo:-], von C. H. D. Buys-Ballot 1856 formuliertes meteorologisches Beobachtungsgesetz: Dreht man auf der Nordhalbkugel dem Wind den Rücken zu, so liegt das Gebiet mit tiefem Druck links vor einem, das mit hohem Druck rechts hinter einem (auf der Südhalbkugel umgekehrt). Die Regel gestattet es, aus beobachteten Windänderungen auf die Zugbahn eines Tiefs zu schließen.

CHRISTOPHORUS HENRICUS BUYS-BALLOT
***1817, †1890**

100619

formulierte die nach ihm benannte Windregel

baute das erste europäische Sturmwarnsystem auf

baute die Internationale Meteorologische Organisation mit auf

C

ANDERS CELSIUS
***1701, †1744**

100563

- nahm an Vermessungsexpeditionen teil
- schuf die nach ihm benannte Thermometerskala
- erkannte früh Zusammenhänge zwischen Polarlicht und Erdmagnetfeld

Calina [span. »Dunst«], sommerliche Lufttrübung durch Staub und Schlieren der aufsteigenden Warmluft, besonders über den Hochflächen (Meseta) Innerspaniens.

Castellanuswolken [zu lateinisch castellum »Kastell«], türmchenförmige, aus einer gemeinsamen Basis quellende Wolken; häufig Vorzeichen für Gewitter.

CAT, → Klarluftturbulenz.

Ceilometer [silo...; zu englisch ceiling »Wolkenhöhe«], Gerät zur Messung und Registrierung von Wolkenhöhen durch Bestimmung der Laufzeit eines an der Wolkenbasis reflektierten Licht- oder Radarimpulses.

Celsius, Anders, schwedischer Astronom, *Uppsala 27. 11. 1701, †ebenda 25. 4. 1744. Celsius begann zunächst ein Jurastudium in Uppsala, wandte sich dann aber den Naturwissenschaften zu und führte nebenher meteorologische Beobachtungen durch. 1728 legte er sein Abschlussexamen in Mathematik und Naturwissenschaften ab, 1730 wurde er Professor für Astronomie in Uppsala.

1734 schlug Celsius bei einem Studienaufenthalt in Paris der Académie des sciences die Gradmessung in Lappland als Parallelunternehmen zu der von Pierre Bouguer (*1698, †1758) durchgeführten Peruexpedition vor und nahm 1736–37 an der zu diesem Zweck unternommenen, von Pierre Louis Moreau de Maupertuis (*1698, †1759) geleiteten Lapplandexpedition teil, die die Abplattung der Erde bestätigte.

Bei seinen meteorologischen Forschungen wurde Celsius mit dem Thermometerproblem konfrontiert. Er kannte die verschiedenen gebräuchlichen Thermometertypen und deren Unzulänglichkeiten. 1742 sprach er sich in einer Veröffentlichung für das Quecksilberthermometer aus und empfahl zur Eichung zwei Fixpunkte: Gefrier- und Siedepunkt des Wassers auf Meereshöhe. Er schlug eine 100-teilige Skale und den Siedepunkt des Wassers als Nullpunkt vor. Dieses »schwedische Thermometer« fand weite Verbreitung, jedoch wurde bald nach Celsius' Tod die Skala »umgedreht«, vermutlich auf Initiative des mit Celsius befreundeten schwedischen Naturforschers Carl von Linné (*1707, †1778).

Bei seinen Beobachtungen des Polarlichts bemerkte Celsius als Erster den Zusammenhang mit den Störungen des erdmagnetischen Feldes.

Celsius-Skala, von A. Celsius 1742 eingeführte Temperaturskala. Ihre Fixpunkte, beide bei einem äußeren Luftdruck von 1013,25 hPa, wurden von Celsius ursprünglich mit 0 °C (Siedepunkt des Wassers) und 100 °C (Schmelzpunkt des Eises) festgelegt. Erst der schwedische Naturforscher Carl von Linné (*1707, †1778) stellte diese Skala »auf den Kopf«, woraus dann die heutige, zur Temperaturangabe fast überall auf der Welt verwendete Celsius-Skala mit 0 °C bei schmelzendem Eis und 100 °C bei siedendem Wasser wurde. Der als **Fundamentalabstand** bezeichnete Abstand zwischen den Fixpunkten beträgt 100 gleiche Teile (Celsius-Grade); der Differenz zweier benachbarter Teilstriche entspricht genau 1 °C. Für Temperaturdifferenzen gilt 1 °C = 1 K. Die Erweiterung der Celsius-Skala auf unter dem Gefrierpunkt liegende Temperaturwerte führt zu negativen Celsius-Graden. Der absolute Nullpunkt liegt auf der Celsius-Skala bei −273,15 °C.

Chaldi [k-], *altorientalische Religion:* der Hauptgott der Urartäer, der Bewohner des alten Urartu, des Gebiets um den Vansee in Ostanatolien. Er wird oft mit dem Wettergott Tescheba und dem Sonnengott Schiwini zusammen genannt; Gemahl der Göttin Bagbarti oder Arubani (bei den Mannäern Bogmasti).

Chamsin, Kamsin [x-, k-; arabisch »fünfzig«], trockenheißer, aus Süden oder Südosten wehender Wüstenwind in Ägypten, reich an Wüstenstaub, tritt besonders in den 50 Tagen nach der Frühjahrs-Tagundnachtgleiche auf.

Chaostheorie *Sonderartikel Seite 56/57*

Chappuis-Absorption, Absorptionsprozess in der Ozonschicht, der vor allem bei schrägem Sonnenlichteinfall, also langem Lichtweg, zur Blaufärbung des Himmels nach Sonnenuntergang beiträgt. Dann sollte durch die Rayleigh-Streuung eigentlich der blaue Anteil des Sonnenlichts »herausgestreut« sein. Nur die wenigen Sonnenstrahlen, die den oberen Rand der atmosphärischen Luftschichten streifen, müssten als seitwärts gestreutes, blaues Licht erscheinen und sich mit zahlreichen gelben, orangefarbenen und roten Strahlen im Zenit zu einem gelben oder sogar leicht grünlichen Licht mischen. Das Blau der Dämmerung beruht vielmehr auf einer Absorption des orangefarbenen Farbanteils im Sonnenlicht durch die sogenannten Chappuis-Banden. Bei dieser Absorption wird ein Ozonmolekül zu Streckschwingungen angeregt, die bereits nach wenigen Picosekunden wieder zerfallen. Im Spektrum schlägt sich dieser Vorgang als breite, diffuse Absorptionsbanden nieder, die im sichtbaren Spektralbereich bei 600 Nanometer besonders ausgeprägt sind. Ozon absorbiert deshalb überwiegend orangefarbenes Licht. Gelbes und rotes Licht werden vom Ozon weniger stark absorbiert, blaues Licht gar nicht. Diese Filterwirkung des Ozons wurde 1952 von dem amerikanischen Geophysiker Edward Hulburt (*1890, †1982) entdeckt, der mithilfe unbemannter Raketenaufstiege die Ozonschicht untersuchte. Seine Studien ergaben, dass das Himmelsblau im Zenit während des Sonnenuntergangs zu einem Drittel auf der Rayleigh-Streuung und zu zwei Dritteln auf der Chappuis-Absorption beruht. Neuere Untersuchungen bestätigen diesen Sachverhalt.

Castellanuswolken. Altocumulus castellanus

100573

Charley, Hurrikan, der sich am 9. August 2004 östlich der Kleinen Antillen bildete und auf seinem Weg durch die Karibik vor Jamaika Hurrikanstärke erreichte. Als er am 12. August Kuba passierte, hatte er sich zu einem Hurrikan der Stufe 3 intensiviert. Nachdem er zwischenzeitlich wieder in Kategorie 2 abgestuft wurde, verstärkte er sich erneut innerhalb von fünf Stunden zu einem Hurrikan der Stufe 4 und erreichte am 13. August mit Windgeschwindigkeiten bis zu 230 km/h in der Nähe von Port Charlotte in Florida die amerikanische Küste. Dieser ungewöhnliche Stärkenzuwachs wurde neben den warmen Wassertemperaturen im Golf von Mexiko eventuell auch durch veränderte Luftströmungen verursacht. In Florida kamen durch Charley 27 Menschen ums Leben, mindestens 10 000 wurden obdachlos. Der volkswirtschaftliche Schaden wird auf 18 Milliarden US-Dollar geschätzt.

Charney [ˈtʃɑːnɪ], Jule Gregory, amerikanischer Meteorologe, *San Francisco 1. 1. 1917, † Boston (Mass.) 16. 6. 1981; verfasste grundlegende Arbeiten über die atmosphärische Dynamik; ihm gelang es erstmals (1949), mit einer elektronischen Datenverarbeitungsanlage eine brauchbare Wetterkarte 24 Stunden im Voraus zu berechnen.

Chinook [tʃɪˈnʊk, englisch], warmer, trockener Föhnwind auf der Ostseite der Rocky Mountains in Nordamerika.

Cirrocumulus [Zusammenbildung aus Cirrus und Cumulus], Abkürzung **Cc, Zirrokumulus, feine Schäfchenwolke,** eine selten auftretende Gattung der hohen → Wolken, die in unseren Breiten zwischen 6 und 10 km Höhe auftritt. Cirrocumuli bilden dünne, weiße Flecken, Felder oder Schichten von Wolken ohne Eigenschatten, die aus sehr kleinen, mitunter verwachsenen oder einzelnen Wolkenteilen bestehen und mehr oder weniger regelmäßig in Rippen oder Reihen angeordnet sind (»feine Schäfchen«). Cirrocumulus besteht fast ausschließlich aus Eiskristallen. Vorübergehend können auch stark unterkühlte Wassertröpfchen darin enthalten sein, die gelegentlich an Beugungserscheinungen (→ Kranz) beteiligt sind. Cirrocumuli können so dünn wie feine Cirren sein, aber auch so dick, dass sie die Sonne verdecken.

■ **Wetterbedeutung** Cirrocumulusfelder ziehen häufig auf, wenn sich eine Schönwetterlage im Sommer ihrem Ende entgegenneigt. Vergrößern sich die einzelnen Cirrocumuluswolken langsam, muss in den kommenden Stunden mit gewittrigen Schauern gerechnet werden. Der Luftdruck fällt mit Schwankungen leicht ab, die Wetterlage wird sich für eine Zeit lang umstellen. Herrscht momentan noch schönes und sonniges Wetter, ziehen aber Cirrocumuluswolken schnell aus westlichen Richtungen auf und breiten sich wogenförmig aus, ist in den kommenden Stunden mit einem Wetterumschwung, Regen und kräftigem Wind zu rechnen. Feine Cirrocumuli können sich schon während des Vormittags entwickeln. Entstehen daraus im Tagesverlauf Cumuluswolken, die anfangen, vertikal zu quellen, besteht die Gefahr von Gewittern.

Cirrostratus [Zusammenbildung aus Cirrus und Stratus], Abkürzung **Cs, Zirrostratus, Schleierwolke,** eine Gattung der hohen Wolken, die in unseren Breiten zwischen 6 und 8 km Höhe auftritt. Cirrostratus

Fortsetzung S. 58

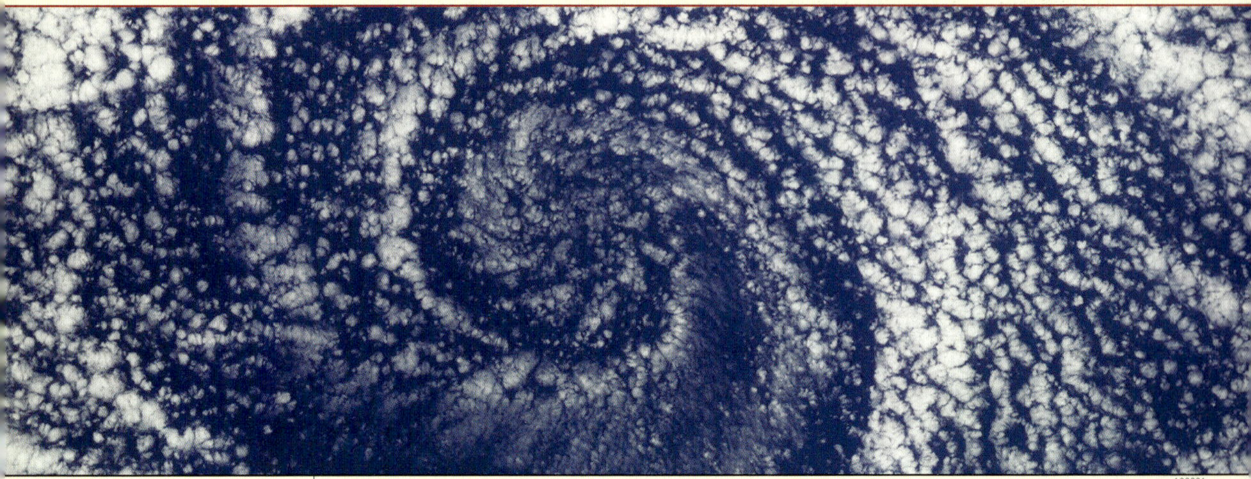

I

CHAOSTHEORIE

I) Hoch- und Tiefdruckgebiete stellen atmosphärische Zustände großer Unordnung dar.

Chaos steht im allgemeinen Sprachgebrauch für Unordnung und Unbeherrschbares. Unordnung bezeichnen Naturwissenschaftler in der Thermodynamik als Entropie. Sie leistet einen unverzichtbaren Beitrag zur Gesamtenergie des Systems. Und gewaltige Energiemengen sind im Spiel, wenn Sonne, Wind und Ozeane das Wettersystem der Erde vorantreiben. Da ist es nur verständlich, dass Chaos eine wesentliche Komponente des Wetters ist. Die Unzuverlässigkeit von Wettervorhersagen geht großenteils auf das Konto des »Schmetterlingseffekts« der Chaostheorie.

Dennoch ist das Wettersystem nicht vollständig chaotisch. Die Großwetterlagen aus Hoch- und Tiefdruckgebieten sorgen für eine gewisse mittel- und langfristige Ordnung und Stabilität. Das Wetter von morgen entwickelt sich, den physikalischen Gesetzen folgend, aus dem Wetter von heute. Und über das Jahr gesehen, zeigt das Wettergeschehen vom regionalen Klima abhängige und jahreszeitlich regelmäßig wiederkehrende Veränderungen.

Der Schmetterlingseffekt

Was hat der Schmetterling im Amazonas mit unserem Wetter zu tun? Wie jedes chaotische System ist auch die Entwicklung des Wetters extrem empfindlich gegenüber einer Veränderung der Anfangsbedingungen. Der Meteorologe Edward Lorenz veranschaulichte dies mit der Metapher vom »Schmetterlingseffekt«. Derzufolge kann schon der Flügelschlag eines Schmetterlings im Amazonas in Europa einen Orkan auslösen – oder auch verhindern. Lorenz entwickelte am Massachusetts Institute of Technology (MIT) ein einfaches Modell zur Wettervorhersage. Als er eine Computerberechnung wiederholte und einige Messwerte auf drei statt sechs Stellen hinter dem Komma kürzte, um die Rechenzeit zu verringern, erhielt er ein komplett anderes Ergebnis im Vergleich zur ersten Rechenoperation.

Der zeitliche Verlauf des Wetters hängt entscheidend von den Strömungsverhältnissen in der Atmosphäre ab. Dabei bestehen zwischen den physikalischen Größen Druck, Temperatur, Feuchte und Zeit komplexe Zusammenhänge und Abhängigkeiten. Deren mathematische Beschreibung erfolgt auf der Grundlage sogenannter nicht linearer dynamischer Potenzialgleichungen, die bis zu einem Dutzend Variablen beinhalten. Computerprogramme, die das Wetter mithilfe dieser Gleichungen simulieren, tasten sich Schritt für Schritt in die Zukunft voran. Ausgehend vom Istzustand berechnen sie für kurze Zeitschritte den jeweiligen Zustand der Atmosphäre. Dabei baut jeder Rechenschritt auf dem Ergebnis des vorangehenden Schritts auf.

Aber selbst wenn Wettermodelle perfekt wären und alle Faktoren berücksichtigen würden, die die Atmosphäre beeinflussen, wäre keine exakte Wettervorhersage möglich. Denn auch winzige Fehler oder kleinste Abweichungen in den Anfangsbedingungen wachsen bis zum Ende der Berechnung exponentiell an. Hat sich die Unsicherheit der Vorhersage beispielsweise nach einer Stunde verdoppelt, ist sie nach zwei Stunden schon viermal so hoch und nach drei Stunden achtmal usw. Das bedeutet, dass schon kleinste Ungenauigkeiten im Datenmaterial zur

101278

2

100562

3

Folge haben, dass sich die Vorhersageergebnisse erheblich voneinander unterscheiden.

Chaos im Kleinen – Ordnung im Großen

Das chaotische Verhalten der Atmosphäre im Kleinen erzeugt großräumige, geordnete Wettersysteme. Kleinräumige atmosphärische Turbulenzen verhalten sich chaotisch, wie kleine Kreisel mit unterschiedlicher Drehrichtung. Wohin sich die einzelnen Kreisel bewegen, lässt sich nicht vorausberechnen. Kreisel, die ursprünglich benachbart waren, laufen auseinander, schnelle und langsame Kreisel vermischen sich. Für einzelne Punkte lässt sich die Wirbeldichte deshalb nicht vorhersagen.

Im Großen entsteht dagegen ein makroskopisch vorhersagbares Geschwindigkeitsfeld. Triebfeder für die Entstehung solcher Strukturen ist das Bestreben der mikroskopischen Luftwirbel, die »Unordnung« zu vergrößern. Denn nach den Gesetzen der Thermodynamik hat ein Zustand mit geringer Ordnung – also hoher Unordnung oder, wissenschaftlich ausgedrückt: Entropie – eine höhere Wahrscheinlichkeit als ein Zustand mit hoher Ordnung. Dem Zustand hoher Unordnung entsprechen in der Atmosphäre die über mehrere Tausend Kilometer ausgedehnten Hochdruckgebiete (Antizyklone) und Tiefdruckgebiete (Zyklone). Auf Satellitenbildern sind die großen Wirbelsysteme anhand der Wolken, die der Luftströmung folgen, gut zu erkennen.

Hightech trifft Unordnung

An welchen Schrauben kann nun gedreht werden, um den Schmetterlingseffekt zu überlisten und dadurch Wettervorhersagen sicherer zu machen? Einen wesentlichen Beitrag leisten sicherlich genauere Messdaten und die engmaschigere Erfassung dieser Daten. Deshalb streben die Wetterdienste weltweit an, das Netz der Messstationen insbesondere auf den Ozeanen dichter zu weben. Eine wichtige Rolle spielen auch Wettersatelliten, z. B. MetOp, der im Mai 2007 in Betrieb ging. Im Gegensatz zu den bisherigen Meteosat-Satelliten, die die Erde am Äquator in 36 000 km Höhe in 24 Stunden einmal umkreisen, braucht der MetOp-Satellit für eine Erdumrundung in 820 km Höhe über den Süd- und Nordpol nur 100 Minuten. Dabei sammelt er Messwerte u. a. zu Temperatur und Feuchtigkeitsverteilung, die er bei jeder Erdumrundung einmal an die Bodenstation in Darmstadt (Eumetsat) sendet. Aufgrund seiner erdnahen, polaren Umlaufbahn liefert der MetOp-Satellit schärfere Bilder, insbesondere der Polar- und Nordatlantikregion. Er soll den Zeitraum für eine zuverlässige Wettervorhersage von bisher drei auf fünf Tage erhöhen.

Ein weiterer Verbündeter im Kampf gegen den Schmetterlingseffekt sind immer leistungsfähigere Supercomputer. Mit ihrer Hilfe kann man die Entwicklungen der Atmosphäre noch feiner modellieren. Außerdem können sie die Zuverlässigkeit der kurzfristigen Wettervorhersage anhand von Ensemble-Analysen überprüfen. In bis zu 50 parallelen Durchläufen analysiert die Software, wie stark die Berechnungen bei geringfügig veränderten Anfangsbedingungen auseinanderlaufen. Liegen die Ergebnisse nahe beieinander, dann ist die Wettervorhersage auch mit den einkalkulierten Messfehlern ziemlich sicher.

2) Kann ein Schmetterling irgendwo auf der Welt das Wetter an einem ganz andern Ort beeinflussen? Der »Schmetterlingseffekt« ist zur Metapher für das Chaos in der Meteorologie geworden.

3) Mit immer leistungsfähigeren Computern – hier der Superrechner des Forschungszentrums Jülich – werden auch die Wettervorhersagen immer zuverlässiger.

Fortsetzung von S. 55
bildet einen durchscheinenden weißlichen Wolkenschleier von faserigem (haarähnlichem) Aussehen, der den Himmel ganz oder teilweise bedeckt und →Halo-Erscheinungen um Sonne und Mond hervorruft (→Wolken). Aufgrund seiner dunstähnlichen Erscheinung ist er oft nicht einfach zu erkennen.

■ **Wetterbedeutung** Cirrostratus ist eine typische Schlechtwetterwolke, die sich durch die Verdichtung von Cirren bildet. Sie bildet sich meist an der Vorderseite aufziehender Tiefdruckgebiete und führt zwar selbst keinen Niederschlag mit sich, kündigt diesen aber an.

Zunächst ist die Sonne vom blassblauen Himmel noch wenig getrübt, wird dann aber zunehmend verdeckt. Dann muss für den folgenden Tag im Zuge der aufziehenden Warmfront mit Regen gerechnet werden. Wenn die Sonne nicht mehr zu sehen ist, ist das ein Zeichen für Regen innerhalb der nächsten Stunden. Gleichzeitig sinkt kontinuerlich der Luftdruck.

Auch wenn Cirrostratus schnell aufzieht und sich verdichtet und gleichzeitig das Barometer fällt, muss mit dem baldigen Eintreffen einer Warmfront und mit Regen gerechnet werden. Sind am Himmel hingegen nur einzelne Cirrostratusfelder zu sehen, oft zusammen mit einigen Cirren, dann bleibt das momentan herrschende Wetter erhalten.

Cirrus [lateinisch, eigentlich »Haarlocke«], Abkürzung **Ci, Zirrus, Federwolke,** Gattung der hohen →Wolken. Cirren sind zarte, weiße Wolken in Form von Fäden, schmalen Bändern oder Flecken von faserigem (haarähnlichem) Aussehen, oft seidig glänzend. Cirren ziehen in mittleren Breiten in Höhen zwischen 7 und 13 km und bestehen wegen der tiefen Temperaturen bis –50 °C, die dort herrschen, aus Eiskristallen. Sie erreichen hohe Zuggeschwindigkeiten bis 100 km/h. Im Winter bewegen sie sich etwas tiefer als im Sommer, ebenso in Nordeuropa. Im Mittelmeergebiet liegt ihre Höhe im Sommer hingegen bei 9–14 km. Zur Krallenform der Cirren kommt es, wenn Eiskristalle aus einer höheren und schnelleren Windströmung in eine tiefere und langsamere Strömung fallen und dabei einen Schweif bilden.

■ **Wetterbedeutung** Einzelne, in östlicher Richtung scheinbar still in Reihe stehende Cirren, die sich im Laufe des Tages auflösen, deuten auf schönes Wetter und eine Wetterberuhigung hin, insbesondere, wenn keine größeren Cirrostratusflächen zu sehen sind. In Schönwetterlage sind Cirruswolken unregelmäßig am Himmel verteilt, eine kurzfristige Wetteränderung ist dann auszuschließen.

Ziehen am Horizont aus südwest- bis nordwestlicher Richtung großflächig Cirren auf, die sich in der Folge verdichten und sichtlich zusammengehören, deuten sie auf eine nahende Warmfront hin. Innerhalb von zwei Tagen muss dann mit einer Wetterverschlechterung gerechnet werden. Der Luftdruck sinkt, während die relative Luftfeuchtigkeit steigt. Sind schon Cirrostratuswolken am Himmel zu beobachten, kann man davon ausgehen, dass ein Tief im Anzug ist.

Nach der Auflösung einer Cumulonimbuswolke bleiben häufig Cirren übrig, die großflächig am Himmel verteilt sein können. Sie können einen Aufzug vortäuschen, sind dafür aber doch zu unregelmäßig angeordnet. Auch solche Cirren deuten recht schönes Wetter an.

Cirrus uncinus [lateinisch uncinus »Haken«], Abkürzung **Ci unc, Hakencirrus,** Wolkenart der Gattung Cirrus, oft in Form eines Kommas, nach oben hakenförmig oder auch in Büscheln auslaufend (oberer Teil aber nicht quellend). Wolken der Art Cirrus uncinus erscheinen oft vor einem herannahenden Schlechtwettergebiet.

Clean Development Mechanism ['kli:n dɪ'veləpmənt 'mekənɪzm], Abkürzung **CDM,** wird im Deutschen etwa als »Mechanismus zur umweltgerechten Entwicklung« bezeichnet und ist in Art. 12 des →Kyoto-Protokolls verankert. Es handelt sich hierbei um Klimaschutzprojekte, die diejenigen Länder, die nach der →Klimarahmenkonvention Emissionsobergrenzen einhalten müssen, in solchen Staaten durchführen, die keine verbindlichen Emissionsziele haben. Dabei gibt es zwei Hauptziele: Die verpflichteten Staaten müssen in den Gastländern Aktivitäten vorantreiben, die den Ausstoß von Treibhausgasen reduzieren und zusätzlich zur →nachhaltigen Entwicklung dieser Länder beitragen, z.B. durch Technologietransfer. Wenn so z.B. Kraftwerke modernisiert werden, kann dies anteilig beiden Vertragsparteien gutgeschrieben werden. Die Zweckmäßigkeit von Klimaschutzprojekten wird wie bei →Joint Implementation ökonomisch begründet. Kritiker befürchten allerdings, dass mit dieser für die Industrieländer günstigen Regelung Energiesparmaßnahmen im eigenen Land vernachlässigt werden.

Clear-Air-Turbulenz ['klɪə'eə-; englisch »klare Luft«], die →Klarluftturbulenz.

Cloud-Cluster, der →Wolkencluster.

CO_2, das →Kohlendioxid.

CO_2-Fußabdruck, Bezeichnung für die Abschätzung der persönlichen CO_2-Bilanz. Es existiert keine strenge wissenschaftliche Definition dieses Konzepts, in der Regel werden aber die individuellen CO_2-Emissionen in den Teilbereichen Heizen, Stromverbrauch, Mobilität, Ernährung und Konsum betrachtet und die Menge des Äquivalentgewichts an Kohlendioxid berechnet, die als Ergebnis der Aktivitäten einer Einzelperson oder einer Gruppe in

Cirrus uncinus

die Atmosphäre abgegeben wird. Zahlreiche Organisationen, Institute und Medien bieten im Internet sogenannte »CO_2-Rechner« an, mit deren Hilfe man den CO_2-Fußabdruck im täglichen Alltag berechnen kann. Meist wird in diesem Zusammenhang auch angegeben, mit welchen einfachen Maßnahmen im privaten Umfeld, etwa Energiesparen, welche Menge Kohlendioxid eingespart wird. Je nach Anbieter sind die errechneten Werte sehr unterschiedlich und können nur als Näherung betrachtet werden.

■ **Mobilität** Der individuelle Verkehr produziert in Deutschland etwa 85 bis 90 Mio. Tonnen Kohlendioxid pro Jahr. Neben der Nutzung öffentlicher Verkehrsmittel oder der Vermeidung von Autofahrten ist die eigene CO_2-Bilanz dabei nicht nur vom Fahrzeugtyp abhängig, sondern auch vom Fahrverhalten, dem richtigen Reifendruck und dem Wartungszustand des Motors. Die meisten Autohersteller geben inzwischen auf ihren Internetseiten und in ihren Autokatalogen an, wie viel das jeweilige Modell an CO_2 ausstößt.

■ **Wohnen** Die Heizung im eigenen Haushalt verursacht den größten Teil der privaten CO_2-Emissionen. In der Regel haben Einfamilienhäuser eine schlechtere CO_2-Bilanz als Reihenhäuser oder Wohnungen, da über die vielen Außenflächen mehr Wärme entweichen kann. Vor allem durch die Wärmedämmung, die seit den 1980er-Jahren kontinuierlich verbessert wurde, kann der Verbrauch an Heizenergie erheblich gesenkt werden, ebenso durch die Absenkung der Raumtemperatur (ein Grad weniger spart im Schnitt 5–6% Heizkosten). Auch die Heizsysteme sind im Laufe der letzten Jahre immer effektiver geworden. Am meisten profitiert die CO_2-Bilanz vom Einsatz erneuerbarer Energien. So sind Heizungen, die Holzpellets oder Hackschnitzel verwenden, nahezu CO_2-neutral, da bei der Verbrennung das Kohlendioxid freigesetzt wird, das zuvor durch die Pflanze der Atmosphäre entnommen wurde.

■ **Stromverbrauch** Der persönliche Stromverbrauch kann u. a. durch die Verwendung effizienterer Geräte gesenkt werden; als Richtschnur können die Energieeffizienzklassen dienen, die im Handel üblich sind und beispielsweise auf dem EU-Energielabel aufgeführt sind. Die Hersteller von Elektrogroßgeräten sind zur Auszeichnung ihrer Produkte mit einem Energielabel verpflichtet. Ein bemerkenswertes Einsparpotenzial elektrischer Energie besteht auch in der Vermeidung von Leerlaufverlusten, die bei elektrischen Geräten im Bereitschafts- oder Stand-by-Betrieb anfallen. Zwar wird dabei im Vergleich zum Normalbetrieb nur sehr wenig Energie pro Gerät verbraucht, die sich aber in der Summe der zahlreichen Geräte zu einer erheblichen Energiemenge aufaddiert. Man schätzt, dass jährlich in Deutschland durch Leerlaufverluste ein Stromverbrauch entsteht, der dem Normalverbrauch einer Großstadt wie Berlin entspricht.

■ **Ernährung** Die CO_2-Bilanz der Ernährung hängt vor allem vom Fleischanteil und der Verwendung von Tiefkühl- und Fertiggerichten ab. Bei der Herstellung von Fleisch entsteht nicht nur Kohlendioxid, sondern auch Methan; gegenüber einer rein vegetarischen Kost verursacht eine fleischhaltige Mischkost etwa die doppelte Menge an

CO_2-Äquivalenten. Tiefkühlkost ist vor allem durch den Stromverbrauch zur Aufrechterhaltung der Kühlkette sehr energieaufwendig. Daneben spielen aber auch die Transportwege der konsumierten Lebensmittel eine erhebliche Rolle.

CO_2-Sequestrierung, CO_2-Abscheidung, Abkürzung **CCS** für englisch **C**arbon Dioxide **C**apture and **S**torage, Sammelbegriff für die Methoden zur Endlagerung von Kohlendioxid, das z. B. aus Kraftwerken stammt. Dabei muss das Gas zunächst aus dem Kraftwerksprozess abgetrennt werden, um anschließend einer dauerhaften Deponierung oder Verwendung zugeführt werden zu können. Als mögliche CO_2-Speicher gelten geologische Formationen und Speicher sowie die Tiefsee.

■ **Abscheidung** Grundsätzlich existieren drei Möglichkeiten, CO_2 abzutrennen: 1) Abscheidung nach der Verbrennung, 2) Abscheidung vor der Verbrennung, 3) Sauerstoffverbrennung. Die Abscheidung vor der Verbrennung – ähnlich der Rauchgaswäsche – gilt als relativ aufwendig, kann aber in konventionellen Kraftwerken nachträglich eingebaut werden. Bei der Abscheidung vor der Verbrennung reagiert der Brennstoff (Kohle, Erdgas, Öl) zunächst mit Sauerstoff, Luft oder Wasserdampf, wobei Kohlendioxid abgesondert wird. Dieses Verfahren bedingt einen anderen Aufbau des Kraftwerks, ist aber bereits in einigen kombinierten Gas- und Dampfturbinenkraftwerken mit integrierter Kohlevergasung (Abkürzung **IGCC** für englisch **I**ntegrated **G**asification **C**ombined **C**ycle) erprobt worden. Der im Abscheidungsprozess entstandene Wasserstoff kann beispielsweise für Brennstoffzellen benutzt werden. Bei der Verbrennung des Brennstoffs mit reinem Sauerstoff entsteht ein hoch konzentriertes CO_2-Gas ohne Stickoxide, das sich relativ einfach reinigen lässt. Allerdings ist die Herstellung von reinem Sauerstoff energieaufwendig. Bestehende Dampfkraftwerke lassen sich jedoch gut nachrüsten.

Alle Verfahren befinden sich noch im Versuchsstadium. Die meisten Erfahrungen bestehen mit IGCC-Kraftwerken.

■ **Speicherung** Bei der Speicherung stehen vor allem Sicherheit und Dauerhaftigkeit im Vordergrund. Bei der Planung von Speicherstätten muss auch die notwendige Infrastruktur mitbedacht werden. Mögliche geologische Speicher sind erschöpfte Gas- und Ölfelder, tiefe salzhaltige Grundwasserleiter und nicht erschließbare Kohleflöze. Die meisten Wissenschaftler favorisieren eine Einlagerung in tiefe Sedimentschichten, die mit salzhaltigem Wasser gefüllt sind und unterhalb der Trinkwasserleiter liegen müssen. Als Speicherort wird auch die Tiefsee ab etwa 3000 m Tiefe in Betracht gezogen, wo sich das CO_2 wegen des hohen Drucks verflüssigt. Hierbei besteht jedoch die Gefahr, dass das CO_2 nach einigen 100 bis 1000 Jahren wieder in die Atmosphäre gelangt. Außerdem ist zu befürchten, dass Kohlendioxid in der Tiefsee zu großen ökologischen Problemen führt, z. B. zu ei-

CO_2-SEQUESTRIERUNG | *In die Tiefe*

100562

Die Technik der Kohlendioxideinlagerung ist keine Zukunftsmusik mehr, sondern schon so ausgereift, dass im September 2008 in der Lausitz das erste Kohlekraftwerk der Welt in Betrieb genommen wurde, das nur Spuren des Treibhausgases CO_2 in die Atmosphäre entlässt. Die in nur zwei Jahren errichtete Pilotanlage in Schwarze Pumpe liefert zwar noch keinen CO_2-freien Strom, aber immerhin kohlendioxidarme Wärme für den gleichnamigen Industriepark. Das Minikraftwerk mit 30 MW Leistung arbeitet nach dem Prinzip der Sauerstoffverbrennung: Die zermahlene Kohle wird mit reinem Sauerstoff verbrannt und nicht wie in herkömmlichen Kraftwerken mit Atemluft. Bei dieser Verbrennung entstehen vor allem Wasser – das abgeschieden wird –, Schwefel und Flugasche – die herausgefiltert werden – und Kohlendioxid – das in nahezu reiner Form übrig bleibt. Es wird in Tanks gefüllt (Bild) und soll zur Lagerung in die Altmark transportiert und in 800 m tiefe Bohrkanäle einer ehemaligen Gaslagerstätte geleitet werden. Mit 99 % geben die Ingenieure ihre Einfangquote an. Trotzdem hat auch das Kraftwerk Schwarze Pumpe noch experimentellen Charakter, da vor allem noch nicht geklärt ist, ob die Lagerung wirklich dauerhaft funktioniert.

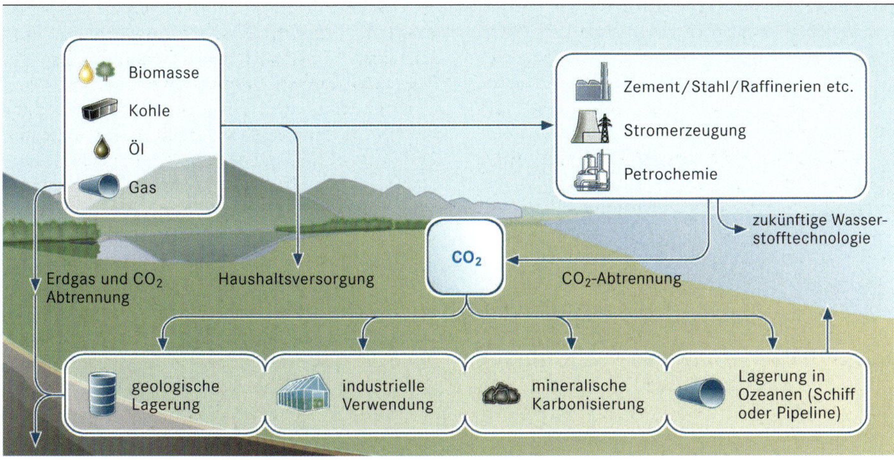

CO_2-Sequestrierung. Verschiedene Methoden werden diskutiert, um Kohlendioxid abzuscheiden und einzulagern bzw. zu verwenden. Ob damit wirklich zur Lösung des Klimaproblems beigetragen werden kann, ist fraglich, da bis zum Ende des Jahrhunderts etwa eine Billion Tonnen CO_2 gespeichert werden müssten.

ner Senkung des pH-Wertes. Alternativ könnte man Kohlendioxid direkt in den Meeresboden verfrachten oder in aktive oder ausgebeutete Öl- und Erdgasblasen einleiten.

■ **Forschung** Viele Industrieländer betreiben Forschungsprogramme zur CO_2-Sequestrierung, in Deutschland im Rahmen der Programme »Geotechnologien« und »Cooretec«. Im brandenburgischen Ketzin bei Potsdam begann am 27. 2. 2007 das größte europäische Projekt (»CO_2Sink») zur Untergrundspeicherung von Kohlendioxid. Es soll getestet werden, ob sich ein 800 m tiefer Grundwasserleiter zur Einlagerung eignet, welche geologischen wie technischen Voraussetzungen erfüllt sein müssen und welche Risiken durch diese Art der Entsorgung entstehen.

COMS, südkoreanisches Satellitenprogramm, das Anwendungen zur Meteorologie, Meeresbeobachtung und Telekommunikation kombiniert. Die Starts von COM-1 und COM-2 sind für 2008 bzw. 2012 vorgesehen.

congẹstus [zu lateinisch congerere, congestum »anhäufen«], adjektivischer Zusatz zu den Namen von Wolkengattungen, der eine Wolkenart der Gattung Cumulus mit der Bedeutung »aufgetürmt, kräftig quellend« bezeichnet. So geformte Wolken besitzen häufig eine große vertikale Ausdehnung und ähneln in ihrem aufgewölbten oberen Teil einem Blumenkohl.

Coning ['kəʊnɪŋ; von englisch to cone »kegelförmig machen«], Form einer Schornsteinabluftfahne bei Ausbreitung in neutraler vertikaler Temperaturschichtung; die Abluftfahne breitet sich kegelfömig aus (→Ausbreitungstypen).

Cọnrad, Victor, österreichischer Geophysiker und Klimatologe, *Hütteldorf (heute zu Wien) 25. 8. 1876, †Cambridge (Mass.) 25. 4. 1962; wirkte 1901–10 an der Zentralanstalt für Meteorologie und Erdmagnetismus in Wien; war Professor in Tschernowzy (bis 1920) und Wien, 1939/40 an der Pennsylvania State University, danach an der Harvard University. Conrad richtete 1905 einen mikroseismischen Dienst ein und entwickelte u. a. Geräte zur Registrierung von Nahbeben; bei seinen seismischen Untersuchungen entdeckte er die Conrad-Diskontinuität.

COPS [Abkürzung für englisch **C**onvective and **O**rographically-induced **P**recipitation **S**tudy], Wetterforschungsprojekt zur Entwicklung neuer Computermodelle für die Wetter- und Klimaprognose. Unter Federführung der Universität Hohenheim sowie des Forschungszentrums Karlsruhe wurden vom 1. 6. bis 31. 8. 2007 im Schwarzwald und den Vogesen von über 100 Messstationen sowie Forschungsflugzeugen und einem Forschungszeppelin zahlreiche Daten zur Niederschlagsforschung gewonnen.

100573

congestus. Cumulus congestus entsteht nur in einer hinreichend labil geschichteten Luftmasse und ist die unmittelbare Vorstufe von Gewitterwolken.

GASPARD DE CORIOLIS
***1792, †1843**

103509

- entdeckte die nach ihm benannte Coriolis-Kraft
- lieferte die Grundlage für die Beschreibung von Zyklonen
- entwickelte die erste exakte Definition für die kinetische Energie

Coriolis [kɔrjɔ'lis], Gaspard Gustave de, französischer Ingenieur und Physiker, *Paris 21. 5. 1792, †ebenda 19. 9. 1843; wirkte seit 1816 an der École Polytechnique in Paris; in seinen Arbeiten zur Theorie der Maschinen und ihres Wirkungsgrades (1829) definierte er erstmals exakt die Begriffe mechanischer Arbeit und kinetischer Energie im modernen Sinne. Anschließende Untersuchungen betrafen die Auswirkung von Rotation und Drall in zusammengesetzten Bewegungen, z.B. beim Billardspiel, sowie die Bewegungsgleichungen von Relativbewegungen (1835), wobei er die nach ihm benannte Trägheitskraft zur Beschreibung mechanischer Vorgänge in rotierenden Bezugssystemen einführte.

Coriolis-Kraft [kɔrjɔ'lis-; nach G. G. de Coriolis], eine Trägheitskraft, die scheinbar auf einen sich gegenüber einem rotierenden Bezugssystem bewegenden Körper einwirkt, wenn er von einem mit dem Bezugssystem rotierenden Beobachter betrachtet wird (für einen raumfesten Beobachter tritt sie nicht auf). Sie wurde von Coriolis eingeführt, um das Konzept der newtonschen Mechanik, dass eine gekrümmte Bahn eines Körpers die Folge einer auf ihn wirkenden Kraft ist, auch in einem rotierenden Bezugssystem beibehalten zu können. Zu ihrer Veranschaulichung stelle man sich einen Schützen auf einer rotierenden Scheibe vor. In einem nicht mitrotierenden Bezugssystem bewegt sich die abgeschossene Kugel auf einer Geraden. Für den Schützen jedoch bewegt sich die Kugel auf einer gekrümmten Bahn, da sich die Scheibe unter der Kugel wegdreht und der Schütze die Flugbahn relativ zur Scheibe beurteilt.

Die Coriolis-Kraft wirkt insbesondere auf jeden sich auf der Erdoberfläche bewegenden Körper, ist allerdings bei den üblichen irdischen Geschwindigkeiten klein gegenüber der Schwerkraft. An dem Auftreten der Coriolis-Kraft auf der Erdoberfläche lässt sich die Erddrehung nachweisen, z.B. beim foucaultschen Pendelversuch. Bei bewegten Körpern wie etwa Wolken bewirkt die Coriolis-Kraft auf der nördlichen Erdhalbkugel eine Rechtsablenkung, auf der südlichen Halbkugel eine Linksablenkung. Außerdem ist sie u. a. die Ursache für die vom barischen Windgesetz und der Buys-Ballot-Regel gegebenen Gesetzmäßigkeiten sowie die Tatsache, dass Flüsse auf der Nordhalbkugel ihre rechten Ufer stärker als ihre linken erodieren.

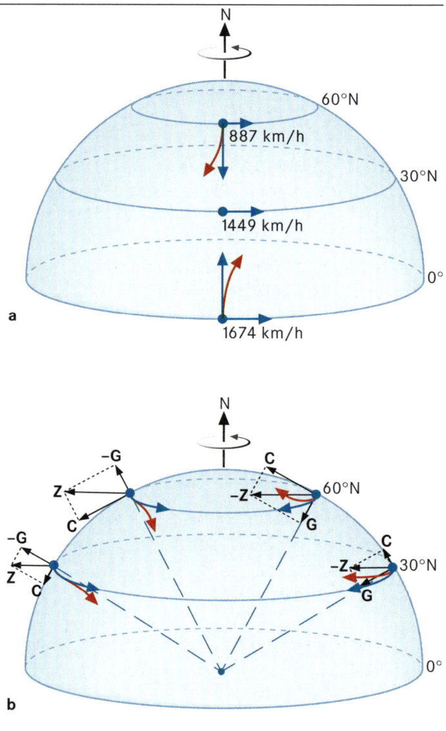

Coriolis-Kraft. Ein Teilchen, vom Äquator aus nach Norden bewegt (a), bekommt eine West-Ost-Geschwindigkeit von 1674 km/h mit und weicht deshalb wegen seiner Trägheit nach Osten aus. Bewegt sich ein Teilchen parallel zu einem Breitenkreis (b), erfährt es aufgrund der Erdrotation eine zusätzliche Zentrifugalkraft Z (die Zentrifugalkraft in Ruhe wird durch die Schwerkraft G ausgeglichen), die senkrecht auf der Erdachse steht und damit zu einer nach Süden gerichteten Kraft C führt, die das Teilchen nach rechts ablenkt.

Creek [kri:k, englisch], im englischen Sprachraum üblicher Begriff für einen nur zur Regenzeit und somit periodisch Wasser führenden Fluss in den Subtropen und wechselfeuchten Tropen (sinnverwandt: Bajado, Torrente).

Crutzen, Paul, niederländischer Meteorologe, *Amsterdam 3. 12. 1933; arbeitete 1974–80 am National Center for Atmospheric Research in Boulder (Colo.), seit 1977 als Forschungsdirektor; seit 1980 ist Crutzen Direktor des Max-Planck-Institutes für Chemie in Mainz. Im Rahmen seiner Arbeiten zur Chemie der Atmosphäre wies Crutzen 1970 nach, dass die Stickstoffoxide NO (Stickstoffmonoxid) und NO_2 (Stickstoffdioxid) katalytisch, also ohne selbst verbraucht zu werden, mit Ozon reagieren und davon erhebliche Mengen zerstören können. Dieser Nachweis war ein grundsätzlicher Schritt zum Verständnis der Chemie der Ozonschicht. Außerdem war Crutzen an der Entdeckung beteiligt, dass stratosphärisches Ozon durch Fluorchlorkohlenwasserstoffe (FCKW) abgebaut wird, sichtbar am Ozonloch. Dabei wurde auch der Mechanismus der Ausdünnung der vor UV-Strahlen schützenden Ozonschicht in rund 35 km Höhe nach Abspaltung einzelner Chloratome aus den FCKW aufgeklärt. Crutzens Untersuchungen fotochemischer Prozesse in Troposphäre und Stratosphäre trugen dazu bei, das Feld der modernen Luftchemie zu begründen. Für seine Untersuchungen zur Chemie der Atmosphäre, insbesondere über Bildung und Abbau von Ozon, erhielt Crutzen zusammen mit M. J. Molina und F. S. Rowland 1995 den Nobelpreis für Chemie.

Cumulonimbus [zu Cumulus und lateinisch nimbus »Regen, Regenwolke«], Abkürzung **Cb, Kumulonimbus, Gewitterwolke,** Gattung der tiefen → Wolken; massige, dichte Wolke von beträchtlicher vertikaler Ausdehnung in Form eines hohen Bergs oder mächtigen Turms. Der Wolkengipfel ist meist abgeflacht, faserig oder streifig und breitet sich häufig ambossförmig aus.

Cumulonimbus bildet sich durch Konvektion in hoch reichend labil geschichteten Luftmassen aus Cumulus congestus (→Cumulus), der sich oft bis zur Tropopause erstreckt. Er besteht aus Wassertröpfchen und besonders im oberen Teil aus Eiskristallen. Außerdem enthält Cumulonimbus große Regentropfen und häufig auch Schneeflocken, Reifgraupeln, Eiskörner, Frostgraupeln oder Hagelkörner, die als Schauerniederschläge ausfallen. Die Wassertröpfchen und Regentropfen können erheblich unterkühlt sein.

Ein von der Seite betrachteter Cumulonimbus gehört zu den beeindruckendsten Wolkenformen; direkt unter der Wolke sieht man meist aber nur eine dunkelgraue bis schwarze Masse. Cumulonimbus kann in unseren Breiten Höhen bis zu 10 km erreichen, im Extremfall sogar bis zu 15 km, und enthält bis zu 100 Millionen Tonnen Wasser.

■ **Wetterbedeutung** Entwickelt sich ein Cumulus congestus zum Cumulonimbus weiter, deutet das auf labile Luftmassen und das Vorstadium eines Gewitters hin. Franst schließlich der Wolkengipfel zum typischen Amboss aus, steht das Gewitter unmittelbar bevor. Die Auf- und Abwinde in einem Cumulonimbus erreichen Geschwindigkeiten bis 120 km/h, unter ihm können Böen in Orkanstärke auftreten. Verfärbt sich der Himmel zudem schwefelgelb, muss mit Hagel gerechnet werden. Temperaturstürze von 20 Grad Celsius sind keine Seltenheit.

Cumulus [lateinisch »Haufen«], Abkürzung **Cu, Kumulus, Haufenwolke,** Gattung der tiefen →Wolken; eine einzelne, durchweg dichte und scharf abgegrenzte Wolke, die sich in der Vertikalen in Form von Haufen, Kuppeln oder Türmen entwickelt und deren aufquellender oberer Teil oft ein blumenkohlähnliches Aussehen hat **(Cumulus congestus).** Die von der Sonne beschienenen Wolkenteile sind meist leuchtend weiß, die Wolkenbasis ist dunkler und verläuft nahezu horizontal.

Cumulus bildet sich meist durch Konvektion in einer hoch reichend labil geschichteten Atmosphäre und besteht hauptsächlich aus Wassertröpfchen.

■ **Unterarten** Je nach Höhe der Cumuluswolke unterscheidet man verschiedene Cumulusarten. **Cumulus humilis** ist eine niedrige Haufenwolke, die als kleiner »Wattebausch« am Himmel steht und vor allem vormittags gebildet wird, sich aber am Nachmittag wieder auflöst. Der mittelmäßig entwickelte **Cumulus mediocris** und der mächtige, Schatten werfende **Cumulus congestus** sind typische Wolken einer labilen Schichtung und deuten auf heftige Vertikalbewegungen hin. Cumulus mediocris löst sich gegen Abend aufgrund nachlassender Sonneneinstrahlung wieder auf, und auch Cumulus congestus zerfällt, nachdem er sein Maximalvolumen erreicht hat, zunächst im oberen Bereich, bevor er sich ganz auflöst.

Ein mit Cumuluswolken übersäter Himmel vermittelt oft den Eindruck, direkt über dem Beobachtungsort seien die Wolken weniger dicht gedrängt als am Horizont. Diese Wahrnehmung kommt aber dadurch zustande, dass man von den zenitnahen Wolken nur die Unterseite sieht, von den entfernten Wolken aber auch die vertikale Ausdehnung, wodurch man dort mehr Wolkenoberfläche zu sehen glaubt.

■ **Wetterbedeutung** Cumuluswolken treten in verschiedenen Größen auf. Im Sommer stellen sie typische »Bilderbuchwolken« dar, die sich bei einer Hochdrucklage am Vormittag bilden, im Laufe des Nachmittags bei nachlassender Konvektion aber wieder auflösen. Die Wetterlage ist stabil, eine Wetteränderung nicht in Sicht.

Lösen sich die Cumuli hingegen nicht auf, deuten sie auf eine Wetterverschlechterung hin. Sinkt bei sommerlicher Hitze über ein bis zwei Tage der Luftdruck, können relativ schwere Wärmegewitter entstehen. Türmen sich die Cumuli schon gegen Mittag zu Cumulus congestus auf, stehen in der Regel Gewitter unmittelbar bevor. Hoch aufgetürmte Cumuluswolken vom Typ congestus, die aus südwestlicher bis nordwestlicher Richtung aufziehen, kündigen eine nahende Kaltfront an, meistens mit Gewittern verbunden. Der Wind frischt böig auf und hält zusammen mit dem Regen mindestens einen Tag lang an.

Cut-off-Prozess ['kʌtɔf-; zu englisch to cut off »abtrennen«], *Meteorologie:* Low-Index-Zirkulation.

CORIOLIS-KRAFT. ***Ohne sie keine Hochs und Tiefs***

Die Lieblingskraft der Meteorologen ist zweifelsohne die Coriolis-Kraft. Ohne sie gäbe es keine Hochs, keine Tiefs, keine Hurrikans. Dabei ist die Corioliskraft nicht mal eine »richtige« Kraft, sondern eine sogenannte Scheinkraft. Es gibt sie nur, weil die Erde sich dreht. Infolge dieser Rotation bewegt sich ein Ort am Äquator mit 1 667 km/h, in 60° Breite nur noch mit 835 km/h, am Nordpol hingegen gar nicht. Stellt man sich eine Wolke vor, die nordwärts wandert, dreht sich die Erde quasi unter der Wolke weg.

Die Wirkung der Coriolis-Kraft kann man sich mit einem Globus recht gut veranschaulichen. Man führt ein Stück Kreide an der Globushalterung mit den Breitenmarkierungen von oben nach unten und dreht gleichzeitig den Globus. Das Ergebnis: Auf dem Globus wurde eine gekrümmte Kreidelinie gezeichnet, auf der Nordhalbkugel nach rechts abgelenkt, auf der Südhalbkugel nach links. Am Äquator ist der Effekt null – deshalb gibt es dort keine Wirbelstürme.

PAUL CRUTZEN
***1933**

565

- klärte die Rolle der Stickoxide beim Ozonabbau
- lieferte die Basis für das Verständnis des Ozonlochs
- erhielt 1995 den Nobelpreis für Chemie

D

Dagan [akkadisch, ursprüngliche Namensbedeutung unbekannt], hebräisch **Dagon,** westsemitischer Gott (u.a. Wetter-, Fruchtbarkeits- und Getreidegott), seit etwa 2400 v.Chr. im Gebiet von Mari am mittleren Euphrat verehrt, seit Beginn des 2.Jahrtausends auch im nördlichen Mesopotamien, in Syrien und Palästina. Wichtige Kultorte waren Mari und Tuttul; außerdem befanden sich in Terqa am mittleren Euphrat ein Kulttor und die beiden Dagantempel »Haus der Stille« und »Haus des Eises«. In einer sumerischen Götterliste ist Dagan mit dem obersten sumerischen Gott Enlil gleichgesetzt; als Herrschergott führt er die Epitheta »König des Landes« und »Herr der Götter«. In Ugarit wurde er auch mit dem hurritisch-hethitischen Göttervater Kumarbi gleichgesetzt.

daltonsches Gesetz [ˈdɔːltən-; nach dem britischen Chemiker John Dalton, *1766, †1844], physikalisches Gesetz, das besagt, dass in einem Gemisch idealer, chemisch nicht miteinander reagierender Gase der Gesamtdruck gleich der Summe der Drücke der einzelnen Komponenten (→Partialdruck) ist. Da die Atmosphäre im Allgemeinen als ideales Gas betrachtet wird, gilt das daltonsche Gesetz für die Zusammensetzung der Luft.

Dämmerung. Abenddämmerung

Dämmerung, die Übergangszeit zwischen der vollständigen Nachtdunkelheit und der Taghelligkeit bei Sonnenaufgang **(Morgendämmerung)** oder Sonnenuntergang **(Abenddämmerung),** in der die Helligkeit mehr oder weniger schnell zu- bzw. abnimmt (Aufgang).

Diese von farbigen →Dämmerungserscheinungen begleitete Helligkeitsänderung beruht auf der diffusen Lichtstreuung der Sonnenstrahlung aus den oberen Schichten der Erdatmosphäre, die bereits oder die noch von den Strahlen der für den Beobachter unter dem Horizont stehenden Sonne getroffen werden, in die von der direkten Sonnenstrahlung noch nicht oder nicht mehr erreichten Bereiche. Die **bürgerliche Dämmerung** ist der Zeitraum, in dem die Sonne nicht tiefer als 6–6,5° unter dem Horizont steht. Die **nautische Dämmerung** und die **astronomische Dämmerung** beginnen oder enden, wenn die Sonne 12° bzw. 18° unter dem Horizont steht.

Die Dauer der Dämmerung ist abhängig von der geografischen Breite des Beobachtungsortes. In den Tropen ist die Dämmerung wegen der steilen Sonnenbahn nur kurz, in der Polarzone durch die flache Bahn lang anhaltend und farbenreich, wobei hier im Sommer die **Mitternachtsdämmerung** auftritt. In Mitteleuropa (50° n. Br.) dauert die bürgerliche Dämmerung 37 bis 51 Minuten, die astronomische etwa zwei Stunden.

Dämmerungsbogen, eine Dämmerungserscheinung, die durch Reflexion der Strahlen der unter dem Horizont stehenden Sonne an verschieden hohen Unstetigkeitsschichten der Erdatmosphäre entsteht.

Dämmerungs|erscheinungen, die während der →Dämmerung besonders bei stärkerer atmosphärischer Trübung (v.a. nach großen Vulkanausbrüchen) auftretenden optischen Erscheinungen, deren Verlauf mit dem Sonnenstand eng zusammenhängt. Zu den Dämmerungserscheinungen gehören u.a. das Morgen- und →Abendrot, der klare →Schein, der →Dämmerungsbogen, die →Gegendämmerung, die →Purpurdämmerung (mit dem Alpenglühen im Hochgebirge) und das →Purpurlicht.

Dampfdruck, in der *Meteorologie* der Partialdruck *e* des Wasserdampfes am beobachteten Gesamtluftdruck. In der Atmosphäre nimmt *e* Werte von wenig über null bis etwa 40 mbar an, ist also gemessen am Luftdruck (im Mittel 1013 mbar) relativ klein. Wegen der niedrigen Konzentration in der Atmosphäre kann der Wasserdampf in guter Näherung als ideales Gas behandelt werden und *e* damit unabhängig von anderen Partialdrücken.

Der Dampfdruck in einem Volumen kann nicht beliebig groß werden. Den Maximalwert bezeichnet man als **Sättigungsdampfdruck.** Er liegt vor, wenn der Wasserdampf im thermodynamischen Gleichgewicht mit dem Wasser bzw. dem Eis steht. Wird der Sättigungsdampfdruck überschritten, muss so viel Wasserdampf zu Wasser kondensieren, bis der Sättigungswert wiederhergestellt ist. Die Wasserdampfsättigung ist bei gegebenem Volumen primär von der vorhandenen Temperatur abhängig. Je höher diese ist, umso größer ist der Sättigungswert; je kälter die Luft, umso weniger Feuchte vermag sie aufzunehmen. Über einer Wasserfläche ist der Sättigungsdampfdruck größer als über einer Eisfläche, d.h., über Wasser vermag ein Volumen bei gleicher Temperatur mehr Feuchtigkeit aufzunehmen als über Eis.

DAMPFDRUCK: SÄTTIGUNGSDAMPFDRUCK ÜBER EINER EBENEN WASSER- BZW. EISOBERFLÄCHE		
Temperatur (in °C)	Sättigungsdampfdruck (in mbar) über Wasser	über Eis
-20	1,25	1,03
-10	2,86	2,60
0	6,1	6,1
10	12,3	-
20	23,4	-
30	42,4	-
40	73,8	-

Dampfdruckthermometer, ein Gasthermometer, bei dem der funktionelle Zusammenhang zwischen dem Sättigungsdampfdruck und der Temperatur eines Stoffes zur Temperaturmessung ausgenutzt wird; meist ein Dampfdruckfederthermometer mit einem Röhrenfedermanometer als Messfühler. Bei Verwendung von Helium als Füllmaterial lassen sich auch Temperaturen in der Nähe des →absoluten Nullpunktes messen.

Dampfnebel, Verdampfungsnebel, eine Nebelart, die durch Verdunstung entsteht, wenn sehr kalte Luft über eine relativ warme Wasserfläche streicht (»Rauchen« der Wasseroberfläche, z.B. der **arktische Seerauch**). Im Sommer bildet sich eine Art Dampfnebel häufig nach Gewittern über warmen, feuchten Oberflächen (regennasse Wiesen, Wälder, Straßen).

Dampfpunkt, die Gleichgewichtstemperatur (t_D in der Celsius-Skala) zwischen reinem Wasser und Wasserdampf bei Normdruck (101,325 kPa); einer der beiden →Fundamentalpunkte zur Festlegung der Celsius-Skala, dem der Wert $t_D = 100\,°C$ zugeordnet wurde.

Dansgaard, Willi, dänischer Paläoklimatologe, *Kopenhagen 30. 8. 1922; Professor für Geophysik an der Universität Kopenhagen. Dansgaard zeigte, dass jahreszeitliche Schwankungen beim Schneefall eine präzise Altersbestimmung von Gletschereisschichten erlauben. Er nahm an der ersten Eisbohrexpedition 1969 in Grönland sowie weiteren Bohrungen teil. Die Analyse der gewonnenen Eisbohrkerne zeigte u.a., dass während und gegen Ende der letzten Eiszeit eine rasche Klimaveränderung stattgefunden hat, die auch als Dansgaard-Oeschger-Ereignis bezeichnet wird.

Daria, der erste Orkan einer Reihe schwerer Stürme (u.a. Herta, Vivian, Wiebke) des besonders milden Winters 1990. Er traf am 25. und 26. Januar vor allem Nord- und Mitteleuropa. Das Sturmtief bildete sich über Schottland und rief Windgeschwindigkeiten bis zu 172 km/h hervor. Mindestens 94 Menschen kamen in Deutschland, Frankreich, Großbritannien und den Niederlanden ums Leben. Daria galt lange Zeit als das Orkantief mit der größten Schadenssumme in Europa (über sechs Milliarden US-Dollar), wurde aber von Lothar 1999 und Kyrill 2007 übertroffen.

Dauerfrost, allgemein ständiges Auftreten von Temperaturen unter dem Gefrierpunkt; im engeren Sinn Bezeichnung für Temperaturverhältnisse, bei denen die Lufttemperatur nicht nur nachts unter den Gefrierpunkt (Nachtfrost) sinkt, sondern auch tagsüber darunterbleibt. Dauerfrost stellt sich im Winter nach Kälteeinbrüchen häufig in den Mittelgebirgslagen ein, er kann aber in strengen Wintermonaten auch in den Niederungen drei bis vier Wochen anhalten.

DCP ['di:si:'pi:, Abkürzung für englisch **d**ata **c**ollection **p**latform »Datensammelstelle«], zu meteorologischen Zwecken entwickelte, v.a. in schwer zugänglichen Gebieten eingesetzte Anlage, die mithilfe von Sensoren meteorologische, hydrologische, ozeanografische u.ä. Messwerte automatisch erfasst und zu einem Wettersatelliten überträgt, der sie einer Bodenstation weitervermittelt. DCP werden aber auch auf Schiffen, in Meeresbojen, Flugzeugen und Forschungsballons installiert und übertragen dann die Messdaten über ein terrestrisches Datenübertragungssystem an eine Wetterstation, die sie in das globale meteorologische Telekommunikationssystem einspeist.

Deep Sea Drilling Project [di:p 'si: 'drılıŋ 'prəʊdʒekt], Abkürzung **DSDP,** von 1968 bis 1983 dauerndes Tiefseebohrprojekt, das entscheidend zum Verständnis der Entstehung der Ozeane beigetragen hat. Im Rahmen des DSDP führte das Bohrschiff »Glomar Challenger« 96 Expeditionen durch. Ursprünglich war DSDP ein amerikanisches Programm, dem 1974 die UdSSR, die BRD, Frankreich, Großbritannien und Japan beitraten. Nachfolgeprojekt war das **Ocean Drilling Program** (Abkürzung ODP, 1985–2003) mit dem Bohrschiff »Joides Resolution«. Dieses wird als **Integrated Ocean Drilling Program** unter Beteiligung der USA, Japans und eines europäischen Konsortiums seit 2003 fortgeführt. Wichtigste Ziele der Tiefseebohrungen sind die Rekonstruktion des Erdklimas sowie der ozeanografischen Bedingungen während der letzten 30–50 Mio. Jahre.

Defant, Albert, österreichischer Geophysiker, Meteorologe und Ozeanograf, *Trient 12. 7. 1884, †Innsbruck 24. 12. 1974; Professor in Innsbruck (1924–27 und 1945–55) und Berlin (1927–45, seit 1957 an der FU); grundlegende Arbeiten v.a. zur Physik der Atmosphäre und zur Ozeanografie; 1925/26 Teilnehmer der »Meteorexpedition«, deren Ergebnisse er herausgab (1925–27); ab 1962 Mitglied des Ordens Pour le Mérite für Wissenschaften und Künste.

Dellinger-Effekt, der →Mögel-Dellinger-Effekt.

Dendrochronologie, die →Jahresringchronologie.

Deutscher Wetterdienst. Leitstelle des Rechenzentrums beim DWD in Offenbach

Deposition [lateinisch], *Umweltschutz:* die Ablagerung von Schadstoffen (z. B. Schwefeldioxid) am Boden, im Wasser, an Pflanzen und an Bauwerken. Man unterscheidet zwischen **trockener Deposition,** der Ablagerung von Schadstoffen, die an Staubteile gebunden oder direkt an Oberflächen abgelagert werden, sowie **nasser Deposition,** wobei die Schadstoffe im Wasserdampf der Luft gelöst sind und mit dem Niederschlag ausgewaschen werden. Werden Schadstoffe im Nebelwasser abgelagert, bezeichnet man dies als **okkulte Deposition.** Die nasse Deposition erfolgt durch den sogenannten sauren Regen und ist auch weit von den Emittenten noch messbar. Die primär emittierten Schadstoffe werden in der Atmosphäre chemisch umgewandelt und können über weite Strecken transportiert werden. Der Niederschlag enthält deshalb hauptsächlich die Folgeprodukte von Schwefel- und Stickoxiden (Sulfat, Nitrat, Ammonium). Im Gegensatz zur nassen Deposition findet die trockene Deposition in erster Linie emittentennah statt. Eine besondere Form der Deposition ist die **Interzeption;** dabei werden die Gase, Tröpfchen und Partikel aus der Luft von den Laubblatt-, Nadelblatt- und Zweigoberflächen, insbesondere im Kronenbereich, zurückgehalten und ausgefiltert (»Auskämmen«).

Depression [französisch von lateinisch depressio »das Niederdrücken«], *Meteorologie:* ein →Tiefdruckgebiet.

Deutsche Meteorologische Gesellschaft, Abkürzung **DMG,** wissenschaftliche Gesellschaft, deren Anfänge im 19. Jahrhundert liegen und die dem Austausch wissenschaftlicher Methoden und Forschungsergebnisse dient. Sie organisiert wissenschaftliche Tagungen, gibt meteorologische Zeitschriften und Fachpublikationen heraus und bietet Aus- und Weiterbildung an.

Deutscher Wetterdienst, Abkürzung **DWD,** dem Bundesverkehrsminister nachgeordnete Oberbehörde, die, 1952 per Gesetz geschaffen, für die Erledigung der zivilen wetterdienstlichen Aufgaben in Deutschland zuständig ist. Die Zentrale befindet sich in Offenbach am Main mit den Geschäftsbereichen Personal- und Betriebswirtschaft, Vorhersagekunden und Medien, Klima und Landwirtschaft, Meteorologische Forschung und Entwicklung und Technische Infrastruktur, die wiederum in Abteilungen bzw. Geschäftsfelder unterteilt sind. An sieben Standorten (Essen, Hamburg, Leipzig, München, Offenbach am Main, Potsdam, Stuttgart) ist der DWD mit größeren Niederlassungen, darüber hinaus mit zahlreichen Außen- und Beobachtungsstellen flächendeckend in Deutschland vertreten. Die Anzahl der Mitarbeiter beträgt 2400. Der DWD arbeitet eng mit der Weltorganisation für Meteorologie (WMO) in Genf zusammen.

Seit 2005 gibt der DWD regionale Hitzewarnungen heraus. Anlass für diese Entwicklung war der heiße Sommer 2003, dem allein in Deutschland etwa 7000 Menschen zum Opfer fielen. Seit 2006 können die Pollenflugwarnungen des DWD über die Internetseite des DWD kostenlos abgerufen werden.

■ **Meteorologische Datengewinnung** Gegenwärtig setzt sich das Mess- und Beobachtungsnetz des DWD zusammen aus neun aerologischen Stationen für atmosphärische Sondierungen, 179 hauptamtlichen Wetterwarten und Wetterstationen (davon 53 rund um die Uhr und 43 zeitweise mit Personal besetzte Wetterwarten sowie 83 automatisierte Wetterstationen), die kontinuierlich Messungen durchführen und stündlich das Wetter am Boden melden, 1900 nebenamtlichen Wetter- und Niederschlagsstationen sowie 1360 phänologischen Beobachtungsstellen. Da zu den Kernaufgaben des DWD auch die meteorologische Sicherung der Seefahrt zählt, gehören mobile Beobachtungsstationen auf Schiffen und Bojen oder Bohrinseln ebenfalls zum Netz des DWD. Derzeit sind dies zwei Bordwetterwarten auf Forschungsschiffen und Fischereischutzbooten und vier mobile aerologische Stationen auf Handelsschiffen sowie zwei driftende Bojen im Nordatlantik. Ferner beteiligt sich der DWD an der Ausrüstung von ca. 800 deutschen Handelsschiffen, die regelmäßig Wettermeldungen von See übermitteln, und betreut sie fachlich und logistisch während der Liegezeiten. Spezielle Messprogramme werden an den internationalen Verkehrsflughäfen durchgeführt. Darüber hinaus unterhält der DWD ein Netz von 17 Wetterradarstationen, die das Bundesgebiet vollständig abdecken und der Ortung gefährlicher Wettererscheinungen wie Gewitter, Hagel, Starkniederschlag usw. dienen, sowie 41 Stationen mit Radioaktivitätsmessung.

■ **Rechenzentrum** Für die Wettervorhersage und die Dienstleistungen für seine Kunden setzt der DWD u. a. einen IBM-Parallelrechner mit 384 Prozessoren und einer Spitzenrechenleistung von 2918 Giga-FLOPS ein.

Deutsches Klimarechenzentrum, das →DKRZ.

Deutsches Zentrum für Luft- und Raumfahrt e. V., Abkürzung **DLR,** wissenschaftliche Institution zur Erforschung wissenschaftlich-technischer Grundlagen der Luftfahrt, Raumfahrt und Energietechnik. Das DLR betreut unter anderem Projekte zur Fernerkundung, forscht auf dem Gebiet der emissionsfreien und damit klimaschützenden Stromversorgung auf der Basis von erneuerbaren und fossilen Primärenergien und betreibt Untersuchungen zu Kohlendioxid- und Lärmemissionen im Flugverkehr.

Deutschlandwetter *Sonderartikel Seite 68/69*

Dezember, der zwölfte Monat des julianischen Kalenders mit 31 Tagen; ursprünglich zehnter Monat **(December),** da das altrömische Kalenderjahr bis 153 v. Chr. am 1. März begann.

■ **Temperaturen** Die Durchschnittstemperatur in Deutschland liegt im Gebietsmittel im Dezember bei 0,8 °C, im Mittel der zehn Städte Berlin, Bremen, Chemnitz, Erfurt, Frankfurt am Main, Freiburg im Breisgau, Hamburg, Hannover, Köln und München bei 1,4 °C. Die mittlere Tageshöchsttemperatur beträgt 3,9 °C, das mittlere Tagesminimum −1,2 °C. Die Temperaturen können im Dezember aber auch bis −20 °C sinken, andererseits können sie unter Föhneinfluss bis 20 °C steigen. Im Mittel sind für die zehn genannten Städte 17 Frosttage zu erwarten, die meisten, nämlich 24, hat München vorzuweisen.

■ **Niederschläge** Im langjährigen Dezembermittel fallen in Deutschland 70 mm Niederschläge im letzten Monat des Jahres, die sich im Schnitt auf 17 Tage verteilen. Der Dezember ist damit der niederschlagsreichste Wintermonat. In Staulagen werden im Bergland auch Niederschlagsmengen bis zu 250 mm erreicht. München muss nach der langjährigen Statistik im Dezember mit zehn Tagen rechnen, an denen es schneit, Köln mit vier Schneefalltagen. Mit einer geschlossenen Schneedecke ist in höheren Lagen ab 700 m an 20 Tagen im Dezember zu rechnen, in Hamburg hingegen nur an fünf Tagen. Die mittlere relative Luftfeuchtigkeit beträgt im Dezember 86 %, was diesen Monat zum feuchtesten im Jahresverlauf macht. Häufiger Nebel bzw. Hochnebel sind die Folge, vor allem in den Niederungen und in den Großstädten oft als Smog.

Deutscher Wetterdienst. Nur noch die Seewetterkarte wird vom DWD per Hand erstellt.

■ **Sonnenscheindauer** Nach dem langjährigen Mittel sind in Deutschland 35–40 Sonnenscheinstunden im Dezember zu erwarten. Wie in anderen Wintermonaten auch ist das Bergland beim Sonnenschein bevorzugt. Die Zugspitze weist im Schnitt 116 Sonnenscheinstunden auf. Zum Vergleich: Rom kommt im Dezember im Mittel auf 108 Sonnenscheinstunden, Lissabon auf 143 Stunden, Moskau nur auf 19 Stunden. An durchschnittlich 17 Dezembertagen ist die Sonne in Deutschland gar nicht zu sehen. Die mittlere Bewölkung beträgt 77 % der sichtbaren Himmelsfläche. Der Dezember ist damit der Monat mit dem ausgeprägtesten Mangel an Sonnenschein, auch das diffuse Himmelslicht erreicht jetzt ein Minimum.

■ **Luftdruck** Starke Luftdruckunterschiede zwischen dem noch warmen Atlantik und dem erkalteten osteuropäischen Festland bestimmen im Dezember im Wesentlichen den Wetterablauf. Zwei Großwettersituationen sind typisch: Entweder lenkt das Tiefdruckzentrum über Island milde Atlantikluft nach Mitteleuropa, oder das sibirische Winterhoch lässt erstmals kalte Luft zu uns strömen. Die Luftdruckdifferenz zwischen Festland und Nordatlantik kommt in den Mittelwerten 1015 hPa für Berlin und 998 hPa für Island zum Ausdruck. Der Norden Deutschlands ist, wie es auch sonst die Regel ist, im Dezember windreicher als der Süden.

■ **Wetterlagen** West- und Südwestlagen sorgen für milde Temperaturen, schnelle Wetterwechsel und Durchzug von Regengebieten im nördlichen Teil Deutschlands, in den Bergen teilweise sonnig. Westwetterlagen treten im langjährigen Mittel im Dezember mit einer Häufigkeit von 33 % auf. Nordwest-, Nord- und Tiefdrucklagen bringen nasskaltes Wetter mit viel Regen bzw. Schnee und

Fortsetzung S. 70

1

DEUTSCHLANDWETTER

1) Die Ostseeküste gehört zu den sonnenverwöhnten Regionen in Deutschland.

In Deutschland hat jede Landschaft ihre eigenen Besonderheiten, jede Region ihre kulinarischen Spezialitäten, jedes Bundesland sein eigenes Schulgesetz – und natürlich herrscht auch beim Wetter regionale Vielfalt. »In Hamburg regnet es viel mehr als in München«, würden beispielsweise viele Menschen als bemerkenswerten Unterschied herausstellen. Stimmt allerdings nicht ganz, denn in der bayerischen Landeshauptstadt regnet bzw. schneit es im Jahresmittel mehr als an der Elbe, wenn auch auf weniger, dafür umso heftigere Schauer verteilt. Hamburgs Niederschläge kommen hingegen bevorzugt als Nieselregen vom Himmel herunter.

Klimafaktoren

Drei Faktoren prägen vor allem das regionale Klima: die Entfernung zum Meer, die Höhenlage und die Lage zu benachbarten Gebirgen. So bilden die beiden Rheinebenen zwischen Freiburg und Wiesbaden und am Niederrhein die wärmsten Gegenden in Deutschland. Als tief liegende Beckenlandschaften sind sie zum einen besonders geschützt, zum anderen geraten sie durch ihre Lage weit im Westen bevorzugt unter den Einfluss milder nordatlantischer Luftmassen. In den jeweils benachbarten Mittelgebirgen – Schwarzwald und Sauerland – regnet es hingegen viel: Die Luft steigt auf, kühlt ab und kann die Feuchtigkeit nicht mehr halten. Auch der Harz und der Bayerische Wald sind nasskalte Inseln auf der Deutschlandkarte, und natürlich die Alpen. Weil die Berge hier hoch sind, steigt auch die Luft weit auf, vor allem wenn der Wind Richtung Hochgebirge bläst, und verursacht heftige Gewitter und Schauer. Schieben sich die Luftmassen allerdings von Süden über die Alpen, kommt nördlich davon trockene und durch das Absinken sehr warme Luft an: der Föhn.

In Norddeutschland gibt es keine Berge, hier sorgt die Nähe zum Meer für kühle Luft im Sommer und milde Luft im Winter, die Temperaturen sind dadurch im Jahresverlauf ausgeglichener. Je weiter Nordsee und Atlantik entfernt sind, desto trockener wird es im nördlichen Teil Deutschlands: Der meiste Regen geht schon unterwegs nieder. Die Ostseeküste darf sich dadurch zu Recht als Sonnenküste preisen. Zusätzlich zur sowieso schon recht trockenen Luft wirkt hier noch die Ostsee günstig, denn im Frühjahr und Frühsommer liegt ihre Wassertemperatur noch relativ niedrig, weshalb nur wenig Wasser verdunstet. Es verwundert also nicht, dass im langjährigen Mittel nirgendwo so viele Sonnenscheinstunden wie auf der Insel Usedom gezählt werden, nämlich 1917 im Jahr. Zum Vergleich: Die Menschen im bayerischen Ruhpolding müssen mit nur 1157 Stunden Sonne auskommen.

Warmgemäßigtes Klima

Insgesamt gehört das Klima in Deutschland zum warmgemäßigten Regenklima der mittleren Breiten. Die Luftdruckdifferenz zwischen Islandtief und Azorenhoch sorgt dafür, dass der Wind überwiegend aus Westen kommt und ganzjährig feuchte, vom Golfstrom erwärmte Luftmassen vom Atlantik herangeführt werden. Dadurch werden die Sommer in der Regel nicht zu heiß und die Winter relativ mild. Zusätzlich

100562

2

170

3

wirken Ost- und Nordsee dämpfend auf kalte Luftmassen aus Skandinavien und die Alpen als Barriere für warme Mittelmeerluft. Daher sind bei uns Wetterextreme aufgrund großer Temperaturgegensätze sehr selten.

Doch natürlich gibt es Ausnahmen vom Wetterregelfall. Im Winter 1962/63 beispielsweise lag über Island eine Zone hohen Luftdrucks, während sich vom Mittelmeerraum bis zum Atlantik ein ausgedehntes Tiefdruckgebiet erstreckte. Die Folge: Auf der Nordseite dieses Tiefs strömte sehr kalte Luft aus Osteuropa heran und bescherte Deutschland einen kalten Winter, den kältesten im 20. Jahrhundert: Zwischen Dezember und Februar betrug die Durchschnittstemperatur −5,5 °C, der Bodensee war zugefroren, im Rhein trieben Eisschollen.

Klimawandel in Deutschland

Natürlich macht auch der Klimawandel vor Deutschland nicht halt. Seit 1901 ist in Deutschland die Jahresmitteltemperatur um 0,9 Grad gestiegen – ein Anstieg, der sogar noch über der globalen Erwärmung von 0,7 Grad liegt. Im gleichen Zeitraum hat auch die Jahressumme der Niederschläge um etwa 10 % zugenommen. Zu dem beobachteten Temperaturanstieg hat allein das Jahr 2007 – nach 2000 das zweitwärmste Jahr seit 1901 – mit einem Zuwachs von 0,86 auf 0,93 Grad beigetragen. Es war ein Jahr der Rekorde und begann im Januar mit dem wärmsten Januar seit 1901, fortgesetzt von einem ebenfalls sehr milden Februar. Der April brach ebenfalls mehrere Rekorde. Er verzeichnete bis zu 14 Sommertage über 25 °C und war der wärmste April seit 1901 – 0,9 Grad wärmer als der bisherige Spitzenreiter aus dem Jahr 1961 –, außerdem der trockenste seit 1893. Betrachtet man die Wetterdaten der letzten Jahre, so ist festzustellen, dass sich der Erwärmungstrend deutlich beschleunigt hat. Von den zehn wärmsten Jahren seit 1901 – 2000, 2007, 1994, 1934, 2002, 2006, 1990, 1999, 1989, 1992 – liegt nur eines deutlich vor den 1990er-Jahren.

Welche weitere Entwicklung steht Deutschland bevor? Das Max-Planck-Institut für Meteorologie in Hamburg, dessen Klimasimulationen in den IPCC-Bericht einfließen, hat auf seinem Superrechner auch das künftige regionale Klima für Deutschland berechnet. Das benutzte Klimamodell legt ein Gitternetz mit einer Kästchengröße von zehn mal zehn Kilometer über Deutschland und bestimmt aus meteorologischen Daten wie Temperatur, Luftdruck, Wind und Kohlendioxidgehalt für jedes Quadrat das Klima. Der Trend dieses Modells namens Remo ist nicht neu und deckt sich mit älteren Modellen: Die Durchschnittstemperatur wird weiter steigen – bis zum Ende des 21. Jahrhunderts um 2,5 bis 3,5 Grad –, im Sommer vor allem bedingt durch die Ausdehnung des Azorenhochs nach Norden. Dem Großteil des Ostens stehen mediterrane Sommer bevor, auch die jetzt schon warme Region um Freiburg wird überproportional zulegen. Die Jahresniederschlagsmenge bleibt in etwa konstant, allerdings werden die Sommer trockener und die Winter feuchter. Insgesamt werden die Extreme zunehmen: mehr Stürme, mehr Hagel, heftigere Gewitter, längere Hitzeperioden.

2) Durch den Klimawandel wird vermutlich die Hochwassergefahr in Deutschland zunehmen.

3) In Hamburg regnet es – entgegen einem gängigen Vorurteil – nicht am meisten in Deutschland.

Fortsetzung von S. 67
Temperaturen bis maximal 6°C, oberhalb 600 m teilweise ergiebigen Neuschnee. Nordost- und Ostlagen lassen kalte Luft nach Mitteleuropa strömen und sorgen für eisigen Wind, die Temperaturen gehen in klaren Nächten bis auf −15°C zurück. Südost-, Süd- und Hochdrucklagen bringen dem Flachland viel Nebel und wenig Sonne bei mäßig kalten Temperaturen; in den Bergen ist es hingegen dann sonnig und wärmer als in den Niederungen. Hochdrucklagen treten in einem normalen Dezember mit einer Häufigkeit von 20% auf. Dreht das Wetter aus einer Hochdrucklage auf Westwetter, kommt es häufig zu Glatteis.

■ **Typischer Wetterverlauf** Im ersten Monatsdrittel sind Westlagen am häufigsten, die für trübes und nasses Wetter sorgen. Das zweite Dezemberdrittel zeigt zunächst eine Neigung zu kaltem und trockenem Wetter, bevor es wieder wärmer und feuchter wird. Um den 20. Dezember zeigt die Statistik eine Tendenz zu Kaltlufteinbrüchen, die jedoch um Weihnachten wieder vom Zustrom milder Meeresluft abgelöst werden.

■ **Wetterregeln** Die im ersten Monatsdrittel häufig trübe und nasse Witterung kommt in der Nikolausregel *»Sankt Nikolaus spült die Ufer aus«* zum Ausdruck. Ein Zusammenhang zwischen einem regnerischen Dezemberbeginn und der Anzahl der Regentage im Dezember und Januar, wie es die Regel *»Regnet's am Bibianatag (2. Dezember), regnet's 40 Tage und eine Woche danach«* behauptet, lässt sich allerdings nicht belegen. Zu warme Dezember haben aber in 67% der Fälle ein zu warmes Frühjahr zur Folge, und in drei von fünf Fällen gilt der umgekehrte Zusammenhang kalt/kalt: *»Wie der Dezember, so der Lenz.«* Ein Zusammenhang lässt sich aus der Statistik auch zwischen einer sehr milden ersten Dezemberhälfte und einem nachfolgenden milden Hochwinter herauslesen. Die Erhaltungsneigung der Großwetterlage, die zu Monatsbeginn für kaltes Wetter sorgt, führt dazu, dass der Dezember insgesamt überdurchschnittlich kalt ausfällt; allerdings ist dazu keine vierwöchige Kältewelle nötig: *»Fällt auf Eligius (1. Dezember) ein kalter Wintertag, die Kälte noch vier Wochen dauern mag.«* Die am Beginn des zweiten Monatsdrittels häufig herrschende frostige und trockene Wetterlage kommt in der Regel *»Kommt die heilige Lucia (13. Dezember), findet sie schon Kälte da«* zum Ausdruck. »Grüne Weihnachten« sind zumindest im deutschen Flachland die Regel. Schneedecken höher als 5 cm weist in Lagen unterhalb 500 m nur jedes fünfte Weihnachtsfest auf, unterhalb 200 m ist Schnee noch seltener. Trotzdem muss im weiteren Winterverlauf natürlich noch mit Kältewellen gerechnet werden: *»Wenn's auf Weihnacht ist gelind, sich noch viel Kält' einfind't.«* Einen Zusammenhang zum Osterwetter weist Weihnachten aber allein deshalb nicht auf (*»grüne Weihnachten – weiße Ostern«*), weil das Osterfest ja an wechselnden Terminen stattfindet. Nach milden Weihnachten sind die nächsten Kaltlufteinbrüche erst im Januar zu erwarten; findet ein solcher aber bereits im Dezember statt, so muss wegen der Erhaltungsneigung mit länger anhaltender Kälte gerechnet werden: *»Entsteigt Rauch gefrorenen Flüssen, ist auf lange Kält' zu schließen.«*

Dezember. Lastkraftwagen mit Räumschild beim Winterdienst

100001

diabatisch [griechisch], *Meteorologie:* solche Prozesse in der Atmosphäre, bei denen einem Luftteilchen von außen Wärme zugeführt oder entzogen wird. Typische diabatische Prozesse sind Erwärmungen durch Strahlung und Wärmeübergänge zwischen Boden und Luft; Gegensatz: →adiabatisch.

Diamantschnee, Diamantstaub, im Sonnenschein glitzernde feinste Eisnadeln, die bei meist wolkenlosem bis heiterem Himmel, überwiegend bei strenger Kälte und Windstille, langsam zur Erde schweben. Weitere Bestandteile des Diamantschnees sind strukturlose Eiskörnchen und feine Schneekristalle in Stern- und Plättchenform.

Diamantschnee bildet sich durch Sublimation bei sehr niedrigen Werten der Lufttemperatur, also gewöhnlich in höheren Schichten der Atmosphäre, nur in sehr kalter Polarluft im Bereich winterlicher Kaltlufttropfen auch in den unteren Schichten. Die Tatsache, dass Eissättigung bereits bei geringeren relativen Feuchten als Wassersättigung eintritt, begünstigt die Bildung von Diamantschnee bei großer Kälte außerordentlich und kann sogar zu leichten Schneefällen **(Polarschnee)** führen, ohne dass eine kompakte Wolkenschicht zu erkennen ist.

diesig [niederdeutsch], Bezeichnung für eine durch Lufttrübung eingeschränkte Horizontalsicht. Der diesige Zustand kann physikalisch wie folgt erklärt werden: In reiner, nicht verschmutzter Luft vorhandene wasserlösliche Kondensationskerne leiten bereits bei deutlich unter 100 % liegenden Werten der relativen Feuchte langsam den Kondensationsprozess ein. Letzterer kommt zwar zunächst nur langsam in Gang, weil die von den noch winzigen Kernen angeregte Dampfdruckerhöhung der Anlagerung von Wasserdampfmolekülen entgegenwirkt, jedoch wachsen die optisch noch unwirksamen Kondensationsprodukte bald zu Größenordnungen von 10^{-5} bis 10^{-4} cm heran, was genügt, die Atmosphäre als diesig zu empfinden.

Dietrich, Günter, deutscher Ozeanograf, * Berlin 15. 11. 1911, † Kiel 2. 10. 1972; 1950–59 am Deutschen Hydrographischen Institut tätig, ab 1959 Professor und Direktor des Instituts für Meereskunde in Kiel; Leiter mehrerer Expeditionen; trug wesentlich zum Aufbau der deutschen Meeresforschung bei.

Diffluenz [lateinisch »das Auseinanderfließen«], *Geomorphologie:* Gabelung, besonders bei Gletschern, wobei es wegen der Verringerung der Abtragungskraft zu Gefällstufen kommt; Gegensatz: Konfluenz.

Diffraktion [zu lateinisch diffringere, diffractum »zerbrechen«], *Physik:* die →Beugung.

diffus [lateinisch diffusus »ausgebreitet«], *Physik:* unregelmäßig zerstreut, nicht scharf begrenzt, ohne bevorzugte Ausbreitungs- oder Strahlenrichtung, z. B. das durch fehlende Schattenbegrenzungen gekennzeichnete **diffuse Licht** bei dunstiger Atmosphäre oder bei indirekter Beleuchtung (infolge diffuser Reflexion an sehr unregelmäßigen Oberflächen) und die für die Helligkeit und die Farbe des Himmels verantwortliche diffuse →Himmelsstrahlung.

dimiktisch [zu griechisch miktós »gemischt«], Seen in Jahreszeitenklimaten bezeichnend, deren Wasserkörper sich zweimal im Jahr (Frühjahr und Herbst) umschichtet.

Dissipationssphäre, die äußerste Schicht der Atmosphäre (etwa in 500–1 000 km Höhe beginnend).

Di|stickstoffoxid, das →Lachgas.

Distrometer [griechisch], *Meteorologie:* ein Tropfenzahlmesser.

Divergenz [zu mittellateinisch divergere »auseinanderstreben«], *Meteorologie:* Auseinanderströmen des horizontalen Windes; führt wegen des Prinzips der Massenerhaltung zu vertikalen, absinkenden und mit Wolkenauflösung verbundenen Luftbewegungen. Die Bezeichnung wird in der Meteorologie auch anschaulich zur Beschreibung von horizontalen Strömungsbildern benutzt.

divergenzfreies Niveau [- ni'vo:], in der mittleren Troposphäre etwa in der Höhe der 500-hPa-Fläche gelegenes Niveau, in dem die Divergenz gleich null ist. Da im Normalfall über einer Divergenz in den unteren Schichten eine Konvergenz in den oberen Schichten liegt und umgekehrt, muss dazwischen zwangsläufig ein divergenzfreies Niveau vorhanden sein. Es ist zugleich ein Niveau maximaler Vertikalgeschwindigkeit.

Divergenzlinie, singuläre Linie in einem Stromfeld, von der aus die Stromlinien mindestens nach einer Seite auseinanderführen. Divergenzlinien treten besonders deutlich in Stromlinienkarten auf, wie sie für die Gebiete der tropischen Breiten üblicherweise gezeichnet werden, da dort die Benutzung von Isobarenkarten wegen zu geringer Luftdruckgegensätze nicht sinnvoll ist. Außerdem findet man sie in Bodenwetterkarten längs der Kammlinie eines Hochdruckrückens als Folge der Bodenreibung.

DKRZ, Abkürzung für **D**eutsches **K**lima**r**echen**z**entrum, Höchstleistungsrechenzentrum für die Klima- und Erdsystemforschung mit Sitz in Hamburg. Vorrangige Aufgabe des DKRZ ist es, als überregionale Serviceeinrichtung Rechenzeit und technische Unterstützung für die Durchführung von Simulationsrechnungen mit aufwendigen Klimamodellen bereitzustellen. Das Institut betreibt u. a. einen NEC-Supercomputer mit insgesamt 192 Prozessoren und 1 500 GByte Arbeitsspeicher, die eine Rechengeschwindigkeit von 1 536 Gigaflops (1 Giga-FLOP sind eine Milliarde Gleitkommaoperationen pro Sekunde) ermöglichen. Ein neuer IBM-Superrechner wird die Kapazität des bestehenden Systems um das rund 60-Fache übertreffen und eine Spitzenleistung von mehr als 140 Tera-FLOPs bereitstellen.

DLR, Abkürzung für →**D**eutsches Zentrum für **L**uft- und **R**aumfahrt e.V.

DMSP, Abkürzung für **D**efence **M**eteorological **S**atellite **P**rogram, ein Wettersatellitenprogramm der amerikanischen Streitkräfte. Für die zivile Nutzung befindet sich u.a. das abbildende Mikrowelleninstrument SSM/I an Bord der DMSP-Satelliten. Seit 1962 wurden 50 Satelliten gestartet, drei weitere Satelliten sind noch geplant. Anschließend soll das DMSP-System durch das NPOESS-System ersetzt werden.

20

Gordon Miller Bourne Dobson

Dobson, Gordon Miller Bourne, britischer Physiker und Meteorologe, *25.2.1889; †Oxford 11.3.1976; Pionier der Stratosphären- und Ozonforschung; entwickelte das Dobson-Spektrofotometer und erkannte den Zusammenhang zwischen der Dicke der Ozonschicht und den meteorologischen Bedingungen. Nach ihm ist die Dobson-Einheit benannt, mit der die Dicke der Ozonschicht angegeben wird.

Dobson-Einheit [nach G. Dobson], Abkürzung **DU,** ein Maß für die Ozonmenge in der Atmosphäre; $1\,DU = 2{,}69 \cdot 10^{16}$ Ozonmoleküle/cm^2. Unter Normalbedingungen bezieht sich eine DU auf eine 0,001 cm dicke Ozonschicht.

Dọldrums [englisch], *Meteorologie:* äquatoriale Windstillen, →Kalmen.

Dọnar, germanischer Gott, →Thor.

Donner, durch die explosionsartige Ausdehnung der von einem Blitz erhitzten Luft verursachtes Geräusch. Die entstehende Druckwelle setzt sich als Schall fort, der als Krachen wahrgenommen wird und als Rollen durch Reflexion an Wolken, Inversionsschichten der Atmosphäre und an der Erdoberfläche 15–30 km weit hörbar ist. Wegen der Ausbreitung mit Schallgeschwindigkeit (~330 m/s) ergibt die durch 3 geteilte Sekundenzahl zwischen Blitz und Donner etwa die Entfernung des →Gewitters in Kilometern.

Die Naturerscheinung des Donners weckte in den Menschen früher Kulturen das Erlebnis göttlicher Erhabenheit und Macht. Bei den Griechen war Zeus auch Gewittergott, der die Blitze schleuderte. Auf germanischem Gebiet war der an den Donner anknüpfende Volksglaube auf das Engste mit dem Gott Donar verbunden. Er erzeugte nach germanischer Vorstellung den Donner durch das Schleudern seines Hammers. Donner galt auch in christlicher Zeit als die Zornesstimme Gottes.

Donnerblümchen, die →Gewitterblumen.

Dọrno, Carl Wilhelm Max, deutscher Biometeorologe und Physiker, *Königsberg (Preußen) 3.8.1865, †Davos 22.4.1942; gründete 1906 das Physikalisch-Meteorologische Observatorium in Davos und trug durch seine Forschungen, v.a. über Strahlungsklimatik und Wärmehaushalt, wesentlich zur Entwicklung der exakten Bioklimatologie bei; er konstruierte für sie wichtige Messgeräte (u.a. das Frigorimeter) und führte neue Untersuchungsmethoden ein.

Dọrno-Strahlung [nach C. Dorno], historische Bezeichnung für den biologisch wirksamsten Spektralanteil der →Ultraviolettstrahlung, das UV-B.

Dove, Heinrich Wilhelm, deutscher Physiker und Meteorologe, *Liegnitz (heute Legnica, Polen) 6.10.1803, †Berlin 4.4.1879. Dove studierte an der Universitäten Breslau und Berlin, wo er 1826 mit einer Arbeit über Luftdruckänderungen promovierte. 1828 erhielt er eine außerordentliche Professur für Physik an der Universität in Königsberg, 1829 in Berlin. Aber erst 1844 wurde er ordentlicher Professor und 1848 Leiter des zwei Jahre zuvor gegründeten Preußischen Meteorologischen Instituts.

Dove verfasste über 250 Schriften zur Meteorologie und Klimatologie und gilt als Begründer der modernen Meteorologie und Wettervorhersage. Als erster Forscher wandte er dynamische Betrachtungen auf die Meteorologie an. Das von ihm aufgestellte Drehungsgesetz der Winde, das später in das barische Windgesetz von C. Buys-Ballot einging, galt lange Zeit als allgemeine Windtheorie. Mit seinen Vorstellungen vom Zusammentreffen eines Polarstroms mit einem Äquatorialstrom in der Atmosphäre schuf er Ansätze einer Luftmassenmeteorologie. Ausführlich untersuchte Dove auch die Wärme- und Niederschlagsverhältnisse auf der Erde. Außerdem organisierte er das erste meteorologische Beobachtungsnetz in Preußen und den norddeutschen Staaten.

dovesches Gesetz, Drehungsgesetz des Windes, von dem Berliner Physiker H. W. Dove formuliert (»Gesetz der Stürme«, 1866); beschreibt das →Rechtsdrehen des Windes beim Durchzug eines Tiefdruckgebietes.

Downburst, Gewitterfallbö, eine starke Fallbö, die bei Gewittern auftreten kann, in Form eines am Erdboden sich ausbreitenden, kleinskaligen Abwindstroms, der einen starken horizontalen, divergenten Kaltluftausfluss in einem Bodenareal von 1 bis 15 km in einem Zeitraum von 5 bis 60 Minuten erzeugt. Downbursts stellen eine große Gefahr für Flugzeuge in der Start- und Landephase dar, wenn kräftige Gewitter in der Nähe eines Flugplatzes auftreten. Prinzipiell sind für die Bildung eines Downbursts dieselben Abwind erzeugenden Mechanismen in der Gewitterwolke notwendig wie bei den Böenfronten, allerdings treten bei Downbursts wesentlich höhere Windgeschwindigkeiten zum Teil über 200 km/h auf. Aus den USA sind einige wenige Downbursts mit F3-Intensität auf der Fujita-Skala bekannt, in der Regel liegt die Stärke aber darunter. Downbursts werden oft mit Tornados verwechselt; bei Letzteren strömt aber die Luft in den Wirbel hinein (konvergentes Windfeld), während bei Downbursts die herabfallende Kaltuft stets auseinanderströmt (divergentes Windfeld).

Downbursts werden bei einem Durchmesser von mehr als 4 km auch als **Macroburst** und bei geringeren Ausmaßen als **Microburst** bezeichnet.

Drosometer [griechisch], Messgerät für →Tau.

Druck, der Quotient aus der senkrecht auf eine Fläche wirkenden (gleichmäßig verteilten) Kraft (Druckkraft) und der Größe dieser Fläche; SI-Einheit: Pascal; gesetzliche Einheiten sind daneben Bar sowie alle Quotienten, die aus einer gesetzlichen Krafteinheit und Flächeneinheit gebildet werden; in der Meteorologie Hektopascal bzw. Millibar, früher auch Millimeter Quecksilbersäule.

Druckgradi|ent, allgemein das Druckgefälle längs einer gedachten Linie (Gradient), das auftritt, wenn räumlich veränderliche Kräfte an den einzelnen Volumenelementen einer Flüssigkeit oder eines Gases angreifen oder Dichteunterschiede bestehen; in der *Meteorologie* das horizontale Druckgefälle senkrecht zu den →Isobaren, bezogen auf eine Entfernung von 111 km (ungefähre Länge eines Grades auf einem Großkreis der Erdoberfläche). Der Druckgradient wird positiv in Richtung abnehmenden Drucks gerechnet. Je enger die Isobaren beieinanderliegen, umso größer sind die Druckgradienten (und die Windgeschwindigkeiten).

D-Schicht, Schicht der →Ionosphäre.

Dunst, sichtmindernde, durch feine Wassertröpfchen (mit einem Durchmesser von weniger als $5 \cdot 10^{-5}$ cm) und Verunreinigungen (feiner Sand, Staub, Rauch, Industrieabgase) hervorgerufene Trübung der Atmosphäre im horizontalen Sichtweitenbereich von 1 bis 8 km (bei einer Sichtweite unter 1 km spricht man von Nebel).

Dunst äußert sich optisch als milchig weißer bis schmutzig gelber Schleier, durch den hindurch Sichtziele in der Ferne diffus erscheinen. Er entsteht durch Kondensation oder Sublimation des Wasserdampfs an in der Luft befindlichen Teilchen, die als Kondensations- bzw. Sublimationskerne wirken. Die durch diese Vorgänge sich ausbildenden feinen Wassertröpfchen bewirken eine Lichtstreuung, die zur Verschlechterung der Sichtverhältnisse führt.

Dunst entsteht häufig bei windschwachen Wetterlagen (austauscharmes Wetter) und beim Vorhandensein einer Inversion. In Großstädten und industriellen Ballungsgebieten führt die durch Rauch und Industrieabgase erhöhte Anzahl der Kondensationskerne häufig zur Ausbildung einer Dunstglocke.

Je nach der relativen Luftfeuchte unterscheidet man zwischen →trockenem Dunst und →feuchtem Dunst.

Dunstglocke, Dunstfahne, Dunsthaube, Dunstkalotte, Dunstzunge, die durch Emissionen aus Industrie, Hausbrand und Verkehr verursachte und optisch erkennbare Anreicherung von →Aerosolen in der städtischen Grenzschicht; führt im Extremfall zu →Smog.

Dünung, ein Seegang, der nicht mehr unter dem Einfluss des erzeugenden Windfeldes steht. Die Dünung hat Wellenperioden bis zu etwa 25 s Dauer und Wellenlängen bis zu rund 1 000 m. Sie transportiert Wellenenergie über große Distanzen und kann zu hoher Brandung an Küsten führen, die Tausende von Kilometern vom Entstehungsort der Wellen entfernt sind.

Durchlässigkeit, *Optik:* **Transmission,** allgemeiner Ausdruck für die Eigenschaft eines Mediums oder einer optischen Anordnung, Licht hindurchzulassen; definiert durch den Transmissionsgrad; bei transparenten Medien das Verhältnis von hindurchgelassener zu der auf das Medium auftreffenden Lichtintensität **(Transparenz),** der Kehrwert wird als **Opazität** bezeichnet.

Düseneffekt, die Zunahme der Windgeschwindigkeit infolge Kanalisierung der Strömung und Einengung des Strömungsquerschnittes (aus Kontinuitätsgründen strömt die Luft schneller, wenn sie eine enge Stelle passieren muss). Düseneffekte zeigen sich bei abfließender Kaltluft in relativ engen Tälern mit einem breiten Einzugsgebiet, aber auch in Straßenzügen und an eng beieinanderstehenden Bauwerken.

HEINRICH WILHELM DOVE
***1803, †1879**

Mitbegründer der neueren Meteorologie

Begründer der Wettervorhersage

stellte eine allgemeine Windtheorie auf

E

Easterly Waves ['i:stəlɪ 'weɪvz; englisch »östliche Wellen«], aus Osten kommende Wellenstörungen in der Passatzirkulation (→Passate) mit charakteristischer Luftdruck-, Wind- und Niederschlagsverteilung; sie können über warmen Meeren →tropische Wirbelstürme auslösen.

Ebbe [niederdeutsch], das Fallen des Meeresspiegels von einem Hochwasser bis zum folgenden Niedrigwasser der →Gezeiten.

Eckeneffekt, die Zunahme der Windgeschwindigkeit an Ecken, Vorsprüngen des Reliefs und sonstigen Hindernissen infolge Zusammendrängung der Stromlinien. Durch den Eckeneffekt entstehen außerdem kleinräumige Luftwirbel, die insbesondere bei labiler Schichtung der Luft eine stärkere vertikale Durchmischung bewirken.

Einbruchsfront, rasch fortschreitende Kaltfront, hinter der meist unter markanten Wettererscheinungen (Schauer, Gewitter, Sturmböen, Temperatursturz) hoch reichende Kaltluft einbricht und die vorher wetterbestimmende Warmluft verdrängt.

Einheiten, aus der Menge gleichartiger Größen ausgewählte und (heute stets international) vereinbarte Vergleichsgrößen, die einen festen, jeweils durch ein genau vorgeschriebenes Mess- oder Eichverfahren jederzeit reproduzierbaren Betrag haben. Die dezimale Vervielfachung und dezimale Unterteilung der Einheiten und deren Kennzeichnung wird durch Vorsätze und Vorsatzzeichen ermöglicht, z.B. Kilo (k) für tausend (1 km = 1000 m) und Milli (m) für tausendstel (1 mm = 0,001 m).

Für die Festlegung der Einheiten wird heutzutage das **Internationale Einheitensystem** (kurz **SI,** als Abkürzung für französisch **S**ystème **I**nternational d'Unités) verwendet. Von seinen sieben Basiseinheiten (Meter, Kilogramm und Sekunde, Ampere, Kelvin, Mol und Candela) sind alle anderen SI-Einheiten kohärent abgeleitet.

Einstrahlung, *Meteorologie:* →Strahlung.

Eis, *Meteorologie, Physik:* fester Aggregatzustand des Wassers. Bei Normalluftdruck und einer Temperatur von 0 °C bildet sich Eis aus Wasser durch Gefrieren; die Gefriertemperatur ist in geringem Maß vom äußeren Druck abhängig (→Wasser). Die Kristallstruktur des Eises besteht aus einem Raumnetz tetraedrisch verknüpfter Wassermoleküle, die die Fähigkeit haben, untereinander Wasserstoffbrückenbindungen aufzubauen. Durch diese Struktur erklären sich das größere Volumen und die geringere Dichte des Eises (0,91674 g/cm³ bei Normalbedingungen) im Vergleich zu Wasser.

Wegen seiner relativ großen Schmelzwärme (Wärmeverbrauch beim Schmelzvorgang) von 335 kJ/kg kann Eis zu Kühlzwecken benutzt werden.

■ **Vorkommen** In der Atmosphäre ist Eis meist kristallin (Plättchen, Skelette, Nadeln, Prismen), aber auch amorph (Eiskörnchen) ausgebildet. Viele →Wolken bestehen ganz oder teilweise aus Eiskristallen, die sich durch Sublimation **(Eiskeime)** oder Gefrieren bilden. Feuchtigkeit der Atmosphäre lagert sich an unterkühlten Oberflächen (z.B. bei Bodenfrost) als →Reif ab.

An der Erdoberfläche entsteht Eis durch Gefrieren von Gewässern **(Eisverschluss)** und von Bodenfeuchtigkeit sowie durch Ansammlung von festen Niederschlägen

EINHEITEN: WICHTIGE GRÖSSEN

Größenart mit Formelzeichen	Einheitenzeichen	Einheitenbenennung	Umrechnungen (Auswahl)
Länge *l*	m	Meter	–
	Å	Ångström	1 Å = 10^{-10} m
	sm	internationale Seemeile	1 sm = 1,852 km
	Lj	Lichtjahr	1 Lj = 9,460528 · 10^{15} m
Fläche *A*	m²	Quadratmeter	1 m² = 1 m · 1 m
	a	Ar	1 a = 100 m²
	ha	Hektar	1 ha = 100 a = 10^4 m²
Volumen, Rauminhalt *V*	m³	Kubikmeter	1 m³ = 1 m · 1 m · 1 m
	l, L	Liter	1 l = 1L = 1 dm³
Zeit, Dauer *t*	s	Sekunde	–
	min	Minute	1 min = 60 s
	h	Stunde	1 h = 60 min = 3,6 ks
	d	Tag	1 d = 24 h = 86,4 ks
	a	bürgerliches Jahr	1 a = 365 d
Masse *m*	kg	Kilogramm	–
	℔	Pfund	1 ℔ = 0,5 kg
	Ztr	Zentner	1 Ztr = 50 kg
	t	Tonne	1 t = 1 Mg = 10^3 kg
Dichte *ϱ*	kg/m³	Kilogramm durch Kubikmeter	–
	g/l	Gramm durch Liter	1 g/l = 1 kg/m³
spezifisches Volumen *v*	m³/kg	Kubikmeter durch Kilogramm	–
Kraft *F*	N	Newton	1 N = 1 kg · m · s^{-2}
	p	Pond	1 p = 9,80665 g · m/s² = 9,80665 mN
Impuls *p*	Ns	Newtonsekunde	1 Ns = 1 kg · m · s^{-1}
Druck *p*	Pa	Pascal	1 Pa = 1 N/m² = 1 kg · m^{-1} · s^{-2}
	bar	Bar	1 bar = 10^6 dyn/cm² = 10^5 Pa = 0,1 MPa
	atm	physikalische Atmosphäre	1 atm = 1,01325 bar
	mm Hg	Millimeter Quecksilbersäule	1 mm Hg = 1 Torr
	Torr	Torr	1 Torr = 1,33322 mbar
Energie *E*, *W*	J	Joule	1 J = 1 Nm = 1 Ws = 1 kg · m² · s^{-2}
Arbeit *A*, *W*	J	Joule	1 J = 1 Nm = 1 Ws = 1 kg · m² · s^{-2}
	kWh	Kilowattstunde	1 kWh = 3600kWs = 3,6 MJ
	tSKE	Tonne Steinkohleneinheiten	1 tSKE = 29,3076 GJ = 8,141 MWh

(Schnee, Hagel). Beim Aufschmelzen zugefrorener Gewässer bildet sich durch Eisaufbruch Treibeis. – In Dauerfrostböden findet sich perennierendes (ausdauerndes) **Bodeneis.** In Festgesteinen gefriert Spaltenwasser **(Klufteis)** unter Volumenzunahme von etwa 10% und sprengt so das Gestein (physikalische Verwitterung); gefrierendes Wasser ist auch in der Lage, durch Frosthub und Frostschub Bodenpartikel zu bewegen und zu sortieren.

Gletschereis entsteht oberhalb der Schneegrenze aus überdauernden und sich ansammelnden festen Niederschlägen über die Zwischenstufe des →Firn. In Gebirgen bildet es Talgletscher, in polaren und subpolaren Breiten auch Plateaugletscher. Die Verbreitung ständigen Eises auf der Erde ist in den Tropen auf Höhen über 5000 m ü. M. beschränkt; mit der Schneegrenze sinkt das Eis polwärts bis auf Meereshöhe.

Eisbedeckung, die Bedeckung von Teilen der Erdoberfläche mit Meer- und Gletschereis. Das Gletschereis bedeckt etwa 11% der gesamten Festlandsfläche (= 29% der Erdoberfläche), von den Meeren (= 71% der Erdoberfläche) sind 7,5% fast ständig mit Meereis und 17,5% mit Packeis und Eisbergen bedeckt. Nimmt man die Dauerfrostböden hinzu, so befinden sich 25% der gesamten Erdoberfläche in eisförmigem oder gefrorenem Zustand.

Änderungen der globalen Eisbedeckung stehen wegen der Wechselwirkungsprozesse zwischen Ozean und Atmosphäre in engem Zusammenhang mit langfristigen Klimaveränderungen.

Eisberg, im Meer schwimmende größere Eismasse, die durch Abbrechen (»Kalben«) von einer bis ans Meer vorgeschobenen Gletscherstirn oder von einem Eisschelf (sogenannter Tafeleisberg) entsteht. Nur etwa ein Neuntel der Masse eines Eisbergs befindet sich über Wasser.

Eisberge sind in Größe und Form sehr unterschiedlich. In der Antarktis können sie eine Größe von weit über 100 km² erreichen; ihre Wände fallen 30 bis 40 m senkrecht ab. Eisberge treiben mit den Meeresströmungen und den Winden weit in den offenen Ozean hinaus (im Nordatlantik bis 40° n. Br., im Südatlantik bis 38° s. Br.). Da sie eine große Gefahr für die Schifffahrt bilden, existieren für die Hauptschifffahrtswege Eiswarndienste.

Eisblink, in den Polarmeeren der helle Widerschein des Polareises am Horizont.

Eisbohrkern, durch Bohrung gewonnener zylinderförmiger Stab aus Eis, dessen Analyse Informationen über das Klima der Vergangenheit liefert. Eisbohrkerne werden vor allem in Arktis und Antarktis gewonnen. Das Eis bildet sich, indem Schnee unter seiner eigenen Last zusammengepresst wird. Dabei werden auch Luftbläschen und kleine Partikel wie Pollen oder Staub eingeschlossen und

EINHEITEN: WICHTIGE GRÖSSEN (FORTSETZUNG)

Größenart mit Formelzeichen	Einheitenzeichen	Einheitenbenennung	Umrechnungen (Auswahl)
Leistung P	W	Watt	$1\,W = 1\,J/s = 1\,kg \cdot m^2 \cdot s^{-3}$
	PS	Pferdestärke	$1\,PS = 75\,kp \cdot m/s = 0{,}73549875\,kW$
elektrische Stromstärke I	A	Ampere	–
elektrische Spannung U	V	Volt	$1\,V = 1\,J/C = 1\,W/A = 1\,kg \cdot m^2 \cdot s^{-3} \cdot A^{-1}$
thermodynamische Temperatur T, Θ	K	Kelvin	–
Celsius-Temperatur t, t_C	°C	Grad Celsius	$t_C = T\text{-}T_0$ ($T_0 = 273{,}15\,K$ = Eispunkttemperatur)
Fahrenheit-Temperatur t_F	°F	Grad Fahrenheit	$x\,°F = \frac{5}{9}(x+32)\,°C$
Rankine-Temperatur T_R	°Rank	Grad Rankine	$x\,°Rank = \frac{5}{9}x\,K$
Réaumur-Temperatur t_R	°R	Grad Réaumur	$x\,°R = \frac{5}{4}x\,°C$
Stoffmenge n, ν	mol	Mol	–
Wärmemenge, Wärmeenergie Q, W	J	Joule	$1\,J = 1\,Nm = 1\,Ws = 1\,kg \cdot m^2 \cdot s^{-2}$
	cal	Kalorie	$1\,cal = 4{,}1868\,J$
	kcal	Kilokalorie	$1\,kcal = 10^3\,cal = 4{,}1868\,kJ = 1{,}163\,Wh$
spezifische Wärmemenge q	J/kg	Joule durch Kilogramm	–
Wärmekapazität C	J/K	Joule durch Kelvin	–
spezifische Wärmekapazität c	J/(kg · K)	Joule durch Kilogramm und Kelvin	–
Entropie S	J/K	Joule durch Kelvin	–
Wärmestrom Φ	W	Watt	$W = 1\,J/s = 1\,kg \cdot m^2 \cdot s^{-3}$
Wärmestromdichte q, φ	W/m²	Watt durch Quadratmeter	–
Wärmeleitfähigkeit λ	W/(m · K)	Watt durch Meter und Kelvin	–
Wärmeübergangskoeffizient α	W/(m² K)	Watt durch Quadratmeter und Kelvin	–
Lichtstärke I, I_v	cd	Candela	–
Lichtstrom θ, θ_v	lm	Lumen	$1\,lm = 1\,cd \cdot sr$
Lichtmenge Q, Q_v	lm · s	Lumensekunde	–
Strahlungsenergie Q_e, W	J	Joule	$1\,J = 1\,Ws = 1\,kg \cdot m^2 \cdot s^{-2}$
Strahlungsfluss Φ_e	W	Watt	$1\,W = 1\,J/s$
Strahlstärke I_e	W/sr	Watt durch Steradiant	–
Strahldichte L_e	W/(m²sr)	Watt durch Quadratmeter und Steradiant	–

Eis.
Eiskristalle können quasi unendlich vielgestaltige Formen ausbilden.

konserviert. Ein Eisbohrkern besteht also aus vielen übereinanderliegenden »Jahresschichten«, analog den Jahresringen eines Baums.

Die Temperaturanalyse mithilfe eines Eisbohrkerns basiert auf dem Verhältnis der Sauerstoffisotope ^{18}O und ^{16}O, das u.a. von der Entstehungstemperatur des Niederschlags, aus dem das Eis stammt, abhängt. Aus den Lufteinschlüssen lässt sich v.a. der Anteil der klimasensitiven Spurengase Kohlendioxid und Methan rekonstruieren.

Der zurzeit älteste Bohrkern stammt aus der Antarktis und wurde im Rahmen des Projekts EPICA (**E**uropean **P**roject for **I**ce **C**oring in **A**ntarctica) gewonnen. Das älteste Eis dieses Kerns ist ca. 900000 Jahre alt.

EISCAT ['aıskæt; Abkürzung für englisch **E**uropean **i**ncoherent **scat**tering], von Deutschland, Finnland, Frankreich, Großbritannien, Schweden und Norwegen getragenes wissenschaftliches Projekt zur Erforschung der (polnahen) Iono- und Magnetosphäre sowie der Ursachen von Erscheinungen in der Hochatmosphäre (z.B. des Polarlichts) mit der Technik der inkohärenten Streuung von gepulsten Meter- und Dezimeterwellen. Dafür stehen zwei leistungsstarke Radarsysteme zur Verfügung: eine Sende- und Empfangsantenne 30 km östlich von Tromsø (Norwegen) mit schwenkbaren Reflektorsegmenten, die im VHF-Bereich (bei 224 MHz) und im UHF-Bereich (bei 933 MHz) sendet, und drei schwenkbare UHF-Empfangsantennen bei Tromsø, Kiruna (Schweden) und Sodankylä (Finnland); 1996 kam das EISCAT-Radar bei Longyearbyen hinzu.

Eisgang, Abschwimmen der winterlichen Eisdecke als Treibeis auf fließenden Gewässern.

Eisglätte, Glätte, die dadurch entsteht, dass auf dem Erdboden (Fahrbahnen, Gehwege) vorhandenes Wasser gefriert. Es kann sich dabei um gefrorenes Schmelzwasser einer Schnee- oder Eisdecke, um gefrorene Regenwasserpfützen, um am Boden austretendes gefrierendes Sickerwasser u.a. handeln. Eisglätte setzt im Gegensatz zum Glatteis keinen unmittelbaren Niederschlag voraus und ist bei Frostwetter meist örtlich begrenzt. Verbreitete Eisglätte stellt sich ein, wenn nach

Eis.
Früher war der Hamburger Hafen hin und wieder vereist – das Bild zeigt einen Winter um 1855.

einem Kälteeinbruch mit Regen beim nächtlichen Aufklaren die Temperatur am nassen Erdboden den Gefrierpunkt unterschreitet. Man spricht dann auch von gefrierender Nässe.

Eisheilige, volkstümliche Bezeichnung für die Tage der von Norden nach Süden vordringenden Kaltlufteinbrüche (→ Singularität) Mitte Mai. In Norddeutschland rechnet man mit den Eisheiligen vom 12. bis 14. Mai (Pankratius, Servatius, Bonifatius), in Süddeutschland bis zum 15. Mai (kalte Sophie).

Untersuchungen haben keine deutliche Kalendergebundenheit der Kälterückfälle gezeigt. Sie entstehen bei Nordlagen, die im Mai ihre größte Häufigkeit haben und Polarluft nach Mitteleuropa führen, wobei infolge nächtlicher Ausstrahlung Nachtfrostgefahr besteht, die zum Juni hin abnimmt.

Eishöhle, Naturhöhle mit Höhleneis, das in mehr oder minder großem Umfang das ganze Jahr hindurch erhalten bleibt, z. B. die Eisriesenwelt.

Eisnebel, Art des Nebels, die entsteht, wenn extrem kalte Luft über relativ warmes Wasser streicht. Der aufsteigende Dampf sublimiert dann unter Vorhandensein von Sublimationskernen sofort, wodurch die Luft mit Eiskristallen angefüllt wird, die klein genug sind, um sich in der Schwebe zu halten.

Eisnebel kann aus arktischem Seerauch entstehen, ist jedoch aufgrund der zur Eisnebelbildung erforderlichen extrem kalten Temperaturen nicht mit diesem zu verwechseln.

Eisnebel treten häufig in den norwegischen Fjorden und an den Küsten Alaskas auf.

Eispressung, Verdichtungserscheinungen beim Meereis durch Wirkung von Wind oder Strömungen, die zur Bildung von Pressrücken führen.

Eispunkt, der Schmelzpunkt des Eises, definiert als die Gleichgewichtstemperatur zwischen reinem Eis und reinem, luftgesättigtem Wasser bei einem Luftdruck von 101 325 Pa (= Normdruck). Der Eispunkt ist einer der Festpunkte (früher einer der beiden → Fundamentalpunkte) zur Festlegung der Celsius-Skala, dem der Wert 0 °C = 273,15 K zugeordnet wurde.

Eisregen, unterkühlter Regen, der beim Auftreffen auf Gegenstände sofort gefriert (→ Glatteis).

Eistag, *Klimatologie:* ein Tag, an dem die Lufttemperatur nicht über 0 °C ansteigt.

Eisversetzung, Zusammenschieben (und Zusammenfrieren) von Treibeis, das an einem Hindernis im Fluss (z. B. an einer Brücke) zur Ruhe kommt. Vergrößert sich die Eisversetzung durch nachfolgendes Eis, das sich unter die ruhende Eisdecke schiebt, kann es zu einem Eisstand kommen.

Eiswolken, aus Eiskristallen bestehende → Wolken, die meist erst in Höhen von mehr als 6 000–7 000 m ü. M. (Temperaturen unter −35 °C) vorkommen. – Bild Seite 78

101172

EISCAT. Das EISCAT-Radar bei Longyearbyen auf Spitzbergen

Eiszeit, Glazial, Glazialzeit, Zeitraum der Erdgeschichte, der infolge weltweiter, nachhaltiger Klimaverschlechterung durch große Ausdehnung der festländischen Vergletscherung, der Schelfeistafeln und der Pack- und Treibeiszonen geprägt ist. Fehlt die Vergletscherung oder hat sie trotz kühlen bis kalten Klimas nur geringes Ausmaß, spricht man von **Kaltzeit.** Einen Zeitabschnitt mit mehrmaligem Wechsel von Eiszeit und wärmeren Zeitabschnitten **(Warmzeiten, Interglaziale, Zwischeneiszeit)** nennt man Eiszeitalter. Vielfach lassen sich innerhalb einer Eiszeit durch kurzzeitige Klimaschwankungen bedingte Haltepausen **(Interstadiale)** und Eisvorstöße **(Stadiale, Stadien)** erkennen. – Infokasten Seite 78

Eiszeitalter, durch mehrmalige Abfolge von Kalt- (Eis-) und Warmzeiten geprägter Zeitraum der Erdgeschichte. Der Begriff Eiszeitalter bezieht sich v. a. auf das quartäre Eiszeitalter, das Pleistozän (früher Diluvium).

Der Beginn des Eiszeitalters lässt sich nicht durch eine klare Grenze festlegen. Allgemein lässt sich feststellen, dass das Eiszeitalter in Mitteleuropa vor etwa 1 Mio. Jahren begann und vor etwa 10 000 Jahren endete. Wachstum und Abschmelzen von Gletschern und Inlandeis ging in den einzelnen Phasen ziemlich schnell vor sich; so rückte in der letzten Phase der letzten Eiszeit das Eis in Norddeutschland um jährlich 100–230 m vor. Die Vergletscherung umfasste in der letzten Eiszeit weltweit maximal 42 Mio. km² (77 Mio. km³), in der vorletzten Eiszeit bis über 48 Mio. km², d. h. eine dreimal größere Fläche als heute (15,3 Mio. km², 26,3 Mio. km³). In der letzten Eiszeit waren über 28 % der Festlandsfläche, in der vorletzten Eiszeit über 32 % vergletschert,

Zur Zeit der **Eisheiligen** steigt nach vorangegangenen ersten Wärmeperioden die Wahrscheinlichkeit für Kaltlufteinbrüche aus Nordosteuropa und Nachtfröste im statistischen Sinne nochmals:
Ehe nicht Pankratius, Servatius und Bonifatius vorbei, ist nicht sicher vor Kälte der Mai.
Und:
Vor Nachtfrost bist du sicher nicht, bevor Sophie vorüber ist.

Eiswolken

heute dagegen sind es nur etwa 10 %. Gegenwärtig macht allein das antarktische Inlandeis 82 % der gesamten vergletscherten Fläche und 89 % der Eismasse aus.

■ **Vergletscherungen** Am besten bekannt sind die Vergletscherungen der letzten Eiszeit. Das Inlandeis Nordeuropas und des nördlichen Mitteleuropas ging vom skandinavischen Hochgebirge aus. Von hier strömte das Eis einerseits zur norwegischen Küste (Fjordbildung), andererseits über das Becken der heutigen Ostsee hinweg nach Russland, Polen und in das Norddeutsche Tiefland. Den Höhepunkt der Weichsel-Eiszeit (um 18 000 v. Chr.) markiert das Brandenburger Stadium; die maximale, saaleeiszeitliche Vereisung erreichte den Rand der Mittelgebirge. Im Nordseeraum vereinigte sich das Inlandeis mit dem von Irland und Schottland ausgehenden britischen Eisschild. In den Alpen – wie auch in anderen Hochgebirgen – verbanden sich die Talgletscher zu einem Eisstromnetz und schoben ihre Zungen vor den Gebirgsfuß, wo eine zusammenhängende, in Girlanden gegliederte Vorlandvergletscherung entstand. In Nordamerika vereinigten sich das von Labrador nach Südwesten vorstoßende Laurentische Inlandeis und das Kordillereneis; sie stießen maximal bis 37° 30′ n. Br. nach Süden vor. Grönland bildete einen isolierten Eisschild. Die Vergletscherung der Antarktis setzte schon im Miozän ein. Das erst jüngst näher erforschte Inlandeis des Hochlands von Tibet soll 2–2,4 Mio. km^2 und eine Mächtigkeit von 700–1200 m erreicht haben. Sibirien dagegen besaß mangels Niederschlägen nur Gebirgsvergletscherung. Viele Gebirge der Tropen (z. B. Kilimandscharo, Anden, Himalaja) und Außertropen (in Europa u. a. Pyrenäen, Schwarzwald, Vogesen, Kaukasus) trugen Eiskappen oder Einzelgletscher; größere Eisflächen waren nur in Westpatagonien und auf der Südinsel Neuseelands entwickelt.

Tiefseeablagerungen zeigen – im Gegensatz zu festländischen – oft lückenlose Abfolgen und können vielfach absolut datiert werden. Das Verhältnis der Sauerstoffisotope $^{16}O/^{18}O$ in den Kalkschalen der eingelagerten Meerestiere lässt Rückschlüsse auf die klimatischen Bildungsbedingungen zu. Durch Auswertung von Tiefseebohrkernen sind für das

EISZEIT | ***The World is a Potatoe***

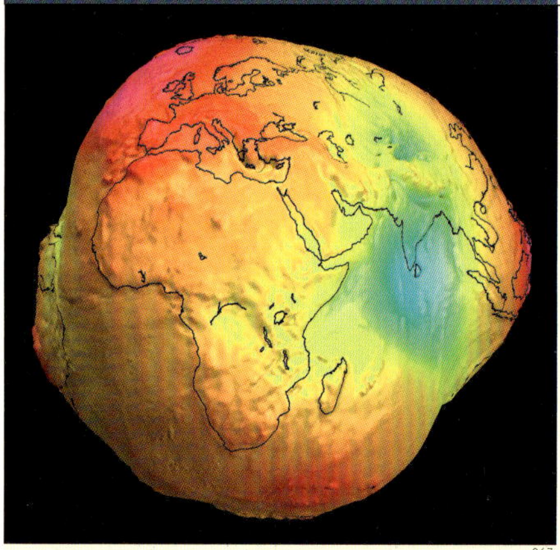

Früher dachte man, die Erde sei eine Scheibe, heute wissen wir es besser – oder doch nicht so ganz? Denn eine richtige Kugel ist die Erde auch nicht, eher eine Kartoffel mit Dellen und Beulen. Schuld an dieser Deformation ist nicht nur die regional unterschiedliche Erdanziehung, sondern uralte geotektonische Wechselwirkungen. Die Erdkruste ist ja keine starre Hülle, vielmehr schwimmen die Kontinentalplatten im äußeren Erdmantel. Deshalb können sie einsinken, etwa durch eiszeitliche Eisschilde, oder aufsteigen – wenn die Gletscher wieder schmelzen. Genau dieser Prozess läuft seit dem Ende der letzten Eiszeit vor etwa 10 000 bis 12 000 Jahren in Nordeuropa und Kanada ab. Das Zentrum Skandinaviens hob sich in diesem Zeitraum um 300 Meter!

Selbst heute noch bestimmt also der einst mächtige Laurentische Eisschild die Form unseres Planeten. Das verraten Aufnahmen der Grace-Satelliten, die selbst winzigste Abweichungen im Schwerefeld der Erde messen können, weil diese den Kurs beeinflussen. Richtig praktischen Nutzen haben die Schwerkrafterkenntnisse jedoch nicht, auch nicht für Übergewichtige – in Kanada, das sich gerade ausbeult, ist man gerade mal 1/25 000 leichter als andernorts …

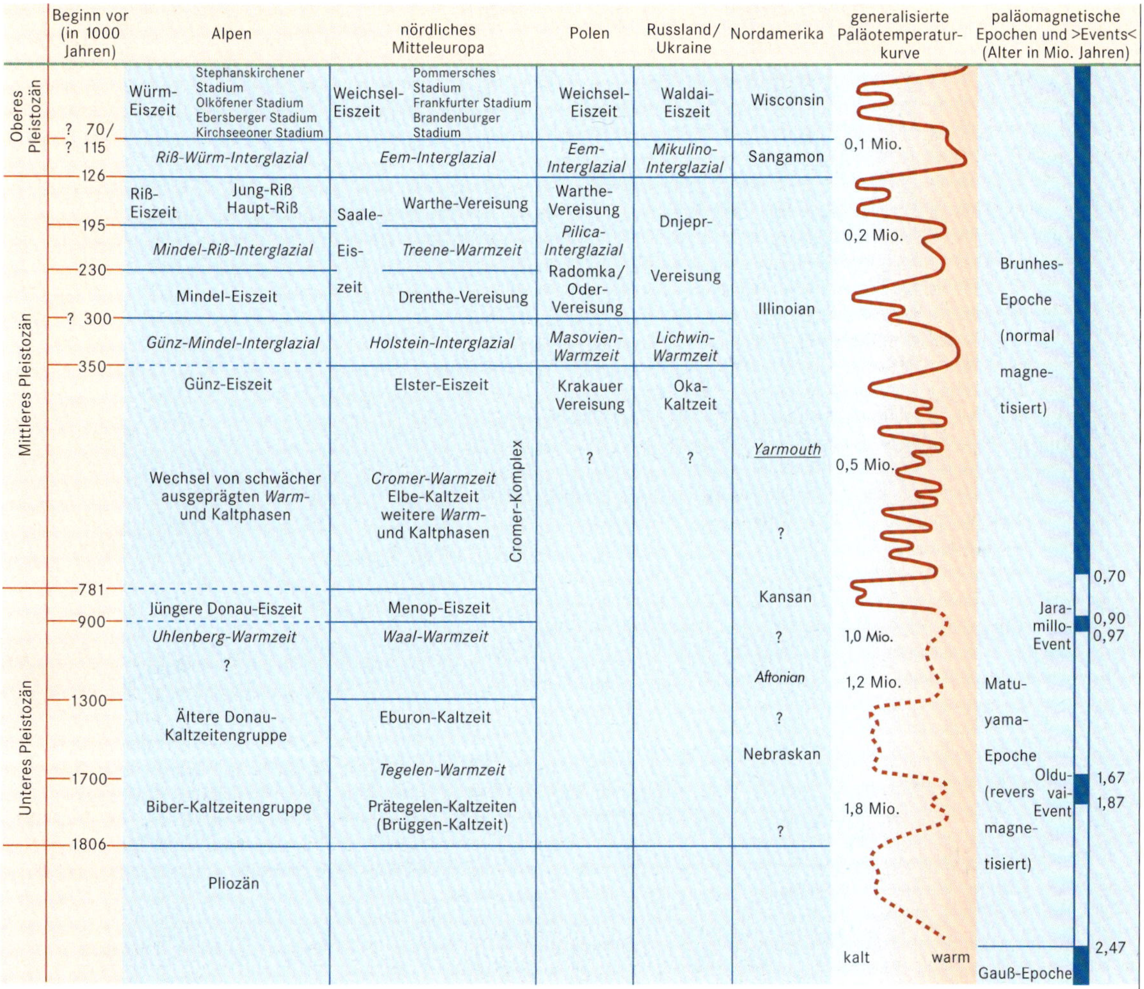

Eiszeitalter. Zeitliche Abfolge der pleistozänen Kalt- und Warmzeiten

Pleistozän über 20 Kalt- und Warmzeiten ermittelt worden, die sich allerdings bisher nicht oder nur zum Teil mit den bekannten terrestrischen Ereignissen parallelisieren lassen.

Die Bindung von Wasser in Form von Eis während der Kaltzeiten führte zur Meeresspiegelabsenkung, in der letzten Eiszeit um 80–100 m, in der vorletzten Eiszeit um 200 m, d. h. um 65 m bzw. 135 m gegenüber dem heutigen Meeresspiegel.

■ **Eiszeitklima** Während der Eiszeiten lag das Jahresmittel der Temperatur auf dem Festland 4–12 Celsiusgrade (maximal 15), die Oberflächentemperatur des Weltmeeres um 4–7 Celsiusgrade niedriger als heute. Die Absenkung der Schneegrenze erreichte weltweit 700 bis 1 000 m, in den Alpen maximal 1 500 m. In der letzten Eiszeit betrug in Mitteleuropa das Januarmittel der Temperatur (auf die damalige Meereshöhe umgerechnet) zwischen –14 und –22 °C, das Julimittel zwischen +10 und +5 °C. Die Warmzeiten ähnelten in Klima und Vegetation der Gegenwart, waren aber zu Beginn des Eiszeitalters etwas wärmer und feuchter als heute. Der thermische Äquator, heute in 5–7° n. Br., lag in den Kaltzeiten auf etwa 5° s. Br.

■ **Eiszeit und Mensch** Mit dem Eiszeitalter ist auch die Geschichte der Menschheit und ihrer Kulturen aufs Engste verknüpft. Während durch die Klimaverschlechterung und die vermehrte Eisbedeckung v. a. in der Nordhemisphäre der Lebensraum des Menschen eingeschränkt wurde, stellten die durch die kaltzeitliche Meeresspiegelabsenkung trockengefallenen Schelfflächen neue Biotope dar, besonders für eine auf küstennahe Meerestiere (Fische, Meeressäuger, Muscheln) ausgerichtete Lebensweise. Außerdem ermöglichte die Meeresspiegelabsenkung in der letzten Kaltzeit die Ausbreitung des Menschen (Homo sapiens sapiens), v. a. die Besiedlung der damals mit dem Festland verbundenen südostasiatischen Inselwelt sowie Australiens und Amerikas (über die landfeste Beringstraße).

■ **Ursachen der Eiszeitentstehung** Terrestrische und extraterrestrische Vorgänge sind zur Erklärung der Eiszeiten und ihrer Periodizität herangezogen worden; wahrscheinlich liegt ihnen ein komplexes Zusammenwirken vieler Faktoren zugrunde. Eine primäre Voraussetzung war wohl die Verlagerung des antarktischen Kontinents zum Südpol, wo sich dann aus winterlichen Schneedecken eine ständige Vergletscherung bilden konnte, die durch Selbstverstärkung (durch Reflexion des Sonnenlichtes) eine Abkühlung der gesamten Erde bewirkte oder erhöhte. Ferner wurden ungeheure Vulkanausbrüche (Beeinträchtigung der Atmosphäre durch Staubmassen), ausgedehnte tektonische Hebungen sowie Schwankungen des Wasserdampf- und des Kohlendioxidgehaltes der Atmosphäre (in den Kaltzeiten war der CO_2-Gehalt niedrig, in den Warmzeiten hoch) als Ursachen vermutet. Durch die Ergebnisse der Meeresforschung erfuhr die von M. Milanković entwickelte Strahlungskurve (Periodizität der Sonneneinstrahlung infolge langperiodischer Schwankungen der Erdbahnelemente) eine starke Aufwertung. Als kosmische Ursachen kämen Änderungen der Solarkonstante und das Eintauchen des Sonnensystems in eine kosmische Staubwolke infrage.

Die geologische Gegenwart kann als Interglazial angesehen werden; die weitere Entwicklung hängt heute aber auch von den umweltbeeinflussenden Maßnahmen des Menschen ab. Als »Normalzustand« der Erde gilt aber der eisfreie Zustand.

Ekliptik [von lateinisch linea ecliptica »Finsternislinie«, da auf ihr die Sonnen- und Mondfinsternisse (Eklipsen) auftreten], größter Kreis am Himmel, in dem die scheinbare Bewegung der Sonne vor sich geht, auch **Tierkreis** genannt (nach der längs ihrer liegenden Sternbilder). Die Ekliptik schneidet im Frühlings- und Herbstpunkt den Himmelsäquator unter einem Winkel von etwa 23° 27′, der als Schiefe der Ekliptik bezeichnet wird.

Ekman, Vagn Walfrid, schwedischer Physiker und Ozeanograf, *Stockholm 3. 5. 1874, †Gostad (Verwaltungsbezirk Jönköping) 9. 3. 1954; Begründer der klassischen Theorie der winderzeugten Meeresströmungen. Die **Ekman-Schicht** ist nach ihm benannt, der Hauptteil der atmosphärischen Grenzschicht, der in etwa 100 m Höhe beginnt (Obergrenze der Prandtl-Schicht) und bis etwa 1000 m Höhe, der Obergrenze der atmosphärischen Grenzschicht, reicht. Die Ekman-Schicht ist gekennzeichnet durch Winddrehung nach rechts (auf der Nordhalbkugel) und durch nur noch geringe Windzunahme. Trägt man von einem gemeinsamen Punkt aus die in den einzelnen Höhenstufen der Ekman-Schicht gemessenen Winde nach Richtung und Geschwindigkeit auf, so beschreibt die Spitze der Windpfeile eine Spirale, die **Ekman-Spirale.** Ekman hatte diese Spirale zunächst bei der Untersuchung von Driftströmen in Ozeanen gefunden.

Elektrofahrzeug, durch Elektromotoren angetriebenes Kraftfahrzeug. Die benötigte elektrische Energie wird entweder einer Oberleitung (bei Oberleitungsomnibussen) oder einer mitgeführten Akkumulatorenbatterie entnommen oder von einem mitgeführten, durch einen Verbrennungsmotor angetriebenen Generator, aber auch durch direkte Umwandlung von chemischer Energie in einer Brennstoffzelle oder von Sonnenenergie in Solarzellen (Solarmobil) erzeugt. Als umweltfreundliche Lösung bietet sich der Elektroantrieb für Stadtfahrzeuge an, da er ohne Abgase und geräuscharm arbeitet. Mit rasch und einfach auswechselbaren Batterien betriebene Omnibusse werden bereits im Stadtverkehr eingesetzt.

■ **Akkumulatoren** Für Personenwagen bedeuten Volumen und große Masse der Akkumulatorenbatterie sowie deren begrenzte Speicherkapazität erhebliche Nachteile; der Elektromotor selbst gilt als ausgereift. Eine Verbesserung wurde durch die Entwicklung von Hochenergiebatterien, z. B. Zink-Brom-Batterie, Natrium-Schwefel-Batterie und Nickel-Metallhydrid-Batterie (NiMH), erreicht. Eine noch höhere Energiedichte weisen **Lithium-Ionen-Akkumulatoren (Li-Ionen)** auf, die etwa seit Mitte der 1990er-Jahre v. a. in Mobilgeräten zunehmende Verbreitung finden. Bei ihnen ist die Kathode aus einem Lithium-Metalloxid gefertigt, die Anode aus speziellem Kohlenstoff (Grafit). Als Elektrolyt werden organische Lösungsmittel wie Ethylen- oder Propylencarbonat verwendet, die spezielle Lithiumsalze enthalten, oder sogenannte Hybridelektrolyte. Diese bestehen zu 50 % aus einer

ELEKTROFAHRZEUG. *Technik von morgen ... und gestern*

Viele sehen im Elektroauto den Kraftfahrzeugantrieb der Zukunft. Die Gegenwart gibt sich noch relativ bescheiden: Gerade einmal 1500 Pkws mit Elektromotor sind im Zentralen Fahrzeugregister verzeichnet. Der Beginn der Automobilentwicklung ist allerdings eindeutig vom Elektromotor geprägt. Schon in den 1830er-Jahren entstanden die ersten Elektrofahrzeuge, bereits ab 1860 gab es wiederaufladbare Bleiakkumulatoren, und 1881 wurde auf der Internationalen Elektrizitätsausstellung in Paris das erste praxistaugliche Elektroauto vorgestellt. Lange Zeit war es den Autos mit Verbrennungsmotor deutlich überlegen. Schon 1899 hängte Camille Jenatzy mit seinem nahezu lautlosen und mehr als 100 km/h schnellen Elektromobil die knatternden und stinkenden Spritschlucker seiner Zeit spielend ab. Ein Jahr später entwickelte Ferdinand Porsche das erste benzinelektrische Hybridfahrzeug mit Radnabenmotoren, den Lohner-Porsche. Das Auto wog 980 kg – fast die Hälfte davon fiel auf den Akku-Satz. Das hat sich auch beim Elektrosportwagen unserer Zeit, dem Tesla, nicht wesentlich geändert ...

leitfähigen flüssigen organischen Verbindung, eingebettet in Polyacrylnitril oder Polyvinylidenfluorid. Beim Aufladen gibt die Kathode Lithiumionen ab, die von der Grafitanode eingelagert werden. Beim Entladen läuft der umgekehrte Prozess ab. Die Lithiumionen schwingen gewissermaßen zwischen den Elektroden hin und her, weshalb der Li-Ionen-Akkumulator auch als »Swing-Batterie« bezeichnet wird. Die Akkumulatoren können circa dreimal mehr Energie pro Gewicht und zweimal mehr Energie pro Volumen speichern als NiCd-Akkumulatoren. Ihre spezifische Energie beträgt 120–130 Wh/kg bei einer Entladespannung von 4 bis 5 V; circa 1 000 Lade-Entlade-Zyklen sind möglich. Allerdings verringert sich die Kapazität eines Lithium-Ionen-Akkus selbst ohne Benutzung mit der Zeit, da das Lithium mit den Elektrolyten reagiert. Dieser Kapazitätsverlust kann im Gegensatz zum Ni-MH-Akku nicht mehr durch zyklisches Laden/Entladen wiederhergestellt werden, er ist bei diesem Akkutyp endgültig. Zudem sind Li-Ionen-Akkumulatoren relativ teuer. Ein weiterer Nachteil der Li-Ionen-Akkumulatoren besteht darin, dass Lithium ein hochreaktives Metall ist und die einzelnen Komponenten eines Li-Ionen-Akkus leicht brennbar sind. Außerdem reagiert Lithium heftig mit Wasser. Auch eine Überhitzung kann gravierende Folgen haben, da ein Schmelzen des Separators einen Kurzschluss nach sich zieht.

Eine Weiterentwicklung des Li-Ionen-Akkumulators stellt der **Lithium-Polymer-Akkumulator** dar. Er kann noch mehr Energie pro Gewicht oder Volumen speichern und arbeitet mit festen Elektrolyten, die aus leitfähigen Polymeren wie Polyethylenoxid bestehen, oder es werden gelartige polymere Elektrolyte verwendet.

Auch bei den neuesten Akkumulatorentwicklungen ist nur eine Energiedichte von 1 bis 2 % (verglichen mit chemischen Energieträgern) zu erreichen. Dieser Nachteil steht dem Masseneinsatz von Elektrofahrzeugen noch entgegen.

■ **Entwicklungen** Die geringe Energiedichte der Akkumulatoren lässt sich bis zu einem gewissen Maß dadurch ausgleichen, dass sehr viele Akkuzellen zusammengeschaltet werden. Auf diese Weise ist es dem amerikanischen Hersteller Tesla 2008 gelungen, das erste alltagstaugliche Elektrofahrzeug, einen zweisitzigen Sportwagen, in Kleinserie auf den Markt zu bringen. Bei dem Tesla-Roadster genannten Auto liefern 7000 herkömmliche Lithium-Ionen-Akkus (Gesamtgewicht: 450 kg) eine Leistung von 250 PS, die eine Höchstgeschwindigkeit von 200 km/h gestattet; die Reichweite beträgt 350 km, die Aufladezeit etwa 3,5 Stunden.

In London testet Mercedes seit 2007 100 Smart-Modelle mit 41-PS-Elektroantrieb, in denen herkömmliche Akkus zum Einsatz kommen. Die Reichweite beträgt rund 100 km und die Höchstgeschwindigkeit 112 km/h. Ein vollständiger Aufladevorgang der Batterie dauert etwa acht Stunden. 2009 soll ein weiterentwickelter Smart mit Li-Ionen-Akku auf den Markt kommen, u.a. für Berlin ist der Aufbau einer entsprechenden Infrastruktur mit 500 Ladestationen geplant. Auch viele andere Konzerne kündigen bereits batteriebetriebene Fahrzeuge an.

■ **Klima- und Umweltschutz** Bei der Bewertung der Energieeffizienz und der Umweltwirkung von Elektrofahrzeugen ist die gesamte Wirkungskette zu berücksichtigen, einschließlich der Energieerzeugung im Kraftwerk. Ob Elektroautos umweltfreundlich sind, hängt also davon ab, aus welcher Quelle der Strom für die Batterieladungen stammt. Denn jedes Gas- oder Kohlekraftwerk belastet die Umwelt, und bei der Stromerzeugung geht bisweilen ähnlich viel Energie verloren wie in einem Verbrennungsmotor. Bei der in Deutschland vorliegenden Verteilung der Energieträger auf die Stromerzeugung (26 % aus Kernreaktoren, 11 % aus erneuerbaren Quellen, 47 % aus Kohlekraftwerken) mit einem durchschnittlichen CO_2-Ausstoß von ca. 600 g Kohlendioxid pro erzeugter Kilowattstunde Strom darf ein Elektroauto nicht mehr als 20 Kilowattstunden pro 100 km verbrauchen, um die von 2012 an geltende EU-Vorgabe von höchstens 120 g CO_2 pro Kilometer erfüllen zu können. Ein solcher Verbrauch ist heute schon möglich; ist der Anteil der Kohlekraftwerke an der Stromerzeugung allerdings deutlich höher wie etwa in Nordrhein-Westfalen, schneidet der Hybridantrieb mit einer Kombination aus Verbrennungsmotor und elektrischem Antrieb in der Umweltbilanz besser ab. Sollen Elektroautos zukünftig in großer Zahl zum Einsatz kommen, sind neue Kraftwerke unumgänglich, da der

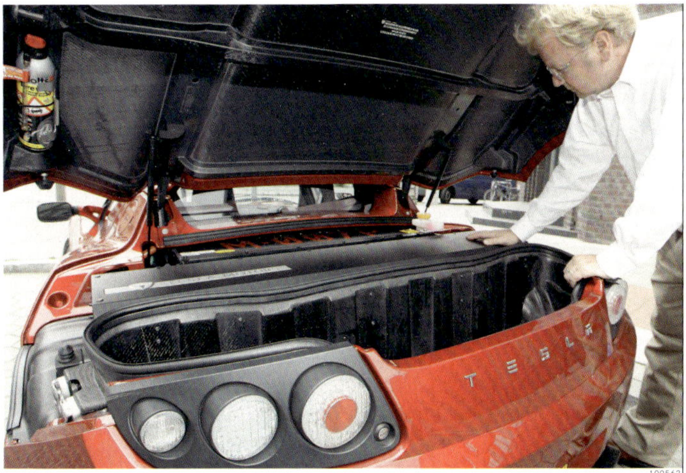

Elektrofahrzeug. Im August 2008 wurde der Elektrosportwagen Tesla Roadster erstmals in Europa vorgestellt. Pressesprecher Axel Catton legt seine Hand auf die Batterie, unter der sich der Elektromotor befindet.

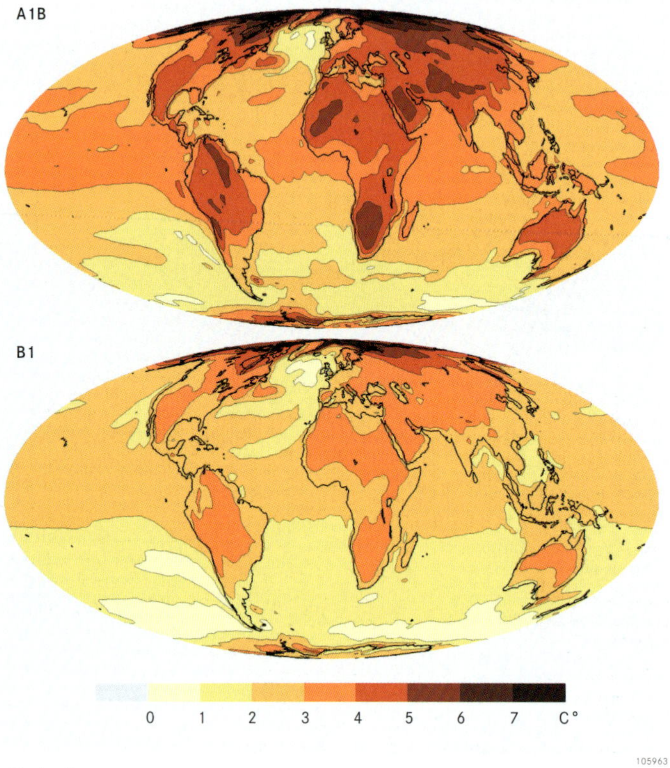

Emission. Die Grafik zeigt eine am Hamburger Max-Planck-Institut für Meteorologie berechnete Simulation der Temperaturänderung aufgrund von CO_2-Emissionen für gemittelte Daten der Jahre 2071–2100 gegenüber 1961–1990, jeweils für das SRES-Szenario A1B bzw. B1.

Strombedarf deutlich steigen würde. Experten schätzen, dass 10% mehr Elektrizität nötig seien, würde die deutsche Autoflotte zu vier Fünfteln durch Elektro- oder Hybridfahrzeuge ersetzt werden. Umweltforscher halten diese Probleme aber für lösbar, da nach ihrer Einschätzung im Jahr 2020 maximal eine Million Elektroautos auf der Straße unterwegs sein werden. Bis zu diesem Zeitpunkt sollte es möglich sein, das Energiesystem umzubauen und den Einsatz regenerativen Stroms deutlich auszubauen.

Elmsfeuer [wohl nach dem hl. Erasmus (romanisch Sant'Elmo)], **Eliasfeuer,** von Witterungseinflüssen stark abhängige büschelförmige elektrische Gasentladung an herausragenden, spitzen Gegenständen (Blitzableiter, Dachfirste, Mastspitzen von Schiffen, Bäume u.a.) bei hohen elektrischen Feldstärken. Im Gebirge und auf See wird das Elmsfeuer öfter, im Flachland nur selten beobachtet; es ist eine lichtschwache Erscheinung und daher nur bei völliger Dunkelheit erkennbar. Im Volksglauben galt das Elmsfeuer seit der Antike als Zeichen schlechter oder guter Vorbedeutung (je nach Ort der Erscheinung und Anzahl der Flammen).

El Niño [-'ninjɔ], *Meereskunde:* → Niño, El.

Emission [zu lateinisch emittere, emissum »ausschicken«], *Umweltschutz:* allgemein das Ablassen oder Ausströmen fester, flüssiger oder gasförmiger Stoffe aus Anlagen oder technischen Abläufen, die die Luft, das Wasser oder andere Umweltbereiche verunreinigen. Die Schadstoffe aus Emissionen lagern sich durch Deposition in der Umwelt ab und führen zu Immissionen, die auch weit von der Emissionsquelle noch gemessen werden können.

■ **Treibhausgase** Von besonderem Interesse ist die Emission von Treibhausgasen, v.a. Kohlendioxid. Weil sie nachweislich zu gefährlichen Klimaveränderungen führen, ist auf der → Vertragsstaatenkonferenz in Kyoto, 1997, im sogenannten Kyoto-Protokoll vereinbart worden, dass der CO_2-Ausstoß weltweit um 5,2% (2008–12) gegenüber dem Stand von 1990 verringert werden soll. In Deutschland wurde die Emission bislang (2007) um etwa 20% verringert. Anfang der 1990er-Jahre gelang dies v.a., weil in Ostdeutschland der Braunkohlenabbau stark zurückgefahren wurde. In den letzten Jahren gab es hingegen kaum noch Fortschritte beim CO_2-Rückgang. Im Bereich Verkehr ist sogar eine Steigerung zu verzeichnen. Neue Hoffnungen werden jetzt europaweit auf den bevorstehenden → Emissionshandel gesetzt.

■ **SRES-Szenarien** Das → IPCC legt seinen Sachstandsberichten bestimmte Szenarien zugrunde, die zukünftige Wirtschaftsentwicklungen mit entsprechenden Emissionspfaden der Treibhausgase beschreiben. Auf diesen sogenannten SRES-Szenarien, die in einem Sonderbericht im Jahr 2000 definiert wurden, basieren die Modellrechnungen künftiger Klimaänderungen. Alle Szenarien beschreiben ein »Weiter so«, also eine Entwicklung der Emissionen ohne Klimapolitik.

A1: Diese Szenarienfamilie beschreibt eine zukünftige Welt mit raschem Wirtschaftswachstum und rascher Einführung neuer Technologien, die in verschiedene Hauptstoßrichtungen unterschieden werden: fossil-intensiv (A1FI), nicht fossil (A1T), ausgewogene Nutzung aller Quellen (A1B).

A2: Diese Szenarien beschreiben eine heterogene Welt mit relativ langsamen technologischen Änderungen.

B1: Diese Szenarien verlaufen anfangs wie A1, jedoch ändern sich die wirtschaftlichen Strukturen hin zu einer Dienstleistungs- und Informationsgesellschaft mit rückgehendem Ressourcenverbrauch schneller.

B2: Diese Szenarien beschreiben eine Welt mit lokalen Lösungen für eine wirtschaftliche, soziale und umweltschonende Nachhaltigkeit und vielfältigen technologischen Lösungen.

Emissionshandel, Emissionsrechtehandel, Mechanismus, der darauf zielt, eine festgelegte Reduktion von Treibhausgasen mithilfe des Preismechanismus möglichst effizient zu gestalten. Den Teilnehmern am Emissionshandel wird gestattet, die ihnen zugewiesene Menge an Emissionen – sie wird in er Regel durch Emissionszertifikate verbrieft – entweder selbst aufzubrauchen oder mit Teilen davon zu handeln. Ein Teilnehmer, der sein Kontingent nicht voll ausschöpft, also weniger Schadstoffe ausstößt, als er eigentlich dürfte, kann das überschüssige Emissionsguthaben an einen anderen Teilnehmer verkaufen. Die Lizenzen werden dem Käufer als eigene Emissionsreduktionen gutgeschrieben. Bei einem optimalen Emissionshandel werden die Vermeidungskosten auf das gesellschaftliche Minimum reduziert, weil Emissionsreduktionen dort stattfinden, wo sie am billigsten sind.

Angewandt wird der Emissionshandel u.a., um die im →Kyoto-Protokoll vereinbarten Ziele der Emissionsreduktion möglichst effizient zu erreichen. Das zu diesem Zweck geschaffene europäische Emissionshandelssystem trat mit Beginn des Jahres 2005 in Kraft. Die EU-Staaten legen dafür Emissionsobergrenzen für alle Unternehmen schadstoffintensiver Industrien fest und vergeben Zertifikate, die am Ende jeder Handelsperiode verrechnet werden.

Emissionsvermögen, physikalische Größe, die die Eigenstrahlung eines Körpers kennzeichnet: die von der Flächeneinheit der Oberfläche in den Halbraum emittierte Strahlungsleistung; bezogen auf die entsprechende Strahlungsleistung des →schwarzen Strahlers als **Emissionsgrad** *ε* (mitunter auch als Emissionsverhältnis oder Emissionszahl) bezeichnet.

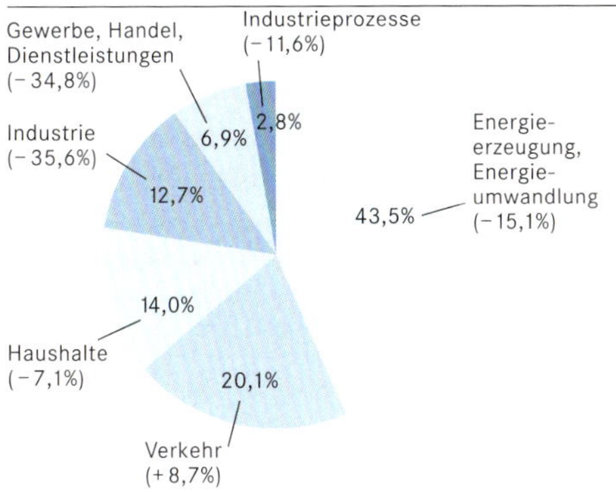

Emission. CO_2-Emission in Deutschland nach Erzeugern, angegeben für 2002 (in Klammern die Veränderung gegenüber 1990)

Emittent, Verursacher von Emissionen.

emittieren [lateinisch emittere »herausgehen lassen«], **1)** *Physik:* Strahlung aussenden.

2) *Umweltschutz:* abgeben von Schadstoffen an die Umwelt, z.B. Abgase.

Energie [französisch, von griechisch enérgeia »wirkende Kraft«], in der Meteorologie die Fähigkeit der Atmosphäre, Arbeit zu leisten. Energie tritt in der Atmosphäre in drei verschiedenen Formen auf: 1. als potenzielle Energie, 2. als kinetische Energie und 3. als innere Energie. Diese drei Energiearten sind durch den →Energiesatz verknüpft. Da man die Atmosphäre als eine Wärmekraftmaschine ansehen kann, ist die Erfassung der Energieumsetzungen und Energieströme ein wichtiges Forschungsgebiet in der Meteorologie.

■ **Energiezyklus** Global gesehen, existiert ein großer Energiezyklus. In den tropi-

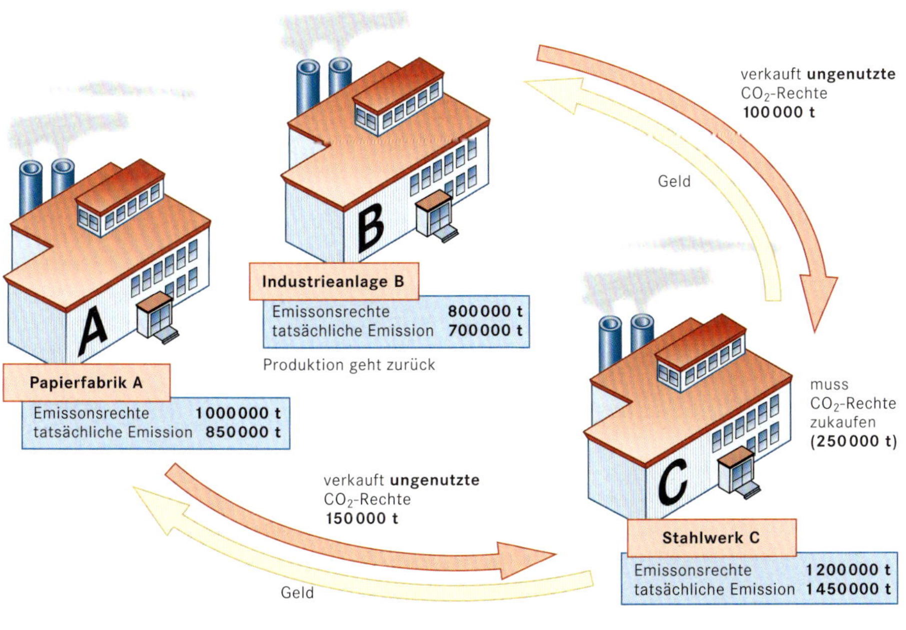

Emissionshandel am Beispiel dreier Unternehmen

schen Breiten wird die Atmosphäre durch die Absorption der kurzwelligen Sonnenstrahlung – direkt und über den Erdboden indirekt – erwärmt; die innere Energie der Atmosphäre wird damit erhöht. Durch die Ausdehnung der erwärmten Luft in den Tropen, der gleichzeitig in den Polargebieten eine durch langwellige Ausstrahlung verursachte Abkühlung und damit Schrumpfung der Luft gegenübersteht, erhöht sich die potenzielle Energie, gekennzeichnet durch größere Luftdruckunterschiede in höheren Schichten zwischen Pol und Äquator. Diese Luftdruckgegensätze führen zur Entstehung von Strömungen; dabei wird potenzielle Energie in kinetische Energie umgesetzt. Die kinetische Energie der Luftströmung wird schließlich durch Reibung, d. h. durch Dissipation der Energie, allmählich vernichtet.

Die bei diesem Kreislauf beteiligten, außerordentlich hohen Energiemengen sind berechnet worden. So beträgt global der Vorrat an verfügbarer potenzieller Energie etwa $2{,}8 \cdot 10^{18}$ kJ; die gesamte kinetische Energie der Atmosphäre wurde mit $0{,}767 \cdot 10^{18}$ kJ abgeschätzt, d. h., der Vorrat an verfügbarer potenzieller Energie beträgt fast das Vierfache der zu beobachtenden kinetischen Energie.

Energiebilanz, *Meteorologie:* die Gegenüberstellung der zeitlichen Änderung des Energieinhaltes eines atmosphärischen Systems und der Faktoren, die diese Änderungen verursachen; das können Transportvorgänge sein, mit denen Energie in das System gelangt (äußere Faktoren), oder Produktion bzw. Vernichtung im System selbst (innere Faktoren). Energiebilanzen können sowohl für die Gesamtenergie als auch für jede Art von Energie aufgestellt werden.

Bekanntes Beispiel sind Bilanzen der inneren Energie der bodennahen Luftschicht. Auf die innere Energie, deren Änderung sich aufgrund der dazu proportionalen Temperaturänderung gut bestimmen lässt, wirken sich kurzwellige Sonnenstrahlung, vertikale Wärmeströme vom Boden her und horizontale Wärmetransporte als äußere Faktoren sowie Verdunstung als innerer Faktor aus.

Energiepolitik, Teil der Wirtschafts-, Struktur- und Umweltpolitik zur staatlichen Steuerung des Energiesektors. Die Energiepolitik bezieht sich auf alle Stufen der Energieversorgung (Gewinnung, Lagerung, Bevorratung, Umwandlung, Transport und Verteilung von Energie, Entsorgungsfragen sowie Außenhandel) und umfasst auch staatliche Aktivitäten zur Beeinflussung der Energienachfrage und zur rationelleren Energienutzung beziehungsweise Energieeinsparung. Weitgehend anerkanntes Leitziel der Energiepolitik ist es heute, eine langfristig sichere, risikoarme, kostengünstige sowie umwelt- und ressourcenschonende Bereitstellung von Energiedienstleistungen zu gewährleisten. Die Breite der Aufgabenstellung der Energiepolitik führt zu Wechselwirkungen mit anderen Politikbereichen; das Spektrum reicht von der Wettbewerbs-, Finanz-, Industrie- und Regionalpolitik über die Forschungs- und Technologiepolitik bis zur engen Verzahnung der Energiepolitik mit der Umwelt- und Verkehrspolitik sowie der Sicherheits- und Außenpolitik. Auch die seit Mitte der 1990er-Jahre verstärkt geforderte Integration der Energiepolitik in die Klimaschutzpolitik und in eine Strategie der nachhaltigen Entwicklung führte zu einer Neuorientierung der Energiepolitik.

■ **Erneuerbare Energien** Zwei Energiegesetze dienen der Förderung der erneuerbaren Energien und der Kraft-Wärme-Kopplung. Das **Erneuerbare-Energien-Gesetz (EEG)** verfolgt das Ziel, den Anteil der erneuerbaren Energien bei der Strombereitstellung bis zum Jahr 2010 auf mindestens 12,5 % zu steigern, bis 2020 wird ein Anstieg auf 20 % propagiert. Mit der Novellierung des EEG soll die Förderung von Wind-, Sonnen-, Biomasse- und Erdwärmeanlagen nach Kriterien der Wirtschaftlichkeit differenzierter gestaltet werden, um einen Anreiz zur Effizienzsteigerung zu bieten und um eine Überförderung zu begrenzen; insbesondere durch den durch das EEG induzierten raschen Ausbau der Windkraft hat das Gesetz auch international Beachtung gefunden. Allerdings ist auch die Kritik an den Zusatzkosten und den möglichen Umweltfolgen eines forcierten Ausbaus der Windkraft (zukünftig v. a. im sogenannten Offshorebereich, also auf dem Meer) gestiegen. Im **Kraft-Wärme-Kopplungs-Gesetz** wurde das ursprünglich angepeilte Verdopplungsziel für die Kraft-Wärme-Kopplung (KWK) bis 2010 durch ein CO_2-Reduktionsziel ersetzt (20 bis 23 Mio. Tonnen CO_2 bis 2010 bezogen auf den Stand von 1998), das durch die Bonusregelung für KWK-Betreiber sichergestellt werden soll.

■ **Klimaschutz** Im Industriebereich hat das Gesetz zur Umsetzung der EG-Richtlinie 2003/87/EG über ein System für den Handel mit Treibhausgasemissionszertifikaten in der EU vom 8. 7. 2004 (Treibhausgas-Emissionshandelsgesetz, TEG) einen neuen Impuls für die Klima- und Einsparpolitik gebracht. Einbezogen sind mehr als 2 400 CO_2 emittierende industrielle Anlagen und Kraftwerke, die etwa 58 % der deutschen CO_2-Emissionen verursachen. Das Gesetz legt die Gesamtmenge der für Industrie und Energiewirtschaft noch erlaubten CO_2-Emissionen fest, regelt die kostenlose Vergabe von Emissionszertifikaten für die einzelnen Unternehmen und erlaubt den Handel mit Zertifikaten ab dem 1. 1. 2005. Die noch erlaubte Emissionsmenge für Industrie und Energiewirtschaft durfte in der Phase I von 2005 bis 2007 jährlich 503 Mio. Tonnen betragen, für die Phase II von 2008 bis 2012 liegt die Höchstmenge bei 495 Mio. Tonnen. Im Gegensatz zur ersten Phase können nun fehlende CO_2-Emissionsberechtigungen auch durch Emissionsreduzierungen in Drittländern, aus Projekten auf der Grundlage von →Clean Development Mechanism oder →Joint Implementation, ausgeglichen werden.

Durch die bisher ergriffenen Maßnahmen im Bereich der rationellen Energienutzung und -einsparung konnten die Zuwachsraten bei der Energieeffizienzsteigerung nicht wesentlich über den langfristigen Durchschnittswert von 1,5% pro Jahr (1991–2002; 2,0% pro Jahr 1996–2002) gesteigert werden. Die Energie-Enquetekommission nannte 2002 für den erforderlichen Klimaschutz bis zum Jahr 2020 einen Zielwert der jährlichen Effizienzsteigerung von 3%. Auch die Tendenz einer nur noch verhaltenen CO_2-Emissionsminderung setzt sich in den letzten Jahren fort. Zwar lag die Minderung der energiebedingten CO_2-Emissionen im Jahr 2005 mit 18,4% im internationalen Vergleich noch relativ hoch, doch der größte Teil dieser Minderung fiel in die erste Hälfte der 1990er-Jahre. Für die Erreichung des Kyoto-Ziels (21% CO_2-Minderung bis 2008/2012) besteht noch Handlungsbedarf, das nationale Ziel von 25% bis 2005 wurde verfehlt.

■ **Herausforderungen** Die Problematik anthropogener Klimaveränderungen durch die Emissionen von Treibhausgasen zwingt zu einer drastischen absoluten Reduktion von energiebedingten Treibhausgasen (v.a. Kohlendioxid, Methan, Distickstoffoxid, Stickoxide) und zu einer grundsätzlichen Neuorientierung der Energiewirtschaft. Nach der Ratifizierung der internationalen Klimarahmenkonvention 1994 wurden 1997 im Kyoto-Protokoll, das am 16. 2. 2005 in Kraft trat, CO_2-Reduktionsziele für die Industriestaaten festgelegt. In Deutschland wurde zwar bisher im internationalen Vergleich eine überdurchschnittliche CO_2-Reduktion erreicht und für das Jahr 2020 eine 40-prozentige CO_2-Minderung für den Fall in Aussicht gestellt, dass die EU ein Reduktionsziel von 30% anstrebt. Eine Enquetekommission des deutschen Bundestages hat auch die wirtschaftlich-technische Erreichbarkeit eines noch ambitionierteren langfristigen Reduktionsziels (80% bis zum Jahr 2050) aufgezeigt und entsprechende Maßnahmenkataloge vorgeschlagen. Wirksame Umsetzungsmaßnahmen für derartig ambitionierte CO_2-Minderungsziele sind aber noch nicht beschlossen und werden kontrovers diskutiert.

Energiesatz, der Satz von der Erhaltung der Gesamtenergie, d.h. der Summe der beteiligten Energiearten in einem geschlossenen System. Der Energiesatz ist die Grundlage für viele Betrachtungen und Berechnungen des Energiehaushaltes der Atmosphäre und seiner Einzelkomponenten. Die Atmosphäre ist zwar kein abgeschlossenes System im physikalischen Sinne. So finden Energieübergänge sowohl an der äußeren Grenze der Atmosphäre durch kurzwellige Einstrahlung und langwellige Ausstrahlung als auch am Boden durch Wärmeübergänge zwischen der Luft und der Unterlage, besonders über den Ozeanen, statt. Da das Klima der Erde in erster Näherung sehr stabil ist, muss angenommen werden, dass Energiegewinne und Energieverluste der Gesamtatmosphäre gleich sind, sodass innerhalb der Atmosphäre die Summen von innerer, potenzieller und kinetischer Energie im Mittel konstant sind.

ENERGIESPAREN. ***Eigentlich ganz einfach***

Etwa ein Viertel des Endenergieverbrauchs in Deutschland geht auf die Privathaushalte zurück. Ein Großteil davon ließe sich ohne Verzicht auf Komfort einsparen. Oft sind es nur Kleinigkeiten, die Umwelt und Portemonnaie schonen.

Stand-By: Eine zunehmende Zahl von Elektrogeräten lässt sich nicht mehr ausschalten, sondern verbraucht auch im Stand-By permanent Strom. Das Umweltbundesamt hat ausgerechnet, dass sich diese Leerlaufverluste in Deutschland pro Jahr auf vier Mrd. Euro Stromkosten summieren.

Heizung: Jedes Grad Raumtemperatur weniger spart ca. 6% Heizkosten. Und maximal 20°C sind in der Regel ausreichend. Wichtig ist auch richtiges Lüften: Dauerlüften ist ungünstig, energetisch sinnvoller ist kurzes und kräftiges Durchlüften.

Waschmaschine: Waschen bei 95°C ist überflüssig, fast immer reichen 60°C – und meist 30°C –, um die Wäsche sauber zu bekommen. Auch auf die Vorwäsche kann oft verzichtet werden – das senkt den Energieverbrauch um bis zu 30%.

Kühlschrank: 5°C im Kühlschrank sind übertrieben, 7°C sind ideal – und benötigen 15% weniger Strom. Über 10°C hingegen freuen sich nur die Schimmelpilze, eine zu hohe Kühltemperatur ist also auch zu vermeiden.

Beleuchtung: Etwa ein Zehntel des häuslichen Stromverbrauchs fällt durch die Beleuchtung an. Verschiedenen Berechnungen zufolge könnten in Deutschland durch den Umstieg auf Energiesparlampen bis zu 50 Mio. Tonnen CO_2-Emissionen vermieden werden.

Energiesparen, Aktivitäten öffentlicher Institutionen, privater Haushalte und der Wirtschaft, die darauf gerichtet sind, den Energieverbrauch je Leistungs- oder Produktionseinheit oder je Zeiteinheit zu verringern; angesichts begrenzter Ressourcen ein vorrangiges Ziel der Energiepolitik. Es lassen sich drei Grundstrategien für das Energiesparen unterscheiden: 1) Nutzung vorhandener Geräte und Anlagen durch Konsumenten in geringerem Ausmaß oder mit geringerem Energieeinsatz; 2) Einsatz von Geräten und Anlagen mit höherer Energieeffizienz; 3) Entwicklung neuer Anwendungstechnologien, die zu höherer Effizienz der Energienutzung führen.

■ **Potenzial** Über das Potenzial des Energiesparens durch technische Energiesparmaßnahmen bei Einsatz gegenwärtig marktgängiger effizienter Nutzungstechnologien liegen verschiedene fachliche Einschätzungen vor, die meist bei 25 bis 40 % liegen. Für die Wärmedämmung in neuen und bestehenden Gebäuden wird z. B. das technische Potenzial des Energiesparens mit 60–90 %, bei elektrischen Haushaltgeräten mit 30–70 % angegeben. Vergleichbare Möglichkeiten zum Energiesparen bestehen zum Teil auch bei Beleuchtungs-, Lüftungs- und Klimaanlagen in Industrie- und Bürogebäuden. Im Bereich des Verkehrs liegen Strategien des Energiesparens neben verbesserter, energieeffizienzsteigernder Fahrzeugtechnologie v. a. in einer Verringerung des Verkehrsaufkommens, z. B. durch Erhöhung der Nutzungsintensität einzelner Transportmittel (Verringerung des Individualverkehrs, Fahrgemeinschaften), auch durch eine Veränderung der Siedlungsstruktur, die die Lebensbereiche Wohnen, Arbeit, Freizeit, Einkauf besser verzahnt, in Geschwindigkeitsbegrenzungen sowie in einer Verlagerung des Verkehrs von energieintensiven auf weniger energieintensive Verkehrsträger.

■ **Rentabilität** Die Rentabilität des Energiesparens durch effizientere Anwendungstechniken hängt entscheidend von Energiepreisen ab, die sämtliche Kosten der Energienutzung reflektieren, also auch diejenigen wachsender Ressourcenknappheit sowie der Umweltbeeinträchtigung, v. a. durch Emissionen. Allerdings werden auch die bei gegenwärtigen Preisen rentablen Investitionen zum Energiesparen etwa aufgrund von Informationsmängeln nur zum Teil realisiert. Wichtige Aufgabe der Energiepolitik ist es, durch geeignete energieträger- und technologiespezifische Instrumente (z. B. Energie- oder Emissionssteuern, Definition von Eigentumsrechten an Energie- und Umweltgütern, die einen Handel mit Energienutzungsrechten ermöglichen) die Berücksichtigung der umfassenden Kosten in den Energiepreisen zu unterstützen. Daneben können etwa Grenzwerte für den Energieverbrauch in Gebäuden, von Geräten und Anlagen sowie die Bereitstellung relevanter Informationen zur Energieeinsparung beitragen. Neue Möglichkeiten des Energiesparens werden auch in Verfahren wie Least-Cost-Planning gesehen.

Rechtliche Regelungen zum Energiesparen wurden v. a. auf den Gebäudebereich konzentriert (z. B. Energieeinsparungsgesetz, Wärmeschutzverordnung, Heizungsanlagenverordnung), umfassen aber auch unter Emissionsgesichtspunkten erlassene Regelungen wie die Klein- sowie die Großfeuerungsanlagenverordnung.

ENSO, Akronym, das die beiden Phänomene El Niño bzw. La Niña (→Niño) und →Southern Oscillation zu einem gesamtmeteorologischen Phänomen verknüpft. Dabei steht – grob gesprochen – El Niño für die ozeanische und Southern Oscillation für die atmosphärische Komponente.

Enthalpie [zu griechisch enthálpein »darin erwärmen«], **gibbssche Wärmefunktion,** Formelzeichen *H*, energieartige, von dem amerikanischen Physiker Jesiah W. Gibbs (* 1839, † 1903) eingeführte thermodynamische Zustandsgröße, definiert als Summe von innerer Energie *U* und Ausdehnungsarbeit pV eines Systems vom Volumen *V*, das unter dem Außendruck *p* steht. Bei einem unter konstantem Druck ablaufenden Prozess ist die Änderung der Enthalpie gleich der vom System mit der Umgebung ausgetauschten Wärmemenge $\Delta_r Q = T\Delta S$, speziell bei isobaren Phasenumwandlungen wie Schmelzen, Verdampfen, Kondensieren, Sublimieren gleich der latenten Phasenumwandlungswärme. Diese bezeichnet man daher auch als **Schmelzenthalpie, Verdampfungsenthalpie, Kondensationsenthalpie** oder **Sublimationsenthalpie.**

Für die Lösung von Fragestellungen der technischen Klimatologie hat die Enthalpie große Bedeutung; so ist ihre Kenntnis z. B. für die Ermittlung der Energie, die zur Erreichung bestimmter Temperatur- und Feuchteverhältnisse erforderlich ist, notwendig.

Entropie [zu griechisch tropḗ »Wendung«, »Umkehr«], eine thermodynamische Zustandsgröße. Für die Meteorologie ist v. a. die Eigenschaft der Entropie von Interesse, dass sie bei in geschlossenen Systemen ablaufenden Prozessen ohne Wärmezufuhr oder Wärmeverlust konstant bleibt. Solche reversiblen Prozesse, bei denen also kein Energieverlust durch dissipative Vorgänge auftritt, bezeichnet man als isentrop oder adiabatisch. Die Entropie steht daher in enger Beziehung zur potenziellen Temperatur; sie ist gleich dem Logarithmus der potenziellen Temperatur, multipliziert mit der spezifischen Wärme der Luft bei konstantem Druck, unter Hinzufügung einer Konstanten.

Bei Prozessen ohne Wärmezufuhr oder Wärmeverlust bleibt nicht nur die Entropie, sondern auch die potenzielle Temperatur konstant, und Isentropenflächen sind zugleich auch Flächen gleicher potenzieller Temperatur.

Envisat [Abkürzung für englisch **envi**ronmental **sat**ellite »Umweltsatellit«], von der ESA am 1. 3. 2002 gestarteter Erderkundungssatellit. Envisat umläuft in 100,6 min in rund 800 km Höhe die Erde in einer nahezu idealen Kreisbahn, wobei die Bahnebene relativ zur Sonne konstant bleibt, sodass am Erdäquator für die überflogenen Orte immer die gleichen Beleuchtungsverhältnisse herrschen. Der Umweltsatellit soll fünf Jahre lang u. a. die Ursachen für das Ozonloch, für die globale Erwärmung und für die Ausdehnung der Wüsten erforschen. Die wissenschaftlichen Beobachtungen umfassen u. a. den thermischen Zustand und die Zusammensetzung der Erdatmosphäre. Als erster Satellit konnte Envisat den Anstieg des Treibhausgases Kohlendioxid in der Erdatmosphäre vom Weltraum aus nachweisen. Die Satellitenmessungen ergaben einen Anstieg der CO_2-Konzentration um etwa 0,5 % pro Jahr.

EPICA, Abkürzung für englisch **E**uropean **P**roject for **I**ce **C**oring in **A**ntarctica, europäisches Forschungsprojekt für Eiskernbohrungen in der Antarktis, an dem u. a. das Alfred-Wegener-Institut beteiligt ist. Ziel des Projektes ist es, die klimatischen Verhältnisse der Antarktis anhand zweier Eisbohrkerne für die letzten Jahrhunderttausende zu rekonstruieren. Einer der Kerne, dessen endgültige Tiefe im Jahr 2004 bei 3 720,2 m erreicht wurde, ist der längste bisher gezogene Eisbohrkern und enthält Eis, das bis zu 900 000 Jahre alt ist.

Epilimnion [griechisch límnion »kleiner Teich«], während der sommerlichen Stagnationsphase auftretende warme Oberflächenschicht in dimiktischen Seen oberhalb der Sprungschicht, dem Metalimnion.

Erd|atmosphäre, die Lufthülle der Erde (→ Atmosphäre).

um ihre Achse, die elliptische Umlaufbahn um die Sonne, die Neigung der Erdachse (23,5°) auf der Ebene ihrer Umlaufbahn (Schiefe der Ekliptik) und die Richtungsfixierung der Erdachse im Raum. Von diesen Tatsachen werden insbesondere die Jahreszeiten und ihre unterschiedliche Länge, die Dauer des Jahres sowie die Tages- und Nachtlänge eines Tages bestimmt.

Die mathematisch berechenbaren Veränderungen bestimmter Erdbahnelemente (Exzentrizität der Erdbahn, Schiefe der Ekliptik, Perihellänge) im Laufe der Erdgeschichte bilden die Grundlage astronomischer Theorien über Klimaschwankungen, insbesondere über die Entstehung von Eiszeiten (Milanković-Theorie).

Erdgipfel, Bezeichnung für die 1992 in Rio de Janeiro abgehaltene UN-Konferenz für Umwelt und Entwicklung.

Erdlicht, Erdschein, aschgraues Mondlicht, *Astronomie:* Aufhellung des dunklen Mondteils (Nachtseite), v. a. bei zunehmender oder abnehmender Mondsichel zu erkennen; wird hervorgerufen durch von der Erde reflektiertes Sonnenlicht: Die Erde erhellt die Mondnacht ebenso wie der Mond die Erdnacht. Aus der Helligkeit des Erdlichts kann man die → Albedo der Erde ableiten.

Envisat.
Seit 2002 umkreist der ESA-Satellit die Erde und liefert u. a. Daten über den Zustand der Ozonschicht.

100562

Erdbahnelemente, die himmelsmechanischen Größen, die die Bahn der Erde wie die jedes anderen Planeten (auch eines Kometen) nach Lage, Form und Ausdehnung sowie den Ort der Erde auf ihrer Bahn zu einer bestimmten Epoche festlegen.

Die für das Klima der Erde maßgebenden und miteinander verbundenen himmelsmechanischen Fakten sind die Rotation der Erde

Erdmagnetismus, Geomagnetismus, die Gesamtheit derjenigen physikalischen Eigenschaften der Erde, die durch das sie umgebende Magnetfeld verursacht werden. Das Magnetfeld lenkt den Sonnenwind von der Erde ab und schützt so das Leben auf der Erde vor schädlicher harter Teilchenstrahlung. In großer Entfernung von der Erde weicht das Magnetfeld sehr stark von der Form eines Dipolfeldes ab. Der Sonnenwind, ein Plasma aus Protonen und Elektronen, drückt das Feld auf der Sonnenseite zusammen und zieht es auf der abgewandten Seite zu einem magnetischen Schweif auseinander. Die Plasmateilchen erreichen mit hoher Geschwindigkeit (500 km/s) den Bereich, in dem das erdmagnetische Feld wirksam ist, und werden unter Formung einer Stoßfront abrupt abgebremst. In der hinter der Stoßfront liegenden Übergangszone ist die Bewegung der Plasmateilchen ungeordnet. Die Grenze zwischen diesem Bereich ungeordneter Bewegung und der **Magnetosphäre,** in der das erdmagnetische Feld die Bewegung der Teilchen bestimmt, heißt **Magnetopause.** Sie ist etwa 100 km dick und schirmt die Magnetosphäre gegen den Weltraum ab. Am effektivsten wirkt dieser Schutz dort, wo die Feldlinien nahezu parallel zur Erdoberfläche verlaufen, also in der Nähe des Äquators. Dagegen kann in der Umgebung der magnetischen Pole, wo die Feldlinien fast senkrecht verlaufen, ein Teil der Strahlung in die höheren Atmosphärenschichten eindringen. Dies ist die Ursache für →Polarlichter, und der Verlauf der Feldlinien erklärt, warum derartige atmosphärische Leuchterscheinungen im Allgemeinen nur in hohen geografischen Breiten auftreten.

Erdöl, englisch **petroleum** [pəˈtrəʊlıəm], flüssiges, natürlich vorkommendes Gemisch aus Kohlenwasserstoffen und Kohlenwasserstoffderivaten, das unter dem Eigendruck der Lagerstätte oder mit mechanischer Hilfe gefördert werden kann. Erdöl hat eine Doppelfunktion: Es ist weltweit der wichtigste Primärenergieträger und zugleich der Rohstoff für die Petrochemie.

■ **Entstehung** Die ältesten Erdöllagerstätten stammen aus dem Präkambrium vor über 500 Mio. Jahren. Der Ursprung des Erdöls ist allerdings noch nicht restlos geklärt. Wegen der chemischen Zusammensetzung gilt jedoch als ziemlich sicher, dass es von organischen Stoffen stammt, die im Meer (Salz- oder Brackwasser) gebildet wurden. Früher glaubte man, dass nur in Randmeeren mit behinderter Bodenwasserzirkulation, also dort, wo Faulschlamm entsteht (d. h. unter anaeroben Verhältnissen), die Voraussetzungen für die Bildung von Erdöl gegeben sind. Hier ist das Wasser am Meeresboden so arm an (oder sogar frei von) Sauerstoff und so reich an Schwefelwasserstoff, dass die abgestorbenen, zum Boden abgesunkenen Lebewesen nicht oder kaum verwesen. Spätere Untersuchungen zeigten, dass solche anaeroben Verhältnisse auch in gut durchlüftetem Wasser bei starker, rascher Sedimentation am Meeresboden herrschen können. Dort sinkt das Plankton in den lebensfeindlichen Faulschlamm und wird über Jahrmillionen mithilfe von Bakterien zersetzt und reduziert. Das schließlich entstehende Erdöl bildet sich in feinen Tröpfchen, wird unter dem Druck nachfolgender Sedimente ausgepresst und weicht durch Wanderung in poröse und klüftige **Speichergesteine** aus, wo es sich zu Lagerstätten anreichert.

■ **Verbrauch** Im Jahr 2005 lag der Mineralölverbrauch weltweit bei rund 3852,3 Millionen Tonnen. Erdöl deckte damit zu rund 37% den weltweiten Primärenergiebedarf. Die Einschätzung der Weltreserven ist schwierig und fällt je nach Quelle unterschiedlich aus. Zudem werden die Zahlen auch politisch beeinflusst. Die Spanne der Angaben reicht von 110 Milliarden Tonnen bis 180 Milliarden Tonnen Rohöl. Legt man eine eher skeptische Abschätzung zugrunde, ist damit die uneingeschränkte Versorgung mit Erdöl nur über einen Zeitraum von 10 bis 15 Jahren zu gewährleisten. Viele Experten rechnen mit einem Fördermaxium um das Jahr 2010 herum, danach werde Erdöl zunehmend knapper und teurer.

Erdrotation, die Drehung der Erde um die Erdachse, vom Nordpol aus gesehen entgegen dem Uhrzeigersinn. Eine vollständige Drehung dauert 86164 s, das entspricht 24 Sternzeitstunden, also einem Sterntag. In der Meteorologie ist die in die Coriolis-Kraft eingehende Winkelgeschwindigkeit der Erdrotation von Bedeutung; diese beträgt $7{,}2922 \cdot 10^{-5}\,s^{-1}$.

Erdschein, *Astronomie:* das →Erdlicht.

Erdwärme, die Wärme des Erdkörpers. Nur in der obersten Schicht der Erdkruste trägt die Sonneneinstrahlung zu ihr bei. Die mit zunehmender Tiefe ansteigende Temperatur der Erde beruht v. a. auf der Energiefreisetzung durch den ständigen Zerfall radioaktiver Elemente in der Erdkruste, besonders in

ERDROTATION. *Schneller durch Laub?*

Ohne die Drehung der Erdachse stünde die Zeit quasi still, bildet doch die Dauer von einem zum nächsten Sonnenhöchststand die Grundlage unserer alltäglichen Zeitmessung. Und wäre die Erdachse zudem nicht geneigt, gäbe es keine Jahreszeiten. Denn da sie ihre Rotationsachse im Raum beibehält – also nicht zur Sonne »hinfällt« –, ist jeweils einen halben Sonnenumlauf lang die Nord- bzw. die Südhalbkugel der Sonne zugeneigt und damit wärmer.
Die Erde dreht sich jedoch nicht immer gleich schnell. Im Nord-Sommer ist sie langsamer, im Winter schneller. Die Änderung ist minimal, kleiner als eine Millisekunde, aber messbar. Als ein Effekt, der dazu beiträgt, wird das Laub von den Bäumen diskutiert! Wenn die Blätter im Herbst abfallen, gelangen sie näher zum Erdmittelpunkt, und wie bei der Pirouette eines Eisläufers, die schneller wird, wenn er die Arme anzieht, nimmt die Rotationsgeschwindigkeit ein bisschen zu. Natürlich wachsen in der gleichen Zeit auf der Südhalbkugel frische Blätter, sie können aber den Effekt auf der Nordhalbkugel nicht aufheben, da diese deutlich mehr Waldbewuchs aufweist.
Theoretisch könnte also tatsächlich Laub ein Rolle spielen, vermutlich wird dieser Effekt aber von anderen überdeckt.

Tiefengesteinen wie Granit, kaum in Sedimenten und Vulkaniten. Rund 70 % des Wärmestroms der Kontinente werden so erzeugt; der Rest gelangt vom heißen Erdmantel (an der Grenze zur Erdkruste 600–1000 °C) durch Konvektionsströmungen in der Asthenosphäre (Erde), durch aufsteigende Magmen

Erdwärme, hier sichtbar in Form von aufsteigendem Wasserdampf, deckt in Island einen großen Teil des Energiebedarfs.

(Vulkanismus) und in der Erdkruste zirkulierende flüssige oder gasförmige Stoffe zur Erdoberfläche. In den Ozeanen stammt fast der gesamte Wärmestrom aus dem Bereich unterhalb der Erdkruste. Der Wärmeinhalt der gesamten Erde beträgt 10^{31} J (= $3{,}5 \cdot 10^{21}$ MWh). Der zur Erdoberfläche gerichtete kontinuierliche Wärmestrom wird auf $4 \cdot 10^{13}$ W geschätzt. Für eine Nutzung ist er viel zu gering. Dafür kommen nur geothermische Anomalien infrage **(geothermische** oder **Wärmelagerstätten):** heiße Wässer, die in einem Aquifer eingeschlossen sind, der meist keine natürliche Verbindung zur Erdoberfläche hat (außer in Geysiren), aber durch Flachbohrungen oft leicht erschlossen werden kann, sowie heiße Gesteine, die große Wärmemengen, aber keine natürlichen Formationswässer enthalten. Die Gewinnung von elektrischer Energie aus Erdwärme in geothermischen Kraftwerken erfüllt das Prinzip der Nachhaltigkeit und könnte v.a. in Ländern mit geringer Sonneneinstrahlung in Zukunft zu einer wirtschaftlichen Energiealternative werden.

Erdzeitalter, Bezeichnung für die die einzelnen Entwicklungsabschnitte (geologische Formationen) der Erde umfassenden, meist einige 10 Mio. Jahre dauernden Zeiträume.

In der Klimatologie dienen die einzelnen Erdzeitalter als zeitliches Zuordnungsmerkmal für die Beschreibung und Klassifizierung vorgeschichtlicher Klimate (→ Paläoklimatologie). Sie versetzen den Klimatologen in die Lage, den erdgeschichtlichen Klimaablauf anhand vielfältiger Klimazeugen zeitlich zu ordnen und zu systematisieren, um damit ein möglichst vollständiges Abbild vom Ablauf der einzelnen Klimaabschnitte der Erdgeschichte zu zeichnen.

erneuerbare Energien, regenerative Energien, Alternativenergien, regenerierbare, d.h. sich erneuernde und im Gegensatz zu fossilen Energieträgern und Kernbrennstoffen – in menschlichen Zeiträumen gemessen – nicht erschöpfbare Energieformen. Sie gelten zudem als klima- und umweltverträglich, da mit ihrer Nutzung in der Regel geringere Umweltbelastungen verbunden sind und mit Ausnahme der vorgelagerten Prozesskette (z.B. Anlagenherstellung) keine klimarelevanten Spurengase freigesetzt werden.

Durch das umfangreiche und verschiedenartige natürliche Energieangebot ergeben sich zahlreiche technische Nutzungsmöglichkeiten der erneuerbaren Energien, die seit Beginn der 1990er-Jahre in Deutschland zunehmend genutzt werden. Lag der Primärenergieanteil der erneuerbaren Energien 1990 noch bei deutlich unter 2 %, trugen sie 2007 in Deutschland insgesamt bereits zu rund 6,6 % zur Deckung des Primärenergiebedarfs bei. An der Deckung des Strombedarfs waren sie bereits zu mehr als 14 % beteiligt, wobei davon fast die Hälfte auf die Windenergie entfällt. Ihre Bedeutung nimmt damit stetig zu. Für die Zukunft wird insbesondere infolge weltweit zunehmender Bemühungen zum Klimaschutz eine weitere verstärkte Ausschöpfung der bestehenden Potenziale erwartet. Weltweit liegt der Deckungsanteil der erneuerbaren Energien am Primärenergieverbrauch bei rund 12,7 % (2006).

■ **Sonnenenergie** In Solarzellen wird der fotovoltaische Effekt zur Stromerzeugung genutzt. Dabei werden vor allem Siliciumzellen

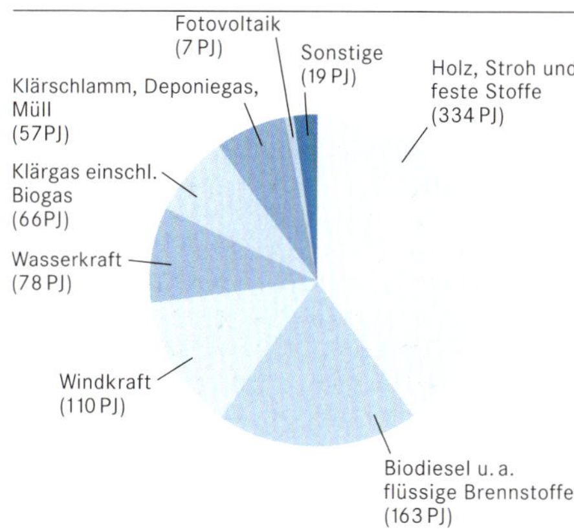

erneuerbare Energien. Beitrag erneuerbarer Energien zum Primärenergieverbrauch in Deutschland (in Petajoule; Stand 2006) eingesetzt. Kommerzielle Solarzellen dieses Typs können Wirkungsgrade von 16 % erzielen. Darüber hinaus ist eine Vielzahl von anderen Zellentypen im Einsatz bzw. befindet sich noch in der Entwicklung oder Erprobung, beispielsweise Dünnschichtsolarzellen. Neben einer Verbesserung des Wirkungsgrades und einer Verringerung des Materialbedarfs erhofft man sich durch neue Entwicklungen vor allem eine Reduzierung des erforderlichen energetischen Aufwandes für die Herstellung. Im energiewirtschaftlichen Sinn ist die Fotovoltaik zwar immer noch wenig bedeutsam, im Vergleich zu den anderen Techniken der Stromerzeugung auf der Basis erneuerbarer Energien weist sie aber die höchsten Wachstumsraten auf.

Solarkraftwerke arbeiten auf der Basis konzentrierender Kollektoren. Dabei wird die Solarstrahlung gebündelt und auf ein Wärmeträgermedium übertragen. Über eine Dampfturbine wird die Wärme letztlich in elektrische Energie umgewandelt. Im Gegensatz zu Solarzellen können Solarkraftwerke nur die direkte Sonneneinstrahlung nutzen. Ihr Einsatzbereich ist daher auf den Sonnengürtel der Erde (im Allgemeinen bezeichnet man damit die Länder zwischen dem 30. Breitengrad nördlicher und dem 30. Breitengrad südlicher Breite) beschränkt. In sonnenreichen Gegenden stehen Solarkraftwerke aber an der Schwelle zur Wirtschaftlichkeit. Sonnenkollektoren werden heute v. a. als Flach- und Vakuumkollektoren ausgeführt. Sie dienen im Wesentlichen zur Wärmebereitstellung im Niedertemperaturbereich (<100 °C) einzelner Gebäude.

■ **Windenergie** Die Nutzung der Windenergie hat eine lange Tradition und bereits einen hohen technischen Standard erreicht. Windkraftwerke bremsen die bewegten Luftmassen ab und wandeln einen Teil der kinetischen Energie in mechanische und über einen mechanisch-elektrischen Energiewandler in elektrische Energie um. Während in den 1980er-Jahren v. a. Windkraftwerke aus dem Leistungsbereich unterhalb von 100 kW zur Anwendung kamen und Mitte der 1990er-Jahre vorzugsweise Anlagen mit 500–600 kW elektrischer Leistung installiert wurden, hat sich die Konvertertechnik oberhalb von 1 MW installierter Leistung mittlerweile voll etabliert. Günstige Bedingungen für Windenergie bieten in Deutschland vor allem die Küstengebiete sowie die Mittelgebirgslagen. Darüber hinaus werden Windkraftwerke zum Teil bereits der Küste vorgelagert im Meer installiert (sogenannte Offshoreanlagen), die das dort vorliegende, gegenüber den Landflächen deutlich günstigere Windenergieangebot nutzen können.

Seit 1990 hat sich die installierte windtechnische Leistung in Deutschland von 62 MW auf 22250 MW im Jahr 2007 vervielfacht. Deutschland ist damit weltweit das Land mit der höchsten installierten windtechnischen Leistung. An zweiter Stelle liegen die USA, gefolgt von Spanien und Indien. Sehr hohe Potenziale der Windenergie und zunehmende Wachstumsraten sind in der Tat in vielen Schwellen- und Entwicklungsländern vorhanden.

■ **Wasserkraft** Die Sonneneinstrahlung hält auf der Erde einen Wasserkreislauf in Gang. Wasser verdunstet und fällt als Regen wieder auf die Erdoberfläche zurück. Aufgrund der relativen Höhenunterschiede der einzelnen Landflächen führt dies zu einer nutzbaren potenziellen Energie, die in Wasserkraftwerken ausgeschöpft wird. Der Anteil der Wasserkraft an der Stromerzeugung liegt heute weltweit bei etwa 18 %. In Deutschland werden etwa 21,6 Mrd. kWh Strom durch Wasserkraft erzeugt, das sind etwa 3,5 % der gesamten deutschen Stromerzeugung.

■ **Wellen- und Gezeitenenergie, Meereswärme** Die Nutzbarkeit von Wellen- und Gezeitenenergie zur Energiebereitstellung ist stark von den örtlichen Gegebenheiten abhängig und nur an einzelnen Standorten möglich. Die Potenziale für die Gezeitenenergie sind weltweit insgesamt sehr begrenzt. In Deutschland scheidet die Nutzung der Gezeitenenergie aufgrund des zu geringen Tidenhubes aus. Dagegen könnte die Wellenenergie zukünftig lokale Bedeutung erlangen. Neue Technologien sind hier in der Entwicklung und Erprobung.

■ **Bioenergie** Biogene Energieträger fallen in vielfältiger Form als Reststoffe (in der Forst- und Landwirtschaft als organische Müllfraktionen, Klärschlämme und Deponiegase) an bzw. können über den Anbau von energiereichen Pflanzen gewonnen werden. Für die einzelnen biogenen Energieträger ist eine Vielzahl von Nutzungsmöglichkeiten verfügbar, die durch eine mehr oder weniger effiziente Energieausnutzung gekennzeichnet sind. In Deutschland lieferte die Biomasse 2007 rund 2,4 Mrd. kWh elektrischen Strom, das entspricht einem Anteil von 3,9 %. Aus biogenen Energieträgern können auch Kraftstoffe gewonnen werden. Dies betrifft den klassischen Biodiesel (Rapsmethylester) ebenso wie auf der Basis von Vergärungsprozessen (z. B. aus Zuckerrüben) gewonnenes Ethanol. Der Anbau von Palmöl, das für Biodiesel verwendet wird, verursacht allerdings auch bedeutende Schäden, da große Flächen Regenwald in entsprechende Plantagen umgewandelt werden.

■ **Erdwärme** Im Erdinneren sind die Temperaturen deutlich höher als an der Erdoberfläche. Je tiefer man in das Erdinnere vordringt, umso wärmer wird es; in Mitteleuropa nimmt die Temperatur durchschnittlich um

erneuerbare Energien.
Das bei seiner Einweihung 2004 weltweit größte Solarstrom-Kraftwerk in Espenhain bei Leipzig deckt den Strombedarf von rd. 2000 Haushalten.

drei Grad pro 100 m Tiefe zu. Diese geothermische Energie kann unter bestimmten Bedingungen durch Bohrungen erschlossen und aufgrund ihres geringen Temperaturniveaus für die Warmwasser- und Raumwärmebereitstellung genutzt werden. Interessant sind dabei v.a. unterirdische Gesteinsschichten, die wasser- oder wasserdampfgefüllt sind und leicht erschlossen werden können. Geothermische Vorkommen mit hohen Temperaturen (>150 °C) können außerdem für die Stromerzeugung genutzt werden. Derartige Gegebenheiten liegen jedoch nur vor, wenn durch Bohrungen zugängliche Anomalien in den Erdschichten verfügbar sind (z.B. Magmaintrusionen vulkanischen Ursprungs).

Neben der Erschließung von Erdwärmevorkommen natürlichen Ursprungs versucht man heute auch, künstliche Hohlkörper im Erdinnern zu schaffen. Beim Hot-dry-Rock-Verfahren wird durch ein Bohrloch (Injektionsbohrung) in mehreren Tausend Metern Tiefe kaltes Wasser mit hohem Druck in den abzukühlenden Gesteinsbereich gepresst. Unter dem hohen Druck wird die Scherfestigkeit des Gesteins überschritten und das Gestein hydraulisch gebrochen. In den entstehenden zahlreichen Klüften und Spalten kann das Wasser dem Gestein die Wärmeenergie entziehen und über ein zweites Bohrloch (Produktionsbohrung) wieder an die Erdoberfläche transportiert werden.

Erneuerbare-Energien-Gesetz, Abkürzung **EEG,** Kurzbezeichnung für das Gesetz über den Vorrang Erneuerbarer Energien vom 21. 7. 2004, dessen Ziel es ist, im Interesse des Klima-, Natur- und Umweltschutzes eine nachhaltige Entwicklung der Energieversorgung zu ermöglichen und dazu beizutragen, den Anteil erneuerbarer Energien an der Stromversorgung bis 2010 auf mindestens 12,5 % und bis 2020 auf mindestens 20 % zu erhöhen. Das Gesetz von 2004 löste das EEG vom 29. 3. 2000 ab. In seinen Anwendungsbereich sind alle erneuerbaren Energien aufgenommen worden. Die Netzbetreiber sind verpflichtet, Anlagen zur Erzeugung von Strom aus erneuerbaren Energien oder aus Grubengas vorrangig an ihr Netz anzuschließen und den gesamten aus diesen Anlagen angebotenen Strom vorrangig abzunehmen und zu vergüten. Sie haben einen bundesweiten Ausgleich der nach dem EEG abgenommenen und vergüteten Strommengen vorzunehmen, um eine regionale Ungleichbehandlung der Verbraucher zu verhindern. Die §§ 6–11 EEG regeln die Höhe der zu zahlenden Vergütung. Anspruch auf Vergütung nach dem EEG besteht nur, wenn der Strom ausschließlich aus Anlagen zur Nutzung erneuerbarer Energien kommt. Im Juni 2008 wurde das EEG novelliert, wobei die wichtigsten Neuerungen die Vergütungen betreffen. Insbesondere die Vergütung für ins Netz eingespeisten Windstrom beträgt nun auf dem Land 9,2 Cent pro Kilowattstunde und auf See bis zu 15 Cent pro Kilowattstunde (Steigerungen von jeweils mehr als 10 % gegenüber vorher). Die Förderung für den inzwischen technisch weit fortgeschrittenen Sektor der Solarstromerzeugung mit Fotovoltaikanlagen wird dagegen zunächst um 8 %, nach zwei Jahren um 9 %

zurückgefahren. Das neue EEG ist ab 1. 1. 2009 in Kraft.

Ertel, Hans, deutscher Geophysiker und Meteorologe, *Berlin 24. 3. 1904, †Berlin (Ost) 2. 7. 1971; seit 1946 Prof. in Berlin (Ost), seit 1949 Direktor des Instituts für physikalische Hydrographie der Deutschen Akademie der Wissenschaften; arbeitete besonders auf dem Gebiet der theoretischen Hydrodynamik.

100562

EUMETSAT. Blick in das Kontrollzentrum von EUMETSAT. Alle 15 Minuten sendet der von EUMETSAT betriebene Wettersatellit Meteosat 8 ein Abbild der Erde. Die 12 Kanäle des Bildaufnahmegeräts SEVIRI liefern Bilder im sichtbaren und infraroten Spektrum. Diese Daten fließen in die Wettervorhersage ein.

ESA [Abkürzung für englisch **E**uropean **S**pace **A**gency], Europäische Weltraumorganisation, Sitz Paris; dient der Koordinierung, Durchführung und Unterstützung europäischer Projekte zur friedlichen Erforschung und Nutzung des Weltraums. Die ESA umfasst 17 Mitgliedsstaaten (2007) mit rund 1900 Mitarbeitern. Zu den größeren aktuellen Forschungsprogrammen zählt u.a. →Envisat.

E-Schicht, Schicht der →Ionosphäre.

Etesi|en [lateinisch, von griechisch etēsíai (ánemoi) »jährliche (Winde)«], die über der Ägäis und dem östlichen Mittelmeer im Sommer mit großer Regelmäßigkeit auftretenden trockenen, relativ kühlen Nord- bis Nordwest-Winde, erzeugt vom starken sommerlichen Luftdruckgefälle zwischen Azorenhoch und südwestasiatischem Monsuntief. Davon abgeleitet werden die sommertrockenen subtropischen Winterregenklimate auch **Etesienklimate** (→Klimazonen) genannt.

eulerscher Wind [nach dem schweizerischen Mathematiker Leonhard Euler, *1707, †1783], Luftströmung, die vom hohen zum tiefen Luftdruck weht, ohne durch die Coriolis-Kraft und Reibungskraft beeinflusst zu werden. Der eulersche Wind baut das Luftdruckgefälle direkt ab, d.h. ohne Ablenkung nach rechts (auf der Nordhalbkugel) bzw. nach links (auf der Südhalbkugel); er ist bei kleinräumigen Windsystemen zu beobachten (z.B. Land-See-Wind).

Ein spezieller Fall des eulerschen Windes sind eng begrenzte Zirkulationen, bei denen die Gradientkraft weitgehend durch die Zentrifugalkraft kompensiert werden kann, z.B. bei →Tromben.

EUMETSAT [Abkürzung für englisch **Eu**ropean Organisation for the Exploitation of **Met**eorological **Sat**ellites Organisation, »Europäische Meteorologische Satellitenorganisation«], im Juni 1986 gegründete europäische zwischenstaatliche Wettersatellitenorganisation; Sitz: Darmstadt; 20 Vollmitglieder (2007). Seit Januar 1987 ist EUMETSAT verantwortlich für Errichtung und Betrieb der europäischen geostationären Satellitensysteme Meteosat (erste und zweite Generation); 1995 wurde außerdem der Meteosat-Betrieb (neues Kontrollzentrum in Darmstadt) von der ESA übernommen, wodurch die Zuständigkeit auf das Gebiet der Erfassung globaler Klimaänderungen mithilfe von Satelliten erweitert wurde; seit 2004 zusammen mit den USA (NASA, NOAA) und der französischen Raumfahrtagentur CNES (Centre National d'Etudes Spatiales) Beteiligung an Jason-2, einer ozeanografischen Mission zur Bestimmung von Meeresoberflächenparametern. Weitere Aufgaben sind die Planung und Realisierung eines Systems europäischer polarumlaufender meteorologischer Satelliten (→METOP).

European Meteorological Society [jʊərəˈpiːən miːtɪərəˈlɔdʒɪkl səˈsaɪətɪ], Abkürzung **EMS,** 1999 von 21 nationalen meteorologischen Gesellschaften gegründete Institution, die sich u.a. für die Verbreitung meteorologischen Wissens in der Öffentlichkeit und an Schulen einsetzt.

Evaporation [lateinisch], die Verdunstung von Wasser von einer freien Wasserfläche oder Landfläche (Bodenverdunstung). Die Evaporation ist abhängig von der Bodenbeschaffenheit (z.B. der Wasserabgabe des Bodens an die Oberfläche), der Aufnahmefähigkeit der umgebenden Luft und der zur Verfügung stehenden Verdunstungsenergie (d.h. von Temperatur, Wind und Sonneneinstrahlung).

Evolution [lateinisch »das Aufschlagen (eines Buches)«, zu evolvere »hervorrollen«, »abwickeln«], im engeren Sinne jede langsame, kontinuierlich fortschreitende Entwicklung, im engeren Sinne die Entwicklung des Lebens, insbesondere des Menschen, auf der Erde.

■ **Ablauf** Nach den heutigen Auffassungen der Kosmologie bildete sich die Sonne mitsamt dem Planetensystem vor 4,6 Mrd. Jahren. Damals betrug der Masseanteil der Elemente von größerer Schwere als Helium in der Ausgangsmaterie, dem Sonnennebel, etwa 2%. Sie bildeten das Material, aus dem zunächst Staubteilchen, später größere Festkörper und schließlich Planeten wie die Erde entstanden. Diese wiederum durchlief eine **geologische Evolution** mit der Bildung von Mineralen und Gesteinen sowie der Ausgasung heißer magmatischer Schmelzen, was die Entstehung einer Uratmosphäre ermöglichte. Im Verlauf dieser Entwicklung traten vor etwa 3 Mrd. Jahren auf der Erde solche Verhältnisse ein, dass sich in chemischen Reaktionen hochmolekulare, später für Lebewesen charakteristische Verbindungen bilden konnten. Vorbedingung dafür war eine Atmosphäre mit nur sehr wenig Sauerstoff, der von der Ultraviolettstrahlung der Sonne durch Fotolyse des Wassers gebildet wurde (→Urey-Effekt). Die von Sauerstoff und v. a. Ozon absorbierte UV-Strahlung wurde daher in der damaligen Atmosphäre nur wenig geschwächt und konnte als Hauptenergiequelle für die Bildung von größeren organischen Molekülen (v. a. Aminosäuren) in den damaligen Meeren und Gewässern dienen. In diesen waren sie gegen die sie wieder in ihre Bestandteile zerlegende UV-Strahlung geschützt. Erst dadurch konnten sich aus ihnen im Rahmen einer beginnenden **biologischen Evolution** die als Bausteine für die ersten lebenden Organismen dienenden Makromoleküle entwickeln.

■ **Evolution und Klima** Bei der Entwicklung des Menschen haben markante Klimaänderungen eine wichtige Rolle gespielt. Viele Funde sprechen dafür, dass der Vormensch erstmals vor 6 bis 8 Mio. Jahren im tropischen Klima Afrikas auftrat. Ausgangspunkt der Entwicklung zum aufrechten Gang war vermutlich eine nachhaltige Klimaänderung in Ostafrika, in deren Folge an die Stelle des dichten Regenwaldes die offene Savanne trat. Diese Klimaänderung ist wahrscheinlich auch die Ursache für die großräumigen Wanderungsbewegungen des Vormenschen.

Der älteste Vertreter der Gattung *homo,* der *homo rudolfensis,* entwickelte sich vor rund 2,5 Mio. Jahren. Auslöser für sein Aufkommen könnte eine fortschreitende Trockenheit gewesen sein, durch die der tropische Urwald immer weiter zurückgedrängt worden ist. Die Nutzung von Werkzeugen und die Beherrschung des Feuers versetzten den Urmenschen im Laufe der weiteren Evolution in die Lage, Afrika zu verlassen und sich in andere Klimazonen auszubreiten. Der *homo heidelbergensis erectus* stellt den ältesten Vertreter der Gattung Mensch in Mitteleuropa dar. Er lebte in der Warmzeit des frühen Mittelpleistozäns vor rund 600 000 bis 750 000 Jahren. Ein weiterer Vertreter, der *homo neanderthalensis,* entwickelte sich vor etwa 130 000 Jahren und war optimal an die Klimaverhältnisse der Eiszeit angepasst. Etwa gleichzeitig mit dem Neandertaler entwickelte sich der moderne Mensch, der *homo sapiens,* der nach dem Höhepunkt der letzten Eiszeit und dem Rückgang der Inlandgletscher aus den wärmeren Regionen Europas nordwärts zog und den unterlegenen Neandertaler verdrängte. Allein der *homo sapiens* besaß von allen Hominidenarten der Menschheitsentwicklung aufgrund seines hoch entwickelten Gehirns die Fähigkeit, sich allen Klimaregionen der Erde sowie allen Klimaschwankungen anzupassen.

Evolution. Der Neandertaler lebte in Europa und Vorderasien und war an das Leben in kühleren Regionen angepasst (Neandertal-Museum, Mettmann).

Exner-Ewarten, Felix Maria von, österreichischer Meteorologe und Physiker, * Wien 23. 8. 1876, † ebenda 7. 2. 1930; war 1910–17 Professor in Innsbruck, danach Professor in Wien und Direktor der dortigen Zentralanstalt für Meteorologie und Geodynamik; begründete die dynamische Meteorologie und wendete als einer der Ersten die Korrelationsrechnung in der Meteorologie an.

Exosphäre, *Aeronomie:* →Atmosphäre.

Expansion [französisch-lateinisch], *Physik:* die Volumenvergrößerung (Ausdehnung) eines Körpers oder physikalischen Systems; speziell die mit Druckverminderung verbundene Expansion eines Gases.

Extinktion [lateinisch »das Auslöschen«], die Schwächung einer Strahlung beim Durchgang durch ein Medium infolge Absorption, Streuung, Beugung und Reflexion; speziell die →atmosphärische Extinktion, die interstellare Extinktion und die Extinktion des Meerwassers, die von gelösten und schwebenden Stoffen beeinflusst wird, was sich örtlich auf den Wärmehaushalt, die Lichtverteilung im Meer und die Farbe des Meerwassers auswirkt.

Extremwerte, Bezeichnung für den höchsten **(Maximum)** und tiefsten **(Minimum)** Wert einer auf einen bestimmten Beobachtungszeitraum bezogenen Beobachtungsreihe. Die Differenz aus Maximum und Minimum heißt Schwankungsbreite, auf einen einzelnen Tag bezogen Tagesschwankung.

F

Fahrenheit, Daniel Gabriel, deutscher Physiker und Instrumentenbauer, *Danzig 24. 5. 1686, †Den Haag 16. 9. 1736; begründete die wissenschaftliche Thermometrie durch die Herstellung (seit 1714) von Thermometern mit übereinstimmender 3-Punkte-Eichung; er verwendete zunächst Ethanol, ab etwa 1718 auch Quecksilber als Thermometersubstanz. Fahrenheit führte (1714) eine erste geeichte Thermometerskala **(Fahrenheit-Skala)** mit der Einheit →Grad Fahrenheit ein. Außerdem konstruierte er Barometer, Aräometer, Pyknometer sowie – nachdem er unabhängig von R. Boyle die Abhängigkeit des Siedepunktes vom Luftdruck beobachtet hatte – ein zur Höhenmessung verwendbares Hypsobarometer.

Fahrenheit-Skala, Fahrenheit-Temperatur [nach D. G. Fahrenheit], →Grad Fahrenheit.

Fallbeschleunigung, Gravitationsbeschleunigung, Schwerebeschleunigung, Formelzeichen g, SI- Einheit ist m/s^2; die Beschleunigung, die ein frei fallender Körper im Gravitationsfeld eines Himmelskörpers, speziell der Erde **(Erdbeschleunigung),** erfährt. Bei rotierenden Körpern überlagert sich der zur reinen Gravitationswirkung entgegengerichtete Anteil der Zentrifugalkraft, der bei Messungen auf der Erde in den Wert der Fallbeschleunigung mit eingeht; er beträgt am Äquator etwa $^1/_{300}$ der Gravitationskraft.

Die Fallbeschleunigung nimmt infolge der Erdabplattung vom Äquator nach den Polen hin zu (Erde, Geophysik), zeigt jedoch infolge der inhomogenen Massenverteilung Schwankungen (Schwereanomalie). Als gerundeten Wert verwendet man in mittleren Breiten $g = 9{,}81\ m/s^2$. Der 1901 von der 3. Generalkonferenz für Maß und Gewicht festgelegte ortsunabhängige Normwert der Fallbeschleunigung (bei der geografischen Breite $\varphi = 45° 32' 33''$auf Meereshöhe), die **Normfallbeschleunigung,** beträgt $g_n = 9{,}80665\ m/s^2$.

Fallbö, heftige, abwärtsgerichtete Luftströmung in der freien Atmosphäre, häufig auf der Leeseite von isolierten Bergen und Gebirgskämmen, auch in Schauer- und Gewitterwolken (mit radialem Abströmen am Boden); die dabei auftretenden kräftigen Windscherungen gelten als Ursache für versch. bisher ungeklärte schwere Flugunfälle.

Fallstreifen, Niederschlag, der schleier- oder streifenartig herabfallende Schleppen bildet; besteht aus Eiskristallen (Virga), die aus Zirruswolken fallen, oder aus Regenschauern, die schon vor Erreichen des Bodens verdunsten.

Fallwind, auf der Leeseite von Gebirgen absteigende, zeitweise stark böige Luftströmung. Je tiefer Fallwinde absteigen, umso wärmer und trockener erscheinen sie, da die Luft sich beim Absteigen adiabatisch erwärmt und damit die relative Feuchte abnimmt.

Man unterscheidet **warme Fallwinde** (→Föhn, →Chinook u. a.) und **kalte Fallwinde** (→Bora, Gletscherwind u. a.), je nachdem, ob die am leeseitigen Gebirgsfuß ankommende Luft wärmer oder kälter als die vorher dort lagernde ist.

Kurze, stoßartige Fallwinde, die durch einmaliges Abtropfen von Kaltluft aus einer höher gelegenen Kältequelle zustande kommen, werden auch als Luftlawine bezeichnet.

Fanning ['fænɪŋ; von englisch to fan »fächeln«], Form einer Schornsteinabluftfahne bei Ausbreitung in stabiler vertikaler Temperaturschichtung. Die räumliche Zerstreuung der Abluftfahne ist sehr gering, sodass sie horizontal zum Teil bis in 20 km von der Quelle noch identifiziert werden kann (→Ausbreitungstypen).

Fata Morgana [italienisch »Fee Morgana« (eine Gestalt des Volksglaubens, auf die diese Naturerscheinung zurückgeführt wurde)], eine →Luftspiegelung nach unten.

FCKW, Kurzbezeichnung für →**F**luor**c**hlor**k**ohlen**w**asserstoffe.

Februar [lateinisch mensis februarius »Reinigungsmonat«], der zweite Monat des julianischen Kalenders (ursprünglich der letzte Monat des bürgerlichen Jahres) mit 28, in einem Schaltjahr mit 29 Tagen. Bei den Römern war der Februar der »Sühne- und Reinigungsmonat«. Der alte deutsche Name des Februar lautet **Hornung.**

■ **Temperaturen** In der Regel ist der Februar nicht mehr so kalt wie der Januar, mit Ausnahme der norddeutschen Inseln und der Berggipfel. Helgoland beispielsweise weist im Februar eine Durchschnittstemperatur von 2,1 °C gegenüber 2,5 °C im Januar auf; auch auf der Zugspitze ist es mit −11,4 °C im Februar noch etwas kälter als im Januar (−11,2 °C). Im Gebietsmittel für ganz Deutschland beträgt die langjährige Durchschnittstemperatur des Februar allerdings 0,4 °C und liegt damit ein Grad höher als im Januar. Trotzdem kann auch der Februar noch hochwinterliche Frostperioden bringen, insbesondere bei Nordostwetterlagen, wenn sibirische Kaltluft nach Deutschland strömt, zusätzlich angetrieben durch fallenden Luftdruck im subtropischen Hochdruckgürtel.

Für die zehn Städte Berlin, Bremen, Chemnitz, Erfurt, Frankfurt am Main, Freiburg im Breisgau, Hamburg, Hannover, Köln und München schwankt die Tagestemperatur zwischen 4,2 °C und −2,1 °C. Monatshöchsttemperaturen von 11 °C sind normal, bei extremen Föhnwetterlagen kann das Thermometer in München aber auch bis auf 20 °C klettern, in Freiburg im Breisgau sogar bis auf 21 °C. Die Monatstiefsttemperatur liegt bei −9 °C, über einer geschlossenen Schneedecke kann bei Hochdruckwetter die Temperatur aber deutlich weiter absinken. Frost herrscht durchschnittlich an 17 Tagen im Februar; die meisten frostfreien Tage (17) zählt man in Freiburg im Breisgau.

Niederschläge Im Mittel fallen 49 mm Niederschlag im Februar, im Westen häufiger als Regen, im Osten und Süden häufiger als Schnee. Garmisch-Partenkirchen muss an 25 Tagen mit einer Schneedecke rechnen, Hamburg an zehn Tagen. Die maximale Schneehöhe beträgt in München 56 cm, in Hamburg 40 cm.

Warmluft aus Südwest ein, können frühlingshafte Temperaturen auftreten. Nordwest-, Nord- und Tiefdrucklagen sorgen für nasskaltes Wetter, oberhalb 600 m ist mit viel Neuschnee zu rechnen. Wechselt die Wetterlage auf Nordost oder Ost, gehen die Temperaturen zurück, der Wind wird eisig kalt. Südost-, Süd- und Hochdrucklagen bescheren viel Sonne und nur wenige Wolken; zum Monatsende steigen auch in 1500 m Höhe dann die Temperaturen auf 1–8 °C.

3046

Februar. Nach der gregorianischen Kalenderreform gab es zufälligerweise einige kalte Schaltjahre, die vielleicht zu der Bauernregel »Schaltjahr ist Kaltjahr« geführt haben; ansonsten hält sich das Wetter aber nicht an den Kalender.

Sonnenscheindauer Die Tage werden im Februar schon wieder länger, wodurch auch die durchschnittliche Sonnenscheindauer steigt – 2,6 Stunden gegenüber einer Stunde im Januar. Insgesamt kann für Deutschland mit 73 Stunden Sonne gerechnet werden, an zehn Februartagen scheint in der Regel die Sonne aber gar nicht.

Wind und Luftdruck Hochdrucklagen werden im Februar gegenüber dem Januar seltener, die Häufigkeit von Südwest- und Tiefdrucklagen bleibt hingegen unverändert. Dominiert wird das Wettergeschehen im Feburar von West- und Nordwestwetterlagen, eine Zunahme ist auch bei Nord-, Nordost- und Ostlagen zu verzeichnen. Generell ist es im Februar windiger als im Januar, wobei Windstille im Süden – in München beträgt ihr Anteil 18 % – häufiger auftritt als im Norden (Berlin: 5 %). Der Luftdruck erreicht in München mittlere Werte von 1019 hPa, in Berlin 1016 hPa.

Wetterlagen Südwest- und Westlagen bringen milde Temperaturen und raschen Wetterwechsel, mit Durchzug von Regengebieten in Nord- und Mitteldeutschland und sonnigen Abschnitten im Süden. Strömt

Typischer Witterungsverlauf Am Monatsanfang ist es überwiegend mild mit viel Niederschlag, ab dem 5.2. vermehrt als Schnee. Anschließend herrscht etwa eine Woche Frostwetter, nach einer milderen Phase wird es dann zwischen dem 19. und 24.2. nochmals kalt, bevor wieder milde und veränderliche Witterung einsetzt.

Wetterregeln Ist der Februar zu kalt, trifft das mit 70 % Wahrscheinlichkeit auf den März und mit 80 % auf den April zu: *»Wenn die Februarsonne den Dachs nicht weckt, schläft er im April noch fest.«* Auch die Erhaltungsneigung vom Januar zum Februar ist ausgeprägt – bei sieben der neun kältesten Februarmonate im 20. Jahrhundert war auch der Januar zu kalt. Ein »Nachholbedarf« an kalten Tagen im Frühjahr bei unterdurchschnittlich wenigen Frosttagen im Februar – *»Wenn's der Hornung gnädig macht, bringt der Lenz den Frost bei Nacht«* – lässt sich hingegen nicht nachweisen. Ebenfalls kein Zusammenhang besteht zwischen einem überdurchschnittlich warmen Sommer und der Zahl der Schneetage im Februar, wie es die Regel *»Im Hornung Schnee und Eis macht den Sommer lang und heiß»* nahelegt.

In vielen Bauernregeln kommt der Wunsch nach einem kalten Februar zum Ausdruck: *»Im Hornung hat's der Bauer lieber, wenn ihm der Wolf zum Fenster hereinschaut als die Sonne«*, *»Gott behüte uns vor einem milden Februar«* usw.

Für Schaltjahre existiert die uralte Bauernregel *»Schaltjahr – Kaltjahr«*, die für das Frühjahr allerdings keine statistische Grundlage hat, denn für die Schaltjahre im Zeitraum 1800–1976 stehen 22 warmen genauso viele kalte Frühlinge entgegen. Betrachtet man hingegen die Sommer, so besteht eine Tendenz zu kühlen Sommern für Schaltjahre. Diese Eigenheit ist aber nur eine zufällige Periodizität, die sich nicht zur Wetterprognose eignet.

Federwolken, federförmige Eiswolken, → Wolken.

Feng Yun [chinesisch »Wind und Wolken»], Abkürzung **FY,** chinesisches Wettersatellitenprogramm, das 1988 gestartet wurde und sowohl polarumlaufende (FY-1- und FY-3-Serie) als auch geostationäre (FY-2-Serie) Satelliten umfasst. Aktuell (2008) im Einsatz sind die Satelliten FY-1D (Start 2002), FY-2C (Start 2004), FY-2D (Start 2006) und FY-3A (Start 2008). Der Satellit FY-1C wurde 2007 bei einem chinesischen Waffentest durch eine Antisatellitenrakete zerstört.

Ferner [von Firn »Altschnee«], in Tirol Bezeichnung für → Gletscher.

Fern|erkundung, *Geowissenschaften:* die Gesamtheit von Verfahren, die die Umwelt und ihre Veränderungen ohne direkten physikalischen Kontakt erfassen können. Als Träger der Informationen dient die elektromagnetische Strahlung, die von einem beobachteten Objekt abgestrahlt und durch spezielle Sensoren von Flugzeugen oder Satelliten aus empfangen wird. Bei der Aufnahme werden die empfangenen Messwerte meist in Bilddaten (z.B. Luftbilder) umgesetzt. Gegenstand der Beobachtung ist die Erdoberfläche mit allen darauf befindlichen Objekten oder die Oberfläche anderer Planeten. Nicht abbildende Systeme kommen vor allem zur Erfassung der Meeresoberfläche oder der Atmosphäre vor.

Für die Fernerkundung von Flugzeugen oder Satelliten kommen die Wellenlängen der elektromagnetischen Strahlung infrage, die die Atmosphäre zu durchdringen vermögen und für die geeignete Sensoren zur Verfügung stehen. Eines der wichtigsten Aufnahmeverfahren ist die Fotografie, die sichtbares Licht und nahes → Infrarot (bis etwa 1 µm Wellenlänge) aufnehmen kann. Außerdem lässt sich im mittleren Infrarot (etwa 8–13 µm) die von der Erdoberfläche ausgehende Wärmestrahlung erfassen. Durch Radarverfahren werden Bilder im Bereich der Mikrowellenstrahlung (1 mm bis 1 m Wellenlänge) gewonnen. Dies ist bei Tag und Nacht sowie durch Wolken hindurch möglich. Sofern die Aufnahme von Satelliten aus erfolgt, werden die gewonnenen Daten in der Regel von Bodenstationen empfangen.

Fern|erkundungssatellit, ein primär der → Fernerkundung der Erde dienender Satellit.

Ferngewitter, Gewitter, das im Allgemeinen mehr als 15 km entfernt ist und von

Fernerkundung. Die meisten Erdbeobachtungssatelliten umkreisen die Erde in einer Höhe von 600 bis 900 km auf einer fast kreisförmigen polnahen Umlaufbahn mit einer Umlaufzeit zwischen 90 und 120 Minuten. Dabei wird die Erdoberfläche in Streifen zwischen 11 km und 2 000 km abgescannt und die Daten direkt an Bodenstationen übertragen.

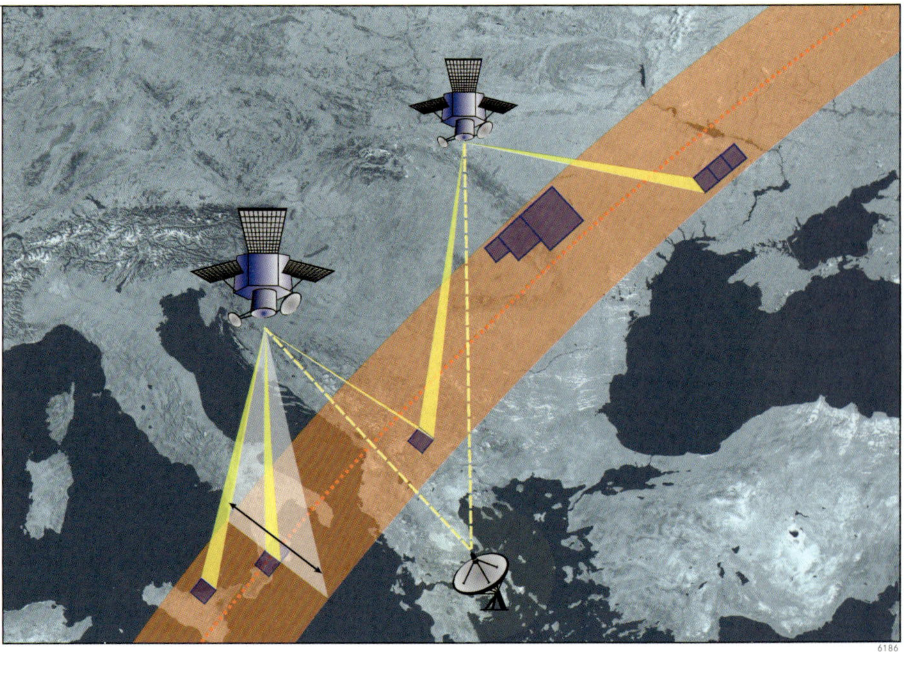

dem kein Donner mehr zu hören ist; Blitze oder von diesen herrührende Lichterscheinungen (→Wetterleuchten) sind jedoch zu erkennen.

Fernsicht, Sichtverhältnisse, die sich einstellen, wenn die meteorologische Sichtweite mindestens 50 km beträgt. Bei Fernsicht ist die Luft von ungewöhnlicher Klarheit und fast frei von trübenden Teilchen. Die Sichtmarken in mehr als 50 km Entfernung sind dann in Einzelheiten ohne Verschleierung in voller Deutlichkeit und scharf konturiert erkennbar.

Fernsichten treten häufig in einer polaren Luftmasse (Kaltluftmasse) und bei Annäherung einer Front auf.

Ferrel ['ferəl], William, amerikanischer Meteorologe, *Fulton County (Pa.) 29. 1. 1817, †Maywood (Kans.) 18. 9. 1891; erforschte die physikalischen Gesetze der Luft- und Meeresströmungen der Erde und den Einfluss der Erdrotation auf die Bewegungsrichtung der Winde. Der ungeordnete Horizontalaustausch von Luftmassen in mittleren und höheren Breiten, der in höheren Schichten in die Tropen übergreift, wird oft als **Ferrel-Typ** (→Zirkulation der Atmosphäre) bezeichnet.

Ferrel-Zirkulation [nach W. Ferrel], Bezeichnung für die mittleren vertikalen und meridionalen Zirkulationsverhältnisse in den mittleren Breiten der Erde, dargestellt in einem Meridianschnitt als geschlossenes Zirkulationsrad (Ferrel-Zelle) mit aufsteigender Luft in der subpolaren Tiefdruckrinne, einer in den höheren Schichten zu niedrigeren Breiten gerichteten Strömungskomponente und einem Absinken in den Subtropenhochs sowie einer in den unteren Schichten von den Subtropen zu den Tiefdruckgebieten der subpolaren Tiefdruckrinne gerichteten Ausgleichsströmung.

Im Gegensatz zur thermisch bedingten →Hadley-Zelle spricht man bei der Ferrel-Zirkulation von einer thermisch indirekten oder dynamischen Zirkulation, sie bewirkt einen Wärmeaustausch zwischen niederen und hohen Breiten, der in den Ferrel-Druckgebilden, den Tief- und Hochdruckgebieten der mittleren Breiten, vor sich geht.

Festpunkt, Fixpunkt, physikalisch sehr genau definierter, experimentell verhältnismäßig leicht einstellbarer Temperaturpunkt reiner Stoffe (wie Tripel-, Schmelz-, Erstarrungspunkte) zur gesetzlichen Festlegung einer →Temperaturskala und zur Eichung von Thermometern. In der internat. Temperaturskala von 1990 (IST-90) sind 17 definierende Festpunkte zwischen 3 K und 1357,77 K vereinbart worden, darunter z. B. der Tripelpunkt des Wassers bei 273,16 K (0,01 °C).

Festwellensender, Impulssender für die Ionosphärenforschung zur Untersuchung der zeitlich veränderlichen Reflexionsfähigkeit der Ionosphäre, die im Gegensatz zu den →Ionosonden nur mit festen Frequenzen arbeiten.

660

Fernsicht herrscht besonders häufig bei kalter Luft.

feuchtadiabatischer Prozess, die Änderung der Temperatur eines gesättigten Luftquantums bzw. Wolkenluftquantums, wenn sich der Druck (bzw. die Höhe) ohne Wärmeaustausch mit der Umgebung ändert. Während dieses Prozesses erfolgt Kondensation.

Feuchtadiabatische Prozesse entstehen beim Aufsteigen eines feuchtegesättigten Luftquantums. Sie werden als reversibel angenommen, wenn das kondensierte Wasser im Luftquantum verbleibt und beim Absteigen in das Ausgangsniveau wieder verdunstet. Sie sind irreversibel, wenn bei Druckabnahme das kondensierende Wasser sofort aus dem Luftquantum ausfällt. Die frei gewordene Kondensationswärme verbleibt dabei größtenteils im Luftquantum, dessen Temperatur beim Absteigen ins Ausgangsniveau infolge trockenadiabatischer Erwärmung höher sein wird als vorher.

Dieser Prozess ist nicht mehr streng adiabatisch. Er wird daher auch **pseudoadiabatisch** genannt.

feuchtadiabatischer Temperaturgradient, die Abnahme der Temperatur eines gesättigten, feuchtadiabatisch aufsteigenden Luftquantums. Der feuchtadiabatische Temperaturgradient ist kleiner als der →trockenadiabatische Temperaturgradient, da die bei der Kondensation frei gewordene Wärme der trockenadiabatischen Abkühlung beim Aufsteigen entgegenwirkt. Er beträgt bei hohen Temperaturen (großer Sättigungsdampfdruck) etwa 0,4 K pro 100 m Höhendifferenz und nähert sich bei tiefen Temperaturen 1 K pro 100 m, d. h. dem trockenadiabatischen Temperaturgradienten.

FEUCHTIGKEIT *Winterlicher Durst*

3046

Wer im Winter Sport treibt, etwa beim Skifahren oder Langlauf, kennt das Phänomen: Man hat mehr Durst. Der Grund dafür ist, dass die relative Feuchte der eingeatmeten kalten Luft auf wenige Prozent absinkt, wenn sie in der Lunge erwärmt wird. Das hat zur Folge, dass die Lungenbläschen in erheblichem Maße Wasser abgeben und dadurch den Wasserhaushalt des Körpers belasten. Auch Bergsteiger in größeren Höhen haben darunter zu leiden und sind deshalb gut beraten, immer genügend zu trinken bei sich zu haben.

Das geschilderte Phänomen – geringere relative Feuchte in erwärmter Luft – begegnet uns noch in weiteren Alltagsphänomenen. So ist es tagsüber weniger feucht als nachts und die Zimmerluft im Winter unangenehm trocken. Ein ungeheizter Keller ist im Sommer feucht, im Winter hingegen nicht, denn im Sommer ist außen die Temperatur höher, sodass eindringende Luft die relative Feuchte ansteigen lässt. Im Winter ist es gerade umgekehrt.

Zu viel **Feuchtigkeit** im März ist problematisch für die Ernte:
Gibts im März zu viel Regen, bringt die Ernte wenig Segen.
Hingegen:
Trockener März erfreut des Bauern Herz.

HEINRICH VON FICKER
***1881, †1957**

- untersuchte die Dynamik des Föhns
- erstellte synoptische Analysen zum Transport kalter Luftmassen über die Zentralalpen
- untersuchte polare Kaltlufteinbrüche und Wärmewellen in Russland und Nordasien

Feuchtegefälle, Feuchtegradient, die vertikale bzw. horizontale Abnahme der Luftfeuchtigkeit. Da die bodennahe Luft im Allgemeinen umso mehr Wasserdampf enthält, je wärmer sie ist, besteht im Mittel ein Feuchtegefälle von den wärmeren zu den kälteren Gebieten, d.h. vom Äquator polwärts und in der Vertikalen vom Boden aufwärts. Ausnahmen bilden wegen fehlender Verdunstung die Wüstengebiete.

Im Einzelnen ist das Feuchtegefälle auch von der Wetterlage abhängig, wie die unterschiedliche Ausbildung von Dunst, Nebel, Hochnebel, Wolken und Tau zeigt. Die vertikale Struktur des Feuchtegefälles hat besondere Bedeutung für die Ausbreitung und Reichweite von Radarwellen.

Feuchteinversion, markante Änderung der Feuchte in der Höhe, ohne dass die vertikale Temperaturverteilung eine →Inversion erkennen lässt.

feuchter Dunst, Bezeichnung für Dunst bei einer relativen Luftfeuchte von ≥80%; eine sichtmindernde Trübung der Luft, die teils durch mikroskopisch kleine Wassertröpfchen, teils durch hygroskopische Partikel, aber auch durch feste Teilchen verursacht wird. Charakteristisch ist eine milchig graue Färbung. Bei starkem feuchtem Dunst liegt die Sichtweite zwischen 1 und 2 km. Feuchter Dunst stellt somit ein Übergangsstadium zwischen Dunst und Nebel dar.

Feuchtigkeit, Feuchte, die in einem von Luft, Gas oder Dampf erfüllten Raum enthaltene Wasserdampfmenge. Die in g/m³ angegebene **absolute Feuchtigkeit** (Formelzeichen *f*) ist gleich der in einem Volumen von 1 m³ tatsächlich enthaltenen Wasserdampfmenge, während die meist in Prozent angegebene **relative Feuchtigkeit** (**Feuchtegrad;** Formelzeichen φ) gleich dem Quotienten aus der vorhandenen und der bei den vorliegenden Bedingungen maximal möglichen, den Zustand der Sättigung kennzeichnenden Wasserdampfmenge ist. Die **spezifische Feuchtigkeit** entspricht der Wasserdampfmenge (in Gramm), die in 1 kg feuchter Luft oder des fraglichen Gases oder Dampfes enthalten ist.

Feuchtigkeitsmesser, Gerät zur Messung der Feuchtigkeit von Gasen (→Hygrometer).

Feuersturm, orkanartiger Sturm, der durch einen Flächenbrand hervorgerufen wird (z.B. in der Nacht vom 27. zum 28. 7. 1943 infolge eines Luftangriffs auf Hamburg). Wird ein großes, dicht bebautes Gebiet mit hoher Brandbelastung (d.h. viel brennbarem Inhalt) z.B. durch massierten Abwurf von Brandbomben in Brand gesetzt (Flächenbrand), kann durch den Sog der aufwärtsströmenden heißen Brandgase eine so intensive, zum Zentrum des Brandes hin gerichtete Windströmung erzeugt werden, dass die meteorologisch bekannten Orkanstärken (→Windstärke) noch übertroffen werden können.

Ficker, Heinrich von, österreichischer Meteorologe, *München 22. 11. 1881, †Wien 2. 9. 1957. Ficker studierte Geologie, Physik und Meteorologie und wurde 1906 an der Universität Innsbruck promoviert. Anschließend arbeitete er an den Universitäten Innsbruck und Wien; 1911 wurde er Professor für Physik in Graz. Im Ersten Weltkrieg geriet er in russische Gefangenschaft, konnte aber nach dem

Firn. Zackenförmiger Firn im Krater des Kibo, eines der Vulkane des Kilimandscharo

Krieg seine Lehrtätigkeit wieder aufnehmen. 1923 trat er die Nachfolge von G. Hellmann als Professor für Meteorologie in Berlin an und leitete bis 1934 das Preußische Meteorologische Institut. 1937 kehrte er als Meteorologieprofessor und Direktor der österreichischen Zentralanstalt nach Wien zurück.

Bei seinen zahlreichen Ballonfahrten untersuchte Ficker die aerologischen Verhältnisse in den höheren Luftschichten, insbesondere bei der Entstehung des Föhns. Auch erforschte er die Wärme- und Kaltluftwellen in Eurasien und gelangte dabei zu wichtigen Erkenntnissen über die Zyklonenbildung.

Findeisen, Walter, deutscher Meteorologe, *Hamburg 23. 7. 1909, †Prag 9. 5. 1945; ab 1940 Direktor am Deutschen Wetterbüro in Prag; arbeitete zur Flugmeteorologie; beschrieb die Entstehung großer Tropfen in Wolken (Bergeron-Findeisen-Prozess).

FIR [ˈef aɪˈɑː; Abkürzung für englisch **f**ar **i**nfra**r**ed], fernes →Infrarot.

Firn [althochdeutsch firni »vorjährig«, »alt«], alter, mehrjähriger Schnee des Hochgebirges, der durch vielfaches Auftauen und Wiedergefrieren körnig geworden ist; wird zu wasserundurchlässigem, milchigem **Firneis,** das schließlich in Gletschereis übergeht. Die **Firnlinie (Firngrenze)** ist die sommerliche Untergrenze der zusammenhängenden Schneedecke auf Gletschern (Fernern); sie liegt etwa 100 m tiefer als die →Schneegrenze im unvergletscherten Nachbargebiet, da der Gletscher abkühlend wirkt.

Fischerei, einer der ältesten Erwerbszweige; umfasst den Fang von Fischen, Weich- oder Krebstieren, auch die Gewinnung von Seemoos, Korallenmoos, Naturperlen, Bernstein, Schwämmen und Algen.

■ **Klimawandel** Viele Experten gehen davon aus, dass der Klimawandel erhebliche Auswirkungen auf die Fischerei hat. So wird ein weiterer Anstieg der Meerestemperatur prognostiziert, außerdem eine Zunahme von Extremwetter- und El-Niño Ereignissen. Die Erwärmung betrifft vor allem die Oberflächenschicht der Meere, im Atlantik wurde aber auch in tieferen Schichten bereits ein Temperaturanstieg beobachtet. Damit verbunden ist eine Änderung des Salzgehalts, der in Meeresregionen mit hoher Verdunstung ansteigt, während er in höheren Breitengraden sinkt. Da Fische wechselwarme Tiere sind, reagieren sie empfindlich auf Änderungen der Umgebungstemperatur und werden signifikant in Wachstum, Fortpflanzung, Stoffwechsel und Anfälligkeit gegen Krankheiten beeinflusst.

FitzRoy [ˈfɪtsrɔɪ], Robert, britischer Marineoffizier und Meteorologe, *Ampton Hall 5. 7. 1805, †Lyndhurst House 30. 4. 1865 (Selbstmord). FitzRoy, aus einer adligen Familie stammend, war Absolvent der Royal Naval Academy in Portsmouth, trat 1820 in die Royal Navy ein, beendete 1824 seine Ausbildung zum Offizier und fuhr anschließend auf mehreren Schiffen der Navy. 1831 brach er mit der HMS Beagle zu einer teilweise selbst finanzierten, fünfjährigen Forschungsreise nach Südamerika auf, wobei ihn unter anderen Charles Darwin begleitete. Von 1843 bis 1845 war FitzRoy Gouverneur von Neuseeland. Nach dem Rückzug aus dem Marinedienst 1850 widmete er sich seinen wissenschaftlichen Interessen. 1854 wurde er Leiter des meteorologischen Büros des britischen Handelsministeriums und entwickelte mehrere Barometertypen. Er nutzte das neue Telegrafensystem, um Wetterdaten aus ganz England zu sammeln, und fertigte synoptische Karten an. Seine Wettervorhersagen erschienen ab 1860 in der Times. Daneben etablierte er ab 1861 das britische Sturmwarnsystem. Für seine Verdienste wurde er zum Admiral ernannt.

Fixpunkt, →Festpunkt.

Flächenblitz, der Widerschein eines Linienblitzes an Wolken; der Eindruck eines Flächenblitzes kann auch durch eine Büschelentladung, d. h. eine selbstständige elektrische Gasentladung (wie etwa beim →Elmsfeuer), entstehen. Das Auftreten echter Flächenentladungen ist umstritten.

Flächenniederschlag, Bezeichnung für Niederschläge, die gleichzeitig über einem größeren Areal fallen; vereinzelt auch Bezeichnung für Niederschläge auf einer bestimmten Fläche, z. B. dem Einzugsgebiet eines Flusses.

ROBERT FITZROY
***1805, †1865**

100619

- entwickelte mehrere Barometertypen
- erstellte Wettervorhersagen für die Times
- etablierte einen Sturmwarndienst

floccus [lateinisch »Flocke, Faser«], substantivischer Zusatz zu den Namen der Wolkengattungen Cirrus, Cirrocumulus und Altocumulus mit der Bedeutung »flockenartig«. Bei dieser Wolkenart sieht jede Einzelwolke wie ein kleiner, cumulusähnlicher Bausch aus, dessen unterer Teil stark ausgefranst ist, wobei häufig Fallstreifen auftreten.

Wolken der Art floccus deuten auf Labilität in der Höhe hin und können Vorboten eines Gewitters sein.

HERMANN FLOHN
***1912, †1997**

- einer der renommiertesten deutschen Klimatologen
- zahlreiche Arbeiten auf vielen Gebieten der Klimatologie und Meteorologie
- formulierte bereits 1941 die Gefahr einer globalen Klimaänderung

Flohn, Hermann, deutscher Meteorologe, *Frankfurt am Main 19. 2. 1912, †Bonn 23. 6. 1997. Nach der Promotion 1934 arbeitete Flohn beim Reichswetterdienst und als Leiter der Bioklimatischen Forschungsstelle Bad Elster. 1941 habilitierte er und arbeitete dann bei der Luftwaffe. Nach dem Zweiten Weltkrieg arbeitete er zunächst beim Deutschen Wetterdienst, deren Forschungsstelle er 1952–61 leitete, bevor er 1961 Professor in Bonn wurde (bis 1977).

Flohn verfasste zahlreiche Arbeiten über die Zirkulation der Atmosphäre besonders der tropischen Breiten und die Paläoklimatologie. Er gilt als der Nestor der internationalen Klimaforschung und sprach bereits 1941 von einer »erdumspannenden Klimaänderung«, die der Mensch verursache.

Floyd, ein Hurrikan, der sich im September 1999 bildete und Spitzenwindgeschwindigkeiten bis 249 km/h verursachte. Er erreichte fast die höchste Stufe 5 auf der → Saffir-Simpson-Hurrikan-Skala. Mit einem Durchmesser von 965 km war er außergewöhnlich groß. Am 14. September erreichte Floyd die Bahamas und bewegte sich dann nordwärts entlang der Ostküste der USA. Am 16. September erreichte er New York und New Jersey; zu diesem Zeitpunkt hatte er sich bereits wieder zu einem tropischen Sturm abgeschwächt. Floyd führte starke Regenfälle mit sich, die zu erheblichen Überschwemmungen an der Ostküste führten. An der Küste North Carolinas erreichte die Sturmflut eine Höhe von 3 m. Insgesamt kamen 49 Menschen ums Leben, die meisten davon durch Sturzfluten in North Carolina. Der volkswirtschaftliche Schaden wird auf 4,5 Milliarden US-Dollar geschätzt.

Flugmeteorologie, Teilgebiet der angewandten Meteorologie; beschäftigt sich mit den meteorologischen Problemen der Luftfahrt, hinsichtlich der **Flugwetterberatung** durch den **Flugwetterdienst.** Dieser wird von den amtlichen Wetterdiensten der Länder wahrgenommen; er unterhält auf den Flughäfen Dienststellen **(Flugwetterwarten),** die das in internationale Zusammenarbeit gesammelte Datenmaterial empfangen, durch eigene Beobachtungen ergänzen und aufbereiten. Die Beratung erfolgt individuell für jeden Flug unter Berücksichtigung des Flugzeugtyps und enthält die auf der vorgesehenen Strecke für die Sicherheit und Wirtschaftlichkeit wichtigen meteorologischen Elemente, also Sichtverhältnisse, Windgeschwindigkeit und -richtung einschließlich der hochtroposphärischen Starkwindfelder (Strahlströme), Lufttemperatur und -druck, Bewölkungsverhältnisse sowie Hinweise auf fluggefährdende Wettererscheinungen wie Gewitter, Vereisung und Flugturbulenz.

Fluorchlorkohlenwasserstoffe [-k-], Abkürzung **FCKW, Fluorchlorkohlenstoffe,** Abkürzung **FCK, Chlorfluorkohlenwasserstoffe,** Abkürzung **CFKW, Chlorfluorkohlenstoffe,** Abkürzung **CFK,** von den niederen Kohlenwasserstoffen abgeleitete Verbindungen, in denen die Wasserstoffatome entweder teilweise oder vollständig durch Fluor- und Chloratome ersetzt sind, im engeren Sinn nur die vollständig substituierten Verbindungen (kein H-Atom im Molekül). Sie sind farblose, leicht zu verflüssigende Gase oder niedrig siedende Flüssigkeiten von hoher thermischer und chemischer Beständigkeit, unbrennbar und wenig giftig. Verbindungen, in denen nicht alle H-Atome substituiert sind, werden auch als **H-FCKW** bezeichnet. Fluorchlorkohlenwasserstoffe werden in der Natur

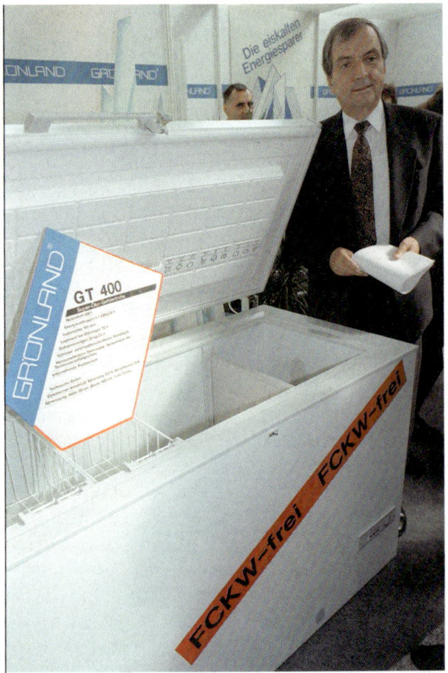

100562

Fluorchlorkohlenwasserstoffe. Nach Bekanntwerden der Auswirkungen der FCKW wurden rasch Ersatzstoffe und -techniken entwickelt. Der damalige Bundesumweltminister Klaus Töpfer (CDU) begutachtet hier auf der Fachmesse für Umwelt und Technik 1992 in Erfurt eine FCKW-freie Gefriertruhe.

durch Vulkanismus, thermisch und fotochemisch gebildet. Technisch werden sie aus Chlorkohlenwasserstoffen durch Fluorierung mit Fluorwasserstoff hergestellt.

■ **Ozonloch** Viele Jahre dienten FCKW als Treibmittel für Spraydosen, Kältemittel für Klima- und Kälteanlagen und zum Schäumen von Kunststoffen, außerdem als Feuerlöschmittel (Halone). Heute weiß man, dass sie zur Zerstörung des Ozongürtels in der Stratosphäre (→Ozonloch) beitragen. Dies geschieht, weil die Verbindungen in der Troposphäre kaum abgebaut werden und daher in die Stratosphäre gelangen. Dort werden sie durch energiereiche Strahlung zersetzt, wobei Chloratome entstehen und den Ozonabbau katalysieren. In der Europäischen Gemeinschaft und in allen Industrieländern sind deshalb die Herstellung und Vermarktung von FCKW seit 1995 (EG) bzw. 1996 verboten, in den Entwicklungsländern ab 2010. In Dtl. werden bereits seit 1994 keine FCKW mehr produziert. Das Verbot von H-FCKW ist für 2020 (Entwicklungsländer: 2040) beschlossen. Sie sind in geringerem Maß an der Zerstörung der Ozonschicht beteiligt als die voll halogenierten FCKW.

■ **Klimarelevanz** Die FCKW sind trotz ihrer geringen Konzentration auch klimatologisch relevant, da sie ein wesentlich größeres →Treibhauspotenzial als Kohlendioxid besitzen (je nach Verbindung und Verweilzeit bis Faktor 14000). Dadurch tragen sie zum anthropogenen Treibhauseffekt mit etwa 15% bei.

Flurwind, thermisch bedingte, kleinräumige Ausgleichsströmung bei stabiler Hochdruckwetterlage; entsteht durch horizontale Temperaturdifferenzen zwischen benachbarten Gebieten (Stadt/Umland); weht zum wärmeren Gebiet (Stadt) und ist geprägt durch geringe Geschwindigkeit; die Strömung erfolgt meist schubweise mit einer vertikalen Mächtigkeit von einigen Metern, hauptsächlich in den Abend- und Nachtstunden.

Flut, das Steigen des Wasserspiegels im Meer von einem Niedrigwasser bis zum folgenden Hochwasser der →Gezeiten.

Flutwellen, sprunghafter Anstieg des Wasserspiegels als Auswirkung der Flut, v.a. im Mündungsbereich von Flüssen, z.B. die Pororoca im Amazonas. Als Flutwellen werden auch lange Meereswellen großer Höhe bezeichnet, die durch meteorologische Ursachen (Wind- und Luftdruckschwankungen, Sturmflut) oder Seebeben (Tsunamis) hervorgerufen werden und die in Küstengebieten, gelegentlich im Zusammenwirken mit →Gezeiten, zu katastrophalen Überschwemmungen führen können.

fluvioglazial, durch Gletscherschmelzwasser entstanden, z.B. Sander in Norddeutschland, Schotterfluren im Alpenvorland; **glazifluvial,** während einer Eiszeit durch das Wirken eines Flusses entstanden.

Föhn [althochdeutsch phōnno, von lateinisch favonius »lauer Westwind«], *Meteorologie:* warmer, trockener, böiger Fallwind im Lee von Gebirgen, oft mit guter Fernsicht verbunden. Föhn entsteht, wenn Luft (durch großräumige Druckgradienten zwischen Hoch- und Tiefdruckgebieten bedingt) über ein Gebirge strömt. Sie kühlt sich beim Aufstieg adiabatisch ab (1 °C auf 100 m), vom Kondensationsniveau an unter Wolkenbildung

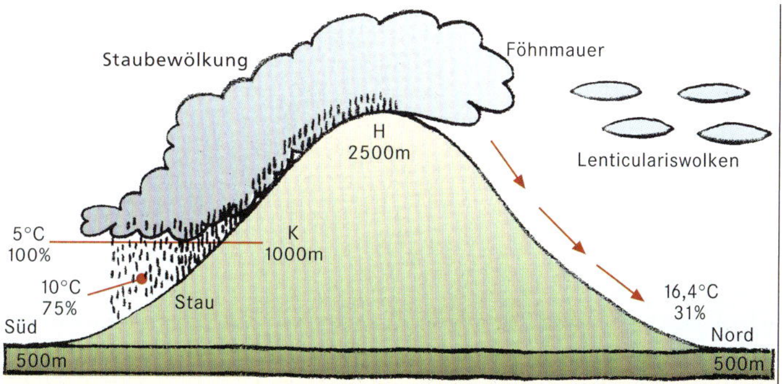

Föhn. Schematische Darstellung des Windes

feuchtadiabatisch (etwa 0,6 °C auf 100 m), wobei ein großer Teil der Feuchte als Niederschlag ausfällt. Nach Überqueren des Gebirgskammes löst sich die Luvwolke entlang einer stationären Grenze auf, die von Lee her gesehen als mächtige Wolkenwand **(Föhnmauer)** erscheint; typisch sind auch die davor am blauen Himmel erscheinenden linsenförmigen Wolken (Lenticularis). Das Absinken der Luft erfolgt wieder mit trockenadiabatischer Erwärmung. Föhn wurde erstmals in den Alpen, wo er vielfach im Winterhalbjahr als südlicher Wind in Tallagen Tauwetter bringt, beschrieben und erklärt. Der Name Föhn wurde dann für dieses Phänomen, das an fast allen Gebirgen der Erde beobachtet wird, allg. verwendet; auch der Chinook (Nordamerika) und der Zonda (Argentinien) sind Föhnwinde. Dynamisch bedingtes großräumiges Absinken der Luft in der freien Atmosphäre wird **freier Föhn** genannt. – Infokasten Seite 102

Föhnnase, Föhnkeil, für den Alpenföhn charakteristische Isobarendeformation in Form eines Keils, der bei Nordföhn nördlich des Alpenhauptkamms von West nach Ost, bei Südföhn südlich des Hauptkamms von Ost nach West gerichtet ist.

Föhnwolken, linsenförmige Wolken (→lenticularis), die sich bei Föhn im Lee von Gebirgen bilden; sie sind ortsfest und parallel zum Gebirge angeordnet.

Forcing [englisch], Fachbegriff aus der Klimakunde, der ins Deutsche grob mit »Antriebsfaktor« oder »Auslösekraft« übertragen

FÖHN | ***Moderne Theorie, Kopfweh wie gehabt***

100562

Die klassische »Lehrbuchtheorie« zur Entstehung des Föhns – die aufsteigende Luft an der Alpensüdseite kühlt feuchtadiabatisch und damit nur langsam ab, die absinkende Luft erhitzt sich hingegen trockenadiabatisch mit einem Grad pro 100 Höhenmeter – erklärt zwar viele Föhneffekte richtig, einige jedoch nicht, z. B. die hohen Windgeschwindigkeiten in den Gipfelregionen und an den Leehängen. Außerdem haben Beobachtungen gezeigt: Es gibt heftigen Föhn auch ohne Stauniederschläge. Die moderne Föhntheorie versucht deshalb, die Föhnströmung mit den Gesetzen der Flachwasserdynamik zu erklären. Denn obwohl die Atmosphäre aus Gasen aufgebaut ist, verhält sie sich oft wie eine Flüssigkeit. Begriffe wie »fließendes« oder »schießendes Wasser« werden deshalb auch von Föhnforschern benutzt.

Menschen, die unter dem Föhn leiden, wird das relativ egal sein, wenn der warme Wind ihren Kopf mal wieder zum Platzen bringt. Manche Föhnopfer geraten auch in eine euphorisch erregte Stimmung, werden aggressiv und risikobereiter. Bei Föhnwetterlagen geschehen auch mehr Unfälle als normal. Ursache der Föhnbeschwerden sind vermutlich Luftdruckschwankungen im Infraschallbereich.

werden kann. Er beschreibt die Mechanismen, die das Klimasystem antreiben, aber von diesem nicht beeinflusst werden können **(externes Forcing),** sowie Veränderungen, die selbst wieder auf das System einwirken. Beispiele für externes Forcing sind Veränderungen der Solarstrahlung, zum internen Forcing gehören Vulkanausbrüche, interne Prozesse wie →ENSO, Änderungen in der Eisbedeckung oder der CO_2-Anstieg.

Foto|oxidanzi|en, Foto|oxidanti|en, Photo|oxidanti|en, Bezeichnung für eine Gruppe äußerst reaktionsfähiger Substanzen, die in der Atmosphäre entstehen und auf andere Stoffe oxidierend wirken (z.B. Ozon, PAN, Stickoxide, reaktive Sauerstoffteilchen). Sie bilden sich unter dem Einfluss von kurzwelliger Sonnenstrahlung (Wellenlänge <430 nm) aus Sauerstoff, Stickstoffoxiden, Wasser oder ungesättigten Kohlenwasserstoffen. Diese entstehen durch unvollständige Verbrennungsvorgänge oder als natürliche Ausscheidungsprodukte von Pflanzen. Fotooxidanzien kommen in der gesamten Atmosphäre vor, v.a. in der Abluftfahne von Emissionsquellen (fotochemischer →Smog). Chemische Reaktionen zwischen Fotooxidanzien und anderen Stoffen bezeichnet man als indirekten **Fotoabbau.** Die Fotooxidanzien zerfallen in einer Reihe von Radikalkettenreaktionen sehr rasch zu Kohlenwasserstoffen, Stickstoffmonoxid und Ozon. Dadurch kommt es z.B. zu einer Erhöhung des Ozongehaltes in der Luft, der u.a. schädigend in die Fotosynthese eingreift. Den Fotooxidanzien wird als Schadstoffen steigende Bedeutung zugemessen. Sie können auch zu gesundheitlichen Schäden bei Mensch und Tier führen.

Fran, ein Hurrikan, der aus einem Sturmtief entstand und am 22. August 1996 die Westküste Afrikas überquerte. Er bewegte sich in der Wirbelströmung des nur vier Tage zuvor entstandenen Hurrikans Edouard. Am 29. August erreichte Fran Hurrikanstärke, flaute aber zunächst aufgrund der Wechselwirkung mit Edouard wieder ab. Zwei Tage später intensivierte er sich erneut zum Hurrikan der Stufe 3 auf der →Saffir-Simpson-Hurrikanskala. Am 6. September erreichte der Hurrikan North Carolina an der amerikanischen Ostküste und verwüstete weite Teile der Küste. Fran löste eine Reihe von Tornados aus und rief eine Sturmflut mit Wellen bis zu 5 m Höhe hervor. Der Hurrikan zog weiter über South Carolina, Virginia und West Virginia, wobei er sich wieder zum tropischen Sturm abschwächte. 34 Menschen kamen ums Leben – die meisten durch Überschwemmungen –, mehr als 500 000 Menschen mussten aus den Küstenregionen evakuiert werden. Der volkswirtschaftliche Schaden durch Fran betrug 5,2 Milliarden US-Dollar.

Frances, Hurrikan der Saison 2004, der am 27. August die Stufe 4 auf der →Saffir-Simpson-Hurrikanskala erreichte. Zwischen dem 2. und 4. September kreuzte der Weg des

Hurrikans die Bahamas, wo zwei Menschen ums Leben kommen. Anschließend bewegte er sich sehr langsam auf die Küste Floridas zu, sodass Zeit blieb, in der größten Evakuierungsaktion der Geschichte Floridas 2,8 Millionen Menschen in Sicherheit zu bringen. Am 5. September erreichte Frances schließlich Florida mit Windgeschwindigkeiten von 150 km/h und schlug eine 150 km breite Schneise der Zerstörung durch den US-Bundesstaat. Neun Menschen kamen ums Leben, der volkswirtschaftliche Schaden wird auf 12 Milliarden US-Dollar geschätzt.

Frankfurter Schule, Meteorologenschule an der Universität in Frankfurt am Main, die sich v.a. in den 1920er- und 1930er-Jahren intensiv mit dem Problem der Steuerung befasste. Ihre Auffassung stand dabei in scharfem Gegensatz zur norwegischen Theorie der →Polarfront. Während nämlich die Norweger davon ausgingen, dass alle frontalen Störungen einen selbstständigen Charakter haben und durch Labilitäten an der Polarfront – also in der Troposphäre – verursacht werden, legte die Frankfurter Schule den Ursprung aller troposphärischen Störungen in die Stratosphäre.

Franklin ['fræŋklın], Benjamin, amerikanischer Politiker, Naturwissenschaftler und Schriftsteller, *Boston (Mass.) 17. 1. 1706, †Philadelphia (Pa.) 17. 4. 1790; Franklin war der erste Amerikaner, der in Europa weithin bekannt wurde, dies nicht zuletzt auch durch seine wissenschaftlichen Arbeiten: 1746 begann er mit Experimenten zur Elektrizität, v.a. über die elektrische Spitzenwirkung, die ihn 1752 – nachdem er mit seinen Drachenversuchen nachgewiesen hatte, dass Gewitter elektrische Erscheinungen und Blitze elektrische Entladungen sind – zur Erfindung des Blitzableiters führten. Weitere Untersuchungen galten u.a. der Hydrodynamik, dem Magnetismus und der Wärmeleitung und Wärmestrahlung.

fraunhofersche Linien [nach J. von Fraunhofer], dunkle Absorptionslinien im Sonnenspektrum, die auf die Selbstabsorption der emittierten Strahlung durch Atome der emittierenden Gase in der Fotosphäre der Sonne zurückzuführen sind. Fraunhofer katalogisierte etwa 500 Spektrallinien, wobei er die Linien zunächst mit Buchstaben kennzeichnete (z.B. die D-Linien des Natriumdubletts und die H- und K-Linien des Calciums). Die Bezeichnung »fraunhofersche Linien« wird heute meist auf diese Linien eingeschränkt, während man bei den über 25 000 bekannten Spektrallinien der Sonne vom Sonnenspektrum spricht. Im Gegensatz zu den durch Absorption des Sonnenlichts in der Erdatmosphäre verursachten terrestrischen Linien zeigen sie den durch die Sonnenrotation bedingten Doppler-Effekt.

Front. Eine Kaltfront über Karlsruhe

Fremdlingsfluss, allochthoner Fluss, Bezeichnung für einen ein Trockengebiet durchfließenden (und nicht versiegenden) Flusslauf, dessen Oberlauf in einem niederschlagsreicheren Klimabereich liegt. Ein Fremdlingsfluss ist z.B. der Nil in Ägypten.

Front [französisch, von lateinisch frons, frontis »Stirn(seite)«, »vordere Linie«], *Meteorologie:* Grenze unterschiedlicher Luftmassen in Form einer schmalen Übergangszone (10–30 km breit). Fronten sind typische Erscheinungen der außertropischen Westwindzone und dort jeweils an ein wanderndes Tief (Zyklone) gebunden (→Tiefdruckgebiet). In ihnen werden horizontale Temperaturunterschiede umgesetzt; sie sind in der Regel mit ausgeprägten Wettererscheinungen verbunden und daher wichtig für die →Wettervorhersage. Dringt Vorderseiten-Warmluft eines Tiefs gegen kalte Luft vor, entsteht eine **Warmfront.** Die Warmluft gleitet längs einer flach geneigten Ebene (Neigung etwa 1:100) auf die vorgelagerte Kaltluft auf. Daher sind schon mehrere 100 km vor Eintreffen der Warmfront am Boden die Wolken des Aufzuges zu beobachten; dieser Aufgleitschirm aus

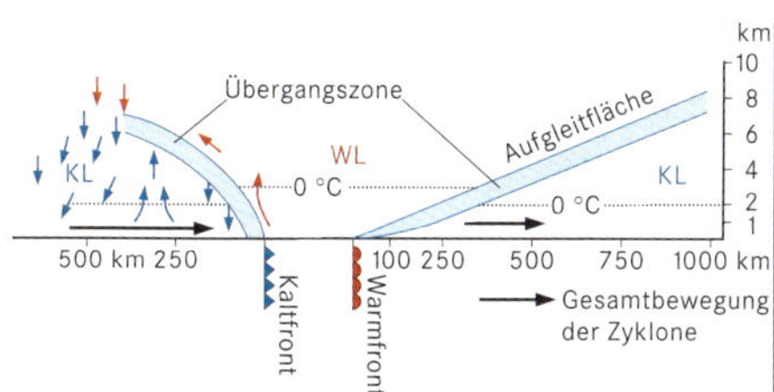

Front. Darstellung der Bewegungskomponenten in einem schematisierten vertikalen Querschnitt durch eine Zyklone; die idealisierte Grenzlinie zwischen Vorderseiten-Kaltluft (KL) und der nachfolgenden wärmeren Luftmasse ist am Boden die Warmfront, diejenige zwischen Warmluft (WL) und der Rückseiten-Kaltluft ist die Kaltfront (50-fach überhöht).

Frontalzone. Vertikalschnitt; P Druckfläche, T Temperatur in °C

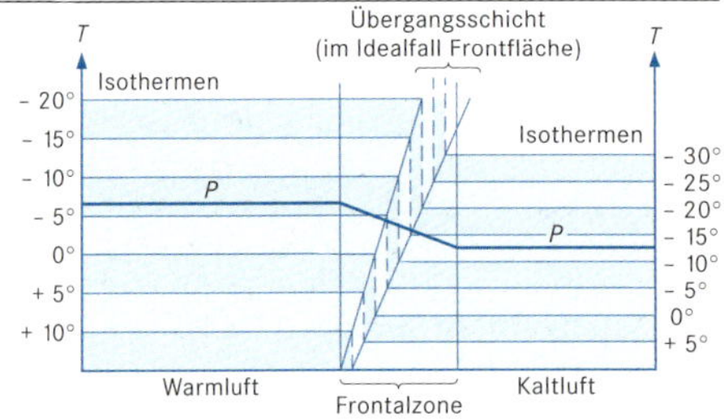

Schichtbewölkung bringt mit Annäherung der Front andauernde Regenfälle mit sich (Landregen). An der **Kaltfront** schiebt sich die Rückseiten-Kaltluft des Tiefs, begleitet von turbulenten vertikalen Luftumsetzungen und starker Quellbewölkung, unter die Warmluft; es kommt zu Regenschauern und manchmal auch zu Gewittern. Mit einer Front sind ferner Druckabfall und plötzliche Winddrehung verbunden. Die Intensität der Wettererscheinungen hängt von der Temperaturdifferenz, der Enge der Frontalzone und der Luftfeuchte ab. Fronten verlagern sich im Allgemeinen mit den Tiefs; da Kaltfronten schneller wandern als Warmfronten, verschmelzen beide nach gewisser Zeit zur Okklusion (bei folgender Auflösung der Zyklone). Bei Überlagerung durch Druckanstieg werden Fronten ebenfalls wetterunwirksam.

Unter einer **Abgleitfront** versteht man eine Front, über deren Frontfläche nach den Vorstellungen der norwegischen Schule wärmere Luft schräg abgleitet. Je nach Bewegung der Frontfläche können Abgleitfronten Kalt- oder Warmfronten sein. Im Falle einer Warmfront fließt die unter der Frontfläche liegende Kaltluft rascher ab, als die darüberliegende Warmluft nachströmt. Bei einer Kaltfront gleitet die zurückweichende Warmluft über die Frontfläche rascher ab, als die darunterliegende Kaltluft nachstößt. In beiden Fällen führt die abwärtsgerichtete Bewegung in der Warmluft zu einer adiabatischen Erwärmung und damit zu einer Abnahme der relativen Feuchte und zur Wolkenauflösung. Bei einer **Aufgleitfront** schiebt sich hingegen wärmere Luft oberhalb einer schrägen Frontfläche über kältere Luft. Auch hier kann es zu Wolkenbildung und Niederschlägen kommen.

Frontalband, Frontalwolkenband, ein Band mehr oder weniger geschlossener Bewölkung, durch das eine Front (meist eine Kaltfront) in einer Satellitenaufnahme zu erkennen ist. Das Band hat eine Breite von etwa 300 km, besitzt häufig, v.a. auf der Rückseite, eine scharfe Begrenzung und besteht meist aus gemischten Wolkenformen. Die Dichte des Bandes entspricht der Intensität der Front. Durchbrochene, unregelmäßige Bänder aus meist cumulusartiger Bewölkung kennzeichnen schwache und quasistationäre Fronten.

Frontalwelle, Anfangsstadium einer Frontalzyklone. An einer quasistationären oder sich nur langsam verlagernden Front entwickeln sich, bedingt durch zufällige Ungleichförmigkeiten in der Strömungs- oder Temperaturverteilung, manchmal auch durch orografische Einflüsse, kleine Deformationen, die sich zunächst wellenförmig längs der Front (in Richtung der Höhenströmung) verlagern. Frontalwellen an Kaltfronten oder quasistationären Fronten sind meist labil, d.h., ihre Amplitude vergrößert sich stetig; sie gehen dann in Frontalzyklonen über.

Frontalwellen können auch an Warmfronten entstehen; sie sind dann oft stabil und lösen sich bald wieder auf.

Frontalzone, *Meteorologie:* 1) ausgedehntes Übergangsgebiet zwischen zwei Luftmassen unterschiedlicher Temperatur bei gleichem Druck; die Temperaturgegensätze in der Frontalzone sind in der mittleren und höheren Troposphäre am größten. Die Frontalzone ist am Boden um 20 km, in der Höhe um 200 km breit; 2) die rund 1000 km breite Zone zwischen subtropischer und arktischer Luft, in der intensive Westwinde herrschen (→Jetstream) und das troposphärische Temperaturgefälle vom Äquator zum Pol sein Maximum erreicht.

Frontalzyklone, Zyklone, die aus einer Frontalwelle hervorgegangen ist. Nachdem sich an der Wellenspitze einer Frontalwelle ein Wirbel gebildet hat, der in der Bodenkarte durch geschlossene Isobaren in Erscheinung tritt, spricht man von einer Frontalzyklone. Die meisten in den mittleren Breiten auftretenden Wellen sind Frontalzyklonen. Sie stehen frontenlosen Zyklonen gegenüber, die in nahezu einheitlichen Luftmassen entstehen; z.B. →Polartief, →Hitzetief.

Frontensystem, Frontenzug, ein System zusammenhängender Fronten; besteht mindestens aus Warm- und Kaltfront eines Tiefdruckgebietes; es können die aus dem Zusammenschluss von Kalt- und Warmfront hervorgehende Okklusion sowie durch Wellen-

FROST. ***Der Trick mit dem Eis***

Es klingt vielleicht merkwürdig, aber Obstbauern schützen die Blüten ihrer Kulturen bei Frost, indem sie sie mit Wasser besprühen und vereisen. Das ist keinesfalls unsinnig, sondern angewandte Physik. Das Wasser gefriert zu einem Eispanzer, der sich als Isolationsschicht um die Blüte legt. Temperaturen bis etwa minus 3 °C sind noch nicht kritisch für die Blüte, sie hat also »Zeit«, bis der Eismantel sich bildet. Eis ist kein guter Wärmeleiter; aus demselben Grund graben sich in Not geratene Bergsteiger ein Biwak ins Eis und leben Inuit in Iglus. Darüber hinaus kommt noch ein zweites physikalisches Phänomen zum Tragen: Wenn Wasser zu Eis erstarrt, gibt es Wärme ab, die der Blüte zugutekommt. Das funktioniert auch noch, wenn sich bereits ein Eismantel gebildet hat. Zu dick darf das Eis allerdings nicht werden, sonst bricht der Zweig ab.

bildung an der Kaltfront entstehende weitere Fronten hinzukommen.

Frontgewitter, Gewitter, das ursächlich mit einer Front verbunden ist. Seine Auslösung erfolgt also nicht in erster Linie durch Labilisierung aufgrund starker Erwärmung der Luft vom Boden her, sondern durch Hebungs- oder Umlagerungsvorgänge im Bereich einer Front.

Grundsätzlich können Gewitter an jeder Frontart auftreten. Am häufigsten ist dies an Kaltfronten der Fall, am seltensten an Warmfronten. Wenn Frontgewitter an Okklusionen auftreten, handelt es sich meist um eine Kaltfrontokklusion.

Frontalgewitter können zu allen Tages- und Nachtzeiten auftreten, sie werden nachmittags im Binnenland allerdings durch Konvektion verstärkt. Aufgrund ihrer Verbindung mit einer Front bilden sie oft eine lang gestreckte Gewitterzone.

dex, der als Produkt aus der Anzahl der Frosttage und der Frosttemperatur definiert ist. Die Frosteindringtiefe beträgt in Mitteleuropa bis max. 1,20 m. Die Gründungstiefe von Fundamenten muss größer sein als die Frosteindringtiefe, da der Kristallisationsdruck des gefrierenden Wassers so groß ist, dass sogar belastete Fundamente angehoben werden können.

Frostperiode, ein ununterbrochener Zeitraum von Frosttagen. Die Frostperiode ist zumeist durch den Einbruch kalter Luftmassen geprägt, in denen aufgrund nächtlicher Ausstrahlung die Temperaturen unter den Gefrierpunkt absinken. Die maximale Andauer der in Einzeljahren stark schwankenden Frostperioden ist durch den Frühfrost im Herbst und den Spätfrost im Frühjahr gegeben.

Der zur Frostperiode komplementäre Zeitraum zwischen den mittleren Daten des letzten und ersten Frostes heißt **frostfreie Zeit.**

Frost ist ein hervorragender Konservator: Das Mammutbaby »Dima« überdauerte 35 000 Jahre im ewigen Eis Sibiriens. Das in einer Schlammkuhle versunkene und dann im Dauerfrost konservierte Jungtier gilt weltweit als das am besten erhaltene Mammutbaby.

Frost, *Meteorologie:* Auftreten von Temperaturen unter 0 °C und damit Gefrieren des Wassers am oder auch im Boden. **Strahlungsfrost** tritt bei klarem und windstillem Wetter durch starke Ausstrahlung des Erdbodens als **Nachtfrost** auf. Einströmen ortsfremder Kaltluft führt zu **Advektivfrost.** Während der Vegetationszeit können durch **Spätfrost** im Frühjahr und **Frühfrost** im Herbst Frostschäden entstehen. **Frostlagen (Frostlöcher)** sind Orte, die durch häufige Strahlungs- oder Advektivfröste gefährdet sind. Die **Frostgrenze** bezeichnet die Tiefe, bis zu der Frost in den Boden eindringt.

Frost|eindringtiefe, Tiefe unter der Geländeoberfläche, bis zu der freies Wasser im Boden gefriert. Sie ist abhängig vom **Frostin-**

Frostsprengung, Frostverwitterung, Spaltenfrost, Verwitterung durch in Poren, Schichtfugen, Klüfte und in Kapillarräume eingedrungenes Wasser, das zu Eis erstarrt; es sprengt infolge Volumenzunahme das Felsgestein auseinander (Bildung von Frostschutt, teilweise zu Blockmeeren angereichert). Frostsprengung tritt v. a. in Gebieten mit genügend Niederschlägen und entsprechenden Temperaturen auf, z. B. in Hochgebirgen und periglazialen Gebieten.

Frost|tag, Tag, an dem der niedrigste Wert der Lufttemperatur unter 0 °C liegt. (→ Eistag)

Frühling, eine der vier Jahreszeiten. Astronomisch ist der Frühling die Jahreszeit vom 21. 3. bis zum 20. 6., meteorologisch vom 1. 3.

FRÜHLING. ***Frühlingserwachen***

Im Frühjahr erwacht die Natur zu neuem Leben. Verborgene Kräfte entfalten Jahr für Jahr ihre Wirkung, sobald der Schnee schmilzt und die Temperaturen steigen. Viele Tiere erwachen Ende März im wahrsten Sinne des Wortes – aus dem Winterschlaf. Was genau das Erwachen einleitet, ist immer noch nicht vollständig erforscht.
Natürlich spielt die steigende Außentemperatur eine Rolle, aber auch Stoffwechselprodukte stellen ein wichtiges Signal dar. Mit dem Aufwachen muss die Körpertemperatur nach oben getrieben werden.
Bei Murmeltieren beispielsweise fällt die Körpertemperatur während des Winterschlafs von 39 auf 7 bis 9 °C, bei Igeln von 36 auf 1 bis 8 °C! Das vegetative Nervensystem setzt Hormone frei, die Gefäßregulation setzt ein, Fettgewebe wird in Wärme umgewandelt. Sind 15 °C erst einmal überschritten, kommt Muskelzittern zur weiteren Erwärmung hinzu.
Auch das Einschlafen im Herbst ist ein rätselhafter Vorgang. Die sinkenden Temperaturen und der Nahrungsmangel sind nicht die auslösenden Faktoren. Vielmehr spielen der Jahresrhythmus der »inneren Uhr«, hormonelle Umstellungen und die Tageslänge eine Rolle.

bis zum 31. 5. Im Hinblick auf die Vorgänge in der Natur beginnt der **Vorfrühling** zwischen Ende Februar und Anfang März mit dem Blühen der Schneeglöckchen und der Haselnuss. Er endet etwa zu dem Zeitpunkt, wenn die Salweidenkätzchen pollengelb sind. Es schließt sich der **Erstfrühling** an, gekennzeichnet durch die Blüte von Forsythie, Stachel- und Johannisbeere. Auch das Sommergetreide geht jetzt auf. Der **Vollfrühling** setzt mit dem Beginn der Apfelblüte ein und reicht dann bis zum Blühbeginn der Ebereschen und des Wiesenfuchsschwanzes. Die Pflanzenentwicklung kann aber von Jahr zu Jahr erheblich variieren; im sehr warmen Frühjahr 2007 blühten beispielsweise die Schneeglöckchen bereits vier Wochen früher als normal. Auch die Apfelblüte setzte drei Wochen zu früh ein.

Setzt man den Frühlingsbeginn mit dem Erreichen einer Tagestemperatur von 5 °C gleich, dann wird diese Schwelle im langjährigen Mittel zunächst im Raum Köln (4. März) und in Freiburg und Ludwigshafen (6. März) überschritten. In München werden 5 °C erst am 30. März erreicht, in den Voralpen erst im April. Auch im Norden Deutschlands ist nach dieser Definition der Frühlingsbeginn erst im April, z. B. in Flensburg am 6. April.

■ **Extreme** Im Zeitraum 1761–2008 trat das kälteste Frühjahr in Mitteleuropa im Jahr 1785 auf; es hatte eine Durchschnittstemperatur von 5,7 °C. Das wärmste Frühjahr mit einer Durchschnittstemperatur von 10,6 °C war im Jahr 2007 zu verzeichnen, gefolgt vom Frühling 2000 mit 10,0 °C. Das trockenste Frühjahr hatte das Jahr 1893 mit nur 68 mm Niederschlag aufzuweisen, das nasseste Frühjahr war der Frühling 1983 mit 266 mm Niederschlag.

■ **Wetterregeln** Viele Ernteregeln beschäftigen sich mit dem ersten Frühlingsmond, denn im März entscheidet sich unter Umständen der spätere Ernteertrag. Liegt Anfang März noch eine dicke Schneedecke, die in der Folge schnell abschmilzt, führt das eventuell zu einer Überwässerung des Bodens (*»Märzenschnee tut den Saaten und Blumen weh«*). Auch eisiger Wind und Frost führen zu Pflanzenschäden und trocknen Boden und Pflanzen aus (*»Eisige Winde im März – ist der Saaten Schmerz«*). Ein trockener März schafft hingegen eine hervorragende Grundlage für eine gute Ernte (*»Trockener März erfreut des Bauern Herz«*). Dadurch entwickeln sich die Wurzeln der Pflanzen tiefer als bei Nässe. Schnee im April ist für den traditionellen Anbau von Sommer- und Wintergetreide mit dazwischenliegenden Brachjahren kein Problem, viel Regen ein Vorteil: *»Im April ein Schauer Schnee, keinem Dinge tut er weh«*, *»April nass und kalt, wächst das Korn wie ein Wald«*. Für die Bestockungsphase des Getreides im April und Mai ist eine kühle und trockene Witterung am besten, weil dadurch der Bestockungsprozess verlängert wird: *»April trocken – macht die Keime stocken.«* – *Weiteres Bild Seite 108*

FRÜHLING. ***Wärmster Frühling aller Zeiten***

Was Rekordtemperaturen angeht, so sind die vergangenen Jahre zuverlässige Kandidaten für vordere Plätze. So war der Herbst 2006 ein Rekordherbst, der darauffolgende Winter ein Rekordwinter. Dem wollte der Frühling 2007 nicht nachstehen: Auch er hat eine neue Höchstmarke bei den Temperaturen gesetzt. Es war der wärmste Frühling seit Beginn der Wetteraufzeichnungen im Jahr 1901. Die mittlere Temperatur der drei meteorologischen Frühlingsmonate März, April und Mai lag bei 10,6 °C, das sind 2,9 Grad mehr als der Durchschnitt. Auch der Spitzenwert war hochsommerlich: 33 °C am 25. Mai 2007 in Jena. An fast allen Stationen des Deutschen Wetterdienstes wurden Rekordwerte gemessen. Einen neuen Bestwert gab es auch bei der Sonnenscheindauer: 665 Stunden. Das liegt deutlich über dem langjährigen Mittelwert von 459 Stunden und löste den Frühling 1953 als alten Spitzenreiter ab.

F-Schicht, stark ionisierte Doppelschicht (F_1- und F_2-Schicht) der →Ionosphäre.

Fujita-Skala, von T. T. Fujita 1971 entwickelte Skala zur Bewertung von Schäden, die durch →Tornados und andere Starkwindererscheinungen hervorgerufen werden. Die Fujita-Skala umfasst 13 Stufen F0 bis F12, wobei F6 bis F12 theoretische Werte sind, die bisher nicht beobachtet wurden. Mathematisch stellt die Fujita-Skala eine Interpolation aus der Beaufort-Skala (→Windstärke) und der Schallgeschwindigkeit dar, wobei die Windstärken von Tornados nicht aus Messungen bekannt sind, sondern nur theoretisch bestimmt werden können. Deswegen enthält die Fujita-Skala auch eine verbale Einordnung nach den vom Tornado hervorgerufenen Schäden, beispielsweise den Zerstörungen an Gebäuden.

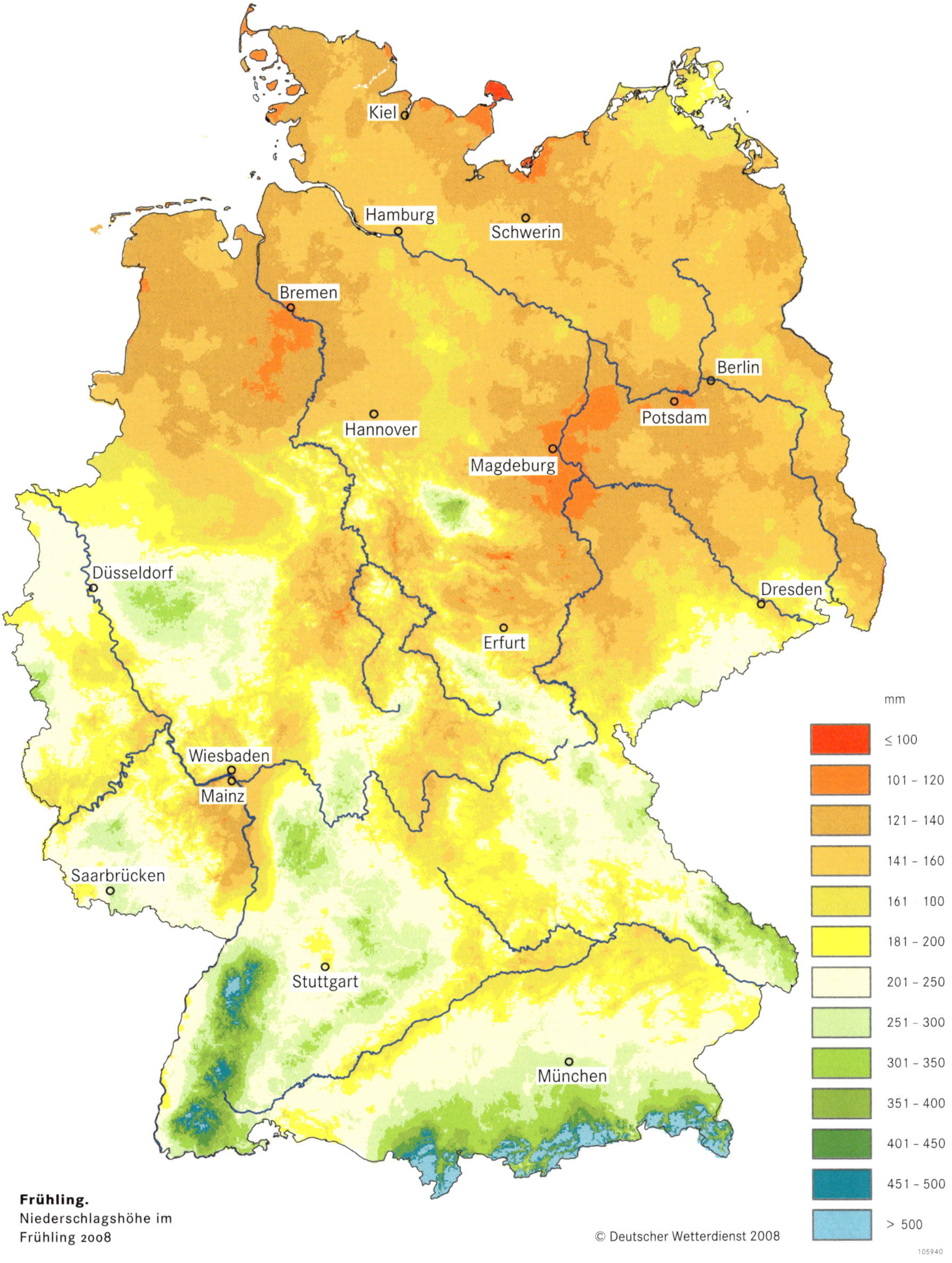

Frühling.
Niederschlagshöhe im Frühling 2008

Frühling.
Die Apfelblüte ist eines der auffälligsten Kennzeichen des Vollfrühlings.

3046

Dies führt zum einen dazu, dass verschiedene Meteorologen zu unterschiedlichen Klassifizierungen eines Tornados nach der Fujita-Skala gelangen, zum anderen lassen sich die Schadensbeschreibungen nicht ohne Weiteres auf nicht amerikanische Verhältnisse übertragen, da die amerikanische Bauweise etwa von der in Europa beträchtlich abweicht.

Fumigation [zu lateinisch fumigare »rauchen«], Form einer Schornsteinabluftfahne bei Ausbreitung in leicht labiler vertikaler Temperaturschichtung unterhalb einer abgehobenen Inversion; dieser atmosphärische Zustand stellt sich morgens bei Auflösung einer Bodeninversion meist kurzzeitig ein, ist jedoch länger anhaltend nachts im Bereich der städtischen Grenzschicht (→Ausbreitungstypen).

Fundamentalpunkte, *Thermodynamik:* zwei früher zur Festlegung der internationalen Temperaturskala und der Temperatureinheiten gewählte Bezugspunkte (→Festpunkte), die durch physikalisch genau definierte Zustände charakterisiert sind: der →Eispunkt und der →Dampfpunkt des Wassers. Die Temperaturdifferenz von 100 °C = 100 K zwischen den beiden Fundamentalpunkten wurde als **Fundamentalabstand** bezeichnet.

Fünf-b-Tief, Vb-Tief, Bezeichnung für ein Tiefdruckgebiet oder eine Wellenstörung, die auf der Van-Bebber-Zugstraße Vb von der Adria nordwärts über Österreich/Ungarn, Slowakei/Tschechische Republik und Polen zum Ostseeraum wandert. Ausgangslage ist meist ein Tiefdruckgebiet über Oberitalien, das auf der Vorderseite eines Troges die Ostalpen nordwärts überquert und vom östlichen Mittelmeerraum und dem Balkan feuchtwarme Luft in seine Strömung einbezieht, die nach Norden strömt und auf die über Mitteleuropa lagernde Kaltluft aufgleitet.

Bei großen horizontalen Temperaturunterschieden auf engem Raum kommt es in größeren Landschaftsräumen zu mäßigen bis starken, von Gewittern begleiteten, tagelang anhaltenden Niederschlägen mit gefürchteten Hochwassern in den Einzugsgebieten von Donau, Elbe und Oder. Die größte Häufigkeit des Vorkommens dieser Wetterlage ist im Frühjahr und Herbst.

Funkwetter, Bezeichnung für die Auswirkungen kosmischer und atmosphärischer Veränderungen (besonders der Ionosphäre) auf die Ausbreitung von Lang-, Mittel- und Kurzwellen und damit auf den der Nachrichtenübertragung dienenden Funkverkehr.

GAFOR-Code ['ga:fo:r-, Abkürzung für englisch **g**eneral **a**viation **for**ecast, »Vorhersage für die allgemeine Luftfahrt«], in zahlreichen europäischen Ländern eingeführter Wetterschlüssel mit der Kennung GAFOR, der für die nach Sichtflugregeln fliegenden Piloten der allgemeinen Luftfahrt (hauptsächlich privater Luftverkehr) eine Vorhersage der Sichtflugmöglichkeiten für 6 Stunden, aufgeteilt in drei aufeinanderfolgende Zeitabschnitte von je zwei Stunden, enthält.

Die Vorhersage wird für nach Gebietskennzahlen eingeteilte geografische Gebiete (in der Schweiz, Österreich und Norditalien für bestimmte Flugrouten) mehrmals täglich erstellt und kann telefonisch oder per Internet abgerufen werden, in Deutschland nur kostenpflichtig über den Deutschen Wetterdienst DWD.

Galilẹi, Galileo, italienischer Mathematiker, Physiker und Philosoph, *Pisa 15. 2. 1564, †Arcetri (heute zu Florenz) 8. 1. 1642; ab 1589 Professor für Mathematik in Pisa, ab 1592 in Padua; seit 1610 Hofmathematiker und Hofphilosoph des Großherzogs nach Florenz. 1633 wurde Galilei wegen Parteinahme für Kopernikus von der katholischen Kirche zu unbefristeter Haft verurteilt.

Galilei machte bedeutende Entdeckungen und Erfindungen auf vielen Gebieten der Naturwissenschaften, v. a. in der Astronomie. Um 1600 erfindet er auch ein Thermometer, das dem Prinzip folgt, dass sich das Luftvolumen durch Temperaturzunahme oder -abnahme verändert.

GARP [englisch ga:p], Abkürzung für →**G**lobal **A**tmospheric **R**esearch **P**rogramme.

Garụa [span.], Nebel mit Nieselregen, ausgehend vom Kaltwasser des Humboldtstromes, an der Westküste Südamerikas zwischen etwa 2° und 20° s. Br.; ermöglicht Pflanzenwuchs in der Küstenwüste.

Gas [niederländ., zu griechisch cháos »leerer Raum«, »Luftraum«], Materie im gasförmigen →Aggregatzustand. Die zwischen Gasteilchen herrschenden zwischenmolekularen Kräfte, die bei den Flüssigkeiten noch einen Zusammenhalt aller Teilchen bewirken, sind in Gasen so gering, dass sich die Gasmoleküle – von Zusammenstößen abgesehen – frei im Raum bewegen können. Dadurch können Gase jeden zur Verfügung stehenden Raum gleichmäßig ausfüllen, sofern sie nicht durch äußere Kräfte (z. B. die Erdatmosphäre durch die Schwerkraft der Erde) in einem bestimmten Bereich gehalten werden.

Als **ideales Gas** wird ein Gas bezeichnet, bei dem man voraussetzt, dass die thermische Zustandsgleichung $p \cdot V = n \cdot RT$ für beliebige Drücke p, Volumina V (bzw. Dichten ϱ) und Temperaturen T gilt (n die Molzahl, R die allgemeine Gaskonstante). Die wirklichen, **realen Gase** verhalten sich erfahrungsgemäß bei genügend hohen Temperaturen und genügend geringen Dichten nahezu wie ideale Gase (z. B. Luft). Bei tieferen Temperaturen und größeren Dichten bewirken bei den realen Gasen die Größe der Gasmoleküle sowie die Kräfte zwischen ihnen eine zunehmende Abweichung vom idealen Verhalten, bis schließlich die Anziehung der Partikel die Wirkung ihrer Bewegung überwiegt: Das Gas kondensiert.

Gasgesetze, Sammelbezeichnung für die das Verhalten idealer oder realer Gase beschreibenden physikalischen Gesetze, z. B. die verschiedenen Zustandsgleichungen der Gase.

Gas|thermometer, sehr genaue Temperaturmessungen ermöglichende Thermometer mit einem Messfühler, der ein sich praktisch ideal verhaltendes Gas (Helium, Wasserstoff, Luft) enthält. Ausgenutzt wird entweder dessen linear von der Temperatur abhängige Wärmeausdehnung oder (bei **Kelvin-Thermometern**) die in gleicher Weise von der Temperatur abhängige, aber leichter zu messende thermische Druckänderung bei konstantem Volumen. Wegen ihrer nicht einfachen Handhabung werden Gasthermometer meist nur zum exakten Kalibrieren anderer Thermometer verwendet.

Gebirgsklima, die klimatischen Bedingungen der Gebirge. Vom Klima des Tieflandes unterscheidet sich das Gebirgsklima durch Abnahme des Luftdrucks (Grenze des Lebensraumes in 4000 bis 5000 m Höhe), durch verminderte Absorption der Sonnenstrahlung (dadurch Zunahme der Strahlungsintensität, insbesondere der UV-Strahlung), niedrigere Temperaturen (außer beim Vorhandensein von Inversionen bis in etwa 1500 m Höhe), geringere Jahres- und Tagesschwankungen der Temperatur sowie Verspätung der Temperaturextreme im Jahresgang, durch Zunahme des Niederschlags (Staueffekt an Luvseiten) und v. a. des Schneeanteils sowie durch erhöhte Luftreinheit (allgemein wenig Rauch,

Für die Landwirtschaft ist es gefährlich, wenn im März unter der Altschneedecke der **Gefrierpunkt** erreicht wird, da die Atmung der Pflanze weitergeht, sie infolge des Lichtmangels aber die Assimilation nicht weiter aufbauen kann. Es kommt zu Auswinterungsschäden:
Lange Schnee im März bricht dem Korn das Herz.

GAFOR-CODE. *Einstufung*

Die Einstufung der Sichtflugmöglichkeiten erfolgt nach folgenden Kriterien:
klar (englisch clear = Charly): Flugsicht 10 km und mehr, Hauptwolkengrenze über 5 000 Feet über Grund;
offen (englisch open = Oskar): Flugsicht 8 km und mehr, keine Hauptwolkenuntergrenze unter 2 000 Feet über Grund;
schwierig (englisch difficult = Delta): Flugsicht weniger als 8 km, mindestens jedoch 3 km und/oder Hauptwolkenuntergrenze unter 2 000 Feet, jedoch nicht unter 1 000 Feet über Grund;
kritisch (englisch marginal = Mike): Flugsicht weniger als 3 km, mindestens 1,5 km und/oder Hauptwolkenuntergrenze unter 1 000 Feet, jedoch nicht unter 500 Feet über Grund;
geschlossen (englisch closed = X-Ray): Flugsicht weniger als 1,5 km und/oder Hauptwolkenuntergrenze unter 500 Feet über Grund.

Staub, Dunst). Markante Phänomene des Gebirgsklimas sind außerdem Föhn sowie Berg- und Talwindzirkulation.

In hoch aufragenden Gebirgen erfährt das Gebirgsklima oberhalb von Wald- und Schneegrenze im **Hochgebirgsklima** seine extreme Ausprägung.

Gefrieren, *Chemie* und *Physik:* Bezeichnung speziell für den Übergang des Wassers oder einer wässrigen Lösung in den festen Aggregatzustand, allgemein für alle Flüssigkeiten spricht man vom Erstarren. Die Temperatur, bei der dieser Übergang unter Freisetzung der Schmelzenthalpie isotherm stattfindet, ist der →Gefrierpunkt, der identisch ist mit dem Schmelzpunkt.

Gefrierkerne, Kristallisationskeime, Eiskeime, Kristallteilchen im Wasser, die das Gefrieren einleiten. Besonders wirksam sind Gefrierkerne in Form fester, kristalliner, nicht löslicher Teilchen. Unter –40 °C ist das Gefrieren von Wolkentröpfchen nicht mehr an das Vorhandensein wirksamer Gefrierkerne gebunden; unterkühlte Tröpfchen, die z.B. bei der Wolkenbildung entstehen, gefrieren sofort.

Gefrierpunkt, diejenige Temperatur, bei der eine Flüssigkeit unter Normaldruck in den festen Zustand übergeht, d.h., beim Abkühlen der Flüssigkeit scheidet sich bei dieser Temperatur erstmals eine feste Phase ab, die sich im Gleichgewicht mit der flüssigen Phase befindet. Durch Druckerhöhung verschiebt sich der Gefrierpunkt in fast allen Fällen zu höheren Temperaturen.

gefühlte Temperatur, auf das thermische Empfinden des Menschen bezogene Temperaturangabe, die neben der tatsächlichen Lufttemperatur die Abkühlung durch Wind und andere das subjektive Temperaturempfinden beeinflussende Wetterparameter berücksichtigt. Normiert wird die gefühlte Temperatur auf das durchschnittliche thermische Empfinden eines Mannes mit 1,75 m Körpergröße, 75 kg Körpergewicht und einem Alter von 35 Jahren. Sie wird in °C angegeben und vergleicht die vorgefundenen Wetterbedingungen mit der Temperatur, die unter Standardbedingungen herrschen müsste, um ein identisches Wärme- und Behaglichkeitsgefühl zu haben. Diese Standardbedingungen sind tiefer Schatten, Gleichheit von Lufttemperatur und Temperatur der Umgebungsflächen, Windgeschwindigkeit von 0,1 m/s (leichter Windzug), körperliche Leistung, die einem Gehen mit 5 km/h entspricht und sommerliche bis winterliche Bekleidung.

Gegendämmerung, das nach Sonnenuntergang und vor Sonnenaufgang am östlichen bzw. westlichen Himmel sichtbare graublaue und flache Segment, in das durch die Schattenwirkung der Erde kein Sonnenlicht fällt. Nach oben wird es vom →Dämmerungsbogen begrenzt.

Anstelle der Gegendämmerung erscheint bei wolkenlosem Himmel und aufkommendem Nebel ein farbloser Nebelbogen.

Gegenschein, Bezeichnung für die Aufhellung des nächtlichen Himmels in der Ekliptik am Gegenpunkt der Sonne; ein Teil des →Zodiakallichts.

Gegensonne, *atmosphärische Optik:* eine Haloerscheinung (→Halo).

Gegenstrahlung, kurz für →atmosphärische Gegenstrahlung.

Geiger, Rudolf Oskar, deutscher Meteorologe, *Erlangen 24. 8. 1894, †München 22. 1. 1981; Direktor des Meteorologischen Instituts der Universität München; begründete die Mikroklimatologie; verfasste das Standardwerk »Das Klima der bodennahen Luftschicht«; setzte die von W. Köppen entwickelte Klimaklassifikation als Standard um.

Geiser, eine heiße Springquelle, →Geysir.

Geisir, eine heiße Springquelle, →Geysir.

gelber Regen, Bezeichnung für einen in mehreren Ländern Südostasiens (Laos, Kambodscha) beobachteten gelben Niederschlag, der längere Zeit auf einen während Kampfhandlungen eingesetzten Kampfstoff zurückgeführt und für Krankheits- und Todesfälle verantwortlich gemacht wurde. Heute scheint jedoch sicher, dass der Niederschlag v.a. aus blütenstaubhaltigen Exkrementen asiatischer Honigbienen besteht, z.T. aber auch Pilzgifte (Mykotoxine), besonders Trichothecine, enthält.

gemäßigte Zonen, *Klimatologie:* die Gebiete zwischen den Wende- und den Polarkreisen. Von einem gemäßigten Klima kann aber nur bedingt gesprochen werden, denn abgesehen vom »gemäßigten« zyklonalen Westwindklima an den Westseiten der Kontinente herrschen in den gemäßigten Zonen sehr unterschiedliche Klimabedingungen und z.T. extreme Temperaturgegensätze.

Genua-Tief, unter dem Einfluss der Alpen über dem Golfe du Lion bzw. dem Golf von Genua entstehendes Tiefdruckgebiet. Der Einfluss des Genua-Tiefs reicht oft über die Alpen weit nach Norden. Dabei gleitet in höheren Luftschichten Warmluft über die nördlich der Alpen lagernde Kaltluft auf und löst ergiebige, länger anhaltende Niederschläge aus. Das Genua-Tief wandert häufig über Österreich und das östliche Mitteleuropa nach Norden.

Geo|engineering [-endʒɪˈnɪərɪŋ; englisch], zusammenfassender Begriff für verschiedene technische Konzepte, die einen Eingriff in die geologischen, geochemischen und biogeochemischen Kreisläufe der Erde vorsehen. In Bezug auf den Klimawandel zählen dazu Vorschläge, wie die globale Erwärmung mit technischen Mitteln vermindert werden kann, u.a. durch Methoden, die eine vermehrte Wolkenbildung oder die Reflexion des Sonnenlichts zum Ziel haben (→Technik). Die meisten Experten stehen solchen Vorschlägen jedoch skeptisch gegenüber.

Geokorona, Hülle fein verteilten Wasserstoffs innerhalb der Exosphäre (untere Grenze 1 000 bis 2 000 km, obere Grenze etwa 90 000 km), in der die Wasserstoffkonzentration größer als im interplanetaren Raum ist. Durch den Strahlungsdruck der Sonnenstrahlung ist die Geokorona auf der der Sonne abgewandten Seite schweifartig verlängert. Die schon früher vermutete und zur Erklärung verschiedener Effekte beim Zodiakallicht sowie des Nachthimmelslichts herangezogene Geokorona wurde durch Satellitenmessungen nachgewiesen.

Geomagnetismus, der →Erdmagnetismus.

Geophysik, Teilgebiet der Geowissenschaften, das sich mit der Erforschung der physikalischen Erscheinungen auf der Erde, in ihrem Inneren und über der Erde mit physikalischen Mitteln befasst. Zum Forschungsbereich der Geophysik gehört auch der Teil des interplanetaren Raumes, den man als Umgebung der Erde ansehen kann (z. B. die Geokorona und die Magnetosphäre), sowie die Gesamtheit der Einflüsse anderer Himmelskörper auf die Erde und die sie umgebende Materie, besonders die Wirkungen von Sonne und Mond (z. B. die Gezeiten).

■ **Teilgebiete** Zur Geophysik gehören als Teilgebiete die Gravimetrie, die Geodynamik, die sich mit Bewegungsvorgängen im Erdinneren, insbesondere mit der Plattentektonik, beschäftigt, die Erdbebenkunde oder Seismik, die Lehre vom →Erdmagnetismus, die Physik der Wasserhülle (physikalische Hydrografie und →Hydrologie) sowie die Physik der Lufthülle mit den Spezialgebieten →Meteorologie (einschließlich →Aerologie), →Aeronomie und Ionosphärenforschung (→Ionosphäre). Die Geophysik behandelt weiter die Erscheinungen der →Erdwärme und den physikalischen Aufbau der Erde.

geophysikalische Karten, Karten, die den Zustand und die Veränderung von natürlichen physikalischen Erscheinungen auf der Erde, z. B. Erd- und Seebeben, Erdmagnetismus u. a., zeigen.

Geopotenzial, das Potenzial der Schwerkraft der Erde, gemessen durch die Arbeit, die aufzuwenden ist, um eine Masseneinheit (z. B. 1 g) vom Meeresniveau entgegen der Schwerkraft auf ein bestimmtes Höhenniveau zu heben. Flächen mit dem gleichen Geopotenzial werden **Äquipotenzialflächen** oder **Niveauflächen** genannt; sie liegen über dem Pol enger aneinander als über dem Äquator und werden durch Gebirge, Lagerstätten u. a. Unregelmäßigkeiten der Erdkruste (Schwereanomalien) beeinflusst. Der Quotient aus Geopotenzial und Normfallbeschleunigung $g_n = 9{,}80665$ m/s² ist die **geopotenzielle Höhe**.

Georges, ein Hurrikan, der im September 1998 vom Nordatlantik kommend über die Westindischen Inseln, Jamaika, Haiti und Kuba in den Golf von Mexiko zog. Er entstand am 13. September 1998 westlich der Kapverdischen Inseln und erreichte am 16. September Sturmstärke mit Windgeschwindigkeiten bis 65 km/h. Am darauffolgenden Tag verstärkte er sich zum Hurrikan und wurde in die Kategorie 4 der →Saffir-Simpson-Hurrikanskala eingestuft. Er passierte zunächst die Kleinen Antillen und zog dann über Puerto Rico hinweg. Am 22. September überquerte Georges die Dominikanische Republik und Haiti und verursachte sintflutartige Regenfälle, die Überschwemmungen und Erdrutsche nach sich zogen. Dabei kamen fast 600 Menschen ums Leben. Der Hurrikan streifte anschließend die Nordküste Kubas und traf drei Tage später auf die zu Florida gehörende Insel Key West. Am 28. September erreichte er Biloxi in Mississippi und zog anschließend als tropischer Sturm wieder ostwärts nach Florida. Georges verursachte einen volkswirtschaftlichen Gesamtschaden von zehn Milliarden US-Dollar.

Georgii [-gi], Walter, deutscher Meteorologe, * Meiningen 12. 8. 1888, † München 24. 7. 1968; förderte die Entwicklung des motorlosen Fluges und die Flugmeteorologie; war 1926–45 Leiter der Deutschen Forschungsanstalt für Segelflug in Darmstadt und dort Professor für Flugmeteorologie, 1948–55 Professor in Mendoza (Argentinien), danach Leiter des Instituts für Flugforschung der Deutschen Forschungsanstalt für Segelflug in München.

geostationäre Satelliten, Satelliten, die immer am selben Punkt über der Erdoberfläche stehen. Aus energetischen Gründen sind solche Positionen nur am Äquator sinnvoll. Geostationäre Satelliten drehen sich daher mit der gleichen Winkelgeschwindigkeit wie die Erde um die Erdachse. Da an dem Ort, wo sich ein geostationärer Satellit befindet, die von der Drehgeschwindigkeit abhängige Zentripetalkraft gerade der Erdanziehung entspricht, ist die Flughöhe über der Erdoberfläche festgelegt. Sie beträgt etwa 35 800 km.

■ **Wettersatelliten** Das System der geostationären Wettersatelliten ist so angelegt, dass um den Äquator jeder Punkt von mindestens einem Satelliten gesehen werden kann. Deshalb sind immer mindestens fünf geostationäre Wettersatelliten im Einsatz. Der Vorteil geostationärer Satelliten liegt vor allem in der hohen zeitliche Auflösung, da sie jede halbe Stunde ein neues Bild liefern.

geostrophischer Wind, der bei geradlinigen Isobaren parallel zu diesen strömende Wind, bei dem sich die durch den horizontalen Druckgradienten gegebene Gradientkraft

$G = -\text{grad}\ p$ und die immer senkrecht auf der Windrichtung stehende, auf der Nordhalbkugel nach rechts wirkende Coriolis-Kraft C das Gleichgewicht halten **(geostrophisches Gleichgewicht):** $G + C = 0$, was die exakte Formulierung des →barischen Windgesetzes darstellt. Der geostrophische Wind ist der →Gradientwind bei geradlinigen Isobaren. Seine Geschwindigkeit υ_g ist umgekehrt proportional zum Abstand der Isobaren und hängt derart von der geografischen Breite ab, dass die Definition des geostrophischen Windes in Äquatornähe ihre Gültigkeit verliert. Bei einem Druckgradienten vom Betrag 1 hPa/1000 km ist $\upsilon_g \approx 1$ m/s. In Bodennähe reduziert die Reibung der Erdoberfläche die Geschwindigkeit des Windes und schwächt die Coriolis-Kraft, wodurch es zu einer Ablenkung des Windes kommt. Dieser weht nun nicht mehr parallel zu den Isobaren, sondern zum tieferen Druck hin. Die Differenz zwischen diesem **ageostrophischen Wind** und dem geostrophischen Wind wird als ageostrophische Windkomponente bezeichnet.

(geothermisches Kraftwerk) genutzt werden kann.

geothermisches Kraftwerk, ein Kraftwerk, in dem geothermische Energie in elektrische Energie umgewandelt wird. Zusätzliche Bauelemente gegenüber einem konventionellen Wärmekraftwerk sind der Wasser-Dampf-Separator und der Lärmdämpfer (Silencer). Zur Erhaltung natürlicher Umweltbedingungen sollte das häufig stark mineralisierte Tiefenwasser, das die Separatoren, Turbinen oder Kondensatoren verlässt, über Injektionsbohrungen in den Untergrund zurückgeleitet werden. Da zur Stromerzeugung mit konventionellen Wasserdampfturbinen Dampfdrücke zwischen 2 und 7 bar und Temperaturen von etwa 180 °C erforderlich sind, konnten geothermische Kraftwerke bislang nur in Gegenden mit ausgeprägter geothermischer Anomalie errichtet werden, besonders dort, wo die geothermischen Energieträger Heiß- und Sattdampf sowie Heißwasser von selbst aus dem Boden treten oder mit Bohrungen aus Tiefen von 1000 bis 2000 m gefördert werden können. Die Temperaturen der Wasser führenden Schichten dort liegen bei 200–350 °C. Mit neueren Verfahren erweitert sich der Anwendungsbereich auf Quelltemperaturen ab etwa 100 °C. Bei diesen Verfahren handelt es sich um thermodynamische Kreisprozesse, die als Arbeitsmedium anstelle von Wasser organische Fluide mit deutlich niedrigerem Siedepunkt nutzen, z.B. Pentan oder ein Wasser-Ammoniak-Zweistoffgemisch. Das Arbeitsmedium befindet sich in einem geschlossenen Sekundärkreislauf und wird über einen Wärmetauscher durch das Heißwasser der geothermischen Lagerstätte genutzt.

geothermisches Kraftwerk bei Grindavik, südöstlich von Reykjavík (Island); der bei der Nutzung der Erdwärme entstandene See wird als Badesee genutzt (»Blaue Lagune«).

Geothermik, Geothermie, Lehre von der Temperaturverteilung und den Wärmeströmen innerhalb des Erdkörpers. Die Geothermik befasst sich neben der Bestimmung der Wärmeleitfähigkeit der Gesteine besonders mit dem Nachweis technisch nutzbarer geothermischer Energie und der von der Temperatur abhängenden Beweglichkeit des Erdöls im Speichergestein (→Erdwärme).

geothermische Energie, in der Erdkruste gespeicherte Wärmeenergie (→Erdwärme), die in Gebieten mit ausgeprägter geothermischer Anomalie zur Raumheizung, als Prozesswärme und zur Stromerzeugung

■ **Prinzipien** Am einfachsten zu betreiben sind geothermische Kraftwerke nach dem **Trockendampfprinzip,** bei dem der überhitzte Dampf direkt aus dem Reservoir auf die Turbinenschaufeln der Generatoren geleitet werden kann. Bei Heißwasserquellen kann das überhitzte Wasser aufgrund des im unterirdischen Reservoir herrschenden Überdrucks nicht verdampfen. Hier kann das **Flashverfahren** angewendet werden, bei dem Heißwasser über ein Bohrloch dem unter geringerem Druck stehenden Flashkessel zugeführt wird. Dabei verdampft ein Teil des Wassers, und der Dampf wird auf die Turbinenschaufeln geleitet.

■ **Nutzung** An günstigen Standorten produzieren geothermische Kraftwerke seit Jahrzehnten elektrischen Strom zu wettbewerbsfähigen Preisen. Zu den größten Anlagen gehören die geothermischen Kraftwerke in der Nähe von San Francisco, USA (»The Geysers«, 700 MW), in Larderello, Italien (400 MW), und Wairakei, Neuseeland (300 MW). Die Philippinen, Indonesien, Mexiko und Island sind weitere wichtige Anwenderländer. 2004 gab es weltweit rund 300 geothermische Kraftwerke mit einer installierten elektrischen Leistung von 8400 MW.

Ein Verfahren zur Nutzbarmachung heißer Trockengesteine ist das **Hot-dry-Rock-Verfahren** (Abkürzung **HDR**), bei dem die Tiefenwärme aus heißen, kristallinen Gesteinen in großindustriellem Maßstab entnommen und einer technologischen Verwertung zugeführt wird. Zwei Bohrungen in 4 bis 5 km Tiefe werden nebeneinander niedergebracht, Wasser durch die eine Bohrung in künstlich erzeugte Klüfte hinabgepresst und durch die andere als Heißwasser wieder an die Oberfläche gepumpt. Im Elsass bei Soultz-sous-Forêts lief seit 1987 ein europäisches HDR-Pilotprojekt unter deutscher Beteiligung. Diese Anlage erzeugt Strom mit einer elektrischen Leistung von 2,1 MW für etwa 1200 Haushalte und hat 2008 als weltweit erstes Kraftwerk seiner Art den Betrieb in einer wirtschaftlich interessanten Größenordnung aufgenommen. Das erste deutsche geothermische Kraftwerk ging 2003 in Neustadt-Glewe mit einer Leistung von 230 kW (elektrisch) und 10,7 MW (thermisch) in Betrieb und nutzt mittels ORC-Turbine 95 °C warmes Thermalwasser aus 2400 m Tiefe. Weitere deutsche Forschungsprojekte werden in Groß Schönebeck, Bad Urach, Offenbach (Pfalz) und in Unterhaching durchgeführt.

Geothermische Kraftwerke sind relativ kompakte und unauffällige Anlagen, die – im Gegensatz zu anderen erneuerbaren Energien (v.a. Wind- und Solarenergie) – grundlastfähig, das heißt unabhängig von Tages- und Jahreszeit, Strom liefern können. Die Technologiefortschritte der letzten Jahre (insbesondere HDR-, ORC- und Kalina-Verfahren) sowie die im Jahr 2000 eingeführte und 2004 verbesserte finanzielle Förderung geothermisch erzeugten Stroms über das Erneuerbare-Energien-Gesetz (Abkürzung EEG) lassen einen verstärkten Ausbau in den kommenden Jahren erwarten. Das theoretische geothermische Stromerzeugungspotenzial beträgt für Deutschland 321 Mrd. kWh pro Jahr. Unter der Restriktion, dass nur dort die Stromerzeugung wirtschaftlich darstellbar ist, wo gleichzeitig ausgekoppelte Wärme genutzt werden kann, reduziert sich das Potenzial auf rund 66 Mrd. kWh pro Jahr (mit Ausbau der Nah- und Fernwärmenetze) beziehungsweise 10 Mrd. kWh pro Jahr (ohne Ausbau).

geothermische Tiefenstufe, Bezeichnung für die Strecke, bei der die Erdwärme um 1 °C in Richtung Erdmittelpunkt ansteigt; in der Nähe der Erdoberfläche im Durchschnitt 33 m (Faustregel 3 °C/100 m). Abweichungen sind durch den geologischen Bau eines Gebiets und die unterschiedliche Wärmeleitfähigkeit der Gesteine bedingt. Es sind Werte zwischen 11 m (Schwäbische Alb) und 125 m (Kanada, Südafrika) gemessen worden.

Gesamtstrahlung, die von der Flächeneinheit eines Temperaturstrahlers pro Zeiteinheit im gesamten elektromagnetischen Spektrum ausgesandte Strahlungsenergie. Für einen → schwarzen Strahler ist die Gesamtstrahlung nach dem → Stefan-Boltzmann-Gesetz nur von der absoluten Temperatur abhängig.

Geschichte, Einfluss auf *Sonderartikel Seite 114/115*

Gewässer, Oberbegriff für fließendes (Fließgewässer) und stehendes (Standgewässer) Oberflächen- und Grundwasser (einschließlich des Gewässerbetts und der Grundwasserleiter), das im Zusammenhang mit dem Wasserkreislauf steht. Die Gewässer werden von der **Gewässerkunde** (→ Hydrologie) erforscht.

Gewässerkunde, → Hydrologie.

Gewitter, mit luftelektrischen Entladungen (→ Blitz, → Donner) und im Allgemeinen kräftigen Niederschlägen sowie heftigen, böigen Winden verbundene Wettererscheinung, die durch Konvektion von Luft relativ hohen Wassergehalts bei hoch reichender (feucht-)labiler Schichtung der Atmosphäre auftritt und gekennzeichnet ist durch die Ausbildung besonders mächtiger Quellwolken, die sich lokal aus kleinen Anfängen rasch entwickeln und in denen starke Vertikalströmungen herrschen. In solchen **Gewitterwolken (Cumulonimbus),** die oft bis zu der – in mittleren Breiten in 6–8 km, in den Tropen in 10–11 km Höhe liegenden – Grenze der Troposphäre reichen, kommt es durch die Vertikalströmungen zu starken Ladungstrennungen der Luftelektrizität sowie zu zusätzlicher

Fortsetzung S. 116

1

GESCHICHTE

1) Der Sieg der Engländer über die »unbesiegbare« spanische Armada 1588 war vor allem dem Wind zu verdanken.

Dass Regen einem die Gartenparty oder sogar den ganzen Urlaub verderben kann, ist ärgerlich, aber in den seltensten Fällen von historischer Dimension. Den Römern hingegen wurde er im Jahre 9 n. Chr. zum Verhängnis. Damals glaubte Rom, die Germanen gut im Griff zu haben. Nach der Eroberung des linksrheinischen Gebiets durch Caesar und Augustus hatte dessen Stiefsohn Drusus die Aufgabe, das rechtsrheinische Germanien zu erobern und als römische Provinz einzurichten. Sein Bruder Tiberius, der spätere Kaiser, übernahm schließlich den Oberbefehl in Germanien und konnte vor allem mit diplomatischen Mitteln die Position Roms zwischen Rhein und Elbe festigen. Das Gebiet galt als so sicher, dass die römischen Machthaber glaubten, es einem ziemlich unerfahrenen Mann – Publius Quintilius Varus – anvertrauen zu können. Doch der friedliche Schein trog, denn der Cheruskerfürst Arminius bereitete einen Aufstand der germanischen Provinzbewohner vor.

Die Regenschlacht

Im Herbst des Jahres 9 n. Chr., als sich die Römer von ihrem Sommerlager an der Weser zu ihrem Winterlager an der Lippe aufmachten, war es so weit: Arminius und seine Truppe lockten die 20 000 schwer bewaffneten Männer des Varus in einen Hinterhalt. Auf ihrem Marsch wurde die lange römische Truppenkolonne immer länger – heftiger Regen hatte den von Baumwurzeln und umgestürzten Bäumen gesäumten Weg durch den Teutoburger Wald immer glitschiger gemacht. Baumkronen krachten unter der Wassermasse herunter, Hagelschauer versetzten die Pferde in Panik, die römischen Lederschilde sogen sich voll Wasser. Die Götter schienen sich gegen die Römer verschworen zu haben. Die Germanen sahen das natürlich anders – der Donner Donars verhieß göttliche Unterstützung. Mitten im durchnässten Wald fielen sie schließlich über die erschöpften und für den offenen Feldkampf ausgebildeten Römer her. Die Schlacht wurde zum Massaker für Varus' Männer. In einem dreitägigen Kampf wurden sie völlig aufgerieben.

Vielleicht hätte sich ohne diesen Regen die europäische Geschichte anders entwickelt, denn die Varusschlacht bedeutete das Ende der römischen Pläne zur Eroberung des freien Germanien. Rom beschränkte sich in der Zukunft lediglich auf die Sicherung der Grenzen seiner Gebiete in Niedergermanien durch eine bis zu 550 km lange Befestigungsanlage, den Limes.

Verregnete Revolution

Das Wetter hatte schon immer weitreichende Folgen für den Menschen, bis heute. Ein Blitzeinschlag am richtigen Ort, und schon ist eine ganze Stadt, eine ganze Region elektrisch lahmgelegt. Hochwasser und Hagelstürme sorgen regelmäßig für beträchtliche Schäden. Doch ein Blick in die Vergangenheit zeigt, dass Wetter geschichtsentscheidend sein kann. Die Niederlage der Römer im Teutoburger Wald ist nur eines von vielen Beispielen. Auch die Französische Revolution wäre vermutlich anders verlaufen, wenn zu einem entscheidenden Zeitpunkt nicht ein Sommergewitter niedergegangen wäre. Bereits der Beginn dieser Epoche war vom Wetter beeinflusst: 1787 und 1788 mussten die Bauern schwere Missernten beklagen, der harte Winter

2

3

1788/89 tat ein Übriges – Hungeraufstände des völlig verzweifelten Volkes waren die Folge.

Im Jahr 1794 steckte die Revolution in ihrer zweiten Phase – die Terrorherrschaft unter Robespierre hatte begonnen. Über 35 000 Menschen wurden hingerichtet. Doch im Konvent formierte sich der Widerstand gegen Robespierre, am 27. Juli lässt man ihn verhaften. Als die Nationalgarde ihn befreit, sieht Robespierre seine letzte Chance darin, das vor dem Rathaus wartende Volk gegen den Konvent aufzuhetzen. Doch ein heftiges Sommergewitter vereitelt seinen Plan – innerhalb von Sekunden steht Paris knöchelhoch unter Wasser, seine Bewohner suchen eilig Schutz. Robespierre hatte gegen den Regen verloren.

Macht des Windes

Auch der Wind hat oft die Geschichte beeinflusst. Ein markantes Beispiel ist der spanisch-englische Seekrieg von 1588. Seit 1585 stand England, das die Spanier durch Freibeuter in den amerikanischen Gewässern schon vorher herausgefordert hatte und das überdies die aufständischen Niederländer in ihrem Kampf gegen Spanien heimlich unterstützte, im offenen Konflikt mit Philipp II., dem König von Spanien und Portugal und mächtigsten Herrscher in Europa. Nach dem Ende Maria Stuarts, für deren Leben sich Philipp verwandt hatte, wurde der offene Krieg unvermeidlich und von dem »königlichen Piraten« Francis Drake eröffnet, indem er eine spanische Flotte im Hafen von Cádiz vernichtete. Die Antwort Madrids war der Plan einer großen Invasion in England, um die ständigen Provokationen des Inselvolkes zu rächen.

Im Sommer 1588 lief die »unbesiegbare« Armada, eine Flotte von 130 Schiffen, in den Atlantik aus. Sie sollte eine spanische Armee von den Niederlanden nach Britannien übersetzen, doch das ganze Unternehmen war schlecht vorbereitet, sodass hellsichtige Mitarbeiter Philipps II. bereits mit einem Fiasko rechneten. Doch kaum im Kanal angekommen, mussten die Schiffe aufgrund der ungünstigen Windverhältnisse bereits in Calais vor Anker gehen und auf weitere Anweisungen warten. Drake kam ihnen jedoch zuvor, überfiel die Armada und drängte sie unter schweren Kämpfen in die Nordsee ab. Er machte den Wind zu seinem Verbündeten, indem er brennende Schiffe mit Pulverladung – »hell burners« – zwischen die Armada treiben ließ. Den Spaniern blieb nichts anderes übrig, als bei widrigsten Windverhältnissen um Schottland und Irland nach Hause zu segeln, wobei sie in der stürmischen See weitere Schiffe verloren.

Das Wetter entscheidet über Leben und Tod

Auch der erste Abwurf einer Atombombe wurde vom Wetter beeinflusst. Vier Städte kamen am 6. August als Ziel infrage: Hiroshima, Kokura, Nigata oder Nagasaki. Zunächst waren alle Städte durch einen wolkenverhangenen Himmel geschützt – die Bombe konnte nur bei guter Sicht eingesetzt werden. Schließlich riss über Hiroshima der Himmel auf. Damit war das schreckliche Schicksal der Stadt besiegelt. 90 000 Menschen kamen sofort ums Leben, Zehntausende erkrankten und starben an den Spätfolgen der radioaktiven Strahlung.

2) Mit der Verhaftung Robespierres endet dessen Schreckensherrschaft. Mit einer letzten Rede wollte er das Volk noch einmal für sich gewinnen – doch ein heftiges Gewitter trieb die Menschen nach Hause.

3) Auch der erste Abwurf einer Atombombe wurde vom Wetter beeinflusst.

Fortsetzung von S. 113
Gewitterelektrizität. Dadurch werden sehr starke elektrische Felder aufgebaut, die sich durch kräftige elektrische Entladungen zwischen unterschiedlich aufgeladenen Wolkenteilen (Wolkenblitze) oder zwischen diesen und der Erdoberfläche (Erdblitze) allmählich ausgleichen. Außerdem kommt es ab einem bestimmten Zeitpunkt der Gewitterwolkenentwicklung zu (oft wolkenbruchartigen) Starkniederschlägen in Form von großen unterkühlten Regentropfen oder sogar von Hagel.

■ **Arten und Ursachen** Die zur Entstehung von Gewittern bzw. zur Bildung von Gewitterwolken notwendige Labilisierung der Luftmassen kann durch mehrere, zum Teil zusammenwirkende Ursachen hervorgerufen werden:

1) **Wärmegewitter** sind eine Folge starker Überhitzung der bodennahen Luftschichten durch die Sonneneinstrahlung bei gleichzeitig hohem Feuchtigkeitsgehalt. Sie treten bei sommerlichen Wetterlagen und sehr flacher Luftdruckverteilung am häufigsten in den Nachmittagsstunden, über warmen Wasserflächen jedoch (wegen der dann maximalen Thermik) in den Abend- und Nachtstunden auf und führen zu keiner nachfolgenden Wetterverschlechterung. Ihre Ausbildung wird in ausgesprochenen Hochdruckgebieten durch die dort in der Höhe herrschende Absinkbewegung und Austrocknung der Luftmassen verhindert.

2) **Frontgewitter** unterscheiden sich von den Wärmegewittern durch ihre größere Ausdehnung und ihre Verbindung mit einer →Front, mit der sie sich verlagern, wobei ihre Zuggeschwindigkeit bis zu 100 km/h betragen kann. Häufigste Form sind die **Kaltfrontgewitter,** deren Ursachen im Allgemeinen die kräftige und rasche Hebung und Abkühlung der vorgelagerten Warmluft durch die hinter einer relativ steilen Frontfläche vorstoßende Kaltluft sind, aber auch Umlagerungen und Turbulenzen sein können, die durch ein Voreilen von Kaltluft in der Höhe ausgelöst werden. Kaltfrontgewitter sind meist mit einem markanten Temperaturrückgang verbunden, wobei die advektive Abkühlung durch den fallenden Niederschlag und das Schmelzen von Eisteilchen noch verstärkt wird. Die Entstehung der sich an Warmfronten entwickelnden (nur seltenen) **Warmfrontgewitter** wird normalerweise durch die sich beim Aufgleiten der Warmluft über kältere Luft ausbildende stabile Schichtung verhindert. Sie entstehen nur dann, wenn die aufgleitende Warmluft schon vorher feuchtlabil geschichtet war. Am bekanntesten sind Warmfrontgewitter aus den USA, wo sie häufig beim Vorstoß von sehr warmer und feuchter Luft aus dem Golf von Mexiko in den Südstaaten auftreten. In Mitteleuropa kommen sie am ehesten als »Ostgewitter« bei der Zufuhr von Mittelmeerwarmluft aus südöstlichen Richtungen vor.

3) **Orografische Gewitter** entstehen in Gebirgsgegenden durch die von Gebirgshän-

GEWITTER

Buchen und Eichen meiden

Immerhin 2,7 Millionen Blitze wurden im Jahr 2007 in Deutschland gezählt, einige davon waren für die Getroffenen tödlich. Wenn man vermeiden will, vom Blitz getroffen zu werden, sollte man einige Vorsichtsregeln beachten.

1) Wann wird es überhaupt gefährlich? Wenn zwischen Blitz und Donner weniger als zehn Sekunden vergehen – dann war der Einschlag weniger als dreieinhalb Kilometer entfernt.

2) Wo soll man Schutz suchen? In Gebäuden natürlich, aber auch das Auto bietet als faradayscher Käfig Sicherheit. Wenn gar nichts in der Nähe ist, sollte man sich hinkauern und die Füße zusammenhalten, um Schrittspannung zu vermeiden. Bäume sind kein guter Ort während eines Gewitters, weil sie bevorzugte Ziele für Blitze darstellen. Auch Buchen nicht – das alte Sprichwort »Vor Eichen sollst du weichen, Buchen sollst du suchen« ist Unfug.

3) Wie hilft man? Wenn jemand vom Blitz getroffen wird, kommt es häufig zu Atem- und Herzstillstand. Dann muss man sofort mit Beatmung und Herzmassage beginnen. Dabei muss man keine Angst haben, selbst Opfer zu werden – die Wahrscheinlichkeit, dass dieselbe Stelle erneut vom Blitz getroffen wird, ist sehr gering.

4) Schwimmen während eines Gewitters ist auch tabu, da Wasser ein sehr guter Stromleiter und die Wirkung eines Blitzeinschlags über mehrere Kilometer spürbar ist.

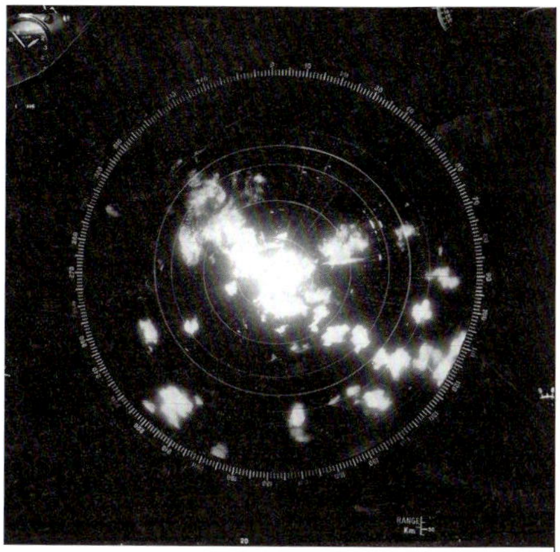

Gewitter. Radarwetterkarte mit einzelnen Gewitterzellen auf dem Schirm eines Rundsichtgeräts

gen erzwungene Hebung und Konvektion feuchtwarmer Luftmassen, deren Labilität dadurch noch verstärkt wird. In ihrer Entwicklung sind sie daher Warmfrontgewittern ähnlich.

4) Eine weitere Gewitterursache ist die Verschärfung des vertikalen Temperaturgradienten infolge Abkühlung durch Ausstrahlung oder durch Advektion kälterer Luft in der Höhe.

■ **Häufigkeit** Die Zahl der Gewitter ist deutlich von der geografischen Breite und der orografischen Beschaffenheit der Erdoberfläche abhängig. Im Allgemeinen nimmt sie von den Tropen nach den höheren Breiten hin ab. In der Äquatorialzone ist im Mittel mit 100 bis (an den Hängen von Gebirgen) 160 Gewittertagen pro Jahr, in mittleren Breiten mit 15 bis 50 Gewittertagen zu rechnen; in den Polargegenden sind Gewitter fast unbekannt. Die Gewitterhäufigkeit nimmt zum Landinnern zu; sie erreicht gewöhnlich mit Annäherung an die Gebirge ihr Maximum. In Deutschland sind das Vorland der Alpen (mehr als 30 Gewittertage), das Oberrheinische Tiefland, das Vorland des Rheinischen Schiefergebirges, des Thüringer Waldes und der sächsischen Gebirge bevorzugte Entstehungsgebiete für Gewitter; im nördlichen Schleswig-Holstein werden im Mittel weniger als 15 Gewittertage gezählt.

Parallel zur Breitenabhängigkeit der Gewitterhäufigkeit ändert sich in den Gewittern auch das Verhältnis von Wolken- zu Erdblitzen von 8:1 in den Tropen bis auf etwa 1:1 in 60° Breite. Für die globale Bilanz der →Luftelektrizität sind die Gewitter entscheidende Generatoren zur Aufrechterhaltung des luftelektrischen Feldes. Insgesamt treten auf der Erde durchschnittlich 1600 Gewitter gleichzeitig auf, die aber nur rund 3‰ der Erdoberfläche überdecken.

■ **Stadien der Gewitterentwicklung** Jedes Gewitter besteht aus mehreren etwa gleich großen Gewitterzellen, von denen jede ihre eigene, typische Entwicklung durchläuft. Die Entwicklung einer Gewitterzelle, wie sie insbesondere für ein Wärmegewitter typisch ist, kann in drei Stadien unterteilt werden.

1) Im ersten Stadium, dem **Jugendstadium (Cumulusstadium),** verursacht die intensive Sonnenstrahlung eine starke Überhitzung der bodennahen Luftschichten; feuchtwarme Luft steigt auf und kühlt sich dabei ab. In einer bestimmten Höhe kondensiert der Wasserdampf, es entstehen Wolken. Aus einer kleinen Cumuluswolke entwickelt sich rasch eine mächtige Quellwolke. Innerhalb der Wolke herrscht ein Aufwind, dessen Geschwindigkeit mit der Höhe zunimmt (bis 20 m/s). Von unten und von den Seiten her fließt der Quellwolke ständig Luft zu. Mit dem Aufwind werden die in der Wolke gebildeten Tröpfchen mit nach oben gerissen bzw. in der Schwebe gehalten, sodass kein Niederschlag ausfällt; die Wolke wächst weiter; bei starker Aufwärtsbewegung zerstieben die Tröpfchen, wobei gleichzeitig eine Ladungstrennung erfolgt: Positiv geladene Tröpfchen gelangen in den oberen Teil der Wolke, negativ geladene Tröpfchen sammeln sich unten an.

2) Im **Reifestadium (Cumulonimbusstadium)** entwickelt sich mit beginnender Eisbildung im obersten Teil der Quellwolke aus der Cumuluswolke eine Cumulonimbuswolke als eigentliche Gewitterwolke, in der nun verstärkte Niederschlagsbildung und verstärkte elektrische Aufladung einsetzt. Die

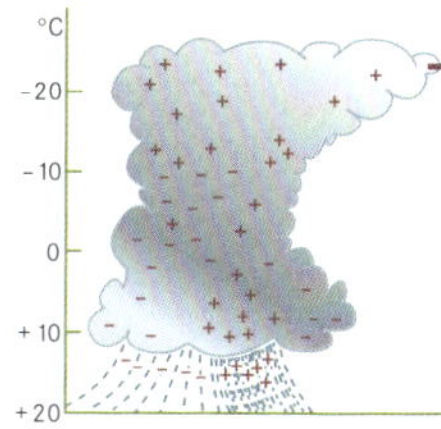

Gewitter. Schema des Ladungsaufbaus einer Gewitterwolke

GEWITTER. ***Gegenmittel Ochsenschädel***

Als eindrucksvolles Naturereignis wurde das Gewitter vielfach als eine Art der Gottesbewegung aufgefasst und war stets von Mythen bildender Kraft. Die Religionsgeschichte kennt zahlreiche Gottheiten des Gewitters, deren Waffen Blitz und Donner sind. So wird der assyrische Gott Ramman (der »Brüller«) mit Blitzbündel und Doppelaxt dargestellt, der germanische Gott Thor schleudert seinen Hammer wie der indische Gott Indra seinen Donnerkeil. Der Blitz gilt als besonders charakteristische Machtäußerung und erscheint deshalb oft als Beiname Blitze schleudernder Götter (Zeus Keraunos, Jupiter Fulgur). Die Volkssage deutet das Gewitter häufig als Kampf zwischen mythischen Wesen, Dämonen, Riesen und Zwergen. Christlich-pastoraler Herkunft ist der Glaube an das Gewitter als göttliche Strafe. Oft wurde das Gewitter als Werk des Teufels oder von Hexen aufgefasst. Mittel zur Vermeidung und Abwehr von Gewittern kennt der Volksglaube in vielerlei Art. So sollen das Anzünden von Wetterkerzen und das Läuten der Wetterglocken helfen, aber auch Schüsse gegen die Wolken, geweihte Palm- und Kräuterbüschel und Holz vom Osterfeuer oder sogar an das Haus genagelte Ochsenschädel, Eulen und Fledermäuse …

Gewitter.
Im Durchschnitt wird Deutschland von über 2 000 000 Blitzeinschlägen pro Jahr getroffen.

Niederschlagsteilchen bremsen den Aufwind durch Reibung ab und wandeln ihn in einzelnen Gebieten der Wolke sogar in Abwind um. Der obere Teil der Gewitterwolke, die bis zur Untergrenze der Stratosphäre reichen kann (mittlere Höhe in unseren Breiten: 6–8 km), nimmt die Form eines Ambosses an: Im Wolkengipfel fließt Kaltluft auseinander und bildet den »Gewitterschirm« aus unscharfen, schleierartigen Eiswolken mit meist unsymmetrischer Anordnung. Jetzt tritt das eigentliche Gewitter mit Blitz und Donner und kräftigen Niederschlägen auf, da immer mehr der an Größe und Menge zunehmenden Niederschlagsteilchen gegen den Aufwind zu fallen beginnen bzw. von dem v. a. sich vorderseitig ausbildenden Abwind mitgerissen werden. Gleichzeitig mit dem Starkniederschlag strömt gewittereigene Kaltluft aus dem Cumulonimbus aus, breitet sich in Erdbodennähe seitlich aus und erzeugt die typischen Gewitterböen.

3) Im **Auflösungsstadium (Altersstadium)** regnet die Gewitterwolke allmählich ab. In der ganzen Wolke setzt sich der Abwind durch, der Starkregen geht in leichten Regen über und versiegt; die Wolke bildet sich zurück.

■ **Elektrische Ladungsverteilung in der Gewitterwolke** Eine Gewitterwolke im Reifestadium ist wegen der bereits im Jugendstadium einsetzenden Ladungstrennung in den oberen Teilen positiv, in den unteren negativ geladen, meist ist aber in den unteren, negativ geladenen Wolkenteilen in Nähe der Wolkenuntergrenze noch ein kleines Gebiet mit positiver Ladung eingelagert, das mit der Hauptniederschlagszone zusammenfällt. Erfahrungsgemäß beginnt die Elektrisierung in den Quellwolken mit der Bildung und Bewegung von Niederschlagsteilchen. Da sich der Prozess der Ladungstrennung bei Temperaturen unter 0 °C vollzieht, müssen auch feste Niederschlagsteilchen beteiligt sein. Zahlreiche »Gewittertheorien« zur Erklärung dieser Vorgänge sind entwickelt worden, von denen die eine Gruppe von Influenzerscheinungen, die andere von Grenzflächeneffekten ausgeht. Nach der **Ionenfangtheorie** von C. T. R. Wilson fangen die im luftelektrischen Feld durch Influenz an der Unterseite positiv geladenen Wassertröpfchen umso mehr negative Ladungsträger ein, je schwerer sie sind und je rascher sie fallen. Dadurch wird der untere Teil der Wolke immer stärker negativ, der obere immer stärker positiv aufgeladen; das influenzierende Feld wird stärker, und der Ablauf des Vorgangs intensiviert sich; hinzu kommt bei genügend hohen Feldstärken eine Feldelektronenemission aus den im Feld zusätzlich deformierten und in der Spitze ausgezogenen Wassertröpfchen.

Gewitterblumen, Blitzblumen, Donnerblümchen, Gewitterblümchen, im Volksglauben Blumen, die ein Gewitter anziehen. Diese Blumen dürfen nicht gepflückt, herumgetragen und ins Haus gebracht werden, da sonst der Blitz einschlägt. Die meisten dieser Pflanzen haben rote und blaue Blüten; sie kommen oft erst im Hochsommer zur Blüte. Zu ihnen zählen u. a. Alpenrose, Ehrenpreis, Enzian, Glockenblume und Königskerze.

Gewitterbö, starker Windstoß (Bö), meist vor Beginn eines Gewitters bzw. Gewitterregens. Die Gewitterbö wird durch die aus großen Höhen der Gewitterwolke (Cumulonimbus) herabstürzende Kaltluft verursacht, die sich durch Schmelzvorgänge weiter abgekühlt hat. Ihre Stärke liegt weit über der Windgeschwindigkeit, die nach dem vorhandenen Druckfeld zu erwarten ist.

Gewitterherd, allgemein Ort oder Gegend des Auftretens von Gewittern; speziell auch Gegenden, in denen aufgrund der Orografie und des Untergrundes bevorzugt und häufig Gewitter entstehen.

Gewitternase, Drucknase, Böennase, höckerartige Aufwölbung im Barogramm beim Durchzug einer Böenlinie und bei Kaltfrontgewittern. Die Luftdruckregistrierung zeigt mit Annäherung der Front erheblichen Luftdruckfall an, dem mit Frontdurchgang ein plötzlicher sehr starker Anstieg folgt. Nach kurzer Zeit fällt der Luftdruck wieder leicht, um danach ebenso rasch in einen länger andauernden Anstieg überzugehen. Ursache der Gewitternase ist die mit dem Niederschlag aus der Gewitterzelle herabstürzende Kaltluft.

Gewitterneigung, Bezeichnung für einen Zustand der Atmosphäre (meist bei sommerlichen Schönwetterlagen), bei dem infolge zunehmender Aufheizung der bodennahen Luftschicht die Entstehung örtlicher Gewitter nicht mehr auszuschließen ist.

Gewittersack, sackförmige zyklonale, meist nach Süden gerichtete Ausbuchtung der Isobaren in feuchtlabiler Warmluft bei einer sommerlichen Luftdruckverteilung mit einem Tiefdruckgebiet im Bereich der Britischen Inseln und hohem Luftdruck über dem Mittelmeer-Balkan-Gebiet; entsteht meist über Frankreich und lässt die Entwicklung von Gewittern erwarten, die durch Hebungsvorgänge und Tageserwärmung vor der nachfolgenden Kaltfront ausgelöst werden.

Gewittervorhersage, die Ankündigung von Gewittern; erfordert eine sorgfältige Analyse der aktuellen Bodenwetterkarte und eine labilitätsenergetische Analyse der durch die Radiosondenaufstiege ermittelten Zustandskurven.

Hinweise für die Gewittervorhersage in der warmen Jahreszeit sind: eine flache Luftdruckverteilung am Boden; ungehinderte Sonneneinstrahlung bei hohen Temperaturen und gleichzeitig hohen Feuchtewerten (überschreitet der Dampfdruck 18 hPa bzw. die Taupunkttemperatur 16 °C, steigt die Gewitterwahrscheinlichkeit auf über 50 %); das Auftreten bestimmter Quellwolkenformen (Altocumulus castellanus) am frühen Morgen und die erwartete Entwicklung von Cumulonimben; die Ausbildung bestimmter Isobarenformen (Gewittersack) und Konvergenzlinien, deren Verlagerung und Intensivierung bei der Gewittervorhersage zu berücksichtigen sind; ferner eine feuchtlabile Schichtung, bei der durch Konvektion, frontales Aufsteigen und orografische Aufwinde Gewitter ausgelöst werden.

Indikatoren für Labilität bzw. Gewitter sind auch die verschiedenen Labilitätsindizes. Diese ermöglichen auch die Vorhersage von Wintergewittern.

Geysir ['gaizir; isländisch, zu geysa »in heftige Bewegung bringen«], neuisländisch **Geisir** ['gjεi̯-], deutsch auch **Geiser,** Thermalquelle (oft in Geothermalfeldern), die in meist regelmäßigen Zeitabständen mit großer Kraft eine bis zu 60 m hohe Wasserfontäne ausstößt. Geysire gehören zu den postvulkanischen Erscheinungen (Vulkanismus). Ihr Wasser stammt größtenteils aus dem zirkulierenden bodennahen Grundwasser; es gelangt an Spalten und Klüften in die Tiefe und in Speicherräume, wo es durch heißes Gestein aufgeheizt wird. Der hydrostatische Wasserdruck erhöht den Siedepunkt in den tieferen Räumen. Erst bei Erreichen der diesem Druck entsprechenden Siedetemperatur wird ein Teil des Wassers ausgeworfen. Eine geringe Druckentlastung durch aufsteigende Gasblasen genügt, um einen Teil des Wassers in Dampf zu verwandeln, der beim Erreichen eines bestimmten Überdrucks das zwischen ihm und der Ausgangsöffnung in einem s-förmig gebogenen Förderkanal befindliche Wasser explosionsartig austreibt. Nach dem Ausbruch fließt kühleres Wasser aus dem Grundwasserbereich nach, und der Vorgang wiederholt sich. Viele Geysire setzen Sinterkrusten (**Geysirit, Kieselsinter:** eine Opalart) in oft bizarren und farbenprächtigen (durch Eisenlösungen) Formen, z. T. terrassenförmig ab. Geysire sind verbreitet in jungvulkanischen Gebieten, z. B. in Südwestisland, auf der Nordinsel von Neuseeland, im Yellowstone-Nationalpark (USA), vereinzelt in Japan, Me-

Geysir. Heiße Quellen im Yellowstone-Nationalpark, USA (Wyo.)

100001

xiko, im Bismarckarchipel und auf Kamtschatka.

Gezeiten, Tiden, periodische Bewegungen der festen Erde, des Meeres und der Atmosphäre, die durch das Zusammenwirken der Anziehungskräfte zwischen Erde, Mond und Sonne und der mit den Bewegungen dieser Himmelskörper verbundenen Fliehkräfte erzeugt werden.

■ **Gezeiten des Meeres** Die Gezeiten des Meeres sind rhythmische Schwankungen des Meeresspiegels, auf dem größten Teil der Meere mit etwa 12- bis 13-stündiger Periode. Das Steigen des Wasserstandes heißt **Flut,** das Fallen **Ebbe,** die Höhendifferenz zwischen Hoch- und Niedrigwasser **Tidenhub.** Bei der Bildung der Gezeiten überwiegt der Einfluss des Mondes; der Einfluss der Sonne macht sich v.a. in dem wechselnden Gezeitenhub bemerkbar. Die **Gezeitenströme** erfassen die ganze Wassersäule von der Meeresoberfläche bis zum Meeresboden. Dadurch werden am Meeresboden Reibungskräfte hervorgerufen.

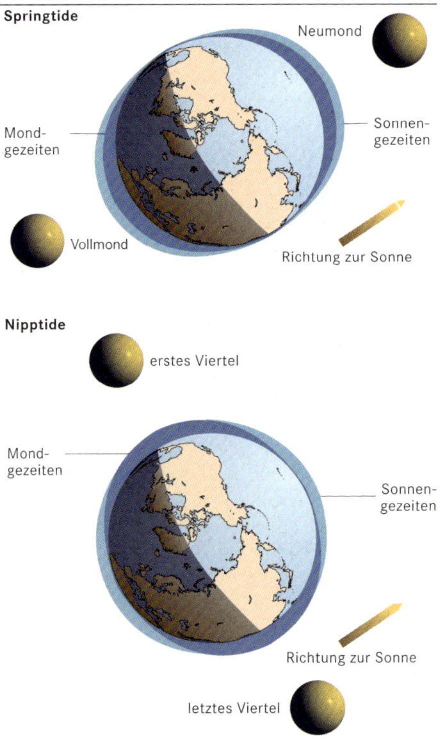

Gezeiten. Wenn sich bei Neumond oder Vollmond die Gezeiten von Mond und Sonne überlagern, also alle zwei Wochen, entstehen Springtiden. Wenn im ersten und letzten Viertel des Mondes Mond- und Sonnengezeiten gegeneinander um 90° verdreht sind, treten Nipptiden ein.

■ **Gezeiten der Atmosphäre und des Erdkörpers** Die Gezeiten der Atmosphäre sind sonnen- wie auch mondbedingte Druckwellen. Unter ihnen sind die 12-stündigen Gezeiten mit Minimum um 4 und 16, Maximum um 10 und 22 Uhr Ortszeit mit 1,5 mbar Amplitude in den Tropen stets, in Mitteleuropa mit 0,5 mbar nur bei stationärem Hochdruckwetter gut beobachtbar. Auch der feste Erdkörper erfährt durch die Gravitationswirkung von Mond und Sonne dank seiner Elastizität eine Deformation, die in Äquatornähe 0,5 m in einer zwölfstündigen Periode erreichen kann. Überlagert wird dieser primäre Effekt durch Schollenverbiegungen, verursacht durch die Wassermassenverlagerung infolge der Meeresgezeiten, durch atmosphärische Druckschwankungen und thermisch bedingte Bodendeformation.

Gezeitenkraftwerk, ein Wasserkraftwerk, das die Energie der Gezeiten, Ebbe und Flut, zur Erzeugung elektrischer Energie ausnutzt, bestehend aus einem oder zwei vom Meer abgeriegelten Becken und einem oder mehreren Krafthäusern. Geeignete Standorte für Gezeitenkraftwerke, von denen es weltweit allerdings nur wenige gibt, sind Küsten mit verhältnismäßig leicht abdämmbaren Buchten und einem mittleren Gezeitenhub (Tidenhub) von 5 m. Zur Stromerzeugung fließt Meerwasser unter Ausnutzung der jeweiligen momentanen Wasserstandsdifferenz durch Turbinen in ein Becken (Flut), aus einem Becken ins Meer (Ebbe) oder aus dem ersten ins zweite Becken. Nachteile der Gezeitenkraftwerke sind die hohen Kosten, die besonders durch den Dammbau entstehen, Umweltbeeinflussungen (Veränderung der Meeresströmung mit Auswirkungen auf Tier- und Pflanzenwelt), die Gefahr der raschen Verlandung vor und in den Becken sowie die beschränkte Betriebszeit, da Stromerzeugung nur so lange möglich ist, wie ein ausreichendes Gefälle zwischen Staubecken und Meer und umgekehrt besteht. Wegen des periodischen Stromanfalls können Gezeitenkraftwerke nur im Verbund mit anderen Kraftwerken zur Stromerzeugung beitragen.

Das erste Gezeitenkraftwerk mit 24 Rohrturbinen, die je 10 MW leisten, wurde 1966/67 in Frankreich im Golf von Saint-Malo errichtet. Sein 750 m langer Damm sperrt die Trichtermündung des Flusses Rance ab. Daneben gibt es (seit 1968) noch eine Versuchsanlage von 800 kW Leistung in Russland (Kislogubsk in der Bucht Kislaja Guba bei Murmansk), seit 1984 ist im südöstlichen Kanada (in der Bay of Fundy bei Annapolis Royal) eine 20-MW-Anlage in Betrieb. 1986 wurde bei Jiangxia in China ein Gezeitenkraftwerk mit einer Leistung von 10 MW fertiggestellt. Pläne für größere Projekte von Gezeitenkraftwerken bestehen in Kanada (für mehrere Buchten in der Bay of Fundy), in Großbritannien (z.B. Severn-Mündung in den Bristolkanal) und in Russland (Barentssee, Weißes und Ochotskisches Meer).

GFS, Abkürzung für englisch **G**lobal **F**orecast **S**ystem, Wettervorhersagemodell der NOAA, mit dem viermal täglich Vorhersagen berechnet werden. Die kleinskaligste Komponente des Modells erstellt eine Pro-

Gezeitenkraftwerk. Die Meeresturbine SeaGen kurz vor ihrer Installation im Strangford Lough vor der irischen Küste von Co Down. Sie hat zwei Rotoren mit je 16 m Spannweite, die 1,2 Megawatt Leistung erzeugen sollen.

gnose für 3,5 Tage und liefert eine Auflösung von ca. 40 km.

Ghibli ['gi-], Bezeichnung des →Schirokko in Libyen.

gibbssche Wärmefunktion, die →Enthalpie.

Gibli [arabisch], Bezeichnung des →Schirokko in Libyen.

Gilbert, ein Hurrikan, der am 8. September 1988 bei den kleinen Antillen entstand und enorme Schäden in der Karibik und dem Golf von Mexiko verursachte. Gilbert traf zunächst auf Jamaika, wo er Windgeschwindigkeiten bis zu 240 km/h erreichte, zu einem Hurrikan der Stufe 4 auf der →Saffir-Simpson-Hurrikanskala anwuchs und 45 Todesopfer forderte. Über dem offenen Meer intensivierte sich Gilbert weiter und erreichte die höchste Stufe 5; der Kerndruck sank auf 888 hPa, was bis zum Hurrikan →Wilma im Jahr 2005 den niedrigsten jemals für einen Hurrikan registrierten Wert darstellte. Als Gilbert die mexikanische Halbinsel Yucatán erreichte, hatte er immer noch die Stärke 5. In Mexiko kamen durch Gilbert über 200 Menschen ums Leben, der volkswirtschaftliche Schaden wird auf zehn Milliarden US-Dollar geschätzt. In Texas verursachte Gilbert ungefähr 40 Tornados; mindestens 260 Menschen fielen hier dem Hurrikan zum Opfer.

Gischt, Wassertröpfchen, die durch starken Wind von Wellenkämmen fortgerissen und über eine kurze Strecke hinweg verweht werden.

Glaisher ['gleɪʃə], James, englischer Meteorologe, *London 7. 4. 1809, †Croydon 7. 2. 1903; Leiter der Abteilung für Meteorologie und Magnetismus der Sternwarte in Greenwich; unternahm zahlreiche Ballonfahrten und erreichte 1862 eine Höhe von 8800 Metern; veröffentlichte Taupunkt-Tabellen zur Luftfeuchtigkeit.

Glashauseffekt, Glashauswirkung, der →Treibhauseffekt.

Glatteis, homogene, meist durchsichtige, glatte Eisablagerung; entsteht durch das Gefrieren unterkühlter Niesel- oder Regentropfen auf Oberflächen, deren Temperatur um oder unter 0 °C liegt; führt u. a. zu Straßenglätte. – Nach dem Straßenverkehrsrecht muss ein Kraftfahrer auch bei Glatteis rechtzeitig vor einem Hindernis anhalten können.

glaziär, in Gletschernähe oder im Umkreis eines Gletschers oder des Inlandeises entstanden; z. B. Schmelzwasserablagerungen oder Löss. Im Unterschied zu den Begriffen →glazigen und glazial bezieht sich glaziär auf den Entstehungsraum.

glazifluvial [zu lateinisch glacies »Eis« und fluvius »Fluss«], *Geomorphologie:* →fluvioglazial.

glazigen [zu lateinisch glacies »Eis« und griechisch genēs »hervorgebracht«], unmittelbar durch die Wirkung des Eises entstanden; bezeichnet Ablagerungen und Abtragungen, z. B. Moränen, Drumlins, Oser, Trogtäler. Im Unterschied zu den Begriffen glazial und →glaziär bezieht sich glazigen auf die Entstehungsursache.

Glaziologie, die Gletscherkunde, →Gletscher.

Gleichgewichtslinie, im Zusammenhang mit dem Massehaushalt von Gletschern verwendete Bezeichnung für die Grenzlinie zwischen positiver (Nährgebiet) und negativer Massebilanz (Zehrgebiet); bei temperier-

Gletscher. Infotafel zum Gletscherschwund des Morteratschgletschers (im Hintergrund) bei Pontresina, aufgenommen am 12. August 2003

ten Gletschern entspricht die Gleichgewichtslinie etwa der Firnlinie, bei kalten Gletschern verschiebt sie sich durch zusätzliche Eisbildungen zugunsten des Nährgebiets in Richtung des Zehrgebiets.

Gletscher [von lateinisch glacies »Eis«], in den Tauern **K<u>ee</u>s,** in Tirol **Fẹrner,** französisch **Glacier** [gla'sje:], italienisch **Ghiacciaio** [giat'tʃajo], englisch **Glacier** ['glæsjə], norwegisch **Bræ** [brae], isländisch **Jökull** ['jœkydl], Eisströme oder -felder, die sich, der Schwerkraft folgend, aus dem Nährgebiet in Richtung Zehrgebiet langsam an Hängen und Tälern abwärtsbewegen. Bei größerer Ausdehnung und Mächtigkeit können weite Teile des Festlandes unabhängig vom Relief darunter begraben werden.

GLETSCHER: LÄNGE UND FLÄCHE EINIGER TALGLETSCHER

Gletscher	Lage	Länge (in km)	Fläche (in km²)
Hubbardgletscher	Alaska	122	3 400
Fedtschenkogletscher	Pamir (Tadschikistan)	77	990
Siachengletscher	Karakorum (Pakistan)	75	1 180
Columbiagletscher	Alaska	52	1 100
Biafogletscher	Karakorum (Pakistan)	59	544
Baltorogletscher	Karakorum (Pakistan)	57	754
Skeidararjökul	Island	50	1 300
Malaspinagletscher	Alaska	45	2 200
Morenogletscher*)	Argentinien	30	257
Aletschgletscher	Wallis (Schweiz)	23	81,5
Khumbugletscher	Himalaja (Nepal)	18	34
Gornergletscher	Wallis (Schweiz)	13	68
Mer de Glace	Montblancgruppe (Frankreich)	12	33
Franz-Josef-Gletscher*	Neuseeland	10	33
Nigardsbreen*	Norwegen	10	48
Abramowgletscher	Kirgistan	9	26
Pasterze	Hohe Tauern (Österreich)	9	20
Forni	Ortler (Italien)	6	13
Vernagtferner	Ötztaler Alpen (Österreich)	3	8,5

* Abflussgletscher

■ **Struktur und Formen** Gletscher entstehen durch Metamorphose von Schnee, der den Sommer überdauert. Aus dem Neuschnee bildet sich durch Setzung und Wasseraufnahme Altschnee. Daraus entsteht durch Schmelzen und Wiedergefrieren (Regelation) Firn, dann unter dem Druck überlagernder Schichten das aus rundlichen Körnern bestehende, noch lufthaltige und daher helle, weißliche **Firneis.** Das weitere Wachstum der Körner und Verdrängen der eingeschlossenen Luft hat das grünlich bis bläulich schimmernde **Gletschereis** zur Folge. Das Gletschereis ist unter Druck plastisch und ermöglicht so das »Fließen« des Gletschers abwärts. Das Gletscherende **(Gletscherzunge)** reicht dabei tief hinab, in Neuseeland sogar bis in Gebiete üppiger Vegetation, in Westpatagonien (und in den Polargebieten) bis zum Meeresspiegel. Die Geschwindigkeit der Gletscher hängt ab von Neigung und Form des Untergrunds, dem Querschnitt des Gletschers, der Eismächtigkeit, der Eistemperatur und dem Nachschub aus dem Firngebiet. Bei den größeren Alpengletschern liegt die mittlere jährliche Geschwindigkeit zwischen 20 und 200 m, im Karakorum und auf Spitzbergen zwischen 130 und 800 m; am höchsten (bis mehrere Kilometer jährlich) ist sie in den verengten Auslässen der großen Inlandeismassen (z. B. in Ostgrönland). Bei Gletschern mit **gleitender Bewegung** oder **fließender Bewegung** (die meisten Gletscher der Alpen, Subtropen und Polargebiete) nimmt die Geschwindigkeit von den Rändern nach der Mitte hin zu, von der Gletscheroberfläche zum Gletscheruntergrund hin nimmt sie ab (wie bei viskosen Flüssigkeiten). Bei Gletschern mit **Blockschollenbewegung** (Karakorum, Spitzbergen) bleibt die Eisgeschwindigkeit über den gesamten Querschnitt nahezu konstant. An Stellen mit Geschwindigkeitsunterschieden der Gletscherbewegung treten in den oberen, starren Bereichen des Gletschereises **Gletscherspalten** (Längs-, Quer-, Randspalten und – am Gletscherende – Radialspalten) auf; sie reichen selten tiefer als 30 m.

An *Gletschertypen* werden unterschieden: **Inlandeis** (Antarktis, Grönland), mit Vereisung ganzer Länder oder Kontinente; kleineren Ausmaßes sind die **Eiskappen** in Spitzbergen, Island (Vatnajökull, 8300 km²) und Norwegen (Jostedalsbre, 486 km²), deren Gletscherzungen auch als **Abflussgletscher** bezeichnet werden. Werden Wasserscheiden und Pässe überflutet (Spitzbergen, Alaska, Westpatagonien, Alpen während der Eiszeiten), spricht man von einem **Eisstromnetz. Talgletscher** und **Gebirgsgletscher** unterscheiden sich vor allem durch ihre Größe, wobei die in der Regel kleineren Gebirgsgletscher in verschiedene Sonderformen unterteilt werden.

Der Massehaushalt der Gletscher ist die Bilanz von Ernährung (Akkumulation) und Abschmelzen bzw. Verdunsten (Ablation). Die Akkumulation ist abhängig von der Höhe der festen Niederschläge (Schnee, auch Reif), von der Windverfrachtung, von Lawinen und vom Wiedergefrieren von Schmelzwasser und Regen; die Ablation hängt ab von Sonneneinstrahlung, Lufttemperatur, Windgeschwindigkeit, Aggregatzustand des Niederschlags (Regen oder Schnee) und dem → Albedo der Gletscheroberfläche. Größere, langfristige **Gletscherschwankungen** sind meist Folge von Klimaschwankungen. So fand, nach Gletschervorstößen vom Ende des 16. Jh. bis Mitte des 18. Jh. (Kleine Eiszeit), fast überall auf der Erde ein allgemeiner Gletscherrückgang bis zur Mitte des letzten Jahrhunderts statt mit einer Verringerung der Eisfläche und Eismächtigkeit. Der kurzfristige Trend zu positiven Massebilanzen in den 1960er- und 1970er-Jahren ist seit Mitte der 1980er-Jahre durch starke Masseverluste völlig kompensiert worden.

■ **Größe und Wirkungen** Die Größe der Gletscher ist von den klimatischen Verhältnissen, der Erhebung über die Schneegrenze und dem Relief abhängig. Darum finden sich größere Gletscher fast ausschließlich in den Polargebieten und in Hochgebirgen (besonders mit ozeanischem Klima). Mit wachsender Trockenheit (und Kontinentalität) nimmt die Vergletscherung ab. Die größten Eismächtigkeiten sind von Grönland (über 3000 m) und der Antarktis (über 4000 m) bekannt. Starke Gebirgsvergletscherung zeigt der Karakorum mit 37 % seiner Fläche (16000 km²); im Himalaja beträgt sie 17 % (33200 km²), in den Alpen nur etwa 2 % (2900 km²). Die vergletscherte Fläche der Erde beträgt gegenwärtig circa 14,9 Mio. km², das sind etwa 10 % der Land- und 3 %

GLETSCHER — *Schutzfolie fürs Eis*

100562

Den Alpengletschern kann man in heißen Sommern, wie er etwa 2003 zu ertragen war, inzwischen regelrecht beim Abschmelzen zuschauen. Da der Klimawandel – wenn überhaupt – erst in vielen Jahrzehnten gestoppt werden kann, stellt sich die Frage: Kann man den Gletschern Schatten spenden? Eine Reihe von Schweizer Gemeinden versucht in der Tat, ihre Gletscherareale im Sommer mit einem Spezialvlies abzudecken. Die Folie reflektiert die Sonnenstrahlung und reduziert damit den Schmelzprozess. Der Gurschengletscher war der erste Schweizer Gletscher, der auf diese Weise eingepackt wurde. Auch in Österreich wurden versuchsweise Flächen im Stubai, im Pitztal und im Kaunertal abgedeckt. Einzelne Erfolge konnte man mit diesen Aktionen erzielen und an exponierten Stellen Gletscherschnee erhalten, der ansonsten ein Opfer der Sonne geworden wäre.

Kritiker wenden hingegen ein, die Folien bekämpften nur vorübergehend und mit erheblichen Kosten die Symptome des Klimawandels – letztendlich aufzuhalten sei der Rückgang der Gletscher damit nicht.

Das Bild zeigt die Folienausbreitung auf Deutschlands einzigem Gletscher auf der Zugspitze. An heißen Tagen verliert der Gletscher bis zu zehn Zentimeter an Stärke. Dies entspricht einem Drittel der täglich in München benötigten Trinkwassermenge.

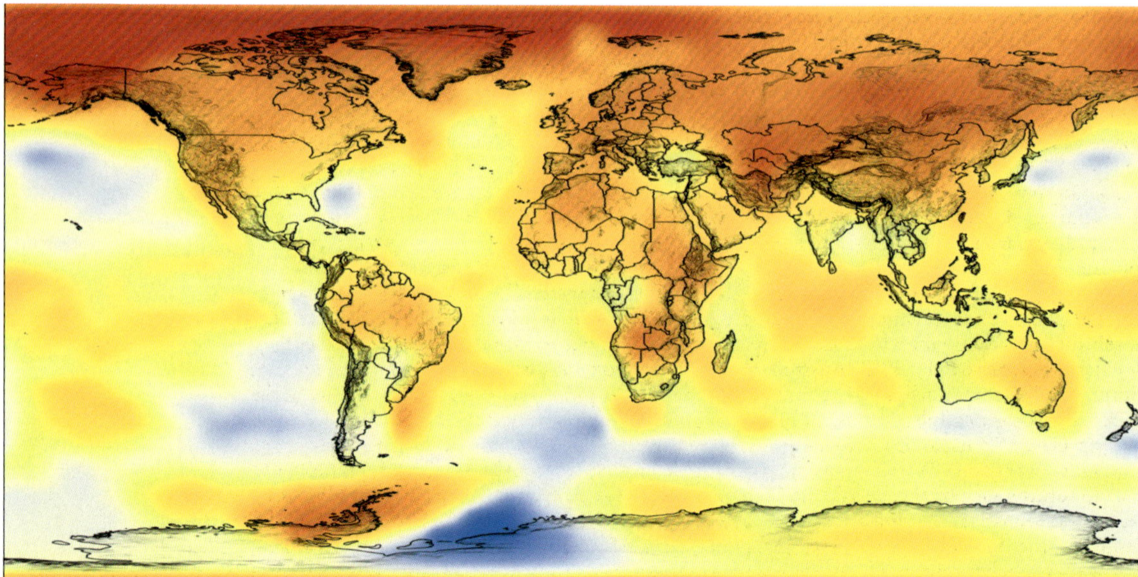

103758

globale Erwärmung. Das Bild zeigt die globale Erwärmung des Jahres 2006 gegenüber dem Jahr 1880. Erwärmungen sind rot, Abkühlungen blau dargestellt. Die meisten Gebiete der Erde haben sich erwärmt.

der Erdoberfläche. Davon entfallen allein auf die Antarktis 12,5 Mio. km² und auf Grönland 1,7 Mio. km². Im Gletschereis sind 1,2 % des Oberflächenwassers bzw. über 98 % der Süßwasservorräte der Erde gebunden. Das als ober- und unterirdisches Eis gebundene Wasservolumen erreicht gegenwärtig 24,4 Mio. km³. Da in der älteren Saale-Eiszeit etwa 89,0 Mio. km³ und in der jüngeren Weichsel-Eiszeit rund 68,5 Mio. km³ Wasser als Eis festgelegt waren, lag der Meeresspiegel um etwa 115 bis 120 m bzw. 90 bis 100 m tiefer als heute; würde das gesamte Eis abschmelzen, betrüge die eustatische Meeresspiegeländerung etwa 68 m.

■ **Klimawandel und Gletscher** Zu den sichtbarsten Auswirkungen des Klimawandels gehört der Rückgang der Gebirgsgletscher. Er ist nicht nur durch zuverlässige Messreihen belegt, sondern auch durch viele historische Fotos, die einen Vergleich mit heute zulassen. In den Alpen haben die Gletscher seit Beginn der Industriellen Revolution mehr als die Hälfte ihrer Masse verloren. Die starke Reaktion vieler Gletscher auf eine vergleichsweise geringe Erwärmung lässt vermuten, dass bei einer Erwärmung um mehrere Grad die meisten Gebirgsgletscher verschwinden werden. Die Schweizer Studie Gisalp kommt zu dem Schluss, dass in 40 Jahren nur noch ein Viertel der heutigen Gletscherfläche übrig ist. Da in vielen Gebirgsregionen die Landwirtschaft und die Wasserversorgung von Gletschern als Wasserquelle abhängen, würde ein solcher Rückgang Millionen von Menschen mit Wassermangel bedrohen.

Gletscherwind, über einem Gletscher talwärts gerichtete Luftströmung (Mächtigkeit wenige Hundert Meter). Die über dem Gletscher stark abgekühlte Luft fließt dabei aufgrund ihrer größeren Dichte ab.

Global Atmospheric Research Programme ['gləʊbl ætməs'ferɪk rɪ'sɜːtʃ 'prəʊgræm; englisch »globales atmosphärisches Forschungsprogramm«], Abkürzung **GARP,** ein seit 1967 von der Weltorganisation für Meteorologie (WMO) in Zusammenarbeit mit dem International Council for Science (ICSU) organisiertes Programm zur Erforschung derjenigen physikalischen Prozesse in der Tropo- und Stratosphäre, die wesentlich für die großräumigen, das Wettergeschehen bestimmenden Schwankungen sowie für die globale Zirkulation der Atmosphäre sind. Mehrere Teilprogramme wurden durchgeführt (GARP Atlantic Tropical Experiment [GATE], First GARP Global Experiment [FGGE]).

globale Erwärmung, die im 20. Jahrhundert und vor allem in den letzten vier Jahrzehnten zu beobachtende Erwärmung der erdnahen Atmosphäre sowie die zu erwartende weitere Erwärmung in der Zukunft. Seit dem Beginn der flächendeckenden Temperaturmessung (1850) ist die Temperatur im globalen Mittel um fast 0,8 Grad Celsius angestiegen; am ausgeprägtesten ist der Anstieg zwischen 1976 und 2005. In diesem Zeitraum nahm die Temperatur um ca. 0,17 Grad Celsius pro Jahrzehnt zu. Elf der letzten zwölf Jahre waren die wärmsten seit Beginn der flächendeckenden Temperaturmessung. Nach dem vierten Sachstandsbericht des IPCC liegt die Ursache dieses Temperaturanstiegs »sehr wahrscheinlich« in dem durch den Menschen verstärkten → Treibhauseffekt.

Je nach weiterer Entwicklung der Emission von Treibhausgasen wird für das Jahr 2100 ein weiterer Temperaturanstieg zwischen 1,1 und 6,4 Grad prognostiziert. Die niedrigste Temperaturerhöhung (1,1–2,9 Grad, am wahrscheinlichsten 1,8 Grad) würde eintreten, wenn durch schnellen Strukturwandel und die Einführung sauberer und effizienter Technologien der Anstieg der Treibhausgase auf etwa 600 ppm CO_2 beschränkt würde (heutiger Wert 380 ppm). Den höchsten Temperaturanstieg (um 2,4–6,4 Grad, am wahrscheinlichsten 4,0 Grad) erwartet der IPCC, wenn bei anhaltendem Wirtschaftswachstum der Weg der Verbrennung fossiler Brennstoffe nicht verlassen wird. Einer Untersuchung des Global Carbon Project aus dem Jahr 2008 zufolge stieg in den Jahren 2000–07 der CO_2-Ausstoß sogar viermal schneller als noch im Jahrzehnt davor; dieser Emissionspfad liegt noch über dem »Worst-Case«-Szenario des IPCC.

Selbst wenn die Treibhausgaskonzentration ab sofort gleich bliebe, würde die Temperatur weiter ansteigen, um 0,1 Grad pro Jahrzehnt für die nächsten beiden Jahrzehnte, in den weiteren Jahrzehnten dann langsamer.

Globalstrahlung, die auf eine horizontale Fläche einfallende solare Gesamtstrahlung; die Summe aus direkter Sonnenstrahlung und diffuser → Himmelsstrahlung, wobei ihre Anteile stark von den Trübungs- und Bewölkungsverhältnissen abhängen. Das Spektrum der Globalstrahlung ist jedoch sowohl für wolkenlosen als auch für bedeckten Himmel nahezu gleich.

Glockenmanometer, → Böenschreiber.

Glorie [lateinisch], *atmosphärische Optik:* aus einem System von farbigen Ringen (von innen nach außen: Blau, Grün, Gelb, Rot) bestehende Leuchterscheinung um den Schatten des Beobachters oder eines anderen Objekts (z.B. Flugzeug, Ballon) auf einer von der Sonne (oder dem Mond) beschienenen Nebelwand oder Wolkenoberfläche. Glorien entstehen durch Beugung des reflektierten Lichtes an den Wassertröpfchen oder Eiskristallen des Nebels oder der Wolke. Ein Schatten, der sehr groß erscheint, weil Wolken oder Nebel vom Beobachter nicht weit entfernt sind und dessen Entfernung nicht richtig abgeschätzt werden kann, wird **Brockengespenst** genannt.

100112

Glorie um den Kopf des Fotografen an einer Nebelwand

GOES [gəʊz, 'dʒiːəʊiː'es, englisch], Abkürzung für englisch **G**eostationary **O**perational **E**nvironmental **S**atellite, erstes operationelles, geostationäres Wettersatellitensystem der amerikanischen National Oceanic and Atmospheric Administration (NOAA). Anfangs rotierende Sensoren im sichtbaren und Infrarotbereich bestimmen Wolkenhöhen, Temperaturprofile und Windgeschwindigkeiten bei Tag und Nacht. Sieben GOES wurden im Zeitraum von 1975 bis 1987 gestartet. 1994 wurde der erste Satellit einer neuen Generation, GOES 8, dessen Instrumente stets zur Erde hin gerichtet sind, gestartet, 1995 GOES 9, 1997 GOES 10, 2000 GOES 11 und 2001 GOES 12. Mit GOES-N wurde 2006 die vierte Generation von GOES-Satelliten gestartet. Die Auflösung der Bildpunkte beträgt je nach Spektralbereich zwischen 4 und 1 km, die Wiederholrate für Bilder vom arktischen bis zum antarktischen Bereich beträgt 30 Minuten; es sind auch Bilder für kleinere Teilbereiche mit einer Wiederholrate von einer Minute möglich.

Goethe-Barometer ['gøːtə-; nach J. W. von Goethe], das → Wetterglas.

goldener Oktober, die Schönwetterperiode, die häufig in der zweiten Oktoberdekade (10.–20. 10.) auftritt. Ursache für die länger andauernde sonnige Witterung ist ein stabiles Hoch über Mittel- oder Osteuropa. Typisch für eine solche Wetterphase sind große Temperaturunterschiede zwischen Tag und Nacht und Nebelfelder am Morgen.

Bei einem **goldenen Oktober,** der mindestens 1,5 Grad Celsius zu warm und gleichzeitig trocken ist, wird erstaunlicherweise der Januar mit 90 % und der Februar mit 65 % Wahrscheinlichkeit ein besonders kalter Monat:
Ist der Oktober warm und fein, kommt ein scharfer Winter drein, ist er aber nass und kühl, mild der Winter werden will.

Golfstrom, Meeresströmung im Nordatlantik; Glied des nordatlantischen Stromkreises, dessen warme, nordwärts gerichtete Strömungen als Golfstromsystem bezeichnet werden. Der eigentliche Golfstrom entsteht aus der Vereinigung von Antillenstrom und Floridastrom und stellt bis zur Großen Neufundlandbank ein schmales Band (Breite etwa 100 km) schnell fließenden Wassers (Oberflächengeschwindigkeit bis 6 km/h) dar, das als Grenzfläche zwischen dem warmen Wasser der Sargassosee und dem kalten Wasser vor der nordamerikanischen Küste wirkt. In diesem Bereich kommt es zu Mäanderbildungen und zur Abschnürung bzw. Loslösung von Wirbeln (Durchmesser 100 bis 200 km).

Östlich der Großen Neufundlandbank fächert sich der Golfstrom auf: Der Hauptarm an der Oberfläche wird Nordatlantischer Strom genannt, von dem ein Teil auch die europäischen Gewässer erreicht. Der weitaus größte Teil der vom Golfstrom transportierten Wassermassen wird südwärts abgeführt. Das System schließt sich durch den Kanarenstrom, der in die breite Drift des Nordäquatorialstroms einmündet.

■ **Bedeutung** Die meteorologischen Auswirkungen des Golfstroms bestehen hauptsächlich darin, dass er laufend subtropisches Wasser heranführt und es in höhere Breiten befördert. In seinem Bereich bestehen daher hohe positive Temperaturdifferenzen zwischen Wasser und Luft, die die Verdunstung fördern; deren große latente Verdampfungswärme bildet eine Hauptenergiequelle der atmosphärischen Zirkulation über dem Ozean. Damit verbindet sich wegen der vorherrschenden südwestlichen bis westlichen Winde ein Einfluss auf das Klima West-, Mittel- und Nordeuropas.

GOLFSTROM. ***Er läuft und läuft und läuft...***

Der Golfstrom lässt nach, Europas ozeanische Fernheizung versiegt – bis vor Kurzem schien dieses Horrorszenario durch Messdaten tatsächlich belegt zu sein, denen zufolge die warme Strömung rund ein Drittel weniger Wasser transportiere als noch fünf Jahrzehnte zuvor. Doch inzwischen hat man genauer gemessen und festgestellt: Der Golfstrom hat nicht nachgelassen. Die neuen Daten umfassen ein gesamtes Jahr und wurden von einem aufwendigen System von Messgeräten gesammelt, das 2004 entlang dem 26. Breitengrad im Atlantik installiert wurde. Sie zeigen, dass die transportierte Wassermenge stark schwankt: An manchen Tagen sind es vier Milliarden Liter pro Sekunde, an anderen Tagen hingegen 35 Milliarden Liter. Im Schnitt sind es 19 Milliarden Liter pro Sekunde – 200-mal so viel wie der Amazonas.
Die Sonden messen Temperatur und Salzgehalt des Wasser in unterschiedlichen Tiefen. Sie hängen an langen Seilen jeweils vor der West- und der Ostküste des Atlantiks und sind u. a. mit ausrangierten Eisenbahnrädern verankert. Die gesamte Ozeanbreite zu bestücken ist unnötig, denn aus der Dichte des Wassers an den Atlantikseiten lässt sich die Strömung berechnen.

Gonu, ein Zyklon, der sich Anfang Juni 2007 über dem Arabischen Meer bildete und Windgeschwindigkeiten bis zu 260 km/h entwickelte. Der Kerndruck sank zeitweise bis 898 hPa. Am 6. Juni zog Gonu über die Arabische Halbinsel und forderte in der südlichen Golfregion mindestens 35 Todesopfer, die meisten davon in Oman. Gonu war der schwerste Sturm in der Region seit 60 Jahren.

Gore [gɔː], Albert (Al) Arnold, amerikanischer Politiker, * Washington (D. C.) 31. 3. 1948. Gore war 1993–2001 Vizepräsident der USA und gehörte – mit z. T. nicht unumstrittenen Positionen – zu den Befürwortern des Kyoto-Protokolls (1997), das die Clinton-Regierung 1998 zwar unterzeichnete, das aber später von den USA nicht ratifiziert wurde. Nach dem Scheitern seiner Präsidentschaftsbewerbung 2000 engagierte er sich insbesondere für den Umweltschutz. So ging er mit seiner vor einer Klimakatastrophe warnenden Multimediashow »An Inconvenient Truth« (»Eine unbequeme Wahrheit«) auf Reisen. Darauf basiert der unter seiner Mitwirkung 2006 entstandene gleichnamige Dokumentarfilm, der unter Einbeziehung von Erkenntnissen der Klimaforschung die Folgen der globalen Erwärmung thematisiert und weltweit zu raschem Handeln gegen den Klimawandel aufruft. Am 12. 10. 2007 verkündete das Nobelkomitee in Oslo die Vergabe des Friedensnobelpreises 2007 zu gleichen Teilen an Gore und den Weltklimarat (IPCC), v. a. in Würdigung der Verdienste beider um die Verbreitung des Wissens über die von Menschen verursachten Klimaveränderungen. Gore wurde dabei als einer der weltweit führenden Umweltpolitiker gewürdigt, dessen Wirken den Kampf gegen den Klimawandel gestärkt hat.

gpm, Einheitenzeichen für **g**eo**p**otenzielles **M**eter.

Grad Celsius [nach A. Celsius], Einheitenzeichen **°C,** gesetzliche Einheit der **Celsius-Temperatur** t (oder ϑ). Diese ist definiert durch: $t = T - T_0$ (T thermodynamische Temperatur, T_0 thermodynamische Temperatur des Eispunktes = 273,15 K). In der 1742 von Celsius eingeführten **Celsius-Skala** ist ein Grad als der hundertste Teil der Temperaturdifferenz zwischen dem Eispunkt und dem Siedepunkt des Wassers bei normalem Atmosphärendruck (101 325 Pa) festgelegt.

Grad Fahrenheit [nach D. G. Fahrenheit], Einheitenzeichen **°F,** in den USA und noch häufig in Großbritannien verwendete Einheit der Temperatur in der 1714 von Fahrenheit eingeführten Temperaturskala **(Fahrenheit-Skala),** bei der der Abstand zwischen dem Gefrierpunkt (Eispunkt) und dem Siedepunkt (Dampfpunkt) des Wassers in 180 gleiche Teile unterteilt ist, d. h., einer Temperaturdifferenz von 1 °C entspricht eine Temperaturdifferenz von $^9/_5$ °F. Dabei ist die Temperatur des Eispunktes auf 32 °F festgelegt, die des Dampfpunktes auf 212 °F; der Nullpunkt der Fahrenheit-Skala entspricht der Temperatur einer Kältemischung aus Wasser, Eis und Salmiak (als 100 °F hatte Fahrenheit ursprünglich die »normale« Körpertemperatur des Menschen gewählt). Für die Umrechnung zwischen Fahrenheit- und Celsius-Skala gilt

$$t_C = {}^5/_9\,(t_F - 32) \text{ und } t_F = {}^9/_5\,t_C + 32,$$

wobei t_C die Celsius-Temperatur und t_F die Fahrenheit-Temperatur ist.

Gradient [zu lateinisch gradi »(einher)schreiten«], *Meteorologie:* Maß für das Gefälle einer meteorologischen Größe in horizontaler oder vertikaler Richtung pro Längeneinheit. Der Gradient steht senkrecht auf den Isolinien der betreffenden Größe.

Gradientwind, Oberbegriff für →geostrophischer Wind und →zyklostrophischer Wind. Beim Gradientwind stehen die gleichen Kräfte im Gleichgewicht wie beim zyklostrophischen Wind, nämlich Gradientkraft, Coriolis-Kraft und Zentrifugalkraft. Die Zentrifugalkraft kann hierbei wie die Gradientkraft gerichtet sein, sie kann gleich null sein (wenn keine Krümmung der Isobaren vorhanden ist), oder sie kann entgegengesetzt zur Gradientkraft gerichtet sein. In allen Fällen weht der Wind – wie beim geostrophischen Wind – genau parallel zu den Isobaren, im Falle von gekrümmten Isobaren tangential zu ihnen.

Quantitative Berechnungen haben ergeben, dass bei den in der Natur vorkommenden Krümmungsradien die Zentrifugalkraft meist erheblich kleiner ist als die Gradientkraft. Man kann sich das Gleichgewicht der Kräfte beim Gradientwind deshalb so vorstellen, dass die Gradientkraft (der die Coriolis-Kraft immer entgegengesetzt ist) durch die Zentrifugalkraft je nach deren Richtung etwas verstärkt oder abgeschwächt wird. In gleicher Weise wird auch der Wind – gleichbleibender Isohypsenabstand vorausgesetzt – durch die Zentrifugalkraft verstärkt oder abgeschwächt (wie beim zyklostrophischen Wind). Die Richtung des Gradienten bleibt dabei immer unverändert und damit auch die Richtung des Windes. Der Wind weht also (wie beim geostrophischen Wind) so, dass der tiefe Druck auf der Nordhalbkugel links, der hohe Druck rechts liegt, auf der Südhalbkugel wegen der umgekehrten Richtung der Coriolis-Kraft entgegengesetzt.

Wenn man die Krümmung der Isobaren hinzunimmt, so folgt daraus, dass auf der Nordhalbkugel Tiefdruckgebiete entgegen dem Uhrzeigersinn, Hochdruckgebiete dagegen im Uhrzeigersinn umströmt werden; auf der Südhalbkugel ist die Umströmungsrichtung umgekehrt.

Da in vielen Fällen der Gradientwind nur wenig vom geostrophischen Wind abweicht, wird in der Praxis die Bezeichnung Gradientwind oft verwendet, wenn nur der geostrophische Wind gemeint ist. So wird ein Maßstab für den geostrophischen Wind meist als **Gradientwindmaßstab** bezeichnet.

Grad Rankine [- 'ræŋkın, nach W. J. M. Rankine], Einheitenzeichen **°R** oder **°Rank,** im angloamerikanischen Sprachraum bisweilen in der Physik benutzte Einheit der Temperatur (**Rankine-Temperatur** T_R). 1 °Rank ist – wie bei der Fahrenheit-Skala – der hundertachtzigste Teil der Temperaturdifferenz zwischen dem Eispunkt ($T_R = 491{,}67$ °Rank) und dem Siedepunkt des Wassers ($T_R = 671{,}67$ °Rank). Der Nullpunkt der **Rankine-Skala** ist der → absolute Nullpunkt der Temperatur (0 K). Zwischen der in Kelvin (K) gemessenen thermodynamischen Temperatur T_K und der Rankine-Temperatur T_R besteht der Zusammenhang: $T_K = \frac{9}{5} T_R$ und $T_R = \frac{5}{9} T_K$.

Grad Réaumur [- 'reomyr, - reo'myr; nach R.-A. Réaumur], Einheitenzeichen **°R,** veraltete, nicht gesetzliche Einheit der Temperatur (**Réaumur-Temperatur** t_R). In der 1730 von Réaumur eingeführten **Réaumur-Skala** beträgt der Fundamentalabstand zwischen Eispunkt und Siedepunkt des Wassers 80 Grad, wobei dem Eispunkt die Temperatur 0 °R, dem Siedepunkt die Temperatur 80 °R zugeordnet ist. Zwischen der Celsius-Temperatur t_C und der Réaumur-Temperatur t_R besteht der Zusammenhang: $t_C = \frac{4}{5} t_R$ und $t_R = \frac{5}{4} t_C$.

Graßl, Hartmut, deutscher Physiker, * Salzberg (heute zu Berchtesgaden) 18. 3. 1940; war 1981–84 Professor in Kiel, 1984–88 Leiter des Instituts für Physik im Forschungszentrum Geesthacht (GKSS), seit 1988 Professor für Allgemeine Meteorologie in Hamburg, seit 1989 Direktor am Max-Planck-Institut für Meteorologie in Hamburg, 1994–99 Direktor des Weltklimaforschungsprogramms (World Climate Research Programme) bei der → WMO, 1992–96 und erneut seit 2000 Vorsitzender des Wissenschaftlichen Beirats Globale Umweltveränderungen (WBGU) der Bundesregierung; Arbeiten v. a. zum Problem des Klimaeinflusses von Aerosolteilchen und Wolken sowie zur Erdbeobachtung mit Satelliten.

Graupeln, aus Wolken fallender fester Niederschlag; besteht aus meist runden, in der Regel halb durchsichtigen oder undurchsichtigen Körnern zusammengeballter Schneekristalle oder aus gefrorenen Regentropfen. **Reifgraupeln** sind nur als Schauer fallende, leicht zusammendrückbare, undurchsichtige Bällchen von schneeartiger Beschaffenheit mit einem Durchmesser bis zu 5 mm; sie treten, meist zusammen mit Schneefall, bei Temperaturwerten um den Gefrierpunkt auf. **Frostgraupeln** sind nur als Schauer fallende, meist runde, schwer zusammendrückbare, nasse, halb durchsichtige Bällchen mit weichem, trübem Kern und einer diese Bällchen umschließenden, sehr dünnen Klareisschicht, mit einem Durchmesser von 1–5 mm; sie fallen oft zusammen mit Regen, meist bei Temperaturwerten über dem Gefrierpunkt. **Schneegriesel** sind sehr kleine (Durchmesser < 1 mm), undurchsichtige Körner aus Schneekristallen mit raureifartigem Überzug. Sie fallen nur in geringen Mengen, nie als Schauer, und bei Temperaturwerten unter dem Gefrierpunkt. (→ Hagel)

Grenzschicht, atmosphärische Grenzschicht, planetarische Grenzschicht, der unterste Bereich der Troposphäre, der in seinen Strömungsverhältnissen stark von der Reibung an der Erdoberfläche beeinflusst wird. Je nach Rauigkeit, vertikaler Temperaturschichtung und Windgeschwindigkeit ist die atmosphärische Grenzschicht unterschiedlich hoch; als Mittelwert der Höhe gilt im Allgemeinen etwa 1000 m. In der Grenzschicht nimmt die Temperatur im Mittel um 0,65 Kelvin pro 100 m ab.

Die große Bedeutung der atmosphärischen Grenzschicht liegt darin, dass in ihr der gesamte vertikale, turbulente Austausch von Energie und Wasserdampf zwischen Erdoberfläche und Atmosphäre vor sich geht. Man unterteilt sie, abgesehen von der nur etwa 1 mm dicken laminaren Unterschicht, in die →Prandtl-Schicht und die darüberliegende Ekman-Schicht (→Ekman).

Griesel, aus weißen, undurchsichtigen Körnchen (vergraupelte, zusammengeballte Eisnadeln oder Schneesterne) bestehender Niederschlag von schneeähnlicher Struktur; im Gegensatz zu Reifgraupeln abgeplattet, länglich, mit Durchmessern unter 1 mm.

Großwetterlage, während eines mehrtägigen Zeitraums über einem Großraum (z. B. von der Größe Europas einschließlich der angrenzenden Teile des Nordatlantiks) beständige Wetterlage. Trotz gleichbleibender mittlerer Luftdruckverteilung auf Meeresniveau und in der mittleren Troposphäre kann das Wetter selbst in den einzelnen Teilgebieten des Großraums wechseln, der Charakter der Witterung bleibt jedoch erhalten. Großwetterlagen können das Klima eines Gebietes wesentlich mitgestalten. Für Europa wurden 29 verschiedene Großwetterlagen definiert, die sich für Mitteleuropa in zehn **Großwettertypen** zusammenfassen lassen. Dabei wird u. a. nach dem Witterungscharakter unterschieden, über Mitteleuropa v. a. zyklonal oder antizyklonal. Die Bezeichnungen richten sich nach der Lage der Hoch- und Tiefdruckgebiete.

■ **Verteilung** Hochdrucklagen haben in Mitteleuropa etwa einen Anteil von 17 % am Witterungsgeschehen. Sie sorgen im Sommer und Herbst für beständige Schönwetterperioden. Im Winter bringt ein zentrales Hochdruckgebiet über Mitteleuropa Nebel und Hochnebel in den Niederungen. Westwetterlagen spielen mit einem durchschnittlichen Anteil von 27 % die wichtigste Rolle im Witterungsgeschehen Mitteleuropas. Sie bringen atlantische Meeresluft nach Mitteleuropa und sorgen für typisch »unbeständiges Wetter« mit teilweise länger anhaltenden Niederschlägen und milden Temperaturen im Winter und kühlen Temperaturen im Sommer. Nordwetterlagen sorgen für stürmische Winde und im Juni oft für die »Schafskälte«. Bei Nordost- und Ostwetterlagen haben die nach Mitteleuropa strömenden Luftmassen rein kontinentalen Charakter und sind daher trocken, im Sommer heiß, im Winter kalt. Sie sorgen für strenge Winter. Südost- und Südwetterlagen sind durch ein Tiefdrucksystem über den Bri-

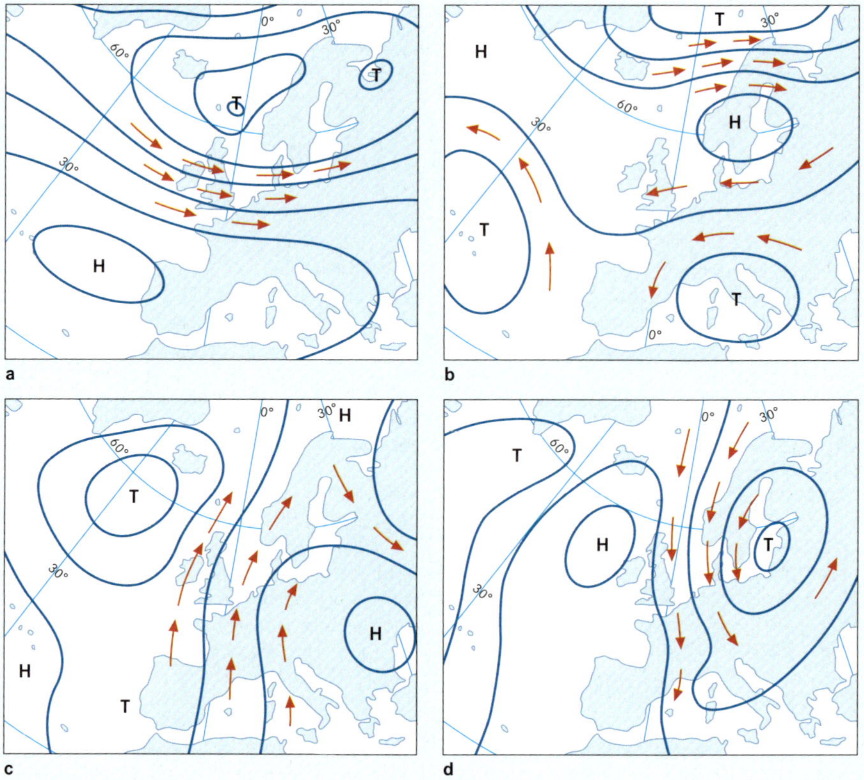

Großwetterlage. Grundformen der Großwetterlagen Mitteleuropas; a Westlage, b Ostlage, c Südlage, d Nordlage tischen Inseln und ein Hoch über Osteuropa geprägt und treten am häufigsten im Herbst auf. Die aus Südost heranströmende Luft ist oft feuchtwarm; zur Südlage gehört der Föhn. Die Südwestwetterlage stellt in der Regel nur den Übergang von einer Hochdruck- zu einer Westlage dar. Ihr Anteil am Witterungsgeschehen ist relativ gering. Im Winter kommt es bei Südwestlagen oft zu Glatteisbildung, wenn der Boden noch gefroren ist, aber eine Warmfront Regen bringt. Tiefdrucklagen sind mit Schlechtwettergebieten identisch; ein Tief über Mitteleuropa hat ganzjährig unterdurchschnittliche Temperaturen und hohe Niederschläge zur Folge.

Grundeis, Eis, das sich am Gewässerbett oder an festen Gegenständen unterhalb der Wasseroberfläche bildet und dort verbleibt.

Grundschicht, Peplosphäre, →Atmosphäre.

grüner Strahl, englisch **Greenflash** ['gri:nflæʃ], atmosphärische Erscheinung, die in seltenen Fällen bei Sonnenaufgang und -untergang gesehen werden kann. Die grüne, nur etwa 2–3 s währende Lichtfärbung entsteht durch die Dispersion der in der Atmosphäre gebrochenen Sonnenstrahlen, die das Bild der Sonne im kurzwelligen Teil des sichtbaren Spektrums stärker hervorhebt als im langwelligen (gelbroten) Teil. Zu sehen ist der grüne Strahl nur, wenn das Bild der Sonne im gelbroten Licht noch bzw. schon vom Horizont verdeckt ist.

Guericke ['ge:rikə], **Gericke,** Otto von (seit 1666), deutscher Ingenieur und Physiker, *Magdeburg 30. 11. 1602, †Hamburg 21. 5. 1686; ab 1632 als Ingenieur im Offiziersrang in schwedischen, ab 1636 in kursächsischen Diensten, ab 1646 Bürgermeister von Magdeburg.

Guericke zählt neben B. Pascal und E. Torricelli zu den Pionieren in der Erforschung des Luftdrucks. Ihm gelang der Nachweis, dass ein Vakuum künstlich herstellbar ist. In der Folge widmete sich Guericke der Verbesserung von Luftpumpe und Barometer sowie der Erfindung eindrucksvoller Experimente zur Verdeutlichung der Wirkungen des Luftdruckes. Das bekannteste ist sein Schauversuch mit den Magdeburger Halbkugeln. Durch Beobachtung von Luftdruckveränderungen gelang es Guericke 1660, Unwetter vorherzusagen, was ihn zum Wegbereiter der Meteorologie machte.

Gustav, Hurrikan, der sich am 26. August 2008 südlich der Dominikanischen Republik bildete und anschließend über Haiti, Jamaika und Kuba in den Golf von Mexiko zog, den er am 31. August mit Windgeschwindigkeiten bis 215 km/h und einem Kernluftdruck von 958 hPa erreichte. Zwischen Jamaika und Kuba hatte Gustav sich sogar zu einem Hurrikan der Stufe 4 auf der →Saffir-Simpson-Hurrikanskala verstärkt. Am 1. September erreichte Gustav als Hurrikan der Stufe 3 den Großraum New Orleans, drei Jahre nach dem Hurrikan →Katrina, der verheerende Schäden angerichtet hatte. Über Land verlor Gustav an Intensität und wurde über dem Bundesstaat Louisiana zum Tropischen Sturm zurückgestuft. Neben Louisiana waren auch die Bundesstaaten Alabama, Florida, Mississippi und Texas betroffen.

■ **Auswirkungen** Die meisten Todesopfer (76) durch Gustav waren auf Haiti zu beklagen. Jamaika meldete zehn Todesopfer, die Dominikanische Republik acht Tote. Auf Kuba verursachte Gustav schwere Sachschäden, dort wurden Windgeschwindigkeiten bis 341 km/h registriert. Gustav war damit der schlimmste Hurrikan der letzten Jahrzehnte auf Kuba. Aufgrund der Erfahrungen mit Katrina wurden bis zum 31. August fast zwei Millionen Menschen aus dem Süden Louisianas evakuiert. Da Gustav nur noch als Hurrikan der Stufe 2 auf die amerikanische Küste getroffen war und auch nicht direkt auf New Orleans zielte, fielen die Zerstörungen diesmal deutlich schwächer als 2005 aus. Auch die Dämme in Louisiana hielten diesmal den Überflutungen stand.

GROSSWETTERLAGE: GROSSWETTERTYPEN UND DIE ZUGEHÖRIGEN GROSSWETTERLAGEN MITTELEUROPAS

Großwettertyp	Großwetterlage (Abkürzung)
West	Westlagen (Wa,[1] Wz,[2] Ws[3])
	Winkelwestlage (WW)
Südwest	Südwestlagen (SWa, SWz)
Nordwest	Nordwestlagen (NWa, NWz)
Hoch Mitteleuropa	Hoch über Mitteleuropa (HM)
	Zonale Hochdruckbrücke über Mitteleuropa (BM)
Tief Mitteleuropa	Tief über Mitteleuropa (TM)
Nord	Nordlagen (Na, Nz)
	Hoch Nordmeer (HNa, HNz)
	Hoch über den Britischen Inseln (HB)
	Trog über Mitteleuropa (TRM)
Nordost	Nordostlagen (NEa, NEz)
Ost	Hoch über Fennoskandien[4] (HFa, HFz)
	Hoch über Nordmeer-Fennoskandien (HNFa, HNFz)
Südost	Südostlagen (SEa, SEz)
Süd	Südlagen (Sa, Sz)
	Tief über den Britischen Inseln (TB)
	Trog über Westeuropa (TM)

1) a = antizyklonal. 2) z = zyklonal. 3) s = südlich.
4) Umfasst Norwegen, Schweden und Finnland.

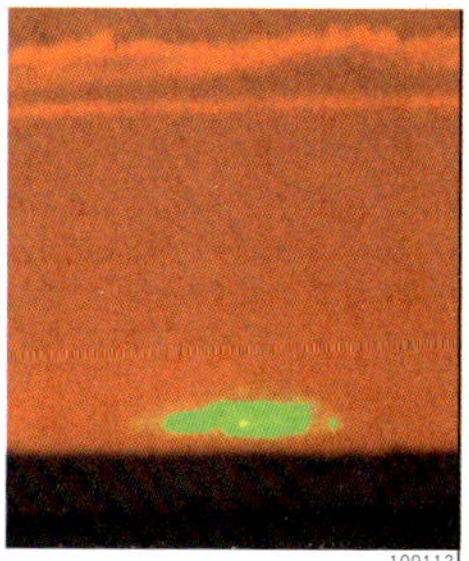
100112
grüner Strahl

H

H, *Meteorologie:* Abkürzung für →Hochdruckgebiet (in Wetterkarten).

Haboob [hə'bu:b, englisch], Staubsturm, →Habub.

Habub, Haboob [hə'bu:b, arabisch], heißer Sand- oder Staubsturm, meist aus nördlicher Richtung wehend, in Ägypten und im Sudan; hauptsächlich im Sommer.

Hadley ['hædlɪ], George, englischer Physiker und Meteorologe, *London 12. 2. 1685, †Flitton 28. 6. 1768. Hadley war eigentlich Jurist, betätigte sich aber nebenher als Amateurmeteorologe. 1735 formulierte Hadley den atmosphärischen Mechanismus, welcher der Passatzirkulation zugrunde liegt, und erkannte – einhundert Jahre vor Coriolis – den Einfluss der Erddrehung. Das Verständnis des Passats war sehr wichtig für die Handelsschiffe, die von Europa nach Amerika segelten. Das Luftkreislaufsystem, dem die Passate entspringen, wird ihrem Entdecker zu Ehren Hadley-Zelle genannt.

1735 wurde Hadley Mitglied der Royal Society. Nach ihm ist auch das Hadley Centre benannt, das offizielle Forschungsinstitut Großbritanniens für Klimafragen.

GEORGE HADLEY
***1685, †1768**

- war Amateurmeteorologe
- formulierte den Mechanismus der Passatzirkulation
- nach ihm ist die Hadley-Zelle benannt

Hadley-Zelle ['hædlɪ-; nach dem britischen Arzt und Meteorologen George Hadley, *1685, †1768], vertikales, geschlossenes, thermisch bedingtes Zirkulationssystem auf jeder Seite des meteorologischen Äquators zwischen der äquatorialen Tiefdruckrinne und dem subtropischen Hochdruckgürtel. Es wird angetrieben von der starken Erwärmung der Luft im Bereich des Äquators; hier steigt die Luft auf (bis zur Tropopause) und strömt in höheren Schichten polwärts, wobei die Strömung durch die Erdrotation immer mehr nach Osten abgelenkt wird; in etwa 30° Breite erfolgt dann eine großräumige Absinkbewegung, und die Luft fließt in den unteren Schichten der Atmosphäre als Passat äquatorwärts zurück. Beide Passatströmungen treffen sich in der innertropischen Konvergenz, womit sich die Hadley-Zelle schließt. Die Hadley-Zelle ist ein Glied in der allgemeinen Zirkulation der Atmosphäre.

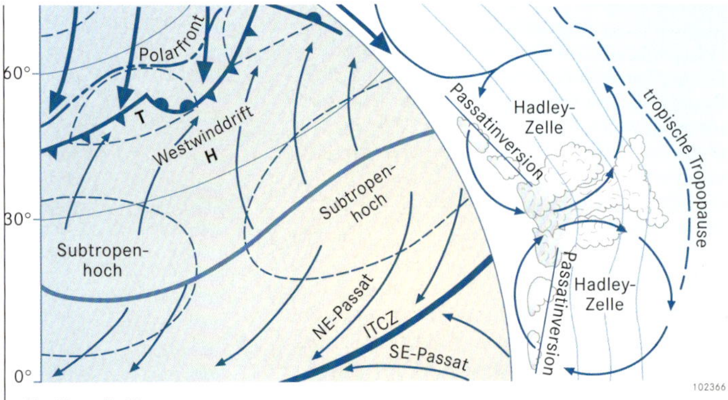

Hadley-Zelle. Schematische Darstellung der Strömungsstrukturen der Hadley-Zirkulation (ITCZ = innertropische Konvergenzzone)

Hagel [althochdeutsch hagal »kleiner, runder Stein«], Niederschlag in Form von Eiskugeln oder -klumpen **(Hagelkörner, Schloßen)** mit Durchmessern von 5–50 mm, in Extremfällen von über 10 cm. Ihr Kern ist klar oder weißlich, umgeben von einer mindestens millimeterdicken durchsichtigen Eisschicht.

■ **Entstehung** Hagel setzt Graupelbildung voraus, die in hoch reichenden Gewitterwolken (Cumulonimbus, mit starken Auf- und Abwinden) auftritt, deren oberer Teil bei Temperaturen um −15 °C teilweise, bei −40 °C vollständig aus Eisteilchen besteht, während der untere Teil Wassertröpfchen von 0,1–0,01 mm Durchmesser enthält. Diese werden im Aufwind über die 0-°C-Grenze getragen und unterkühlen. Treffen sie in der Höhe auf ein Eisteilchen, frieren sie spontan an diesem an. Wiederholt sich dieser Vorgang, so wird das Teilchen schwerer, beginnt zu sinken, und es entsteht ein Graupelkorn **(Hagelembryo).** Lagert sich daran Reif ab, kommt es zu Reifgraupeln (→Graupeln). Häufiger jedoch überziehen sich bei Temperaturen um 0 °C die Graupeln durch eingefangene Tröpfchen mit einer Wasserhaut, die zu einer klaren Eisschicht gefriert **(nasses Wachstum);** bei Temperaturen etwa unter −14 °C frieren nur noch einzelne Tröpfchen und Eiskristalle an **(trockenes Wachstum),** die eine kristalline, milchige Schicht mit Lufteinschlüssen bilden. So entsteht zunächst Frostgraupel, dann Hagel. Die Hagelkörner wachsen entsprechend der Stärke des Aufwindes und dem Wassergehalt der Umgebung. Werden sie mehrfach aufwärtsgeblasen, erhalten sie durch den damit verbundenen Temperaturwechsel einen schalenförmigen Aufbau. Ihre endgültige Größe hängt vom Vertikalwind ab. 30 m/s und Eisdichten von 0,6 g/cm³ ergeben Durchmesser bis zu 7 cm. Stärkste Fälle von Hagel treten im Lee von Gebirgen der gemäßigten Breiten und der Subtropen auf. **Hagelschläge** sind räumlich meist eng begrenzt und dauern im Allgemeinen weniger als 15 Minuten, können aber große Schäden, v. a. in der Landwirtschaft, anrichten.

■ **Wirkung** In der Wolke und ihrer Umgebung ist Hagel eine ernste Gefährdung für die Luftfahrt. In Verbindung mit Frontgewittern treten gelegentlich **Hagelstreifen** mit mehreren Hundert Kilometern Länge und einigen Kilometern Breite auf, die erhebliche volkswirtschaftliche Schäden verursachen. Daher führt man in stark bedrohten Gebieten Maßnahmen zur Bekämpfung durch. Dazu werden Chemikalien (Silberjodid) in die Wolken eingebracht, die als →Kondensationskerne flüssigen Niederschlag auslösen und so Wasser für die Hagelbildung entziehen. Die Wirksamkeit dieses Verfahrens ist mehrfach belegt, doch gelingt es in der Praxis nicht immer, die Substanzen in den aktiven Zonen der Wolken genügend zu konzentrieren. Bei Bemühungen, die Hagelbildung durch Detonationswellen **(Hagelschießen)** abzuschwächen, konnte dagegen ein Erfolg nicht nachgewiesen werden.

Hagelzauber, im alten Volksglauben die Fähigkeit von Dämonen, Hexen oder Zauberern, Hagel heraufzubeschwören und den Menschen – v.a. ihren Feldern und ihrer Ernte – auf diese Weise Schaden zuzufügen. Demnach konnte der Hagel durch drei verschiedene Arten herbeigerufen werden: 1) durch Beschwörung des Himmels, 2) durch das Hineinwerfen von Steinen, Sand oder Kies in ein stehendes Gewässer und 3) durch Zauberei. Dem gegenüber standen Rituale, um den Hagelschlag abzuwehren. Gegenzauber wie Glockenläuten, um Hagelhexen zu vertreiben, oder der Hagelwolke einen Spiegel entgegenzuhalten, damit sie sich – durch ihren eigenen Anblick erschrocken – zurückzieht, waren regional unterschiedlich verbreitet. Vor allem im Zeitalter der Christianisierung, in dem die Kirche auch den Aberglauben bekämpfte, traten an die Stelle der Gegenzauber u.a. das Aufsagen von Gebeten und Bibelversen. Erst Mitte des 16. Jahrhunderts kam man allmählich zu der Überzeugung, dass Hexen den Hagel nicht herbeizaubern können.

Der **Hagelaberglaube** wurde von der Kirche nachweislich unterstützt, vermutlich weil er eine einträgliche Motivation für die Landbevölkerung darstellte, Abgaben und Spenden zu entrichten, um sich gegen Hagel zu schützen, der als »Zorn Gottes« galt. Weit verbreitet waren Opfer- und Bittzeremonien. In Prozessionen suchte man für seine Felder und Ernten Schutz (→ Wetterbeschwörung). Sogenannte **Hagelfeiertage** fanden in vielen katholischen Gemeinden des deutschsprachigen Raums statt. Es waren hohe Festtage, an denen die Arbeit ruhen musste. In vielen Orten gab es Hagelfeste und -feuer. Im Zeitalter der Aufklärung verschwand der Hagelaberglaube dann zunehmend.

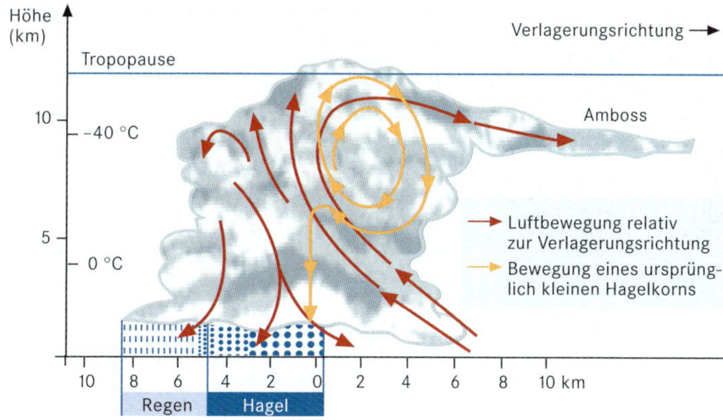

Hagel. Vertikalschnitt durch eine Gewitterwolke mit Hagelbildung

Haitham [-'haiθam], **Abu Ali al-Hasan Ibn al-Hasan Ibn al-Haitham,** lateinisch **Alhazen,** arabischer Physiker, Mathematiker und Naturwissenschaftler, *Basra 965, †Kairo um 1040; Universalgelehrter des Mittelalters; führte zahlreiche Experimente zur Optik durch; erklärte u.a. richtig die scheinbare Vergrößerung von Sonne und Mond nahe am Horizont; berechnete die Höhe der Atmosphäre aus der Beobachtung von Sonnenuntergängen.

Halbleiterthermometer, Halbleiterwiderstandsthermometer, Gerät zur Temperaturmessung, das als Messeffekt den mit der Temperatur veränderlichen elektrischen Widerstand von Halbleitern bzw. Halbleiter-

HAGEL

Groß, größer, am größten

Normalerweise haben Hagelkörner einen Durchmesser von 0,6 bis 2 Zentimetern, selten treten Ausreißer von zehn oder mehr Zentimetern auf. In seiner Entstehungswolke muss ein Hagelkorn mindestens einen Durchmesser von einem Zentimeter besitzen, um am Boden anzukommen. Seine Aufprallgeschwindigkeit beträgt dann 50 km/h. Bei fünf Zentimetern sind es bereits 110 km/h.

Die maximale Größe eines Hagelkorns ist nur schwierig zu bestimmen, weil der Entstehungsprozess recht kompliziert ist. Auf jeden Fall fiel im August 1958 in Frankreich ein Korn vom Himmel, das fast 1000 Gramm wog und so groß wie ein Fußball war. Aus den USA sind ein 760 Gramm schweres Hagelkorn in Kansas aus dem Jahr 1970 sowie ein handballgroßes Hagelkorn vom Juni 2003 in Nebraska dokumentiert. Das Kansas-Korn hatte eine stachelige Struktur, die darauf hindeutet, dass hier mehrere Körner miteinander verschmolzen. Den Gewichtsrekord hält aber wohl ein Hagelkorn in Kasachstan, das fantastische 1,9 Kilogramm gewogen haben soll.

p-n-Übergängen ausnutzt. Halbleiterthermometer besitzen eine negative Temperaturcharakteristik und eignen sich am besten für tiefe Temperaturen (unterhalb von circa 20 K bzw. –253 °C).

Halbwüste, Übergangsgebiet zwischen Vollwüste und Steppe oder Savanne mit vollaridem bis semiaridem Klima (→arid) und durchschnittlichen Jahresniederschlägen von etwa 100–125 mm. In Senken und an Wadis gibt es oft Salz- und Kalkausscheidungen.

Die Vegetation besteht aus stark xeromorphen Pflanzengesellschaften (Xerophyten), aus Halb- und Zwergsträuchern mit ledrigen Blättern, aus harten Büschelgräsern, Sukkulenten, oft auch Salzpflanzen (z.B. im Salzbusch Australiens). Der Bodenbedeckungsgrad ist selten höher als 25 %.

Halo [lateinisch halos »Hof um Sonne oder Mond«, von gleichbedeutend griechisch hálōs (eigentlich »runde Tenne«)], *atmosphärische Optik:* zum Teil farbenprächtige atmosphärische Lichterscheinung, die durch Brechung oder Spiegelung, seltener durch Beugung der Lichtstrahlen an Eiskristallen in der Atmosphäre entsteht. Halos haben am häufigsten die Form von Ringen um Sonne und Mond (zu unterscheiden von einem →Kranz), Lichtstreifen oder Lichtflecken und sind v.a. bei dünner, hoher Bewölkung (Cirrus, Cirrostratus) zu beobachten; gelegentlich können sie auch von aufgewirbelten Schneekristallen oder von Eiskristallen verursacht werden.

Ein **Halo** um die Sonne deutet auf Cirrostratuswolken hin, die wiederum ein herannahendes Sturmtief ankündigen:
Hof um den Man (Mond), dat woll wol gan, doch Hof um de Sun (Sonne), da schreien Schippers Frau un Kinner rum.

100112

Halo um die Sonne

100674

Halo.
Nebensonne durch Brechung des Sonnenlichts an Eiskristallen (Arizona, USA)

■ **Erscheinungen** Die verschiedenen Halos unterscheidet man nach ihrer Lage zur Lichtquelle oder ihrer Lage zueinander:

Spiegelungshalos sind stets weiß oder farblos; zu ihnen zählen **Gegensonne** (Lichtfleck in gleicher Höhe wie die Sonne, aber in entgegengesetzter Richtung), **Untersonne** (leuchtender Lichtfleck oder senkrechter Streifen in gleicher Azimutrichtung wie die Sonne und genauso tief unter dem Horizont wie die Sonne über dem Beobachter), **Lichtsäule** (stark leuchtender weißer Streifen durch die Sonne längs des Vertikalkreises), **Lichtkreuz** (entsteht, wenn sich Lichtsäule und ein Stück des Horizontalkreises schneiden) und **Horizontalkreis** (weißlicher Ring; selten vollständig ausgebildet; verläuft parallel zum Horizont durch die Sonne, gegebenenfalls auch durch die Nebensonnen; mit zunehmender Sonnenhöhe kleiner werdend).

Brechungshalos erscheinen durch die Zerlegung des Lichtes in die Spektralfarben meist farbig; zu ihnen zählen die gegenüber dem sehr viel kleineren Kranz die umgekehrte Farbfolge oder einen rötlichen Innenrand zeigenden **Ringhalos,** besonders der **22°-Ring** (kleiner oder gewöhnlicher Ring) und der **46°-Ring** (großer Ring), ihre oberen, unteren und (seltener) seitlichen Berührungsbögen sowie der **Zirkumzenitalbogen** und (bei sehr hohem Sonnenstand) der seltene **Zirkumhorizontalbogen,** außerdem die **Nebensonnen** (leuchtende Flecken mit einem nach außen gerichteten leuchtenden Schweif beiderseits der Sonne). Die häufigste Haloerscheinung ist der 22°-Ring, der (im Jahresdurchschnitt) an rund 200 Tagen im Jahr auftritt.

Halone, *Singular* Halon, internationale Bezeichnung für Halogenkohlenwasserstoffe, die als Feuerlöschmittel verwendet wurden. Sie ähneln in ihrer Struktur den →Fluorchlorkohlenwasserstoffen, enthalten aber zusätzlich noch Brom. Ihr Ozonzerstörungspotenzial ist drei- bis zehnmal so groß wie das der schädlichsten FCKW. Aus diesem Grund sind Halone seit dem 1. 1. 1994 in Deutschland verboten.

Hangwind, durch den täglichen Wechsel von Ein- und Ausstrahlung bei heiterem Wetter entstehende schwache Luftströmung an Hängen, fließt tagsüber aufwärts, nachts abwärts; erzeugt nachmittags häufig Wolken an den Kämmen und Gipfeln, ist an der Entstehung des →Berg- und Talwindes beteiligt.

Hạnn, Julius Ferdinand Edler von (ab 1910), österreichischer Meteorologe, *Schloß Haus (bei Linz) 23. 3. 1839, †Wien 1. 10. 1921. Hann studierte in Wien Physik und Mathematik für das Lehramt an Mittelschulen und unterrichtete ab 1864. Daneben veröffentlichte er seine erste meteorologische Arbeit über die Entstehung der Gewitter. Im Jahr darauf übernahm er die Schriftleitung der Meteorologischen Zeitschrift, für die er 55 Jahre lang tätig war. 1867 promovierte Hann in Wien, 1868 folgte die Habilitation. Ab 1872 lehrte er zunächst Klimatologie an der Hochschule für Bodenkultur. 1874 wurde er Professor in Wien, 1897 dann in Graz, im Jahr 1900 schließlich Professor für kosmische Physik an der Universität Wien.

Hann war der bedeutendste Meteorologe und Klimatologe seiner Zeit. Er führte erstmals thermodynamische Prinzipien in die Meteorologie ein und wendete sie zur Erklärung der Wolken- und Niederschlagsbildung sowie des Föhns (1866) und bei der Untersuchung der Zyklonen und Antizyklonen sowie der atmosphärischen Zirkulation an. Hann entwickelte außerdem eine neue Theorie der Berg- und Talwinde. Grundlegend waren auch seine Arbeiten zur Klimatologie, für die er die erste umfassende Darstellung gab (»Handbuch der Klimatologie«, 1883, 3 Bände 1908–11), und sein »Lehrbuch der Meteorologie« (1901).

Hanna, Hurrikan der Saison 2008, der sich aus einem Tiefdruckgebiet entwickelte, das sich am 28. August 2008 etwa 575 km nördlich der Kleinen Antillen bildete. Die maximalen Windgeschwindigkeiten betrugen 120 km/h. Am 1. September verstärkte sich Hanna zum Hurrikan und richtete vor allem auf Haiti immense Schäden an; die Zahl der Todesopfer, die durch Hochwasser, Schlammlawinen und andere Folgen des Unwetters ums Leben kamen, wird auf über 500 geschätzt. Am 6. September erreichte Hanna an der Grenze zwischen North und South Carolina die Ostküste der USA, wo sich die Schäden allerdings in Grenzen hielten.

Harmattạn [afrikan.], mit Sand und Staub beladener trockenheißer, aus Nordosten kommender Passatwind in der westlichen Sahara und in Oberguinea; weht im Winter oft über die Küste hinaus bis zu den Kapverdischen Inseln; gekennzeichnet durch starke Lufttrübung über dem Meer (»Dunkelmeer«).

Harsch, verfestiger Schnee; **Windharsch** entsteht durch Oberflächenverdichtung als Folge von Winddruck, **Sonnenharsch** durch Schmelzen der Schneeoberfläche und erneutes Gefrieren.

Hartley-Bande ['hɑ:tli-; nach dem britischen Chemiker Sir Walter Noel Hartley, *1846, †1913], Absorptionsbande des Ozons (Wellenlängenbereich 200–320 nm); durch sie wird in der Atmosphäre ein großer Teil der kurzwelligen gesundheitsschädlichen UV-Sonnenstrahlung absorbiert. Wegen der Absorption sind an der Erdoberfläche keine astrophysikalischen Beobachtungen im Spektralbereich der Hartley-Bande möglich. In der Stratosphäre entsteht durch die Hartley-Bande zwischen 45 und 50 km Höhe ein warmer Bereich mit Temperaturen bis über 0 °C.

Haufenwolke, deutsche Bezeichnung für Cumulus (→Wolken).

Heaviside ['hevɪsaɪd], Oliver, britischer Physiker und Elektroingenieur, *Camden Town (heute zu London) 18. 5. 1850, †Paignton (heute zu Torbay) 3. 2. 1925; Autodidakt, lebte nach einer vorübergehenden Tätigkeit als Telegrafist zurückgezogen als Privatgelehrter (später mit staatlicher Pension). Heaviside beschäftigte sich v. a. mit der Ausbreitung elektrischer Wellen. 1901 sagte er unabhängig von Arthur Edwin Kennelly (*1861, †1939) die Existenz einer reflektierenden ionisierten Schicht (»Heaviside-Schicht«) voraus.

Heaviside-Schicht ['hevɪsaid-], **Kennelly-Heaviside-Schicht** ['kenlɪ-; nach O. Heaviside und Arthur Edwin Kennelly (*1961, †1939)], ältere Bezeichnung für die →Ionosphäre, speziell die E-Schicht, deren Existenz 1901 von den beiden Wissenschaftlern unabhängig vorausgesagt wurde.

Hebungskondensationsniveau, →Kondensationsniveau.

Heilklima, Klimabereich, für den definierte therapeutische Wirkungen bekannt

HARMATTAN. *Dünger für den Regenwald*

Staub ist ein guter Dünger mit vielen Nährstoffen – genau das, was dem Regenwald Amazoniens mit seinen sehr alten und armen Böden fehlt. Wie praktisch ist es da, dass die Wüste den dringend benötigten Dünger liefert. Wie Satellitenbilder gezeigt haben, stammt mehr als die Hälfte des mineralreichen Staubniederschlags auf den Regenwald aus einer einzigen kleinen Region in der Sahara, der Bodélé-Senke im Tschad. Obwohl sie nur 0,2 Prozent der Sahara ausmacht, ist sie mit 700 000 Tonnen aufgewirbelten Staubs die ergiebigste Staubquelle. Wenn im Winter die Harmattan-Winde wehen, treten auch im Bodélé starke Böen auf, die den Staub in solche Höhen wirbeln, dass sie von den Passaten erfasst und nach Westen transportiert werden können. Manche Wissenschaftler vermuten sogar, dass ohne den Sahara-Dünger die Regenwaldvegetation deutlich artenärmer wäre.

sind; in Mitteleuropa handelt es sich dabei v.a. um das Hochgebirgsklima, das Mittelgebirgsklima, das Meeresküstenklima und das Inselklima. Wichtige Anwendungsgebiete des Hochgebirgsklimas sind allergische und Hauterkrankungen (z.B. Neurodermitis); Mittelgebirgsklimakuren eignen sich bei Herz-Kreislauf-Erkrankungen und vegetativen Regulationsstörungen; Meeresküstenklima und Inselklima sind v.a. bei Erkrankungen der Atemwege (z.B. Schnupfen, Asthma) und der Haut (z.B. Psoriasis, Neurodermitis) angezeigt.

Herbst.
Der Frühherbst beginnt phänologisch mit der Reife der Früchte des Schwarzen Holunders.

heißer Tag, *Meteorologie:* Tag mit einem Höchstwert der Temperatur von mindestens 30 °C; ein heißer Tag wurde in Mitteleuropa früher auch als **Tropentag** bezeichnet.

heiße Zo̲ne, nach W. Köppen die Klimazone beiderseits des Äquators bis zu den Wendekreisen ($23^1/_2$° nördlicher und südlicher Breite).

heiter, *Meteorologie:* gesagt von einem Tag mit einem Tagesmittel der →Bewölkung von weniger als zwei Achtel.

Hẹktopascal, Einheitenzeichen **hPa,** *Meteorologie:* Einheit des Luftdrucks, seit 1. 1. 1984 verbindlich in Staaten, die Mitgl. der WMO (Weltorganisation für Meteorologie) sind. Mit dem Hektopascal wurde das SI-fremde Millibar abgelöst, wobei sich jedoch der Zahlenwert nicht änderte: 1 mbar = 1 hPa = 100 Pa = 100 kg · m^{-1} · s^{-2}.

Heliogra̲f [zu griechisch gráphein »schreiben«], Messgerät zur Registrierung der Sonnenscheindauer. Das einfachste Gerät ist der →Sonnenscheinautograf. Neuere Geräte registrieren fotoelektrisch mit gleichzeitiger digitaler Ausgabe oder Speicherung der Messwerte. Als Sonnenschein gilt dabei eine Überschreitung einer bestimmten Intensität (W/m^2) der direkten Sonneneinstrahlung.

Hẹllmann, Gustav, deutscher Meteorologe, * Löwen (Schlesien) 3. 7. 1854, † Berlin 21. 2. 1939; ab 1879 Mitarbeiter, 1907–22 Direktor des Preußischen Meteorologischen Instituts, ab 1886 auch Professor in Berlin; verbesserte die Klimaerfassung durch neue Instrumente (u.a. Niederschlagsmessgeräte) und Beobachtungsanleitungen; Arbeiten zur Geschichte der Meteorologie.

Hemisphä̲re [griechisch hēmisphaírion »Halbkugel«], *Geografie:* Erd- oder Himmelshalbkugel; nördliche oder südliche Hemisphäre (vom Äquator aus) oder östliche und westliche Hemisphäre (= Alte und Neue Welt).

Herbst, eine der vier Jahreszeiten. Astronomisch ist der Herbst die Jahreszeit vom 22. bzw. 23. 9. bis zum 20. bzw. 21. 12., meteorologisch vom 1. 9. bis zum 30. 11., umfasst also die Monate September, Oktober und November.

Im phänologischen Kalender datiert man den Beginn des **Frühherbstes** u.a. auf die Holunderreife. Die Obsternte – vor allem Birnen und gegen Ende dieser Herbstphase Zwetschgen – befindet sich auf dem Höhepunkt. Als Zeigerpflanze für den Frühherbst dient auch die Herbstzeitlose, deren Blüte jetzt einsetzt. Der **Vollherbst** ist gekommen, wenn Rosskastanien, Eicheln, Bucheckern und Walnüsse reifen. In der Landwirtschaft beginnen die Ernte der Spätkartoffeln und die Aussaat des Wintergetreides. Zentral für den **Spätherbst** ist vor allem die Laubverfärbung an den Bäumen. Durch Abbau des Chlorophylls nimmt die Grünfärbung ab und die begleitenden Naturfarbstoffe, rote und gelbe Carotinoide, werden farbwirksam. Zusätzlich können rote Anthocyane auftreten. Die Braunfärbung erfolgt erst beim Absterben der Blätter durch braune wasserlösliche Farbstoffe. Im Spätherbst geht das Wintergetreide auf, die Rüben werden geerntet. Der Spätherbst markiert das Ende der Vegetationszeit; er endet, wenn die Feldarbeit eingestellt wird.

■ **Extreme** Der Herbst 2006 war der wärmste Herbst seit Beginn der flächendeckenden Wetteraufzeichnungen im Jahr 1901. In allen meteorologischen Herbstmonaten lag die Temperatur deutlich über dem langjährigen Mittel, in einigen Städten wie Frankfurt betrug die Abweichung der mittleren Tageshöchsttemperatur für den Herbst 2006 um vier Grad über dem normalen Wert. Auch die Anzahl der Sonnenscheinstunden war überdurchschnittlich hoch. Bundesweit lag sie im Schnitt bei fast 400 Stunden, auf der Zugspitze

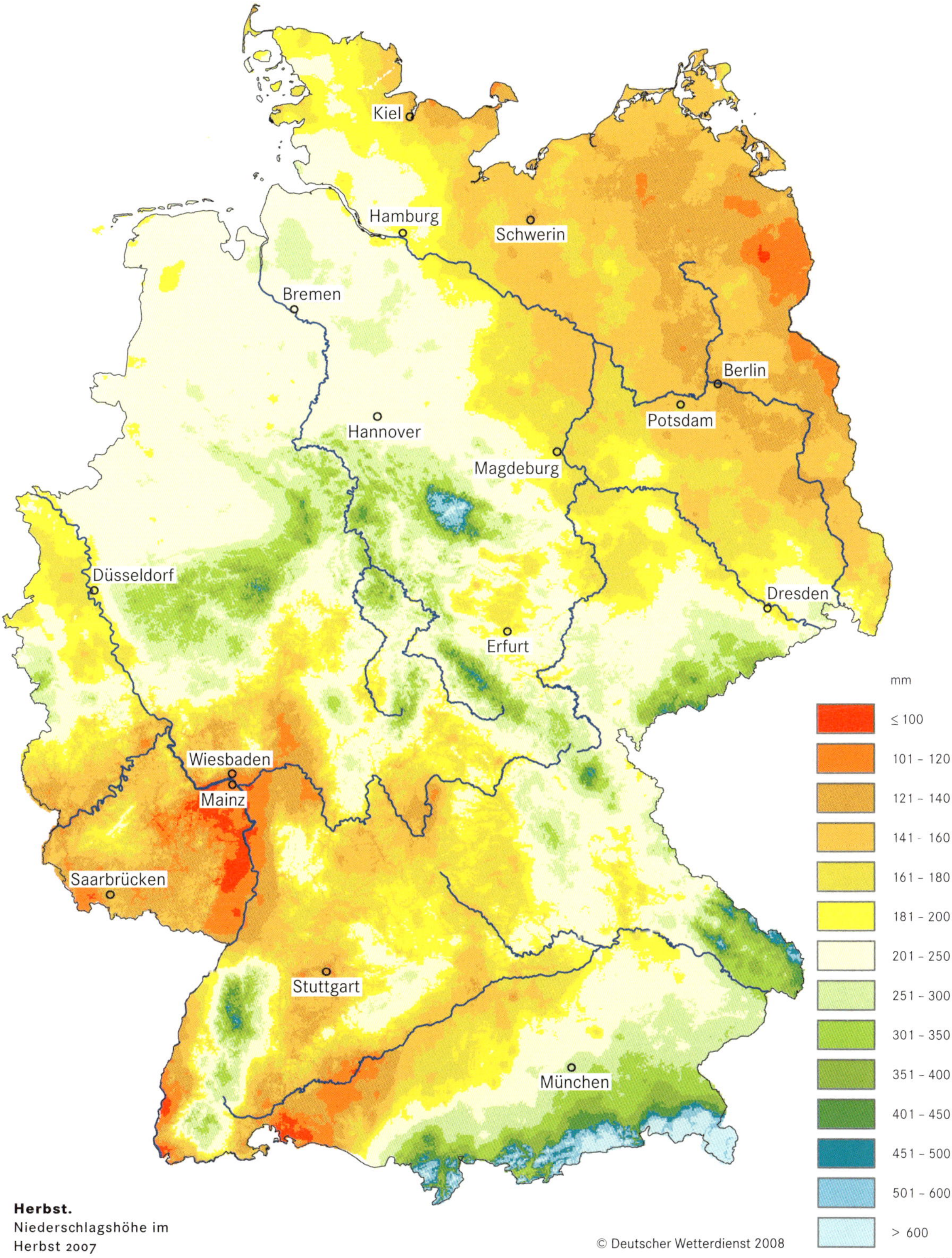

Herbst.
Niederschlagshöhe im Herbst 2007

Himmelsstrahlung. Spektrum des Himmelslichts mittags ($P_{m\lambda}$) und abends ($P_{a\lambda}$)

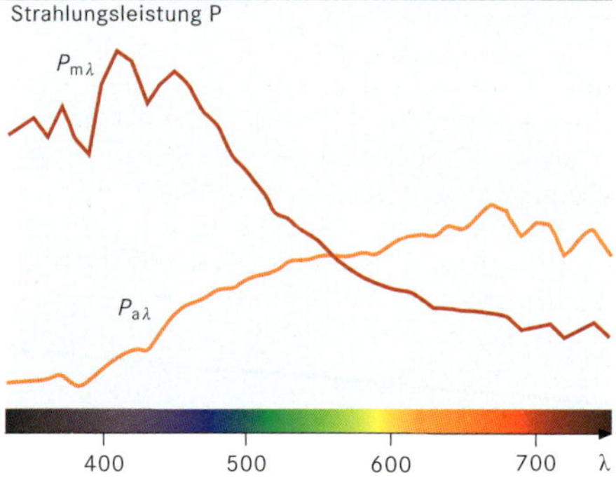

sogar über 500 Stunden. An vielen Messpunkten wurden im Oktober und November Temperaturrekorde verzeichnet; in Oberstdorf wurde am 25. November 2006 mit 21,3 °C der größte Tageshöchstwert der dritten Novemberdekade gemessen. Den kältesten Herbst seit 1760 hat das Jahr 1912 zu verzeichnen; die Durchschnittstemperatur betrug 5,4 °C.

■ **Wetterregeln** Da die Septembersonne nicht mehr ausreicht, um das Getreide noch reifen zu lassen, muss eine erfolgreiche Ernte in einem hoffentlich trockenen August eingefahren werden: *»Nie hat der September zu braten vermocht, was ein ungünstiger August nicht hat gekocht.«* Im September hat vielmehr die Aussaat des Wintergetreides zu erfolgen: *»Wenn St. Ägidius (1. September) bläst ins Horn, so heißt es: Bauer, sä' dein Korn.«* Damit die Saat gut keimt, muss der Erdboden hinreichend feucht sein: *»Septemberregen ist für Saat und Vieh gelegen.«* Das gilt auch für Winterweizen, der im Oktober ausgesät wird: *»Bringt der Oktober viel Regen, ist's für die Felder ein Segen.«* Kälte im November schadet der jungen Aussaat, da in der Regel noch keine Schneedecke vorhanden ist, die den Boden vor Frost schützt. Dies drückt die Ernteregel *»Bringt November Morgenrot, der Aussaat dann viel Schaden droht«* zum Ausdruck, da Morgenrot als Indiz für klare und kalte Nächte angesehen wird. Auch *»November hell und klar ist übel für's nächste Jahr; doch November warm und klar wenig Sorgen im nächsten Jahr«* beschreibt diesen Zusammenhang. Doch insgesamt geht die Temperatur im Herbst rasch zurück und der Winter steht vor der Tür: *»St. Gall (16. Oktober) treibt die Kuh in den Stall.«*

Hergesell, Hugo, deutscher Meteorologe, *Bromberg 29. 5. 1859, †Berlin 6. 6. 1938; ab 1900 Professor in Straßburg, ab 1914 Direktor des Aeronautischen Observatoriums in Lindenberg (Landkreis Oder-Spree) und Professor in Berlin; gründete und leitete nach dem Ersten Weltkrieg den Deutschen Flugwetterdienst. Hergesell veröffentlichte grundlegende Arbeiten über den Aufbau der Atmosphäre besonders im Passat; schuf durch Normierung der aerologischen Routinemessungen die Voraussetzung für weltweite Höhenwetterkarten.

Herta, einer von acht Orkanen des Winters 1990; er zog am 3. und 4. Februar über Europa und traf vor allem Frankreich und Deutschland. In Deutschland kamen sieben Menschen ums Leben.

Heterosphäre, der obere Teil der Atmosphäre (etwa in 120 km Höhe beginnend), in dem eine Entmischung der Gase entsprechend ihrem Atomgewicht stattfindet und infolgedessen die prozentuale Zusammensetzung der Atmosphäre je nach der Höhe verschieden ist. In der äußersten Atmosphäre, oberhalb etwa 1 000 km, ist überwiegend Wasserstoff als leichtestes Gas vorhanden.

Heulende Vierziger, *Meteorologie:* andere Bezeichnung für die →Brüllenden Vierziger.

High-Index-Zirkulation [haɪ-], Zirkulationstyp, der durch einen hohen Wert des →zonalen Indexes gekennzeichnet ist, bei dem also in der freien Atmosphäre hohe Windgeschwindigkeiten aus westlichen Richtungen herrschen. Charakteristisch für diesen Typ ist, dass auftretende lange Wellen nur sehr flach sind und dass am Boden Wellenstörungen und kleinere Tiefdruckgebiete rasch nach Osten wandern und in den mittleren Breiten wechselhaftes Wetter verursachen. Dabei ist der Luftaustausch zwischen niederen und hohen Breiten verhältnismäßig gering.

Himmelsblau, Himmelslicht, Azur, die blaue Farbe des Himmels, die durch die Streuung des Sonnenlichts an den Molekülen der Atmosphäre und an Staubpartikeln hervorgerufen wird. Die Streuung von Licht der Wellenlänge λ erfolgt nach der →Rayleigh-Streuung proportional zu $1/\lambda^4$. Da der kurzwellige, blaue Anteil des Sonnenlichtes stärker gestreut wird, entsteht der blaue Tageshimmel.

Hinderniswolken. Föhnmauer über dem Stubaital bei Neustift in Tirol

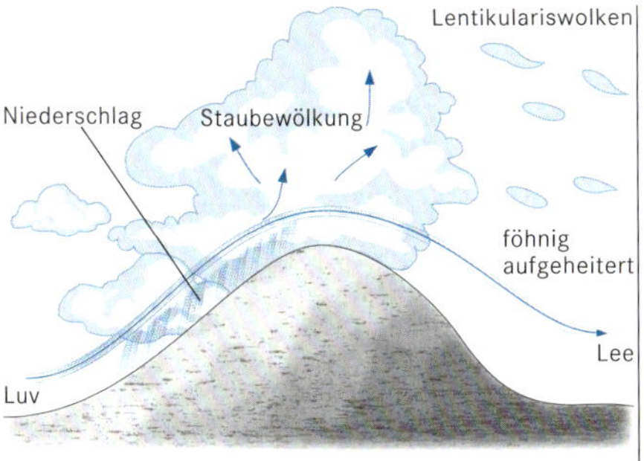

Hinderniswolken an einem Gebirgszug

Bei hohem Wasserdampf- oder Dunstanteil der Atmosphäre erscheint der Himmel dagegen weißlich, da für die Streuung an Partikeln, deren Dimensionen im Wellenlängenbereich des Lichtes oder darüber liegen, die Mie-Theorie (→Mie-Effekt) gültig ist.

Himmelsstrahlung, diffuse Himmelsstrahlung, die vom Himmel kommende elektromagnetische →Strahlung mit Ausnahme der direkten Sonneneinstrahlung. Man unterscheidet kurzwellige und langwellige Himmelsstrahlung. Die **kurzwellige Himmelsstrahlung** mit Wellenlängen unterhalb 3 μm wird tagsüber von in der Atmosphäre gestreutem oder an Wolken reflektiertem Sonnenlicht gebildet (ihr sichtbarer Anteil wird auch als **Himmelslicht** bezeichnet), in der Nacht aus dem Sternlicht, dem Polar- und Zodiakallicht sowie dem von terrestrischen Lichtquellen stammenden Streulicht. Die kurzwellige Himmelsstrahlung bildet zusammen mit der direkten Sonnenstrahlung die →Globalstrahlung. Die **langwellige Himmelsstrahlung** hat Wellenlängen über 3 μm und ist als Wärmestrahlung der absorbierenden Atmosphärenbestandteile permanent vorhanden (→atmosphärische Gegenstrahlung). Sie wird v. a. von Kohlendioxid, Wasserdampf u. a. atmosphärischen Aerosolen emittiert und ist die Ursache für den →Treibhauseffekt.

Die Himmelsstrahlung des wolkenlosen Himmels ist teilweise polarisiert. Die Polarisationsrichtung verläuft entweder senkrecht (positive Polarisation) oder parallel (negative Polarisation) zu der durch Beobachter, Sonne und anvisiertem Himmelspunkt gebildeten Ebene. Auf dem durch Sonne und Zenit gehenden Großkreis gibt es drei **neutrale Punkte,** die die Polarisationsgebiete trennen und selbst unpolarisiertes Licht liefern: den **Brewster-Punkt** zwischen Sonne und Horizont, den **Babinet-Punkt** zwischen Sonne und Zenit und den **Arago-Punkt** auf der der Sonne abgewandten Seite zwischen Zenit und Horizont.

Hinderniswolken, Wolken, die bei der erzwungenen Hebung feuchter Luftmassen an einem Hindernis (z. B. Gebirge) durch adiabatische Abkühlung entstehen. Die Wolkenformen sind auf der Vorderseite des Hindernisses (Luv) und auf der Rückseite (Lee) jeweils verschieden. Typische Hinderniswolken sind die Föhnmauer und Wolkenfahnen an Bergen.

Hitzetief, durch starke Sonneneinstrahlung über dem Festland entstehendes flaches Tiefdruckgebiet von geringer Ausdehnung, meist bei geringen horizontalen Luftdruckunterschieden. Die starke Erwärmung des Erdbodens und der bodennahen Luftschicht verursacht eine Labilisierung der Luft, die zu Vertikalbewegungen führt. Bei ausreichender Luftfeuchtigkeit bilden sich Wärmegewitter.

Hitzewelle, plötzliche starke Erwärmung mit extremen Maxima der Lufttemperatur; entsteht in Mitteleuropa bei sommerlichen Hochdruckwetterlagen, bei denen trockenheiße Festlandsluft aus Russland, dem Balkan bzw. Nordafrika herangeführt und durch intensive Sonneneinstrahlung und Föhnwirkung zusätzlich erwärmt wird; in extremen Fällen sind in Deutschland Maxima bis 40 °C möglich.

Hitzewelle. Diese Brücke ist Relikt eines Dorfes, das im Zuge der Anlage des Ederstausees überspült wurde. Im Sommer 2003 trocknete der See teilweise aus, und das Bauwerk kam wieder zutage.

Hoch, barometrisches Hoch, →Hochdruckgebiet.

Hochdruckbrücke, Hochdruckzone, die zwei Hochdruckgebiete verbindet. Besondere Bedeutung für die Witterung Mitteleuropas hat die als Großwetterlage definierte Hochdruckbrücke über Mitteleuropa (Abkürzung BM), die eine Verbindung zwischen dem Azorenhoch und einem osteuropäischen Hoch herstellt. Nördlich dieser BM wandern in einer westlichen Strömung einzelne Tiefausläufer ostwärts und durchbrechen mitunter die Brücke. Dadurch wird das an sich meist heitere und trockene Wetter gelegentlich durch etwas Regen, Sprühregen oder im Sommer durch Gewitter unterbrochen. Die Temperaturen liegen im Sommer meist über, im Winter durch Strahlungsfröste unter dem Durchschnitt.

Im Herbst und Frühwinter, der Zeit des häufigsten Auftretens, sind längere Nebel und Hochnebel oft mit BM-Lagen verbunden. In seltenen Fällen liegt die Achse der Brücke nördlich von 50° n. Br., sodass über ganz Mitteleuropa eine nordöstliche bis östliche Strömung mit ungestörtem Strahlungswetter herrscht. Lediglich der Alpenraum gerät dabei mitunter in den Einflussbereich von Mittelmeertiefs mit stärkeren Niederschlägen.

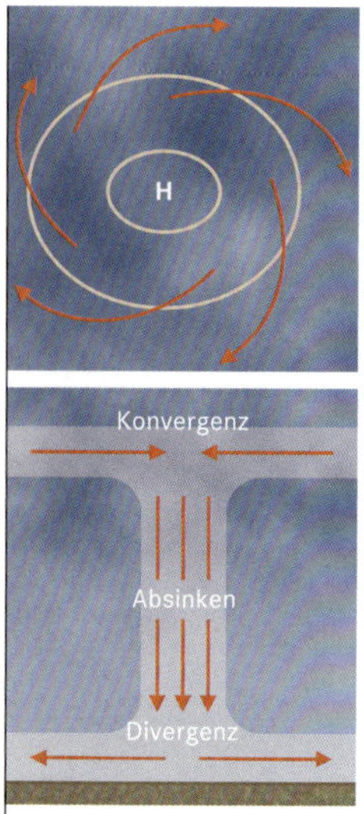

Hochdruckgebiet. Luftströmungen in einem Hochdruckgebiet; oben antizyklonale Bodenströmung; unten vertikale Zirkulation

Hochdruckgebiet, Hoch, Abkürzung **H, Antizyklone,** Gebiet relativ hohen Luftdrucks mit absinkender Luftbewegung, die zu adiabatischer Erwärmung, Wolkenauflösung und Austrocknung führt. Es reicht im Allgemeinen nicht bis zum Erdboden, sondern endet an der Obergrenze der atmosphärischen Grenzschicht, wo sich eine Absinkinversion bildet, unter der sich Staub und Verunreinigungen sammeln **(Dunstschicht).** In den unteren Schichten herrscht als Folge der Reibung eine horizontale Ausgleichsströmung vom hohen zum tiefen Luftdruck, die allerdings durch die Coriolis-Kraft auf der Nordhalbkugel nach rechts, auf der Südhalbkugel nach links abgelenkt wird, sodass um den Kern des Hochdruckgebiets ein im Uhrzeigersinn rotierender Luftwirbel entsteht.

■ **Auswirkungen** In der warmen Jahreszeit herrscht in einem Hochdruckgebiet bei großen Temperaturschwankungen zwischen Tag und Nacht oft tagelang wolkenloses Wetter. Mitunter bilden sich tagsüber flache Quellwolken, die sich gegen Abend wieder auflösen. Der Abbau des Hochdruckgebiets kündigt sich durch stärker fallenden Luftdruck und mächtige Quellwolken, oft mit Gewittern, an.

In der kalten Jahreszeit entstehen in Höhe der Absinkinversion durch nächtliche Ausstrahlung verbreitet Stratusbewölkung oder Hochnebel, bei tief liegender Inversion auch Nebel, die wegen der geringen Intensität der Sonneneinstrahlung nur langsam oder überhaupt nicht aufgelöst werden. Dann herrscht in den Niederungen oft tagelang trübes und nasskaltes Wetter, über der Inversion (etwa in den Gipfellagen der Mittelgebirge) dagegen bei wolkenlosem Himmel mildes Wetter mit sehr guter Fernsicht.

Im Bereich von **Hochdruckgebieten** flaut der Wind abends ab und frischt morgens, durch die Sonneneinstrahlung, wieder auf: *Der Wind, der sich mit der Sonne erhebt und abends legt, bringt selten Regen.*

■ **Einteilung** Nach dem thermischen Aufbau unterscheidet man kalte und warme Hochdruckgebiete: Das **kalte Hochdruckgebiet** oder **Kältehoch** besteht aus Kaltluftmassen, ist jedoch nur von geringer vertikaler Mächtigkeit. Es wird in der oberen Troposphäre von einem Tiefdruckgebiet oder von einer Höhenströmung überlagert und entsteht durch strahlungsbedingte Auskühlung der bodennahen Luftmassen. Dauerhafte Kältehochs bilden sich im Winter über Sibirien, Kanada und der Antarktis. Kalte Hochdruckgebiete sind in mittleren Breiten auch die aus der

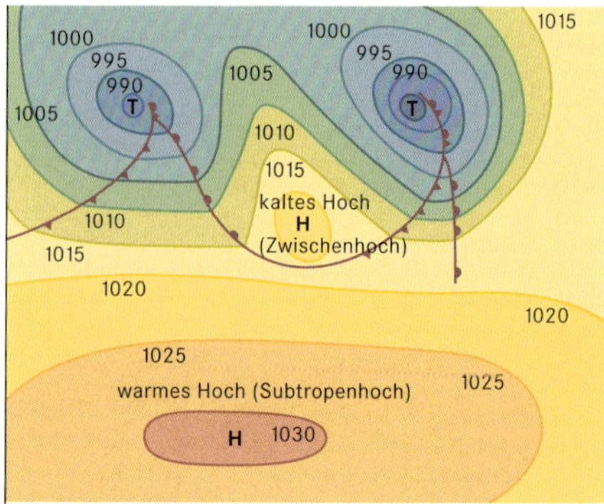

Hochdruckgebiet. Kaltes und warmes Hochdruckgebiet

Rückseitenkaltluft von Tiefdruckgebieten aufgebauten Hochdruckgebiete, denen meist rasch ein weiteres Tief folgt. Entsprechend dieser Folge von Druckgebilden werden sie als **Zwischenhoch (Zwischenhochkeil)** bezeichnet. Sie wandern mit den Tiefdruckgebieten mehr oder weniger rasch in Richtung der Höhenströmung. Die Aufheiterung ist meist nur von kurzer Dauer.

Das **warme** oder **dynamische Hochdruckgebiet** ist bis in große Höhen warm, wobei im Anfangsstadium einem nach Norden gerichteten Warmluftstrom an der Westflanke des Hochdruckgebiets ein nach Süden verlaufender Strom von Kaltluft östlich des Kerns gegenübersteht. Meist bildet sich dann auch in höheren Niveaus ein durch eine geschlossene Isohypse gekennzeichnetes Hochdruckgebiet, das **Höhenhoch,** das oft für eine Woche und länger die Witterung größerer Gebiete bestimmt.

Hochdruckkeil, Keil, Hochdruckrücken, selten **Hochdruckausläufer,** von einem Hochdruckgebiet ausgehende Zone hohen Luftdrucks mit Höchstwerten entlang einer Linie, der Keillinie oder -achse, die gleichzeitig die Linie stärkster antizyklonaler Isobarenkrümmung darstellt. Verbindet die Keilachse zwei Hochdruckgebiete, spricht man von einer Hochdruckbrücke.

Hochdruckzelle, in einem umfangreichen Hochdruckgebiet bzw. im subtropischen Hochdruckgürtel von einer Isobare umschlossenes Gebiet relativ hohen Luftdrucks. Eine Hochdruckzelle löst sich mitunter vom → Azorenhoch und wandert über West- und Mitteleuropa ostwärts.

Hochnebel, durch Abkühlung wasserdampfreicher Luft unterhalb einer Inversion entstehender Nebel. Hochnebel bildet sich oft großräumig in winterlichen Hochdruckgebieten und ist identisch mit einem tief liegenden Stratus. Infolge Abkühlung der darunterliegenden Luftschicht wächst er oft nach unten, sodass schließlich auch in Bodennähe das Kriterium für Nebel (Sichtweite weniger als 1 km) erfüllt ist.

Aus dem Hochnebel kann gelegentlich leichter Niederschlag fallen (Sprühregen, feiner Schnee, Griesel, Raureifansatz).

Hochsommer, der an den von Mai bis Juli dauernden meteorologischen Sommer anschließende, ungefähr mit dem Monat August übereinstimmende Zeitraum (vom mittleren Beginn der Winterroggenernte bis zur Fruchtreife der Kornelkirsche).

Hochwasser, das erhebliche Ansteigen des natürlichen Abflusses oder Wasserstandes von Flüssen und Seen; kann durch starke Regenfälle, Schneeschmelze, Eisstau, Rückstau (eines Nebenflusses durch den Hauptfluss), Gezeitenstau sowie Bruch eines Staudamms entstehen. Für die Größe der Hochwasser sind u.a. die klimatischen Verhältnisse entscheidend, besonders die Lage des Flussgebietes zu den Regen bringenden Winden.

■ **Klimawandel** Die Häufigkeit und Schwere von Hochwassern wird auch entscheidend von einer Klimaänderung bestimmt. Insbesondere extreme Niederschlagsereignisse sind dabei von Bedeutung. Um mögliche zukünftige Niederschlagsänderungen und damit auch Klimaänderungen durch den Menschen abzuschätzen, werden mit Klimamodellen für verschiedene Szenarien die Niederschlagsverteilungen berechnet. Durch den Anstieg der Treibhausgase kommt es nach Aussage aller Modelle neben einer mittleren Erwärmung zu einer Intensivierung des Wasserkreislaufes, d.h. global gemittelt zu mehr Niederschlag, aber auch zu stärkerer Verdunstung. Regionale Simulationen zeigen, dass in Nord- und Mitteleuropa die Anzahl der Tage mit Niederschlägen über 20 mm/Tag deutlich ansteigen wird. Um den Einfluss der geänderten Niederschläge auf die Flüsse zu untersuchen, werden Modelle für den lateralen Abfluss für Landflächen benutzt. Entsprechende Rechnungen, z.B. am Max-Planck-Institut für Meteorologie in Hamburg, deuten darauf hin, dass in allen Regionen, wo sowohl der mittlere Niederschlag als auch extreme Niederschlagsereignisse zunehmen, starke Hochwasser häufiger werden. Dies gilt besonders für Nordeuropa und Teile Mitteleuropas. Für die Flüsse Südeuropas hingegen nimmt die Wahrscheinlichkeit extremer Hochwasser ab.

Hodogramm, *Meteorologie:* Diagramm, das sich ergibt, wenn die in bestimmten Intervallen gemessenen Geschwindigkeitsvektoren eines Bewegungsvorgangs von einem festen Punkt aus aufgezeichnet und die Endpunkte jeweils miteinander verbunden werden.

Hodogramme werden oft zur Darstellung des Höhenwindes in verschiedenen Höhen verwendet. Der Differenzvektor zwischen den Geschwindigkeitsvektoren aufeinanderfolgender Höhen ist der Vektor des thermischen Windes. Aus dem Hodogramm lässt sich deshalb nicht direkt die Temperaturadvektion ablesen. Es gilt in der Regel: Dreht der Wind mit der Höhe nach rechts, so herrscht in der Schicht Warmluftadvektion, dreht er nach

Hochwasser. Die Hochwasserkatastrophe im Gebiet der Elbe und ihrer Nebenflüsse im August 2002 kostete 27 Menschen das Leben und verursachte vor allem in den östlichen Bundesländern gewaltige Schäden; auch Dresden mit der Semperoper und dem Zwinger stand unter Wasser.

100562

Hof.
Aureole mit farbigen Kränzen um die Sonne. Diese Erscheinungen kommen durch Lichtbeugung zustande.

links, herrscht Kaltluftadvektion. Ein Beispiel für ein Hodogramm ist die Ekman-Spirale (→Ekman).

Hof, *atmosphärische Optik:* **Aureole,** die atmosphärische Leuchterscheinung in Form eines weißen bis blassblauen →Kranzes mit rötlichem Rand um Sonne oder Mond; hervorgerufen durch Beugung des Lichts an den kleinen Wassertröpfchen und Eiskristallen transparenter Wolken und Nebel.

Höhenfront, Front, an der die definitionsgemäß mit ihr verbundenen Luftmassengegensätze (v.a. die Gegensätze der Temperatur) nur in der Höhe ausgeprägt sind, während in den unteren Schichten zwischen beiden Seiten der Front keine wesentlichen Temperaturunterschiede auftreten.

Am bekanntesten sind **Höhenkaltfronten;** sie treten v.a. im Sommer auf und führen infolge der Abkühlung in höheren Schichten zur Labilisierung und zur Ausbildung von Gewittern. Andererseits entstehen im Winter nicht selten **Höhenwarmfronten;** sie bilden sich dann, wenn in den unteren Schichten eine ausgeprägte Kaltluftschicht entstanden ist, die von der aufgleitenden Warmluft nicht bis zum Boden beseitigt werden kann. Es kann dann zu verbreiteten Schneefällen kommen; nach Durchzug des Schneefallgebietes, d.h. der Höhenwarmfront, tritt am Boden jedoch keine Erwärmung ein.

Höhengrenze, der durch klimatische Faktoren wie Abnahme der Temperatur, Zunahme der Niederschlagshöhe, Verstärkung der Windwirkung bedingte Grenzsaum, oberhalb dessen eine Vegetationsformation (v.a. Baumgrenze, Waldgrenze) oder bestimmte Pflanzen nicht mehr gedeihen können oder andere Erscheinungen enden (z.B. →Schneegrenze).

Die Höhengrenze des Anbaus, im Wesentlichen eine Kältegrenze, die in hohen Breiten in die Polargrenze übergeht, weist je nach Breitenlage, klimatischen Gegebenheiten und Exposition eine große Schwankungsbreite auf; sie erreicht ihre größte Höhenlage in Zentralasien und Südamerika.

Höhenklima, Bergklima, das Klima hoch gelegener Orte und Gebiete oberhalb von etwa 1000 m ü.M.; seine Ausprägung wird bestimmt von der geografischen Breite und der Lage des Gebirges zur vorherrschenden Luftströmung (Luv-, Leewirkung, Föhn). Kennzeichnend sind die Änderungen der Klimaelemente mit zunehmender Höhe: Abnehmende Werte haben Sauerstoffpartialdruck, Temperatur und Luftfeuchte, zunehmende Werte haben Sonnenstrahlung (UV-Anteil), Niederschlag, Windgeschwindigkeit und Luftreinheit. In Höhen oberhalb etwa 4000 m ü.M. kann infolge Sauerstoffmangels die Höhenkrankheit auftreten.

Höhenmesser, *Geodäsie* und *Meteorologie:* →Altimeter.

Höhenrauch, Heiderauch, durch Wald-, Steppen- und Moorbrände, aber auch durch industrielle und städtische Luftverunreinigungen verursachter Dunstschleier von diesigem oder opaleszierendem Aussehen (gegen hellen Hintergrund gelblich, gegen dunklen Hintergrund bläulich wirkend).

Höhensonne, *Meteorologie:* Bezeichnung für die Sonnenstrahlung in größerer Höhe; sie ist wesentlich intensiver als im Tiefland (geringere Absorption aufgrund kleinerer durchstrahlter Luftmasse, geringeren Wasserdampfgehaltes und geringerer Lufttrübung) und besitzt einen größeren Anteil an UV-Strahlung.

Höhensonne. In der Höhe muss man sich unbedingt gegen die Sonne schützen. Pro 1000 Meter Höhe nimmt die UV-Strahlung um 10–15 % zu.

Höhenströmung, Höhenwind, die Strömung der Luft in der freien Atmosphäre. Im Gegensatz zur Strömung in den unteren Schichten, wo schwache Störungen als Folge des Einflusses der ungleichmäßigen Verteilung von Land und Meer, der ungleichmäßigen Erwärmung der Erdoberfläche u.a. entstehen, ist die Höhenströmung großräumiger und übersichtlicher. Die Höhenströmung hat in den mittleren Breiten der Erde einen wellenförmigen West-Ost-Verlauf und schwankt meist zwischen Südwest und Nordwest. Diese Schwankungen werden u.a. durch die Verteilung von warmen und kalten Luftmassen, bis in große Höhen aber auch durch das Relief der Erdoberfläche bestimmt. So wird die Höhenströmung, die quer über eine hohe und lange Gebirgskette verläuft, auf der Nordhalbkugel nach rechts (auf der Südhalbkugel nach links) abgelenkt, sodass stromabwärts Wellen (Höhentröge und -rücken) entstehen. Typisch hierfür ist der Einfluss der Rocky Mountains in Nord- und der Anden in Südamerika auf die westliche Höhenströmung. Bei bestimmten Wetterlagen weiten sich die Wellentäler bzw. -berge so weit nach Süden bzw. Norden aus, dass sich selbstständige zyklonale bzw. antizyklonale Wirbel (Höhentief bzw. -hoch) mit einer nahezu kreisförmigen Höhenströmung bilden.

Die Höhenströmung wird in den absoluten Topografien der Hauptdruckflächen dargestellt (z.B. in der absoluten Topografie 500 hPa für rund 5000 m ü.M.). Der Verlauf der Höhenlinien in diesen Höhenkarten und ihr Abstand zueinander kennzeichnen dabei Richtung und Geschwindigkeit der Höhenströmung, die in den Strahlströmen ihre größten Werte erreicht. Mit dem Einsatz geostationärer Satelliten lassen sich Windrichtung und -geschwindigkeit im Wolkenniveau aus der Beobachtung der Wolkenbewegung in aufeinanderfolgenden Bildern ableiten.

Die Vorhersage der Höhenströmung ist v.a. für die Planung und Durchführung des Luftverkehrs wichtig.

Höhentief, Höhenzyklone, Tiefdruckgebiet in höheren Schichten der Atmosphäre, erkennbar in der absoluten Topografie durch eine oder mehrere geschlossene Isohypsen mit niedrigen Geopotenzialwerten.

Im Zentrum des Höhentiefs finden sich die niedrigsten Temperaturen. Im Satellitenbild ist es durch kompakte oder spiralförmige Wolkenformationen gekennzeichnet, die die Luftzirkulation um das Höhentief sichtbar machen. Höhentiefs entstehen im Allgemeinen in einem fortgeschrittenen Stadium der Tiefdruckentwicklung, die sich zunächst in den darunterliegenden Schichten vollzieht, oder durch Abschnürung eines Höhentrogs. Räumlich begrenzte Höhentiefs ohne Bodentief bezeichnet man als Kaltlufttropfen.

Ausgedehntere Höhentiefs zeigen sich über den Polargebieten, also über den Bereichen der kältesten Luftmassen. Sie kennzeichnen die Mittelkarten der absoluten Topografie in der Troposphäre über den Polargebieten.

Höhenwetterkarte, Kartendarstellung der Ergebnisse der praktischen →Aerologie: 1) absolute Topografie: Für ein Druckniveau (z.B. 500 hPa) werden Windrichtung und -stärke, Temperatur in °C und Geopotenzial in geopotenziellen Dekametern (gpdam = 10-faches geopotenzielles Meter) eingetragen; 2) relative Topografie: stellt durch Potenzialdifferenz zwischen zwei Druckflächen die Temperaturverteilung dar.

Höhenwind, →Höhenströmung.

hohe Wolken, Sammelbezeichnung für Wolken, die in unseren Breiten in Höhen zwischen 7 und 12 km auftreten.

Homosphäre, →Atmosphäre.

Horizontalkreis, *atmosphärische Optik:* →Halo.

Howard ['haʊəd], Luke, englischer Pharmakologe und Apotheker, *London 28. 11. 1772; †Tottenham 21. 3. 1864. Howard zeigte schon früh ein ausgeprägtes Interesse an der Natur und war ein intensiver Wetterbeobachter. Er absolvierte eine Lehre als Drogist, studierte nebenher aber auch Chemie, Botanik und Französisch. 1795 gründete er ein eigenes Geschäft und baute ein Unternehmen zur Herstellung von Pharmazeutika auf. 1807 übertrug er die Laborarbeit auf seinen Sohn, um sich intensiver mit seinen Hobbys Botanik und Meteorologie beschäftigen zu können. Speziell auf dem Gebiet der Meteorologie genoss er ein solches Ansehen, dass er 1821 in die Royal Society aufgenommen wurde.

Im Dezember 1802 führte Howard in einem Vortrag die heute noch gültige Klassifikation der Wolken ein. Er unterteilte sie in vier Klassen und fügte weitere Mischformen hinzu. Seine Klassifikation basiert darauf, dass er die Atmosphäre in Höhenstufen unterteilte. Das gelang deshalb, weil die Eigenschaften der unterschiedlichen Teile der Atmosphäre ursächlich auf die Form der Wolken wirken. Heute noch gilt die Unterteilung in tiefe Wolken (bis 2 km Höhe), in mittelhohe (2–7 km), hohe (7–13 km) und Wolken mit hoher verti-

Wenn der **Höhenwind** und damit die Wolken in die eine Richtung, der Bodenwind aber in die andere Richtung weht, naht entweder Kaltluft mit Schauern oder Warmluft mit Dauerregen:
Ziehen die Wolken dem Wind entgegen, gibts am andern Tage Regen.

LUKE HOWARD
***1772, †1864**

- war ein angesehener Hobbymeteorologe
- schuf die heute noch gültige Wolkenklassifikation
- war ein Pionier der Stadtklimatologie

LUKE HOWARD. *Fan Goethe*

Johann Wolfgang von Goethe lernte Howards Arbeiten 1815 kennen und hielt sie für bahnbrechend. Seine Begeisterung fasste er in das Gedicht »Howards Ehrengedächtnis« von 1821:
»Er aber, Howard, gibt mit reinem Sinn
Uns neuer Lehre herrlichsten Gewinn;
Was sich nicht halten, nicht erreichen lässt,
Er fasst es an, er hält zuerst es fest;
Bestimmt das Unbestimmte, schränkt es ein,
Benennt es treffend! – Sei die Ehre dein!«

kaler Erstreckung, die durch alle Schichten hindurchgehen.

Darüber hinaus war Howard ein Wegbereiter der Stadtklimatologie und verfasste das erste Fachbuch zu diesem Thema (»The Climate of London«).

howardsche Wolkenklassen ['haʊəd-, nach dem britischen Pharmakologen Luke Howard, *1772, †1864], eine der ersten Wolkeneinteilungen, 1803 aufgestellt; sie umfasst die drei Hauptklassen Cirrus, Cumulus und Stratus, die durch Kombination weiter unterteilt werden. Die howardschen Wolkenklassen bilden eine der Grundlagen für die später eingeführte, international gültige Wolkenklassifikation.

hPa, Einheitenzeichen für →Hektopascal.

Hugo, ein Hurrikan der Stufe 5 auf der Saffir-Simpson-Hurrikanskala, der zwischen dem 17. und 21. September 1989 auf den Karibischen Inseln und an der Ostküste der USA verheerende Schäden anrichtete. Die Spitzenwindgeschwindigkeit lag bei 224 km/h. Hugo entstand am 9. September und erreichte am 11. September Guadeloupe, wo 11 Menschen ums Leben kamen. Am 17. September erreichte der Hurrikan die Leeward Islands, die zu den Kleinen Antillen gehören, und zog über die Jungferninseln nach Puerto Rico, wo 12 Menschen starben; 80% der Einwohner wurden obdachlos. Am 21. September traf Hugo auf South Carolina und forderte in Charleston ein Todesopfer sowie ein weiteres am Tag darauf in Charlotte in North Carolina. Als der Sturm über Virginia zog, erreicht er immer noch Windgeschwindigkeiten von 130 km/h. Insgesamt werden die volkswirtschaftlichen Schäden durch Hugo auf neun Milliarden US-Dollar geschätzt.

ALEXANDER VON HUMBOLDT *1769, †1859

- führte bedeutende Forschungsexpeditionen durch
- schuf eine umfassende Darstellung über die Erde (»Kosmos«)
- Maß als erster die Temperatur des später nach ihm benannten Humboldtstroms

Humboldt, Alexander Freiherr von, deutscher Naturforscher und Geograf, *Berlin 14. 9. 1769, †ebenda 6. 5. 1859. Nach naturwissenschaftlichen und Bergbaustudien trat Humboldt als Bergassessor in den preußischen Staatsdienst (1792–96) und begann dann mit den Vorbereitungen zu einer Expedition. Vom Humanitätsideal und der Weimarer Klassik geprägt, forschte er 1799–1804 mit dem französischen Botaniker A. Bonpland im Gebiet der heutigen Staaten Venezuela, Kuba, Kolumbien, Ecuador, Peru, Mexiko und kehrte über Kuba und die USA nach Europa zurück. Mithilfe vieler exakter Messinstrumente führte Humboldt u.a. genaue Ortsbestimmungen und Höhenmessungen durch (u.a. Bestimmung des Verlaufs des Río Casiquiare, Besteigung des Chimborazo bis 5400 m ü.M.) und maß die Temperaturen der später nach ihm benannten Meeresströmung. Nach der Heimkehr lebte er bis 1827 meist in Paris, wo er v.a. in Zusammenarbeit mit Wissenschaftlern aus aller Welt seine Expedition im größten privaten Reisewerk der Geschichte (»Voyage aux régions équinoxiales du nouveau continent«, 36 Lieferungen, 1805–34) auswertete. In dieser seiner bedeutendsten wissenschaftlichen Leistung legte er v.a. seine weit gespannten pflanzengeografischen, klimatologischen, geophysikalischen, geologischen, meereskundlichen u.a. geowissenschaftlichen Beobachtungen unter Verknüpfung der ökologischen Zusammenhänge dar. 1827 kehrte Humboldt nach Berlin zurück und hielt hier seine berühmten Vorlesungen über die physische Weltbeschreibung. Begleitet von G. Rose und C. G. Ehrenberg, unternahm Humboldt 1829 auf Anregung von Zar Nikolaus I. eine Expedition in das asiatische Russland. Ab 1830 wieder in Berlin, begann Humboldt schließlich mit der Darstellung des gesamten Wissens über die Erde (»Kosmos. Entwurf einer physischen Weltbeschreibung«, 5 Bände, 1845–62).

Humboldtstrom, Perustrom, kalte, nordwärts gerichtete Meeresströmung vor der Westküste Südamerikas; subantarktisches Wasser, das von der östlich gerichteten Westwinddrift abzweigt. Infolge Vorherrschens der Südostpassate steigt vor der Küste aus 100 bis 150 m Tiefe kaltes Auftriebswasser auf (Wassertemperatur vor der Küste Perus vielfach nur 14 °C), das die Küstengebiete Nordchiles und Perus klimatisch stark beeinfrusst (Nebelbildung, Küstenwüste).

humid [lateinisch »feucht«, »wässerig«], *Klimatologie:* bezeichnet ein Klima, in dem die jährliche Niederschlagsmenge größer ist als die mögliche jährliche Verdunstung (Zone des immerfeuchten tropischen Regenwaldes und große Teile der hohen Mittelbreiten). **Vollhumid** sind Gebiete mit entsprechend hohen Niederschlägen zu allen Jahreszeiten, **semihumid** Gebiete, in denen die Verdunstung in bis zu sechs Monaten die Niederschläge übertrifft.

humilis [lateinisch »niedrig«], adjektivischer Zusatz zum Namen der Wolkengattung Cumulus mit der Bedeutung »wenig entwickelt«, »niedrig, flach, quellend«. **Cumulus humilis** ist eine flache Haufenwolke mit meist scharfen Umrissen und ebener Unterseite; vor allem im Sommer als typische Schönwetterwolke zu beobachten.

hundertjähriger Kalender, Bezeichnung für vereinfachende Druckausgaben des »Calendarium oeconomicum practicum perpetuum« des Abtes Mauritius Knauer (*1613, †1664), in dem die von diesem in den Jahren 1652–58 im Kloster Langheim bei Lichtenfels täglich vorgenommenen meteorologischen und astronomischen Beobachtungen in einem astrologisch begründeten und mit Bauernregeln vermischten System einer Witterungsperiode (7-Jahres-Zyklus) zusammengefasst sind. Der Name hundertjähriger Kalender geht zurück auf die erste, verkürzte Druckausgabe von Knauers Werk, die unter Ausdehnung auf die hundert Jahre 1701–1800 und Umgehung der lokalen Beschränktheit von dem Arzt Christoph von Hellwig (*1663, †1721) im Jahr 1700 in Erfurt herausgegeben wurde. Auf dieser Ausgabe beruhen alle folgenden; ebenso auch die in vielen Volkskalendern enthaltenen Wetterregeln. Der hundertjährige Kalender ist ein wichtiges kulturhistorisches Dokument (Aberglaube), jedoch für die Wettervorhersage völlig wertlos.

Hunds|tage, die Kalendertage vom 23. Juli bis 23. August. Die Sonne steht um diese Zeit in der Nähe des Sirius (Hundsstern), dessen Aufgang den Beginn dieser Zeitspanne bestimmt. Die Griechen der Antike schrieben dieser Stellung die um diese Zeit eintretende sommerliche Hitze zu. In die Hundstage fallen auch in Mitteleuropa in vielen Jahren die heißesten Tage des Jahres, besonders in die erste Hälfte dieser Zeitspanne. Mit Hundstagen wird außerhalb dieser Zeit allgemein auch eine besonders intensive hochsommerliche Hitzewelle bezeichnet.

Hurrikan ['hʊrikan, englisch 'hʌrɪkən; englisch, von spanisch huracán »Wirbelsturm«, aus einer westindischen Indianersprache], tropischer Wirbelsturm im Bereich des Karibischen Meeres, der Westindischen Inseln und des Golfs von Mexiko. Hurrikans entstehen meist aus Wellenstörungen der Passatströmung (→Easterly Waves) und immer über Meeresgebieten mit einer Wassertemperatur von mindestens 27 °C, also am häufigsten im Sommer und Herbst. Der Durchmesser eines Hurrikans beträgt einige Hundert Kilometer. Der Luftdruck im Kern kann im Meeresniveau 900 hPa unterschreiten. Die Windgeschwindigkeiten erreichen Werte von mehr als 200 km/h. Ein typisches Merkmal des Hurrikans ist das **Auge** des Sturms, eine windschwache, niederschlagsfreie und wolkenarme Zone von etwa 20 km Durchmesser im Wirbelzentrum; am Rand des Auges erhebt sich dagegen eine mächtige Wolkenwand.

Hurrikans können nur über dem Meer längere Zeit bestehen. Beim Übertritt auf das Festland schwächen sie sich rasch ab, richten jedoch durch den von Wolkenbrüchen begleiteten Orkan und durch Sturmfluten verheerende Zerstörungen an. Ein Teil der Hurrikans bleibt auf dem Ozean und schwenkt vor Erreichen der Küstengebiete um das Subtropenhoch nach Nord und später Nordost um. Hier wandeln sich die Hurrikans unter Abschwächung in Tiefdruckgebiete der Westwindzone um. Zur Kennzeichnung und Registrierung werden die einzelnen Hurrikans eines Jahres mit (englischem) Vornamen in alphabetischer Reihenfolge benannt.

Zur rechtzeitigen Erkennung und laufenden Verfolgung durch den **Hurrikanwarndienst** der USA und auf den Westindischen Inseln werden Aufnahmen von Wettersatelliten herangezogen, Wettererkundungsflüge durchgeführt und weitreichende Radargeräte eingesetzt.

Steigen in der ersten Augustwoche, also während der **Hundstage,** die Höchsttemperaturen über 25 °C, fällt im folgenden Winter die Anzahl der Tage mit einer Schneedecke von mehr als einem Zentimeter mit einer Wahrscheinlichkeit von 60 % übernormal aus: *Hundstage heiß – Winter lang weiß.*

HURRIKAN

Mehr oder weniger?

100562

Das Jahr 2005 war mit den schlimmen Hurrikans Katrina und Rita ein trauriges Rekordjahr und hat vielen Menschen die Gefahren eines Klimawandels drastisch vor Augen geführt. Auch für die Saison 2006 prognostizierten die Meteorologen viele schwere Wirbelstürme. Doch es blieb ein ruhiges Hurrikanjahr. 2007 wurden mit 15 Stürmen zwar deutlich mehr beobachtet als im langjährigen Mittel, die meisten davon blieben aber schwach. Das zeigt, dass Hurrikans noch nicht ausreichend erforscht sind und die Frage, ob die Erderwärmung die Wirbelstürme anfachen wird, nicht einfach zu beantworten ist.

Umstritten ist beispielsweise, welchen Einfluss die Meerestemperatur hat. Es erscheint plausibel, dass über wärmerem Wasser mehr feuchtwarme Luft aufsteigt und zu stärkeren Stürmen führt. Andererseits zeigen Untersuchungen über die Hurrikans der letzten Jahrzehnte, dass sie keineswegs dort am stärksten waren, wo das Wasser am wärmsten war. Analysen von Sandschichten in der Karibik belegen diesen Befund sogar für die letzten Jahrhunderte. Vielmehr seien Perioden starker Hurrikantätigkeit häufig mit Monsunphasen zusammengefallen. Wieder andere Forscher vermuten, dass Hurrikans vor allem von Scherwinden ausgebremst werden, die in der Höhe anders wehen als an der Oberfläche. Da viele Klimamodelle vermehrt Scherwinde voraussagen, könnte der Treibhauseffekt sogar eine Abnahme der Hurrikans zur Folge haben.

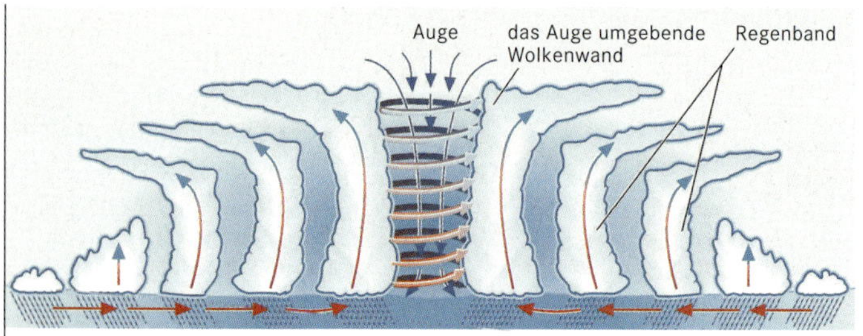

Hurrikan.
Die Luft weht in Spiralen in das Hurrikanzentrum und wirbelt anschließend aufwärts. Um das Auge herum entstehen Wolkenwände, aus denen heftiger Regen fällt.

Im August 2005 verursachte der Hurrikan →Katrina, der mit mehr als 250 km/h über die amerikanischen Bundesstaaten Louisiana, Mississippi und Alabama hinwegzog, schwerste Zerstörungen und Überschwemmungen, besonders in New Orleans.

Hybrid|antrieb, Antrieb eines Fahrzeuges, bei dem mindestens zwei verschiedene Energiewandler und zwei verschiedene Energiespeicher zu Traktionszwecken genutzt werden. Es gibt drei Formen von Hybridantrieben: Parallelhybrid (Halbhybrid), serieller Hybrid (Vollhybrid) und Mischhybrid. Vorteile des Hybridantriebs sind die Senkung des Energieverbrauchs (in bestimmten Fahrzyklen gemessen) und die Verringerung der Abgas-/Geräuschemission sowie der Bauraumproblematik. Die Auswahl eines geeigneten Hybridkonzepts wird besonders von Einsatzform und -gebiet bestimmt.

Beim **Parallelhybrid** haben die Räder jeweils eine direkte antriebstechnische Verbindung zu einem (in der Regel) Elektro- und einem Verbrennungsmotor. Somit kann das Fahrzeug rein motorisch, elektrisch oder kombiniert (gleichzeitig) betrieben werden. Als Energiespeicher für den elektrischen Antrieb werden Batterien verwendet. Bei Parallelhybriden mit geringer elektrischer Leistung dient der elektrische Antrieb lediglich als Starter für den Verbrennungsmotor und als Generator bei der Bremsenergierückgewinnung sowie zur Beschleunigungsunterstützung. Parallelhybride mit größerer elektrischer Antriebsleistung können auch rein elektrisch betrieben werden, was sich besonders in geräusch- und abgasemissionssensiblen Umgebungen anbietet. Dabei muss jedoch eine höhere Batteriekapazität konstruktiv vorgesehen sein. Der Verbrauchsvorteil von Parallelhybriden ergibt sich v.a. durch die mögliche Verwendung einer kleineren Verbrennungsmaschine, die bei Bedarf einer Elektromaschine zugeschaltet werden kann, um höheren fahrdynamischen Anforderungen gerecht zu werden.

Beim **seriellen Hybrid** erfolgt der Antrieb des Rades immer rein elektrisch. Die benötigte elektrische Energie wird durch einen Verbrennungsmotor, der mit einem Generator gekoppelt ist, zur Verfügung gestellt. Ist ein Energiespeicher (Batterie) vorhanden, lässt sich der serielle Hybrid rein elektrisch betreiben. Beim seriellen Hybrid müssen alle wesentlichen Komponenten (Verbrennungsmotor, Generator, Elektroantrieb) auf Höchstleistung ausgelegt werden, was einen Kostennachteil mit sich bringt. Der serielle Hybrid

Hurrikan.
Das Satellitenbild vom 24. 8. 1992 zeigt den Hurrikan Andrew über dem Südosten der USA. Er zog an diesem Tag mit Windgeschwindigkeiten von über 270 km/h eine Spur der Verwüstung durch den dicht besiedelten Süden Floridas.

6186

eignet sich v.a. zur Lösung von Bauraumproblemen: So treibt bei einer Lokomotive mit dieselelektrischem Antrieb ein Dieselmotor einen elektrischen Generator an, mit dessen Strom die Elektromotoren für den Achsantrieb versorgt werden. Aufwendige (bauraumintensive) Antriebsstränge entfallen.

Mischhybride sind eine Kombination aus Parallelhybrid und seriellem Hybrid. Die Konstruktionen sind jedoch hinsichtlich Steuerungsaufwand noch komplexer und somit kostenintensiver.

Auf dem Pkw-Markt sind aktuell bereits Fahrzeuge mit Hybridantrieb erhältlich, die bei bestimmten Fahrzyklen Verbrauchsvorteile gegenüber vergleichbaren herkömmlichen Pkws aufweisen. Bei Hybridkonzepten, die rein elektrisch betrieben werden können, ist nach wie vor die teilweise hohe Masse der Batterien nachteilig. Auch der nicht zufriedenstellende Wirkungsgrad der Energieumwandlung von mechanischer in elektrische Energie und zurück verhindert bei bestimmten Fahrsituationen einen rentablen Einsatz. Kritisch sind die Hybridkonzepte in Bezug auf die energetische Gesamtbilanz zu beurteilen (Energieverbrauch der gesamten Fertigungskette).

Hydrofon, Hydrophon, ein Geofon für seismische Messungen auf See.

Hydrografie, veraltete, nicht mehr gebräuchliche Bezeichnung für die →Hydrologie, wobei früher der Schwerpunkt auf einer beschreibenden (auch geodätischen) Darstellung der Gewässer lag. Im engeren Sinn ist der Begriff aber auch heute noch üblich, insbesondere in der Seenkunde und im maritimen Bereich (Hydrografie von Seen und Küstengewässern). In der Kartografie wird er weiterhin für die Darstellung von Gewässern und wasserbaulichen Anlagen in Karten verwandt.

Hydrologie, Gewässerkunde, Wissenschaft vom Wasser und seinen Erscheinungsformen über, auf und unter der Erdoberfläche, umfasst insbesondere die festländischen Fließ- und Standgewässer (einschließlich der Küstengewässer). Teilgebiete lassen sich nach Teilen des Wasserkreislaufs bilden: **Hydrometeorologie** (als Teilgebiet der Meteorologie für Niederschlag und Verdunstung), **Potamologie** (Flusskunde), **Limnologie** (Seenkunde), **Hydrogeologie** (Grundwasserkunde), **Kryologie** (Lehre vom Eis) und **Glaziologie** (Gletscherkunde). Während die Paläohydrologie als Bestandteil der Hydrologie angesehen wird, gilt Ozeanologie oder Ozeanografie (Meereskunde) als eigenständige Wissenschaft.

Hydrometeore, Gesamtheit der durch Kondensation, Gefrieren bzw. Sublimation aus atmosphärischem Wasserdampf hervorgegangenen Tropfen bzw. Partikeln der Atmosphäre (im Wesentlichen Troposphäre). Hydrometeore schweben in flüssiger oder fester Form als Dunst, Nebel oder Wolken in der Atmosphäre, fallen als Regen, Schnee, Griesel, Graupel, Hagel u.Ä. auf die Erdoberfläche oder bilden sich als Tau oder Reif an Gegenständen; unterkühlte Tropfen können zur Vereisung von Flugzeugen führen. Zur Bildung von Hydrometeoren sind sogenannte Kondensations- bzw. Gefrierkerne notwendig, die die dabei frei werdende latente Wärme aufnehmen.

100001

Hurrikan
Elena über Florida; 1985 (Satellitenaufnahme)

Hydrometeorologie, Teilgebiet der Meteorologie, das sich mit der Untersuchung der atmosphärischen Prozesse des Wasserkreislaufs befasst (v.a. Niederschlag und Verdunstung). Die praktische Anwendung spezieller Auswertungsergebnisse (z.B. Gebietsniederschläge, Niederschlagsspenden oder -intensitäten) erstreckt sich v.a. auf die Wasserversorgung und Wasserkraftnutzung, die Stadtentwässerung, Abwasserbeseitigung, Ableitung von Abwärme in Gewässer, die Binnenschifffahrt sowie die wasserwirtschaftliche Raumplanung.

Hydrosphäre, die Wasserhülle der Erde, die außer den Meeren die Gewässer

100619

Hydrosphäre.
Die Hydrosphäre bedeckt etwa 75% der Erdoberfläche und beeinflusst das Klima und die Biosphäre in grundlegender Weise.

Hygrometer. Montagearbeiten an einem Hygrometer im Rahmen des Experiments LITfASS-2003, mit dessen Daten der Wasser- und Energiekreislauf eines 100 Quadratkilometer großen Messgebietes modelliert wurde

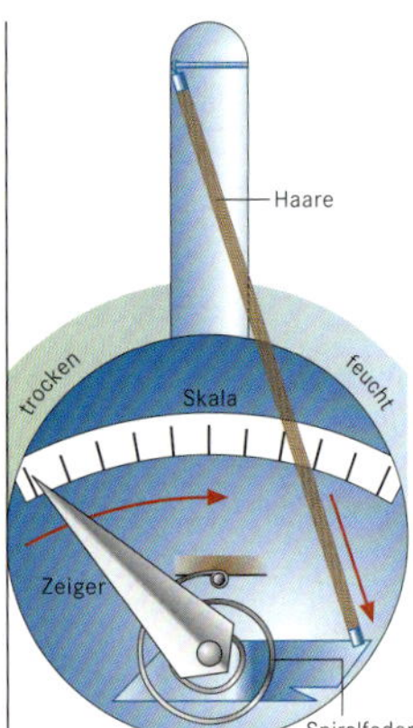

Hygrometer. Schematische Darstellung eines Haarhygrometers

des Festlands sowie die in der Gesteinshülle und im Eis gebundenen und in der Luft vorhandenen Wassermengen (Bodenwasser, Grundwasser) umfasst. 71% der Gesamterdoberfläche (510 Mio. km²) sind wasserbedeckt, auf der Nordhalbkugel sind es 61%, auf der Südhalbkugel 81%. 11% der Erdoberfläche sind ständig eisbedeckt. Bei einem eingeebneten Bodenrelief würde die vorhandene Wassermenge (1,65 Mrd. km³) die Erde mit einer 2700m mächtigen Wasserhülle umgeben. Im Verlauf der erdgeschichtlichen Entwicklung ist die Hydrosphäre vor 4,5 Mrd. Jahren entstanden.

hygrisch, den Niederschlag oder die Luftfeuchte betreffend.

Hygrograf, ein Messinstrument, das die Schwankungen der Luftfeuchtigkeit nach einem Hygrometerprinzip ermittelt und über ein Hebelsystem die analog auftretende Längenänderung auf einer zeitsynchron bewegten Trommel registriert.

Hygrometer, Feuchtigkeitsmesser, Gerät zur Messung der relativen Feuchtigkeit der Luft oder allg. von Gasen. Hygrometer unterscheiden sich v.a. durch die Art des Feuchtesensors, des quantitativ auf Feuchtigkeit reagierenden Bauteils, voneinander. Beim **Haarhygrometer** wird eine der Luftfeuchtigkeitsänderung analoge Längenänderung entfetteten menschlichen Haares oder auch einer Kunststofffolie über ein Hebelsystem oder eine Welle auf einen Zeiger bzw. beim Hygrografen auf einen Schreibstift übertragen. **Absorptionshygrometer** messen die von der Luftfeuchtigkeit abhängige Massezunahme hygroskopischer Stoffe. **Elektrolythygrometer** beruhen auf der Änderung der elektrischen Leitfähigkeit eines Messmittels infolge Absorption von Wasserdampf. **Kondensations-** oder **Taupunkthygrometer** verfügen über eine spiegelnde Metallplatte, die durch verdunstenden Ether rasch abgekühlt wird, bis sich am jeweiligen Taupunkt Wasserdampf aus der Luft darauf niederschlägt. Aus der Temperatur der Platte, bei der der Niederschlag einsetzt, und der Lufttemperatur kann die relative Luftfeuchtigkeit berechnet werden. In amtlichen Wetterstationen wird die Luftfeuchtigkeit mit **Lithiumchloridhygrometern** gemessen. Bei ihnen ist der Sättigungsdampfdruck über einer LiCl-Lösung gleich dem Dampfdruck der Umgebung. Die Temperatur, bei der das eintritt, ist der Taupunkttemperatur der Luft proportional. Sie stellt sich in der Lösung ein, wenn an diese eine elektrische Spannung angelegt wird, da unterhalb des Gleichgewichtes durch hygroskopische Wasseraufnahme der Widerstand abnimmt und so der Heizstrom steigt, bis die genannte Temperatur erreicht ist.

Hygroskop, nach dem Messprinzip des Haarhygrometers (→Hygrometer) arbeitendes Gerät zur näherungsweisen Ermittlung der Luftfeuchtigkeit. Die Dehnung bzw. Kontraktion seines Messmittels (z.B. eine Hanfschnur) bewegt z.B. die Figuren eines Wetterhäuschens.

Hypolimnion [zu griechisch límnē »See«], Tiefenschicht stehender Gewässer unterhalb der Sprungschicht; wird nicht von der Zirkulation der Wassermassen erfasst und ist stabil geschichtet bei gleichmäßig 4°C.

Hypsometer, Hypsothermometer [zu griechisch hýpsos »hoch«], **Siedebarometer, Siedethermometer,** ein Spezialthermometer mit einem Messbereich zwischen 90 und 102°C und einer Messgenauigkeit von etwa $\pm 10^{-3}$ Celsiusgraden zur exakten Bestimmung der Siedetemperatur des Wassers. Da die Siedetemperatur eindeutig vom Luftdruck abhängt, kann dieser mit einem Hypsometer gemessen werden. Vom Luftdruck kann unter gewissen Bedingungen auf die Höhe des Messortes geschlossen werden.

IAMAS [Abkürzung für englisch **I**nternational **A**ssociation of **M**eteorology and **A**tmospheric **S**ciences], internationale wissenschaftliche Vereinigung für Meteorologie und Physik der Atmosphäre im Rahmen der Internationalen Union für Geodäsie und Geophysik (IUGG), die in einzelne Interessengebiete unterteilt ist. Sie koordiniert internationale Forschungsprojekte und organisiert wissenschaftliche Tagungen.

ICAO-Atmosphäre [englisch aɪsieɪˈəʊ-], durch die Internationale Luftfahrtorganisation ICAO für den Luftverkehr festgelegte Normalatmosphäre (empirische Festlegung) mit folgenden Werten: Luftdruck im Meeresniveau 1013,25 hPa (1013,25 mbar), Temperatur im Meeresniveau +15,0 °C, Dichte im Meeresniveau 0,001225 g/cm^3, vertikale Temperaturabnahme −0,65 °C/100 m. Der Temperaturgradient bleibt konstant bis 11 000 m Höhe (Temperatur dort −56,5 °C); darüber wird Isothermie bis 20 000 m angenommen. Die ICAO-Atmosphäre dient in der Luftfahrt als Bezugsmedium, z.B. für die Eichung von Höhenmessern. Ihre Zusammensetzung wird in allen Höhen gleich angenommen, Luftfeuchtigkeit und Wasserdampf bleiben unberücksichtigt.

Ike, Hurrikan, der sich am. 3. September 2008 westlich der Kapverdischen Inseln entwickelte und als Hurrikan der Stufe 4 auf der Saffir-Simpson-Hurrikanskala zunächst schwere Zerstörungen auf den Turks- und Caicosinseln sowie auf Haiti verursachte, wo 66 Menschen ums Leben kamen, davon fast 50 in einem einzigen Dorf. Am 8. September traf der Hurrikan mit Windgeschwindigkeiten bis zu 195 km/h auf Kuba. Kurz zuvor hatte das →National Hurricane Center Ike auf Kategorie 3 zurückgestuft; über Land verlor der Hurrikan weiter an Intensität und ging auf Stufe 2 zurück. Trotzdem richtete er vor allem in den östlichen Provinzen beträchtlichen Schaden an, der auf vier Milliarden US-Dollar geschätzt wird; vier Menschen kamen ums Leben. Am 13. September erreichte Ike die amerikanische Küste und traf auf Texas. Inzwischen hatte der Hurrikan einen Durchmesser von 1400 km erreicht und schob eine mehrere Meter hohe Flutwelle vor sich her. Das Auge des Sturms zog direkt über die Küstenstadt Galveston hinweg; eine leichte Kursänderung kurz vor Eintreffen an der Küste sorgte allerdings dafür, dass die Flutwelle niedriger als befürchtet ausfiel. Ike forderte mindestens 30 Todesopfer und verursachte sowohl an der Küste als auch in Houston enorme Schäden, die auf mindestens zehn Milliarden US-Dollar geschätzt werden.

Immission [lateinisch immissio »das Hineinlassen«], Gesamtheit von Luftverunreinigungen, Geräuschen, Erschütterungen, Licht, Wärme, Strahlen u.Ä., die von verschiedenen Anlagen (z.B. Kraftwerk oder Müllverbrennungsanlage) oder von Produkten (z.B. Kraftfahrzeugen) ausgehen und auf ein Gebiet einwirken. Im Gegensatz dazu steht die →Emission, die diejenigen Wirkungen bezeichnet, die eine bestimmte Quelle ausstößt. Seit 1998 wurden schrittweise EU-weit gültige Grenzwerte für Höchstmengen an Schadstoffen festgelegt.

Immissionsschutz, Maßnahmen und gesetzliche Regelungen zum Schutz der Menschen, Tiere, Pflanzen, des Bodens, des Wassers, der Atmosphäre sowie von Kultur- und sonstigen Sachgütern vor den Auswir-

Indian Summer. Herbstlich gefärbte Landschaft in Vermont

100001

kungen von Schadstoffen, wie etwa Schwefeldioxid, Ozon oder Feinstaub. Der Immissionsschutz zielt nach europarechtlichem Konzept in neuerer Zeit verstärkt auf Luftqualitätsziele. Ansonsten wird er besonders dadurch verwirklicht, dass Anlagen mit umweltschädlichen Emissionen der Genehmigung und Überwachung nach den Bestimmungen des Bundes-Immissionsschutzgesetzes unterstellt werden.

Immissionswerte, Abkürzung **IW, Immissionsgrenzwerte,** gesetzlich festgelegte Grenzwerte für Luftverunreinigungen, die nicht überschritten werden dürfen. Sie sind nach EU-Richtlinien der Jahre 1999 und 2000 neu festgelegt worden und dienen dem Schutz vor Gesundheitsgefahren sowie zum Schutz von Ökosystemen. Die Einhaltung oder Nichteinhaltung von Immissionswerten allein erlaubt allerdings noch keine sichere Aussage über die Luftqualität, denn Schadstoffe können sich in ihrer Wirkung gegenseitig verstärken, z.B. die gleichzeitige Immission von Schwefeldioxid und Staub.

Incoherent-Scatter-Verfahren [ɪnkəʊˈhɪərənt ˈskætə-, englisch], →Ionosphäre.

incus [lateinisch »Amboss«], substantivischer Zusatz zum Namen der Wolkengattung Cumulonimbus mit der Bedeutung »mit Amboss« (→Ambosswolke).

Indian Summer [ˈɪndjən ˈsʌmə, englisch »Indianersommer«], ab Mitte September herrschende frühherbstliche Schönwetterperiode im Nordosten von Nordamerika; gilt wegen der prachtvollen Laubfärbung der verschiedenen Baumarten als die schönste Jahreszeit. Der Indian Summer ist dem →Altweibersommer Mitteleuropas vergleichbar. – Bild Seite 147

100562

Industrieschnee an einem Kanal in Straßburg

Industrieschnee, selten auftretender, örtlich begrenzter Schneefall, der durch Emissionen von Industrieanlagen oder -gebieten, vor allem Kraftwerken, hervorgerufen wird, in erster Linie durch den Ausstoß von Wasserdampf. Auch die Abwärme der Anlagen trägt zur Entstehung bei. Industrieschnee tritt nur bei Inversionswetterlagen auf, die in unseren Breiten häufig im November und Dezember das Wetter bestimmen. Außerdem muss die Temperatur unter dem Gefrierpunkt liegen und es darf nur geringe Luftbewegung herrschen. Tritt aus einem Schornstein eine große Menge Wasserdampf aus, kondensiert der Dampf in der kalten Luftschicht, heftet sich an Staubpartikel und fällt als Schnee zu Boden. Das Prinzip ist analog zur Erzeugung künstlichen Schnees in Schneekanonen. Da Industrieschnee aus nur geringen Höhen von maximal einigen Hundert Metern fällt, ist er sehr feinkörnig, weil die Kristallbildung noch nicht eingesetzt hat.

Industrieschneefälle können einige Stunden andauern und Schneehöhen bis zu 10 cm erreichen.

Infrarot, Abkürzung **IR,** früher auch **Ultrarot,** Abkürzung **UR,** der Bereich des elektromagnetischen Spektrums, der auf der langwelligen (roten) Seite (zwischen rund 800 nm und einigen 100 µm) an den sichtbaren Bereich anschließt. Er wird nach der Wellenlänge der Strahlung unterteilt in **nahes Infrarot** (**NIR,** etwa 780 nm bis etwa 3 µm), **mittleres Infrarot** (**MIR,** etwa 3 µm bis etwa 50 µm) und **fernes Infrarot** (**FIR,** etwa 50 µm bis etwa 1 000 µm). Die einzelnen Bereiche bestimmen sich nach den anwendbaren Methoden der Erzeugung und des Nachweises der →Infrarotstrahlung. Sie werden in den verschiedenen Fachgebieten (z.B. in der Astronomie) zum Teil unterschiedlich gewählt. Die hier angegebene langwellige Grenze des FIR ist diejenige, bis zu der sich bei thermischen Quellen Strahlung nachweisen lässt. Sie liegt bereits im Gebiet der Mikrowellen (ab etwa 100 µm).

Infrarotstrahlung, IR-Strahlung, Wärmestrahlung, früher auch **Ultrarotstrahlung,** elektromagnetische Strahlung im IR (→Infrarot) mit Wellenlängen von etwa 800 nm bis einige 100 µm; für den Menschen nicht sichtbare, von vielen Tieren (z.B. Schlangen) jedoch wahrgenommene Strahlung. Der von der Infrarotstrahlung bedeckte Wellenlängenbereich entspricht einer absoluten Temperatur von 10 bis 7000 K. Da dies praktisch den gesamten in Alltag und Technik erfahrbaren Temperaturbereich überdeckt, wird die Infrarotstrahlung auch oft als →Wärmestrahlung bezeichnet. Außer als Wärmestrahlung wird sie v.a. bei Übergängen zwischen Molekülschwingungszuständen oder zwischen hoch angeregten Elektronenniveaus in Atomen und Molekülen emittiert bzw. absorbiert. Infrarotstrahlung wird in Verbindung mit Satelliten zur Messung der

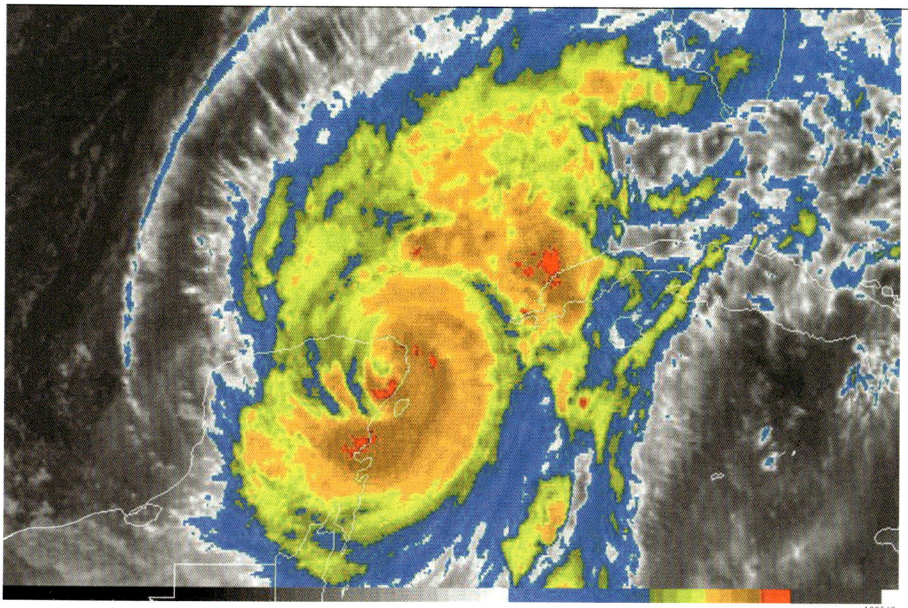

Infrarotstrahlung. Dieses Infrarot-Satellitenbild zeigt den Hurrikan Wilma vom Oktober 2005.

Temperaturverteilung in der Atmosphäre und zur Wetterbeobachtung ausgenutzt.

Iniki, Hurrikan der Stufe 4 auf der →Saffir-Simpson-Hurrikanskala, der im September 1992 im Pazifik auftrat. In der Saison 1992, die in die ausgeprägte El-Niño-Periode 1991–94 fiel, war Iniki einer von elf tropischen Wirbelstürmen im zentralen Pazifischen Ozean. Am 11. September zog das Auge des Hurrikans mit Windgeschwindigkeiten bis zu 290 km/h direkt über die Hawaii-Insel Kaunai und forderte sechs Todesopfer; der volkswirtschaftliche Schaden wird auf drei Milliarden US-Dollar geschätzt. Er war der stärkste bekannte Wirbelsturm, der jemals auf Hawaii traf. Nach dem Hurrikan →Andrew, der einige Wochen zuvor verheerende Schäden in Florida angerichtet hatte, war Iniki der zweite Sturm mit mindestens Stufe 4, der im Jahr 1992 auf die USA traf.

Inland|eis, Binnen|eis, geschlossene Eisdecke in den Polarländern, mit einer Mächtigkeit bis über 4000 m (Antarktis). Unter dem Inlandeis verschwindet das Erdrelief, daher gibt es keine Oberflächenmoränen, jedoch mächtige Grundmoränen. Nur an den Rändern ragen einzelne Berge (Nunatak) aus dem Eis auf; hier löst sich das Inlandeis in Gletscherzungen auf, aus denen, wo sie ins Meer reichen, durch Abbrechen (Kalben) Eisberge entstehen. Infolge der ungeheuren Belastung durch die Eismassen kommt es zur Einbiegung des Untergrundes, die mehrere Hundert Meter betragen (Grönland) und bis unter das Meeresspiegelniveau reichen kann (Antarktis). Durch die Überdeckung gibt es unter dem Inlandeis keinen Permafrostboden.

innertropische Konvergẹnzzone, englisch **Intertropical convergence zone** [ɪntəˈtrɔpɪkl kənˈvəːdʒns zəʊn], Abkürzung **ITCZ** [aɪtiːsiːˈzed, englisch], **innertropische Konvergẹnz,** die Zone der äquatorialen Tiefdruckrinne zwischen den Passatgürteln der Nord- und Südhalbkugel. In der innertropischen Konvergenzzone steigt die konvergierende Luft der Passate auf, es kommt zu starker Wolkenbildung und zur Entstehung heftiger Regenschauer. Zeitweise entwickeln sich in ihr, besonders in den Übergangsjahreszeiten, auf den Ozeanen auch tropische Wirbelstürme. Die innertropische Konvergenzzone fällt nicht mit dem geografischen Äquator zusammen. Sie wandert, dem Sonnenhöchststand folgend, auf den Festländern weit nach Norden und Süden, über Indien bis zu 30° n. Br., über Afrika bis etwa 20° n. Br. bzw. s. Br., über Südamerika und Australien bis zu 20° s. Br.; ihre mittlere Lage befindet sich bei etwa 5° n. Br. (meteorologischer →Äquator). Häufig spaltet sie sich in einen nördlichen und einen südlichen Zweig, zwischen denen Westwinde (äquatoriale Westwindzone) herrschen (→Zirkulation der Atmosphäre).

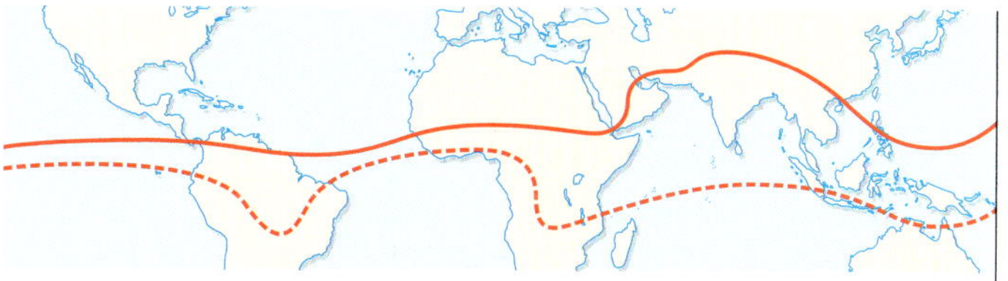

innertropische Konvergenzzone. Mittlere Lage im Juli (durchgezogene Linie) und im Januar (gestrichelte Linie)

innertropisches Klima, das Klima der äquatornahen Tropen mit ganzjährigen Niederschlägen im Bereich der innertropischen Konvergenz (starke Konvektionsniederschläge), hohen Mitteltemperaturen (tiefstes Monatsmittel nicht unter 18 °C) und geringer mittlerer Jahresschwankung (weniger als 3,5 K) sowie vorherrschenden äquatorialen Westwinden (mindestens 8 Monate pro Jahr); Verbreitungsgebiet des tropischen Regenwaldes.

INSAT, von Indien betriebenes geostationäres Satellitensystem, das neben Kommunikationsdiensten auch meteorologische Aufgaben erfüllt. Der erste Start erfolgte 1982, inzwischen ist die vierte Generation im Einsatz.

Insolation [zu lateinisch insolare »der Sonne aussetzen«], *Geografie, Meteorologie:* die direkte Einstrahlung der Sonne (→ Strahlung) ohne Behinderung durch Wolken und Horizont. Besonders in ariden Gebieten bewirkt der starke Wechsel von Insolation und Abkühlung eine mechanische Verwitterung, die **Insolationsverwitterung,** die vom grusigen Gesteinszerfall bis zur Abschuppung mehrerer Meter dicker Gesteinsschalen reicht.

Instabilität, *Meteorologie:* Bezeichnung für einen Zustand der Atmosphäre mit einer instabilen vertikalen Temperaturschichtung.

Intensität [zu lateinisch intensus »gespannt«, »aufmerksam«; »heftig«], *Physik:* SI-Einheit ist W/m^2; gleichbedeutend mit Energieflussdichte, d.h. die je Zeiteinheit durch eine Einheitsfläche hindurchtretende Energie einer Strahlung; allgemein der Quotient aus Strahlungsleistung und Strahlerfläche.

Intergovernmental Panel on Climate Change [ˈɪntəgʌvnmentl ˈpænl ɔn ˈkleɪmɪt ˈtʃeɪndʒ], → IPCC.

Internationale Jahre der ruhigen Sonne, englisch **International Quiet Sun Years** [ɪntəˈnæʃnl ˈkwaɪət ˈsʌn ˈjiəz], Abkürzung **IQSY** [aɪkjuːesˈwaɪ], unter Beteiligung von Institutionen aus 71 Ländern durchgeführtes Forschungsunternehmen der Geophysik, das aufgrund des großen wissenschaftlichen Erfolges des Internationalen Geophysikalischen Jahres für einen Zeitraum minimaler Sonnenaktivität, und zwar vom 1. 1. 1964 bis 31. 12. 1965, angesetzt wurde. Untersuchungsgegenstand waren geophysikalische Erscheinungen, die durch die Sonnenaktivität beeinflusst werden, z.B. die Aufladung der Ionosphäre, die Temperatur, Zusammensetzung und Dichte der Hochatmosphäre, Häufigkeit und Verlauf der erdmagnetischen Störungen, Intensität und Wirkungen der kosmischen Strahlung u.a. Die wiss. Ergebnisse des IQSY wurden in London in den »IQSY-Notes« (1963 ff.), den »IQSY-Instruction Manuals« (1963 ff.) und den »Annals of the IQSY« (1968 ff.) veröffentlicht.

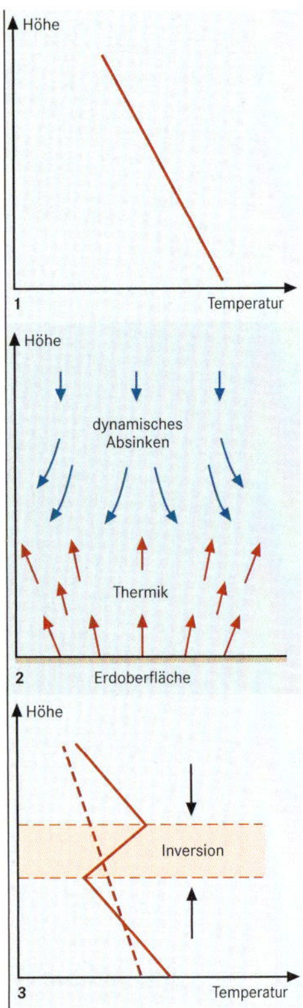

Inversion. Schema der thermischen Schichtung; 1 vor einer Absinkinversion, 2 die zur Absinkinversion führende Luftbewegung, 3 nach Bildung einer Absinkinversion

Internationales Einheitensystem, französisch **Système International d'Unités** [sisˈtɛːm ɛ̃tɛrnasjɔˈnal dyniˈte], Abkürzung **SI,** weltweit angewandtes und vielfach auch gesetzlich vorgeschriebenes Einheitensystem. Das SI wurde auf der 9. Generalkonferenz für Maß und Gewicht 1948 angeregt und auf der 11. Generalkonferenz für Maß und Gewicht 1960 angenommen. Es enthält die sieben Basiseinheiten Meter (Einheitenzeichen m), Kilogramm (kg), Sekunde (s), Ampere (A), Kelvin (K), Candela (cd) und Mol (mol) für die Grundgrößenarten Länge, Masse, Zeit, elektrische Stromstärke, thermodynamische Temperatur, Lichtstärke und (seit 1971) Stoffmenge, die zwei ergänzenden Einheiten Radiant und Steradiant sowie die aus den Basiseinheiten kohärent (ohne Verwendung eines Zahlenfaktors) abgeleiteten Einheiten. In Deutschland ist die Verwendung des SI seit dem 1. 1. 1978 im amtlichen und geschäftlichen Verkehr gesetzlich vorgeschrieben.

Internationales Polarjahr, → Polarjahr.

Interzeption [lateinisch »Wegnahme«], *Klimatologie:* die Rückhaltung von Niederschlägen an Blättern und Zweigen der Pflanzen (insbesondere im Kronenraum von Wäldern) und der damit zusammenhängende Verdunstungsverlust; dieser Teil des fallenden Niederschlags erreicht nicht den Erdboden. In dichten Wäldern können bis zu 50 % der Wasserversorgung der Pflanzen durch Interzeption verloren gehen.

Inversion [lateinisch »Umkehrung«, »Versetzung«], *Meteorologie:* **Temperaturumkehr,** Zunahme der Lufttemperatur mit der Höhe in einer mehr oder weniger dicken Schicht der Atmosphäre (im Normalfall nimmt die Temperatur mit der Höhe ab). Inversionen wirken als Sperrschichten **(Inversionsschicht)** in der Atmosphäre, die die Vertikalbewegungen abbremsen und an denen es zur Anreicherung von Staub und Dunst kommt. Sie stellen deshalb oft die Obergrenze von Wolken- oder Nebelschichten dar und haben besondere Bedeutung bei der Entwicklung von »austauscharmem Wetter« mit stabiler Luftschichtung und geringer Luftbewegung. Dadurch kommt es v.a. in der kalten Jahreszeit zu einer beträchtlichen Erhöhung der Schadstoffkonzentration in den bodennahen Schichten, sodass in extremen Fällen Smogalarm gegeben werden muss. Wenn Inversionen stark ausgebildet sind, verhindern sie bei kräftiger Einstrahlung das Aufsteigen der erwärmten Luft und damit Wolkenbildung und Niederschläge.

■ **Typen** Nach der Entstehungsursache lassen sich verschiedene Typen unterscheiden: Durch kräftige Ausstrahlung des Erdbodens bildet sich besonders in wolkenlosen Nächten und im Winter eine meist nur die bodennahe Luftschicht erfassende **Bodenin-**

version, die häufig von Nebel begleitet ist. Auch Wolken- oder Dunstschichten kühlen sich in wolkenarmen Nächten durch Ausstrahlung stark ab, wobei an ihrer Oberfläche eine **Strahlungsinversion** entsteht. Absinkvorgänge in Hochdruckgebieten setzen sich meist nicht bis zum Erdboden, sondern nur bis zur Obergrenze einer kalten Luftschicht durch: Es bildet sich eine **Absinkinversion,** die im Winter oft so kräftig ist, dass sie durch die Sonnenstrahlung nicht aufgelöst werden kann; es kommt zu lang anhaltendem Nebel oder Hochnebel unter der Inversion. Beim Aufgleiten einer wärmeren, feuchten Luftmasse auf Kaltluft entsteht eine **Aufgleitinversion,** die meist nur schwach ausgebildet ist. Eine **Abgleitinversion** entsteht durch Abgleiten einer über einer Abgleitfläche liegenden Warmluft; durch die adiabatische Erwärmung und Austrocknung vermindert sich die relative Feuchte.

Inversionswolken, meist ausgedehnte Schichtwolkenfelder unterhalb einer Inversion; sie entstehen durch Abkühlung infolge langwelliger Ausstrahlung von Dunstschichten. Bei weiterer Wärmeabstrahlung an ihrer Obergrenze wird das vertikale Temperaturgefälle verstärkt; es kommt zu einer Labilisierung und damit zu konvektiven Umlagerungen in der Wolkenschicht. Die ursprünglich zusammenhängende Wolkendecke teilt sich dann in viele kleine Schollen auf oder nimmt unterschiedliche Dicke und Dichte an. Typische Wolkengattungen sind Stratocumulus, Altocumulus und Cirrocumulus.

Ionopause [zu griechisch paúein »zum Aufhören bringen«], Bezeichnung für die obere Grenze der Ionosphäre eines Planeten, definiert als jenes Höhenniveau, bei dem die Ionenkonzentration auf Werte unter 100 Ionen/cm³ fällt. Aufgrund des starken Erdmagnetfeldes besitzt die Ionosphäre der Erde keine ausgeprägte Ionopause.

Ionosonde, Gerät zur Messung der Höhe, in der Radiowellen in der Ionosphäre reflektiert werden. Es arbeitet nach dem Radarprinzip und liefert ein **Ionogramm.** Mit einem Sender werden dazu innerhalb von Sekunden Impulse z.B. in einem Frequenzband von 0,2 bis 20 MHz abgestrahlt. Da Radiowellen in Gebieten, wo ihre Frequenz gleich der Plasmafrequenz des Mediums ist, total reflektiert werden und ein eindeutiger Zusammenhang zwischen Plasmafrequenz und Elektronendichte besteht, kann aus dem Ionogramm die Verteilung der Elektronendichte mit der Höhe **(Elektronendichteprofil)** abgeleitet werden.

Ionosphäre, Bereich der Atmosphäre, in dem die vorhandenen Gase regelmäßig mehr oder weniger stark ionisiert sind. Die Ionosphäre der Erde reicht von etwa 60 km Höhe bis in etwa 1000 km Höhe und ist in unterschiedlich stabile und unterschiedlich stark ionisierte Schichten untergliedert. Eine geringe Ionisation erfolgt schon in den unteren Schichten der Atmosphäre durch kosmische Strahlung und die Strahlung radioaktiver Elemente der obersten Bodenschicht. Die Ionisation erreicht aber erst in größeren Höhen, in denen als Ursache die Ultraviolettstrahlung der Sonne hinzukommt, ein solches Ausmaß, dass dort Radiowellen reflektiert oder absorbiert werden.

Inversion. Als Folge des verminderten vertikalen Luftaustauschs hat sich eine Dunstschicht gebildet (Hornisgrinde, Schwarzwald).

■ **Schichten** In der **D-Schicht,** die zwischen etwa 60 und 85 km liegt, nimmt die Elektronen- und Ionendichte tagsüber zu und geht abends wieder rasch zurück. In der **E-Schicht** (etwa 100–140 km) steigt sie mit zunehmender Höhe an und erreicht in 120–130 km Höhe ein flaches Maximum. Während der Nacht nimmt sie im Schichtmaximum langsam auf etwa 1% des Mittagswertes ab; offenbar ist hier auch nachts ein, wenn auch geringer, Ionisierungsprozess wirksam. Oberhalb 130 km bildet sich dagegen nachts ein Bereich relativ geringer Elektronendichte. In der **F-Schicht** (etwa 180–400 km; wird bis etwa 1000 km angenommen) erfolgt ein Anstieg der Ionendichte bis zu einem absoluten Maximum in 200–300 km Höhe. Tagsüber bildet sich in manchen Jahreszeiten ein se-

IONOSPHÄRE: SCHICHTEN DER IONOSPHÄRE

Schicht	Höhenbereich (in km)	maximale Elektronendichte	Bemerkungen
D	60–85	$< 10^4/cm^3$	verschwindet nachts
E	100–140	$10^5/cm^3$	Elektronendichte folgt Sonnenstand
E_s	100	bis $3 \cdot 10^6/cm^3$	unregelmäßig (»sporadisch«)
F_1	180–200	$3 \cdot 10^5/cm^3$	nur tagsüber, Elektronendichte folgt Sonnenstand
F_2	250–400	$5 \cdot 10^6/cm^3$	zeitliche und örtliche Anomalien

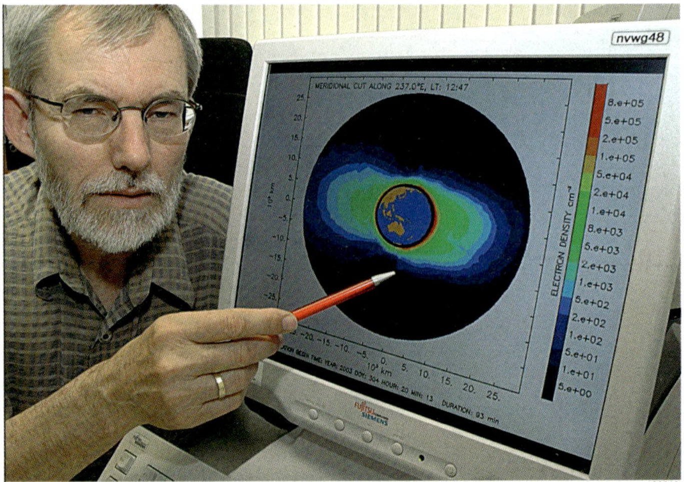

100562

Ionosphäre. Die Computergrafik zeigt eine Rekonstruktion der Elektronendichteverteilung in der oberen Ionosphäre während eines Sturms Ende Oktober 2003. Mit solchen Daten kann über aktuelle Störungen der Ionosphäre informiert werden.

kundäres Maximum aus **(F_1-Schicht),** während das Hauptmaximum **(F_2-Schicht)** nach oben rückt. Dieses Maximum fällt aber nicht mit der Schicht bei etwa 160 km Höhe zusammen, in der die Ionisation am stärksten ist, sondern ist nach oben verschoben. Die Abhängigkeit der Elektronendichte von Zeit und Ort im F-Gebiet wird durch Strömungsvorgänge im elektrisch leitenden **Ionosphärengas** (Plasma) erklärt. Wird dieser Leiter durch Gezeitenkräfte oder temperaturbedingte Turbulenzen der Erdatmosphäre im Erdmagnetfeld bewegt, so entstehen horizontale Induktionsströme bis etwa 100000 A, deren (Zusatz-)Magnetfeld den Hauptteil der am Boden beobachteten tageszeitlichen Variationen des erdmagnetischen Feldes ausmacht (→Erdmagnetismus).

■ **Störungen und Wirkung** Störungen der Ionosphäre entstehen zum Teil durch Zunahme der kurzwelligen solaren Strahlung bei Sonneneruptionen. Die Elektronendichte nimmt dabei in der D- und E-Schicht durch verstärkte UV- und Röntgenstrahlung (und damit die Absorption der Kurzwellen) erheblich zu. Bei den **Protonenstürmen** dringen schnelle solare Protonen in die Polarkappen, in seltenen Fällen auch in mittleren Breiten bis zu Höhen von 30 km ein und erhöhen die Elektronendichte und Absorption der Kurzwellen. Bei **Ionosphärenstürmen** dringen langsame solare Partikel in die Polarlichtzonen ein und bewirken bei Nacht sichtbares **Polarlicht,** starke fluktuierende elektrische Ströme, die erdmagnetische Störungen zur Folge haben. Ferner erhöhen sie lokal die Elektronendichte der E-Schicht und treiben die Elektronen der F-Schicht in die Höhe, verbunden mit Störungen des Funkverkehrs.

IPCC. *Qualitätskontrolle*

Seit 1990 hat das IPCC eine Reihe von Sachstandsberichten erarbeitet, die zur Arbeitsgrundlage in Wissenschaft und Politik geworden sind und Entscheidungsträgern einen Überblick über den Stand des Wissens in der Klimaforschung geben. Am jüngsten Bericht des IPCC, dem vierten Sachstandbericht (AR4) von 2007, haben über tausend Klimawissenschaftler mitgearbeitet, weitere 2000 Forscher waren mit der Begutachtung des Berichts beschäftigt. Der vierte Sachstandsbericht basiert, wie auch die vorhergegangenen Berichte, ausschließlich auf wissenschaftlichen Veröffentlichung, die in Fachzeitschriften publiziert und entsprechend geprüft sind. Thesen, wie sie eventuell von einzelnen Wissenschaftlern und anderen mehr oder weniger kompetenten Experten etwa in den Medien formuliert werden, fanden keinen Eingang in den Prozess des IPCC.

IPCC [aɪpi:si:ˈsi:, Abkürzung für englisch **I**ntergovernmental **P**anel on **C**limate **C**hange, »regierungsübergreifender Ausschuss zu Klimaänderungen«], ein 1988 von der UN-Vollversammlung beschlossenes Gremium, das in drei Arbeitsgruppen (Wissenschaft, Auswirkungen von Klimaänderungen, vorbeugende Maßnahmen) und einer Taskforce (nationale Bestandsaufnahmen der Treibhausgase) Statusberichte und Empfehlungen zum Problemkreis der anthropogenen globalen Klimaänderungen erarbeitet (anlässlich von UN-Weltklima- bzw. Umweltkonferenzen, in Zusammenarbeit mit UNEP und WMO). 2007 löste der vierte Sachstandsbericht (englisch: Fourth Assessment Report, AR4) den dritten Sachstandsbericht (Third Assessment Report, TAR) von 2001 ab. Er betont noch stärker die Rolle des Menschen im Zusammenhang mit der nachgewiesenen globalen Erwärmung. Für seinen Einsatz zur weltweiten Mobilisierung gegen den Klimawandel wurde das IPCC 2007 gemeinsam mit A. Gore mit dem Friedensnobelpreis ausgezeichnet.

IR, Abkürzung für →**I**nfra**r**ot.

irisierende Wolken, in Perlmutterfarben leuchtende Wolkenteile, wobei Grün und Rot vorherrschen. Die Erscheinung tritt v.a. an den Rändern von dünnen, in Sonnennähe befindlichen Altocumulus- oder Cirruswolken auf. Sie entsteht durch Beugung der Lichtstrahlen an Wassertröpfchen oder Eiskristallen.

Irrtümer *Sonderartikel Seite 154/155*

Isabel, ein Hurrikan, der am 18. September 2003 auf die USA traf und der stärkste Hurrikan der Saison 2003 war; zeitweilig erreichte er die höchste Stufe 5 auf der →Saffir-Simpson-Hurrikanskala.

Er verursachte volkswirtschaftliche Schäden in der Höhe von fünf Milliarden US-Dollar vor allem in North Carolina und Virginia; sieben Menschen kamen durch den Hurrikan ums Leben.

Isarithmen, die →Isolinien.

Ischkur, sumerischer Gewitter- und Sturmgott, weitgehend dem akkadischen →Adad gleichgestellt.

Isentrope [griechisch ísos »gleich...« und tropē »Wendung«, »Umkehr«], *Thermodynamik:* die →Adiabate.

Islandtief, im Seegebiet um Island sehr häufig anzutreffendes, meist umfangreiches und quasistationäres Tiefdruckgebiet; Teil der subpolaren Tiefdruckrinne. Das Islandtief ist neben dem Azorenhoch als eines der Aktionszentren der Atmosphäre für die Witterung und das Klima Europas von großer Bedeutung. Häufigkeit und Intensität des Islandtiefs sind als Folge des jahreszeitlich schwankenden Temperaturunterschiedes zwischen den Subtropen und dem Polargebiet im Winter größer als im Sommer.

isobar [zu griechisch báros »Schwere«, »Gewicht«, »Druck«], *Meteorologie, Thermodynamik:* gleichen Druck aufweisend; bei gleichem Druck verlaufend.

Isobaren, *Meteorologie:* die →Isolinien gleichen Luftdrucks; sie verbinden in Wetter- und Klimakarten Punkte (Orte) mit gleichem, auf das Meeresniveau und mittlere Breite reduziertem Barometerstand.

isochor [zu griechisch chōra »Platz«, »Stelle«], *Physik:* konstantes Volumen aufweisend; bei konstantem Volumen verlaufend.

Isolini|en, Isarithmen, Linien, die, v.a. in Karten, benachbarte Punkte gleicher Werte (Maße, Mengen, Intensitäten u.a.) miteinander verbinden, z.B. Höhenlinien zur Geländedarstellung oder Isolinien zur Wiedergabe geophysikalischer, meteorologischer und hydrologischer Daten. Benachbarte Isolinien umschließen also bestimmte Wertintervalle; die dadurch entstehenden Flächen werden häufig durch Farben abgestuft (z.B. Höhenschichten). Als Pseudoisolinien bezeichnet man Grenzlinien von Flächen gleicher Faktoren ohne fließende Übergänge.

100562

IPCC. Anfang 2007 präsentierte das IPCC seinen vierten Assessment Report.

100573

irisierende Wolken überstrahlen einen Riesenkaktus im Saguaro Nationalpark (Arizona, USA).

ISOLINIEN: WICHTIGE ISOLINIEN	
Isobaren	gleicher Luftdruck
Isogone	gleiche Windrichtung
Isohumiden	gleiche relative Feuchtigkeit
Isohyeten	gleiche Niederschlagsmenge
Isotachen	gleiche Windgeschwindigkeit
Isothalpen	gleiche Maximaltemperatur
Isothermen	gleiche Temperatur
Isovaporen	gleiche Luftfeuchtigkeit

Isoplethen, *Klimatologie:* Linien gleicher Zahlenwerte bei der flächenhaften Darstellung eines von zwei Faktoren abhängigen Phänomens in einem Koordinatensystem, z.B. die kombinierte Darstellung von Witterungselementen, v.a. des tages- und jahreszeitlichen Ganges der Lufttemperatur **(Thermoisoplethen)** an einem bestimmten Ort: In einem Koordinatensystem von Monaten (Abszisse) und Tageszeit (Ordinate) werden die jeweiligen mittleren Temperaturwerte eingetragen und die gleichen Werte durch Linien verbunden. – Bild Seite 156

isotherm [zu griechisch thermós »warm«, »heiß«], *Physik:* eine konstante Temperatur aufweisend; bei konstanter Temperatur verlaufend.

Isothermen, *Meteorologie:* Linien (Isolinien) der Lufttemperatur für einen bestimmten Zeitpunkt oder den Durchschnitt eines Zeitraums (meist Monate und ein Jahr). Die **wahren Isothermen** geben die wirklichen

Fortsetzung S. 156

420

1

IRRTÜMER

1) Tiere können kein Wetter vorhersagen – auch Frösche nicht.

Das Wetter ist ein beliebtes Thema, die Gespräche darüber sind aber auch von vielen Vorurteilen geprägt. Die folgende Auswahl listet einige populäre Wetterirrtümer auf.

Tiere sagen Wetter voraus

Das Leben der Tiere und Pflanzen ist vom Wetter abhängig, deshalb ist es nicht verwunderlich, dass sie empfindlich auf die äußeren Bedingungen reagieren. Es gibt beispielsweise Pilze, die sich bei Regenwetter öffnen und bei Trockenheit schließen. Vogelmieren, Löwenzahn, Buschwindröschen, Klee und Tulpen falten die Blütenblätter zusammen, wenn die Luft feuchter wird. Katzen lecken sich bei trockenem Wetter häufiger, weil sich dann ihre Haare leichter unangenehm aufladen, Grillen passen ihre Zirpgeschwindigkeit der Außentemperatur an. Doch wirklich voraussagen können Tiere und Pflanzen – auch Frösche – das Wetter nicht, sie reagieren immer nur auf eine bereits eingetretene Änderung.

Raureif ist gefrorener Tau

Je mehr die Luft nachts abkühlt, desto weniger Wasserdampf kann sie aufnehmen. Die Konsequenz: Tau hat sich am anderen Morgen vor allem auf den Pflanzen niedergeschlagen. Physikalisch gesprochen ist der Wasserdampf kondensiert – ein alltägliches Phänomen, das sich zum Beispiel an Fensterscheiben beobachten lässt. Liegt die Temperatur deutlich unter 0 °C, entsteht Raureif – aber nicht als gefrorener Tau. Vielmehr geht der Wasserdampf direkt in Eiskristalle über, überspringt also den flüssigen Zustand: Physiker sprechen von Resublimation. Das Eis an der Kühlfachwand entsteht ebenfalls auf diese Weise. Auch Tauperlen können gefrieren, wenn die Temperatur nach ihrer Bildung unter den Gefrierpunkt fällt. Gefrorener Tau wiederum ist nicht dasselbe wie Reif: Dieser bildet sich als schneeartiger Belag auf Flächen, die Wärme abstrahlen, sobald der Taupunkt auf diesen Flächen unter den Gefrierpunkt sinkt.

Wolken schweben am Himmel, weil sie leichter als Luft sind

Das könnte man meinen, wenn man sie so dahinziehen sieht – wie mit Helium gefüllte Ballons, die man auf Straßenfesten kaufen kann. Doch Wolken bestehen aus Wassertröpfchen oder Eiskristallen und können ein enormes Gewicht bekommen: Eine vier Kilometer hohe Gewitterwolke mit einer Ausdehnung von 300 mal 200 Metern – und damit eine eher kleine Gewitterwolke – wiegt zweimal so viel wie ein Airbus380! Und warum fallen Wolken dann nicht vom Himmel? Weil aufsteigende Luft sie daran hindert. Sie wirkt dem Gewicht der Wolke entgegen und hält sie in der Schwebe.

Flüsse beeinflussen den Weg der Wolken

In Flüssen fließt Wasser, Wolken bestehen aus Wassertropfen – vielleicht folgen die Wolken deshalb irgendwie dem Fluss? Oder wirken als »Wetterscheide«? Das klingt verlockend, hat aber keinen Wahrheitsgehalt: Ein Einfluss von kleinen Gewässern auf die Wolkenbildung ist nicht nachweisbar. Bei Gebirgen ist das natürlich ganz anders: Sie lenken durchaus Luftmas-

2

3

sen um oder fungieren als Staumauer. Westlich des Nordschwarzwalds regnet es beispielsweise viel mehr als östlich des Kamms.

Im Winter ist die Sonne weiter von der Erde weg

Diese Erklärung der Jahreszeiten ist ein Klassiker der populären Irrtümer, über den man immer wieder stolpert. Dabei ist das Gegenteil der Fall: Anfang Januar ist die Entfernung der Erde zur Sonne geringer als Anfang Juli. Entscheidend ist vielmehr die Neigung der Erdachse gegen die Ebene, in der die Erde um die Sonne läuft, die sogenannte Ekliptikebene. In vielen Büchern schleicht sich hier gleich der nächste Fehler ein: Die Erdachse ist um 23,4° gegen die Senkrechte zur Ekliptikebene geneigt; der Winkel zwischen Achse und Ebene ist also 66,6°. Außerdem ändert die Achse beim Sonnenumlauf nicht ihre Orientierung und zeigt immer in dieselbe Richtung. Die Folge: Im Winter auf der Nordhalbkugel steht die Sonne südlich des Äquators, die Sonnenstrahlung fällt in einem flacheren Winkel ein und ist nicht so »effektiv« wie im Sommer.

Mittags ist es im Sommer am wärmsten

Zur Mittagszeit erreicht die Sonne zwar ihren höchsten Stand über dem Horizont und fühlt sich am wärmsten an, die Tageshöchsttemperatur wird – natürlich nur bei ungestörter Witterung – aber erst am Spätnachmittag, etwa zwischen 16 und 18 Uhr, erreicht. Denn der Boden kann Wärme viel besser speichern und gibt sie nach Mittag kontinuierlich wieder ab. In Städten, wo auch die Gebäude Wärme speichern, wird das Tagesmaximum sogar noch später als auf dem Land erreicht.

Bei Neumond schlägt das Wetter um

Der Mond ist ja an allem Möglichen schuld; auf das Wetter hat er allerdings keinen Einfluss und kann keinen Wetterumschwung einleiten. Der würde ja auf der ganzen Erde gleichzeitig stattfinden, denn wenn irgendwo Neumond ist, ist überall Neumond – in Peking genauso wie in Berlin. Manche Wetterregeln, die den Mond betreffen, sind trotzdem nicht ganz falsch: In Vollmondnächten, in denen man den Mond mangels Wolken auch wirklich sieht, ist es beispielsweise besonders kalt – wie in allen wolkenlosen Nächten, also auch bei Neumond.

Am Äquator ist es am wärmsten, an den Polen am kältesten

Nord- und Südpol sowie der Äquator stehen für viele Menschen sinnbildlich für »bitterkalt« bzw. »tropisch heiß«. Das ist natürlich nicht falsch, wobei allerdings nicht die Tageslänge entscheidend ist: Über das ganze Jahr gesehen sind der Tag- und Nachtanteil am Äquator die gleichen wie auf der ganzen Welt, nämlich halbe-halbe. Was den Äquator von nördlicheren Breiten unterscheidet, ist der Winkel, mit dem die Sonnenstrahlen auftreffen: Er ist dort steiler, was die Sonneneinstrahlung »effektiver« macht. Die Temperatur an einem bestimmten Ort auf der Erde hängt aber noch von weiteren Faktoren ab. So gibt es in den Tropen viele Niederschläge, in den Wüstengebieten nördlich und südlich der Wendekreise hingegen beständiges Hochdruckwetter.

2) Ohne Mond gäbe es weder Ebbe noch Flut – auf das Wetter hat er aber keinen Einfluss.

3) An den Polen der Erde ist es kalt – aber nicht am kältesten.

Isoplethen

Thermoisoplethen bei ozeanischem Klima in mittleren Breiten

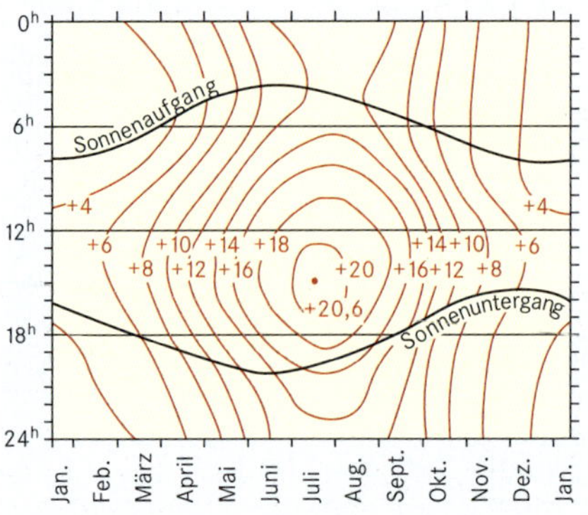

Thermoisoplethen bei äquatorialem Regenklima

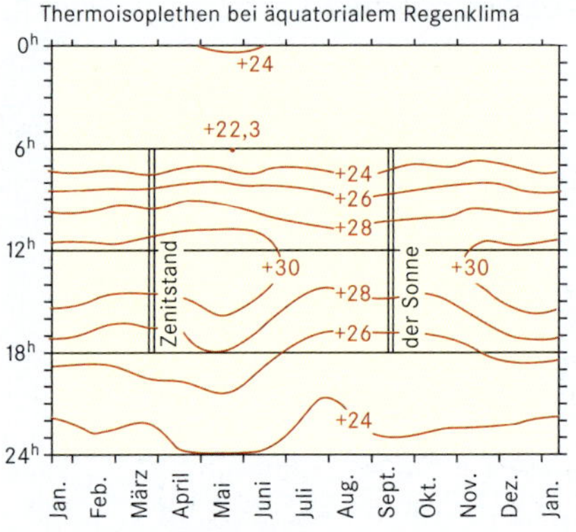

Fortsetzung von S. 153
Temperaturverhältnisse in einer bestimmten Höhenlage wieder, die **reduzierten Isothermen** zeigen die auf Meeresniveau umgerechneten Temperaturen, bei denen der Einfluss der Höhenlage ausgeschaltet ist.

Isothermie, allgemein Gleichheit der Temperatur an allen Stellen eines materieerfüllten Raumgebiets. In der Meteorologie wird damit das Gleichbleiben der Lufttemperatur in einer Schicht der Atmosphäre mit zunehmender Höhe bezeichnet (im Normalfall nimmt die Temperatur mit der Höhe ab). Isothermie ist insbesondere für die untere Stratosphäre charakteristisch, stellt sich aber auch in der Troposphäre in Inversionen ein und ist ein Zeichen für stabile Schichtung.

ITCZ, die →innertropische Konvergenzzone.

ITOS ['aıtɔs, englisch; Abkürzung für **I**mproved **T**IROS **O**perational **S**atellite »verbesserter TIROS-Satellit«], eine Serie von seit 1970 gestarteten Wettersatelliten der NASA, die nach Erreichen der Umlaufbahnen von der →NOAA übernommen wurden.

Ivan, ein Hurrikan, der zwischen dem 7. und 17. September 2004 über die Karibik zog und die höchste Stufe 5 der →Saffir-Simpson-Hurrikanskala erreichte; der minimale Kerndruck betrug 910 hPa. Auf Grenada kamen durch Ivan 39 Menschen ums Leben, außerdem wurde die gesamte Infrastruktur zerstört. Auf Jamaika starben 18 Menschen, auf Grand Cayman wurden fast alle Gebäude beschädigt. Nachdem sich Ivan im östlichen Golf von Mexiko zunächst abgeschwächt hatte und auf Kategorie 3 zurückgestuft wurde, gewann er vor der amerikanischen Küste wieder an Intensität und richtete in mehreren Bundesstaaten enorme Verwüstungen an; mindetens 52 Menschen wurden getötet.

■ **Monsterwelle** Ivan hat vermutlich die höchsten jemals gemessenen Wellen aufgetürmt: Fast 28 m hoben sich die Wasserwände über das Meer. Dabei sind wahrscheinlich die größten Wellen den Messgeräten sogar entgangen. Auf dem Weg zur 80 km entfernten Küste verliefen sich zwar die Riesenwellen – die nichts mit Tsunamis oder Erdbeben zu tun haben –, im Meer installierte Unterwasserdrucksensoren konnten jedoch die Wellenhöhe aufzeichnen. Forscher vermuten, dass solche von Hurrikans erzeugten Wellen bis zu 40 m Höhe erreichen können.

Jahresamplitude, Jahresschwankung, die Differenz zwischen dem höchsten und tiefsten Wert eines meteorologischen Elementes innerhalb eines bestimmten Jahres.

Jahresgang, der Verlauf eines meteorologischen Elementes innerhalb eines Jahres. Der mittlere Jahresgang wird gekennzeichnet durch die mittlere Jahresschwankung und die Eintrittszeiten der Extreme. Der Jahresgang der Temperatur wird bestimmt vom Jahresgang der Einstrahlung; er ist daher in den Tropen unbedeutend, in den mittleren Breiten (besonders auf den Kontinenten) dagegen sehr ausgeprägt (Maximum im Juli, Minimum im Januar). Verwendet werden zur Darstellung vorwiegend mittlere Monatstemperaturen, jedoch auch mittlere Tages-, Pentaden- oder Dekadenmittel.

Der Jahresgang des Niederschlags ist komplizierter, da er durch Konvektion (Maximum im Sommer), Fronten (Maximum v.a. im Winter) oder orografische Einflüsse (Maximum je nach Strömungsverhältnissen) bestimmt wird.

Jahresmittel, zur Charakterisierung durchschnittlicher jährlicher Verhältnisse eines meteorologischen Elementes gebildeter Mittelwert. Das korrekt gebildete Jahresmittel erhält man durch Aufsummierung aller 365 Tagesmittelwerte eines Jahres und anschließende Division durch 365. In der Praxis ist man jedoch übereingekommen, das Jahresmittel aus den 12 Monatsmittelwerten zu berechnen, da die aus beiden Methoden sich ergebenden Differenzen nur geringfügig sind. Das Jahresmittel allein reicht für viele Anwendungszwecke nicht aus; deshalb muss seine Aussagekraft durch die Angabe von Schwankungswerten untermauert werden.

Jahresringchronologie, Baumringchronologie, Dendrochronologie, die Datierung historischer und prähistorischer Ereignisse der Witterung durch die Untersuchung der Beschaffenheit und Struktur von Jahresringen in Bäumen und alten Hölzern; so lassen sich z.B. nasse oder trockene Jahre aus dem unterschiedlichen Holzwachstum folgern.

Klimatische Schwankungen, etwa Änderungen der Temperatur oder der Niederschlagsmenge, während der Lebenszeit des Baumes spiegeln sich in Breite und Dichte der Jahresringe wider. Durch den Vergleich verschiedener Bäume einer Region, deren Lebenszeiten sich überlappen, lässt sich somit eine möglichst lückenlose Zeitreihe in die Vergangenheit konstruieren. Für die gemäßigten und kühleren Klimate mit ihren ausgeprägten Jahreszeiten ist die Methode gut anwendbar, für Mitteleuropa gelang durch die Analyse von Mooreichen eine Rekonstruktion der Chronologie der letzten 10 000 Jahre. In tropisch-subtropischen Klimaten verhindert das relativ homogene und gleichbleibende Klima die Ausbildung charakteristischer Schwankungen in den Jahresringen und damit den Aufbau einer brauchbaren Chronologie.

Jahreszeiten, die vier Abschnitte des tropischen Jahres: **Frühling, Sommer, Herbst** und **Winter;** sie werden jeweils von einer Tagundnachtgleiche (Äquinoktium) und einer Sonnenwende (Solstitium) begrenzt. Die unterschiedliche Länge der Jahreszeiten ist bedingt durch den Wechsel der Geschwindigkeit der Erde auf ihrer Bahn um die Sonne. Frühling und Sommer haben auf der Nordhalbkugel der Erde gegenwärtig eine Dauer von zus. 186 d 10 h, Herbst und Winter von zusammen 178 d 20 h. Die Dauer der Jahreszeiten ist infolge der Apsidendrehung und der Präzession der Erde leicht veränderlich.

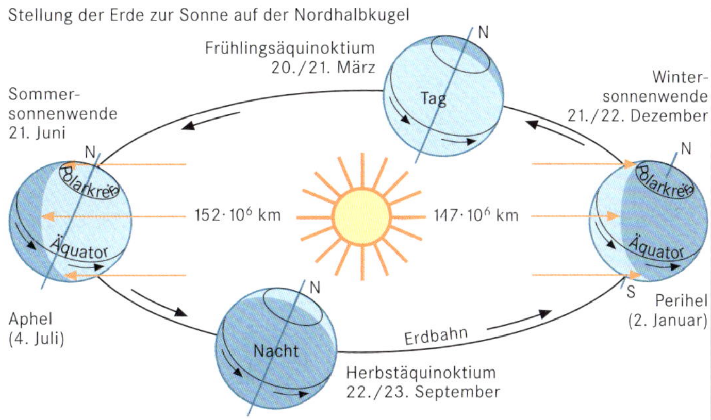

Jahreszeiten. Da der Abstand zwischen Erde und Sonne nicht konstant ist, erhält die Erde im Aphel 7 % weniger Sonnenlicht als im Perihel. Für den Wechsel der Jahreszeiten ist jedoch die Neigung der Erdachse verantwortlich.

■ **Klimatischer Charakter** Der klimatische Charakter der einzelnen Jahreszeiten beruht darauf, dass die Erdachse mit der Erdbahnebene einen Winkel von etwa 66,5° einschließt. Die Sonne erreicht deshalb in den Solstitien eine Deklination von +23° 27′ (**Sommersonnenwende**) bzw. von −23° 27′ (**Wintersonnenwende**). Da die Lage des Himmelsäquators über dem Horizont von der geografischen Breite des Beobachtungsortes abhängig und für ein und denselben Ort immer gleich ist, erreicht die Sonne zu verschiedenen Jahreszeiten unterschiedliche Höhen über dem Horizont. Dieser Unterschied der Höhe, der zwischen den beiden Extremwerten, der

JAHRESZEITEN*

Nordhalbkugel	Zeit	Südhalbkugel
Frühling	21. 3.–20. 6.	Herbst
Sommer	21. 6.–21./22. 9.	Winter
Herbst	22./23. 9.–20./21. 12.	Frühling
Winter	21./22. 12.–20. 3.	Sommer

* Durch Einfügen des Schalttages am 29. Februar (d.h. zwischen dem 28. Februar und dem 1. März) können Frühlings- und Sommeranfang immer auf dem 21. März bzw. 21. Juni gehalten werden. Dagegen fallen Herbst- und Winteranfang insgesamt je auf zwei Tage, d.h. 22. oder 23. September bzw. 21. oder 22. Dezember.

Sommer- und Wintersonnenwende, etwa 47° ausmacht, bedingt einen unterschiedlich schrägen Einfall der Sonnenstrahlen auf der Erde. Dazu kommt ein weiterer Effekt: Die Tages- bzw. Nachtlänge eines Tages ist mit der Höhe der Sonne über dem Horizont, d. h. mit der jeweiligen Deklination der Sonne, verbunden. Nur bei einem Durchgang der Sonne durch die Äquinoktialpunkte, die Punkte der Frühlings- und Herbsttagundnachtgleiche, sind Tag und Nacht gleich lang (abgesehen von einer Beobachtung vom Erdäquator aus, auf dem alle Tage gleiche Tages- und Nachtlängen haben). Im Sommerhalbjahr ist, abhängig von der geografischen Breite, der Tag länger als die Nacht und die Dauer der Sonneneinstrahlung deshalb größer. Die unterschiedliche Dauer der Sonneneinstrahlung und der unterschiedlich steile Einfall der Sonnenstrahlen bedingen die klimatischen Unterschiede der Jahreszeiten. Die Einstrahlungsverhältnisse in den verschiedenen Jahreszeiten unterscheiden sich umso mehr voneinander, je weiter ein Ort vom Äquator entfernt ist. Insgesamt ist das warme Halbjahr auf der Nordhalbkugel um $7^3/_4$ Tage länger als das kalte Halbjahr. Auf der Südhalbkugel ist es umgekehrt. Ursache hierfür ist die Tatsache, dass die Erde im Nordsommer im Aphel ihrer Bahn steht und langsamer umläuft, während sie im Nordwinter im Perihel ist, wo sie eine höhere Bahngeschwindigkeit hat.

Man begrenzt die **astronomischen Jahreszeiten** (bis auf geringe Verschiebungen durch die Anpassung des bürgerlichen an das astronomische Jahr) folgendermaßen:

Die **meteorologischen Jahreszeiten** decken sich selbst in den mittleren Breiten nicht völlig mit den astronomischen Jahreszeiten. Polwärts verkürzen sich der Sommer und die Übergangsjahreszeiten. In den Tropen ist der Niederschlag bestimmend für die Jahreszeiteneinteilung: eine oder zwei Regen- und Trockenzeiten. In den Subtropen durchdringen sich die Einteilungen nach Temperatur

JAHRESZEITEN

100562

Werden und Vergehen

Der Wechsel der Jahreszeiten, verbunden mit Saat, Wachstum, Ernte, Fruchtbarkeit und Dürre, wurde in frühen Religionen dem Wirken göttlicher Mächte zugeschrieben. In ihm sah man die schöpferische Kraft von Himmel und Erde symbolisiert, nach der chinesischen Religion den regelmäßigen Umlauf des Dao, der Weltordnung, zwischen Yang als männlichem Prinzip und Yin als weiblichem Prinzip. Der Wechsel im Jahreslauf wurde auch als kämpferischer Dualismus der Leben und Fruchtbarkeit bringenden Mächte des Lichtes und der lebens- und ordnungsfeindlichen Mächte der Finsternis aufgefasst; Erstere galt es zu fördern, Letztere zu bekämpfen. In diesem Sinne müssen die Feste aufgefasst werden, die etwa die Saaten im Frühjahr und die Ernten im Herbst unter göttlichen Schutz stellen. Mit den Jahreszeiten verbundene Feste waren z. B. in der griechischen Antike die Eleusinischen Mysterien der Saat- und Fruchtbarkeitsgöttin Demeter und bei den Germanen das Frühlingsfest zur Austreibung des Winters, bis in die Gegenwart tradiert im Osterfeuer. In den alten Mysterienreligionen wurde das Sterben und Wiedererwachen der Natur im Verlauf des Jahres in Verbindung gebracht mit dem Sterben und Auferstehen des als schöpferische Macht verehrten Kultgottes (rituell vollzogen in dem babylonischen Tammuz-Adonis-Kult, in den Kulten um Demeter, Dionysos in Griechenland, um Osiris in Ägypten).

Auch heute noch sind viele Frühlingsfeste bekannt, z. B. der Eisenacher Sommergewinn und der Sommertagszug oder das Zürcher Sechseläuten und die »Chalandamarz« (1. 3.; Engadin). Wintersonnenwend- oder Neujahrsfeste und Sommersonnenwendfeste sind in vielen Kulturen gebräuchlich, ebenso Herbstfeste, wie z. B. Erntedank (Fränkischer Erntedankfestzug in Fürth). Weihnachten wird nicht nur, aber besonders im Erzgebirge auch als Winterfest (»Fest des Lichts«) begangen.

und Niederschlag; in Nordindien und Pakistan unterscheidet man z.B. die kühle (Winter), die heiße (Frühsommer) und die Regenzeit (Hochsommer).

Jahreszeitenklima, das durch deutlichen jahreszeitlichen Wechsel im Temperaturverlauf gekennzeichnete Klima außerhalb der Tropen. Mit wachsender geografischer Breite und Kontinentalität nimmt die mittlere Jahresschwankung der Temperatur allgemein zu. In den Tropen herrscht dagegen ein **Tageszeitenklima,** d.h., hier sind die täglichen Temperaturschwankungen deutlich höher als die geringen (oder fehlenden) jahreszeitlichen Schwankungen.

Jahrhundertsommer, im allgemeinen Sprachgebrauch übliche Bezeichnung für außergewöhnlich lange anhaltende sonnige und heiße Phasen während der Sommermonate. Im wörtlichen Sinne kann man beispielsweise den Sommer 1947 als den Jahrhundertsommer des 20. Jahrhunderts bezeichnen. Er hatte in Südwestdeutschland von April bis Oktober 96 Sommertage (Höchsttemperatur mindestens 25 °C), davon im Zeitraum von Juni bis August 60. Normale Jahre haben 42 bzw. 31 Sommertage.

Auch der Sommer 2003 wird als Jahrhundertsommer bezeichnet, weil seine Hitzewelle alle Höchsttemperaturrekorde in Europa seit Beginn der Wetteraufzeichnungen gebrochen hat.

Januar [nach dem Gott Janus], der erste Monat des julianischen und gregorianischen Kalenders mit 31 Tagen; der elfte Monat des altrömischen Kalenders. Frühere deutsche Namen waren **Eismond** oder **Eismonat** sowie **Hartung.**

■ **Temperaturen** Der Januar ist in Deutschland der kälteste Monat. Im Gebietsmittel weist er eine Durchschnittstemperatur von −0,5 °C auf, bezogen auf den dreißigjährigen internationalen Referenzzeitraum 1961–1990. In den zehn Großstädten Berlin, Bremen, Chemnitz, Erfurt, Frankfurt am Main, Freiburg im Breisgau, Hamburg, Hannover, Köln und München liegt der Mittelwert bei 0,2 °C, wobei Freiburg im Breisgau die winterwärmste und München die winterkälteste Großstadt ist. Die mittlere tägliche Höchsttemperatur liegt bei 2,7 °C, die mittlere Tiefsttemperatur bei −2,6 °C. Allerdings können in besonderen Wettersituationen auch Plustemperaturen bis 15 °C und sehr kalte Temperaturen bis −30 °C auftreten.

Von allen deutschen Großstädten hat Düsseldorf mit 2,5 °C die höchste mittlere Januartemperatur, in Regensburg ist es mit −2,1 °C am kältesten. Die Zugspitze hat im Januar eine mittlere Temperatur von −11,2 °C, der Brocken −4,2 °C.

■ **Niederschläge** Die Niederschläge im Januar sind im vieljährigen Mittel auf 16 Tage verteilt, wobei an der Hälfte dieser Tage der Niederschlag als Schnee fällt. Im Durchschnitt fallen im Januar 62 Liter Wasser pro Quadratmeter (62 mm), für das Mittel der zehn oben genannten Städte 50 mm. In Hamburg liegt an zehn Januartagen eine Schneedecke von mindestens 1 cm Höhe, in Garmisch-Partenkirchen an 28 Tagen. Die Gefahr von Glatteis besteht durchschnittlich an zwei bis drei Tagen im Januar; dieser Wert gilt jedoch für alle Wintermonate.

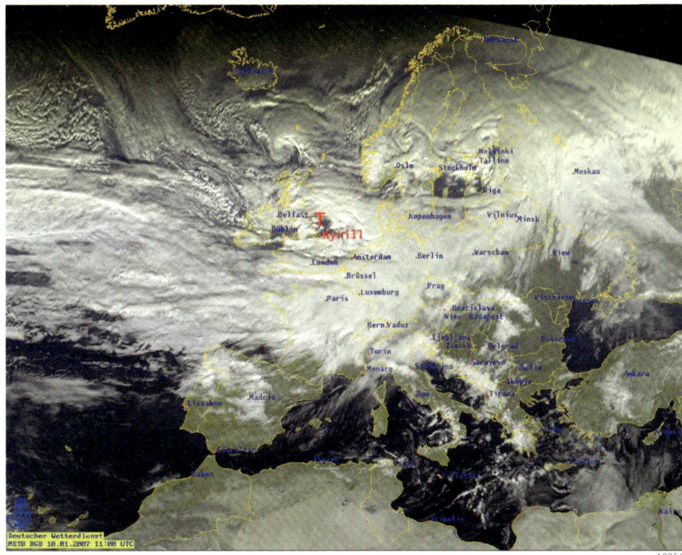

Januar. METEOSAT-8-Bild vom Kern (T) des Orkantiefs Kyrill, das am 18. Januar 2007 Europa überquerte

■ **Sonnenscheindauer** Vor allem im Gebirge scheint im Januar die Sonne, die Zugspitze kommt im Mittel auf 115 Sonnenstunden. Den Rekordwert hält der Januar 1989 mit 232 Stunden Sonnenschein. Bedingt durch Nebel und Hochnebel bleibt in den Niederungen hingegen an 16 Januartagen die Sonne ganz verborgen. Im Mittel scheint im Januar 48 Stunden lang die Sonne, sowohl im Gebietsmittel als auch im Mittel der Städte. Zum Vergleich: Lissabon weist 143 Sonnenstunden im Januar auf, Moskau 31 Sonnenstunden.

■ **Wind und Luftdruck** Der Norden Deutschlands ist im Januar deutlich windreicher als der Süden. So weist der Donauraum um Regensburg fünf Starkwindtage, Berlin hingegen zehn Starkwindtage auf. Diese Unterschiede sind auf das Druckgefälle zurückzuführen, das zwischen Norden und Süden herrscht: Die an der norddeutschen Küste entlangwandernden Tiefdruckgebiete bescheren Norddeutschland niedrigere Luftdruckwerte, der Süden liegt hingegen im Einflussgebiet des Azorenhochs. Auf Berlin bezogen liegt das Januarmittel des Luftdrucks bei 1017 hPa. Die Tiefdruckaktivität über dem Atlantik erreicht im Januar einen Höhepunkt und bestimmt vor allem das Deutschlandwetter im Januar, je nachdem ob sich milde Meeresluft oder kalte

Festlandsluft eines asiatischen Hochs in Europa durchsetzt.

■ **Wetterlagen** Südwest- und Westlagen bringen milde Temperaturen zwischen 5 und 12 °C und schnelle Wetterwechsel mit Regen und oft starkem Wind. Nordwest-, Nord- und Tiefdrucklagen sorgen für wechselhaftes und nasskaltes Wetter mit viel Neuschnee in höheren Lagen, aber keiner dauerhaften Schneedecke unterhalb 500 m. Geht die Wetterlage hingegen in Nordost oder Ost über, schneit es bei Dauerfrost bis in tiefere Lagen; bei eisigem Wind setzt sich immer mehr die Sonne durch. Südost-, Süd- und Hochdrucklagen sorgen für viel Nebel im Flachland bei mäßig kalten Temperaturen zwischen −5 °C und 0 °C. In den Bergen herrscht hingegen gute Fernsicht vor, oberhalb 700 m ist es wärmer als in den Niederungen.

■ **Typischer Wetterverlauf** Der Jahresanfang ist oft von kaltem Wetter geprägt, zeitweilig kann es schneien. Zwischen dem 5. und dem 14. ist ein typischer Januar dann überwiegend mild und trüb, Niederschläge fallen als Schnee oder Regen. Ab der Mitte des Monats weist die Statistik häufig trockenes und kaltes Hochdruckwetter auf, mit viel Sonne in den Höhen und Nebel im Tal. Zum Monatsende hin herrscht dann oft wieder mildes Westwetter mit Niederschlägen vor.

■ **Wetterregeln** Sind der Dezember und insbesondere die Zeit von Weihnachten bis zum 6. Januar warm, d. h. wärmer als der langjährige Durchschnitt, bleibt in 70 % der Fälle der Januar und in 60 % der Februar zu warm: *»Ist bis Dreikönigstag kein Winter, so kommt auch keiner mehr dahinter.«* Diese Regel wurde in den letzten Jahren häufig bestätigt.

Tritt im Januar überdurchschnittlich viel Nebel auf, wird das Frühjahr mit einer Wahrscheinlichkeit von 64 % zu feucht: *»Nebel im Januar macht ein nasses Frühjahr.«*

Einige Bauernregeln bringen das Wettergeschehen im Januar in Zusammenhang mit der Witterung der vorausgegangenen Monate Oktober und November: *»Wenn frostig der Oktober war, so folgt ein linder Januar«* (Eintreffwahrscheinlichkeit 73 %, wenn der Oktober mindestens ein Grad Celsius zu kalt war), *»Ist der November kalt und klar, ist trüb und mild der Januar«* (59 %).

Ausgeprägt ist auch die Erhaltungsneigung von Januar zu Februar, denn wenn der trockenkalte Januar die Folge von großräumigen Ostwindwetterlagen war, besteht durchaus die Aussicht auf weitere Kältewellen im Februar, häufig mit Schnee: *»Auf trockenkalten Januar folgt viel Schnee im Februar.«* Von den sieben kältesten Januarmonaten im 20. Jahrhundert (1940–42, 1947, 1963, 1985, 1987) hatten alle einen zu kalten Februar zur Folge.

Nicht nachzuweisen ist hingegen ein Zusammenhang zwischen hochwinterlichem und hochsommerlichem Temperaturverlauf (*»Wie der Januar, so der Juli«*). Auch zwischen dem Wetter um Makarius (2. Januar) und der Sonnenscheindauer im September (*»Wie das Wetter zu Makarius war, so wird's im September: trüb oder klar«*) gibt es keine Verbindung, ebenso wenig wie zwischen Makarius und der Erntezeit im August (*»Makarius das Wetter prophezeit für die ganze Erntezeit«*). Bedenkt man aber die Datumsverschiebung um zehn Tage durch die gregorianische Kalenderreform im 16. Jahrhundert, dann lassen sich beide Regeln bestätigen.

Jason, Satellitenprogramm der NASA und der französischen Raumfahrtbehörde CNES zur Erdtopografie. Jason 1 startete 2001 und war der Nachfolger von TOPEX/Poseidon, Jason 2 wurde im Juni 2008 gestartet. Zu den Aufgaben von Jason gehören u. a. die Messung des Meeresspiegels und die Beobachtung von Meeresströmungen.

Jauk, österreichische Bezeichnung für den im Klagenfurter Becken von den Karawanken herabwehenden Südföhn. Der Jauk tritt auf, wenn sich ein Tief vom westlichen Mittelmeer zur Adria hin verlagert. Er macht sich durch seine Fähigkeit, Inversionswetterlagen aufzulösen bzw. zu durchbrechen, vor allem im Winter bemerkbar. Im Sommer bewirkt er eine drückend schwüle Wetterlage. Der Jauk geht in der Regel mit Regen und einer spürbaren Temperaturerhöhung einher. Im Frühling kann dieser Effekt einen frühzeitigen Beginn der Vegetationsperiode verursachen.

Jeanett, ein Orkan, der am 27. und 28. Oktober 2002 Europa überquerte und noch im Flachland Orkanböen hervorrief. Er war einer der stärksten Stürme, die in Deutschland seit Beginn der synoptischen Messungen re-

JETSTREAM. ***Ritt auf dem Stream***

Windgeschwindigkeiten von 300 km/h sind ganz normal für den Jetstream, in Extremfällen wurden sogar schon 600 km/h und mehr gemessen. Kein Wunder deshalb, dass sich der Jetstream bei Flugzeiten bemerkbar macht. So ist man etwa auf dem Weg von Los Angeles nach Frankfurt am Main oft eine Stunde schneller unterwegs als umgekehrt. Jetstreamrouten sind also sehr beliebt bei Fluggesellschaften und werden täglich neu berechnet, um den schnellen Wind auch wirklich zu erwischen. Allerdings wird der Jetstreamvorteil nicht fest in den Flugplänen verankert, weil manchmal Gewitterzellen den Jetstream blockieren und Flugzeuge ausweichen müssen, manchmal diese Routen auch schlichtweg überlastet sind. Auch rentiert es sich nicht, jeden Ausschlag des Jetstreams »mitzumachen« und ihn unter allen Umständen anzusteuern.
Das manchmal auch gehörte Argument, die unterschiedlichen Flugzeiten von Ost- und Westrouten kämen durch die Erddrehung zustande, trifft übrigens nicht zu, da sich die Erdatmosphäre ja mitdreht und das Flugzeug beim Start auch schon die Geschwindigkeitskomponente der Erdrotation mitnimmt. Sonst würde es ja quasi beim Abheben von der Erde überholt…

gistriert wurden. Die maximale Windgeschwindigkeit von 183 km/h wurde auf dem Fichtelberg gemessen. Ein über dem Nordatlantik entstandenes Tiefdruckgebiet konnte sich wegen einer gut ausgeprägten Frontalzone mit einem großen Temperaturgegensatz zwischen kalten Polarluftmassen und warmen subtropischen Luftmassen schnell zu einem Orkantief intensivieren. Daraus entwickelte sich eine Westwinddrift, mit der Jeanett nach Westeuropa verlagert wurde. Am Vormittag des 27. Oktober zog der Orkan über Nordwestdeutschland; etwa vier bis fünf Stunden nach den ersten Sturmböen wurden die maximalen Windstärken erreicht, die in der gesamten Nordhälfte Deutschlands zwischen zehn und zwölf lagen. Jeanett forderte in Deutschland elf Todesopfer, europaweit starben 47 Menschen. Der Gesamtschaden in Europa belief sich auf 2,3 Milliarden US-Dollar.

Jeanne, ein Hurrikan der Saison 2004, der am 13. September als Tiefdruckgebiet südöstlich von Guadeloupe entstand und zunächst an Puerto Rico vorbeizog, bevor er am 16. September auf Hispaniola und am 18. September auf Haiti traf. Obwohl Jeanne kaum die Stärke eines Hurrikans hatte, verursachten die massiven Regenfälle, die mit ihm einhergingen, verheerende Überschwemmungen und Erdrutsche, denen allein auf Haiti über 3 000 Menschen zum Opfer fielen. Über dem Atlantik verstärkte sich Jeanne zu einem Hurrikan der Stufe 3 auf der →Saffir-Simpson-Hurrikanskala und erreichte am 26. September mit Windgeschwindigkeiten bis zu 192 km/h Florida. Jeanne war nach →Charley, →Frances und →Ivan bereits der vierte Wirbelsturm, der in dem US-Bundesstaat wütete. Mindestens sechs Menschen starben, der Sachschaden ging in Milliardenhöhe. Mehr als zwei Millionen Haushalte waren tagelang ohne Strom.

Jetstream ['dʒetstri:m, englisch], **Strahlstrom,** äußerst intensiver, bandförmiger, nicht beständiger, von West nach Ost gerichteter Luftstrom mit sehr hohen Windgeschwindigkeiten, der entlang einer horizontalen Achse, der **Jetstreamachse,** in der oberen Troposphäre oder unteren Stratosphäre konzentriert ist und durch große horizontale Temperaturunterschiede verursacht wird. Er hat im Normalfall eine Erstreckung von einigen 1 000 km Länge und einigen 100 km Breite sowie eine vertikale Ausdehnung von einigen Kilometern. Als untere Grenzgeschwindigkeit gilt ein Wert von 30 m/s, nicht selten werden Geschwindigkeiten von 70 bis 100 m/s (etwa 250–360 km/h) erreicht; die Höchstwerte liegen um 170 m/s (über 600 km/h).

■ **Jetstreamsysteme** Zwei markante Jetstreamsysteme treten auf jeder Halbkugel der Erde auf: 1) **Subtropenjetstream:** über dem subtropischen Hochdruckgürtel, auf der Nordhalbkugel etwa längs der Linie Bermudainseln–Kanarische Inseln–Nordafrika–Persischer Golf–Indien–Südchina und über den Pazifik nach Kalifornien; mittlere Höhe etwa 12 km; außerordentlich ausdauernd, mit nur langsamen, jahreszeitlich bedingten Änderungen. 2) **Polarfrontjetstream:** in den höheren Mittelbreiten; Achse dicht unterhalb der Tropopause, im Mittel bei rund 10 km Höhe. Die geografische Lage ist eng mit derjenigen der Polarfront gekoppelt, daher rasche und kräftige zeitliche Änderungen hinsichtlich Lage und Geschwindigkeit. Der Polarfrontjetstream umgibt als wellenförmiges, stellenweise auch unterbrochenes Starkwindband die Nordhalbkugel; er schwankt zwischen 40° und 70° n. Br., im Winter liegt er weiter im Süden und weist eine größere Geschwindigkeit auf als im Sommer. Beide Jetstreamsysteme sind wegen ihrer sehr großen Windgeschwindigkeit und der häufig in ihrer Nähe beobachteten gefährlichen →Klarluftturbulenz von großer Bedeutung für die Luftfahrt in etwa 9 000 bis 12 000 m Höhe (beschleunigte Fluggeschwindigkeit und/oder verminderter Treibstoffbedarf bei Benutzung dieser Luftströmungen sowie Behinderung beim Flug in umgekehrter Richtung).

Neben diesen Jetstreamsystemen entsteht im jeweiligen Winterhalbjahr beider Halbkugeln in der Stratosphäre in 20 bis 30 km Höhe und in 65° n. Br. ein westliches Starkwindband, verursacht durch den Temperaturgegensatz an der Grenze zwischen den sonnenbeschienenen Gebieten der Erde und dem Bereich der Polarnacht. Dieser Jetstream wird daher als

100001

Jetstream
über Ägypten und dem Roten Meer, durch Wolken markiert

arktischer bzw. **antarktischer stratosphärischer Jetstream** oder **Polarnachtjetstream** bezeichnet. In den Sommermonaten zeigt die Stratosphäre in der tropischen Zone etwa in 15 km, mitunter auch in 20–50 km Höhe, ein östliches Starkwindband, den **tropischen** oder **äquatorialen Jetstream.**

Jochwind, passübergreifender Talwind in den Tauern, Österreich; auch Tagwind, der vom Murtal her über den Neumarkter Sattel weht.

100619

Juli. Früher wurde der Juli treffend »Heumonat« genannt.

Joint Implementation ['dʒɔɪnt ɪmplɪmen'teɪʃn; englisch »gemeinsame Ausführung«], Abkürzung **JI** [dʒeɪ'aɪ], Begriff, der mit dem →Kyoto-Protokoll eingeführt wurde für länderübergreifende Klimaschutzprojekte, die diejenigen Länder gemeinschaftlich durchführen, die nach der →Klimarahmenkonvention Obergrenzen für die Emission von Treibhausgasen einhalten müssen (hauptsächlich die Industriestaaten der OECD sowie die Schwellenländer Mittel- und Osteuropas).

Die Klimaschutzprojekte basieren auf dem ökonomischen Prinzip, d.h., die Kosten für zusätzliche Emissionsminderungen sollen, global gesehen, minimiert werden. Joint-Implementation-Projekte ermöglichen es, Investitionen für die Minderung von Treibhausgasen in Ländern zu erbringen, in denen die Kosten dafür am niedrigsten sind. So können z.B. Industrienationen in Klimaschutzprojekte im Ausland investieren, wenn dies ökonomisch günstiger ist als im eigenen Land, und die erreichte Minderung an Treibhausgasemissionen ihrem eigenen Konto anrechnen lassen. Dem Gesamtziel des Klimaschutzes steht dieser Ansatz nicht entgegen, denn für das Klima ist es nicht relevant, wo Treibhausgase entstehen.

Ursprünglich wurden unter Joint Implementation alle projektbezogenen Klimaschutzmaßnahmen zusammengefasst, also auch solche, an denen Entwicklungsländer beteiligt waren. Diese stellen aber zusätzliche Anforderungen und benötigen eine klarere Abgrenzung: Klimaschutzprojekte mit Beteiligung von Staaten, die keine Emissionszielvorgaben haben, werden heute als →Clean Development Mechanism bezeichnet.

Joule [dʒuːl; nach dem britischen Physiker James P. Joule, *1818, †1889], Einheitenzeichen **J,** abgeleitete SI-Einheit der Energie, der Arbeit und der Wärmemenge. Ihre Definition ist: $1\,J = 1\,N \cdot m = 1\,W \cdot s = 1\,kg \cdot m^2 \cdot s^{-2}$.

Die Arbeit 1 J wird verrichtet, wenn eine Kraft von 1 N über eine Weglänge von 1 m wirkt. 1 J = 0,239 cal.

Juli [lateinisch (mensis) Iulius], der siebte Monat des gregorianischen Kalenders, mit 31 Tagen. Er entspricht dem fünften Monat des altrömischen republikanischen Kalenders, der bis 44 v. Chr. **Quintilis** hieß und dann zu Ehren Gaius Iulius Caesars in **Iulius** umbenannt wurde (Caesars Geburtsmonat). Der alte deutsche Name war **Heuet** oder **Heumonat** (wegen der Heuernte).

■ **Temperaturen** Der Juli ist in der Regel der wärmste Monat des Jahres. Die Durchschnittstemperatur beträgt im Gebietsmittel 16,9 °C, für die zehn Städte Berlin, Bremen, Chemnitz, Erfurt, Frankfurt am Main, Freiburg im Breisgau, Hamburg, Hannover, Köln und München 17,7 °C, wobei von ihnen Freiburg im Breisgau und Frankfurt am Main die höchste Durchschnittstemperatur aufweisen. Außerdem gehören Ludwigshafen, Mannheim und Mainz zu den wärmsten Städten. Die mittlere Tageshöchsttemperatur der genannten zehn Städte liegt bei 23 °C, der Tiefstwert bei 13 °C. Maximaltemperaturen von 40 °C und darüber werden inzwischen öfter im Sommer in Deutschland gemessen. Die Nullgradgrenze steigt im Juli auf 3300 m, auf der Zugspitze ist es im Julimittel 2,2 °C warm. Der Feldberg im Schwarzwald erreicht 10,9 °C, der Brocken 10,3 °C.

■ **Niederschläge** Im deutschen Gebietsmittel gehen 78 mm Niederschlag im Juli nieder, verteilt auf 15 Tage. Früher war der Juli der regenreichste Monat im Jahr, inzwischen erreicht er diesen Status nur noch in jedem vierten Jahr. Die Schwankungen in der Niederschlagsmenge reichen von 20 bis 160 mm. Mit der Höhe nimmt der Niederschlag generell zu, wobei vor allem in den Staulagen der Mittelgebirge mehr Niederschlag abgeht.

■ **Sonnenscheindauer** In einem normalen Juli kann mit 209 Sonnenscheinstunden gerechnet werden, also etwa sieben Stunden pro Tag. An ein bis zwei Tagen im Juli scheint die Sonne gar nicht. Der Süden ist etwas sonniger als der Norden, in München beträgt die durchschnittliche Sonnenscheindauer 237 Stunden. Zum Vergleich: In Madrid scheint die Julisonne 381 Stunden, in London nur 198 Stunden. Im Schnitt ist der Julihimmel zu 62 % bedeckt.

■ **Luftdruck** Über ganz Mitteleuropa geht der Luftdruck im Juli zurück, in Berlin liegt er bei 1014 hPa, was an der Vorherrschung von Westwetterlagen liegt, die zusammen mit Nordwestwetterlagen im Mittel 49 % des Juliwetters bestimmen. Hochdruckzellen, die sich vom Azorenhoch ablösen, können für Hitzewellen sorgen.

■ **Wetterlagen** Süd-, Südost- und Südwestlagen sorgen für sommerlich warmes Wetter mit Temperaturen bis 34 °C, wobei es unangenehm schwül werden kann, im Westen und im Bergland mit Gewittern verbunden. Dreht der Wind auf kühleren Westwind, können sich örtliche Unwetter entwickeln. West- und Tiefdrucklagen bringen wechselhaftes Wetter und den Durchzug von Regenfronten; die Temperaturen steigen nicht über 26 °C. Bei Nordwest- und Nordlagen wird es sogar nur höchstens 18 °C warm, im Osten und am Alpenrand regnet es häufig, im Hochgebirge ist mit Schnee zu rechnen. Wo die kühle Luft auf warme Mittelmeerluft trifft, fallen die Niederschläge ergiebig aus, mit Gefahr von Hochwasser. Nordost-, Ost- und Hochdrucklagen bringen viel Sonne mit sich mit ansteigenden Temperaturen und Wärmegewittern am Nachmittag.

■ **Typischer Wetterverlauf** Der Monatsanfang wird in der Regel von einer Hochdrucklage geprägt, die etwa ab dem 5. Juni von einer Westlage mit wechselhaftem Wetter abgelöst wird, die ihre Ursache in dem starken Luftdruckgefälle zwischen den Azoren (hoch) und Nordrussland (tief) hat. Zwischen 12. und 18. Juli ist wieder Hochdruckwetter an der Reihe, bevor erneut wechselhaftes Wetter aufzieht. Der Monatsausklang ist meist wieder von schönem Wetter begleitet.

■ **Wetterregeln** In zwei von drei Fällen folgt einem warmen Juli auch ein eher zu warmer September, in Süddeutschland sogar in drei von vier Fällen: *»Bringt der Juli heiße Glut, gerät auch der September gut.«* Gewitter sind im Juli nichts Ungewöhnliches: *»Wenn's im Juli nicht donnert und blitzt, wenn im Juli der Schnitter nicht schwitzt, der Juli dem Bauern nichts nützt.«* Eine Reihe von Juliregeln können als Siebenschläferregeln aufgefasst werden, die ausgehend von einem bestimmten Lostag eine Vorhersage für einen längeren Zeitraum machen. Besonders deutlich wird dieser Zusammenhang in der Bezeichnung »Siebenbrüder« für den 10. Juli (*»Ist Siebenbrüder ein Regentag, so regnet's noch sieben Wochen danach«*, *»Wie die sieben Brüder das Wetter gestalten, so soll es noch sieben Wochen halten«*). Die Namensgebung deutet darauf hin, dass der eigentliche Siebenschläferzeitraum erst Anfang Juli liegt. Diese Verschiebung lässt sich durch die Kalenderreform Papst Gregors im Jahr 1582 erklären, als zehn Kalendertage eingeschoben wurden, sich der Lostag also nach hinten verschob. Die Wahrscheinlichkeit, dass eine zu nasse bzw. zu trockene Witterung um den 7. Juli herum auf einen zu nassen bzw. zu trockenen Hochsommer hinweist, liegt in der Tat bei 65 %: *»Fällt Regen am Heimsuchungstag (2. Juli), vier Wochen lang er währen mag«*, *»Wie's Wetter an St. Margaret (13. Juli), dasselbe noch vier Wochen steht«.* Auch für das letzte Monatsdrittel, in dem sommerlichen Wetterstürzen oft längere Schlechtwetterperioden folgen, existieren entsprechende Regeln: *»Regnet's am Magdalenentag (22. Juli), so folgt gewiss mehr Regen nach.«* Keine Prognosekraft hat ein heißer Juli für den nachfolgenden Winter, wie es in *»Juli trocken und heiß, Januar kalt und weiß«* behauptet wird.

Juni [lateinisch (mensis) Iunius], der sechste Monat des gregorianischen Kalenders, mit 30 Tagen. Er entspricht dem wohl nach der Göttin Juno benannten Monat **Iunius** des altrömischen republikanischen Kalenders mit 29 Tagen. Der alte deutsche Name des Juni war **Brachet** oder **Brachmond** bzw. **Brachmonat** (vereinzelt auch **Honigmond, Rosenmond** oder **Heumond).** Es ist der Monat mit dem längsten Tag des Jahres (Sommersonnenwende): Am 21. Juni erreicht die Sonne ihren höchsten Stand (in München mittags 65,5° über dem Horizont, in Hamburg 60°), der lichte Tag dauert an diesem Datum rund 16 Stunden.

■ **Temperaturen** Die Durchschnittstemperatur für den Juni beträgt in Deutschland 15,4 °C. Die mittlere Tageshöchsttemperatur der zehn Städte Berlin, Bremen, Chemnitz, Erfurt, Frankfurt am Main, Freiburg im Breisgau, Hamburg, Hannover, Köln und München liegt bei 21 °C, wobei es in Freiburg im Breisgau am wärmsten und in Chemnitz am kühlsten ist. Im Mittel steigt das Thermometer an sieben Tagen über 25 °C, auch 35 °C wurden im Juni schon erreicht, allerdings können die Temperaturen auch noch bis nahe zum Gefrierpunkt sinken.

■ **Niederschläge** Im Schnitt beträgt die Niederschlagsmenge im Juni 78 mm, verteilt auf 14 Tage. Die Schwankungsbreite reicht von 10 bis 200 mm. An fünf bis acht Tagen ist mit Gewittern zu rechnen, die unter Umständen die Tagesniederschlagsmenge auf über 100 mm ansteigen lassen. Die durchschnittliche Luftfeuchtigkeit beträgt 71 %.

■ **Sonnenscheindauer** Die Nebelbildung ist im Juni am geringsten ausgeprägt. 210–220 Sonnenscheinstunden, also etwa sie-

Juni.
Die Schafskälte, ein junitypischer Kaltlufteinbruch, verdankt ihren Namen der Schafschur, die in diese Zeit fällt.

100619

ben Stunden pro Tag, sind für das Flachland normal, im Bergland sind es 30 Sonnenscheinstunden weniger. An nur zwei bis drei Junitagen scheint die Sonne gar nicht. Der durchschnittliche Bewölkungsgrad beträgt 64 % der sichtbaren Himmelsfläche.

■ **Luftdruck** Im Mittel weicht der Luftdruck kaum von dem des Vormonats ab, allerdings verändern sich die Luftdruckverhältnisse. Über dem asiatischen Festland sinkt der Luftdruck aufgrund fortgeschrittener Erwärmung, über den Azoren steigt er. Das führt dazu, dass Nord- und Nordwestwetterlagen mit 35 % den größten Anteil am Wettergeschehen haben, während Hochdrucklagen relativ selten sind. An der Ostflanke der atlantischen Hochdruckzone strömt kühle Luft aus Norden nach Süden und führt im Alpenvorland häufig zu Staubewölkung und damit einhergehenden Niederschlägen.

■ **Wetterlagen** Südost-, Süd- und Südwestlagen bringen sommerlich warme und teilweise schwüle Temperaturen bis 32 °C; vor allem im Bergland und im Westen gewittrig. West- und Tiefdrucklagen sorgen für wechselhaftes Wetter mit Durchzug von Regenfronten, aber auch sonnigen Phasen; die Temperaturen steigen nicht über 25 °C. Auch Nordwest- und Nordlagen verursachen wechselhaftes Wetter mit kühlen Temperaturen (»Schafskälte«), wobei es am Alpennordrand immer wieder regnet, oberhalb 1800 m kann es auch schneien. Nordost-, Ost- und Hochdrucklagen bringen viel Sonne und zunehmend steigende Temperaturen bis 29 °C; aus der Quellbewölkung entwickeln sich im Bergland häufig nachmittägliche Wärmegewitter.

■ **Typischer Wetterverlauf** Die für den Juni typischen Kaltlufteinbrüche treten im langjährigen Mittel bevorzugt zwischen 2. und 5. Juni, zwischen 12. und 14. Juni sowie um den 25. Juni herum auf. Schönwetterperioden sind eher selten und treten am häufigsten zwischen 15. und 23. Juni und am Monatsende auf. In den letzten Jahren brachte der Juni immer öfter erste Hitzewellen und seltener Kaltlufteinbrüche.

■ **Wetterregeln** Ein Juni mit überdurchschnittlich vielen Gewittern hat mit 75 % Wahrscheinlichkeit einen Juli mit relativ wenig Sonne zur Folge: *»Juni viel Donner, verkündet trüben (Hoch-)Sommer.«* Zwischen einem warmen Juni und einem warmen September *(»Stellt der Juni mild sich ein, wird's auch der September sein«)* lässt sich statistisch allerdings kein Zusammenhang herstellen. Viele Juniregeln beziehen sich auf Medardus (Metardi) am 8. Juni. Regnet es beispielsweise um St. Medardus, so ist der Rest des Juni mit 64 % Wahrscheinlichkeit zu nass, ein trockener Metardi-Tag hat hingegen keine Prognosekraft. *»Wie's Wetter zu Metardi fällt, es bis zum Monatsende hält«* stimmt also nur zur Hälfte, präziser sind *»Regen am Medardustage bringt sechs Wochen Regenplage«* und *»Macht Medardus nass, so regnet's ohne Unterlass«*. Die größte Aufmerksamkeit wird im Juni dem Siebenschläfertag am 27. gewidmet. Bezieht man sich nur auf das Wetter am 27. Juni, so ist der Siebenschläfertag für eine Regenprognose *(»Regnet es am Siebenschläfertag, es noch sieben Wochen regnen mag«)* statistisch gesehen eher ungeeignet, ein besserer Zusammenhang besteht hingegen zwischen einem trockenen Siebenschläfertag und einem insgesamt trockenen Juli, der in diesem Fall etwa doppelt so wahrscheinlich wie ein zu nasser Juli ist. Betrachtet man den gesamten Wetterverlauf um den 27. Juni, dann stimmt auch die Regenregel: Je häufiger es in den letzten fünf Junitagen regnet, desto regenreicher wird der Juli *(»Regnet's an Sankt-Peters-Tag [29. 6.], drohen 30 Regentag'«)*. Für das Alpenvorland liegt die Eintreffwahrscheinlichkeit dieser Prognose bei 70 %.

Kalben, *Geografie:* Bezeichnung für das Abbrechen großer Eisschollen von Gletscherzungen oder Inlandeismassen, die im Meer oder in einem Binnengewässer enden.

Kalmen [französisch-italienisch calme »Windstille«, über gleichbedeutend spätlateinisch cauma von griechisch kaũma »(Sommer-)Hitze«], **Calmen, Doldrums, Mallungen,** Windstillen. Als **Kalmengürtel** bezeichnet man das Gebiet der Windstillen und der schwachen, umlaufenden Winde in der Äquatorzone, das über den Ozeanen am ausgeprägtesten ist. Da der Kalmengürtel im Bereich der →innertropischen Konvergenzzone liegt, ist er reich an Konvektionswolken und Niederschlägen (meist schauerartig und gewittrig).

KALPANA, früher **Metsat,** indischer geostationärer Wettersatellit, der 2002 gestartet wurde; er ist der erste indische Satellit zu rein meteorologischen Zwecken.

Kälte, Mangel an Wärme, bezogen auf eine willkürlich gewählte Umgebung bzw. Normaltemperatur (Temperatursinn).

In der *Physik* existiert nur der Begriff →Wärme als eine Energieform. Ebenso ist keine Temperatur als »kalt« ausgezeichnet, zu jeder Temperatur gehört ein größerer oder kleinerer Betrag an kinetischer und (in festen und flüssigen Körpern) potenzieller Energie der Moleküle.

Kälteeinbruch, plötzliche Temperaturabnahme innerhalb weniger Stunden infolge Advektion von Kaltluft, besonders markant im Winter bei Winddrehung auf Nordost; Übergang zu Frostwetter. Im Sommer treten Kälteeinbrüche oft nach starken Gewittern auf.

Kältehoch, *Meteorologie:* →Hochdruckgebiet.

Kältepole, Orte der Erdoberfläche mit den niedrigsten beobachteten Temperaturen. Voraussetzungen dafür, in hohen Breiten extrem niedrige Temperaturen zu erreichen, sind andauernde lange Ausstrahlungsnächte, wolkenloser Himmel, extrem geringer Wasserdampfgehalt der Luft und kein Abfluss von Kaltluft.

■ **Kälterekorde** Vor der Einrichtung von Beobachtungsstationen in der Antarktis wurden die tiefsten Temperaturwerte in Jakutien (Ostrussland) registriert: In Oimjakon liegen diese bei −70 °C (für den Winter 1938 wird sogar ein Wert von −77,8 °C angegeben), in Werchojansk wurden am 5. 2. und 7. 2. 1892 −67,8 °C registriert. Die in der Ostantarktis gemessenen absoluten Minima betragen −89,2 °C (Station Wostok, am 21. 7. 1983) und −86,6 °C (Station Sowjetskaja, am 17. 8. 1958). In der Nähe des Südpols sollen −94,5 °C gemessen worden sein. Der tiefste gemessene Temperaturwert auf dem grönländischen Inlandeis beträgt −66,1 °C (6. 12. 1949), im nordwestlichen Kanada (Snag, Yukon Territory) −62,8 °C (3. 2. 1947).

Kältewelle, plötzliche starke Abkühlung der Lufttemperatur auf unternormale Werte. Kältewellen entstehen in Mitteleuropa v. a. im Winter durch Advektion sehr kalter Festlandsluft aus Nordosten, werden aber auch mit Schneeschauern durch Advektion maritimer Polarluft aus Nordwesten eingeleitet (→Kaltlufteinbruch).

Kaltfront, eine →Front, der Abkühlung folgt. Im Normalfall erstreckt sich die Abkühlung über die ganze Troposphäre. Beschränkt sie sich nur auf höhere Schichten, so handelt es sich um eine Höhenkaltfront (→Höhenfront). Tritt hierbei gleichzeitig am Boden Erwärmung ein, so spricht man von einer **maskierten Kaltfront.**

kaltgemäßigte Klimazone, →boreal.

Kaltluft, eine Luftmenge, die gegenüber durchschnittlichen Verhältnissen, der Unterlage oder ihrer Umgebung eine niedrigere Temperatur aufweist bzw. deren Wärmezustand als kalt empfunden wird. Kaltluft hat wegen ihrer größeren Dichte das Bestreben, sich unter wärmere Luft zu schieben und diese zu verdrängen.

Im lokalen oder regionalen Bereich entsteht Kaltluft in klaren Nächten durch Ausstrahlung und Abkühlung der bodennahen Luftschicht. Als Flurwind oder Land-Stadt-Wind hat Kaltluft eine besondere medizinmeteorologische Bedeutung hinsichtlich der Frischluftversorgung von Siedlungsgebieten. Kaltluft mit überregionaler Ausdehnung be-

K

Die Schafskälte Mitte Juni kommt so regelmäßig, dass schon unsere Vorfahren die klimatologische Bedeutung dieses **Kälteeinbruchs** erkannten: *Menschensinn und Juniwind ändern sich geschwind.*

100562

Kältewelle. Ein ungewöhnliches Bild: der schneebedeckte Vulkan Popocatepetl im mexikanischen Bundesstaat Puebla im November 2006. Ursache für das seltene Naturschauspiel war das Aufeinandertreffen kalter Luftmassen aus Kanada und eines tropischen Tiefs.

Katrina.
Das Satellitenfoto zeigt die Ausmaße der Überschwemmung in New Orleans infolge des Hurrikans Katrina; trockene Stadtteile erscheinen hell (z. B. oben links und unten Mitte), überflutete Stadtteile dunkel.

zeichnet man häufiger als Kaltluftmasse (→ Luftmasse).

Kaltlufteinbruch, plötzlich einsetzende Zufuhr kalter Luftmassen, meist bei sommerlichen Wetterentwicklungen, bei denen eine länger anhaltende Schönwetterperiode durch von Nordwesten oder Westen einbrechende kältere Luft (meist maritime Polarluft) abgeschlossen wird. Im Winter sind im Allgemeinen Kaltlufteinbrüche (aus kontinentalen Hochdruckgebieten) mit weniger markanten Wettererscheinungen verbunden; man spricht dann eher von **Kälteeinbruch.** Die Unterbrechung des jahreszeitlich bedingten Temperaturanstiegs im Frühjahr und Sommer durch Kaltlufteinbrüche nennt man **Kälterückfall;** volkstümlich u. a. bekannt als Aprilwetter, Eisheilige, Schafkälte.

Kaltluftsee, Ansammlung lokal gebildeter Kaltluft aufgrund ihrer Schwere in Tälern und Mulden oder infolge Kaltluftstaus an Hindernissen. Frostgefahr und Nebelbildung sind im Vergleich zur Umgebung erhöht.

Kaltlufttropfen, *Meteorologie:* abgeschlossenes Gebiet von Kaltluft in der mittleren und oberen Troposphäre, das sich in der Luftdruckverteilung am Boden nur durch eine schwache zyklonale Deformation oder auch gar nicht auswirkt, in der Höhe aber immer mit einem Höhentief verbunden ist.

Die mit Kaltlufttropfen einhergehenden Wettererscheinungen hängen von der Jahreszeit ab. Im Winter, in dem sie sich über dem kalten Festland – meist im nordrussisch-sibirischen Raum – bilden, weisen sie auf der Vorderseite wolkenarmes Wetter auf, während auf der Rückseite durch aufgleitende Warmluft Schneefälle auftreten. In der warmen Jahreszeit, in der Kaltlufttropfen ihren Ursprung v. a. im Gebiet um Island und Grönland haben, führt die Labilisierung der Kaltluft beim Übertritt des Kaltlufttropfens auf das warme Festland zu ergiebigen Labilitätsniederschlägen. Sommerliche Kaltlufttropfen können – bei gradientschwacher Luftdruckverteilung – über Mitteleuropa länger anhaltende Schlechtwetterperioden bewirken.

Kamsin, Wüstenwind, → Chamsin.

Kapillarwasser, nur durch die Adhäsions- und Kohäsionskräfte gebundenes Bodenwasser, das sich im ausreichend großen Porenraum (Makroporen) oberhalb der Grundwasseroberfläche auch entgegen der Schwerkraft bewegen kann.

katabatisch [zu griechisch katábasis »Abstieg«], *Meteorologie:* absteigend, abfallend, z. B. katabatischer Wind, ein Wind mit abwärtsgerichteter Bewegungskomponente (→ Fallwind); Gegensatz: anabatisch.

Katathermometer, Alkohol- oder Quecksilberthermometer mit zylindrischem Thermometergefäß und aufgesetzter Kapillare zur Bestimmung bioklimatischer Größen (Abkühlungsgröße, Behaglichkeitsziffer sowie kleiner Luftgeschwindigkeiten). Das Katathermometer wird zunächst im Wasserbad erwärmt, bis die Füllflüssigkeit über einem oberen Eichstrich bei 38 °C steht, und dann trocken und schwingungsfrei im Prüfraum aufgehängt; anschließend wird die Sinkzeit des Thermometerfadens zwischen dem oberen Eichstrich und einem Eichstrich bei 35 °C bestimmt; aus der Abkühlungsdauer und der Gerätekonstanten ergibt sich der → Katawert.

Katawert, Formelzeichen A, mit dem Katathermometer ermitteltes Maß für die durch Lufttemperatur, -feuchtigkeit und -geschwindigkeit bestimmte Kühlwirkung der Umgebungsluft, definiert als die sekundliche Wärmeabgabe eines Katathermometergefäßes pro cm^2 Gefäßoberfläche:

$$A = Q/(4{,}2z) = \alpha \cdot \Delta t/4{,}2;$$

dabei ist die Gerätekonstante $Q = \alpha \cdot \Delta t \cdot z$ die pro cm^2 vom Gefäß abgegebene Wärmemenge (in mJ), α die Wärmeübergangszahl zwischen Gefäßoberfläche und Luft, Δt die Differenz zwischen mittlerer Gefäßtemperatur (36,5 °C) und der Lufttemperatur t_L sowie z die Sinkzeit des Thermometerfadens zwischen den beiden Eichstrichen des Katathermometers. Die **Behaglichkeitsziffer** B ist dann durch die Beziehung $B = t_L/A$ gegeben.

Katrina, Hurrikan, der sich am 23. August 2005 über den Bahamas bildete und am 29. August 2005 die Südküste der USA erreichte. Katrina richtete in den Bundesstaaten Louisiana, Mississippi und Alabama massive Zerstörungen an, große Schäden entstanden auch in Florida sowie in Texas, Arkansas, Georgia und Tennessee. Besonders betroffen war der Großraum New Orleans. Die Stadt wurde zwar auch vom Sturm heftig getroffen, hatte aber am meisten unter den starken Regenfällen zu leiden, die über dem Mississippi River und dem Lake Pontchartrain niedergingen. Am 30. 8. brach der Damm, der New Orleans vor dem See schützen sollte; die Wassermassen überschwemmten 80 % des Stadtgebiets bis zu 7,60 m hoch.

100562

Katrina. Im August 2005 verursachte der Hurrikan Katrina, der mit mehr als 250 km/h über die amerikanischen Bundesstaaten Louisiana, Mississippi und Alabama hinwegzog, schwerste Zerstörungen und Überschwemmungen, besonders in New Orleans.

Der niedrigste Luftdruckwert, der im Auge des Sturms gemessen wurde, betrug 902 mbar. Katrina gilt damit hinter Gilbert (1988), dem Labor Day Storm (1935) und Allen (1980) als der viertstärkste Hurrikan. Als Katrina Land erreichte, stieg der Luftdruck auf 918 mbar. Der Schaden wird auf 20 bis 100 Milliarden US-Dollar geschätzt, Katrina zählt damit zu den schwersten Naturkatastrophen in der Geschichte der Vereinigten Staaten. In Louisiana starben 972 Menschen an den Folgen des Hurrikans, in Mississippi 221 Menschen.

Kelvin [nach W. Lord Kelvin], Einheitenzeichen **K,** die SI-Basiseinheit der thermodynamischen Temperatur. Der Nullpunkt der Kelvin-Skala ist der absolute Nullpunkt. Eine Temperaturdifferenz von einem K ist gleich einer Temperaturdifferenz von einem → Grad Celsius (°C).

Kelvin, William Lord Kelvin of Largs, britischer Physiker, → Thomson, Sir William.

Kern|energie, allgemeinsprachlich auch **Atomenergie,** der durch Kernreaktionen freisetzbare oder freigesetzte Anteil der Bindungsenergie, die in einem Atomkern gespeichert ist. Kernenergie ist somit eine Form von Primärenergie, die in Primärenergieträgern, z. B. Uran, gespeichert ist. Trotz bedeutender Fortschritte in der Forschung zur kontrollierten Kernfusion ist die Kernspaltung gegenwärtig die einzig mögliche und großtechnisch nutzbare Form der Kernenergiegewinnung. Im weiteren Sinn wird deshalb unter Kernenergie auch der wirtschaftlich-technologische Bereich verstanden (Kernenergiewirtschaft, Kernenergieindustrie, »Atomindustrie«), der auf dieser Art der Gewinnung von Sekundärenergie (v. a. Elektroenergie) in Kernreaktoren basiert.

■ **Nutzung** Die Nutzung der Kernenergie ist seit den 1970er-Jahren umstritten. Die Kernenergiegegner betonen v. a. die Freisetzung von Strahlung im Normalbetrieb, das Risiko eines Reaktorunfalls wie etwa in Tschernobyl sowie das ungelöste Problem der Entsorgung beziehungsweise der Wiederaufbereitung radioaktiver Abfälle. Am 14. 6. 2000 einigten sich die deutsche Bundesregierung und die führenden Energieversorgungsunternehmen auf eine Vereinbarung zum Ausstieg aus der Nutzung der Kernenergie.

Ende 2007 waren weltweit 439 Kernkraftwerke in 31 Ländern in Betrieb und weitere 32 Anlagen in zwölf Ländern im Bau. In Deutschland sind 17 Kernkraftwerke mit einer elektrischen Bruttoleistung von 21497 MW in Betrieb. Im Jahr 2007 erzeugten sie 140,5 Mrd. kWh elektrischen Strom, das sind 22,1% der Bruttostromerzeugung. Die weltweite Stromerzeugung aus Kernenergie betrug im Jahr 2007 rund 2600 Mrd. kWh und damit etwa 15% der gesamten Stromerzeugung. Der Anteil der Kernenergie am deutschen Primärenergieverbrauch betrug 11,1 Prozent.

■ **Klimadiskussion** Die zur Neige gehenden fossilen Brennstoffe Öl, Gas und Kohle sowie der Klimawandel haben die Diskussion neu belebt, ob nicht die Kernenergie eine tragende Rolle bei der Energieversorgung der Zukunft spielen sollte. Hauptkritikpunkte der Gegner sind neben dem Risiko eines Unfalls vor allem die Verbreitung waffenfähigen Materials und die damit verbundenen Gefahren sowie das ungelöste Problem der Endlagerung von hoch radioaktivem Abfall aus den Kraftwerken. Noch immer gibt es dafür kein einziges Endlager, obwohl viele Länder seit vier Jahrzehnten daran planen. Alle bisherigen Lösungsvorschläge sind sehr umstritten. Zudem ist Uran, wie Erdöl, Gas und Kohle, ein endlicher Rohstoff, der in einem absehbaren Zeitraum ebenfalls erschöpft sein wird. Kernenergiekritiker führen auch ins Feld, dass die Möglichkeiten der Energieeinsparung keineswegs ausreichend genutzt seien; es gebe immer noch einen Konflikt zwischen dem volkswirtschaftlichen und politischen Ziel, Energie einzusparen, und den betriebswirtschaftlichen Zielsetzungen der Energieversorgungsunternehmen, möglichst viel Strom zu verkaufen. Der heutige Rang der Kernenergie sei auch die Folge einer Konzentration von Forschung und Entwicklung auf diese Technologie bei Vernachlässigung der →erneuerbaren Energien. Mit denselben Investitionen, die bei der Nutzung von Kernenergie als Energiequelle aufgewandt werden müssen, könnten auch Alternativenergien erschlossen und damit arbeitsmarktpolitische Effekte erzielt werden.

Kernenergiebefürworter weisen dagegen darauf hin, dass die Kernenergie die günstigste Möglichkeit sei, im Verbund mit anderen Energieträgern den hohen Energiebedarf unter Schonung der natürlichen Ressourcen an fossilen Primärenergieträgern zu decken. Außerdem wirke sie als CO_2-freier Energieträger dem Treibhauseffekt entgegen. Ebenso sei der Sicherheitsstandard der Kernkraftwerke ständig verbessert worden. Die deutschen Leichtwasserreaktoren seien nicht vergleichbar mit den Grafitreaktoren des Tschernobyl-Typs, die Unfallbilanz nach zusammengerechnet 10696 Betriebsjahren von derzeit 434 Leichtwasserreaktoren weltweit bestehe aus drei ernsthaften Störfällen. Als ethisches Argument nehmen sie für sich in Anspruch, dass allein im Hinblick auf den wachsenden Energiebedarf in der Dritten Welt und einer drohenden Klimakatastrophe ein Ausstieg aus der Kernenergie nicht zu verantworten sei: Einerseits sei dieser wachsende Energiebedarf zum Teil mit Kernenergie zu decken, andererseits würden die Industrieländer bei einem Ausstieg fossile Energiequellen verstärkt nutzen, die dann der Dritten Welt nicht mehr zur Verfügung stünden. Darüber hinaus seien fossile und regenerative Energieträger in absehbarer Zeit nicht in der Lage, den Energiebedarf bei gleichzeitiger Reduktion der CO_2-Emissionen zu decken, die Kernenergie müsse daher zumindest als Brückentechnologie so lange zum Einsatz kommen, bis echte Alternativen zur Verfügung stünden.

Kipp-Prozesse, englisch **Tipping Elements,** Prozesse des Klimasystems der Erde, die durch eine starke Rückkopplung und kritische Schwellen bezüglich der globalen Erwärmung gekennzeichnet sind, bei deren Überschreiten sich das Klima abrupt und möglicherweise irreversibel ändert, also »kippt«. Folgende Prozesse werden unter anderem von Experten diskutiert:

■ **Arktisches Meereis** Durch die Erwärmung der Atmosphäre schmilzt das Meereis in der Arktis und legt die dunklere Meeresoberfläche frei. Diese absorbiert mehr Strahlung als das Eis und verstärkt dadurch wiederum die Erwärmung. In den letzten hundert Jahren hat die durchschnittliche jährliche Ausdehnung des arktischen Meereises bereits um mehr als 2% pro Jahrzehnt abgenommen. Für eine im Sommer eisfreie Arktis könnte der Kipp-Punkt bereits erreicht sein.

■ **Grönlandeis** Die überdurchschnittlich starke Erwärmung der Arktis bedingt auch ein Abschmelzen des grönländischen Eisschildes. Gegenwärtige Beobachtungen gehen von einer beschleunigten Destabilisierung des Eises aus, unter anderem durch in Risse dringendes Oberflächenschmelzwasser. Wissenschaftler erwarten, dass das Grönlandeis weiter abschmilzt und nach 2100 fortgesetzt zum Meeresspiegelanstieg beiträgt. Ein vollständiges Abschmelzen des grönländischen Eisschildes hätte einen Anstieg des Meeresspiegels von bis zu 7m zur Folge.

■ **Methanausgasung** Die globale Erwärmung könnte große Mengen des hochwirksamen Treibhausgases Methan freisetzen, zunächst aus den auftauenden Permafrostgebieten Sibiriens und Nordamerikas und zusätzlich aus Methanhydraten, die im Meeresboden lagern und langfristig instabil gegenüber erhöhten Wassertemperaturen und veränderten Meeresströmungen sind.

■ **Nordische Nadelwälder** Der Klimawandel erhöht den Stress auf diese Nadelwälder durch Schädlinge, Feuer und Stürme sowie Wassermangel und erhöhte Verdunstung. Dadurch würde nicht nur der Lebensraum vieler Tiere und Pflanzen vernichtet, sondern auch zusätzliches Kohlendioxid freigesetzt.

Kipp-Prozesse. Der Hollywood-Film »The Day after Tomorrow« zeigte – in kinotypischer Übertreibung und Ungenauigkeit –, was passiert, wenn das Klima »kippt«.

■ **Atlantische Tiefenwasserbildung** Ein erhöhter Süßwassereintrag in den Nordatlantik kann die Wasserdichte herabsetzen und damit die Tiefenwasserbildung verhindern, welche den Transport warmen Oberflächenwassers im Atlantik antreibt, der für das milde Klima in Europa verantwortlich ist.

■ **Indischer Monsun** Das komplexe indische Monsunsystem könnte durch die globale Erwärmung dahingehend gestört werden, dass sich abgeschwächte und verstärkte Monsunereignisse abwechseln und entweder extreme Dürren oder Flutkatastrophen zur Folge haben.

Weitere mögliche Kipp-Prozesse sind die Zunahme und mögliche Persistenz des El-Niño-Phänomens, die Instabilität der Sahelzone in Afrika, die Austrocknung und der Kollaps des Amazonas-Regenwaldes, das Schmelzen der Gletscher und die Abnahme der Albedo im Himalaja sowie die Versauerung der Ozeane und damit die Abnahme der Aufnahmekapazität für Kohlendioxid.

kirchhoffsches Strahlungsgesetz [nach dem deutschen Physiker Gustav Robert Kirchhoff, *1824, †1887], allgemeingültige Beziehung zwischen Emissions- und Absorptionseigenschaften von Temperaturstrahlern. Das kirchhoffsche Strahlungsgesetz besagt, dass der Quotient aus spektraler Strahldichte und spektralem Absorptionsgrad für alle Temperaturstrahler gleich ist und nur von der Wellenlänge der Strahlung und der Temperatur des Strahlers abhängt.

Klareis, *Meteorologie:* Form der Nebelfrostablagerung; glatte, kompakte, im Allgemeinen durchsichtige und sehr fest anhaftende Eisablagerung; entsteht bei Lufttemperaturwerten zwischen 0 °C und −3 °C durch langsames Anfrieren von unterkühlten Nebeltröpfchen an Gegenständen. Klareis kann zu schweren Eislasten, z. B. an Flugzeugen, anwachsen.

Klarluftturbulenz, Clear-Air-Turbulenz ['klɪə'eə-, englisch], Abkürzung **CAT** [kæt], heftige, turbulente Luftbewegungen im wolkenfreien Raum der Troposphäre, die zur Gefährdung von Luftfahrzeugen durch Überbeanspruchung oder durch Verursachung nicht mehr beherrschbarer Fluglagen führen können. Klarluftturbulenz kann entstehen durch vertikale thermische Konvektionsströmungen, durch Leewellenströmungen hinter Gebirgszügen oder Windscherungen in den Randbezirken der hohen →Jetstreams.

Kleine Eiszeit, Bezeichnung für die Periode der Klimaverschlechterung in Europa, die um 1400 begann und, unterbrochen durch mildere Abschnitte und einzelne sehr warme Jahre, bis etwa 1900 dauerte, mit Tiefpunkten um 1600 und 1850. Sie war insgesamt gekennzeichnet durch kühle, feuchte Sommer und kalte, schneereiche Winter; die Jahresdurchschnittstemperatur war im Allgemeinen 1–1,5 °C niedriger als heute, die Vegetationsperiode um bis zu sechs Wochen verkürzt. Das Klima war durch höhere Variabilität bestimmt; das Vorherrschen meridionaler Luftströmungen (polare Kaltluft), v. a. im Westwindgürtel der mittleren Breiten der Nordhalbkugel, führte auch zu höheren Niederschlägen im Mittelmeergebiet und in den Randtropen. Die Klimaverschlechterung hatte erhebliche ökologische Auswirkungen, u. a. Missernten, Viehsterben, Hungersnöte und Epidemien. Instrumentelle meteorologische Beobachtungsreihen liegen erst seit etwa 1750 vor, im Übrigen beruht der vor allem für die Nordhalbkugel erbrachte klimatologische Nachweis auf indirekten Klimazeugen.

■ **Verlauf** Den ersten Höhepunkt erreichte die Kleine Eiszeit um 1450. Damals zog sich der Weinanbau in Deutschland auf den Süden des Landes zurück, in England kam er ganz zum Erliegen. Harte Winter und kühle, nasse Sommer veränderten die Landwirtschaft. Die Ernteerträge gingen zurück, die Bevölkerung hungerte, Unterernährung, Seuchen und Krankheiten wie Pest und Cholera waren die Folge. Zwischen 1550 und 1700 war die Abkühlung noch ausgeprägter; im Winter 1683/84 froren sogar die küstennahen Teile der Nordsee zu. In England brach der Ackerbau nahezu vollständig zusammen.

■ **Ursachen** Die Ursachen der Kleinen Eiszeit sind nicht vollständig geklärt. Zwei Faktoren werden vor allem diskutiert. Zum einen weisen bis in die Spätantike zurückgehende Aufzeichnungen auf ein Ausbleiben der Sonnenflecken im späten 17. Jahrhundert hin, was als Verminderung der Sonnenaktivität interpretiert wird und mit der Kältewelle ab 1675 in Verbindung gebracht wird. Diese Phase wird nach dem englischen Astronomen Edward Walter Maunder (*1851, †1928), der die entsprechenden Beobachtungen zusammenfasste, als Maunder-Minimum bezeichnet. Zum anderen fielen mehrere Vulkanausbrüche in die Kleine Eiszeit. Aus Eisbohrungen lassen sich vor allem für den Zeitraum zwischen 1250 und 1500 sowie für 1550–1700 zwei Cluster mit verstärktem Vulkanismus nachweisen. Auch einzelne Vulkanausbrüche lassen sich mit bestimmten Ereignissen der Klimageschichte in Verbindung bringen. Generell werden acht Perioden besonders kühler Sommer mit acht größeren Vulkanexplosionen in Zusammenhang gebracht.

■ **Geschichte** Der Begriff wurde erstmals Ende der 1930er-Jahre von dem amerikanischen Glaziologen François Matthes (*1875, †1949) geprägt, der annahm, dass die meisten heute noch existierenden Gletscher in Nordamerika nicht auf die letzte große Eiszeit zurückgehen, sondern eben in dieser Kleinen Eiszeit entstanden sind. Der schwedische Wirtschaftshistoriker Gustaf Utterström (*1911, †1985) schlug 1955 vor, die ökonomischen und demografischen Schwierigkeiten Schwedens im 16. und 17. Jahrhundert mit den speziellen klimatischen Bedingungen dieser Periode zu erklären. Sein Ansatz wies auf die Unzulänglichkeiten anderer Erklärungsversuche hin, die ausschließlich mit gesellschaftlichen Faktoren argumentierten. Der französische Historiker Emmanuel Le Roy Ladurie (*1929) wollte wiederum den Klimaeinfluss widerlegen, überzeugte sich dann aber davon, wie gut die Klimatheorie mit den geschichtlichen Fakten zusammenpasst, und legte schließlich ein Standardwerk zur Klimageschichte vor, das die naturwissenschaftlichen Zusammenhänge integrierte und das Konzept der Kleinen Eiszeit allgemein bekannt machte. Inzwischen wurde die klimatische Fluktuation in Europa von zahlreichen Wissenschaft-

Klima. Schematische Darstellung des Klimasystems und seiner Teilsysteme; die Doppelpfeile sind Beispiele interner Wechselwirkungen innerhalb des Klimasystems; die äußeren Kästchen mit den einfachen Pfeilen sind Beispiele externer Einflüsse auf das Klimasystem; die Zeitangaben beziehen sich auf die durchschnittliche Verweildauer der Teilchen.

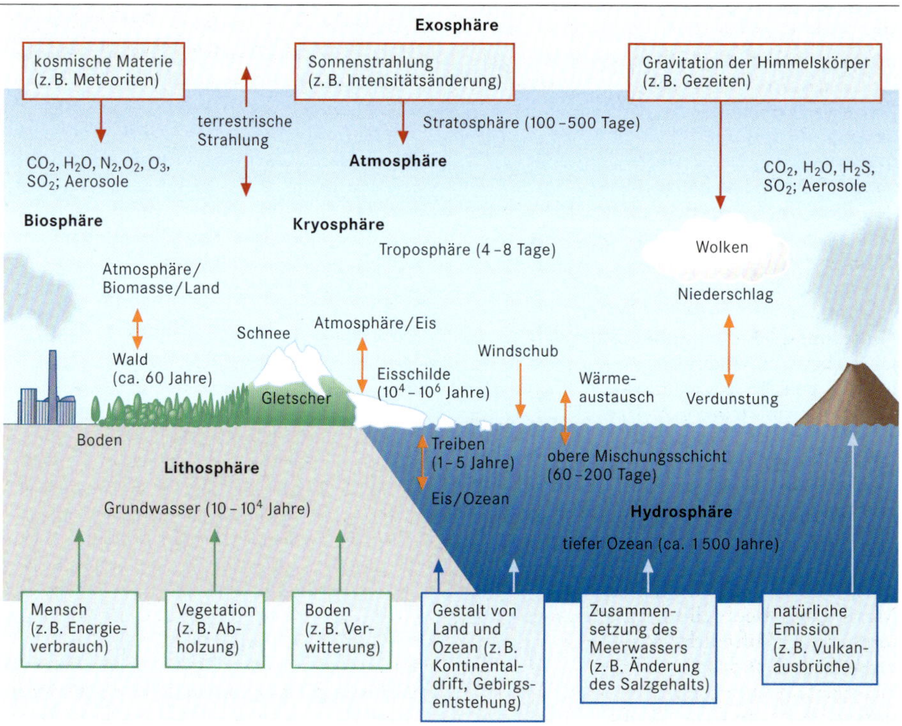

lern erforscht, unter anderem von Christian Pfister (*1944) in der Schweiz und Rüdiger Glaser (*1959) in Deutschland.

Kleinklima, das → Mikroklima.

Klima [von griechisch klíma, klímatos »Neigung« (des Einstrahlungswinkels der Sonne, wodurch sich die Erdoberfläche unterschiedlich erwärmt)], statistische Beschreibung der relevanten Klimaelemente (z. B. Temperatur, Niederschlag), die für einen Standort (Station), eine Region oder global für eine nicht zu kleine zeitliche Größenordnung (im Allgemeinen mehrere Jahre) die Gegebenheiten und Variationen der Erdatmosphäre (→ Atmosphäre) hinreichend ausführlich charakterisiert; nach früherer Auffassung lediglich der mittlere Zustand und gewöhnliche Verlauf der Witterung an einem gegebenen Ort. Da aber nicht nur solche Bedingungen, die als durchschnittlich oder normal bezeichnet werden können, sondern auch die Extreme und alle Variationen zu berücksichtigen sind, definiert die → WMO (Weltorganisation für Meteorologie) Klima als die Synthese des Wetters über ein Zeitintervall, das im Wesentlichen lang genug ist, um die Festlegung der statistischen Ensemblecharakteristika (Mittelwerte, Varianzen, Wahrscheinlichkeiten extremer Ereignisse) zu ermöglichen und das weitgehend unabhängig bezüglich irgendwelcher augenblicklicher Zustände ist.

■ **Abgrenzung** Somit ist es eine zeitliche Einschränkung, die das Klima vom → Wetter (charakteristische Zeit: Stunden bis Tage) und von der → Witterung (Tage bis Monate) als darüber hinausgehenden Langzeitvorgang unterscheidet. Die Beobachtungszeit zur Ermittlung der Klimaphänomene sollte nach WMO-Richtlinien nicht unter 30 Jahren liegen, und demgemäß werden sogenannte **Klimanormalwerte** (englisch climate normal, Abkürzung CLINO) festgelegt. Die letzte CLINO-Periode war 1961–90, die vorangehende 1931–60 usw.; somit ist z. B. der Ablauf von Temperatur und Bewölkung an einem bestimmten Tag ein Wetterphänomen, in einer bestimmten Jahreszeit (z. B. Sommer) ein Witterungsphänomen und gemittelt über 30 Jahre (bzw. ein anderes mehrjähriges Zeitintervall, einschließlich mittlerer Variationen wie Tages- und Jahresgang bzw. Häufigkeiten von Extremereignissen) ein Klimaphänomen. Die Erwärmung im 20. Jahrhundert, die von verbreiteten Gletscherrückzügen begleitet ist (→ Gletscher) oder eine Eiszeit zählen bereits in ihrer Einmaligkeit zu den Klimaphänomenen.

■ **Klimaelemente** Klimaelemente sind Mess- bzw. Beobachtungsgrößen wie Lufttemperatur, Luftfeuchtigkeit (Feuchte), Niederschlag, Luftdruck, Wind, Bewölkung, Sichtweite, wie sie an Wetter- bzw. Klimastationen zu bestimmten Terminen festgestellt werden. Sie können aber auch über sehr lange Zeitspannen mithilfe der indirekten Methoden der → Paläoklimatologie rekonstruiert werden. Je nach erfasster räumlicher Größenordnung spricht man vom **Mikroklima** (auch Lokalklima, z. B. an einer Blattoberfläche oder einer Messstation), **Mesoklima** (auch Regionalklima, z. B. Deutschland oder Europa) bzw. **Makroklima** (z. B. gemäßigte → Klimazonen) oder auch **Globalklima** (mit jeweils unterschiedlicher räumlicher Auflösung in Form von z. B. Gitterpunkten bei → Klimamodellen, Isolinien von Temperatur oder Niederschlag bei der Klimadiagnose). Als genauere, aber willkürliche Grenzziehungen sind 2 km (Mikro-/Mesoklima) und 2000 km (Meso-/Makroklima) vorgeschlagen worden. Solche Grenzen gelten aber nicht strikt, da es vielfältige Wechselbeziehungen über die räumlichen Größenordnungen hinweg gibt.

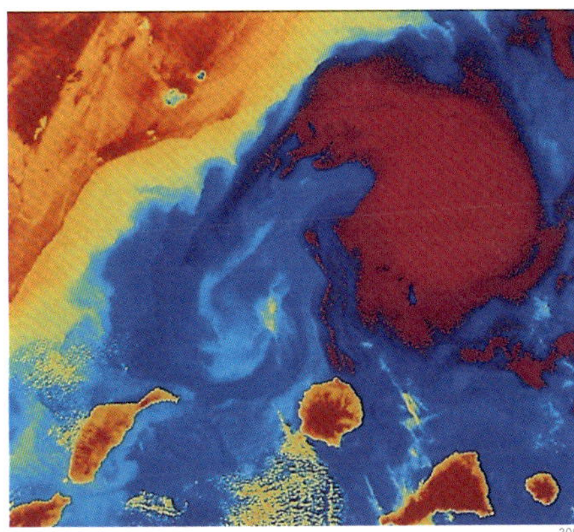

209

Klima.
Wichtig für das globale Klima sind die Ozeane, die als große Wärmespeicher fungieren. Mithilfe von Satelliten kann die Meeresoberflächentemperatur bestimmt werden, wie hier im Gebiet der Kanarischen Inseln.

■ **Erforschung** Mit der wissenschaftlichen Erforschung des Klimas, insbesondere seiner Variationen und Ursachen, befasst sich die → Klimatologie. Sie kann sich derzeit auf ein globales Messnetz von etwa 10 500 Bodenbeobachtungsstationen (Klimastationen), rund 1000 Radiosondenstationen (bis in die → Stratosphäre aufsteigende Ballons mit Temperatur-, Feuchte- und Druckmessung; Windbestimmung indirekt über Radar), eine wechselnde Zahl von Schiffs- und Bojenmessungen sowie Raketen-, Radar- und Satellitenbeobachtungen stützen (→ Satellitenmeteorologie, → Wetterdienst). Hinzu kommen die vielfältigen Informationsquellen der historischen Klimatologie (→ Klimaänderungen) und Paläoklimatologie.

■ **Klimasystem** Ursächlich ist das Klima eine Folge der Wechselbeziehungen im und Einflüssen auf das Klimasystem. Dieses besteht aus den Komponenten Atmosphäre, Hydrosphäre, Kryosphäre, Pedosphäre, Lithosphäre und Biosphäre. Die innerhalb und zwischen diesen Komponenten ablaufenden (internen, intrinsischen) Wechselwirkungspro-

KLIMAÄNDERUNGEN. *Das 20. Jahrhundert*

Der Klimawandel ist bereits Realität, was die drei deutlichsten Veränderungen der letzten 100 Jahre zeigen.

Anstieg der globalen Mitteltemperatur: Zwölf der letzten dreizehn Jahre (1995–2007) gehören zu den zwölf wärmsten Jahren seit Beginn der instrumentellen Messung der globalen Erdoberflächentemperatur. Der lineare Erwärmungstrend der letzten 100 Jahre beträgt 0,74 Grad Celsius, die Erwärmung in den letzten 50 Jahren beträgt sogar 0,13 Grad Celsius pro Jahrzehnt.

Der **mittlere globale Meeresspiegel** ist von 1961 bis 2003 durchschnittlich um 1,8 mm pro Jahr gestiegen. Der gesamte Anstieg im 20. Jahrhundert beträgt geschätzte 17 cm. **Gebirgsgletscher** und **Schneebedeckung** haben im Mittel in beiden Hemisphären abgenommen. Die weitverbreitete Abnahme der Gletscher und Eiskappen hat zum Meeresspiegelanstieg bereits beigetragen.

zesse sind überaus vielfältig, kompliziert und nur z. T. verstanden. Hinzu kommen noch diverse Einflüsse, die dann als extern bezeichnet werden, wenn sie innerhalb der betrachteten Zeitskala keine Wechselbeziehungen darstellen (z. B. Kontinentaldrift und Vulkanausbrüche, da diese zwar das Klima verändern, jedoch nicht selbst vom Klima beeinflusst werden; auch anthropogene Klimabeeinflussungen werden meist als extern aufgefasst, obwohl das problematisch ist).

■ **Solare Einstrahlung** Eine zentrale ursächliche Bedeutung für das Klima haben die solare Einstrahlung, die Strahlungsprozesse in der Atmosphäre, die →Strahlungsbilanz aus solarer Ein- und terrestrischer Ausstrahlung, die Zusammensetzung der Atmosphäre, die →Zirkulation der Atmosphäre sowie deren Kopplung mit der Zirkulation des Ozeans (→Meeresströmungen). Letztlich sind aber alle physikochemischen Prozesse im Klimasystem, gleich ob intern oder extern, für das Klima von Bedeutung. Verallgemeinernd bzw. abstrahierend werden auch bestimmte **Klimafaktoren** definiert wie z. B. geografische Breite (mit entsprechend unterschiedlicher solarer Einstrahlung), Höhe, Nähe bzw. Ferne zum Ozean (maritimes bzw. kontinentales Klima), Relief (z. B. Luv- und Lee-Effekte), Existenz und Art der Vegetation, Bodenart sowie menschliche Eingriffe (z. B. durch Bebauung, →Stadtklima; Emissionen klimawirksamer Spurengase, →Treibhauseffekt).

Als Folge der solaren Einstrahlung und Zirkulation der Atmosphäre haben sich bestimmte Klimazonen etabliert, die nach unterschiedlichen Gesichtspunkten klassifiziert werden. Stationsbezogen dienen, meist auf die Jahresgänge von bodennaher Lufttemperatur und Niederschlag beschränkt, →Klimadiagramme dem Vergleich der Gegebenheiten in den unterschiedlichen Klimazonen. Ist dabei der Niederschlag größer als die Verdunstung, spricht man vom humiden (bei überwiegendem Schneefall vom nivalen), andernfalls vom ariden Klima (Letzteres z. B. in Hitzewüsten wie Nordafrika). Alle diese Gesichtspunkte betreffen den sogenannten gegenwärtigen **Klimazustand,** der im Allgemeinen durch Mittelung (z. B. über eine CLINO-Periode oder aber z. B. über eine Eiszeit) mehr oder

KLIMAÄNDERUNGEN *Auch auf dem Mars*

100562

Kaum noch jemand zweifelt daran, dass sich das Klima auf der Erde rapide ändert und dass der Mensch daran die Hauptschuld trägt. Letzteres ist auf dem Mars auszuschließen, das Klima ändert sich jedoch auch dort. Seit Mitte der 1970er-Jahre sind auf dem Roten Planeten die Temperaturen um 0,65 Grad gestiegen. Das zeigt ein Vergleich von Aufnahmen der Viking-Mission aus den Jahren 1976 bis 1978 mit Aufnahmen des Mars Global Surveyors aus den Jahren 1999 und 2000. Dabei fallen vor allem ausgedehntere dunkle Bereiche in den südlichen Hochplateaus auf. Wissenschaftler vermuten, dass dort eine positive Rückkopplung stattfindet. Dunkles Gestein erhitzt sich in der Sonne schneller als heller Fels, das wiederum ruft Winde hervor, welche ihrerseits Staub wegblasen und noch mehr dunkles Gestein freilegen.

Mars wird also langsam dunkler – laut den Daten veränderte sich die Albedo stellenweise um mehr als zehn Prozent. Andere Experten hingegen bezweifeln, dass man die Daten der Missionen, bei denen unterschiedliche Instrumente benutzt wurden, miteinander vergleichen kann. Auch die Folgerung, in absehbarer Zeit würde Mars seine Eiskappen verlieren, halten sie für sehr gewagt.

weniger willkürlich definiert ist (trotz Einschluss von Varianz, Häufigkeiten von Extremereignissen u.a.), da er die Tatsache außer Acht lässt, dass sich Klimaänderungen in allen Größenordnungen der charakteristischen Zeit abspielen. Andererseits ist das Konzept des Klimazustandes als Arbeitshypothese aber durchaus hilfreich. Beides, nämlich Klimazustände sowie Klimaänderungen, wird mithilfe von Klimamodellen simuliert, die in der modernen Klimatologie eine wegweisende Bedeutung erlangt haben.

Klimaänderungen, Sammelbezeichnung für alle zeitlichen Veränderungen der Klimaelemente (z.B. Lufttemperatur, -feuchtigkeit, -druck, Wind, Niederschlag, Bewölkung, Sicht, Sonnenscheindauer) in der für das Klima typischen, relativ großen charakteristischen Zeitskala, gleich welcher statistischen Art (Änderungen von Mittelwerten, Varianzen, Häufigkeiten usw.) und räumlichen Größenordnung (lokale, regionale, globale Klimaänderungen). Im engeren Sinn wird eine Klimaänderung auch als ein statistisch signifikanter Übergang von einem Klimazustand in einen anderen definiert (z.B. anhand 30-jähriger Bezugsintervalle), aber auch über geologische Zeitskalen spielen sich Klimaänderungen ab (→Paläoklimatologie).

Statistisch lassen sich Klimaänderungen klassifizieren nach den Erscheinungsformen eines linearen oder nicht linearen Trends (einschließlich Trendänderungen), eines Sprungs, d.h. eines relativ abrupten Übergangs, Klimaschwankungen, die stets mehrere relative Maxima und Minima umfassen, und Änderungen in der Häufigkeit sowie Intensität von Extremwerten (relativ starken Abweichungen vom Mittelwert bzw. Trend). Außerdem wird prinzipiell jede Abweichung vom Mittelwert eines definierten Zeitintervalls (z.B. 30-jährige CLINO-Periode, →Klima) als Anomalie bezeichnet.

■ **Problematik** Allgemein überlagern sich bei Klimaänderungen natürliche und anthropogene Vorgänge in höchst komplizierter Art und Weise. Da es sich hierbei um vielfältig vernetzte Mechanismen handelt, die beteiligten physikochemischen Prozesse meist nicht linear sind und zudem Rückkopplungen auftreten, ist auch mithilfe höchst aufwendiger →Klimamodelle nur ein partielles Verständnis der Klimaänderungen und ihrer Ursachen möglich.

Die in der wissenschaftlichen Diskussion vertretenen Auffassungen der Klimaänderungen hängen wesentlich ab von der Einschätzung der Zuverlässigkeit und Aussagekraft der Klimamodelle, der indirekten Klimarekonstruktionen, der statistischen Datenanalyse sowie der Interpretation des Zusammenwirkens der verschiedenen Ursachen. So werden z.B. die Hypothesen zur Wirkung der Sonnenaktivität unterschiedlich bewertet, bestehen Differenzen hinsichtlich des Nachweises des anthropogenen Treibhauseffektes und seiner Prognose. Während damit viele dieser wissenschaftlichen Kontroversen ihre Ursache in der Bewertung der quantitativen Resultate der Klimatologie finden, sind öffentliche Auseinandersetzungen oft von mangelndem Wissen um die komplizierten Klimaprozesse und von wirtschaftlichen Interessen geprägt. Extrempositionen wie die Behauptung, es drohe eine »Klimakatastrophe«, aber auch die Verharmlosung der Problematik anthropogener Klimaänderungen, erscheinen aus diesem Grund unangebracht.

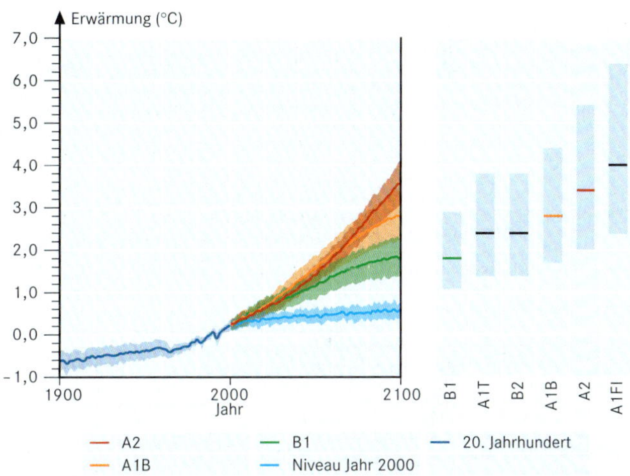

Klimaänderungen. Die durchgezogenen Linien zeigen Mittelwerte und Standardabweichungen mehrerer Klimamodelle für die zukünftige Temperaturentwicklung relativ zum Zeitraum 1980–99 für die Szenarien A2, A1B und B1 des vierten IPCC-Berichts. Die hellblaue Linie zeigt die Entwicklung für eine im Jahr 2000 eingefrorene CO_2-Konzentration. Die rechte Seite zeigt für die IPCC-Szenarien jeweils die beste Temperaturschätzung und den Unsicherheitsbereich, wobei weitere Klimamodelle berücksichtigt wurden.

■ **Informationsquellen** Die Informationen über Klimaänderungen entstammen sehr unterschiedlichen Quellen. Hinsichtlich der wichtigsten Klimaelemente Temperatur und Niederschlag gibt es mehr oder weniger flächendeckende direkte, bodennahe Messungen seit etwa 1850/1860 (mit größeren Lücken über den Ozeanen, insbesondere der Südhemisphäre, und gravierenden Repräsentanzproblemen beim Niederschlag); maximal reichen solche neoklimatologischen Informationsquellen bis zum Jahr 1659 zurück (längste quasikontinuierliche Messreihe der bodennahen Lufttemperatur im zentralen England). Daten einer dreidimensionalen Erfassung der →Atmosphäre mittels Radiosonden liegen dagegen erst seit Mitte des 20. Jahrhunderts vor.

Ergänzt werden können diese Daten anhand vieler historisch-klimatologischer Quellen wie Witterungstagebücher bestimmter Persönlichkeiten, Berichte und Chroniken über Seegefrörnis, Hochwasser, Sturmfluten, Weinqualität, Blühbeginn bestimmter Pflanzen usw., wobei die Umsetzung in quantitative Klimadaten jedoch meist sehr schwierig und daher ungenau ist. Als älteste historische

Informationsquellen der Klimatologie gelten die Aufzeichnungen über den Wasserstand des Nils, die bis zu 5 000 Jahre zurückreichen, sowie verschiedene prähistorische Höhlenzeichnungen (z. B. über Tiere in heutigen Wüstengebieten). Äußerst umfangreich, vielfältig und z. T. sehr genau sind die indirekten Informationen der Paläoklimatologie, die maximal 3,8 Mrd. Jahre (Sedimente) zurückreichen. Aussagen über Klimaänderungen der frühesten Zeit der Erdgeschichte, die vor etwa 4,6 Mrd. Jahren begonnen hat, sind dagegen nur gestützt auf geo- bzw. astrophysikalische Modellvorstellungen möglich.

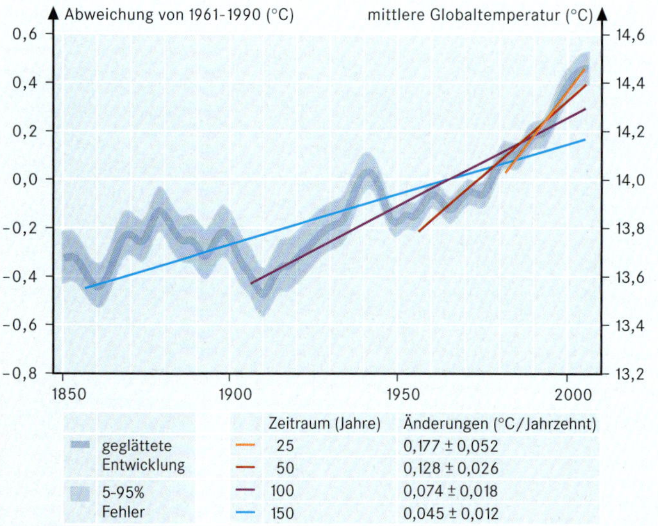

Klimaänderungen. Die Grafik zeigt die geglättete Entwicklung mit Unsicherheitsintervall der mittleren globalen Temperatur für das 20. Jahrhundert mit linearen Trends für verschiedene Zeiträume. Je näher der Zeitraum an die Gegenwart rückt, desto steiler verläuft die Temperaturkurve.

■ **Klimageschichte** Global bzw. nordhemisphärisch mittelnd und auf die bodennahe Lufttemperatur bezogen, ergibt sich hieraus das folgende Bild der Klimageschichte: Nachdem sich die anfangs sehr heiße Erdoberfläche rasch abkühlte, entstanden vor 3,2 Mrd. Jahren die ersten Ozeane und vor 2,3 Mrd. Jahren die ersten polaren Eisbildungen. Da solche eisbegünstigenden Klimazustände (Eiszeitalter) zunächst offenbar nur sehr episodisch eingetreten waren, sind etwa 90 % der (geologischen) Klimageschichte vom akryogenen Warmklima (d. h. Klima ohne Eisbildung) beherrscht. So lag noch vor etwa 100 Mio. Jahren die bodennahe Erdmitteltemperatur um circa 10 °C über dem heutigen Wert (15 °C). Spätestens mit Beginn des Tertiärs setzte jedoch eine markante Abkühlung ein (dabei u. a. das Aussterben der Dinosaurier), die schließlich vor 2–3 Mio. Jahren in ein neues, das noch andauernde quartäre Eiszeitalter mündete. Dieses ist, ähnlich dem permokarbonischen (vor etwa 300 Mio. Jahren), so ausgeprägt, dass beide geografischen Polargebiete vereist sind, während z. B. im ordovizisch-silurischen Eiszeitalter (vor etwa 440 Mio. Jahren) nur der Südpol vereiste (an dem damals aufgrund der Kontinentaldrift das heutige Nordafrika lag).

Innerhalb der Eiszeitalter findet offenbar ein Wechselspiel zwischen besonders kalten Unterepochen, den Kaltzeiten (»Eiszeiten«, Glazialen), und relativ warmen Klimazuständen, den Warmzeiten, statt (»Zwischeneiszeiten«, Interglazialen), wobei die Bezeichnung Zwischeneiszeit insofern irreführend ist, als während solcher Klimazustände die Eisbedeckung nicht verschwindet, sondern lediglich eine relativ geringere Flächenbedeckung aufweist. Zuletzt (vor 10 000–11 000 Jahren) hat dieser Kaltzeit-Warmzeit-Zyklus zu der noch andauernden Neowarmzeit (»Nacheiszeit«, Postglazial, geologisches Holozän) geführt, deren Höhepunkt vor etwa 5 000–6 000 Jahren überschritten wurde. In einigen Jahrtausenden wird die nächste Kaltzeit erwartet, deren Tiefpunkt in ungefähr 60 000 Jahren. Insgesamt sind im quartären Eiszeitalter nach heutigem Forschungsstand mindestens 20 Kalt- und Warmzeiten aufgetreten.

In der gegenwärtigen Neowarmzeit liegen die Variationen der bodennahen Lufttemperatur bei etwa 1–2 °C, wobei sich in der zweiten Hälfte ein ungefähr 1 000-jähriger Zyklus andeutet. Die in dieser Zeitskala auftretenden relativ warmen Klimaabschnitte werden als **Klimaoptimum** (z. B. in der Römerzeit sowie im Mittelalter), die relativ kalten als **Klimapessimum** bezeichnet (zuletzt die Kleine Eiszeit, von circa 1400 bis 1900, mit Tiefpunkten um 1450 (?), 1600–1700 und 1800–1900). Solche Klimaänderungen dürfen nicht generell als besonders »günstig« bzw. »ungünstig« interpretiert werden, da etwa die regional durchaus begünstigenden relativ hohen Temperaturen in anderen Regionen bzw. Jahreszeiten vermehrte Dürren, Stürme u. a. auslösen können. Dabei fallen die negativen Auswirkungen aufgrund von Anpassungsverzögerungen umso gravierender aus, je rascher die betreffenden Klimaänderungen verlaufen.

■ **20. Jahrhundert** Für die letzten 100–150 Jahre, die hinsichtlich ihrer Klimaänderungen am besten belegt sind, wurde u. a. eine global gemittelte Erwärmung um etwa 0,74 ± 0,18 °C (vierter Sachstandsbericht des IPCC) in den letzten rund 100 Jahren festgestellt. Diese ist zwar hinsichtlich des Trends nord- wie südhemisphärisch sehr ähnlich verlaufen, weist aber regional-jahreszeitlich erhebliche Unterschiede auf. Einher ging die Erwärmung mit einem global gemittelten Meeresspiegelanstieg von etwa 18,5 cm in der gleichen Zeit (bedingt durch die thermische Expansion des oberen Ozeans und teilweises Rückschmelzen außerpolarer Gebirgsgletscher). Die Niederschlags- und Windänderungen sind aufgrund ihrer großen räumlich-zeitlichen Variabilität wesentlich schwieriger zu erfassen. In den letzten Jahrzehnten deuten sich Niederschlagsabnahmen (und somit häufigere Dürreperioden) im Übergangsbereich zwischen der subtropischen und gemäßigten →Klimazone an (z. B. Mittelmeergebiet, Teilbereiche der USA), während in den Polargebieten der Niederschlag und daher auch die Eisakkumulation zunehmen (insbesondere in der Antarktis). In Mitteleuropa zeichnet sich ein Trend zu einerseits milderen und niederschlagsreicheren Wintern, andererseits zu trockeneren Sommern ab. Gleichzeitig gibt es Indizien für häufigere extreme Niederschlagsereignisse (v. a. im Winter, teilweise auch im Sommer).

Weltweit haben sich in den letzten Jahrzehnten nicht nur die Schäden durch Überschwemmungen, sondern auch die durch Stürme vervielfacht. Solche volkswirtschaftlichen, insbesondere aber versicherte Schäden sind dabei allerdings insofern nicht klimatologisch eindeutig interpretierbar, als mehr und mehr gefährdete Gebiete bebaut werden. So ist etwa eine systematische Zunahme der tropischen Wirbelstürme und Tornados bisher nicht generell belegt; vielmehr scheinen Fluktuationen und regionale Besonderheiten zu überwiegen.

■ **Ursachen von natürlichen Klimaänderungen** Ebenso vielfältig wie die Klimaänderungen selbst sind ihre Ursachen. Je nach betrachteter räumlich-zeitlicher Größenordnung sind unterschiedliche Ursache-Wirkungs-Zusammenhänge zu berücksichtigen. Prinzipiell unterscheidet man zwischen internen Wechselwirkungen im Klimasystem und externen Einflüssen auf dieses. Die externen Faktoren definiert man am besten als »Nichtwechselwirkungen«. Sie können terrestrisch oder extraterrestrisch sein. Externe Einflüsse werden stets durch interne Wechselwirkungen, zum Teil verbunden mit Rückkopplungen, modifiziert.

So können z. B. Eiszeitalter dann eintreten, wenn sich Landgebiete an einem oder besser beiden geografischen Polen bzw. in der Nähe davon befinden. Dann bleibt dort fallender Schneeniederschlag liegen und führt aufgrund der sehr effektiven Eis-Albedo-Rückkopplung (Eis und Schnee reflektieren mehr Sonneneinstrahlung als schneefreier Boden; →Strahlung) zur gegenseitigen Verstärkung von Abkühlung und Eisausdehnung. Dagegen haben sich zur Zeit des akryogenen Warmklimas die geografischen Pole im offenen Meer befunden, was wegen des höheren Meeranteils an der Erdoberfläche überwiegend der Fall ist. Aber auch große Urkontinente in den Tropen können über verstärkte Verwitterungsprozesse und somit hohen CO_2-Entzug der Atmosphäre zum Eintreten von Eiszeitaltern führen. In beiden Fällen spielt somit die Kontinentaldrift eine wichtige Rolle.

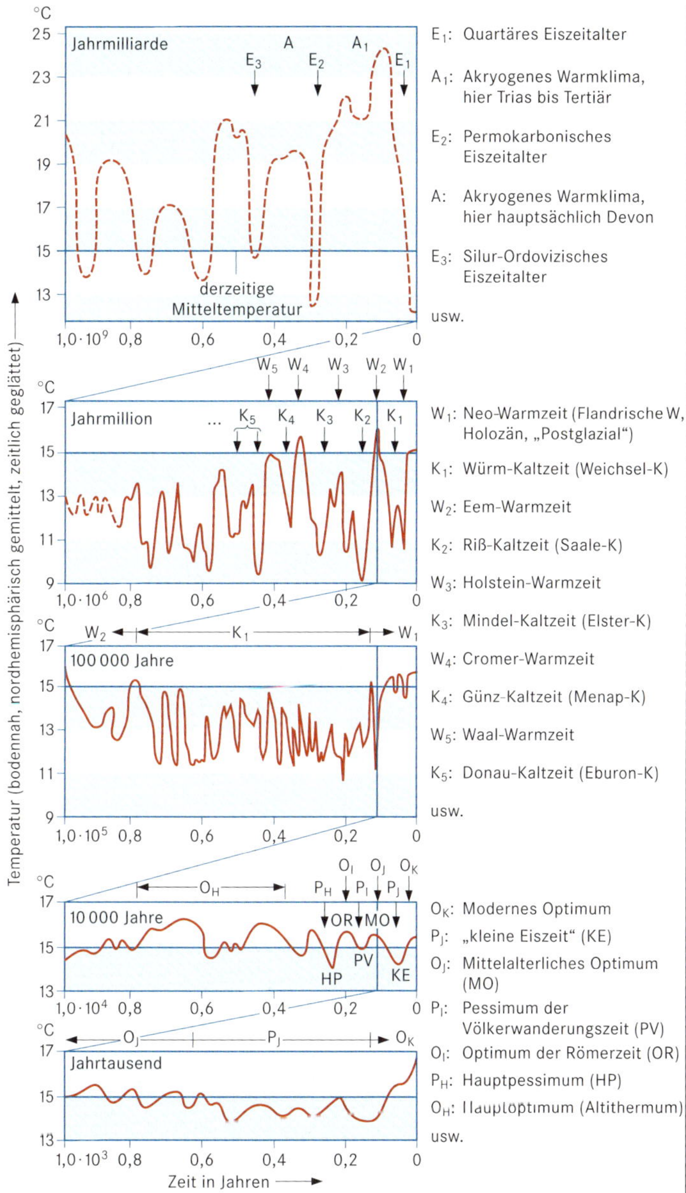

Klimaänderungen. Übersicht der Änderungen der bodennahen nordhemisphärischen Mitteltemperatur in verschiedenen zeitlichen Größenordnungen; von der letzten Jahrmilliarde (oben) bis zum letzten Jahrtausend (unten)

Der Wechsel von Kalt- und Warmzeiten innerhalb eines Eiszeitalters steht primär mit den Änderungen der Erdumlaufbahn um die Sonne (sogenannte Orbitalparameter mit Zykluszeiten zwischen rund 20 000 und 100 000 Jahren) und den dadurch indirekt bewirkten Änderungen der Sonneneinstrahlung in Verbindung. Außerdem wird er durch Gebirgsbildungen, Vulkanismus u. a. beeinflusst. Vulkanausbrüche sind insbesondere dann klimawirksam, wenn es sich um große explosive Ausbrüche handelt, bei denen relativ große Mengen von schwefelhaltigen Gasen bis in die Stratosphäre gelangen. Durch Gas-Partikel-Umwandlungen bilden sich dann sulfatische

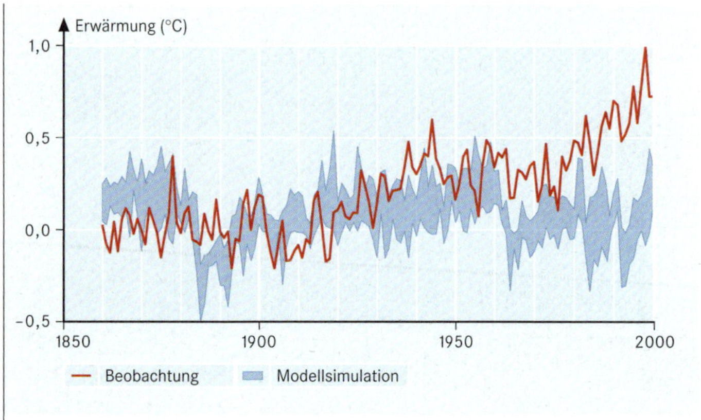

Klimaänderungen. Wenn man versucht, die Temperaturentwicklung des 20. Jahrhunderts mit Modellrechnungen wiederzugeben, in die nur natürliche Faktoren eingehen, stimmen beobachtete Daten (rot) mit der Simulation (blau) nicht überein.

Teilchen, die sich in der stratosphärischen Aerosolschicht anreichern. Sie schwächen die Sonneneinstrahlung und können deshalb ein Absinken der globalen Mitteltemperaturen um mehrere Zehntel Grad Celsius in der unteren Atmosphäre (besonders in hohen Breiten der Nordhalbkugel) bewirken, während sich die Stratosphäre erwärmt. Die Klimaeffekte des explosiven Vulkanismus reichen zeitlich von wenigen Jahren, als Folge einzelner Eruptionen, bis zu geologischen Zeitskalen, wenn sich vulkanisch aktivere Zeiten mit ruhigeren abwechseln. Ähnliches gilt für die Sonnenaktivität, die nicht mit den oben genannten Orbitalparametern verwechselt werden darf. Sie ist durch eine variierende Bedeckung der Oberfläche der Sonne (Fotosphäre) mit Sonnenflecken optisch sichtbar, wird aber durch Sonnenfackeln überkompensiert, sodass die Sonne in Zeiten verstärkter Aktivität (und somit auch höherer Sonnenfleckenzahl) etwas stärker ausstrahlt als sonst. Die Sonnenaktivität weist mehrere sich überlagernde Zyklen auf, die mit dem quasi elfjährigen Zyklus beginnen und mindestens bis zu mehreren Jahrtausenden reichen.

Alle diese Mechanismen sind externe Einflüsse auf das Klimasystem, die **natürliche Klimaänderungen** bewirken. Auf der säkularen Zeitskala (letzte und nächste etwa 100 Jahre) sind wiederum der Vulkanismus und die Sonnenaktivität von Bedeutung. Bei ihrer Modifikation durch interne Wechselwirkungen ist v.a. die →Zirkulation der Atmosphäre zu betrachten, aber auch z.B. das El-Niño-Phänomen (→Niño), das eine ozeanisch-atmosphärische Wechselwirkung darstellt und sich in episodischen Erwärmungen der tropischen Ozeane äußert. Sie ist mit Luftdruckschwankungen der Südhemisphäre gekoppelt (sogenannte südliche Oszillation). Speziell für Europa ist zudem die →Nordatlantik-Oszillation wichtig. Soweit Klimaänderungen noch ursächlich ungeklärt sind, ist davon auszugehen, dass sie teilweise zufälliger Natur sind **(stochastische Klimaänderungen).**

■ **Ursachen von anthropogenen Klimaänderungen** Zunehmend führen die menschlichen Aktivitäten zu **anthropogenen Klimaänderungen;** regional haben solche Eingriffe schon vor Jahrtausenden mit Waldrodungen begonnen (z.B. im Mittelmeergebiet zur Römerzeit, in Mitteleuropa im Mittelalter). Im Industriezeitalter, d.h. seit rund 100–150 Jahren, ist jedoch durch vielfältige und ständig angestiegene Emissionen klimawirksamer bzw. toxischer Spurenstoffe (Gase und Partikel) eine neue Situation entstanden, die im Zusammenhang mit der gesamten globalen Umweltbelastung zu sehen ist (→Luftverunreinigung). So verstärken klimawirksame Spurengase, wie Kohlendioxid (CO_2), Methan (CH_4), FCKW, Distickstoffoxid (N_2O), bodennahes Ozon (O_3) u.a. den natürlichen →Treibhauseffekt, was globale Klimaänderungen zur Folge hat. Toxische Stoffe (Gase, wie z.B. Schwefeldioxid [SO_2], Stickoxide [NO_x] oder Aerosole) schädigen die gesamte Biosphäre – einschließlich der menschlichen Gesundheit –, indem sie zu Smog, saurem Regen, Fotooxidanzien usw. führen. Diesen Prozessen entsprechend ist auch die Zerstörung der Ozonschicht kein eigentlich klimatischer, sondern ein luftchemischer Vorgang, wenngleich Verbindungen zum Treibhauseffekt bestehen (z.B. sind FCKW-Gase sowohl klimawirksam als auch für den Ozonabbau in der Stratosphäre verantwortlich). Eine weitere Querverbindung zwischen dem luftchemisch-toxischen und klimatologischen Wirkungskreis ist im Zusammenhang der SO_2-Emissionen von Bedeutung, die in der unteren Atmosphäre (Troposphäre) zur Bildung von Sulfatpartikeln (SO_4) führen, die ihrerseits eine abkühlende Wirkung besitzen und somit der anthropogenen Verstärkung des Treibhauseffektes entgegenwirken. Regelmäßige Statusberichte zum Problem der anthropogenen Klimaänderungen werden vom IPCC (Intergovernmental Panel on Climate Change) erstellt.

■ SIEHE AUCH IPCC · Klimamodell · Klimarahmenkonvention · Klimaschwankungen · Luftverunreinigung · Paläoklimatologie · Sonne · Treibhauseffekt · Weltklimakonferenz

Klimaanomalie, 1. Unterschied zwischen dem Wert eines Klimaelements an einem bestimmten Ort und dem Mittelwert des betreffenden Klimaelements über dem gesamten Breitenkreis, auf dem der Ort liegt; 2. Abweichung der Werte eines Klimaelements in einem bestimmten Zeitabschnitt vom langjährigen Mittelwert.

Klimabelastung, Beeinträchtigung der Gesundheit des Menschen durch Klimafaktoren (v.a. Schwüle, starke Ultraviolettstrahlung), die zu Befindlichkeitsstörungen oder einer Verstärkung von Krankheitssymptomen führen können (→Biotropie).

Klimadebatte *Sonderartikel Seite 178/179*

Klimadiagramm, Darstellung von gemessenen Klimawerten (v.a. Temperatur und Niederschlag) in Form eines Diagramms. Ein Klimadiagramm veranschaulicht z.B. den zeitlichen Ablauf, die tägliche oder jährliche Periode eines Klimaelements oder auch die Beziehung zwischen zwei Elementen, womit u.a. Eigenheiten bestimmter Klimatypen aufgezeigt werden können. Es werden u.a. Darstellungen im rechtwinkligen Koordinatensystem, Säulendiagramme und Isoplethen verwendet.

Klimageografie, der auf die Geografie entfallende Anteil an der Klimatologie; die Wissenschaft von den klimatischen Erscheinungen unter geografischen Gesichtspunkten, unterschieden in allgemeine und regionale Klimageografie.

Klimageschichte, Wissenschaft, die sich mit den →Klimaänderungen befasst.

Klimagipfel, die →Vertragsstaatenkonferenz.

Klimaimpakt [von englisch climate impact], Komplex der ökologischen, ökonomischen und sozialen Auswirkungen von Klimaänderungen.

Klimakarten, kartografische Darstellungen der Verteilung von Klimaelementen und Witterungsabläufen aufgrund langjähriger meteorologischer Beobachtungen, gegliedert in **analytische Klimakarten,** die einzelne Klimaelemente (z.B. Temperatur-, Niederschlagsverteilung) veranschaulichen, und **synthetische Klimakarten,** die die Verbreitung von Klimatypen darstellen.

Klimakonferenz, die →Vertragsstaatenkonferenz, unterschieden von der →Weltklimakonferenz.

Klimamodell, mathematisch formuliertes Gleichungssystem, womit man mithilfe physikalischer bzw. physikochemischer Beziehungen →Klima und →Klimaänderungen näherungsweise simulieren kann. Der häufig verwendete Typ eines **physikalischen Klimamodells** umfasst ein sehr breites Spektrum, beginnend mit nulldimensionalen (d.h., nur die bodennahe global gemittelte Lufttemperatur wird betrachtet) **Energiebilanzmodellen** (EBM; Berechnung der Bilanz

Fortsetzung S. 180

393

100264

Klimaänderungen. Weltweit, auch in den Alpen, haben sich die Gletscher im letzten Jahrhundert deutlich zurückgezogen, der Rhône-Gletscher beispielsweise seit 1856 um mehr als 1,3 km (oben). Die Temperaturen in den oberen Schichten des Permafrostbodens sind seit 1980 um 3°C gestiegen (Mitte). Zwischen 1900 und 2005 haben die Niederschläge im Osten von Nord- und Südamerika, in Nordeuropa sowie in Nord- und Zentralasien signifikant zugenommen (unten).

KLIMADEBATTE

1) Regelmäßig finden Klimakonferenzen statt – wie hier im Dezember 2007 auf Bali –, die aber oft ohne konkrete Reduktionsziele enden.

Der Klimawandel ist zu einem beherrschenden Thema unserer Zeit geworden. Kaum ein Tag vergeht, an dem nicht eine neue alarmierende Beobachtung – etwa zum Abschmelzen des arktischen Eises – oder ein neuer Vorschlag zum Klimaschutz in den Medien verkündet wird. Auf den ersten Blick sieht es so aus, als herrsche ein breiter Konsens unter allen Beteiligten, und auf wissenschaftlicher Seite gibt es sogar ein Gremium, das in regelmäßigen Abständen – alle fünf Jahre – diesen Konsens finden und formulieren soll: das IPCC. Seine »Assessment Reports« sind eine Art »Trendbarometer« der Klimaforschung. Im ersten Halbjahr 2007 wurde der vierte Sachstandsbericht des IPCC veröffentlicht. Bereits im dritten Bericht aus dem Jahr 2001 machte das IPCC deutliche Aussagen zu den bereits eingetretenen und den noch zu erwartenden Klimaänderungen, und da sich viele der damaligen Erkenntnisse in der Zwischenzeit weiter erhärtet haben, kommt das IPCC im jüngsten Report zu der Aussage, dass die menschlichen Treibhausgasemissionen »sehr wahrscheinlich« die Hauptursache der globalen Erwärmung bilden.

Die Klimaskeptiker

Natürlich wird auch unter den Wissenschaftlern, die im IPCC mitwirken, kontrovers diskutiert. Wer nur die »Zusammenfassung für Politiker« der Statusberichte liest, übersieht leicht, dass auf Hunderten von Seiten auch die Wissenslücken dargestellt werden.

Es gibt aber eine Gruppe von sogenannten Klimaskeptikern, die hartnäckig Widerstand gegen die These leisten, dass der Mensch das Klima verändert (der Begriff »Skeptiker« ist eigentlich irreführend, weil jeder redliche Forscher mit einem gesunden Skeptizismus ausgestattet ist). Sie bestreiten entweder ganz, dass Kohlendioxid irgendetwas mit der globalen Temperatur zu tun habe, oder behaupten, dass sich die Wirkung von CO_2 in der Atmosphäre nicht mehr steigern lasse – eine Reduktion der Emissionen sei deshalb irrelevant.

Vor allem in den USA hatten und haben Klimaskeptiker einen bedeutenden Einfluss und schafften es, die Richtung der Klimapolitik der Regierung Bush zu bestimmen: keine gesetzlichen Schranken für den CO_2-Ausstoß, Ausstieg aus dem Kyoto-Protokoll. Die eng mit der Energiewirtschaft verflochtene Bush/Cheney-Regierung schreckte nicht davor zurück, wissenschaftliche Studien zu ignorieren, Fakten zu verfälschen und die Öffentlichkeit bewusst irrezuführen. Eine sozialwissenschaftliche Studie aus Chicago und Helsinki kam 2003 zu dem Schluss, dass vor allem von der Industrie finanzierte Lobbyarbeit maßgeblich zur Abkehr vom Kyoto-Protokoll beigetragen hat. Auch in Deutschland gibt es solche Lobbyarbeit, jedoch längst nicht in dem Umfang wie in den USA.

Eine wissenschaftliche Kontroverse?

Die Argumente der Klimaskeptiker sind seit Jahren im Wesentlichen unverändert. So wird etwa behauptet, allein die Sonne sei für die Erwärmung verantwortlich. Da die Sonne der einzige Energielieferant des Klimasystems der Erde ist und die Sonnenstrahlung gewissen Schwankungen unterliegt und in der Tat in den letzten 100 Jahren angestiegen ist, klingt das Argument nicht unplausibel. Mehrere Studien

3046

2

100562

3

konnten allerdings zeigen, dass mit der Sonnenaktivität allenfalls etwa 0,2 Grad der beobachteten Erwärmung um 0,8 Grad seit 1880 erklärt werden können, also nur ein Viertel.

Häufig wird vorgebracht, dass es in der Erdgeschichte schon immer Klimaschwankungen gegeben hat, die nicht auf menschliche Aktivitäten zurückzuführen sind, wie etwa die mittelalterliche Warmzeit oder die Kleine Eiszeit. Das ist richtig, die Änderungen fielen allerdings gegenüber der Erwärmung im 20. Jahrhundert deutlich schwächer aus. Selbst wenn man herausfinden würde, dass es im Mittelalter doch bereits deutlich wärmer war als bisher angenommen, würde daraus nicht automatisch folgen, dass auch der heutige Temperaturanstieg natürliche Ursachen hat. Entscheidend für das Problem der globalen Erwärmung ist, ob man die Klimasensitivität der Atmosphäre richtig einschätzt: Wie ändert sich die Temperatur, wenn sich der Strahlungshaushalt der Erde ändert? Die Einschätzung der Klimasensitivität ist aber von den Daten des letzten Jahrtausends gar nicht abhängig. Der einzige stichhaltige Grund, die Aussagen zur Wirkung der menschlichen CO_2-Emissionen abschwächen zu müssen, wäre ein grober Fehler in der Abschätzung der Klimasensitivität – und darauf deutet nichts hin.

In Bezug auf die Klimamodelle merken Klimaskeptiker immer wieder (spöttisch) an, dass ja schon der Wetterbericht oft danebenliege – wie wolle man dann das Klima berechnen? Dabei wird ignoriert, dass Klimamodelle sich zunächst am Klima der Vergangenheit und der Gegenwart beweisen müssen. Das funktioniert gut und liefert erst das Vertrauen, die Modelle auch auf die Zukunft »loszulassen« und ihre Ergebnisse ernst zu nehmen.

Die Rolle der Medien

Obwohl es also keine Gründe gibt, an den wesentlichen vom IPCC dokumentierten Aussagen der Klimaforschung zu zweifeln und sich keiner der Einwände wissenschaftlich halten lässt, können sich Zweifler am Klimawandel immer wieder Aufmerksamkeit in den Medien verschaffen. In der Regel kommen sie nicht aus der Klimaforschung und betreiben ihre Kritik – abgesehen von den bezahlten Lobbyisten – eher als Hobby. Trotzdem werden sie gerne als »führende Experten« zitiert. Ihre Motivation hängt vermutlich mit einer Art David-und-Goliath-Effekt zusammen: hier das mächtige und von vielerlei Interessen gesteuerte IPCC, dort der nur der Wahrheit verpflichtete Skeptiker, den der Gegenwind reizt. Für viele Klimaforscher sind vor allem die Medien daran schuld, dass Zweifel am Klimawandel nach wie vor in Mode sind. Journalisten bauschen Einzelergebnisse auf, sind immer auf der Suche nach der besonderen Geschichte und mögen Außenseiter. Auf der anderen Seite sind manche Klimaforscher auch dazu übergegangen, ihre Aussagen immer pointierter zu treffen. Wenn dann noch Sekundärquellen die Statements weiter zuspitzen, ist es zur Übertreibung nicht mehr weit. Trotz mancher Hysterie kann man aber nicht die Augen davor verschließen, dass harte Fakten – auch wenn noch Forschungsbedarf besteht – den Klimawandel als reales Phänomen belegen. Politik hin und Medien her, an dieser wissenschaftlichen Aussage kommt niemand vorbei.

2) Einige Klimaskeptiker sehen die Sonne als »Hauptschuldige« für den im 20. Jahrhundert beobachteten globalen Temperaturanstieg. Das konnte widerlegt werden; die Emissionen aus dem Flugverkehr tragen hingegen zum Klimawandel bei.

3) Südkoreanische Demonstrantin während der Kyoto-Konferenz 1997

Fortsetzung von S. 177
aus solarer Ein- und terrestrischer Ausstrahlung; →Strahlung) über **Strahlungs-Konvektions-Modelle** (nähere Betrachtung von Wärmeflüssen, insbesondere in Zusammenhang mit der Konvektion) bis hin zu dreidimensionalen Modellen der Zirkulation der Atmosphäre, meist als **allgemeine Zirkulationsmodelle** bezeichnet (englisch General Circulation Model, GCM). Im Prinzip ähnlich wie bei der Wettervorhersage werden bei globalen Modellen in erdumspannenden Gitterpunktsystemen (typischer Abstand 500 km, Entwicklungstrend in Richtung 100–200 km), die von der bodennächsten Schicht bis in die →Stratosphäre reichen (etwa 20–30 »Schichten«, eigentlich Flächen), die meist nur iterativ lösbaren Gleichungen für die wichtigsten Klimaelemente in Zeitschritten (meist 30–60 Minuten pro Zeitschritt) mithilfe von Großrechenanlagen berechnet. Damit werden zunächst der gegenwärtige Klimazustand (als Kontrollexperiment) und dann entweder frühere oder künftige Klimazustände und somit Klimaänderungen abgeschätzt. Inzwischen werden häufig atmosphärische Zirkulationsmodelle (AGCM) mit entsprechenden Modellen der ozeanischen Zirkulation (OGCM) gekoppelt, die auch die ozeanische Tiefenzirkulation mit einbeziehen. Boden (Pedosphäre) und Eisgebiete (Kryosphäre) werden dagegen im Allgemeinen meist nur marginal eingeschlossen. Die Biosphäre ist Gegenstand spezieller Modelle (Impaktmodelle); neuerdings wird aber auch die Biosphäre mit Klimamodellen gekoppelt, um z.B. die Reaktion der Vegetationsgebiete der Erde auf Klimaänderungen einschließlich der Rückkopplung mit dem Klima abzuschätzen.

Prinzipiell unterscheidet man bei Klimamodellen **Gleichgewichtssimulationen,** bei denen eine stabile bzw. quasistabile Reaktion des Klimazustandes auf eine eingegebene Störung bzw. Änderung der Klimaantriebsfaktoren angestrebt wird (zeitlich mittelnd), von **transienten Simulationen,** die in ihrer detaillierten zeitlichen Entwicklung, einschließlich der dabei auftretenden Zeitverzögerungen der Effekte, betrachtet werden. In beiden Fällen können physikalische Klimamodelle mit chemischen Reaktionsmodellen kombiniert werden. Direkt auf den Beobachtungsdaten beruhen dagegen **statistische Klimamodelle** wie Regressionsgleichungen zwischen Ursachen und Effekten oder neuronale Netze. Solche Modelle gestatten wegen ihrer wesentlich kürzeren Rechenzeiten die simultane Betrachtung relativ vieler Einflüsse (multiples Klimamodell), liefern wegen des fehlenden physikalischen Hintergrunds aber lediglich Hypothesen über Klimaänderungen.

KLIMAMODELL. ***Vertrauenswürdig?***

Damit Klimaforscher den Ergebnissen ihrer Klimamodelle trauen können, berechnen sie zunächst Klimaszenarien der Vergangenheit. Nur wenn das funktioniert und die Resultate mit den Daten der Klimageschichte übereinstimmen, kann man davon ausgehen, dass das entsprechende Computermodell auch in der Lage ist, das zukünftige Klima zu berechnen. Außerdem können die Modelle durch die »Vergangenheitsbewältigung« verbessert und kalibriert werden.
Auf diese Weise konnten die Klimamodelle in den vergangenen Jahren immer weiter verbessert und die Qualität der Prognosen gesteigert werden. Längst werden auch die einzelnen Komponenten des Klimasystems – Ozeane, Atmosphäre, feste Erde – nicht mehr getrennt simuliert, sondern im Zusammenspiel ihrer vielfältigen Wechselwirkungen. Die Klimaforschung setzt inzwischen ganz auf ihre gekoppelten Modelle.

Klima|optimum, →Klimaänderungen.

Klimapessimum, →Klimaänderungen.

Klimarahmenkonvention, Abkürzung **KRK,** Vereinbarung zum Schutz des Erdklimas; sie wurde auf der UN-Konferenz für Umwelt und Entwicklung in Rio de Janeiro 1992 (→nachhaltige Entwicklung) von 154 Staaten zuzüglich der Europäischen Union (EU) verabschiedet. Mit der KRK wurde eine völkerrechtlich verbindliche Grundlage zum globalen Klimaschutz geschaffen. Sie trat am 21.3.1994 in Kraft. Laut Art. 2 der KRK soll die Treibhausgaskonzentration in der Atmosphäre auf einem Niveau stabilisiert werden, das eine gefährliche anthropogene Störung des Klimasystems verhindert.

Wegen ihrer besonderen Verantwortung als Hauptverursacher des Treibhauseffekts haben die Industrieländer die Zielsetzung akzeptiert, die Emissionen von Kohlendioxid u.a. Treibhausgasen auf das Niveau von 1990 zurückzuführen. Die genauere Ausgestaltung insbesondere zur Umsetzung der KRK sowie die zeitlichen Zielvorgaben wurden jedoch nicht in der KRK festgelegt, sondern sollten in einem Folgeprozess während der →Vertragsstaatenkonferenzen konkretisiert werden. Die Konferenz, die 1997 in Kyoto stattfand, war diesbezüglich ein Meilenstein (→Kyoto-Protokoll).

Klimascheide, Landschaft, die das Klima der weiteren Umgebung beeinflusst und dabei Räume mit verschiedenen Klimaten trennt. Besonders wirksam sind höhere Gebirge, die sich in Richtung der Breitenkreise oder parallel zu Küstenlinien erstrecken. Die Gebirgsseiten weisen unterschiedliche Verhältnisse hinsichtlich Luftdruck, Temperatur, Luftfeuchte und Niederschlag auf; der horizontale Luftaustausch wird unterbunden.

Klimaschutz, Sammelbezeichnung für alle politischen, ökonomischen und technischen Maßnahmen, die globale Erwärmung und den damit verbundenen Klimawandel zu verhindern bzw. abzumildern.

■ **Internationale Vereinbarungen** Ein zentrales Ergebnis des Weltgipfels in Rio de

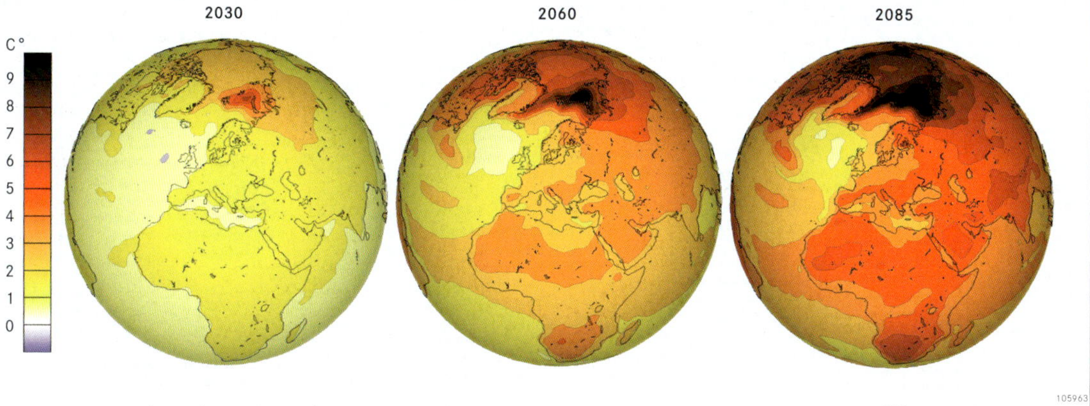

Klimamodell. Die Grafik zeigt die simulierte Temperaturänderung, berechnet mit dem gekoppelten Klimamodell ECHAM5/MPI-OM des Max-Planck-Instituts für Meteorologie in Hamburg. Die Rechnungen, die am Deutschen Klimarechenzentrum durchgeführt wurden, flossen in den vierten Bericht des IPCC ein.

Janeiro 1992 war die Klimarahmenkonvention, mit der die internationale Staatengemeinschaft sich darauf verständigte, den Klimawandel zu bremsen und seine Folgen abzumildern. Die Konvention enthielt allerdings keine konkreten Klimaschutzziele; dafür sollen die jährlich stattfinden Weltklimagipfel dienen. Außerdem enthält die Konvention von Rio de Janeiro die Verpflichtung aller Vertragspartner, regelmäßige Berichte zu veröffentlichen, in denen Fakten zur aktuellen Treibhausgasemission und Trends enthalten sein müssen.

Auf dem Weltklimagipfel im japanischen Kyōto 1997 wurde das →Kyōto-Protokoll verabschiedet. Es verpflichtet die Industrieländer, ihre jährlichen Treibhausgasemissionen innerhalb der sogenannten ersten Verpflichtungsperiode (2008–2012) um durchschnittlich 5,2 % gegenüber 1990 zu reduzieren. Außerdem wurden mit →Emissionshandel, →Clean Development Mechanism und →Joint Implementation mehrere Instrumente etabliert, die die Reduktion von Schadstoffemissionen unterstützen sollen. Der Ratifizierungsprozess des Kyōto-Protokolls gestaltete sich schwierig, da mehrere Staaten, unter anderem die USA, Australien und Russland, das Protokoll zunächst nicht ratifizierten. 2004 stimmte Russland jedoch zu, sodass nun eine ausreichende Anzahl von Industriestaaten das Protokoll ratifiziert hatte und es 2005 in Kraft treten konnte. Auf dem Klimagipfel in Bali im Dezember 2007 einigten sich 186 Staaten – darunter auch die USA und China – auf ein Verhandlungsmandat für ein neues internationales Abkommen nach der ersten Verpflichtungsperiode des Kyōto-Protokolls, die 2012 ausläuft. Neue konkrete Klimaschutzziele wurden in Bali nicht verabschiedet. Auf dem Klimagipfel in Kopenhagen 2009 soll das neue Abkommen verabschiedet werden, das dann von den Parlamenten bis zum 1. 1. 2013 ratifiziert werden muss.

■ **EU** Seit 1996 bekräftigt die Europäische Union regelmäßig ihr Ziel, den Klimawandel zu begrenzen und die globale Erwärmung auf zwei Grad zu beschränken (»Zwei-Grad-Ziel«). Um dieses Ziel zu erreichen, vereinbarte sie im März 2007, ihre Emissionen bis 2020 um 20 % gegenüber 1990 zu senken. Im Falle eines neuen internationalen Klimaschutzabkommens sollte das Reduktionsziel auf 30 % angehoben werden. Das im Januar von der EU-Kommission beschlossene Maßnahmenpaket sieht unter anderem vor, den Emissionshandel zu intensivieren und ab 2013 nach für alle Länder einheitlichen Regeln zentral zu organisieren. Außerdem sollen sich künftig die Emissionsminderungen nur noch auf das Referenzjahr 2005 beziehen, nicht mehr auf 1990. Ebenfalls bis 2020 soll der Anteil der erneuerbaren Energien an der europäischen Energieversorgung auf 20 % ausgeweitet werden. Vorantreiben will die EU auch die unterirdische Speicherung von Kohlendioxid (CO_2-Sequestrierung).

■ **Deutschland** Deutschland verpflichtete sich bereits 1995, den CO_2-Ausstoß bis 2005 um 25 % im Vergleich zu 1990 zu senken. Im Jahr 2000 wurde ein nationales Klimaschutzprogramm aufgesetzt, das 2005 verlängert wurde und verschiedene Maßnahmen von verstärkter Öffentlichkeitsarbeit über Förderprogramme bis hin zu ordnungsrechtlichen Maßnahmen beinhaltet. 2007 entwickelte das Umweltbundesamt ein »40-%-Szenario«, mit dem sich Deutschland auf eine Reduktion der Emissionen um 40 % bis 2020 verpflichten und damit eine Vorreiterrolle in Europa übernehmen soll. Im Juni 2008 beschloss der Deutsche Bundestag ein Klima- und Energiepaket, das unter anderem eine Reform des **Erneuerbare-Energien-Gesetzes (EEG)** vorsieht. Mit diesem Gesetz wird das Ziel verfolgt, den Anteil der erneuerbaren Energien bei der Strombereitstellung bis zum Jahr 2020 auf mindestens 30 % zu steigern. Bereits 2007 deckten die erneuerbaren Energien 14 % des deutschen Strombedarfs ab. Das EEG fördert Wind-, Sonnen-, Biomasse- und Erdwärmeanlagen nach Kriterien der Wirtschaft-

KLIMASCHUTZ. *Klimaschutzindex*

Um die Klimaschutzpolitik verschiedener Länder vergleichen zu können, entwickelte die Initiative Germanwatch gemeinsam mit dem Klimanetzwerk CAN-Europe einen Klimaschutzindex, in den der Emissionstrend der letzten Jahre, die absoluten Emissionen eines Landes und eine Bewertung der jeweiligen Klimapolitik durch Experten von Nichtregierungsorganisationen eingehen. Er wurde unter anderem auf dem Klimagipfel im Dezember 2007 auf Bali vorgestellt. In der Ausgabe 2008 des Index liegt Deutschland mit der Note 2,7 auf Platz 2, weil vor allem – im Gegensatz zu den meisten anderen Staaten – die Emissionen auch nach 1998, also nach dem Umbruch in Ostdeutschland, leicht gesunken sind. Im Straßenverkehr beispielsweise ist Deutschland neben Schweden das einzige Land, in dem der Ausstoß von Kohlendioxid zurückging. Da sich Deutschland in der internationalen Politik sehr für den Klimaschutz einsetzt, erhält es hier eine sehr gute Note, welche die eher mittelmäßig eingestufte nationale Klimapolitik ausgleicht. Sieben der zehn größten CO_2-Emittenten belegen auf der aktuellen Liste einen Platz zwischen 40 (China) und 55 (USA).

lichkeit; insbesondere aufgrund des durch das EEG induzierten raschen Ausbaus der Windkraft hat das Gesetz auch international Beachtung gefunden. Insgesamt 47 Länder fördern inzwischen mit vergleichbaren Rahmenbedingungen Strom aus erneuerbaren Energien. Allerdings ist auch die Kritik an den Zusatzkosten und den möglichen Umweltfolgen eines forcierten Ausbaus der Windkraft (zukünftig vor allem im sogenannten Offshorebereich, also auf dem Meer) gestiegen. Im Gesetz für die Erhaltung, die Modernisierung und den Ausbau der Kraft-Wärme-Kopplung vom 19. 3. 2002 **(Kraft-Wärme-Kopplungsgesetz)** wurde das ursprünglich angepeilte Verdopplungsziel für die Kraft-Wärme-Kopplung (KWK) bis 2010 durch ein CO_2-Reduktionsziel ersetzt (20 bis 23 Mio. Tonnen CO_2 bis 2010, bezogen auf den Stand von 1998), das durch die Bonusregelung für KWK-Betreiber sichergestellt werden soll.

KLIMASYSTEM. *Gestörter Kreislauf*

Im Klimasystem der Erde gibt es viele Rückkopplungen, beispielsweise zwischen Ozeanen und Atmosphäre. Sie sorgen dafür, dass sich bestimmte Prozesse gegenseitig hemmen oder verstärken. Ein Beispiel: die Speicherung von Kohlendioxid. Die Ozeane nehmen fast ein Drittel des Kohlendioxids auf, das die Menschheit in die Atmosphäre bläst. Und eigentlich sollte sich immer mehr Treibhausgas in den Meeren lösen, da ja auch der CO_2-Gehalt der Atmosphäre steigt. Tut es aber nicht. Messungen im südlichen Ozean haben ergeben, dass er seit den 1980er-Jahren nicht mehr Kohlendioxid aufnimmt, obwohl die CO_2-Emissionen um 40 Prozent zugenommen haben. Schuld ist eine Rückkopplung: Der Klimawandel stört den Kohlenstoffkreislauf der Ozeane. Denn er facht die Winde über dem Ozean an, und diese wiederum ändern die Meeresströmungen. Mehr Wasser gelangt deshalb zur Oberfläche, das bereits mit Kohlenstoff gesättigt ist. Die Folge: Zusätzliches CO_2 wird nicht mehr aufgenommen.

Die **Energieeinsparverordnung (EnEV),** die am 1. 2. 2002 in Kraft trat, schreibt für bestehende Gebäude und Bauprojekte Standardanforderungen vor, um einen möglichst effizienten Energieverbrauch zu ermöglichen. Für neu zu errichtende Gebäude wird der maximal zulässige Energiebedarf für Beheizung und Warmwasserbereitung weiter gesenkt und dem Niedrigenergiehausstandard angenähert. Er beträgt damit weniger als ein Drittel des Energiebedarfs der vor 1977 üblichen Neubauten, liegt aber immer noch deutlich oberhalb des Passivhausstandards, der den aktuellen Stand der energiesparenden Bautechnik in Deutschland darstellt. Mit der Novellierung der Energieeinsparverordnung, die seit 1. 10. 2007 in Kraft ist, wurde u. a. die Energieausweispflicht auch auf Altbauten ausgedehnt; seit 1. 7. 2008 ist der Ausweis für Gebäude, die bis 1965 errichtet wurden, Pflicht, von 2009 an für Gebäude aller übrigen Baujahre. Die Pflicht gilt nur Mietern und Käufern gegenüber; Eigentümer, die in ihrer eigenen Immobilie wohnen, müssen keinen Energieausweis besitzen.

Klimaschwankungen, der Anteil der → Klimaänderungen, der relative Maxima und Minima aufweist. Da streng periodische Schwankungen (wie z. B. bei einer Sinusschwingung) im Klimageschehen nicht vorkommen, lassen sie sich nur nach dem **zyklischen Typ** (relativ geringe Variationen der Periode, beliebige Variationen der Amplitude) und dem **stochastischen Typ** (völlig unregelmäßig) unterscheiden, wobei stochastische Schwankungen für reine Zufallsvorgänge charakteristisch sind. Schwankungen um einen Mittelwert nennt man auch Fluktuationen, um mehrere sich abrupt oder allmählich ändernde Mittelwerte Vakillationen (nach WMO). Beispiele für Klimaschwankungen sind die sich abwechselnden Warm- und Kalt- (»Eis«)Zeiten eines Eiszeitalters mit Zykluslängen zwischen rund 20 000 und 100 000 Jahren (im Rahmen der vorhistorischen und somit geologischen Klimaänderungen) oder der besonders deutlich in Erscheinung tretende Tages- und Jahreszyklus der Klimaelemente (→ Klima), bei dem es sich im mathematischen Sinn nicht um periodische Vorgänge handelt. In anderen Fällen kommt es zu so komplizierten Überlagerungen von Klimaschwankungen verschiedener Zykluslängen mit unregelmäßigen Variationen, dass deren Entdeckung mithilfe mathematisch-statistischer Methoden schwierig und häufig sogar fragwürdig ist. In der mehrjährigen bis säkularen Zeitskala seien als Beispiele für Zykluslängen von Klimaschwankungen genannt: rund 2,2 Jahre (quasi zweijährige Schwankung, englisch »quasibiennial oscillation«, QBO, im tropischen Windsystem der Stratosphäre gut ausgeprägt, aber auch bei vielen Klimaelementen bodennah auftretend), etwa 3 bis 8 Jahre (eventuell entsprechend dem Abstand von El-Niño-Ereignissen [Niño]), 7 bis 8 Jahre (ein Zyklus, der deutlich in der →Nordatlantik-Oszillation auftritt), 8 bis 15 Jahre (wobei kontrovers diskutiert wird, ob ein Zusammenhang mit dem entsprechenden Zyklus der →Sonnenflecken besteht; solche zyklischen Vorgänge der Sonnenaktivität gibt es auch längerfristig, rund 22, 40–50, 75–90, 180–200 usw. Jahre).

Klimastation, meteorologische Station, an der dreimal täglich zu festen Uhrzeiten, den **Klimaterminen** (7^{00}, 14^{00} und 21^{00} Uhr mittlerer Ortszeit), möglichst homogene und repräsentative Klimabeobachtungen durchgeführt werden. Die Ausrüstung einer Klimastation umfasst im Allgemeinen eine Thermometerhütte, Thermometer für Erdbodenminimum, Erdbodenthermometer für verschiedene Tiefen, Niederschlagsmesser und Niederschlagsschreiber, Schneepegel, Schneeausstecher, Windmesser, Sonnenscheinautograf, Stationsbarometer, Barograf.

Klimasystem, der geophysikalische Komplex, der sich aus den Komponenten (Subsystemen) Atmosphäre, Hydrosphäre, Kryosphäre, Landoberflächen und Biosphäre zusammensetzt. Die einzelnen, sich verschieden rasch bewegenden, ganz unterschiedlichen Reaktionszeiten unterliegenden Subsysteme sind miteinander durch vielfältige nicht lineare Wechselwirkungen verbunden, etwa dadurch, dass die Ozeane mit ihrer Zirkulation einen wichtigen Beitrag zum Wärmehaushalt liefern, die Eisflächen (v.a. Polar- und Meereis) eine große Albedo besitzen und relativ schlechte Wärmeleiter sind oder dass die Biomasse eine bedeutende Rolle im CO_2-Haushalt spielt und der Pflanzenwuchs u.a. Oberflächenalbedo und Bodenrauigkeit bestimmt.

Als einseitig steuernd wirkende Prozesse und Effekte sind Sonnenstrahlung, Vulkanausbrüche und anthropogene Eingriffe zu werten. Das Klima ist zwar eine Eigenschaft der Atmosphäre, des reaktionsschnellsten Teils des Klimasystems, es entsteht aber erst durch die oben genannten Wechselwirkungen. Entsprechend stellen sich Klimaschwankungen als Ergebnis veränderter Abläufe von physikalischen und chemischen Prozessen (mit jeweils verschieden großen Zeitskalen) im gesamten Klimasystem oder in Teilen desselben dar.

Klimatologie, Klimakunde, Wissenschaft vom Klima, der →Klimaänderungen und deren Auswirkungen; primär Teilgebiet der →Meteorologie, in den erdkundlichen Bezügen und Auswirkungen auch der Geografie (Klimageografie), bezüglich der paläoklimatologischen (→Paläoklimatologie) Rekonstruktionen auch der Geologie, Glaziologie und Biologie, in den Grundlagen auch der Physik und Chemie u.a., somit ausgeprägt interdisziplinär.

■ **Gliederung** Inhaltlich gliedert sich die Klimatologie in die **klimatologische Informationserfassung** (Erfassung von Klimadaten, neo- bzw. paläoklimatologisch bzw. historisch, Klimaänderungen, Paläoklimatologie), die **Klimadiagnostik,** welche die mathematisch-statistische Analyse der räumlich-zeitlichen Strukturen dieser Klimadaten besorgt (hinsichtlich Klimazuständen, Klima und Klimaänderungen) und abgrenzbare physikochemische Klimaprozesse untersucht (→Strahlung, →Zirkulation der Atmosphäre u.a.), die **Klimamodellierung** (→Klimamodelle) zur näherungsweisen Simulation des Zusammenwirkens der Klimaprozesse sowie die Betrachtung der ökologisch-ökonomisch-sozialen Auswirkungen von Klima und Klimaänderungen, der **Klimawirkungsforschung** (Klimaimpakt).

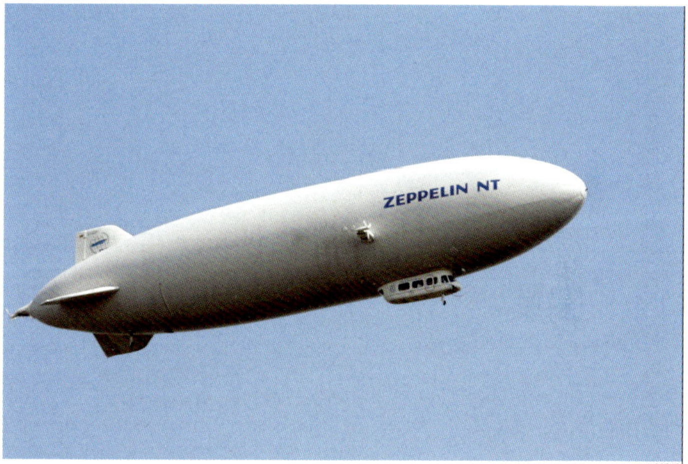

100562

Klimatologie. Experten des Forschungszentrums Jülich nutzen einen Zeppelin, um die untere Atmosphäre zu erkunden. Sie erhoffen sich neue Erkenntnisse darüber, wie sich Feinstaub verteilt und Abgase abgebaut werden.

In den letzten Jahrzehnten sind insbesondere die Möglichkeiten und Ergebnisse der Paläoklimatologie sowie der Klimamodellierung enorm angewachsen; aber auch die Methoden der statistisch-mathematischen Klimadiagnose haben sich wesentlich weiterentwickelt, wobei ein Übergang von der mehr oder weniger reinen **Mittelwertsklimatologie** zur **Schwankungsklimatologie** festzustellen ist, welche die ganze Vielfalt der Klimaänderungen mit einbezieht. Räumlich werden die Mikroklimatologie von der Mesoklimatologie und der Makroklimatologie unterschieden (→Klima).

Die überaus vielfältigen und komplizierten Prozesse im Klimasystem haben eine besondere **physikalische Klimatologie** entstehen lassen; weiterhin ist auch die Luftchemie für die Klimatologie von Bedeutung. Da ein vollständiges Verständnis der Klimaprozesse in absehbarer Zeit als unmöglich angesehen wird, ist die (vorwiegend physikalische) Klimamodellierung ein besonders wichtiges Hilfsmittel der Klimatologie, was durch die

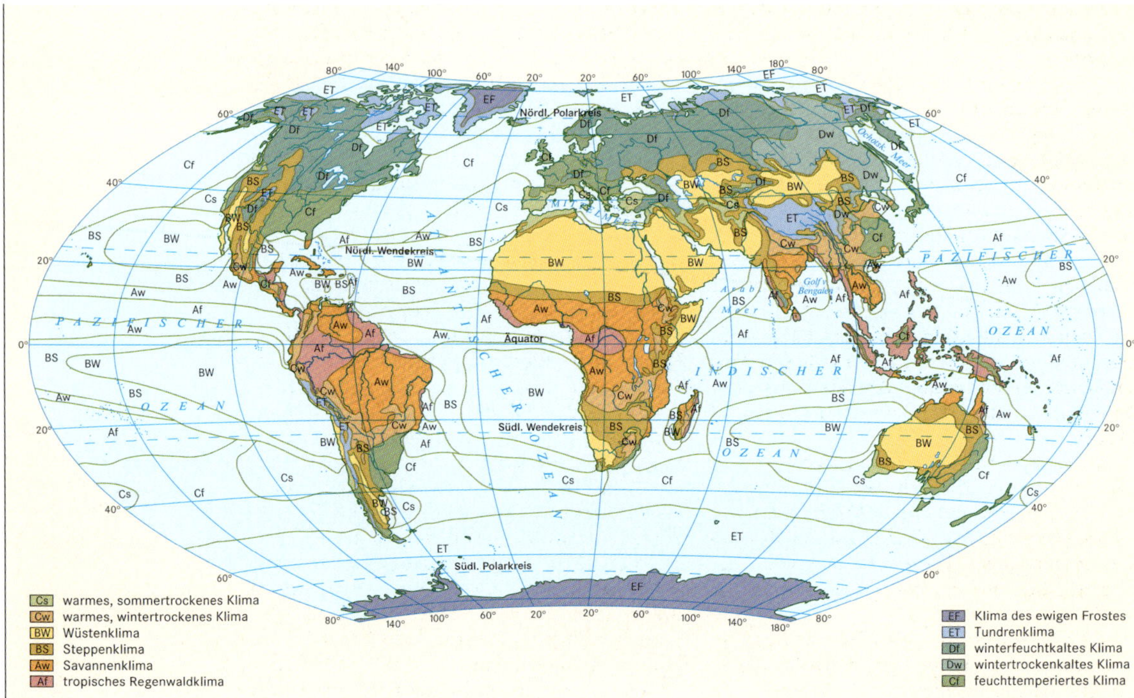

Klimazonen der Erde (nach W. Köppen)

Entwicklung der elektronischen Datenverarbeitung und entsprechenden Großrechenanlagen erst möglich geworden ist. Dabei bestehen Querverbindungen zu den in der synoptischen Meteorologie üblichen Methoden und Modellen der Wettervorhersage.

Die **angewandte Klimatologie** ist u.a. für das Energiewesen (Nutzung von Wasser-, Wind- und Sonnenenergie), die Wasserwirtschaft (→Hydrometeorologie), die Landwirtschaft (Bioklimatologie; →Agrarmeteorologie), das Gesundheitswesen (→medizinische Klimatologie) und die Politik (nationale und internationale Gesetze bzw. Konventionen zum Umwelt- bzw. Klimaschutz; →Klimarahmenkonvention) bedeutsam.

■ **Geschichte** Der Begriff Klima wurde von Eudoxos von Knidos (*etwa 400 v.Chr., †etwa 350 v.Chr.) zur Bezeichnung jener astronomisch-mathematisch bestimmten Breitenkreise eingeführt, die zur Abgrenzung der um 400 v.Chr. eingeführten fünf mathematischen oder solaren Klimazonen der Erde dienten. Von Poseidonios (*um 135 v.Chr., †um 51 v.Chr.) wurden die Klimazonen mit der Verbreitung der Menschenrassen, Tiere und Pflanzen verknüpft, sodass man seit dieser Zeit von einer – wenn auch vorwiegend spekulativen – Klimatologie sprechen kann. Die wissenschaftliche Klimatologie setzte erst nach Erfindung meteorologischer Messinstrumente im 17. und 18. Jahrhundert sowie nach Einrichtung von Beobachtungsnetzen ein (erster Vorschlag von O. von Guericke um 1600; erstes internationales Netz von Beobachtungsstationen durch die 1780 in Mannheim gegründete →Societas Meteorologica Palatina, Aufgabenstellung später von den Wetterdiensten übernommen). Die moderne Entwicklung der Klimatologie ist v.a. durch die vielfältige Informationserfassung (einschließlich Fernerkundung, Wettersatelliten und Paläoklimatologie), mathematisch-statistische Datenanalyse und Klimamodelle geprägt, wobei ein besonders wichtiger Problemkreis die Unterscheidung anthropogener von natürlichen →Klimaänderungen ist.

Klimazeugen, →Paläoklimatologie.

Klimazonen, großräumige Gebiete der Erde, in denen das Klima gleichartig oder relativ einheitlich ist. Klimazonen können nach den Strahlungsverhältnissen (**solare Klimazonen;** ausgehend von der Abnahme der von der Sonne zugeführten Strahlungsenergie vom Äquator zu den Polen), nach thermischen, hygrischen oder dynamischen Merkmalen, schließlich nach den Auswirkungen des Klimas, z.B. auf die Vegetation, festgelegt werden.

Die einfachste Unterteilung der solaren Klimazonen geht von den beiden Wendekreisen (23°27′ nördlicher Breite bzw. südlicher Breite), zwischen denen sich die Tropen befinden, und von den Polarkreisen (66°30′ nördlicher Breite bzw. südlicher Breite) aus. Für die Zwischenzonen gibt es eine weitere Unterteilung in Subtropenzone und Mittelbreitenzone (Zone der gemäßigten Breiten).

Die so gebildeten Klimazonen lassen sich wie folgt charakterisieren (→Zirkulation der Atmosphäre):

1) *Tropen:* Die Tageslänge schwankt im gesamten Bereich nur wenig. Die tageszeitlichen Schwankungen der Lufttemperatur dominieren gegenüber den weitgehend gleichbleibenden Temperaturverhältnissen im Jahresverlauf (Tageszeitenklima). Trotz der einheitlichen Sonneneinstrahlung stellen sich innerhalb der Tropen entsprechend den Niederschlagsverhältnissen klimatische Unterschiede ein, die zur Unterteilung in die immerfeuchten inneren Tropen (vollhumides Klima; Äquatorialzone) und die sommerfeuchten äußeren Tropen (semihumides Klima; Abnahme der Niederschlagsaktivität im Bereich der Passate) führen.

2) *Subtropen:* In dieser Klimazone findet man sowohl den Bereich der subtropischen Hochdruckgürtel mit der Wurzelzone der Passate (arides Klima) als auch die Einflussgebiete zyklonalen Wettergeschehens in der subtropischen Winterregenzone (semihumides Klima).

3) *hohe Mittelbreiten (gemäßigte Breiten):* Im Gegensatz zu den Tropen gibt es große jahreszeitliche Unterschiede der Lufttemperatur mit teilweise sehr tiefen Extremwerten (Jahreszeitenklima). Das humide Klima wird bestimmt durch die Austauschvorgänge an der planetarischen Frontalzone sowie regional durch das Vorherrschen maritimer bzw. kontinentaler Einflüsse.

4) *Polargebiete:* Diese extreme Klimazone mit Polarnacht und -tag sowie mit tiefen Werten der Lufttemperatur und geringen, meist als Schnee fallenden Niederschlägen wird vielfach noch unterteilt in subpolare, subarktische oder boreale Zone (subnivales polares Klima) und in hochpolare oder polare Zone (nivales Klima).

■ **Klimaklassifikation** Die am weitesten verbreitete Klimaklassifikation stammt von W. Köppen und wurde von R. Geiger modifiziert. Sie unterscheidet fünf Klimazonen und elf Klimatypen, die durch eine Buchstabenkombination (Klimaformel) gekennzeichnet sind, und berücksichtigt auch die Auswirkungen des Klimas auf die Vegetation. Um den Äquator befindet sich die Region der tropischen Regenwaldklimate mit jahreszeitlich variablen, aber für die Vegetation ganzjährig ausreichenden Niederschlägen. Die Temperatur hat hier bei einer Tagesamplitude um zwölf Grad fast gleichbleibende Monatsmittelwerte über 18 Grad. Zu den Wendekreisen hin steigt die Jahresamplitude allmählich an, anfangs mit einem Maximum im Frühjahr und einem im Herbst. Das während der Regenzeit durch erhöhte Verdunstung und verminderte Sonneneinstrahlung entstehende Minimum im Sommer verschwindet mit abnehmendem Niederschlag zu den Subtropen hin. Hier finden sich die Wüstengebiete, in denen bei einer Temperaturdifferenz zwischen wärmstem und kältestem Monat von 20 Grad der Tagesgang 50 °C überschreiten kann. Zusammen mit den sie umgebenden Savannen und Steppen bilden die Wüsten die Zone der Trockenklimate, in denen die mögliche Verdunstung den Niederschlag stets übertrifft. Zwischen 15° und 30° Breite reicht sie von der Mitte der Ozeane über die Westküsten bis in die Zentren der Kontinente, wo sie zum Teil über 40° hinaus polwärts vordringt. In dieser geografischen Breite herrscht an den Küsten warmgemäßigtes Klima, an der Westseite verbunden mit trockenen, heißen Sommern und milden, niederschlagsreichen Wintern (im Sommer unter dem Einfluss des nach Norden verlagerten Hochdruckgürtels der Subtropen, im Winter durch die Tiefdruckgebiete der Westwindzone geprägt: Etesienklimate, mediterrane Klimate, Mittelmeerklimate), an der Ostseite mit ganzjährigem Niederschlag und Sommermaximum. Letzteres kennzeichnet zusammen mit dem in höheren Breiten überwiegenden Jahresgang der Temperatur auch die zu den Polarkreisen hin anschließenden kontinentalen Klimate. Das entsprechende maritime Klima zeigt thermisch wie hygrisch einen ausgeglicheneren Verlauf. Obwohl die jährliche Niederschlagssumme in beiden Bereichen, verglichen mit den Tropen, gering ist, übersteigt sie wegen der tieferen Temperatur (Mittel des wärmsten Monats unter 22 °C) gewöhnlich die Verdunstung. Monatsmittel unter 10 °C haben die Schnee- oder Eisklimate der Polargebiete. Die tropischen Hochgebirge wurden von W. Köppen den Polarklimaten zugeordnet.

KLIMAZONEN: KLIMAKLASSIFIKATIONEN NACH WLADIMIR KÖPPEN

A:	**tropisches Klima ohne kalte Jahreszeit**
	Af = tropisches Regenwaldklima
	Aw = Savannenklima
B:	**Trockenklima**
	BS = Steppenklima
	BW = Wüstenklima
C:	**warmgemäßigtes Klima**
	Cw = warmes wintertrockenes Klima
	Cs = warmes sommertrockenes Klima
	Cf = feuchtgemäßigtes Klima
D:	**boreales oder Schnee-Wald-Klima**
	Dw = wintertrockenkaltes Klima
	Df = winterfeuchtkaltes Klima
E:	**Schneeklima**
	ET = Tundrenklima
	EF = Klima ewigen Frostes

■ **Siegmund/Frankenberg** Diese für den Schulunterricht entwickelte Klimaklassifikation verwendet ein Baukastenprinzip zur

Klimazonen. Trockene Savannen, z. B. im kenianischen Amboseli-Nationalpark, zählen zu den Subtropen (oben links). Typisch für die gemäßigten Breiten sind Nadelwälder (oben rechts). In den immerfeuchten Tropen findet man die Regenwälder (unten links). Die Antarktis zählt zu den Polargebieten (unten rechts).

Einteilung von Klimazonen und -typen. Die Grundidee besteht darin, dass eine relativ einfach strukturierte Basiseinteilung des Weltklimas nach und nach ausgebaut werden kann. Dabei ist die Zahl der Untergliederungsstufen variabel. Auf diese Weise lassen sich der Aufbau und der Komplexitätsgrad der Klimaeinteilung an die jeweiligen Bedürfnisse des Anwenders anpassen.

Als Grundlage der Klassifikation dient die Einteilung der irdischen Klimate in vier thermische Klimazonen auf der Basis der Jahresdurchschnittstemperatur: Tropen, Subtropen, Mittelbreiten und subpolare/polare Zone. Die Höhenklimate werden – im Gegensatz zu anderen Klassifikationen – jeweils als gesonderter Klimatyp der entsprechenden Tieflandklimate ausgewiesen. Aus diesem Grund findet die Höhenlage einer Station Berücksichtigung, wobei vereinfachend von einem einheitlichen vertikalen Temperaturgradienten von 0,5 Grad pro 100 m ausgegangen wird. Damit lässt sich die Jahresdurchschnittstemperatur mithilfe der Angaben zur Höhe einer Klimastation auf Meeresniveau reduzieren. Die Trockenklimate werden durch die 250-mm-Isohyete (→Isolinien) der jährlichen Niederschlagsmenge von den übrigen Klimaten abgegrenzt.

Innerhalb der fünf Klimazonen findet eine weitere klimatische Unterteilung in verschiedene Klimatypen statt. Dabei kommt dem Wasserhaushalt einer Region eine wesentliche Rolle zu. Dieser wird auf der Grundlage des für die Vegetation zur Verfügung stehenden Wasserangebots definiert. Hierbei werden den Niederschlägen auf monatlicher Basis die entsprechenden Verdunstungsmengen gegenübergestellt. Auf der Grundlage der Zahl humider Monate lassen sich dann vier hygrische Klimatypen unterscheiden: aride, semiaride, semihumide und humide.

Auf der dritten Gliederungsebene des Klassifikationsansatzes nach Siegmund/Frankenberg kommt die thermische Kontinentalität zur Anwendung. Sie berücksichtigt, dass die jahreszeitlichen Temperaturschwankungen ein weiteres wichtiges Kennzeichen des Klimas einer Region darstellen. Dabei lassen sich auf der Grundlage des Unterschieds zwischen dem wärmsten und dem kältesten Monat eines Jahres vier unterschiedliche Kontinentalitätsgrade unterscheiden: hochmaritim, maritim, kontinental und hochkontinental.

Durch eine Kombination der drei Gliederungsebenen ergibt sich ein dreigliedriger Klimaschlüssel. Weite Teile Mitteleuropas liegen hierbei beispielsweise in einem semihumiden, maritimen Klima der Mittelbreiten.

Koagulation [lateinisch »das Gerinnen«], das Anwachsen fallender, größerer Wolkentröpfchen (etwa ab 0,04 mm Durchmesser) durch Kollision mit kleineren, in der Luft mitgeführten Aerosolteilchen infolge unterschiedlicher Fallgeschwindigkeiten (relativ zur umgebenden Luft). Bei diesem Vorgang kann in reinen Wasserwolken jedoch nur kleintropfiger Regen bzw. Sprühregen entstehen.

Von Koagulation spricht man auch, wenn in einer Mischwolke fallende feste Niederschlagspartikel (Eiskristalle, Schneeflocken) durch Anlagerung unterkühlter Wolkentröpfchen wachsen, die bei dieser Kollision gefrieren.

Koaleszenz [zu lateinisch coalescere »zusammenwachsen«], das Zusammenfließen von zwei Wassertröpfchen zu einem größeren Regentropfen bei Berührung. Nach heutiger Auffassung scheint dieser Prozess für die Niederschlagsbildung innerhalb »warmer Wolken«, die Temperaturen über 0 °C aufweisen und in denen deshalb die Niederschlagsbildung nicht über die Eiskristallphase (→ Bergeron-Findeisen-Theorie) erfolgen kann, von Bedeutung zu sein. Dabei spielen die Tropfengröße, die elektrische Ladung der Wassertröpfchen, das äußere luftelektrische Feld und die Vertikalbewegungen in der Wolke eine Rolle.

Kohlendioxid, Kohlenstoffdioxid, CO_2, ein farbloses, nicht brennbares, geruchloses Gas, das in Wasser gut löslich ist. Kohlendioxid kommt frei in der Luft (etwa 0,03 Volumenprozent) sowie in gebundenem Zustand in Form von Carbonaten und Hydrogencarbonaten vor; außerdem findet es sich gelöst in vielen Mineralwässern sowie v. a. im Meerwasser. In den Ozeanen befindet sich rund 50-mal mehr Kohlendioxid (rund $1{,}3 \cdot 10^{14}$ t) als in der Luft. Kohlendioxid ist Endprodukt der Verbrennung von Kohlenstoff und allen organischen Substanzen. Die grünen Pflanzen führen mittels Lichtenergie das Kohlendioxid der Luft in organische Verbindungen über, die durch den Stoffwechsel von Mensch, Tier und v. a. Mikroorganismen wieder in Kohlendioxid zurückverwandelt werden.

■ **Emissionen** Mit Beginn der Industrialisierung hat sich der Kohlendioxidgehalt in der Atmosphäre seit Anfang des 19. Jahrhunderts stetig erhöht, von etwa 280 ppm auf 317 ppm im Jahr 1960 und auf derzeit etwa 385 ppm. Ursache ist v. a. die Verbrennung fossiler Brennstoffe. Die jährlichen fossilen Kohlendioxidemissionen stiegen von durchschnittlich 23,5 Gigatonnen pro Jahr in den 1990er-Jahren auf durchschnittlich 26,4 Gigatonnen pro Jahr im Zeitraum 2000–05. Zusätzlich trägt auch die Abholzung von Waldflächen zur Erhöhung des Kohlendioxids in der Atmosphäre bei, denn die Wälder dienen normalerweise als Speicher für CO_2. Weil Kohlendioxid die von der Erdoberfläche abgestrahlte Infrarotstrahlung absorbiert, erhöht sich mit steigendem Kohlendioxidgehalt die Temperatur in der Lufthülle. Kohlendioxid gilt deshalb als wichtigstes Treibhausgas. Die derzeitige CO_2-Konzentration übertrifft die aus Eisbohrkernen bestimmte natürliche Bandbreite der letzten 650 000 Jahre (180–300 ppm) bei Weitem. Die jährliche Wachstumsrate der CO_2-Konzentration war in den letzten 10 Jahren (Durchschnitt 1995–2005: 1,9 ppm pro Jahr) größer als in der Zeit seit Beginn der kontinuierlichen atmosphärischen Messungen. Einer Untersuchung des Global Carbon Projects aus dem Jahr 2008 zufolge stieg in den Jahren 2000–2007 der CO_2-Ausstoß sogar viermal schneller als noch im Jahrzehnt davor.

100562

Kohlendioxid. Seit Beginn der Industrialisierung ist der Kohlendioxidanteil in der Atmosphäre auf über 380 ppm angestiegen, v. a. durch die Verbrennung fossiler Energieträger. Das Bild zeigt die Drax Power Station im Vale of York (Großbritannien), das zweitgrößte Kohlekraftwerk Europas.

KOHLENDIOXID. ***Eisen gegen Klimawandel?***

Um den Klimakollaps unseres Planeten zu verhindern, braucht es viele Ideen. Eine davon: Düngt man die Ozeane mit Eisen, entsteht mehr Phytoplankton, das der Luft dann auch mehr Kohlendioxid entzieht. Diese Hypothese stellte zumindest der amerikanische Meereskundler John Martin im Jahr 1989 auf. »Gebt mir eine Schiffsladung Eisen, und ich bringe euch die nächste Eiszeit«, behauptete er damals. Einige Großexperimente haben inzwischen Martins Theorie überprüft – mit unterschiedlichem Erfolg. Tonnenweise Eisen, meist in Form von Eisensulfat, wurden ins Meer geschüttet. Tatsächlich führte die Düngung in vielen Versuchen zu mehr Phytoplankton, aber nicht in allen. Einen erheblichen Kohlendioxidentzug konnte ein Experiment im Nordpazifik nachweisen: 4,4 Kilogramm Eisen pro Quadratkilometer banden 13 Tonnen Kohlendioxid. Andere Forschungsfahrten fanden jedoch keinen Effekt. Die Methode ist also umstritten, zumal nicht klar ist, wie sich die punktuelle Düngung auf die gesamte Nahrungskette im Ozean auswirkt.

Kohlendioxid. Mehr als 1700 Tote forderte eine Wolke aus Kohlendioxid, die dem Nios-Kratersee (Kamerun) 1986 entstieg.

■ **Verweildauer** Da Kohlendioxid eine Verweildauer von mehreren Jahrhunderten in der Atmosphäre hat, reagiert das gesamte Klimasystem nur sehr träge auf eine Änderung der Emissionen. Selbst in dem Fall, dass die Kohlendioxidemissionen vollständig beendet würden, würde sich die globale Erwärmung noch über Jahrzehnte fortsetzen und Mitte des 21. Jahrhunderts mindestens 0,6 Grad Celsius betragen. Neuere Computersimulationen, die Klimaänderungen jenseits des Jahres 2100 berechnen, deuten sogar darauf hin, dass ein Teil des anthropogen verursachten Kohlendioxids praktisch gar nicht mehr aus der Atmosphäre verschwinden wird. Im vierten Sachstandsbericht des IPCC wird festgestellt, dass etwa die Hälfte einer neu eingetragenen Menge CO_2 in einem Zeitraum von 30 Jahren aus der Atmosphäre entfernt wird, weitere 30 % im Verlauf mehrerer Jahrhunderte; die restlichen 20 % verbleiben typischerweise für viele Tausend Jahre in der Atmosphäre.

Kohlenmọn|oxid, Kohlen|oxid, Kohlenstoffmọn|oxid, lineares Molekül mit der Formel C=O, farb- und geruchloses, in Wasser kaum lösliches, sehr giftiges Gas, das etwas leichter ist als Luft. Kohlenmonoxid entsteht beim Verbrennen von kohlenstoffhaltigen Materialien bei unzureichender Luftzufuhr und ist auch in den Abgasen von Benzinmotoren enthalten.

Kohlenstoff, lateinisch **Carbonẹum,** chemisches Symbol **C,** chemisches Element aus der vierten Hauptgruppe des Periodensystems. Kohlenstoff ist chemisch sehr reaktionsträge. Bei normaler Temperatur reagiert er nur mit Fluor, bei höherer Temperatur setzt er sich mit zahlreichen Elementen und Verbindungen um, z. B. mit Sauerstoff zu Kohlenmonoxid und Kohlendioxid.

■ **Vorkommen** Kohlenstoff kommt in der Natur in elementarem Zustand als Diamant und als Grafit vor, jedoch sind Lagerstätten sehr selten. Chemisch gebunden findet sich Kohlenstoff als Hauptbestandteil von Kohle, Erdöl und Erdgas, die durch Inkohlung fossiler Biomasse entstanden sind. In Form von Kohlendioxid existiert Kohlenstoff frei in der Atmosphäre, v. a. aber gelöst im Meerwasser (Kohlenstoffkreislauf). Die Hauptmenge des Kohlenstoffs liegt gebunden in der Erdkruste und in den Sedimentgesteinen in Form von gesteinsbildenden Carbonatmineralen vor.

Kohlenstoffdịoxid, das → Kohlendioxid.

Kohlenstoffkreislauf, Kohlendịoxidkreislauf, zyklische Umsetzung des Kohlenstoffs und seiner Verbindungen in der Natur. Der auf etwa $26 \cdot 10^{15}$ t geschätzte Gesamtvorrat der Erde an Kohlenstoff liegt fast vollständig in Form anorganischer Verbindungen vor, davon der Hauptanteil im Sedimentreservoir; der Rest findet sich als gelöstes Kohlendioxid (CO_2) sowie in Form von Hydrogencarbonat- beziehungsweise Carbonationen in Gewässern und als gasförmiges CO_2 in der Atmosphäre. Der organisch gebundene Anteil (0,05 %) ist zu etwa zwei Dritteln in fossilen Lagerstätten (Torf, Kohle, Erdöl, Erdgas), zu knapp einem Drittel in organischen Abfällen (Tier- und Pflanzenreste, Humus) und nur zu einem sehr geringen Prozentsatz in der Biomasse zu finden.

Der Kohlenstoffkreislauf wird im Wesentlichen durch die Organismen in Gang gehalten. CO_2 dient den grünen Pflanzen in der Fotosynthese als Substrat für die Erzeugung organischer Substanzen und wird bei der Veratmung dieser Stoffe in den Zellen von allen Lebewesen (nachts auch von den meisten Pflanzen) freigesetzt. Die Hauptmenge des CO_2 wird durch Mikroorganismen produziert.

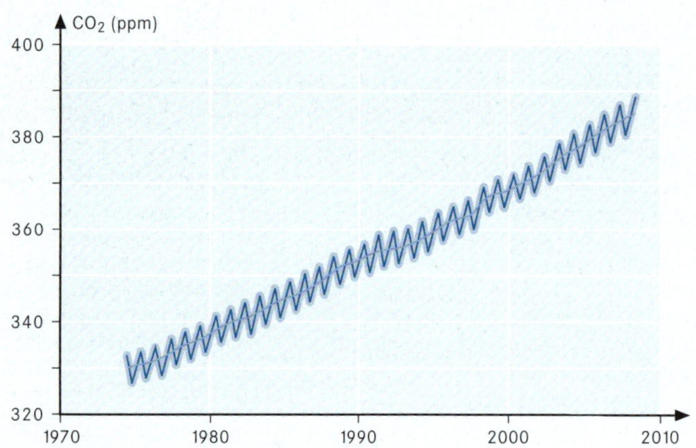

Kohlendioxid. Auf dem Mauna Loa auf Hawaii wird seit 1958 der CO_2-Gehalt der Luft gemessen. Die nach dem amerikanischen Klimaforscher Charles David Keeling benannte Keeling-Kurve ist die längste kontinuierliche Aufzeichnung der Kohlendioxidkonzentration in der Atmosphäre.

Kohlenstoffmonoxid, das →Kohlenmonoxid.

KO-Index, kurz **KO,** Abkürzung für **k**onvektive **I**nstabilität, Bezeichnung für einen Labilitätsindex, der den mittleren vertikalen Gradienten der potenziellen Äquivalenttemperatur zwischen 925 und 600 hPa repräsentiert.

Der KO wird berechnet, indem von der halbierten Summe der potenziellen Äquivalenttemperatur im 700- und 500-hPa-Niveau die halbierte Summe der entsprechenden Werte in 1000 und 850 hPa abgezogen wird. Negative Werte bedeuten instabile Schichtung (feuchtlabil) der Atmosphäre, wobei latente Labilität durch Hebungsvorgänge (Trogvorderseite) ausgelöst werden kann. Dabei sind zahlreiche, zum Teil schwere Gewitter zu erwarten. Bei Werten zwischen 1 und 6 besteht indifferente Schichtung; Gewitter sind in Verbindung mit großräumiger Hebung möglich. Ist der Indexwert größer als 6, ist die Schichtung stabil; es entstehen keine Gewitter.

kommaförmige Wolken, Bezeichnung für eine in Satellitenaufnahmen erkennbare Wolkenformation, bei der mittlere und hohe Wolken kommaförmig angeordnet sind. Kommaförmige Wolken gehören meist zu einem Kaltlufttropfen mit einem abgeschlossenen, bis in die obere Troposphäre reichenden Zentrum.

Kondensation [spätlatein. »Verdichtung«], *Physik:* der Übergang eines Stoffs vom gasförmigen in den flüssigen bzw. festen Aggregatzustand. Die Kondensation tritt bei *Einstoffsystemen* am **Kondensationspunkt** ein, der dem Siedepunkt bzw. dem Sublimationspunkt entspricht, d.h., der Druck in der Flüssigkeit muss den Dampfdruck der Flüssigkeit übersteigen. Dies kann durch Temperaturerniedrigung oder durch Druckerhöhung bewirkt werden. In *Mehrstoffsystemen* gibt der **Taupunkt** den Kondensationspunkt wieder. Die bei der Kondensation frei werdende **Kondensationsenthalpie** (ältere Bezeichnung Kondensationswärme) hat den gleichen Betrag wie die Verdampfungs- bzw. Sublimationsenthalpie, die beim Übergang vom flüssigen bzw. festen Aggregatzustand in den gasförmigen aufzubringen ist.

Die Kondensation setzt gewöhnlich nur dann beim Überschreiten der Sättigungsdichte ein, wenn auch die flüssige bzw. feste Phase des Stoffs oder →Kondensationskerne vorhanden sind; andernfalls erfolgt ein **Kondensationsverzug,** es tritt eine Übersättigung des Dampfes auf.

Die Kondensation des Wasserdampfes der Atmosphäre führt zur Bildung von Nebel, Wolken oder Tau; die Abkühlung erfolgt beim Einströmen wasserdampfreicher Luftmassen aus wärmeren Gebieten in kältere, durch Wärmeabstrahlung oder durch Ausdehnung von Luftmassen beim Aufsteigen.

Kondensationskerne, Kondensationskeime, in der Atmosphäre schwebende, mikroskopisch kleine Teilchen, an denen bei Sättigung der Luft mit Wasserdampf die Kondensation beginnt. Kondensationskerne bestehen zum größten Teil aus hygroskopischen, d.h. Feuchtigkeit anziehenden Partikeln (v.a. Aerosolteilchen, die durch chemische Reaktionen aus Verbrennungsprodukten entstanden sind, sowie Salzpartikeln aus dem Meer, die durch turbulente Austauschvorgänge in die Atmosphäre gelangen), ferner aus Staub, der von der Erde aufgewirbelt wird oder aus Vulkanausbrüchen stammt. Die Anzahl der Kondensationskerne beträgt in reiner Luft bis zu $1000/cm^3$, in Großstadtluft weit über $100\,000/cm^3$.

Kondensationsniveau [-vo:], Höhe oder Schicht, in der bei aufsteigender, mehr oder weniger feuchter Luft Kondensation des Wasserdampfs eintritt.

■ **Einteilung** Das **Konvektionskondensationsniveau** (Abkürzung **KKN**) oder **Cumuluskondensationsniveau** gibt die Höhe der Untergrenze der aufgrund thermischer Vorgänge entstehenden Cumuluswolken an. Das Konvektionskondensationsniveau wird bei Abnahme des Taupunktes (der Feuchte) angehoben, bei Zunahme sinkt es. Bei der rechnerischen Bestimmung des Konvektionskondensationsniveaus verwendet man wegen der tagsüber einsetzenden Durchmischung (infolge Einstrahlung) meist eine mittlere Feuchte der unteren Atmosphärenschicht. Das **Hebungskondensationsniveau** (Abkürzung **HKN**) bezeichnet die Höhe, in der bei erzwungener Hebung (Überströmen eines Berges, Aufgleiten) Kondensation und Schichtwolkenbildung eintreten. Das Hebungskondensationsniveau liegt im Allgemeinen niedriger als das Konvektionskondensationsniveau. Das **Mischungskondensationsniveau** (Abkürzung **MKN**) ist die niedrigste Höhe, in der bei vollständiger turbulenter Durchmischung einer Schicht Kondensation eintritt.

Kondensstreifen, sichtbare streifenförmige Gebilde aus Wassertröpfchen oder Eiskristallen hinter den Triebwerken hoch fliegender Flugzeuge. Die Kondensstreifen entstehen durch Kondensation des in der Luft und den Triebwerkabgasen enthaltenen Wasserdampfes an den als Kondensationskerne wirkenden Rußpartikeln der Abgase bei ausreichender relativer Luftfeuchtigkeit vorzugsweise in Höhen zwischen etwa 8 und 12 km. Ist die Luft mit Feuchtigkeit nahezu gesättigt, bleiben die Kondensstreifen längere Zeit bestehen.

100562

Kondensstreifen. Da Kondensstreifen den Anteil an der Cirrusbewölkung erhöhen und Eiswolken – im Gegensatz zu Wasserwolken – den Treibhauseffekt verstärken, trägt der Flugverkehr zu einem positiven Strahlungsantrieb bei.

kontinentale Luftmassen, Bezeichnung für Luftmassen, die in den Hochdruckgebieten über dem Festland entstanden sind und wegen der dort herrschenden geringeren Verdunstung relativ trocken sind, sowie für Luftmassen, die auf ihrem Weg über das Festland hinsichtlich Stabilität, Temperatur und Feuchte kontinentalen Charakter angenommen haben. Den Gegensatz dazu bilden die maritimen Luftmassen.

Konvergenz. Ein Konvergenzpunkt (oben) entsteht durch Luftzufuhr als punktförmiges Zentrum eines Tiefdruckgebietes; eine Konvergenzlinie (unten) als Wetterfront, meist in Verbindung mit Wolkenbildung und Niederschlag.

Kontinentalität, der Grad des Einflusses großer Landmassen auf das Klima bzw. der Grad der Einengung maritimer Einflüsse; er äußert sich v.a. in den Temperatur- und Niederschlagsverhältnissen.

Kontinentalklima, Binnenklima, Landklima, das Klima der inneren, meerfernen Festlandsgebiete. Kennzeichnend sind große Temperaturschwankungen im Tages- und Jahresgang, niedrige Luftfeuchte und allgemein geringe Bewölkung, geringe Jahresniederschlagshöhen mit Maximum der mittleren Niederschlagshöhen im Sommer (durch Konvektionsniederschläge), tagesperiodische Winde und geringe mittlere Windgeschwindigkeit.

Konvektion [spätlatein. »das Zusammenbringen«], *Meteorologie:* die vertikale Luftbewegung, d.h. Aufsteigen erwärmter Luft bei gleichzeitigem Absinken kälterer Luft in der Umgebung. Ursache ist meist die durch Sonneneinstrahlung erfolgte Erwärmung der Erdoberfläche und der bodennahen Luftschicht, aus der sich in unregelmäßiger Folge mehr oder weniger große Luftpakete ablösen, aufgrund ihrer geringeren Dichte aufsteigen und sich durch Ausdehnung abkühlen. Man unterscheidet dabei die ungeordnete **Kleinkonvektion** (Warmluftschlieren, -blasen, Cumuluswolken) von der geordneten **Großkonvektion** (Gewitterwolken). Bei Erreichen des →Kondensationsniveaus bilden sich **Konvektionswolken** (Cumulus-, Cumulonimbuswolken). Als Ersatz für die aufsteigende Warmluft sinkt kältere Luft ab und erwärmt sich adiabatisch.

Konvektion entsteht auch, ausgelöst durch frei werdende Kondensationswärme, wenn Kaltluft über warme Unterlagen (Meer, Landflächen) oder feuchtlabil geschichtete Luft über ein größeres Hindernis (Berg) strömt.

Konvektions|zelle, mehr oder weniger regelmäßig angeordnete Zellen, in denen der vertikale Austausch von Flüssigkeiten und Gasen unterschiedlicher Dichte erfolgt. In der Atmosphäre bilden die als Thermikblasen (→Thermik) unter Wolkenbildung aufsteigenden Konvektionsströme und die ein größeres Areal erfassenden korrespondierenden, mit Wolkenauflösung absinkenden Luftströme eine zellenartige Struktur.

Konvektionszellen mit wabenförmiger Anordnung der Cumuluswolken sind in Satellitenbildern ein typisches Kennzeichen für Kaltluftströme über wärmerem Untergrund.

WLADIMIR KÖPPEN
***1846, †1940**

- einer der bedeutendsten Klimatologen seiner Zeit
- begründete die maritime Klimatologie
- schuf eine bedeutende Klimaklassifikation

Konvergenz [zu spätlatein. convergere »sich hinneigen«], *Meteorologie:* Zustand im Strömungsfeld der Atmosphäre, bei dem in einem Gebiet in der Zeiteinheit mehr Luft zu- als abfließt (Gegensatz Divergenz).

Am Boden sind Tiefdruckgebiete gewöhnlich Konvergenzgebiete; infolge aufsteigender Luftbewegung kommt es hier zur Wolken- und Niederschlagsbildung. In einer einheitlichen Luftmasse kann eine **Konvergenzlinie** entstehen, die wie eine Front, verbunden mit Wolken- und Niederschlagsgebieten, mit der allgemeinen Strömung wandert (der Unterschied gegenüber einer Front besteht in der Gleichheit des Temperaturfeldes vor und hinter der Konvergenzlinie). →innertropische Konvergenzzone.

Köppen, Wladimir, deutscher Meteorologe und Klimatologe, *Sankt Petersburg 25. 9. 1846, †Graz 22. 6. 1940. Köppen studierte in Petersburg und Heidelberg und promovierte 1870 in Leipzig. Von 1872 bis 1873 war er Assistent am Zentralobservatorium in Petersburg, 1875 wurde er Leiter der Abteilung Wetterdienst der Deutschen Seewarte in Hamburg. Er richtete den amtlichen Wetterdienst ein und war verantwortlich für die Sturmwarnung und den täglichen Wetterbericht. 1879 wurde er bis zu seiner Pensionierung 1919 für Forschungszwecke freigestellt, 1924 folgte er einem Ruf nach Graz.

Köppen begründete die maritime Meteorologie und verknüpfte die synoptische Meteorologie mit der Aerologie. Seine bekannte Klimaklassifikation (→Klimazonen) beruht u.a. auf der Abhängigkeit der Pflanzenwelt vom Klima. Mit seinem Schwiegersohn A. Wegener und im Zusammenhang mit dessen Kontinentalverschiebungstheorie verfasste er »Die Klimate der geologischen Vorzeit« (1924). Ab 1930 gab er mit R. Geiger das fünfbändige »Handbuch der Klimatologie« heraus. Köppen veröffentlichte über 500 Publikationen zu Beobachtungen und Analysemethoden, synoptische Probleme, Klimaschwankungen, Klimaänderungen, das Klima der Ozeane und die Klimaklassifikation.

Korona [lateinisch corona »Kranz«, »Krone«, von griechisch korṓnē »Ring«], *atmosphärische Optik:* der →Kranz.

Kraftfahrzeugsteuer, eine Steuer auf das Halten von Kraftfahrzeugen ohne Rücksicht auf die tatsächliche Benutzung. Eine grundlegende Reform der Kraftfahrzeugsteuer wird seit vielen Jahren diskutiert, wobei unter anderem Umweltaspekte angeführt werden. Seit 1997 wird auch der Schadstoffausstoß als Bemessungsgrundlage herangezogen. Um Vorgaben der EU zum Klimaschutz umzusetzen, soll in Deutschland ab 2009 die Kraftfahrzeugsteuer endgültig vom Hubraum auf den Kohlendioxidausstoß als Bemessungsgrundlage umgestellt werden.

Kranz um den Mond

Kraft-Wärme-Kopplung, Abkürzung **KWK** (englisch CHP für **c**ombined **h**eat and **p**ower), die gleichzeitige Gewinnung von mechanischer Energie, die in der Regel unmittelbar in Elektrizität umgewandelt wird, und nutzbarer Wärme – unter anderem für Heizzwecke – in einem Heizkraftwerk. Dabei wird ein Teil des Dampfes entnommen, der der Turbine zur Stromerzeugung zugeführt wird, um damit externe Wärmeverbraucher zu versorgen, entweder direkt als Heizdampf oder indirekt zur Abgabe der Wärmeenergie über einen Wärmetauscher. Da bei dieser Dampfentnahme die Energie der ausgekoppelten Dampfmenge nicht der Stromerzeugung dienen kann, fällt Letztere gegenüber ausschließlich dafür ausgelegten Anlagen zwangsläufig geringer aus. Im Vergleich zur getrennten Stromerzeugung in Kondensationskraftwerken und zur Dampferzeugung für Heizzwecke in Dampfkesseln ohne nachgeschaltete Turbine (Heizwerk) kann bei der Kraft-Wärme-Kopplung insgesamt die eingesetzte Primärenergie aber besser ausgenutzt werden. Im Idealfall lassen sich Gesamtwirkungsgrade (Verhältnis Summe aus Strom und Wärme zu eingesetztem Brennstoff) von 85 bis 90% erreichen, allerdings mit kleinerem elektrischem Wirkungsgrad. Neben Heizkraftwerken werden auch die im kleineren Leistungsbereich von rund 5 bis 5000 kW (elektrisch) angesiedelten Blockheizkraftwerke zu den Kraft-Wärme-Kopplungs-Anlagen gezählt.

Kraftwerke mit Kraft-Wärme-Kopplung haben in Deutschland einen Anteil von ca. 11% an der gesamten Stromerzeugung. Dieser Wert liegt etwa im europäischen Durchschnitt, in Ländern wie Dänemark, den Niederlanden und Finnland werden allerdings Anteile zwischen 35 und 50% erreicht. Auch einige deutsche Städte weisen KWK-Anteile von mehr als 50% auf. Vorsichtigen Potenzialabschätzungen zufolge könnten in Deutschland 50% der derzeitigen Stromerzeugung und rund 40% des fossilen Energiebedarfs der Wärmeerzeugung mittels KWK erzeugt werden.

■ **Förderung** Der Ausbau der Kraft-Wärme-Kopplung gilt heute als eine der wesentlichen Optionen für den Klimaschutz und bildet eine der Hauptsäulen des nationalen Klimaschutzprogramms. Durch die von der Bundesregierung 2001 beschlossene Kraft-Wärme-Kopplungs-Gesetzgebung, die Anreize für die Modernisierung bestehender Heizkraftwerke sowie für neu errichtete Blockheizkraftwerke (mit elektrischer Leistung unterhalb 2 MW) setzt, soll dieser Anteil bis 2010 etwa verdoppelt werden.

Kranz, *atmosphärische Optik:* **Korona,** durch Beugung des Lichtes an Wolkentröpfchen und Eiskristallen hervorgerufene atmosphärische Leuchterscheinung, ein System aufeinanderfolgender farbiger Ringe um Sonne und Mond. Der innerste Teil des Kranzes ist eine helle, bläulich weiße Scheibe, der →Hof, der Außenrand leuchtet schwach rötlich. Vom →Halo unterscheidet sich der Kranz durch einen geringeren Durchmesser und eine andere Spektralfarbenfolge.

KRK, Abkürzung für →**K**lima**r**ahmen**k**onvention.

Krümmel, Otto, deutscher Ozeanograf, *Exin (bei Bromberg) 8. 7. 1854, †Köln 12. 10. 1912; seit 1883 Professor in Kiel, seit 1911 in Marburg. Sein »Handbuch der Ozeanographie« (1907–11, 2 Bände) war die systematische Grundlage für zahlreiche Werke späterer Autoren.

Kryosphäre, analog zu Lithosphäre, Atmosphäre und Hydrosphäre geprägter Begriff für die die Erde bedeckenden Eismassen.

Kryosphäre. Die Kryosphäre ist der Bereich der Erdoberfläche, der von Eis bedeckt ist, und gehört zur Hydrosphäre. Ein Großteil der Süßwasservorräte ist in ihr gespeichert.

Kugelblitze.
»An Bord eines Schiffes während eines von Kugelblitzen begleiteten Gewitters«, Holzstich nach Zeichnung von E. Buffetti, aus: Illustrirte Chronik der Zeit, Stuttgart 1889

Kugelblitz, seltene Erscheinungsform des Blitzes, meist gegen Ende eines schweren Gewitters auftretend. Kugelblitze haben die Form einer leuchtenden Kugel von der Größe eines Tennisballs bis zu der eines Fußballs, die sich langsam (rollend oder springend) längs einer unregelmäßigen Bahn nahe der Erdoberfläche fortbewegt. Manchmal verschwinden Kugelblitze geräuschlos, in anderen Fällen explodieren sie mit lautem Knall, ohne größeren Schaden anzurichten.

■ **Beobachtung** Die Erforschung dieser Leuchterscheinung basiert, da nur wenig glaubwürdiges Fotomaterial existiert, im Wesentlichen auf Augenzeugenberichten. Seit etwa 500 Jahren werden bereits Beobachtungen zu diesen rätselhaften (und manchmal wohl beängstigenden) Leuchtkugeln dokumentiert. Allein eine russische Datenbank enthält etwa 10 000 solcher Beschreibungen aus den letzten Jahrzehnten.

Vergleicht man diese Beobachtungen miteinander, so entsteht ein – mehr oder weniger – konsistentes Bild von Kugelblitzen. Sie treten meist (aber nicht immer) im Zusammenhang mit Gewittern auf, schweben einige Meter oder direkt über dem Boden oder springen auf und nieder wie ein Gummiball. In der Regel haben sie einen Durchmesser von 5 bis 50 cm, allerdings wurden auch schon größere Exemplare beobachtet. Die undurchsichtigen, homogen glühenden Kugeln leuchten in den meisten Fällen mit der Intensität einer schwachen Glühbirne in den Farben Gelb, Weiß oder Rot und verlöschen nach wenigen Sekunden (manchmal aber auch erst nach einer Minute) mit einem Knall oder lautlos. Besonders faszinierend erscheint, dass die Leuchtkugeln auch in geschlossenen Räumen auftreten und kleine Löcher und Schlitze durchdringen können.

Im Gegensatz zu Gewitterblitzen, die im Mittel weltweit etwa 50-mal pro Sekunde auf die Erdoberfläche treffen, handelt es sich bei Kugelblitzen – glaubt man den Augenzeugenberichten – wohl um eine äußerst selten zu beobachtende Naturerscheinung, zu deren Entstehung es allerdings bisher noch keine allgemein akzeptierte wissenschaftliche Erklärung gibt.

■ **Erklärungen** Einige skeptische Wissenschaftler sind der Meinung, dass es sich bei Kugelblitzen eher um ein Nachbild auf der Netzhaut handelt, also um eine optische Täuschung, die entsteht, wenn man beispielsweise einen hellen Blitz vor einem dunklen Nachthimmel betrachtet. Allerdings blickten viele Kugelblitzbeobachter vorher nicht in einen Blitz, und außerdem gibt es zu viele dokumentierte Kugelblitzwahrnehmungen, um den Kugelblitz als reales Phänomen leugnen zu können.

Die Bandbreite der Erklärungsversuche reicht von der Mikrowellenstrahlung über glühende Plasmawolken bis hin zu winzigen Schwarzen Löchern. Dementsprechend schwer gestaltet sich auch die künstliche Erzeugung von Kugelblitzen. Die im Labor bislang hergestellten Feuerkugeln sind entweder zu klein oder zerfallen viel zu schnell. Die meisten Theorien beruhen auf der Annahme, dass der Kugelblitz aus einem Plasma, also aus einem hochionisierten Gas besteht, das allerdings von außen geheizt werden muss, um es für einige Sekunden zu stabilisieren. Schon in den 1950er-Jahren stellte der sowjetische Physiker und spätere Nobelpreisträger Pjotr Kapica (*1894, †1984) eine Theorie auf, nach der Plasmabälle durch starke Mikrowellen, wie sie während eines Gewitters in der Umgebung von Blitzen entstehen, aufgeheizt und in der Schwebe gehalten werden. In Mikrowellenexperimenten erzeugte Leuchtkugeln konnten zwar Wände durchdringen, allerdings waren Größe und Lebensdauer unbefriedigend. Eine andere Theorie erklärt die Entstehung von Kugelblitzen mit Gewitterblitzen, die beispielsweise in Pfützen einschlagen und so elektrische Entladungen über den Wasseroberflächen hervorrufen. Im Labor konnten zwar Leuchtkugeln erzeugt werden, deren Größe denen der Kugelblitze sehr nahekommt, allerdings verlöschten diese in Sekundenbruchteilen.

Ein weiterer Erklärungsansatz geht davon aus, dass ein Kugelblitz entsteht, wenn ein Blitz in den Erdboden einschlägt und dort Sand verdampft. Dabei wird Siliciumdioxid in Silicium und Sauerstoff zerlegt, und das abkühlende und der Erdoberfläche entweichende Silicium verdichtet sich zu einem Aerosol. Das Gemisch aus schwebenden Teilchen nimmt schließlich in einem Selbstorganisationsprozess eine Kugelform an, die durch die Oxidation des Siliciums mit Luftsauerstoff glüht. Die Blitzenergie wird also wie bei einer Batterie chemisch gespeichert und nach und nach wieder abgegeben.

kühlgemäßigte Zone, Bereich der mittleren Breiten mit kühlen, wolkenreichen Sommern und überwiegend kalten Wintern.

Kumulonimbus, Cumulonimbus [zu lateinisch cumulus »Haufen« und nimbus »(Regen-)Wolke«], Wolkengattung, → Wolken.

Kumulus, Cumulus [lateinisch »Haufen«], Wolkengattung (→ Wolken).

Kürzestfristprognose, Bezeichnung für eine Wettervorhersage für die nächsten 12 Stunden, also vom Morgen aus gesehen bis abends oder vom Abend aus gesehen bis morgens. Der Vorhersagezeitraum bis zu 2 Stunden heißt Nowcasting.

Kurzfristprognose, Vorhersage für einen Zeitraum von 12 bis 72 Stunden. Eine verbindliche Festlegung dieses Zeitraums gibt es aber nicht. Die Kurzfristprognose basiert einerseits auf den numerischen Vorhersagekarten vom letzten Berechnungstermin und andererseits auf der Abschätzung der Weiterentwicklung des Wetters in den nächsten Stunden ausgehend vom augenblicklichen Wetterzustand. Dabei werden vor allem Wetterradar- und Satellitendaten verwendet, außerdem Blitzsensoren und Windprofiler.

kW, Einheitenzeichen für Kilowatt (→ Watt).

Kyoto-Protokoll, das Abschlussprotokoll der Vertragsstaatenkonferenz von Kyoto (1997). 36 Industrieländer werden darin verpflichtet, die Emission von 6 verschiedenen Klimaschadstoffen bis zum Zeitraum 2008–12 um jeweils 5,3 % unter das Niveau von 1990 zu senken (–4,8 % ohne die USA und Australien, die sich an die Verpflichtungen nicht mehr gebunden fühlen). In der → Klimarahmenkonvention wurde bereits 1992 als Hauptziel formuliert, dass alle Länder gemeinsam den drohenden Klimawandel abwenden müssen. Da aber die Industriestaaten circa drei Viertel der globalen Energie verbrauchen, jedoch nur ein Viertel der Weltbevölkerung stellen, müssten sie zunächst ihren Schadstoffausstoß reduzieren. Das Kyoto-Protokoll hat die Zielvorgaben dazu konkretisiert. Die einzelnen Industriestaaten bekamen unterschiedliche Vorgaben. Russland, die Ukraine und Neuseeland

Kyoto-Protokoll. Auf dem Klimagipfel in Kyoto 1997 wurde nach einem Verhandlungsmarathon ein Abkommen zur Reduzierung der Treibhausgase verabschiedet.

z. B. dürfen ihre Ausstoßmenge an Treibhausgasen von 1990 beibehalten, Norwegen diese um 1 % erhöhen. Australien darf um 8 % und Island um 10 % erhöhen, Deutschland muss den Ausstoß um 21 % reduzieren, Österreich um 13 %. Die Entwicklungsländer werden noch nicht einbezogen. Zur Umsetzung dieser Ziele kommen hauptsächlich innerstaatliche Maßnahmen in Betracht wie Energieeinsparungen, Steigerung der Energieeffizienz und der vermehrte Einsatz erneuerbarer Energien. Zusätzlich können aber auch explizit drei marktwirtschaftliche Instrumente genutzt werden: → Emissionshandel, → Clean Development Mechanism und → Joint Implementation.

Ob das Kyoto-Protokoll tatsächlich in Kraft treten würde, war lange Zeit unklar, da hierzu die Ratifizierungen von mindestens 55 Unterzeichnerstaaten der Klimarahmenkonvention notwendig waren. Diese 55 Staaten wiederum müssen für mindestens 55 % der weltweiten Kohlendioxidemissionen im Jahr 1990 verantwortlich sein. Diese Voraussetzungen wurden im November 2004 erreicht, als Russland das Protokoll ratifizierte. Das Kyoto-Protokoll trat am 16. 2. 2005 in Kraft.

L

Labilität, *Meteorologie:* Zustand der Atmosphäre, bei dem die vertikale Temperaturabnahme in nicht feuchtegesättigter Luft größer ist, als es der Trockenadiabate entspricht, also größer als 1 Grad pro 100 m Höhendifferenz. Wird ein Luftquantum, das die Temperatur seiner Umgebung besitzt, bei diesem Zustand verschoben, so ist es beim Aufsteigen wärmer, beim Absteigen kälter als seine Umgebung und hat das Bestreben, sich weiter von seiner Ausgangslage zu entfernen.

Labradorstrom, kalte, südwärts gerichtete Meeresströmung im Nordatlantik, vor der Ostküste von Labrador, in der Labradorsee und östlich von Neufundland; beeinflusst stark das Klima Ostkanadas; trifft vor Neufundland auf den → Golfstrom, wo es häufig zu Nebelbildung kommt (Neufundlandnebel). Die vom Labradorstrom mitgeführten Eisberge können eine Gefahr für die Schifffahrt darstellen.

Labilität. Bei labiler Schichtung der Atmosphäre können sich mächtige Cumulonimbus-Wolken auftürmen.

100573

Lachgas, Distickstoffoxid, chemische Formel **N_2O,** farbloses, nicht brennbares, weitgehend ungiftiges Gas, das jedoch zu den Treibhausgasen zählt und mit einer mittleren atmosphärischen Verweilzeit von 100 Jahren und einem relativ hohen molekularen Treibhauspotenzial mit etwa 5% zum anthropogenen Treibhauseffekt beiträgt. Außerdem trägt Lachgas zum Ozonabbau bei. Die globale atmosphärische Lachgaskonzentration ist von einem vorindustriellen Wert von etwa 270 ppb auf 319 ppb im Jahr 2005 angestiegen, die Wachstumsrate ist seit 1980 ungefähr konstant. Mehr als ein Drittel aller Lachgasemissionen sind anthropogenen Ursprungs und primär durch die Landwirtschaft verursacht.

lacunosus [lateinisch »voller Lücken«], adjektivischer Zusatz zu den Namen der Wolkengattungen Cirrocumulus und Altocumulus, seltener Stratocumulus, mit der Bedeutung »durchlöchert«. Die mit lacunosus bezeichnete Wolkenunterart besteht aus Wolkenflecken, -feldern oder -schichten, die gewöhnlich dünn sind und als wesentliches Merkmal mehr oder weniger regelmäßig verteilte runde Löcher aufweisen, deren Ränder häufig ausgefranst sind. Wolkenteile und wolkenfreie Zwischenräume können eine netz- oder wabenförmige Struktur besitzen.

Lake [leɪk], englische Bezeichnung für See (z.B. Lake Erie »Eriesee«, Lake Huron »Huronsee«).

Lamarck, Jean-Baptiste Antoine Pierre de Monet [mɔˈnɛ], Chevalier de, französischer Naturforscher, *Bazentin (Département Somme) 1. 8. 1744, †Paris 18. 12. 1829; war Professor am Jardin des plantes in Paris. Lamarck war einer der bedeutendsten Biologen des 19. Jahrhunderts, prägte 1802 als einer der Ersten den Begriff »Biologie«, entwickelte eine eigene Evolutionstheorie und begründete die moderne Zoologie der Wirbellosen. Lamarck befasste sich aber auch mit Meteorologie, Chemie und Botanik. Ab 1800 gab er alljährlich »Annuaires météorologiques« heraus, also Jahrbücher für Meteorologie. 1802 folgte seine »Hydrogéologie«, eine geologische Theorie über die Bildung der jetzigen Gestalt der Erde und die dabei beteiligten Faktoren. Ein von ihm geplantes Lehrbuch zur Meteorologie kam nicht zustande, Lamarck gab jedoch mehrere kleine Schriften heraus. Ein besonderes Interesse galt der Wolkenklassifikation, für die er unabhängig von und zeitgleich zu Luke Howard einen Ansatz vorlegte. Seine Publikation fand jedoch kaum Beachtung.

lambertsches Kosinusgesetz [nach dem elsässischen Universalgelehrten J. H. Lambert, *1728, †1777], physikalisches Gesetz, das die Strahlungsflussdichte auf einer Fläche angibt, deren Senkrechte den Winkel α zur Strahlungsrichtung bildet. Die Bestrahlungsstärke dieser Fläche ist um den Faktor $\cos\alpha$ kleiner als die einer zur Strahlungsrichtung senkrechten Einheitsfläche.

Das lambertsche Kosinusgesetz ist die Erklärung dafür, dass Nordhänge weniger Sonnenstrahlung empfangen als Südhänge und dass im Sommer die waagerechten, im Winter hingegen die senkrechten Flächen einen höheren Strahlungsempfang aufweisen.

laminare Strömung, Schichtenströmung, stationäre Strömung reibungsbehafteter Flüssigkeiten oder Gase, bei der die Schichten der strömenden Substanz ohne Wirbelbildung aneinander vorbeigleiten. Übersteigt die Reynolds-Zahl einen für die Strömung charakteristischen kritischen Wert, wird diese instabil und schlägt in eine turbulente Strömung um.

Landhalbkugel, Landhemisphäre, die Erdhalbkugel mit dem größten Anteil der Landoberfläche (49 %); das Zentrum dieser Landhalbkugel liegt an der Loiremündung.

Landklima, das → Kontinentalklima.

Landregen, anhaltender und weiträumiger Niederschlag von gleichmäßiger, relativ geringer Intensität.

Landsberg, Helmut Erich, amerikanischer Meteorologe deutscher Herkunft, *Frankfurt am Main 8. 2. 1906, † Genf 6. 12. 1985. Landsberg wurde 1930 an der Universität Frankfurt mit einer Arbeit über Erdbeben promoviert und anschließend Direktor des Taunus-Observatoriums. 1934 ging er an die Pennsylvania State University in den USA. 1941 wechselte er an die Universität Chicago und leitete während des Krieges ein militärisches Klimaprojekt. Von 1954 bis 1967 war Landsberg Direktor des National Weather Records Center (heute National Climatic Data Center der NOAA). 1966 wurde er Professor an der Universität Maryland und später Direktor des Instituts für Strömungslehre und angewandte Mathematik.

Landsberg veröffentlichte zahlreiche klimatologische Arbeiten und bereitete mit seinem Buch »Physical Climatology« den Weg für die Anerkennung der Klimatologie als eigene Forschungsrichtung. Er führte die statistische Analyse in die Klimatologie ein und entwickelte sie zu einer quantitativen Wissenschaft. Anhand der Stadt Columbia untersuchte er den Einfluss des Menschen auf das Stadtklima.

Land- und Seewind, tagesperiodisches Windsystem, das sich bei ungestörter Strahlungswetterlage an den Meeresküsten, in abgeschwächter Form auch am Ufer größerer Binnenseen aufgrund unterschiedlicher Wärmeeigenschaften von Festland und Wasser ausbildet. Tagsüber erwärmt sich das Land stärker als die Wasseroberfläche; es entsteht ein Druckgefälle vom Meer zum Land (in der Höhe vom Land zum Meer), das eine landeinwärts gerichtete kühle und feuchte Luftströmung **(Seewind)** zur Folge hat. Vom späten Nachmittag an stellt sich durch die stärkere Abkühlung des Festlandes gegenüber dem Meer ein Druckgefälle vom Land zum Meer (in der Höhe vom Meer zum Land) ein, d. h., es weht ein seewärts gerichteter, infolge Bodenreibung etwas schwächerer **Landwind.**

Langfristprognose, → Wettervorhersage.

latente Wärme, ältere Bezeichnung für → Umwandlungsenthalpie.

Lawine [ladinisch lavina, von mittellateinisch labina, zu lateinisch labi »gleiten«], in der Schweiz **Laue, Laui,** in Tirol und Bayern **Lahn,** am Hang rasch abgleitendes oder abstürzendes Material, im Allgemeinen Schnee, seltener Eis, Schutt, Steine mit einem Versatzbetrag von über 50 m. Voraussetzungen und Ursachen von **Schneelawinen** sind steile, im Allgemeinen waldfreie Hänge von mindestens 20° Neigung und eine schichtweise ungenügend verfestigte oder am Boden schlecht haftende Schneedecke. Erhöhte Lawinengefahr besteht während oder nach starken Schneefällen oder bei Tauwetter und tief greifender Erwärmung der Schneedecke: Wind verursacht in der Regel eine Erhöhung der Gefahr durch Schneeumlagerung (Triebschnee). Lawinen entstehen zumeist ohne menschliche Einwirkung, können aber auch beim Betreten lawinengefährdeter Hänge (Skifahrer; Wild), bisweilen auch schon durch einen lauten Ruf ausgelöst werden.

Der Lawinenbereich teilt sich in der Regel in den Anriss, die Sturzbahn und den Lawinenkegel. Nach der Anrissform werden Schneebrett- und Lockerschneelawinen (beide Formen trocken oder nass) unterschieden. Eine **Schneebrettlawine** entsteht durch plötzliche Ablösung einer Schneetafel, die beim Abgleiten in Schollen zerfällt (oft durch Skifahrer ausgelöst). Die **Lockerschneelawine** entwickelt ihre Bewegung von einem Punkt der Oberfläche aus, wobei sie an Breite und Tiefe zunimmt (typische Birnenform).

Nach der Bewegungsform werden Fließlawinen und Staublawinen unterschieden. Die **Fließlawine** hat eine vorwiegend fließende Bewegung, dem Boden folgend, kann trocken oder nass sein (Geschwindigkeit bis etwa 40 m/s). Die **Staublawine** weist eine vorwiegend stiebende Bewegung durch die Luft infolge zunehmender Aufwirbelung des Schnees auf und ist trocken (Geschwindigkeit

HELMUT E. LANDSBERG
***1906, †1985**

begründete die Klimatologie

wichtige Arbeiten zur Stadtklimatologie

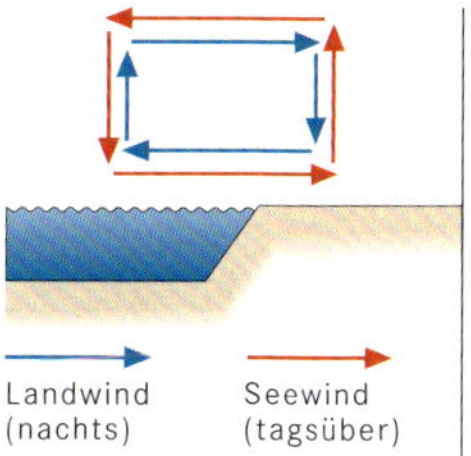

Land- und Seewind. Schematische Darstellung der Land- und Seewindzirkulation

Lawine. Abgang einer Lawine am Mount Everest im östlichen Himalaja

Lawine. Eine Eis- und Gesteinslawine löste sich 1965 im Schweizer Kanton Wallis vom Allalin-Gletscher und begrub 88 Menschen unter sich.

15 bis maximal 85 m/s). Die gefürchtete Druck- oder Sogwirkung von abstürzenden Lawinenmassen hängt von der Dichte und der Geschwindigkeit des Lawinenschnees ab (in großen Fließlawinen häufig bis 500 kN je m^2, was rund 50 t je m^2 entspricht). Staublawinen erreichen in der Sturzbahn wohl große Geschwindigkeiten, ihre Gewalt ist aber wegen der geringeren Schneedichte oft geringer als bei Fließlawinen. Die **Grundlawine** ist eine große, nasse Fließlawine, oft von Erde und Geröll durchsetzt. Sie entsteht vorwiegend im Frühjahr bei Durchnässung der gesamten Schneedecke und fährt meist als geschlossene, sich verdichtende Schneemasse zu Tal.

■ **Gefahr** Jährlich fallen in Europa etwa 150 Menschen den Lawinen zum Opfer, indem sie bei Lawinenabgängen durch den Aufprall an Felsen oder Bäumen getötet (etwa 20 %) oder unter dem Gewicht der Schneemassen (1 m^3 trockener Pulverschnee wiegt bis 40 kg, die gleiche Menge nasser Altschnee bis 500 kg) begraben werden und nach kurzer Zeit ersticken (nach 20 Minuten etwa die Hälfte der Verschütteten). Schnelle Rettungsaktionen sind unumgänglich.

Zentrum der Lawinenforschung in Mitteleuropa ist das Eidgenössische Institut für Schnee- und Lawinenforschung (SLF) in Davos (Schweiz).

Lee [niederdeutsch lē »Ort, wo die See dem Wind nicht ausgesetzt ist«], die dem Wind abgewandte Seite einer Erhebung, eines Gebäudes oder eines Schiffes, d.h. die Richtung, in die der Wind weht. Die Leeseite eines Gebirges erhält den geringsten Niederschlag. Der Gegensatz von Lee wird als **Luv** bezeichnet.

Leetief, Tiefdruckgebiet, das im Lee eines Gebirges entstanden ist. Unter dem Einfluss eines quer zur Strömung stehenden Gebirges kommt es bei bestimmter Luftdruckverteilung zu Veränderungen des Strom- und Temperaturfeldes, wobei auf der Luvseite ein Hochdruckkeil, auf der Leeseite ein warmer Höhentrog entsteht. Die in dem Trog einsetzenden Hebungsvorgänge leiten eine zyklonale Zirkulation und damit bei entsprechenden Temperaturgegensätzen die Entwicklung eines Tiefdruckgebietes ein. Typische Leetiefs sind das Adria- und das Genua-Tief.

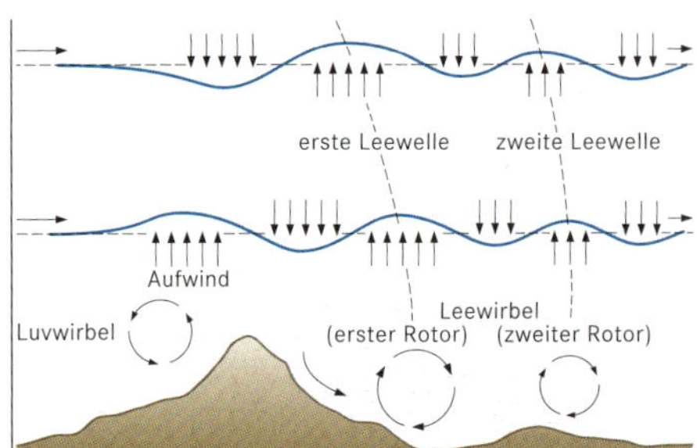

Leewellen. Bildung von Leewellen und Rotoren (Leewirbel)

Leewellen, im Lee eines Berges oder Gebirges sich in der Luft ausbildende stehende Wellen, die sich bis zur Tropopause und noch in die Stratosphäre hinein fortsetzen können. Leewellen entstehen durch eine nahezu senkrecht auf den Gebirgskamm auftreffende, kräftige Luftströmung, die im Luv **Luvwirbel** (oder eine Föhnmauer) und im Lee in den unteren Luftschichten **Rotoren (Leewirbel),** darüberstehende Wellen (die Leewellen oder **Föhnwellen**) entstehen lässt. Leewellen können →Klarluftturbulenz bewirken und dadurch den Luftverkehr beeinträchtigen. Sie können als Aufwinde beim Wellensegelflug genutzt werden.

lenticularis [lateinisch »linsenförmig«], adjektivischer Zusatz zu den Namen der Wolkengattungen Cirrocumulus, Altocumulus und Stratocumulus mit der Bedeutung »lin-

leuchtende Nachtwolken. Eine der ersten fotografierten Erscheinungen der Saison 2007

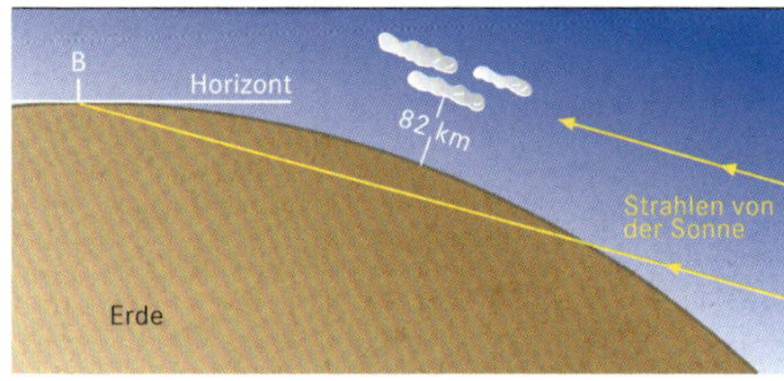

leuchtende Nachtwolken entstehen durch das Licht der untergegangenen Sonne.

sen- oder mandelförmig«. Sie werden v.a. im Lee von Gebirgen angetroffen.

leuchtende Nachtwolken, zarte, meist wellen- oder bandenförmige Wolken in 65 bis 95 km Höhe (unterhalb der kalten Mesopause), die nach Sonnenuntergang im gestreuten und reflektierten Licht der Sonne silber- oder bläulich weiß, mitunter auch orangerötlich leuchten und sich gegen den dunklen Nachthimmel deutlich abheben. Sie bestehen vermutlich aus Eiskügelchen mit Radien $\leqq 1\,\mu m$, die sich bei Temperaturen um $-100\,°C$ spontan durch Sublimation des in dieser Höhe noch geringfügig vorhandenen Wasserdampfs bilden. Als Sublimationskerne wirken v.a. terrestrische Staubteilchen. Leuchtende Nachtwolken sind am häufigsten in nördlichen Breiten und während des Sommers zu beobachten. (→Nachthimmelslicht)

Leuchtstreifen, →Nachthimmelslicht.

Leveche [lɛˈβetʃɛ], trockener, heißer Südost- bis Südwestwind an der Südostküste Spaniens; entspricht dem →Schirokko; bringt oft Staub und Sand aus seinem afrikanischen Ursprungsgebiet mit.

Licht, der für das menschliche Auge sichtbare Bereich der (z.B. von der Sonne u.a. Gestirnen ausgehenden) elektromagnetischen Strahlung mit Wellenlängen zwischen etwa 380 und 780 nm, i.w.S. der Wellenlängenbereich zw. etwa 100 nm und 1 mm, der auch die Infrarotstrahlung (λ>780 nm) und die Ultraviolettstrahlung (λ<380 nm) umfasst; die Grenzen zu Strahlung mit noch längeren (Mikrowellen) bzw. kürzeren Wellenlängen (Röntgenstrahlung) sind fließend.

Lichtkreuz, *atmosphärische Optik:* →Halo.

Lichtsäule, *atmosphärische Optik:* →Halo.

Lichtstreuung, diffuse Zerstreuung der Sonnenstrahlung in der Atmosphäre durch Luftmoleküle (→Rayleigh-Streuung) bzw. durch Staub- und Dunstteilchen (→Mie-Effekt). Die Lichtstreuung ist die Ursache für das Phänomen der →Trübung.

Lidar [Abkürzung für englisch **li**ght **d**etection **a**nd **r**anging], *Umweltanalytik:* die Übertragung des Radarprinzips auf den Frequenzbereich des Lichts (sichtbar, ultraviolett, infrarot), wobei das von einem Zielobjekt rückgestreute Licht aufgefangen und analysiert wird. Als Sender werden leistungsstarke Impulslaser, zum Nachweis der rückgestreuten Photonen lichtempfindliche Empfänger mit vorgeschalteten Spiegelteleskopen verwendet. Die im Vergleich zum Radar kleine Wellenlänge des Lichts erlaubt die Ortung kleinster Partikel (Aerosole) der Atmosphäre.

LEUCHTENDE NACHTWOLKEN

Saisonauftakt

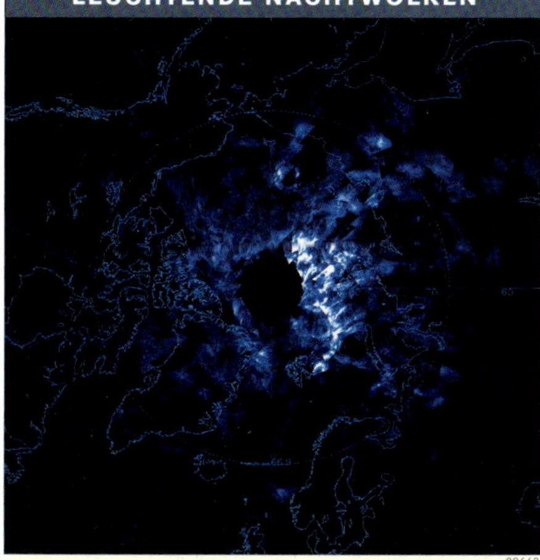

Leuchtende Nachtwolken sind ein Sommerphänomen. Das erste Mal pro Saison tauchen sie Ende Mai auf, Mitte August lassen sie sich in der Regel zum letzten Mal beobachten. Allerdings nur in der Dämmerung; die Sonne muss mindestens 6°, darf aber höchstens 16° unter dem Horizont stehen. Dann ist es auf der Erde schon ausreichend dunkel, die Wolken werden aber immer noch von der Sonne angestrahlt. Norddeutschland bietet übrigens günstige Voraussetzungen für eine erfolgreiche Beobachtung. Unterhalb des 50. Breitengrades ist die Mesosphäre – die »Heimat« der leuchtenden Nachtwolken – bereits zu warm, weiter nördlich sind die Sommernächte zu hell.

Die nebenstehende Aufnahme wurde im Juni 2007 vom kurz zuvor gestarteten AIM-Satelliten der NASA gemacht, der zwei komplette Wolken-Saisons beobachten soll. Es ist eine der ersten Aufnahmen, die die Existenz von leuchtenden Nachtwolken über der Arktis dokumentieren. Sie zeigt Ausdehnung und Struktur der mysteriösen Gebilde in zuvor nicht gekannter Deutlichkeit. Bisher ist ungeklärt, wie die Wolken über den Polen entstehen und warum sie in niedrigeren Breiten immer häufiger auftreten. Eventuell hängt diese Entwicklung mit der Klimaänderung zusammen.

Durch Intensitätsmessung der Rückstreustrahlung, in Abhängigkeit von der seit der Emission des Lichtimpulses vergangenen Zeit, können Turbulenzen in der Atmosphäre u.a. geortet sowie ihre Dichteverteilung und Ausbreitung untersucht werden. Mit Lasern (insbesondere Infrarotlaser), deren Wellenlängen sich auf charakteristische Absorptionslinien von gasförmigen Schadstoffen, z.B. Schwefeldioxid oder Stickstoffoxide, abstimmen lassen, ist der Gehalt der Atmosphäre an derartigen Verunreinigungen durch Spektralanalyse mit hoher Nachweisempfindlichkeit messbar und die Ortung von Emissionsquellen über Entfernungen von mehreren Kilometern möglich.

Lidar.
Unter der Kuppel des Schneefernerhauses auf der Zugspitze steckt ein Lidar-System, mit dem der Wasserdampfgehalt der Atmosphäre gemessen wird (symbolisiert durch die rote Linie).

2599

Lidar-Systeme zur Untersuchung gasförmiger Luftschadstoffe arbeiten vorzugsweise mit zwei Laserstrahlen unterschiedlicher Wellenlänge, wobei eine Wellenlänge stark von dem nachzuweisenden Stoff absorbiert wird, während die andere als Referenzwellenlänge dient; aus der Differenz kann die Schadstoffkonzentration, aus der Laufzeit der zugehörige Messort bestimmt werden.

Lithometeore, *Meteorologie:* trockene Schwebstoffe (im Gegensatz zu den →Hydrometeoren) in der Atmosphäre wie Staub, Sand, Ascheteilchen, Pollen oder Salzpartikeln.

Lithosphäre, der oberste Bereich der festen Erde, oberhalb der Asthenosphäre, umfasst die Erdkruste und den obersten Erdmantel, etwa 100–200 km mächtig; besteht aus einer größeren Zahl von Platten, die auf der Asthenosphäre bewegt werden.

Lobus [griechisch lobós »Ohrläppchen«, »Lappen«], *Glaziologie:* **Eislobus, Gletscherlobus,** zungenartige Ausbuchtung des Eisrandes einer Inlandeismasse oder eines Gletschers.

Lofting [lɔftɪŋ; englisch »das Hochschlagen des Golfballs«], Form einer Schornsteinabluftfahne bei Ausbreitung in neutraler vertikaler Temperaturschichtung oberhalb einer Bodeninversion. Die bei dieser Schichtung sonst kegelförmige Ausbreitung (→Coning) wird nach unten durch die Obergrenze der Bodeninversion unterdrückt, wodurch das Eindringen von Luftbeimengungen in die Inversionsschicht verhindert wird (→Ausbreitungstypen).

logarithmisches Windgesetz, die unterschiedliche Zunahme der Windgeschwindigkeit mit der Höhe in der →Prandtl-Schicht. Die Zunahme erfolgt logarithmisch; nahe der Erdoberfläche ist sie groß, mit steigender Höhe wird sie immer geringer.

Looping [ˈluːpɪŋ; englisch, zu loop »Schleife«], Form einer Schornsteinabluftfahne bei Ausbreitung in labiler vertikaler Temperaturschichtung, z.B. an heiteren Sommertagen. Als Folge der Verwirbelungen können vorübergehend hohe Konzentrationen von Luftbeimengungen am Erdboden eintreten (→Ausbreitungstypen).

Lorenz, Edward Norton, amerikanischer Meteorologe, * West Haven (Conn.) 23.5.1917, † Cambridge (Mass.) 16.4.2008; Professor am MIT in Cambridge (Mass.). Lorenz erstellte ein einfaches Atmosphärenmodell mit zwölf Variablen, mit dem er zeigen konnte, dass kleine Variationen der Anfangsparameter zu Abweichungen in den berechneten Wettermustern führen. Diese Empfindlichkeit wurde als »Schmetterlingseffekt« bekannt. Seine Entdeckung wurde eine der Grundlagen der Chaostheorie.

Los|tage, Lurtage, bestimmte Tage des Jahres (insgesamt 84), die nach dem Volksglauben als bedeutsam für die Wetterentwicklung und die Verrichtung bestimmter (landwirtschaftlicher) Arbeiten gelten. Im Spätmittelalter und in der frühen Neuzeit wurden die Termine u.a. als Bauernregeln in Kalendern und mündlich überliefert.

Lothar, ein Orkan, der am 26. 12 1999 über West- und Mitteleuropa hinwegzog. Er entwickelte sich unter einer kräftigen Frontalzone aus einer Wellenstörung aus dem Seegebiet südlich Irlands. Während das Sturmtief über Nordfrankreich nach Deutschland zog, intensivierte es sich rasch. Die stärksten Winde wurden hinter der Okklusionsfront auf der Südseite des Orkantiefs registriert und trafen vor allem weite Teile Frankreichs, der Schweiz und Süddeutschlands. Die hohen Windgeschwindigkeiten mit Spitzenböen bis zu 150 km/h im Rheintal und bis zu 212 km/h am Feldberg im Schwarzwald wurden durch extreme Drucktendenzen innerhalb weniger Stunden verursacht. So fiel an der Messstation

Caen an der französischen Kanalküste der Luftdruck innerhalb von drei Stunden um 27,7 hPa, anschließend stieg er in der gleichen Zeit um 29 hPa. Solche Werte waren vermutlich zuvor in Kontinentaleuropa noch nicht aufgetreten. Als der Orkan Bayern erreichte, begann er sich bereits abzuschwächen, in den Alpen traten hingegen extreme Windgeschwindigkeiten auf, u.a. 259 km/h auf dem Wendelstein.

Durch Lothar und die nachfolgenden Aufräumarbeiten starben in Baden-Württemberg 13 Menschen, in der Schweiz waren 14 Todesopfer zu beklagen. In vielen Teilen Süddeutschlands, vor allem im Schwarzwald, sowie in Frankreich und in der Schweiz entstanden großflächige Waldschäden. Am schlimmsten traf es Frankreich, hier fielen 138 Mio. m^3 Sturmholz an. In der Schweiz entstanden 12,7 Mio. m^3 Sturmholz, in Baden-Württemberg 29 Mio. m^3. Einzelne der durch Windwurf entstandenen Kahlflächen wiesen eine zusammenhängende Ausdehnung von über 100 ha auf. Auf einer Gesamtfläche von 30 000 bis 40 000 ha Wald knickte der Orkan Bäume um. Der volkswirtschaftliche Gesamtschaden in Europa betrug 11,5 Milliarden US-Dollar. Neben Lothar gab es im Winter 1999 noch zwei weitere schwere Stürme, →Anatol zu Dezemberbeginn und →Martin zwei Tage nach Lothar.

Low-Index-Zirkulation [ləʊ-], *Meteorologie:* Zustand, bei dem in der freien Atmosphäre (oberhalb 1 000 m) nur schwache westliche Windkomponenten auftreten, dafür aber starke meridionale Winde (Nord–Süd bzw. Süd–Nord) herrschen; der entlang eines Längenkreises gebildete mittlere Luftdruckgradient **(Zonalindex)** zwischen Island und den Azoren ist niedrig (Gegensatz: **High-Index-Zirkulation** mit hohen Windgeschwindigkeiten aus westlichen Richtungen). Ausgangslage ist eine lange Welle in der Höhenströmung, deren Strömungsanordnung instabil ist, sodass sich ihre Amplitude vergrößert und sie mäandriert. Dabei können sich aus den weit nach Norden und Süden ausgreifenden Wel-

LUFT. ***Frischluft ja, Zugluft nein***

Frische Luft ist ohne Zweifel etwas Gutes und Gesundes, bei Zugluft hingegen sind viele Menschen argwöhnisch. Obwohl sich bewegende Luft ja eine Voraussetzung dafür ist, dass sie auch in die Wohnung strömt. Egal, ob im Auto oder im Zug, aus Angst vor einer Erkältung heißt es dann: Fenster zu!

Zum Teil haben diese Menschen recht. Vor allem, wenn man sich nicht bewegt und etwa vor dem Computer sitzt, kann Zugluft durchaus zu lokalen Unterkühlungen führen. Als Folge ziehen sich Blutgefäße zusammen, Muskeln verkrampfen, der berüchtigte steife Nacken entsteht. Auch die Schleimhäute können austrocknen, und in der Tat droht dann eine Erkältung.

Bergsteiger wissen übrigens, wie gefährlich Wind sein kann. Der sogenannte »Wind-Chill-Effekt« kann bereits bei geringen Windgeschwindigkeiten zu einer Verdoppelung des Wärmeverlustes gegenüber Windstille führen, z.B. bei nur 8 km/h und 10 °C Außentemperatur. Mit modernen Bekleidungsmaterialien kann man einer Unterkühlung vorbeugen.

LUFT *Klimaturm*

50558

Mehrere Jahre benötigen die Millionen Individuen eines Termitenstaates, bis sie eines ihrer markanten »Hochhäuser« errichtet haben. Der Aufwand sei gestattet: Termitenbauten zählen zu den raffiniertesten Konstruktionen im gesamten Tierreich.

Besonders beeindruckend ist ihr Belüftungssystem. Bis zu 300 Liter Sauerstoff benötigt ein Termitenbau täglich. Und obwohl die Bauten häufig unterirdisch liegen – hier liegen beispielsweise die Pilzgärten –, gelingt es den Insekten immer, genügend Frischluft hinein- und giftiges Kohlendioxid hinauszuschaffen.

Zentrales Element der »Klimaanlage« ist ein Kamin, in dem die dicke und warme Luft aus dem Keller nach oben abziehen kann. Der frische Sauerstoff dringt durch die porösen Wände in den Bau und strömt mit der inzwischen abgekühlten Luft aus dem Untergeschoss wieder hinab. Hier beginnt der Kreislauf von vorne. Die Termiten sind in der Lage, das Mikroklima im Bau sehr konstant zu halten. Droht dennoch einmal eine starke Abkühlung oder Erwärmung, schwärmen die Arbeitstermiten aus, um die Belüftungsgänge zu verschließen bzw. zu öffnen.

Auch die Wasserversorgung ist sichergestellt: Bis zu 20 Meter tiefe Schächte verbinden den Bau mit dem Grundwasser.

Luft. »Die Luft«, Allegorie aus einer Serie der vier Elemente; Gemälde aus der Arcimboldo-Schule, 1580; Schweiz, Privatsammlung.

len 1) blockierende Hochdruckgebiete **(Blocking Action)** bzw. Warmluftinseln im Norden und 2) durch **Cut-off-Prozesse** (Abschnürung eines Wellentals) Höhentiefdruckgebiete (Kaltlufttropfen) im Süden entwickeln. Bei 1) ähnelt die Umströmung des Hochs dem griechischen Großbuchstaben Omega Ω **(Omegasituation).**

Luft, das die Erdatmosphäre bildende Gasgemisch aus rund 78 Volumen-% Stickstoff, 21 Volumen-% Sauerstoff, 0,9 Volumen-% Argon und Spuren von weiteren Edelgasen, 0,03 Volumen-% Kohlendioxid, wechselnden Mengen Wasserdampf, Staub, Stickstoff- und Schwefelverbindungen, Abgasen und Schwebstoffen, ferner pflanzlichen und tierischen Mikroorganismen. Mit Ausnahme des Gehalts an Wasserdampf (→ Luftfeuchtigkeit) und an den Oxiden von Kohlenstoff, Stickstoff und Schwefel ist die Zusammensetzung der Luft in Erdnähe im Allgemeinen konstant. – Infokästen Seite 199

Luftchemie, Chemie der atmosphärischen Spurenstoffe; beschäftigt sich mit deren Vorkommen, Quellen, Senken, chemischen Reaktionen und Kreisläufen.

Luftdruck, der Druck, den die Lufthülle der Erde aufgrund der Schwerkraft ausübt. Er wird mit dem Barometer gemessen und in Hektopascal angegeben (1 hPa = 1 mbar). In Meereshöhe beträgt der Luftdruck im Mittel 1013,25 hPa (entsprechend einer Quecksilbersäule von 760 mm Länge und einer Querschnittsfläche von 1 cm^2). Wetterbedingt können Abweichungen auftreten; der höchste gemessene Wert betrug 1083,8 hPa (Agata, Mittelsibirisches Bergland, Russland, 31. 12. 1968), der tiefste 856 hPa (in einem Taifun bei Okinawa, Japan, September 1958). Die größten Luftdruckschwankungen treten im Zusammenhang mit tropischen Wirbelstürmen auf, obwohl im Übrigen in den Tropen wesentlich geringere Änderungen erfolgen als in den außertropischen Gebieten. Um diese Abwei-

LUFTDRUCK

Dünne Luft

8. Mai 1978: Die beiden Extrembergsteiger Reinhold Messner und Peter Habeler stehen auf dem Gipfel des Mount Everest – ohne Sauerstoffmaske. Erstmals gelang damit eine Besteigung des höchsten Bergs der Erde ohne Unterstützung aus der Flasche. Das hatte man eigentlich nicht für möglich gehalten, denn in der »Todeszone« oberhalb 8000 Metern ist so wenig Sauerstoff vorhanden, dass man sich dort nicht länger aufhalten sollte, zumindest wenn einem die eigene Gesundheit lieb ist.

Weniger Sauerstoff – das bedeutet natürlich nicht, dass sich die Zusammensetzung der Luft ändert. Vielmehr sinkt der Luftdruck mit der Höhe, die Luft wird also immer dünner. Und damit sinkt auch der Sauerstoffpartialdruck. Auf 5500 Metern ist er bereits auf 50 % des Drucks auf Normalhöhe reduziert, auf Gipfelhöhe des Everest sogar um zwei Drittel. Dadurch nimmt die Lunge weniger Sauerstoff auf, es kommt zu einer gefährlichen Unterversorgung und zur berüchtigten Höhenkrankheit – ein Leiden, das mehr Bergsteigern das Leben kostet als Stürme, Lawinen und Steinschlag zusammen.

Auf dem Mount Everest siedet Wasser übrigens schon bei 70 °C. Gäbe es gar keinen Luftdruck, würden wir uns sofort auflösen, weil das Wasser in unserem Körper verdampfen würde.

chungen von den Druckdifferenzen zu trennen, die sich aus der Höhenlage der einzelnen Stationen ergeben (der Luftdruck nimmt je 5 km Höhe auf rund die Hälfte ab, wie etwa auf 250 hPa in 10 km und 1 hPa in 50 km Höhe), werden die gemessenen Druckwerte bis zu einer Stationshöhe von 700 m auf Meeresniveau umgerechnet (Reduktion auf NN). Über 700 m wird das Verfahren zu ungenau. Bei gradientschwachen Wetterlagen hat der Luftdruck einen deutlichen Tagesgang. Die horizontale Luftdruckverteilung wird in Wetterkarten mittels →Isobaren dargestellt, die im Allgemeinen im Abstand von 5 zu 5 hPa gezeichnet werden; man unterscheidet →Hochdruckgebiete und →Tiefdruckgebiete. Wegen der Beziehung zw. Luftdruck und Wind folgt aus der mittleren Druckverteilung die allgemeine →Zirkulation der Atmosphäre.

Luftelektrizität, atmosphärische Elektrizität, Sammelbezeichnung für alle natürlichen elektrischen Erscheinungen in der Erdatmosphäre. Unter dem Einfluss radioaktiver Strahlungen, der kosmischen Strahlung und der kurzwelligen UV-Strahlung der Sonne werden in der Atmosphäre ständig Ladungsträger (Luftionen) erzeugt, die ein luftelektrisches Feld aufbauen, dessen Feldstärkevektor unter ungestörten Verhältnissen (d.h. ohne Gewitter) auf die Erde gerichtet ist. Die Erde muss demnach eine negative Ladung tragen. Die Feldstärke beträgt an der Erdoberfläche rund 100 V/m und nimmt mit zunehmender Höhe exponentiell ab. Das elektrische Feld ist außerdem periodischen (Tages- und Jahresgang) und wetterabhängigen Schwankungen unterworfen. Die Potenzialdifferenz zw. der Erdoberfläche und einer leitenden Schicht in der unteren Ionosphäre (in 70–80 km Höhe), die als Ausgleichsschicht wirkt, beträgt etwa 200–400 kV. Sie gibt Anlass zu einem elektrischen Vertikalstrom zw. beiden leitenden Schichten, der über der ganzen Erde etwa 1500 A beträgt (bei starkem Potenzialgefälle als Büschelentladung u.a. an Mastspitzen sichtbar, Elmsfeuer). Der Ladungstransport bei dieser **Schönwetterelektrizität** sucht die Spannungsunterschiede in kürzester Zeit auszugleichen. Da aber das luftelektrische Feld an ungestörten Tagen erhalten bleibt, muss in der Atmosphäre ständig ein Prozess wirksam sein, der die Spannungsdifferenzen nicht verschwinden lässt. Ursache dafür dürfte die globale Gewittertätigkeit sein, durch die die Erde ständig negativ aufgeladen wird (→Gewitter).

Luftfeuchtigkeit, Luftfeuchte, der Wasserdampfgehalt der Luft, angegeben als Dampfdruck (in Hektopascal), relative Feuchtigkeit (in Prozent), absolute Feuchtigkeit (in Gramm Wasserdampf pro Kubikmeter Luft), Mischungsverhältnis (in Gramm Wasserdampf pro Kilogramm trockener Luft), spezifische Feuchtigkeit (in Gramm Wasserdampf pro Kilogramm feuchter Luft), →Taupunkt oder Taupunktsdifferenz (in °C). Bei einer relativen Luftfeuchtigkeit von 100% ist die Luft mit Wasserdampf gesättigt; überschüssiger Wasserdampf kondensiert zu Tröpfchen oder sublimiert zu Eiskristallen. Absolut trockene Luft (0% Luftfeuchtigkeit) wird selbst über Wüsten und bei sehr tiefen Temperaturen nicht angetroffen. Die maximale Feuchte, die Luft über einer ebenen Wasserfläche oder unter dem Gefrierpunkt über einer ebenen Eisfläche aufnehmen kann, ist temperaturabhängig. Ist sie erreicht, gilt die Luft als gesättigt. Vielfach wird die Luftfeuchtigkeit durch den Grad der Sättigung, die relative Luftfeuchtigkeit, beschrieben. Beträgt z.B. bei 10 °C die Feuchte 4,7 g/m³, so ist die relative Luftfeuchtigkeit 50%. Dieses Maß gibt das Feuchteempfinden des Menschen am besten wieder und lässt sich mit einem Haarhygrometer (→Hygrometer) leicht ermitteln. Im Mittel liegt der Wasserdampfgehalt der Atmosphäre im Polargebiet unter 1 g/m³, in mittleren Breiten bei 7 g/m³ und in den Tropen über 20 g/m³.

LUFTFEUCHTIGKEIT: MAXIMALE LUFTFEUCHTIGKEIT ÜBER EINER WASSERFLÄCHE

Temperatur in °C	Feuchtigkeit in g/m³
−20	0,9
−10	2,1
0	4,9
10	9,4
20	17,3
30	30,4

Luftlawinen, kurze, stoßartige →Fallwinde.

Luftmasse, *Meteorologie:* großvolumige Luftmenge (horizontale Ausdehnung über 500 km, vertikale Erstreckung mehr als

LUFTFEUCHTIGKEIT. ***Trockene und feuchte Wärme***

Den Unterschied zwischen trockener und feuchter Luft kann man mit einem einfachen Experiment gut verdeutlichen. Dazu sucht man sich einen schattigen Ort und hält zunächst ein Thermometer so lange in die Luft, bis sich die Anzeige nicht mehr verändert, und notiert die Temperatur. Dann wickelt man ein Stück Mull um den Messfühler, befeuchtet die Mullbinde und bläst anschließend mit dem Föhn Kaltluft auf die Thermometerspitze, bis sich auch jetzt die Anzeige nicht mehr verändert. Ergebnis: Der zweite Temperaturwert – mit Mull – ist niedriger als der erste, denn aus dem Mull verdunstet Wasser, wodurch die Temperatur am Thermometer sinkt. Je trockener nun die Außenluft ist, desto mehr Wasser verdunstet und desto größer ist der Temperaturunterschied zwischen beiden Thermometern. Diese Differenz ist also ein Maß für die Luftfeuchtigkeit. Feucht- und Trockenthermometer bilden zusammen das aßmannsche Psychrometer, das auch in vielen meteorologischen Messstationen eingebaut ist.

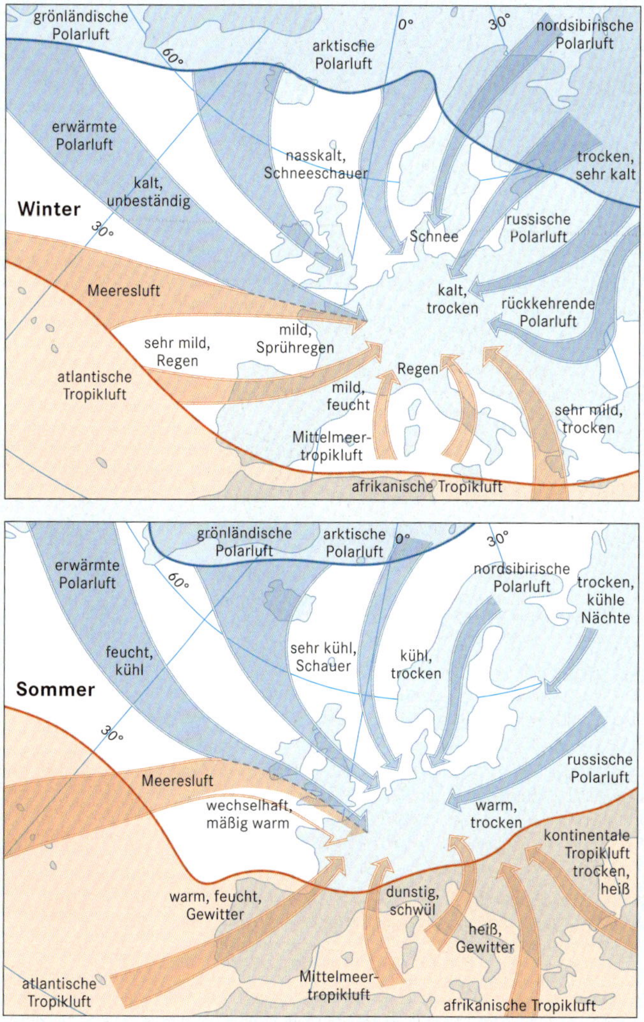

Luftmasse. Grundströmungen und Wetter der Luftmassen Europas im Winter (oben) und im Sommer (unten)

1000 m), die längere Zeit über einem Gebiet der Erdoberfläche verweilt und dabei hinsichtlich Temperatur, Feuchte, Stabilität und Gehalt an Beimengungen (Staubkonzentration) quasihomogen wird. Luftmassen entstehen v.a. in den großen quasistationären Hochdruckgebieten. Unterschiedliche Luftmassen sind durch Frontalzonen voneinander getrennt (→ Front).

■ **Klassifikation** Ursprünglich unterschied man nur zwei Luftmassen, die Polarluft (P) und die Tropikluft (T), die durch die Polarfront getrennt werden. Später kamen die Begriffe Arktikluft (A) bzw. Antarktikluft (AA) und Äquatorialluft (E) hinzu. Andere Überlegungen führten zu drei Hauptluftmassen, der Tropikluft (T), der Luft der gemäßigten Breiten (G) und der Polarluft (P), die jeweils durch Frontalzonen getrennt sind. In der synoptischen Praxis wird heute meist die von R. Scherhag vorgeschlagene Klassifikation verwendet, der die ursprüngliche Zweiteilung der Hauptluftmassen zugrunde liegt, die aber nach Ursprungsgebiet, Weg und Eigenschaften stärker gegliedert sind, und zwar in nordsibirische, arktische, russische, grönländische, rückkehrende und erwärmte Polarluft, in Festlandsluft und Meeresluft sowie in asiatische, atlantische, afrikanische und Mittelmeer-Tropikluft.

Luftmassengewitter, Gewitter, die sich in einer einheitlichen Luftmasse bilden, ohne mit einer Front in Verbindung zu stehen. Am häufigsten treten sie im Sommer über Land in Warmluft auf; sie werden dann Wärmegewitter genannt. Luftmassengewitter können sich in selteneren Fällen auch in kälteren Luftmassen entwickeln, wenn diese hochreichend labil geschichtet sind und die Labilität durch Erwärmung vom Boden her verstärkt wird. Dies kann in Polarluft vorkommen, wenn sie über wärmere Meeresgebiete oder über vorher durch Sonneneinstrahlung aufgeheiztes Land gelangt.

Luftspiegelung, atmosphärische Erscheinung, bei der infolge einer starken Brechung (Refraktion) von Lichtstrahlen beim Durchgang durch Luftschichten unterschiedlicher Temperatur und damit unterschiedlicher optischer Dichte ein entfernter Gegenstand mehrfach, im Allgemeinen verzerrt und z.T. auf dem Kopf stehend (dann als Spiegelung empfunden) gesehen wird.

Eine **Luftspiegelung nach unten (Kimmung)** tritt auf, wenn die dicht über dem Boden befindlichen Luftschichten – etwa über Asphaltflächen oder weiten, wenig bewachsenen Ebenen (z.B. Wüstenflächen) – infolge intensiver Sonneneinstrahlung sehr viel wärmer als die darüberliegenden sind, was zu einem instabilen negativen Luftdichtegefälle führt. Lichtstrahlen werden dann mit Annäherung an die Erdoberfläche immer stärker konvex zur Erde gekrümmt und erreichen ab einer bestimmten Entfernung vom Beobachter die Erdoberfläche nicht, sondern breiten sich in Richtung zum Himmel dicht über dem Horizont aus. Der Beobachter sieht dadurch einen hellen Streifen, der eine Wasserfläche vortäuscht. Weit entfernte Gegenstände (z.B. Bäume) erscheinen auf dem Kopf stehend oder in der Luft schwebend. Hierher gehört auch die Erscheinung der **Fata Morgana** (italienisch »Fee Morgana«), bei der an Meeresbuchten mit Steilküsten (Bucht von Messina) auch noch seitliche Luftspiegelungen an den erhitzten Felswänden beobachtet werden können. Vielfach wird der Name Fata Morgana auch allgemeiner auf Luftspiegelungen in der Wüste angewendet.

Luftspiegelungen nach oben sind weniger häufig. Sie treten auf, wenn die bodennahen Luftschichten kälter sind als die darüberliegenden, v.a. in Polargebieten über Schneeflächen oder über kalten Meeresgebieten, und sind meist nur von einem erhöhten Standort in Bezug auf ein sehr weit entferntes Objekt zu beobachten. Über See führen beispielsweise obere Luftspiegelungen zu einem über einem entfernten Schiff erscheinenden umgekehrten, auch verzerrten Spiegelbild, z.T. mit einem weiteren, aufrechten Bild.

Luftstrom, innerhalb von mehr oder weniger klar definierten seitlichen Begrenzungen geordnet fließende Luft. Die Bezeichnung Luftstrom wird vorwiegend auf kleinräumige Bewegungsvorgänge angewendet, z.B. bei lokalen Windsystemen, jedoch gibt es keine klare Abgrenzung gegenüber der Bezeichnung Luftströmung. Luftstrom wird oft in Verbindung mit Angaben über den Charakter der strömenden Luft verwendet; z.B. Warmluftstrom oder Kaltluftstrom. – Infokasten Seite 204

Luftströmungen, durch Druckunterschiede in der Atmosphäre hervorgerufene Bewegungen der Luft; werden durch Windmesser bestimmt oder mit der Bewegungsgleichung berechnet. Nach ihr sind Luftströmungen vom hohen zum tiefen Druck hin gerichtet, wobei sie durch die Coriolis-Kraft in Richtung der Isobaren abgelenkt werden (z.B. in 50° Breite bei einer Geschwindigkeit von 1 m/s um etwa 6°/km). Großräumige Luftströmungen weichen daher in der freien Atmosphäre um fast 90°, in Bodennähe um etwa 50° von der Richtung des Druckgefälles ab (→Wind, →Zirkulation der Atmosphäre). – Bild Seite 204

Lufttemperatur, die Temperatur der v.a. durch die Wärmeabgabe der Erdoberfläche erwärmten Atmosphäre, gemessen unter Ausschaltung jeglicher Strahlungseinflüsse. Die höchsten Lufttemperaturen treten mit über 50 °C in den großen Wüstengebieten der Erde auf (→Wärmepole), die tiefsten an den →Kältepolen. Mit der Höhe nimmt die Lufttemperatur um 0,65 °C pro 100 m ab. (→Inversion)

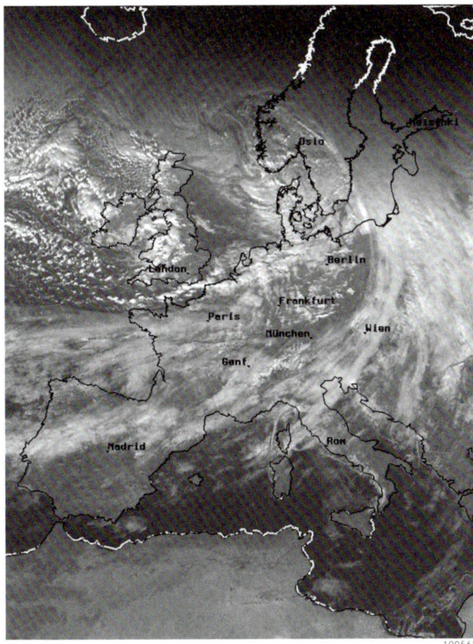

Luftmasse. Dieses Satellitenbild von Europa zeigt einen durchbrochenen, schmalen Wolkenstreifen, der von der Ostsee über Polen und den Norden Italiens bis hinüber nach Portugal reicht. Er gehört zu einer Luftmassengrenze, die frische Meeresluft auf den Kontinent führt.

Luftunruhe, durch kleinräumige Turbulenz verursachte, nicht direkt wahrnehmbare unregelmäßige Bewegungen der Luft, besonders bei labiler Schichtung und Sonneneinstrahlung ausgeprägt. Luftunruhen wirken sich v.a. durch die leichten Dichteänderungen der Luft aus und führen aufgrund der damit verbundenen Schwankungen der Brechzahl zu rasch veränderlichen Ablenkungen optischer Strahlen, die für den Betrachter eine scheinbare Bewegung des Objekts verursachen. Dadurch entstehen z.B. die Schlierenbildung über heißen Flächen (Flimmern der Luft) und das Flackern der Sterne.

Luftverschmutzung, umgangssprachlich für →Luftverunreinigungen, besonders wenn sie in großer Menge auftreten.

Luftspiegelung. Fata Morgana in der Salztonebene Salar de Uyuni in Südwestbolivien, 3660 m über dem Meeresspiegel. Sie entsteht als lokales Phänomen durch die Erwärmung bodennaher Luftschichten und die darüberliegenden kühleren Luftschichten.

LUFTSTROM *Schießender Wind*

Über Jahrhunderte war der nepalesische Fluss Kali Gandaki eine wichtige Handelsroute zwischen Tibet und Indien, insbesondere für den Transport von Salz. Seit der Trekkingtourismus global geworden und der Wanderurlaub längst nicht mehr auf Österreich beschränkt ist, hat ihn auch die Outdoorbranche entdeckt. Und die Meteorologen, denn das Kali-Gandaki-Tal ist nicht nur das tiefste Tal der Erde – 5,6 km Höhenunterschied trennen die Sohle des Tals auf ca. 2540 m Meereshöhe und den 8167 m hohen Dhaulagiri, den höchsten Punkt –, sondern besitzt auch ein einzigartiges Windsystem.

Während tagsüber ein Wind mit Sturmstärke in das Tal hineinweht, ist die nächtliche umgekehrte Richtung nur schwach ausgeprägt. Das widerspricht völlig dem, was man etwa von Alpentälern kennt. Eine Expedition des Meteorologischen Instituts in München und anschließende Computersimulationen lieferten eine schlüssige Erklärung: Beim Taleinwind handelt es sich um eine »überkritische Strömung«, einen »schießenden Wind«. Zwei Zutaten braucht es dafür: eine Beschleunigung der Strömung in einem engen Querschnitt und eine Schichtung der Strömung in eine untere und obere Luftschicht. Beide Randbedingungen sind durch die Topografie des Tals hervorragend erfüllt.

Luftverunreinigungen, Luftverschmutzung, feste, flüssige und/oder gasförmige Substanzen, die die natürliche Zusammensetzung der atmosphärischen Luft verändern, d.h. in der »reinen« Luft nicht oder nur in äußerst geringen Mengen enthalten sind. Es handelt sich vor allem um Kohlenoxide, Staub bzw. Aerosole, Schwefeloxide, Stickstoffoxide und Kohlenwasserstoffe. Die wichtigsten Quellen sind Kraftfahrzeugverkehr, Industrie und Kraftwerke.

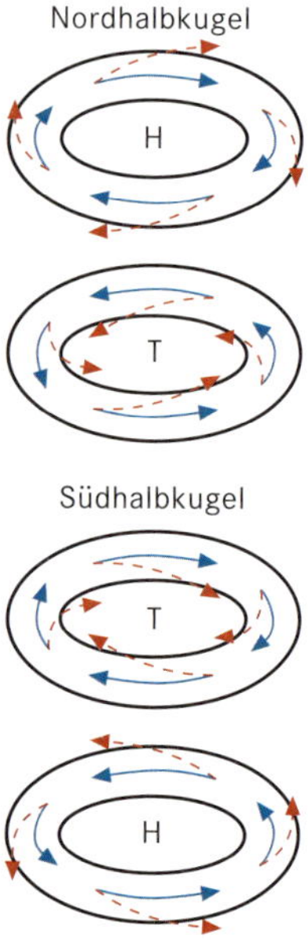

Luftströmungen in Hoch- und Tiefdruckgebieten

■ **Auswirkungen auf das globale Erdklima** Um die Wirkung von Luftverunreinigungen auf die Umwelt zu beurteilen, ist zwischen globalen, überregionalen, regionalen und lokalen Problemen zu unterscheiden. Beispiele für globale Probleme sind der Anstieg des Kohlendioxidgehalts in der Atmosphäre und die damit verbundene Erwärmung (→Treibhauseffekt) sowie die Reduzierung der Ozonschicht, die zu einem Anstieg der UV-Strahlung auf der Erde führt (→Ozonloch).

■ **Treibhauseffekt** Treibhausgase können Wärme, die von der Erdoberfläche abgestrahlt wird, auffangen und reflektieren und dadurch zur globalen Erderwärmung beitragen. Ohne natürliche Treibhausgase wäre die durchschnittliche Erdtemperatur um 33–34 °C niedriger. Der hauptsächliche menschliche Beitrag zum Anstieg der Treibhausgas-Konzentration besteht in der Emission von CO_2 aus Verbrennungsprozessen. Weitere anthropogene Quellen sind Methan aus der Landwirtschaft, Lachgas aus Landwirtschaft und Industrie, die halogenierten Gase (FKW, FCKW) aus der Industrie sowie Ozon. Zur Verminderung des weltweiten Temperaturanstiegs wurde 1997 das →Kyoto-Protokoll beschlossen. In ihm verpflichten sich die entwickelten Länder, die Emission der sechs wichtigsten Treibhausgase (CO_2, CH_4, N_2O, Halogenfluorkohlenwasserstoffe, H-FKW, Fluorkohlenwasserstoffe, FKW und Schwefelhexafluorid, SF_6) in ihrer Summe um mindestens 5 % bis zum Zeitraum 2008–12 gegenüber dem Basisjahr 1990 zu verringern. Die Europäische Union verpflichtete sich zu einer Reduktion um 8 %.

■ **Ozonloch** Die Hauptrolle beim Abbau der stratosphärischen Ozonschicht spielen Chlor- und Bromradikale, die durch UV-Strahlung entstehen und den Ozonabbau katalytisch verstärken. Vorläufersubstanzen, aus denen Radikale entstehen, sind Wasserdampf, Lachgas, Methan, besonders aber FCKW und Halone. Dies führt zu einer intensiveren UV-B-Einstrahlung (»sonnenbrandwirksame Strahlung«) auf die Erdoberfläche. Mit dem Montrealer Protokoll von 1987 wurde der vollständige Verzicht auf ozonschichtschädigende Stoffe völkerrechtlich festgelegt.

■ **Feinstaub** Es wird vermutet, dass auch die partikelförmigen Verunreinigungen das Klima beeinflussen können, denn sie verändern die →Albedo der Erde, also die Fähigkeit der Erde, Sonnenstrahlung zu reflektieren. Die Partikel können die Sonneneinstrahlung reflektieren und reduzieren dadurch ihre Intensität auf der Erdoberfläche. Dies kann zum Sinken der Oberflächentemperatur führen. Die Teilchen können aber auch Sonnenstrahlung absorbieren und dadurch die Temperatur der Atmosphäre erhöhen, was zu einer Verstärkung des Treibhauseffekts führen würde. Welche dramatischen Auswirkungen ein starker Anstieg der Partikelkonzentration in der Atmosphäre hat, haben Vulkanausbrüche wiederholt gezeigt. Nach dem Ausbruch des Krakatau im Jahre 1883 z. B. hat man in weiten Teilen der Erde ein Sinken der Temperatur gemessen.

Zum 1. 1. 2005 wurde europaweit mit handelbaren Emissionszertifikaten ein neues Instrument in das Umweltrecht eingeführt, das auch gegen Luftverschmutzung wirken, v. a. aber dem Klimaschutz dienen soll (→Emissionshandel). Eigentümern bestimmter Anlagen werden auf der Basis ihrer derzeitigen Emissionen Verschmutzungsrechte zugewiesen, die im Laufe der Zeit abgewertet werden sollen. Damit wird ein Anreiz geschaffen, Emissionen zu vermindern. Reduziert ein Unternehmen die Emissionen nicht, ist es darauf angewiesen, Emissionszertifikate anderer Unternehmen zu erwerben. Die wichtigsten völkerrechtlichen Regelungen betreffen weiträumige grenzüberschreitende Luftverunreinigungen, den Schutz der Ozonschicht und des Klimas.

Gegenwärtig wird die Möglichkeit diskutiert, Kohlendioxid direkt aus dem Abgas von Kraftwerken abzutrennen und anschließend im Ozean oder in ausgebeuteten Erdgaslagerstätten zu lagern (Sequestrierung). Dazu gibt es derzeit mehrere Verfahren im Versuchsstadium, die alle sehr teuer sind. In Kohlekraftwerken z. B. müsste man die Kohle mit reinem Sauerstoff statt mit Luft verbrennen, damit sich das Kohlendioxid im Rauchgas anreichert und man es anschließend mit geeigneten Chemikalien unter Bildung von Carbonaten auswaschen kann.

Luftwirbel, atmosphärische Wirbel, wirbel- und spiralförmige Luftbewegungen verschiedener Größenordnung (von kleinräumiger Turbulenz über Wind- und Wasserhosen, Tornados bis zu Wirbelstürmen der Tropen und Hoch- und Tiefdruckgebieten gemäßigter Breiten).

Luftwogen, an der Grenzfläche zweier Luftschichten verschiedener Dichte entstehende, fortschreitende Wellen, deren Anregung durch Windstöße erfolgt. Luftwogen besitzen große Wellenlängen bis 1000 m und mehr und sind vielfach an der Bildung von Wolken erkennbar, die in den Luftwogenkämmen entstehen und sich in den Luftwogentälern auflösen.

Luis, ein Hurrikan der Saison 1995, der sich aus einem Tief entwickelte, das am 26. August die Westküste Afrikas verließ. Am 29. August wurde Luis als tropischer Sturm eingestuft, am 30. August erreichte er über dem warmen Wasser des Atlantiks Hurrikanstärke, die bis zum 2. September auf Stufe 4 der →Saffir-Simpson-Hurrikanskala anstieg. Am 3. September näherte sich Luis mit Windgeschwindigkeiten bis zu 230 km/h den Leeward Islands und zog direkt über Barbados. Immer noch ein Hurrikan der Stufe 4, erreichte er am 7. September Puerto Rico und bewegte sich weiter zur amerikanischen Ostküste. Mindestens 15 Menschen kamen durch Luis ums Leben, der volkswirtschaftliche Schaden belief sich auf 2,5 Milliarden US-Dollar.

Luv [niederdeutsch, von niederländisch loef, gekürzt aus loefzjide, eigentlich »Ruderseite«], die dem Wind zugewandte Seite eines Schiffes, einer Erhebung, eines Gebäudes, d. h. die Richtung, aus der der Wind kommt; Gegensatz: **Lee.** Die Luvseite eines Gebirges zeichnet sich durch erhöhte Niederschläge aus.

Lux [lateinisch »Licht«], *Fotometrie:* Einheitenzeichen **lx,** die Einheit der Beleuchtungsstärke im Internationalen Einheitensystem: $1\,lx = lm\,m^{-2} = 1\,cd\,sr\,m^{-2}$. Dabei ist das Lumen (lm) die Einheit des Lichtstroms, die Candela (cd) die der Lichtstärke und der Steradiant (sr) die des Raumwinkels. Die dem Lux entsprechende radiometrische Einheit ist $W\,m^{-2}$ (für die Bestrahlungsstärke).

lx, Einheitenzeichen für →Lux.

Luftverunreinigungen.
Als Folge des wachsenden Energieverbrauchs führt die Luftverschmutzung v. a. in den industriellen Ballungsgebieten wie hier 2001 im Ruhrgebiet zu erheblichen Problemen.

Luftverunreinigungen.
Vor allem die Kohlendioxidemissionen, die bei der Verbrennung fossiler Brennstoffe entstehen, sind schädlich für das Klima. Für rund ein Fünftel dieser Emissionen in der Welt ist der Verkehr verantwortlich.

M

Macroburst, → Downburst.

Magdeburger Halbkugeln, von O. von Guericke bei seinen Magdeburger Versuchen (1663) zur Demonstration der Wirkungen des Luftdrucks verwendete hohle, metallische Halbkugeln; luftdicht schließend aufeinandergesetzt und luftleer gepumpt, konnten sie durch je acht Pferde auf beiden Seiten nicht auseinandergerissen werden.

Magnetopause, → Magnetosphäre.

Magnetosphäre [Analogiebildung zu Atmosphäre], ein die Erde umgebender, auf der sonnenabgewandten Seite stromlinienförmiger Bereich, in dem das erdmagnetische Feld die Bewegung der in ihm befindlichen Ladungsträger bestimmt. Verantwortlich für die Entstehung der innen von der Ionosphäre, außen von der **Magnetopause** begrenzten Magnetosphäre ist der Sonnenwind. Dieser stetig von der Sonne kommende Teilchenstrom »komprimiert« das erdmagnetische Feld auf der sonnenzugewandten Seite und lässt es auf der sonnenabgewandten Seite schweifförmig auslaufen. In einer Höhe von rund 1 000 km beginnen die → Strahlungsgürtel (Van-Allen-Gürtel); sie reichen auf der Sonnenseite bis zur Magnetopause, auf der Schweifseite weniger weit.

Die Magnetopause ist auf der Sonnenseite geschlossen, auf der Nachtseite läuft sie in den Schweif aus **(Magnetosphärenschweif)**. Ihre Dicke beträgt weniger als 100 km, ihr Abstand vom Erdmittelpunkt in ungestörten Zeiten auf der Sonnenseite 8 bis 12 Erdradien; bei erdmagnetischen Stürmen wird sie näher an die Erde herangeschoben.

Mai. Der Flieder blüht in der Regel Anfang Mai.

Mai [althochdeutsch meio, von lateinisch (mensis) Maius, bei den Italikern ursprünglich der latinischen Göttin Maia, dann dem Wachstumsgott Iuppiter Maius geweihter Monat], der dritte Monat des altrömischen und der fünfte Monat des julianischen Kalenders mit jeweils 31 Tagen. Die späte Umdeutung zu »Wonnemonat« (früher Wonnemond) gründet sich darauf, dass in der mittelhochdeutschen Lyrik die Freude über das Scheiden des Winters mit Spielen und Tänzen im Freien besungen wurde.

■ **Volkskultur** Im ländlichen Raum galt der Mai bis ins frühe 20. Jahrhundert vielfach als Beginn der Sommerfreude. Viele Formen des Frühlingsbegrüßens und des Feierns des Vegetationsbeginns in Maifeiern, Mairiten gingen vom 1. Mai auf Pfingsten über bzw. verbanden sich mit anderen regionalen Maitagen (Maibaumsetzen, Blütenfeste und andere Frühsommerbräuche).

■ **Temperaturen** Die mittlere Monatstemperatur beträgt für ganz Deutschland 12,1 °C, für die zehn Städte Berlin, Bremen, Chemnitz, Erfurt, Frankfurt am Main, Freiburg im Breisgau, Hamburg, Hannover, Köln und München 12,8 °C. Die mittlere Tageshöchsttemperatur beträgt 18 °C, das Tagesminimum 8 °C. Die höchsten gemessenen Maitemperaturen liegen bei 35 °C; im Schnitt muss aber auch noch mit einer Frostnacht gerechnet werden. Das erste Mal im langjährigen Mittel steigt die Temperatur über 12 °C (Ende der »Heizperiode«) am 9. Mai in Hamburg und am 14. Mai in München.

■ **Niederschläge** Die mittlere monatliche Niederschlagsmenge beträgt im Mai 60 mm und verteilt sich auf 14 Tage. In besonders trockenen Maimonaten kann die Niederschlagsmenge bis auf 10 mm sinken, in besonders nassen Monaten auf 200 mm steigen. Mit Maigewittern ist an vier bis sechs Tagen zu rechnen. Die für den Mai normale relative Luftfeuchtigkeit beträgt 70 Prozent.

■ **Sonnenscheindauer** Die mittlere tägliche Sonnenscheindauer beträgt im Mai 6,3 Stunden, die sich für den ganzen Monat zu 196 Stunden summieren. Besonders begünstigt sind die Ostsee- und Nordseeinseln, hier können Sonnenscheinwerte von über 300 Stunden auftreten. Die mittlere Bewölkung liegt bei 64 % des sichtbaren Himmels, ganz ohne Sonnenschein bleiben in der Regel zwei bis drei Tage im Mai.

■ **Luftdruck** Im Mittel beträgt der mittlere Luftdruck 1 015 hPa und liegt damit 2 hPa über dem Wert des Vormonats. Ursache dieser Entwicklung ist die Verlagerung des hohen Luftdrucks von Asien zum Atlantik, der im Mai beginnt. Häufig kommt es dadurch zu einer Hochdruckbrücke über Europa, die für eine längere Schönwetterperiode sorgt.

■ **Wetterlagen** Südost-, Süd- und Südwestlagen sorgen im Mai für sommerlich warme Tage, im Norden und Osten mit etwas Regen, in den Bergen gewittrig. West- und Tiefdrucklagen bringen wechselhaftes Wetter

Mammatuswolke. Cumulonimbus mamma

mit Durchzug von Regenfronten, die Temperaturen pendeln – je nachdem ob warme oder kalte Meeresluft überwiegt – zwischen 13 und 22 °C; oberhalb von 2000 m fällt Neuschnee. Nordwest- und Nordlagen lassen die Temperaturen auf 8 bis 16 °C sinken und bringen immer wieder Regen, in der ersten Monatshälfte ist noch Nachtfrost möglich. Nordost-, Ost- und Hochdrucklagen bescheren hingegen viel Sonne, die die Temperaturen bis auf 25 °C steigen lässt.

■ **Typischer Wetterverlauf** Im 19. Jahrhundert traten regelmäßig zwischen dem 11. und 15. Mai Kälteeinbrüche auf (→Eisheilige), heutzutage ist damit an drei Terminen zu rechnen: um den 4. Mai, am 8./9. Mai und um den 17. Mai. Im letzten Maidrittel ist die Witterung relativ beständig, in ca. 80 % aller Jahre treten dann Hochdrucklagen auf.

■ **Wetterregeln** Einige Bauernregeln stellen einen Zusammenhang zwischen Mai- und Novemberwetter her – *»Der Mai kommt gezogen, wie der November verflogen«* –, der sich statistisch aber nicht belegen lässt. Dass es vor allem Anfang Mai noch frostig werden kann, bringt die Bauernregel *»Der Mai, als Wonnemonat erkoren, hat den Reif noch hinter den Ohren«* zum Ausdruck; etwa alle fünf Jahre tritt im Flachland ein von Schneefall begleiteter Kaltlufteinbuch zum Monatsbeginn auf: *»Der Florian (4. Mai), der Florian, noch einen Schneehut setzen kann.«* Die für die Eisheiligen typische Nordlage bringt trockene und kalte Polarluft (*»Nordwind im Mai bringt Trockenheit herbei«*), mit Südwind ist hingegen feuchtwarme Luft verbunden, die unter Tiefdruckeinfluss zu Wolken und Regen führen kann: *»Weht im Mai der Wind aus Süden, ist uns Regen bald beschieden.«* Überdurchschnittlich sonniges Wetter an St. Urban (25. Mai) ist meistens der Auftakt einer zuverlässigen Schönwetterperiode: *»Wie das Wetter um St. Urban sich verhält, so ist's noch viele Tage bestellt.«* Mit einer Wahrscheinlichkeit von 60 % wird damit auch ein sonniger Herbst angekündigt (*»Wie's Wetter am St. Urbanstag, so es im Herbst wohl werden mag«*).

Mallungen [niederdeutsch, von niederländisch mallen »Possen treiben«], seemännische Bezeichnung für unregelmäßige Winde, v.a. für die äquatorialen →Kalmen, gelegentlich auch für die windschwachen Gebiete im subtropischen Hochdruckgürtel (→Rossbreiten).

Mammatuswolke [lateinisch mammatus »mit Brüsten versehen«], Wolkenform mit an der Unterseite abwärtsgerichteten beutelförmigen Quellungen; v.a. bei Cumulonimbus (→Wolken).

Manley ['mænli], Gordon, britischer Geograf und Meteorologe, *Douglas (Isle of Man) 3. 1. 1902, †Cambridge 29. 1. 1980, 1948–64 Professor der Geografie an der Universität London (Bedford College), bis 1968 Professor of Environmental Sciences an der neuen Universität Lancaster; veröffentlichte v.a. Arbeiten zur historischen Klimatologie Großbritanniens. Die mit Instrumenten gemessenen meteorologischen Beobachtungen in London von 1670 bis 1969 (die längste geschlossene Beobachtungsreihe der Welt) wurden von ihm zusammengestellt und bearbeitet.

Mannheimer Stunden, die Beobachtungstermine (Klimatermine) 7, 14 und 21 Uhr mittlerer Ortszeit, eingeführt von der →Societas Meteorologica Palatina. Die zu den Mannheimer Stunden erhobenen Daten umfassen u.a. Windgeschwindigkeit, Windrichtung, Luftdruck, Luftfeuchtigkeit und Temperatur.

Mariotte [maˈrjɔt], Edme, Seigneur de Chazeuil [- ʃaˈzœj], französischer Physiker, *vermutlich Dijon um 1620, †Paris 12. 5. 1684; zunächst Prior des Klosters Saint-Martin sous Beaune bei Dijon, seit 1666 Mitglied der Académie des sciences, arbeitete u.a. über Hydro- und Aerostatik, die Strömung von Flüssigkeiten und den Wasserkreislauf der Erde. Das nach R. Boyle und ihm benannte Gasgesetz wurde nicht von Mariotte entdeckt, wohl aber bestätigt; mithilfe dieses Gesetzes stellte Mariotte die barometrische Höhenformel auf.

maritime Luftmassen, Luftmassen, die in den Hochdruckgebieten über Ozeanen entstanden sind und infolge Verdunstung des Meerwassers einen hohen Feuchtegehalt aufweisen, bzw. Luftmassen, die auf ihrem Weg über das Meer hinsichtlich Stabilität, Temperatur und Feuchte maritimen Charakter angenommen haben. Den Gegensatz dazu bilden die kontinentalen Luftmassen.

maritimes Klima, ozeanisches Klima, Seeklima, vom Meer beeinflusstes Klima, das dort zu finden ist, wo durch landwärts gerichtete Luftströmungen relativ feuchte Luftmassen vom Meer auf das Festland transportiert werden, also nicht nur im unmittelbaren Küstenbereich. Das maritime Klima zeichnet sich aus durch hohe Luftfeuchtigkeit, ergiebige, überwiegend im Herbst und Winter fallende Niederschläge, die landeinwärts abnehmen, durch verhältnismäßig starke Bewölkung zu allen Jahreszeiten, einen ausgeglichenen Tages- und Jahresgang der Lufttemperatur mit milden Wintern, langen und kühlen Sommern sowie durch starke Winde (v.a. im Küstengebiet). Den Grad der Meeresbeeinflussung bezeichnet man als **Maritimität.** Der Gegensatz zum maritimen Klima ist das →Kontinentalklima.

Der Bauer fürchtet ein von ozeanischer Luft geprägtes **maritimes Klima** mit mildem Winter, der die Saat zu früh treiben und zu viele Schädlinge überleben lässt:
Bleibt der Winter fern, so nachwintert es gern.
Oder:
Februar mit Sonnenschein und Vogelsang, macht dem Bauern Angst und Bang.

Martin, ein Orkan, der am 28. Dezember 1999 über Frankreich, Süddeutschland und die Alpen mit Windgeschwindigkeiten bis zu 160 km/h zog. Ähnlich wie bei dem Orkan →Lothar kurz zuvor bildete sich ein Sturmwirbel am Rande eines über dem nördlichen Atlantik liegenden Tiefdruckgebiets. Die Zugbahn von Martin verlief etwas weiter südlich als die Bahn von Lothar, sodass diesmal vor allem Südfrankreich, aber auch Nordspanien und die Westschweiz getroffen wurden. Martin war der dritte schwere Sturm des Winters 1999; vor Lothar war noch →Anatol über Europa hinweggezogen.

Martins|sommer, um Martini (11. 11.) in Mitteleuropa vorkommende Schönwetterperiode; verursacht durch ein Hochdruckgebiet mit Zufuhr von Warmluft aus Süden; gehört zu den →Singularitäten.

März [lateinisch Martius (mensis) »Marsmonat«], der dritte Monat des julianischen bzw. gregorianischen Kalenders mit 31 Tagen. Er entspricht dem nach dem Kriegsgott Mars benannten ersten Monat des frührömischen republikanischen Kalenders; der 1. März blieb bis ins Mittelalter in Europa weit verbreitet der Tag des Jahresanfangs. Alte deutsche Namen waren **Lenzmond** bzw. **-monat** oder **Lenzing.**

Der März war und ist zum Teil noch heute reich an Bräuchen zur Feier des wiederkehrenden Frühlings (»Frühlingsfeste«, z.B. an Lätare). Auf den Frühlingsvollmond wurden das Passahfest und mit ihm Ostern gelegt.

März. Im März steigen die Tagestemperaturen deutlich an, doch wechselhafte Wetterabschnitte haben oft noch winterlichen Charakter. Frühblüher wie die Krokusse haben deshalb in ihren Zellen Aminosäuren und Zucker, die als Frostschutzmittel wirken.

■ **Temperaturen** In der ersten Monatshälfte können noch Temperaturen bis –10 °C, manchmal sogar –15 °C auftreten (»Märzwinter«), obwohl die Tage immer länger werden. In der zweiten Märzhälfte bahnt sich aber mehr und mehr der Frühling an, die Tageshöchsttemperaturen klettern auf 15 bis 20 °C. Die mittlere Monatstemperatur beträgt für ganz Deutschland 3,5 °C und 4,2 °C für die zehn Städte Berlin, Bremen, Chemnitz, Erfurt, Frankfurt am Main, Freiburg im Breisgau, Hamburg, Hannover, Köln und München. In durchschnittlich zwölf Märznächten gibt es im Flachland Frost, im Bergland sind es sogar noch 20 Nächte. Ein- bis zweimal im März bleiben im Schnitt auch tagsüber die Temperaturen unter dem Gefrierpunkt.

■ **Niederschläge** Im Schnitt fallen in einem normalen März 57 mm Niederschlag, die sich auf durchschnittlich 15 Tage verteilen. An einem Drittel dieser Tage geht der Niederschlag noch als Schnee nieder, und Orte oberhalb 700 m müssen noch an mindestens 15 Tagen mit einer Schneedecke rechnen.

■ **Sonnenscheindauer** Im Mittel scheint im März in Deutschland für 111 Stunden die Sonne, wobei nun auch die Niederungen wieder vermehrt in den Sonnengenuss kommen, nachdem in den Wintermonaten aufgrund von Inversionswetterlagen die Berge in puncto Sonne bevorzugt waren. Die Rekordsonnenscheindauer stammt aus dem März 1953 und wurde in Höchenschwand im Schwarzwald registriert: 267 Stunden. Die durchschnittliche Bewölkung liegt im März bei 69 % der sichtbaren Himmelsfläche, Märznebel tritt an vier bis fünf Tagen auf.

■ **Wind und Luftdruck** Am häufigsten kommt im März der Wind aus Südost, was typisch für die Großwetterlage eines Hochs über Osteuropa ist. Auch der Föhn aus Süden wird stärker und beschleunigt die Schneeschmelze. Der Luftdruck sinkt gegenüber Februar ab und liegt im Mittel bei 1015 hPa (Berlin).

■ **Wetterlagen** Süd- und Südwestlagen sorgen typischerweise für Bewölkung mit Regen im Westen und Norden und Wechsel zwischen Sonne und Wolkenfeldern nach Osten zu; die Temperaturen sind frühlingshaft mild. West-, Nordwest- und Tiefdrucklagen bringen wechselhaftes Wetter, bei dem sich sonnige Abschnitte mit dem Durchzug von Regenfronten abwechseln. Oberhalb 1000 m schneit es zum Teil ergiebig, im Flachland hält sich jedoch keine Schneedecke mehr. Nord- und Nordostlagen sind durch winterliches Wetter gekennzeichnet, die Temperaturen steigen kaum über den Gefrierpunkt, in Ost- und Süddeutschland folgen auf Schneeregen und Schneeschauer sonnige Tage mit Nachtfrost. Ost-, Südost- und Hochdrucklagen bringen viel Sonne mit sich und sorgen gegen Monatsende für Frühlingstemperaturen, nachts kann aber noch leichter Frost auftreten.

■ **Typischer Witterungsverlauf** Das erste Märzdrittel, insbesondere die Tage zwischen 3. und 8. März, sind geprägt von wechselhaftem Wetter mit Kälteeinbrüchen und Schneefall. Vor allem wenn der bisherige Winter sehr kalt war, setzt sich dieses Wetter in den März hinein fort. Etwa ab dem 13. März halten im »typischen« März Schönwetterlagen Einzug und sorgen für vorfrühlingshafte Temperaturen. In gut 70 % aller Jahre herrscht in diesem Marzabschnitt ein Hochdrucklage. Zum Monatsende hin zieht dann meist wieder wechselhaftes Wetter auf.

■ **Wetterregeln** Ein sehr windiger März hat in 60 % aller Fälle einen sonnigen Mai zur Folge: *»Wenn im März viel Winde weh'n, wird's im Maien warm und schön.«* Mit der gleichen Wahrscheinlichkeit folgt auf einen regenreichen März ein trockener Sommer: *»Auf Märzregen dürre Sommer zu kommen pflegen.«* Viel lieber ist den Bauern allerdings ein trockener und mäßig warmer März, am besten in Verbindung mit einem nasskalten April, denn diese Kombination verspricht eine gute Ernte: *»Trockener März und nasser April sind nach des Bauern Will'.«* Statistisch gesehen kommt sie etwa jedes vierte Jahr in Deutschland vor. Dass auf warme Märzmonate aber tatsächlich häufiger kühle April- und Maimonate folgen, wie es etwa in der Bauernregel *»Wenn der März zum April wird, so wird der April zum März«* behauptet wird, lässt sich statistisch nicht belegen – hier beträgt die Wahrscheinlichkeit ungefähr 50:50. Deshalb findet man auch Bauernregeln, die das Gegenteil verkünden: *»Einem freundlichen März folgt ein freundlicher April.«* Ebenfalls kein Zusammenhang besteht zwischen der Nebelhäufigkeit im März und seltenen Maifrösten (*»So viel Nebel im März, so viel Frost im Mai«*) sowie zwischen den Regenmengen von März und Juni (*»Wie's im März regnet, wird's im Juni wieder regnen«*). Hingegen deutet ein überdurchschnittlich warmer Frühlingsanfang tatsächlich mit 69 % Wahrscheinlichkeit auf einen insgesamt zu warmen Sommer hin: *»Wie das Wetter zu Frühlingsanfang, ist es den ganzen Sommer lang.«* Für den umgekehrten Fall beträgt die Wahrscheinlichkeit noch 60 %. Die Zahl der Niederschlagstage im Sommer beeinflusst der Frühlingsanfang aber nicht.

maskierte Kaltfront, Kaltfront, bei deren Durchzug nur in der freien Atmosphäre Abkühlung, in den bodennahen Schichten dagegen Erwärmung eintritt. Maskierte Kaltfronten kommen fast nur im Winter über dem Festland vor, wenn sich bei ruhigem Wetter durch Ausstrahlung eine flache Kaltluftschicht am Boden gebildet hat, die kälter ist als die Kaltluft, die hinter einer heranziehenden Kaltfront folgt. Ist diese Kaltfront mit auffrischenden Winden und intensiver vertikaler Durchmischung verbunden, so wird die Bodenkaltluftschicht weggeräumt, und es kommt am Boden zu einer Erwärmung.

Nicht selten leiten maskierte Kaltfronten im Winter nach längeren Frostperioden Tauwetter ein.

Max-Planck-Institut für Meteorologie, Forschungsinstitut der Max-Planck-Gesellschaft in Hamburg zur Erforschung des Erdklimas, das u. a. gekoppelte Klimamodelle entwickelt, um die Dynamik der Klimavariabilität zu simulieren. In diese Modelle fließen Daten aus hochaufgelösten Prozessstudien ein, die vorrangig von bodengestützten Fernerkundungssystemen erfasst werden. Ein weiterer Schwerpunkt sind Untersuchungen zum Zusammenhang zwischen biogeochemischen und physikalischen Prozessen des Erdsystems. – Bild Seite 210

mbar, Einheitenzeichen für das →Millibar.

mediterran [lateinisch, eigentlich »mitten im Lande, in den Ländern«], das Mittelmeer und den Mittelmeerraum betreffend,

Max-Planck-Institut für Meteorologie.
Das MPI für Meteorologie in Hamburg zählt zu den weltweit führenden Einrichtungen seines Fachs. Mit seinen leistungsstarken Computern ist es in der Lage, detaillierte Klimarechnungen durchzuführen.

ihm angehörend; i.w.S. auch: ihm entsprechend.

mediterranes Klima, →Klimazonen.

medizinische Klimatologie, Gebiet der Medizin, das sich mit Forschung und Lehre über die fördernden und belastenden Einflüsse des Wetters und des Klimas auf die Gesundheit des Menschen beschäftigt. Die Anwendung natürlicher Klimafaktoren zu therapeutischen Zwecken wird als Klimatherapie bezeichnet; im weitesten Sinn kann auch die Prävention und Behandlung von Krankheiten unter Einsatz von künstlich erzeugten Klimafaktoren dazu gerechnet werden. Die **Medizinmeteorologie** befasst sich mit dem temporären Einfluss des Wetters auf das Befinden des Menschen (→Biotropie). Zusammen mit der Balneologie bildet die medizinische Klimatologie einen Bereich in der ärztlichen Weiterbildungsordnung, dessen Zusatzbezeichnung nach entsprechender Weiterbildungszeit erworben werden kann.

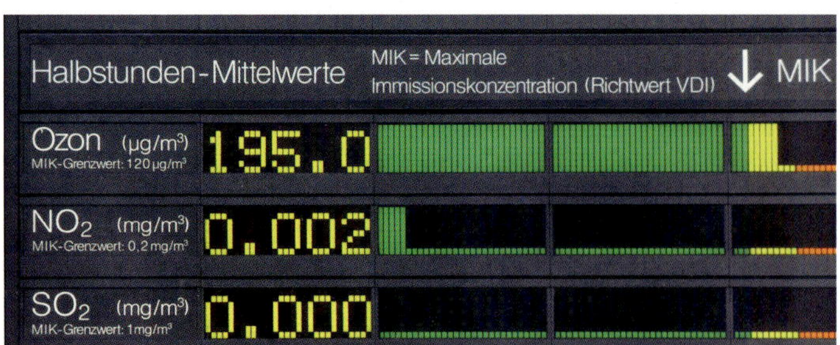

medizinische Klimatologie.
Im Sommer kann die Ozonbelastung zu einem Gesundheitsproblem werden.

Medizinmeteorologie, →medizinische Klimatologie.

Meer|eis, durch Gefrieren von Meerwasser (bei Temperaturen, die vom Salzgehalt abhängig sind, normalerweise unter –1,8 °C) entstehendes Eis, wobei Anteile von Niederschlägen hinzukommen, die auf das Meereis fallen. Mit zunehmendem Alter nimmt der Salzgehalt des Meereises von anfangs 10 bis 20 ‰ auf unter 3 ‰ ab. Die oberste Schicht des Meereises im Nordpolarmeer ist zeitweilig zur Trinkwasserbereitung geeignet. Die Verteilung und Dicke des Meereises wird nicht nur durch lokales Gefrieren und Schmelzen bestimmt, sondern über den Transport durch Wind und Strömungen. Dadurch können infolge Überschiebungen erhebliche Eisdicken entstehen. Topografisch bedingte Unterschiede der Transportmöglichkeiten haben zur Folge, dass im Südpolarmeer 80 % einjähriges und im Nordpolarmeer 40 % mehrjähriges Eis vorkommen. Die Meereisbedeckung schwankt auf der Nordhalbkugel zwischen 16 Mio. km² im März/April und 8 Mio. km² im September, auf der Südhalbkugel zwischen 23 Mio. km² im September/Oktober und 4 Mio. km² im März/April.

Meereskunde, Meeresforschung, Ozeanologie, Ozeanografie, die Wissenschaft vom Meer. Sie beschäftigt sich mit den Eigenschaften des Meerwassers, dem Wasserhaushalt, dem Stoffhaushalt, dem Wärmehaushalt und den Bewegungsvorgängen des Meeres sowie mit den im Meer lebenden pflanzlichen und tierischen Organismen (Meeresbiologie). Ferner untersucht die Meereskunde die Wechselwirkungen zwischen dem Meer und seiner Umgebung, d.h. der Atmosphäre und dem Meeresboden (mit Küsten). Beim Studium der zugehörigen physikalischen, chemischen, geologischen und biologischen Zustände und Prozesse arbeitet die Meereskunde mit zahlreichen naturwissenschaftlichen Disziplinen zusammen. Mitunter wird der Begriff Ozeanografie auf den physikalisch-chemischen Teil der Meereskunde beschränkt und der biologische Bereich Meeresbiologie genannt. Die Meereskunde bedient sich umfangreicher Beobachtungs- und Messprogramme. Die dazu erforderliche Entwicklung von ozeanografischen Instrumenten und ihren Einsatzmöglichkeiten mithilfe verschiedener Messplattformen (Forschungsschiffe, Tauchboote, Flugzeuge, Erdsatelliten, verankerte Messsysteme, Messtürme und Unterwasserlaboratorien, fest stehende und driftende Messplattformen und bewohnte Forschungsplattformen) ist ebenfalls Aufgabe der Meereskunde, die dabei mit ingenieurwissenschaftlichen Disziplinen (Meerestechnik) zusammenarbeitet. Modellrechnungen mit Großrechnern gewinnen zunehmend Bedeutung zum Verständnis der gewonnenen Daten und der geplanten Vorhersagen. Hier spielt die Meereskunde besonders im Rahmen der Klimaforschung eine wichtige Rolle.

Die *Meeresforschung* ist eine Grundlagenforschung. Trotzdem ist sie für viele Anwendungen von fundamentaler Bedeutung, so z.B. für eine Optimierung der vielfältigen

Meeresnutzung bei gleichzeitigem Schutz des Meeres und seiner Küsten vor unerwünschten Einflüssen und Veränderungen, z.B. durch Meeresverschmutzung und Sturmfluten. Sie findet ferner Anwendung in der Wettervorhersage und Klimakunde.

■ **Geschichte** Bis Mitte des 19. Jahrhunderts standen besonders Forschungsreisen nach den Polargebieten sowie Weltumsegelungen mit wichtigen Ergebnissen geografisch-topografischer, aber auch biologischer und ethnografischer Art im Vordergrund. Seit 1873 wurde sowohl von britischer wie von deutscher Seite die eingehende physikalisch-chemische Erforschung der Meere durch große Expeditionen (u.a. →Meteor) begonnen. Die Zeit der stichprobenartigen Unternehmungen ging nach dem Ersten Weltkrieg über in eine großräumige systematische, kurz vor dem Zweiten Weltkrieg in eine synoptische Erforschung der Meere, an der sich fast alle seefahrenden Nationen beteiligen. Dabei fand eine erste Phase, in der v.a. überkommene Hilfsmittel und Methoden durch zahlenmäßig umfangreicheren Einsatz effektiver gemacht wurden, im Internationalen Geophysikalischen Jahr ihren Höhepunkt und Abschluss (1959).

Im Anschluss daran haben neue technologische Entwicklungen sowie wachsende Einsicht in die Bedeutung der Meereskunde zu einer umfangreichen Weiterentwicklung geführt. Leistungsfähige Großrechenanlagen gestatten Modellrechnungen nicht nur für begrenzte Meeresgebiete, sondern auch für das gekoppelte System von Ozean und Atmosphäre. In modernen Messprogrammen wie ARGO (Array for Real-time Geostrophic Oceanography) kommen bis zu 3000 über das Weltmeer verteilte Messkapseln zum Einsatz. Sie treiben frei mit dem Strömungssystem in 2000 m Tiefe, steigen alle 10 Tage an die Oberfläche auf, übermitteln per Satellit ihre Position und das beim Aufstieg gemessene Profil von Temperatur und Salzgehalt und sinken dann zurück in die Tiefe. Damit erfolgt erstmalig die kontinuierliche Beobachtung der Veränderungen im Meer und schafft zusammen mit den Modellen die Voraussetzungen für die Vorhersage von Klimaveränderungen und ihren Effekten auf die marine Lebewelt und die globalen Stoffkreisläufe. Die Zusammenarbeit dazu läuft in zahlreichen internationalen Programmen.

MEERESKUNDE: DEUTSCHE FORSCHUNGSSCHIFFE (AUSWAHL)

Schiff	Expeditionsjahre	Arbeitsgebiet
Heincke	1990 ff.	Nord-, Ostsee
Littorina	1975 ff.	Nord-, Ostsee
Poseidon	1976 ff.	Nord-, Ostsee, Nordatlantik
Sonne	1977 ff.	Weltmeer
Polarstern	1982 ff.	Polarmeere
Meteor (III)	1986 ff.	Weltmeer
Maria S. Merian	2005 ff.	Nordostatlantik

MEERESKUNDE

Bedeutende Kontrolleure

Rund 71 Prozent der Erdoberfläche werden von den Ozeanen bedeckt. Das ist eine relativ junge Erkenntnis. In der Antike dachte man noch, aus Gründen der Harmonie sollten Land- und Meeresflächen auf der Erde mehr oder minder gleich groß sein. Auch der Kartograf Gerhard Mercator im 16. Jahrhundert und der bedeutende Geograf Bernhard Varenius im 17. Jahrhundert nahmen unter Rücksicht auf die antike Überlieferung und aus Gleichgewichtsvorstellungen eine Flächengleichheit an. Erst die Erdumsegelungen von James Cook zwischen 1768 und 1779 konnten zunächst die Ausdehnung der sagenhaften »terra australis« ganz erheblich einschränken und somit die Erkenntnis einleiten, dass die Meeresflächen auf der Erde deutlich überwiegen.

Inzwischen weiß man, dass gerade das Zusammenspiel zwischen Ozeanen, Atmosphäre und fester Erde sehr wichtig für das Klima unseres Planeten ist. Klimaforscher setzen deshalb inzwischen auf sogenannte gekoppelte Klimamodelle. Die Ozeane stellen beispielsweise über längere Zeiträume einen der wichtigsten Kontrollmechanismen der atmosphärischen CO_2-Konzentration dar, indem sie das Treibhausgas aufnehmen und in die Tiefe verfrachten. Ohne diese »Pumpe« läge die Kohlendioxidkonzentration in der Erde heute bei 580 statt 385 ppm.

MEERESSPIEGEL. *Was ist normal?*

Höhenangaben, etwa von Bergen, werden in der Regel relativ zur Meereshöhe angegeben. Doch wie »hoch« ist das Meer? Diese Frage wird weltweit, sogar europaweit nicht einheitlich beantwortet. Jedes Land benutzt einen eigenen Bezugspunkt für seine Höhendefinition. In Deutschland ist »Normalenhöhennull« durch den Amsterdamer Pegel, also einen bestimmten Wasserstand der Nordsee festgelegt. Der wurde bereits im 17. Jahrhundert definiert und auch schon vom preußischen Staat benutzt.
Die Unterschiede zu den Höhensystemen anderer Länder betragen in der Regel einige Zentimeter, in Belgien beispielsweise liegt Normalnull aber 2,3 Meter tiefer als in Deutschland. Solche Unterschiede können ernsthafte Folgen haben, etwa bei Hochwasserprognosen.
Auch beim Bau der neuen Rheinbrücke im schweizerischen Laufenburg, direkt an der Grenze zu Deutschland gelegen, wurden die Ingenieure Opfer des Normalnull-Wirrwarrs. Die Schweizer Brückenbauer bezogen sich auf den Triester Pegel – er liegt 27 Zentimeter tiefer als der Amsterdamer Pegel. Man wusste das, korrigierte die Differenz aber in die falsche Richtung: Plötzlich fehlten 54 Zentimeter.

Meeres|spiegel, das Meeresniveau, das sich unter dem Einfluss der auf das Meer einwirkenden äußeren Kräfte (z.B. Schubkraft des Windes, Luftdruck, Gezeiten) und inneren Kräfte (z.B. innere Druckkräfte aufgrund der Dichteunterschiede im Meerwasser, Coriolis-Kraft, Reibungskraft) einstellt.

Meeresspiegelanstieg der seit über 100 Jahren zu beobachtende weltweite Anstieg des Meeresspiegels um durchschnittlich ein Millimeter pro Jahr, der vor allem auf der thermischen Ausdehnung des Meerwassers infolge der Temperaturerhöhung der Atmosphäre sowie auf dem Abschmelzen festländischer Eismassen beruht.

Große Meeresspiegeländerungen in der Erdgeschichte haben ihre Ursache überwiegend in Veränderungen der Eismassen auf der Erde. Auf dem Höhepunkt der letzten Eiszeit (vor 20 000 Jahren) lag der Meeresspiegel ca. 120 m niedriger als heute; am Ende der Eiszeit stieg er um bis zu 5 m pro Jahrhundert. Während der letzten Warmperiode, dem Eem (vor 120 000 Jahren), lag der Meeresspiegel wahrscheinlich mehrere Meter höher. Das komplette Abschmelzen des Grönlandeises würde einen weltweiten Anstieg von 7 m bedeuten. Im Ostantarktischen Eisschild sind sogar über 50 m gespeichert.

■ **20. Jahrhundert** Im 20. Jahrhundert ist der Meeresspiegel nach Pegelmessungen an den Küsten um global 15 bis 20 cm angestiegen. Die Jahrtausende zuvor stieg der Meeresspiegel nur mit einem Zehntel dieser Geschwindigkeit. Seit 1993, dem Beginn der Satellitenmessungen, ist ein Anstieg von 3 cm pro Jahrzehnt zu verzeichnen, wobei 0,5 cm auf die Er-

MEERESSPIEGELANSTIEG *Vermessung eines Untergangs*

100264

Die Erde wird immer wärmer, der Meeresspiegel steigt – im letzten Jahrhundert um durchschnittlich 1,7 Millimeter pro Jahr, zwischen 1993 und 2007 sogar um drei Millimeter jährlich. Einige Inselstaaten wie die Malediven, die nur knapp aus dem Meer ragen, sind ernsthaft bedroht, wenn sich der Anstieg nicht verlangsamt.

Doch wie misst man den Meeresspiegel überhaupt? Welche Genauigkeit ist möglich? Zum einen wird der mittlere Meeresspiegel an Tausenden Messstationen auf allen Weltmeeren abgelesen und mit älteren Aufzeichnungen verglichen. Des Weiteren liefern Drucksensoren auf dem Meeresboden wichtige Daten; sie messen das Gewicht der auf ihnen lastenden Wassersäule. Nimmt der hydrostatische Druck an einem Punkt zu, muss der Wasserspiegel gestiegen sein. Schließlich hat eine Reihe von Radarsatelliten die Aufgabe, die Ozeane zu vermessen. 1991 startete ERS-1, der erste Satellit für Radaraltimetrie, später kamen ERS-2, Envisat, Jason und Topex/Poseidon hinzu. Mittlerweile schicken diese Satelliten 1800 Radarpulse pro Sekunde auf Ozeane und Polkappen hinab und ermitteln aus der Laufzeit ihre Höhe – inzwischen auf einen Millimeter genau! Allerdings blicken die Radaraugen nur bis zum 82. Breitengrad; der für die Klimaforscher besonders interessante Arktische Ozean soll von dem für 2009 geplanten Satelliten Cryostat 2 erfasst werden.

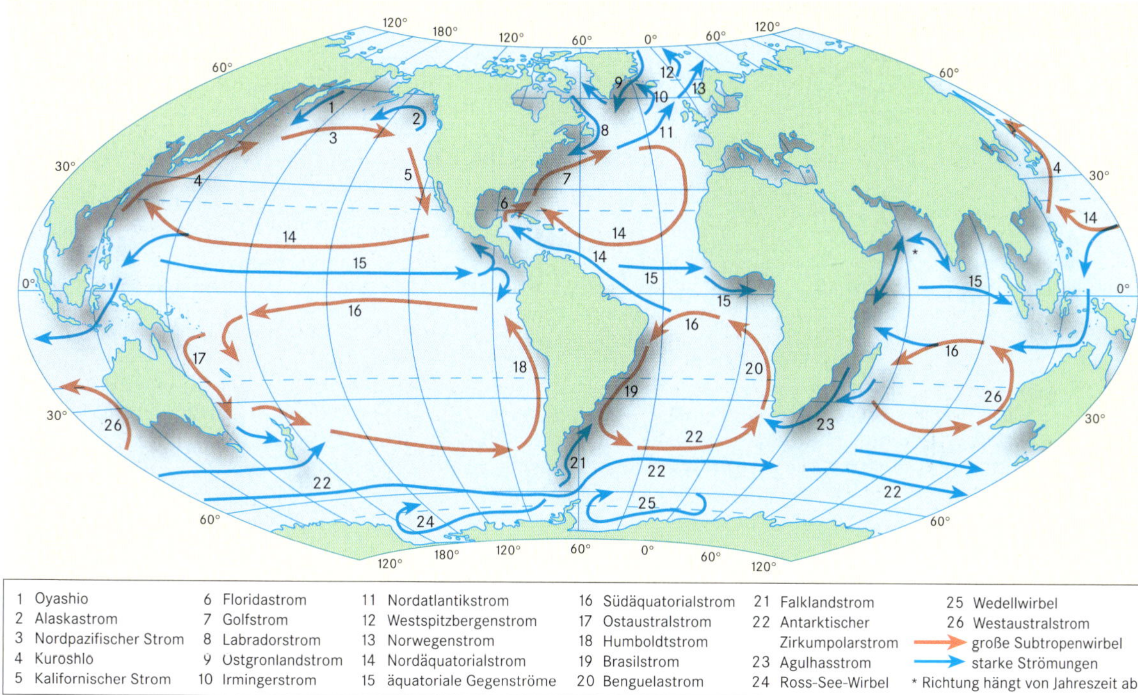

Meeresströmungen. Meeresoberflächenströmungen der Erde

holung nach dem Pinatuboausbruch 1991 zurückzuführen sind.

■ **Künftiger Anstieg** Aussagen über den zukünftigen Meeresspiegelanstieg sind mit großen Unsicherheiten behaftet. Im vierten IPCC-Report von 2007 wird je nach Szenario ein Meeresspiegelanstieg bis zum Jahr 2100 zwischen 19 und 58 cm prognostiziert. Den stärksten Anstieg wird nach Modellrechnungen der Atlantik verzeichnen, da hier die Verringerung der Dichte durch Süßwasserzufuhr eine wichtige Rolle spielen wird. Das Abschmelzen von Gletschern und Eiskappen wird zwar ebenfalls seinen Beitrag leisten, aber eindeutig begrenzt sein. Für die folgenden Jahrhunderte und Jahrtausende ist nach heutigen Simulationen allerdings wahrscheinlicher das Eis auf Grönland gefährdet. Bei einer länger anhaltenden Erwärmung von 3 °C und mehr wird danach der Eisschild über mehrere Jahrhunderte sich deutlich verkleinern.

■ **Folgen** Von einem künftigen Meeresspiegelanstieg werden vor allem niedrig liegende Küstenregionen betroffen sein. Global liegen etwa 2 Mio. km² Land weniger als 2 m über der mittleren Hochwasserlinie. Nicht nur der bloße Anstieg des Meeresspiegels stellt für die tiefer liegenden Küstenzonen eine Gefahr dar. Wichtig sind auch die mit dem Anstieg unmittelbar verbundenen Folgen. Dazu gehören die Erosion von Küstengebieten, ein höheres Auflaufen von Sturmfluten und die Versalzung von Grundwasser durch das Eindringen von Meerwasser.

Meeresströmungen, überwiegend horizontaler Transport von Wassermassen im Meer. Es gibt großräumige stationäre Stromsysteme (allgemeine Zirkulation) sowie zeitlich veränderliche, v. a. periodisch wechselnde Strömungen (→Gezeiten). Die Zirkulation wird durch die Schubkraft des Windes an der Meeresoberfläche **(Drift, Trift)** sowie durch innere Druckkräfte **(Gradientstrom),** die in allen Tiefenbereichen des Meeres wirken können, erzeugt. Dabei können die Druckkräfte auf Wasserstandsunterschieden sowie auf horizontalen Dichteunterschieden des Meerwassers, die durch horizontale Temperatur- und Salzgehaltsunterschiede (thermohaline Zirkulation) bedingt sind, beruhen. Außer den erzeugenden Kräften haben die ablenkende Kraft der Erdrotation sowie die Topografie des Meeresbodens und der Küsten bestimmenden Einfluss auf den Verlauf der Meeresströmungen. Reibungsprozesse sowie Wechselwirkungen zwischen den Meeresströmungen und anderen Bewegungsvorgängen (z. B. Wirbel von 10 bis 500 km Durchmesser und verschiedene Wellentypen) halten die Meeresströmungen im Gleichgewicht.

Neben den Oberflächenströmungen gibt es entgegengesetzt gerichtete Unterströme in unterschiedlicher Tiefe, z. B. unter westlichen Randströmen wie dem Golfstrom in mehreren 1000 m Tiefe, unter östlichen Randströmen wie dem Humboldtstrom unterhalb von 50 bis 100 m Tiefe. Besonders hohe Geschwindigkeiten treten in den äquatorialen Unter-

MEERESSTRÖMUNGEN — *Die Weltreise der Plastikenten*

103754

Als am 10. Januar 1992 ein Frachtschiff aus Hongkong im Pazifik nahe der Datumsgrenze in einen schweren Sturm geriet, begann für 29 000 Plastiktiere eine Reise auf den Meeresströmungen dieser Welt. Ihr Container ging über Bord und öffnete sich – statt amerikanischer Badewannen war von nun an das Meer ihre Heimat. Einige Monate später wurden die ersten Planschtiere in Alaska gesichtet und daraufhin ein Ozeanograf in Seattle unterrichtet. Er begann sogleich, anhand von Computermodellen über Meeresströmungen die Reise der Tiere zu berechnen. Im Endeffekt waren die Enten, Frösche, Schildkröten und Biber zunächst drei Jahre im subarktischen Meereswirbel gefangen. An dessen Rand wurden sie schließlich von arktischen Strömungen erfasst und durch die Beringstraße getrieben. Dort wartete das Packeis, das die Reisenden langsam in Richtung Atlantik bringen müsste, so die Berechnung. Und tatsächlich sichteten Seeleute 2001 den Schwarm zwischen Grönland und Island. Zwei Jahre später teilte er sich wohl, denn sowohl in Massachusetts als auch auf den schottischen Hebriden wurden Enten angeschwemmt. Jetzt geht die Reise langsam zu Ende: Die amerikanische Gruppe wurde vom Golfstrom erfasst und steuert Großbritannien an.

strömen auf (äquatoriales Stromsystem). Ferner können räumliche Unterschiede in den horizontalen Meeresströmungen vertikale Strömungsbewegungen bewirken.

■ **Klimatische Bedeutung** Das globale Strömungssystem spielt eine Schlüsselrolle bei langfristigen Änderungen der Wassertemperatur an der Meeresoberfläche.

Meeresströmungskraftwerk, Anlage zur Erzeugung elektrischer Energie aus der Strömungsenergie des Meeres. Ein unter der Meeresoberfläche installiertes Meeresströmungskraftwerk ist vergleichbar aufgebaut wie eine Windkraftanlage: Ein frei umströmter, horizontal gelagerter Zwei- oder Dreiblattrotor wandelt die kinetische Energie des Wassers in ein mechanisches Drehmoment, das über eine Welle an einen Strom erzeugenden Generator weitergeleitet wird. Über einen Transformator und eine Netzanbindung in Form eines Seekabels kann die regenerativ erzeugte Energie in ein Verbundnetz eingespeist werden. Die gesamte Anlage wird an einem im Meeresgrund verankerten Turm, dem **Monopile,** befestigt und kann zu Wartungszwecken an einem Schlitten aus dem Wasser gehoben werden. Als frei umströmter Energiewandler unterliegt die Wasserturbine den gleichen strömungsphysikalischen Gesetzmäßigkeiten wie eine Windturbine, die einen theoretisch maximal möglichen Wirkungsgrad von 59,3 % erreichen kann. In der Praxis sind Werte über 40 % realisierbar. Die aus der Strömung gewonnene Energie ist u. a. proportional zur Dichte des Wassers. Da die Wasserdichte rund 800-mal höher als die Luftdichte ist, sind bei gleicher elektrischer Anlagenleistung entsprechend geringere Rotorquerschnitte beziehungsweise Strömungsgeschwindigkeiten erforderlich. Ein Meeresströmungskraftwerk mit einem Rotordurchmesser von 20 m erreicht bereits bei einer Strömungsgeschwindigkeit von 2,5 m/s eine Leistung von etwa einem Megawatt.

■ **Nutzung** Bei den Meeresströmungskraftwerken handelt es sich um eine noch sehr junge Technologie, die erstmals 1994 von einem britischen Konsortium entwickelt und an der schottischen Küste (Loch Linnhe) erfolgreich getestet wurde. Damals wurde ein zweiflügliger Axialrotor mit einem Durchmesser von 3,5 m eingesetzt, der an einem Katamaranponton installiert wurde und eine Leistung von 17 kW lieferte. Im Rahmen des europäischen SEAFLOW-Projektes wird seit 1998 an der Weiterentwicklung hin zu einem kommerziell darstellbaren Turbinenkonzept gearbeitet. Im Juni 2003 wurde eine drehzahlvariable 300-kW-Anlage vor der britischen Westküste (North Devon) in Betrieb genommen. Der SEAFLOW-Prototyp ist fest in Strömungsrichtung ausgerichtet und nutzt die periodisch sich umkehrende Gezeitenströmung, indem seine Blätter alle sechs Stunden um 180° verstellt werden. Für die kommenden Jahre sind kleine Anlagenparks und später erste kommerzielle Projekte geplant. Ziel ist es, innerhalb von zehn Jahren die Stromgestehungskosten von derzeit rund 30 Ct/kWh auf etwa 6 Ct/kWh (bei 3500 Volllaststunden) zu senken. Durch die Kombination mit Offshorewindparks könnten zukünftig Synergieeffekte bei Errichtung und Netzanschluss genutzt werden.

■ **Vorteile** Besondere Vorteile der Meeresströmungskraftwerke im Vergleich zu anderen regenerativen Energiequellen (insbesondere Wind- und Solaranlagen) sind die gute zeitliche Vorhersagbarkeit der Leistung sowie die relativ geringe Empfindlichkeit gegenüber Extremwetterereignissen wie Sturm und starkem Seegang (→Meereswellenkraftwerk). Die wichtigsten Mechanismen, die zur Ausbildung einer Meeresströmung führen, sind Temperaturgradienten (z. B. Golfstrom), Verdunstungseffekte (die z. B. im Mittelmeer eine Strömung durch die Meerenge von Gibraltar induzieren), unterschiedliche Salzkonzentrationen und die durch die Mondanziehung verursachte Tideströmung.

■ **Nachteile** Die Herausforderungen bei der Nutzung der Meeresströmungsenergie liegen in der Beherrschung von Korrosion, Kavitation (materialschädigende Dampfblasen in Niederdruckbereichen an der umströmten Turbine) und Bewuchs durch Meerespflanzen und Muscheln. Ferner müssen Netzanschlüsse gelegt und die Sicherheit der Schifffahrt gewährleistet werden. Umweltverträglichkeitsuntersuchungen ergaben nur geringe Auswirkungen der relativ langsam rotierenden Meeresströmungskraftwerke auf Wellen, Seeboden, Sedimente, Wasserqualität, Meereslebewesen und Vögel.

■ **Potenzial** Die Stromerzeugungspotenziale sind bisher nur vereinzelt untersucht worden, allein für die britischen Küstengewässer werden jedoch Potenziale zwischen 31 und 58 Milliarden kWh pro Jahr bei 8 bis 16 GW installierter Leistung angenommen. Weltweit sind geeignete Standorte für Kapazitäten über 50 GW mit einem Stromerzeugungspotenzial von über 150 Milliarden kWh pro Jahr bekannt. Das tatsächliche technische Potenzial liegt wahrscheinlich noch deutlich darüber.

Meereswärmekraftwerk, Kraftwerk, das die Temperaturunterschiede zwischen der von der Sonne aufgeheizten Oberflächen-

Meeresströmungen. Treffen, wie auf dem Satellitenbild zu sehen, an der Ostküste Grönlands Wassermassen mit unterschiedlichen Eigenschaften aufeinander, so kommt es zu komplexen Austauschvorgängen, die zur Ausbildung von Wirbeln, in der Fachsprache »Eddies« genannt, führen.

6186

schicht (Wärmedeckschicht mit 25–30 °C bis 150 m Tiefe) der tropischen Ozeane zwischen 20° nördlicher Breite und 20° südlicher Breite und dem kalten Wasser (8–5 °C in 800–1 000 m Tiefe) zur Elektroenergieerzeugung mithilfe eines thermodynamischen Kreisprozesses nutzt. Nach dem umgekehrten Prinzip des Kühlschranks, bei dem unter Stromeinsatz eine Temperaturdifferenz erzeugt wird, kann beim OTEC-Kraftwerk (englisch **o**cean **t**hermal **e**nergy **c**onversion, »Meereswärmeenergieumwandlung«) aus Temperaturdifferenzen elektrische Energie gewonnen werden: Das Warmwasser verdampft im ersten Wärmetauscher ein organisches Fluid mit niedrigem Siedepunkt (z.B. Freon 22, Isobutan, Propan oder Ammoniak), treibt eine mit einem Generator gekoppelte Niederdruckdampfturbine an und wird in einem zweiten Wärmetauscher (Kondensator) mithilfe des kalten Tiefenwassers wieder verflüssigt. Wegen der geringen Temperaturdifferenz von etwa 20 Kelvin beträgt der theoretische Wirkungsgrad des Wärmeprozesses lediglich 6,6 % und der Gesamtwirkungsgrad bei Umwandlung in elektrische Energie sogar nur 3 %, wobei die nutzbare Energie durch die Pumpleistung für das Tiefenwasser noch gesenkt wird. Eine zusätzliche Energieeinspeisung aus Solarkollektoren könnte das treibende Temperaturgefälle erweitern und somit zur Wirkungsgradsteigerung und zur Senkung der spezifischen Stromgestehungskosten beitragen. Ferner ist denkbar, dass Nebenprodukte (Trinkwasser, Meeresfrüchte und Fische, Klimatisierungskälte) gewonnen werden, welche die Wirtschaftlichkeit der Anlage verbessern könnten. Das Meer wirkt durch die enorme Wärmeenergie der Sonnenstrahlung im tropischen Gürtel als gigantischer Speicher (24-Stunden-Betrieb) und natürlicher Kollektor. Dennoch erfordern OTEC-Anlagen durch Wärmetauscher und Pumprohr für große Wassermassen einen wesentlich höheren Investitionsaufwand als herkömmliche Kraftwerke. Ferner müssen sie in ihrer Konstruktion so stabil ausgeführt werden, dass sie tropischen Wirbelstürmen standhalten können. Schwierigkeiten bereiten auch die großen erforderlichen Wärmetauscherflächen, welche vor Verunreinigungen und Korrosion geschützt werden müssen. Mögliche ökologische Umweltauswirkungen (unter anderem aufgrund weitreichender Energie- und Nährstofftransporte zwischen oberen und unteren Meeresschichten) sind noch weitgehend unerforscht.

■ **Nutzung** Die erste Versuchsanlage 1930 vor Kuba blieb ohne wesentlichen Erfolg. 1979 wurde von den USA vor der Hauptinsel von Hawaii eine Mini-OTEC mit einem Rohr von 655 m Länge und 61 cm Durchmesser eingerichtet, die bei 700 m³/h Kalt- und Warmwasserdurchsatz und mit einer 75-kW-Dampfturbine nach Abzug des Eigenbedarfs von 32 kW eine nutzbare Leistung von 18 kW erzeugt. Ein Folgeprojekt von OTEC-1 für 1 MW elektrischer Leistung mit einem Tanker als Stützpunkt zur technologischen Erprobung wurde aus Budgetgründen nicht voll realisiert. Japan baute auf der Insel Nauru eine OTEC-Anlage für 100 kW elektrische Leistung und projektiert zwei ebenfalls landgestützte Anlagen für 2 MW zur Inselversorgung.

Meereswellenkraftwerk, Kraftwerk, das die hydrodynamische Energie der Meereswellen zur Elektrizitätserzeugung nutzt. Eine Vielzahl von Prinzipien zur Umwandlung der erneuerbaren Energiequelle »Wellenenergie« in mechanische Energie wurden v.a. in Großbritannien in den Jahren 1974 bis 1983 eingehend untersucht. Die wichtigsten Prinzipien nutzen entweder die Relativbewegung schwimmender technischer Strukturen, die der Oberflächenkontur der Welle folgen, die Zirkulation der Wellenkraft auf verankerte Schwimmkörper, flexible Hohlkörperelemente, die Druckluft erzeugen, oder das Eindringen von Wellen in teilweise offene, ebenfalls Druckluft erzeugende feste Hohlräume.

■ **Nutzung** Weiterentwickelt wurde das OWC-System (englisch multiresonant **o**scillating **w**ater **c**olumn, »mehrfach nachhallend schwingende Wassersäule«), bei dem ein- und auslaufende Wellen Druckluft erzeugen, die eine in beiden Richtungen wirkende Turbine (z.B. Wellsturbine, Impulsturbine) antreibt. Eine Pilotanlage wurde 1988 bei Bergen (Norwegen) während des Betriebs, eine weitere 1995 vor der schottischen Küste (OSPREY-Projekt mit 2 MW Leistung) bereits während der Installation durch Sturm zerstört. Obwohl Stürme Schwachpunkte seegestützter Anlagen sind, werden Wassersäulenanlagen vor Schottland und Portugal installiert und haben sich in Schiffsform vor Indiens und Japans Küste bewährt. 1990 wurde an einem indischen Hafen ein Wellenbrecherkraftwerk (Trivandrum mit 150 kW Leistung) installiert. Eine 50 m lange walförmige Schiffskonstruktion (»Mighty-Whale« mit 110 kW Leistung) wurde 1997 von Japan zu Wasser gelassen, sie dient gleichzeitig für die Küste als Wellenschutz. Seit 2000 ist mit LIMPET (Abkürzung für englisch **l**and **in**stalled **m**arine **p**owered **e**nergy **t**ransformer) auf der schottischen Insel Islay eine Felsküsten-Anlage mit Schwungrad in Betrieb (2 × 250 kW Leistung). Eine ähnliche Anlage mit 400 kW Leistung befindet sich auf der Azoreninsel Pico. Kleinere OWC-Anlagen zur autarken Energieversorgung von im Meer schwimmenden Leuchtbojen haben sich seit Jahrzehnten bewährt.

Auch Indien will die Kombination mit Wellenbrechern nutzen. Bei einer Tapchan-Anlage (englisch **tap**ered **chan**nel, »spitz zulaufender Kanal«) wird eine Konzentration der Wellen in einem Felskanal erzielt, das Wasser in einem Becken gesammelt und durch eine Turbine wieder dem Meer zugeführt. Bei einer 1986 in Norwegen an einer Felsküste errichteten und zwölf Jahre betriebenen 350-kW-Anlage wurden nahe Toftenstallen/Bergen 3 m Höhenunterschied erreicht. Die Jahreserzeugung wurde mit 2 GWh und die Kosten mit 7 Cent pro kWh angegeben.

■ **Problematik** Hauptproblem von Meereswellenkraftwerken ist die Notwendigkeit, die Anlagenkonstruktion auf Extremwetterereignisse auszulegen, wodurch sie häufig unrentabel werden. Erfolg versprechend ist hier der Ansatz von Anlagenkonzepten, die unter der Meeresoberfläche realisiert werden: Bei der niederländischen »Wellenschaukel Archimedes« mit drei 40 m voneinander entfernten und durch Luftleitung verbundenen Betonblasen entstehen durch die Wellenenergie Druckdifferenzen und Blasenbewegungen für den Turbinenantrieb. Ein Prototyp soll vor Portugal installiert werden. Die Meeresschlange »Pelamis« nutzt über Hydraulikzylinder und -turbinen nur die Verformungskraft kleiner Wellen, während sie durch große Wellen unbeschädigt hindurchtaucht.

Weitere Schwachstellen von Meereswellenkraftwerken sind der noch unbefriedigende Wirkungsgrad der Turbinen sowie die fluktuierende Stromeinspeisung, verursacht durch Wetter, Tide und Wellenperiode. Das mittlere globale Wellenleistungspotenzial liegt etwa im Bereich von 10 bis 70 kW pro Meter Küste. Insgesamt ist jedoch nur unter günstigen Verhältnissen und für entlegene Gebiete (Inseln) eine wirtschaftliche Energieerzeugung abzusehen, sodass von dem auf rund eine Million MW geschätzten theoretischen Potenzial vermutlich nur ein Bruchteil tatsächlich technisch genutzt werden kann.

Meerwasser, das im Meer vorhandene Wasser, Volumen rund 1350 Mio. km³; unterscheidet sich vom Süßwasser des Binnenlandes v.a. durch seinen Salzgehalt (Ozeane durchschnittlich etwa 35 ‰, örtlich starke Abweichungen). An Flussmündungen bildet sich durch Mischung von Süß- und Salzwasser → Brackwasser.

■ **Chemische Zusammensetzung** Das Meerwasser enthält neben reinem Wasser Salze, gelöste Gase, organische Stoffe und ungelöste suspendierte Partikel. Bei Verdunstung des Wassers bleibt **Meersalz** zurück. Infolge der großen Dissoziationskraft des Wassers sind die verschiedenen Salze (Hauptbestandteile: Natriumchlorid, Magnesiumchlorid, Magnesiumsulfat, Calciumsulfat, Kaliumsulfat) in ionendisperser Form im Wasser gelöst. Einschließlich Wasserstoff und Sauerstoff besteht das Meerwasser aus 13 Hauptkomponenten: Chlor, Natrium, Magnesium, Schwefel, Calcium, Kalium, Brom, Kohlenstoff, Strontium, Bor, Fluor. Die restlichen Elemente (49 außer den Hauptkomponenten nachgewiesen) machen als Spurenstoffe weniger als 0,02 ‰ des Gesamtsalzgehaltes aus. Während die Konzentration der Hauptkomponenten nahezu konstant ist, unterliegen die der Nebenkomponenten z.T. bedeutenden Veränderungen durch natürliche und anthropogene Einflüsse, wie durch biologische Aktivitäten im Meer sowie Zufuhr von natürlichen Stoffen und Verschmutzung von Land, aus der Atmosphäre und dem Meeresboden. Innerhalb sehr kleiner Abweichungen ist die Zusammensetzung des Meersalzes aus den verschiedenen Elementen konstant. Sie stellt ein Gleichgewicht zwischen Zufuhr und Ausfällung dar. Die Aufenthaltsdauer der Hauptkomponenten liegt bei 1–100 Mio. Jahren, die der Nebenkomponenten unter 10000 Jahren.

100562

Meereswellenkraftwerk. Vor der englischen Küste ging im Bristol-Channel am 16. Juni 2003 der weltweit erste »Seaflow«-Unterwasserrotor offiziell in Betrieb. Denkbar sind ganze Reihen von Wasserkraftanlagen.

Die *physikalischen Eigenschaften* hängen in verschieden starkem Maß von den Zustandsgrößen Temperatur, Salzgehalt und Druck ab. Die Dichte spielt eine grundlegende Rolle bei vielen Prozessen im Meer und ist damit einer der wichtigsten Grundwerte in der → Meereskunde. Sie liegt je nach Druck, Temperatur und Salzgehalt zwischen 990 und 1070 kg/m³. Die Temperatur des Dichtemaximums, die bei reinem Wasser 4 °C beträgt, verringert sich mit steigendem Salzgehalt. Bei 24,7 ‰ Salzgehalt liegt sie bei –1,33 °C und fällt mit dem ebenfalls salzgehaltsabhängigen Gefrierpunkt des Meerwassers zusammen. Bei den höheren Salzgehalten, die im Ozean vorherrschen, liegt sie unterhalb des Gefrierpunktes. Der Wärmeausdehnungskoeffizient ist stark temperatur- und salzgehaltsabhängig und beträgt z.B. etwa $2 \cdot 10^{-4}$: K bei 14 °C, 35 ‰ Salzgehalt und

100562

Meteor.
Die Meteor dient der weltweiten grundlagenbezogenen deutschen Hochseeforschung und der Zusammenarbeit mit anderen Staaten auf diesem Gebiet.

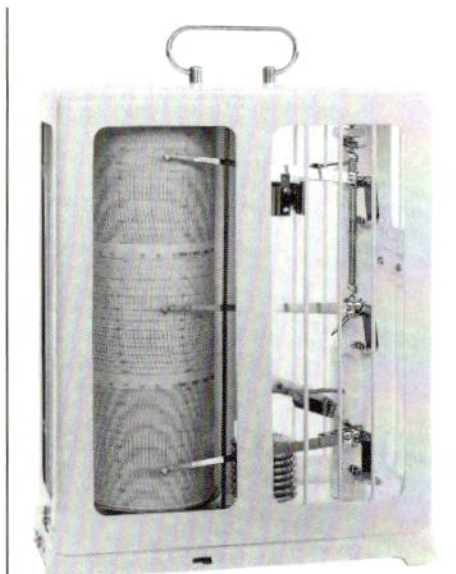

Meteorograf

Atmosphärendruck. Die spezifische Wärmekapazität liegt zwischen 3800 und 4150 J/(kg · K). Die Schwächung der Intensität des Tageslichts im Meerwasser durch Streuung und Absorption hängt von der Wellenlänge der Strahlung und den Trübstoffen im Meerwasser ab; ihr Minimum liegt im Bereich des sichtbaren Lichtes bei 450 bis 550 nm Wellenlänge. Je nach Trübung des Meerwassers (durch suspendierte Partikel) dringt das Tageslicht in Tiefen von einigen Metern (in trübem Küstenwasser) bis zu etwa 150 m (in klarstem Ozeanwasser) vor (Tiefe, in der die Lichtintensität auf 1% des Oberflächenwertes zurückgegangen ist). Die elektrische Leitfähigkeit des Meerwassers hängt stark von Temperatur, Salzgehalt und Druck ab. Bei gleichzeitiger Messung von Temperatur und Druck werden genaue Messungen der Leitfähigkeit zur Bestimmung des Salzgehaltes benutzt.

Megawatt, Einheitenzeichen **MW,** die Leistungseinheit 1 Mio. Watt.

Mesopause [zu griechisch paũsis »Ende«], die Grenzschicht zwischen Meso- und Thermosphäre in der →Atmosphäre.

Mesosphäre, *Meteorologie:* Schicht in der →Atmosphäre.

meteomedia ag, 1991 von dem Schweizer TV-Meteorologen und Journalisten Jörg Kachelmann (*1958) gegründetes Unternehmen mit Sitz in Gais im Kanton Appenzell Ausserrhoden. Der Hauptsitz der deutschen meteomedia GmbH befindet sich in Bochum. Das Unternehmen erstellt u. a. Wetterberichte für diverse deutschsprachige TV- und Hörfunksender. Hierfür betreibt meteomedia ein eigenes Beobachtungsnetz mit rund 500 Wetterstationen und verarbeitet die Daten von weltweit ca. 14 000 Stationen. Zu dem Unternehmen gehören auch Unwetterzentralen in Bochum, Wien und Gais, die u. a. über Internetportale Informationen zu den aktuellen Unwetterlagen in Deutschland, Österreich und der Schweiz anbieten.

Meteor [griechisch metéōron »Himmelserscheinung«, »Lufterscheinung«, zu meteōros »in die Höhe gehoben«, »in der Luft schwebend«], *Meteorologie:* Bezeichnung für jede der in der Atmosphäre und an der Erdoberfläche zu beobachtenden meteorologischen Erscheinungen wie schwebende oder abgelagerte flüssige oder feste Teilchen (→Hydrometeore, →Lithometeore), sicht- oder hörbare Folgeerscheinungen der atmosphärischen Elektrizität wie Blitz und Donner, Elmsfeuer und Polarlicht **(Elektrometeor)** sowie alle durch Spiegelung, Brechung, Beugung oder Interferenz des Sonnen- oder Mondlichtes hervorgerufenen Lichterscheinungen **(Fotometeor),** insbesondere Regenbogen, Halo und Kranz.

Meteor, Name von drei deutschen Forschungsschiffen. Die ersten beiden Schiffe sind nicht mehr im Dienst, die aktuelle Meteor wurde 1986 in Dienst gestellt. Sie hat zahlreiche Forschungsreisen meist im Rahmen internationaler Forschungsprojekte in den Atlantik von der Grönlandsee bis in das nördliche Weddellmeer, das Mittelmeer, das Rote Meer, den westlichen Indischen Ozean und den östlichen Pazifik unternommen.

Meteorograf, Gerät zur gleichzeitigen Messung und Registrierung von Luftdruck, Lufttemperatur und Luftfeuchte in höheren Schichten der Atmosphäre, in die es durch Ballons, Flugzeuge oder Raketen gebracht wird (→Radiosonde).

Meteorologie [griechisch »Lehre von den Himmelserscheinungen«], Teilgebiet der Geowissenschaften, das die physikalischen und chemischen Erscheinungen und Vorgänge der Atmosphäre der Erde einschließlich der Wechselwirkungen mit der Erdoberfläche und dem solaren Strahlungsangebot umfasst. Die zeitlich-räumlichen Größenordnungen reichen dabei von der Mikroturbulenz über das Wettergeschehen bis zur →Klimatologie, die jedoch in ihrer interdisziplinären Ausprägung über die Meteorologie weit hinausgeht.

■ **Einteilung** Die **theoretische** oder **dynamische Meteorologie** untersucht die meteorologischen Prozesse und Bewegungsvorgänge physikalisch-mathematisch unter Zugrundelegung der wichtigsten die Atmosphäre erfassenden Größen (Luftdruck, Lufttemperatur, Wind, Luftfeuchte, Luftdichte, Spurenstoffkonzentrationen usw.) und mithilfe auf das atmosphärische Geschehen ausgerichteter physikalischer Gleichungen, bei denen die →Zirkulation der Atmosphäre und die damit verbundenen Prozesse im Mittelpunkt stehen. Die Integration dieser meteorologischen Grundgleichungen ist heute durch Großrechenanlagen unter vereinfachten Annahmen möglich. Dadurch ist die numerische Wettervorhersage möglich geworden, die ständig weiterentwickelt wird.

Die **synoptische Meteorologie (Synoptik)** behandelt den Wetterzustand zu einem bestimmten Zeitpunkt über einem mehr oder weniger großen Gebiet anhand von Wetterkarten, Vertikalprofilen u.a.; weitergehendes Ziel ist die →Wettervorhersage mithilfe theoretischer und empirischer Methoden. Die **experimentelle Meteorologie (Physik der Atmosphäre)** hat die vorwiegend mittels Messungen nach den Methoden der experimentellen Physik durchgeführte Erforschung der meteorologischen Prozesse zur Aufgabe. Hierzu gehören v.a. die Probleme der atmosphärischen Strahlung, des Wärmehaushalts, der Bewegungsvorgänge und Turbulenz, aber auch der Optik und der Luftelektrizität.

100721

Meteorologie ist die Wissenschaft von der Atmosphäre, vor allem der unteren Erdatmosphäre, und untersucht in erster Linie die Dynamik von Wetterereignissen.

Weitere Teilgebiete der Meteorologie sind die →Aerologie und die →Satellitenmeteorologie. Besondere Bedeutung hat zusätzlich die **Luftchemie** erlangt, welche die Gegebenheiten und durch chemische Reaktionen eintretenden Veränderungen der »reinen« und verunreinigten Atmosphäre behandelt. Dabei ist zwischen der troposphärischen und stratosphärischen Luftchemie zu unterscheiden (→Atmosphäre).

Die Aufgabe der **angewandten Meteorologie** liegt in der Anwendung der von den übrigen Zweigen der Meteorologie ausgearbeiteten Erkenntnisse und Unterlagen auf spezielle Gebiete, z.B.: Biometeorologie (→Bioklimatologie), →Agrarmeteorologie, →Flugmeteorologie. Die **maritime Meteorologie** beschäftigt sich mit Forschungen in der Atmosphäre über See sowie in der Grenzschicht zwischen Lufthülle und Meeresoberfläche; die Ergebnisse kommen v.a. dem **Seewetterdienst** zugute, dem die meteorologische Sicherung der Seefahrt obliegt.

■ **Geschichte** Die früheste bekannte Systematisierung des Wissens über die Erscheinungen am Himmel und in der Atmosphäre stellen die vier Bücher »Meteorologica« des Aristoteles dar, die bis in die Neuzeit hinein grundlegend blieben. Erst im 19. Jh. begann, parallel zur Experimentalphysik, die Entwicklung der Meteorologie zu einer eigenständigen Wissenschaft. Mit der Sammlung von Beobachtungsmaterial wurde zunächst die Lehre von den Formen der meteorologischen Erscheinungen – beginnend mit der Wolkengestalt – vorangetrieben und ihr Zusammenhang mit den geografischen Bedingungen hervorgehoben. Die theoretische Zerlegung der komplexen Erscheinungen in Einzelphänomene und die darauf folgende Einordnung in ein System des Gesamtgeschehens gingen mit dem Eindringen mathematischer Methoden und der Anwendung physikalischer Prinzipien, insbesondere der Thermodynamik und Dynamik, einher. Ein stürmischer Aufschwung begann in der zweiten Hälfte des 19. Jh. mit der Erkenntnis des Zusammenhangs von Wind und Luftdruck. Um die Wende zum 20. Jh. hatten sich Klimatologie und Aerologie als gesonderte Zweige herausgebildet. Hinzu kam schließlich noch die Luftchemie.

In ihrer weiteren Entwicklung wurde die Meteorologie stark von neuen technischen Möglichkeiten bestimmt – in der ersten Hälfte des 20. Jh. durch den Einsatz der drahtlosen Telegrafie und von Ballons und Flugzeugen, v.a. seit dem Zweiten Weltkrieg auch von Radiosonden, Raketen und Satelliten und durch den Einsatz des Radars sowie von Lasern, die die Erfassung der gesamten Atmosphäre gestatten und eine weltweite Zusammenarbeit der meteorologischen Stationen und Institute ermöglichen. Gleichzeitig hat sich die Nutzung von Computern rasch fortentwickelt, die in der modernen Meteorologie unumgänglich sind (insbesondere bei der numerischen Wetteranalyse und -prognose, aber auch z.B. bei der Berechnung der Ausbreitung von Schadstoffen in der Atmosphäre).

meteorologische Elemente, Größen, die den Zustand der Atmosphäre oder Vorgänge in ihr beschreiben. Dazu gehören u.a. Strahlung, Luftdruck, Temperatur, Feuchte, Wind, Wolken, Wettererscheinungen, Lufttrübung und Bodenzustand. Sie sind in vielfältiger Weise voneinander abhängig. So stehen vertikale Temperatur-, Feuchte- und Druckverteilung in direkter Beziehung zueinander. Druck- und Windfeld verbindet die Bewegungsgleichung, wobei der vom Wind verursachte Massentransport seinerseits das Druckfeld ändert (für die Wettervorhersage wichtig). Meteorologische Elemente werden mit →meteorologischen Instrumenten gemessen oder (z.B. Wolken) durch Augenbeobachtungen bestimmt.

meteorologische Gesellschaften, Gesellschaften zur Förderung der Forschung sowie zur Verbreitung des Wissens und der Erkenntnisse auf dem Gebiet der Meteorologie; u.a. die Royal Meteorological Society (gegr. 1850; London), die Österreichische Gesellschaft für Meteorologie (gegr. 1865; Wien), die Meteorologische Gesellschaft von Japan (gegr. 1882; Tokio), die Deutsche Meteorologische Gesellschaft (gegr. 1883; Hamburg), die American Meteorological Society (gegr. 1919; Boston, Mass.). Die →Societas Meteorologica Palatina war die erste Institution, die weltweit Wetterbeobachtungen durchgeführt und dokumentiert hat.

100001

meteorologische Elemente. Wind, Wolken und Sonnenstrahlung bestimmen u.a. unser Wetter.

meteorologische Institute, Lehr- und Forschungsinstitute für Meteorologie (in der Regel an Hochschulen), mitunter mit denen für Geophysik verbunden. Die größten meteorologischen Institute außerhalb der Hochschulen sind in Deutschland das Institut für Physik der Atmosphäre der Deutschen Forschungsanstalt für Luft- und Raumfahrt e.V. in Oberpfaffenhofen und das Max-Planck-Institut für Meteorologie in Hamburg.

meteorologische Instrumente, bei meteorologischen Messungen am Boden, im Allgemeinen in 2m Höhe über Grund, und in der freien Atmosphäre eingesetzte Messgeräte, u.a. Hygrometer und Hygrografen, Barometer und Barografen, Niederschlagsmesser und -schreiber, Anemometer, Anemografen, Thermometer, Thermografen, Aktinometer, Aktinografen, Pyranometer, Pyrheliometer, Pyrgeometer, Psychrometer, Sonnenscheinautografen, im weiteren Sinne auch Radiosonden, Messbojen, Messzüge, Wetterraketen, automatische Wetterstationen, Lidar, Sodar, die bei Remote-Sensing eingesetzten Verfahren (Wettersatelliten, Infrarotthermografie) und Wetterflugzeuge. Gegenwärtig erlebt die meteorologische Messtechnik einen Aufschwung durch den Einsatz mikroprozessorgesteuerter Messwerterfassungssysteme.

meteorologische Observatori|en, für bestimmte meteorologische Beobachtungen aufgrund ihrer Lage und Ausstattung besonders eingerichtete Stationen, so in Hamburg (Forschung, Entwicklung und Beratung auf den Gebieten der Luftbeimengungen, Strahlung und Optik der Atmosphäre sowie der Austauschvorgänge in der unteren Atmosphäre) und auf dem Hohen Peißenberg (Radarmeteorologie, Niederschlagsphysik und Ozon der Atmosphäre).

meteorologische Optik, die →atmosphärische Optik.

meteorologischer Äquator, →Äquator.

meteorologischer Dienst, der →Wetterdienst.

meteorologische Sichtweite, Horizontalsicht, größte horizontale Entfernung, in welcher dunkle Objekte (Sichtziele) mit einer scheinbaren Größe (Sichtwinkel) von 0,5 bis 5 Grad, die sich in Erdbodennähe befinden, vor hellem Horizonthimmel (oder gegen Nebel als Hintergrund) gerade noch erkannt werden können. Dabei genügt es nicht, nur die Umrisse des Objekts zu sehen, sondern es muss zweifelsfrei identifiziert werden können.

meteorologische Station, Wetterbeobachtungsstelle, die regelmäßig die Beobachtung und Aufzeichnung der →meteorologischen Elemente durchführt. Je nach der instrumentellen Ausrüstung unterscheidet man meteorologische Stationen 1. bis 5. Ordnung.

Meteorologische Welt|organisation, dt. Bezeichnung für die World Meteorological Organization, →WMO.

meteorologische Zeichen, →Wetterkarte.

Meteosat [englisches Kunstwort für **Meteo**rological **Sat**ellite], Bezeichnung für europäische geostationäre Wettersatelliten mit Position über dem Schnittpunkt von Nullmeridian und Äquator in rund 36000 km Höhe. Der erste Satellit, **Meteosat 1,** wurde am 23. November 1977 gestartet und übertrug bis November 1979 Wetterbilder. Darauf folgten **Meteosat 2** bis **Meteosat 7,** welche Aufnahmen im sichtbaren, infraroten und Wasserdampfspektralbereich liefern. Ihre Starttermine waren: Meteosat 2: 1981, Meteosat 3: 1988, Meteosat 4: 1989, Meteosat 5: 1991, Meteosat 6: 1993. Meteosat 7 wurde in 1997 als letzter Satellit der Ersten Generation Meteosat gestartet. Die Satelliten der Meteosatserie wurden von der Europäischen Weltraumagentur ESA entwickelt und zunächst betrieben, seit 1987 ist die EUMETSAT für die europ. Wettersatelliten verantwortlich. Seit 2004 ist der erste Satellit der zweiten Generation im Einsatz (→Meteosat Zweite Generation), die

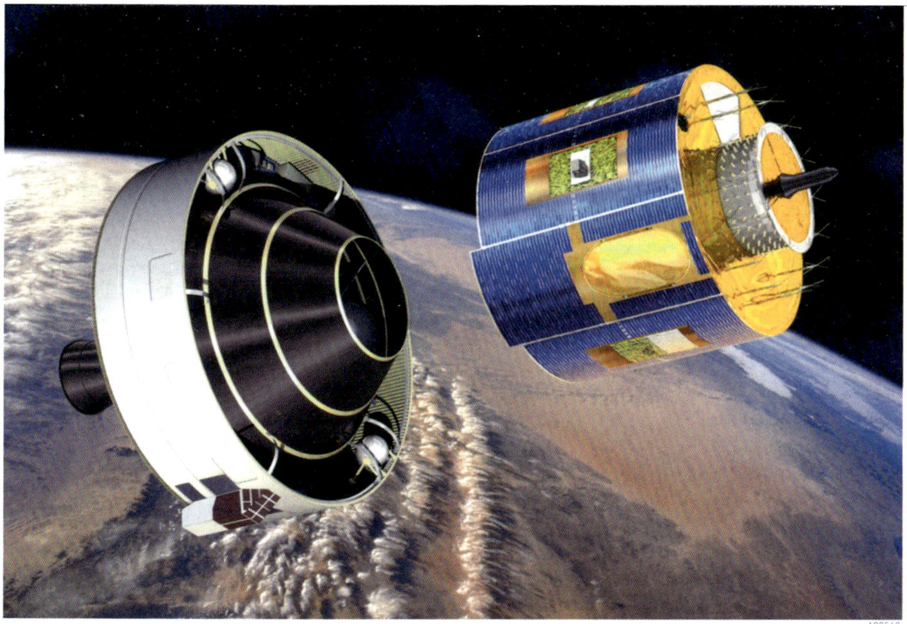

Meteosat Zweite Generation. MSG-1 trennt sich von seiner Trägerrakete (Zeichnung).

Satelliten Meteosat5 bis 7 dienen jedoch noch als Reservesatelliten und liefern weiterhin Bilder. Meteosat6 arbeitet in einem speziellen Rapid-Scan-Modus und deckt die nördliche Hemisphäre ab.

Ab 2015 ist der Einsatz der dritten Meteosat-Generation geplant. Sie soll die Bezeichnung **Meteosat Third Generation** (MTG) tragen.

Meteosat Zweite Generation, Abkürzung **MSG** [für englisch; Meteosat Second Generation], neue und verbesserte Generation von geostationären europäischen Wettersatelliten. Die MSG-Satelliten liefern Messungen in insgesamt 12 Spektralbereichen (Erste Generation Meteosat: 3 Spektralbereiche), Bilddaten mit einer Auflösung bis zu 3 km bzw. tagsüber bis zu 1 km in einem speziellen Kanal im sichtbaren Spektralbereich (Erste Generation: 5 bzw. 2,5 km) und 15 Minuten Wiederholrate (Erste Generation: 30 Minuten). MSG verfügt außerdem über ein spezielles Instrument für die Bestimmung der Stahlungsbilanz des Systems Erde/Atmosphäre, was wichtig für die Überwachung des irdischen Klimasystems ist. Die Bilddaten in den diversen Spektralbereichen gestatten u.a. Erkennung von Nebel auch in der Nacht, die Unterscheidung Wolken/Schnee/Eis, die Erkennung von Luftbeimengungen und Vegetationsunterschieden. Die MSG-Satelliten sind größer und schwerer als die Vorgängersatelliten. Der erste Satellit (**MSG-1**) wurde im August 2001 gestartet und nahm Anfang 2004 den vollen operationellen Betrieb auf (zuständig EUMETSAT); um die Kontinuität zu den Vorgängersatelliten auszudrücken, wird er seither mit der Bezeichnung **Meteosat-8** betrieben. Im Dezember 2005 wurde der zweite MSG-Satellit mit einer Ariane-Trägerrakete in den Orbit gebracht. Er nahm 2006 als **Meteosat-9** den operationellen Betrieb auf. Das MSG-Programm sieht insgesamt Bau, Start und Betrieb von 4 Satelliten vor, wodurch ein zuverlässiger kontinuierlicher Betrieb bis etwa 2018 gewährleistet werden soll.

MeteoSchweiz, MétéoSuisse [meteɔ-ˈsɥis], **MeteoSvizzera,** dem Eidgenössischen Departement des Innern unterstelltes Bundesamt; gegründet mit Bundesbeschluss vom 23. Dezember 1880 (bis 1979 **Schweizerische Meteorologische Zentralanstalt,** 1979 bis 1996 **Schweizerische Meteorologische Anstalt**). Die Zentrale befindet sich in Zürich; weitere Stellen befinden sich am Flughafen Zürich sowie in Genf, Locarno und Payerne. Insgesamt beschäftigt MeteoSchweiz 290 Mitarbeiter.

MeteoSchweiz führt rund um die Uhr Wetterbeobachtungen durch und erstellt Wetterprognosen, zum Teil spezielle Vorhersagen für bestimmte Berufsgruppen, die Luftfahrt und das Militär.

Methan [zu griechisch méthy »Wein«], **Sumpfgas, Methylwasserstoff,** einfachster Kohlenwasserstoff (CH_4) aus der Gruppe der Alkane. Das Methanmolekül ist tetraedrisch aufgebaut. Alle vier Wasserstoffatome sind kovalent an das Kohlenstoffatom gebunden und bilden mit diesem Bindungswinkel von jeweils 109,5°. Methan ist ein farbloses, bläulich brennendes Gas mit einem Brennwert von 39,8 MJ/m³. Es kommt in vielfältiger Form auf der Erde vor und wird ständig neu

METHAN | ***Energiespender Methanhydrat***

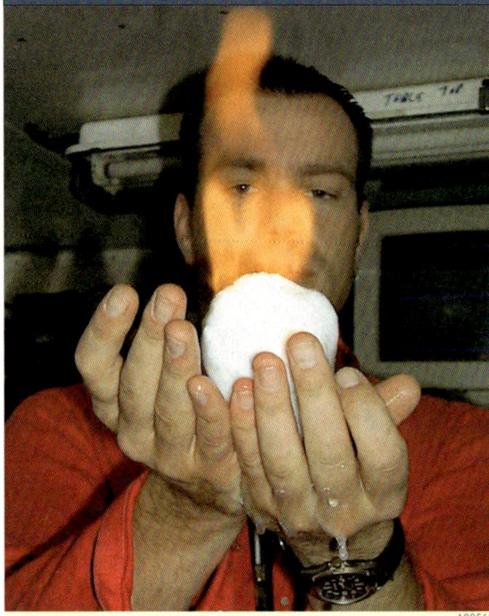

100562

Methanhydrat ist in den Weltmeeren reichlich vorhanden. Da es genauso gut brennt wie Erdgas, könnte es vielleicht einen Beitrag zur Energieversorgung der Zukunft leisten. Die Gashydrate besitzen eine einzigartige, eisähnliche Struktur und finden sich vor allem an den Kontinenträndern. Bereits vor Jahren wurde der »Hydratrücken« vor der Küste des US-Bundesstaats Oregon entdeckt – ein Unterwassergebirge von der Größe des Harzes.

Die Erschließung der Hydrate ist jedoch alles andere als leicht. Zum einen müssen die Proben der Gashydrate aus Hunderten von Metern Tiefe hervorgeholt werden, zum anderen werden sie bei den an der Oberfläche herrschenden Bedingungen instabil, sodass sie zerfallen – und das Treibhausgas Methan freisetzen. Diese Instabilität macht sie generell zu einer Gefahrenquelle. Denn erwärmen sich die Meere weiter, werden die Hydrate ebenfalls zerstört und verschärfen den Treibhauseffekt. Außerdem stabilisieren die Methanhydrate den Meeresboden. Bei einem Rückgang kämen eventuell Unterwasserhänge ins Rutschen – was wiederum Tsunamis zur Folge hätte.

gebildet, z. B. durch anaerobe bakterielle Zersetzung organischer Substanzen. Es ist deshalb wesentlicher Bestandteil z. B. von Erdgas, Raffineriegas, Kokereigas, Biogas und Grubengas.

Methan entsteht auch durch Methanisierung, bei der Kohlevergasung (besonders unter Druck und in Gegenwart von Wasserstoff) und bei der Kohlehydrierung. Riesige Mengen (geschätzte zwölf Trillionen Tonnen) lagern in Form von Methanhydrat auf dem Meeresboden. Für deren Bergung gibt es bislang noch kein Mittel. Methan wird meist in Gemischen mit anderen Gasen als Brenngas verwendet. Als chemischer Rohstoff dient es außerdem zur Herstellung von Synthesegas für die Ammoniak- und Methanolsynthese sowie für die Herstellung von Wasserstoff, Blausäure, Acetylen und Chlormethanen (Chlorkohlenwasserstoffe).

■ **Klimawirksamkeit** Methan zählt zu den klimawirksamen Spurengasen, die zum Treibhauseffekt beitragen (→Klimaänderung). Das Erwärmungspotenzial von Methan ist 23-mal so groß wie das Potenzial von Kohlendioxid. Der Methangehalt der Atmosphäre hat sich seit 1850 auf 1732 ppb verdoppelt. Die atmosphärische Methankonzentration übertrifft damit die aus Eisbohrkernen bestimmte natürliche Bandbreite der letzten 650 000 Jahre (320–790 ppb). Als Ursachen dafür werden die Verstärkung von Reisanbau (Sumpfgas) und Viehhaltung (Methanbildung im Pansen von Wiederkäuern) sowie das Entweichen von Deponiegasen angesehen. Methan ist der Hauptbestandteil in den Atmosphären der Planeten Jupiter, Saturn, Uranus und Neptun und kommt auch außerhalb unseres Sonnensystems vor. Es war Bestandteil der Uratmosphäre der Erde und wird im Erdinneren vermutet.

METimage, vom Deutschen Zentrum für Luft- und Raumfahrt und dem Bundesministerium für Verkehr, Bau und Stadtentwicklung geplantes Wettersatelliteninstrument, das ab 2018 zum Einsatz kommen soll. Es soll auf den Nachfolgern des derzeitigen Satellitensystems EUMETSAT Polar System (EPS) betrieben werden. Das Instrument registriert das von Erdoberfläche, Atmosphäre und Wolken reflektierte bzw. gestreute Sonnenlicht vom sichtbaren bis zum thermischen Infrarotbereich und ermittelt eine Vielzahl von meteorologischen Daten, beispielsweise den Wolkenbedeckungsgrad, den Reflexionsgrad von Wolken und der Erdoberfläche (Albedo) und die Menge der Luftschwebestoffe (Aerosole).

Met Office [met 'ɔfɪs], der 1854 von R. FitzRoy gegründete meteorologische Dienst in Großbritannien; Hauptsitz in Exeter. Er betreibt ein Wettervorhersagezentrum und strahlt über Radio eine Wettervorhersage für die Schifffahrt aus.

MetOp [Abkürzung für englisch **Met**eorological **Op**erational Satellite], System europäischer polarumlaufender meteorologischer Satelliten für Meteorologie, Klimaüberwachung und weitere Erdbeobachtungsaufgaben.

Verantwortlich für das Programm, Start und Betrieb der MetOp-Satelliten und zugehörigen Bodeneinrichtungen ist EUMETSAT, Entwicklung und Erprobung des ersten Satelliten erfolgt gemeinsam von EUMETSAT und ESA. Die MetOp-Satelliten ergänzen die polarumlaufenden Satelliten der USA, mit aufeinander abgestimmten Umlaufbahnen und teilweise gegenseitig bereitgestellten, gleichartigen Instrumenten. Die MetOp-Satelliten besitzen ein abbildendes Instrument für die Erfassung von Wolken und weiteren Atmosphärenparametern sowie Land- und Meeresoberflächenparameter, spezielle Instrumente zur dreidimensionalen Bestimmung von Temperatur und Feuchte in der Atmosphäre, von Ozon und weiteren Spurengasen sowie welche zur Bestimmung des Winds an der Meeresoberfläche.

Der erste MetOp-Satellit, MetOp-A, startete am 19. Oktober 2006 mit einer Sojus-Trägerrakete. Der Start des nächsten Satelliten MetOp-B ist für 2010 geplant, MetOp-C soll 2015 folgen.

Microburst, → Downburst.

Mie-Effekt [nach dem dt. Physiker Gustav Adolf Ludwig Mie (*1868, †1957)], Erscheinung, dass bei der Lichtstreuung an Teilchen, deren Durchmesser größer als die Lichtwellenlänge oder mit ihr vergleichbar ist (**Mie-Streuung,** 1908), mit wachsendem Durchmesser die Streuintensität in Vorwärtsrichtung stärker zunimmt als in Rückwärtsrichtung. Die Mie-Streuung hängt im Gegensatz zur → Rayleigh-Streuung von den Materialeigenschaften (Dielektrizitätskonstante, elektrische Leitfähigkeit) der streuenden Teilchen ab. Die Mie-Theorie der Streustrahlung wird u. a. zur Berechnung der Zerstreuung des Lichts in der von Dunst getrübten Atmosphäre herangezogen. Sind die Dunstteilchen so beschaffen, dass die Lichtstreuung weitgehend eine Mie-Streuung ist, so tritt an die Stelle des blauen Himmelslichts weißes.

Mie-Streuung [nach G. A. L. Mie], → Mie-Effekt.

Mikroklima, Kleinklima, Grenzflächenklima, das Klima der bodennahen Luftschicht bis zu einer Höhe von etwa 2 m, in der

MetOp. Der erste MetOp-Satellit wurde am 19. 10. 2006 im kasachischen Baikonur an Bord einer Sojus-Fregat-Rakete gestartet.

METHAN

Rülpsfilter für Rinder

Nicht nur Kohlendioxid erwärmt die Erdatmosphäre, sondern auch Methan. Und zwar viel effizienter als CO_2, denn ein Kilo Methan trägt 23-mal mehr zum Treibhauseffekt bei als dieselbe Menge Kohlendioxid.

Außerdem hat sich die Methankonzentration in der Atmosphäre in den vergangenen 50 Jahren versechsfacht.

15 Prozent der weltweiten Methanemissionen gehen auf Nutztiere – Rinder, Schafe, Schweine – zurück. Kein Wunder, dass Forscher darüber nachdenken, wie sie vor allem den Ausstoß der Rinder senken könnten. Einfach ist das allerdings nicht, Rinder besitzen ein komplexes Verdauungssystem. An der Universität Stuttgart-Hohenheim wurde z. B. eine faustgroße Tannintablette entwickelt: Tannine hemmen das Wachstum der Mikroben im Rinderpansen, die bei ihrer Arbeit Methangas produzieren. Andere Forscher suchen nach Ansatzpunkten in der Genetik der Mikroben, um ihr Wachstum zu unterdrücken. Und schließlich erwägen manche Wissenschaftler sogar, den Tieren chemische Substanzen zu verabreichen, welche die Methanbildung direkt hemmen. Was davon praktikabel ist, muss sich erst noch zeigen.

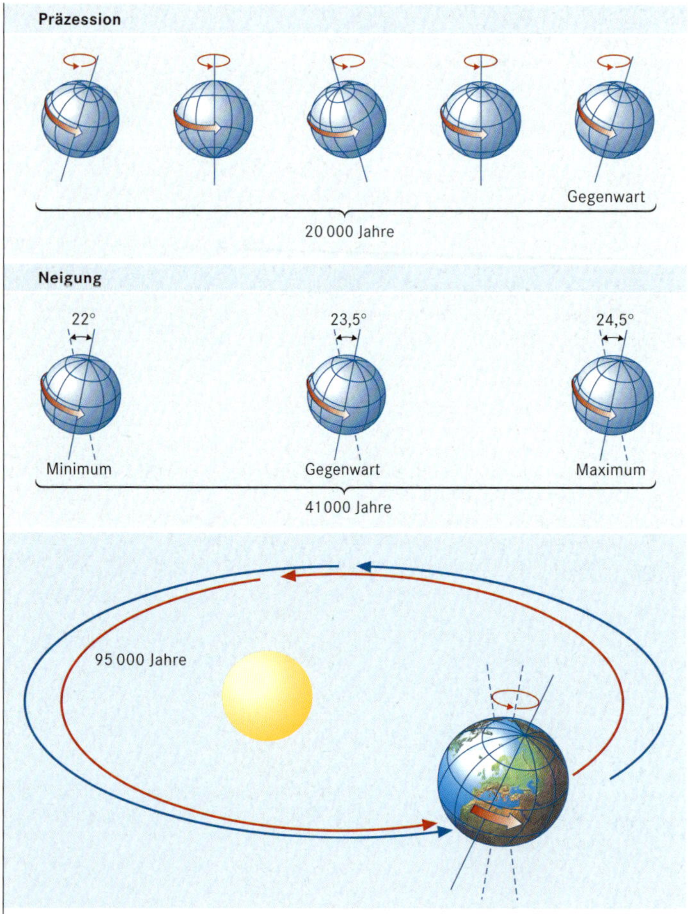

Milanković-Zyklen. Die Umlaufbahn der Erde um die Sonne zeigt drei periodische Änderungen, die teilweise das Auftreten von Kalt- und Warmzeiten erklären können. Die Neigung der Erdachse, die Präzession und die Umlaufbahn variieren mit je eigener Periode.

Horizontalen bezogen auf Areale bis 100 m Erstreckung. Maßgebend für seine Gestaltung sind der Strahlungsumsatz und die daraus abgeleitete Temperaturverteilung an der Erdoberfläche, die spezifische Feuchteverhältnisse und der in der bodennahen Reibungszone stark herabgesetzte Austausch der Luftteilchen (im Gegensatz zur darüberliegenden turbulent durchmischten Schicht). Diese Faktoren sind jeweils abhängig von den Formen der Erdoberfläche, von den physikalischen Eigenschaften des Erdbodens und von seiner Bedeckung. Ein spezielles Mikroklima ist das **Gelände-** oder **Topoklima** an Hängen, an denen eine Südlage mehr Strahlung empfängt als eine Nordlage, in engen Tälern, wo die Sonnenscheindauer durch hohen Horizont vermindert wird oder sich häufig Kaltluft sammelt. In Pflanzenbeständen gibt es ein Bestandsklima.

Mikrometeorologie, Teilbereich der Meteorologie, der sich mit den physikalischen Prozessen befasst, die sich in der bodennahen Luftschicht (unterhalb von 2 m über dem Erdboden) abspielen und in denen die Wechselwirkungen mit der Erdoberfläche deutlich hervortreten (→Mikroklima). Die Mikrometeorologie dient v.a. der Geländeklimatologie und der Agrarmeteorologie.

Milanković, Milutin, serbischer Astronom und Mathematiker, *Dalj (Kroatien) 28. 5. 1879, †Belgrad 12. 12. 1958. Milanković studierte und promovierte an der Technischen Hochschule Wien. 1909 wurde er Professor in Belgrad. Milanković wurde bekannt durch seine klimatologischen Arbeiten, insbesondere durch die Erklärungsversuche von Klimaschwankungen durch langperiodische Schwankungen der Bahnelemente der Erde und die damit verbundene Schwankung der Sonneneinstrahlung. Die von ihm aufgestellte →Strahlungskurve spielt in modifizierter Form in Klimamodellen eine wichtige Rolle.

Milanković-Theorie [-vɪtʃ-], →Strahlungskurve.

Milanković-Zyklen [-vɪtʃ-, nach M. Milanković], Modell zur Erklärung des Auftretens von Kalt- und Warmzeiten durch quasiperiodische Variationen der Erdbahnparameter, welche eine Änderung der Sonneneinstrahlung bewirken. Mögliche Variationen sind: a) die Änderung der Exzentrizität der Erdbahn unter dem Einfluss der anderen Planeten mit einer mittleren Periode von etwa 95 000 Jahren; b) die Variation der Neigung der Äquatorebene gegen die Bahnebene mit einer Periode von etwa 41 000 Jahren; c) die Überlagerung der Präzession der Erdachse mit einer Drehung der Bahnellipse – ein komplizierter Schwebungseffekt mit zwei Einzelperioden bei 19 000 und 23 000 Jahren. Alle drei Effekte haben einen Einfluss auf die jahreszeitlichen Gegensätze. Tatsächlich konnten diese Perioden 1976 bei der Isotopenanalyse von Tiefseesedimenten gefunden werden, sodass kein Zweifel an der Existenz der Milanković-Zyklen besteht. Allerdings reicht dieser Mechanismus allein nicht aus, um die dramatischen Klimaänderungen (Warm- und Kaltzeiten) in der Erdgeschichte zu erklären, weitere Auslöse- und Verstärkungsmechanismen spielen eine Rolle.

Millibar, Einheitenzeichen **mbar,** auch **mb,** der tausendste Teil der Druckeinheit →Bar; 1 mbar = 10^{-3} bar = 1 hPa.

Mireille, ein Taifun der Stufe 4 auf der Saffir-Simpson-Hurrikanskala, der am 27. September 1991 auf die beiden japanischen Hauptinseln Kyūshū und Hokkaido traf. In der Spitze traten Windgeschwindigkeiten bis 214 km/h auf. Mireille forderte 45 Todesopfer und verursachte einen volkswirtschaftlichen Gesamtschaden von ca. zehn Milliarden US-Dollar.

Mischwolken, Wolken, in denen unterkühlte Wassertröpfchen und Eisteilchen vorkommen, etwa im Temperaturbereich von −10 °C bis −35 °C; Mischwolken bilden in unseren Breiten eine wesentliche Voraussetzung für die Entstehung von Niederschlägen (Theorie von T. Bergeron). Zu den Mischwolken zählen v.a. die Wolkengattungen Altostratus, Nimbostratus und Cumulonimbus.

Mistral. Vom Mistral verformt: Korkeiche auf Sardinien

Mistral [provenzalisch-französösisch; von älter maestral, zu maestre »Meister«, »Lehrer«, eigentlich etwa »Hauptwind«], rauer, meist trockener und kalter Fallwind aus Nord bis Nordwest in Südfrankreich (Rhônetal, Provence), der durch die Düsenwirkung des Rhônetals verstärkt wird und häufig, v.a. im Winter und Frühjahr, Sturmstärke erreicht (Windgeschwindigkeit z.T. 150 km/h). Der Mistral wird durch ein atlantisches Hochdruckgebiet und ein Tiefdruckgebiet über dem Golf von Genua hervorgerufen und leitet einen Kaltlufteinbruch in das westliche Mittelmeergebiet ein.

Mitch, ein Hurrikan, der sich am 21. Oktober 1998 über der südwestlichen Karibik bildete und dann Richtung Honduras zog, wobei er sich zu einem Hurrikan der Stufe 5 auf der →Saffir-Simpson-Hurrikanskala intensivierte. Am 29. Oktober hatte er wieder die Stärke eines tropischen Sturms erreicht und zog in südlicher Richtung ins Landesinnere. Durch die von Mitch verursachten Regenfälle über viele Tage hinweg kam es zu massiven Überschwemmungen, die schätzungsweise 11000 Menschen das Leben kosteten. Mitch war damit der tödlichste Hurrikan seit 200 Jahren. Die schlimmsten Zerstörungen traten in Nicaragua und Honduras auf. Innerhalb von 41 Stunden wurden auf Honduras 698 mm Niederschläge registriert; insgesamt gingen zwischen dem 27. und dem 31. Oktober 896 mm Regen nieder. Auch El Salvador und Guatemala wurden von den Auswirkungen des Hurrikans getroffen. Der volkswirtschaftliche Gesamtschaden wird auf sieben Milliarden US-Dollar geschätzt.

Mittel, *Meteorologie:* der arithmetische Mittelwert eines meteorologischen Elements (z.B. der Temperatur) während eines bestimmten Zeitraums, in dem mehrere Messungen des Elements erfolgten; es gibt Tages-, Monats- und Jahresmittel, daneben Pentaden- und Dekadenmittel (für Zeiträume von 5 bzw. 10 Tagen) sowie langjährige meteorologische Mittel.

Mittelgebirgsklima, Waldklima mit abgeschwächten Temperaturschwankungen, Staub- und Strahlungsarmut.

mittelhohe Wolken, Sammelbezeichnung für Wolken, die in unseren Breiten in Höhen zwischen 2 und 7 km auftreten.

Mittelmeerklima, mediterranes Klima, Etesi|enklima, Bezeichnung für das Klima des Mittelmeerraumes, aber auch der subtropischen Winterregengebiete in anderen Teilen der Erde, z.B. in Kalifornien, Mittelchile, im Süden der Kapprovinz Südafrikas, in Südaustralien (→Klimazonen, Mittelmeer).

Mitternachtssonne, die in den Polargebieten (zwischen Polarkreis und Pol) im jeweiligen Sommer beobachtbare Erscheinung, dass die Sonne nicht unter den Horizont sinkt und damit auch um Mitternacht, also während der unteren Kulmination, zu sehen ist. Unmittelbar an den Polarkreisen sinkt die Sonne während einiger Tage um die jeweilige Sommersonnenwende gerade bis zum mathematischen Horizont. Die Zahl der Tage, an denen die Mitternachtssonne zu beobachten ist, nimmt zu den Polen hin zu. An diesen selbst herrscht ein halbes Jahr Polartag, das andere Halbjahr dagegen Polarnacht. – Bild Seite 226

MJ, Einheitenzeichen für **M**ega**j**oule (→Joule).

Mitch. Überflutete Siedlung am Rio Segovia (Rio Coco) im Nordosten von Honduras

Moazagotl-Wolken [-gɔtəl-; angeblich aus einer mundartlichen Form des Namens Gottlieb Matz abgeleitet], zuerst von dem Schäfer Gottlieb Matz über dem Hirschberger Kessel am Nordrand des Riesengebirges beobachtete, aber auch über den Föhngebieten der Alpen und anderer Gebirge auftretende,

Mitternachtssonne. Stand der Sonne nach jeweils einer Stunde, von demselben Standpunkt aus fotografiert

mehrfach übereinandergeschichtete linsenförmige Wolken (→ lenticularis), die sich bei stehenden Föhnwellen (→ Leewellen) im Bereich der Aufwindfelder bilden.

Mögel-Dellinger-Effekt [nach dem dt. Physiker Ernst Hans Mögel, * 1900, † 1944, und dem amerikanischen Physiker John Howard Dellinger, * 1886, † 1962], **Dellinger-Effekt,** bei Sonneneruptionen beobachtete, durch solare Röntgenstrahlung (0,2 bis 0,8 nm) hervorgerufene, mehr als 100-fache Verstärkung der Elektronendichte in der D-Schicht der → Ionosphäre.

Mohn [mu:n], Henrik, norwegischer Meteorologe, * Bergen 15. 5. 1835, † Kristiania (heute Oslo) 12. 9. 1916; seit 1866 Professor und Direktor des auf seine Anregung gegründeten norwegischen Meteorologischen Instituts; leitete 1876–78 eine Expedition im Nordmeer. Mohn entwickelte wichtige Grundlagen der Lehre von der atmosphärischen Zirkulation.

Monsun. Wenn der Monsun die Flüsse über die Ufer treibt, kommt es regelmäßig zu Flutkatastrophen wie hier in Neu-Delhi.

Mohorovičić [mɔhɔˈrɔvi:tʃitɕ], Andrija, kroatischer Seismologe und Meteorologe, * Volosko (bei Rijeka) 23. 1. 1857, † Zagreb 18. 12. 1936; ab 1892 Leiter des Meteorologischen Observatoriums in Grič; 1893–1910 Dozent für Geophysik und Astronomie in Zagreb, ab 1910 Professor; entdeckte 1909, dass unter der Erdkruste ein dichterer Mantel liegt; die Grenzfläche zwischen Kruste und Mantel wird ihm zu Ehren heute als Mohorovičić-Diskontinuität oder Moho bezeichnet.

Molina, Mario José, mexikanischer Physikochemiker, * Mexiko 19. 3. 1943. Molina arbeitet seit 1989 am Department of Earth, Atmospheric and Planetary Sciences des Massachusetts Institute of Technology in Cambridge. Mit F. S. Rowland untersuchte er die Auswirkungen von Fluorchlorkohlenwasserstoffen (FCKW) auf die Ozonschicht. Das 1974 veröffentlichte Ergebnis, dem zufolge die bis dahin als harmlos geltenden FCKW zur Zerstörung der Ozonschicht beitragen, wurde durch weitere Untersuchungen und v. a. die Entdeckung des Ozonlochs über der Antarktis Mitte der 1980er-Jahre bestätigt, wodurch die Diskussion über ein Verbot von FCKW u. a. Stoffe als Treibgase oder als Kühlmittel initiiert wurde. Für seine grundlegenden Untersuchungen zur Wirkung von FCKW auf die Ozonschicht wurde Molina 1995 zusammen mit Rowland und P. Crutzen mit dem Nobelpreis für Chemie ausgezeichnet.

Möller, Fritz, deutscher Meteorologe, * Rudolstadt 16. 5. 1906, † München 21. 3. 1983; ab 1949 Professor in Mainz, ab 1955 in München; grundlegende Arbeiten über atmosphärische Strahlungsvorgänge und den Wärmehaushalt der Stratosphäre sowie zur Satellitenmeteorologie.

Monsterwellen, ozeanische Wasserwellen außergewöhnlicher Dimension, die Höhen von über 25 m erreichen können. Lange Zeit wurden Berichte über solche Wellen als Legenden betrachtet, inzwischen konnten sie aber durch Satellitenaufnahmen nachgewiesen werden. Eindeutig dokumentiert ist u.a. auch eine Monsterwelle, die 1995 auf das Kreuzfahrtschiff »Queen Elizabeth 2« traf. Zur wissenschaftlichen Beschreibung von Monsterwellen sind komplexe, nicht lineare hydrodynamische Modelle nötig, welche die Überlagerung und Wechselwirkung von Wellen unterschiedlicher Geschwindigkeit beschreiben. Monsterwellen wurden erstmals durch Radarmessungen auf einer Ölbohrplattform in der Nordsee nachgewiesen und weltweit im Rahmen des Projekts »MaxWave« durch Radarmessungen der Satelliten ERS-1 und ERS-2 aufgespürt.

Monsun [englisch monsoon, über port. monção von arabisch mawsim »(für die Seefahrt) geeignete Jahreszeit«], Luftströmung großer Ausdehnung mit halbjährlichem Richtungswechsel in den Tropen. Ursache dieser beständig wehenden tropischen Winde sind die unterschiedliche Erwärmung von Meer und Landmassen und die damit zusammenhängende jahreszeitliche Verlagerung der →innertropischen Konvergenzzone (ITC). Unter dem Einfluss der Coriolis-Kraft wehen die Monsunwinde im Sommer spiralförmig in die sich über dem erwärmten Land bildenden Hitzetiefs und im Winter in entgegengesetzter, antizyklonaler Richtung aus dem Kältehoch der Kontinente heraus.

Besonders ausgeprägt tritt der Monsun im süd- und südostasiatischen Raum sowie im ostafrikanischen Küstenbereich in Erscheinung. Im Winter der Nordhalbkugel, wenn die ITC weit im Süden liegt, wehen etwa zwischen 30° und 10° nördlicher Breite die Nordostpassate als Wintermonsun aus dem kalten asiatischen Festlandshoch heraus. Von Zentralasien und aus dem Hochland von Tibet gelangt die kontinentale Kaltluft in die tiefer gelegenen Gebiete Indiens, erwärmt sich beim Absteigen adiabatisch und bewirkt ab Oktober die mehrere Monate anhaltende Trockenzeit. Im März, April und Mai können in der Küstenregion Gewitterregen niedergehen, aber im Landesinneren bleibt es trocken. Der jetzt aufkommende Sommermonsun ist an die Nordwärtsverlagerung der ITC gebunden. Die Nordostpassate werden dabei von Südwestwinden, die zur äquatorialen Westwindzone gehören, abgelöst. Da die nach Indien vordringenden Luftmassen über das warme Arabische Meer streichen, sind sie labil geschichtet und sehr feucht. Sie bringen daher von Juni bis Oktober länger anhaltende Niederschläge und schwere Gewitter mit, in Bombay im Durchschnitt 710 mm Regen, im Stau des Himalajas in Cherrapunji im Jahresdurchschnitt 10900 mm (im Juni 2900 mm). Von Jahr zu Jahr gibt es natürliche Schwankungen der Monsunregen, die für die Wirtschaft der betroffenen Länder von entscheidender Bedeutung sind.

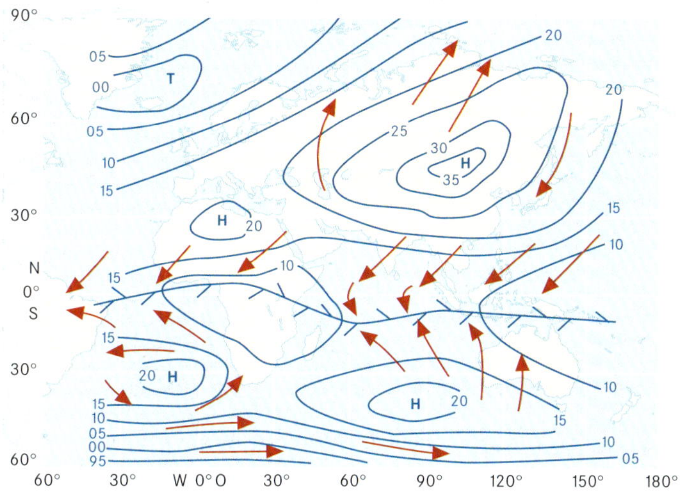

1

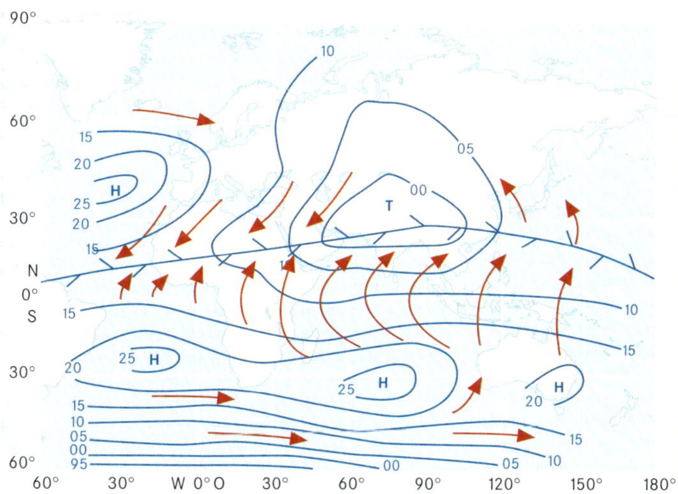

2

Monsun. Mittlerer Verlauf der ITC und der Isobaren (in hPa plus 1000) für Januar (1) und Juli (2)

Auf der Südhalbkugel befindet sich das ausgeprägteste Monsungebiet im Bereich von Indonesien und Nordaustralien. Hier weht im Südsommer eine West- bis Nord-, im Südwinter eine Südost- bis Ostströmung. Die Regenzeit dauert daher von November bis April, während von Mai bis Oktober (Südwinter) kaum Niederschläge fallen. In den übrigen Tropen ist der Monsun als halbjährlicher Richtungswechsel des Windes nicht so ausgeprägt, am schwächsten im tropischen Amerika.

Als europäischen Monsun bezeichnet man die von April bis Juli in Mitteleuropa vorherrschenden, aber nicht beständigen Nordwestwinde. Sie sind an ostwärts ziehende Tiefdruckgebiete gebunden und leiten in

Fortsetzung S. 230

MUSIK UND WETTER

1) Nebel in England: Dieses häufige Phänomen inspirierte Benjamin Britten in mehreren Werken (C. Monet, »Waterloo Bridge im Nebel«, 1903; St. Petersburg, Staatliche Eremitage).

Zahlreiche Komponisten aller Epochen haben sich von den Klängen des Wetters zu Kompositionen inspirieren lassen, die bis heute die Konzertsäle füllen.

Die Windmaschine im Konzertsaal

Ein denkwürdiger Tag war der 28. 10. 1915, an dem zum ersten Mal eine Windmaschine in einem Konzertsaal in Aktion trat. Der Spätromantiker Richard Strauss (* 1864, † 1949) war der Initiator dieses Spektakels, bei dem die Windmaschine aus dem Theater herübergebracht wurde und kombiniert mit einer Donnermaschine, dem Schlagzeug des modernen Orchesters, ein Gewitter darstellte, das den Wanderer beim Abstieg in der berühmten »Alpensinfonie« fast verschluckt hätte.

Eine der ältesten derartigen Gewittermaschinen ist im Schlosstheater Ludwigsburg bis heute erhalten geblieben. Bereits 1758 wurden hier eine Wind- und Regenmaschine sowie ein kaminartiger Resonanzraum als Donnerschacht in die Bühnenmaschinerie integriert.

»Die vier Jahreszeiten«

Richard Strauss erfand aber nichts Neues, als er sich mit seiner Musik dem Thema des Wetters widmete und versuchte, dieses in der Sprache der Musik wiederzugeben. Kaum eine Barockoper kam ohne eine Sturmszene aus. So imitiert am Schluss des ersten Aktes von Jean-Philippe Rameaus (* 1683, † 1764) »Platée« das Orchester die ersten Regentropfen, bis dann der Sturm losbricht. In Rameaus »Les Boréades« – das erst 1982 seine szenische Uraufführung erlebte – kann erst Apoll den Gott der Nordwinde stoppen. In »Alcyone« von Marin Marais (* 1656, † 1728) gibt es sogar neben einer Gewitter- auch eine Erdbebenszene. Ein sehr berühmtes Beispiel aus der Barockzeit sind die »Vier Jahreszeiten« von Antonio Vivaldi (* 1678, † 1741), bei denen die charakteristischen Elemente der Jahreszeiten tonmalerisch dargestellt werden. Mit instrumentaler Raffinesse orchestriert Vivaldi auch die Geräusche des Wetters. Das zarte Idyll des Vogelgezwitschers im Frühling wird durch zitternde Bewegung und grelle, aufgeregte Läufe gestört, die ein nahendes Gewitter ankündigen. Für den Donner eines heftigen Sommergewitters wählt er den tiefsten Ton der Geige in raschen Sechzehnteln, die klirrende Kälte des Winters mit Schnee und Eis wird durch auffällige Tonwiederholungen verdeutlicht.

Auch Henry Purcell (* 1659, † 1695) baute öfter meteorologische Elemente in seine Musik ein. In »King Arthur« gefriert hörbar durch einen Zauber die ganze Welt, und bei der Aufführung von »Dido und Aeneas« wurden Theatermaschinen für die Darstellung der Natureffekte benutzt.

Regen unterm Kirchendach

Auch vor der Orgel machte die Begeisterung für Wetterphänomene nicht halt. So findet man in der Großen Orgel der Hofkirche Luzern die weltweit einzige bekannte Regenmaschine in einem Instrument dieser Gattung. Im Fernwerk steht eine Blechholztrommel, gefüllt mit Metallkugeln, und bringt den Regen ins Kirchenschiff. Vater der Orgelgewitter wurde Abbé Georg Joseph Vogler (* 1749, † 1814), sicherlich eine der schillerndsten Persönlichkeiten der Musikgeschichte des ausgehenden 18. und frühen 19.

2

3

Jahrhunderts, der unter anderem als reisender Orgelvirtuose seine Zuhörer mit tonmalerischen Donnerwettern begeisterte. Er erfand hierfür neue Klänge, erprobte moderne Spieltechniken, wie z.B. Cluster, und baute ganze Orgeln nach seinen Vorstellungen um.

Die Klassik setzt andere Schwerpunkte

Während der Klassik beherrschte ein homofoner, klarer Stil die Konzertsäle. Die absolute Musik, losgelöst von einem außermusikalischen Thema, war die Maxime der Komponisten. Dennoch ließen sich auch in der Zeit der Klassik die Komponisten von den Phänomenen des Wetters inspirieren. Herausragend ist hier sicherlich die 6. Sinfonie – die »Pastorale« – von Ludwig van Beethoven (* 1770, † 1827), die im Wirken des Komponisten eine besondere Stellung einnimmt und das Erlebnis der Natur thematisiert. Auch Beethoven weist, wie Vivaldi, den einzelnen Elementen des Sturms Instrumente zu, wie dem Regen eine Staccatobewegung der Violinen, dem Donner die Violoncelli mit einer aufsteigenden Tonfolge, dem Blitz eine Dreiklangzerlegung der ersten Violinen und dem Blitzeinschlag einen Paukenwirbel. Die verschiedenen Eindrücke vom ländlichen Leben im Wechselspiel des Wetters, die in den fünf Sätzen der Sinfonie zu finden sind, fügen sich dabei zu einer Art innerer Anschauung der Natur zusammen, zu einem klassischen Sinnbild für die innere Kohärenz von Mensch und Natur.

Interessant bis heute

Das Thema Wetter zieht sich wie ein roter Faden durch die Musikgeschichte. Auch die Vertreter der klassischen Moderne, wie Arthur Honegger (* 1892, † 1955) mit seiner »Sommerpastorale« (Pastorale d'été) oder auch Benjamin Britten (* 1913, † 1976) mit der »Frühlingssinfonie« für Chor und Orchester, fanden immer wieder Interesse daran. Apropos Britten: Da Nebel in England keine Seltenheit ist, verwundert es nicht, dass er in seiner Musik auftaucht. In »Peter Grimes« ertönt aus der Ferne ein Nebelhorn, und bei »Billy Budd« verhindert der Nebel, dargestellt durch dicke Streicherakkorde, ein Gefecht zweier Fregatten.

Eine Sonderrolle unter den »naturverarbeitenden« Komponisten nimmt sicher Olivier Messiaen (* 1908, † 1992) ein, der u.a. auf seinen Reisen Vogelrufe sammelte und in seine Musik einbaute. In seinem Klavierzyklus »Catalogue des Oiseaux« hat Messiaen jedem Stück einen ausführlichen programmatisch-poetischen Kommentar vorangestellt, der nicht nur Angaben zu den Vögeln, sondern auch zu den herrschenden klimatischen Verhältnissen enthält.

Auch Zeitgenossen wie Hans Werner Henze (* 1926), dessen »Ode an den Westwind« für Cello und Orchester eng mit dem Text eines Sonetts verknüpft ist, greifen Wetterthemen auf. Henze selber gab an, eine Instrumentalstimme mit unhörbaren Worten »unterlegt« zu haben, um ihre Verflechtung mit der poetischen Form, die die Musik inspirierte, zu verdeutlichen. Er selber nannte sein Verfahren »poetry for instruments«. Durch das Unterlegen unhörbarer Texte verdeutlicht Henze, was alle Musik leistet: Mitteilung, Austausch, Interaktion.

2) »Mehr Ausdruck der Empfindung als Malerei«: Beethovens 6. Sinfonie gilt vielen Hörern wegen ihrer lautmalerischen Elemente als Sinnbild einer naturhaften Idylle (Antoine Quillard, »Hirtenszene«, um 1730; Moskau, Puschkin-Museum).

3) Antonio Vivaldi vertonte in seinen »Vier Jahreszeiten« die typischen Elemente von Frühjahr, Sommer, Herbst und Winter.

Monsun.
Auch in Bangladesh werden durch die von schweren Monsunregen verursachten Hochwasser große Teile des Landes überschwemmt, viele Menschen werden obdachlos; auch die Hauptstadt Dhaka ist regelmäßig davon betroffen.

Fortsetzung von S. 227
unregelmäßiger Folge die Vorstöße kalter Meeresluft zum Festland ein. Dieser Vorgang und die Häufigkeit der Nordwestwinde in der warmen Jahreszeit hängen mit der Erwärmung des eurasischen Kontinents zusammen. Es folgt zwar kein Richtungswechsel des Windes, wohl aber eine monsunische Drehung der sonst vorherrschenden Westwinde.

■ **Klimawandel** Da durch die globale Erwärmung die Temperatur besonders über den Landflächen ansteigt, ist eine Verstärkung des sommerlichen Hitzetiefs zu erwarten. Das führt zu einer Intensivierung des indischen Sommermonsuns mit mehr Niederschlägen. Gleichzeitig findet jedoch auch ein entgegengesetzter Prozess statt. Die zunehmende Luftverschmutzung über Indien und China erhöht die Aerosolkonzentration in der Atmosphäre. Die Aerosole streuen und reflektieren die Sonnenstrahlung und schwächen sie damit ab. Außerdem verändern Waldrodungen die Beschaffenheit der Erdoberfläche und tragen ebenfalls zur Erhöhung der Albedo bei. Das bremst die Erwärmung der Luft über dem Kontinent, sodass der Sommermonsun weniger stark ausgeprägt ist oder sogar ganz ausbleibt. Ob sich die Abschwächung oder die Verstärkung des Monsunregimes künftig stärker durchsetzen wird, ist noch nicht ausreichend geklärt. In den letzten Jahren beobachtete man eine Abschwächung des Monsuns. Im ungünstigsten Fall käme es in Zukunft zu einer Pendelbewegung zwischen einer starken Abschwächung und im Anschluss daran einer erheblichen Verstärkung des Monsuns. Das würde enorme Anpassungsprobleme für die vom Monsum betroffenen Menschen nach sich ziehen.

Monsuntief, Bezeichnung für das durch die Erwärmung des asiatischen Kontinents im Sommer mit Kern über Nordindien entstehende Hitzetief. In der mittleren Luftdruckverteilung des Sommers weist das Monsuntief mit 995 hPa den niedrigsten Luftdruck der Nordhalbkugel auf.

Morgenhauptlicht, Teil des →Zodiakallichts.

Morgenrot, die Rotfärbung des östlichen Himmels vor Sonnenaufgang (→Abendrot).

MSG [englisch; Abkürzung für **M**eteosat **S**econd **G**eneration], →Meteosat Zweite Generation.

MTSAT, japanisches geostationäres Satellitensystem, das Kommunikationsdienste und meteorologische Aufgaben kombiniert. Der erste Start (MTSAT-1R) gelang 2005, ein Jahr später folgte MTSAT-2.

Mure, Murbruch, Murgang [bairisch, zum selben Stamm wie »morsch«, »mürbe«], **Schlammstrom,** Schlamm- und Gesteinsstrom in Gebirgen, der meist mit Gewalt zu Tal geht und große Schuttkegel ablagert. Muren entstehen, v.a. bei Schneeschmelze sowie nach Starkregen, durch Gleiten stark wasserdurchtränkten Gehängeschutts **(trockene Mure)** oder bei Hochwasser durch Überflutung des Flussbetts, wobei Gesteinsblöcke, Schotter und Erde mitgerissen werden **(nasse Mure).** Tonreiche, stark quellende Böden (wie in den Schieferzonen der Alpen) begünstigen die Bildung von Muren, ebenso steile Hänge und großer Schuttreichtum bei nicht geschlossener Vegetationsdecke (mediterrane Gebirge, auch Südalpen). Der Murenschutt ist entsprechend seiner Entstehung ungeschichtet und unsortiert; in verfestigter Form kommt er (aus anderen Klimaperioden) als Fanglomerat vor. Die Muren benutzen meist bestimmte Bahnen, sodass man ihrer verheerenden Wirkung in der Regel ausweichen kann.

Musik und Wetter *Sonderartikel Seite 228/229*

MW, Einheitenzeichen für Megawatt, 1 MW = 1 Mio. Watt.

N

nachhaltige Entwicklung, Leitbild der internationalen Politik und zivilgesellschaftlicher Bewegungen, das eine dauerhafte und gerechte Bewirtschaftung des Planeten Erde zum Ziel hat. Im internationalen Sprachraum wurde dieses Leitbild unter dem englischen Begriff **Sustainable Development** zusammengefasst und geprägt. Als eine der zahlreichen dt. Übersetzungen wird nachhaltige Entwicklung heute allgemein als ein globaler Zivilisationsprozess interpretiert, der die Lebenssituation der heutigen Generation verbessert und gleichzeitig die Lebenschancen künftiger Generationen nicht gefährdet.

An weltweiter Publizität gewann die Idee einer nachhaltigen Entwicklung durch die 1992 in Rio de Janeiro abgehaltene UN-Konferenz für Umwelt und Entwicklung. Auf diesem Gipfel wurde u.a. die Klimarahmenkonvention unterzeichnet mit dem Ziel einer »Stabilisierung der Treibhausgasemissionen in der Atmosphäre auf einem Niveau, auf dem eine gefährliche anthropogene Störung des Klimasystems verhindert wird«. Das Dokument enthält jedoch keine überprüfbaren Verpflichtungen für die Vertragsstaaten. Erst 1995 sind die Vertragsstaaten auf ihrer ersten Konferenz in Berlin übereingekommen, bis 1997 ein Protokoll zu entwickeln, das für die Industrieländer Mengenziele für die Emission des Treibhausgases Kohlendioxid enthält. Dieses Protokoll (→Kyoto-Protokoll) wurde auf der →Vertragsstaatenkonferenz in Kyoto Ende 1997 verabschiedet und durch mehrere Nachfolgekonferenzen ratifizierbar gemacht. Auf der Konferenz in Marrakesch im November 2001 einigten sich die Delegierten dann auf ein rechtlich verbindliches Protokoll zur Reduzierung der Treibhausgase und verabschiedeten ein Regelwerk zum Emissionshandel. Der Kompromiss bezüglich des CO_2-Ausstoßes blieb allerdings weit hinter den Vorgaben des Kyoto-Protokolls zurück.

Nachtfrost, infolge nächtlicher Ausstrahlung eintretender Frost. Voraussetzung für die Bildung von Nachtfrost ist die Zufuhr verhältnismäßig trockener Kaltluft (Taupunkt unter 0 °C), die im Bereich eines Hochdruckgebietes zur Ruhe kommt und sich bei klarem Himmel und nur schwacher Luftbewegung unter den Gefrierpunkt des Wassers abkühlt. Gefürchtet sind die Spätfröste während der Kälterückfälle des Frühjahrs im April und Mai (Eisheilige) wegen ihrer Schadenswirkung auf landwirtschaftliche Kulturen. Die Frühfröste im September und Oktober können die Vegetationsperiode vorzeitig beenden.

Nachthimmelslicht, das schwache, stets vorhandene Leuchten des Nachthimmels, das unabhängig vom Streulicht großer Städte oder des Mondes zu beobachten ist. Die Helligkeit des Nachthimmelslichts je Quadratgrad entspricht, je nach Spektralbereich, derjenigen von etwa zwei bis vier Sternen der scheinbaren Helligkeit 5^m. Das Spektrum des Nachthimmelslichts besteht aus einem Kontinuum, das zu etwa 20 bis 40 % auf außerirdische Quellen zurückzuführen ist (Gesamtheit der Sterne und Ausläufer des Zodiakallichts), sowie aus Emissionslinien und -banden von Atomen bzw. Molekülen; die Linien und Banden stammen aus dem Eigenleuchten der Erdatmosphäre, dem sogenannten →Airglow. Spektrum und Gesamtintensität des Nachthimmelslichts variieren sowohl örtlich als auch zeitlich u.a. in Abhängigkeit von der Sonnenaktivität.

Im weiteren Sinn werden gelegentlich auch die →leuchtenden Nachtwolken und die seltenen, im Mittel in etwa 120 km Höhe auftretenden und vermutlich auf in die Erdatmosphäre eingedrungenen interplanetarischen Staubteilchen beruhenden Leuchtstreifen sowie das →Polarlicht und das →Zodiakallicht zum Nachthimmelslicht gerechnet.

Nachtfrost. Ab September muss mit Nachtfrost gerechnet werden.

3046

nachwachsende Rohstoffe, Sammelbezeichnung für land- und forstwirtschaftlich erzeugte Rohstoffe, die außerhalb des Nahrungs- und Futtermittelbereiches verwendet werden. Sie werden sowohl industriell weiter verarbeitet als auch zur Gewinnung von Strom, Wärme und Treibstoffen genutzt. Da sich nachwachsende Rohstoffe in überschaubaren Zeiträumen erneuern, tragen sie zur Schonung endlicher fossiler Ressourcen bei und sind in ihrer Nutzung weitgehend kohlendioxidneutral, das heißt, sie setzen bei ihrer Verbrennung oder Kompostierung nach Gebrauch nur so viel CO_2 frei, wie die Pflanzen während ihres Wachstums der Atmosphäre entnommen haben. Dadurch tragen nachwachsende Rohstoffe zur Minderung des Treibhauseffekts bei. Dies gilt allerdings nur, wenn die Rohstoffe bei der industriellen Weiterverarbeitung nicht chemisch modifiziert oder in komplexere Strukturen eingearbeitet worden sind.

In Deutschland wurden 2007 auf über 2 Mio. Hektar – das entspricht 17 % der Ackerfläche – Rohstoffpflanzen überwiegend für die energetische Nutzung angebaut. Die größte Anbaufläche beansprucht Raps für Biodiesel mit 1,1 Mio. Hektar, gefolgt von Pflanzen für Biogas mit 400 000 Hektar.

NATURKATASTROPHEN: METEOROLOGISCHE NATURKATASTROPHEN

Jahr	Ereignis	Region	volkswirtschaftliche Schäden (in Mio. US-$)
1983	Hurrikan »Alicia«	USA	3 000
1987	Wintersturm	Westeuropa	3 700
1989	Hurrikan »Hugo«	Karibik, USA	9 000
1990	Wintersturm »Daria«	Europa	6 800
1990	Wintersturm »Herta«	Europa	1 950
1990	Wintersturm »Vivian«	Europa	3 250
1990	Wintersturm »Wiebke«	Europa	2 250
1991	Taifun »Mireille«	Japan	10 000
1992	Hurrikan »Andrew«	USA	30 000
1992	Hurrikan »Iniki«	Hawaii	3 000
1993	Schneesturm	USA	5 000
1995	Hurrikan »Luis«	Karibik	2 500
1995	Hurrikan »Opal«	USA	3 000
1996	Hurrikan »Fran«	USA	5 200
1998	Eissturm	Kanada, USA	2 500
1998	Hagel, Unwetter	USA	1 800
1998	Hurrikan »Georges«	Karibik, USA	10 000
1999	Hagelsturm	Australien	1 500
1999	Hurrikan »Floyd«	USA	4 500
1999	Taifun »Bart«	Japan	5 000
1999	Wintersturm »Anatol«	Europa	2 900
1999	Wintersturm »Lothar«	Europa	11 500
1999	Wintersturm »Martin«	Europa	4 000
2000	Taifun »Saomai«	Japan	1 500
2001	Hagel, Unwetter	USA	2 500
2001	Tropischer Sturm »Allison«	USA	6 000
2002	Tornados, Wirbelstürme	USA	2 200
2002	Wintersturm »Jeanett«	Europa	2 300
2003	Hagel, Tornados	USA	2 100
2003	Tornados	USA	4 000
2003	Hurrikan »Isabel«	USA	5 000
2004	Hurrikan »Charley«	Karibik, USA	18 000
2004	Hurrikan »Frances«	Karibik, USA	12 000
2004	Hurrikan »Ivan«	Karibik, USA	23 000
2004	Hurrikan »Jeanne«	Karibik, USA	9 000
2005	Hurrikan »Katrina«	USA	125 000
2005	Hurrikan »Wilma«	USA, Mexiko, Karibik	16 000
2005	Hurrikan »Rita«	USA	15 000
2006	Taifun »Shanshan«	Japan, Südkorea	2 500
2007	Zyklon »Gonu«	arabische Halbinsel	3 900
2007	Zyklon »Sidr«	Bangladesh, Indien	3 700
2007	Wintersturm »Kyrill»	Europa	10 000
2008	Zyklon »Nargis«	Birma	unbekannt
2008	Hurrikan »Gustav«	Karibik, USA	6 000
2008	Hurrikan »Ike«	Karibik, USA	14 000

Nährgebiet, das Gebiet eines Gletschers oberhalb der Gleichgewichtslinie (und damit oberhalb des Zehrgebietes), in dem die Akkumulation die Ablation überwiegt und dadurch ein Massezuwachs des Gletschers stattfindet.

NAO, Abkürzung für →Nordatlantik-Oszillation.

Nargis, Zyklon, der sich am 27. April 2008 im Golf von Bengalen bildete und am 2. Mai 2008 die Küste von Birma erreichte. Nargis erreichte Windgeschwindigkeiten bis zu 215 km/h und verursachte immense Schäden, über 80 000 Menschen kamen nach offiziellen Angaben ums Leben. Er zählt zu den schwersten tropischen Wirbelstürmen seit Beginn der Wetteraufzeichnungen. Betroffen waren vor allem die frühere Hauptstadt Rangun sowie die Regionen Irawadi, Bago, Karen und Mon.

National Hurricane Center, Abkürzung **NHC,** Abteilung des amerikanischen National Weather Service, die dem NOAA unterstellt ist. Ihre Aufgabe besteht darin, während der Hurrikansaison vom 15. Mai bis zum 30. November die Entstehung, Entwicklung und Ausbreitung von tropischen Wirbelstürmen über dem Atlantik, der Karibik, dem Golf von Mexiko und dem östlichen Pazifik zu überwachen. Sollte sich ein Tiefdruckgebiet gebildet haben, veröffentlicht das NHC alle sechs Stunden – in Landnähe öfter – Hurrikanwarnungen für die allgemeine Öffentlichkeit und stellt zusätzliche Informationen für Fachleute und Wissenschaftler bereit. Außerhalb der Hurrikansaison hält das NHC Kurse für Mitarbeiter von Energieversorgungsunternehmen aus Teilen der USA ab, die von Wirbelstürmen betroffen sind. Außerdem verfolgt das NHC eigene Forschungstätigkeiten zur Verbesserung der Vorhersage und betreibt Öffentlichkeitsarbeit.

Das NHC gehört zu einem durch die WMO koordinierten Netzwerk von Beobachtungs- und Vorhersagestationen, die atmosphärische Störungen, die sich eventuell zu einem Wirbelsturm entwickeln könnten, in allen tropischen Ozeanen beobachten. Zu diesem Netzwerk gehört außer dem NHC noch das **Nadi Tropical Cyclone Center,** das für den Südwestpazifik zuständig ist, das **Honolulu Tropical Cyclone Center** für den zentralen Nordpazifik, das **New Delhi Center,** das den Golf von Bengalen und das Arabische Meer beobachtet, das **La Réunion Tropical Cyclone Center,** das für den südwestlichen Indischen Ozean zuständig ist, sowie das **Tokyo Typhoon Center,** das den westlichen Nordpazifik und das Südchinesische Meer überwacht.

Naturkatastrophen, Sammelbezeichnung für alle extremen Naturereignisse, die nicht nur zu großen Schäden in der Natur, sondern v. a. an vom Menschen geschaffenen Bauwerken und Infrastrukturen sowie zu zahlreichen Todesopfern, Verletzten und Obdachlosen führen (»Naturkatastrophen sind Kulturkatastrophen«). Als »groß« werden nach einer Definition der Vereinten Nationen solche Katastrophenereignisse gewertet, die die Selbsthilfefähigkeit der betroffenen Region übersteigen und deshalb überregionale oder internationale Hilfe erforderlich machen. Dies ist in der Regel dann der Fall, wenn die Zahl der Toten in die Hunderte oder Tausende, die der Obdachlosen in die Zehn- und Hunderttausende und die Gesamtschäden in die Hunderte Millionen oder Milliarden US-$ gehen. Bei Fortsetzung der steilen Trendkurve der letzten Jahrzehnte muss schon etwa um 2010 mit durchschnittlichen jährlichen Gesamtschäden von über 100 Milliarden US-$ gerechnet werden. Aber auch einzelne Naturkatastrophen können diese Größenordnung erreichen. Weltweit wurden 2007 insgesamt rund 950 Naturkatastrophen mit einem volkswirtschaftlichen Schaden von zusammen über 75 Milliarden US-$ erfasst, rund 50 % mehr als im Jahr 2006 (50 Milliarden US-$). Allerdings lagen die Schäden weit entfernt vom bisher schadenträchtigsten Jahr 2005 (220 Milliarden US-$). Im Gegensatz zu technischen Katastrophen werden Naturkatastrophen von natürlichen Extremereignissen ausgelöst; auf menschlichen Einfluss gehen aber auch z. B. Erdbebenauslösung durch Bergbau und Stauseen, Dürrekatastrophen infolge von Überweidung und Hochwasser infolge von wasserbaulichen und landwirtschaftlichen Eingriffen zurück.

■ **Einteilung** Nach ihrer Entstehungsursache unterscheidet man u. a. folgende Arten von Naturkatastrophen: 1) meteorologische Naturkatastrophen, hervorgerufen durch Stürme (tropischer Wirbelsturm, Wintersturm, Tornado, Gewittersturm, Sandsturm), Niederschläge (Starkregen, Eisregen, Glatteis, Hagel, Schneesturm, Lawine), Nebel und Smog, Dürren, Hitze- oder Kältewellen, Blitzschlag, Wald-, Busch- oder Steppenbrände; 2) hydrologische Naturkatastrophen durch Überschwemmungen, Sturzfluten, Hoch- und Niedrigwasser, Grundwasseranstieg, Muren, Rückstau in Gerinnen, Eisstau in Flüssen, Gletscherwasserausbrüche (isländischer Jökullhaup), Gletschervorstöße oder Gletschereisabbrüche; 3) geologische Naturkatastrophen infolge von Erdbeben (Bodenerschütterung, Erdrutsch, Felssturz, Bodenverflüssigung, Verwerfung), Seebeben (Überflutungen, Tsunamis), Vulkanausbrüchen (Lavastrom, Ascheausbruch, Glutwolke, Schlammstrom, Gasausbruch, Caldera-Einsturz), Erdrutsch, Erdabsenkung oder Bergsturz.

Verschiedene große Naturkatastrophen der letzten Jahre (z. B. Hurrikan »Andrew« in Florida 1992, Hurrikan »Katrina« 2005, Tsunamikatastrophe in Südasien 2004) zeigen, dass die von ihnen ausgehenden Schäden heute Größenordnungen von 30 bis 100, unter Umständen bis über 1000 Milliarden US-$ erreichen können. Das Eintreten derartiger Extremereignisse (»Worst-Case«-Szenarien) kann zum wirtschaftlichen Zusammenbruch ganzer Regionen und Länder führen, unter Umständen sogar weltweite Auswirkungen z. B. im Versicherungs- und Bankensektor nach sich ziehen. So geraten Entwicklungsländer oft schon bei geringeren Schäden in große wirtschaftliche Schwierigkeiten.

■ **Zunahme der Extremereignisse** Für eine Zunahme von Zahl und Stärke der Extremereignisse selbst gibt es eine Reihe von Indizien, die allerdings wegen der großen natürlichen Schwankungsbreite nur selten statistisch gesichert sind. Eine besondere Rolle spielt die Frage, ob die vermutete deutliche Klimaänderung bereits in Wetterextremen (z. B. August-Hochwasser an der Elbe 2002 oder Hitzesommer in Mitteleuropa 2003) zum Ausdruck kommt und ob oder inwieweit sie vom Menschen verursacht ist. Als Folge der Erwärmung der Atmosphäre durch den zusätzlichen (anthropogenen) Treibhauseffekt können voraussichtlich in bestimmten Regionen der Erde künftig generell mehr Überschwemmungen und Sturzfluten, Hagelschläge und Unwetter, tropische Wirbelstürme und Winterstürme, Sturmfluten und Bergstürze, Hitzewellen und Dürren auftreten. Der weitere Abbau der stratosphärischen Ozonschicht (→ Ozonloch) wird zu erheblichen Schädigungen der Biosphäre (v. a. in hohen Breiten) führen. Als Folge des langfristigen Meeresspiegelanstiegs fühlen sich zahlreiche Länder existenziell bedroht. Sie haben sich deshalb zur »Vereinigung kleiner Inselstaaten« (englische Abkürzung AOSIS) zusammengeschlossen und fordern mit Nachdruck globale Gegenmaßnahmen.

■ **Schutz** Besondere Hoffnung für einen verbesserten Schutz der gefährdeten Bevölke-

100573

Nebel.
Hochnebel im Schwarzwald

Bleibt der tagsüber entstehende **Nebel** in Bodennähe, steht ein freundlicher Tag bevor:
Sind abends über Wies und Fluss Nebel zu schauen, wird die Luft anhaltend schön Wetter zusammenbrauen.

100773

Nebelbogen in Lappland

rung wird mit der Weiterentwicklung der Vorhersage- und Warnmethoden verknüpft. Tatsächlich haben sich die Möglichkeiten einer genaueren zeitlichen und örtlichen Vorhersage z.B. von tropischen Wirbelstürmen und Überschwemmungen in den letzten Jahrzehnten so weit verbessert, dass geeignete Vorsorge-, Schadensverhütungs- und Evakuierungsmaßnahmen in der Regel rechtzeitig eingeleitet werden können. Jedoch gibt es nach wie vor eine Reihe von Gefahren, für die noch entscheidende Verbesserungen nötig sind, um die Bevölkerung effektiv schützen zu können.

n. Br., *Geografie:* Abkürzung für **n**ördlicher **Br**eite (→Breite).

Nebel [althochdeutsch nebul, ursprünglich »Feuchtigkeit«, »Wolke«], *Meteorologie:* Bezeichnung für kondensierten Wasserdampf in bodennahen Luftschichten, wenn die Sicht unter 1 km zurückgeht. Nebel entsteht wie bei einer Wolke durch Kondensation überschüssigen Wasserdampfs an Kondensationskernen, und zwar durch: 1) Abkühlung feuchter Luft bis zum Tau- oder Reifpunkt **(Abkühlungsnebel)**; 2) Mischung von feuchtwarmer und kalter Luft **(Mischungsnebel)**; 3) Zunahme des Wasserdampfgehaltes der Luft infolge Verdunstung (**Verdunstungsnebel** oder →Dampfnebel).

Unter den Abkühlungsnebeln ist der **Strahlungsnebel** am häufigsten. Er tritt v.a. im Herbst bei windschwachen oder windstillen Hochdruckwetterlagen (Strahlungswetterlagen) auf, wenn sich der Erdboden und die darüberliegenden Luftschichten infolge ungehinderter nächtlicher Ausstrahlung bis unter den Taupunkt abgekühlt haben. Manchmal bildet sich unter einer höher gelegenen Inversion durch Ausstrahlungsabkühlung ein **Hochnebel,** der nach unten wachsen kann und dann als gewöhnlicher Nebel empfunden wird. Flache **Bodennebel** entstehen meist über feuchten oder noch regennassen Böden, kaum über größeren, offenen Wasserflächen, da diese ihre gespeicherte Wärme an die Luft abgeben können und so der Abkühlung infolge Ausstrahlung entgegenwirken. Nebelherde sind v.a. Täler und Mulden **(Talnebel).** Wird die Abkühlung durch Advektion feuchtwarmer Luft über eine kalte Unterlage erreicht, bilden sich **Advektionsnebel.** Dazu gehören im Spätherbst und Winter Nebel in Mitteleuropa, die beim Vordringen milder und feuchter Luftmassen gegen das kalte Festland auftreten. Bei der Entstehung von **Meeres-** und **Küstennebeln** wirken meist advektive Abkühlung und Mischung verschieden temperierter Luftmassen zusammen. Solche **Mischungsnebel** bilden sich auch im Bereich von Kalt- und Warmfronten, wo eine turbulente Durchmischung feuchtwarmer und kälterer Luft stattfindet, die zudem mit adiabatischer Abkühlung verbunden ist **(Front-** oder **Niederschlagsnebel).**

Neumayer-Station. Das Alfred-Wegener-Institut für Polar- und Meeresforschung lässt derzeit seine neue Antarktisstation bauen, die Neumayer-Station III (die Abbildung zeigt eine Grafik). Sie soll im Jahr 2009 die bisherige Station ersetzen.

80506

Im Nebel beträgt die relative Luftfeuchtigkeit über 90%. Die Nebeltröpfchen haben einen Durchmesser von 0,01 bis 0,1 mm; sie schweben in der Luft, können sich auch zu größeren Tropfen vereinigen und v.a. bei Luftbewegung an der Erdoberfläche oder an Gegenständen absetzen oder ausfallen **(Nebelniederschlag, nässender Nebel).** Auch bei Lufttemperaturen unter 0°C besteht Nebel aus Wassertröpfchen, die sich an festen Oberflächen als Eis absetzen **(Nebelfrostablagerungen).**

Nebelbilder, Bilder, die bei tief stehender Sonne als Schatten auf einer nahen Nebelwand entstehen. Täuschung über die wahre Entfernung lässt den Schatten übergroß erscheinen (z.B. Brockengespenst, →Glorie).

Nebelbogen, Nebelregenbogen, ein weißer →Regenbogen, der bei Tropfendurchmessern unter 0,025 mm entsteht.

Nebensonne, *atmosphärische Optik:* →Halo.

NEPH-Analyse [zu griechisch néphos »Wolke«], auf Satellitenbildern beruhende Analyse geografischer Verteilung der Wolkenarten und des Bedeckungsgrades (des Himmels); in Karten durch Symbole und bestimmte Schraffuren dargestellt.

Neufundlandtief, häufige Bezeichnung für Tiefdruckgebiete, die sich bei Neufundland an der →Polarfront bilden und sich bei einer Dreimassenecksituation, die hier durch die geografischen Gegebenheiten begünstigt wird, zu intensiven Sturm- und Orkantiefs entwickeln.

Neumayer, Georg Balthasar von, deutscher Hydrograf, *Kirchheimbolanden 21. 6. 1826, †Neustadt an der Weinstraße 24. 5. 1909; Gründer des Flagstaff-Observatoriums für Geophysik, Magnetismus und Nautik (1857) in Melbourne; dort Direktor bis 1864. 1865 Rückkehr nach Deutschland; 1876–1903 erster Direktor der Deutschen Seewarte in Hamburg, deren Mitbegründer er war. Neben geophysikalischen und meereskundlichen Arbeiten Förderung der Südpolarforschung. Ab 1879 Vorsitz der Internationalen Polarkommission und maßgeblich beteiligt am Zustandekommen des 1. Internationalen Polarjahres 1882–83 und des Antarktischen Jahres 1901 mit der deutschen Antarktisexpedition mit dem Forschungsschiff »Gauß«.

Neumayer-Station [nach G. B. von Neumayer], ganzjährig besetzte deutsche Forschungsstation in der Antarktis, bei 70°39′ s. Br. und 8°15′ w. L. in Neuschwabenland, auf dem Ekströmschelfeis an der Atkabucht im Nordosten des Weddellmeeres; sie ersetzt seit 1992 die Georg-von-Neumayer-Station. Der Schneezutrag von rund 80 cm pro Jahr lässt die gesamte Anlage immer tiefer im Eis versinken, sodass die Lebenszeit auf 10–15 Jahre begrenzt ist. Deshalb ist geplant, die Station durch ein neues Gebäude, sechs Kilometer südlich der alten Station, zu ersetzen. Die Neumayer-Station III soll 2009 bezugsfertig sein.

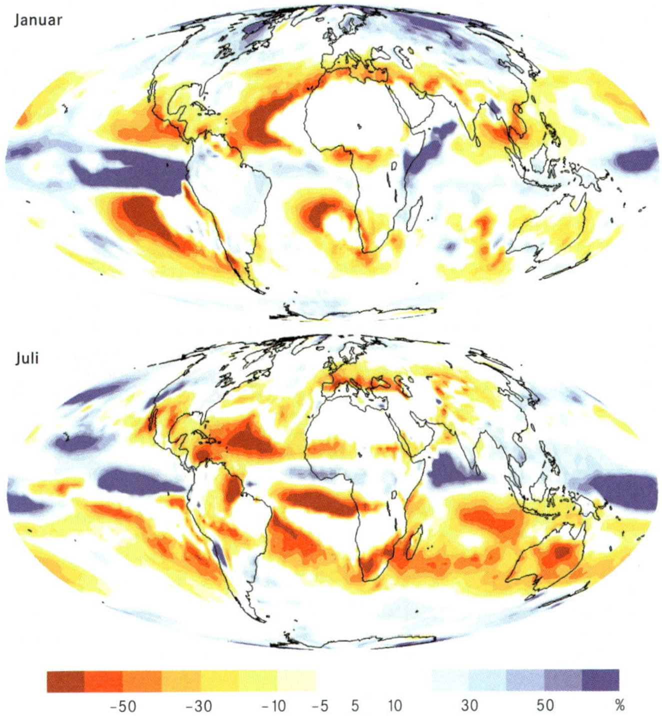

Niederschlag. Die Grafik zeigt das Ergebnis einer Simulationsrechnung der mittleren prozentualen Niederschlagsänderung für 2071–2100 gegenüber 1961–1990 für das A1B-Emissionsszenario des IPCC (Rot bedeutet weniger, Blau bedeutet mehr Niederschlag). Die Simulation wurde mit einem Modell des Max-Planck-Instituts für Meteorologie Hamburg durchgeführt (Visualisierung: DKRZ).

neutrale Punkte, Gebiete am Himmel, in denen die Himmelslichtpolarisation ein Minimum aufweist (→Himmelsstrahlung).

NHC, Abkürzung für das →National Hurricane Center.

Niederschlag, *Meteorologie:* das in der Atmosphäre aus der Gasphase (Wasserdampf) in die flüssige oder feste Phase umgewandelte und ausgeschiedene Wasser. Man unterscheidet zwischen **fallendem** bzw. **gefallenem Niederschlag** (Sprühregen, Regen, Schnee, Eiskörner, Schneegriesel, Reifgraupel, Frostgraupel, Hagel u.a.), **abgesetztem Niederschlag** (Tau, Reif, nässender Nebel) und **abgelagertem Niederschlag** (gefallene feste Niederschläge, d.h. Decken aus Schnee, Hagel usw.).

■ **Niederschlagsbildung** Zur Niederschlagsbildung müssen die einzelnen Elemente eine bestimmte Größe überschreiten, damit sie nicht unterhalb der Wolke vollständig wieder verdunsten. Durch Kondensation allein wird dieser Grenzwert kaum erreicht. Dazu müssen erst Tropfen sehr unterschiedlichen Durchmessers auftreten, wobei die großen durch ihre höhere Fallgeschwindigkeit auf die kleinen unter ihnen treffen und diese dabei einfangen können. Dieser Vorgang **(Koales-**

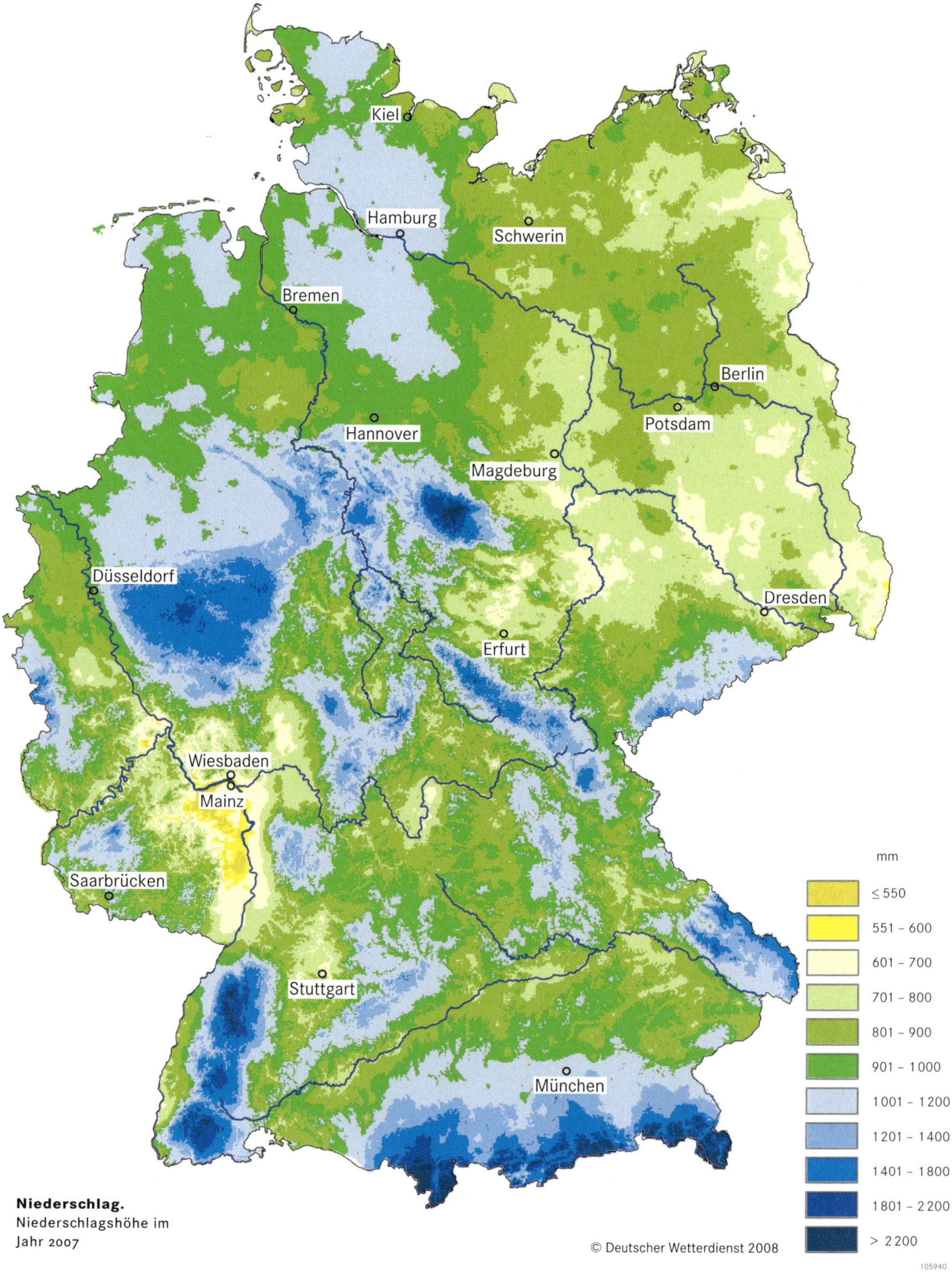

Niederschlag. Niederschlagshöhe im Jahr 2007

zenz) ergibt unter den klimatischen Verhältnissen mittlerer und höherer Breiten nur geringe Niederschlagsintensität. Für größere Ergiebigkeit ist es hier notwendig, dass Flüssigwasser und Eis gleichzeitig in einer Wolke vorhanden sind. Wegen des höheren Sättigungsdampfdruckes über Wasser und der somit geringeren relativen Feuchte (z.B. bei −10 °C und 2,9 mbar Dampfdruck: 100 % relative Feuchte über Wasser, 110 % über Eis) wachsen nach dem von T. Bergeron und Walter Findeisen (*1909, †1945) beschriebenen Prozess (→Bergeron-Findeisen-Theorie) die Eisteilchen durch Sublimation rasch auf Kosten der Tröpfchen, bis sie die nötige Größe haben (→Mischwolken). Die wachsenden Kristalle sinken allmählich zu Boden, wobei die Schneeflockenbildung besonders durch weiteres Wachstum in den unterkühlten Wasserwolken, aber auch durch Verhaken und Aneinanderfrieren der Schneekristalle gefördert wird. Im Bereich positiver Temperaturen schmelzen die Schneeflocken zu Regentropfen.

Bei starken Turbulenzen und Vertikalbewegungen, wie sie in Cumulus- und Cumulonimbuswolken auftreten, vereinigen sich flüssige und feste Wolkenelemente **(Koagulation),** was zur **Vergraupelung** führt. Es kommt dabei zur Kollison von unterkühlten Wolkentröpfchen an Eiskristallen, die sofort gefrieren. Das entstehende Graupelkorn ist von schneeähnlicher Beschaffenheit und erreicht gegebenenfalls den Erdboden als Schnee- bzw. Reifgraupel. In sommerlichen hoch reichenden konvektiven Cumulonimbus mit starken Aufwindzonen kann das Graupelkorn enorm wachsen, ehe es zu Boden fällt. Die auffallend großen Niederschlagstropfen aus manchen Schauern sind meist geschmolzene Graupel- oder kleine Hagelkörner, die auf einen solchen vorausgegangenen Vergraupelungsprozess hinweisen.

Künstliche Erzeugung von Niederschlag ist möglich, wenn man bei fehlenden Eisteilchen an ihre Stelle Silberjodid oder Kohlensäureschnee in unterkühlte Wolken einbringt und so den »Bergeron-Findeisen-Prozess« auslöst. In Mitteleuropa ist dazu jedoch kaum Gelegenheit, da geeignete Wolken hier in der Regel auch genügend Eiskeime enthalten.

Niederschlag ist zeitlich wie räumlich sehr variabel. Man benötigt daher zu seiner Erfassung ein enges Messnetz. Im Gebirge nimmt er mit der Höhe zu, in den Tropen nur bis etwa 2 000 m ü. M., darüber wieder leicht ab. Jahresniederschläge erreichen 11–13 m im Luv tropischer Gebirge (als niederschlagsreichster Ort der Erde gilt Cherrapunji, Indien), während in Wüstengebieten oft jahrelang kein Niederschlag fällt; mit der Entfernung vom Meer nehmen die Niederschläge im Allgemeinen ab. Im Allgäu werden bis zu 2 600 mm gemessen gegenüber 450 mm bei Eisleben. Das weltweite Mittel wird auf 1 000 mm geschätzt.

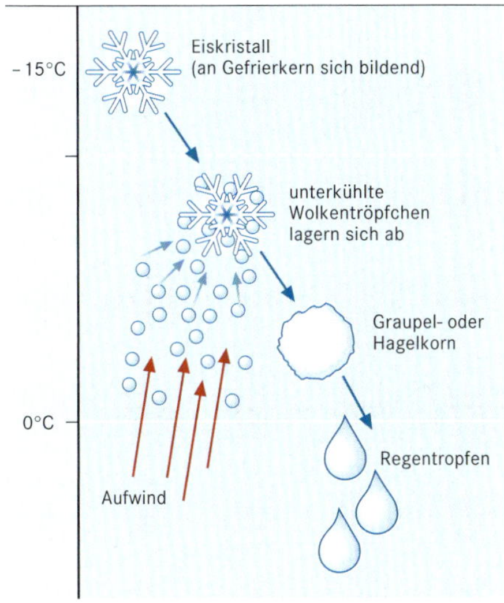

Niederschlag. Entstehung von Regentropfen als Folge einer Vergraupelung

Niederschlagshöhe, mithilfe des Niederschlagsmessers auf Zehntelmillimeter genau gemessene Höhe des gefallenen bzw. abgesetzten Niederschlags. Die Niederschlagshöhe gibt an, wie hoch der Niederschlag den Erdboden bedecken würde, wenn nichts abfließen, verdunsten oder versickern könnte. Der Niederschlagshöhe von 1 mm entspricht eine Flüssigkeitsmenge von 1 Liter auf 1 m² Bodenfläche. Bei Niederschlag in fester Form gilt als Niederschlagshöhe die Wasserhöhe des geschmolzenen Niederschlags.

Niederschlagsintensität, auf ein Zeitintervall, meist in der Größenordnung von einigen Minuten, seltener von Stunden bezogene, in mm/min bzw. mm/h ausgedrückte Niederschlagshöhe.

Niederschlagsmesser, Regenmesser, Hyetometer, Pluviometer, Ombrometer, Gerät zur Messung der Niederschlagsmenge. Der gebräuchliche Niederschlagsmesser nach G. Hellmann **(Hellmann-Regenmesser)** besteht aus einem 46 cm hohen Zylinder mit einer Auffangfläche von 200 cm². Das aufgefangene Niederschlagswasser fließt durch den trichterförmig ausgebildeten Boden des Auffanggefäßes in eine Sammelkanne, die in ein Messglas entleert wird, an dem die Niederschlagsmenge in Millimetern abgelesen werden kann. Maß ist die Höhe in mm, die das Niederschlagswasser hätte, wenn die Bodenfläche gleich der Auffangfläche wäre. Dabei entspricht 1 mm 1 Liter je m². Fester Niederschlag wird vor dem Messen geschmolzen. In entlegenen Gebieten werden **Niederschlagssammler (Totalisatoren)** aufgestellt, die jährlich abgelesen werden. Geräte, die den

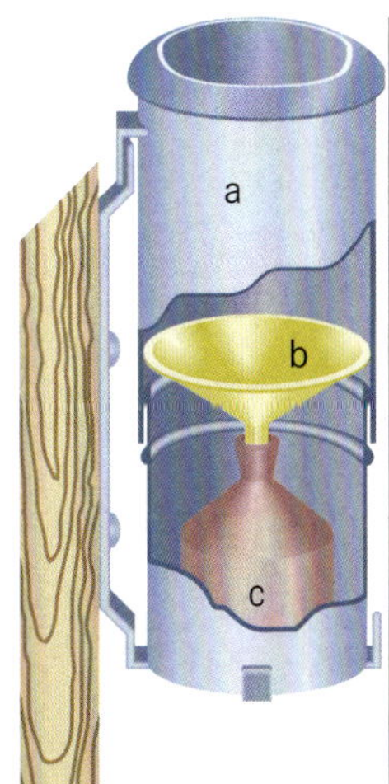

Niederschlagsmesser.
a Auffanggefäß
b Sammeltrichter
c Sammelkanne

Niederschlag fortlaufend registrieren, werden als **Niederschlagsschreiber (Regenschreiber, Hyetografen** oder **Ombrografen)** bezeichnet.

Niederschlagswahrscheinlichkeit, die Wahrscheinlichkeit, dass an einem bestimmten Ort im Vorhersagegebiet Niederschlag fällt. Dabei wird in der Regel ein 6- bis 24-Stunden-Vorhersagezeitraum betrachtet. Eine Niederschlagswahrscheinlichkeit von 50% für den Nachmittag bedeutet, dass man mit einer Wahrscheinlichkeit von 50% mindestens einmal nass wird. Über die Niederschlagsintensität sagt die Niederschlagswahrscheinlichkeit nichts aus.

Niedrigwasser, der niedrigste Wasserstand von Gewässern innerhalb eines bestimmten Zeitraums. Am Meer ist Niedrigwasser oder **Tideniedrigwasser** bei Ebbe der Tiefststand der jeweiligen Gezeitenwellen.

Nieseln, ältere Bezeichnung für →Sprühregen.

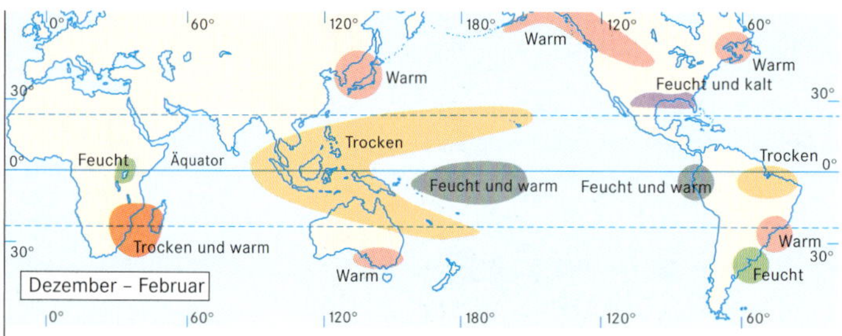

Niño. Klimatische Anomalien während eines El-Niño-Jahres (Dezember bis Februar)

Nimbo|stratus [Zusammenbildung aus lateinisch nimbus »Regenwolke« und →Stratus], Gattung der mittelhohen →Wolken. Der Nimbostratus setzt sich zum Teil aus unterkühlten Wassertröpfchen, Schneekristallen und Schneeflocken zusammen. Er hat eine unscharfe Struktur und zieht in einer Höhe zwischen 2 und 5 km am Himmel.

■ **Wetterbedeutung** Nimbostratuswolken bilden eine graue, dunkle Wolkenschicht, hinter der die Sonne nicht sichtbar ist und aus der gewöhnlich anhaltender Niederschlag fällt – in den Bergen verursachen sie den sogenannten Alpenstau mit tagelangem Regen –, wobei die Wolke ein mehr oder weniger diffuses Aussehen annimmt. Häufig finden sich unter dem Nimbostratus niedrige, zerfetzte Wolken (fractus). Als Begleitwolken des Nimbostratus sind sie sehr beständig und können sich nach Abzug eines Regens in Cumuli umwandeln. Nimbostratus ist oft das Produkt eines Tiefdrucksystems, das über die Nordsee oder über Italien (Genuatief) und den Balkan in unsere Breiten zieht. Der lang anhaltende Regen verursacht unter Umständen Hochwasser. Hellt sich die Wolkendecke auf und sind erste Strukturen erkennbar, kündigt sich ein Ende des Regens an.

Im Mittelmeerraum begleitet der Nimbostratus in den wärmeren Jahreszeiten häufig den →Schirokko, wobei in die Wolkendecke Cumulonimbuswolken eingebettet sind. Sie führen zu gefährlichem böigem Sturm und Gewittern mit Starkregen.

Nimbus [»Regenwolke«, »Nebelhülle, die die Götter umgibt«], *Meteorologie, veraltet* für: Nimbostratus (→Wolken).

Niño [ˈninjɔ; span. »(Christ-)Kind«], **El Niño,** *Meereskunde* und *Klimatologie:* Warmwasseranomalie des östlichen tropischen Pazifiks vor den Küsten von Peru und Ecuador. Dort tritt im Bereich einer kalten →Meeresströmung (Humboldt- oder Perustrom), die zusätzlich vom Aufquellen kalten und somit nährstoffreichen Tiefenwassers überlagert ist, jährlich um die Weihnachtszeit eine mäßige Erwärmung auf. Im Abstand von etwa drei bis sieben Jahren ist dieses Phänomen deutlich verstärkt, was als Niño im eigentlichen Sinn bezeichnet wird. In solchen Fällen ist die Ozeanoberflächentemperatur um einige Grad erhöht. Gelegentlich kommt es auch zu sogenannten »Super-El-Niños«, deren Entwicklung bereits im Spätsommer/Frühherbst einsetzt, und die besonders stark ausgeprägt sind (zuletzt 1982/83, 1987/88, 1997/98).

■ **Mechanismus** Unter normalen Bedingungen ohne Niño ist die Oberflächentemperatur im Westteil des Pazifiks um die Weihnachtszeit herum etwa 6–8 Grad höher als im Ostteil. Dieser Temperaturunterschied wird vor allem durch östliche Passatwinde (→Zirkulation der Atmosphäre) hervorgerufen, die das warme Oberflächenwasser von Osten nach Westen treiben. Da das Oberflächenwasser auf dem Weg nach Westen länger der Sonneneinstrahlung ausgesetzt ist, erwärmt es sich zusätzlich. Im Staubereich des nach Westen getriebenen Wassers vor Indonesien liegt dort der Meeresspiegel um etwa einen halben Meter höher als vor Ecuador. Zum Ausgleich dieses Gefälles fließt im Osten kaltes Tiefenwasser an die Oberfläche, das aufgrund seiner geringeren Temperatur reich an Nährstoffen und Sauerstoff ist und sich damit günstig auf die Fischereiwirtschaft auswirkt.

In El-Niño-Jahren hingegen sind die Passatwinde abgeschwächt, wodurch sich das warme Wasser gleichmäßiger über den Pazifik verteilt. Dadurch wird das aufsteigende Tiefenwasser im Ostteil unterdrückt, was sich u.a. negativ auf die Nährstoffsituation auswirkt und die Bedingungen für die Fischerei verschlechtert. In **La-Niña-Jahren** ist hingegen die Oberflächentemperatur des Wassers im Ostteil des tropischen Pazifiks kühler als normal. In diesen Perioden sind die östlichen Passatwinde stärker ausgeprägt als in normalen Jahren, wodurch der Kaltwasseraufstieg vor der Küste Südamerikas noch zunimmt. Die Oberflächentemperatur kann dann bis zu vier

Niño.
Beim El-Niño-Phänomen kommt es zu einer starken Meeresströmung erwärmten Wassers nach Westen, die eine kalte Ausgleichsströmung des Humboldtstroms zur Folge hat. Das Wärmebild des Pazifiks zeigt die warmen Wassermengen (Gelb- und Rottöne), die bis nahe an die südamerikanische Küste vordringen.

Grad unter dem Normalwert liegen. Niños sind also mit typischen Luftdruckvariationen der Südhemisphäre (Southern Oscillation) verknüpft, sodass zusammenfassend vom ENSO-Mechanismus (**E**l **N**iño/**S**outhern **O**scillation) gesprochen wird.

Während die Mechanismen, die El Niño zugrunde liegen, gut verstanden sind, ist die eigentliche Ursache noch nicht geklärt. Da die erhöhten Ozeantemperaturen auf der einen Seite und die Änderungen im atmosphärischen Windsystem auf der anderen Seite sich gegenseitig antreiben, kann keines der beiden Phänomene als Ursache bzw. Auslöser von El Niño ausgemacht werden. Anscheinend handelt es sich bei ENSO um einen Standardmechanismus des Systems Erde, Wärme aus den Tropen in die Außertropen zu transportieren.

■ **Statistik** Peruanische Historiker konnten als erste Erwähnung des Begriffs »El Niño« die Jahre 1891, 1892 und 1894 benennen. El Niños dürften aber schon seit einigen Tausend

Jahren auf der Erde auftreten. Ob El Niño während der Kaltzeiten existierte, ist wahrscheinlich, aber noch umstritten, auch seine damalige Frequenz und Stärke.

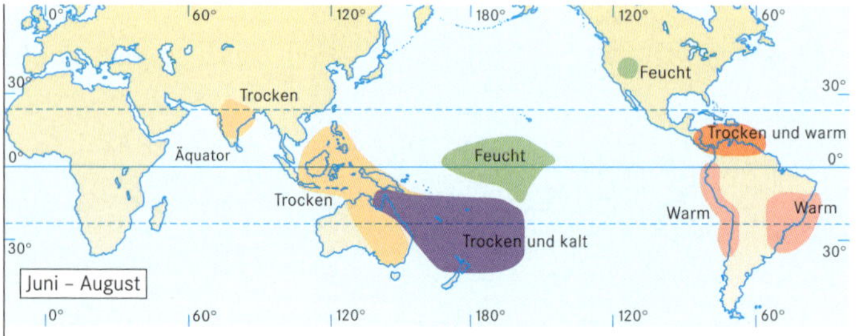

Niño. Klimatische Anomalien während eines El-Niño-Jahres (Juni bis August)

Ein El-Niño-Ereignis dauert etwa zwölf bis achtzehn Monate und hat seinen Höhepunkt zwischen Dezember und Juni. Zwischen 1950 und 1997 traten El-Niño-Ereignisse zu etwa 31 % dieses Zeitraums auf, La Niña zu etwa 23 %. Über 46 % der Zeitspanne war die Atmosphäre im Normalzustand. Alle drei bis fünf Jahre ist eines der beiden Phänomene zu erwarten, die Varianz ist jedoch hoch. Auch in der zeitlichen Länge des Phänomens treten starke Schwankungen auf. So dauerte das El-Niño-Ereignis zwischen 1990 und 1995 deutlich länger, während der El Niño von 1997/98 deutlich kürzer war. Die Intensität eines El-Niño-Ereignisses variiert zwischen schwach über mäßig bis stark bis hin zu außergewöhnlich. Eine starke Ausprägung macht es wahrscheinlicher, dass die Klimaverhältnisse in weit vom Pazifikbecken entfernten Räumen beeinflusst werden, wohingegen schwache El-Niño-Ereignisse sich vorwiegend in den Staaten des Pazifikrandes auswirken.

Verschiedene wissenschaftliche Organisationen haben Indizes entwickelt, um die Kriterien für ein El-Niño-Ereignis zu quantifizieren. Diesen Indizes liegen zum Teil unterschiedliche Definitionen zugrunde, was genau unter einem El Niño zu verstehen ist. Beim **Southern Oscillation Index** (SOI) wird die Luftdruckdifferenz zwischen den Osterinseln und Darwin in Nordaustralien gemessen. Die Abweichung dieser Differenz vom langjährigen Mittel bildet den Index. Der SOI hat ein positives Vorzeichen, wenn der Druck im Osten über und im Westen unter dem Mittelwert liegt und die Passatwinde besonders stark wehen. Der SOI ist somit auch ein Maß für die Passatwinde. Der Vorteil des SOI liegt darin, dass für ihn Zeitreihen vorliegen, die bis ins 19. Jahrhundert zurückreichen. Ein Nachteil ist hingegen, dass er sich nur auf ein Merkmal der ENSO bezieht. Ein neuerer Index ist der von der NOAA entwickelte **Oceanic Niño Index** (ONI), der auf Abweichungen der Meeresoberflächentemperatur vom Durchschnitt basiert. Ein El-Niño-Ereignis liegt nach dieser Definition vor, wenn der ONI über mindestens fünf aufeinanderfolgende Monate um +0,5 °C vom Durchschnitt abweicht. Entsprechend liegt ein La-Niña-Ereignis vor, wenn der Temperaturunterschied −0,5 °C beträgt.

■ **Vorhersagbarkeit** Im Prinzip sind El-Niño-Ereignisse vorhersagbar, da zwischen dem eigentlichen Phänomen und den klimatischen Auswirkungen eine zeitliche Verzögerung besteht. Vorhersagen für den El Niño von 1997/98 hatten beispielsweise eine hohe Treffergenauigkeit. Daher wird El Niño für das Austesten von Modellen zur Klimavorhersage verwendet.

■ **Auswirkungen** Während der Niños treten in den Tropen zum Teil drastische Niederschlagsanomalien auf, die sonst trockenen Gebieten Überschwemmungen und sonst feuchten Gebieten Dürren bringen (Störung der → Walkerzirkulation). Dürren konnten in Simbabwe, Moçambique und Südafrika nachgewiesen werden. Trockenheitsbedingte Nahrungsmittelknappheit in Äthiopien konnte genauso mit El Niño in Verbindung gebracht werden wie warme Winter im nördlichen Teil der USA und in Südkanada, Dürren in Nordostbrasilien und in Ostaustralien sowie Über-

Niño. Während das El-Niño-Phänomen 1997 in Süd- und Mittelamerika zu katastrophalen Überschwemmungen führte, verursachte es auf der anderen Seite des Pazifiks die schlimmste Trockenheit seit mehr als 50 Jahren. Indonesische Schuljungen laufen im September 1997 durch einen ausgetrockneten See in einer südlichen Vorstadt von Jakarta.

schwemmungen in Südbrasilien. Ein Zusammenhang lässt sich auch für Dürren in Indonesien, auf den Philippinen und in verschiedenen südpazifischen Inselstaaten zeigen. An den Küsten Perus und Ecuadors bewirkt das Ausbleiben des nährstoffreichen Tiefenwassers zum Teil drastische Rückgänge im Fischfang.

NIR [Abkürzung für englisch **n**ear **i**nfra**r**ed], das nahe → Infrarot.

nival [lateinisch, zu nix, nivis »Schnee«], den Schnee betreffend. Bereiche, in denen der Niederschlag überwiegend oder ganz in Form von Schnee fällt, sind **nivale Gebiete.** In Polargebieten und im Hochgebirge über der Schneegrenze herrscht **nivales Klima. Nivalorganismen** sind Pflanzen und Tiere, die auf Dauerschnee und Dauereis ständig leben. Zur **Nivalfauna** gehören z. B. Gletscherfloh, Bärtierchen, zur **Nivalflora** manche Grün- oder Rotalgen, durch die »grüner« oder »roter« Schnee entsteht.

NOAA [ɛnoa'a, englisch enəʊeɪ'eɪ; Abkürzung für **N**ational **O**ceanic and **A**tmospheric **A**dministration], Behörde für Ozean- und Atmosphärenüberwachung in den USA; auch Typenbezeichnung für eine nordamerikanische Serie von Wettersatelliten, die auf fast kreisförmiger polnaher Bahn in einer Höhe von etwa 850 km täglich 12- bis 13-mal sonnensynchron umlaufen; ausgestattet mit Radiometern für Aufnahmen der Erdoberfläche einschließlich Atmosphäre im Spektralbereich der Infrarotstrahlung und der visuellen Strahlung. Die neuere Bezeichnung dieses Systems polarumlaufender NOAA-Satelliten lautet POES (Polar-orbiting Environmental Satellite). Neben den polar umlaufenden POES-Satelliten betreibt die NOAA auch die amerikanischen geostationären → GOES-Satelliten und bereitet für beide Satellitensysteme entsprechende Nachfolgeprogramme vor. Das zukünftige System polarumlaufender Satelliten der NOAA trägt die Bezeichnung **NPOESS** (**N**ational **P**olar orbiting **O**perational **E**nvironmental **S**atellite **S**ystem).

Nordatlantik-Oszillation, Abkürzung **NAO,** klimatologisches Phänomen, das den meridionalen, d. h. Nord-Süd-Luftdruckunterschied zwischen Island (im Allgemeinen Tiefdruckgebiet, Bezugsstation Stykkisholmur) und den Azoren (im Allgemeinen Hochdruckgebiet, Bezugsstation Ponta Delgada oder auch Gibraltar) beschreibt. Ist dieser Unterschied relativ groß (positiver **NAO-Index, NAOI**), herrscht im nordatlantischen und angrenzenden europ. Raum eine relativ starke westliche Windkomponente, die z. B. im Winter milde und niederschlagsreiche Witterung bedeutet. Dagegen ist in kalten Wintern die NAO gering ausgeprägt (negativer NAOI). Seit 1960 deutet sich eine Intensivierung des NAOI an.

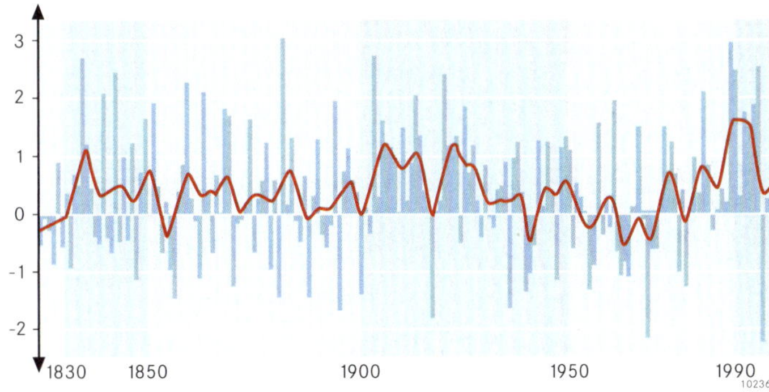

Nordatlantik-Oszillation. Normalisierter NAO-Index (rot) für die Wintermonate; jeder Differenzwert (blau) wird durch die Standardabweichung geteilt.

Nordkalotte, der Teil des Geoids nördlich des Polarkreises (66° 33′ n. Br.); in Skandinavien auch Bezeichnung für die Landgebiete Nordeuropas.

Nordlage, Abkürzung **N,** Großwetterlage der meridionalen Zirkulationsform, gekennzeichnet durch ein → blockierendes Hoch über dem östlichen Nordatlantik oder eine meridionale Hochdruckbrücke mit ausgeprägtem Höhenhochkeil über den bzw. westlich der Britischen Inseln und ein umfangreiches Tiefdrucksystem (auch Trog) über Skandinavien und Westrussland. Mit einer nördlichen Strömung wird frische Polarluft, meist in mehreren Staffeln, nach Mitteleuropa geführt. Nordlagen bringen daher in allen Jahreszeiten zu kalte Witterung (typisch die Kälterückfälle im Frühjahr), im Winter oft heftige Schneefälle.

Je nach Lage und Einfluss des steuernden Hochs unterscheidet man für Mitteleuropa die **antizyklonale Nordlage** (Abkürzung **NA**) von der **zyklonalen Nordlage** (Abkürzung **NZ**). Verwandte Großwetterlagen mit ähnlichen Auswirkungen sind das **Hoch über den Britischen Inseln** (Abkürzung **HB**), das **Hoch über Nordmeer-Island** (Abkürzung **HNA, HNZ**) und der **Trog über Mitteleuropa** (Abkürzung **TRM**) mit Fünf b Tief Entwicklungen. Alle zusammen bilden den **Großwettertyp Nord.**

Nordlicht, das → Polarlicht der Nordhalbkugel.

Nordmeerhoch, abgeschlossenes → blockierendes Hoch über dem Nordmeer; spaltet die westatlantische Frontalzone in einen nördlichen, über Grönland hinweg verlaufenden und einen südlichen Zweig auf, der nach Südwesteuropa und dem Mittelmeer gerichtet ist; bestimmt oft für längere Zeit die Witterung in weiten Teilen Europas durch einen intensiven Luftmassenaustausch in meridionaler Richtung (Nordlage).

Reicht der Einfluss des Nordmeerhochs bis Mitteleuropa, herrscht im Sommer warmes, im Winter sehr kaltes Strahlungswetter. Bei geringerer Reichweite ist die Witterung über Mitteleuropa zyklonal, teils durch

Kaltlufttropfen, teils durch Mittelmeerstörungen.

Nordostlage, Abkürzung **NE,** Großwetterlage der meridionalen Zirkulationsform. Vom Azorenraum erstreckt sich eine Hochdruckbrücke über die Britischen Inseln nach Nordeuropa. Sie verhindert ein Übergreifen atlantischer Störungen auf das Festland. Diese werden vor der norwegischen Küste nach Norden zum Eismeer gesteuert. An der SO-Flanke der Hochdruckzone strömt mit nordöstlichen Winden Festlandsluft nach Mitteleuropa. Über Russland und der Balkanhalbinsel liegt meist ein ausgedehntes Tiefdrucksystem mit ausgeprägtem Höhentrog.

Nordostlagen bestimmen zusammen mit den Ostlagen oft den Witterungscharakter für mehrere Wochen bzw. eine Jahreszeit, im Sommer durch längere Wärmeperioden, im Winter durch strenge Kälte. Die **antizyklonale Nordostlage** (Abkürzung **NEA**) zeichnet sich durch reichlichen Sonnenschein aus; im Alpenraum kommt es vereinzelt zu Gewittern. Die **zyklonale Nordostlage** (Abkürzung **NEZ**) wird durch ergiebige Niederschläge charakterisiert, im Winter als Schnee, und zwar im Bereich bzw. am Rand von Kaltlufttropfen.

Nordwestlage, Abkürzung **NW,** Großwetterlage der gemischten Zirkulationsform (zonale und meridionale Strömungskomponenten etwa gleich groß). Das Azorenhoch ist zum Seegebiet südwestlich der Britischen Inseln/Golf von Biskaya verschoben. An seiner Nordostflanke herrscht für große Teile Europas eine hochreichende Nordwestströmung, in der Tiefdruckgebiete und deren Ausläufer aus dem isländischen Raum über Mitteleuropa südostwärts ziehen.

Bei der **antizyklonalen Nordwestlage** (Abkürzung **NWA**) herrscht insbesondere im Westen Hochdruckeinfluss; die Witterung ist teils wolkig, teils aufgeheitert, nach Osten zu leicht unbeständig, im östlichen Alpenvorland zeitweilig Stau.

Bei der **zyklonalen Nordwestlage** (Abkürzung **NWZ**) sind häufige, teils schauerartige und ergiebige Niederschläge typisch, die im Winter als Schnee fallen. Es bildet sich ein ausgeprägter Stau an der Nordwestseite der Gebirge. An Ems, Rhein, Main und Donau kommt es häufig zu Hochwasser. In allen Jahreszeiten sorgt eine zyklonale Nordwestlage für zu niedrige Temperaturen.

Normal|atmosphäre, Norm|atmosphäre, Standard|atmosphäre, Bezeichnung für ein durch die empirische Festlegung bestimmter Kenngrößen (wie Temperatur, Druck, Zusammensetzung) in Abhängigkeit von der Höhe sowie von der geografischen Lage und der Zeit (z.B. Jahreszeit) definiertes Modell der →Atmosphäre der Erde. Eine Normalatmosphäre dient v.a. in der Luft- und Raumfahrt als Bezugsmedium, z.B. für Leistungsangaben und für die Eichung von Höhenmessern. Beispiele sind die Normalatmosphäre nach DIN 5450, die Normalatmosphäre der Commission Internationale de Navigation Aérienne (CINA-Atmosphäre), die Normalatmosphäre des Committee for Space Research (COSPAR International Reference Atmosphere, Abkürzung CIRA) und die U.S. Standard Atmosphere (1976). Von besonderer Bedeutung für die Verkehrsluftfahrt ist die →ICAO-Atmosphäre.

Normaldruck, der Normalatmosphäre zugrunde gelegter, auf das Meeresniveau bezogener konstanter Bodenluftdruckwert von 1013,25 hPa.

Normalperiode, Standardperiode, von der Weltorganisation für Meteorologie festgelegter 30-jähriger Beobachtungszeitraum, für den weltweit Klimadaten (Mittelwerte, Häufigkeiten usw.) der Klimaelemente berechnet werden: 1901–30, 1931–60, 1961–90 usw. Die Mittelwerte der Normalperiode (monatliche oder jährliche Normalwerte) dienen zum Entwurf von globalen Klimakarten und als Bezugswerte für die Berechnung von Abweichungen aktueller Zeitabschnitte (Monate, Jahr) von der »Norm« (z.B. zu warme oder zu kalte Monate).

Norm|atmosphäre, die →Normalatmosphäre.

Nortes [span. norte »Norden«, »Nordwind«], *Meteorologie:* 1) feuchtwarme Nordwinde in Argentinien auf der warmen Vorderseite eines Tiefdruckgebietes, oft dem Kaltlufteinbruch des →Pampero vorangehend; 2) stürmische, mit großen Temperaturstürzen verbundene Nordostwinde in Mexiko, entsprechen den →Northers in den USA; 3) kalte, durchdringende Nordwinde, von den winterlichen, schneebedeckten Höhen der Pyrenäen nach Spanien herabwehend.

Northers ['nɔːðəz; englisch »Nordstürme«], *Meteorologie:* 1) trockenheiße Nordwinde an der Südküste Australiens; 2) föhnige Nordwinde im Sacramentotal in Kalifornien; 3) heftige, winterliche kalte Nordwinde (Polarluftausbrüche), die über die USA und den Golf von Mexiko bis Mittelamerika vorstoßen, meistens ausgelöst durch ein Hochdruckgebiet über dem Great Basin.

norwegische Schule, Bergener Schule, zusammenfassende Bezeichnung für die fundamentalen wissenschaftlichen Erkenntnisse über Luftmassen, Frontalzone, Polarfront und Entwicklung der Tiefdruckgebiete, die V. Bjerknes und seine Mitarbeiter an dem 1917 von ihm in Bergen (Norwegen) gegründeten meteorologischen Institut gewannen und zu einer neuen diagnostischen Arbeitsmethode der synoptischen Meteorologie ausbauten, die in der Folge von allen Wetterdiensten übernommen wurde.

3046

November. Dieser Monat wird eigentlich mit Nebel verbunden, allerdings können auch milde und sonnige Wetterphasen im November auftreten. Mitte November 2006 wurden beispielsweise Temperaturen bis 20 °C registriert.

Die synoptische Meteorologie analysiert insbesondere die dreidimensionale Dynamik und Verteilung von Luftmassen, Strömungsstrukturen und Fronten und gewinnt daraus grundlegende Erkenntnisse zum Lebenslauf von Tiefdruckgebieten sowie zu deren Funktion im Rahmen der allgemeinen Zirkulation der Atmosphäre.

November [lateinisch, zu novem »neun«], im frührömischen republikanischen Kalender der neunte, seit 153 v. Chr. der elfte Monat. Der November hat 30 Tage. Die alten deutschen Namen waren **Herbstmonat** oder **-mond,** aber auch **Nebelmonat, -mond** bzw. **Nebelung** (wegen des im November häufig verbreiteten Nebels).

■ **Temperaturen** Die Durchschnittstemperatur im November in Deutschland beträgt im Gebietsmittel 4,0 °C, im Mittel der zehn Städte Berlin, Bremen, Chemnitz, Erfurt, Frankfurt am Main, Freiburg im Breisgau, Hamburg, Hannover, Köln und München 4,7 °C. Zwar können im November durchaus noch Temperaturen von 15 °C erreicht werden, die mittlere Tageshöchsttemperatur liegt allerdings nur bei 8 °C. An zehn bis 15 Tagen muss mit Nachtfrost im November gerechnet werden, allerdings nur an ein bis zwei Tagen mit Dauerfrost. Die Nullgradgrenze sinkt im November auf die durchschnittliche Höhe von 1200 m. Anfang November 2006 war auf der Zugspitze mit −21,5 °C ein neuer Kälterekord für dieses Datum zu verzeichnen.

■ **Niederschläge** In einem normalen November beträgt die Niederschlagsmenge 66 mm, verteilt auf etwa 14 Tage, wobei an durchschnittlich vier Tagen der Niederschlag bereits als Schnee fällt. Anfang des Monats bildet sich in höheren Lagen die erste Schneedecke, Mitte November auch in den Niederungen, wobei diese jedoch wieder wegschmilzt.

■ **Sonnenscheindauer** Im November sind im Schnitt 53 Sonnenscheinstunden zu verzeichnen, pro Tag also weniger als zwei. Wie schon im Oktober, erhält auch im November das Bergland mehr Sonne als im Flachland, wo mit fortschreitender Abkühlung die Nebelbildung zunimmt. So scheint auf der Zugspitze im Mittel 133 Stunden die Sonne, in Frankfurt am Main hingegen nur 48 Stunden. Die Zugspitze hält auch den Novemberrekord mit 235 Sonnenscheinstunden im Jahr 1978. Flussniederungen müssen an zehn Novembertagen mit Nebel rechnen. Die mittlere Bewölkung beträgt 75 % der sichtbaren Himmelsfläche.

■ **Luftdruck** Der normale Luftdruck beträgt im November 1015 hPa in Berlin. Der Wind frischt im November deutlich auf, weil sich die Großwetterlage auf tiefen Luftdruck über Island und hohen Luftdruck über Asien umstellt. In Berlin muss deshalb an zwölf Tagen mit Windstärke 6 und mehr gerechnet werden, in Regensburg an sieben Tagen.

■ **Wetterlagen** Süd- und Südwestlagen führen im Westen und Norden zu Bewölkung und teilweise Regen, nach Osten hin scheint öfter die Sonne; die milden Temperaturen erreichen bis zu 15 °C, bei Föhn am Alpennordrand sogar 20 °C. West-, Nordwest- und Tiefdrucklagen sorgen für wechselhaftes Wetter mit Durchzug von Schlechtwettergebieten und zeitweise starkem Wind vor allem in Norddeutschland; am Monatsende kann es bis 400 m hinab schneien. Nord- und Nordostlagen bringen winterliches Wetter mit Schneefall bis in tiefe Lagen und Temperaturen bis maximal 4 °C, in den Nächten teilweise Frost bis −10 °C. Ost-, Südost- und Hochdrucklagen sorgen für typisches Novemberwetter mit viel Nebel und relativ niedrigen Temperaturen in den Niederungen und viel Sonne in den Mittelgebirgen und den Alpen; die Temperaturen liegen höher als im Flachland.

■ **Typischer Wetterverlauf** In 70% aller Jahre nimmt die Novemberwitterung etwa folgenden Verlauf: Der Monatsbeginn ist von einer Hochdrucklage mit trockenem Wetter geprägt. Sie wird abgelöst von einer Westwetterlage mit regnerischem und windigem Wetter. Zu Beginn der zweiten Monatshälfte stellt sich nochmals spätherbstliches Hochdruckwetter ein, das vor allem in den Bergen für heiteres Wetter sorgt, in den Niederungen hingegen für viel Nebel. Schließlich dreht in einem normalen November das Wetter gegen Monatsende wieder auf West mit milderen Temperaturen und viel Regen.

■ **Wetterregeln** Vor allem nach trockenen Oktobermonaten wünschen sich die Bauern im November viel Regen, ebenso die Wasserwirtschaft für die Auffüllung der Grundwasserreservoirs: *»Im November viel Nass, auf den Wiesen viel Gras.«* Andererseits kann es im November in klaren Nächten schon zu kräftigem Frost kommen: *»Wenn im November die Sterne stark leuchten, so bedeutet das Kälte.«* Ist das erste Novemberdrittel überdurchschnittlich kalt, so hat der folgende Januar mit 75% Wahrscheinlichkeit überdurchschnittlich viele Regentage: *»Friert im November zeitig das Wasser, wird's im Januar umso nasser.«* Andere Bauernregeln setzen auch gerne das Wetter der zweiten Novemberhälfte in Beziehung zum Temperaturverhalten des kommenden Winters, und zwar in einem entgegengesetzten Sinn, also kalt/mild bzw. umgekehrt: *»Wenn's wintert am Katharinentag (25. November), kommt der Eismond (Januar) sehr gemach.«* Zahlreiche Bauernregeln nehmen den Martinstag am 11. November zum Ausgangspunkt. Sie setzen eine feucht-trübe Witterung um dieses Datum herum mit einem insgesamt zu milden Winter in Beziehung: *»Wenn an Martini Nebel sind, wird der Winter meist gelind«*, *»Ist Martini trüb und feucht, wird gewiss der Winter leicht«*. Dieser Zusammenhang lässt sich in der Wetterstatistik auch zeigen, nicht hingegen ein Zusammenhang zwischen sonnigem Martinstag und einem strengen Winter: *»An Martini Sonnenschein, tritt ein kalter Winter ein«*, *»Ist Martini klar und rein, bricht der Winter bald herein«*. Vielleicht ist mit diesen Regeln aber auch gemeint, dass Hochdrucklagen im November vorwinterliche Verhältnisse schaffen können. Auch für die Beziehung zwischen St. Martin und dem Weihnachtswetter gibt es Bauernregeln: *»Wenn die Martinigänse auf dem Eise geh'n, muss das Christkind im Schmutze steh'n«*, *»Gleitet die Gans zu Martini auf dem Eise aus, kann sie um Weihnachten ins Wasser tauchen«*. Hier kann allerdings die Statistik nicht zur Überprüfung herangezogen werden, da es um den 11. November herum schlichtweg zu wenig zugefrorene Seen in Mitteleuropa gibt. Abgesehen davon, ist das Weihnachtswetter in der Regel mild und regnerisch.

Nowcasting ['nəʊ'kɑ:stɪŋ, englisch, etwa »Schnellvorhersage«], Bezeichnung für sehr kurzfristige Wettervorhersagen, etwa die nächsten drei Stunden. Für diese Vorhersagen sind die Ergebnisse der numerischen Wettervorhersage praktisch nicht nutzbar, da Letztere wegen des unvermeidlichen Zeitaufwandes für Datensammlung, Aufbereitung, Analyse, Vorhersagerechnung und Herstellung fertiger Karten erst mehrere Stunden nach dem Beobachtungstermin vorliegen, in den ersten Stunden wegen einer benötigten gewissen »Einschwingzeit« noch keine wesentliche Neuentwicklung liefern und zudem wegen ihrer Großräumigkeit die für das Nowcasting erforderlichen lokalen und kleinräumigen Phänomene meist gar nicht erfassen können. Die Vorhersagen werden daher direkt aus Satellitenbildern und Stationsmeldungen abgelesen.

nukle̲arer Winter, Bezeichnung für die nach einem größeren Kernwaffeneinsatz zu erwartenden extremen klimatischen Veränderungen, besonders die Abkühlung der erdnahen Atmosphäre, v.a. im Bereich der Kontinente der Nordhalbkugel, infolge der massiven Rauch- und Rußentwicklung (durch die ausgelösten Großbrände), die eine starke Verringerung der Sonnenstrahlung bewirken kann.

Nullpunkt, *Physik:* Anfangspunkt einer Skala, z.B. der Temperaturskala (→absoluter Nullpunkt).

nume̲rische Wettervorhersage, die Methode, durch numerische Integration geeigneter mathematisch-physikalischer Vorhersagegleichungen mithilfe des Computers zu einer Wettervorhersage zu gelangen. Streng genommen werden nicht das eigentliche (lokale) Wetter, sondern die wesentlichen atmosphärischen Variablen, wie Luftdruck, Temperatur und Wind, als Feldverteilung vorausgesagt. Voraussetzung ist die genaue Erfassung der Anfangsbedingungen. Da die mathematische Form der Gleichungen, welche die Zustandsänderungen der atmosphärischen Zustandsvariablen beschreiben, sehr komplex sind, ist eine exakte (analytische) Lösung zur Bestimmung des zukünftigen Zustandes der Atmosphäre nur näherungsweise möglich.

Oberflächenwasser, natürliche und künstliche Fließ- (Bach, Fluss, Strom; Kanal) und Standgewässer (Tümpel, Weiher, See; Teich, Rückhaltebecken, Talsperre), die sich auf der Erdoberfläche befinden.

Okklusion [spätlateinisch], *Meteorologie:* Front, die durch die Vereinigung einer Kaltfront mit einer Warmfront entsteht. Zur Bildung einer Okklusion kommt es regelmäßig im Reifestadium eines Tiefdruckgebiets, da die Kaltfront rascher wandert als die vorangehende Warmfront. Die zwischen beiden Fronten liegende Warmluft wird mehr und mehr eingeschnürt und schließlich vom Boden abgehoben. Der Berührungspunkt von Warm- und Kaltfront, an dem die Okklusion beginnt, ist der **Okklusionspunkt.**

Ist die Rückseitenkaltluft kälter als die Vorderseitenkaltluft, entsteht eine **Kaltfrontokklusion** (auch als **Okklusion mit Kaltfrontcharakter** bezeichnet). Dabei dringt die Rückseitenkaltluft – wie die Kaltluft an einer Kaltfront – gegen die Vorderseitenkaltluft vor.

Im umgekehrten Fall bildet sich eine **Warmfrontokklusion** (auch **Okklusion mit Warmfrontcharakter** genannt). Bei dieser schiebt sich die weniger kalte Rückseitenluft wie die Warmluft an einer Warmfront auf die vorgelagerte kältere Vorderseitenwarmluft.

Kaltfrontokklusionen treten in Mitteleuropa bevorzugt im Sommer, Warmfrontokklusionen dagegen im Winter auf. Die Wettererscheinungen an einer Okklusion sind deshalb unterschiedlich. Im Idealfall beginnen sie mit denen an einer Warmfront und gehen in die an einer Kaltfront über. Bei einer Kaltfrontokklusion sind sie mehr oder weniger denen an einer Kaltfront, bei einer Warmfrontokklusion denen an einer Warmfront ähnlich.

Oktober [von lateinisch (mensis) October »achter Monat«], im altrömischen Kalender der achte, im julianischen und gregorianischen Kalender der zehnte Monat; er hat 31 Tage.

■ **Temperaturen** Die mittlere Temperatur im Oktober beträgt im Gebietsmittel 9,0 °C, für die zehn Städte Berlin, Bremen, Chemnitz, Erfurt, Frankfurt am Main, Freiburg im Breisgau, Hamburg, Hannover, Köln und München 9,6 °C. Zu Beginn des Monats liegt das Tagesmittel in Berlin bei 12 °C, am Monatsende nur noch bei 6 °C – im Laufe des Oktobers gehen die Temperaturen also deutlich zurück.

■ **Niederschläge** Im Schnitt beträgt die Niederschlagsmenge im Oktober 56 mm, verteilt auf 14 Tage. Extrem trockene Oktobermonate traten im 20. Jahrhundert immer wieder auf, in einigen Jahren, beispielsweise 1943 und 1951, gab es Messpunkte, die überhaupt keinen Niederschlag registrierten. Monatsniederschlagsmengen von mehr als 150 mm treten hingegen nur ganz selten auf. Die süddeutschen Flüsse weisen im Oktober die durchschnittlich niedrigsten Wasserstände auf. Die ersten Schneefälle sind nicht ausgeschlossen, treten im Flachland aber in der Regel nicht vor Mitte November auf. Die relative Luftfeuchtigkeit steigt im Oktober wieder an auf 82 %, wodurch auch die Nebelneigung ansteigt, bevorzugt in Flusstälern.

■ **Sonnenscheindauer** Im Mittel scheint die Oktobersonne an 108 Stunden, wobei es im Bergland sonniger als im Flachland ist. Im Oktober 1965 verzeichnete die Zugspitze 270 Sonnenscheinstunden. Von dem im Oktober und November günstigen Nordalpenklima profitiert vor allem Süddeutschland; so liegt München mit 130 Sonnenscheinstunden deutlich über dem Deutschlandmittel. Sieben Tage bleiben im Mittel im Oktober schon ohne Sonnenschein, die durchschnittliche Bewölkung beträgt 65 % der sichtbaren Himmelsfläche.

■ **Luftdruck** In einem normalen Oktober sind Luftdruckwerte von 1018 hPa in München und 1016 hPa in Berlin zu erwarten, der Luftdruck nimmt nach Norden hin ab, was sich auch nach Skandinavien fortsetzt. Dementsprechend ziehen atlantische Tiefdruckwirbel eher im Norden durch und sorgen hier für mehr Wind.

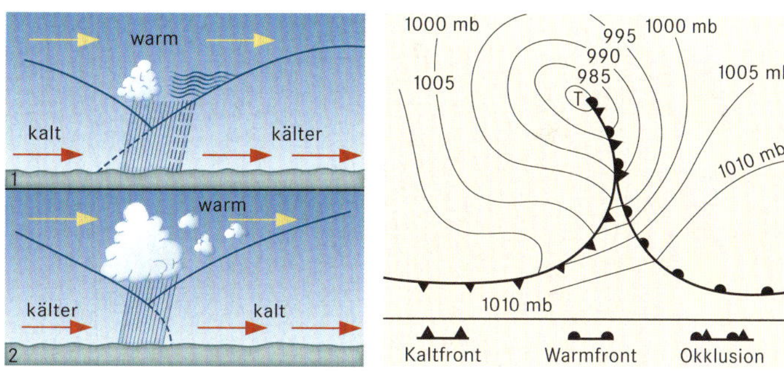

Okklusion. Links Schema einer Warmfront- (1) und einer Kaltfrontokklusion (2); rechts Okklusion in einer Zyklone

■ **Wetterlagen** Süd- und Südwestlagen bringen milde Temperaturen bis 22 °C und etwas Regen im Westen und Norden, im Osten mehr Sonne; am Alpenrand können die Temperaturen bis über 25 °C klettern. West-, Nordwest- und Tiefdrucklagen sorgen für wechselhaftes Wetter und häufigen Durchzug von Schlechtwettergebieten; die Temperaturen steigen zu Monatsbeginn nicht über 20 °C, zum Monatsende nicht über 16 °C. Nord- und Nordostlagen bringen wechselhaftes Wetter mit viel Regen im Osten und am Alpennordrand sowie kühlen Temperaturen bis maximal 6 °C am Monatsende; bis unter 1000 m ist Schneefall möglich, in klaren Nächten muss mit Frost gerechnet werden. Ost-, Südost- und Hochdrucklagen sind durch viel Nebel und milde Temperaturen tagsüber geprägt, im Bergland herrscht gute Fernsicht.

Typischer Wetterverlauf Im ersten Oktoberdrittel besteht eine Tendenz zu wechselhaftem Wetter mit Regen und auffrischenden Winden. Das zweite Monatsdrittel ist hingegen häufig von einer Schönwetterperiode mit sonnigen Tagen und kühlen Nächten geprägt. In der Regel unbeständig, zum Teil mit vorwinterlichen Einbrüchen, geht der Oktober zu Ende, bringt aber noch keine Dauerkälte.

100562

Oktober. Rauch- und Mehlschwalben sammeln sich im Oktober z. B. auf Stromleitungen und ziehen in wärmere Gefilde.

Wetterregeln Einige Bauernregeln weisen dem Oktober eine Schlüsselrolle im Hinblick auf den kommenden Winter zu, etwa *»Oktober rau – Januar flau«*. In der Tat hat ein um mindestens 1,5 Grad Celsius zu kalter Oktober mit einer Wahrscheinlichkeit von 65 % einen warmen Januar und mit 75 % einen warmen Februar zur Folge. Für den umgekehrten Fall muss noch ein weiteres Kriterium hinzugenommen werden. Nur wenn ein Oktober um mindestens 1,5 Grad zu warm und gleichzeitig trockener als normal ist, prognostiziert er einen strengen Februar, dann allerdings mit einer Wahrscheinlichkeit von 90 %: *»Ist der Oktober warm und fein, kommt ein scharfer Winter drein«*, *»Warmer Oktober bringt fürwahr stets einen kalten Januar«*. Diese erstaunliche Trefferquote hängt damit zusammen, dass ein trockener und warmer Oktober von einer Hochdruckwetterlage hervorgerufen wird, die von den Strömungsverhältnissen in 5 bis 10 km Höhe gesteuert wird. Offenbar weisen diese einen Rhythmus auf, der im Januar für den gleichen Zustand sorgt. Eine Hochdrucklage im Januar sorgt aber für – mitunter strenge – Kälte. Kein Zusammenhang lässt sich zwischen der Niederschlagsmenge im Oktober und den Tagen mit starkem Wind im Dezember feststellen, wie es in der Regel *»Wie im Oktober die Regen hausen, so im Dezember die Winde sausen«* behauptet wird. Für die Oktoberwitterung selbst gibt es anderseits kaum Prognosemöglichkeiten, nur für den Niederschlag. Ist beispielsweise der Juli zu nass, sind August und September aber trocken, dann folgt mit relativ großer Wahrscheinlichkeit wieder ein zu nasser Oktober. Die Mitte des Monats häufig auftretende Schönwetterperiode, der »goldene Oktober«, wird unter anderem durch die Regel *»Am Sankt-Gallus-Tag (16. Oktober) den Nachsommer man erwarten mag«* beschrieben. Oktobersonnenschein freut auch den Winzer, weil er den Öchslegrad nach oben treibt: *»Sankt Burkhard (14. Oktober) Sonnenschein, schüttet Zucker in den Wein.«*

ö. L., *Geografie:* Abkürzung für **ö**stlicher **L**änge.

opacus [lateinisch »schattig«], adjektivischer Zusatz zu den Namen der Wolkengattungen Altocumulus, Altostratus, Stratocumulus und Stratus mit der Bedeutung »nicht durchscheinend«. Wolken der Unterart opacus bilden ausgedehnte Flecken, Felder oder Schichten, die größtenteils so lichtundurchlässig sind, dass Sonne oder Mond völlig verdeckt sind.

Opal, ein Hurrikan, der sich am 27. September 1995 über der Halbinsel Yucatán zwischen dem Golf von Mexiko und dem Karibischen Meer bildete und die Stufe 4 auf der → Saffir-Simpson-Hurrikanskala erreichte. Mit Windgeschwindigkeiten bis zu 242 km/h und einem Kerndruck von 916 hPa zählt er zu den stärksten Wirbelstürmen, die nicht in die höchste Stufe 5 eingeordnet wurden. Einige Tage später schwächte er sich aufgrund des ozeankühlenden Effekts durch seinen eigenen Niederschlag zum tropischen Sturm ab, verstärkte sich am 2. Oktober aber wieder zum Hurrikan. Am 4. Oktober erreichte er Florida und zog weiter über North Carolina, Georgia und Alabama. Die meisten Schäden wurden durch eine Sturmflut verursacht, die Wellen bis zu einer Höhe von 3 m aufwarf. Durch Opal kamen 63 Menschen ums Leben, 50 in Guatemala und Mexiko und 13 in den USA. Der volkswirtschaftliche Schaden betrug drei Milliarden US-Dollar.

Opazität [lateinisch »Beschattung«, »Schatten«], *Optik:* → Durchlässigkeit.

Optik [lateinisch optice, von griechisch optikḗ (téchnē) »das Sehen betreffend(e Lehre)«], urspr. die Lehre vom sichtbaren → Licht; allg. das Teilgebiet der Physik, das sich mit der Erzeugung, der Ausbreitung und der Wechselwirkung optischer Strahlung (elektromagnetische Strahlung vom ultravioletten über den sichtbaren bis zum infraroten Wellenlängenbereich) mit Materie befasst.

Ein Spezialgebiet der Optik ist die →atmosphärische Optik, die das Verhalten des Lichts in der Atmosphäre beschreibt. Brechung (→atmosphärische Refraktion) und Spiegelung können zu den zahlreichen Haloerscheinungen (→Halo) sowie dem Regenbogen führen. Weitere Erscheinungen sind die →atmosphärische Extinktion und die →Lichtstreuung, →Dämmerungserscheinungen und die Beugung des Lichts an Wolkenteilchen (→Kranz).

Ora [italienisch], der tagsüber nach Norden talauf wehende Wind am Gardasee (→Berg- und Talwind).

Orkan [über niederländ. orkaan von span. huracán; →Hurrikan], Wind größter Geschwindigkeit (über 32,7 m/s oder 118 km/h oder Windstärke 12 der Beaufortskala). Orkane sind auf dem Meer im Allgemeinen häufiger als über dem Festland. In hohen Mittelbreiten kommen sie verhältnismäßig selten vor und sind dann an besonders kräftige **Orkantiefs** (v.a. in den Übergangsjahreszeiten) gebunden. Die tropischen Orkane erreichen Windgeschwindigkeiten von über 200 km/h.

orografische Wolken [zu griechisch óros »Berg« und gráphein »schreiben«], durch den Einfluss des Geländes entstehende Wolken, wenn z.B. feuchte Luft eine Bergkette oder ein größeres Hindernis überströmt und durch die mit der Hebung verbundene Abkühlung Kondensation des Wasserdampfs eintritt.

Bei labiler Schichtung entwickeln sich auf der Luvseite dichte, aufgetürmte Cumulus- oder Cumulonimbuswolken ohne oder mit Niederschlag **(orografischer Niederschlag).** Bei tief liegender Untergrenze berühren die orografischen Wolken oft den Hang des Hindernisses und werden dort als Nebel **(orografischer Nebel)** beobachtet.

Bei stabiler Schichtung bilden sich orografische Wolken oft erst in sehr großer Höhe als senkrecht zur Strömung verlaufende parallele Wolkenbänder. Typische orografische Wolken sind auch die →Moazagotl-Wolken und die →Perlmutterwolken.

Ostküstenklima, das Klima der Ostküsten in mittleren und hohen Breiten; im Vergleich zu den Westküsten der Kontinente (→Westküstenklima) thermisch benachteiligt, v.a. im Winter auf der Nordhalbkugel. Wesentliche Ursachen sind die minimale Zufuhr maritimer Luftmassen (im Bereich der außertropischen Westwindzone) und, insbesondere über dem östlichen Nordamerika und dem ostasiatischen Küstenraum, die Ausbildung häufiger Kaltlufttransporte nach Süden.

Ostlage, Abkürzung **E,** Großwetterlage der meridionalen Zirkulationsform. Am Boden ist sie geprägt durch ein umfangreiches, in den Wintermonaten starkes Hochdruckgebiet über Skandinavien, Finnland (= Fennoskandien) und oft auch Nordrussland, in der Höhe etwas weiter im Westen durch einen blockierenden Hochkeil über Norwegen. Mitteleuropa liegt am Südrand des hohen Drucks in einer Ostströmung, mit der Festlandsluft herangeführt wird.

100573

opacus. Stratocumulus stratiformis opacus

Die Witterung nimmt bei Ostlagen oft über längere Zeiträume kontinentale Züge an. Typisch sind lange Frostperioden im Winter und Hitzeperioden im Sommer. Insbesondere im Frühjahr reicht die nordeuropäische Hochdruckzone oft über das Nordmeer hinaus weiter nach Westen. Die Großwetterlagenklassifikation unterscheidet daher bei den Ostlagen zwischen dem **Hoch Fennoskandien** (Abkürzung **HF**) und dem **Hoch Nordmeer-Fennoskandien** (Abkürzung **HNF**). Bei der für Mitteleuropa **antizyklonalen** Form (Abkürzung **HFA, HNFA**) herrscht typisches Strahlungswetter mit großen Temperaturschwankungen zwischen Tag und Nacht. Bei der **zyklonalen** Form (Abkürzung **HFZ, HNFZ**) verursachen in der Ostströmung mit-

100562

Orkan. Am 18.1.2007 zog der Orkan Kyrill mit Windgeschwindigkeiten bis zu 225 km/h über weite Teile Europas. Er forderte über 30 Todesopfer und verursachte erhebliche Sachschäden.

Ozeane.
Das Phytoplankton spielt eine wichtige Rolle in der ozeanischen Nahrungskette. Normalerweise ist seine Konzentration in den Ozeanen sehr gering. Durch starke Winde kann jedoch ozeanisches Tiefenwasser, das reich an Nährstoffen ist, in sogenannten »upwelling areas« an die Oberfläche gepumpt werden, wie etwa vor Mauretanien. In solchen Gebieten existieren wichtige Fischbestände. Der Klimawandel beeinflusst Intensität und Lage dieser Gebiete und damit auch die Fischerei.

geführte Kaltlufttropfen Niederschläge; im südlichen Ast der zum Mittelmeer gerichteten atlantischen Frontalzone entstehen kräftige Mittelmeertiefs, deren Aufgleitniederschläge insbesondere im Alpenraum Hochwasser verursachen können.

Oxygenium [griechisch, eigentlich »Säurebildner«], der → Sauerstoff.

Ozeane, die durch die Kontinente gegliederten Wassermassen, die zusammen mit den Nebenmeeren das gesamte Weltmeer der Erde ausmachen: Atlantischer Ozean, Indischer Ozean und Pazifischer Ozean. In den Ozeanen gibt es große, stabile Meeresströmungen; am bedeutendsten ist das sogenannte Globale Förderband, eine Kombination von Meeresströmungen, die alle Ozeane verbinden und deren Oberflächen- und Tiefenströmungen einen globalen Wasserkreislauf bilden.

Die Ozeane sind neben der Atmosphäre und der Landbiosphäre der wichtigste Kohlendioxidspeicher. Der Grad der Fähigkeit der Ozeane, als CO_2-Senke zu wirken, bestimmt die Höhe der Absorption der zunehmenden Kohlendioxidemissionen in der Atmosphäre und die Richtung der Nettoaustauschflüsse. So nahmen Ozean und Landvegetation in den 1990er-Jahren 1,7 bzw 1,4 Gigatonnen Kohlenstoff pro Jahr mehr Kohlenstoff aus der Atmosphäre auf, als sie an die Atmosphäre abgaben, und reduzierten damit die Zunahme des atmosphärischen CO_2-Gehalts durch anthropogene Emissionen um ungefähr die Hälfte. Inzwischen ist auch die Zunahme des CO_2 im Ozean durch rund 10 000 Messungen aus den Weltmeeren belegt. Dies führt zur Versäuerung des Wassers, was sich u. a. für Korallenriffe schädlich auswirkt.

ozeanisches Klima, das → maritime Klima.

Ozeanografie, die → Meereskunde.

Ozon [griechisch »das Riechende«], energiereiche Modifikation des Sauerstoffs mit drei Sauerstoffatomen im Molekül, O_3. Ozon bildet sich, wenn atomarer Sauerstoff mit molekularem Sauerstoff reagiert, zerfällt aber leicht wieder gemäß $O_3 \rightleftharpoons O_2 + O\cdot$ und $2\,O\cdot \rightarrow O_2$. Die freien Sauerstoffatome (freie Radikale) werden durch Energiezufuhr (z. B. bei Einwirkung energiereicher Strahlung oder bei elektrischen Entladungen) aus Sauerstoffmolekülen freigesetzt ($O_2 \rightarrow O\cdot + \cdot O$) und reagieren dann mit weiteren Sauerstoffmolekülen: $O_2 + O\cdot \rightarrow O_3$.

■ **Ozonschicht** Ozon entsteht also überall dort, wo energiereiche Strahlung auf Sauerstoff trifft. Natürlicherweise findet dies hauptsächlich in der → Stratosphäre statt, in einer Höhe von etwa 16 bis 32 km (90 % des Ozons befinden sich dort). Dieser Bereich der Stratosphäre wird deshalb auch als Ozonschicht bezeichnet. Ozon bildet sich hier aus molekularem Sauerstoff unter dem Einfluss der kurzwelligen UV-Strahlung der Sonne. Es zerfällt zwar durch Absorption von UV-Strahlung sofort wieder, doch lagert sich der dabei frei werdende atomare Sauerstoff erneut an molekularem Sauerstoff an, sodass hier ein Gleichgewicht zwischen Auf- und Abbau von Ozon besteht. Das Ozon verteilt sich auf den gesamten Bereich der Stratosphäre bis etwa 50 km Höhe, erreicht aber in der Ozonschicht ein Maximum (7 ppm). Die Ozonschicht ist je nach geografischer Lage in verschiedenen Höhen verortet. In den niederen Breiten liegt sie in etwa 26 km Höhe und sinkt mit zunehmender geografischer Breite, erreicht also über den Polargebieten der Erde ihre tiefste Lage. Sie ist zudem starken jahreszeitlichen Schwankungen unterworfen, weil die horizontalen und vertikalen Transportvorgänge innerhalb der Schicht mit wechselnden, wetterbedingten Strömungen in Verbindung stehen: Im Frühjahr zeigt sie die stärkste Ausdehnung, im Herbst die schwächste.

Die Ozonschicht ist äußerst wichtig, weil sie den größten Teil der UV-Strahlung mit einer Wellenlänge unterhalb von 320 nm absorbiert und damit verhindert, dass diese Strahlung auf die Erde gelangt. Nur ein kleiner Teil dieser Strahlung durchdringt die Ozonschicht. Ebenso wichtig ist der klimatische Effekt: Bei der Strahlungsabsorption wird zugleich Strahlungsenergie in Wärmeenergie umgesetzt; daraus erklärt sich die Temperaturzunahme in der Stratosphäre. Das Ozon spielt also eine wichtige Rolle im Wärmehaushalt der Atmosphäre. Eine Verminderung des Ozongehaltes in der Stratosphäre hat weitreichende Folgen für das Klima und für das gesamte Leben (→ Ozonloch).

Davon zu unterscheiden ist das bodennahe Ozon, das in den unteren Schichten der Erdatmosphäre vorkommt. Es entsteht in erhöhter Konzentration, wenn energiereiche UV-Strahlung auf sauerstoffreiche Gase, z. B. Stickoxide oder flüchtige organische Verbindungen, einwirkt. Dies ist v. a. in Gebieten mit starker Abgasbelastung der Fall. Ozon gilt deshalb als sekundärer Luftschadstoff (→ Luftverunreinigungen) und führt in Smogsituationen zu gesundheitlichen Schädigungen bei Mensch, Tieren (v. a. Reizung der Schleimhäute) und Pflanzen (Bleichflecken), ferner zu Schäden an organischen Substanzen wie Textilien, Gummi, Leder, Anstrichen.

Ozonloch, Bezeichnung für unnatürlich niedrige Ozonkonzentrationen über den Polargebieten nach Ende der Polarnacht. Das Ozonloch beruht auf dem Zusammenwirken von physikalischen und chemischen Einflüssen auf die stratosphärische Ozonschicht. Es ist zu unterscheiden von sogenannten Minilöchern, einer kurzzeitigen Ozonabnahme aufgrund dynamischer Ursachen. Die Stärke der Ozonschicht wird in Dobson-Einheiten gemessen: 1 Dobson = 0,01 mm Ozonsäule bei Normaldruck. Der globale Mittelwert der Ozonsäulendichte beträgt etwa 350 Dobson. Seit 1968 nimmt die Ozonschicht über der Antarktis im Oktober (Südfrühjahr) beständig ab. Über der Arktis wurden unnatürlich niedrige Ozonsäulendichten erstmals im Frühjahr 1993 beobachtet, allerdings war die Abnahme der Ozonschicht deutlich geringer als über der Südhemisphäre. Im Winter 1999/2000 wurde über der Arktis ein Rückgang der Ozondichte von 35 % beobachtet. Bereits in der ersten Veröffentlichung über das Ozonloch wurde von dem britischen Meteorologen Joseph C. Farman (*1930) und seinen Mitarbeitern (1985) die Abnahme der Ozonschicht mit dem Anstieg der Fluorchlorkohlenwasserstoffe (FCKW) in Zusammenhang gebracht; der experimentelle Nachweis gelang dem amerikanischen Physiker James G. Anderson (*1944) und Mitarbeitern 1989, nachdem P. Crutzen und der dt. Physiker Frank Arnold (*1943) 1986 den Reaktionsmechanismus aufgeklärt hatten.

■ **Katalytischer Ozonabbau** Die von dem britischen Geophysiker Sidney Chapman

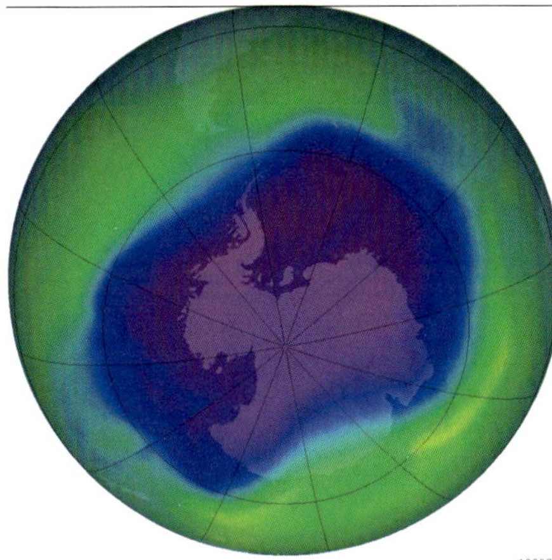

Ozonloch.
Im September 2006 erreichte das Ozonloch über der Antarktis mit rund 29,5 Millionen Quadratkilometern seine bisher größte Ausdehnung. In 13 bis 20 Kilometern Höhe waren nach Angaben der NASA nur noch 1,2 Dobson-Einheiten (DU) Ozon vorhanden; im August waren es noch 125 DU.

(*1888, †1973) 1930 beschriebene Abbaureaktion

$$O + O_3 \rightarrow 2\,O_2$$

der Ozonschicht allein genügt nicht, die in der Atmosphäre gefundene Ozonmenge zu erklären. Weitere katalytische Reaktionszyklen des Mechanismus

$$X + O_3 \rightarrow XO + O_2$$

und

$$XO + O \rightarrow X + O_2$$

wurden eingeführt (X = OH oder NO). F. S. Rowland und M. J. Molina veröffentlichten dann 1974 die Hypothese, dass auch die aus den FCKW durch Fotolyse entstehenden Chloratome als Katalysatoren wirken können. Die Katalysatoren OH und NO sind natürlichen Ursprungs. Das Hydroxylradikal OH entsteht in der Stratosphäre aus dem fotochemischen Abbau von organischen Verbindungen, im Wesentlichen über das Zwischenprodukt Formaldehyd CH_2O des Methan-(CH_4-)Abbaus,

$$CH_2O + h\nu \rightarrow CHO + H$$

$$H + O_2 \rightarrow HO_2$$

$$CHO + O_2 \rightarrow HO_2 + CO$$

$$HO_2 + O \rightarrow OH + O_2,$$

und das Stickstoffmonoxid NO wird in der Stratosphäre aus Lachgas N_2O produziert:

$$N_2O + O(^1D) \rightarrow 2\,NO.$$

Die Bezeichnung $O(^1D)$ kennzeichnet ein O-Atom im ersten metastabilen Zustand.

Auch das Chloratom hat eine natürliche Quelle, den fotochemischen Abbau von Methylchlorid CH_3Cl:

$$CH_3Cl + h\nu \rightarrow CH_3 + Cl.$$

Während jedoch die Konzentrationen der Quellgase CH_4 und N_2O durch den Menschen nur geringfügig verändert werden, hat die Verwendung von halogenierten Kohlenwasserstoffen die stratosphärische Chlorkonzentration stark ansteigen lassen. Es kann daher davon ausgegangen werden, dass die seit 1968 beobachtete Abnahme der stratosphärischen Ozonschicht eine Folge des Anstiegs der Cl-Konzentration ist.

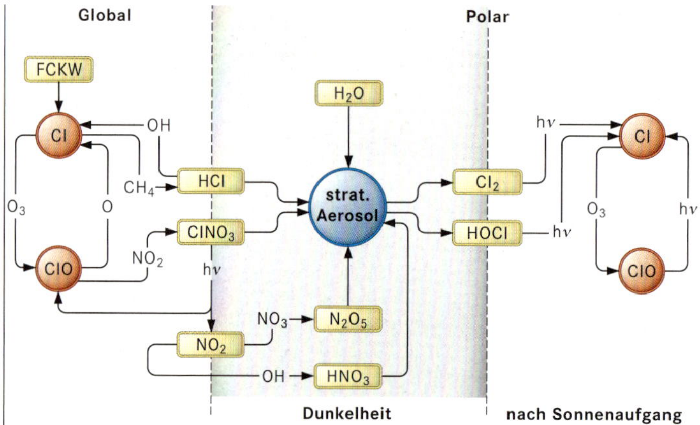

Ozonloch. Schema des Ozonabbaus durch Chlorkomponenten in der polaren winterlichen Stratosphäre

Ursachen des polaren Ozonlochs

Die mit dem Anstieg der FCKW verbundene Ozonabnahme tritt in den Tropen und gemäßigten Breiten erst oberhalb von 30 km Höhe, also oberhalb des Maximums der Ozonschicht, auf. Über der Antarktis wurde aber ein Schwund der Ozonschicht im Höhenbereich zwischen 15 und 25 km beobachtet. Darüber hinaus tritt das Ozonloch nur kurz nach Ende der Polarnacht auf, zu einem Zeitpunkt, wo in diesen Höhen die kurzwellige Strahlung der Sonne nicht ausreicht, um O-Atome durch die Fotolyse von Ozon oder O_2 zu erzeugen. Während der Polarnacht wird die Atmosphäre für den Ozonabbau konditioniert, wobei insbesondere die Konzentration von Chlormonoxid ClO stark ansteigt. Nachdem im Frühjahr die Sonne wieder aufgegangen ist, wird die Ozonschicht innerhalb des Polarwirbels abgebaut. Dieser Abbau tritt so lange ein, bis der Wirbel zusammenbricht und ozonreiche Luft aus den gemäßigten Breiten in das Polargebiet einströmt. In dem Höhenbereich des polaren Ozonschwunds treten die Perlmuttwolken (englisch **p**olar **s**tratospheric **c**louds, PSC) auf; es liegt daher nahe, die Konditionierung der Stratosphäre für ein Auftreten des Ozonlochs mit diesen PSC in Verbindung zu bringen.

Die intensiven Messkampagnen, die seit 1986 sowohl über der Antarktis als auch über dem Polargebiet der Nordhemisphäre durchgeführt wurden, haben gezeigt, dass sich zum Entstehen eines Ozonlochs in der Stratosphäre ein stabiler Polarwirbel ausgebildet haben muss und die Temperaturen unter 200 K fallen müssen. Diese Bedingungen sind in der Antarktis jedes Jahr erfüllt und auch über dem Nordpol treten sie verstärkt auf.

Insbesondere die Winter seit 1995/96 haben gezeigt, dass auch über der Arktis ein lang anhaltender Polarwirbel mit entsprechend tiefen Temperaturen auftreten kann. Bisher ist jedoch die Flächenausdehnung des Ozonlochs über dem Nordpol mit rund 7 Mio. km² deutlich geringer als die Ausdehnung des antarktischen Ozonlochs (bis 30 Mio. km²).

Aufgrund der Beobachtungen wurde folgender Reaktionsmechanismus für das Auftreten eines Ozonlochs vorgeschlagen: Chlor liegt in der Stratosphäre vorwiegend in den wenig reaktiven Reservoirgasen Chlorwasserstoff HCl und Chlornitrat $ClNO_3$ vor. Während der Polarnacht werden diese Substanzen an der Oberfläche von stratosphärischem Aerosol (z. B. den PSC) in die weniger stabilen Gase Chlorgas Cl_2 und Chlorhydroxid HOCl überführt:

$$ClNO_3 + H_2O \rightarrow HOCl + HNO_3$$

$$ClNO_3 + HCl \rightarrow Cl_2 + HNO_3.$$

Die entstehende Salpetersäure HNO_3 verbleibt im Aerosol. Dadurch verarmt die Luft an Stickoxiden. Wenn die Temperatur unter 193 K sinkt, kondensiert auch der Wasserdampf an den PSC, wodurch diese stark anwachsen und ausfallen können. Im Frühjahr reicht die Energie der Sonnenstrahlung aus,

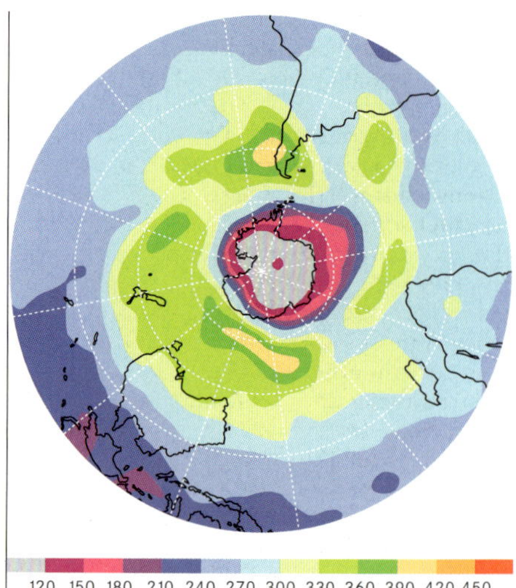

Ozonloch. Im Jahr 2003 hatte das Ozonloch über der Antarktis am 15. 10. seine größte Ausdehnung (Angabe der Ozonsäulendichte in Dobson-Einheiten).

um die instabilen Reservoirgase Cl_2 und HOCl zu fotolysieren:

$$Cl_2 + h\nu \rightarrow 2\ Cl$$

$$HOCl + h\nu \rightarrow OH + Cl.$$

Die entstehenden Chloratome reagieren mit dem Ozon unter Bildung von Chlormonoxid ClO:

$$Cl + O_3 \rightarrow ClO + O_2.$$

Der nächste Schritt des katalytischen Zyklus, die Rückbildung des ClO in Cl durch Sauerstoffatome, findet jedoch nicht statt, da die Sonnenenergie noch nicht ausreicht, um O-Atome zu erzeugen. Es kommt somit zu einem Anwachsen der ClO-Konzentration auf das 100-Fache des globalen Mittelwerts. Mit der Zunahme der ClO-Konzentration steigt die Wahrscheinlichkeit für die Selbstreaktion:

$$ClO + ClO \rightarrow Cl_2O_2.$$

Aus Dichlordioxid Cl_2O_2 werden dann fotochemisch Cl-Atome zurückgebildet und so der katalytische Zyklus geschlossen. Dieser Reaktionsmechanismus kann so lange wirken, bis die Konzentration des ClO aufgrund der Bildung von Chlornitrat zurückgeht:

$$ClO + NO_2 \rightarrow ClNO_3.$$

Das dazu notwendige Stickstoffdioxid NO_2 steht jedoch erst dann wieder in ausreichender Menge zur Verfügung, wenn entweder die Temperatur so weit steigt, dass das stratosphärische Aerosol verdampft und das gespeicherte HNO_3 frei wird, oder wenn sich der Polarwirbel auflöst und damit stickoxidreiche Luft aus den gemäßigten Breiten in den Wirbel einströmen kann. Beide Ereignisse, der Anstieg der Temperatur und das Auflösen des Polarwirbels, treten in der Nordhemisphäre gewöhnlich früher ein als in der südpolaren Stratosphäre. Dies ist der Grund, warum ein Ozonloch vom Ausmaß des antarktischen Ozonverlustes bisher über der Arktis nicht beobachtet wurde. Die Konditionierung der arktischen Stratosphäre im Winter tritt jedoch auf, und seit 1993 nimmt auch die Ozonkonzentration im Höhenbereich des stratosphärischen Aerosols ab. Da aber der polare Wirbel über der winterlichen Arktis sehr viel weniger stabil ist als der über der Antarktis, verläuft der Ozonabbau über dem Nordpol von Jahr zu Jahr unterschiedlich stark.

Quellgase Die FCKW sind zum größten Teil anthropogenen Ursprungs. Seit ihrer Erfindung im Jahre 1928 wurden sie in immer stärkerem Ausmaß als Treibmittel in Spraydosen, als Kühlmittel in Kühlschränken und Klimaanlagen, als Treibmittel bei der Schaumstoffherstellung und als Lösungsmittel in der Elektronikindustrie eingesetzt. Ihr großer Vorteil, chemisch inert zu sein, erwies sich seither als Nachteil in Bezug auf ihre Umweltverträglichkeit. Aufgrund ihrer geringen Wasserlöslichkeit und der chemischen Resistenz gegen alle Substanzen, die für den natürlichen Reinigungsmechanismus der Luft sorgen, können sie bis in die Stratosphäre aufsteigen. Allerdings dauert es 10–15 Jahre, bis die in Erdbodennähe freigesetzten FCKW die Stratosphäre erreichen. Weitere 10–30 Jahre vergehen, bis die in Kühlaggregaten und Schäumen eingeschlossenen FCKW vollständig in die Atmosphäre entlassen sind. Da die kurzwellige Strahlung der Sonne, die zur Fotolyse der FCKW führt, auch vom zweithäufigsten Gas der Atmosphäre, dem Sauerstoff, absorbiert wird, ist erst oberhalb von etwa 15 km Höhe ausreichend Lichtenergie vorhanden, um den Abbau der FCKW einzuleiten.

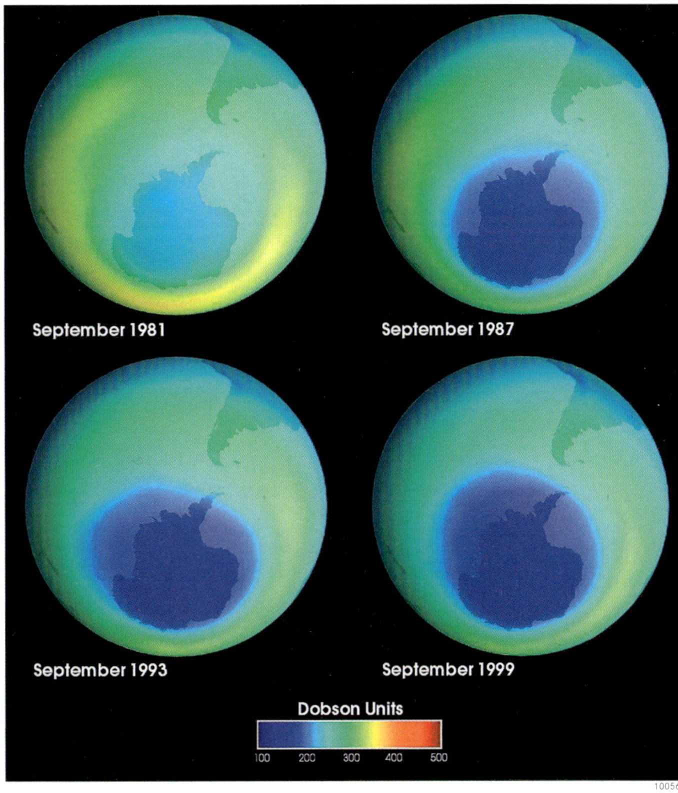

Ozonloch. Diese NASA-Satellitenfotos dokumentieren die Entwicklung des Ozonlochs über der Antarktis von September 1981 bis September 1999. Je dunkler das Blau, desto dünner die Ozonschicht.

Auswirkungen des Ozonschwunds Einer weiteren Schädigung der Ozonschicht musste vor allem wegen der biologischen Auswirkungen (u. a. Erhöhung der Mutationsraten, Zunahme von Hautkrebserkrankungen) entgegengewirkt werden. Durch Anwendungsbeschränkungen von Fluorchlorkohlenwasserstoffen wurde versucht, die negative Beeinflussung der Ozonschicht zu stoppen. Nach Einschätzung von Wissenschaftlern ist davon auszugehen, dass sich die Ozonlöcher über der Antarktis und Arktis in 30–40 Jahren geschlossen haben werden.

P

Pa, *Einheitenzeichen* für die Druckeinheit → Pascal.

Paläoklimatologie, die Lehre von den Klimazuständen und Klimavariationen der vorhistorischen Vergangenheit, wie sie sich anhand einer Vielzahl von Klimazeugen indirekt rekonstruieren lässt. Dabei wird je nach Region zw. der terrestrischen und marinen Paläoklimatologie unterschieden. Die wichtigsten terrestrischen Klimazeugen sind zunächst Sedimentbildungen von Binnenseen und Gletscherabflüssen, aus denen sich Rückschlüsse auf Temperatur und Niederschlag der letzten Jahrtausende gewinnen lassen (Warve oder Bänderton). Dies gilt auch für den Jahreszuwachs der Bäume, die Jahresringe, bei denen jedoch nicht nur die Ringbreiten, sondern auch die Holzdichten und bestimmte Isotopengehalte analysiert werden; durch Auswertung der Bohrproben lebender Bäume und von Altholz (z.B. Fachwerk- und Pfahlbauten) haben sich solche Informationen bis zu 10 000 Jahren zurück sammeln lassen (Dendrochronologie). Von großer Wichtigkeit sind die Bohrungen im polaren Eis, dabei besonders die Bestimmung des stark temperaturabhängigen Verhältnisses der Sauerstoffisotope ^{16}O und ^{18}O (Reichweite circa 0,4–0,7 Mio. Jahre). Aber auch Vulkanstäube und frühere atmosphärische Konzentrationen von Kohlendioxid, Methan u.a. lassen sich aus Eisbohrungen gewinnen. Auch die Festlandsbohrungen zur Bestimmung von Bodentypen, den Pollenspektren früherer Vegetationsgesellschaften (Pollenanalyse) gehören zu den Rekonstruktionsmethoden der Paläoklimatologie. Frühere Küstenlinien sind ein Maß für das Volumen des Landeises und damit wiederum der Temperatur in früherer Zeit (Reichweite rund 0,5 Mio. Jahre).

Schwerpunkt der marinen Klimazeugen sind Sedimente, die sich am heutigen Ozeanboden bzw. im Bereich früherer Ozeane gebildet haben. So lassen sich durch Bohrungen im Meeresboden in den Kalkschalen von Meerestieren absolute Temperaturwerte errechnen (Reichweite rund 50–100 Mio. Jahre). Schließlich führen verschiedene geomorphologische, mineralogische u.a. Methoden der Altersbestimmung bis zur Grenze von derzeit 3,8 Mrd. Jahren, sodass fast die gesamten → Klimaänderungen der Erdgeschichte überschaubar sind.

Pampero [spanisch], stürmischer Süd- bis Südwestwind im Bereich der Pampa Argentiniens, verursacht durch den Einbruch kalter Luftmassen auf der Rückseite eines Tiefdruckgebietes über dem La-Plata-Gebiet.

pannus [lateinisch »Stück Tuch, Lappen«], substantivischer Zusatz zu den Namen der Wolkengattungen Altostratus, Cumulonimbus, Cumulus und Nimbostratus mit der Bedeutung »mit Fetzen«. Mit pannus bezeichnet man eine Begleitwolke, die aus zerfetzten,

PALÄOKLIMATOLOGIE | *Klimaarchiv Vansee*

50558

Kaum etwas ist so wertvoll für Klimaforscher wie die Archive der Natur, denn Wetteraufzeichnungen gibt es erst seit 150 Jahren. Baumringe, Eisbohrkerne, Sedimentschichten – aus ihnen lassen sich Rückschlüsse auf das Klima der Vergangenheit schließen. Vor allem Pollenanalysen geben Hinweise auf frühere Klimastadien.

Einen ganz besonderen »Schatz« stellt in dieser Hinsicht der Vansee im Südosten der Türkei dar. Seit Hunderttausenden von Jahren läuft hier immer wieder der gleiche Vorgang ab. In jedem Sommer sinken Pollen auf den Grund des Sees und vermischen sich mit Kalk, im darauffolgenden Winter legt sich eine Tonschicht darüber, gespeist von den Flüssen und Bächen aus dem Gebirge. Da der See nicht viele Fische enthält und keinen Abfluss hat, geschieht das Ganze weitgehend ungestört. Das Ergebnis: Im Laufe der Zeit ist eine mehrere Hundert Meter dicke Sedimentschicht angewachsen, für Wissenschaftler ein »Geschichtsbuch« des Klimas. Die verschiedenen Pollenarten geben Aufschluss darüber, welche Pflanzen wann gewachsen sind. Die Dicke der Kalk- und Tonschichten verrät, wie warm und trocken es war – bis auf ein halbes Grad genau. Der Vansee birgt ein einzigartiges Potenzial, weil sich mit ihm – im Gegensatz zu den Eisbohrkernen – Veränderungen von Ökosystemen studieren lassen. Deshalb wird eine internationale Arbeitsgruppe in den nächsten Jahren das Van-Sediment anbohren, um in die Klimavergangenheit zu schauen.

manchmal eine zusammenhängende Schicht bildenden, unterhalb einer anderen Wolke liegenden Wolkenteilen besteht.

Partialdruck, in einem Gemisch von Gasen oder Dämpfen der von einer Komponente ausgeübte Druck. In einem Gemisch verschiedener, nicht miteinander reagierender, idealer Gase ist der Partialdruck jeder Komponente der Druck, den sie ausüben würde, wenn sie für sich allein den ganzen Raum erfüllte (→daltonsche Gesetze).

Pascal [pas'kal; nach B. Pascal], Einheitenzeichen **Pa,** SI-Einheit des Druckes: $1\,Pa = 1\,N/m^2 = 10^{-5}$ bar. Das 100-Fache dieser Einheit ist das →Hektopascal. Es entspricht 1 Millibar (mbar): $1\,hPa = 10^2\,Pa = 1\,mbar$.

Pascal [pas'kal], Blaise, französischer Philosoph, Mathematiker und Physiker, *Clermont-Ferrand 19. 6. 1623, †Paris 19. 8. 1662; entdeckte u.a. 1647 das Gesetz der kommunizierenden Röhren und wies die Abnahme des Luftdrucks mit steigender Höhe durch Höhenmessung mit dem Barometer am Puy-de-Dôme nach.

Passate [niederländ.], sehr beständige Winde, die auf beiden Erdhalbkugeln das ganze Jahr hindurch von den Hochdruckgürteln der Subtropen zur äquatorialen Tiefdruckrinne gerichtet sind, infolge der Erdrotation und von Reibungseffekten jedoch abgelenkt auf der Nordhalbkugel als **Nordostpassat,** auf der Südhalbkugel als **Südostpassat** wehen. Die Passate sind trockene, niederschlagsarme Luftströmungen. Da eine deutliche Inversion, die **Passatinversion,** Wolken- und Niederschlagsbildung verhindert, kommt es nur dort, wo sie sehr hoch liegt, zur Ausbildung von Kumuluswolken, aus denen leichte Passatschauer mit nur geringer Niederschlagsergiebigkeit fallen. Durch eingelagerte, von Osten kommende Wellenstörungen (Easterly Waves), die zur allgemeinen Hebung und Labilisierung der feuchtwarmen Luft führen, können auch kräftige Niederschläge eintreten. An den Westseiten der Ozeane (durch Stau an den Küstengebirgen) und in der Nähe der innertropischen Konvergenz wird die Passatinversion aufgelöst; hier können sich hoch reichende Kumuluswolken und stärkere Niederschläge entwickeln (z.B. auf Hawaii, auf den Inseln der Karibik sowie an den Ostküsten Südafrikas und Südamerikas). Die Passate sind Glieder der allgemeinen atmosphärischen Zirkulation, bilden jedoch keinen geschlossenen Kreislauf, sondern sind Glied einer →Hadley-Zelle. Der früher in der Höhe vermutete **Antipassat (Gegenpassat)** als eine dem Passat entgegengerichtete Ausgleichsströmung konnte nicht nachgewiesen werden. Oberhalb der Passatströmung mit einer Mächtigkeit von 0,5 bis 2 km wehen bis in etwa 12 km Höhe im gesamten Äquatorialgebiet Ostwinde, die auch als **Urpassate** bezeichnet werden. – Bild Seite 254

100573

pannus.
Cumulus pannus über Maurach (Österreich)

Passatinversion, markante Sperrschicht (→Inversion) an der Obergrenze der Passatströmung, die durch starke Absinkbewegungen innerhalb der subtropischen Hochdruckgürtel in Verbindung mit boden- bzw. meeresnaher Strömungsdivergenz zustande kommt. Sie trennt eine ursprünglich relativ trockene und kühle Passatströmung von einer sehr warmen und trockenen oberen Luftschicht.

Auf dem Weg über die tropischen Ozeane werden die Luftmassen unter der Passatinversion äquatorwärts allmählich wärmer und reichern sich immer mehr mit Wasserdampf an. Es kommt zu konvektiven Aufwärtsbewegungen mit Bildung von Wolken, die sich durch die in großen Mengen frei werdende latente Wärme selbst verstärken. Die Passatinversion ist umso ausgeprägter, je stärker die Passatströmung ist. Ihre Höhenlage steigt von 500 bis 600 m (äußere Tropen) bis über 2 000 m (innere Tropen) an. In Äquatornähe wird sie aufgelöst.

Peplopause [griechisch peplos »Decke« und paûsis »Ende«], die Obergrenze der Grundschicht (Peplosphäre) der →Atmosphäre; oft durch eine Inversion gebildet.

Peplosphäre, die Grundschicht der →Atmosphäre.

Periode [lateinisch periodus »Gliedersatz«, von griechisch períodos »das Herumgehen«, »Umlauf«, »Wiederkehr«], *Meteorologie:* fester Beobachtungszeitraum (z.B. →Normalperiode), auch Zeitspanne mit mehr oder weniger einheitlichem Witterungscharakter sowie Rhythmus im Klimaablauf.

Perlmutterwolken, den Cirren ähnliche, oft linsenförmige, aus Eiskristallen bestehende Wolken, die hell glänzen und perlmutterfarbig irisieren, besonders nach Sonnenuntergang. Sie treten vorwiegend in höheren Breiten (Skandinavien, Schottland, Alaska) in Höhen von 20 bis 30 km auf, in der Antarktis oberhalb 15 km (→polare Stratosphärenwolken). Die Wolkenteilchen spielen eine wichtige Rolle bei der Entstehung des →Ozonlochs.

Passate.
Typisch für die Hawaii-Insel Oahu ist die nahezu permanente Bewölkung entlang der fast 1000 m hohen Bergkette, welche die Passatwinde aus dem Nordosten stoppt. Hier regnen die herantransportierten Luftmassen einen Großteil ihrer Feuchtigkeit ab; im Gegensatz dazu ist die windabgewandte Seite der Berge trocken und ausgedörrt.

80662

Permafrostboden, ewige Gefrornis, Pergelisol, Dauerfrostboden, Boden der Permafrostzone, bei dem nur die oberflächennahe Lage, maximal bis 2 m Tiefe, auftaut. Permafrostböden treten unter den heutigen Klimabedingungen im Wesentlichen nur in den höheren geografischen Breiten auf. Darüber hinaus sind Permafrostböden auch in den Hochgebirgen der gemäßigten Breiten und der Subtropen nachgewiesen. Mit der zunehmenden Erwärmung der Erde werden die Auftauphase und -tiefe der Permafrostböden sowie die Kohlenstofffreisetzung zunehmen. – Bild Seite 256

Phänologie [zu griechisch phaínesthai »erscheinen«], Lehre vom jahreszeitlichen Ablauf der Lebenserscheinungen. Es werden charakteristische, leicht erkennbare Phasen in der Entwicklung häufiger Kultur- und Wildpflanzen beobachtet und die Orte gleichen Datums des Auftretens derselben Erscheinung auf einer phänologischen Karte festgehalten. Solche Karten ermöglichen feine räumliche Differenzierungen der lokalen Klimaverhältnisse, der Länge der Vegetationszeit und der pflanzengeografischen Verhältnisse. Die Beobachtungen werden in einem **phänologischen Kalender** zusammengefasst.

Bei den Tieren werden am häufigsten das Ankunfts- und Wegzugsdatum von Zugvögeln ermittelt.

■ **Phänologische Jahreszeiten** Der phänologische Kalender unterteilt das Jahr in zehn biologisch-physiologisch begründete phänologische Jahreszeiten, die jeweils durch spezielle Indikatoren gekennzeichnet sind.

Frühling: Der Vorfrühling beginnt mit der Blüte der Schneeglöckchen – im Volksmund auch als Märzglöckchen oder Schneetröpfchen bezeichnet – und der Haselnuss, auf dem Feld beginnt die Arbeit. Die Blüte der Salweide kennzeichnet bereits das Ende dieser Phase. Ihr folgt der Erstfrühling, in dem die Stachelbeerknospen aufbrechen und das Sommergetreide aufgeht. Forsythie, Traubenhyazinthe, Buschwindröschen und Himmelsschlüssel beginnen zu blühen. Die Obstblüte beginnt mit den Stachel- und Johannisbeeren, gefolgt von Kirsche,

Pflaume und Birne. Auch Schlehdorn und Ahorn blühen. Zur Mitte des Erstfrühlings entfalten sich die Blätter der Kastanie. Wenn sich auch bei Rotbuche, Linde und Ahorn die Blätter entfalten, geht der Erstfrühling in den Vollfrühling über, in dem Apfel und Flieder blühen, später auch die Himbeere. Die Stieleiche entfaltet ihre Blätter, die Rosskastanie blüht; auch der Goldregen ist ein untrügliches Zeichen des Vollfrühlings.

Sommer: Schießt das Wintergetreide und blühen die ersten Gräser, geht der Vollfrühling in den Frühsommer über. Auf den Wiesen blüht zuerst der Wiesenfuchsschwanz und auf den Getreidefeldern der Winterroggen. Typisches Zeichen dieser phänologischen Jahreszeit ist auch der Blühbeginn des Schwarzen Holunders; anschließend blühen Heckenrose und Klatschmohn. In die Zeit des Frühsommers fällt die Heuernte; bei den übrigen Getreidearten erscheinen die ersten Ähren bzw. Rispen. Gegen Ende des Frühsommers werden die frühen Erdbeeren reif. Der Hochsommer kommt, wenn Linden und Kartoffeln blühen und die Johannisbeeren reif werden. Auch die Blüte der Sonnenblume zeigt den Hochsommer an. In diese Jahreszeit fällt auch die Haupterntezeit der Süßkirche; die ersten Sauerkirschen werden reif. Der Spätsommer ist gekommen, wenn das erste Heidekraut blüht. Die Getreidefelder sind jetzt abgeerntet, die reifen Früchte der Eberesche leuchten. Nach dem Abschluss der Getreideernte folgt, sofern geeignetes Wetter herrscht, die Grummeternte, die den für den Spätsommer typischen Geruch von geschnittenem Heu erzeugt. Nun beginnt auch die Apfelernte und etwas später die Ernte der reifen Pflaumen.

Herbst: Mit der Blüte der Herbstzeitlosen verabschiedet sich der Sommer, der Frühherbst folgt. Die Holunderbeeren reifen nun, auch die Früchte der Rose, die Hagebutten, und des Weißdorns sind reif. In den kommenden Wochen werden vor allem Birnen und Brombeeren geerntet. Werden die Kastanien reif, geht der Früh- in den Vollherbst über. Sein markantestes Zeichen sind die herunterfallenden Eicheln der Stieleiche. In der Landwirtschaft liegen am Anfang dieser Jahreszeit die Haupternte der Spätkartoffeln und die Aussaat des Wintergetreides. Fallen die ersten Blätter der Stieleiche und der Rotbuche, geht es in die letzte Herbstphase, den Spätherbst. Jetzt werden die letzten Früchte geerntet, auffälligstes Signal ist aber der Laubfall. Die Rüben werden geerntet und das Wintergetreide geht bald auf. Auf dem Feld wird die Winterfurche gezogen, mit dem Ende der Feldarbeiten findet der Spätherbst seinen Abschluss.

Winter: Im phänologischen Winter kommt die Bewirtschaftung der Felder zu einem Stillstand, die Vegetation ruht. Trotzdem finden auch im Winter wichtige Lebensvorgänge statt; zahlreiche Wildpflanzen benötigen Frost, damit ihre Samen später keimen können.

Klimawandel Da Pflanzen sehr sensibel auf veränderte Umweltbedingungen reagieren, hat auch die Veränderungen des Klimas ei-

PERMAFROSTBODEN

Ein Loch in der Zugspitze

100562

Permafrost – da denkt man an Sibirien und Tundra. Doch auch die heimischen Alpen haben natürlich (noch) Dauerfrostböden aufzuweisen, die das Interesse von Forschern wecken. Allerdings gibt es in Deutschland nur noch drei Stellen, deren Böden ganzjährig gefroren sind: am Watzmannstock, am Allgäuer Hauptkamm und an der Zugspitze. Letztere ist ja – meteorologisch gesehen – kein unbeschriebenes Blatt und zudem gut erschlossen, weshalb sich 2007 Forscher im Auftrag des bayerischen Umweltministeriums in den Zugspitzboden bohrten. Rund 60 Meter weit läuft die Bohrung quer durch den Gipfelbereich. Etwa alle zwei Meter wurden dann Temperatursensoren angebracht, die 15 Jahre lang mögliche Änderungen erfassen. Die Wissenschaftler wollen herausfinden, wie sich der Permafrostboden angesichts des immer wärmeren Klimas verändert und ob er möglicherweise allmählich auftaut.

Die Ergebnisse fließen in ein alpenweites Netzwerk zu Permafrostuntersuchungen ein. Auch wird mithilfe einer Spezialkamera die innere Gebirgsstruktur untersucht. Sogenannte Extensiometer, die in das Loch eingebaut werden, messen zudem feinste Verformungen innerhalb des Felses.

194

Permafrostboden. Klimaforscher befürchten, dass das Auftauen der Permafrostböden eine positive Rückkopplung auf die globale Erwärmung haben könnte, da die Böden Methan und Kohlendioxid freisetzen.

nen direkt sichtbaren Einfluss auf die phänologischen Charakteristika. Eine Temperaturzunahme um ein Grad im Frühjahr bedingt beispielsweise ein um ca. eine Woche früheres Einsetzen von Frühlingsphasen wie der Blüte der Hasel oder der Kirsche. Lange phänologische Beobachtungsreihen zeigen, dass Pflanzen vor allem in den mittleren und höheren Breiten der nördlichen Hemisphäre auf Temperatur- und Niederschlagsveränderungen deutlich reagieren. In den letzten 50 Jahren verfrühten sich die Blattentfaltung und Blüte von Frühjahrsblühern um 1,4 bis 3,1 Tage pro Jahrzehnt bzw. um 1,2 bis 2,0 Tage pro Dekade in Nordamerika. Beim Verhalten der Tiere ist die Abhängigkeit von Wetter und Klima nicht so deutlich zu sehen, da hier viele verschiedene Faktoren eine Rolle spielen und Tiere zudem mobiler sind als Pflanzen. Es lassen sich jedoch vor allem in Westeuropa ein früheres Brüten einiger Vogelarten und ein früheres Auftauchen von Zugvögeln nachweisen.

PIK, Abkürzung für **P**otsdam-**I**nstitut für **K**limafolgenforschung, 1992 gegründetes Forschungsinstitut auf dem Telegrafenberg in Potsdam mit der Aufgabe, wissenschaftlich und gesellschaftlich relevante Fragestellungen in den Bereichen Globaler Wandel, Klimawirkung und Nachhaltige Entwicklung zu untersuchen. Als Methoden kommen u. a. System- und Szenarienanalyse, quantitative und qualitative Analyse, Computersimulation und Datenintegration zum Einsatz. Das PIK hat etwa 140 Mitarbeiter und arbeitet u. a. dem → IPCC zu.

Pilọtballon [-balɔŋ, -balɔ̃], kleiner, unbemannter, wasserstoffgefüllter, frei fliegender Ballon, dessen Abdrift durch Radar-, Funk- oder optische Peilung gemessen wird. Dadurch lassen sich bei bekannter Steiggeschwindigkeit Richtung und Geschwindigkeit des Windes in der Höhe berechnen. Außerdem wird die Wolkenuntergrenze gemessen. Größere Pilotballone sind die Träger von → Radiosonden.

plạncksches Strahlungsgesetz, die 1900 von dem deutschen Physiker Max Planck (* 1858, † 1947) theoretisch begründete Abhängigkeit der Ausstrahlung eines → schwarzen Strahlers von der Wellenlänge λ (bzw. der Frequenz ν) und der Temperatur T, die auch für alle Vorgänge in der Atmosphäre maßgebend ist. Das durch die spektrale Strahlungsleistung gegebene Emissionsvermögen steigt danach bei einer bestimmten Temperatur von niederen zu höheren Wellenlängen zunächst bis zu einem Maximum steil an und fällt dann zu höheren Wellenlängen exponentiell ab. Sehr bedeutsam ist auch die Tatsache, dass sämtliche Wellenlängen des elektromagnetischen Spektrums an der Ausstrahlung beteiligt sind. Allerdings sinken die Beiträge mit der Entfernung zu der Wellenlänge, bei der die Ausstrahlung maximal ist, schnell ab. Deshalb ist es sinnvoll, stets nur einen ausgewählten Spektralbereich zu betrachten. So werden in der Meteorologie für die Strahlung der Sonne die Grenzen 0,2 μm und knapp 3 μm benutzt.

Für den Fall genügend großer Werte für das Produkt aus Temperatur und Wellenlänge erhält man aus dem planckschen Strahlungsgesetz als Näherungsformel das → rayleigh-jeanssche Strahlungsgesetz, für den entgegengesetzten Fall das → wiensche Strahlungsgesetz.

planetarische Grenzschicht, die → Grenzschicht.

planetạrische Winde, → Zirkulation der Atmosphäre.

Platzregen, heftiger, großtropfiger Niederschlag hoher Intensität, der mindestens mehrere Minuten anhält und insgesamt etwa das Eineinhalbfache der Niederschlagshöhe je Zeiteinheit von → Starkregen erreicht. Platzregen treten v. a. im Sommer und Frühjahr sowie am Tage auf; häufig werden sie von Gewittern begleitet. Platzregen sind eine ausgeprägte Erscheinung der Tropen.

Pluviomẹter [zu lateinisch pluvia »Regen«], der → Niederschlagsmesser.

Poisson-Gleichung [pwaˈsɔ̃-; nach dem französischen Mathematiker und Physiker Siméon Denis Poisson, * 1781, † 1840], die Beziehung zwischen den Änderungen des Luftdrucks und der Temperatur bei adiabatischen Prozessen in trockener Luft.

Die Poisson-Gleichung kann aus dem ersten Hauptsatz der Thermodynamik abgeleitet werden. Mit ihrer Hilfe können Trockenadiabaten in thermodynamischen Diagrammen berechnet werden. Da die Abhängigkeit der Temperatur- von den Luftdruckänderungen exponentiell ist, erscheinen die Trockenadiabaten nur in solchen Diagrammen als Geraden, in denen der Luftdruck in der gleichen exponentiellen Skala als Ordinate enthalten ist.

Pol [lateinisch polus, von griechisch pólos, zu pélein »sich drehen«], *Astronomie, Geografie:* Bezeichnung für die Durchstoßpunkte der Rotationsachse (Figurenachse) eines sich um sich selbst drehenden Körpers durch dessen Oberfläche. Bei Himmelskörpern, besonders der Erde, werden Nordpol und Südpol unterschieden. Die **Himmelspole** sind die Durchstoßpunkte der Rotationsachse der Erde durch die Himmelskugel.

Polarbanden, in parallelen Streifen angeordnete hohe Wogenwolken der Gattung Cirrus, die scheinbar an zwei gegenüberliegenden Horizontpunkten zusammenlaufen. In Mitteleuropa sind sie erste Vorboten einer von Westen nahenden Störung (Warmfront).

polare Stratosphärenwolken, englisch **polar stratospheric clouds,** Abkürzung **PSC,** in der Stratosphäre auftretende Wolken in Höhen über 20 km. Zu ihrer Entstehung sind Temperaturen unterhalb 195 K notwendig. Polare Stratosphärenwolken bestehen aus Kristallen von Schwefelsäure oder Salpetersäure. An den Oberflächen dieser Kristalle können chemische Reaktionen ablaufen, die eine wichtige Rolle bei der Entstehung des → Ozonlochs spielen.

Polarfront, *Meteorologie:* Grenzfläche zwischen polarer Kaltluft und gemäßigter oder subtropischer Warmluft, die im Mittel zonal verläuft (im Winter bei 40–50° Breite, im Sommer in 60–70° Breite): ostwestliche Strömung der Kaltluft, westöstliche Bewegung der Warmluft. Im Allgemeinen umschließt die Polarfront das Polargebiet jedoch nicht gleichmäßig; an einigen Stellen stößt polare Kaltluft weit nach Süden in das Warmluftgebiet vor, während gleichzeitig an anderen Stellen Warmluft nach Norden transportiert wird. Der ständige Wechsel von kalten und warmen Luftströmungen verursacht v. a. die veränderliche Witterung in den mittleren Breiten. In der vertikalen Struktur entspricht die Polarfront nach der Modellvorstellung weitgehend einer Aufgleitfront (→ Front).

Nach der von V. Bjerknes entwickelten **Polarfronttheorie** entstehen an der Polarfront die Tiefdruckgebiete der mittleren Breiten: Aus einer wellenförmigen Deformation der Polarfront entwickeln sich Wirbel (Zyklonen) mit einem gut ausgebildeten Warmluftsektor, der später von der nachfolgenden Kaltluft immer weiter eingeengt wird, bis die Warmluft vom Boden abgehoben wird (→ Okklusion). Am Ende des Prozesses steht eine vollständige Verwirbelung der Luftmassen; anschließend stellt sich langsam wieder die zonale Strömung ein.

Polargrenze, durch klimatische Faktoren bestimmter Grenzsaum, in dem polwärts die Verbreitung von bestimmten Pflanzen und Tieren, von Besiedlung u. a. endet. Da für jede Gegebenheit andere klimatische Faktoren lebensentscheidend sind, hat auch jede ihre eigene, für sie spezifische Polargrenze.

Polarhoch, Bezeichnung für die in der Regel über den Polargebieten vorhandenen kalten Hochdruckgebiete, die meist nur eine Mächtigkeit von 1 bis 2 km erreichen und in der Höhe von tiefem Druck überlagert werden. Am Rand des Polarhochs befindet sich in hohen Breiten die Zone der polaren Ostwinde.

Polarisation, *Optik:* Eigenschaft aller elektromagnetischen Strahlung, besonders des Lichts **(Polarisation des Lichts),** unter bestimmten Bedingungen eine innere Ausrichtung senkrecht zur Ausbreitungsrichtung zu zeigen. Sie erklärt sich aus dem transversalen Charakter der elektromagnetischen Wellen: In einer ebenen Welle schwingen die elektrische und die magnetische Feldstärke senkrecht zueinander und senkrecht zur Ausbreitungsrichtung. Dabei definiert man die durch den elektrischen Vektor der Lichtwelle und die Ausbreitungsrichtung aufgespannte Ebene als **Schwingungsebene,** die zu ihr senkrechte Ebene, in der die magnetische Feldstärke schwingt, als **Polarisationsebene.** In natürlichem Licht kommen im zeitlichen Mittel alle Schwingungsrichtungen senkrecht zum Strahl gleich häufig vor; alle Lichtquellen mit Ausnahme des Lasers emittieren aufgrund der statistischen Natur des Emissionsprozesses unpolarisiertes Licht.

■ **Polarisationsrichtungen** Bei **linearer Polarisation** bleibt die Schwingungsrichtung zeitlich konstant; bei **zirkularer Polarisation** läuft der Endpunkt des elektrischen Vektors mit bestimmter Geschwindigkeit auf einem Kreis um, bei **elliptischer Polarisation** auf einer Ellipse. Man unterscheidet links- und rechtszirkular (bzw. links- und rechtselliptisch) polarisiertes Licht, je nachdem, ob der Vektor der elektrischen Feldstärke links- oder rechts-

PHÄNOLOGIE. ***Gewinner und Verlierer***

Der Klimawandel verschiebt nicht nur die phänologischen Jahreszeiten, sondern bedroht eine Reihe von Pflanzen in ihrer Existenz. Nach einer Studie des Helmholtz-Zentrums für Umweltforschung (UFZ), des Potsdam-Instituts für Klimafolgenforschung (PIK) und des französischen Laboratoire d'Ecologie Alpine könnte jede fünfte Pflanzenart in Deutschland bis zum Jahr 2080 Teile ihres heutigen Verbreitungsgebietes verlieren, vor allem im Südwesten und im Osten Deutschlands. In der Studie wurden 845 europäische Pflanzen untersucht, von denen 550 gegenwärtig auch in Deutschland vorkommen, und verschiedene Zukunftsszenarien durchgespielt. Ergebnis: Selbst bei moderatem Klimawandel und geringen Veränderungen der Landnutzung sei damit zu rechnen, dass die Flora geschädigt wird. Ein genereller Trend ist dabei die Verkleinerung der Verbreitungsgebiete der Pflanzen. Je größer der Temperaturanstieg ist, desto gravierender sind die Effekte. Bei 2,9 Grad Celsius Erwärmung sind elf, bei 3,8 Grad zwanzig Prozent der Arten betroffen. Viele Pflanzenarten könnten ihre Nischen zum Beispiel im Gebirge oder in Mooren verlieren. Eine solche Verliererin des Klimawandels ist beispielsweise die Sumpfdotterblume. Es gibt aber auch Gewinner: Die Walnuss findet in größeren Teilen Deutschlands milde und damit für sie günstige klimatische Bedingungen.

Polarjahr. Das schwindende Packeis der Arktis bedroht die Lebensbedingungen nicht nur des Eisbären. Die Erforschung dieser Veränderungen ist von zentraler Bedeutung für die Prognose des zukünftigen Klimas.

herum läuft, wenn man gegen die Ausbreitungsrichtung blickt.

Polarisation tritt im Allgemeinen bei Reflexion an einer ebenen Oberfläche und bei Brechung auf, außerdem bei Beugung der Lichtwellen an kleinen Streuteilchen, z.B. bei der Beugung von Sonnenlicht an Luftmolekülen und Aerosolteilchen. Obwohl die Sonnenstrahlung unpolarisiert ist, also alle Schwingungsebenen vorkommen, ist die an den Luftteilchen gestreute Strahlung bis zu 60% polarisiert. An dieser **atmosphärischen Polarisation** interessiert in der Meteorologie speziell diejenige des diffusen Himmelslichts. Deren Maximum tritt etwa im Sonnenvertikal im Abstand von rund 90° von der Sonne auf. In der Nähe der Sonne verschwindet die Polarisation fast völlig. Bei Sonnenauf- und -untergang ist der Bereich um den Zenit folgerichtig besonders stark polarisiert.

Polarjahr, Internationales Polarjahr, Bezeichnung für die internationalen Unternehmungen zur geografischen, geologischen und geophysikalischen Erforschung der Polargebiete nach vereinbarten Programmen und Terminen. Am ersten Polarjahr 1882–83, angeregt durch K. Weyprecht, waren zehn Länder, am zweiten Polarjahr 1932–33 bereits 48 Länder mit Forschungsvorhaben beteiligt. Während des Internationalen Geophysikalischen Jahres 1957–59 war die Antarktis räumlicher Schwerpunkt.

■ **Internationales Polarjahr 2007/08** Das Internationale Polarjahr 2007/08 knüpft an diese Tradition an; Wissenschaftler aus über 60 Nationen sind daran beteiligt. Es wird durch den International Council for Science (ICSU) und die World Meteorological Organization (→WMO) getragen. In Deutschland nehmen mehr als 30 Universitäten, Organisationen und Institutionen daran teil, unter anderem das Alfred-Wegener-Institut für Polar- und Meeresforschung in Bremerhaven, das Deutsche Zentrum für Luft- und Raumfahrt in Köln, das Leibniz-Institut für Meereswissenschaften und das Institut für Polarökologie in Kiel, das Max-Planck-Institut für Meteorologie in Hamburg und das Deutsche Museum in München. Groß angelegte Messkampagnen und Feldarbeiten sollen helfen, die Erde und ihr Klima besser zu verstehen. Die Polargebiete spielen dabei eine entscheidende Rolle. So hat die Ausdehnung des Meereises, das die Sonnenstrahlung reflektiert, einen wichtigen Einfluss auf den Wärmehaushalt der Erde. Außerdem gelten die östliche Arktis und die Labradorsee als Antrieb des globalen Wärmeaustauschs. Hier kühlt sich das Wasser ab, das aus dem Nordatlantik herbeiströmt. Das kalte Wasser sinkt ab, warmes fließt nach. Eine Erwärmung des Wassers in der Arktis würde diese globale Ozeanzirkulation beeinflussen, wobei sehr unwahrscheinlich ist, dass massive Ströme – etwa der Golfstrom – komplett abreißen. Aber welche Änderungen sich wie auf das Klima auswirken könnten, ist noch offen und Gegenstand der Forschung. Das Abschmelzen der Eismassen ändert zudem die Lebensbedingungen nicht nur der dort lebenden Menschen und Tiere. Eisbären finden weniger Eisschollen, Inuit-Siedlungen versinken im aufgetauten Schlamm, der steigende Meeresspiegel bedroht große Küstengebiete weltweit.

Für die Antarktis ist die Prognose schwieriger, denn unter Wissenschaftlern wird kontrovers diskutiert, ob das antarktische Eis schmilzt oder zunimmt. Radarmessungen zeigen, dass der bis zu 4,5 km dicke Eisschild der Antarktis wächst, eine Analyse der Erdanziehungskraft deutet hingegen auf einen Schwund hin. Andere Daten wiederum legen den Schluss nahe, dass die Eismassen im Osten des antarktischen Kontinents anwachsen, während sie im tiefer gelegenen Westen auf der Antarktischen Halbinsel immer brüchiger werden.

POLARJAHR. ***Fahrt auf der Eisscholle***

Ein in vielerlei Hinsicht außergewöhnliches Projekt des Internationalen Polarjahrs war die siebenmonatige »Fahrt« der Driftstation NP-35, ohne Schiffsantrieb und ohne genaue Route. Auch ein deutscher Teilnehmer des Alfred-Wegener-Instituts war »an Bord«. Die Station befindet sich auf einer Eisscholle – allerdings einer sehr stabilen, die aufgrund einer langjährigen Beobachtung durch Satelliten ausgewählt wurde. NP-35 driftete im Laufe des Winters über den Nordpol hinweg und sammelte unterwegs auf ihrer 850 Kilometer langen Strecke viele Daten, von meteorologischen Größen wie Wind und Temperatur über die Schneebedeckung bis hin zu atmosphärischen Spurengasen wie Kohlendioxid und Ozon. Dabei kam auch ein Fesselballon, der bis in 400 Meter Höhe aufstieg, zum Einsatz. Denn in dieser Schicht über dem Erdboden finden die für das Klima wichtigen Austauschprozesse von Wärme, Impuls und Feuchte zwischen Erdoberfläche und Atmosphäre statt. Erstmals wurden nun die räumliche und zeitliche Struktur von bodennahen Temperaturinversionen über die gesamte Polarnacht vermessen.

Vielleicht könnte ein anschwellender Eispanzer sogar den Meeresspiegelanstieg bremsen, doch auch das ist nur eine These von vielen.

■ **Projekte** Im Internationalen Polarjahr 2007/08 werden in mehr als 200 Projekten unter anderem der momentane Zustand der Arktis und Antarktis und die Veränderungen der Umweltbedingungen dokumentiert. Ein weiteres Augenmerk gilt der Untersuchung unbekannter Gebiete wie der antarktischen Tiefsee und der Nutzung der Polargebiete als Standort für Forschungsobservatorien und Laboratorien.

Im Forschungsprojekt NOMAD, das u. a. vom Max-Planck-Institut für ethnologische Forschung in Halle (Saale) finanziell unterstützt wird, beobachteten Wissenschaftler eine Rentierherde ein Jahr lang während ihrer Wanderung durch die Tundra und dokumentierten so die Interaktion zwischen Mensch und Tier. Bei ANDRILL (Antarctic Drilling) bohren über 50 Wissenschaftler und Techniker aus Deutschland, den USA, Neuseeland und Italien aus dem Meeresboden unter dem Ross-Schelfeis einen etwa 1200 m langen Sedimentkern. Ziel ist eine Rekonstruktion des Klimas der letzten 50 Millionen Jahre. Das ANDEEP-SYSTCO-Projekt geht der Frage nach, wie sich das Ökosystem der antarktischen Tiefsee, eines der am wenigsten erforschten Orte der Welt, entwickelt. Das Forschungsprojekt CAML (Census of Antarctic Marine Life) ist Teil des globalen Projektes Census of Marine Life (CML), das alle Regionen, Biosphären und Habitate umfasst. Im CAML soll erstmals mit modernster Technologie die Lebensvielfalt in antarktischen Gebieten, die erst seit Kurzem eisfrei und damit zugänglich sind, erkundet werden.

Polarklima, das Klima der Polargebiete, Arktis, Antarktis. (→ Klimazonen)

Polarkreise, die Breitenkreise in 66° 33′ nördlicher **(nördlicher Polarkreis)** und südlicher **(südlicher Polarkreis)** Breite, d. h., um 23° 27′ von den beiden Erdpolen entfernt. Sie trennen (im mathematischen Sinn) die Polarzonen der Erde von den gemäßigten Zonen. In den Polarzonen tritt das Phänomen von Polarnacht und -tag auf.

Polarlicht, nachts sichtbare, in den Polargebieten der nördlichen **(Nordlicht,** lateinisch **Aurora borealis)** und südlichen Erdhalbkugel **(Südlicht,** lateinisch **Aurora australis)** zu beobachtende Leuchterscheinung der hohen Atmosphäre zwischen etwa 70 und 1000 km Höhe (Maximum bei 100 km).

■ **Ursache und Auftreten** Das Polarlicht wird durch eine auch als Sonnenwind bezeichnete solare Korpuskularstrahlung (besonders nach starker Sonnenfleckentätigkeit) ausgelöst. Die elektrisch geladenen Teilchen (Elektronen, Protonen) werden nach Eintreten in den Schweif des Erdmagnetfelds in Richtung Erde beschleunigt. Aufgrund ihrer dann erhöhten Energien vermögen sie in hohen geografischen Breiten beim Eindringen in die Hochatmosphäre (→ Ionosphäre) durch Stoß Atome und Moleküle zu ionisieren und zum Leuchten anzuregen; bei starken Störungen des erdmagnetischen Feldes können Nordlichter bis in den Mittelmeerraum auftreten. Das Gebiet größter Polarlichthäufigkeit er-

Polarjahr. Logo des Internationalen Polarjahrs 2007/08

Polarklima. Die kurze Vegetationsperiode im Hochsommer lässt die arktische Wiesentundra erblühen.

streckt sich auf der Nordhalbkugel etwa über die nördlichsten Teile Sibiriens, Alaskas und Kanadas, die Südspitze Grönlands, die Südküste Islands und das Nordkap (Norwegen). Nördlich und besonders südlich dieser Zone nimmt die Polarlichthäufigkeit rasch ab; in ihrem zeitlichen Auftreten folgt sie langfristig dem Sonnenfleckenzyklus und ist im jahreszeitlichen Rhythmus in den Monaten Februar/März sowie von Mitte August bis Anfang Oktober besonders groß.

Im **Polarlichtspektrum** dominieren die »verbotenen« Linien des atomaren Sauerstoffs (Grün und Rot) und die Linien des molekularen Stickstoffs (Blauviolett). Intensität, Farbe und Struktur (Bänder, Draperien, Kronen, diffuse Erhellungen) variieren zeitlich und örtlich in schneller Folge, was sich in Flackern und unregelmäßiger Bewegung der Erscheinungen zeigt.

Polarluft, kalte, dem Nordpolargebiet entstammende →Luftmasse, die auf der Rückseite von Tiefdruckgebieten als **maritime Polarluft** vom Nordostatlantik, als **kontinentale Polarluft** mit einer Nordostströmung aus Russland nach Mitteleuropa gelangt. **Arktische Polarluft (frische Polarluft)** ist eine für die Jahreszeit extrem kalte Luftmasse. Von **gealterter Polarluft (rückkehrender, erwärmter Polarluft)** spricht man, wenn die Polarluft bereits weit nach Süden gelangt ist und durch den Einfluss der Erdoberfläche oder Wärme zuführende bzw. abführende Prozesse weitgehend umgewandelt wurde.

Abweichend vom umfassenderen Begriff Polarluft wird der Ausdruck **Subpolarluft** für eine Luftmasse verwendet, die nicht dem inneren Polargebiet, sondern dem Raum Island–Grönland (maritim) oder Nordost- und Osteuropa (kontinental) entstammt.

Polarnacht, Bezeichnung für die Zeitdauer, während der an einem Ort der Polarzonen die Sonne für 24 Stunden oder länger nicht über dem Horizont erscheint. Ihre Dauer beträgt an den Polarkreisen zur Zeit der jeweiligen Wintersonnenwende 24 Stunden und nimmt zu den Polen hin zu, wo sie theoretisch ein halbes Jahr beträgt, durch die Refraktion des Lichts in der Erdatmosphäre jedoch verkürzt wird. Der Erscheinung der Polarnacht im Winter der einen Erdhalbkugel entspricht im gleichzeitigen Sommer auf der anderen Halbkugel ein **Polartag,** der die gleiche, aber entgegengesetzter geografischer Breite von gleicher Dauer wie die Polarnacht besitzt (→Mitternachtssonne).

Polarschnee, aus wolkenlosem Himmel fallender Schnee. Bei großer Kälte kommt es in einer mit Wasserdampf übersättigten Luft nicht zur Wolkenbildung, sondern zur Auskristallisation feinster Eisteilchen (Diamantschnee).

Polartag, →Polarnacht.

Polartief, Polarwirbel, Polarzyklone, das im Durchschnitt in der mittleren und oberen Troposphäre großräumig über den Polargebieten vorhandene kalte Tiefdruckgebiet, das sich im Winter auf der Nordhalbkugel auf-

POLARLICHT | *Furcht und Schrecken*

100395

Das Polarlicht beschäftigte die Menschen schon immer. Es wird bereits im Alten Testament beim Propheten Ezechiel erwähnt. In vielen Kulturen wurden Polarlichter als Aktivitäten von Göttern und Geistern gedeutet. Aristoteles soll sie als »springende Ziegen« bezeichnet haben, wegen ihrer bizarren, oft flammenartigen Form. Im Rom der Zeitenwende beschreibt Seneca das Polarlicht als »himmlisches Feuer«.

Im Mittelmeerraum erschienen Polarlichter meist tief am Horizont und wurden durch Dunst und Wolken rot gefärbt. Sie wurden auch mit dem Leben bedeutender Persönlichkeiten sowie deren politischem Geschick in Beziehung gesetzt. So wird u.a. berichtet, dass vor Augustus' Tod ein Teil des Himmels brannte. Im Mittelalter galten Polarlichter als Vorboten kommenden Unheils, ganz ähnlich wie Kometen. Oft wurden sie als feurige Zeichen oder kriegerische Heere gedeutet. In Skandinavien entstanden hingegen bereits im 16. Jahrhundert die ersten nüchternen Beschreibungen von Polarlichtern. So deutete etwa Olaus Magnus (1490–1558) als Ursache der Nordlichter verschiedene Dämpfe in der Atmosphäre und bezweifelte entgegen der damaligen Meinung, dass Himmelserscheinungen Vorzeichen für Krieg und ähnliches Unglück seien.

grund der Ausstrahlung und Abkühlung über dem Festland in zwei Kerne über Nordostkanada und Nordostsibirien aufspaltet.

Als Polartiefs werden auch →Kaltlufttropfen mit zyklonaler Bewegung über relativ warmen Meeren bezeichnet, die zu plötzlich aufkommenden Schneestürmen führen können.

Polarzonen, die beiden von den →Polarkreisen begrenzten Kugelkappen (Polkappen) der Erde.

Pollenflug, die zur Blütezeit der Pflanzen einsetzende Verbreitung von Blüten- und Gräserpollen. Da der Blühbeginn der Pflanzen in Mitteleuropa witterungsbedingt um bis zu sechs Wochen schwankt, ist eine gezielte Prophylaxe für Pollenallergiker schwierig.

■ **Pollenflugkalender** Üblicherweise werden nach den Pollenflugdaten der Jahre 2000–2007 folgende Pollen im Verlauf des Jahres erwartet: Die Baumpollen von Hasel und Erle können bereits im Januar unterwegs sein; die Vorblüte beginnt hier Anfang Februar. Ihre Hauptblüte liegt in der Zeit von Ende Februar bis Ende März. Pappel- und Weidenpollen fliegen vereinzelt ab Februar, die Hauptblüte dauert von Mitte März bis Ende April (Pappel) bzw. Anfang Mai (Weide). Esche, Hainbuche und Birke folgen etwas später, ihre Hauptblüte liegt im April. Die ersten Buchenpollen können Anfang März anzutreffen sein, Mitte April beginnt die Vorblüte und Ende April die Hauptblüte. Ungefähr im selben Zeitraum blüht die Eiche. Kiefernpollen sind ab April und bis Mitte August möglich, die Hauptblüte fällt in den Mai und den Junianfang. Auch Gräserpollen sind ab April vereinzelt in der Luft, die Hauptflugzeit beginnt Mitte Mai und dauert bis Anfang August. Noch bis Ende November können sie auftreten. Die Vorblüte des Spitzwegerichs beginnt Mitte Mai, die Hauptblüte liegt zwischen Ende Mai und Ende August. In den letzten Maitagen beginnt die einmonatige Hauptblüte des Roggens, Mitte Juni die Hauptblüte der Brennnessel. Sie endet in den letzten Augusttagen, die Nachblüte dauert noch bis Ende November. Mitte Juli beginnt die Hauptblüte des Beifußes, Mitte August die des Traubenkrauts.

■ **Pollenflugvorhersage** Mit der Einrichtung von Pollenflugvorhersagen zu Beginn der 1980er-Jahre wurde eine gezielte und sparsamere Medikamenteneinnahme möglich. Die zwei- bis dreitägigen Vorhersagen (nach Auswertung von in verschiedenen Höhenlagen aufgestellten Pollenfallen) werden in den Medien veröffentlicht, u.a. vom Deutschen Wetterdienst in Zusammenarbeit mit der Stiftung Deutscher Polleninformationsdienst. Die Pollenfallen bestehen aus Trommeln, die mit 2 mm/h rotieren, im Laufe von 24 Stunden also eine Tageschronologie von 48 mm Länge anfertigen, die einem Luftvolumen von 14,4 m³ Luft pro Tag entspricht. Die Fallen sind so konstruiert, dass eine siebentägige kontinuierliche Probennahme möglich ist. Die Messstreifen werden anschließend mikroskopisch ausgewertet. Alle Pollenarten verfügen über charakteristische Strukturen. Die Vorhersagen betreffen die wichtigsten Pollenarten – Hasel, Erle, Birke Süßgräser, Roggen, Beifuß –, unter denen 95 % der Allergiker leiden.

■ **Geschichte** Bereits 1883 führte der englische Arzt Charles Blackley (* 1820, † 1900) die ersten Versuche einer Pollenanalyse durch. Er verwendete klebrige Objektträger, mit denen er Gräserpollen auffing; daraus bestimmte er die Flugphasen. Natürlich schlichen sich bei dieser Methode zahlreiche Messfehler ein, vor allem durch Witterungseinflüsse wie Wind und Regen. Außerdem bereitete es Blackley große Mühe, das Luftvolumen als Bezugsgröße der Pollenkonzentration korrekt zu bestimmen.

Der Prototyp der heute gebräuchlichen Pollenfalle wurde 1952 von Jim M. Hirst (* 1921, † 1977) konstruiert und war der Vorläufer der Burkard-Falle, die heute in fast allen europäischen Ländern zur Pollenanalyse eingesetzt wird.

■ **Klimawandel** Eine Untersuchung der Pollenflugdaten der letzten 24 Jahre, die von Meteorologen der Freien Universität Berlin durchgeführt wurde, zeigte, dass die Pollen heute früher und auch länger fliegen als noch in den 1980er-Jahren. Im gleichen Zeitraum stieg die Temperatur in Berlin um 0,7 °C. So hat sich beispielsweise der Blühbeginn der Birke um zehn Tage nach vorne geschoben, außerdem dauert die Blühzeit inzwischen acht Tage länger als vor einem Vierteljahrhundert. Hinzu kommt, dass durch die wärmeren Temperaturen Pflanzen nach Deutschland einwandern, die bisher in milderen Regionen heimisch waren. Dazu zählt vor allem das Beifußblättrige Traubenkraut (*Ambrosia artemisiifolia*), das durch seine Pollen, aber auch bei Hautkontakt

100674

Polarlicht. Nördliches Polarlicht (Aurora borealis) über Alaska mit dem Blütenstand, heftige Allergien auslösen kann. Zehn Pollenkörner pro Kubikmeter Luft reichen aus, um allergische Reaktionen wie juckende Augen, Kopfschmerzen und Heuschnupfen bis hin zu Asthmaanfällen auszulösen. Ursprünglich stammt die Pflanze aus Nordamerika; im 19. Jahrhundert wurde sie nach Europa eingeschleppt und ist vor allem in Südosteuropa weit verbreitet. 1860 wurde das Traubenkraut erstmals in Hamburg entdeckt, seit den 1990er-Jahren breitet es sich zunehmend in Deutschland aus. Ambrosia gehört nicht nur zu den stärksten Allergieauslösern, es verlängert auch die Pollensaison, da es bis Ende Oktober blüht.

20

Pollenflug. Das Beifußblättrige Traubenkraut, in Amerika als »short ragweed« von den Allergikern gefürchtet ist das letzte wichtige Allergen im Jahr, mit einer relativ langen Beschwerdezeit (Mitte August bis Oktober).

Auch eine Auswertung europäischer Pollenflugkalender, die im Pollenflug-Netzwerk EAN gesammelt werden, zeigte, dass sich bei Frühblühern wie Erle, Hasel, Weide und Ulme Start und Höhepunkt der Pollensaison im Schnitt um etwa 20 Tage gegenüber Mitte der 1970er-Jahre nach vorne verschoben haben. Dies gilt für alle Pflanzengattungen, die normalerweise vor Ende April blühen. Hinweise gibt es auch hier für eine Verlängerung der Saison. In Mitteleuropa, also auch in Deutschland, gilt diese Verlängerung des Pollenfluges für Gräser und Kräuter, aber auch für Bäume, die zwischen März und Mai (Birken, Eichen, Buchen, Eschen, Platanen, Linden) blühen. Bei Erle und Hasel, aber auch bei Weide und Ulme, konnte dieser Trend in den letzten Jahrzehnten nicht gezeigt werden. Eine insgesamt höhere Pollenbelastung, gemessen durch die Anzahl der Pollen pro Kubikmeter Luft, konnte insbesondere bei den Pflanzengattungen gezeigt werden, die zwischen Juni und September blühen.

Potsdam-Institut für Klimafolgenforschung, das →PIK.

Prandtl, Ludwig, dt. Physiker, *Freising 4. 2. 1875, †Göttingen 15. 8. 1953; ab 1901 Professor in Hannover, 1904 in Göttingen, 1925 Direktor des dortigen Kaiser-Wilhelm-Instituts für Strömungsforschung. Prandtl ist einer der Begründer der modernen Hydro- und Aerodynamik. Von ihm stammen u. a. die Anfänge der Grenzschichttheorie und wichtige Beiträge zur Untersuchung turbulenter Strömungen. Die praktische Strömungsforschung verdankt Prandtl die Windkanäle Göttinger Bauart und das Prandtl-Rohr.

Prandtl-Rohr, prandtlsches Staurohr [nach L. Prandtl], schlanke, zylinderförmige Strömungssonde zur Messung des Gesamtdrucks p_{ges} und des statischen Drucks p eines strömenden Mediums. Das Prandtl-Rohr ist im Prinzip eine Kombination von Pitot-Rohr und statischer Drucksonde und besitzt daher eine Öffnung an seiner Stirnseite (Staupunkt) und mindestens eine Öffnung am zylindrischen Umfang seines Mantels. Aus der Differenz $p_{ges}-p$, dem Staudruck, kann auf die Strömungsgeschwindigkeit geschlossen werden.

Das Prandtl-Rohr wird heute in den meisten Böenschreibern verwendet.

Prandtl-Schicht, bodennahe Grenzschicht, *Meteorologie:* die nach L. Prandtl benannte unterste, der laminaren Bodenschicht aufliegende Schicht der atmosphärischen Grenzschicht. Ihre Höhe beträgt nur etwa 10 % der atmosphärischen →Grenzschicht (im Mittel 100 m); gekennzeichnet durch eine gleichbleibende Richtung des zeitlich gemittelten Windes; an der Obergrenze der Prandtl-Schicht herrschen bereits Windgeschwindigkeiten von 70 bis 80 % der Geschwindigkeiten an der Obergrenze der atmosphärischen Grenzschicht.

Predicted mean vote [prɪˈdɪktəd ˈmi:n ˈvəʊt, englisch »vorhergesagter Mittelwert«], Abkürzung **PMV,** Anteil einer größeren Personengruppe auf einer psychophysischen Skala, der sich bei der Aussetzung bestimmter Wärme persönlich unbehaglich fühlt. Basis ist die sogenannte **Behaglichkeitsgleichung** des dänischen Ingenieurs Povl Ole Fanger (auch Wärmebilanz), die die Bedingungen der Wärmeabgabe (Temperatur, Feuchte, Windgeschwindigkeit, kurz- und langwellige Strahlung) unter Berücksichtigung der Wärmeisolation durch Bekleiden mit der inneren Wärmeproduktion des Menschen verknüpft (→Bioklimatologie).

Primärthermometer, *Thermometrie:* zur Kalibrierung von Temperaturfestpunkten eingesetzte Thermometer. Sie bilden die Basis der in der internationalen Temperaturskala ITS-90 festgelegten 17 →Festpunkte. Diese beruhen auf gut reproduzierbaren thermodynamischen Gleichgewichtszuständen, denen Temperaturwerte zugeordnet werden. Bei sehr tiefen Temperaturen wird zudem eine Reihe von Phasenübergängen (vorwiegend supraleitend) verwendet. Primärthermometer funktionieren oft nur in eng eingeschränkten Temperaturintervallen. Zwischen den mit ihnen vermessenen Festpunkten wird die Temperaturskala im Allgemeinen linear interpoliert.

Als Primärthermometer dienen Rauschthermometer, Gasdruckthermometer (→Gasthermometer) bei konstantem Volumen, Schwarzkörperstrahlung (→schwarzer Strahler), Schallgeschwindigkeitsmessungen in Gasen sowie Thermometer, die auf Effekten der Kernspinresonanz beruhen (NMR-Thermometer). Im Unterschied zu Primärthermometern sind →Sekundärthermometer nach einer Eichung für die praktische Anwendung geeignet.

Protosphäre, oberste Schicht der Atmosphäre; geht ohne deutliche Grenze in den interplanetaren Raum über.

PSC, die →polaren Stratosphärenwolken.

pseudoadiabatisch, →feuchtadiabatischer Prozess.

Psychrometer, Gerät zur Messung der Luftfeuchtigkeit (Wasserdampfgehalt), das aus einem trockenen und einem befeuchteten Thermometer besteht. Es beruht auf der Tatsache, dass zum Verdunsten von Wasser Energie aufgewendet werden muss. An dem befeuchteten Thermometer tritt Verdunstung auf, die zu einem von der Luftfeuchtigkeit abhängigen Wärmeentzug und somit zu einer tieferen Temperatur führt, sodass die Differenz der an den beiden Thermometern gemessenen Werte über Formeln oder Diagramme in Luftfeuchtewerte umgerechnet werden kann.

Für die notwendige Ventilation sorgt entweder ein kleiner Motor **(Aspirationspsychrometer)** oder ein Schleudern des Gesamtinstrumentes **(Schleuderpsychrometer)** durch die Luft.

■ **Psychrometerformel** Wenn die Ventilationsgeschwindigkeit mindestens 2 m/s beträgt, kann man den Dampfdruck e der Luft nach der folgenden Formel berechnen: $e = E_f - C \cdot (\vartheta_L - \vartheta_f)$. Dabei bedeuten E_f den Sättigungsdampfdruck bei der Temperatur der feuchten Oberfläche, ϑ_L die Temperatur der Luft und ϑ_f die der feuchten Oberfläche. C ist eine Konstante, die u.a. vom Luftdruck abhängt. $\vartheta_L - \vartheta_f$ nennt man kurz die **Psychrometerdifferenz.**

Das psychrometrische Verfahren zur Bestimmung der Luftfeuchtigkeit gilt als eines der sichersten und genauesten. Im Mittel kann man damit die relative Feuchte auf 1 bis 2 % genau bestimmen. Wegen der günstigen Eigenschaften der Psychrometer sind amtliche Wetterstationen mit diesem Gerätetyp ausgestattet.

***p-T*-Diagramm,** ein Zustandsdiagramm zur Darstellung der Existenzbereiche der →Aggregatzustände eines Stoffes in Abhängigkeit vom Druck p und der Temperatur T. Das p-T-Diagramm der meisten Stoffe enthält eine Dampfdruck-, Schmelzdruck- und Sublimationsdruckkurve, die diese Bereiche begrenzen und die Zustände beschreiben, bei denen Phasengleichgewicht herrscht **(Koexistenzlinien).** Die Dampfdruckkurve endet dabei im kritischen Punkt, jenseits dessen die flüssige und gasförmige Phase entarten. Am Schnittpunkt der drei Kurven, dem Tripelpunkt, existieren alle drei Phasen nebeneinander im Gleichgewicht.

Purpurdämmerung, eine →Dämmerungserscheinung, bei der sich der helle Schein im oberen Teil rötlich färbt und den Purpurfleck bildet. Dieser vergrößert sich rasch und wird dann zum →Purpurlicht.

Purpurlicht, eine →Dämmerungserscheinung. Das erste Purpurlicht erscheint am deutlichsten bei einem Sonnenstand von 4° unter dem Horizont, das zweite Purpurlicht (bei günstigen Beobachtungsverhältnissen) zus. mit dem sogenannten **hellen Segment** als letzte Lichterscheinung der abendlichen Dämmerung.

***p-V*-Diagramm,** in der *Thermodynamik* ein Zustandsdiagramm zur Darstellung der Abhängigkeit von Druck p (Ordinate) und Volumen V (Abszisse) bei Zustandsänderungen des betrachteten Systems. Verschiedene Zustandsänderungen eines idealen Gases lassen sich im p-V-Diagramm als typische Kurven darstellen. So verlaufen *Isobaren* (p = konstant) parallel zur Ordinate und *Isochoren* (V = konstant) parallel zur Abszisse, während *Isothermen* (T = konstant; T Temperatur) Hyperbeln sind. Die bei einer Zustandsänderung zu leistende Ausdehnungsarbeit ist gleich der Fläche unter dem zugehörigen Abschnitt der p-V-Kurve **(Expansionskurve);** das p-V-Diagramm wird deshalb auch als **Arbeitsdiagramm** bezeichnet. p-V-Diagramme spielen v.a. bei der Beschreibung von Zustandsgleichungen bei konstanter Temperatur (Andrews-Diagramm) sowie von Kreisprozessen eine wichtige Rolle.

Pyranometer, Gerät zur Messung der Intensität der →Globalstrahlung. Sie werden in Meteorologie und Klimatologie vielfach eingesetzt, z.B. in Wetterstationen. Pyranometer bestehen aus einer geschwärzten Thermosäule aus mehreren Themoelementen, die einen Wärmestrom erzeugen, dessen Stärke ein Maß für die Strahlungsintensität ist.

Pyrgeometer, Gerät zur Messung der vom Erdboden (entsprechend seiner Temperatur) emittierten langwelligen elektromagnetischen Strahlung.

Pyrheliometer, Gerät zum Messen der absoluten Strahlungsintensität der direkten Sonnenstrahlung, d.h. des ungestreut die Atmosphäre durchdringenden Strahlungsanteils [→Strahlung 1)]. Es besteht im Prinzip aus einem Hohlkörper mit geschwärzten Innenwänden, dessen Wärmekapazität bekannt ist. Die durch eine kleine Öffnung in den Hohlraum einfallende Strahlung bewirkt eine Erwärmung, aus der der Strahlungsfluss berechnet werden kann.

Q

quasistationäre Front, eine Front, die ihre Lage nicht oder nur unwesentlich verändert. An einer wirklich stationären Front dürften theoretisch nur frontparallele und keine frontsenkrechten Bewegungskomponenten und damit auch kein Aufgleiten und keine Wettererscheinungen auftreten. Tatsächlich sind diese Bedingungen in der Natur meist nicht erfüllt, und es kommt auch an ortsfesten Fronten meist zu Aufgleitvorgängen, starker Bewölkung und Niederschlägen; nicht selten bilden sich an ihnen flache Wellenstörungen, die ihre Wetterwirksamkeit verstärken. Zur Unterscheidung von idealen stationären Fronten bezeichnet man sie deshalb als quasistationäre Fronten.

Quellen, Bezeichnung für Entstehungsorte bzw. Herkunftsgebiete, Medien u.Ä., von denen atmosphärische Spurenstoffe freigesetzt werden und von dort in die Luft gelangen. Man unterscheidet natürliche Quellen wie Boden (Verwitterung), Vulkane, Wasser (Seesalz) und Vegetation (z.B. Waldbrände) sowie anthropogene Quellen wie Industrieanlagen, Kraftwerke, private Heizungsanlagen, Kraftfahrzeuge, Abfalllagerung u.a. Die Bindung atmosphärischer Spurenstoffe erfolgt in den → Senken.

Quellwolken, Wolken mit vorwiegend vertikaler Erstreckung, deren Mächtigkeit von der Temperaturschichtung der Luft und von der frei werdenden Kondensationswärme abhängt (labile Schichtung ist mit Quellbewölkung verbunden). Typische Quellwolken sind Cumulus und Cumulonimbus; besonders aus Letzterem fallen häufig Regenschauer.

Quellwolken. Vertikale Strömungen können rasch riesige Quellwolken entstehen lassen.

100001

Radar [raˈdaːr, ˈraːdar; englisches Kurzwort für **ra**dio **d**etecting **a**nd **r**anging, eigentlich »Funkermittlung und Entfernungsmessung«], mit elektromagnetischen Wellen arbeitendes Verfahren zur Ortung von Objekten. Die Primärabstrahlung (im Zentimeterwellenbereich) in Form kurzer Impulse erfolgt mittels geeigneter Antennen stark gebündelt in eine Richtung. Treffen die Impulse auf ein Hindernis, so werden sie mehr oder weniger stark reflektiert. Diese Echoimpulse werden von derselben Antenne wieder empfangen und verarbeitet, etwa nach entsprechender Verstärkung auf einem Bildschirm (Radarschirm) sichtbar gemacht. Aus der Antennenstellung ergibt sich die Richtung des Objekts, aus der Laufzeit zwischen Abstrahlung und Empfang des Echos die Entfernung.

Radarmeteorologie [raˈdaːr-, ˈraːdar-], Zweig der Meteorologie, der sich mithilfe von Radarmessungen mit der Bestimmung des Höhenwindes und der Untersuchung der Wolken- und Niederschlagsstruktur beschäftigt. Bei ihrer praktischen Anwendung stehen die Auswertung von Radarbildern hinsichtlich Entstehung, Struktur und Verlagerung von Wolken und Niederschlagszonen zum Zwecke der kurzfristigen Wettervorhersage sowie die flächendeckende Bestimmung des Niederschlags im Vordergrund.

■ **Radarniederschlagsmessung** Die Niederschlagsmessung über einem bestimmten Gebiet mithilfe von Radargeräten nutzt aus, dass die ausgesandten Mikrowellen bei ihrem Durchgang durch die Atmosphäre von den vorhandenen Wassertropfen reflektiert werden. Die rückgestreute Energie des Radarstrahls wird bestimmt durch Größe und Dichteverteilung der Regentropfen innerhalb des Niederschlagsgebietes. Daraus lässt sich die Niederschlagsintensität berechnen.

radiatus [lateinisch »mit Strahlen versehen«], adjektivischer Zusatz zu den Namen der Wolkengattungen Cirrus, Altocumulus, Altostratus, Stratocumulus und Cumulus mit der Bedeutung »strahlenförmig«. Wolken der Unterart radiatus weisen breite, parallele Bänder auf oder sind in parallelen Streifen so angeordnet, dass sie infolge perspektivischer Täuschung am Horizont in einem oder in zwei gegenüberliegenden Punkten, den sogenannten **Radiationspunkten,** scheinbar zusammenlaufen.

Radiometeorologie, Teilgebiet der Meteorologie, das sich elektromagnetischer Wellen (Radiowellen) bedient oder die meteorologischen Einflüsse auf deren Ausbreitung in der Erdatmosphäre studiert.

Radiosonde, Aerosonde, Standardmessgerät der Aerologie zur Ermittlung meteorologischer Zustandsgrößen in der freien Atmosphäre. Die Radiosonde besteht aus Luftdruck- (Vidie-Dose), Temperatur- (Bimetallthermograf) und Feuchtemessfühler (meist Lithiumchloridhygrometer, →Hygrometer). Ein Kurzwellensender übermittelt die Messergebnisse zur aerologischen Station **(Radiosondenstation).** Die im Meteorografen gespeicherten Messwerte können dagegen erst nach der Rückkehr auf den Erdboden ausgewertet werden. Instrumententräger ist ein gasgefüllter, frei fliegender Ballon (Ballonsonde, Freiballon; Startdurchmesser etwa 2 m). Durch Anpeilen der Radiosonde mit einem Windradar oder einem Radiotheodoliten wird aus der Ballondrift der Höhenwind bestimmt (Pilotballon). Radiosonden steigen bis in große Höhen auf, in der Regel bis 30 km, unter günstigen meteorologischen Bedingungen bis 50 km. Nachdem der Ballon geplatzt ist, fällt die Radiosonde an einem Fallschirm zu Boden. Ein **Radiosondenaufstieg** dauert im Allgemeinen etwa 1½ Stunden. Weltweit, auch in entlegenen Gebieten (z.B. in Polarregionen und Wüsten oder über Ozeanen), werden zweimal täglich (um 0 und 12 Uhr UTC) von über 700 Radiosondenstationen Aufstiege durchgeführt.

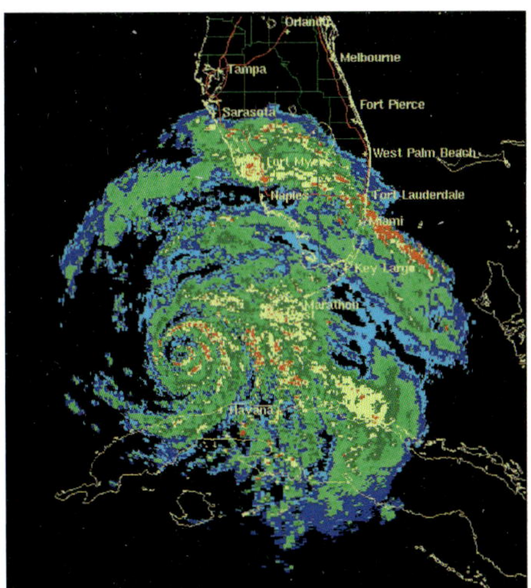

Radarmeteorologie. Radarbild des Hurrikans Dennis über Kuba vom Juli 2005

Randtief, Randstörung, Tochterzyklone, kleines Tiefdruckgebiet innerhalb einer ausgedehnten Zyklone, das noch von wenigstens einer Isobare des Haupttiefdruckgebiets (meist ein Zentraltief) umschlossen wird. Das Randtief zeichnet sich durch markante Wettererscheinungen aus (Drehen und Auffrischen des Windes, Bewölkungsaufzug, Niederschläge) und entwickelt sich oft zu einem kräftigen Tiefdruckgebiet, das dann mit der ursprünglichen Zyklone (Mutterzyklone) verwirbelt.

Raureif.
Birken im Raureif

Rau|eis, Form der Nebelfrostablagerung; körnige, grauweiße und ziemlich fest anhaftende Eisablagerung; entsteht v.a. bei Nebel und Lufttemperaturwerten zw. –2 und –10 °C durch sehr schnelles Anfrieren von Nebeltröpfchen an Gegenständen unter Einschluss von Luftbläschen und durch Sublimation. Raueis zeigt typisches Wachstum gegen die Windrichtung; stärkerer Wind begünstigt seine Entstehung.

Raureif, Form der Nebelfrostablagerung; meist dünne, an Gegenständen nur locker haftende und zerbrechliche, fast ausschließlich durch Sublimation entstehende Eisnadeln oder -schuppen, an Bäumen, Sträuchern u.a.; Voraussetzungen sind hohe Luftfeuchte (um 90 % oder mehr), schwacher Wind und Temperaturwerte von im Allgemeinen unter –8 °C.

rayleigh-jeanssches Strahlungsgesetz ['reɪlɪ 'dʒi:nz-; nach den britischen Physikern John W. Rayleigh (*1842, †1919) und James H. Jeans (*1877, †1946)], Grenzfall des →planckschen Strahlungsgesetzes für große Wellenlängen λ (bzw. kleine Frequenzen ν) und hohe Temperaturen T; das Gesetz wurde 1900, noch vor dem planckschen Strahlungsgesetz aufgrund rein klassischer Überlegungen aufgestellt.

Rayleigh-Streuung ['reɪlɪ-; nach dem britischen Physiker John W. Rayleigh (*1842, †1919)], die inkohärente →Lichtstreuung an regellos verteilten kugelförmigen Teilchen, deren Radius kleiner als etwa $^1/_{10}$ der Wellenlänge λ des gestreuten Lichts ist und deren mittlere Abstände gegen diese groß sind. Teilchen in diesem Sinn sind Fremdkörper wie Staubteilchen und kleine Flüssigkeitstropfen, aber auch Dichteschwankungen. Die Lichtstreuung unter diesen Bedingungen wurde erstmals 1871 von J. W. Rayleigh mithilfe der maxwellschen Gleichungen berechnet. Danach ist die Intensität des gestreuten Lichts umgekehrt proportional zur vierten Potenz von λ, weshalb blaues Licht etwa fünfmal stärker gestreut wird als rotes; hierauf beruht die Blaufärbung des Himmels (→Himmelsblau). Bei der Rayleigh-Streuung ist die Intensität von gestreutem Licht, das mit dem Vektor der elektrischen Feldstärke parallel zur Streuebene polarisiert ist, proportional zum Quadrat des Kosinus des Streuwinkels. Deshalb wird unter 90° gestreutes Licht vollkommen polarisiert, während die Polarisation von direkt gestreutem Licht unverändert bleibt. Die Rayleigh-Streuung ist der Grenzfall der allgemeineren Theorie der Mie-Streuung für kleine Teilchen (→Mie-Effekt).

Rechtdrehen des Windes, Änderung der Windrichtung im Uhrzeigersinn (auf der Nordhalbkugel; Gegensatz: Rückdrehen des Windes); wird auf der Südseite einer nach Osten ziehenden Front beobachtet.

Reduktion [lateinisch »Zurückführung«], *Meteorologie:* Umrechnen von Messwerten auf gleiches Niveau (meist Normalnull), um den störenden Einfluss der Höhenlage der Station auszuschalten, üblich bei Darstellungen der weltweiten Temperaturverteilung, ferner Voraussetzung für die Wiedergabe des Luftdrucks auf einer Bodenwetterkarte.

Refraktion [zu lateinisch refringere, refractum »brechend zurückwerfen«; »zerbrechen«], **1)** *atmosphärische Optik:* →atmosphärische Refraktion.

2) *Physik:* die →Brechung.

Regelation [zu lateinisch gelare »gefrieren machen«], durch Druck hervorgerufene Schmelzpunkterniedrigung. Sie tritt bei Stoffen auf, deren Schmelze eine höhere Dichte aufweist als ihre feste Phase, z.B. Wasser/Eis (Anomalie des Wassers) oder Wismut. Bei Nachlassen des Druckes tritt sofort wieder Erstarrung ein. Der Schmelzvorgang ist deshalb örtlich auf den Bereich des erhöhten Drucks begrenzt. Die **Regelation des Wassers** (unter einem Druck von z.B. 200 MPa schmilzt Wasser schon bei –22 °C) führt dazu, dass man Schlittschuh laufen kann, weil sich unter den Kufen ein Wasserfilm bildet, der das Gleiten ermöglicht, bei Verschwinden des Kufendrucks aber sofort wieder friert. Aus demselben Grund können Eismassen von Gletschern

REGEN

Korallen als Regenmesser

101606

Korallen sind aufgrund ihres saisonalen Wachstums – ähnlich wie Bäume – hervorragende Klimaarchive. Denn während sie wachsen, bauen sie Spurenstoffe aus dem Meerwasser in ihr Kalkskelett ein. Deren Zusammensetzung lässt Rückschlüsse auf die Wassertemperatur und sogar die Niederschlagsmenge zu.

Im tropischen Indischen Ozean beispielsweise hat sich die Wassertemperatur in den letzten Jahren zwar nur langsam erhöht, dabei aber zunehmend den kritischen Wert von 28,5 °C überschritten, bei dem eine intensive Konvektion einsetzt und die Niederschlagsintensität stark ansteigt. Dadurch wiederum verdünnt sich das oberflächennahe Ozeanwasser, seine Salzkonzentration sinkt. Genau dieser Effekt zeigt sich bei den Korallen im angestiegenen Verhältnis von Sauerstoffisotopen, dem sogenannten d18O-Wert. Das Verhältnis von Strontium zu Kalzium ist hingegen kaum verändert – darin spiegeln sich die Wassertemperaturen wider. Korallen eignen sich also gut als Regenmesser und geben Auskunft über konvektive Niederschlagsperioden, für die keine sonstigen Daten vorliegen.

fließen und finden Bewegungen im Permafrostboden statt.

Regen, flüssiger Niederschlag; er entsteht dadurch, dass kleine, schwebende Wolkentröpfchen durch verschiedene Prozesse zu größeren Tropfen anwachsen, die von der Luftströmung nicht mehr getragen werden, ausfallen und den Erdboden erreichen.

Nach der Tropfengröße werden verschiedene Arten des Regens unterschieden. Der gewöhnliche, großtropfige Regen, auch als **Landregen** bezeichnet, besteht aus vielen Tropfen mit einem Durchmesser von mindestens 0,5 mm, die mit einer Geschwindigkeit von mehr als 2 m/s fallen. Er bildet sich v. a. im Grenzgebiet zw. warmen und kalten Luftmassen und dauert meist einige Stunden, mitunter länger als einen Tag an. Beim **Sprühregen (Staubregen),** auch als **Nieseln** bezeichnet, beträgt der Tropfendurchmesser weniger als 0,5 mm, die Fallgeschwindigkeit der Tropfen weniger als 2 m/s; er fällt meist aus Nebel oder Hochnebel aus. **Regenschauer** bestehen aus großen Regentropfen; sie fallen aus hoch

REGEN

Rennen oder nicht?

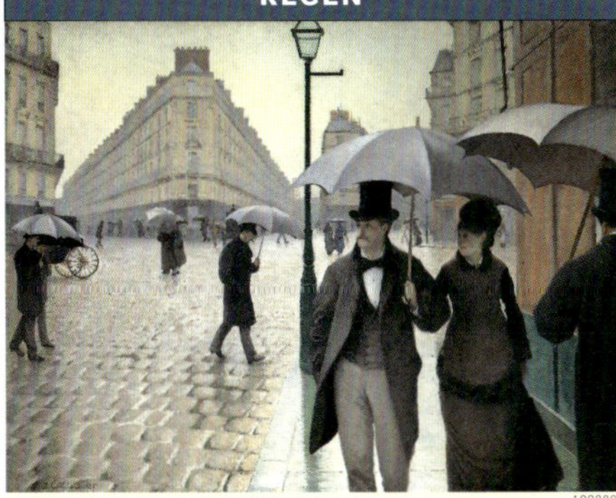

100880

Eine der uralten Menschheitsfragen betrifft das Problem, ob man bei Regen rennen soll oder nicht – mit dem Ziel, weniger nass zu werden. Beobachtet man bei entsprechendem Wetter seine Zeitgenossen, wird man feststellen, dass die meisten Menschen ihren Schritt beschleunigen, wenn es anfängt zu tröpfeln. Vermutlich tun sie es instinktiv und führen nicht erst komplizierte Rechnungen im Kopf aus, aber trotzdem handeln sie sinnvoll. Wenn man bei Regen rennt, ist auf jeden Fall die Zeit kürzer, in der man ihm ausgesetzt ist. Aber stößt man nicht mit mehr Regentropfen zusammen? Einmal angenommen, man wäre ein Brett und der Regen kommt von oben, dann hängt die Regenmenge, die man auf der Vorderseite abbekommt, nur von der zurückgelegten Entfernung ab, denn man sammelt alle Regentropfen auf, die sich in dem Raum befinden, den man durchläuft. Das, was auf die Oberseite fällt, ist hingegen von der Aufenthaltszeit im Regen abhängig – also von der Geschwindigkeit. Ergo: Rennen ist besser. Kompliziert wird es, wenn Wind im Spiel ist. Optimal ist Rückenwind. Wenn man dann genauso schnell wie der Wind rennt, wird man – theoretisch – nur von oben nass. Noch besser ist nur ein Schirm.

reichenden Quellwolken und beginnen meist ebenso plötzlich, wie sie wieder aufhören. Beim **Wolkenbruch,** einem meist kurzen, außerordentlich starken Regenschauer, treten Tropfengrößen von über 9 mm auf; die Regenmenge pro m^2 beträgt dabei über 40 mm Niederschlag nach einer halben Stunde.

Eine andere Unterteilung legt die Stärke des Regens zugrunde. Danach werden mäßige Niederschläge, die sich über ein größeres Gebiet erstrecken, als **Landregen** bezeichnet; sie treten v.a. in Verbindung mit Warmfronten und Schleifzonen auf. Ein Landregen von mindestens sechs Stunden Dauer mit einer stündlichen Niederschlagsmenge von wenigstens 0,5 mm wird **Dauerregen** genannt; dieser entsteht meist bei Stau von Wolken an Gebirgen. **Starkregen** sind Niederschläge, bei denen in einem bestimmten Zeitabschnitt eine bestimmte Mindestmenge an Niederschlag fallen muss (mindestens 5 l/m^2 innerhalb der ersten 5 Minuten, 10 l/m^2 nach 20 Minuten, 17 l/m^2 nach 1 Stunde). **Strichregen** wird ein nur schmale Landstriche überziehender, jeweils nur kurz andauernder Regen genannt, **Platzregen** ein starker Regen von nur einigen Minuten Dauer, wie er häufig in Verbindung mit Gewittern auftritt. **Regenschatten** heißt die nicht nur bei Regen beobachtete Verminderung des Niederschlags im Lee von Gebirgen oder Bergen durch die Wirkung von Föhn.

Regen wäscht die Luft aus und enthält daher neben Staub, gelöstem Sauerstoff und Stickstoff auch Substanzen wie Kohlensäure, schweflige Säure, Schwefelsäure, Salpetersäure. Dadurch fördert er die Verwitterung von Gesteinen und wirkt als Dünger. Als **Schwefelregen** und **Blutregen** werden durch Staub, Pollen (Blütenstaub) und Kleinlebewesen verfärbte Niederschläge bezeichnet. **Eisregen** ist ein Regen aus Eiskörnchen (kleiner als Hagel), der sich gelegentlich bildet, wenn Regentropfen aus einer warmen Luftschicht in eine kältere fallen und dabei gefrieren. **Unterkühlter Regen** besteht aus kleinen Wassertröpfchen, die trotz Temperaturen unter dem Gefrierpunkt noch flüssig sind, bei Berührung des Bodens jedoch gefrieren und zur Bildung von Glatteis führen.

Regenbogen, atmosphärisch-optische Erscheinung, die entsteht, wenn die hinter dem Beobachter stehende Sonne eine vor ihm befindliche Regenwolke oder -wand bescheint.

■ **Erscheinung** Der Regenbogen besteht aus einem leuchtenden, meist bunten **Hauptregenbogen** von etwa 42° Halbmesser und 1,5° Breite, oft auch noch aus einem zweiten, lichtschwächeren **Nebenregenbogen** von 51° Halbmesser mit 3° Breite und zuweilen weiteren sekundären Bögen, die innerhalb des Haupt- oder außerhalb des Nebenregenbogens auftreten können. Der gemeinsame Mittelpunkt liegt auf einer vom Sonnenmittelpunkt durch das Auge des Beobachters gehenden Geraden. Von einem erhöhten Standpunkt ist gelegentlich ein voller Kreis sichtbar. Ein bunter Hauptregenbogen hat von innen nach außen die Farbfolge: Violett, Indigo, Blau, Grün, Gelb, Orange, Rot (die sieben sprichwörtlichen **Regenbogenfarben**), beim Nebenregenbogen umgekehrt. Dazwischen liegen ohne scharfe Grenzen alle Zwischenfarben, sodass es nicht möglich ist, eine genaue Anzahl für die Farben des Regenbogens anzugeben.

■ **Erklärung** Der Regenbogen entsteht durch Brechung und Reflexion der Sonnenstrahlen in den einzelnen Regentropfen. Die bei deren Ein- und Austritt stattfindende Brechung zerlegt das Sonnenlicht in ein kontinuierliches Farbspektrum, die Reflexion lenkt die Strahlen in das Auge des Beobachters. Einmalige Reflexion im Tropfen ergibt den Haupt-, zweimalige den Nebenregenbogen. Unterschiede in Breite, Färbung u.a. werden durch verschiedene Größen der Regentropfen verursacht. Die genaue Farbenfolge, die mit der Tropfengröße veränderlich ist, kann jedoch nur unter Berücksichtigung

REGENBOGEN. ***Faszinierende Erscheinung***

Regenbogen lösten in allen Kulturkreisen und zu allen Zeiten eine eigene Faszination aus und haben als beeindruckendes Naturschauspiel ihre Spuren in der Kulturgeschichte der Menschheit hinterlassen. So ist etwa bei den australischen Ureinwohnern die Regenbogenschlange Schöpferin der Welt. Im Alten Testament wird der Regenbogen erst nach der Sintflut am Himmel sichtbar, als Zeichen des Bundes, den Gott mit Noah und den Menschen schließt. In der griechischen Mythologie war der Regenbogen Kennzeichen der Götterbotin Iris, auf dem sie zur Erde niederstieg. Bei den Inkas waren Sonne und Mond (als Schwester der Sonne) die Hauptgottheiten. Die Erhabenheit der Sonne und ihre Ausstrahlung äußerten sich im Regenbogen, den man ebenfalls als eine Gottheit ansah.
Naturwissenschaftlich betrachtete bereits der griechische Philosoph Poseidonios den Regenbogen, und zwar als Teilbild von Sonne und Mond, das durch Hohlspiegelwirkung an Wasserwolken erzeugt werden sollte. Unter den zahlreichen Büchern von Ibn al-Haitham, u. a. einem bedeutenden Werk zur Optik, ist auch eine kleinere Schrift zu Halos und zum Regenbogen, die beide als Reflexionserscheinungen an einer konkaven sphärischen Oberfläche betrachtet wurden und durch feuchte Luft und Wolken entstehen sollten. Aufbauend auf dem Werk Haithams erklärte der aus Persien stammende Gelehrte Kamal al-din al-Farisi (* um 1260, † um 1320) den Regenbogen erstmals durch doppelte Brechung und Reflexion in Regentropfen und begründete dies mit Beobachtungen des Weges eines Lichtstrahls in einer Glaskugel. Etwa gleichzeitig lieferte der Dominikanermönch und Naturforscher Dietrich von Freiberg die gleiche Erklärung mit einmaliger Reflexion beim Haupt- und zweifacher Reflexion beim Nebenregenbogen. Sein Experiment zur Erklärung (er füllte eine kugelförmige Glasflasche mit Wasser und betrachtete sie unter Sonnenlicht) gehörte mit zu den ersten Versuchen in der Geschichte der Wissenschaft.

Regenbogen. Doppelter Regenbogen

der Beugung befriedigend erklärt werden. Fast weiße Regenbogen (bei Tropfengröße von maximal 0,05 mm) heißen **Nebelregenbögen.** Der Himmel im Bereich zwischen Haupt- und Nebenregenbogen ist dunkler als innerhalb des Hauptregenbogens **(alexandersche Dunkelzone).** Diese nach Alexander von Aphrodisias (um 200 n. Chr.) benannte Dunkelzone entsteht dadurch, dass bei einmaliger innerer Reflexion mehr Licht in den Winkelbereich <42° abgelenkt wird als in den äußeren. Vom Mond verursachte Regenbogen sind sehr selten, lichtschwach und fast stets weiß. Regenbogenähnliche Erscheinungen sieht man häufig an Springbrunnen und Wasserfällen.

regenerative Energien, die →erneuerbaren Energien.

Regenmesser, der →Niederschlagsmesser.

Regenorakel, Aberglaube, bei dem aus bestimmten Regenereignissen regelhafte Ableitungen für die Wettervorhersage oder die allgemeine Zukunftsvorhersage gezogen werden. Man unterscheidet beim Regenorakel Wetterregeln, Ernteregeln und ereignisbezogene Regeln. Vor allem einige Wetter- und Ernteregeln haben sich bis heute erhalten. Eine der bekanntesten Wetterregeln des Regenorakels sagt aus, dass Regen am Ostertag angeblich Regen an allen nachfolgenden Sonntagen bis Pfingsten nach sich ziehen soll. Auch die Ernteregeln beziehen sich häufig auf Ostern oder den Karfreitag, jedoch mit widersprüchlichen Aussagen. So bedeutet Regen am Ostertag in einigen Landstrichen Dürre im Sommer, während in anderen Regionen das gleiche Wetterereignis als Künder eines verregneten Sommers gedeutet wird.

Ereignisbezogene Regenorakelsprüche weisen ähnlich willkürlichen Charakter auf. So soll Regen am Hochzeitstag Glück für die Ehe bedeuten, Regen am Tag vor der Hochzeit jedoch bedeute Unglück. Regen während eines Umzugs soll Reichtum in der neuen Wohnung bringen. Herkunft und Alter der Regenorakelsprüche sind unklar.

Regenzeiten, durch (starke) Regenfälle gekennzeichnete Jahreszeiten, im Gegensatz zu Trockenzeiten. Die Tropenzone hat zwei Regenzeiten, die den Sonnenhöchstständen folgen **(Zentralregen, Äquatorialregen).** Mit Annäherung an die Wendekreise vereinigen sich die beiden Regenzeiten zu einer einzigen. In den Monsungebieten bestimmt der vom Meer her wehende →Monsun die Regenzeiten. Das subtropische Mittelmeerklima besitzt eine Winterregenzeit. Gebiete mit Niederschlägen zu allen Jahreszeiten haben keine Regenzeiten, sondern oft nur eine Hauptniederschlagszeit, die in kontinentalen Klimagebieten im Sommer-, in maritimen im Winterhalbjahr liegt.

Reif, *Meteorologie:* abgesetzter atmosphärischer Niederschlag in Form von leichten schuppen-, feder- oder nadelförmigen Eiskristallen, der durch Sublimation von Wasserdampf entsteht, wenn die Temperatur der abgekühlten Erdoberfläche oder von Pflanzen und Gegenständen durch Ausstrahlung unter den Gefrierpunkt sinkt; besonders auf exponiertem, schwach wärmeleitendem Material (lockeres Erdreich). – Bild Seite 270

Richardson [ˈrɪtʃədsn], Lewis Fry, britischer Mathematiker, Physiker und Psychologe, *Newcastle upon Tyne (England) 11. 10. 1881, †Kilmun (Schottland) 30. 9. 1953. Von 1920 bis 1929 war Richardson Vorsitzender des Westminster Training College in London, von 1929 bis 1940 Rektor des Paisley College of Technology. 1922 veröffentlichte Richardson eine Arbeit, in der er eine mathematische Methode für meteorologische Vorhersagen entwickelte. Sein Ansatz war zunächst nicht sehr praktikabel, da eine Wettervorhersage für 24 Stunden eine Rechenzeit von drei Monaten benötigte. Nach dem Zweiten Weltkrieg wurde sein Modell durch das Aufkommen von Computern jedoch anwendbar.

Nach ihm ist auch die Richardson-Zahl, eine fundamentale Größe für die Gradienten von Temperatur und Windgeschwindigkeit, benannt.

Riehl, Herbert, amerikanischer Meteorologe dt. Herkunft, *München 30. 3. 1915, † 1. 6. 1997; 1960–72 Prof. in Fort Collins (Colo.), 1972–76 an der FU Berlin, 1976–79 in Boulder

Sorgt ein Hochdruckgebiet für sternklare und kalte Nächte, so zeigen **Reif** und Tau wasserdampfarme Luft an, die nicht zur Nebelbildung gelangt:
Reif und Tau – machen den Himmel blau.

Reif
ist kein gefrorener Tau, sondern bildet sich durch den Übergang von Wasserdampf zu einem schneeähnlichen Belag, sobald der Taupunkt unter dem Gefrierpunkt liegt.

(Colo.); klärte die Entstehungsursache von →Easterly Waves und →Hurrikan, entdeckte die Bedeutung tropischer Cumulonimben für die Zirkulation der Atmosphäre.

Ring, *atmosphärische Optik:* eine atmosphärische Lichterscheinung (→Halo).

Rio-Deklaration, Dokument, das auf der 1992 in Rio de Janeiro abgehaltenen UN-Konferenz für Umwelt und Entwicklung unterzeichnet wurde (→nachhaltige Entwicklung).

Rio-Gipfel, Bezeichnung für die 1992 in Rio de Janeiro abgehaltene UN-Konferenz für Umwelt und Entwicklung. Auf ihr wurden 5 Dokumente zur →nachhaltigen Entwicklung unterzeichnet.

Rossbreiten. Die Bezeichnung Rossbreiten stammt aus der Zeit der Segelschifffahrt: Häufig mussten die Seeleute, wenn sie in der windschwachen Zone in eine Flaute gerieten, die mitgenommenen Rösser über Bord werfen, weil das Futter für die Pferde und das Trinkwasser für alle knapp wurden.

Rita, ein Hurrikan der Saison 2005, der Windgeschwindigkeiten bis 285 km/h erreichte und zeitweise in die höchste Kategorie 5 der →Saffir-Simpson-Hurrikanskala eingeordnet wurde. Rita bildete sich am 18. September westlich der Bahamas und zog dann über den Norden Kubas, wo der Sturm schwere Verwüstungen anrichtete, an Florida vorbei auf die amerikanische Küste zu. Am 21. September erreichte Rita Windgeschwindigkeiten bis 250 km/h und wurde in die Kategorie 5 eingestuft. Vor allem der Bundesstaat Texas sowie die Stadt New Orleans, die erst wenige Wochen zuvor von dem verheerenden Hurrikan →Katrina betroffen war, wurden durch Rita bedroht. In New Orleans musste die Stadt erneut evakuiert werden. Am 22. September wurde Rita von den Meteorologen stärker eingeschätzt als Katrina, die Schäden in New Orleans fielen allerdings weniger schlimm als befürchtet aus, da die Stadt nur von Ausläufern getroffen wurde. Trotzdem wurden erneut Teile von New Orleans überflutet. Andere Orte in Louisiana wie Cameron und Holly Beach wurden hingegen durch eine bis zu 6 m hohe Flutwelle nahezu vollständig zerstört. Rita erreichte die Golfküste am 24. September an der Grenze zwischen Louisiana und Texas und war inzwischen in die Kategorie 3 herabgestuft worden; im Laufe des Tages schwächte er sich weiter auf Stufe 1 ab. Die Schäden in Texas fielen relativ gering aus, die Schäden waren lokal begrenzt.

Insgesamt beläuft sich der volkswirtschaftliche Schaden durch Rita auf elf Milliarden US-Dollar; sechs Menschen starben an den direkten Auswirkungen des Hurrikans.

Roaring Forties [ˈrɔːrɪŋ ˈfɔːtiz, englisch], *Meteorologie:* →Brüllende Vierziger.

Rossbreiten, die windschwachen Zonen des subtropischen Hochdruckgürtels zwischen etwa 25° und 35° n. Br. und s. Br., zu denen auf der Nordhalbkugel das für das Wetter in Mitteleuropa wichtige Azorenhoch gehört. Auf der Nordhalbkugel sind die Druckzellen wegen der hier größeren Landmasse gegenüber der Südhalbkugel um etwa 5 Breitengrade nach Norden verschoben. Die Bezeichnung soll auf die Zeit der Segelschifffahrt zurückgehen, als sich in diesen Gebieten die Fahrt infolge fehlender Winde stark verzögerte, sodass bei Pferdetransporten nach Südamerika viele Pferde wegen Futtermangels eingingen.

Rossby, Carl-Gustaf Arvid, schwedischer Meteorologe und Ozeanograf, *Stockholm 28. 12. 1898, †ebenda 19. 8. 1957; seit 1922 im schwedischen Wetterdienst, wurde 1928 Professor in Cambridge (Mass.), 1941 in Chicago (Ill.), 1947 in Stockholm. Rossby verfasste grundlegende theoretische Arbeiten über Wirbelbewegungen und Turbulenzprobleme, die u.a. als Ausgangspunkt der Wettervorhersage auf mathematischer Grundlage dienten (numerische →Wettervorhersage).

Rossby-Wellen [nach C.-G. A. Rossby], *Meteorologie:* großräumige, lange Wellen der zirkumpolaren atmosphärischen Höhenströmung (Westwinde). Ihre Zahl (meist 4–7) hängt von der Rotation der Erde und der Windgeschwindigkeit ab.

Rowland ['rəʊlənd], Frank Sherwood, amerikan. Chemiker, *Delaware (Oh.) 28. 6. 1927; ab 1964 Professor im Department for Chemistry der University of California (Irvine). Zusammen mit M. J. Molina untersuchte Rowland die Auswirkungen von Fluorchlorkohlenwasserstoffen (FCKW) auf die Ozonschicht. Sie fanden heraus, dass die bis dahin als harmlos (weil chemisch sehr stabil) geltenden FCKW in die Stratosphäre transportiert, dort durch die intensive UV-Strahlung zersetzt werden und dabei Chloratome freisetzen, die wiederum den Abbau von Ozon zu Sauerstoff katalysieren und somit zur Zerstörung der Ozonschicht beitragen. Für diese Untersuchungen erhielt Rowland mit M. J. Molina und P. Crutzen den Nobelpreis für Chemie 1995.

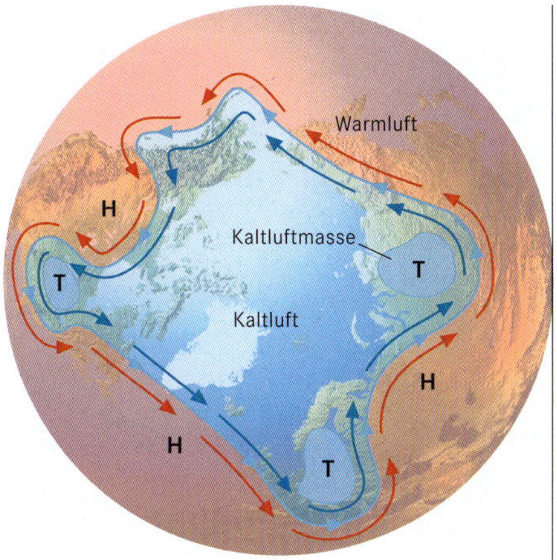

Rossby-Wellen. Wenn vier ausgeprägte Wellen den Globus umspannen, scheinen sie stationär zu werden. Dies ist bei lang anhaltenden Witterungsperioden der Fall.

Rückseitenwetter, postfrontales Wetter, das Wetter nach Durchzug einer Kaltfront auf der Rückseite eines Tiefdruckgebietes im Bereich der nachströmenden Rückseitenkaltluft. Es ist durch raschen Wechsel von starker Quellbewölkung (Cumuluswolken), verbunden mit Regen-, im Winter mit Schnee- und Graupelschauern, und Aufheiterungsabschnitten mit sehr guter Sicht gekennzeichnet.

S

Saffir-Simpson-Hurrikanskala, 1969 von den Meteorologen Herbert Saffir (*1917, †2007) und Robert Simpson (*1912) am U.S. National Hurricane Center eingeführte fünfstufige Skala zur Klassifizierung von Hurrikanen. Sie verwendet zur Einordnung die Windgeschwindigkeit, enthält aber auch eine allgemeine Beschreibung zu den möglichen Sturmschäden sowie Angaben zum Luftdruck im Zentrum des Hurrikans und zum Wasserspiegel der Sturmflut. Der Luftdruck ist ein Maß für die Intensität des Hurrikans – je niedriger der Luftdruck, desto heftiger der Sturm –, die Angaben zum Anstieg des Wasserspiegels sind vor allem für betroffene Küstenregionen wichtig.

Salzwasser, halines oder salines Wasser mit einer höheren Konzentration an gelösten Salzen. In Abhängigkeit von der Gesamtmineralisation existieren verschiedene Gliederungsmöglichkeiten (→Brackwasser, →Süßwasser).

SAFFIR-SIMPSON-HURRIKANSKALA

Die Skala verwendet 5 Kategorien (angegeben sind jeweils Luftdruck, Windgeschwindigkeit, Fluthöhe und eine Beschreibung der Schäden)
Kategorie 1, schwach: >980 hPa; 118–153 km/h; 1,2–1,6 m; Schäden an Bäumen, Sträuchern und Wohnwagen, möglich sind Überschwemmungen von Küstenstraßen und leichte Schäden an Hafenanlagen.
Kategorie 2, mäßig: 965–979 hPa; 154–177 km/h; 1,7–2,5 m; Bäume knicken um, stärkere Schäden an Wohnwagen, Beschädigung an Dächern, Fenstern und Türen von Gebäuden.
Kategorie 3, stark: 945–964 hPa; 178–209 km/h; 2,6–3,7 m; strukturelle Schäden an kleineren Gebäuden, größere Bäume werden umgeknickt, Überflutung in Küstennähe.
Kategorie 4, sehr stark: 920–944 hPa; 210–249 km/h; 3,8–5,4 m; starke Schäden an Wänden und Dächern auch größerer Gebäude, alle Bäume und Sträucher werden umgeweht, Küstengebiete, die niedriger als 3 m über dem Meeresspiegel liegen, werden überflutet.
Kategorie 5, verwüstend: <920 hPa; >250 km/h; >5,5 m; Häuser und Brücken werden zerstört, kleinere Gebäude vollständig um- oder weggeweht, Schiffe werden Hunderte von Metern an Land geworfen. Küstengebiete niedriger als 5 m sind bis 16 km landeinwärts überschwemmt.

Samum [auch za'mu:m, arabisch »Giftwind«], trockenheißer Wüstensturm in Nordafrika und Vorderasien, entsteht auf der Vorderseite vorbeiziehender Störungen (→Schirokko) oder im Zusammenhang mit lokalen Hitzetiefs und führt Staub und feinen Sand bis 3000 m Höhe mit, durch den die Sonne höchstens als kupferrote Scheibe sichtbar wird. Der Samum ist stark böig und hält meist nur einige Stunden an.

Sand|hose, →Trombe.

Sandsturm, Staubsturm, Sand (Staub) führende Stürme in Trockengebieten (→Chamsin, →Samum). Der Sand wird in den untersten 20 m über dem Boden transportiert und lagert sich bald ab, der Staub wird bis 3000 m Höhe aufgewirbelt und zum Teil erst in großer Entfernung am Erdboden oder über dem Meer abgesetzt, aus dem Sudan und der Sahara durch den Passat oft bis zu den Westindischen Inseln getragen. In Mitteleuropa wird gelegentlich roter afrikanischer Wüstenstaub festgestellt, der über das Mittelmeer herantransportiert und durch Niederschläge (→Blutregen) ausgewaschen wird. Zu den Staubstürmen zählen auch die heftigen Staubverwehungen der mittleren Breiten.

Sandwirbel, →Trombe.

Santa-Ana-Wind ['sæntə 'ænə-, nach Fluss und Pass gleichen Namens], aus Nordosten wehender föhnartiger Wind in Südkalifornien (Küstenebene von Los Angeles); im Sommer außerordentlich warm und trocken; kann im Winter, wenn die Ausgangsluft in den Hochbecken sehr kalt ist, Frostschäden an Südfruchtkulturen verursachen. – Infokasten Seite 274

Saomai, 1) ein Taifun vom September 2000, durch den im Zentrum Japans infolge von Überschwemmungen und Erdrutschen mindestens fünf Menschen ums Leben kamen. Der Taifun hatte die heftigsten Regenfälle in der Region seit mehr als 100 Jahren ausgelöst. In 24 Stunden fielen fast 600 mm Niederschlag. Der volkswirtschaftliche Schaden belief sich auf 1,5 Milliarden US-Dollar.

2) ein Taifun des Jahres 2006, der die höchste Stufe 5 auf der →Saffir-Simpson-Hurrikanskala erreichte. Er traf am 10. August 2006 mit Windgeschwindigkeiten bis zu 216 km/h auf die chinesische Ostküste. Durch den Taifun kamen mindestens 300 Menschen ums Leben; Saomai war in China der schwerste Taifun seit etwa 50 Jahren. Der volkswirtschaftliche Schaden wurde auf 1,1 Milliarden US-Dollar geschätzt.

Satellitenmeteorologie, Teilgebiet der Meteorologie, das die von Satelliten (v.a. von →Wettersatelliten) aus durchgeführten Beobachtungen und Messungen für die Meteorologie, Klimatologie und andere Geowissenschaften nutzbar macht. Zum Aufgabenbereich der Satellitenmeteorologie gehören: 1) die Erforschung der Erde und ihrer Atmosphäre durch die Messung der von diesem System ausgehenden Strahlung (daraus z.B. Ableitung von Temperatur- und Feuchteinformationen); 2) die Ableitung von Zustandsparametern der Atmosphäre und Erdoberfläche aus Satellitenmessungen; 3) die Sammlung und Übertragung von Messwerten, die von erdgebundenen Messsystemen (z.B. Bojen, automatische Wetterstationen) gewonnen werden. – Bild Seite 274

Sättigung, *Meteorologie:* atmosphärischer Zustand, bei dem in der Luft die maximal mögliche Feuchtigkeit enthalten ist. In diesem Zustand treten aus einer ebenen Wasseroberfläche genauso viele Wassermoleküle in die Luft über, wie von der Luft in die Wasserober-

Sandsturm. Die Satellitenaufnahme von 2003 zeigt einen Sandsturm über dem Aralsee. Dessen Volumen hat in den letzten Jahrzehnten um über 70 Prozent abgenommen.

fläche zurückkehren, sodass ein Gleichgewichtszustand zwischen Wasser und Luft herrscht. Da die Molekülbewegungen umso stärker sind, je höher die Temperatur ist, hängt der Zustand der Sättigung von der Temperatur ab. So beträgt der Dampfdruck z. B. bei 0 °C 6,11 hPa, bei 10 °C 12,3 hPa, bei 20 °C 23,4 hPa; bei höheren Temperaturen steigt er immer steiler an.

Bei Temperaturen unter 0 °C sind die Werte des Sättigungsdampfdrucks über Eis etwas niedriger als über unterkühltem Wasser (Eissättigung). Falls im Wasser Salze gelöst sind, liegen die Werte je nach Art der Salze und der Konzentration der Lösung um unterschiedliche Beträge niedriger. Dagegen sind sie über kleinen Tröpfchen wegen der stark gekrümmten Oberfläche wesentlich erhöht (→Kondensation, →Luftfeuchtigkeit).

Sättigungsdampfdruck, →Dampfdruck.

Sauerstoff, Oxygenium, chemisches Symbol **O,** ein chemisches Element aus der sechsten Hauptgruppe des Periodensystems der chemischen Elemente.

■ **Vorkommen** Sauerstoff ist auf der Erde mit 49,5 Gewichtsprozent das häufigste chemische Element. Er ist in der Luft zu 20,95 Volumenprozent (etwa 23,15 Gewichtsprozent) als freier Sauerstoff enthalten. In gebundener Form liegt Sauerstoff im Wasser (zu 88,81 Ge-

SAUERSTOFF. ***Unverzichtbar***

Der atmende Mensch verbraucht täglich etwa 900 Gramm freien Sauerstoff. Zusätzlich benötigt er etwa 225 Gramm Sauerstoff in chemisch gebundener Form, der über die Nahrung aufgenommen wird. Weniger als 7 % Sauerstoff in der Atemluft führen nach einiger Zeit zu Cyanose und Bewusstlosigkeit, ab 3 % tritt der Erstickungstod ein. Am empfindlichsten reagiert das Gehirn auf Sauerstoffmangel. Jedoch wirken auch höhere Sauerstoffkonzentrationen (60 % und mehr), über längere Zeit eingeatmet, toxisch, wobei die zellschädigende Wirkung v. a. der Bildung freier Radikale, besonders des Hyperoxidradikals O_2^-, zugeschrieben wird.

SANTA-ANA-WIND *Teufelshauch*

Hunderte von Häuser wurden zerstört, Tausende von Menschen verloren ihr Heim – so die Bilanz der verheerenden Waldbrände, die im Oktober 2007 in Südkalifornien wüteten. Angefacht werden die Brände von den heißen Wüstenwinden, die den malerischen Namen »Santa-Ana-Winde« tragen. Die Kalifornier nennen den Wind »Teufelshauch« – nicht zum ersten Mal war er der »Blasebalg« für eine Brandkatastrophe.

Es fängt harmlos an: Ein Hochdruckgebiet über dem Hochplateau von Nevada, Utah und Idaho erwärmt die Luft, die dann in südwestlicher Richtung zum Pazifik hin absinkt. Dabei werden die Luftteilchen immer dichter zusammengedrängt, alle hundert Höhenmeter, die es hinabgeht, wird die Luft ein Grad wärmer. Doch damit nicht genug: Auf ihrem Weg zum Pazifik müssen sich die Fallwinde durch enge Canyons zwängen – aus den Winden werden Stürme, die 2007 Spitzengeschwindigkeiten von 170 Kilometern pro Stunde erreichten. Der Sturm entzieht den Pflanzen ihre letzte Feuchtigkeit, denn in Südkalifornien regnet es nur selten, vor den Bränden des Jahres 2007 eineinhalb Jahre lang nicht. Und brennt der Wald erst einmal, fachen die Winde ihn immer weiter an.

wichtsprozent) und in der festen Erdkruste in Form von Oxiden und von Salzen der Sauerstoffsäuren (zu 47,3 Gewichtsprozent) vor.

■ **Biologie** Praktisch der gesamte freie Sauerstoff und der in Meeren, Flüssen und Seen gelöste Sauerstoff sind biologischen Ursprungs, entstanden durch die Tätigkeit fotosynthetisch aktiver Organismen. Sauerstoff ist für die Energie liefernden Prozesse lebensnotwendig. Einzige Ausnahme sind strikt anaerobe Bakterienarten, für die höhere Sauerstoffkonzentrationen sogar tödlich sein können.

saurer Regen, Bezeichnung für säurehaltige Niederschläge. Die Verbrennung fossiler Energieträger (Kohle, Öl, Gas) ist mit der Emission von Schwefeldioxid und Stickoxiden verbunden. Diese werden in der Atmosphäre zu einem gewissen Teil in schweflige Säure, Schwefel- und Salpetersäure umgewandelt, durch Regen, Schnee, Hagel und Nebel ausgewaschen und gelangen in den Boden und in

Satellitenmeteorologie.
Die Collage von Satellitenbildern zeigt (von links nach rechts) die Zugbahn des Hurrikans Andrew (1992) aus dem Atlantischen Ozean über Florida in das Karibische Meer.

die Kronenschicht der Wälder, wo sie als immissionsbedingte Schadfaktoren bei der Entstehung der Waldschäden eine wichtige Rolle spielen. Da saurer Regen auch Mauerwerk und Beton angreift, kann er Gebäudeschäden verursachen. Nach einem Höhepunkt in den 1980er- und 1990er-Jahren ist die Belastung durch sauren Regen v.a. durch den Einbau von Reinigungsanlagen in industriellen Großverbrennungsanlagen (Kraftwerke u.a.) in Mitteleuropa inzwischen deutlich zurückgegangen; gegenwärtig spielen v.a. verkehrsbedingte Emissionen eine wichtige Rolle. Die Niederschläge in Mitteleuropa haben zurzeit im Durchschnitt einen pH-Wert von etwas über 4, ohne Luftverschmutzung hat Regenwasser einen pH-Wert von etwa 5,6.

Saussure [soˈsyːr], Horace Bénédict de, schweizerischer Naturforscher, *Conches (heute zu Genf) 17. 2. 1740, †Genf 22. 1. 1799; ab 1772 Professor in Genf; Erfinder meteorologischer Messinstrumente (Haarhygrometer u.a.), erforschte besonders die geologischen, klimatologischen und pflanzengeografischen Verhältnisse der Alpen; ihm gelang 1787 die zweite Besteigung des Montblanc, dessen Höhe er barometrisch feststellte und den er als höchsten Berg Europas bestimmte.

s. Br., *Geografie:* Abkürzung für **s**üdlicher **Br**eite (→Breite).

Scale [skeɪl, englisch »Skala«], Bezeichnung für die Größenordnung atmosphärischer Phänomene. Die sehr unterschiedliche Größe der Bewegungsvorgänge und Erscheinungen in der Atmosphäre – von kleinräumigen Turbulenzen im Zentimeterbereich über Fronten und Wirbelstürme im Maßstab 100 km bis hin zu Vorgängen im Zusammenhang mit der Zirkulation der Atmosphäre mit einer typischen Größenordnung von 10 000 km – hat zu einer Klassifizierung nach der räumlichen Erstreckung geführt. So sind im englischen Sprachraum die Begriffe **Mikroscale, Mesoscale** und **Makroscale** entstanden. Den Werten der horizontalen Erstreckung können charakteristische Zeiten zugeordnet werden, die etwa angeben, wie lang ein Bewegungsvorgang des betreffenden Phänomens andauert oder welche Lebenszeit es selbst hat. Diese charakteristischen Zeiten reichen von der Größenordnung von etwa 10 s im Mikroscale-Bereich bis zu etwa einer Woche im Makroscale-Bereich.

Schäfchenwolken, hohe Eis- oder Wasserwolken, Cirrocumulus (feine Schäfchenwolken) oder Altocumulus (grobe Schäfchenwolken).

Schafskälte, in Mitteleuropa häufig Mitte Juni auftretende Kälteperiode, die den dann frisch geschorenen Schafen schaden kann; bedingt durch Meeresluftvorstöße infolge stärkerer Erwärmung des Festlandes. Die Schafskälte gehört zu den →Singularitäten.

100674

saurer Regen. Das Waldsterben (hier Fichte Picea, Nadeln mit Rotfärbung, Schadstufe 3) ist die Folge komplex zuzuordnender Ursachen, die in Wechselwirkung zueinander stehen. Eine wahrscheinliche Ursache ist der Einfluss des sauren Regens.

Schauer, *Meteorologie:* räumlich begrenzte, kurz dauernde, meist kräftige Niederschläge aus hoch reichenden Quellwolken (Cumulonimbus). Ihre typische Dauer in mittleren Breiten beträgt mehrere Minuten, ihre Ausdehnung einige Kilometer. Schauer treten meist in Gruppen auf, wobei absterbende Schauerzellen direkt durch neue ersetzt werden. Folge davon sind rasche Intensitätsänderungen. Schauerwetter herrscht auf der Rückseite von Tiefdruckgebieten, typisch ist rascher Wechsel von dunklen Schauerwolken und Aufheiterungen.

Schein, *Meteorologie:* **klarer Schein,** bei Dämmerung zu beobachtende schmale, helle Übergangszone zum dunklen, blauen Himmel in Richtung Zenit.

Scherhag, Richard, deutscher Meteorologe, *Düsseldorf 29. 9. 1907, †Westerland 31. 8. 1970; seit 1952 Professor an der FU Berlin; entwickelte Verfahren der Wettervorhersage (Höhenwetterkarte, Vorhersagekarte).

Schichtung, *Meteorologie:* vertikale Verteilung meteorologischer Elemente in der Atmosphäre, besonders die von Temperatur,

Auch weiße **Schäfchenwolken,** die unter Hochdruckeinfluss entstehen, zeigen an, dass es in den nächsten Stunden noch trocken bleiben wird:
Wenn Schäfchenwolken am Himmel stehn, kann man ohne Schirm spazieren gehn.

SCHIROKKO. *Wo ist die Sonne?*

Im Februar 2004 wurden viele Menschen in Bayern, Österreich und der Schweiz in Angst und Schrecken versetzt. Die Straßenbeleuchtung erlosch tagsüber nicht, eine gelb-orange, bedrohliche Stimmung lag in der Luft, viele glaubten, plötzlich etwas an den Augen zu haben oder riefen die Polizei an – die Sonne war verschwunden … Allerdings war nicht der Weltuntergang eingeläutet, vielmehr hatten schwere Stürme über der Westsahara und Algerien große Mengen Staub mehrere Kilometer hoch aufgewirbelt, die dann vom Schirokko erfasst und über das Mittelmeer bis in die Alpen transportiert wurden. Eine solche Staubverladung findet immer wieder mal statt, allerdings nur, wenn die Südwinde stark sind. Fällt der Sand im Winter auf Schnee, kann er dort lange »überleben« und kommt erst im Frühling wieder zum Vorschein. An der Oberfläche liegend führt er dazu, dass die Schneedecke und das Gletschereis rascher abschmelzen als ohne Verschmutzung.

Schmelzen.
Die Zufuhr von Schmelzenergie bewirkt keine Erhöhung der Temperatur, sondern lediglich ein Aufbrechen der Kristallstruktur des Eises. Das ist auch der Grund dafür, dass das Eis-Wasser-Gemisch etwa eines Sektkühlers auf 0 °C bleibt, solange Eis vorhanden ist.

100562

Eine Decke aus **Schnee** ist im Winter für die Saat ein idealer Schutz:
Dem Korn unter dem Schnee tut die Kälte nicht weh.
Oder:
Die Erde muss ein Betttuch haben, soll sie der Winterschlummer laben.

Feuchtigkeit und Wind. Die Schichtung kann stabil (→Stabilität), labil (→Labilität) oder indifferent sein (wenn die Temperaturabnahme mit der Höhe gleich dem trockenadiabatischen Gradienten ist, also gleich 1 °C/100 m).

Schichtwolken, einförmige Wolken ohne große Helligkeitsunterschiede und Strukturen; sie bedecken den Himmel ganz oder teilweise als Felder oder Schichten. Typische Schichtwolken sind Stratus, Altostratus, Cirrostratus und Nimbostratus.

Schirọkko, italienisch **Scirọcco** [ʃ-, von arabisch šarqī »östlich(er Wind)«, zu šarq »Osten«], warmer bis sehr heißer, trockener, staubbeladener Wind aus südlichen Richtungen im Mittelmeerraum; entsteht in den Wüstengebieten Nordafrikas auf der Vorderseite von Tiefdruckgebieten; zum Teil nach Überschreiten von Gebirgen zusätzlich föhnig erwärmt. Bei langen Wegstrecken über das Meer erfolgt jedoch Feuchtigkeitsanreicherung, sodass dann die feuchtwarme Luft in Spanien, Italien, Dalmatien und Griechenland bei Steigungsregen zu starken Niederschlägen führt. Der Schirokko tritt v.a. im Frühjahr und Herbst auf. In den afrikanischen Mittelmeerländern und Vorderasien wird er auch als Samum, Gibli oder Ghibli (Libyen) bzw. Chamsin (Ägypten) bezeichnet. An der südfranzösischen Küste entspricht ihm der Marin, in der Ägäis der Garbis, in Spanien der Solano oder Leveche. Ausläufer erreichen sogar Mitteleuropa (mit Staubfällen). – Infokasten Seite 275

Schlammregen, Niederschlag mit Beimengung fester Bestandteile, tritt beim Zusammentreffen von Regen und Staubstürmen auf.

Schleifzone, *Meteorologie:* örtlich sich wenig verschiebende Frontalzone eines Tiefdruckgebietes, gekennzeichnet durch dauernde Aufgleitbewegungen (Wellenstörungen), die zu Landregen führen.

Schloßen, mittel- und süddeutscher Name für Hagelkörner, →Hagel.

Schmelzen, der Übergang eines Stoffs vom festen in den flüssigen Aggregatzustand und damit die Umkehrung des Erstarrens. Das Schmelzen eines reinen, kristallinen Stoffs setzt ein, sobald seine Temperatur den →Schmelzpunkt erreicht. Die thermische Energie der Atome oder Moleküle (in Form von Wärmeschwingungen um ihre Ruhelage

SCHNEE | ***Kunstschnee***

100562

Der Klimawandel verheißt für viele Wintersportorte in den Alpen nichts Gutes. Neueren Klimaprognosen zufolge wird in den nächsten Jahrzehnten die untere Grenze für schneesichere Gebiete von derzeit 1200 Meter auf 1500 Meter ansteigen. Schon die Winter der vergangenen Jahre waren sehr mild, sodass vielerorts Kunstschnee eingesetzt wird, um den Touristen brauchbare Pisten zu bieten. Sein physikalischer Erzeugungsprozess ist recht einfach: Ein Ventilator bläst Umgebungsluft durch ein Rohr, in das fein zerstäubtes Wasser hineingespritzt wird. Die Wassertröpfchen gefrieren auf ihrem etwa 30 Meter langen Flugweg mithilfe beigemischter Kristallisationskerne bereits bei Temperaturen um die 0 °C.

Da Kunstschnee also durch einen »Gefrierschock« entsteht und nicht durch langsames Sublimieren wie richtiger Schnee, hat er auch andere Eigenschaften. So besteht er nicht aus kunstvoll geformten Kristallen, sondern aus kleinen Kügelchen mit etwa einem halben Millimeter Durchmesser. Dadurch wird der Kunstschnee sehr kompakt, verharscht aber auch schneller. Den Skifahrer interessiert aber vor allem, dass Kunstschnee nur halb so schnell taut wie Naturschnee.

im Kristall) wird dann größer als ihre Bindungsenergie. Während des Schmelzens bleibt die Temperatur konstant, die dabei aufgenommene Energie ist die Schmelzenthalpie. Die meisten Stoffe vergrößern ihr Volumen beim Schmelzen. Nach dem Le-Chatelier-Braun-Prinzip steigt bei ihnen der Schmelzpunkt mit zunehmendem äußerem Druck (gemäß der Clausius-Clapeyron-Gleichung); die Erhöhung des Schmelzpunktes um 1 K erfordert im Allgemeinen Drücke von 10^6 bis 10^7 Pa. Bei wenigen Stoffen wie z. B. Wasser (Anomalie des Wassers) ist das Volumen in der festen Phase größer als in der flüssigen, sodass der Schmelzpunkt mit steigendem Druck sinkt.

Schmelzpunkt, Schmelztemperatur, Fließpunkt, diejenige Temperatur, bei der eine Substanz beim Schmelzen unter konstantem Druck von 1013,25 hPa aus dem festen in den flüssigen Aggregatzustand übergeht. Der Übergangspunkt in entgegengesetzter Richtung heißt **Erstarrungspunkt-** oder **Gefrierpunkt.**

Der Schmelzpunkt ist druckabhängig: Bei Wasser (bzw. Eis) bewirkt Druckerhöhung eine Schmelzpunkterniedrigung.

Für Stoffgemische lässt sich nur ein **Schmelzintervall** angeben.

Schnee, aus Wolken ausfallender Niederschlag aus meist verzweigten kleinen Eiskristallen. Sie entstehen bei Temperaturen unter −4 °C, sofern Gefrierkerne vorhanden sind, und gelangen zum Boden, wenn Fallgeschwindigkeit, Temperatur und Feuchte unterhalb der Wolke ein Schmelzen oder Verdampfen verhindern. In Abhängigkeit von Temperatur und Grad der Übersättigung bei der Entstehung haben sie die Form u. a. von hexagonalen Säulen, Plättchen oder Dendriten (Schneesterne). Bei tiefen Temperaturen fallen sie als feiner trockener **Pulverschnee,** während sie nahe dem Gefrierpunkt aneinanderhaften und **Schneeflocken** bilden, die am Boden zu **Pappschnee** werden. Aus tiefem Stratus oder dichtem Nebel kommen gelegentlich kleine Mengen undurchsichtiger Eiskörnchen von weniger als 1 mm Durchmesser, die **Griesel** oder **Schneegriesel** genannt werden. Schnee wird mit gewöhnlichen → Niederschlagsmessern aufgefangen und zur Messung geschmolzen. Die Höhe der Schneedecke wird mit dem Schneepegel (Messlatte) bestimmt, ihr Wassergehalt mit dem Schneeausstecher (Blechzylinder von 200 cm^2 Grundfläche). 1 m^3 Schnee wiegt je nach Packung 60–200 kg, die äquivalente Niederschlagshöhe beträgt etwa 10 % der Schneedecke. Schnee ist ein schlechter Wärmeleiter und schützt so den von ihm bedeckten Boden vor Auskühlung. Oberflächliches Anschmelzen und Wiedergefrieren von abgelagertem Schnee führt zu **Verharschung.** Werden allerdings bei diesem Vorgang die Schneekristalle zerstört, entsteht **Firn.**

■ **Volkskunde** Herkunft und Ursache des Schnees und dessen Ähnlichkeit mit Federn, Wolle, Mehl werden einer meist mythologischen Gestalt zugeschrieben (Frau Holle, in der nordischen Mythologie dem Snaer). – Weiteres Bild und Infokasten Seite 278

Schneebrett, eine Form der → Lawine; entsteht, wo an Gebirgswänden durch Winddruck Schnee zusammengepresst wurde, der sich von der Unterlage mit lockerem Schnee löst, oder wo eine Schneewechte (→ Wechte) abbricht und brettförmig zu Tal geht.

Schneegrenze, Grenze zwischen schneebedecktem und schneefreiem Gelände; unterliegt jahreszeitlichen Änderungen **(temporäre Schneegrenze).** Im Spätsommer erreicht sie ihre höchste Lage und fällt dann mit der **orografischen Schneegrenze** zusammen, der unteren Grenze der Region, in der dauernd größere und kleinere Schneeansammlungen und -flecken vorhanden und

SCHNEEGRENZE: HÖHE DER KLIMATISCHEN SCHNEEGRENZE IN GEBIRGEN	
Spitzbergen	300–600 m
Island	700–1 500 m
Skandinavien	1 000–2 200 m
Alpen, Nordseite	2 500–2 800 m
Alpen, Zentralketten	2 900–3 200 m
Alpen, Südseite	2 700–3 100 m
Pyrenäen	2 700–3 100 m
Kaukasus	2 700–3 800 m
Transhimalaja	6 300–6 500 m
Himalaja, Nordseite	5 500–6 000 m
Himalaja, Südseite	4 800–5 200 m
Ruwenzori	4 200–4 500 m
Kilimandscharo	5 500–5 600 m
Neuguinea	4 600–4 700 m
Anden in Ecuador	4 500–4 700 m
Anden in Chile und Argentinien	5 800–6 500 m
Neuseeland	1 600–2 700 m
Rocky Mountains	2 200–4 000 m
Cascade Range	2 400–3 000 m

100674

Schnee. Schneekristalle entstehen durch das Wechselspiel von Diffusion des Wasserdampfes in der Luft und Kondensation auf dem Kristallkeim. Die hexagonale Struktur entspringt der Symmetrie des Wassermoleküls.

Schnee. Typische Schneekristallformen; 1–4 einfache Formen: 1 Nadel, 2 Prisma, 3 Stern, 4 Plättchen; 5–8 zusammengesetzte Formen: 5 Prismenaggregat, 6 dendritischer Stern, 7 dendritisches Plättchen, 8 Prisma mit Plättchen

Schnee. Im November 2005 sorgten heftige Schneefälle im Münsterland für zahlreiche umgeknickte Strommasten. Rund 65 000 Menschen waren vom Stromausfall in der Region betroffen.

Gipfel vergletschert sind. Die **klimatische Schneegrenze** bezeichnet die mittlere Lage der Untergrenze des ganzjährigen Schnees. Sie wird bestimmt durch Neigung und Exposition der Hänge, Menge des festen Niederschlags und Andauer von Temperaturen über dem Gefrierpunkt. Ihre Höhenlage weist somit lokal wie von Jahr zu Jahr Unterschiede auf, die eine Angabe nur auf ± 100 m genau zulässt. Mit abnehmender geografischer Breite nimmt die Höhe der Schneegrenze zu, bis sie im Bereich der Trockengürtel der Erde zw. 35° und 20° mit über 6 000 m ihre höchsten Werte erreicht. So trägt der in den Anden in 24° 30′ s. Br. gelegene 6 723 m hohe Llullaillaco keinen ganzjährigen Schnee. In der immerfeuchten Äquatorialzone liegt die Schneegrenze dagegen rund 2 000 m tiefer. Aus gleichem Grund beobachtet man eine Höhendifferenz zw. den Schneegrenzen der stark beschneiten Randketten im Norden und Süden und den trockeneren Zentralalpen (Ötztaler-, Ortleralpen, Engadin) oder zwischen der Küste und dem niederschlagsärmeren Innern in Südskandinavien. Vorwiegend thermisch bedingt ist dagegen der Unterschied in den Polargebieten; während die Schneegrenze in der Arktis kaum das Meeresniveau erreicht (Franz-Josef-Land 200–300 m), liegt sie auf der kälteren Südhalbkugel ab 65° Breite überall in diesem. Die Höhe der Schneegrenze ändert sich mit den Klimaschwankungen; der Anstieg seit 1850 ist nach 1960 weitgehend zum Stillstand gekommen, weist aber gegenwärtig infolge der Klimaerwärmung wieder eine steigende Tendenz auf.

Schneesturm, starker bis stürmischer Wind, der mit Schneefall verbunden ist. Der in der Luft vorhandene Schnee besteht dabei meist aus direkt fallendem Niederschlag, teilweise aber auch aus Schnee, der durch die turbulente Strömung von der Erdoberfläche aufgewirbelt wird. Bei abnehmender Windgeschwindigkeit können größere Mengen den Erdboden erreichen, sodass stellenweise Schneeanhäufungen (Schneewehen) entstehen. Bei schwerem Schneesturm mit ergiebigem Schneefall kann die Sichtweite auf wenige Meter zurückgehen.

Schonklima, Klima mit geringen Kaltreizbelastungen bei geringen Temperaturschwankungen im Tagesverlauf, vermehrter, aber nicht zu intensiver Globalstrahlung, überdurchschnittlicher Luftreinheit und Windschutz; in Mitteleuropa überwiegend das waldreiche Mittelgebirgsklima. Den Gegensatz zum Schonklima bildet das Reizklima.

Schonland [ˈʃɔnlænd], Basil Ferdinand Jamieson, südafrikanischer Physiker, * Grahamstown 5. 2. 1896, † Winchester (England) 24. 11. 1972; ab 1922 in Kapstadt tätig, ab 1937 Professor in Johannesburg, war 1958–60 Direktor des britischen Atomforschungszentrums in Harwell (Cty. Berkshire). Schonland befasste sich vorwiegend mit Arbeiten zur Kernphysik und zur atmosphärischen Elektrizität, besonders zur Erscheinung des Blitzes.

Schönwetterlage, Zustand der Atmosphäre, meist in einem größeren Gebiet und oft für mehrere Tage anhaltend, der durch heiteren oder nur leicht bewölkten Himmel bei Windstille oder schwachen bis mäßigen Winden und durch einen ausgeprägten Tagesgang der Lufttemperatur gekennzeichnet ist. Ursache der Schönwetterlage ist die absinkende Luftbewegung im Bereich eines Hochdruckgebietes.

Schönwetterwolken, Wolken, die sich an heiteren Tagen in einheitlicher Höhe bilden (hauptsächlich Cumulus humilis und Cumulus mediocris) und sich am Abend wieder auflösen.

schwarzer Körper, ein gedachter Körper mit den Strahlungseigenschaften des → schwarzen Strahlers.

schwarzer Strahler, ein idealer Körper, der elektromagnetische Strahlung aller Wellenlängen vollständig absorbiert und selbst Strahlung entsprechend seiner absoluten Temperatur in einer durch das → plancksche Strahlungsgesetz (spektrale Emission) bzw. das → Stefan-Boltzmann-Gesetz (Gesamtemission) gegebenen höchstmöglichen Stärke abstrahlt. Diese schwarze Strahlung ist nur von

SCHNEE. *Geruchlos, oder doch nicht?*

Kann man Schnee riechen? Eigentlich nicht, denn Schnee ist gefrorenes Wasser, und Wasser ist geruchlos. Viele Menschen behaupten jedoch, sie merkten, wenn kommender Schneefall »in der Luft« liege. Dass der Schnee selbst riecht, mittels eingeschlossener Partikel, ist auszuschließen – schließlich ist er ja noch gar nicht gefallen. Vielleicht ist es ja die kalte Luft vor dem Schneefall, welche die Geruchswahrnehmung ändert. Dann wäre es gerade andersherum: Bevorstehender Schneefall unterdrückt Gerüche, die man sonst riecht, denn in kalter Luft entwickeln sich weniger Gerüche als in warmer Luft. Kalte Luft wirkt also reiner – und signalisiert: Bald schneit's.

der Temperatur des Körpers, nicht aber von seiner materiellen Beschaffenheit abhängig.

Schwefel, lateinisch **Sulfur,** chemisches Symbol **S,** ein chemisches Element aus der sechsten Hauptgruppe des Periodensystems der chemischen Elemente. Schwefel ist ein Nichtmetall, das in mehreren festen, flüssigen und gasförmigen Formen auftritt. Schwefel gehört zu den häufigeren Elementen der festen Erdkruste und steht in der Häufigkeitsliste der chemischen Elemente an 15. Stelle.

Schwefeldioxid, SO_2, ein farbloses, stechend riechendes Gas, das beim Verbrennen von Schwefel (und schwefelhaltigen Substanzen) entsteht; Siedepunkt −10,0 °C, Schmelzpunkt −72,7 °C. Schwefeldioxid gehört zu den häufigsten Schadstoffen in der Atmosphäre und ist stark toxisch. Es führt zu Verätzungen an Schleimhäuten des Auges und der Atemwege. Es verursacht Gewebeschäden bei Pflanzen und beschleunigt die Zerstörung von Baustoffen.

In der Atmosphäre oxidiert Schwefeldioxid teilweise zu Schwefelsäure und ist dadurch an der Entstehung des →sauren Regens beteiligt.

Schweizerische Meteorologische Anstalt, Abkürzung **SMA,** ehemaliger Name der →MeteoSchweiz.

Schwüle, Zustand der Atmosphäre, bei dem hohe Temperatur und Luftfeuchte (mangelnde Verdunstung) die Wärmeabgabe des Körpers erschweren. Das subjektive Empfinden der Schwüle ist von Tätigkeit, Kleidung und physischer Verfassung abhängig, tritt jedoch gewöhnlich auf, wenn die Summe von Temperatur und →Taupunkt 45 °C übersteigt. Durch Windstille und Bewölkung (verminderte Ausstrahlung) wird die durch Schwüle bedingte Beeinträchtigung des Wohlbefindens noch verstärkt. Im Extremfall kann Schwüle zu Wärmestau und Hyperthermie und damit zum Hitzschlag führen.

Scirocco [ʃiˈrɔkko, italienisch], →Schirokko.

Seeklima, das →maritime Klima.

Seeliger, Rudolf, deutscher Physiker, * München 12. 11. 1886, † Greifswald 20. 1. 1965; 1918–55 Professor in Greifswald; Arbeiten

100264

Schneesturm. Der britische Maler William Turner ließ sich in vielen seiner Werke, z. B. »Schneesturm auf dem Meer« (1842; London, Tate Gallery), von meteorologischen und anderen Naturphänomenen inspirieren.

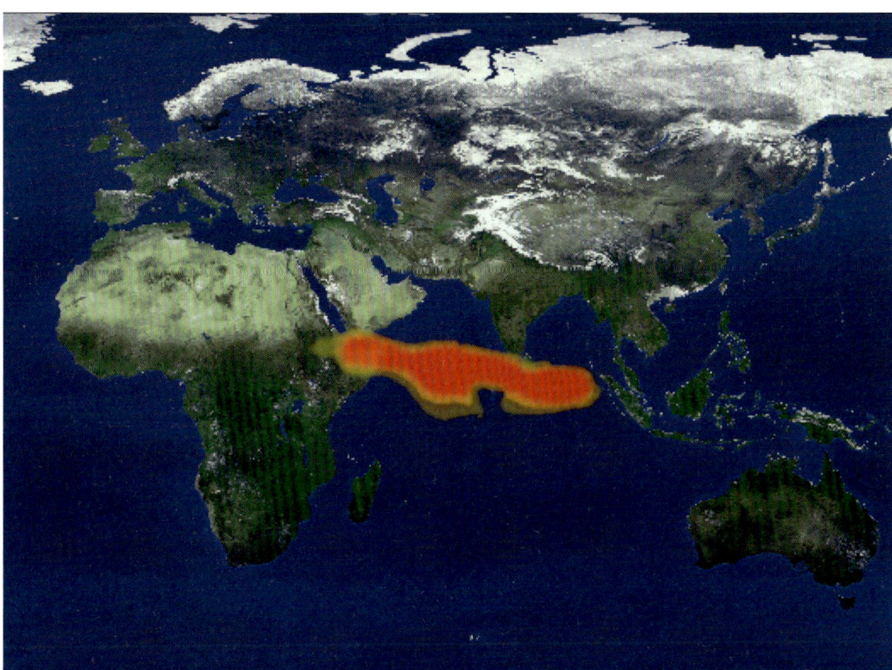

103071

Schwefeldioxid. Die Grafik zeigt die Schwefeldioxidverteilung in der Stratosphäre etwa eine Woche nach dem Ausbruch des Vulkans Pinatubo im Juni 1991. Stratosphärisches SO_2 verteilt sich wesentlich schneller als etwa die Vulkanasche.

über Gasentladungen (v.a. Glimmentladungen) und Plasmen, über die physikalischen Vorgänge in der Ionosphäre sowie bei der Elektroentstaubung.

Seewind, →Land- und Seewind.

Sekundärthermometer, *Thermometrie:* Bezeichnung für die in der Praxis verwendeten Thermometer, im Gegensatz zu den →Primärthermometern. Die internationale →Temperaturskala ITS-90 wird durch Temperaturfestpunkte gebildet, die mit Primärthermometern bestimmt werden. Die Sekundärthermometer müssen an diesen Festpunkten geeicht werden, damit die Temperatur hinreichend genau mit ihnen gemessen werden kann.

Im Normalgebrauch sind Flüssigkeitsexpansionsthermometer (wie das Quecksilber- oder das Alkoholthermometer) am häufigsten, sie werfen aber Kalibrierungsprobleme auf, wenn sie über einen weiten Temperaturbereich verwendet werden sollen. Unter den Metallwiderstandsthermometern ist das Platin-Widerstandsthermometer weitverbreitet. Es behält seine herausragende Empfindlichkeit und Reproduzierbarkeit nur, wenn es schonend gehandhabt wird.

semi|arid, *Klimatologie:* →arid.

semihumid, *Klimatologie:* →humid.

Senken, Bezeichnung für Medien, Organismen, Substanzen u.Ä. (z.B. Wasser, Pflanzen, durch fotolytische oder andere Prozesse gebildete chemische Verbindungen in der Atmosphäre), in denen atmosphärische Spurenstoffe gelöst, gebunden bzw. abgebaut werden. Ozeane und Pflanzen sind beispielsweise Senken für Kohlendioxid.

September [lateinisch (mensis) September »siebter Monat« (des römischen Kalenders), zu septem »sieben«], im altrömischen Kalender der siebte, im julianischen und im gregorianischen Kalender der neunte Monat des Jahres; er hat 30 Tage; frühere deutsche Namen: **Herbstmond,** da am 23. September der Herbst beginnt, **Scheiding.**

■ **Temperaturen** Die mittlere Septembertemperatur in Deutschland beträgt im Gebietsmittel 13,3 °C und im Mittel der zehn Städte Berlin, Bremen, Chemnitz, Erfurt, Frankfurt am Main, Freiburg im Breisgau, Hamburg, Hannover, Köln und München 14 °C. Die normale Tageshöchsttemperatur beträgt 19 °C, die nächtliche Mindesttemperatur 10 °C. Das mittlere Monatsmaximum liegt bei 26 °C, das Minimum bei 4 °C, vereinzelt wurden aber auch Temperaturen bis 35 °C bzw. –2 °C gemessen. Typischerwiese sinkt die Außentemperatur am 20. September in München und am 29. in Hamburg unter 12 °C.

■ **Niederschläge** Der mittlere Niederschlag im September beträgt im Gebietsmittel 61 mm, verteilt auf 14 Tage. Im Bergland wird normalerweise der doppelte Wert erreicht. Extreme Tagesniederschlagsmengen von mehr als 100 mm werden nicht mehr wie im Hochsommer überwiegend durch Gewitter hervorgerufen, sondern durch für die Übergangszeit typische Aufgleitwetterlagen, wenn warme Luft aus Südosten über kälterer Bodenluft aufgleitet. Trotzdem hat ein durchschnittlicher September noch zwei Gewittertage; die mittlere relative Luftfeuchtigkeit liegt bei 78 %.

■ **Sonnenscheindauer** Im Schnitt wartet der September mit 150 Sonnenscheinstunden auf, also fünf pro Tag. Die flachere Sonneneinstrahlung macht sich bereits deutlich bemerkbar, gegenüber Juni ist die Globalstrahlung um über 40 % reduziert. Die meiste Sonne findet man im Bergland: Auf der Zugspitze liegt der langjährige Mittelwert bei 182 Stunden.

■ **Luftdruck** Der durchschnittliche Luftdruck liegt im September bei 1017 hPa in Berlin und 1018 hPa in München. Ist vor allem im letzten Monatsdrittel der Luftdruck höher als normaler, so folgt meist ein milder Winter.

■ **Wetterlagen** Süd- und Südwestlagen bringen dem Westen und Norden Bewölkung und Regen, nach Osten zu ist es häufiger sonnig, die Temperaturen können bis auf 30 °C steigen, in der ersten Monatshälfte unter Umständen mit Gewitter verbunden. West- und Tiefdrucklagen sorgen für wechselhaftes Wetter mit Durchzug von Regenfronten mit sonnigen Phasen dazwischen; die einströmende klare Meeresluft verschafft dann eine gute Fernsicht. Nordwest-, Nord- und Nordostlagen bringen im Osten und am Alpennordrand viel Regen, bei relativ kühlen Temperaturen bis maximal 17 °C kann es bis auf 1500 m herab schneien. Ost-, Südost- und Hochdrucklagen bringen viel Sonne, die tagsüber für angenehme Temperaturen sorgen, nachts ist es kühl mit erstem Frost in der zweiten Monatshälfte.

■ **Typischer Wetterverlauf** Im ersten Septemberdrittel geht die wechselhafte Witterung vom Augustende häufig in eine stabile Schönwetterlage über. Im zweiten Monatsdrittel wird dann die Neigung zu Schlechtwetter wieder ausgeprägter, während das letzte Septemberdrittel typischerweise wieder durch eine Schönwetterphase, den »Altweibersommer«, ausgezeichnet ist.

■ **Wetterregeln** Einem zu warmen September folgt in drei von vier Fällen ein zu milder Winter: *»Ist der September lind, wird der Winter ein Kind.«* Ein kalter Oktober als Folge eines warmen Septembers lässt sich hingegen nicht belegen: *»September warm – Oktober kalt.«* Interessant ist hingegen die Tatsache, dass nach einem sehr kalten Februar meist ein warmer September folgt: Von 17 solcher Februarmonate im Zeitraum 1871–1970 hatten zwölf warme September zur Folge. Auch zum August gibt es einen Zusammenhang: Zwischen 1771 und 1970 folgten 37 sehr warmen Augustmonaten 25 warme September, und mit 75% Wahrscheinlichkeit folgte einem kühlen August auch ein kühler September: *»Was der August nicht kocht, wird auch der September nicht braten.«* Die häufig zu Septemberbeginn einsetzende Schönwetterphase kommt in der Regel zu Ägidius (1. September) zum Ausdruck: *»Ist das Wetter am Ägidientag schön, bleibt es 14 Tage bestehn.«* Auch die weitere Witterungscharakteristik des Septembers wird mit den Wetterverhältnissen um den Ägidientag herum in Verbindung gesetzt: *»Schönes Wetter hat noch auf Wochen des Ägidius Sonnenschein versprochen«, »Gib auf Ägidien wohl acht, er sagt dir, was der Monat macht«.* Auch andere Septemberheilige weisen auf *(29. September) heiter und schön, wird's vier Wochen so weitergeh'n.«* In der Tat weisen September und Oktober die häufigsten Trockenperioden auf, im Extremfall über 40 Tage lang. In Süddeutschland lassen sich für den Zeitraum 1891–1970 61 Trockenperioden mit bis zu 13 Tagen und neun Perioden länger als 14 Tage ohne messbaren Niederschlag nachweisen. Allerdings gibt es auch Ausnahmen, worauf die Regel *»Septemberregen für den Winzer Gift, wenn es ihn trifft«* hindeutet. Im Alpenraum hat sich die Häufigkeit der herbstlichen Hochdruckwetterlagen in den letzten 20 Jahren etwas verringert, verbunden mit einer Zunahme der Niederschläge.

September. Spinnennetze sind typisch für warme Septembertage.

lange Schönwetterperioden hin: *»Ist Regine (7. September) warm und sonnig, bleibt das Wetter lange wonnig«, »Wie sich das Wetter an Maria Geburt (8. September) verhält, so ist's noch vier weitere Wochen bestellt«, »Ist Sankt Gorgon (9. September) schön, so wird man noch 40 schöne Tage seh'n«.* Ausbleibender Regen um den Protustag (11. September) weist auf einen zu trockenen September hin: *»Wenn's an Protus nicht nässt, ein dürrer Herbst sich sehen lässt.«* Diese Beobachtung lässt sich mit dem Ausbleiben bzw. einer nur schwachen Entwicklung der eigentlich im September üblichen Tiefdruckphase zur Mitte des Monats erklären. Die Regel zum Matthiastag (21. September) basiert auf der Erhaltungsneigung des Wetters: *»Wie's der Matthis treibt, es vier Wochen bleibt.«* Sie gilt sowohl für die Temperaturen als auch für den Niederschlag. Nach dem 20. September kommt in den Wetterregeln die große Wahrscheinlichkeit für einen Altweibersommer zum Ausdruck: *»Kommt der Michel*

Shanshan, ein Taifun, der am 9. September 2006 östlich der nördlichen Philippinen entstand und am 10. September Taifunstärke erreichte. Am 16./17. September verwüstete er mit Windgeschwindigkeiten über 100 km/h große Teile der japanischen Inseln Kyūshū so wie Südkoreas. Mindestens neun Menschen kamen dabei ums Leben.

Shaw [ʃɔː], Sir (seit 1915) William Napier, britischer Meteorologe und Physiker, *Birmingham 4. 3. 1854, †London 23. 3. 1945; 1905–20 Direktor des Meteorological Office; arbeitete besonders über synoptische Meteorologie, Thermodynamik und aerologische Messmethoden.

Showalter-Index [ˈʃɔwɔːltə-, nach dem amerikanischen Meteorologen Albert K. Showalter], *Meteorologie:* eine Maßzahl für die Stabilität bzw. Labilität der Schichtung der Atmosphäre, deren Größe eine Aussage über die Wahrscheinlichkeit des Auftretens von Gewittern zulässt.

Siebenschläfer. Der Lostag geht auf die Legende von den sieben schlafenden Brüdern zurück (»Die heiligen sieben Schläfer von Ephesos«, Ikone, Anfang 18. Jh.; Niederlande, Privatsammlung).

sibirisches Hoch, durch starke Auskühlung des Erdbodens und der bodennahen Luftmassen im Winter über Sibirien entstehendes kaltes Hochdruckgebiet; Kerndruck meist zwischen 1040 und 1065 hPa, im Extremfall bei 1080 hPa, Lufttemperatur bis −70 °C.

Das sibirische Hoch bildet mitunter einen Hochdruckkeil bis nach Skandinavien, sodass bei gleichzeitig tiefem Luftdruck über dem Mittelmeer mit östlichen Winden sibirische Kaltluft bis nach Mittel- und Westeuropa vorstoßen kann, eine für die extrem kalten Winter Mitteleuropas typische Situation.

Sicht, Sichtweite, komplexe meteorologische Größe, in Bodennähe die größte horizontale Entfernung, in der am Tage ein dunkler Gegenstand im Gelände vor hellem Horizont **(meteorologische Sicht)** oder in der Nacht das weiße Licht einer normalen Lampe (nicht Scheinwerfer) von einem Beobachter gerade noch erkannt wird **(Feuer-, Nachtsicht).** Die Sicht wird vermindert bei Überstrahlung der **Sichtmarke** (ein festes Objekt in bekannter Entfernung vom Beobachter) durch gestreutes Sonnen- oder Mondlicht (Umfeldhelligkeit), das an Luftmolekülen, Aerosolen und Tröpfchen entsteht, die gleichzeitig die vom betrachteten Objekt ausgehende Strahlung schwächen. Bei einer Sicht von über 50 km spricht man von **Fernsicht.** Die (idealisierte) **Normsicht** ist ausschließlich von der Trübung der Atmosphäre am Tag abhängig.

Sichtweite, *Meteorologie:* die →Sicht.

Sidr, ein Zyklon, der sich im November 2007 im Golf von Bengalen bildete und mit Windgeschwindigkeiten bis zu 250 km/h und meterhohen Flutwellen verheerende Schäden in Bangladesh anrichtete. Mehr als 3400 Menschen starben nach offiziellen Angaben, Hilfsorganisationen befürchteten weit höhere Zahlen. Hunderttausende wurden obdachlos. Die Stärke von Sidr entsprach der Kategorie 4 auf der →Saffir-Simpson-Hurrikanskala.

Siebenschläfer, der volkstümliche Name des 27. 6., eines Lostages. Nach der Legende sieben christliche Brüder, die bei der Verfolgung unter Decius in eine Höhle bei Ephesus flüchteten, dort eingemauert wurden und nahezu 200 Jahre schliefen; danach wunderbar aufgewacht, bezeugten sie die leibliche Auferstehung von den Toten. Der Erinnerungstag, der 27. Juni, gilt nach altem Volksglauben als Lostag einer Wetterregel, nach der es sieben Wochen lang täglich mindestens etwas regnen soll, wenn der Siebenschläfertag ein Regentag ist. Dieser Zusammenhang zwischen Regen am Siebenschläfertag und nachfolgenden verregneten Wochen wird durch die meteorologische Statistik nicht bestätigt. Sinngemäß hält aber unbeständiges Wetter (Westwetterlage), das sich um diese Zeit einstellt, mit großer Wahrscheinlichkeit längere Zeit an.

Siedebarometer, das →Hypsometer.

Sieden, der Übergang eines Stoffs vom flüssigen in den gasförmigen Aggregatzustand und damit die Umkehrung der →Kondensation. Das Sieden ist diejenige Art der Verdampfung einer Flüssigkeit, die im Gegensatz zur Verdunstung unter Dampfblasenbildung im ganzen Flüssigkeitsvolumen stattfindet. An der Grenzfläche einer Flüssigkeit gegen den Gasraum werden ständig Moleküle zwischen

SINGULARITÄT: SINGULARITÄTENKALENDER

Datum	Temperaturbesonderheiten	Datum	Temperaturbesonderheiten
7.–9. 1.	Kälteeinbruch	9.–14. 7.	erste Hochsommerperiode
17.–20. 1.	Kälteperiode (Hochwinter)	22./23. 7.	kühlere Witterung
9. 2.	Warmluftvorstoß	Ende Juli/Anfang August	zweite Hochsommerperiode (Hundstage)
16. 2.	Kaltlufteinbruch (Spätwinter)	Anfang September	warme Witterung (Spätsommer)
25. 3.	Kälteeinbruch	10./11. 9.	zweite Wärmephase
22. 4.	Warmluftphase (Mittfrühling)	Mitte September	kühlere Witterung
25.–27. 4.	kühle Witterung	ab Ende September	Altweibersommer
Mitte Mai	Kälterückfall nach Erwärmung (Eisheilige)	Mitte Oktober	kühle Witterung
15.–20. 5.	Warmluftvorstoß (Spätfrühling)	Anfang Dezember	Kälteperiode
3.–10. 6.	Warmluftperiode (Frühsommer)	Mitte Dezember	Kälteperiode nach Milderung
11.–20. 6.	kühle Witterung (Schafskälte)	24.–28. 12.	Weihnachtstauwetter
Ende Juni	Temperaturrückgang nach kurzer Erwärmung	Ende Dezember	Kälteeinbruch zum Jahreswechsel

der flüssigen und der gasförmigen Phase ausgetauscht. Dabei wird insgesamt Flüssigkeit an der Phasengrenze verdampft, wenn der Dampfdruck bei der herrschenden Temperatur größer ist als der äußere Druck. Übersteigt er bei erhöhter Temperatur den Gasdruck, so bilden sich in der Flüssigkeit Blasen: Die Flüssigkeit verdampft auch im Innern, sie siedet.

Das Sieden beginnt bei der **Siedetemperatur (Siedepunkt, Kochpunkt).** Der Siedepunkt ist für jeden Stoff kennzeichnend, identisch mit dem Kondensationspunkt und hängt vom äußeren Druck ab. Daher kocht Wasser auf hohen Bergen bei niedrigerer Temperatur als in der Tiefebene, eine Erscheinung, die zur Messung von Berghöhen ausgenutzt werden kann. Nach Erreichen ihrer Siedetemperatur verbleibt die Flüssigkeit bei weiterer Wärmezufuhr (unter konstant gehaltenem Druck) so lange auf dieser, bis die gesamte Flüssigkeitsmenge verdampft ist. Die zum Sieden einer bestimmten Flüssigkeitsmenge benötigte Wärmemenge wird als →Verdampfungsenthalpie bezeichnet; sie wird bei der Kondensation wieder frei. Der Siedepunkt beim Normdruck von 1013,25 hPa = 760 Torr heißt **normaler Siedepunkt** (für Wasser →Dampfpunkt). Die normalen Siedepunkte von Wasser und einigen Elementen wurden bis 1990 als →Festpunkte der internationalen Temperaturskala geführt.

Siedethermometer, das →Hypsometer.

Singularität, *Meteorologie:* Witterungsereignis, das zu bestimmten Tagen des Jahres überdurchschnittlich auftritt. Bekannteste Singularitäten in Mitteleuropa sind die Schönwetterperioden Ende September (→Altweibersommer) und im November (Martinssommer), das →Weihnachtstauwetter, die Kaltlufteinbrüche zwischen dem 11. und 14. 5. (Eisheilige) und die Schlechtwetterperiode Mitte Juni (→Schafskälte, Siebenschläfer). Wegen der Schwankungsbreite ihres Eintreffens und gelegentlichen Ausfallens sind Singularitäten für die Wettervorhersage nicht geeignet; sie liefern aber wertvolle Hinweise für den durchschnittlichen Jahresablauf der Witterung.

Smog [smɔg, aus englisch **sm**oke »Rauch« und f**og** »Nebel«], ursprünglich eine Mischung aus natürlichem Nebel und Heizungs-, Industrie- und Autoabgasen sowie aus festen Rauchbestandteilen; inzwischen Bezeichnung für jede Art von stark belastenden →Luftverunreinigungen, die v.a. bei austauscharmer Witterung (→Inversion) über Ballungsgebieten auftreten.

Die Wetterregel zum **Siebenschläfer** gibt die Erfahrung wieder, dass sich in Mitteleuropa Ende Juni der Charakter des Sommers als regnerisch oder regenarm entscheidet:
Regnet es am Siebenschläfertag,
es noch sieben Wochen regnen mag.

SMOG — ***Problemkind Mexico City***

Knapp 20 Millionen Einwohner hat die Metropolregion der mexikanischen Hauptstadt offiziell, aber wahrscheinlich sind es wesentlich mehr. Sie alle leiden unter den enormen Umweltproblemen dieser Stadt. Am gravierendsten ist die Luftverschmutzung. Leben in Mexico City ist ein Leben unter einer Tränengasglocke. Die Hälfte der Bevölkerung leidet an Atemwegserkrankungen, Vögel fallen tot vom Himmel. Hier leben einfach zu viele Menschen, die die Atmosphäre in katastrophalem Ausmaß mit Schwefeldioxid, Kohlenmonoxid, Stickoxiden und anderen Giften verpesten. Das meiste davon produziert der Verkehr – in der Hauptstadt fährt ein Viertel aller Autos des Landes. Durch Reaktion mit der intensiven ultravioletten Strahlung entsteht zudem Ozon, vor allem bei den häufigen Inversionswetterlagen.

Neben Entwicklungsproblemen und Planungsfehlern gesellen sich im Fall von Mexico City ungünstige natürliche Bedingungen hinzu. Die Talbeckenlage und die vorherrschende Windrichtung verhindern eine wirksame Durchlüftung und den Abzug der Schadstoffe, von denen aufgrund der Höhenlage (2240 Meter Meereshöhe) bei Verbrennungsprozessen auch mehr entstehen. Da die Seen, die das Hochbecken von Mexiko einst einnahmen, von den spanischen

100264

Eroberern weitgehend trockengelegt wurden, fegen häufig Staubstürme, die aus den ehemaligen Seeböden aufsteigen, über die Stadt.

Smog.
Sommersmog über Santiago de Chile

Man unterscheidet den (urspr. v.a. über London häufig auftretenden) besonders durch Hausbrand- und Industrieabgase entstehenden **Wintersmog (London-Typ)** und den heute fast überall feststellbaren charakteristischen **Sommersmog (fotochemischer Smog, Los-Angeles-Typ),** der früher nur für Los Angeles (Calif.) typisch war. Ersterer ist ein vorwiegend mit Schwefeldioxid und Ruß beladener Nebel, der sich besonders an nasskalten Herbst- und Winterabenden bildet und über Nacht noch verstärkt. Die Abgase können nicht abziehen und reichern sich wie unter einer Glocke an. Der Sommersmog wird v.a. durch atmosphärische Schadstoffe gebildet, die unter dem Einfluss der Sonnenstrahlung (meist mittags) entstehen. An den dabei ablaufenden fotochemischen Prozessen sind als Ausgangssubstanzen v.a. Schwefeldioxid, Stickoxide und verschiedene Kohlenwasserstoffe aus Kraftfahrzeugabgasen beteiligt. Aus diesen bilden sich über im Einzelnen noch nicht voll analysierte Zwischenstufen eine Vielzahl von Schadstoffen, v.a. Fotooxidanzien wie Ozon, Peroxyacetylnitrat (PAN), Stickstoffoxide.

Smog reizt v.a. die Schleimhäute der Atemwege und die Augen, es kann zu Kopfschmerzen und Übelkeit kommen; Kohlenwasserstoffe wirken krebserregend. Bei hoher Schadstoffkonzentration kann Smog toxisch (giftig) wirken, besonders bei Menschen mit Herz-, Kreislauf-, Asthma- und/oder Bronchialleiden, bei kleinen Kindern und älteren Menschen. Auch Pflanzen können durch fotochemischen Smog geschädigt werden, z.B. werden die Wasseraufnahme und Fotosynthese gehemmt, was zu Ernteverlusten, z.B. bei Weintrauben und Zitrusfrüchten, führen kann.

Societas Meteorologica Palatina [lateinisch], 1780 von Kurfürst Karl Theodor in Mannheim gegründete Pfälzische Meteorologische Gesellschaft; sie schuf ein phänologisches Beobachtungsnetz in der Kurpfalz (1780) sowie ein Netz meteorologischer Stationen in Europa, Grönland und Nordamerika mit einheitlichen Instrumenten und Beobachtungsstunden (7^h, 14^h, 21^h mittlere Ortszeit). Die Veröffentlichung der Beobachtungen (»Ephemerides Societatis Meteorologicae Palatinae Observationes«, 12 Bände, 1781–92) war die erste Sammlung vergleichbarer Werte. Die Societas Meteorologica Palatina bestand bis 1795 und gilt als Vorläuferin der → WMO.

SODAR ['so:dar, so'da:r; englisch, Kunstwort für **So**und **D**etecting **A**nd **R**anging »Schallermittlung und -ortung«], Verfahren zur Sondierung der unteren Luftschichten (z.B. zum Aufspüren von Scherwinden in Flughafennähe), zur Turbulenzmessung und zur Ortung unsichtbarer Abgasfahnen. Eine SODAR-Anlage besteht im Wesentlichen aus mehreren schwenkbaren, etwa 3 m hohen Schalltrichtern, aus denen kurze Schallsignale (etwa 100 ms Dauer) scharf gebündelt abgestrahlt werden. Ein geringer Teil der Schallenergie wird aufgrund der Inhomogenität der Atmosphäre (v.a. in Turbulenzbereichen) zurückgestreut und von empfindlichen Empfangsanlagen registriert. Aus Laufzeit, Intensität und Frequenzverschiebung (infolge des Doppler-Effekts) der Signale lassen sich durch elektronische Auswertung vertikale Windprofile ermitteln.

Solarkonstante, die Menge der von der Sonne ausgehenden Strahlungsenergie, die bei einem mittleren Abstand Erde–Sonne (einer astronomischen Einheit AE) am Ort der Erde pro Sekunde auf eine außerhalb der Erdatmosphäre senkrecht zu den Sonnenstrahlen orientierte Fläche von $1\,m^2$ Größe auftrifft; sie beträgt im langjährigen Mittel $1{,}367\,kW/m^2$. Aus der So-

SODAR. Für Messungen vertikaler Wind- und Temperaturprofile im Höhenbereich von 40 m bis ca. 600 m wird vom Meteorologischen Observatorium Lindenberg südöstlich von Berlin ein SODAR/RASS betrieben. 64 Lautsprecher senden gemeinsam ein akustisches Signal aus und fangen das Echo aus der Atmosphäre auf. Ein Vergleich zwischen Sende- und Echofrequenzen lässt Rückschlüsse auf die Windgeschwindigkeit zu.

Solarkraftwerk. Im sächsischen Borna ging im Mai 2006 eines der modernsten Solarkraftwerke der Welt ans Netz. Die 438 computergesteuerten und schwenkbaren Kollektoren erzeugen eine Leistung von 3,4 MW, mit denen 1800 Haushalte versorgt werden können.

larkonstante multipliziert mit der Oberfläche einer Kugel mit einem Radius von 1 AE ergibt sich die Leuchtkraft der Sonne zu $L_\odot = 3{,}844 \cdot 10^{26}$ W. Im Verlauf von Tagen und Wochen kann die Solarkonstante um bis zu 0,2 % absinken, wenn große Sonnenfleckengruppen sichtbar sind. Sie hängt – wie Satellitenmessungen ergaben – anscheinend auch vom Aktivitätszyklus der Sonne ab und ist während des Fleckenmaximums im Mittel rund 0,1 % größer als während des Fleckenminimums.

Solarkraftwerk, Sonnenkraftwerk, Anlage zur Erzeugung elektrischer Energie aus der Strahlung der Sonne. Man unterscheidet solarthermische Solarkraftwerke, die die Strahlung zunächst in Wärme umwandeln, und fotovoltaische Solarkraftwerke, die unmittelbar elektrische Energie erzeugen. Konzentrierende solarthermische Anlagen arbeiten ausschließlich mit der direkten Sonnenstrahlung und sind daher vorwiegend für Standorte in heißen, trockenen Zonen südlich des 40. Breitengrades (Sonnengürtel der Erde) geeignet. Fotovoltaische Solarkraftwerke nutzen sowohl die direkte als auch die diffuse Strahlung. Die mit konzentrierenden Anlagen erzeugte Wärme kann auch als Prozesswärme für chemische Verfahren, über eine Meerwasserentsalzungsanlage zur Trinkwassergewinnung oder über eine Absorptionskälteanlage zur solaren Kühlung genutzt werden.

■ **Bauarten** Unter den konzentrierenden Systemen am weitesten entwickelt sind die **Parabolrinnen(kollektor)anlagen.** Die Kollektorsysteme bestehen aus 100 m langen und 6 m breiten parabolförmigen Rinnen, die aus Hunderten von präzis gebogenen Spiegelsegmenten geformt sind und in Reihen auf einem Kollektorfeld angeordnet werden. Diese Parabolrinnen sind drehbar so gelagert, dass sie einachsig der Sonne nachgeführt werden können. Die von den Spiegeln reflektierte Sonnenstrahlung wird auf ein selektiv beschichtetes und evakuiertes Glas-Metall-Rohr in der Brennlinie der Trogachse gebündelt. Das Rohr wird von einem Wärmeträgermedium durchströmt, einem temperaturbeständigen synthetischen Öl, das auf rund 400 °C erhitzt wird. Das Wärmeträgermedium wird über zentrale Sammelleitungen einem konventionellen Teil des Solarkraftwerks aus Wärmetauschern, Turbinengenerator und Kühlturm zugeführt. Alternativ zu Öl als Wärmeträger werden Versuche mit Direktverdampfung von Wasser in den Absorberrohren durchgeführt, um höhere Wirkungsgrade zu erzielen. Elektrische Nettoanlagenwirkungsgrade von 21 % (Spitze) und 15 % (Durchschnitt) wurden im realen Kraftwerksbetrieb nachgewiesen.

■ **Nutzung** Zwischen 1984 und 1990 wurden die ersten kommerziell betriebenen Anlagen in der kalifornischen Mojavewüste in Betrieb genommen und liefern seitdem 354 MW im Dauerbetrieb. Ein vom spanischen Parlament 2002 verabschiedetes Einspeisegesetz für solarthermischen Strom ermöglicht in der Provinz Granada im Rahmen des Andasol-Projekts die Realisierung der ersten europäischen solarthermischen Kraftwerke (Andasol-Projekt). Der Testbetrieb einer Anlage mit 50 MW elektrischer Leistung ist für 2008 vorgesehen. Zwei weitere 50-MW-Anlagen sind im Bau oder in der Planung. Mithilfe von thermischen Salzspeichern und Gaszufeuerung kann der Betrieb (also die Umwandlung der

Solarkraftwerk. Die riesigen Sonnenspiegel gehören zum Parabolrinnenkraftwerk »Andasol 1« im spanischen Guadix, das mit mehr als einer halben Million Quadratmetern Spiegelfläche das größte Solarkraftwerk der Welt ist.

Energie in elektrische Energie mittels Dampfturbinen) auch bei mangelnder Sonneneinstrahlung aufrechterhalten werden.

Andere Farmanlagen sind die **Paraboloidanlagen** (auch **Dish-Stirling-Systeme** genannt), die sich v.a. für dezentrale Solarkraftwerke in der Größenordnung von 10 bis 50 kW eignen. Mehrere Anlagen können, etwa zur Dorfversorgung in Entwicklungsländern, modular zu einem kleinen Kraftwerkspark zusammengeschaltet werden und gegebenenfalls mit Biomassefeuerung oder einem Speicher rund um die Uhr betrieben werden. Im Gegensatz zu den Rinnenkollektoren ist der Parabolspiegel zweidimensional gekrümmt, um sehr hohe Arbeitstemperaturen und damit Wirkungsgrade bis zu 30 % zu erzielen. Die Spiegel sind so aufgehängt und gelagert, dass sie zweiachsig der Sonne nachgeführt werden können.

■ **Solarturmkraftwerk** Eine weitere Form konzentrierender Anlagen sind Solarturmkraftwerke. Dabei wird eine große Zahl hochpräziser Spiegel in einem (Solar-)Feld angeordnet und auf einen gemeinsamen Strahlungsempfänger, den Receiver, ausgerichtet, der sich auf der Spitze eines 50 bis über 150 m hohen Turms befindet. Im Receiver wird ein Wärmeträgermedium erhitzt und über Leitungen einem Kraftwerksteil zugeführt. Jeder Spiegel besteht aus mehreren Einzelspiegeln, die auf einem gemeinsamen Träger montiert und über zwei senkrecht aufeinanderstehenden Achsen nach allen Seiten hin beweglich sind. Solche Einheiten (Heliostaten) werden computergesteuert dem Lauf der Sonne nachgeführt, damit sich das Sonnenlicht exakt im Receiver bündelt. Das erste kommerzielle Solarturmkraftwerk der Welt (PS 10) ist seit 2007 in der Nähe von Sevilla (Spanien) in Betrieb und leistet elf Megawatt. In Deutschland entsteht in Jülich ein Demonstrations- und Versuchskraftwerk.

■ **Aufwindkraftwerk** Beim Aufwindkraftwerk wird unter einem flachen, kreisförmigen Glasdach von einigen 100 m Durchmesser die Luft durch Sonnenstrahlung erwärmt. Sie strömt daraufhin einer in der Mitte des Daches senkrecht stehenden, unten offenen Röhre als Kamin (mehrere 100 m Höhe) zu und steigt in ihr auf, das heißt, die Temperaturdifferenz zur Außenluft erzeugt in diesem Kamin ein Druckgefälle, das in kinetische Windenergie umgesetzt wird. Am Fuß des Kamins wandeln Windturbinen den Auftrieb zu-

SOLARMOBIL. *WORLD SOLAR CHALLENGE*

Nicht nur Formel-1-Rennwagen treten gegeneinander an, auch Solarfahrzeuge tragen regelmäßig Wettbewerbe aus. Als bedeutendstes Rennen gilt die »World Solar Challenge«, die alle zwei Jahre in Australien durchgeführt wird. Im Jahr 2003 hat das niederländische Solarauto Nuna II das über 3 000 km lange Rennen in neuer Rekordzeit gewonnen. 31 Stunden und 5 Minuten benötigte Nuna II für die Strecke und verbesserte damit die zwei Jahre zuvor von seinem Vorgängermodell aufgestellte Rekordmarke um mehr als eineinhalb Stunden; die Durchschnittsgeschwindigkeit konnte es auf 96,8 km/h steigern. 2005 folgte der nächste Triumph: Nuna III war nur noch 29 Stunden und 11 Minuten unterwegs! Diese Zeit konnte auch zwei Jahre später nicht unterboten werden.
Den Strom für den Elektromotor der Nuna-Autos liefern Gallium-Arsenid-Solarzellen, welche die Europäische Weltraumbehörde für ihre Satelliten entwickelt hat. Am wichtigsten für einen minimalen Energieverbrauch ist aber neben möglichst leichtem Material die aerodynamische Form des Fahrzeugs. Das Team des niederländischen Konzerns Nuon hat viele Stunden im Windkanal experimentiert, um die optimale Form zu finden.

nächst in mechanische und über Generatoren in elektrische Energie um. Der Wirkungsgrad wächst dabei überproportional mit der Kaminhöhe. Das Aufwindkraftwerk nutzt neben der direkten auch die diffuse Strahlung, sodass auch bei bedecktem Himmel Stromerzeugung möglich ist. Die in der Erde unter dem Glasdach auf natürliche Weise gespeicherte Tageswärme verlängert den Kraftwerksbetrieb bis in die Nachtstunden hinein. Wegen der wenigen beweglichen und nur durch einen recht gleichmäßigen Windstrom belasteten Anlagenteile ist das Aufwindkraftwerk sehr robust und wenig störanfällig. Da anders als beim Wärmekraftwerk kein Kühlwasser benötigt wird, eignet sich das Konzept besonders für sonnenreiche Länder mit Wassermangel. Die technische Machbarkeit wurde bereits in den 1980er-Jahren in einem Pilotprojekt in Manzanares (Spanien) nachgewiesen. Trotzdem wurde bis heute keine kommerzielle Anlage in Betrieb genommen. Es befinden sich jedoch einige Projekte in Entwicklung: Beispielsweise wird für Australien die Machbarkeit einer 200-MW-Anlage mit einem 1000 m hohen Turm und einem (im Durchmesser) 7 km großen Kollektorfeld untersucht.

■ **Fotovoltaikkraftwerk** Ebenfalls direkte und diffuse Strahlung nutzen die fotovoltaischen Solarkraftwerke, die elektrische Energie durch Zusammenschalten zahlreicher Module aus Solarzellen erzeugen. Solche Kraftwerke sind technologisch ausgereift und im Gegensatz zu den konzentrierenden Systemen auch in Mitteleuropa einsetzbar. Wegen ihrer derzeit noch hohen Anlagenkosten sind sie jedoch auf eine finanzielle Förderung angewiesen. Das größte Fotovoltaikkraftwerk in Deutschland befindet sich derzeit (2008) in Arnstein (12 MW elektrische Leistung). Bis 2009 entsteht in Brandis bei Leipzig ein 40-MW-Kraftwerk. Im portugiesischen Moura soll eine 52-MW-Anlage entstehen. Im australischen Bundesstaat Victoria ist bis zum Jahr 2013 ein Kraftwerk mit einer Leistung von 154 MW geplant.

Solarmobil, ein →Elektrofahrzeug, das seine Antriebsenergie aus der Umwandlung von Sonnenenergie bezieht. Dazu ist das Fahrzeug mit Solarzellenmodulen ausgerüstet (gegebenenfalls ergänzt durch einen Akkumulator zur Zwischenspeicherung), die den Elektroantrieb speisen. Die Einsatzmöglichkeiten sind durch die für Solarzellen zur Verfügung stehende Fläche und die Fahrzeugmasse begrenzt; dies steht einer Nutzung über kleine Versuchsfahrzeuge hinaus im Wege.

Die Versorgung ausschließlich akkugetriebener Fahrzeuge mit Strom aus Sonnenenergie ist durch Aufladung an »Solartankstellen« möglich. Diese Anlagen gewinnen ihrerseits die elektrische Energie aus Solarzellen, gegebenenfalls mit Zwischenspeicherung.

solarterrestrische Erscheinungen, Sammelbezeichnung für alle Auswirkungen der Sonnenaktivität auf Vorgänge in der Erdatmosphäre und an der Erdoberfläche, insbesondere auf meteorologische Erscheinungen (→Ionosphäre); speziell auch Erscheinungen, die mit Sonneneruptionen in Zusammenhang stehen.

3046

Sommer. Die Blüte der Sonnenblume fällt in die Mitte des Hochsommers.

Sommer, eine der vier Jahreszeiten. Astronomisch ist der Sommer die Jahreszeit vom 21. 6. bis zum 21. bzw. 22. 9., meteorologisch vom 1. 6. bis zum 31. 8., umfasst also die Monate Juni, Juli und August. In unseren Breiten ist der Sommer die wärmste Jahreszeit.

Nach den Abläufen in der Natur ist der **Frühsommer** vor allem durch die Gräserblüte und die Blüte der Sommerblumen gekennzeichnet. Viele Allergiker haben jetzt mit Heuschnupfen zu kämpfen. Der Winterroggen blüht bereits, bei den anderen Getreidesorten wachsen in den Ähren bereits die Körner. Am Ende des Frühsommers beginnt die Heuernte. Der **Hochsommer** fällt in

SOMMER. ***Alle Rekorde gesprengt***

Der Sommer 2003 war wohl der heißeste Sommer in Europa seit dem Jahr 1500. Um 2,3 Grad Celsius überstiegen die Durchschnittstemperaturen das langjährige Mittel im Zeitraum 1961 bis 1990 deutlich. Selbst der bisherige Rekordsommer 1947 war im Mittel der Monate Juni, Juli und August über ein Grad kühler. Heißester Tag des Jahres in Deutschland war der 13. August mit offiziell gemessenen 40,2 °C in Karlsruhe und Freiburg im Breisgau. Eine Studie des staatlichen französischen Forschungsinstituts Insem ergab, dass die außergewöhnliche Hitzewelle in Europa etwa 70 000 Menschen das Leben gekostet hat.
Viele Klimaforscher sind sich sicher, dass die Hitzewelle 2003 zur Hälfte vom Menschen verursacht war. Unter Nutzung des anerkannten Klimamodells HadCM3 konnte eine britische Arbeitsgruppe mit 90-prozentiger Sicherheit zwischen natürlichen Temperaturschwankungen und dem Einfluss des Treibhauseffekts unterscheiden. Dabei berechneten sie die Temperaturen zum einen nur unter Berücksichtigung natürlicher Effekte, zum anderen mit dem Einfluss von Treibhausgasen. Nahezu eindeutig zeigte sich, dass die gemessene Erwärmung nicht mehr allein mit natürlichen Schwankungen zu erklären ist. Nach dieser Studie hat sich das Risiko für Hitzesommer wie 2003 aufgrund des menschlichen Einflusses verdoppelt.

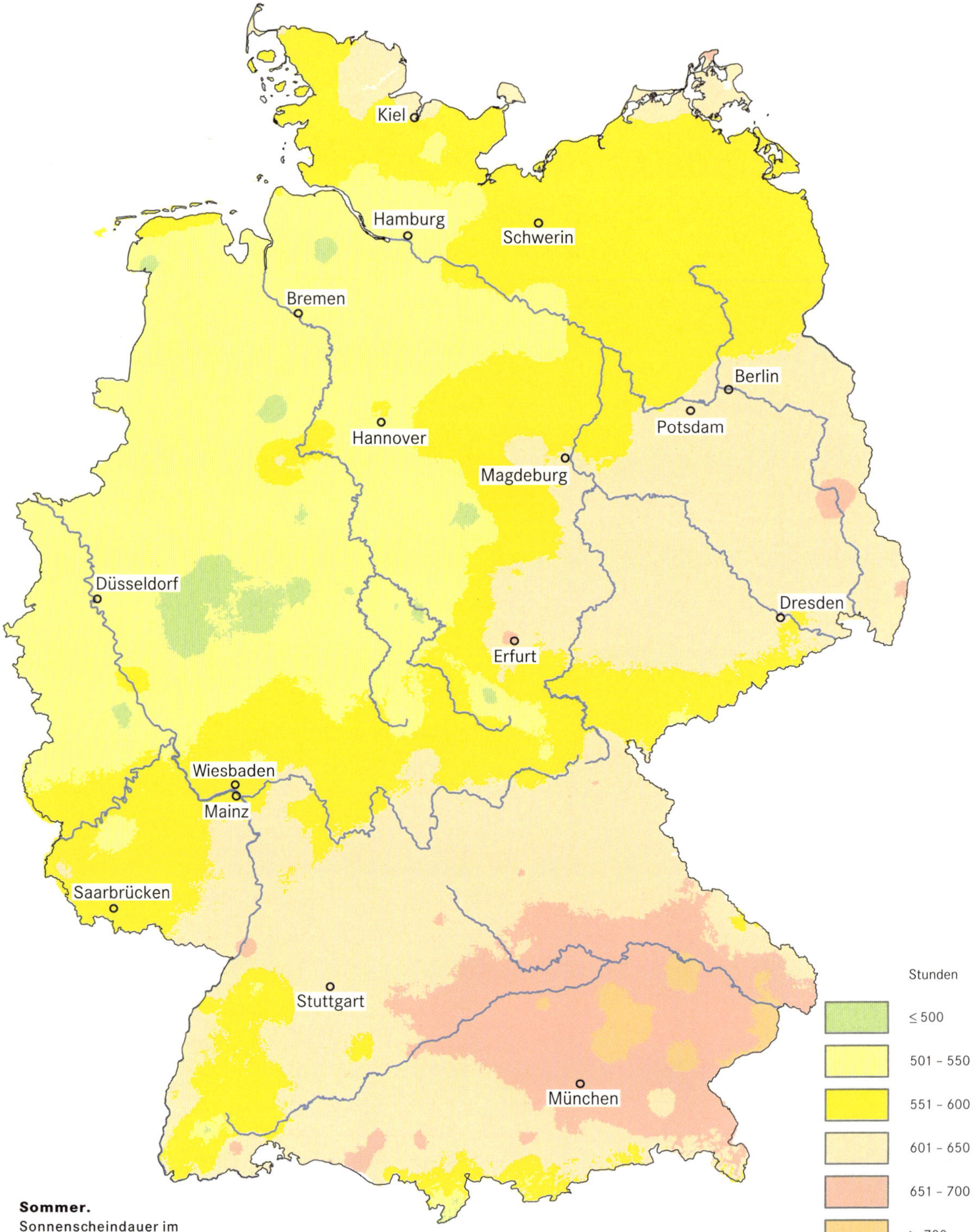

Sommer.
Sonnenscheindauer im Sommer 2007

3046

Sommer. Eigentlich ist die Hauptblütezeit des Klatschmohns bereits im Frühjahr, nämlich im Mai und Juni. Dennoch gilt er als einer der Sommerbegleiter schlechthin. Die Klatschmohnbestände blühen bis in den August und darüber hinaus, wobei die einzelne Pflanze schon nach zwei bis drei Tagen verwelkt.

Deutschland in der Regel auf die Monate Juli und August. Im phänologischen Kalender ist er gekennzeichnet durch viele Früchte wie Johannisbeeren (im langjährigen Mittel am 2. Juli) und Kirschen (4. Juli), die jetzt reif werden. In der Landwirtschaft beginnt die Getreideernte. Am 5. Juli blüht in der Regel die kleinblättrige Linde, am 10. Juli die Wegwarte. Im **Spätsommer** blüht das Heidekraut, einige frühe Obstsorten wie die Frühäpfel und die Felsenbirne werden schon reif. In der Landwirtschaft ist man mit der zweiten Heuernte beschäftigt, nur Mais und Kartoffeln folgen erst im Herbst.

■ **Extreme** Mehrere Jahre in Mitteleuropa werden als »Jahre ohne Sommer« bezeichnet, da es in ihnen ungewöhnlich kalt war. In Nordamerika sowie dem Süden und Westen Europas hatte insbesondere das Jahr 1816 einen ungewöhnlich kalten Sommer, in dem mehrere Nachtfrostperioden auftraten. In Mitteleuropa gab es schwere Hochwasser, in der Schweiz schneite es bis auf 800 m herab. Die Folge waren u.a. katastrophale Missernten. In den 1920er-Jahren konnte der amerikanische Meteorologe William Humphreys (*1862, †1949) diese kalte Witterung mit dem Ausbruch des Vulkans Tambora im heutigen Indonesien in Verbindung bringen. Dabei wurden große Staubmengen in die Stratosphäre geschleudert, die die Sonneneinstrahlung über Monate hinweg abschwächten. Der Sommer des Jahres 1916 weist ebenfalls – wie 1816 – nur eine mittlere Temperatur von 16,6 °C auf. Seit 1980 beobachtet man einen deutlichen Anstieg der Temperaturen im Sommer, wobei der Sommer 2003 zahlreiche Hitzerekorde seit Beginn der Wetteraufzeichnungen in Europa deutlich brach. In Deutschland lag die mittlere Temperatur des Sommers 2003 mit 19,7 °C um 1,2 Grad über der Durchschnittstemperatur des zweitwärmsten Sommers seit 1901 im Jahre 1947.

■ **Wetterregeln** Da Winterweizen, Winterroggen und Sommergerste in ihrer Wachstumsphase im Mai und Juni ihren größten Wasserbedarf haben, hoffen die Bauern in dieser Zeit auf entsprechendes Wetter: *»Ist der Juni warm und nass, gibt's viel Korn und noch mehr Gras«*, *»Wie der Juni soll sein? Warm mit Regen und Sonnenschein«*. Diese Ernteregeln deuten an, dass es aber auch nicht zu kalt sein darf: *»Juni kalt und nass, lässt leer Scheuer und Fass.«* Auch in ihrer Reifephase im Juli/August benötigen die Pflanzen ausreichend Wasser, am besten in Form von (Gewitter-)Schauern, nach denen es wieder warm wird: *»Wettert der Juli mit großem Zorn, bringt er dafür reichlich Korn.«* Während der Ernte wünscht sich die Landwirtschaft jedoch trockenes und sonniges Wetter, damit das Korn trocken gedroschen werden kann: *»So golden die Sonne im Juli strahlt, so golden sich der Roggen mahlt«*, *»Ein trockner August des Bauern Lust«*.

Sommertag, *Meteorologie:* ein Tag, an dem die Höchsttemperatur mindestens 25 °C erreicht.

Sonne, astronomisches Zeichen ⊙, der Zentralkörper des Sonnensystems; mit einer mittleren Entfernung von 149,6 Mio. km (eine astronomische Einheit, AE) der erdnächste Stern. Die Sonne ist mit ihrer Strahlung maßgebend für den Wärmehaushalt der Erde und damit für Klima und Wetter, sie ist die Energiequelle für das irdische Leben.

■ **Scheinbare Bewegung** Die scheinbare tägliche Bewegung der Sonne am Himmel wird durch die Rotation der Erde verursacht,

SONNE. ***Schiff am Himmel***

Im Denken der Menschheit hat die Sonne immer eine große Rolle gespielt: als beherrschende Naturerscheinung, als Erzeugerin des Lichtes, des Lebens, der Fruchtbarkeit, als Teilerin der Zeit, als Weiserin der Wege, als Objekt kultischer Handlungen. Man stellte sich die Sonne als Ball, Rad oder Scheibe vor, von Tieren getragen oder in einem Wagen oder Schiff gefahren (Sonnenbarke). Im Tageslauf der Sonne sah man häufig folgendes Schicksal: Die Sonne geht aus einer weiblich gedachten Tiefe hervor, fliegt oder fährt am Himmel hin, steigt, gelockt oder gezwungen, wieder hinab, fährt durch die Unterwelt, durch das Meer in einem goldenen Nachen nach Osten, wo sie neu geboren wird.

Im Volksglauben und vielen volkskulturellen Mustern galt (und gilt) die Sonne wie das Licht als Symbol des Lebens und der Fruchtbarkeit; verbreitet waren deshalb verschiedene mit der Sonne in Verbindung stehende Fruchtbarkeitsrituale. Der Termin des christlichen Weihnachtsfestes knüpft an den Kult des römischen Sonnengottes »Sol invictus« an.

Das Sonnenlicht hatte bis zur Industrialisierung und zur Einführung des elektrischen Lichts eine wichtige Bedeutung für Beginn und das Ende der Arbeit im bäuerlichen Alltag sowie für Rhythmus und Festkreis des Jahreslaufs. Im vor- und frühmodernen bäuerlichen Bereich messen diverse Wettersprüche (u. a. zu Lichtmess) das Hohersteigen des Sonnenbogens nach der Wintersonnenwende.

die scheinbare jährliche Bewegung relativ zu den Sternen durch den Umlauf der Erde um die Sonne (→Jahreszeiten).

Sonnenaktivität, Erscheinungen auf der Sonnenoberfläche, die nicht nur zeitlich schwanken, sondern auch räumlich auf bestimmte Aktionszentren begrenzt sind; zu ihnen zählen insbesondere die Sonnenflecken, die Sonneneruptionen und die Protuberanzen.

Die Stärke der Sonnenaktivität, gemessen an der Häufigkeit und Größe der auftretenden Erscheinungen, schwankt zyklisch mit einer genäherten Periode von elf Jahren (Sonnenfleckenzyklus).

Sonnen|energie, Solarenergie, in der Sonne durch Kernfusion freigesetzte und von ihr abgestrahlte Energie. Sie bildet die Grundlage für das irdische Leben und ist die maßgebliche Quelle für die vielfältigen auf der Erde stattfindenden physikalischen, chemischen und biologischen Prozesse. Fast alle der Nutzung durch den Menschen zur Verfügung stehenden Energieformen basieren auf der Sonnenenergie. Dies gilt in direkter und indirekter Linie für die solare Einstrahlung, aber auch für die Wasserkraft (die Sonnenenergie wirkt über die Verdunstungsprozesse als Motor für den irdischen Wasserkreislauf), die Nutzungsmöglichkeiten von biogenen Energieträgern (Sonnenenergie ist die Antriebsquelle für den Wachstumsprozess von Pflanzen), die Windenergie (die unterschiedliche Erwärmung von Luftschichten führt zu Druckunterschieden und damit letztlich zur Entstehung von Winden) sowie die hieraus resultierende Wellenbewegung und Meeresströmung. Nicht zuletzt ist sie auch der Ursprung für die der Menschheit zur Verfügung stehenden fossilen Energieträger, d.h. Kohle, Öl und Erdgas, die sich im Laufe von vielen Millionen Jahren aus abgestorbener Biomasse gebildet haben und heute mit einem Anteil von über 80% die Hauptsäule der globalen Energieversorgung darstellen.

■ **Strahlungsleistung** Betrachtet man die Sonne als idealen Strahlungskörper, beträgt die Strahlungsleistung $3{,}84 \cdot 10^{26}$ W. Die jährliche Energieabgabe beträgt etwa $3{,}4 \cdot 10^{27}$ kWh (1 kWh = 3,6 MJ). Bei einem mittleren Abstand der Sonne zur Erde von 149,6 Mio. km entfallen auf die äußere Erdatmosphäre jährlich rund $1{,}5 \cdot 10^{18}$ kWh. Dies entspricht einer Solarstrahlungsleistung von $1{,}367\ kW/m^2$; den Wert bezeichnet man auch als Solarkonstante. Der für den Menschen sichtbare Anteil dieser Strahlungsenergie beträgt etwa 37%, 14% fällt als ultraviolettes (UV) und der überwiegende Anteil von 49% als infrarotes (IR) Licht an.

■ **Strahlungsbilanz** Die Strahlungsenergie gelangt nicht ungestört auf die Erdoberfläche. Durch Streu- und Absorptionsprozesse beim Durchgang durch die Erdatmosphäre wird ein Teil der von der Sonne ausgehenden Strahlung gebunden. Rund 25% der Sonnenstrahlung werden vor allem durch Ozon und Wasserdampf in der Atmosphäre im UV-Spektralbereich vor dem Auftreffen auf der Erde gebunden und in fühlbare Wärme umgesetzt. Neben der Absorption von Strahlung ist auch deren Reflexion zu beachten. Etwa 30% der eintreffenden Solarstrahlung werden in den Weltraum zurückgestrahlt (26% durch Wolken und Aerosole und 4% direkt durch

SONNENAKTIVITÄT. ***Die Sonne ist nicht schuld***

Dass die Durchschnittstemperaturen weltweit steigen, wird von keinem ernsthaften Wissenschaftler mehr bestritten. Einige Experten argumentieren jedoch, dass für die globale Erwärmung nicht der Mensch, sondern die Sonne verantwortlich ist. In der Tat lässt sich für die Erdgeschichte nachweisen, dass sich während langer Zeit das Klima meist in enger Abhängigkeit zur Sonnenaktivität wandelte. Strahlte die Sonne stärker, wurde es wärmer, strahlte sie schwächer, wurde es kühler.

Seit 1975 kehrte sich jedoch der Trend um. Denn die Sonne wurde nun zwar ruhiger, die Atmosphäre aber keineswegs kühler, im Gegenteil. Die Zahl der Sonnenflecken – einer der Parameter für ein strahlungsaktives Zentralgestirn – beispielsweise sinkt seit 1985. Der Zusammenhang zwischen diesen Flecken und dem Klima ist besonders gut belegt. Während der Kleinen Eiszeit zwischen 1645 und 1715 wurden überhaupt keine Flecken beobachtet, während der heißen 1940er-Jahre besonders viele. Im Jahr 2007 unterschritt die solare Bestrahlungsstärke sogar den Wert von 1365,5 Watt pro Quadratmeter. Das ist ein Minimum für die letzten 150 Jahre. Dadurch rückt der Mensch also noch stärker in die Verantwortung für die globale Erwärmung: Die Sonne war's nicht.

die Erdoberfläche). Sie stehen auf der Erde für die Energienutzung nicht zur Verfügung. Darüber hinaus wird ein großer Teil der UV-Strahlung (etwa 3 % der Gesamtstrahlung) von der Ozonschicht in der Stratosphäre, d.h. der

SONNENENERGIE: JÄHRLICHE GLOBALSTRAHLUNG AN AUSGEWÄHLTEN ORTEN	
Hamburg	930 kWh/m²
Berlin	1 000 kWh/m²
Freiburg im Breisgau	1 270 kWh/m²
Madrid	1 620 kWh/m²
Kairo	2 100 kWh/m²
Assuan	2 540 kWh/m²

über der Erdatmosphäre liegenden Luftschicht, ausgefiltert. Die auf der Erdoberfläche auftretende kurzwellige energiereiche Strahlung wird in Form von langwelliger Wärmestrahlung im infraroten Spektralbereich wieder von der Erde ins Weltall abgestrahlt und dort zu Teilen absorbiert. Verantwortlich hierfür sind die in der Atmosphäre vorkommenden natürlichen Treibhausgase (z.B. Kohlendioxid). Die beschriebenen Prozesse tragen dazu bei, dass sich auf der Erdoberfläche eine Temperatur einstellt, die Leben ermöglicht. Ohne diese Prozesse würde auf der Erde eine Strahlungsgleichgewichtstemperatur von –18 °C herrschen. Tatsächlich liegt die mittlere Erdtemperatur aber bei +15 °C. Die resultierende Temperaturdifferenz von 33 K bezeichnet man daher auch als den natürlichen Treibhauseffekt. Von diesem ist der sogenannte anthropogene Treibhauseffekt zu unterscheiden, d.h. eine heute zu beobachtende weitere Erwärmung der Erde infolge einer steigenden Konzentration klimarelevanter Spurengase in der Atmosphäre. Ursächlich hierfür ist das menschliche Handeln und v.a. die Verbrennung fossiler Energieträger sowie die Brandrodung der tropischen Regenwälder. Die Klimawissenschaftler schätzen den seit Beginn der Industrialisierung Mitte des letzten Jahrhunderts anthropogen bedingten zusätzlichen Erwärmungseffekt bis heute auf 0,6 bis 0,7 °C und erwarten eine weitere Erwärmung um 1,5 bis 6,5 °C, wenn nicht schnell wirksame Gegenmaßnahmen ergriffen werden. Die zunehmende Häufung von Stürmen und extremen Wetterlagen werden als empirische Hinweise auf den Treibhauseffekt angesehen, auch wenn ein vollständiger wissenschaftlicher Nachweis bisher nicht erbracht werden kann. Die Tatsache, dass sieben der zehn heißesten Jahre des 20. Jahrhunderts in den 1990er-Jahren aufgetreten sind, wird als weiteres Indiz aufgefasst.

■ **Nutzung** Letztlich sind nur etwa 45 % der von der Sonne ausgehenden Energiemenge auf der Erdoberfläche ($7{,}1 \cdot 10^{17}$ kWh/Jahr) theoretisch nutzbar. Dennoch entspricht dies mehr als dem 7000-Fachen des derzeitigen gesamten Energieverbrauchs auf der Erde.

Die Sonnenenergie bestimmt den Wärmehaushalt der Erde. Der größte Anteil (45 %) der zur Verfügung stehenden Sonnenenergie wird in Umweltwärme überführt, d.h., er erwärmt die Luft, den Boden und das Wasser. Etwa 21 % der auf die Erde treffenden Solarstrahlung führen dabei zur Verdunstung von Wasser. Nur rund 2,5 % der Energiemenge sind für die Entstehung von Winden verantwortlich. Durch diese natürlichen Vorgänge kommt es zu weiträumigen Austauschprozessen von Energie. Energie- und Wassermengen werden über große Entfernungen transportiert und steuern hierdurch das Klimasystem der Erde. Nur ein sehr geringer Anteil der eingestrahlten Energiemengen wird auf der Erde durch Fotosynthese zur Bildung von Biomasse benötigt.

Die Sonnenenergie ist nach irdischen Maßstäben nicht erschöpfbar. Sie und die aus ihr direkt bzw. indirekt abgeleiteten Energieformen werden daher als erneuerbare Energien bezeichnet. Die Vorräte an fossilen Energieträgern und Uran sind dagegen begrenzt. Ein großer Teil davon liegt in Form von sogenannten Gashydraten vor (in den Tiefen der Ozeane und in den Permafrostböden an Wasser gebundenes Methan). Ob und wann eine Nutzung dieser Vorkommen überhaupt sicher möglich sein wird, ist heute noch ungewiss.

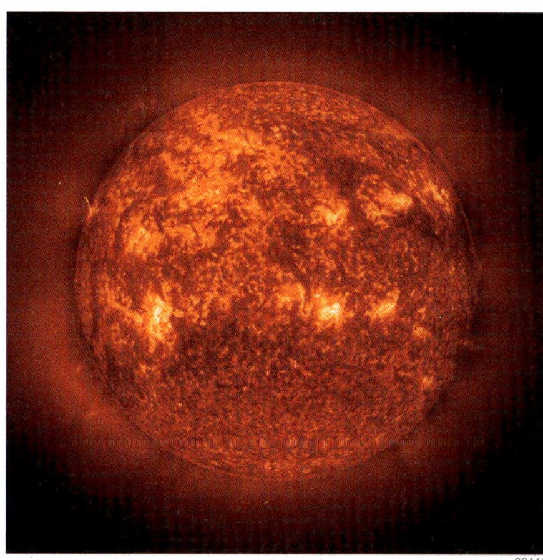
80662

Sonnenenergie. Die Sonne ist die Energiespenderin der Erde und damit auch des Wetters. Etwa 46 % ihrer Strahlung sendet sie als sichtbares Licht aus, einen gleichen Betrag als infrarotes Licht, das wir als Wärme empfinden.

Die gesamte auf die Erdoberfläche treffende Solarstrahlung bezeichnet man als Globalstrahlung. Sie setzt sich aus einem direkten und einem diffusen Strahlungsanteil zusammen. Das Verhältnis von Direkt- zu Diffusstrahlung ist v.a. abhängig vom Bewölkungsgrad (unterliegt also ständigen Schwankungen) sowie der geografischen Lage. In Deutschland etwa überwiegt, besonders in den Wintermonaten, der diffuse Strahlungsanteil. Im Jahresdurchschnitt beträgt die Globalstrahlung auf der Erdoberfläche etwa 200 W/m², im gesamten Jahresverlauf führt dies zu einer Einstrahlung von 1750 kWh/m². In ariden bzw. subariden Gebieten der Erde treten Einstrahlungswerte von mehr als 2300 bis 2600 kWh/m² auf. Demgegenüber entfallen auf Mitteleuropa nur Werte von 900 bis 1200 kWh/m². Die technisch nutzbaren Potenziale der Sonnenenergie belaufen sich auf weltweit mindestens mehr als $3{,}0 \cdot 10^{14}$ kWh und liegen damit mehr als dreimal so hoch wie der derzeitige globale Primärenergieverbrauch.

■ **Perspektive** Aufgrund der noch vergleichsweise hohen Kosten der Nutzung der Sonnenenergie sowie der nach wie vor bestehenden Informationsdefizite ist der derzeitige Nutzungsstand noch sehr gering. In Deutschland tragen die erneuerbaren Energien insgesamt zwar mit 2,8 % zur Primärenergieversorgung bei, die solaren Nutzungsformen nehmen aber nicht einmal einen Anteil von 0,1 % ein. Trotz des heute noch geringen Nutzungsstandes wird von der Sonnenenergie in der Zukunft ein maßgeblicher Beitrag zur Energieversorgung erwartet. Dies gilt insbesondere unter Berücksichtigung von Klimaschutzgesichtspunkten.

Folgt man den Empfehlungen der Bundestags-Enquetekommission »Schutz der Erdatmosphäre«, die für Deutschland von einer Reduktionsnotwendigkeit der Klimagase (besonders Kohlendioxid) von 50 % bis 2020 und 80 % bis 2050 ausgehen, wird dies heutigen Erkenntnissen zufolge nur mit einer deutlichen Ausweitung der Strom- und Wärmebereitstellung aus erneuerbaren Energien und auch der Sonnenenergie realisiert werden können.

Sonnenflecken, meist in Gruppen auftretende veränderliche Stellen auf der Oberfläche der Sonne, die in ihrem Kern völlig dunkel erscheinen, unregelmäßig begrenzt sind und von einem helleren, radial strukturierten Hof umgeben sind. Sonnenflecken haben einen Durchmesser von einigen 1000 bis etwa 50 000 km, ihre Lebensdauer liegt zwischen (meist) wenigen und etwa 100 Tagen. Das schwarze Aussehen des Kerns ist ein Kontrastphänomen, die Temperatur ist dort mit zirka 4000 K um etwa 2000 K niedriger und die Strahlungsenergie um circa 80 % geringer als in der hellen Fotosphäre. Sonnenflecken sind Pole kräftiger Magnetfelder, die häufig in magnetisch bipolarer Anordnung auftreten.

Die Entstehung der Sonnenflecken ist bislang noch nicht geklärt. Die Sonnenfleckenhäufigkeit schwankt mit einer Periode von 11,07 Jahren **(Sonnenfleckenzyklus).**

Mit der allgemeinen Sonnenaktivität stehen offenbar auch geringe Klimaschwankungen in Verbindung, die sich u. a. in einer Variation der Breite der Jahresringe bei einigen Baumarten mit der elfjährigen Sonnenfleckenperiode zeigen.

Sonnenschein|autograf, einfachstes, meistverwendetes Gerät zur Registrierung der Sonnenscheindauer (→Heliograf). Beim Sonnenscheinautograf von John Francis Campbell (*1822, †1885) und Sir George Gabriel Stokes (*1819, †1903) geschieht dies mithilfe einer als Brennglas wirkenden Glaskugel, die eine Spur in einem auf einer Kugelschale angebrachten, geschwärzten Kartonstreifen einbrennt. Die Auswertung der Brennspuren ergibt die Sonnenscheindauer während der einzelnen Tagesstunden. Je nach der maximalen Sonnenhöhe (mit ihr verändert sich der Kreisbogen, auf dem der Brennpunkt im Laufe des Tages wandert) gibt es in der Kugelschale drei Einschübe für die verschieden geformten, täglich zu wechselnden Streifen (Sommer, Frühjahr/Herbst, Winter).

Sonnenscheindauer, Zahl der Stunden, während derer die direkte Sonnenstrahlung durch Wolken kaum oder gar nicht geschwächt den Boden erreicht. Ergebnisse werden in $^1/_{10}$ Stunden angegeben oder im Verhältnis zur astronomisch möglichen Sonnenscheindauer (Zeit, in der die Sonne über dem wahren Horizont steht). Maximale Werte von fast 90 % im Jahresmittel werden in den subtropischen Trockengebieten beobachtet gegenüber weniger als 20 % auf einzelnen subarktischen Inseln. In Deutschland. liegt die mittlere tägliche Sonnenscheindauer bei rund 35 % (im Sommer: 40–50 %, im Winter 10–20 %) oder rund 3,5–5 Stunden. – Bild Seite 294

Southern Oscillation, Südliche Oszillation, großräumige Luftdruckschwingung, die der →Walker-Zirkulation überlagert ist. Hierbei treten mit einer Periode von etwa drei bis fünf Jahren gleichzeitig Verstärkungen des südostpazifischen Hochs und des tiefen Luftdrucks über Indonesien ein, gefolgt von Perioden mit Abschwächung beider Druckgebilde. Damit sind Schwankungen der mittleren Windströmung (insbesondere des Südostpassats westlich von Südamerika) und der Intensität von Meeresströmungen sowie daraus folgend Anomalien der mittleren Temperatur- und Niederschlagsverhältnisse verbunden. Die Erforschung dieser (im Einzelnen sehr komplizierten) Zusammenhänge wurde in den letzten Jahren verstärkt betrieben, da die Southern Oscillation in Verbindung mit dem El-Niño-Phänomen (→Niño) steht und sogar Auswirkungen auf die Intensität des indischen Monsuns hat.

Messbar ist die Southern Oscillation mit dem Walker- oder **Southern Oscillation Index** (SOI). Dabei wird die Luftdruckdifferenz zwischen den Osterinseln und Darwin in Nordaustralien bewertet. Der SOI hat ein positives Vorzeichen, wenn der Druck im Osten über und im Westen unter dem Mittelwert

Sonnenschein-autograf
der Wetterstation auf dem Brocken

100562

liegt. Der SOI weist zu El-Niño-Ereignissen eine negative Korrelation auf: In El-Niño-Phasen weist der SOI eine negative Abweichung vom Mittelwert auf, ist also nur gering ausgeprägt, und in La-Niña-Phasen eine positive Abweichung. Da El Niño eng mit der Southern Oscillation verknüpft ist, spricht man auch vom El-Niño/Southern-Oscillation- oder ENSO-Phänomen.

Sperrschicht, *Meteorologie:* etwa horizontale Schicht in der Atmosphäre, die aufgrund ihrer vertikalen Stabilität nahezu alle vertikalen Bewegungs-, Austausch- und Durchmischungsvorgänge verhindert (→Inversion).

Spherics ['sferɪks, englisch], kurz für englisch Atmo**spherics** [ætmə'sferɪks, englisch], **Sfẹrics,** elektromagnetische Störungen in der Atmosphäre, verursacht durch Blitze und andere Entladungsvorgänge in Gewitterwolken, über große Entfernungen hörbar als knackende und brodelnde Geräusche in Rundfunkempfängern.

Sprühregen, Nieseln, gleichförmiger Niederschlag, der aus feinen Wassertröpfchen mit einem Durchmesser von weniger als 0,5 mm besteht; fällt v.a. aus niedrigen Stratuswolken.

Sprungschicht, *Meteorologie:* Schicht der Atmosphäre, in der sich bestimmte Wetterelemente (v.a. Temperatur) sprunghaft ändern (→Inversion).

SRES-Szenarien [SRES Abkürzung für englisch **S**pecial **R**eport on **E**mission **S**cenarios], Annahmen über die zukünftige Entwicklung der Welt unter wirtschaftlichen, sozialen und technologischen Gesichtspunkten. Die Szenarien wurden 2000 vom →IPCC definiert und liegen dessen Sachstandsberichten zugrunde. Da unterschiedliche Entwicklungen etwa der Bevölkerung, der Konsummuster und des Energieverbrauchs zu unterschiedlichen →Emissionen von Treibhausgasen führen, entspricht jedes Szenario einem anderen Emissionspfad.

Stabilität [lateinisch stabilitas »das Feststehen«, »die Standhaftigkeit«], *Meteorologie:* Bezeichnung für einen Zustand der Atmosphäre, bei dem die vertikale Temperaturabnahme in nicht feuchtigkeitsgesättigter Luft kleiner ist, als es der Trockenadiabate entspricht, also geringer als 1 °C pro 100 m Höhendifferenz. Wird eine Luftmenge, die die Temperatur ihrer Umgebung besitzt, bei diesem Zustand der Atmosphäre verschoben, so ist sie beim Aufsteigen immer kälter, beim Absteigen dagegen ständig wärmer als ihre Umgebung und hat das Bestreben, in ihre Ausgangslage zurückzukehren. Stabile Schichtung der Atmosphäre herrscht v.a. bei gleichbleibender (Isothermie) oder zunehmender Temperatur mit der Höhe (→Inversion).

Stadtklima, das gegenüber dem Umland mehr oder weniger stark veränderte Klima (Mesoklima) von Städten und Industrieballungsräumen. Es umfasst die bodennahe Luftschicht oberhalb und in unmittelbarer Umgebung der Stadt und nimmt an Intensität von der Peripherie in Richtung Stadtzentrum we-

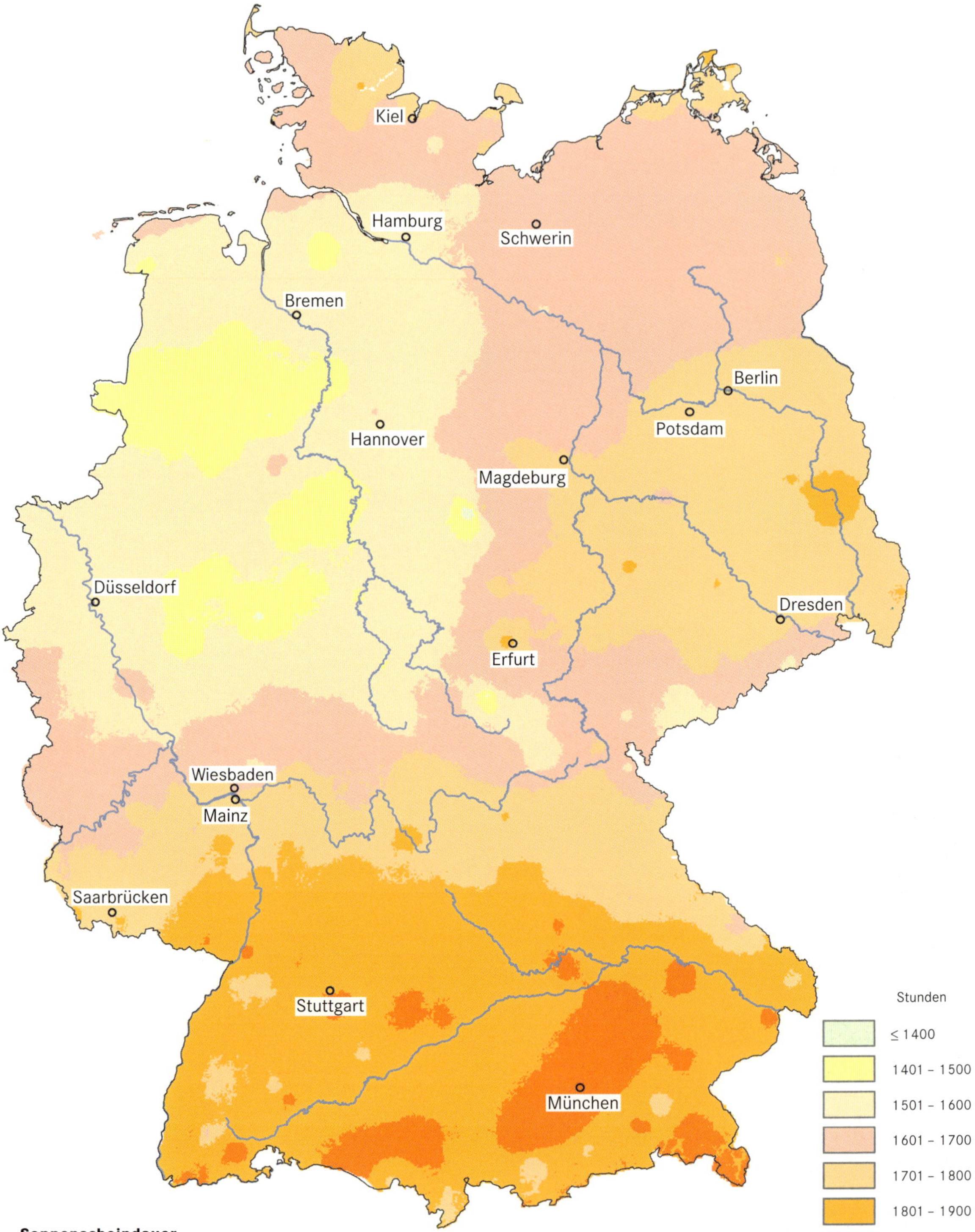

Sonnenscheindauer
im Jahr 2007

105940

sentlich zu. Verursacht wird es durch die Art und Dichte der Bebauung, Abwärme (durch Gebäudeheizung, Industrie und Kfz-Verkehr), das Wärmespeichervermögen der Baustoffe (die sich bei Sonneneinstrahlung stärker erwärmen als z.B. Wasser oder Vegetation), die Versiegelung des natürlichen Erdbodens (was u.a. die Verdunstung und die damit verbundene Abkühlung der Erdoberfläche verringert), das weitgehende Fehlen von Vegetation, den veränderten Wasserhaushalt (Entnahme von Brauchwasser und Kanalisation) und die vermehrte Emission von Abgasen und Aerosolen. Kennzeichnend sind v.a. höhere Temperaturen (in Mitteleuropa im Jahresmittel um 0,5–1,5 °C, bei Millionenstädten im Extremfall bis über 10 °C, sogenannte **Wärmeinseln**). Die relative Luftfeuchte ist meist vermindert. Bei austauscharmen Wetterlagen (Inversion) kommt es zu einem relativ hohen Aerosol- und Schadgasgehalt der Luft und somit zu erhöhter Luftverschmutzung (→Smog). Jedoch wirken in Europa heute Erfolge bei der Luftreinhaltung und die städtische Wärmeinsel der Nebelneigung entgegen (während vor circa 1950/60 die Nebelneigung in den Städten erhöht gewesen ist). Die direkte Sonneneinstrahlung wird geschwächt, v.a. im Ultraviolettbereich im Winter, die diffuse Strahlung nimmt dagegen eher zu und der Treibhauseffekt wird verstärkt. Die städtische Wärmeinsel begünstigt die →Konvektion und damit die Wolkenbildung. Die dadurch gelegentlich beobachtete Zunahme von Starkregen (eventuell auch von Gewitter und Hagel) trifft aber vielfach erst das leewärts gelegene Umland. Die mittlere Windstärke ist im Stadtbereich wegen des erhöhten Reibungseinflusses im Allgemeinen vermindert, jedoch können in einzelnen Straßenzügen Düsenwirkungen auftreten, die nicht nur die mittlere Geschwindigkeit, sondern auch die Böigkeit erhöhen.

Insgesamt erzeugt die Stadt ein den Menschen belastendes Bioklima, das sich, neben Belastungen durch →Luftverunreinigungen, v.a. nicht nur durch gegebenenfalls besonders heiße Sommertage, sondern insbesondere auch durch die fehlende nächtliche Abkühlung unangenehm bemerkbar macht. Für Städte sind daher die Planung und Erhaltung von Grün- und Wasserflächen sowie von Frischluftschneisen sehr wichtig.

Stadtklima. Schematische Darstellung der Wolken- und Niederschlagsbildung im Stadtbereich

STADTKLIMA

Frischluft für die Stadt

103754

Da vor allem die globale Erwärmung in der Öffentlichkeit intensiv diskutiert wird, verbinden die meisten Menschen mit Klima das Weltklima. Doch auf kleinerer Skala greift der Mensch schon viel länger in das Regionalklima ein, vor allem durch den Städtebau. Die Stadtklimatologie ist deshalb keineswegs eine Wissenschaft der Neuzeit. Schon Vitruv (75–27 v. Chr.) machte sich über Stadtplanung und Klimabedingungen Gedanken, und seinem Zeitgenossen Horaz wird eine Arbeit »Luftverschmutzung in Rom« zugeschrieben. Der bedeutendste Stadtklimaeffekt ist die Erwärmung gegenüber dem Umland, die »städtische Wärmeinsel«. Sie wird vor allem durch das gute Wärmespeichervermögen insbesondere von Stahlbeton verursacht; auch Asphaltstraßen sind gute Wärmeleiter. Zudem ist die Verdunstung in der Stadt durch den hohen Versiegelungsgrad drastisch reduziert.

Doch auch die Frischluftzufuhr kann in einer Stadt problematisch sein, vor allem bei einer Kessellage, wie sie etwa Stuttgart aufweist. Bei Bauvorhaben ist es deshalb wichtig, die Auswirkungen der geplanten Bebauung zu untersuchen. Unverbaute Frischluftschneisen sind für Stuttgart, dessen Feinstaubbelastung eine der höchsten in Deutschland ist, von zentraler Bedeutung. Der Gemeinderat stellte bereits 1938 einen Meteorologen an, der sich um die Klimahygiene in der Stadt sorgen sollte.

Standard|atmosphäre, die →Normalatmosphäre.

Starkregen, Niederschlag hoher Dichte pro Zeiteinheit. Der Deutsche Wetterdienst benutzt seit 2003 für Starkregen die Schwellenwerte >25 l/m² in 1 Stunde bzw. >35 l/m² in 6 Stunden.

Stau, Windstau, erzwungene Aufwärtsbewegung des Windes vor Bergen oder Gebirgen. Selbst bei niedrigen Hügelketten oder an Flachküsten werden (durch die Zunahme der Bodenreibung auf dem Land) die untersten Schichten der Strömung gebremst, die höheren Schichten müssen dadurch aufsteigen. Dieser Vorgang führt im Luv von Gebirgen zu Abkühlung und bei genügendem Wasserdampfgehalt zur Bildung von **Stauwolken** und **Stauniederschlägen (Stauregen, Steigungsregen);** im Lee treten Absinken und Erwärmung ein (→Föhn); dies bewirkt Regenarmut. Die Stauwirkung kann in der Horizontalen vor dem Hindernis das 50-Fache seiner Höhe, in der Vertikalen das 10- bis 20-Fache betragen. Bei den Alpen reicht sie bei Nordwestwind oft bis zur Donau, wobei in den Wolken erhebliche Vereisung, am Boden Sichtrückgang eintritt. Beim Übersteigen von Kettengebirgen kommt es besonders hinter dem Kamm zu Schwingungen (→Leewellen).

Staub. Gewaltige Mengen Staub jagte der Pinatubo auf der philippinischen Nordinsel Luzon in die Atmosphäre, als er 1991 ausbrach, mehr als irgendein anderer Vulkanausbruch im 20. Jahrhundert. Dies führte u.a. zu einem weltweiten Temperaturabfall um 0,5 Grad Celsius.

Staub, in der Luft schwebende, feste Teilchen von beliebiger Form, Struktur und Dichte (»Schwebstaub«; Korngröße etwa 0,01–50 µm). Staub gehört zu den →Aerosolen. Er ist in unterschiedlichster Konzentration praktisch immer in der Umgebungsluft enthalten, auch in der freien Atmosphäre. Staubteilchen, die kleiner als 1 µm sind, schweben ständig in der Luft, da sie durch die Molekularbewegung getragen werden. Neben einer gewissen, ständig vorhandenen atmosphärischen Unreinigkeit ist die Staubentstehung und Staubverbreitung darüber hinaus auf zahlreiche natürliche und durch den Menschen bedingte Ursachen zurückführbar.

■ **Staubentstehung und Wirkung** Der meiste in die Atmosphäre gelangende feinste Staub von Gesteinen oder Böden stammt aus den Trockengebieten der Erde. So wird regelmäßig Staub aus der südlichen Sahara und dem Sahel durch den Passat nach Westen über den Atlantik verfrachtet (→Harmattan), sogar bis zu den Westindischen Inseln und nach Amazonien (jährlich im Durchschnitt 25–35 Mio. t bzw. über 13 Mio. t). Gelegentlich gelangt Staub aus der Sahara über die Alpen hinweg nach Mitteleuropa (gelbliche oder rötliche Staubablagerungen, Bildung von →Blutregen). Die zentralasiatischen Wüsten sind das Herkunftsgebiet der Lössablagerungen Chinas. Wesentliche Staubmengen gehen auf menschliche Tätigkeit zurück (Bodenerosion, Desertifikation), auch auf Wald- und Steppenbrände. Der vom Wind an der Erdoberfläche aufgenommene Staub wird auf insgesamt 100–500 Mio. t/Jahr geschätzt, der in Siedlungen, auf Straßen und in Industriebetrieben erzeugte Staub auf 10–100 Mio. t. Eine geringere Rolle spielt gewöhnlich Staub vulkanischer Herkunft (rd. 30 Mio. t/Jahr), kann aber durch episodische Häufung erhebliche Auswirkungen haben: In große Höhen geschleudert, kann er dort jahrelang um die Erde kreisen, deutliche Dämmerungs- und Trübungserscheinungen in der Atmosphäre hervorrufen und dadurch die Intensität der Sonneneinstrahlung auf der Erde herabsetzen, z.B. nach dem Ausbruch des Pinatubo 1991, des Krakatau 1883 und nach dem des Tambora 1815 (»Jahr ohne Sommer«). Dies könnte bestimmte Vorgänge bei der →Klimaänderung erklären.

Der Staubgehalt der Luft kann zu Sichttrübungen führen. Je nach Größe und Beleuchtung sind Staubteilchen auch direkt oder mittelbar durch von ihrem Streulicht stammende Phänomene mit bloßem Auge sichtbar, z.B. als Aufhellung des Himmelsblaus.

Staubhose, *Meteorologie:* →Trombe.

Staubsturm, der →Sandsturm.

Staubwirbel, *Meteorologie:* →Trombe.

Stauregen, der Steigungsregen (→Stau).

Stefan-Boltzmann-Gesetz, von dem österreichischen Physiker Josef Stefan (*1835, †1893) 1879 entdeckte und von seinem Landsmann Ludwig Boltzmann (*1844, †1906) 1884 theoretisch begründete Beziehung zwischen der spezifischen Ausstrahlung M des →schwarzen Strahlers und dessen Temperatur T; es lautet

$$M(T) = \sigma T^4.$$

Darin ist $\sigma \approx 5{,}67 \cdot 10^{-8}\ \mathrm{Wm^{-2}K^{-4}}$ die **Stefan-Boltzmann-Konstante.**

Bei einem kugelförmigen schwarzen Strahler ist das Produkt seiner Oberfläche A

mit seiner spezifischen Ausstrahlung, $A \cdot M(T)$, seine gesamte Strahlungsleistung bei der Temperatur T.

Das Stefan-Boltzmann-Gesetz leitet sich aus dem →planckschen Strahlungsgesetz ab.

Steigungsregen, →Stau.

Stickstoff, griechisch-lateinisch **Nitrogenium,** chemisches Symbol **N,** ein chemisches Element aus der fünften Hauptgruppe des Periodensystems der chemischen Elemente. Stickstoff ist ein farb-, geschmack- und geruchloses Gas, das als zweiatomiges Molekül, N_2, vorliegt. Stickstoff kommt v.a. elementar als Hauptbestandteil der Luft vor; mit einem Anteil von 78,08 Volumenprozent ist er das weitaus häufigste Element der Erdatmosphäre. An der Zusammensetzung der festen Erdkruste ist Stickstoff (in Form von Nitraten, v.a. Natriumnitrat) mit nur 0,03 % beteiligt; er ist damit aber noch das 16.-häufigste chemische Element.

Stickstoffoxide, Stickoxide, die Verbindungen des Stickstoffs mit Sauerstoff. Die größte Rolle spielen **Stickstoffdioxid** (NO_2) und **Stickstoffmonoxid** (NO), das mit Sauerstoff rasch unter Bildung von Stickstoffdioxid reagiert.

Stickstoffoxide fallen hauptsächlich bei Verbrennungsprozessen (insbesondere bei Kraftfahrzeugen) und als Nebenprodukte der chemischen Industrie an, ferner werden sie bei Gewitterentladungen, Waldbränden und biologischen Umsetzungen im Boden frei.

Biologisch wirksam ist vor allem Stickstoffdioxid. Es greift die Schleimhäute der Atmungsorgane an und kann Pflanzenschäden verursachen. Unter Einfluss des Sonnenlichts ist es zusammen mit anderen Substanzen an der Entstehung von fotochemischem Smog und durch Bildung von Salpetersäure am sauren Regen beteiligt.

Störung, *Meteorologie:* wandernde Schlechtwetterzone mit konvergierenden Winden, begleitet von starker Bewölkung, vielfach auch von Niederschlägen. Eine Störung macht sich durch einen Ausläufer tiefen Luftdrucks bemerkbar, sie ist meist von Fronten begleitet. Als **Randstörung** bezeichnet man ein kleines Tief am Rand eines großen, sich kaum verändernden Tiefdruckgebietes, als **frontale Störung** oder **Wellenstörung** den Anfangszustand einer Tiefdruckentwicklung, wenn sich kleine Ungleichförmigkeiten in der Strömungs- und Temperaturverteilung wellenförmig längs der Front verlagern. Solche Wellen sind wichtig für den Wärmeaustausch zw. den niederen und höheren Breiten (Polarfront).

Strahlenpegel, die Gesamtstrahlenmenge an einem bestimmten Ort, v.a. aus natürlichen terrestrischen und kosmischen Quellen ionisierender Strahlung.

Strahlstärke, Strahlungsintensität, Formelzeichen I, I_e, SI-Einheit ist W/sr; der Quotient aus dem von der Strahlungsquelle in einer bestimmten Richtung ausgehenden Strahlungsfluss $d\Phi$ und dem durchstrahlten Raumwinkelelement $d\Omega$, $I = d\Phi/d\Omega$. Die entsprechende fotometrische Größe ist die Lichtstärke.

Strahlstrom, *Meteorologie:* der →Jetstream.

Strahlung 1). Etwa 5 % der zur Erdoberfläche gelangenden Sonnenstrahlung werden direkt wieder reflektiert, v. a. durch Schnee- und Eisflächen.

Strahlung, 1) *Meteorologie:* Energieübertragung innerhalb der Atmosphäre der Erde einschließlich des Energieumsatzes an der Erdoberfläche und dem Austausch mit dem extraterrestrischen Raum durch elektromagnetische Wellen. Dabei ist zwischen der solaren Einstrahlung (Wellenlängenbereich etwa 0,1–6 µm) und der terrestrischen Ausstrahlung (etwa 3–60 µm) zu unterscheiden. Durch Absorption und Streuung werden diese Strahlungskomponenten in der Atmosphäre wesentlich modifiziert; so verhindert z.B. das Ozon der Stratosphäre, dass solare Strahlung von $<$0,3 µm die Erdoberfläche erreicht. Wasserdampf lässt terrestrische Ausstrahlung nur in den Bereichen von etwa 3 bis 5 sowie etwa 7 bis 22 µm (sogenanntes kleines und großes Wasserdampffenster) zu. Dadurch erreicht gegenüber der theoretischen Strahlung, der Schwarzkörperstrahlung (→schwarzer Strahler), nur ein Teil der solaren Strahlung die Erdoberfläche und nur ein Teil der terrestrischen Strahlung kann die Erdoberfläche verlassen.

Im globalen und jährlichen Mittel beträgt der wirksame **solare Strahlungseintrag** in die Atmosphäre 343 W/m² (wegen der Relation 1:4 zwischen der kreisförmigen Auffangfläche und der kugelförmigen Ausstrahlungsfläche ein Viertel der →Solarkonstanten von 1370 W/m²). Davon erreichen 30 % direkt (direkte Sonneneinstrahlung) und 20 % über den Umweg der Mehrfachstreuung an Gasen und Partikeln (diffuse →Himmelsstrahlung, zusammen sogenannte **Globalstrahlung**) die Erdoberfläche. Abzüglich der Reflexion an

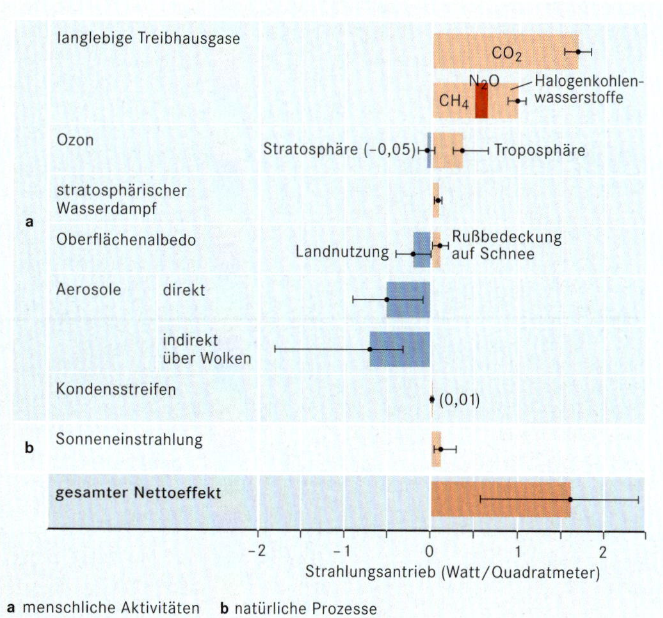

Strahlungsantrieb. Die Werte stellen den Strahlungsantrieb des Jahres 2005 im Verhältnis zur vorindustriellen Zeit dar. Ein positiver Strahlungsantrieb trägt zur Erwärmung bei, ein negativer wirkt kühlend. Die schwarzen Fehlerbalken zeigen jeweils die Unsicherheit für den entsprechenden Wert.

der Erdoberfläche (5 %) ergibt dies einen Gewinn von 45 %, der zur Erwärmung der Erdoberfläche genutzt wird. Vergleichsweise wenig, nämlich 25 %, werden von der Atmosphäre absorbiert und 30 % (→Albedo) werden in den Weltraum reflektiert.

Die **terrestrische Ausstrahlung** beträgt zunächst 114 % (390 W/m²). Davon werden jedoch 96 % von der Atmosphäre zurückgestrahlt (→atmosphärische Gegenstrahlung), sodass der effektive Verlust nur 18 % beträgt. Im Vergleich mit der effektiven solaren Einstrahlung ergibt das für die Erdoberfläche eine →Strahlungsbilanz von +27 % und für die Atmosphäre, einschließlich deren Ausstrahlung, einen ebenso großen Verlust, der durch den Transport latenter Wärme (23 %; Verdunsten und Schmelzen von Wasser/Schnee/Eis an der Erdoberfläche und Kondensation/Gefrieren in der Atmosphäre) sowie fühlbarer Wärme (4 %; Wärmeleitung) im Wesentlichen ausgeglichen wird. Hinzu kommen, jedoch von relativ geringem Ausmaß, die Wärmeleitung aus dem Erdinneren zur Oberfläche und die Aufnahme von Energie durch die Vegetation.

Zeitlich gesehen gibt es ausgeprägte Tages- und Jahresgänge der Strahlungsgrößen, regional einen Überschuss in den Tropen bzw. ein Defizit in den Polargebieten; diese regionalen Unterschiede werden durch die horizontalen (advektiven) Wärmetransporte in Atmosphäre und Ozean (→Zirkulation der Atmosphäre) ausgeglichen.

Die Messung der Strahlungsenergie erfolgt durch Exposition von Körpern, die über einen Spektralbereich zwischen 0,1 und 200 µm Wellenlänge Strahlung absorbieren und die dadurch aufgenommene Wärme direkt durch Schmelzen oder Verdunsten messen lassen oder als Temperaturerhöhung infolge Änderung des Wärmeinhalts anzeigen. Bei letztgenanntem Verfahren werden die Geräte entweder vor der Messung durch eine bekannte Strahlung geeicht oder besitzen einen nicht exponierten Referenzkörper, dem anderweitig (z. B. elektrisch) eine definierte Energiemenge zugeführt wird. Interessiert nur ein Teil des atmosphärischen Spektrums, so werden vor dem Messkörper Filter in den Strahlengang gebracht, die nur bestimmte Wellenlängen hindurchlassen.

2) *Physik:* gerichtete, räumliche und zeitliche Ausbreitung von Energie in Form von Wellen oder (elementaren) Teilchen; jede Strahlung kann sowohl in der einen als auch in der anderen Art beschrieben werden (Welle-Teilchen-Dualismus), z. B. Licht als Wellenvorgang oder als Strom von Lichtquanten (Photonen). Zur **Wellenstrahlung** zählen der Schall und die elektromagnetische Strahlung, zu der die Infrarot-, Ultraviolett-, Röntgen- und Gammastrahlung gehören. Zur **Teilchenstrahlung** gehören Ströme kleinster Teilchen, wie Elektronen (Betastrahlung), Neutronen (Neutronenstrahlung) oder Atomkerne (Alphastrahlung). Die aus dem Weltall kommende kosmische Strahlung mit äußerst kurzen Wellenlängen umfasst verschiedene Komponenten. Radioaktive Strahlung ist die zusammenfassende Bezeichnung für alle beim radioaktiven Zerfall auftretenden Strahlungsarten.

■ **Eigenschaften** Beim Durchgang durch Materie wird Strahlung geschwächt, durch Reflexion, Beugung, Brechung und Dispersion abgelenkt oder durch Stoßprozesse gestreut, es erfolgt Absorption, Anregung oder Ionisation von Atomen oder Molekülen sowie anschließende Lumineszenz.

■ **Physikalische Beschreibung** Die von einer Strahlungsquelle abgestrahlte elektromagnetische Strahlung lässt sich mithilfe von →Strahlungsgrößen (bei Licht auch durch fotometrische Größen) beschreiben. Ihre Stärke wird u. a. durch die Energiedichte der Strahlung **(Strahlungsenergiedichte)** w (die auf ein Volumenelement dV des Strahlungsfeldes bezogene →Strahlungsenergie dQ, d. h. $w = dQ/dV$; Einheit: Ws/m³) oder durch die **Strahlungsflussdichte** (auch als **Strahlungsintensität** bezeichnet, die je Zeiteinheit durch die Flächeneinheit strömende Energie; Einheit: W/m²) gemessen.

■ **Elektromagnetisches Spektrum** Das elektromagnetische Spektrum reicht von der extrem kurzwelligen kosmischen Strahlung bis zu den langen Rundfunkwellen. In diesem Gesamtspektrum ist der Wellenlängenbereich von 0,3 bis 100 µm für die Meteorologie von fundamentaler Bedeutung; er umfasst die

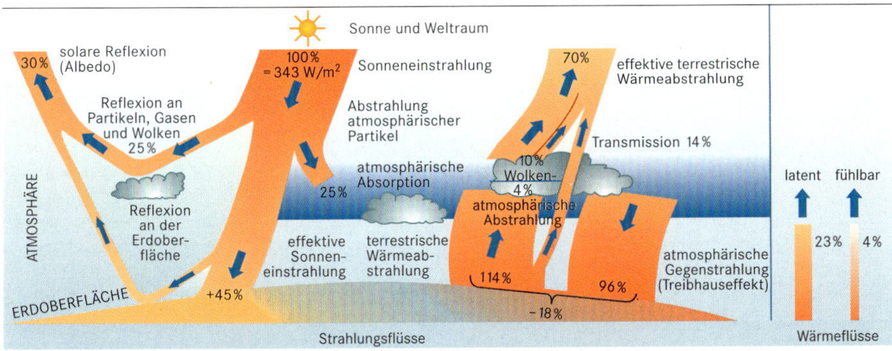

Strahlungsbilanz aus den Flüssen der Sonneneinstrahlung und terrestrischen Wärmeabstrahlung unter Berücksichtigung der in der Erdatmosphäre eintretenden Effekte; rechts Ausgleich dieser Bilanz (+27%) durch die von der Erdoberfläche in die Erdatmosphäre gerichteten Wärmeflüsse (nach IPCC, 1994)

kurzwellige Sonnenstrahlung und die langwellige terrestrische Strahlung.

Strahlungsantrieb, in der Klimatologie benutzte Größe, die den Einfluss beschreibt, den ein einzelner Faktor auf die Veränderung des Strahlungshaushalts der Atmosphäre hat. Er wird in Watt pro Quadratmeter (W/m^2) angegeben. Der Strahlungsantrieb ist ein Maßstab für die Bedeutung dieser Faktoren in Bezug auf eine Klimaänderung. Ein positiver Strahlungsantrieb, z.B. hervorgerufen durch die zunehmende Konzentration langlebiger Treibhausgase, führt zu einer Erwärmung, ein negativer Strahlungsantrieb, z.B. durch die Zunahme von Aerosolen in der Atmosphäre, zu einer Abkühlung der bodennahen Luftschicht. Auch natürliche Faktoren wie eine Veränderung der Sonnenstrahlung oder Vulkanausbrüche tragen mit einem Strahlungsantrieb bei.

Strahlungsbilanz, die Differenz zwischen der Einstrahlung auf eine Fläche und deren Abstrahlung, besonders hinsichtlich solarer und terrestrischer Strahlung. **Strahlungsbilanzmesser** bestehen entweder aus zwei übereinanderliegenden, durch eine dünne Isolierschicht voneinander getrennten schwarzen Messingblechplatten, deren Temperaturdifferenz durch eingebaute Widerstandsthermometer gemessen wird, oder arbeiten mit Thermosäulen, die die von oben bzw. unten ankommende Gesamtstrahlung messen und die Differenz in Form einer elektrischen Spannung als Strahlungsbilanz angeben (→Treibhauseffekt).

Strahlungsdichte, die auf eine Flächeneinheit bezogene Strahlungsleistung einer ebenen elektromagnetischen Welle (SI-Einheit: W/m^2).

Strahlungs|energie, Strahlungsmenge, Formelzeichen Q, Q_e, SI-Einheit ist Wattsekunde (Ws); die von einer Strahlungsquelle als Strahlung abgegebene Energie. Die entsprechende fotometrische Größe ist die Lichtmenge.

Strahlungsfluss, Strahlungsleistung, Formelzeichen Φ, Φ_e, SI-Einheit ist das Watt (W); die je Zeiteinheit von einer Strahlungsquelle abgegebene Strahlungsenergie Q, d.h. $\Phi = Q/t$, genauer $\Phi = dQ/dt$ (t Zeit).

Strahlungsfrost, →Strahlungskälte.

Strahlungsgesetze, physikalische Gesetze über die Abhängigkeit der von einem Körper in Form elektromagnetischer Wellen abgestrahlten Energie von der Temperatur des Körpers und von der Wellenlänge (bzw. Frequenz) der Strahlung (spektrale Dichten). Wichtige Strahlungsgesetze sind das →kirchhoffsche Strahlungsgesetz, das →plancksche Strahlungsgesetz und das →Stefan-Boltzmann-Gesetz.

Strahlungsgleichgewicht, der thermodynamische Gleichgewichtszustand von Körpern, die nur durch elektromagnetische Strahlung miteinander in Wechselwirkung stehen und daher nur über Strahlungsabgabe oder -aufnahme ihre Energie ändern können. Im Strahlungsgleichgewicht haben alle beteiligten Körper die gleiche Temperatur.

Strahlungsgrößen, strahlungsphysikalische Größen, radiometrische Größen, physikalische Größen zur quantitativen Beschreibung der von einer Strahlungsquelle ausgehenden elektromagnetischen Strahlung. Strahlungsgrößen sind: Bestrahlung H_e, Bestrahlungsstärke E_e, spezifische Ausstrahlung M_e, Strahldichte L_e, Strahlstärke I_e, Strahlungsenergie (oder Strahlungsmenge) Q_e und Strahlungsfluss (oder Strahlungsleistung) Φ_e.

Strahlungsgürtel, torusartig um einen Planeten gelegene Zonen, in denen die Anzahldichte geladener Teilchen, hauptsächlich Elektronen und Protonen, z.T. auch schwererer Ionen erhöht ist. Die Teilchen oszillieren zwischen den magnetischen Polen des Planeten, wobei sie sich spiralförmig entlang der Magnetfeldlinien bewegen und Synchrotronstrahlung aussenden.

■ **Strahlungsgürtel der Erde** Die Strahlungsgürtel der Erde sind Teil ihrer Magnetosphäre. Sie wurden 1958 von dem amerikanischen Physiker James A. Van Allen (*1914, †2006) bei der Analyse der Messungen des amerikanischen Erdsatelliten Explorer 1 entdeckt und sind nach ihm benannt **(Van-Allen-Gürtel).** Der innere Van-Allen-Gürtel

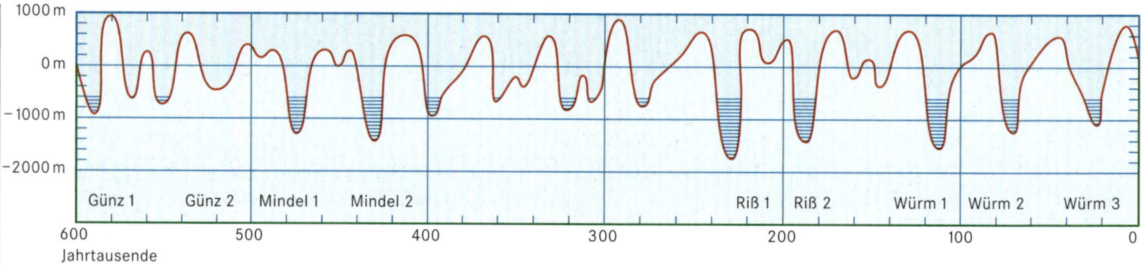

Strahlungskurve der letzten 600 000 Jahre, dargestellt durch die Schwankungen der Schneegrenze um den gegenwärtigen Wert auf der Nordhalbkugel nördlich von 55° n. Br. (nach Milutin Milanković)

befindet sich etwa 1000–6000 km über der Erdoberfläche und ist auf niedrige geografische Breiten beschränkt, der äußere befindet sich in etwa 15 000–25 000 km Höhe. Die Van-Allen-Gürtel sind rotationssymmetrisch zur magnetischen Erdachse und nahezu spiegelsymmetrisch zur magnetischen Äquatorialebene. Die Höhe des äußeren Gürtels verringert sich zu den geomagnetischen Polen hin und ist auf der sonnenzugewandten Seite etwas geringer als auf der sonnenabgewandten. Die meisten hochenergetischen Protonen des inneren Van-Allen-Gürtels sind Zerfallsprodukte von aus der Atmosphäre rückgestreuten Neutronen, die dort bei Kernzertrümmerungen durch die kosmische Strahlung freigesetzt werden. Der v. a. aus Elektronen eines breiten Energiespektrums bestehende äußere Van-Allen-Gürtel fluktuiert mit der Sonnenaktivität. Er enthält auch elektrisch geladene Teilchen (Protonen und Elektronen) aus dem Sonnenwind; sie werden vom Erdmagnetfeld nach dem Prinzip der magnetischen Flasche (Magnetfalle) eingefangen und gespeichert (Verweilzeiten bis zu mehreren Jahren). Ein dritter, wenig intensiver Strahlungsgürtel, Anfang 1992 entdeckt, befindet sich in etwa 12 000 km Höhe.

Strahlungs|intensität, die →Strahlstärke.

Strahlungskälte, durch Ausstrahlung in wolkenlosen Nächten, also ohne Zufuhr kalter Luft, bewirkter Temperaturfall, der bei Unterschreitung des Gefrierpunktes zum **Strahlungsfrost** wird (→Frost).

Strahlungsklima, Klima mit häufiger und intensiver direkter Sonneneinstrahlung, v. a. in Hochgebirgen und an kühlen Meeresküsten; entscheidend sind Höhenlage, Sonnenstand, Hangneigung und -exposition, geringer Staub- und Wasserdampfgehalt der Luft, extreme Reflexion an Schneedecken.

Strahlungskurve, Milanković-Strahlungskurve [miˈlaːŋkɔvitɕ-; nach dem jugoslawischen Astronomen Milutin →Milanković, *1879, †1958], aus den langperiodischen Schwankungen der Erdbahnelemente (Bahnexzentrizität, Schiefe der Ekliptik und Perihellänge – mit Perioden von etwa 95 000, 41 000 bzw. 20 000 Jahren, den Milanković-Zyklen) berechnete Kurve der Intensität der Sonneneinstrahlung während der letzten rund 1 Mio. Jahre. Die Strahlungskurve zeigt zum Teil auffallende Übereinstimmung (zumindest in qualitativer Hinsicht) mit der Klimageschichte, v. a. mit dem Auftreten von Kalt- und Warmzeiten im quartären Eiszeitalter. Die Strahlungskurve wird in modifizierter Form bei Klimamodellen berücksichtigt.

Strahlungsleistung, der →Strahlungsfluss.

Strahlungsmenge, die →Strahlungsenergie.

Strahlungswetterlage, Wetterlage, die im Wesentlichen durch Strahlungsvorgänge geprägt ist; typisch hierfür sind Hochdruckgebiete.

Am Tag erwärmt sich die Luft bei ungehinderter Sonneneinstrahlung sehr stark (Temperaturmaximum etwa zwei Stunden nach Sonnenhöchststand), nachts kühlt sie durch Wärmeausstrahlung des Bodens gegen den wolkenlosen Himmel kräftig ab (Temperaturminimum bei Sonnenaufgang). Die relative Luftfeuchte verläuft invers (Maximum in der Frühe, Minimum am Nachmittag). Die Luftbewegung ist im Allgemeinen schwach, lebt tagsüber durch Sonnenböigkeit etwas auf. Durch lokale Temperaturunterschiede entstehen tagesperiodische Windsysteme (Berg- und Talwind, Land- und Seewind).

Im Winter reicht die Tageserwärmung oft nicht aus, die durch nächtliche Ausstrahlung entstandene Bodeninversion aufzulösen. Es bilden sich dann Nebel (Strahlungsnebel) oder Hochnebel, die in den Niederungen mitunter tage- und wochenlang nasskaltes Wetter verursachen, während gleichzeitig auf den Bergen bei strahlendem Sonnenschein und guter Fernsicht relativ hohe Lufttemperaturen herrschen.

Stratocumulus [zu lateinisch stratum »Decke« und cumulus »Haufen«], **Haufenschichtwolke,** Gattung der tiefen Wolken; Flecken, Felder oder Schichten von grauen oder weißlichen Wolken. Stratocumuluswolken haben eine nicht faserige Struktur (ausgenommen bei Bildung von Fallstreifen) und bestehen aus feinen Wassertröpfchen; gelegentlich enthalten sie auch Regentropfen oder Reifgraupeln, seltener Schneeflocken oder Schneekristalle. Stratocumulus bildet sich, wenn ein vertikales Aufsteigen der Luftmassen durch Grenzschichten verhindert wird.

Die weitere Ausbreitung erfolgt dann horizontal.

■ **Wetterbedeutung** Stratocumulus ist im Allgemeinen nur wenig mächtig und die typische Schönwetterwolke. Sie ist die am häufigsten vorkommende Wolkenart, vor allem über dem Meer, und wird häufig mit dem Altocumulus verwechselt. Wenn die meisten der regelmäßig angeordneten Wolkenteile eine scheinbare Breite von mehr als 5° am Himmel haben, handelt es sich um Stratocumulus; allerdings müssen die Wolkenteile, welche zu dieser Messung herangezogen werden, eine Höhe von mindestens 30° oder mehr über dem Horizont haben. Stratocumulus zeigt eine stabile Schichtung an, bei der sich das Wetter in der Regel nicht ändert. Im Winter sind die Stratocumuli häufig zu einer Decke zusammengeschlossen oder hängen zu Kissen oder Walzen geballt an weiten Teilen des Himmels. Im Gegensatz zu Stratus ist aber immer eine Struktur erkennbar. Bisweilen tritt Stratocumulus zusammen mit Cumuli auf, deren Auflösungsprodukt sie sein kann.

Bei stabilem, oft trübem Hochdruckwetter sind Stratocumuli besonders morgens zu sehen, die sich in den warmen Jahreszeiten tagsüber meist langsam auflösen. In den Wolkenlücken ist blauer Himmel zu sehen. Stratocumuli können allerdings in Schicht- und Regenwolken übergehen und schlechtes Wetter bringen. Wetterbesserung tritt ein, wenn eine Stratocumulusschicht wieder in unregelmäßige Teile zerfällt. Bilden sich dabei allerdings gleiche Muster, ist die Wetterbesserung nur von kurzer Dauer.

Stratopause, Schicht der → Atmosphäre.

Stratosphäre [zu lateinisch stratum »Decke« und Atmosphäre], das Stockwerk der Atmosphäre, das sich oberhalb der Tropopause an die Troposphäre anschließt, je nach Jahreszeit und geografischer Breite in 8–17 km Höhe beginnt und bis zur Stratopause in etwa 50 km Höhe reicht. Die Stratosphäre ist in erster Linie durch den folgenden vertikalen Temperaturaufbau gekennzeichnet: Die Temperatur bleibt in ihr mit zunehmender Höhe zunächst etwa konstant, nimmt aber dann allmählich bis zu einem Temperaturgradienten von etwa 2,5 K/km zu: an der Untergrenze der Stratosphäre −75 bis −80 °C (über dem Äquator) und etwa −40 °C (im Sommer über den Polen), an der Obergrenze etwa 0 °C. Die horizontale Temperaturverteilung wird in der unteren Stratosphäre im Wesentlichen bestimmt durch das Gegenläufigkeitsprinzip gegenüber der Troposphäre, d. h., dass im Mittel die Temperatur der Stratosphäre vom Äquator zum Pol hin zunimmt und dass auch wetterbedingte Unregelmäßigkeiten der Temperaturverteilung in der Troposphäre entgegengesetzte Temperaturverhältnisse in der unteren Stratosphäre zur Folge haben. Die Gegenläufigkeit der Temperatur bestimmt auch die stratosphärische Zirkulation: Alle Luftdruckgegensätze an der Obergrenze der Troposphäre werden mit zunehmender Höhe immer mehr ausgeglichen. Dadurch schwächen sich alle Luftdruckgebilde mit der Höhe deutlich ab, und auch die mittlere zonale Strömung wird schwächer. Oft verschwinden große Hoch- und Tiefdruckgebiete mit der Höhe und sind nur noch in wellenförmigen Ausbuchtungen der Höhenströmung zu erkennen. Im Mittel herrscht in der unteren Stratosphäre eine ringförmig geschlossene zirkumpolare Strömung, die im Winter wegen der stärkeren Temperaturgegensätze zwischen Pol und Äquator stärker ausgeprägt ist als im Sommer.

Der Zusammenhang mit den Temperaturverhältnissen in der Troposphäre geht in der oberen Stratosphäre weitgehend verloren. Dort werden starke jahreszeitliche Schwankungen in den Polargebieten bestimmend: Im Sommer verursacht die ununterbrochene Sonneneinstrahlung eine intensive Erwärmung der polaren Stratosphäre, im Winter kühlt sich die Stratosphäre dagegen in der Polarnacht bis auf unter −75 °C ab. Die sommerliche Erwärmung der polaren Stratosphäre bewirkt, dass sich infolge der langsamen Luftdruckabnahme mit der Höhe in der Warmluft ein großes polares Hochdruckgebiet bildet und die Strömung fast auf der gesamten Hemisphäre auf Ost umschlägt. Im Winter entsteht dagegen infolge der raschen Luftdruckabnahme mit der Höhe in der sehr kalten polaren Stratosphäre (Ausnahme: → Berliner Phänomen) ein kräftiges Höhentief, an dessen Rändern in nördlichen Breiten sehr starke westliche Winde auftreten.

Die Stratosphäre ist der Sitz der Ozonschicht (→ Ozon) und abgesehen von den zeitweise auftretenden niederstratosphärischen winterlichen Wolken extrem trocken.

Stratocumulus zeigt stabiles, oft trübes Hochdruckwetter an. Er tritt auch nach Regen auf.

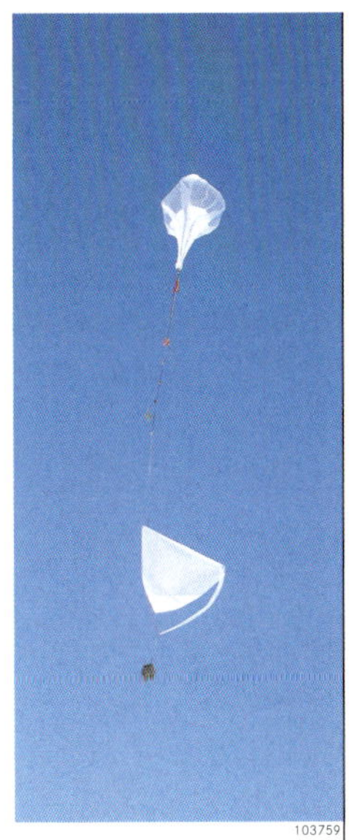

Stratosphäre. Im Rahmen des Projekts Theseo 2000 zur Messung der Ozonschicht über der nördlichen Hemisphäre stiegen 600 Ballonsonden und 30 schwer befrachtete Ballons auf, von denen einige fast 30 Tage unterwegs waren.

Streuung.
Die Himmelsfarbe ist eine Folge der Lichtstreuung: Der kurzwelligere, also blaue Anteil des Sonnenlichts wird stärker gestreut als der langwellige Anteil.

Stratosphärenerwärmung, das →Berliner Phänomen.

Stratus [zu lateinisch sternere, stratum »ausbreiten«], **Schichtwolke,** Gattung der tiefen Wolken; eine durchgehend graue Wolkenschicht mit ziemlich einförmiger Untergrenze, einem Nebel entsprechend, der nicht auf dem Boden aufliegt. Deswegen wird sie landläufig auch als Hochnebel bezeichnet. Stratus bildet sich im Sommer oft über feuchtem Land und in den Bergen, aber auch über kaltem Wasser an der Küste. Im Winter kann er oft über Tage das Tageslicht stark abdunkeln. Manchmal kommt der Stratus auch in Form zerfetzter Schwaden **(Stratus fractus)** vor.

■ **Wetterbedeutung** Im Sommer signalisiert der Stratus feuchte Luftmassen und damit Gewittergefahr. Bedeckt er den ganzen Himmel und setzen sich einzelne Strati fracti ab, muss man mit plötzlich einsetzendem Nieselregen rechnen. Schnee fällt aus einer Stratuswolke immer nur in Form kleiner Schneesterne und nie als große Schneeflocken.

Stratus ist auch typisch für eine Inversion, die überwiegend im Herbst entstehen und über Wochen anhalten kann. Ablösen lässt sich dieses Wetter nur durch eine radikale Umstellung der Wetterlage. Sie deutet sich an, wenn von Südwesten her Altocumuli aufziehen und der Wind auffrischt.

Streuung, *Physik:* die allseitige Ablenkung eines Teils einer →Strahlung beim Durchgang durch ein Medium aufgrund der korpuskularen Struktur der Materie, z.B. die Streuung von Licht beim Auftreffen auf kleine Partikel (Staub, Luftmoleküle) oder auf raue Oberflächen (→Lichtstreuung). Im weitesten Sinne kann auch die →Beugung als Streuung aufgefasst werden. Durch die Streuung wird die Intensität der Strahlung in der ursprünglichen Richtung geschwächt.

■ **Streuung in der Atmosphäre** In der Atmosphäre wird sowohl die direkte Sonnenstrahlung als auch die Himmelsstrahlung durch Streuvorgänge beeinflusst. Verursacht wird die Streuung von Luftmolekülen, Aerosolteilchen (Radien etwa 0,01 bis 10 µm) und Wolkenelementen mit Radien von etwa 10 bis 100 µm. Die einmal gestreute Strahlung kann im weiteren Verlauf des Strahlungstransports mehrfach gestreut und von Wolken oder vom Erdboden reflektiert werden. Streuprozesse, bei denen die gestreute Strahlung um weniger als 90° aus ihrer ursprünglichen Richtung abgelenkt wird, heißen Vorwärtsstreuung.

Strichregen, räumlich begrenzter, über Land oder See ziehender (streichender) Regen, der an einem Ort nur von kurzer Dauer ist.

Stromlinien, *Meteorologie:* die Wiedergabe des Windfeldes durch gekrümmte Linien, deren Tangente jeweils die Windrichtung zu einem bestimmten Zeitpunkt angibt. Im Unterschied hierzu stellen die Trajektorien die wahren Bahnen dar, die die einzelnen Luftteilchen zurücklegen.

Sturm, *Meteorologie:* Wind der Stärke 9–11 nach der Beaufortskala (20,8–32,6 m/s), zwischen Sturm (9), schwerem Sturm (10) und orkanartigem Sturm (11) unterschieden. Auf Land führt Sturm zu Schäden an Bäumen und Gebäuden, auf See zu hohen Wellenbergen, wobei die Sicht durch Gischt vermindert wird. In Mitteleuropa geben die Wetterdienste Sturmwarnungen aus, in Deutschland durch den Deutschen Wetterdienst für die Seegebiete von Nord- und Ostsee und für die großen Seen im Binnenland.

Sturmflut, durch auflandigen Sturm erzeugter, außergewöhnlich hoher Wasserstand des Meeres, besonders in Buchten, Mündungstrichtern der Flüsse und an Flachküsten.

STREUUNG — ***Physik des Qualms***

Als blauer Dunst wird der aufsteigende Rauch einer Zigarette oft bezeichnet. Richtig beobachtet! Wer noch genauer hinschaut, wird feststellen, dass im Gegensatz dazu der ausgeatmete Qualm weiß gefärbt ist. Woher kommt dieses Farbenspiel? Die Rauchpartikel streuen das Licht, und weil sie überwiegend kleiner als ein Mikrometer sind, vor allem den blauen Anteil. Der blaue Himmel und die bläulich schimmernde Erde, aus dem Weltall betrachtet, basieren auf demselben Mechanismus.

Der inhalierte Rauch hingegen hat genügend Zeit, sich mit Wassertröpfchen zu umgeben und große Teilchen zu bilden. Diese streuen alle Wellenlängen des Lichts gleich, wie Wolkentröpfchen oder Dunstteilchen. Das gestreute Licht hat keine Vorzugsfarbe, ist also weiß.

Eine wesentliche Rolle spielen Zugrichtung und Geschwindigkeit sowie die Ausdehnung des Sturmtiefs; eine besondere Bedrohung besteht für das Küstengebiet, wenn ein Orkan mit der Springflut zusammenfällt.

Sturmfluten hängen oft mit typischen Sturmtiefwetterlagen zusammen, in deren Ablauf die Wassermassen optimal gegen die Küste getrieben werden, wobei der Küstenverlauf eine ausschlaggebende Rolle spielt. Schwere Sturmfluten an der deutschen Nordseeküste hängen meist mit Sturmtiefs zusammen, die entweder von Island nach Südskandinavien oder auf einer südlichen gelegenen Zugbahn vom Ostatlantik über die südliche Nordsee nach Dänemark ziehen.

Sturmtief, Tiefdruckgebiet mit einem ausgeprägten Sturmfeld und sehr niedrigem, häufig 975 hPa unterschreitendem Luftdruck in seinem Kern. Voraussetzung für die Entwicklung eines Sturmtiefs ist das Vorhandensein unterschiedlich temperierter Luftmassen mit großen Temperaturunterschieden in der Vertikalen. Die Auslösung der damit verbundenen feuchtlabilen Schichtung liefert den Hauptanteil der Antriebsenergie für den Wirbel, in dessen Bereich die Windgeschwindigkeiten bis Orkanstärke anwachsen. – Bilder Seite 304/305

Stüve-Diagramm [nach dem Klimatologen Gustav Stüve], für die Auswertung aerologischer Aufstiege in Mitteleuropa häufig benutztes thermodynamisches Diagramm. Auf der Abszisse ist die Temperatur in linearem Maßstab aufgetragen; die Isothermen sind senkrechte Geraden. Die Ordinate gibt den nach oben abnehmenden Luftdruck (mit waagerechten Isobaren) in einer exponentiellen Skala an.

sub|ant|arktische Zone, die südliche →Subpolarzone.

sub|arktische Zone, die nördliche →Subpolarzone.

Sublimation [zu lateinisch sublimare »erhöhen«], *Physik:* die direkte Überführung eines Feststoffes in den gasförmigen Zustand ohne vorübergehende Verflüssigung bei der vom Druck abhängigen **Sublimationstemperatur (Sublimationspunkt).** Die dazu erforderliche Wärmemenge ist die **Sublimationsenthalpie.** Das bei der Umkehrung des Vorgangs (→Kondensation) entstehende feste Destillat heißt **Sublimat.**

In der Meteorologie interessiert speziell der Übergang von der Dampf- in die Eisphase, während der Übergang vom festen Eis in den gasförmigen Wasserdampf als Verdunstung bezeichnet wird.

Subpolarzonen, die →Klimazonen, die den Übergang von den gemäßigten zu den Polarzonen bilden, etwa zwischen 60° und 70° nördlicher und südlicher Breite. Subpolares Klima ist gekennzeichnet durch vorherrschende polare Ostwinde, ganzjährig geringe Niederschläge, kurze, kühle Sommer und Auftreten von Tundra; auf der Nordhalbkugel (subarktische Zone) stärker ausgebildet.

100562

Sturmflut. Sturmflutwehr bei Hoek van Holland (bei der Einweihung 1997); die beiden gigantischen Schiebetore, jedes 210 m lang und 22 m hoch, werden bei Sturmflut geschlossen und riegeln den »Nieuwe Waterweg« von der Nordsee ab.

Subtropen, die →Klimazonen zwischen den Tropen und den gemäßigten Breiten; gürtelförmig um die Erde angeordneter Bereich der Wüsten, warmen Steppen, Winterregengebiete (Etesienklima) und immerfeuchten sommerheißen Klimate zw. 20 und 40° nördlicher und südlicher Breite. Die Subtropen umfassen im Wesentlichen den Wirkungsbereich der →subtropischen Hochdruckgürtel.

subtropischer Hochdruckgürtel, in der mittleren Luftdruckverteilung auf der Nordhalbkugel bei 25 bis 40° n. Br., auf der Südhalbkugel bei 25 bis 35° s. Br. um die Erde verlaufende Zone hohen Luftdrucks, aufgespalten in mehrere quasipermanente Hochdruckzellen, auf der Nordhalbkugel das Azorenhoch und das Pazifikhoch, auf der Südhalbkugel Hochdruckzellen über dem Südatlantik, Südpazifik, dem Indischen Ozean und Australien (im Juli). Die einzelnen Hochdruckgebiete sind häufiger über der Ostseite der Ozeane als über deren Westseite anzutreffen. Die Lage der subtropischen Hochdruckgürtel ist strahlungsbedingten jahreszeitlichen Schwankungen unterworfen; z.B. verschiebt sich der subtropische Hochdruckgürtel der Nordhalbkugel im Sommer nordwärts (→Zirkulation der Atmosphäre).

Suchowej [russ., zu suchoj »trocken« und vejat' »wehen«], heißer, trockener Südostwind in den Steppengebieten der Ukraine und Südrusslands; tritt im Sommer auf, wenn sich Tiefdruckgebiete von Westen her nähern; führt bei verfrühtem Auftreten zur Notreife des Getreides und zu großen Dürreschäden.

Sudden ionospheric disturbance [sʌdn aɪˈɔnəsfɪərɪk dɪsˈtəːbəns], Abkürzung **SID** [esaɪˈdiː], eine Störung in der →Ionosphäre.

Tieren wird zugesprochen, dass sie aufgrund ihres empfindlichen Nervensystems auf unmittelbar bevorstehende bedrohliche Wettersituationen ansprechen, beispielsweise auf **Sturm:** *Wenn die Möwen zum Land fliegen, werden wir Sturm kriegen.*

Sturmtief.
Die Bildserie zeigt die Entwicklung des Sturmtiefs »Kyrill« von 0 Uhr über 6 Uhr und 12 Uhr bis 18 Uhr. In der Nacht zum 18. 1. 2007 lag eine Luftmassengrenze (LMG) über Mitteleuropa, welche milde Luft im Süden von kühlerer Luft im Norden trennte. Diese LMG ging über Großbritannien bald in die Frontalzone des zum Sturmwirbel heranwachsenden Tiefs Kyrill über, das sich weiter nach Ostsüdost bewegte. Im Laufe der Morgenstunden hatte sich zwischen Kyrill und einem kräftigen Hoch im Raum Spanien/Nordwestafrika ein sehr markanter Druckgradient aufgebaut, der schließlich zur Entwicklung eines Orkanfelds führte. Bis zum Mittag hatte Orkantief Kyrill ein flächendeckend schweres Sturmfeld.

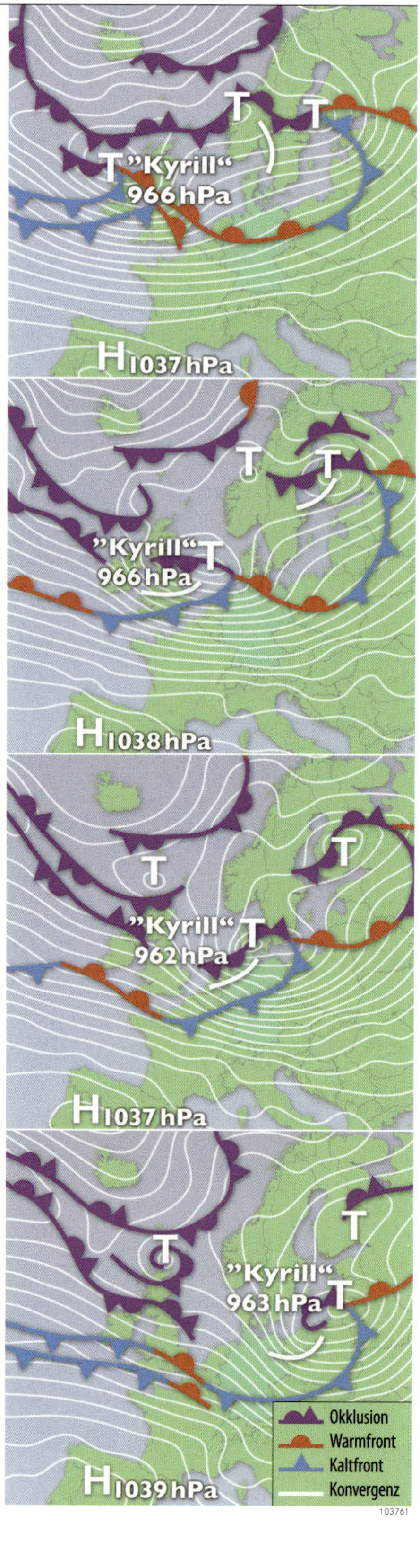

Südkalotte, der südlich des Polarkreises (66° 33′ s. Br.) gelegene Teil der Südhalbkugel der Erde.

Südlage, Abkürzung **S,** Großwetterlage der meridionalen Zirkulationsform, gekennzeichnet durch ein →blockierendes Hoch über Osteuropa oder einen Höhenkeil in meridionaler Erstreckung sowie tiefen Luftdruck über dem Ostatlantik und Teilen Westeuropas. Über Mitteleuropa ist sie gekennzeichnet durch eine hochreichende Südströmung, die subtropische Warmluft heranführt.

Bei der **antizyklonalen Südlage** (Abkürzung **SA**) ist es im Sommer meist heiter, trocken und heiß, im Alpenvorland föhnig. Im Winter bringt die antizyklonale Südlage in den Niederungen Nebel, Hochnebel und Strahlungsfröste; die Berggipfel sind jedoch mild, sonnig und mit sehr guter Fernsicht.

Bei der **zyklonalen Südlage** (Abkürzung **SZ**) fällt gelegentlich Regen durch atlantische Tiefausläufer. Im Sommer treten auch Gewitterschauer auf, im Winter ist es meist neblig trüb. Verwandte Großwetterlagen mit zyklonalen Wettererscheinungen (in den Nordalpen jedoch Föhn) sind das **Tief über den Britischen Inseln** (Abkürzung **TB**) und der **Trog über Westeuropa** (Abkürzung **TRW**). Sie bilden zusammen mit den Südlagen den **Großwettertyp Süd.**

Südlicht, das →Polarlicht der Südhalbkugel.

Südostlage, Abkürzung **SE,** Großwetterlage der meridionalen Zirkulationsform, gekennzeichnet durch ein →blockierendes Hoch über Süd- und Mittelrussland mit einem Höhenkeil über Südskandinavien zum Nordmeer sowie tiefem Luftdruck über dem westlichen Mittelmeer, Westeuropa und dem Ostatlantik. Damit verläuft über Mitteleuropa eine südöstliche Höhenströmung, in der Wellenstörungen der von Westen auflaufenden Fronten mit den entsprechenden Wettererscheinungen nordwestwärts gesteuert werden.

Bei der **antizyklonalen Südostlage** (Abkürzung **SEA**) überwiegt der kontinentale Einfluss. Die Folgen sind Hitzewellen im Sommer und Kälteperioden im Winter. In den Nordalpen ist es föhnig.

Bei der **zyklonalen Südostlage** (Abkürzung **SEZ**) ist die Witterung unbeständig mit einzelnen Niederschlägen, die auch im Winter meist als Regen fallen. In der wärmeren Jahreszeit ist es häufig schwül, bisweilen kommt es zu Gewittern mit ergiebigen Niederschlägen. Im Ostalpengebiet tritt zeitweise Föhn auf.

Südwestlage, Abkürzung **SW,** eine Großwetterlage der gemischten Zirkulationsform (zonale und meridionale Strömungskomponenten etwa gleich groß). Zwischen einer Hochdruckzone, die sich vom westlichen

Mittelmeer nach Südrussland erstreckt, und einem Tiefdruckgebiet über dem mittleren Nordatlantik/Irland verläuft über West- und Mitteleuropa eine hochreichende Südweströmung, mit der milde bzw. warme Meeresluft herangeführt wird.

Bei der **antizyklonalen Südwestlage** (Abkürzung **SWA**) ist die Witterung meist heiter, trocken und warm. Zeitweise tritt Alpenföhn auf, in der kälteren Jahreszeit auch Nebel und Hochnebel.

Bei der **zyklonalen Südwestlage** (Abkürzung **SWZ**) ist die Witterung unbeständig durch atlantische Tiefausläufer. Im Winter sind ergiebige, teilweise länger anhaltende Niederschläge die Folge, meist als Regen. Es ist sehr mild mit extrem hohen Temperaturen, die für Tauwetter bis in die Hochlagen der Mittelgebirge sorgen. Der Wind bläst stürmisch aus Südwest. Nach Südosten zu ist es besonders in der wärmeren Jahreszeit niederschlagsärmer und mitunter föhnig.

Supertaifun, → Taifun.

Superzelle, eine besonders langlebige und stark organisierte Gewitterzelle, die häufig mit heftigen Sturmböen, starkem Regenfall und unter Umständen Tornados einhergeht. Zur Entstehung einer Superzelle ist eine hinreichend starke Windzunahme und Winddrehung mit der Höhe notwendig. Superzellen treten häufig im mittleren Westen der USA auf, wenn sich kalte Luft aus höheren Breiten über besonders feuchtwarme Luftschichten aus dem Golf von Mexiko schiebt.

Nahezu alle starken Tornados gehen aus Superzellen hervor. Superzellen sind eindeutig nur anhand der Rotation etwa im Wetterradar identifizierbar.

Süring, Reinhard Joachim, deutscher Meteorologe, *Hamburg 15. 5. 1866, †Potsdam 29. 12. 1950; ab 1909 Professor und Direktor des Meteorologischen Observatoriums in Potsdam; arbeitete besonders über die Meteorologie der freien Atmosphäre (Aerologie), über Wolken und Strahlung sowie Gewitter. Bei seinen wissenschaftlichen Ballonfahrten erreichte er 1901 die Rekordhöhe von 10800 m, die erst 1916 überboten wurde.

Süßwasser, Wasser mit einer geringen Konzentration (unter 1000 mg pro l) an gelösten Salzen, wobei auch Süßwasser immer einen geogen bedingten Schematismus aufweist; die festländischen Süßwässer sind meist Calcium-Hydrogencarbonat- oder Calcium-Sulfat-Wässer. Süßwasser kann nach Aufbereitung als Trinkwasser genutzt werden.

Sturmtief.
Aufatmen – ein Sturmtief zieht ab.

Sustainable Development [səˈsteɪnəbl dɪˈveləpmənt, englisch], international gebräuchlicher Begriff, der oft mit → nachhaltiger Entwicklung übersetzt wird.

Synoptik [zu griechisch synoptikós »(übersichtlich) zusammengestellt«], Teilgebiet der Meteorologie, das in einer großräumigen Zusammenschau (Synopsis) mithilfe zahlr. Wetterkarten der verschiedensten Art die Wetterzustände in ihrer räumlichen Verteilung und zeitlichen Änderung für einen gegebenen Zeitpunkt untersucht (Analyse) und daraus die folgende Wetterentwicklung zu erkennen bemüht ist, die in einer Wettervorhersage formuliert wird. Zu diesem Zweck müssen gleichzeitig zu den synoptischen Terminen Beobachtungen und Messungen der relevanten meteorologischen Elemente am Boden und in der freien Atmosphäre weltweit angestellt, über ein globales Fernmeldenetz möglichst rasch verbreitet und anschließend in Kartenform dargestellt werden. Dieses umfangreiche Material bildet die Grundlage einer dreidimensionalen Wetteranalyse und, davon ausgehend, der Wetterprognose.

T

Tagesgang, die Kurve der Werte meteorologischer oder hydrologischer Elemente im Lauf eines Tages.

Tageslicht, das aufgrund der Sonnenstrahlung am Tag auf der Erdoberfläche vorhandene natürliche Licht. Je nach Sonnenstand, Wolkenbedeckung des Himmels, Dunst u.a. sind Farbtemperatur und Beleuchtungsstärke des Tageslichts unterschiedlich. Die horizontale globale Beleuchtungsstärke beträgt in rund 50° n. Br. mittags bei klarem Himmel bis etwa 100 000 lx im Sommer und 20 000 lx im Winter, bei bedecktem Himmel entsprechend bis etwa 20 000 lx bzw. 5 000 lx. Die den Farbeindruck des Tageslichts kennzeichnende Farbtemperatur liegt für die direkte Sonnenstrahlung zw. 5 500 und 6 000 K, für den klaren (blauen) Himmel zwischen 12 000 und 26 000 K und für den bedeckten Himmel bei 7 000 K.

Taifun [englisch typhoon, unter Einfluss von älter englisch typhon »Wirbelwind« von chinesisch tai fung, eigentlich »großer Wind«], Bezeichnung für →tropische Wirbelstürme im westlichen Pazifik. Taifune treten ganzjährig auf, meist jedoch von Juli bis November. Sie entstehen im zentralen Pazifik zw. 6° und 12° n. Br., ziehen nach Westnordwesten über die Philippinen und biegen hier bisweilen nach Norden bis Nordosten um. Sie richten an den Küsten Ostasiens oft schwere Schäden an. Die Zerstörungen gehen nicht nur auf die extremen Windstärken bis 300 km/h zurück, sondern werden auch durch die meist intensiven Niederschläge hervorgerufen, die Überschwemmungen und Erdrutsche zur Folge haben. Als **Supertaifune** werden vom Joint Typhoon Warning Center in Hawaii solche Taifune klassifiziert, die Windgeschwindigkeiten von mehr als 241 km/h hervorrufen. Sie entsprechen in der →Saffir-Simpson-Hurrikanskala Wirbelstürmen der Kategorie 4.

Taifune zählen zu den schlimmsten Naturkatastrophen im Westpazifik und richten jährlich große Schäden an.

Als stärkster und größter tropischer Wirbelsturm, der seit Einführung der Wetteraufzeichnungen beobachtet wurde, gilt der Taifun →**Tip** aus dem Jahr 1979, der schwere Überschwemmungen in Japan verursachte. Auf dem Höhepunkt seiner Entwicklung hatte er einen Durchmesser von 2 200 km und einen Kerndruck von 870 hPa. Dies ist der bisher niedrigste Luftdruck, der jemals auf Meeresspiegelhöhe gemessen wurde.

Talwind, →Berg- und Talwind.

Tarhunna, Wettergott der Hethiter, der Bevölkerung Kleinasiens mit der ältesten bisher bekannten indogermanischen Sprache. Sie gründeten in der 1. Hälfte des 2. Jahrtausends v. Chr. im zentralen Anatolien das Königreich Hatti, das bis um 1200 v. Chr. fortbestand und zeitweilig (14./13. Jahrhundert v. Chr.) zu den Großmächten Vorderasiens gehörte.

Tau [althochdeutsch tou, verwandt mit Dunst], Bezeichnung für die Gesamtheit der an der Erdoberfläche, an Gegenständen oder Pflanzen abgesetzten Wassertropfen, die durch Kondensation des Wasserdampfs aus der umgebenden Luft entstehen.

■ **Einteilung** Man unterscheidet Advektions-, Strahlungs- und weißen Tau. **Advektionstau** bildet sich durch Kondensation vorbeistreichender feuchter und wärmerer Luft an kühleren Oberflächen. **Strahlungstau** schlägt sich bei Abkühlung der Luft (infolge Ausstrahlung) in wolkenloser oder -armer Nacht nieder. **Weißer Tau** entsteht durch nachträgliches Gefrieren von Tautropfen; eine Ablagerung bei Temperaturen unter dem Gefrierpunkt ergibt →Reif. Die Ergiebigkeit des Taus wird mit **Taumessern (Drosometern)** bestimmt, die das Gewicht der abgesetzten Flüssigkeit feststellen. In mittleren Breiten können in einer Strahlungsnacht bis zu 0,5 mm Tau auftreten, in Wüstengebieten können es noch höhere Werte sein. Hier ist der Tau oft die einzige Wasserversorgung der Vegetation.

Taumesser, Drosometer, →Tau.

Taupunkt, Taupunktstemperatur, Temperatur, bei der in einem Gas-Dampf-Gemisch das Gas mit dem Dampf gerade gesättigt ist. Bei Abkühlung unter den Taupunkt tritt Kondensation des Dampfes infolge Übersättigung ein. Im Fall von Wasserdampf in Luft bilden sich Wassertröpfchen, z. B. in Form von Tau; dabei ist der Taupunkt erreicht, wenn die relative →Luftfeuchtigkeit 100 % beträgt.

Taupunktdifferenz, Maß für die Feuchtigkeit der Luft; die Differenz zwischen Lufttemperatur und Taupunkt; sie ist relativ groß bei trockener Luft, klein dagegen bei hoher Luftfeuchte. Bei aerologischen Messungen wird häufig anstelle der relativen Feuchtigkeit die Taupunktdifferenz angegeben.

Technik *Sonderartikel Seite 308/309*

Teisserenc de Bort [tɛsrãd'bɔ:r], Léon Philippe, französischer Meteorologe, *Paris 5. 11. 1855, †Cannes 2. 1. 1913; Teisserenc de Bort unternahm Studienreisen nach Afrika in den Jahren 1883, 1885 und 1887, und beschäftigte sich anfänglich mit Geologiestudien und Forschungen zum Erdmagnetfeld. 1892 wurde er zum Chefmeteorologen des Centre météorologique in Paris ernannt. Er betrieb ab 1896 ein privates meteorologisches Observatorium in Trappes (Dép. Yvelines) und schuf mehrere bedeutende Arbeiten zur Aerologie. Aufgrund seiner ab 1896 durchgeführten Registrierballonaufstiege gelangte er zur Unterscheidung von Tropo- und Stratosphäre.

Telekonnektion [englisch connection »Verbindung«, zu lateinisch co(n)nectere »verbinden«], *Meteorologie:* der Zusammenhang zwischen Wettervorgängen in zwei weit voneinander entfernten Gebieten. Die Zusammenhänge beziehen sich meist auf das gegensätzliche Verhalten des Luftdrucks oder der Temperatur. So besteht z.B. eine Tendenz zu einem gegensätzlichen Luftdruckverlauf zwischen Island und den Azoren, d.h., je niedriger der Luftdruck über Island ist, umso höher ist er (über ein längeres Zeitintervall, etwa einen Monat, gemittelt) über den Azoren und umgekehrt. Diese Erscheinung wird als →Nordatlantik-Oszillation bezeichnet. Ebenso sind im Durchschnitt im Winter unternormale Temperaturen im Raum Ostkanada/Grönland mit übernormalen Temperaturen über Europa verbunden.

Temperatur [lateinisch temperatura »gehörige Mischung«], Klimaelement und Zustandsgröße der Luft, mit deren Hilfe sich bei bekanntem Druck die Energie der Atmosphäre und die Luftdichte ermitteln lassen. Ihr vertikaler Gradient (Temperaturgradient) bestimmt den Gleichgewichtszustand der Atmosphäre (→Stabilität, →Labilität). Die Lufttemperatur an einem Ort wird mit strahlungsgeschützten Thermometern (Radiosonde, Wetterhütte) zu bestimmten Terminen beobachtet oder fortlaufend registriert. Um Einflüsse der bodennächsten Luftschicht auszuschalten und vergleichbare Temperaturen zu erhalten, wird international einheitlich 2m über dem Boden gemessen. Die Temperatur zeigt in der Regel einen Tages- und Jahresgang, wobei für beide gewöhnlich gilt, dass die Amplitude über Land größer ist als über See und am Boden größer als in der freien Atmosphäre, was nachts und im Winter häufig zu Inversionen führt. Unterschiede bestehen aber in den verschiedenen Breiten; so ist der Tagesgang mit tiefsten Werten um Sonnenaufgang und höchsten gegen 14 Uhr Ortszeit in den Tropen und Subtropen besonders ausgeprägt, während in den mittleren und polaren Breiten der Jahresgang, dessen Extreme etwa ein bis zwei Monate nach dem Tiefst- oder Höchststand der Sonne auftreten, den Tagesgang übertrifft (Jahreszeitenklima). Die Temperaturverteilung auf der Erde ist von örtlicher Strahlungsbilanz und großräumigen Luftströmungen (→Zirkulation der Atmosphäre) abhängig. Die höchsten Temperaturen (mehr als 50°C) werden im Innern der Wüsten beobachtet (Wärmepole), die höchsten Jahresmittel (etwa 28°C) im Bereich der nordhemisphärischen Savannen. Die tiefsten Werte (weniger als −80°C, Jahresmittel −55°C) treten in Nordostsibirien und v.a. an den Inlandstationen der Antarktis auf (Kältepole).

TEMPERATUR: TEMPERATURSKALEN*

°C	°R	°F	K
100	80	212	373,15
90	72	194	363,15
80	64	176	353,15
70	56	158	343,15
60	48	140	333,15
50	40	122	323,15
40	32	104	313,15
30	24	86	303,15
20	16	68	293,15
10	8	50	283,15
0	0	32	273,15

* Vergleich der Temperaturskalen von Celsius, Réaumur, Fahrenheit und Kelvin mit dem Schmelzpunkt des Eises (Eispunkt; 0°C) als unteren und dem Siedepunkt des Wassers (Dampfpunkt; 100°C) als oberen Werten

■ **Spezielle Temperaturen** Für Berechnungen wurden in der Meteorologie spezielle Temperaturbegriffe eingeführt: So ist **virtuelle Temperatur** die Temperatur, die trockene Luft unter gleichem Druck annehmen müsste, um die gleiche Dichte zu haben wie feuchte, **potenzielle Temperatur** die Temperatur, die Luft erreicht, wenn sie ohne Wärmezufuhr von außen auf 1000hPa gebracht wird, und **Feuchttemperatur** die Temperatur, die sich auf einer benetzten Oberfläche einstellt, wenn der als Folge des Temperaturgefälles zur Umgebungsluft zu ihr gerichtete Wärmestrom den Energieverlust durch Verdunstung voll ausgleicht.

Temperaturgradient, die räumliche Änderung der Temperatur, bezogen auf eine bestimmte Entfernung oder Höhe. Von besonderer Bedeutung in der Meteorologie sind die vertikalen Temperaturgradienten, die Temperaturänderungen mit der Höhe. Sie werden in K pro 100m Höhe angegeben und sind positiv bei mit der Höhe abnehmender (Temperaturgefälle), negativ dagegen bei mit der Höhe zunehmender Temperatur (Inversion) bzw. null

Fortsetzung S. 310

1

TECHNIK

1) Vulkane schleudern Staub in die Atmosphäre, der kühlend wirkt – kann man diesen Effekt auch zur gezielten Bekämpfung des Klimawandels nutzen?

Seit nicht mehr von der Hand zu weisen ist, dass der Mensch mit seinen Abgasen die Atmosphäre erwärmt, machen sich viele Ingenieure und Naturwissenschaftler Gedanken darüber, wie man den Klimawandel durch Technik und den direkten Eingriff in die Atmosphäre stoppen kann. Das passende Label für diese Gedankenspiele ist schon gefunden: Geoengineering.

Sonnenbrille für die Erde

1991 brach auf den Philippinen der Vulkan Pinatubo aus und schleuderte mehr als 20 Millionen Tonnen Material über 20 Kilometer hoch. Die Aschewolke verdunkelte – ein klein wenig zumindest – den Himmel, die Abkühlung war aber durchaus messbar: Um ein halbes Grad sanken weltweit die Temperaturen nach dem Vulkanausbruch. Jahrelang schwebte damals eine Schicht aus Schwefeldioxid um die Erde.

Genau diesen natürlichen Vorgang möchte der Chemiker und Nobelpreisträger Paul Crutzen technisch nachbauen. Ein bis zwei Millionen Tonnen Schwefel müsste man nach seiner Rechnung jährlich in die Atmosphäre einbringen – also viel weniger, als Fabrikschornsteinen und Auspuffrohren entweicht, allerdings in einer Höhe von zehn Kilometern. Nebenwirkung dieser Maßnahme: Schwefel in der Stratosphäre greift auch die Ozonschicht an. Außerdem ist nicht klar, welche Wirkung die Schwefelteilchen im Detail hätten. Ist mit einer globalen Abkühlung zu rechnen? Oder kann es passieren, dass in manchen Gebieten der gegenteilige Effekt eintritt? Wie ist das Zusammenspiel zwischen dem Schwefel und dem Kohlendioxid, dessen Konzentration in der Atmosphäre – trotz aller Klimaschutzmaßnahmen – zunächst noch weiter ansteigen wird? Auf diese Fragen weiß noch niemand eine Antwort. Prinzipiell könnte Crutzens Idee – die übrigens bereits 1974 von dem sowjetischen Klimaforscher Michail Budyko formuliert wurde – funktionieren, und bezahlbar wäre sie vermutlich auch. Vielleicht wird der Klimawandel eines Tages so gravierend, dass man mit der Schwefelmethode zumindest Zeit gewinnen könnte.

Sonnenschirm für die Erde

Der amerikanische Astronom Roger Angel schlug 2006 vor, das Sonnenlicht erst gar nicht bis zur Erde kommen zu lassen. Sein Konzept sieht vor, einen 100 000 Kilometer langen Schirm aus reflektierenden Plastikscheiben zwischen Sonne und Erde zu schieben, 1,5 Millionen Kilometer von unserem Planeten entfernt. In dieser Entfernung halten sich die Anziehungskräfte von Erde und Sonne genau die Waage, das heißt, der Spiegel würde mit der Erde einmal im Jahr die Sonne umrunden. Jedes der benötigten 16 Billionen Scheibchen hätte nur einen Durchmesser von 60 Zentimetern und wäre mit Siliziumnitrid beschichtet. Alle Scheiben zusammen würden etwa 1,8 Prozent des Sonnenlichts reflektieren und damit die Atmosphäre spürbar »entlasten«. Einer der Hauptnachteile des Projekts: die geschätzten Kosten im zweistelligen Billionenbereich.

Auch die Spiegelidee ist nicht neu. Die beiden Physiker Lowell Wood und Edward Teller – der »Vater« der Wasserstoffbombe – schlugen

2

3

schon früher einen geostationären, 1000 Quadratkilometer großen Spiegel vor, der im All zusammengebaut werden müsste. Abgesehen davon, dass man dazu neuartige Transportraumschiffe bräuchte, birgt die Spiegelidee die Gefahr, dass man sich verrechnet und der Spiegel zu groß wird – eine neue Eiszeit wäre die Folge.

Wood plädiert inzwischen für hauchdünne Aluminiumplättchen, die per Flugzeug in der Stratosphäre ausgestreut werden und das Licht nicht komplett blocken, sondern filtern. Damit will er die Albedo unseres Planeten gerade so regeln, wie es nötig ist.

Mehr Wolken

Die Albedo der Erde wird wesentlich von der Wolkendecke bestimmt. Der amerikanische Physiker John Latham schlägt deshalb vor, künstlich Wolken zu erzeugen, und zwar über den Ozeanen. Wolken reflektieren mehr Sonnenlicht als die Wasseroberfläche – der Planet würde kühler. Die passende Technologie für die Wolkenproduktion hat sich der Maschinenbauer Stephen Salter von der Universität Edinburgh ausgedacht. Er entwickelte einen riesigen Gischtquirl, der auf zahlreichen Spezialbooten installiert werden müsste. Auf diesen Booten werden schornsteinartige Röhren montiert, in denen Wasser durch Turbinen hochbefördert und durch Düsen fein in der Luft verteilt wird. Ein Teil des Wassers verdunstet, aber an den übrigen Salzkristallen schlägt sich Feuchtigkeit nieder und bildet Wolken. Zwischen 5000 und 30000 solcher Schiffe will Salter einsetzen, ob die Methode funktioniert, ist allerdings offen.

Klimaklempner?

Die meisten Klimaforscher stehen den diskutierten Methoden des Geoengineerings sehr skeptisch gegenüber. Es sind reine Reparaturprogramme, die – wenn sie überhaupt funktionieren und bezahlbar sind – das Symptom kurieren, nicht die Krankheit selbst. Wenn sie allerdings nicht funktionieren, ist vielleicht wertvolle Zeit verloren, sinnvolle Strategien zur Reduzierung der Treibhausgase anzugehen.

Das Klimasystem der Erde ist ein sehr komplexes System, an dem man nicht mit punktuell ansetzenden Technologien »herumklempnern« kann. Ein Übel, das an der einen Stelle bekämpft wird, ruft an einer ganz anderen Stelle neue Probleme hervor. Das gilt auch für die Vorschläge, Kohlendioxid in Kraftwerken und Fabriken abzuscheiden, um es dann unter der Erde oder in der Tiefsee zu deponieren. Oder die Atmosphäre von Kohlendioxid zu säubern, wie es in einigen Experimenten erprobt wurde. Dabei wurde das Meer mit Eisen gedüngt, was die Algenproduktion angeregt hat. Algen wiederum wandeln Kohlendioxid in Kohlenhydrate um, sodass neues Kohlendioxid aus der Atmosphäre »nachrücken« kann. Bei all diesen Methoden sind gravierende Nebeneffekte zu befürchten.

Manche Klimaingenieure befinden sich übrigens zumindest gedanklich schon längst nicht mehr auf der Erde, sondern entwickeln Szenarien, wie man andere Planeten bewohnbar machen könnte, beispielsweise den Mars. Noch fehlt ihm eine brauchbare Atmosphäre, doch die könnte man durch verschiedene »Tricks« vielleicht produzieren.

2) Stephen Salter schlägt vor, mit riesigen, auf Spezialschiffen installierten Quirlen Gischt und damit Wolken zu erzeugen – hier demonstriert er ein Modell.

3) Denn Wolken wirken kühlend – und bremsen somit die globale Erwärmung.

Fortsetzung von S. 307
in Isothermien. Der mittlere Temperaturgradient der Troposphäre beträgt 0,6 K/100 m; er ist oft größer in kalten, kleiner in warmen Luftmassen.

Von Art und Größe des vertikalen Temperaturgradienten, d.h. der Schichtung der Luft, hängt der Gleichgewichtszustand der Atmosphäre ab (Kriterium für Stabilität bzw. Labilität). Ein nicht mit Wasserdampf gesättigtes Luftquantum kühlt sich beim Aufsteigen um 1 K pro 100 m ab. Diese konstante Größe wird als **adiabatischer** bzw. **trockenadiabatischer Temperaturgradient** bezeichnet. Wird bei der mit dem Aufsteigen verbundenen Abkühlung der Taupunkt der Luft erreicht, beginnt die Kondensation des Wasserdampfs. Die dabei frei werdende Wärme verlangsamt die weitere Hebungsabkühlung, die entsprechend dem feuchtadiabatischen Temperaturgradienten 0,4 bis nahe 1,0 K/100 m beträgt. Ein **überadiabatischer Temperaturgradient** (Temperaturgefälle größer als 1 K/100 m) bildet sich in der bodennahen Luftschicht oft an heißen Sommertagen, in der freien Atmosphäre jedoch selten.

Temperatur|skala, Temperaturskale, Skala zur Angabe von Temperaturen und Temperaturdifferenzen. Die historisch entstandenen **empirischen Temperaturskalen** gehen von der Annahme aus, dass das Volumen eines Stoffs (Gas, Flüssigkeit) eine lineare Funktion der Temperatur ist. Sie werden durch zwei ausgewählte, messtechnisch möglichst gut reproduzierbare Temperaturen (→Fundamentalpunkte) festgelegt, denen je ein Zahlenwert in der zu definierenden Temperaturskala zugeordnet wird. Der Skalenteilungswert (und damit die Größe eines Temperaturgrads) wird dann durch gleichmäßige (lineare) Aufteilung des Temperaturintervalls zw. den zugeordneten Zahlenwerten bestimmt und auf die entsprechende Volumenänderung des Stoffs im Thermometer übertragen. Eine etwaige Erweiterung der empirischen Temperaturskala nach oben und unten erfolgt im gleichen Gradmaß. Am weitesten verbreitet ist die Celsius-Skala (→Grad Celsius) mit der Festlegung des Gefrier-(Eis-)Punktes von Wasser auf 0 °C (→Eispunkt) und des Siede-(Dampf-)Punktes auf 100 °C (→Dampfpunkt). Weitere bekannte empirische Temperaturskalen sind die Fahrenheit-Skala (→Grad Fahrenheit) und die Réaumur-Skala (→Grad Réaumur). Infolge der unterschiedlichen Abweichung realer Stoffe von der angenommenen linearen Temperaturabhängigkeit des Volumens können bei gewöhnlichen Thermometern die mit verschiedenen Flüssigkeiten gemessenen Temperaturwerte geringfügig differieren.

■ **Thermodynamische Temperaturskala** Die auf dem 2. Hauptsatz der Thermodynamik beruhende **universelle Temperaturskala** ist die erstmals 1848 von W. Thomson (Lord Kelvin) abgeleitete **absolute** oder **thermodynamische Temperaturskala (Kelvin-Skala).** Zur Festlegung der SI-Basis-

TEMPERATURSKALA — ***Celsius oder Fahrenheit?***

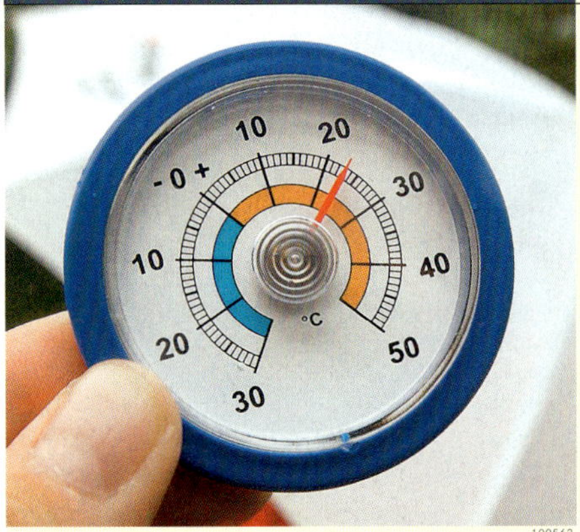

100562

Im 17. Jahrhundert konnte man bereits viele physikalische Größen recht zuverlässig und einheitlich messen. Mit der Temperatur war es hingegen noch schwierig. Die ersten Thermometer enthielten meist Weingeist und ließen sich kaum miteinander vergleichen, denn die Ausdehnung der Flüssigkeit hing u.a. von Konzentration und Luftdruck ab. Erst der Danziger Kaufmannssohn Daniel Fahrenheit schuf die Voraussetzung für eine wissenschaftliche Temperaturmessung: Er erfand 1718 das Quecksilberthermometer. Praktischerweise lieferte er gleich eine Temperaturskala mit, die drei geeichte Punkte enthielt. Als Nullpunkt wählte er die tiefste Temperatur des Winters 1709, die er später mithilfe eines Gemisches aus Eis, Wasser und Salmiak reproduzierte. Mit diesem Nullpunkt wollte Fahrenheit negative Temperaturwerte vermeiden. Als zweiten Fixpunkt soll er seine eigene Körpertemperatur gewählt haben, der er die Temperatur 100 Grad zuordnete, den dritten Fixpunkt legte er auf den Gefrierpunkt des Wassers.

1742 schlug jedoch Anders Celsius die nach ihm benannte Skala vor, deren Fixpunkte allein physikalische Eigenschaften des Wassers berücksichtigen, die überall auf der Welt gelten. Sie setzte sich in Europa durch. Lediglich die angelsächsischen Länder blieben Fahrenheit treu.

einheit der Temperatur, des Kelvins (K), wird dem → absoluten Nullpunkt der Wert 0 K, dem Tripelpunkt des Wassers der Wert 273,16 K zugewiesen. Mithilfe der so gewählten Skalenteilung der Kelvin-Skala lässt sich die Celsius-Skala auf eine thermodynamische Grundlage stellen, indem man den Tripelpunkt des Wassers als neuen Festpunkt mit einem Wert von 0,01 °C einführt. Die Celsius-Skala unterscheidet sich von der Kelvin-Skala dann nur durch die Wahl des Nullpunkts, es ist T [in K] = t [in °C] + 273,15. Temperaturdifferenzen haben in K und °C angegeben den gleichen Zahlenwert. – Eine Temperaturskala, die ebenfalls am absoluten Nullpunkt beginnt, ist die Rankine-Skala (→ Grad Rankine).

Temperatur|umkehr, *Meteorologie:* die → Inversion.

Tescheba, Wettergott der Urartäer, der Bewohner des alten Urartu, des Gebiets um den Vansee in Ostanatolien.

Teschub, Wettergott der Hurriter, eines der wichtigsten Völker des Alten Orients im 2. Jahrtausend v. Chr., in keilschriftlichen Quellen seit dem späten 3. Jahrtausend v. Chr. bezeugt.

Thermik [zu griechisch thérmē »Wärme«], die durch starke Erwärmung des Bodens und der bodennahen Luftschichten hervorgerufene konvektive Vertikalbewegung von Luftmassen (Aufwind). Über schnell aufheizbarem Untergrund (Sand, Getreidefelder, Felsen, Häuser) wird die Luft wärmer als z. B. über Wiesen, Wäldern und Gewässern. Die aufsteigenden Thermikblasen und -schläuche können von Segelfliegern (Segelflug) und Vögeln zur Gewinnung von Höhe ausgenutzt werden. Solange die aufsteigende Luft mit Wasserdampf ungesättigt bleibt und noch keine Wolkenbildung einsetzt, spricht man von **Blauthermik.** Bei ausreichender Luftfeuchtigkeit und labiler Schichtung bildet sich bei Erreichen des Kondensationsniveaus **Thermikbewölkung** (Cumuluswolken).

Thermodynamik, Teilgebiet der Physik, das, ausgehend von der Untersuchung der Wärmeerscheinungen (i. e. S. der **Wärmelehre**), alle mit Energieumsetzungen unterschiedlichster Art verbundenen Vorgänge und deren Anwendungen untersucht.

■ **Thermodynamik der Atmosphäre**
Dieses Teilgebiet der theoretischen Meteorologie beschäftigt sich mit der Zu- oder Abführung von Wärmeenergie in der Atmosphäre und mit Zustandsänderungen, die mit Änderungen der Temperatur verbunden sind. Eine besondere Rolle spielt die Behandlung feuchter Luft und deren Zustandsänderungen. Dazu gehören z. B. die Definition von abgeleiteten Temperaturen (die von der Luftfeuchte abhängig sind), die Phasenübergänge des in der Atmosphäre enthaltenen Wassers (gasförmig/flüssig/fest) und deren thermische Auswirkungen sowie der Einfluss der Feuchte auf die Stabilität der Schichtung und auf den Wärmeinhalt der Luft.

Thermograf [griechisch »Temperaturschreiber«], *Meteorologie:* Gerät zur analogen Aufzeichnung der Lufttemperatur, bei dem die durch Temperaturschwankungen hervorgerufenen Bewegungen eines Bimetallstreifens auf einen Schreibhebel mit Schreibfeder übertragen und auf einer Registriertrommel aufgezeichnet werden.

thermohaline Zirkulation [zu griechisch háls, halós »Salz«], horizontale und vertikale Strömungen im Meer, die durch Dichteunterschiede des Meerwassers entstehen, welche auf Salzgehalts- oder Temperaturunterschieden beruhen. Wenn an der Oberfläche Wasser vedunstet oder ausfriert und gleichzeitig das Salz zurückbleibt, erhöht sich die Salzkonzentration im flüssigen Wasser. Je nach Temperatur schichtet sich dieses Wasser zwischen leichteres und schwereres Wasser oder sinkt ganz auf den Grund. In polaren oder subpolaren Regionen kühlt sich das Oberflächen-

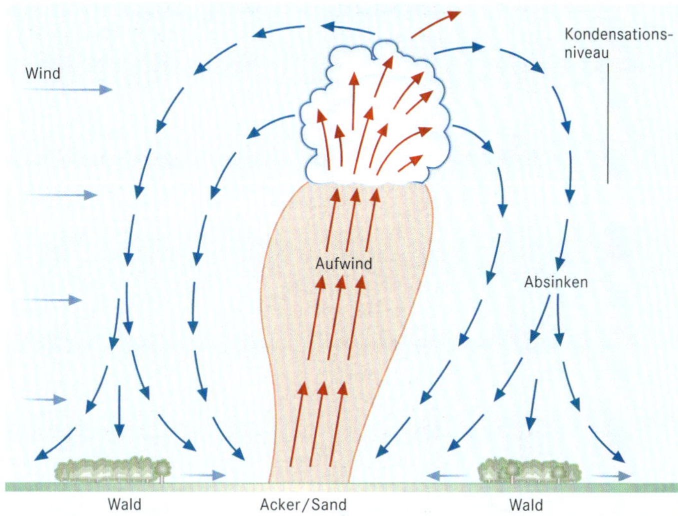

Thermik.
Der ersten Thermikblase folgt bald die nächste, es bildet sich ein Thermikschlauch mit aufsteigender Warmluft. Oberhalb des Kondensationsniveaus bilden sich Cumuluswolken.

Thermik.
Vor allem Segelflieger nutzen die Thermik.

wasser ab, bekommt eine höhere Dichte und sinkt deshalb durch leichtere Wasserschichten hindurch nach unten, bis es auf eine Wasserschicht mit der gleichen Dichte trifft.

Da das absinkende Wasser an der Oberfläche durch horizontal heranfließendes Wasser ersetzt werden muss, entsteht ein Austauschprozess, der den Tiefenwasserkreislauf antreibt.

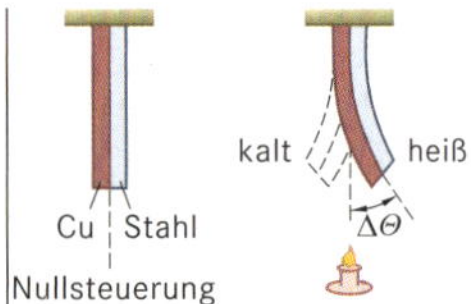

Thermometer. Die beiden Streifen des Bimetallthermometers aus verschiedenen Metallen dehnen sich bei Erwärmung unterschiedlich aus, was zu einer Biegung führt. Die Winkeländerung $\Delta\vartheta$ ist der Temperaturänderung ΔT proportional.

Die thermohaline Zirkulation spielt besonders eine Rolle bei der Bildung und Ausbreitung des Boden- und Tiefenwassers im Seegebiet zwischen Norwegen und Grönland. Hier wird durch den Nordatlantikstrom salzreiches Wasser aus Süden herangeführt, das aufgrund seines Wärmegehalts zunächst an der Oberfläche bleibt, bevor es auf der Breite Islands beginnt, langsam abzusinken. In der Grönlandsee gelangt es schließlich auf den Meeresgrund in 3000 m Tiefe und leitet damit den thermohalinen Kreislauf ein.

Die zweite wichtige Absinkregion liegt vor der Antarktis im Wedellmeer. Von lokaler Bedeutung sind zudem haline Küstenströmungen in den höheren Breiten.

Thermo|isoplethen, Linien gleicher Temperatur (→Isoplethen).

Thermometer. Kontrolle eines Thermometers der Wetterstation der Flugwetterwarte Erfurt

100562

Thermometer, Temperaturmesser, jedes Instrument zur Messung der Temperatur. Die Funktion der Thermometer beruht auf mechanischen, elektrischen, magnetischen oder optischen Erscheinungen, die mit der Temperatur über bekannte physikalische Gesetzmäßigkeiten verbunden sind.

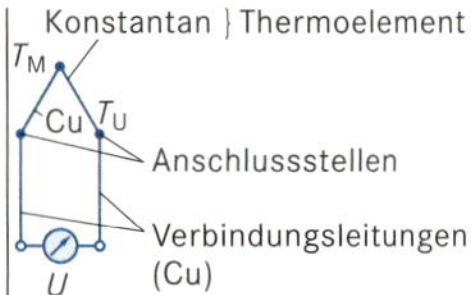

Thermometer. Prinzip des Thermoelements

■ **Messprinzipien** der am häufigsten verwendeten **Berührungsthermometer** sind die Volumenänderung fester, flüssiger und gasförmiger Stoffe und die Änderung des elektrischen Widerstandes, jeweils in Abhängigkeit von Temperaturänderungen, und bei Thermoelementen der Seebeck-Effekt. Der Messfühler von Berührungsthermometern wird mit dem Messobjekt in engen thermischen Kontakt gebracht, wodurch er dessen Temperatur annimmt. Bei **Strahlungsthermometern** (Bolometer, Pyrometer) ist dagegen eine Berührung nicht erforderlich. Bei Thermometern, die auf der thermischen Ausdehnung **(Ausdehnungsthermometer)** be-

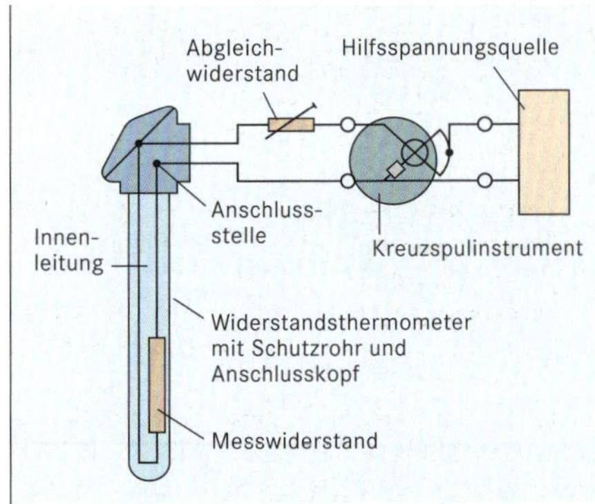

Thermometer. Widerstandsthermometer

ruhen, unterscheidet man entsprechend dem sich ausdehnenden Stoff Flüssigkeitsthermometer, Metallausdehnungsthermometer, →Dampfdruckthermometer und →Gasthermometer.

■ **Ausdehnungsthermometer Flüssigkeitsthermometer** oder **Flüssigkeitsglasthermometer** bestehen aus einem kleinen Glaskolben zur Aufnahme der Thermometerflüssigkeit mit angeschmolzener kalibrierter Glaskapillare (Haarröhrchen konstanten Durchmessers) und einer Anzeige. Entsprechend der Temperaturänderung ändert die Flüssigkeit ihr Volumen und steigt bzw. sinkt in der Kapillare. Die Temperatur wird aus dem Stand der Flüssigkeit in der Kapillare auf Skalenmarkierungen abgelesen, die nach einer bestimmten →Temperaturskala eingeteilt sind. Der Raum über der Flüssigkeit ist evakuiert, bisweilen auch mit einem unter hohem Druck stehenden neutralen Gas (Argon, Stickstoff) gefüllt, um das Verdampfen der Flüssigkeit zu verhindern. Je nach dem gewünschten Messbereich verwendet man als Messflüssigkeit organische Flüssigkeiten, z. B. Alkohol (**Alkoholthermometer** oder **Ethylalkoholthermometer,** Messbereich −110 °C bis 50 °C), Toluol (−90 °C bis 110 °C) oder Pentan (−200 °C bis 35 °C) und sehr häufig Quecksilber, das wegen seiner Eigenschaft, Glas nicht zu benetzen, bevorzugt wird. **Quecksilberthermometer** sind von −39 °C (Erstarrungspunkt) bis rund 150 °C (merkliche Verdampfung) einsetzbar.

■ **Widerstandsthermometer** nutzen die Temperaturabhängigkeit des spezifischen elektrischen Widerstands aus. Bei Temperaturfühlern aus Metallen, z. B. Kupfer, Nickel oder Platin, erhöht sich der ohmsche Widerstand proportional zur Temperatur, bei Verwendung von Thermistoren aus verschiedenen halbleitenden Materialien (→Halbleiterthermometer) nimmt der Widerstand mit steigender Temperatur ab.

■ **Thermoelemente** sind die am häufigsten benutzten elektrischen Thermometer im

Temperaturbereich von 1 bis 3000K. Die Messunsicherheit ist zwar größer als diejenige von Widerstandsthermometern, Thermoelemente sind aber einfacher herzustellen, räumlich sehr klein und haben kürzere Ansprechzeiten.

Thermometerhütte, die → Wetterhütte.

Thermopause, die obere Grenze der → Thermosphäre.

Thermosphäre, die oberhalb der Mesosphäre ab etwa 80 km Höhe gelegene Schicht der → Atmosphäre, in der die Temperatur mit der Höhe stark ansteigt. Diese Temperaturzunahme beruht auf der Absorption von Sonnenstrahlung mit Wellenlängen unter 200 nm (d.h. vom Ultraviolett bis in den Röntgenbereich) durch Sauerstoff und Stickstoff, während die äußerst geringe Luftdichte (mehr als sechs Größenordnungen niedriger als am Boden) eine nur geringe Wärmeabstrahlung und einen sehr schlechten Wärmeaustausch mit unteren Luftschichten bewirkt. Die Obergrenze der Thermosphäre **(Thermopause)** und die dort erreichten Temperaturen schwanken erheblich mit der Tageszeit und hängen von der Stärke der Sonnenaktivität ab. Tagsüber liegt die Thermopause in bis zu 500 km Höhe mit Höchsttemperaturen von 700 °C bis über 1000 °C, nachts durch die teilweise Abkühlung in rund 200 km Höhe mit niedrigsten Temperaturwerten zw. etwa 400 °C und 1000 °C. Die Schicht oberhalb der Thermosphäre besitzt eine weitgehend gleichbleibende Temperatur.

Thomson [tɔmsn], Sir (seit 1866) William, Lord Kelvin of Largs Kelvin of Largs [- əv lɑːgz] (seit 1892), britischer Physiker, *Belfast 26. 6. 1824, †Nethergall (bei Largs, Strathclyde Region) 17. 12. 1907; ab 1846 Professor für theoretische Physik in Glasgow. Seine Hauptforschungsgebiete waren die Elektrophysik und die Thermodynamik. 1848 gab Thomson eine von der thermometrischen Substanz unabhängige Definition der Temperatur. Die absolute Temperatur wird heute in Kelvin angegeben.

Thor, altsächsisch **Thunar,** germanisch **Donar,** altnordischer Gott, neben Odin (Wodan) der mächtigste im Göttergeschlecht der Asen. Er ist der Herr des Donners, der Winde und der Fruchtbarkeit. Der mächtige Hammer und ein von Böcken gezogener Wagen waren seine Attribute, seine Gemahlin war die goldhaarige Sif. Durch unermessliche körperliche Kraft ausgezeichnet, fällt ihm die Aufgabe zu, die Welt der Götter und Menschen gegen Riesen und Ungeheuer zu verteidigen. Beim letzten Kampf der Götter tötet er zwar die Midgardschlange, stirbt aber durch deren Gifthauch. Thor galt als schützender, helfender Gott und wurde von den Bauern um gute Ernten angerufen. Römische Schriftsteller nannten ihn Hercules oder Jupiter (daher der Wochentagsname Donnerstag nach dem Vorbild des lateinischen »dies Jovis«).

Tief, *Meteorologie:* das → Tiefdruckgebiet.

Tief|ausläufer, *Meteorologie:* keilförmige Ausbuchtung des vorwiegend runden Isobarenfeldes im Bereich der → Front eines Tiefdruckgebiets.

Tiefdruckgebiet, Tief, Zyklone, barometrisches Minimum, Abkürzung **T** oder **L** [von englisch **l**ow-pressure area »Gebiet geringen Drucks«], Gebiet relativ niedrigen Luftdrucks, in dem der Luftdruck von außen zu einem Zentrum (Tiefkern) hin abnimmt. Tiefdruckgebiete sind Luftwirbel unterschiedlichen Ausmaßes mit vertikaler, meist leicht geneigter Achse, deren Rotationsrichtung von der Coriolis-Kraft bestimmt wird. So weht in einem Tiefdruckgebiet der Nordhalbkugel der Wind grundsätzlich entgegen dem Uhrzeigersinn, auf der Südhalbkugel in umgekehrter Richtung. Das bedeutet, dass auf der Nordhalbkugel auf der Ostseite der Tiefdruckgebiete Warmluft nach Norden sowie auf der Westseite Kaltluft (Polarluft) nach Süden strömt. In den unteren Luftschichten wird dabei der Wind infolge Reibung in das Tiefdruckgebiet hinein abgelenkt.

■ **Entstehung** Die Entstehung eines Tiefdruckgebiets (Zyklogenese) beruht auf dem Vorhandensein einer warmen und einer kalten Luftmasse, die bei einer bestimmten Druckverteilung im Bereich einer Frontalzone gegeneinander geführt werden (Konvergenz). Dadurch wird eine großräumige Vertikalbewegung der Luft eingeleitet, die zu Wolken- und Niederschlagsbildung führt. Die dabei frei werdende Kondensationswärme begünstigt die Hebung der Luft. In höheren Schich-

Thor. Die Bronzeskulptur zeigt Thor mit seinem Attribut, dem zauberkräftigen Hammer Mjölnir, mit dem er auch Blitze und Donner erzeugt (um 1000; Reykjavík, Nationalmuseum).

Tiefdruckgebiet. Deutlich zu erkennen ist die spiralförmige Strömungsrichtung gegen den Uhrzeigersinn.

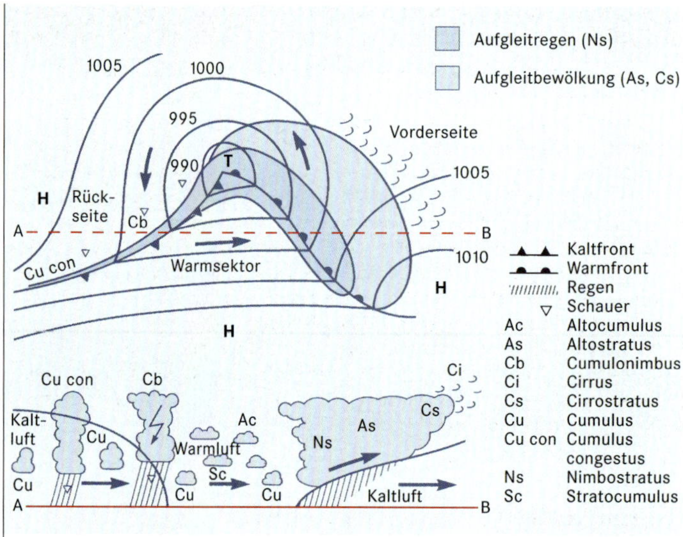

Tiefdruckgebiet. Schematische Darstellung eines jungen Tiefdruckgebietes (oben) und der dazugehörenden Wettererscheinungen in der Schnittlinie AB

ten der Troposphäre strömt die Luft horizontal auseinander (Divergenz). Dabei lässt sich eine Entwicklungsreihe von einer flachen Wellenstörung an einer →Frontalzone über eine junge Zyklone mit breitem »Warmsektor« (Niederschläge fallen beim Aufgleiten auf die vorgelagerte kältere Luft) zu einem gealterten Zentraltief beobachten. Hierbei wird die Warmfront von der schneller vordringenden Kaltfront eingeholt (Reifestadium mit intensivster zyklonaler Rotation) und die Warmluft schließlich vom Boden abgehoben (Altersstadium, →Okklusion). Wenn das Tiefdruckgebiet vollständig von Kaltluft erfüllt ist, wird es ein stationäres Zentraltief, das nachfolgende Tiefdruckgebiete um sich herumführt und sich schließlich an Ort und Stelle auflöst **(Zyklolyse).** Auf der Rückseite von Tiefdruckgebieten im Bereich der nachströmenden Kaltluft wechseln Quellbewölkung (Cumulus, mit Regen-, Schnee- oder Graupelschauern) und Aufheiterungen rasch miteinander ab (»Rückseitenwetter«). Die Lebensdauer eines Tiefdruckgebiets beträgt wenige Tage. Nicht selten bilden sich jedoch an der lang gestreckten Kaltfront weitere, ähnliche Wellenstörungen **(Zyklonenfamilie).** Auch orografische Hindernisse können die Entwicklung eines Tiefdruckgebiets auslösen, wenn sie eine Strömung abbremsen, ablenken oder beschleunigen und dadurch das Gleichgewicht der Druck- und Temperaturverteilung stören, z. B. an der Südspitze Grönlands und Spitzbergens, am Südrand der Alpen (Genua- und Adria-Tiefs) und im Skagerrakgebiet der Nordsee. Eine ganz andere Art von Tiefdruckgebiet sind die sommerlichen Hitzetiefs, die über dem Festland bei geringen horizontalen Luftdruckunterschieden in einer einheitlichen Warmluftmasse entstehen.

Die von dem Meteorologen Wilhelm Jakob van Bebber (* 1841, † 1909) statistisch festgestellten und mit römischen Ziffern sowie Buchstaben versehenen **Zugstraßen** der Tiefdruckgebiete haben nur noch historische Bedeutung, außer der Zugstraße Vb, die vom Golf von Genua über das östliche Mitteleuropa zum Ostseeraum verläuft; ihre feuchtwarme Luft gleitet auf die über Mitteleuropa lagernde Kaltluft und bringt sehr ergiebige, bisweilen Hochwasser verursachende Niederschläge (Oderhochwasser 1997; Elbehochwasser 2002). Tropische Tiefdruckgebiete entstehen aus wellenartigen Störungen (Easterly Waves) an der innertropischen Konvergenz oder aus Störungen, die aus der Westwindzone in die tropische Zirkulation einbezogen werden. Für den Nordatlantik und den nordöstlichen Pazifik unterscheidet man verschiedene Entwicklungsstufen: tropische Tiefdruckstörungen (mit polwärts ausgebuchteten Isobaren), tropische Depressionen (in den bodennahen Schichten eine geschlossene zyklonale Strömung), tropische Stürme (mit Windgeschwindigkeiten von 62 bis 117 km/h, Beaufortgrad 8 bis 11, im Kern vollkommen von Wolken bedeckt) und Orkane (mehr als 118 km/h oder Beaufortgrad 12, v. a. →tropische Wirbelstürme).

Tiefdruckrinne, Tiefdruckfurche, lang gestrecktes Gebiet tiefen Luftdrucks mit weitgehend geraden Isobaren.

tiefe Wolken, Sammelbezeichnung für Wolken, deren Untergrenzen in 0 bis 2 km Höhe liegen.

Tiefseeforschung, der Teil der Meereskunde, der sich besonders mit der Erforschung von Tiefsee und Tiefseeböden befasst.

Tierkreislicht, das →Zodiakallicht.

Tip, ein Taifun, der sich Anfang Oktober 1979 im nordwestlichen Pazifik bildete und

TIEFDRUCKGEBIET. *Unheil aus Genua*

Für Bergsteiger ein meteorologisches Schreckgespenst: das Genua-Tief! Wenn es auftritt, können die gesamten Alpen von dichten Wolken und Niederschlägen heimgesucht werden. Die Grundzüge der Genua-Zyklone wurden bereits 1920 untersucht, genauere Erkenntnisse brachte das 1982 durchgeführte Alpenexperiment ALPEX. Das Genua-Tief entsteht, wenn Kaltluft in einer von Skandinavien bis zum Mittelmeer reichenden Tiefdruckzone südwärts strömt und schließlich über dem Golf von Genua einen separaten Tiefdruckwirbel abspaltet – und zwar für meteorologische Verhältnisse »explosionsartig« schnell, nämlich innerhalb von sechs Stunden. Stünden die Alpen der Luftströmung nicht im Wege, würde zwar auch ein Wellentief entstehen, allerdings erst viele Stunden später und viel weiter östlich über dem Balkan. So erwischt es aber die Berge. Aus der Sicht des Alpinisten ist das Genua-Tief die fatalste Wetterlage, denn ihr Ende ist nur selten abzusehen. Am heftigsten trifft es die östlichen Ostalpen mit Dauerregen; im Rest der Alpen wechseln sich Regen, Gewitter und kurze Sonnenphasen ab. Oft ist Hochwasser die Folge wie im Katastrophenjahr 2002, als das Genua-Tief gleich fünfmal auftrat.

am 11. Oktober die Stärke eines »Supertaifuns« der Kategorie 5 auf der → Saffir-Simpson-Hurrikanskala erreichte. Am 12. Oktober sank der Luftdruck im Zentrum des Taifuns auf 870 hPa; das ist der niedrigste Luftdruckwert, der jemals auf der Erdoberfläche gemessen wurde. Zu diesem Zeitpunkt wurden Windgeschwindigkeiten bis 305 km/h registriert. Am 19. Oktober erreichte der Taifun Japan und forderte hier mindestens 36 Menschenleben; Landwirtschaft und Fischerei trugen schwere Schäden davon.

TIROS ['taɪərəs; englisch, Abkürzung für **T**elevision and **I**nf**r**ared **O**bservation **S**atellite], Serie von zehn zwischen 1960 und 1965 gestarteten amerikanischen Wettersatelliten. TIROS 1, Bahnhöhe zw. 692 und 753 km, 122 kg schwer, übertrug als erster meteorologischer Satellit globale Wolkenbilder (insgesamt fast 23 000) zur Erde.

Tlaloc [aztekisch »der, der sprießen lässt«], Gott des Regens und des Wassers, eine der ältesten und am weitesten verbreiteten Göttergestalten in Mesoamerika, schon bei den Olmeken und in Teotihuacán nachweisbar. Dem Tlaloc entspricht bei den Maya Chac (oder Tohil), bei den Totonaken Tajín, den Zapoteken Cocijo, den Mixteken Dzahui. Charakteristisch bei der Darstellung des Regengottes sind die brillenartig umrahmten Augen, die zu einem nach oben gekrümmten Rüssel ausgearbeitete Nase und die blaue Bemalung.

Tornado. Der »Rüssel« im Zentrum eines Tornados erstreckt sich von der Gewitterwolke bis zum Erdboden.

TIEFDRUCKGEBIET. *Namensgebung*

Seit 1954 tragen in unseren Breiten die Hoch- und Tiefdruckgebiete Namen. Die Idee dazu hatte die Studentin Karla Wege, die später Meteorologin im ZDF wurde. Und da sie eine Frau ist – wer zuerst kommt, mahlt zuerst –, legte sie gleich fest, dass die meteorologisch interessanteren Tiefdruckgebiete weibliche Vornamen bekommen, die langweiligen Hochs hingegen männliche. Einige Frauenverbände protestierten allerdings, weil Tiefdruckgebiete meist schlechtes Wetter mit sich bringen, und stellten die Sinnhaftigkeit der Namensvergabe infrage. Ende der 1990er-Jahre kursierten deshalb plötzlich unterschiedliche Namenslisten, und es konnte passieren, dass ein Tief im Fernsehen Lisa hieß, in der Zeitung aber Lars.
Inzwischen vergibt das Meteorologische Institut der FU Berlin die Namen – gegen Bezahlung. Der Käufer übernimmt eine »Wetterpatenschaft« und kann somit das Geschlecht bestimmen. Das Geld kommt einer Arbeitsgruppe von Studenten zugute.

Sein Herrschaftsgebiet Tlalocan galt als mythischer Jenseitsort und als eines der Totenreiche (für Ertrunkene und vom Blitz Erschlagene).

TOPEX/Poseidon, Forschungssatellit der NASA und der französischen Raumfahrtbehörde CNEF, der bis 2006 in Betrieb war. Zu den Aufgaben des Satelliten gehörte u. a. die Messung des Meeresspiegels. Nachfolger von TOPEX/Poseidon ist der 2001 gestartete Satellit Jason 1.

Topografie [griechisch, zu topographeīn »einen Ort beschreiben«], *Meteorologie:* die Isohypsendarstellung von Druckflächen in einer → Höhenwetterkarte.

Topoklima, Geländeklima, Teilbereich des Mesoklimas (→ Klima), bezogen auf den Einfluss der Topografie, d. h. auf die Bodenoberfläche und den oberflächennahen Untergrund (z. B. Wärmeleitfähigkeit). Raumeinheiten des Topoklimas sind z. B. Täler, Hänge.

Topside-Sondierung ['tɔpsaɪd-; englisch topside »obere Bordwand«], Untersuchung der Ionosphäre von einem Satelliten aus, dessen Bahn oberhalb der Ionosphärenschichten verläuft. Dabei wird mit einer eingebauten → Ionosonde die Impulssondierung vertikal nach unten angewendet.

TorDACH, 1997 von Wissenschaftlern verschiedener Fachrichtungen und Laien gegründetes Netzwerk, das Informationen zu Tornados, Wasserhosen und anderen lokalen Unwettern in Deutschland, Österreich und der Schweiz sammelt.

Tornado [englisch, unter Anlehnung an spanisch tornar »sich drehen«, umgebildet aus tronada »Gewitter«, zu tronar »donnern«], *Meteorologie:* **Großtrombe,** Bezeichnung für Luftwirbel, die von einer Gewitter- oder Schauerwolke bis zum Erdboden reichen. Als Folge der Kondensationsvorgänge bei starkem Druckfall kann es im Tornadowirbel zur Bildung eines Wolkenschlauchs oder -trichters (englisch funnel cloud) kommen. Dieser ist je-

Unter dem Einfluss von rasch ziehenden und intensiven **Tiefdruckgebieten** kommt es zu großen Windstärken und stärkeren Winddrehungen:
»Dreht zweimal sich der Wetterhahn, so zeigt er Sturm und Regen an.«

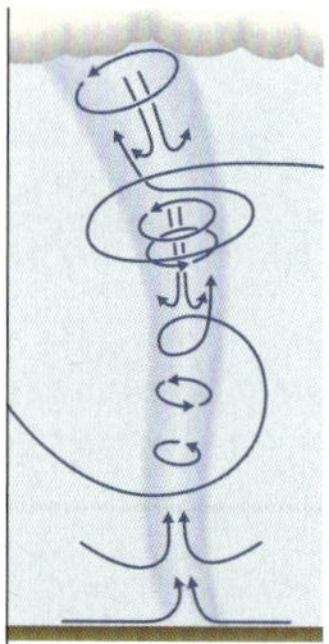

Tornado. Luftströmungen in einem Tornado

doch nicht immer voll ausgebildet; der Tornado wird dann an der Erdoberfläche nur durch aufgewirbelten Staub und Gegenstände **(Windhose)** bzw. Wasser **(Wasserhose)** sichtbar. Der Durchmesser von Tornados beträgt meist 50–500 m, selten über 1 km. Während ihrer Lebensdauer von durchschnittlich 5 bis 30 Minuten bewegen sich die Tornados mit 30–80 km/h vorwärts. Die Zugbahn ist im Mittel 3–10 km lang (sehr selten über 100 km), ihre Breite übersteigt oft die des sichtbaren Tornadowirbels. Der Unterdruck im Tornado trägt mit zu den hauptsächlich durch die hohen Rotations- und Vertikalgeschwindigkeiten im Tornado verursachten Schäden bei, in extremen Fällen treten Windgeschwindigkeiten von 80 bis 140 m/s (290–500 km/h) auf. Als Tornados werden oft fälschlich schadenintensive kleinräumige Gewitterböen **(Downbursts)** sowie Kleintromben bezeichnet. Die Intensität von Tornados und Gewitterböen wird v. a. in der **Fujita-Skala** gemessen (hierzu ist die höchste Intensität in der Zugbahn maßgeblich), die von F2 bis F5 reicht. Ab F0 treten die ersten Schäden auf, ab F2 spricht man von signifikanten Tornados.

■ **Entstehung** Tornados entwickeln sich fast immer aus heftigen Gewittern, meist aus → Superzellen. Damit sie entstehen können, ist extrem feuchte und labil geschichtete Warmluft notwendig, die von kalter, trockener Luft schräg überstrichen wird. Die labile Schichtung sorgt dafür, dass die Temperatur eines aufsteigenden Luftpakets immer größer ist als die Temperatur der Umgebung. Das Luftpaket steigt deshalb auch ohne weiteres Zutun nach oben, da die Temperaturdifferenz für einen Auftrieb sorgt. Dieses freie Aufsteigen der Luft bezeichnet man als Feuchtekonvektion. Sie wird entweder dynamisch durch eine Front oder thermisch durch Sonneneinstrahlung ausgelöst. Dabei brodelt die feuchtheiße Luft regelrecht auf. Die zum Ausgleich am Boden nachströmende Luft hat durch die Coriolis-Kraft eine kleine Rotationskomponente, die sich beim Zusammenströmen auf einen immer kleineren Raum konzentriert, wodurch die Rotationsgeschwindigkeit zunimmt, analog zu einem sich immer schneller drehenden Eisläufer, der bei einer Pirouette die Arme anzieht. Durch diese Rotation erhält der Tornado auch seine Eigenbewegung und beginnt zu wandern. In mittleren Höhen versetzt die Windscherung, also die nach oben zunehmende Windgeschwindigkeit, die gesamte Gewitterwolke in Rotation, sodass durch Fliehkräfte in der Wolke ein lokales Luftdruckminimum gebildet wird. Dieser Druckfall im Innern des Tornadorüssels führt zu einer starken adiabatischen Abkühlung, durch die große Mengen Wasserdampf kondensieren und zusammen mit aufgewirbeltem Material vom Boden den Rüssel sichtbar werden lassen. Der Luftdruck in einem Tornadorüssel kann nur geschätzt werden, da kein Messgerät den enormen Kräften standhält.

TORNADO | ***Jagd nach dem Wind***

100562

Die meisten Menschen fliehen vor einem Unwetter. »Storm chaser« hingegen werden dann erst aktiv. Sie sind immer auf der Suche nach dem nächsten ordentlichen Sturm, um ihn vor allem mit Bildern und Filmen zu dokumentieren. Abenteuerlust spielt dabei eine wichtige Rolle, doch die Sturmjäger helfen auch den Experten dabei, diese Wetterphänomene besser zu verstehen.

Besonders aktiv sind die Sturmjäger im Mittelwesten der USA. Über tausend Tornados treten jährlich in der sogenannten Tornado-Alley von Texas, Oklahoma, Kansas und Nebraska auf. Sie zerstören Häuser und wirbeln Autos durch die Luft, locken inzwischen aber auch zahlende Kundschaft an. Kommerzielle Tornadojäger bieten im Sommer Touren an, um Wetterfans ganz nahe an das Wetterschauspiel heranzuführen. Ausgestattet mit Internet und GPS, fahren sie dorthin, wo große Kalt- mit Warmluftfronten zusammenstoßen. Wettervorhersagen werden ständig überwacht, Satellitenfotos und Radarkarten ausgewertet.

Sehr beliebt bei Tornadojägern sind mobile Radarsysteme, sogenannte Doppler-on-Wheels (DOW), welche die Atmosphäre innerhalb weniger Minuten abtasten. Mit einem solchen Gerät maß man auch den bisherigen Weltrekord einer Windgeschwindigkeit in der Nähe des Zentrums eines Tornados: 510 km/h. 2007 waren zwei DOWs auch im Schwarzwald für eine Gewittermesskampagne im Einsatz.

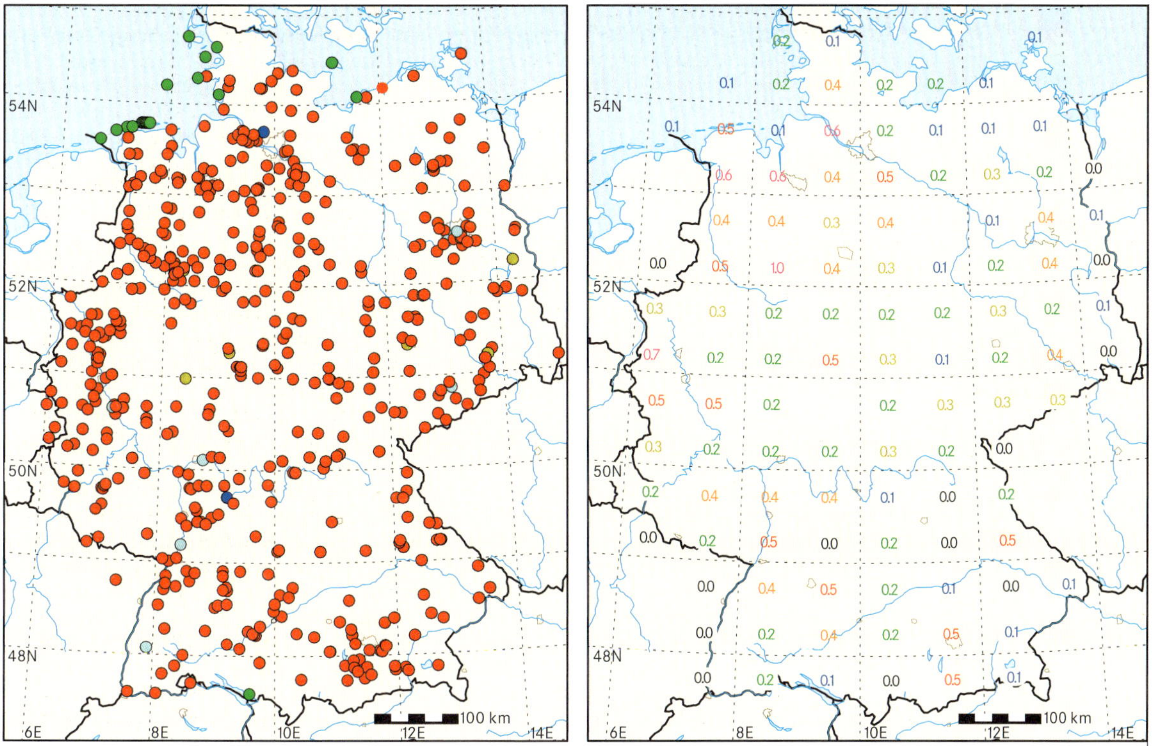

Tornado. Tornadomeldungen in Deutschland im Zeitraum 1950–2004 (559 Ereignisse); links rot = Tornado, grün = Wasserhose mit Landberührung, dunkelblau = Tornado oder Downburst, gelb = Tornado oder Böenfrontwirbel, hellblau = Tornado oder starke Kleintrombe; rechts Häufigkeit pro Zeit- und Flächeneinheit auf einem geografischen Raster (1°-Länge, 0,5°-Breite). Die Werte sind gerundet, z. B. 0,1 = 0,05 bis 0,15 Meldungen pro Jahr und pro 100 km × 100 km.

Man vermutet, dass der Druckunterschied in der Größenordnung von 100 hPa liegt. Das erklärt auch einen Teil der Zerstörungskraft, da beim Hinwegziehen eines Tornados über ein Gebäude dessen Innendruck plötzlich deutlich den Außendruck übersteigt, im Innern also ein großer Überdruck entsteht.

■ **Auftreten** Tornados werden auf allen Kontinenten mit Ausnahme der Antarktis beobachtet. Ihre größte Häufigkeit erreichen sie im Mittleren Westen der USA, wo bodennahe feuchtwarme Luft aus dem Golf von Mexiko und darüber befindliche trockenkalte Luft von den Rocky Mountains besonders oft die für Tornadogewitter günstige potenziell instabile Luftschichtung mit starker Windscherung (Drehung und Zunahme mit der Höhe) erzeugen. In den USA kommen etwa 1200 Tornados jährlich vor und fordern einige Dutzend bis über hundert Menschenleben. Aber nur etwa ein Tornado jährlich erreicht die höchste Intensität F5.

In Mitteleuropa kommen Tornados etwa zehnmal weniger vor als im Tornadogürtel der USA. Eine Schätzung ihrer Gesamtzahl in Europa beträgt etwa je 300 Tornados über Land bzw. den Meeren. Erst langsam entwickelt sich ein genaueres Bild der europäischen Tornadoklimatologie. Meteorologisch gesichert sind erhöhte Häufigkeiten in der norddeutschen Tiefebene. In anderen Regionen hängt die Zahl der Beobachtungen stark von der Bevölkerungsdichte ab. Etwa 20–30 Tornados pro Jahr treten in Deutschland auf, ihre Häufigkeitsverteilung auf der Fujita-Skala ähnelt dabei jener aus den USA. In Deutschland kommt etwa alle drei bis vier Jahre ein F3-Tornado und selten ein F4-Tornado vor. Aus dem 18. Jahrhundert sind zwei historische F5-Tornados überliefert (→ Trombe).

■ **Tornado von Pforzheim** Einer der schwersten Tornados in Deutschland im 20. Jahrhundert war der Pforzheimer Tornado vom 10. Juli 1968, der fünf Todesopfer und Hunderte von Verletzten forderte. Seine Zugbahn war über eine Länge von 27 km zu verfolgen und hinterließ eine 200 bis 600 m breite Schneise der Zerstörung. Allein im Stadtgebiet Pforzheim wurden über 1750 Häuser beschädigt. Maßgeblich für die Auslösung dieses Tornados waren die extrem feuchtwarme Luft östlich des Rheins und eine insgesamt sehr labile Schichtung der gesamten Troposphäre. Zusätzlich war in etwa 1500 m Höhe eine relativ trockene Luftschicht eingelagert, die sich durch Verdunstung abkühlte und die Labilisierung verstärkte, ebenso wie eine herannahende Kaltfront. – Tabelle Seite 318

Torricelli [torri'tʃɛlli], Evangelista, italienischer Mathematiker und Physiker, * Faenza 15. 10. 1608, † Florenz 25. 10. 1647; nach dem Tod G. Galileis dessen Nachfolger als Hofmathematiker des Großherzogs von Florenz und Professor für Mathematik und Physik an der

TORNADO: FUJITA-SKALA		
Fujita-Grad	Windgeschwindigkeit m/s	km/h
unterkritisch		
F-2	0-7	0-25
F-1	7-18	25-65
schwach		
F0	18-33	65-119
F1	33-51	119-184
stark		
F2	51-71	184-256
F3	71-93	256-335
verheerend		
F4	93-117	335-421
F5	117-143	421-515

Universität Florenz; erfand u.a. das Quecksilberbarometer, das zunächst als »torricellisches Rohr« bezeichnet wurde. Nach ihm ist auch die Druckeinheit Torr benannt.

Totalisator [latinisiert aus französisch totalisateur, zu totaliser »alles addieren«], *Meteorologie:* der Niederschlagssammler (→Niederschlagsmesser).

Tot|eis, bewegungslos gewordene Teile von Gletschern oder Inlandeis (meist infolge Abtrennung bei raschem Gletscherrückzug), über die sich Sande und Kiese der Gletscherschmelzwässer lagern, oft von Moränen- bzw. Schmelzwasserablagerungen überdeckt, wodurch das Toteis lange erhalten bleibt. Beim Abtauen des Toteises entstehen unregelmäßige Hohlformen **(Toteisloch),** meist abflusslos, daher heute vielfach von Seen erfüllt.

100674

Treibeis vor der Küste von Spitzbergen

Tramontana [italienisch], in Italien frischer, über die Alpen kommender Nordwind.

translucidus [lateinisch »durchsichtig«], adjektivischer Zusatz zu den Namen der Wolkengattungen Altocumulus, Altostratus, Stratocumulus und Stratus mit der Bedeutung »durchscheinend«. Wolken der Unterart translucidus bilden ausgedehnte Flecke, Felder oder Schichten, die so durchsichtig sind, dass Sonne oder Mond zu erkennen sind.

Transmission [lateinisch »Übersendung«, »Übertragung«], *Physik:* bei einem Medium die Durchlässigkeit einer Strahlung. An der Grenzfläche des Mediums kann polarisationsabhängige Reflexion stattfinden (brewstersches Gesetz), innerhalb des Mediums Absorption und Streuung (→Extinktion). Die Transmission wird dabei jeweils verringert.

Treib|eis, Trift|eis, Drift|eis, durch Wind und Strömung bewegte Eisstücke auf der Wasseroberfläche von Flüssen, Seen und Meeren (Meereis). Treibeis kann unterschieden werden in Pfannkucheneis (kreisförmiges Kerneisstück bis 10 cm dick mit erhöhtem Rand), Tellereis (lockerer Eisverbund bis 1,6 m dick) und Eisscholle (flaches, stabil schwimmendes Eisstück). Die **Treibeisgrenzen** sind wichtig für Schifffahrt und Fischerei. Auf der Nordhalbkugel gelangen Eisschollen gelegentlich bis 40° n. Br., Eisberge in kalten Meeresströmungen (Labrador-, Ostgrönlandstrom) sogar bis 36° n. Br., besonders in den Monaten April bis August. Auf der Südhalbkugel reicht Treibeis bis etwa 50° s. Br., Eisberge erreichen sogar 35° südlicher Breite.

Treibhaus|effekt, *Klimatologie:* Erwärmungseffekt in der Atmosphäre, der der Wirkung eines Treibhauses ähnelt. Dort wird ausgenutzt, dass normales Glas zwar die energiereiche UV-Strahlung der Sonne passieren lässt, nicht jedoch Wärmestrahlung. Die in Wärmeenergie umgewandelte UV-Strahlung erhöht deshalb die Raumtemperatur.

■ **Natürlicher Treibhauseffekt** Der natürliche Treibhauseffekt kommt dadurch zustande, dass bestimmte klimawirksame Spurengase (**Treibhausgase**: Wasserdampf, Kohlendioxid u.a.) die Sonneneinstrahlung (→Strahlung) weitgehend ungehindert durch die Atmosphäre hindurchlassen, jedoch einen Großteil der terrestrischen Wärmeabstrahlung absorbieren und teilweise dorthin zurückstrahlen (atmosphärische Gegenstrahlung). Mit einem Treib- oder Gewächshaus ist dies nur entfernt vergleichbar, obwohl der thermische Effekt qualitativ gesehen ähnlich ist. Der Betrag des natürlichen Treibhauseffekts der Atmosphäre wird konventionell mit einer Temperaturerhöhung um 33 K (bodennahe global gemittelte Lufttemperatur mit Treibhausgasen wie beobachtet rund +15 °C, ohne Treibhausgase −18 °C) angegeben, bei Berücksichtigung der Konsequenz, dass mit dem Wasserdampf auch die Wolken verschwinden würden, mit circa 20 K. Klimatologisch ist wichtig, dass Temperaturänderungen stets zu Änderungen der →Zirkulation der Atmosphäre und somit, über die Temperatur hinaus, auch zu Änderungen der weiteren Kli-

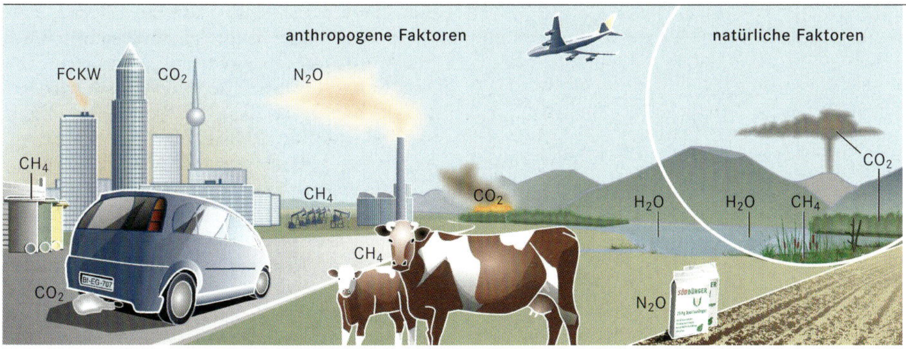

Treibhauseffekt. Zum Treibhauseffekt tragen natürliche und anthropogene Faktoren bei – Letztere in immer stärkerem Ausmaß.

maelemente führen. Der natürliche Treibhauseffekt hat für das Leben auf der Erde eine positive, zu einem erheblichen Teil sogar existenzielle Bedeutung.

■ **Anthropogener Treibhauseffekt** Der anthropogene Treibhauseffekt, d.h. die Verstärkung des natürlichen Treibhauseffekts durch anthropogen bedingte atmosphärische Konzentrationszunahmen der Treibhausgase, lässt sich inzwischen mit großer Zuverlässigkeit von natürlichen Klimaänderungen unterscheiden. Die globale Mitteltemperatur ist seit dem 19. Jahrhundert um 0,76 °C angestiegen, wobei elf der zwölf wärmsten Jahre seit Beginn der Temperaturaufzeichnungen 1850 im Zeitraum 1995–2006 liegen. Als direkte Folge der Erwärmung ist der Meeresspiegel im 20. Jahrhundert im globalen Durchschnitt um 17 cm angestiegen, wobei sich der Anstieg von 1,8 mm pro Jahr im Durchschnitt der Jahre 1961–2003 auf 3,1 mm pro Jahr im Durchschnitt der Jahre 1993–2003 beschleunigt hat. Der 4. Bericht des →IPCC stellt fest, dass die Erwärmung in der zweiten Hälfte des 20. Jahrhunderts »sehr wahrscheinlich« durch menschliches Handeln verursacht wurde. Dazu tragen v.a. Kohlendioxid (CO_2), Methan (CH_4), die Fluorchlorkohlenwasserstoffe (FCKW) und Distickstoffoxid bei. Die Emissionen von Kohlendioxid durch die Verbrennung fossiler Brennstoffe sind im Laufe der Industrialisierung von 342 Mio. Tonnen im Jahr 1860 auf 24,6 Mrd. Tonnen pro Jahr im Durchschnitt der Jahre 2000–05 angestiegen, das Abholzen der Wälder führt (im Durchschnitt der 1990er-Jahre) zu zusätzlichen Emissionen von 5,9 Mrd. Tonnen pro Jahr. Im Gegensatz zum natürlichen Treibhauseffekt spielt der Wasserdampf hier zwar auch eine wichtige, aber nur indirekte Rolle (mit Ausnahme eines gewissen direkten Beitrags durch hoch fliegende Luftfahrzeuge, beson-

TREIBHAUSEFFEKT

Im extremen Treibhaus

100562

Dem natürlichen Treibhauseffekt verdanken wir es, dass unser Planet überhaupt klimatische Bedingungen entwickeln konnte, die Leben ermöglichen. Welche Macht der Treibhauseffekt entwickeln kann, zeigt ein Blick auf unseren Nachbarplaneten Venus. Die Venus ist näher dran an der Sonne als die Erde. Folglich ist die Sonneneinstrahlung auf der Venus fast doppelt so stark. Allerdings steckt Venus in einer dichten Wolkenhülle, die 80 % der Sonnenstrahlung reflektiert – auf der Erde werden nur 30 % in den Weltraum zurückgeworfen.

Das führt in der Summe dazu, dass die von Venus tatsächlich absorbierte Energie nur 53 % des entsprechenden irdischen Wertes beträgt. Auf der Venus sollte es also deutlich kühler als bei uns sein. Das Gegenteil ist jedoch der Fall: Mit 460 °C ist es dort ungemütlich heiß. Schuld daran ist der Treibhauseffekt, denn die Venusatmosphäre besteht zu 96 % aus Kohlendioxid.

Das liegt wiederum daran, dass es auf Venus mangels Wasser keine Gesteinsverwitterung gibt, der den CO_2-Gehalt wie auf der Erde langfristig auf niedrigerem Niveau stabilisieren könnte, denn durch die Verwitterung wird der Atmosphäre Kohlendioxid entzogen.

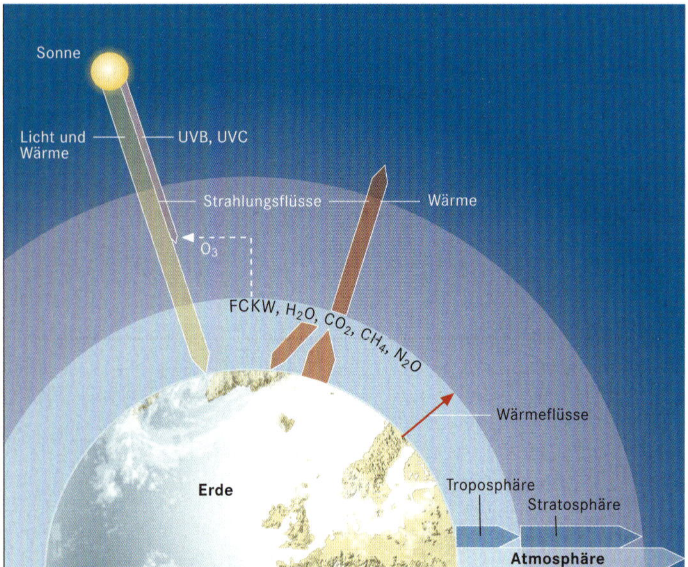

Treibhauseffekt. Ein Teil der Sonnenstrahlung erwärmt die Atmosphäre. Treibhausgase verstärken diesen natürlichen Effekt.

ders wenn sich diese in der →Stratosphäre bewegen).

■ **Quellen** Als wichtigste Quellen der anthropogenen Treibhausgasemissionen sind anzusehen: bei CO_2 Nutzung fossiler Energie (Kohle, Erdöl und -gas, einschließlich Verkehr) 75 %, Waldrodungen 20 %, Rest Nutzholzverbrennung und Zementproduktion; bei CH_4 Nutzung fossiler Energie 30 % (Grubengas beim Kohlebergbau, Erdgasverluste bei Erfassung und Transport u. a.), Viehhaltung (fermentative Verdauung) rund 20 %, Reisanbau (durch mikrobielle Zersetzung unter Wasserabschluss) rund 20 %, Rest Biomasseverbrennung, Müllhalden, Abwässer und Landnutzungseffekte; bei N_2O v. a. landwirtschaftliche Überdüngung und Bodenbearbeitung, daneben Polyamidfaserproduktion und fossile Energie (Zahlen sehr unsicher); FCKW (einziges Treibhausgas, bei dem die weltweite Emission seit etwa 1987 wieder abgenommen hat [→Ozon, →Ozonloch, →Fluorchlorkohlenwasserstoffe]); troposphärisches Ozon indirekt durch Vorläufersubstanzen wie $NO_x = NO + NO_2$ sowie CO aus Kraftverkehr, fossiler Energie und z. T. Industrie. Zwar ist das CO_2 in den natürlichen Kohlenstoffkreislauf eingebunden und etwa die Hälfte der anthropogenen CO_2-Emission wird derzeit davon abgepuffert (Aufnahme im Ozean, daneben auch in der außertropischen Vegetation, soweit sie eine zunehmende Tendenz zeigt); dennoch ist seine atmosphärische Konzentration in industrieller Zeit, d. h. seit circa 1800, von rund 280 ppm auf rund 385 ppm (2008) angestiegen. Die Rekonstruktionsmethoden der →Paläoklimatologie sowie Modelle des Kohlenstoffkreislaufs belegen, dass dieser relativ langfristige Anstieg anthropogen ist; in den letzten 1 000, sehr wahrscheinlich sogar 10 000 Jahren hat sich diese Konzentration (abgesehen vom Tages- und Jahresgang sowie Fluktuationen im Bereich von circa 5 ppm) nämlich nicht geändert und im gesamten Quartär (→Klimaänderungen), d. h. in den letzten circa 2 Mio. Jahren, ist sie nie so hoch gewesen wie heute. Die Konzentration von Methan stieg im Laufe der Industrialisierung von 715 auf 1 774 ppb (parts per billion, milliardstel Volumenanteil), die Konzentration von Distickstoffdioxid von 270 ppb auf 319 ppb. Nur bei den FCKW ist die Emission rückläufig und die atmosphärische Konzentration seit Beginn der 1990er-Jahre (circa ab 1993) nicht mehr angestiegen.

■ **Projektionen** Klimaprojektionen für die nächsten 100 Jahre lassen sich durch →Klimamodelle simulieren, vor allem durch Modelle der gekoppelten atmosphärisch-ozeanischen Zirkulation, die mit Energienutzungsszenarien angetrieben werden. Solche Modelle sagen – je nach Energienutzung und den damit verbundenen Treibhausgasemissionen – eine weitere Temperaturerhöhung und einen Meeresspiegelanstieg bis zum Ende des 21. Jahrhunderts voraus. Für die letzte Dekade des 21. Jahrhunderts wird derzeit (4. Bericht des IPCC) eine Erwärmung zwischen 1,8 °C (1,1–2,9 °C) für das niedrigste Szenario und 4,0 °C (2,4–6,4 °C) für das höchste Szenario prognostiziert. Aufgrund der Trägheit des Klimasystems ist die Erwärmung der nächsten 2–3 Jahrzehnte relativ unabhängig von den zukünftigen Emissionen und wird mit 0,6 °C selbst beim sofortigen Ende aller Emissionen projiziert.

■ **Meeresspiegelanstieg** Die Projektionen für den Meeresspiegelanstieg bis 2090–2100 liegen zwischen 18–38 cm für das niedrigste und 26–59 cm für das höchste Szenario. Auch hier wird durch die Erwärmung

TREIBHAUSEFFEKT: WICHTIGSTE ATMOSPHÄRISCHE SPURENGASE (STAND 2005)

Spurengas	anthropogene Emissionen/Jahr	atmosphärische Konzentrationen 1)	Treibhauseffekt natürlich 2)	Treibhauseffekt anthropogen
Kohlendioxid	30 Gt	379 (280) ppm	26 %	61 %
Methan	400 Mt	1,8 (0,7) ppm	2 %	15 %
FCKW	0,3 Mt	F 12: 0,5 (0) ppb	-	11 %
Distickstoffoxid	15 Mt	0,32 (0,27) ppm	4 %	4 %
Ozon 3)	0,5 Gt (?)	34 (25) ppb	8 %	9 % 4)
Wasserdampf 3)	sehr gering	2,6 (2,6) %	60 %	indirekt

Gt = Milliarden Tonnen; Mt = Millionen Tonnen; ppm = 10^{-6} Volumenanteile; ppb = 10^{-9} Volumenanteile; F 12 = Dichloridfluormethan

1) Klammerwerte gelten für die vorindustrielle Zeit (etwa 1800). 2) Anteil weiterer Gase <1 %. 3) Bodennahe Mittelwerte (zeitlich-räumlich stark variabel). 4) Mit weiteren Gasen.

Treibhauseffekt. Der Name des Treibhauseffekts stammt aus der Landwirtschaft: Das Sonnenlicht kommt rein in das Treibhaus, die Wärme nicht heraus (links oben). Durch die Emission von Treibhausgasen heizt die Menschheit die Erdatmosphäre auf (rechts oben). Für den zukünftigen Meeresspiegelanstieg werden vom vierten IPCC-Bericht – je nach Szenario – 18 bis 59 cm bis zum Jahr 2100 prognostiziert (links unten). Allerdings gibt es eine erhebliche Unsicherheit hinsichtlich der weiteren Entwicklung des grönländischen und des antarktischen Eisschilds. Das Abschmelzen des Polareises hat mit großer Wahrscheinlichkeit bereits zum Anstieg des Meeresspiegels beigetragen (rechts unten).

des tiefen Ozeans der Anstieg über viele Jahrhunderte anhalten, selbst wenn die Emissionen vollständig verschwinden würden. Eine erhebliche Unsicherheit besteht bezüglich der Entwicklung des grönländischen und des arktischen Eisschilds. Ein wesentlicher Beitrag zum zukünftigen Meeresspiegelanstieg kann hier nicht ausgeschlossen werden. Modellergebnisse lassen den Schluss zu, dass eine über Jahrtausende anhaltende Erwärmung von deutlich über 3 Grad Celsius zu einem vollständigen Abschmelzen des grönländischen Inlandeises führen würde und einen Meeresspiegelanstieg um 7 m zur Folge hätte.

■ **Weitere Folgen** Die Modellrechnungen zeigen weiterhin, dass die Schneebedeckung abnehmen und die Auftautiefe von Permafrostböden zunehmen wird. Für alle Szenarien wird eine Schrumpfung des Meereises projiziert. Heiße Extreme, Hitzewellen und Starkniederschlagsereignisse werden sehr wahrscheinlich zunehmen, ebenso die Intensität von tropischen Wirbelstürmen. Das Vertrauen in Projektionen der Anzahl tropischer Wirbelstürme ist hingegen weniger gut. Drastische Veränderungen dürften sich im kommenden Jahrhundert vor allem durch die Verschiebung und Veränderung der regionalen Niederschlagsmuster ergeben. In höheren

TREIBHAUSEFFEKT. ***Wachsen unter Glas***

Treibhäuser sind eine unverzichtbare Technik in der Pflanzenzucht und Landwirtschaft, man kann den Effekt aber auch zu Hause nutzen und einen einfachen Versuch machen. Dazu nimmt man zwei Teller, legt jeweils ein Stück Saugpapier darauf, begießt das Ganze mit Wasser und streut schließlich Kressesamen darüber. Nun stülpt man über einen der Teller ein Glas, über den anderen nicht. Auf einem Teller wächst die Kresse nun also an der Luft, auf dem anderen unter einer Glasglocke. Ergebnis: Die Kresse unter dem Glas keimt früher und wächst schneller als die Kresse ohne Glasglocke, weil die Glasglocke ideale Bedingungen schafft: Es ist dort wärmer, feuchter und windstill.

Breiten nehmen die Niederschlagsmengen sehr wahrscheinlich zu, während Abnahmen über den meisten subtropischen Landregionen wahrscheinlich sind. Damit setzt sich ein Trend fort, der seit Jahrzehnten bereits beobachtet wird. Auch ozeanische Strömungen sind vom Klimawandel betroffen. Aktuelle Modellrechnungen deuten darauf hin, dass sich die atlantische meridionale Umwälzungsströmung während des 21. Jahrhunderts abschwächen wird. Es ist jedoch sehr unwahrscheinlich, dass eine abrupte Änderung erfolgen wird.

■ **Strahlungsantriebe** Beim Vergleich der Prognosen aufgrund des anthropogenen Treibhauseffekts mit Klimabeobachtungsdaten ist unbedingt zu beachten, dass sich in Letzteren auch weitere anthropogene Einflüsse (z.B. Stadtklimaeffekte, Abkühlungen durch troposphärisches Sulfat, das aus der Schwefeldioxidemission stammt) und v.a. die ganze Vielfalt der natürlichen →Klimaänderungen widerspiegeln (z.B. durch Vulkanismus, Sonnenaktivität, El Niño). Um die verschiedenen Beiträge zu quantifizieren, wird in der Wissenschaft das Konzept des →Strahlungsantriebs benutzt. Er ist ein Maß für den Einfluss, den ein einzelner Faktor auf die Veränderung des Strahlungshaushalts der Atmosphäre hat, und wird in Watt pro Quadratmeter (Wm^{-2}) gemessen. Im 4. Sachstandsbericht des IPCC werden die bekannten Strahlungsantriebe neu bewertet; dabei zeigt sich, dass der Einfluss der Sonnenstrahlung gegenüber früheren Berichten weiter reduziert werden muss. Die anthropogenen Beiträge zu den Aerosolen erzeugen zusammengenommen einen kühlenden Effekt, sowohl direkt als auch indirekt durch die Albedo von Wolken. Das bedeutet, dass das anthropogene »Treibhaussignal« ohne die Aerosolwirkung noch größer wäre. Diese Antriebe sind dank verbesserter Messungen sowie umfassenderer Modellierung besser verstanden als früher, stellen jedoch weiterhin die dominierende Unsicherheit im Strahlungsantrieb dar.

■ **Klimaschutz** Durch die im 4. Sachstandsbericht des IPCC zusammengetragenen Erkenntnisse erscheinen Klimaschutzmaßnahmen sehr angebracht, die auf eine Reduzierung der anthropogenen Treibhausgaskonzentrationen hinauslaufen (z.B. effektivere Energienutzung, verstärkter Einsatz nicht fossiler Energieträger, wobei derzeit v.a. der mögliche Beitrag von Sonnen- und Windenergie ausgelotet wird; umweltschonendere Verkehrsführung sowie landwirtschaftliche und industrielle Produktion). Zwei Enquetekommissionen des Deutschen Bundestages (1987–91, 1991–94, zuletzt »Schutz der Erdatmosphäre«) haben dazu umfangreiche und weithin akzeptierte Vorschläge gemacht, deren Umsetzung jedoch nur zögerlich in Gang kommt. International ist im Rahmen einer UN-Umweltkonferenz (1992, Rio de Janeiro) eine »Klimarahmenkonvention« beschlossen worden, die seit März 1994 völkerrechtlich verbindlich, im Einzelnen aber wenig konkret ist. Bei der dritten Vertragsstaatenkonferenz dazu (1997, Kyoto) wurde ein Maßnahmenpaket beschlossen, das auf eine Emissionsverringerung der wichtigsten Treibhausgase (sogenannte Kyoto-Gase) gegenüber 1990 um rund 5% bis circa 2010 hinausläuft. Als nationalen Beitrag strebt Deutschland u.a. eine Verringerung der CO_2-Emissionen um 21% an. Der wissenschaftliche Beirat der Bundesregierung »Globale Umweltveränderungen« (WBGU, 2003) empfiehlt global bis 2020 eine Verringerung der Emission der sogenannten Kyoto-Gase um 20%, bis 2050 allein beim CO_2 um 45–60%.

Im August 2007 verabschiedete die Bundesregierung ein »Integriertes Klima- und Energieprogramm«, mit dem vor allem die umweltfreundliche Energieerzeugung in Anlagen mit Kraft-Wärme-Kopplung gefördert werden soll. Der Anteil der erneuerbaren Energien an der Stromproduktion soll zudem von derzeit rund 13% bis 2030 auf 25 bis 30% ausgebaut werden. Die Regierung will damit den Kohlendioxidausstoß bis 2020 um 40% im Vergleich zu 1990 senken.

Treibhausgase, klimawirksame Spurengase, welche den →Treibhauseffekt verursachen.

TREIBHAUSPOTENZIAL: DIE WICHTIGSTEN TREIBHAUSGASE	
Kohlendioxid CO_2	1
Methan CH_4	23
Lachgas N_2O	296
Fluorchlorkohlenwasserstoffe (FCKW)	bis 14 000
Fluorkohlenwasserstoffe (FKW)	bis 12 000
Tetrafluormethan CF_4	5 700
Perfluorethan C_2F_6	11 900
Schwefelhexafluorid SF_6	22 200

Treibhauspotenzial, englisch **Global Warming Potential, Greenhouse Warming Potential,** Abkürzung **GWP,** ein Maß dafür, wie stark eine bestimmte Menge eines atmosphärischen Gases im Vergleich zur gleichen Menge Kohlendioxid zum Treibhauseffekt beiträgt. CO_2 selbst wird das Treibhauspotenzial 1 zugeordnet. In der Regel wird die Wirkung über einen bestimmten Zeitraum, meist 100 Jahre, gemittelt. Methan beispielsweise hat für einen Zeithorizont von 100 Jahren ein Treibhauspotenzial von 23. Das bedeutet, dass 1 kg Methan 23-mal so stark zum Treibhauseffekt beiträgt wie 1 kg Kohlendioxid.

trockenadiabatischer Prozess, adiabatischer Prozess in der Atmosphäre (ohne Wärmeaustausch mit der Umgebung), bei dem keine Kondensation eintritt. Solche Prozesse entstehen in der Atmosphäre bei Vertikalbewegungen eines Luftquantums infolge Turbulenz, Konvektion, Auf- und Absteigen bzw. Absinken.

trockenadiabatischer Temperaturgradient, die Ab- bzw. Zunahme der Temperatur eines trockenadiabatisch aufsteigenden bzw. absinkenden Luftquantums. Sie beträgt 1 K pro 100 m Höhenunterschied.

trockener Dunst, Dunst bei einer relativen Luftfeuchte von unter 80 %. Trockener Dunst besteht im Allgemeinen aus einer Mischung von ungesättigten Wassertröpfchen, Staub, Rauch, Sand und Schmutzteilchen.

Trockengebiete, die Gebiete der Erde, in denen im Jahresdurchschnitt die Verdunstung stärker ist als der Niederschlag. Kennzeichnend ist Vegetationsarmut mit Pflanzenwuchs, der Anpassungen an die Trockenheit zeigt, oder sogar Vegetationslosigkeit (Trockenwald, Savanne, Steppe, → Wüste).

Trockengrenze, Ariditätsgrenze, *Klimatologie:* Grenze zwischen den Gebieten ariden oder semiariden Klimas (Verdunstungshöhe ständig oder überwiegend größer als die Niederschlagshöhe) und den Gebieten humiden oder semihumiden Klimas (Vorherrschen von Niederschlag und Dauerabfluss). Über die Verdunstung hängt die Trockengrenze von der Temperatur ab. Trockengrenzen zeigen raumzeitliche Veränderungen und sind wichtige Leitmarken für die landwirtschaftliche Nutzung. Sie lassen sich durch physiografische Methoden auf kleinmaßstäblichen Karten relativ genau festlegen.

Trockenzeit, die Jahreszeit ohne oder mit nur geringem Niederschlag, in tropischen Ländern meist im Winter, im Mittelmeergebiet und in den Subtropen im Sommer. Den Gegensatz zu Trockenzeiten bilden die → Regenzeiten.

Trog, *Meteorologie:* Gebiet tiefen Luftdrucks innerhalb der Rückseitenströmung eines kräftigen, bereits zu altern beginnenden Tiefdruckgebiets. Der aus hoch reichender Kaltluft bestehende Trog wandert meist in einem bestimmten Abstand hinter der Kaltfront her. Tröge zeichnen sich durch lebhafte Schauertätigkeit und starke bis stürmische Winde aus.

Trombe [französisch, von italienisch tromba, eigentlich »Trompete«], Bezeichnung für kleinräumige Luftwirbel unterschiedlicher Größe mit etwa vertikaler, selten auch horizontaler Achse. **Kleintromben,** zu denen **Staubteufel** (englisch dust devil) zählen, sind meist kurzlebig und von geringer horizontaler Ausdehnung. Bei instabiler Schichtung (v. a. an strahlungsreichen Tagen im Sommer) steigen Konvektionsblasen unter Rotation vom Erdboden auf und wirbeln Staub oder leichte Gegenstände auf; sie wandern eine kurze Strecke und dauern selten länger als eine Minute. Die vertikale Ausdehnung kann von wenigen Metern bis zur vollen Höhe der atmosphärischen Grenzschicht reichen. Kleintromben haben keinen Kontakt zu konvektiven Wolken und ihre Intensität bleibt meist gering (nur in seltenen Fällen wird Orkanstärke erreicht).

Großtromben (→ Tornados) sind Luftwirbel mit vertikaler Achse und Bodenkontakt, die entweder von einer Gewitter- oder Schauerwolke herabreichen oder sich unterhalb von solch einer konvektiven Wolke befinden und oft durch einen ganz oder teilweise ausgebildeten Wolkenschlauch sichtbar werden. **Blindtromben** sind Luftwirbel, die in ihrem oberen Teil durch einen Wolkentrichter (englisch funnel cloud) sichtbar werden, aber nicht bis zum Boden herabreichen und an ihrem unteren Ende parallel zum Erdboden auslaufen. Blindtromben können Vor- oder

100562

Trockengebiete. Im letzten Jahrhundert hat in der Sahelzone, den Mittelmeerländern, in Südafrika und Teilen Südasiens die Trockenheit zugenommen.

100674

Trombe. Der Tornado zählt zu den Großtromben.

Tropfen. Bevor ein Tropfen sich löst, entsteht ein fadenähnliches Gebilde, an dessen Ende ein fast kugelförmiger Tropfen hängt.

Endstadien von Großtromben darstellen, aber auch nur als kleine Scherungs- oder Kaltluftwirbel an konvektiven Wolken auftreten. Die Unterscheidung der Blindtromben von den Großtromben ohne voll ausgebildeten Wolkenschlauch kann schwierig sein.

Tropen [griechisch tropaí (hēlíou) »Sonnenwende«, also eigentlich »Wendekreise«], der zwischen den Wendekreisen (23° 27′ n. Br. und s. Br.) gelegene Bereich, der etwa 40 % der gesamten Erdoberfläche umfasst. Diese **solaren Tropen** sind dadurch gekennzeichnet, dass die Sonne zweimal im Jahr im Zenit steht, am Äquator jeweils am 21. 3. und 23. 9., zu den Wendekreisen hin in immer kürzeren Abständen, über den Wendekreisen jeweils nur einmal. Der Einfallswinkel der Sonnenstrahlen sinkt nie unter 43° (kein Sonnen- und Schattenhang). Der Wechsel zwischen Tag und Nacht ist scharf, die Dämmerung kurz. Tag und Nacht sind am Äquator immer fast gleich lang (12 Stunden); an den Wendekreisen dauert der längste Tag etwa 13½ Stunden, der kürzeste 10½ Stunden. Aufgrund der v.a. in den äquatornahen Bereichen intensiven Sonneneinstrahlung während des ganzen Jahres, die zu einer starken Verdunstung besonders über den tropischen Ozeanen führt, wirken die Tropen entscheidend auf den Wärme- und Wasserhaushalt des Systems Erde – Atmosphäre ein. Der Haupttransport latenter und fühlbarer Wärme erfolgt in der äquatorialen →Tiefdruckrinne im Zusammenhang mit starker Konvektionsbewölkung von der Erdoberfläche in die hohe tropische Atmosphäre.

Im klimatologischen Sinne versteht man unter Tropen die Gebiete beiderseits des Äquators (aufgrund unterschiedlicher Abgrenzungskriterien nicht unbedingt mit den strahlungsklimatischen Tropen identisch), in denen **tropisches Klima** herrscht. Dieses ist infolge des ganzjährig von der Senkrechten nur wenig abweichenden Sonnenstandes durch eine ganzjährig hohe Einstrahlung mit entsprechend hohen Temperaturen (außer in Gebirgen) gekennzeichnet, v.a. im äquatornahen Bereich. Da die Tageshitze im Wesentlichen von der direkten Sonneneinstrahlung herrührt, kühlt es nachts relativ stark ab, jedenfalls im Vergleich zu den äußerst geringen Unterschieden der im Laufe eines Jahres auftretenden Tagesdurchschnittstemperaturen. Man spricht daher von Tageszeitenklima.

Bei der Abgrenzung der Gebiete mit tropischem Klima setzte man für Tiefländer eine Jahresdurchschnittstemperatur von 20 °C (manchmal auch von 18 °C) als begrenzenden Wert fest. Diesen **warmen Tropen** steht der Bereich der **kalten Tropen** in den Gebirgen gegenüber. Auch hier herrscht das ganze Jahr über eine relativ gleichmäßige Durchschnittstemperatur, aber je nach Höhenlage bei einem anderen (mit der Höhe abnehmenden) absoluten Wert und wesentlich stärkeren Schwankungen zw. Tag und Nacht (in großer Höhe z. T. ständig Nachtfrost). Die sich daraus ergebenden Höhenstufen der tropischen Gebirge sind besonders deutlich in Süd- und Mittelamerika ausgeprägt (Tierra); in Äthiopien Stufung in Kolla, Woina Dega und Dega. Eine Ausnahmeerscheinung stellen die Küstenregionen im Bereich kalter Meeresströmungen dar (kühle Küstenwüsten, v.a. vor der Westküste Südamerikas).

Für die jahreszeitliche Differenzierung und die Gliederung der Tropen sind die Niederschlagsverhältnisse maßgebend. Durch die den Sonnenhöchstständen folgenden →Zenitalregen, die sich aus der Konvektion im Bereich der →innertropischen Konvergenzzone ergeben, ist in den **inneren Tropen** (bis etwa 10° n. Br. und s. Br.) eine doppelte Regenzeit (ohne ausgeprägte Trockenzeit) mit Maxima

TROPFEN. *Mitnichten harmlos*

Man glaubt es kaum: Die harmlose Frage, wie eigentlich ein Tropfen von einem Wasserhahn abreißt, kann von der Wissenschaft nicht beantwortet werden. Und führt direkt zu wichtigen Problemen, mit denen sich die aktuelle Forschung beschäftigt. Warum Tropfen kugelförmig sind, ist relativ leicht einzusehen: Das liegt an der Oberflächenspannung. Äußerst kompliziert ist hingegen der Übergang von einem Fluid – etwas im Innern eines Rohrs – zu isolierten Tropfen. Am Verständnis dieses Vorgangs sind beispielsweise die Hersteller von Tintenstrahldruckern und Flugzeugkonstrukteure interessiert.
Die mathematischen Gleichungen, mit denen man die Bewegung einer Flüssigkeit beschreibt, sind seit dem 19. Jahrhundert bekannt, bis heute ist allerdings für diese Navier-Stokes-Gleichungen keine allgemeine Lösung bekannt, sondern nur eine für Spezialfälle. Die Navier-Stokes-Gleichungen gehören zu den großen ungelösten Problemen der Mathematik, den sogenannten Millennium-Problemen, für deren Lösung jeweils ein Preisgeld von einer Million Dollar ausgelobt ist.

nach den Tag- und Nachtgleichen (Äquinoktialregen) ausgebildet. Diese **immerfeuchten Tropen** erhalten die größten Niederschlagshöhen auf der Erde.

Polwärts schließen sich die **äußeren Tropen (wechselfeuchte Tropen, Randtropen)** an, in denen mit dem zeitlichen Zusammenrücken der Sonnenhöchststände (Nähe der Wendekreise) das doppelte Niederschlagsmaximum in eine einfache sommerliche Regenzeit übergeht (Solstitialregen, zu denen auch die Monsunregen Süd- und Südostasiens gehören), die mit einer zunehmend ausgeprägten Trockenzeit wechselt (passatische Trockenheit aufgrund der winterlichen Verlagerung der randtropisch-subtropischen Hochdruckgürtel äquatorwärts). Über den Meeren sind im Bereich der innertropischen Konvergenzzone die durch Windstille oder nur leichte Luftbewegungen charakterisierten →Kalmen ausgebildet, außerhalb davon können →tropische Wirbelstürme auftreten.

Den Niederschlägen und Temperaturen entsprechend wechselt die Ausprägung der natürlichen Vegetation (u.a. tropischer Regen- und Bergwald, Monsun-, Trockenwald, Savanne, Galeriewald, Mangrove, Halbwüste, Wüste). Abhängigkeit vom tropischen Klima (u.a. infolge der tiefgründigen Verwitterung) zeigen auch Oberflächenformung (z.B. Flächenspülung, Inselberge, Rumpfflächenbildung, Kegelkarst) und Bodenbildung (tropische Böden); wichtig war das Fehlen pleistozäner Kaltzeiten in den Tiefländern. Die landwirtschaftliche Nutzung unterliegt vielen, letztlich klimatisch bedingten Einschränkungen, v.a. in den immerfeuchten Tropen. Für den Menschen nachteilig sind auch Schwüle und Tropenkrankheiten.

Tropentag, *Meteorologie:* →heißer Tag.

Tropfen, flüssiger Körper kleiner Masse, der nur oder überwiegend unter dem Einfluss von Kohäsion und Oberflächenspannung steht und unter deren Wirkung bestrebt ist, eine kugelförmige Gestalt anzunehmen. Tropfen werden umso größer, je kleiner die Dichte der Flüssigkeit und je größer die Kohäsion ist. Der Dampfdruck kleiner Tropfen ist größer als der Sättigungsdampfdruck über einer ausgedehnten Flüssigkeitsoberfläche, bei einem Tropfenradius von etwa 10^{-8} m um etwa 10%. Daher findet in Nebeln ein Wachstum größerer Tropfen zulasten kleinerer statt.

Tropik|luft, warme, aus südlichen (subtropischen) Breiten stammende Luftmassen, die meist als **maritime Tropikluft** wandernder Tiefdruckgebiete Mitteleuropa erreichen. **Kontinentale Tropikluft** wird mit Süd- bis Südostwinden von der Sahara oder Südosteuropa herangeführt.

tropisch, die Tropen betreffend, zu den Tropen gehörend, für sie charakteristisch.

tropische Wirbelstürme. Satellitenbild des Hurrikans Mitch (1998); das Auge in der Mitte der Zyklone ist deutlich zu erkennen.

tropische Wirbelstürme, Tiefdruckgebiete mit geschlossenen Isobaren von 300 bis 1000 km Durchmesser in einheitlicher tropischer Luftmasse. Übersteigt die Windgeschwindigkeit Orkanstärke (118 km/h), wird der tropische Wirbelsturm zum **tropischen Orkan,** der je nach Gegend →Hurrikan, →Taifun, Willy-Willy (Nordaustralien), Mauritiusorkan, Baguio (Philippinen), Kapverdischer Orkan, Cordonazo (vor der Westküste Mexikos) u.a. genannt wird. Tropische Wirbelstürme entstehen nur über warmen Meeren mit einer Wassertemperatur von mindestens 27 °C, d.h. auf der Nordhalbkugel überwiegend im Sommer und frühen Herbst. Über dem Meer lagert dann eine feuchtwarme Luftmasse mit hoch aufgetürmten Quellwolken. Bei der Kondensation werden erhebliche Wärmemengen frei, die der aufsteigenden Luft einen zusätzlichen Auftrieb verschaffen. Sie gelten als die Hauptenergiequelle der Wirbelbildung. Damit eine tropische Wirbelsturm-Zirkulation in Gang kommt, ist eine konvergente Strömung erforderlich, die am Südrand des Subtropenhochgürtels in den wellenförmigen Deformationen der Isobaren, den Easterly Waves, vorhanden ist.

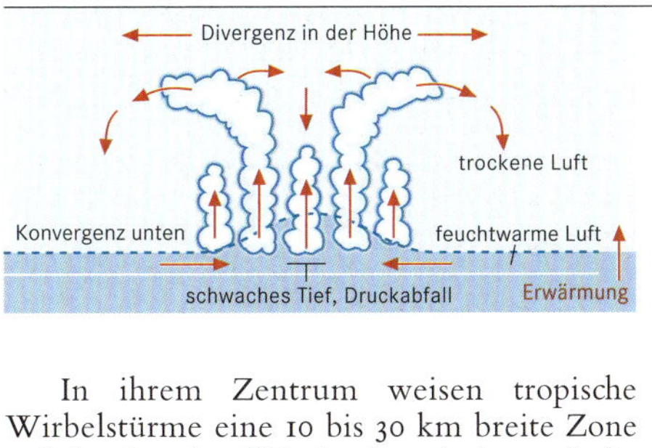

tropische Wirbelstürme. Schematische Darstellung der Entwicklung eines tropischen Tiefs

In ihrem Zentrum weisen tropische Wirbelstürme eine 10 bis 30 km breite Zone auf, in der der Wind schwach ist und die Wolkendecke aufgrund absinkender Luftbewegung aufreißt, das **Auge.** In einer bis 200 km breiten Zone um das Auge erreichen die Windgeschwindigkeiten volle Orkanstärke. Aus mächtig aufgetürmten Wolkenmassiven (Cumulonimben) fallen sintflutartige Niederschläge, mitunter 500 bis 1000 mm in wenigen Stunden. An der Küste bilden meterhohe Flutwellen der aufgepeitschten See eine zusätzliche Gefahr. Beim relativ seltenen Übertritt auf das Festland richten die tropischen Wirbelstürme oft große Zerstörungen an, verlieren aber dann rasch an Energie und lösen sich auf. Zu beiden Seiten des Äquators, etwa bis 6° Breite, gibt es ein orkanfreies Gebiet. Das ist darauf zurückzuführen, dass die Coriolis-Kraft in Äquatornähe zu gering ist, um Wirbelbewegungen auszulösen. Die meisten tropischen Wirbelstürme werden am Südrand des Subtropenhochs nach Westen gesteuert und schwenken später in eine polwärts gerichtete Bahn ein. Im Gebiet der westlichen Winde verwandeln sie sich oft in eine Zyklone der gemäßigten Breiten.

Troposphäre [Kurzbildung, zu griechisch tropḗ »Wendung« und Atmosphäre (bezogen auf die ständig auf- und absteigenden Luftströmungen in dieser Schicht)], das unterste »Stockwerk« der Atmosphäre, nach oben begrenzt durch die **Tropopause.** Kennzeichen der Troposphäre ist eine allgemeine Temperaturabnahme mit der Höhe, die im Einzelnen aber starken Schwankungen unterworfen ist, gelegentlich auch von Schichten mit Temperaturzunahme (Inversionen) unterbrochen. Ursache der Temperaturabnahme ist, dass die Troposphäre überwiegend von der Erdoberfläche her erwärmt wird. Der Aufheizung durch die Sonne entsprechen die Temperaturzunahme vom Pol zum Äquator und die Temperaturunterschiede zwischen Sommer und Winter. Letztere sind im Polargebiet am größten, da hier im Winter, in der Polarnacht, die Sonneneinstrahlung völlig entfällt, im Sommer dagegen ohne nächtliche Unterbrechung ist. Ähnliche Unterschiede zeigt die Tropopause, sie liegt am Äquator in 16–17 km Höhe, am Pol in 7,5–9,5 km Höhe, im Winter im Allgemeinen etwa 2 km niedriger. Außerdem gibt es wetterbedingte Änderungen, z. B. durch Überlagerung von unterschiedlichen Luftmassen. Typisch für die Troposphäre ist die Zunahme der Windgeschwindigkeit mit der Höhe, nahe der Tropopause befinden sich die Strahlströme (→Jetstream). Die Troposphäre enthält etwa drei Viertel der Gesamtmasse der Atmosphäre und nahezu ihren gesamten Wasserdampf. So spielen sich alle das veränderliche Wetter prägenden Erscheinungen, die mit dem Wasserdampfgehalt in Verbindung stehen, in der Troposphäre ab (Ausnahme: →Perlmutterwolken).

Von besonderer Bedeutung ist die unterste Schicht der Troposphäre, die als atmosphärische oder planetarische →Grenzschicht unmittelbar mit der Erdoberfläche in Berührung steht.

Trübung, 1) *Meteorologie:* Verringerung der Lichtdurchlässigkeit der Atmosphäre durch →Dunst; führt zur erhöhten Absorption und Streuung der Sonnen- und Him-

TSUNAMI — ***Üben in der Nordsee***

103755

Nach der verheerenden Tsunamikatastrophe an Weihnachten 2004, bei der 230 000 Menschen in Südostasien und Afrika ums Leben kamen, dachte man weltweit über Frühwarnsysteme nach. Das Problem bestand darin, dass die Seismografie zwar Seebeben aufspüren kann – aber nicht jedes Beben löst einen Tsunami aus. Zudem sind die Riesenwellen anfangs, wenn noch genügend Zeit zum Warnen ist, sehr klein.

Auch die Kieler OMS-Gruppe (Ocean Monitoring System) entwickelte einen Prototypen, den sie zunächst in der Nordsee ausprobierte. Das letzte Tsunamiereignis liegt hier zwar über 8 000 Jahre zurück, doch alle zwölf Stunden tritt eine Miniwelle auf: die Flut. Mit ihr lässt sich ein Monitoring-System gut testen. Das praktische Hauptproblem einer Tsunamiüberwachung besteht darin, dass das System über lange Zeit zuverlässig gewartet und gepflegt werden muss. Die Lösung der OMS-Gruppe: Man muss möglichst viele Nutzer an dieser Aufgabe beteiligen, sprich: OMS liefert kommerziell interessante Daten für Behörden, Industrie, Militär und Touristen – und eben auch Tsunamidaten. Außerdem integriert OMS verschiedenste Sensoren und Geräteträger, vom trickreichen Überhorizontradar bis zum Ultraschall-Wellenhöhen-Messgerät.

melsstrahlung und im Gegensatz zu einer reinen Atmosphäre (→Rayleigh-Streuung, →Himmelsblau) zu einer mehr weißlichen Himmelsfarbe. Die Trübung, an der v.a. Aerosolteilchen mit Durchmessern zw. 0,1 und 1 µm beteiligt sind, wird wesentlich durch die Trübung der Stratosphäre mitbestimmt. Die horizontale Sicht wird v.a. durch Teilchen um 0,3 µm beeinträchtigt. Starke Trübungen treten innerhalb der Dunstglocken über Großstädten und Industrieballungsräumen auf oder begleiten Staubstürme.

2) *Optik:* **Trübheit,** durch →Lichtstreuung verursachte Schwächung eines Lichtbündels in durchsichtigen Medien, sodass diese in dickeren Schichten praktisch undurchsichtig werden. Ursache der Trübheit sind Inhomogenitäten, die entweder auf Einschlüssen beruhen (z.B. suspendierte Teilchen wie Aerosole in der Atmosphäre, Bläschen) oder auf statistischen Schwankungen von Ordnung und Dichte der Moleküle, aus denen das Medium besteht.

Tsunamis [japanisch, eigentlich »hohe Wellen im Hafen«], durch untermeerische Erdbeben, Erdrutsche und Vulkanausbrüche oder durch Meteoriteneinschlag erzeugte Oberflächenwellen des Meeres, die sich ringförmig mit 700 km/h (mittlere Fortpflanzungsgeschwindigkeit im Pazifik) vom Herd ausbreiten und einen ganzen Ozean, gelegentlich sogar mehrere Ozeane durchqueren können; Wellenlänge 150–300 km. Im offenen Ozean haben sie eine geringe Wellenhöhe (etwa 10–100 cm Höhe, aber an Küsten können sie bis zu etwa 30 m Höhe ansteigen und dadurch im unmittelbaren Küstenbereich (bis etwa 1 km landeinwärts) katastrophale Überschwemmungen hervorrufen. Die meisten Tsunamis treten im Pazifischen Ozean auf (größere Seebebenhäufigkeit); hier gibt es seit 1965 einen Warndienst der Intergovernmental Oceanographic Commission. Infolge des verheerenden Tsunamis im Indischen Ozean am 26. 12. 2004 wurde 2005 auch für diese Region die Einrichtung eines Frühwarnsystems beschlossen.

Turbulenz [lateinisch turbulentia »Unruhe«, »Verwirrung«], *Meteorologie:* ungeordnete Strömung innerhalb der Atmosphäre, die entweder hauptsächlich in der Reibung strömender Luft an der Erdoberfläche und in Windscherung begründet liegt (dynamische Turbulenz) oder v.a. auf der ungleichmäßigen Erwärmung der Erdoberfläche beruht (thermische Turbulenz). Die v.a. von der Windgeschwindigkeit, der Form der Erdoberfläche und der Stabilität der Luftmasse abhängige **dynamische Turbulenz** erstreckt sich über ebenem Land bis in rund 1500 m Höhe. Über Gebirgen wirkt sie sich besonders stark aus; es treten hier v.a. an der Leeseite des Kamms Wirbel (Rotoren) und →Leewellen auf, die eine Gefahr für Flugzeuge darstellen können.

Die von den Untergrundverhältnissen sowie von der Feuchtigkeit und Stabilität der Luftmasse abhängige **thermische Turbulenz** (sie entspricht der →Konvektion) kann sich durch die gesamte Troposphäre auswirken. Wenn die Luft hinreichend trocken und stabil geschichtet und der Untergrund feuchtigkeitsarm (Steppen, Wüsten) ist, reicht sie bis in 2000–2500 m Höhe. In feuchten und labil geschichteten Luftmassen ist sie dagegen gewöhnlich mit der Bildung von hoch reichenden Quellwolken verbunden, in denen kräftige Auf- und Abwinde herrschen. Eine große Gefahr für die Luftfahrt stellt die im wolkenfreien Raum der Troposphäre am Rand der Jetstreams auftretende →Klarluftturbulenz dar.

U

Ultrarot, ältere Bezeichnung für → Infrarot.

Ultraviolett, Abkürzung **UV,** der Bereich des elektromagnetischen Spektrums, der auf der kurzwelligen, hochfrequenten (violetten) Seite, mit Wellenlängen von rund 400 bis 10 nm, an den sichtbaren Bereich anschließt. Nach seiner biologischen Wirkung wird er unterteilt in **UV-A (nahes UV** oder »Bräunungsstrahlung«, etwa 380 bis 315 nm; fluoreszenzanregend), **UV-B (mittleres UV,** auch **Dorno-Strahlung,** 315 bis 280 nm; erzeugt Hautrötung und bewirkt Vitamin-D-Fotosynthese) und **UV-C** (280 bis 100 nm; bewirkt Sonnenbrand, Bindehautentzündung u.a.). Das UV-C wird unterteilt in **fernes UV (FUV,** 280 bis 200 nm) und **Vakuum-UV (VUV,** 200 bis 100 nm). Daneben sind, v.a. in der Physik, die Bezeichnungen **Quarz-UV** für den Bereich von etwa 300 bis 180 nm und **Schumann-UV** für den Bereich von etwa 185 bis 125 nm üblich; für den Bereich unterhalb 100 nm ist keine eigene Benennung eingeführt. Der Bereich des UV geht auf der langwelligen Seite in den des sichtbaren Spektrums und auf der kurzwelligen Seite ab etwa 30 nm in den der Röntgenstrahlung über.

Ultraviolettindex, UV-Index, Maß zur Beschreibung der Intensität der von der Sonne ausgehenden Ultraviolettbestrahlung. Aus dem Ultraviolettindex werden Empfehlungen zum Sonnenschutz hergeleitet, die sich auf den Hauttyp II (Ultraviolettempfindlichkeit) ohne Vorbräunung beziehen.

ULTRAVIOLETTINDEX: UVI BEZOGEN AUF DEN HAUTTYP II

UVI	Belastung	Sonnenbrand möglich	Schutzmaßnahmen
8 und mehr	sehr hoch	in weniger als 20 Minuten	unbedingt erforderlich
7–5	hoch	ab 20 Minuten	erforderlich
4–2	mittel	ab 40 Minuten	empfehlenswert
1 und weniger	niedrig	unwahrscheinlich	nicht erforderlich

Ultraviolettstrahlung, UV-Strahlung, von dem deutschen Physiker Johann Wilhelm Ritter (*1776, †1810) 1802 entdeckte elektromagnetische Strahlung im → Ultraviolett-Bereich. Nach der biologischen Wirkung oder nach der Art ihrer physikalischen Wechselwirkung mit Stoffen (v.a. Absorption) wird die Ultraviolettstrahlung weiter unterteilt.

■ **Eigenschaften** Die Ultraviolettstrahlung hat optisch weitgehend die gleichen Eigenschaften wie sichtbares → Licht und wird deshalb auch als **ultraviolettes Licht (UV-Licht)** bezeichnet. Quantitative Unterschiede ergeben sich dadurch, dass die Ultraviolettstrahlung aufgrund ihrer höheren Frequenz energiereicher ist. Ihre Energie reicht z.B. zur Spaltung und Umwandlung von Molekülen und zur Abtötung von Bakterien aus. Natürliche Ultraviolettstrahlung wird z.B. von der Sonne abgestrahlt. Ihr UV-C-Anteil wird von der (intakten) Ozonschicht der Atmosphäre weitgehend absorbiert, dadurch kommt die vorwiegend Gewebe zerstörende Wirkung des kurzwelligen UV-Lichts auf der Erde nicht zum Tragen.

■ **Biologische Wirkung** Biologisch und medizinisch hat Ultraviolettstrahlung eine große Bedeutung, da sie aufgrund ihrer Energie biochemische Veränderungen und damit biologische Wirkungen hervorrufen kann. Hierzu gehören neben einer Vielzahl von positiven Wirkungen auch die UV-Schäden wie Hautatrophie, Genmutationen oder Hautkrebs. Das Bundesamt für Strahlenschutz betreibt gemeinsam mit dem Umweltbundesamt im Verbund mit dem Deutschen Wetterdienst in Deutschland und weiteren assoziierten Institutionen ein UV-Messnetz. Aus den Messwerten der solaren Ultraviolettstrahlung wird der sogenannte → Ultraviolettindex (**UV-Index,** kurz **UVI**) bestimmt. Der UVI beschreibt den Tagesspitzenwert der sonnenbrandwirksamen Ultraviolettstrahlung, die von der Sonne auf die Erde trifft. Je größer der UVI ist, umso größer ist auch die UV-Belastung und das Risiko, einen Sonnenbrand zu bekommen.

Umlaufen, ständige Richtungsänderung des Windes.

Umspringen, die plötzliche starke Änderung der Windrichtung, besonders bei Kaltfronten.

Umwandlungs|enthalpie, ältere Bezeichnung **Umwandlungswärme, latente Wärme,** *Physik:* die bei Phasenübergängen aufgenommene oder abgegebene Wärmeenergie, insbesondere bei Änderungen des Aggregatzustands eines gasförmigen, flüssigen oder festen Körpers. Dabei führt die Energieumsetzung zu keiner entsprechenden Temperaturänderung. Die Temperatur, bei der der Phasenübergang erfolgt, heißt **Umwandlungspunkt.** Zugeführte Wärmeenergie bewirkt z.B. beim Schmelzen von Eis so lange keinen Temperaturanstieg, solange Eis und Wasser nebeneinander vorliegen; sie wird als Schmelzenthalpie gebunden und beim Gefrieren wieder freigesetzt. Weitere Umwandlungsenthalpien sind u.a. die → Verdampfungsenthalpie, die Kondensationsenthalpie (→ Kondensation) und die Sublimationsenthalpie (→ Sublimation).

Umweltpolitik, Umweltschutzpolitik, Gesamtheit der Maßnahmen zur Verbesserung der Umweltqualität, zur Aufrechterhaltung von Funktionen des Naturhaushalts und des Naturschutzes.

■ **Institutionen** Folgende Institutionen sind für die Umweltpolitik in Deutschland wichtig: das Bundesumweltministerium mit seinen nachgeordneten Einrichtungen: UBA, Bundesamt für Naturschutz (BfN) und Bundesamt für Strahlenschutz (BfS), der Umweltausschuss im Bundestag und bei Bedarf eingerichtete Enquetekommissionen, die Umweltministerien der Länder mit Vollzugskompetenzen in den Bereichen Wasser, Luftreinhaltung, Abfall und Naturschutz sowie die Umweltministerkonferenz (UMK) als Koordinationsgremium zw. Bund und Ländern, die Kommunen (Städte, Gemeinden und Landkreise), die Gerichte sowie die Europäische Union, die Kompetenzen für Produktstandards, handelsrelevante Maßnahmen sowie den Außenhandel innehat. Ihre Institutionen sind die Europäische Kommission mit dem alleinigen Initiativrecht, der Ministerrat mit der maßgeblichen Entscheidungsbefugnis sowie das Europäische Parlament mit seinen umfangreichen Beteiligungsrechten. Die wissenschaftliche Politikberatung wurde 1992 mit der Einrichtung des »Wissenschaftlichen Beirates Globale Umweltveränderungen der Bundesregierung« (WBGU) erweitert und internationalisiert. Der Nachhaltigkeitsrat widmet sich insbesondere der Umsetzung des Leitbildes einer →nachhaltigen Entwicklung in Deutschland. Internationale Institutionen und Abkommen sind ferner der Europarat, die Wirtschaftskommission der Vereinten Nationen für Europa (ECE), das Umweltprogramm der Vereinten Nationen (UNEP) sowie die verschiedenen Umweltabkommen mit ihren jeweiligen Konferenzen der Vertragsparteien (z.B. die →Klimarahmenkonvention und die →Vertragsstaatenkonferenz).

■ **Klimaschutz** Wichtige Instrumente des Klimaschutzes sind u.a. die Ökosteuer und handelbare Emissionszertifikate. Sie kommen im Klimaschutz zum Einsatz, indem größere Emittenten von Treibhausgasen untereinander kostengünstige Strategien zur Reduzierung von Abgasen aushandeln können. Deutschland hat zu diesem Zweck im Frühjahr 2004 eine nationale Stelle zum Emissionshandel beim Umweltbundesamt eingerichtet. Auf Basis des Nationalen Allokationsplans nimmt sie Aufgaben der Zuteilung und Ausgabe von Emissionsberechtigungen wahr und überwacht und steuert diese. Seit 2005 findet der Emissionshandel EU-weit statt.

Im Bereich Klimaschutz fördert die Umweltpolitik außerdem erneuerbare Energien durch das Erneuerbare-Energien-Gesetz (EEG). Dieses Gesetz verpflichtet Stromnetzbetreiber, Elektrizität aus Sonne, Wasser, Wind, Geothermie und Biomasse vorrangig abzunehmen und dafür einen festgelegten Preis zu zahlen. Die Höhe der Vergütung richtet sich nach den Herstellungskosten; sie nimmt im Zeitverlauf ab. Für Investoren entstehen dadurch gesicherte Abnahmebedingungen. Finanziert werden die Kosten zum einen durch einen Aufschlag auf die Strompreise, zum anderen durch eine Umlage zw. den Energieversorgungsunternehmen. In Zukunft sollen verstärkt Windparks auf See errichtet werden. Der Anteil erneuerbarer Energien an der Energiebereitstellung soll von derzeit etwa 3% bis zum Jahr 2010 verdoppelt werden; der Anteil am Bruttostromverbrauch von derzeit etwa 6,9% auf 12,5% steigen. Bis 2050 soll die Hälfte der benötigten Energie aus Wind, Sonne, Biomasse, Wasserkraft und Erdwärme erzeugt werden.

5694

Ultraviolettstrahlung.
Eine zu hohe Dosis an UV-Strahlung hat man bei ausgiebigen Sonnenbädern oder Solarienbesuchen schnell erreicht.

uncinus [lateinisch »Haken«], substantivischer Zusatz zum Namen der Wolkengattung Cirrus mit der Bedeutung »mit Haken- oder Krallenform«.

100562

Unwetter.
Ein Schlammstrom hat die Straßen des Dorfes Siano bei Salerno verwüstet.

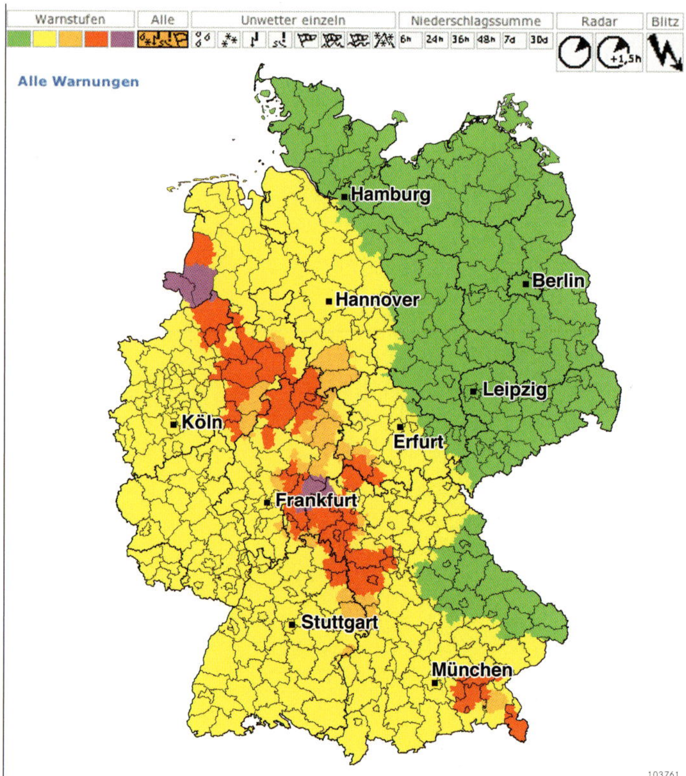

Unwetterzentrale. Warnstufenkarte der Unwetterzentrale im Internet. Grüne Flächen zeigen die geringste, violette Flächen die höchste Unwetterwarnstufe an.

UN-Gipfel für nachhaltige Entwicklung, → Weltgipfel für nachhaltige Entwicklung.

universelle Gasgleichung, Zustandsgleichung idealer Gase, physikalische Gleichung, die den Zusammenhang zwischen Druck p, Volumen V und Temperatur T für ein ideales Gas angibt: $p \cdot V = R \cdot T$, wobei R die allgemeine Gaskonstante ist, deren Wert jeweils vom betrachteten Gas abhängt.

Da die atmosphärische Luft als ideales Gas angesehen werden kann, gilt auch für sie die universelle Gasgleichung. Die Gaskonstante für trockene Luft hat den Wert 287 $\mathrm{J kg^{-1} K^{-1}}$; für feuchte Luft gilt $R_f = R_t(1 + 0{,}61s)$, wobei s die spezifische Feuchte in g/kg ist.

Untersonne, *atmosphärische Optik:* → Halo.

Unwetter, Bezeichnung für meteorologische Ereignisse (Sturm, Hagel, Wirbelstürme sowie Hochwasser verursachende starke Regenfälle, Dauerniederschläge und plötzliche Schneeschmelze), die stärkste Auswirkungen haben und unter Umständen einen Notstand hervorrufen können. Die Warnung vor Unwettern ist Aufgabe der Wetterdienste. – Bild Seite 329

Unwetterzentrale, von der Firma meteomedia betriebene Einrichtung, die Behörden, Firmen und andere Interessierte mit Unwetterwarnungen versorgt. Über Internetportale sind detaillierte Informationen zu aktuellen Unwetterlagen in Deutschland, Österreich und der Schweiz frei abrufbar. Der Dienst wurde in Zusammenarbeit mit den öffentlichen Versicherern unter Federführung der Versicherungskammer Bayern und dem Fraunhofer-Institut für Software- und Systemtechnik Berlin entwickelt.

Ur|atmosphäre, die bei der Abkühlung entstandene ursprüngliche Gashülle der Erde, → Atmosphäre (Entstehung).

Urey-Effekt [ˈjʊərɪ-], nach dem amerikanischen Chemiker Harold C. Urey (*1893, †1981) benannte Hypothese, dass in der Uratmosphäre zwar geringe Mengen von Sauerstoff durch die unter dem Einfluss der UV-Strahlung der Sonne stattfindende Fotolyse des Wassers entstanden, dieser Sauerstoff jedoch von Mineralen gebunden und in der Atmosphäre zu Ozon umgesetzt wurde, sodass die Atmosphäre sauerstofffrei blieb; die sich allmählich bildende Ozonschicht absorbierte in der Folge die UV-Strahlung in immer größerem Maße, sodass auch die Wasserspaltung nach und nach weniger wurde. Eine allmähliche Anreicherung der Atmosphäre mit Sauerstoff wird erst mit Entstehung der Fotosynthese angenommen.

Urpassat, Ostwindzone beiderseits des Äquators oberhalb der → Passate.

U. S. Standard Atmosphere (1976) [juːes ˈstændəd ˈætməsfɪə -], → Normalatmosphäre.

UV, Abkürzung für → Ultraviolett.

Vb-Tief, das → Fünf-b-Tief.

Vegetation [v-; mittellateinisch vegetatio »Grünung«, zu lateinisch vegetare »beleben«], **Pflanzendecke,** Gesamtheit der Pflanzen, die die Erdoberfläche bzw. ein bestimmtes Gebiet mehr oder weniger geschlossen bedecken.

Durch den Klimawandel ändert sich auch die Vegetation. So wurde am Forschungsinstitut PIK mit einem Computermodell zur Simulation der globalen Vegetation berechnet, dass z.B. die subarktische Baumgrenze nach Norden wandert. Heute können in hohen Breiten nur Tundrapflanzen wachsen. Die Sommer sind zu kurz, um Bäumen ein Leben zu ermöglichen. Wenn es aber wärmer und die Wachstumsperiode damit länger wird, so kann sich Wald entwickeln, wo dies heute noch nicht möglich ist. Veränderungen in der Vegetation der Tropen infolge von Klimaveränderungen sind dagegen derzeit noch unsicher.

Verdampfen, allgemein der Vorgang der Verdampfung; speziell das in der thermischen Verfahrens- und der Trocknungstechnik mithilfe von Verdampfern durchgeführte Trennen fester und flüssiger Stoffe.

Verdampfungs|enthalpie, früher **Verdampfungswärme,** die bei der Verdampfung einer Flüssigkeit aufgenommene Wärme. Die **spezifische Verdampfungsenthalpie** eines Stoffes ist diejenige Wärmemenge (in kJ), die benötigt wird, um 1 kg einer Flüssigkeit bei unverändertem Druck in Dampf der gleichen Temperatur zu überführen; sie ist gleich der spezifischen Kondensationsenthalpie. Die **molare Verdampfungsenthalpie** eines Stoffes ist die entsprechend auf die Stoffmenge von 1 Mol bezogene Verdampfungsenthalpie.

Verdunstung, die bei Temperaturen unterhalb des Siedepunkts stattfindende Art der Verdampfung, die nur von der Oberfläche einer Flüssigkeit aus erfolgt. Die hierzu aufzubringende Energie wird der Umgebung entzogen, was mit deren Abkühlung verbunden ist. Diese **Verdunstungskälte** tritt z.B. beim Schwitzen auf und lässt sich auch technisch zu Kühlzwecken vielfältig ausnutzen (z.B. Kühlturm). Die Intensität der Verdunstung hängt vom Sättigungsdefizit der Dampfphase sowie von Druck, Temperatur und Wärmeaustausch mit der Umgebung ab, bei benetzten festen Flächen auch von deren Form und Rauigkeit.

Die große Bedeutung der Verdunstung für den → Wasserkreislauf und den Wärmehaushalt der Erde liegt darin, dass die im Wasserdampf latent enthaltene Wärme (Umwandlungsenthalpie) bei dessen Kondensation wieder der Atmosphäre zugeführt wird (→ Zirkulation der Atmosphäre). Eine von der verfügbaren Wassermenge, dem Sättigungsdefizit der Luft und deren Temperatur, dem Luftdruck und der Luftbewegung abhängige Verdunstung findet sowohl von Wasserflächen als auch von festem Erdboden mit seiner Pflanzendecke aus statt (Evaporation, Transpiration, Evapotranspiration). Auch Schnee und Eis verdunsten, wenn die Temperatur über dem Taupunkt der Luft liegt.

Als **Verdunstungsgröße** bezeichnet man die in Millimeter Wasserhöhe angegebene Differenz zw. der durch Niederschlag einem Gebiet zugeführten Wassermenge und der Abflussmenge dieses Gebietes. – Weiteres Bild und Infokasten Seite 332

vertebratus [zu lateinisch vertebra »Wirbelbein des Rückgrats«], adjektivischer

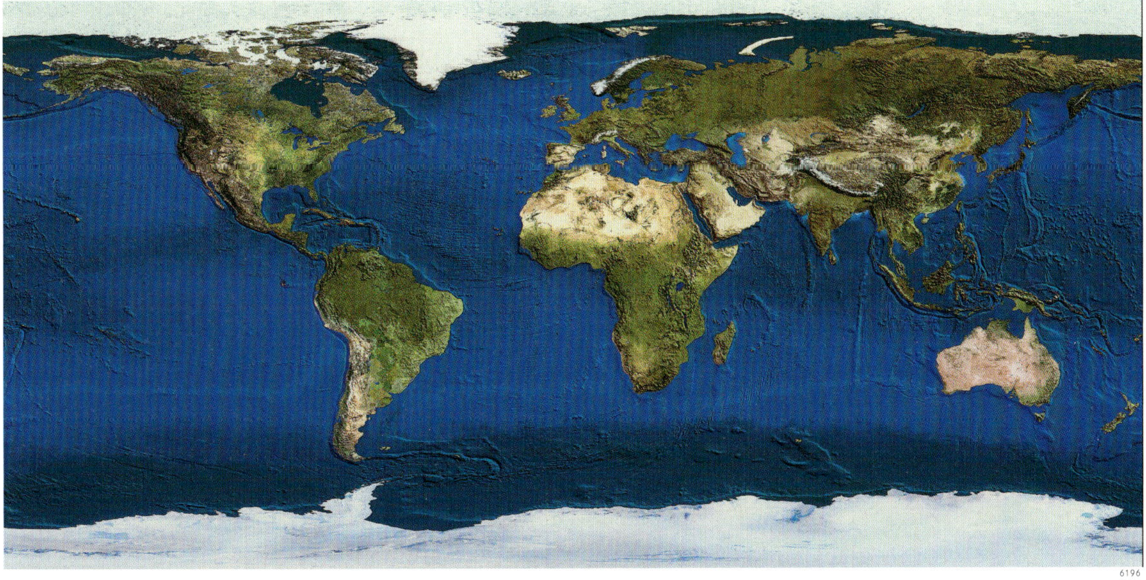

Vegetation. Mehrere Tausend Aufnahmen der amerikanischen NOAA-Satellitenserien waren nötig, um die völlig wolkenfreie Darstellung der Erde zu erstellen. Das Satellitenbild liefert einen anschaulichen Eindruck von den Kontinenten und der landschaftlichen Großgliederung der Erde mit ihrer Vegetationsverteilung.

6196

Verdunstung. Etwa 290 Mio. Kubikmeter Wasser verdunsten jährlich von der Oberfläche des Bodensees. Das ist deutlich mehr, als Deutschlands größtem See an Trinkwasser entnommen wird (das Bild zeigt den Sipplinger Berg, wo das Bodenseewasser an die Oberfläche gepumpt wird).

100562

Zusatz zum Namen der Wolkengattung Cirrus mit der Bedeutung »grätenförmig«. Mit vertebratus wird eine Unterart der Wolken bezeichnet, deren Anordnung an eine Wirbelsäule, an Rippen oder Fischgräten erinnert (sogenannte Wirbelcirren).

Vertrags|staatenkonferenz, Klimakonferenz, Klimagipfel, Abkürzung **COP** [von englisch **C**onference **o**f the **P**arties], jährliche Zusammenkünfte der Mitgliedsstaaten der →Klimarahmenkonvention (KRK), auf denen die Umsetzung der KRK überprüft und gefördert werden soll. Die erste Vertragsstaatenkonferenz fand 1995 in Berlin statt. Dabei wurde das »Berliner Mandat« verabschiedet. Es sah vor, bis zur 3. Vertragsstaatenkonferenz ein verbindliches Protokoll mit Emissionsminderungszielen festzulegen. Außerdem wurde das Sekretariat der KRK mit Sitz in Bonn eingerichtet.

Der wichtigste Fortschritt wurde auf der 3. Vertragsstaatenkonferenz 1997 in Kyoto erreicht (→Kyoto-Protokoll). Hier wurden verbindliche Ziele zur Reduktion von Treibhausgasen (Kohlendioxid, Methan, Lachgas) sowie anderen Klimaschadstoffen wie etwa Schwefelhexafluorid (SF_6), Fluorkohlenwasserstoffe (FKW), Perfluorkohlenwasserstoffe (PFC) festgelegt. Auf der Bonner Vertragsstaatenkonferenz (Juli 2001) gelang trotz des Ausstiegs der USA (im Frühjahr 2001) eine Einigung, und es wurden die Voraussetzungen zur Ratifikation des Kyoto-Protokolls geschaffen. Die meisten offenen Fragen zur Ausgestaltung des Kyoto-Protokolls wurden auf der Vertragsstaatenkonferenz in Marrakesch, die noch im gleichen Jahr (November 2001) stattfand, normiert. So einigten sich die verbliebenen 177 Staaten auf einen Kompromiss bezüglich des CO_2-Ausstoßes, der allerdings hinter den Vorgaben des Kyoto-Protokolls zurückblieb. Danach können biologische Senken, besonders Wälder, als Speicher von Kohlendioxid in weit höherem Umfang, als ursprünglich vorgesehen, auf die CO_2-Ausstoßreduzierung angerechnet werden. Das Ziel, die Treibhausgasemissionen um 5,2 % zu verringern, wird damit zwar immer noch aufrechterhalten, aber die effektive Reduzierung verringert sich auf etwa 1,8 %. Zudem dürfen die Industrieländer ihre Verpflichtungen auch im Ausland erfüllen, z. B. durch Aufforstungsprojekte oder die Errichtung effizienter Kraftwerke (mit Ausnahme von Atomkraftwerken) in Entwicklungsländern (→Joint Implementation, →Clean Development Mechanism). Der Handel mit Treibhausgaszertifikaten zwischen den Industrieländern wird gestattet (→Emis-

VERDUNSTUNG. ***Pusten hilft***

Von einer nassen Oberfläche verdunstet nur so lange Wasser, bis der Raum darüber wasserdampfgesättigt ist. Möchte man, dass noch mehr Wasser verdunstet, muss man die feuchte Luft weg- und trockene Luft nachschieben. Genau das tun wir, wenn wir über die Suppe blasen, weil sie so heiß ist: Die Verdunstung nimmt zu, die Suppe kühlt wegen der entnommenen Verdunstungsenergie ab. Auch Wäsche trocknet an einem windigen Tag schneller, im Hochsommer kühlt bereits eine leichte Brise den verschwitzten Körper. Wind alleine reicht aber nicht, um die Verdunstung in Gang zu setzen. Entscheidend ist die Differenz zwischen dem Dampfdruck der Luft und dem Sättigungsdampfdruck des Wassers: je größer, desto intensiver die Verdunstung. Optimal nutzt das der Föhn aus: Warme Luft mit hoher Strömungsgeschwindigkeit führt zu einem erheblichen Sättigungsdefizit und einem schnellen Nachschub an trockener Luft.

sionshandel), und die Entwicklungsländer erhalten finanzielle Unterstützung, um die Folgen der Klimaerwärmung abzumildern. Außerdem wurden Sanktionen festgelegt, die den Teilnehmern im Falle der Nichteinhaltung der Vorgaben drohen. Weitere Vertragsstaatenkonferenzen, bei denen allerdings keine nennenswerten Fortschritte zu den Klimaverhandlungen erzielt werden konnten, fanden in Genf (1996), Buenos Aires (1998), Bonn (1999), Den Haag (2000), Neu-Delhi (2002) und Mailand (2003) statt. Die letzte als COP bezeichnete Vertragsstaatenkonferenz fand im Dezember 2004 erneut in Buenos Aires statt. Weil Russland das Kyoto-Protokoll kurz vor der Konferenz ratifiziert und damit den Weg für dessen Inkrafttreten geebnet hatte, ging es bei dieser Konferenz wiederum hauptsächlich um die konkrete Ausgestaltung der einzelnen Instrumente des Kyoto-Protokolls. Außerdem sollen die USA als größter Treibhausgasemittent der Industrienationen (verantwortlich für 36 %) wieder verstärkt in den globalen Umweltschutz integriert werden. Seit 2005 (Montreal) werden die Vertragsstaatenkonferenzen als **MOP** (von englisch **M**eeting **o**f the **P**arties) weitergeführt. Stimmberechtigt sind hier nur noch die Länder, die das Kyoto-Protokoll unterschrieben haben. 2006 in Nairobi einigten sie sich darauf, die Umsetzung des Kyoto-Protokolls bis 2008 zu beobachten und auf dieser Grundlage neue Emissionsquoten für die Zeit nach 2012 festzulegen, wenn das Kyoto-Abkommen ausgelaufen ist. Zugleich wurden konkrete Maßnahmen vereinbart, mit denen die ärmsten Länder bei der Anpassung an den Klimawandel unterstützt werden, und es wurde zugesichert, dass die aufstrebenden Entwicklungs- und Schwellenländer weiterhin keine Emissionsquoten erfüllen müssen. Als langfristiges Ziel nannte man die weltweite Halbierung der Treibhausgasemissionen bis 2050.

Das Klima-Fachgremium →IPCC tagte vom 12. bis 17. November 2007 im spanischen Valencia, um die UN-Klimakonferenz vom 3. bis 14. Dezember 2007 in Bali vorzubereiten. Diese große Vertragsstaatenkonferenz zum Weltklima verlief unter außerordentlich starkem medialem Interesse und gewann dramatische Züge, da erst im letzten Moment konsensfähige Ergebnisse erzielt werden konnten, wobei es jedoch keine Vereinbarungen mit konkreten Grenzwerten zum Kohlendioxidausstoß gab. Das Ergebnis von Bali ist im Wesentlichen ein Fahrplan (→Bali-Roadmap) für weitere Verhandlungen.

virga [lateinisch »dünner Zweig, Rute, Stab«], substantivischer Zusatz zu den Namen fast aller Wolkengattungen (ausgenommen Cirrus und Stratus) mit der Bedeutung »mit Fallstreifen«. Man versteht unter dieser Wolkensonderform dünne Wolken aus Eis- oder Wasserteilchen, die in streifiger oder haarähnlicher Form vertikal oder schräg an der Unterseite einer Wolke herabhängen; es handelt sich um Niederschlag, der verdunstet, ehe er den Erdboden erreicht.

virtuelle Temperatur [v-], *Meteorologie:* →Temperatur.

Vivian, ein Orkan, der vom 25. bis 27. Februar 1990 über weite Teile Europas zog und zu einer ganzen Serie schwerer Stürme dieses Winters gehörte. Neben Deutschland waren vor allem Großbritannien, Irland, Frankreich, die Niederlande, Belgien und die Schweiz betroffen. In den Alpen erreichten die Spitzenböen Windgeschwindigkeiten bis zu 270 km/h, der niedrigste Luftdruck betrug 940 hPa. Insgesamt kamen durch Vivian 64 Menschen ums Leben, davon 15 in Deutschland. Der volkswirtschaftliche Schaden betrug über eine Milliarde Euro.

Vulkanausbruch. Zu den Einflüssen von außen auf das Klimasystem gehören u. a. Vulkanausbrüche, bei denen enorme Mengen an Partikeln in sehr große Höhen transportiert werden und die Sonneneinstrahlung verändern – im Bild der Soufrière auf der Karibikinsel Montserrat.

Vorticity [vɔːˈtɪsɪtɪ, englisch], **Wirbelgröße,** das Maß für die Drehbewegung eines in einer Luftströmung mitgeführten Luftteilchens um seine vertikale Achse. Zu unterscheiden sind **relative Vorticity** und **absolute Vorticity.** Die relative Vorticity bezeichnet die Bewegung relativ zur Erdoberfläche (ohne Berücksichtigung der Erdrotation). Die absolute Vorticity steht für die Summe aus der relativen Vorticity und dem Anteil der unterstützenden Erdrotation (an den Polen am größten).

Vorzeitklimate, Klimazustände und Klimavariationen der vorhistorischen Vergangenheit, Gegenstand der →Paläoklimatologie.

Vulkanausbruch, das explosive Herausschleudern von festen, flüssigen und gasförmigen Stoffen aus dem Erdinnern. Vulkan-

Vulkanausbruch. Eine Wolke aus Gas und Staub erhebt sich am 18. Mai 1980 nach der Eruption über dem Mount St. Helens. Mit einem gewaltigen Dröhnen, das 250 km weit zu hören war, explodierte der Vulkan, rund 425 m des ursprünglich 2 950 m hohen Berges wurden durch die Eruption weggesprengt. Eine schwarze Wolke aus Gas und Asche schoss 18 km in die Höhe. Ein Teil der Asche gelangte in den Jetstream und umrundete in zwei Wochen die Erde.

100562

ausbrüche sind für das Klima von Bedeutung, weil sie Gase und Partikel bis in die Stratosphäre, in extremen Fällen sogar bis in die Mesosphäre schleudern, wo sie die Strahlung der Atmosphäre beeinflussen. Wichtig sind dabei v.a. die über Gas-Partikel-Umwandlungen aus schwefelhaltigen Gasen entstehenden Sulfatpartikel, die in der Stratosphäre eine Verweilzeit von einigen Jahren haben und dort einen Teil der Sonnenstrahlung absorbieren (was stets mit Erwärmungseffekten verbunden ist) oder streuen. Die dadurch verringerte Transmission von Sonneneinstrahlung in die untere Atmosphäre führt dort (simultan mit den stratosphärischen Erwärmungen) zu Abkühlungseffekten. Der →Strahlungsantrieb als Maß für die global gemittelten klimarelevanten Störungen des atmosphärischen Strahlungs- und Energiehaushaltes im Jahr des Pinatubo-Ausbruchs (1991), der als möglicherweise stärkster vulkanischer Einfluss auf das Klima im 20. Jahrhundert anzusehen ist, betrug damals 2,4 W/m², im Folgejahr (als die genannte Partikelbildung abgeschlossen und der maximale Klimaeffekt eingetreten war) 3,2 W/m² und 1993 dann nur noch 0,9 W/m². Es kann kein Zweifel daran bestehen, dass Vulkanismus-Klima-Effekte in der historischen und v.a. vorhistorischen Zeit (im Rahmen der Paläoklimatologie) von noch weitaus größerer Wirksamkeit gewesen sind.

Walker-Zirkulation ['wɔ:kə-; nach dem britischen Meteorologen Sir Gilbert Walker, *1868, †1958], Zirkulation der Atmosphäre über dem tropischen Pazifik, verursacht durch unterschiedliche Oberflächentemperaturen des Ozeans: Über dem kalten Humboldtstrom wird die Luft abgekühlt und sinkt ab, über dem warmen Wasser im indonesischen Raum steigt die sich erwärmende Luft auf. Die Zirkulation wird durch eine Ostströmung am Boden (Passate) und eine Westströmung in der Höhe geschlossen. Eine Richtungsumkehr der Walker-Zirkulation erfolgt unter El Niño.

Wärme, allgemein eine Sinnesempfindung, die durch äußere Reize physikalischer Art hervorgerufen wird (Temperatursinn); in der *Physik* die diese Sinnesempfindung auslösende spezielle Energieform **(Wärmeenergie, thermische Energie),** die als Bewegungsenergie der ungeordneten Wärmebewegung der Atome oder Moleküle eines Körpers erklärt wird.

Der Begriff der Wärme steht in enger Beziehung mit dem der Temperatur; verschiedene Wärmezustände desselben Körpers lassen sich u.a. anhand der Temperatur unterscheiden. Wärme breitet sich immer von Orten höherer Temperatur zu Orten tieferer Temperatur aus (→Wärmeübertragung). Körper dehnen sich im Allgemeinen bei Wärmezufuhr aus (Wärmeausdehnung) bzw. ziehen sich bei Wärmeabnahme zusammen und gehen bei bestimmten Temperaturen in einen anderen Aggregatzustand über.

■ **SI-Einheit** SI-Einheit der Wärme ist das →Joule (J). Diejenige Wärme, die zur Erwärmung eines Körpers um 1 K (1 °C) notwendig ist, heißt seine Wärmekapazität und wird in J/K angegeben.

Wärme|austausch, der durch turbulente Vorgänge bewirkte Ausgleich von Temperaturunterschieden. Im Gegensatz zur Wärmeleitung erfolgt die Wärmeübertragung beim Wärmeaustausch durch materielle Teilchen bzw. durch Turbulenzelemente unterschiedlicher Größe.

Beim **vertikalen Wärmeaustausch** bezieht sich der Austausch wegen der damit verbundenen adiabatischen Zustandsänderungen auf die potenzielle Temperatur. Die Richtung des Wärmeflusses ist deshalb abhängig von der vertikalen Temperaturschichtung. Bei indifferenter Schichtung, bei der die potentielle Temperatur mit der Höhe konstant bleibt, ist der Wärmeaustausch gleich null. Bei stabiler Schichtung ist der Wärmefluss nach unten gerichtet, da trockenadiabatisch absinkende Teilchen in unteren Schichten wärmer ankommen, als die vorhandene Umgebung bei stabiler Schichtung ist. Bei labiler Schichtung ist der Wärmefluss nach oben gerichtet, da adiabatisch aufsteigende Teilchen in höheren Schichten wärmer als ihre Umgebung sind.

Wärmebilanz, die Gegenüberstellung und Berechnung der in physikalischen und technischen Vorgängen zu- und abgeführten (bzw. gewonnenen und verbrauchten) Wärme- und Energiemengen; ermöglicht u.a. die Berechnung und Kontrolle von Wärmeverlusten. Die Wärmebilanz der Erde wird →Strahlungsbilanz genannt.

Wärme|einbruch, plötzliche Temperaturzunahme, z.B. nach dem Durchzug einer Warmfront oder bei Föhn; besonders markant im Winter bei Südwestlagen infolge Advektion milder Meeresluft, in der die Lufttemperatur auf 5 bis 10 °C und darüber ansteigt und bis in große Höhen Tauwetter einsetzt.

Wärme|gewitter, Gewitter, das im Gegensatz zum Frontgewitter nur durch Aufheizung und Labilisierung der Luft vom Boden her verursacht wird. Wärmegewitter treten v.a. im Sommer über Land innerhalb von Warmluft auf. Wegen ihrer direkten Abhängigkeit von der Sonneneinstrahlung weisen sie einen ausgeprägten Tagesgang auf, der sein Maximum entsprechend der Thermik am späten Nachmittag hat.

Neben der Aufheizung ist eine ausreichende Feuchte sowohl am Boden als auch in der Höhe Voraussetzung für ihre Entstehung. Bevorzugt treten sie bei gradientschwacher Luftdruckverteilung auf. Dagegen wird ihre Ausbildung in ausgeprägten Hochdruckgebieten oder Hochdruckkeilen wegen der in deren Bereich herrschenden Absinkbewegung und Austrocknung in der Höhe verhindert.

Wärme|inhalt, veraltete Bezeichnung für die →Enthalpie.

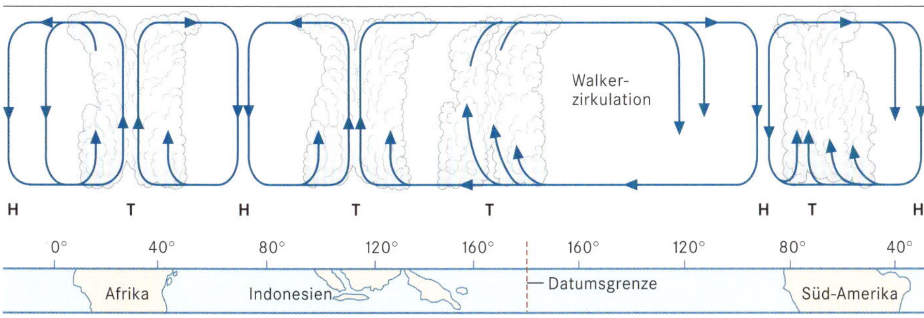

Walker-Zirkulation. Schematische Darstellung der Walker-Zirkulation und ähnlicher äquatorparalleler Zirkulationen

Wärmekonvektion, der Transport bzw. die Ausbreitung von Wärmeenergie durch strömende Flüssigkeiten oder Gase. Es können dabei größere Wärmemengen übertragen werden als von ruhenden Medien durch Wärmeleitung allein.

Wärmelehre, Teilgebiet der Physik, das sich mit dem Begriff der → Wärme und den damit zusammenhängenden Erscheinungen befasst; im engeren Sinne gleichbedeutend mit → Thermodynamik.

Wärmepole, die Orte der Erdoberfläche mit den höchsten beobachteten Lufttemperaturen. Sie liegen infolge der unregelmäßigen Land-Meer-Verteilung nicht am Äquator, sondern auf der Nordhalbkugel im Bereich des subtropischen Hochdruckgürtels. Die höchsten absoluten Lufttemperaturen wurden mit über 50 °C im nördlichen Äthiopien, im Death Valley (Kalifornien), in der Wüste Lut (Iran) und in Libyen (in Asisija bei Tripolis 1922: 58 °C) gemessen.

Wärmestrahlung, allgemein die Wärmeübertragung durch elektromagnetische Strahlung, im engeren Sinne Bezeichnung für die → Infrarotstrahlung. Wenn die abgestrahlte Energie nur aus der Wärmeenergie des Strahlers stammt, spricht man von Temperaturstrahlung. Beim Auftreffen auf einen anderen Körper wird die Wärmestrahlung von diesem teilweise absorbiert und in Wärme verwandelt.

Wärme|übertragung, Wärme|ausbreitung, Wärmetransport, die Übertragung von → Wärme von einem Ort höherer Temperatur zu einem Ort niedrigerer Temperatur. Wärmeübertragung kann durch Wärmeleitung, Wärmekonvektion und Wärmestrahlung erfolgen (sowie durch Kombination dieser grundsätzlichen Arten der Wärmeübertragung, z. B. bei Wärmedurchgang und Wärmeübergang).

Die **Wärmeleitung** beruht auf dem Energietransport durch die ungeordnete Wärmebewegung der Atome und Moleküle. Sie spielt in der Atmosphäre wegen der sehr niedrigen Wärmeleitfähigkeit der Luft nur eine untergeordnete Rolle. Sie ist aber ausschlaggebend für das langsame Eindringen von Wärmewellen in den Erdboden. Im Gegensatz zur Wärmeleitung, die in Festkörpern, Flüssigkeiten und Gasen auftritt, ist die **Wärmekonvektion (Wärmeströmung),** bei der die Wärme durch strömende Flüssigkeiten oder Gase transportiert wird, mit der Verlagerung von Materie verbunden. Hierbei können erheblich größere Wärmemengen übertragen werden als von ruhenden Medien durch Wärmeleitung. Die Wärmeübertragung ohne Materie als Übertragungsmedium durch elektromagnetische Strahlung wird als → Wärmestrahlung bezeichnet.

Warmfront, *Meteorologie:* eine → Front, an der wärmere Luft gegen kältere vordringt. Im Gegensatz zu der bei Kaltfronten zu beobachtenden Vielfalt an Typen sind Warmfronten fast alle gleichartig als Aufgleitfronten aufgebaut, d. h., an ihnen gleitet die vordringende Warmluft aufgrund etwas höherer frontsenkrechter Geschwindigkeit auf die keilförmig langsam zurückweichende Kaltluft längs einer schrägen Aufgleitfläche auf. Die theoretisch denkbare Möglichkeit, dass eine Warmfront als Abgleitfront auftritt, kommt in der Natur nur selten vor.

Warmfronten haben eine typische Wolkenabfolge von Cirrus über Cirrostratus zu Altostratus. Mit zunehmender vertikaler Ausdehnung des Altostratus kommt es schließlich durch das weitere Anwachsen der Wolkentropfen zur Niederschlagsbildung und zur Umwandlung des Altostratus in Nimbostratus. Der Niederschlag, im Winter als Schnee, in den Übergangsjahreszeiten und im Sommer als Regen, beginnt im Allgemeinen einige 100 km vor der Warmfront und hält dann, je nach Verlagerungsgeschwindigkeit der Warmfront, einige Stunden an, bis die Warmfront am Boden durchgegangen ist. Der Durchgang der Warmfront am Boden ist in der Regel mit einem mehr oder weniger deutlichen Temperaturanstieg, mit einer Winddrehung nach rechts und mit einem Nachlassen des Luftdruckfalls verbunden.

Warmluft, Luftmenge, die gegenüber durchschnittlichen Verhältnissen, der Unterlage oder ihrer Umgebung eine höhere Temperatur aufweist bzw. deren Wärmezustand als warm empfunden wird. Warmluft hat wegen ihrer geringeren Dichte das Bestreben, nach oben zu entweichen. Beim Öffnen eines Fensters in einem erwärmten Zimmer strömt daher die Warmluft nach

WASSER. *Nicht normal*

Das Wassermolekül ist ein einzigartiges Gebilde und weist zahlreiche Anomalien auf, die zum Teil immer noch nicht verstanden sind. Die bekannteste Anomalie ist die Eigenschaft, dass Wasser seine geringste Dichte bei 4 °C hat – die meisten Substanzen sind im festen Zustand dichter. Die Folge: Eis schwimmt auf Wasser.
Eine der ungeklärten Anomalien ist das Phänomen, dass unter bestimmten Bedingungen heißes Wasser schneller gefriert als kaltes. Benannt wurde der Effekt nach dem tansanischen Schüler Erasto B. Mpemba, der ihn 1963 bei der Herstellung von Speiseeis (wieder)entdeckte, denn bereits 300 v. Chr. hatte Aristoteles das beschrieben. Einige Wissenschaftler gehen davon aus, dass die Menge des wärmeren Wassers beim Abkühlen durch Verdunstung abnimmt und deshalb beim heißen Wasser weniger Flüssigkeit gefrieren muss, für andere Forscher ist die molekulare Struktur des Wassers verantwortlich. Denn damit Wasser gefrieren kann, müssen sich Keime bilden, an denen die Kristallisation beginnt und das Wasser zu Eis wird. Erstaunlicherweise bilden sich im heißen Wasser wohl mehr solcher Keime als im kalten Wasser.

Wasser. Eine große Gewitterwolke enthält mehrere Millionen Tonnen Wasser.

draußen, während gleichzeitig Kaltluft von außen eindringt.

Im lokalen und regionalen Bereich löst die durch Sonneneinstrahlung entstandene Warmluft der unteren Schichten bei entsprechender Wetterlage Konvektion, Quellbewölkung und Gewitter aus. Warmluft mit überregionaler Ausdehnung bezeichnet man häufiger als **Warmluftmasse.**

Warmzeit, im weiteren Sinne eine erdgeschichtliche Epoche relativer Klimagunst, die zwischen zwei kühleren Zeiträumen lag, z. B. die mehrere Mio. Jahre umfassende Warmzeit des Tertiärs; im engeren Sinne ein durch wesentliche Erwärmung gekennzeichneter Zeitabschnitt zwischen zwei Eiszeiten (Interglazial, Zwischeneiszeit), in dem ähnliche Klimaverhältnisse wie heute herrschten.

Wasser, chemische Verbindung von Wasserstoff und Sauerstoff (Wasserstoffoxid), H_2O.

■ **Physikalische und chemische Eigenschaften** **Reines Wasser** ist eine geruch- und geschmacklose, durchsichtige, in dicker Schicht bläulich schimmernde Flüssigkeit. Es erstarrt unter Normdruck (101 325 Pa) bei 0 °C zu →Eis und geht bei 100 °C in Wasserdampf über; der Gefrierpunkt (→Eispunkt) und der Siedepunkt des Wassers (→Dampfpunkt) sind die Fundamentalpunkte der Celsius-Temperaturskala (→Grad Celsius). **Natürliches Wasser** besteht aus einem Gemisch von Wassermolekülen, in dem mit 99,99 % Moleküle überwiegen, die das Wasserstoffisotop ^1H und das Sauerstoffisotop ^{16}O enthalten; in sehr geringen Mengen liegen Moleküle mit den Wasserstoffisotopen ^2H (Deuterium, D) und ^3H (Tritium, T) sowie den Sauerstoffisotopen ^{17}O und ^{18}O vor. Deuteriumoxid, D_2O, das schwere Wasser, ist mit einem Anteil von etwa 0,015 % in natürlichem Wasser enthalten.

Im Wassermolekül sind die beiden Wasserstoffatome durch kovalente Bindung so an den Sauerstoff gebunden, dass das Molekül ein gleichschenkliges Dreieck bildet, wobei der Winkel H–O–H 104,5° beträgt. Wegen der unterschiedlichen Elektronenaffinität der beiden Elemente verteilt sich die Ladungsdichte des gemeinsamen Elektronenpaares jeder O–H-Bindung nicht symmetrisch auf der Bindungsachse, sondern sie befindet sich näher am Sauerstoffatom. Das Wassermolekül besitzt deshalb ein beträchtliches Dipolmoment. Aus dieser Struktur ergeben sich eine Reihe von ungewöhnlichen Eigenschaften, die das Wasser bezüglich seiner Dichte und ihrer Abhängigkeit von der Temperatur zeigt: Erwärmt man es über 0 °C, steigt die Dichte zunächst an und erreicht bei 4 °C ihr Maximum; bei weiterem Erwärmen nimmt sie wieder ab (Anomalie des Wassers). Auch beim Übergang vom flüssigen in den festen Zustand dehnt sich das Wasser (bzw. Eis) aus, und die Dichte

Wasser kommt in der Natur in allen Aggregatzuständen vor: als flüssiges Wasser, als festes Eis und als gasförmiger Nebel bzw. als Dampf.

sinkt. Eis schwimmt deshalb auf Wasser. Die Volumenvergrößerung von etwa 10% beim Gefrieren von Wasser bewirkt bei Frost z.B. das Platzen von mit Wasser gefüllten Gefäßen sowie die Frostsprengung von Gesteinen. Durch Druckerhöhung sinkt die Gefriertemperatur, je 1000 hPa um 0,007 °C. Unter erhöhtem Druck, z.B. in Kesseln, kann Wasser daher auch bei Temperaturen unter 0 °C flüssig bleiben.

Die spezifische Wärmekapazität des Wassers, d.h. die Wärmemenge, die zum Erwärmen eines Kilogramms Wasser von 14,5 auf 15,5 °C benötigt wird – das sind 4,1868 kJ/(kg · K) –, wurde früher zur Definition der Wärmeeinheit Kalorie verwendet: 1 kcal = 4,1868 kJ. Die Schmelzenthalpie von Wasser (Eis) beträgt bei 0 °C 333,5 kJ/kg (6,01 kJ/mol), die Verdampfungsenthalpie bei 100 °C und Normaldruck 2257,1 kJ/kg (40,7 kJ/mol). Die thermodynamische Temperatur des Wassers an seinem Tripelpunkt, an dem die drei Phasen Eis, flüssiges Wasser und Dampf im Gleichgewicht vorliegen, beträgt 273,16 K (0,01 °C) bei einem Druck von 612 Pa; die kritische Temperatur und der kritische Druck des Wassers betragen 647,3 K (374,15 °C) bzw. $221{,}3 \cdot 10^5$ Pa.

■ **Vorkommen** Freies, nicht chemisch gebundenes Wasser gibt es auf der Erde hauptsächlich in der Hydrosphäre (mehr als 99% in den Meeren sowie als Gletscher und Oberflächenwasser des Festlandes), in der Lithosphäre (weniger als 1% als Grundwasser und Boden- bzw. Gesteinsfeuchte), in der Atmosphäre (etwa 0,001% als Wasserdampf, Wolken und fallender Niederschlag) sowie als biologisches Wasser (etwa 0,0001% in Organismen). Die Hydrosphäre bildete sich beim Abkühlen der Erde nach Unterschreitung der kritischen Temperatur des Wassers im Zusammenhang mit der Erdatmosphäre (→Atmosphäre). Nach der Herkunft unterscheidet man vadoses Wasser und juveniles Wasser; die flüchtigen Bestandteile rezenter Vulkanausbrüche bestehen zu einem erheblichen Teil (zw. 50% und 70%) aus Wasser; nach Schätzungen werden jährlich 0,1 km³ Wasser neu in den zwischen Atmosphäre, Festland und Meer zirkulierenden →Wasserkreislauf der Erde einbezogen.

WASSER: WASSERVORKOMMEN DER ERDE

	Wasservolumen (in Mio. km³)	Anteil (in %)
Weltmeere	1338	97,45
Süßwasservorkommen	35	2,55
insgesamt	**1373**	**100**

■ **Wasser und Klima** Als **Wasserhaushalt** bezeichnet man die mengenmäßige Erfassung und Bilanzierung der Elemente des Wasserkreislaufs. Auf den Unterschieden im Wasserhaushalt beruht im Wesentlichen die Einteilung der Erdoberfläche in Gebiete mit humidem, aridem oder nivalem Klima. Durch geeignete, aber auch zerstörerische Eingriffe hat der Mensch vielfach den Wasserhaushalt verändert.

Wasser ist eines der Hauptklimaelemente und auch maßgeblich für Verwitterung, Erosion und damit Gestaltung der Erdkruste. Es versorgt die Pflanzen mit Nährstoffen. Die Belastung der Umwelt mit Schadstoffen gefährdet das Wasser und somit auch Flora und Fauna und die menschliche Gesundheit. Durch ungünstige klimatische Bedingungen und hohe Bevölkerungsdichten besteht in vielen Gebieten der Erde ständig oder zeitweilig Wassermangel, insbesondere an Trinkwasser für die ärmere Bevölkerung. Bevölkerungswachstum und anhaltende Wasserverschmutzung werden auch im 21. Jh. in vielen Regionen einen gravierenden Trinkwassermangel hervorrufen, militärische Auseinandersetzungen um Trinkwasser werden befürchtet.

Wasserdampf, das in der Atmosphäre in gasförmigem Zustand enthaltene Wasser. Das unsichtbare Wasserdampfgas gelangt durch die Verdunstung (v.a. von Meeren, Seen und Flüssen) in die Lufthülle und wird hier infolge Kondensation bzw. Sublimation als Dunst, Nebel oder Wolke sichtbar.

Wasserdampfgehalt, die in der Luft enthaltene Menge an Wasserdampf, welche auf verschiedene Weise gemessen oder be-

WASSER. ***Vielschichtige Bedeutung***

In vielen Religionen hat das Wasser eine große symbolische Bedeutung. Als undifferenzierte, beliebig formbare Masse symbolisiert es in vielen Schöpfungsmythen den Uranfang alles Seienden; so schwebt etwa im alttestamentlichen Schöpfungsbericht der Geist Gottes über den Wassern, bevor Gottes Schöpfungswerk beginnt. Im indischen Mythos trägt das Wasser das goldene Weltei, in dem Brahma vor aller Schöpfung ruht. In alles vernichtender Gestalt erscheint das Wasser hingegen in der Sintflut, die aber auch neues Leben ermöglicht.
Das Wasser begegnet aber auch als Symbol der Fruchtbarkeit und der körperlichen, seelischen und geistigen Reinigungs- und Erneuerungskraft. In der Mithrasreligion befand sich in der Nähe oder unterhalb der Tempel eine immer fließende Quelle als Symbol der Spendekraft der unendlichen Zeit, und katholische Wallfahrtskirchen sind oft über Quellen errichtet. Einigen Quellen, z.B. Lourdes, wird große Heilkraft zugeschrieben.
In der Philosophie erklärte Thales im 6. Jh. v. Chr. die Herkunft aller Dinge aus dem Wasser, Aristoteles zufolge wohl deshalb, weil die Nahrung v.a. feucht sei und aus dem Feuchten das Warme entstehe und Leben gewinne. Bei Empedokles ist das Wasser eines der vier Elemente, wobei Erde, Luft und Wasser zusammengehören und dem Feuer entgegengesetzt werden. Wasser spielt in Alchemie und Naturphilosophie als Grundprinzip des Feuchten, Lösbaren, als Essenz der Pflanzen wie auch aufgrund seiner Formlosigkeit, Beweglichkeit und Flüchtigkeit als Symbol der Erneuerung und Wandlung eine Rolle.

Wasserkraftwerk am Grimselpass (Schweiz)

stimmt werden kann (absolute, relative und spezifische →Feuchtigkeit, →Dampfdruck). Die Luft kann nur eine bestimmte Höchstmenge an Wasserdampf enthalten; diese wird Sättigungsfeuchte bzw. Sättigungsdampfdruck genannt. Der Wasserdampfgehalt der Atmosphäre (an der Zusammensetzung der Luft maximal mit etwa vier Volumenprozent beteiligt) schwankt räumlich und zeitlich außerordentlich stark, zum Teil auch eine Folge der häufigen Phasenübergänge vom Wasserdampf zum flüssigen Wasser und Eis bzw. umgekehrt.

Im Wetter- und Klimageschehen ist der Wasserdampfgehalt der wichtigste Faktor.

Wasserhaushalt, *Hydrologie:* →Wasser.

Wasserhimmel, der dunkle Widerschein der offenen (eisfreien) Stellen des Polarmeeres am Himmel. Der Gegensatz ist das →Eisblink.

Wasserhose, *Meteorologie:* →Tornado.

Wasserkraftwerk, ein Kraftwerk, das die potenzielle Energie des natürlichen Wasserkreislaufs zur Gewinnung elektrischer Energie nutzt. Dabei lässt man vom Oberwasser (z. B. Stausee, Talsperre, Stauanlage) Triebwasser zum Unterwasser (z. B. Flusslauf, Auffangbecken) durch eine Wasserturbine fließen, die die anfangs potenzielle Energie des Wassers in kinetische Energie umformt. Ein mit der Wasserturbine direkt oder über ein Getriebe gekuppelter Wasserkraftgenerator formt diese in elektrische Energie um.

■ **Bauarten** Nach der Betriebsweise unterscheidet man Laufwasser- und Speicherkraftwerke. **Laufwasserkraftwerke (Laufkraftwerke)** nutzen den natürlichen Zufluss eines Fließgewässers (Fluss, Bach). Das zufließende Wasser wird durch ein Wehr aufgestaut und direkt verarbeitet. Das ungenutzte Wasser fließt über das Wehr. Laufwasserkraftwerke dienen meist als Grundleistungskraftwerke. Bei **Speicherkraftwerken** wird das zufließende Wasser in einem Stausee oder -becken gespeichert (Tages-, Wochen-, Saison- oder Jahresspeicher) und kann diesem bei Bedarf entnommen werden. In der Regel erfolgt dies als Spitzenkraftwerk zur Deckung von Spitzenlasten, aber auch aus wasserwirtschaftlichen Gründen (z. B. für die Schifffahrt). Eine Sonderbauform zur Speicherung überschüssiger Energie aus anderen Kraftwerken ist das Pumpspeicherwerk, das in Schwachlastzeiten (z. B. nachts) die elektrische Überschussenergie von Dampf-, Speicherwasser- und Laufwasserkraftwerken hydraulisch speichert, indem eine Pumpe oder Pumpenturbine Wasser aus einem Unterbecken in ein hochgelegenes Oberbecken (Speicherbecken) pumpt.

■ **Nutzung** Die Nutzung der Wasserkraft ist äußerst zuverlässig, technisch ausgereift und bewährt. Sie macht heute in vielen Ländern einen Großteil der Stromerzeugung aus, z. B. fast 100 % in Norwegen, etwa 55 % in Österreich und 60 % in der Schweiz. In Deutschland trägt die Wasserkraft hingegen nur knapp 3,5 % zur Stromerzeugung bei. Weltweit deckt sie derzeit etwa 6 % des Primärenergieverbrauchs, in Deutschland (2007) rund 1,6 %. Die überwiegende Anzahl der Wasserkraftwerke ist in Deutschland in den beiden südlichen Bundesländern Bayern und Baden-Württemberg zu finden. Die Ausbaumöglichkeiten be-

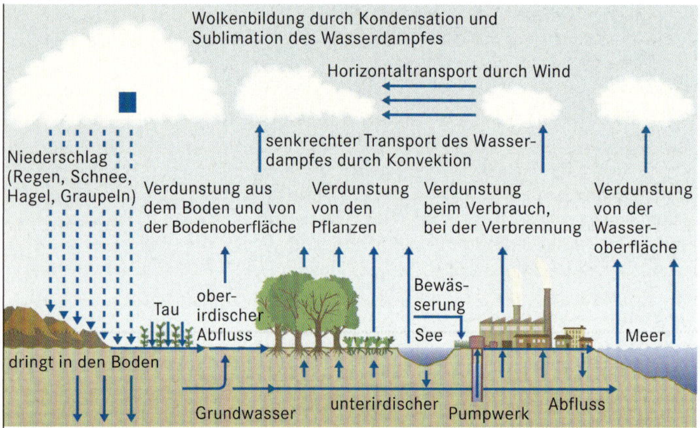

Wasserkreislauf. Natürlicher Wasserkreislauf

schränken sich neben der Errichtung von Klein- und Kleinstwasserkraftwerken im Wesentlichen auf die Verbesserung bestehender Anlagen (Austausch der Turbinen mit Leistungssteigerung) und auf die Wiederinbetriebnahme von zumeist vor einigen Jahrzehnten bereits stillgelegten Anlagen.

■ **Probleme** Unter den Wasserkraftwerken stellen Pumpspeicherwerke die kostengünstigste und auch umweltverträglichste Möglichkeit der Speicherung großer Energiemengen dar. Problematisch sind allerdings bei Wasserkraftwerken der Landschaftsverbrauch und der gravierende ökologische Eingriff in die Natur durch große Talsperren, der dem Neubau von Großanlagen weltweit entgegensteht. Eine extensive Nutzung dieser erneuerbaren Energiequelle ist auch wegen der Umsiedlung großer Menschengruppen sehr umstritten, selbst wenn Hochwasserschutz damit erreicht werden kann. Als das mit Abstand größte Wasserkraftwerk kann der Drei-Schluchten-Staudamm in China am mittleren Lauf des Jangtsekiang betrachtet werden.

Wasserkreislauf, vereinfacht beschrieben der Weg des Wassers über Niederschlag auf Wasser- und Landflächen, dem Abfluss von den Landflächen ins Meer sowie der Verdunstung von Wasser- und Landflächen in die Atmosphäre. Im Gegensatz zur statischen Betrachtung der Wasservorräte der Erde wird der Wasserkreislauf wissenschaftlich als dynamische Raum- und Zeitveränderung des Wassers im flüssigen, festen und gasförmigen Aggregatzustand aufgefasst; er vollzieht sich im Wechselspiel zwischen Energie- (Sonneneinstrahlung) und Gravitationspotenzial (Schwerkraft) der Erde. In den Einzugsgebieten der Landflächen erfolgt eine Differenzierung des mittleren langjährigen Niederschlags (119 000 km^3), abzüglich der Verdunstung (72 000 km^3), in die Komponenten des oberirdischen Abflusses (41 900 km^3), des unterirdischen Abflusses (2 200 km^3) sowie des Abflusses aus Eis (2 900 km^3), sodass dem Weltmeer insgesamt 47 000 km^3 Wasser zufließen. Diese Wassermenge gelangt über die Verdunstung wieder in die Atmosphäre. Die wirtschaftlich nutzbaren Wasservorräte werden auf 22 000 km^3 (bereits etwa 50 % des jährlichen Abflusses) je Jahr geschätzt.

■ **Regional und global** Es ist zweckmäßig, zwischen dem Wasserkreislauf im globalen und regionalen Maßstab zu unterscheiden. Im globalen Maßstab vollzieht sich der Wasserkreislauf quasi in einem geschlossenen System, in dem näherungsweise kein Wasser hinzutritt und kein Wasser verloren geht bzw. diese Mengen sich in der Größenordnung entsprechen. Nur unter dieser Voraussetzung kann ein Zusammenhang zwischen dem Vorrat an Wasser im festen Aggregatzustand und der Höhenlage des Meeresspiegels hergestellt werden, die allerdings von weiteren Faktoren (Wärmehaushalt des Ozeans, Volumen der Ozeanbecken) abhängt. Gegenwärtig nimmt Eis in der Größenordnung von 24,4 Mio. km^3 nicht am aktuellen Wasserkreislauf teil. Als während der jüngsten Eiszeiten des Saale- und Weichsel-Glazials 89,0 Mio. km^3 bzw. 68,5 Mio. km^3 Eis nicht am Wasserkreislauf teilnahmen, lag der Meeresspiegel 120 bis 115 m bzw. 100 bis 90 m unter dem heutigen Meeresspiegel; würde das heute gespeicherte Eis vollständig abschmelzen, würde der Meeresspiegel um etwa 68 m ansteigen.

Im regionalen Maßstab vollzieht sich der Wasserkreislauf in den Einzugsgebieten, einem offenen System. Deshalb werden die Eingangsgrößen (Niederschlag) mit den Ausgangsgrößen (Verdunstung und Abfluss) im Rahmen des Wasserhaushalts bilanziert.

Wassermangel *Sonderartikel Seite 342/343*

Wasserspiegel, ausgeglichene Grenzfläche eines Gewässers gegen die Atmosphäre.

Wasserstoff, Hydrogenium, chemisches Symbol **H,** leichtestes chemisches Element; in der ersten Hauptgruppe des Periodensystems der chemischen Elemente eingeordnet.

■ **Vorkommen** Wasserstoff ist mit 0,74 Gewichtsprozent an der Zusammensetzung der festen Erdkruste beteiligt und steht damit in der Häufigkeit der chemischen Elemente an 9. Stelle. Er ist v.a. in gebundener Form als Wasser sowie in Form von organischen Verbindungen weitverbreitet. Freier Wasserstoff findet sich in höherer Konzentration nur in einigen Vulkangasen; im Übrigen kommt er in den unteren Schichten der Atmosphäre nur in Spuren vor. Im Weltall dagegen ist Wasserstoff das weitaus häufigste Element: Nach Schätzungen, die von Messungen im zugänglichen Bereich ausgehen, entfallen auf ihn etwa drei Viertel der gesamten Masse des Weltalls.

Wasserstoff|energietechnik, Wasserstofftechnologie, ein Gebiet der Energietechnik mit dem Ziel, Wasserstoff für die Energiegewinnung nutzbar zu machen. Bei der Verbrennung von Wasserstoff mit reinem Sauerstoff entsteht Wasser als einziger Rückstand; bei der Verbrennung mit Luft werden auch Stickoxide gebildet, allerdings in weitaus geringerem Maße als bei anderen Brennstoffen. Wasserstoff ist deshalb ein Energieträger, der vor Ort prinzipiell sehr umweltfreundlich eingesetzt werden kann. Die Umweltwirkung hängt daher von der Herstellungsart und den Speicher- und Transportaufwendungen ab. Es bietet sich somit vor allem die Erzeugung auf Basis erneuerbarer Energien an. Als speicherbares Medium kann Wasserstoff maßgeblich dazu beitragen, das schwankende Energieangebot von Sonne und Wind auszugleichen. Aufgrund der hohen Verluste bei der Wasserstoffherstellung und -anwendung ist dieser Weg aber erst bei sehr hohen Anteilen erneuerbarer Energien sinnvoll, die erst ab dem Jahr 2030 beginnend schrittweise zur Verfügung stehen werden. Derzeit ist eine direkte Nutzung des regenerativ erzeugten Stroms vorzuziehen. Im Fall der fossilen Energieträger (Kohle, Erdgas) ist eine klimaverträgliche Erzeugung nur im Fall einer CO_2-Abtrennung und Speicherung möglich. Sollte die gegenwärtige Forschung hier zu Erfolgen führen, wird mit ersten Anlagen ab dem Jahr 2020 gerechnet.

■ **Potenzial** Eine großflächige und ökologisch tragfähige energetische Nutzung von Wasserstoff ist damit erst in 20–30 Jahren möglich, wenn saubere Energiequellen ausreichend zur Verfügung stehen. Kurz- bis mittelfristig wird der Forschungsschwerpunkt deshalb auf der Weiterentwicklung von Speicher- und Nutzungstechnologien liegen, um die kommerziellen Voraussetzungen für eine Wasserstoffwirtschaft zu schaffen.

Eine zukünftige energetische Anwendung von Wasserstoff wird insbesondere in der elektrochemischen Umwandlung von Wasserstoff und Luft in der →Brennstoffzelle gesehen. Die Vorteile der Brennstoffzelle sind niedrige Emissionen, modularer Aufbau, flexibler Betrieb mit hohen Wirkungsgraden auch bei Teillastverhalten, Reduktion von Lärm und Vibration. Zurzeit werden Brennstoffzellensysteme für unterschiedliche Anwendungen entwickelt. Energiewirtschaftlich bedeutsam ist der stationäre Einsatz zur Strom- und Wärmeerzeugung. Hier erweitern Brennstoffzellen das Spektrum der effizienten dezentralen →Kraft-Wärme-Kopplung. Eine besondere Dynamik entfaltet der Bereich der mobilen Nutzung, vor allem für Pkws. Hier verspricht Wasserstoff eine Lösung für die sich verschärfenden Umweltprobleme und gleichzeitig eine Minderung der Abhängigkeit von importiertem Erdöl.

WASSERKREISLAUF

Eigentlich genug für alle

»Wasser, Wasser überall, und nirgends ein Tropfen zu trinken«, beklagt verzweifelt der alte Seemann in Samuel Coleridges berühmter Ballade »The Rime of the Ancient Mariner«. In der Tat sind nur 3,5 Prozent des weltweiten Wasservorkommens trinkbares Süßwasser, und das meiste davon zudem unzugänglich gebunden in den polaren Eisschilden und den Gebirgsgletschern. Was Menschen, Tieren und Pflanzen zur Verfügung steht, ist wirklich nur ein Tropfen – ein Tropfen pro Eimer.

Glücklicherweise werden unsere Wasservorräte durch den Wasserkreislauf immer wieder aufgefüllt, denn im Gegensatz zu anderen Ressourcen wie Erdöl ist Wasser erneuerbar. 150 Billionen Liter Süßwasser werden pro Tag vom Meer zum Land umgewälzt; im Jahr sind das unvorstellbare 40 000 Kubikkilometer. Zwei Drittel davon kehren allerdings ins Meer zurück, etwa als Wasser aus Überschwemmungen, ein weiterer Teil fließt in unbewohnte Gebiete ab. Doch immerhin über ein Viertel dieser Süßwassermenge steht als Trinkwasser zur Verfügung. Bei einem nachhaltigen Umgang mit Wasser sollte das reichen, selbst eine

100696

doppelt so große Weltbevölkerung wie heute zu versorgen. Doch leider wird Wasser weltweit verschwendet und nicht effizient genutzt. Außerdem sind die Regenfälle nicht gleichmäßig über den Globus verteilt: 65 Prozent der Süßwasserreserven liegen in nur zehn Ländern vor. Viele Experten fürchten daher, dass der Kampf um das »blaue Gold« zu dem Konflikt des 21. Jahrhunderts werden wird.

100264

1

WASSERMANGEL

1) Der Jordan ist die einzige ergiebige und das ganze Jahr über verfügbare Wasserquelle in einem wüstenhaften Umland – und entsprechend politisch umkämpft.

Alle haben noch den Hitzesommer 2003 in Erinnerung, der auch an der Landwirtschaft nicht spurlos vorüberging. Die Ernte des Jahres lag 12% unter dem Mittel der Jahre 1997 bis 2002. Wären die Landwirte auf den Sommer 2003 optimal vorbereitet gewesen, wäre es durch geeignete Maßnahmen, etwa den Einsatz von Beregnungsanlagen, vermutlich nicht zu Ertragseinbußen gekommen, denn an Wasser herrscht in unserem Land glücklicherweise kein Mangel. Auch durch die globale Erwärmung werden sich die Voraussetzungen für Landwirtschaft in den gemäßigten Breiten nicht verschlechtern, vielleicht sogar verbessern.

In anderen Teilen der Welt ist die Lage hingegen eine andere. In vielen heute schon trockenen Gebieten – in der Regel arme Länder – wird vor allem der Wassermangel erhebliche Konsequenzen haben. Vor allem die Länder Afrikas und weite Teile Asiens werden durch den Klimawandel voraussichtlich starke Ertragsverluste erleiden müssen.

Wie viel Wasser gibt es?

Die Fachleute sind sich einig: Eigentlich gibt es Wasser genug auf der Erde – doch für die Lebensansprüche der Menschheit des 21. Jahrhunderts viel zu wenig. Hochrechnungen von Wissenschaftlern besagen, dass bis zum Jahre 2025 etwa 3,3 Milliarden Menschen oder 37% der Weltbevölkerung unter Wassermangel leiden werden (heute sind es schon runde zwei Milliarden), weil nur rund 0,29% des gesamten Wasservorrats der Erde dem Menschen als Süßwasser zur Verfügung steht, die Weltbevölkerung aber weiterhin dramatische Zuwachszahlen aufweist. Schon heute liegt sie bei fast 6,5 Milliarden Menschen, die sich die maximale Menge von etwa 4,2 Millionen Kubikkilometer Süßwasser teilen müssen. Und jeder neue Erdenbürger verschlechtert die global zur Verfügung stehende Pro-Kopf-Menge der Ressource Wasser.

Wer (ver)braucht wie viel Wasser?

Zum Internationalen Jahr des Süßwassers 2003 veröffentlichte die UNESCO Daten zum weltweiten Süßwasserverbrauch. Demnach ist die Landwirtschaft mit 69% der weitaus größte Wasserverbraucher. Es folgt mit 23% die Industrie, am Schluss stehen Haushalte, Kleingewerbe und der öffentliche Bedarf, die zusammen 8% des global zur Verfügung stehenden Süßwassers für sich in Anspruch nehmen. Je nach der Ausrichtung der Wirtschaft werden die Wassermassen von Kontinent zu Kontinent unterschiedlich eingesetzt. So wird in Europa das meiste Wasser, immerhin rund 54%, von der Industrie verbraucht. Im agrarisch geprägten Afrika fließt dagegen mit 88% der größte Anteil der Wasserreserven in die Landwirtschaft.

Gründe des Mangels

Rein rechnerisch reicht das Süßwasser unseres »blauen Planeten« für die Gesamtheit der Menschheit aus. Doch stehen dieser statistisch weltfremden Sicht mehrere Gründe entgegen. Erstens: Die Süßwasservorkommen der Erde sind wegen großer Tiefe oder zu starker Mineralisierung nicht vollständig nutzbar. Und nicht überall, wo Wasser ist, sind auch die anderen Lebensbedingungen für den Menschen günstig.

2

3

Zweitens: Dort, wo Frischwasser als Niederschlag vom Himmel fällt, bleibt es in der Regel nicht, sondern fließt ab, sickert ein oder verdunstet. Drittens: Immer stärker konzentriert sich die wachsende Weltbevölkerung auf nur wenige Lebensräume unserer Erde und überschreitet hier allein durch ihre hohe Kopfzahl die hydrologische Tragfähigkeit der betroffenen Gebiete. Viertens: Süßwasser wird vom wirtschaftenden Menschen – ganz im Gegensatz zum Tier- und Pflanzenreich – in vielerlei Form mit Fremdstoffen belastet, die eine Folgenutzung als Trinkwasser nicht mehr zulassen und so den Wassermangel besonders in städtischen Agglomerationen verschärfen.

Veränderte Niederschläge

Eine der relativ sicheren Vorhersagen der Klimaforschung besagt, dass die globale Erwärmung in den hohen Breitengraden zu mehr Niederschlag führt – mit den entsprechenden Problemen wie beispielsweise Hochwasser –, viele Regionen jedoch im Gegenzug ein permanentes Niederschlagsdefizit ertragen müssen.

Besonders kritisch ist es vor allem dort, wo nicht nur vorübergehende Dürreperioden auftreten, sondern keine Aussicht besteht, dass der Regen zurückkehren wird. Anzeichen eines dauerhaften Wandels hin zu einem trockeneren Klima gab es bereits in den 1960er-Jahren in der Sahelzone, jedoch ging man lange davon aus, dass die katastrophale Lage dort durch Überweidung und Bevölkerungszunahme verursacht sei.

Inzwischen haben jedoch aufwendige Computersimulationen gezeigt, dass die rasche Klimaänderung und der Niederschlagsrückgang in der Sahelzone nur durch steigende Oberflächentemperaturen im Indischen Ozean verursacht wurden. Die Bedingungen, dass sich Monsunregen für die Sahelzone bildet, sind durch diese Erwärmung abgeschwächt worden. Die Folge: Es begann eine Dürreperiode, die keine Periode ist, sondern der neue Dauerzustand.

Wasserkriege?

In den Wassermangelgebieten der Erde ist bis zum Jahre 2025 mit einem Bevölkerungswachstum von 30 bis 70 % und somit nicht nur mit einem verstärkten Konkurrenzkampf zwischen den Städten, der Industrie und der Landwirtschaft um den Lebensstoff Wasser, sondern auch zwischen einzelnen Staaten zu rechnen. 40 % der Menschheit leben in Flussgebieten, die sich über mehr als zwei Länder erstrecken, und über 200 politische Konfliktregionen, in denen es um grenzübergreifende Wassernutzungsprobleme geht, machen die gegenwärtige Wasserproblematik als politischen Konfliktstoff klar. Die politisch brisantesten Wasserkonfliktgebiete, um die es möglicherweise zu kriegerischen Auseinandersetzungen kommen könnte, liegen am Ganges (Nutzungskonflikte zwischen Indien und Bangladesh), an Euphrat und Tigris (Türkei, Syrien, Irak), am Jordan (Israel, Syrien, Westjordanland, Jordanien) und am Nil (Ägypten, Sudan, Äthiopien, Eritrea). »Echte« Wasserkriege sind die Ausnahme in der Geschichte, aber oft war das Wasser als Mangelfaktor bei schon bestehenden religiösen, ethnischen oder territorialen Konflikten der Funke am politischen Pulverfass.

2) Der ausgetrocknete Uferrand des Sees Yliki, eines Wasserreservoirs für die griechische Hauptstadt Athen. Durch den Klimawandel wird es in vielen jetzt schon trockenen Gegenden noch trockener werden.

3) Wasser ist in vielen Regionen dieser Welt schon heute ein knappes Gut. Der Klimawandel wird die Situation voraussichtlich noch verschärfen.

Fortsetzung von S. 341
Aufgrund der besonderen technischen Probleme der Integration neuer Antriebs- und Speichertechnologien und sehr anspruchsvoller Kostenziele im Vergleich zu konventionellen Motoren kann mit einer Marktdurchdringung von Wasserstofffahrzeugen erst ab dem Jahr 2020 gerechnet werden.

In Ergänzung zu den technologischen Problemen spielen entsprechende Sicherheitsfragen, Standardisierungs- und Normungsaufgaben sowie Akzeptanzprobleme eine Schlüsselrolle für eine breite energetische Nutzung von Wasserstoff.

Angetrieben vor allem durch die Perspektiven im Verkehrssektor ist in den letzten Jahren eine Reihe von internationalen, nationalen und regionalen Initiativen zur Förderung von Wasserstoff und Brennstoffzellen entstanden, in denen Forschungs- und Demonstrationsprojekte mit teilweise erheblichen Finanzmitteln zu allen Themengebieten durchgeführt werden. Hierzu zählen z. B. in den USA die »FreedomCar Initiative«, »The President's Hydrogen Fuel Initiative« sowie die »Californian Fuel Cell Partnership«, in Japan »Hydrogen & Fuel Cell Demonstration Project« und auf europäischer Ebene die »EU Hydrogen and Fuel Cell Technology Platform«. In Deutschland wurde in den 1980er- und 1990er-Jahren eine Reihe von Wasserstoff-Großprojekten durchgeführt, außerdem sind mittlerweile umfangreiche Aktivitäten auf Bundes- und vor allem Länderebene zu verzeichnen (vor allem Nordrhein-Westfalen, Baden-Württemberg und Bayern).

ALFRED WEGENER
*** 1880, † 1930**

legte die Grundlagen der Thermodynamik der Atmosphäre

erforschte Wolken und Wirbelstürme

entwickelte die Theorie der Kontinentalverschiebung

Wasserwolke, Wolke aus Wassertröpfchen, mit Temperaturen oberhalb –10 °C. Zu den Wasserwolken zählen die Gattungen Stratus, Stratocumulus und Altocumulus, die bei tieferen Temperaturen auch →Mischwolken sein können.

Wasserziehen der Sonne, atmosphärische Erscheinung, bei der die durch Wolkenlücken dringenden Sonnenstrahlen infolge von Reflexion und Streuung am Dunst helle Streifen bilden, die sich gegen die dunkleren Wolkenschatten abheben; gilt als Vorzeichen für Regenschauer.

Watt [nach J. Watt], Einheitenzeichen **W,** die abgeleitete SI-Einheit der Leistung: 1 W = 1 J/s = 1 Nm/s = 1 V · A. Das Watt ist die Einheit für jede Art von Leistung, sei sie mechanischer, elektrischer, elektromagnetischer oder thermischer Natur. 1 Milliwatt = 1 mW = 0,001 W; 1 Kilowatt = 1 kW = 1000 W; 1 Megawatt = 1 MW = 10^6 W = 1000 kW; 1 Gigawatt = 1 GW = 10^9 W = 1000 MW; 1 Terawatt = 1 TW = 10^{12} W = 1000 GW.

wechselfeuchtes Klima, durch einen im Jahresverlauf ausgeprägten Wechsel zwischen Regen- und Trockenzeit gekennzeichnetes Klima, wie es für die äußeren Tropen (wechselfeuchte Tropen) typisch ist.

Wechte, Schneewechte [zu wehen], Bezeichnung für an Hochgebirgskämmen über den Grat auf der Leeseite hinauswachsende Schneemassen. Durch Gewichtszunahme bei Neuschnee senken sie sich unter Bildung einer Wechtenhohlkehle und können, besonders bei Warmlufteinbruch, abbrechen; dann besteht Lawinengefahr.

Wegener, Alfred Lothar, deutscher Geophysiker und Meteorologe, * Berlin 1. 11. 1880, † Grönland Ende November 1930; ab 1919 Abteilungsleiter an der Deutschen Seewarte und Professor in Hamburg, ab 1924 Professor in Graz. Wegener nahm 1906–08, 1912/13 sowie (als Leiter) 1929/30 an Expeditionen zum Inlandeis Grönlands teil, wo er beim Rückmarsch von der Station »Eismitte« den Tod fand. Wegener begründete die Theorie der Kontinentalverschiebung, die – modifiziert – durch die Plattentektonik bestätigt wird.

Als Meteorologe beschäftigte sich Wegener besonders mit der Paläoklimatologie und sammelte wichtige Argumente für seine Kontinentalveschiebungstheorie. Daneben befasste er sich mit der Physik der Atmosphäre und führte als Erster das Konzept der Turbulenz in die Meteorologie ein. Er entwickelte das Modell einer geschichteten Atmosphäre und veröffentlichte ein grundlegendes Werk über Wind- und Wasserhosen in Europa. Aus Beobachtungen der Rechtsdrehung von Tromben in Bezug auf ihren Hagelstreifen und das Zerstörungsfeld entwickelte er eine mechanische Trombentheorie. Weiterhin forschte er zu Haloerscheinungen und Meteoren.

Nach Wegener ist das 1980 gegründete Alfred-Wegener-Institut für Polar- und Meeresforschung in Bremerhaven und die Alfred-Wegener-Stiftung zur Förderung der Geowissenschaften (gegründet 1981) benannt.

Weihnachtstauwetter, Bezeichnung für eine Wetterlage, bei der durch rege Tiefdrucktätigkeit (Weihnachtsdepression) mit intensiver, hoch reichender Warmluftadvektion aus Südwesten Tauwetter eintritt, das bis in die Hochlagen der Mittelgebirge reicht und mit ziemlicher Regelmäßigkeit zwischen Weihnachten und Neujahr zu beobachten ist. Durch ergiebige Regenfälle und rasches Abschmelzen einer vorher gebildeten Schneedecke führen die Flüsse oft Hochwasser. Ist der Warmluftvorstoß und die damit verbundene Milderung weniger stark, können die Niederschläge in den höher gelegenen Landesteilen in Schnee übergehen. Das Weihnachtstauwetter zählt zu den markantesten →Singularitäten.

Weinklima, Weinbauklima, Rebenklima, Bezeichnung für ein Klima (Jahresdurchschnittstemperatur zwischen 12 und

18 °C), in dem neben Weinrebe auch Aprikose, Edelkastanie, ferner Feige, Paprika, Wassermelone und andere teilweise frostempfindliche Pflanzen gedeihen.

Wellenlängenbereich, durch ein bestimmtes Wellenlängen- oder Frequenzintervall **(Frequenzbereich)** gekennzeichneter Teilbereich aus dem Gesamtspektrum der elektromagnetischen Wellen, z.B. der Wellenlängenbereich des sichtbaren Lichts.

Weltgipfel für nachhaltige Entwicklung, UN-Gipfel für nachhaltige Entwicklung, englisch **World Summit on Sustainable Development** ['wɔ:ld 'sʌmɪt ɔn sə'steɪnəbl dɪ'veləpmənt], Konferenz vom 26. 8. bis 4. 9. 2002 in Johannesburg (Südafrika), auf der führende Vertreter aus über 190 Nationen Fragen zur → nachhaltigen Entwicklung diskutierten. Das Ergebnis war ein Aktionsplan, der umfassende und konkrete Zielvorgaben für alle umweltrelevanten Bereiche enthält. Diejenigen Staaten, die das → Kyoto-Protokoll ratifiziert haben, appellierten nachdrücklich an die übrigen Staaten, das Protokoll ebenfalls zu ratifizieren.

Weltklimakonferenz, internationale Konferenz, die erstmals im Jahr 1979 in Genf stattfand. Experten verschiedener UN-Organisationen erörterten menschlich verursachte Klimaanomalien und diskutierten deren mögliche Folgen. Weitere Weltklimakonferenzen folgten 1988 in Toronto und 1990 erneut in Genf. In Toronto äußerten viele Wissenschaftler die Ansicht, dass die Emission von Treibhausgasen sofort stark reduziert werden müsse, da die negativen Folgen der dadurch bedingten Klimaänderung (→ Treibhauseffekt) beträchtlich sein würden. Es wurde eine »Arbeitsgruppe über Klimaveränderungen« (→ IPCC) zusammengestellt, die in Genf einen ersten Bericht vorlegte. Darin wurde eine Abschätzung über den Anstieg der Treibhausgaskonzentrationen als Folge menschlicher Aktivitäten gegeben. Dieser Bericht diente als Vorbereitung für die → Klimarahmenkonvention, die auf dem Erdgipfel von Rio de Janeiro (1992, UN-Konferenz für Umwelt und Entwicklung) verabschiedet wurde. Nach der UN-Konferenz fanden weitere → Vertragsstaatenkonferenzen statt, die im allgemeinen Sprachgebrauch ebenfalls oft als Weltklimakonferenz bezeichnet werden.

Weltklimaprogramm, → World Climate Programme.

Welt|organisation für Meteorologie, die → WMO.

Westküstenklima, in mittleren Breiten das gegenüber den Ostküsten der Kontinente (→ Ostküstenklima) mildere Klima der Westküsten. Es wird geprägt durch die zyklonale Tätigkeit der außertropischen Westwinde, die überwiegend warme Luftmassen über die Ozeane von Südwesten heranführen.

Westlage, Abkürzung **W,** Großwetterlage der zonalen Zirkulationsform, die typisch für das Klima Mitteleuropas ist. In einer kräftigen Westströmung am Nordrand des Azorenhochs ziehen dabei Tiefdruckgebiete mit den zugehörigen Fronten, Wolken- und Niederschlagsfeldern vom Atlantik über die Britischen Inseln, die Nord- und die Ostsee hinweg nach Osteuropa (Westwetter).

Bei der **zyklonalen Westlage** (Abkürzung **WZ**) liegt die Frontalzone zwischen 50° und 60° nördlicher Breite. Die damit einhergehende Witterung in Mitteleuropa ist dann unbeständig, oft stürmisch, mit häufigem Wechsel zwischen Niederschlägen und Aufheiterungen (Zwischenhocheinfluss). Mit den Westwinden gelangen maritime Luftmassen nach Deutschland, die im Winter für milde und im Sommer für vergleichsweise kühle Luft sorgen. Dies ist die am häufigsten auftretende Wetterlage.

Bei der **antizyklonalen Westlage** (Abkürzung **WA**) ist die Frontalzone bis etwa 60° nördlicher Breite verschoben; ein Keil des Azorenhochs reicht bis Süddeutschland und sorgt für eine im südlichen Deutschland und im Mittelgebirgsraum meist freundliche Witterung. Beim Durchzug schwacher Tiefausläufer fällt gelegentlich etwas Regen, zum Teil mit Gewittern verbunden. Nördlich der Mittelgebirge ist es stärker bewölkt und mehr oder weniger unbeständig, mit einzelnen Regenfällen.

Bei der **südlichen Westlage** (Abkürzung **WS**) ist das Azorenhoch nur schwach und nach Süden abgedrängt, das Islandtief ist dagegen kräftig. Die Frontalzone südlich von 50° nördlicher Breite sorgt dafür, dass Störungen vom Golf von Biskaya über Deutschland ostwärts ziehen, und bringt eine trübe und sehr niederschlagsreiche Witterung mit sich, im Winter mit Schnee.

Bei der **winkelförmigen Westlage** (Abkürzung **WW**) liegt ein → blockierendes Hoch über Osteuropa. Die Frontalzone biegt über Mitteleuropa scharf nach Norden um, die Witterung ist stark unbeständig, im Winter kann es schneien.

Westwinddrift, Westdrift, kräftige, von West nach Ost gerichtete Luftströmung der gemäßigten Breiten beider Hemisphären, die aus dem Luftdruckgefälle zw. dem subtropischen Hochdruckgürtel und der subpolaren Tiefdruckrinne sowie aus der Coriolis-Kraft hervorgeht; im Durchschnitt zwischen 35 und 60° Breite **(Westwindzone, Westwindgürtel);** über den Ozeanen der Südhalbkugel besonders stark ausgeprägt (brave Westwinde oder → Brüllende Vierziger). In der Westwinddrift bilden sich im Grenzbereich zwischen Kaltluft aus polaren und Warmluft aus subtropischen Breiten die Tiefdruckgebiete der gemäßigten Breiten.

Wetter, *Meteorologie:* der physikalische Zustand der Atmosphäre zu einem bestimmten Zeitpunkt an einem bestimmten Ort, wie er durch die Wetter- oder →meteorologischen Elemente und ihr Zusammenwirken gekennzeichnet ist (im Unterschied zu →Witterung und →Klima). Das Wettergeschehen spielt sich im unteren Bereich der Atmosphäre, in der Troposphäre, ab.

In agrarischen Gesellschaften mit Selbstversorgungswirtschaft ist Erfolg oder Misserfolg (und damit der Lebensstandard) entscheidend vom Wetter abhängig; dies spielt daher im Volksglauben und Brauchtum eine dominierende Rolle. Erfahrungen wurden in volkstümlichen Wetterregeln überliefert; in Wetterbüchlein wurden sie seit dem 16. Jh. systematisiert und in Kalendern herausgegeben. Bei Flurumgängen an den Bitttagen des Kirchenjahres wurde (und wird auch heute noch) günstiges Wetter zum Gedeihen der Feldfrüchte erfleht; in Mitteleuropa ist v.a. die Fronleichnamsprozession zum Wetterbittumgang geworden. Besondere Wetterblumen wurden in Palmbuschen der Karwoche und das Kräuterbüschel von Mariä Himmelfahrt eingebunden. **Wetterzauber** sollte, oft als Analogiezauber, das Wetter beeinflussen, z.B. mittels Donner-, Blitz- oder →Gewitterblumen; Wetterläuten und Hagelschießen sollten Unwetter abwehren, ebenso rund um das Dorf an Feldern und Wegen aufgestellte Wetterkreuze; Wettermacher dagegen sollten das gewünschte Wetter herbeiführen, meist den dringend benötigten Regen.

Wetter|amt, →Deutscher Wetterdienst.

Wetterbeeinflussung *Sonderartikel Seite 348/349*

Wetterbericht, Darstellung eines meteorologischen Sachverhalts, mit der in verschiedener Weise die Interessen der Empfänger berücksichtigt werden, z.B. der Wetterbericht für die Landwirtschaft, der See-, Reise-, Wintersport- oder Straßenwetterbericht.

Wetterbeschwörung, Versuch, bestimmte Wetterereignisse vermittels festgelegter Rituale oder Sprüche herbeizuführen oder zu bannen und abzuwehren **(Wetterbann).** Da Wetterextreme den landwirtschaftlichen Anbau und oft auch Menschenleben gefährdeten, ging der Volksglaube in der Vergangenheit davon aus, dass Sturm, Regen,

WETTER: WETTERREKORDE IN DEUTSCHLAND

Temperatur		
höchste Temperatur*	40,2 °C	27.7. 1983 Gärmersdorf bei Amberg; 9. 8. 2003 Karlsruhe; 13. 8. 2003 Freiburg im Breisgau u. Karlsruhe
niedrigste Temperatur*	−37,8 °C	12. 2. 1929 Hüll (Oberbayern)
höchste 24-stündige Niederschlagshöhe	312,0 mm	12. 8./13. 8. 2002 Zinnwald (Osterzgebirge)
Niederschlag		
höchste Niederschlagsintensität	126,0 mm in 8 Minuten	25. 5. 1920 Füssen (Allgäu)
maximale Monatssumme	777 mm	Mai 1933 Oberreute (Südwestbayern)
minimale Monatssumme	0 mm	wird immer wieder gemessen; zuletzt Juli 1994 Barth (Mecklenburg-Vorpommern)
maximale Jahressumme	3 503,1 mm	1970 Balderschwand (Allgäu)
minimale Jahressumme	242 mm	1911 Straußfurt (Thüringen)
Sonnenscheindauer		
maximale Monatssumme	403 Stunden	Juli 1994 Kap Arkona (Rügen)
minimale Monatssumme	0 Stunden	Dezember 1965 Großer Inselsberg (Thüringer Wald)
maximale Jahressumme	2 329 Stunden	1959 Klippeneck (Schwäbische Alb)
minimale Jahressumme	929,1 Stunden	1995 Ruhpolding (Chiemgau)
Luftdruck		
höchster Luftdruck	1 057,8 hPa (Winterhochdruckgebiet)	23. 1. 1907 Berlin-Dahlem
niedrigster Luftdruck	948,6 hPa (Wintersturmtief)	26. 2. 1989 Osnabrück
Windgeschwindigkeit		
absolutes Maximum	335 km/h	12. 6. 1985 Zugspitze
Schneedecke		
höchste Schneedecke	830 cm	2. 4. 1944 Zugspitzplatt
späteste Schneedecke (unterhalb 1000 m)	4 bzw. 6 cm	2. 6. 1962 Kempten bzw. Oberstdorf
Nebel		
längste Nebelperiode	242 Stunden	ab 7.–17. 5. 1996 Neuhaus am Rennweg (Thüringer Wald)
meiste Nebeltage in einem Jahr	330 Tage	1958 Brocken (Harz)

* gemessen in der Thermometerhütte, 2 m über dem Erdboden

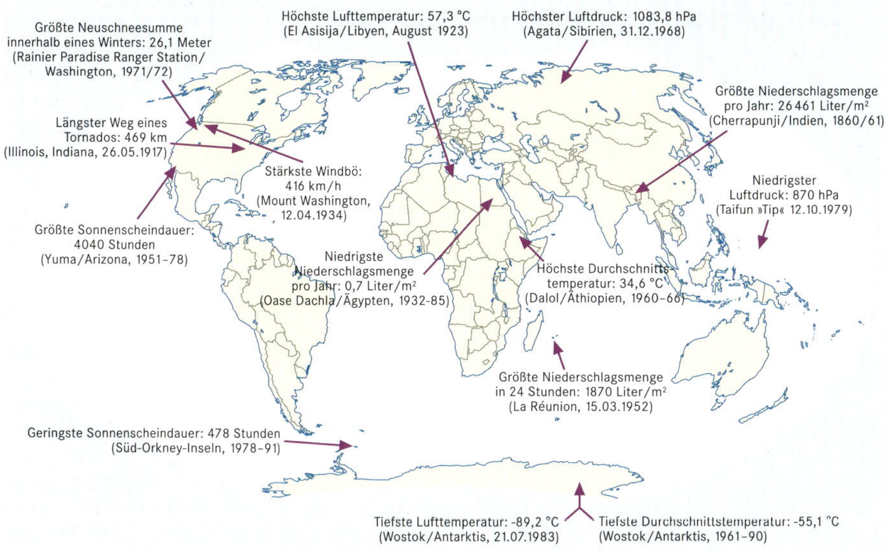

Wetter.
Wetter ist nicht gleich Wetter – die Karte zeigt die Bandbreite der Wetterextreme weltweit.

Hagel und Gewitter durch Zauberei hervorgerufen sein könnten. Die Wetterbeschwörung, zunächst heidnisch oder schamanistisch, später dann in einem engeren religiösen Kontext vollzogen, diente nach diesem Verständnis als Gegenzauber.

Diese im Prinzip heidnische Vorstellung wurde im christlichen Glauben der deutschsprachigen Länder durch Wetterprozessionen oder **Wettermessen** zur Verhütung von Unwettern weitergeführt. So war es beispielsweise in vielen Regionen Deutschlands üblich, einem Unwetter mit der von einer Prozession begleiteten Monstranz entgegenzuziehen. In anderen Landstrichen fanden zu bestimmten Jahreszeiten oder →Lostagen **Flurumgänge,** bei denen →Wettersegen ausgesprochen wurden, rund um die Äcker statt. Relikte dieser christlichen Wetterbeschwörung haben sich in vielen Regionen Deutschlands bis in die heutige Zeit hinein erhalten. So ist es z.B. in vielen Gemeinden bis heute üblich, Messen unter freiem Himmel und im Bereich der landwirtschaftlichen Anbauflächen abzuhalten.

Auch das in vielen Ortschaften regelmäßig durchgeführte **Wetterschießen,** das heute zumeist Volksfestcharakter hat, entstammt ursprünglich der Vorstellung, man könne Donner oder Hagel durch Gewehrschüsse in die Gewitterwolke vertreiben oder zumindest abschwächen. Andere Erklärungen für das Wetterschießen besagen, man habe durch Gewehrschüsse die bei Unwettern umherfliegende →Wetterhexe vertreiben wollen. Wetterbeschwörungsrituale sind aus nahezu allen Kulturkreisen bekannt.

Wetterbilder, Wetterblumen, auf volkstümlichen Wetteranzeigern Figuren, die sich je nach Feuchtigkeitsgehalt der Luft rosa oder blau färben.

Wetterboje, meist fest verankerte, auch treibende Boje, die in wenig oder gar nicht befahrenen Seegebieten als automatische Wetterstation mit Datenfernübertragung zu einer Landstation dient.

Wetterbüchlein, allgemeine Bezeichnung für eine zumeist gebundene Sammlung von Bauern- und Wetterregeln. Schon seit dem 16. Jahrhundert wurden Bauernregeln und andere Wetterorakel in sogenannten Wetterbüchlein systematisiert. Sie gehören teilweise zu den frühesten Beispielen des Buchdrucks in deutscher Sprache. Als das bekannteste Exemplar gilt das von Leonhard Reynmann verfasste Wetterbüchlein. Es erschien bereits im Jahr 1505 und enthält vor allem Wetterregeln, die auf ernsthafter meteorologischer Beobachtung basieren. Reynmanns Text stellt somit eher eine Ausnahme dar, denn andere Verfasser von Wetterbüchlein schlossen auch Astrologie und Aberglauben nicht aus.

Wetterdienst, meteorologischer Dienst, die Gesamtheit der (staatlich organisierten) Dienste, die sich mit der Messung, Registrierung, Verarbeitung und Veröffentlichung von Wetterdaten im allg. Interesse, insbesondere zur Erstellung von →Wettervorhersagen und →Wetterkarten, befassen, aber u.a. auch Kunden in der gewerblichen Wirtschaft und Landwirtschaft mit Informationen versorgen und klimatologische Auskünfte und Gutachten erstellen. In Deutschland ist der →Deutsche Wetterdienst (Sitz: Offenbach am Main) mit der Wahrnehmung aller öffentlichen wetterdienstlichen Aufgaben betraut

Fortsetzung S. 350

1

WETTERBEEINFLUSSUNG

1) Ein einziger Hagelschlag kann die Arbeit einer ganzen Saison zunichtemachen. Maßnahmen zur Hagelabwehr sind also keine Spielerei.

Schon seit Jahrhunderten träumt der Mensch davon, das Wetter zu beeinflussen. Im 20. Jahrhundert war vor allem das Militär an Rezepten für künstliches Wetter interessiert. Sowohl die USA als auch die Sowjetunion experimentierten und forschten im Kalten Krieg verbissen daran, im Falle eines »Wetterkrieges« die Oberhand zu behalten und den Gegner mit einer künstlichen Hitzewelle oder mit Eiseskälte zu besiegen. Wissenschaftler beider Seiten dachten sich gigantische Projekte aus, um nicht nur das Wetter, sondern auch das Klima zu steuern. So planten beispielsweise sowjetische Ingenieure in den 1950er-Jahren einen riesigen Damm zwischen Alaska und Sibirien, über den sie Wasser aus dem Nordpolarmeer in den Pazifik pumpen wollten, was wiederum warmes Wasser aus dem Atlantik ansaugen würde. Die Folge: Das Polarmeer würde schiffbar, das sibirische Klima deutlich milder. Auf der anderen Seite machten die USA im Vietnamkrieg tatsächlich Ernst mit der Wetterbeeinflussung und impften – letztendlich vergeblich – Monsunwolken, um den nordvietnamesischen Nachschub im Morast versinken zu lassen.

Regenmacher und Hagelflieger

Unter Meteorologen ist umstritten, ob das Regenmachen tatsächlich funktioniert. Trotzdem werden in über 30 Ländern Wolken geimpft. Wenn nämlich Wolken vorhanden sind und es trotzdem nicht regnet, liegt es daran, dass zu wenig Gefrierkerne vorhanden sind, aus denen sich zunächst Eiskristalle bilden, an denen sich dann die Wolkentröpfchen zu Regentropfen zusammenlagern. Also müssen die Gefrierkerne künstlich angereichert werden. In Experimenten hat man zeigen können, dass sich vor allem fein verteiltes Silberjodid hervorragend eignet, unterkühlte Nebeltröpfchen in Eiskristalle übergehen zu lassen. Auch Trockeneis ist gut geeignet. Ob die Methode tatsächlich funktioniert, ist schwierig nachzuweisen – vielleicht hätte es ja auch ohne Zutun geregnet. Israel behauptet, in den letzten Jahren seine Regenmenge um 15 % gesteigert zu haben, und die chinesische Staatsbehörde für Meteorologie bereitete Silberjodidraketen für eine regenfreie Eröffnungsfeier der Olympischen Sommerspiele in Peking 2008 vor.

Lange Tradition haben auch die Bestrebungen, Hagel abzuwehren. Früher glaubte man, Hagelwetter durch Böllerschüsse oder Glockengeläut abwenden zu können. Inzwischen versucht man, mit wissenschaftlichen Methoden in den Prozess der Hagelbildung einzugreifen. Da Hagel nur entsteht, wenn eine Wolke große Mengen an Wasser, aber zu wenig Eiskeime enthält, beruht die Hagelabwehr letztendlich auf der gleichen Idee wie die künstliche Regenerzeugung. Deshalb setzt man auch hier Silberjodid ein.

Waren es zwischen 1958 und 1972 Raketen mit Silberjodid, die im bayerischen Voralpenland den Hagel abwenden sollten, haben seit 1975 »Hagelflieger« die Abwehr übernommen. Zieht ein Gewitter auf, das Hagel bringen könnte, sind die speziell ausgestatteten Kleinflugzeuge beispielsweise von Rosenheim aus innerhalb von 30 Minuten am Einsatzort: der Gewitterwolke. Sie fliegen mitten in die Auf-

100562

2

100562

3

windzone und schießen eine feinstverteilte Silberjodid-Aceton-Lösung in die Wolke. Während das Aceton rasch verdampft, entstehen Milliarden von Silberjodidkristallen, an denen sich Wassertröpfchen anlagern und dabei teilweise oder ganz in Eiskristalle übergehen. Auf diese Weise entstehen viele kleine Graupelkörner oder Regentropfen statt großer Hagelkörner. Physikalisch ist die Methode sehr einleuchtend, in ihrer Wirksamkeit aber noch nicht vollständig nachgewiesen.

Der Schmetterlingseffekt im Computer

Die moderne Wettervorhersage stützt sich auf leistungsfähige Computerprogramme, die die Entstehung und Entwicklung eines Tiefdruckgebiets nachbilden können. Welchen Weg eine bestimmte Gewitterwolke jedoch nimmt und wie sie sich dabei entwickelt, hängt von vielen Größen ab. Schon kleine Veränderungen von Lufttemperatur oder Windstärke zu Beginn der Wolkenbildung können eine nicht im Detail vorhersagbare Entwicklung des Wettersystems bewirken – es verhält sich chaotisch. Die Grundthese der Chaostheorie stellte der Meteorologe Edward Lorenz im Jahr 1963 auf. Bekannt ist sie unter dem Namen »Schmetterlingseffekt«. Er postulierte, dass der Flügelschlag eines Schmetterlings in Brasilien darüber entscheiden kann, ob an der kalifornischen Küste ein Hurrikan entsteht – kleine Ursache, große Wirkung. Mittlerweile lässt sich das (Wetter-)Chaos mathematisch nachvollziehen (»simulieren«) und das Wettergeschehen als komplexe, aber Gesetzmäßigkeiten folgende Abläufe darstellen.

Hurrikane gezielt ausbremsen und steuern

An welchen »Schrauben« man drehen muss, um entweder die Zugbahn eines Wirbelsturms zu verändern oder dessen Windstärke zu verringern, versuchen US-amerikanische Wissenschaftler mithilfe von Computermodellen herauszufinden. Als Studienobjekte nutzen sie die beiden Hurrikane Inki und Andrew aus dem Jahr 1992. Die Simulation des Wirbelsturms Inki zeigt, dass sich seine Zugbahn durch punktuell höhere Temperatur und Feuchtigkeit beeinflussen lässt. Am Computer konnten die Wissenschaftler den Hurrikan so in einem Bogen von 100 Kilometer Entfernung um die Insel Kauai herumführen. In der Realität zog er dicht an ihr vorbei und löste schwere Verwüstungen aus.

Um einen Hurrikan über längere Zeit unter Kontrolle zu halten, ist eine Serie von Eingriffen notwendig. Die benötigten Energiemengen sind gewaltig. Um diese bereitstellen zu können, denken Wissenschaftler über Solarkraftwerke im Weltall nach, welche Sonnenenergie in Form von Mikrowellen zur Erde schicken. Diese ermöglichen eine gezielte Aufheizung der Atmosphäre in einer gewünschten Höhe. Alternative Überlegungen bestehen darin, die Energiezufuhr durch die Meeresoberfläche einzuschränken. Dies kann biologisch abbaubares Öl leisten. Es überzieht die Meeresoberfläche mit einem dünnen Film, verlangsamt die Verdunstung und nimmt auf diesem Weg Einfluss auf die Ausprägung und den Verlauf des Wirbelsturms. Von der Theorie, also Hurrikane am Computer zu beeinflussen, zur Praxis ist es nach Einschätzung von Wissenschaftlern jedoch noch ein weiter Weg.

2) Kann man Wirbelstürme beeinflussen? Theoretische Ansätze gibt es einige – in der Praxis funktioniert es (noch) nicht.

3) Hagelflieger mit einem Generator am Flügel, der mit einer Silberjodid-Aceton-Lösung gefüllt und ausgelöst wird, wenn das Flugzeug die Zone einer Hagelwolke mit dem größten Aufwind erreicht.

Fortsetzung von S. 347
(seit 1990 einschließlich der Einrichtungen des früheren Meteorologischen Dienstes der DDR mit Sitz in Potsdam), in Österreich die Zentralanstalt für Meteorologie und Geodynamik (Sitz: Wien), in der Schweiz die MeteoSchweiz (Sitz: Zürich). Neben den Zentralen haben die Wetterdienste Niederlassungen mit regionalen Zuständigkeiten. Spezialdienste beim Deutschen Wetterdienst sind u.a. der Seewetterdienst (Verbreitung von Seewetterberichten, Wettervorhersagen und Warnungen für die Seeschifffahrt), der für Deutschland vom Geschäftsfeld Seeschifffahrt des Deutschen Wetterdiensts in Hamburg wahrgenommen wird, sowie der Flugwetterdienst, mit dem das Geschäftsfeld Luftfahrt des Deutschen Wetterdiensts betraut ist. Die Wetterdienste der einzelnen Staaten sind auf internationale Zusammenarbeit im Rahmen der →WMO angewiesen.

Wetter|elemente, andere Bezeichnung für →meteorologische Elemente.

Wetterfahne, die →Windfahne.

Wetterfühligkeit, die besondere Empfindlichkeit eines Menschen gegenüber Änderungen des Wetters (z.B. Luftdruck, Luftfeuchtigkeit, Temperatur und Bewölkung), die sich u.a. in Kopfschmerzen, Schlafstörungen, Gelenk- oder Narbenschmerzen und Gereiztheit äußern kann. (→Biotropie)

Wettergeister, Wettergespenster, mythologische Gestalten des Volksglaubens. Die Wettergeister sind sagenhafte Gestalten, die in Erzählungen oft als Künder von Unwettern auftreten. Jede Region Deutschlands kennt ihre eigenen Wettergeister. Selten sind dies Gestalten, die fest mit einem bestimmten Wetterereignis in Zusammenhang gebracht werden, wie z.B. das in vielen Erzählungen auftauchende Nebelmännlein, das nur bei Nebel zu sehen ist. Öfter handelt es sich bei den Wettergeistern um regional bekannte Sagengestalten, die sich im Falle eines nahenden Unwetters anders als üblich verhalten, z.B. bestimmte Ausrufe von sich geben oder spezielle Gesten oder Zeichen ausführen. So ist im Allgäu der Aberglaube bekannt, dass es schlechtes Wetter gibt, wenn der Alpgeist »Hau! Hau!« schreit.

100563

Wetterhexe. Zwei Hexen brauen Wind und Regen (Holzschnitt, spätere Kolorierung, aus: Ulrich Molitor, De laniis et phitonicis mulieribus; Erstausgabe Köln 1489)

100573

Wetterhütte. Viele solcher Wetterhütten (hier in Leinfelden-Echterdingen) liefern das Datenmaterial für die Wetteranalyse. Weltweit sind rund 10 000 Bodenbeobachtungsstationen in Betrieb.

Wetterglas, Goethe-Barometer, auch **Barometerflasche, Wasserthermometer,** seit Anfang des 17. Jh. verbreitetes einfaches Barometer; heute meist zur Dekoration dienend. Das Wetterglas besteht aus einem bauchigen, zur Hälfte mit Wasser gefüllten und abgeschlossenen Glasgefäß mit einem nach außen offenen Schnabel, dessen Wassersäule durch ihre Höhe den Luftdruck anzeigt.

Wettergottheit, Wettergott, Bezeichnung für Gottheiten verschiedener Religionen, deren wesentlicher mythologischer Wesenszug die Wetterbeeinflussung ist. Wettergottheiten waren weltweit verbreitet. Ihre Verehrung ist heute jedoch in der Folge der Ausbreitung der großen Weltreligionen zumindest aus den christlichen, islamischen und jüdischen Einflussbereichen weitgehend verschwunden. An ihre Stelle traten meist bestimmte Praktiken der → Wetterbeschwörung, auch im monotheistischen Kontext. Die meisten Wettergötter sind aus den Naturreligionen sowie aus den Religionen des alten Orients überliefert. So findet sich im antiken Babylon beispielsweise der Wettergott → Adad, im heutigen Syrien wurde → Baal als Wettergottheit verehrt, in Anatolien betete man zu → Telipinu. Aber auch in der germanischen Religion gab es den Glauben an Wettergötter, von denen Donar (bzw. → Thor) der bekannteste ist.

Die Vorstellung von einer Gottheit mit Allmacht über das Wetter und die Naturgewalten liegt in dem Faktum begründet, dass sich klimatische Prozesse und Unwetterereignisse dem menschlichen Zugriff entziehen. Gleichzeitig haben Unwetter oft verheerende Auswirkungen auf den von Menschen initiierten landwirtschaftlichen Anbau. Aus diesem Grund wurden vor allem Gewitter, Hagel, Blitzschlag, Stürme und Starkregen unter religiösen Aspekten bereits früh als »Strafe Gottes« gedeutet. In manchen Kulturkreisen wurde jedoch der Wettergott auch als personifizierte Verkörperung eines bestimmten Wetterereignisses angesehen, so galt beispielsweise im antiken Babylon der mythologische Vogel Anzu-Anzu als Verkörperung des Sturms.

Gegenwärtig ist vor allem im Hinduismus noch eine rudimentäre Verehrung von Wettergottheiten vorhanden. So gilt der Gott Indra als Beherrscher des (Un-)Wetters, von Blitz und Donner sowie als Spender des Regens. Der japanische Shintoismus kennt heute noch den Donnergott Raijin bzw. Ryujin.

Wetterhexe, mythologische Gestalt des Volksaberglaubens. Die Wetterhexe taucht in vielen Sagen und Legenden auf und wird zumeist im Zusammenhang mit Unwettern und negativen Wetterereignissen genannt. Da man lange Zeit annahm, Stürme, Gewitter, Regen und Hagel seien das Werk schwarzer Magie (→ Wetterbeschwörung), ist die Gestalt der Wetterhexe eine quasi logische Folge dieses Aberglaubens.

Wetterhütte, Englische Hütte, Thermometerhütte, weiß gestrichener Holzkasten mit Jalousiewänden, der die in ihm aufgestellten meteorologischen Geräte (Psychrometer, Extremthermometer, Thermograf und Hygrograf) vor Sonnenstrahlung schützt; auf freiem Platz aufgestellt. In 2 m Höhe angebracht, ermöglicht die Wetterhütte so die Messung repräsentativer Lufttemperatur- und Feuchtewerte.

Wetterkarte, Landkarte, in der für ein größeres Gebiet die Wetterlage zu einem bestimmten Zeitpunkt dargestellt ist, entweder

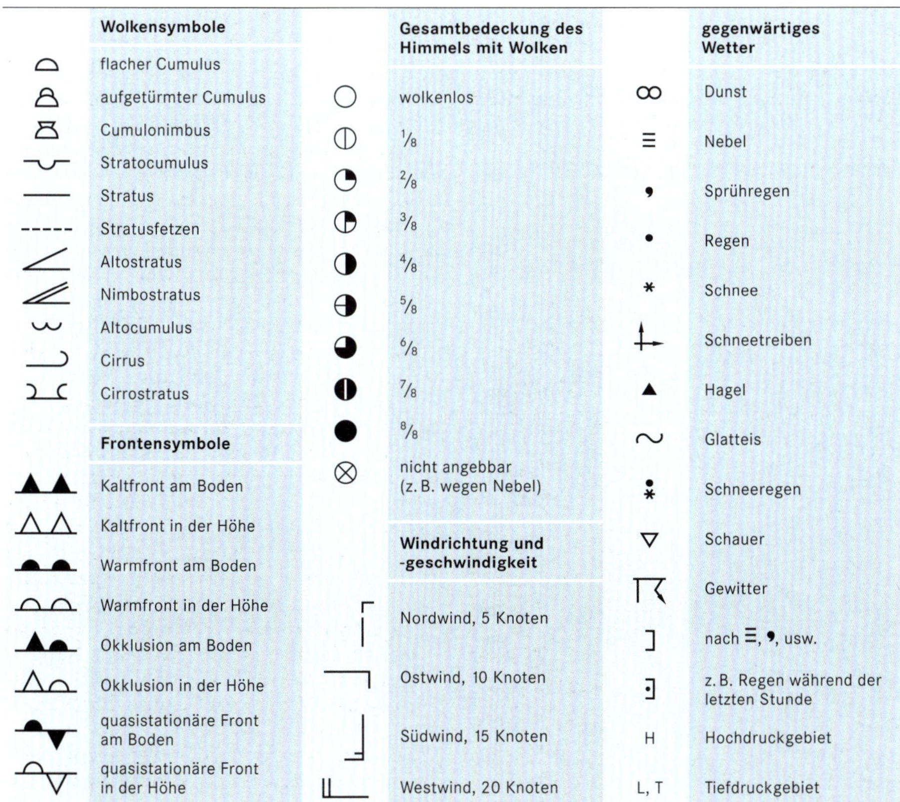

Wetterkarte. Symbole

durch Eintragung der Beobachtungen von Wetterstationen nach einem festen Schema (mittels Zahlenwerten oder Wetterkartensymbolen) oder durch Liniensysteme (Isobaren, Fronten, Isohypsen) oder durch beides gleichzeitig. Die der Darstellung von bestimmten Wettererscheinungen und Fronten dienenden Wetterkartensymbole oder meteorologischen Zeichen sind, durch die WMO festgelegt, international gültig. Man unterscheidet →Höhenwetterkarten und **Bodenwetterkarten:** Zu international vereinbarten Zeiten, den synoptischen Terminen (Haupttermine: 00, 06, 12, 18 Uhr UTC, Zwischentermine: 03, 09, 15, 21 Uhr UTC), führen Stationen in allen Teilen der Erde Wetterbeobachtungen durch. Die (durch kontinuierlich aufgenommene Daten von Wettersatelliten ergänzten) Mess- und Beobachtungsergebnisse werden einer Wetterdienstzentrale zugeleitet, von wo aus sie in Form von Sammelmeldungen an die Wetterdienste in aller Welt weitergegeben werden. Die einlaufenden Meldungen werden in Form von Zahlen oder

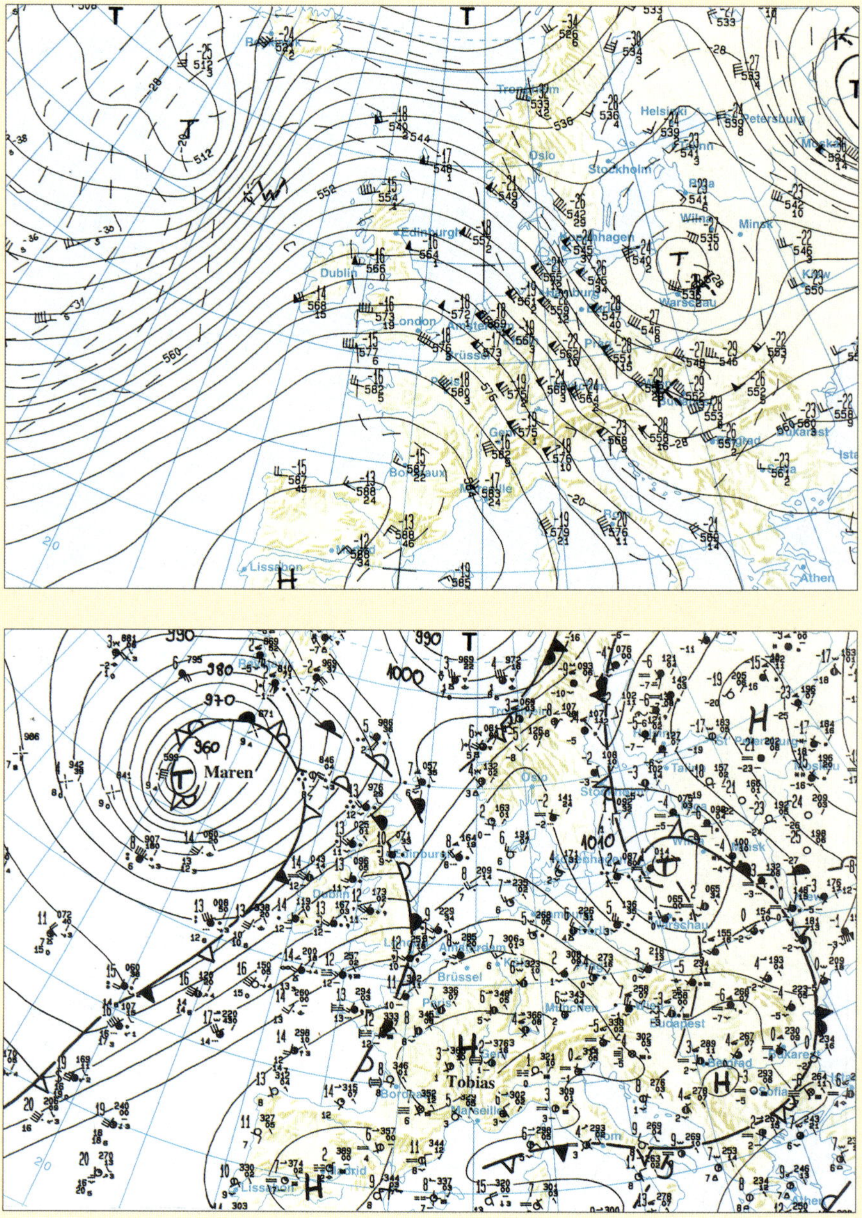

Wetterkarte. Oben Höhenwetterkarte (Druckniveau 500 hPa) und unten Bodenwetterkarte vom 14. 12. 1998, 12 Uhr UTC

100441

Symbolen mithilfe der elektronischen Datenverarbeitung in die Wetterkarten eingetragen. Anschließend erfolgt die weitere Auswertung der eingetragenen Daten (Einzeichnen der Isobaren, Kennzeichnung der Hochdruck- und Tiefdruck-, Niederschlags- und Nebelgebiete, Kalt- und Warmfronten usw.). Bei der **numerischen Analyse** werden aus den Messergebnissen unregelmäßig verteilter Beobachtungsorte die benötigten Werte für in regelmäßigen Abständen angeordnete Gitterpunkte interpoliert.

Erste Wetterkarten veröffentlichte H. W. Brandes 1820 in seinen »Beiträgen zur Witterungskunde«.

Wetterkunde, die Wissenschaft vom Wetter, im weiteren Sinne die →Meteorologie.

Wetterlage, der Wetterzustand (bezogen auf Luftdruck, Boden- und Höhenwind, Bewölkung, Niederschlag, Lufttemperatur, Feuchtigkeit) über einem begrenzten Gebiet während eines kurzen, höchstens eintägigen Zeitraumes, dargestellt durch die Wetterkarte.

Wetterleuchten, nachts sichtbare Entladungen entfernter Gewitterblitze, ohne hörbaren Donner.

Wetterpatrone, Wetterheilige, Schutzpatrone des christlichen Volksglaubens. Ihre Verehrung wird oft bis in die Gegenwart u.a. zur Herbeiführung oder Vermeidung bestimmter Wetterereignisse praktiziert.

Es gibt rund um die Welt eine große Zahl meist regional verehrter Wetterpatrone. Rund 30 Heilige werden auch überregional im Zusammenhang mit dem Wetter verehrt. Der bekannteste unter ihnen ist Petrus, der bereits im kindlichen Volksglauben entweder Regen oder Sonnenschein bringt und auch in mancher Redewendung auftaucht. Er wird als »Wetterregent« und »Wolkenschieber« bezeichnet.

Ein weiterer wichtiger Wetterpatron ist der heilige Paulus, der vor Blitz und Hagel schützen soll. In Deutschland ist jedoch der heilige Donatus von Münstereifel der Blitzpatron, der in höchstem Ansehen steht. Gegen lang anhaltendes Regenwetter bittet man die heilige Susanna um Hilfe, bei hartnäckiger Dürre wird die heilige Anna oder Isidor von Madrid um Regen angefleht. Gegen Überschwemmungen soll der heilige Ulrich von Augsburg schützen.

Wetterprophet, umgangssprachliche oder scherzhafte Bezeichnung für Meteorologe.

Wetterradar, in der Meteorologie eingesetztes Radargerät zur Ortung und Feststellung der Intensität von Wettererscheinungen, die mit Niederschlag verbunden sind, ferner zur Höhenwindmessung, zur Wolkenhöhenmessung und zur Messung von Turbulenzen.

WETTERKUNDE: WETTERREGELN

Wetterzeichen	Aussichten
Wolken	
Wolken in sehr verschiedener Form und Höhe	Wetteraussichten ungünstig
Wolkenballungen am Westhimmel nach Regen oder Sturm	Wetterbesserung
schnell ziehende Federwolken aus westlicher oder südlicher Richtung	schlechtes Wetter
langsam ziehende Federwolken aus östlicher Richtung	beständiges, gutes Wetter
Federwolken in übereinanderliegenden Schichten	baldiger Regen
zarte Schäfchenwolken aus südwestlicher Richtung	schlechtes Wetter
Schäfchenwolken am Morgen	schlechtes Wetter
Schäfchenwolken am Abend	gutes Wetter
am Tage Schäfchenwolken, am Abend stark ausgebreitete Haufenwolken	Gewitter in der Nacht
Haufenwolken mit scharfen Rändern	gutes Wetter
Haufenwolken mit vermischten Rändern	Neigung zu Regen
Haufenwolken bis in größere Höhen	Neigung zu Gewitter
Haufenwolken bei Sonnenaufgang	schlechtes Wetter
dunkle Schichtwolken in großer Anzahl	Regen
unter hellgrauer Decke dunkelgraue Schichtwolken	anhaltender Regen
Nebel	
fallender Nebel	heiteres Wetter
steigender Nebel	Regen
im Herbst dichter Morgennebel	anhaltend gutes Wetter
Morgennebel im Sommer	Neigung zu Gewittern
Nebel mit Regen	anhaltend schlechtes Wetter
Himmelsfarben	
grauer Morgenhimmel	gutes Wetter
rosa Federwolken allein am Abendhimmel	beständiges, gutes Wetter
Abendrot	schönes Wetter
Morgenrot mit niedrigen Wolken	schlechtes Wetter
am Abendhimmel vorwiegend hellgelbe Farben	Wind
am Abendhimmel schmutzig grüne und rotgelbe Farben	Regen und Wind
trotz Wind tiefblauer Himmel	unbeständiges Wetter
verschiedene Wetterzeichen	
Regenbogen am Vormittag	Regen
Regenbogen am Nachmittag	Wetterbesserung
Frühreif	gutes Wetter
Reif nach Regen	unbeständiges Wetter
Tau	gutes Wetter
Schneefall bei steigendem Barometer	kurz anhaltendes Tauwetter

Die meisten operationellen Wetterradare sind **Doppler-Radare,** die die Frequenzverschiebung des Echosignals gegenüber dem abgestrahlten Signal bei radial bewegtem »Ziel« nutzen. Sie werden in erster Linie zu Turbulenzuntersuchungen in Konvektionsniederschlagsgebieten und in Wirbelstürmen genutzt. – Bild Seite 354

Wetterrakete, mit meteorologischen Instrumenten bestückte Rakete zur aerologischen Erforschung hoher Atmosphärenschich-

Wetterradar. Auf der Hornisgrinde im Schwarzwald wurde 2007 ein neues Wolkenradar in Betrieb genommen, mit dem die innere Struktur von Wolken vermessen wird, um Erkenntnisse über die Niederschlagsbildung zu gewinnen. Das Radar ist Teil des Projekts »COPS«, der weltgrößten Messkampagne für Niederschlagsvorhersagen.

ten (Stratosphäre, Mesosphäre), die von Pilotballons und Radiosonden nicht mehr erreicht werden. Im höchsten Punkt des Aufstiegs löst die Wetterrakete einen Fallschirm aus, an dem die Messinstrumente während der Messungen langsam zum Boden herabschweben. Die sondierte Atmosphärenschicht befindet sich im Allgemeinen in 15–65 km Höhe.

Wetterreize, Wetterfaktoren wie Strahlung, Temperatur, Windbewegung oder auch Luftfeuchtigkeit mit Wirkung auf biologische Systeme; im Rahmen der Klimatherapie werden diese Faktoren **Klimareize** genannt.

Wettersatelliten, meteorologische Satelliten, künstliche Erdsatelliten in polnahen (zwischen 800 und 1200 km Höhe) oder in geostationären Umlaufbahnen als zwei sich ergänzende Systeme für die Wetterbeobachtung und -vorhersage. Jeweils zwei polar umlaufende Wettersatelliten erfassen streifenweise bei knapp zweistündiger Umlaufzeit alle zwölf Stunden fast lückenlos die gesamte Erdoberfläche durch Bild- und Messdaten, jeder geostationäre Wettersatellit stets das gleiche Drittel der Erdoberfläche (ausgenommen die Polregionen).

Für Bildaufnahmen waren die ersten Wettersatelliten mit Fernsehkameras ausgerüstet; später wurden vor allem Abtastradiometer zu diesem Zweck eingesetzt. Das Radiometer von Wettersatelliten ist in der Regel ein langbrennweitiges Teleskop (z.B. 3650 mm bei Meteosat), in dessen Abbildungsebene elektronische Detektoren die von der Erde kommende Strahlung im Bereich des sichtbaren Lichts, im Bereich der Infrarotabsorptionsbande von Wasserdampf und im Bereich des thermischen Infrarots messen. Die Satelliten der zweiten Generation Meteosat (MSG) liefern auch Bilder im Bereich des nahen Infrarots sowie bestimmter Kohlendioxid- und Ozonabsorptionsbande. Bei Meteosat z.B. wird die schnelle Drehung um die eigene Längsachse mit 100 U/min (Lagestabilisierung) gleichzeitig zur Abtastung der Erdoberfläche in aufeinanderfolgenden Linien (bis zu 5000) genutzt, wobei bei der ersten Generation Meteosat ein Bild mit 2,5 km (sichtbarer Bereich) bis 5 km (IR) räumlicher Auflösung entsteht, das alle 30 Minuten erneuert wird. Die modernen Satellitensysteme erreichen eine höhere räumliche und zeitliche Auflösung, z.B. MSG bis zu 1 km, 15 Minuten Wiederholrate, GOES 1 km, bis zu einer Minute Wiederholrate für Teilbereiche.

Wettersatellitensysteme sind so in der Lage, Bilder der Wolkenverteilung – und damit der Windbewegungen –, der Schnee- und Eisbedeckung auf der Tag- und Nachtseite der Erde zu liefern. Ferner senden sie Daten über die Atmosphäre (z.B. Niederschlagswahrscheinlichkeit, Wolkencharakteristika, -höhe und -temperatur, vertikale Temperatur- und Feuchtigkeitsprofile, Ozongehalt, chemische Zusammensetzung der Atmosphäre und Luftbeimengungen) sowie über die Land- und Meeresoberfläche (Temperaturen, Schnee-, Eisverteilung, Vegetation, Strahlungsemission), übertragen ergänzende meteorologische Messdaten von automatischen Messplattformen an Land (z.B. von Eisregionen, Wüstengebieten), auf Schiffen, Bojen, Ballons und Flugzeugen an die Empfangsstationen der Wetterdienste und verteilen die ausgewerteten Informationen an die Nutzer.

Wettersatelliten sind zu einem unverzichtbaren Instrument der Meteorologie geworden.

Weltweit empfangen Tausende Stationen in praktisch allen Staaten regelmäßig Wettersatellitenbilder und Atmosphärendaten (Temperaturen auf zwei Grad genau). Zu diesem Direktempfangsservice zählen verschiedene Bildübertragungssysteme, deren Prinzipien sich stets mit der Entwicklung der Technik ändern. Die früheren analogen Bildübertragungsverfahren (APT [Automatic Picture Transmission] bei polaren Wettersatelliten, WEFAX [Weather Facsimile] bei geostationären Wettersatelliten) werden durch ausschließlich digitale Systeme ersetzt, wie z.B. durch HRPT (High Resolution Picture Transmission) bei den polarumlaufenden und HRIT (High Resolution Image Transmission) bei MSG. Zunehmend wird für die Datenübertragung der Standard Digital Video Broadcast (DVB) genutzt, der auch für die Übertragungen der Telekommunikationssatelliten, z.B. für das Satellitenfernsehen, verwendet wird. Genutzt werden die Bilder für Wetterüberwachung und kurzfristige Wettervorhersage sowie zur Beobachtung bzw. Überwachung der Vegetation, von Überschwemmungen, Vulkanaschewolken, Meeresströmungen, Meereisgrenzen und Eisbergen, Algenteppichen und anderem. Sie spielen neben der Wettervorhersage auch eine wichtige Rolle für die Klima- und Umweltüberwachung.

Der erste (experimentelle) Wettersatellit war TIROS 1 der USA (Start: 1. 4. 1960). Die Nutzung der TOS-Reihe (TIROS Operational Satellite) wurde ab 1966 der »Environmental Science Services Administration« (ESSA-Wettersatelliten), die der ITOS-Serie ab 1970 der »National Oceanic and Atmospheric Administration« (→NOAA) übertragen. Erster Wettersatellit in einer polaren Bahn war Nimbus der NASA. Zahlreiche US-Wettersatelliten in sonnensynchronen Bahnen sind seit Mitte der 1960er-Jahre die des DMSP (Defence Meteorological Satellite Program) des Department of Defence und der Air Force. Der erste geostationäre operationelle Wettersatellit war SMS-1 (Synchronous Meteorological Satellite) der NASA und NOAA, Start: 17. 5. 1974. Daran schloss sich seit 1975 das System →GOES an. Mit den ab 1955 gestarteten experimentellen Satelliten Kosmos 122, 144, 156 u.a. begann die UdSSR mit dem Einsatz von Wettersatelliten. Ihnen folgten die Typenserien für polare Orbits: Meteor 1 von 1969 bis 1980, Meteor 2 seit 1975, Meteor 3 seit 1985. Die Europäische Raumfahrtagentur ESA betrieb von 1977 bis 1995 die Wettersatelliten der Reihe →Meteosat, welche seither von EUMETSAT betrieben wird. Der am 14. 7. 1977 gestartete GMS-1 (Geostationary Meteorological Satellite) eröffnete die Serie geostationärer japanischer Wettersatelliten. GMS-5 wurde 1995 gestartet. Ab 2004 kommt eine neue Serie geostationärer japanischer Satelliten mit der Bezeichnung MTSAT (Multifunctional Transport Satellite) zum Einsatz. China startete am 6. 9. 1988 seinen ersten polarumlaufenden Wettersatelliten FY-1A (Feng Yun, japanisch »Wind und Wolke«); aktuell sind mehrere polarumlaufende (FY-1- und FY-3-Serie) sowie geostationäre (FY-2-Serie) Satelliten im Einsatz: FY-1D, FY-2C, FY-2D und FY-3A. Indiens erster geostationärer Nachrichtenwettersatellit INSAT (Indian National Satellite) wurde am 30. 8. 1983 gestartet. Die INSAT-Serie wurde fortgesetzt mit Starts u.a. 1993, 1995, 1999 und 2002–07 und mit KALPANA (METSAT) 2002. Ein neuer Schwerpunkt des Einsatzes von Wettersatelliten ist die Erfassung globaler Klimaänderungen; so betreibt EUMETSAT seit 2004 zusammen mit den USA (NASA, NOAA) und der französischen Raumfahrtagentur CNES (Centre national d'études spatiales) u.a. die Entwicklung von Jason-2, einer ozeanografischen Mission zur Bestimmung von Meeresoberflächenparametern. Jason-2 wurde im Juni 2008 erfolgreich in die Umlaufbahn gestartet.

Das globale meteorologische Satellitensystem wird koordiniert von der Weltorganisation für Meteorologie (WMO).

Wetterscheide, ein Landschaftsteil, der Einfluss auf das Wetter ausübt. So bildet sich

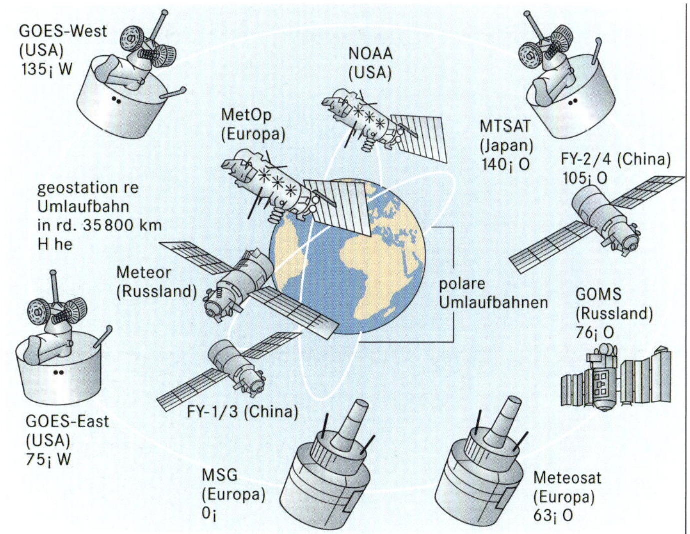

Wettersatelliten. Auswahl an globalen Wettersatelliten im polaren und geostationären Orbit; bei den geostationären Satelliten ist der Längengrad angegeben, über dem sie positioniert sind.

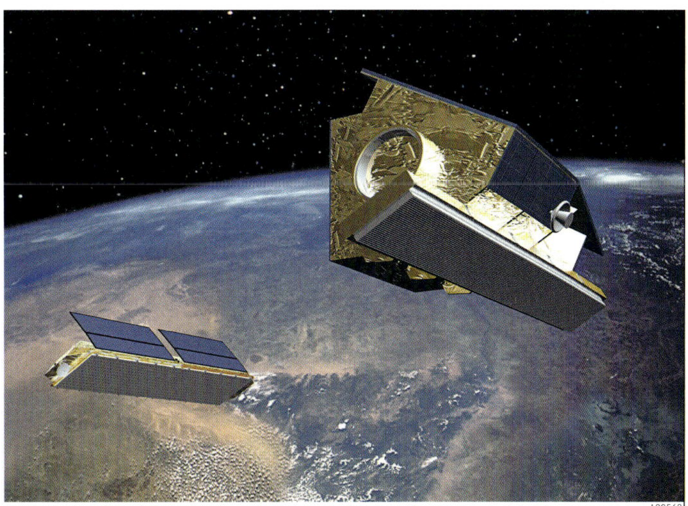

Wettersatelliten. Das aus zwei Radarsatelliten bestehende TerraSAR-System startete im Juni 2007.

WETTERVORHERSAGE. ***Geschichte***

Wetterregeln und eine Deutung von Wetterzeichen gab es bereits in den alten Kulturen, vor allem in Mesopotamien. Sie wurden von den Griechen und Arabern zu einem System astrologischer Wetterregeln erweitert. Auch die Bauernregeln sind zum Teil schon in vorchristlicher Zeit entstanden. Erst seit dem 14./15. Jahrhundert werden in Europa regelmäßig tägliche Wetteraufzeichnungen über längere Zeit, seit der Mitte des 17. Jahrhunderts auch mit meteorologischen Instrumenten wie Thermometer, Barometer und Regenmesser vorgenommen. Ein Zusammenhang zwischen Luftdruck und Witterung wurde Mitte des 17. Jahrhunderts von mehreren Naturforschern vermutet. Otto von Guericke sagte um 1660 erstmals aus Barometerbeobachtungen Unwetter voraus. Nach mehrmals eingeleiteten Versuchen, korrespondierende Beobachtungen an mehreren Orten durchzuführen, gelang dies in Europa in der zweiten Hälfte des 18. Jahrhunderts. Da im 19. Jahrhundert die Meteorologie eine eigenständige Wissenschaft wurde, erhielt die Wettervorhersage nun eine wissenschaftliche Basis.

an Gebirgen je nach Windrichtung ein Wolkenstau aus, häufig mit Niederschlägen, während sich auf der Leeseite die Wolken durch Absinken und Erwärmung rasch auflösen (→Föhn). Bei sommerlichen Gewitterlagen hindern große Seen und Flüsse nicht selten den Weiterzug der Gewitter oder lenken ihn ab.

Wetterschiff, für meteorologische Messungen ausgerüstetes Schiff in fester Position (in einem quadratischen Bereich mit einer Seitenlänge von 210 Seemeilen) auf dem Ozean; Hauptaufgabe der Wetterschiffe sind die Durchführung und Verbreitung meteorologischer und aerologischer Beobachtungen.

Wetterschlüssel, im Wetterdienst international vereinbarter Zahlenschlüssel zur Zeit und Raum sparenden Übermittlung der Mess- und Beobachtungsdaten der wetterbestimmenden →meteorologischen Elemente durch Fernschreib- oder Funkverbindungen.

Wettersegen, ursprünglich besonders im Mittelalter verbreiteter christlicher Brauch, einem aufkommenden Unwetter unter Glockengeläut und Gebet mit einer Reliquie oder der Hostie entgegenzuziehen und damit die Wolken zu segnen (→Wetterbeschwörung). Bittgänge und Fürbittgebete um Schutz vor Unwetter, Blitzschlag und Hagel, besonders im Sommer und zur Erntezeit, finden sich bis in das industrielle Zeitalter hinein.

Seit römischer Zeit gibt es Texte für Wettersegen, die zumeist beschwörenden Charakter aufweisen. Einer der ältesten nachgewiesenen Texte für einen Wettersegen in deutscher Sprache stammt aus dem 12. Jh. und ist ein Hagelsegen.

Wettervorhersage, Wetterprognose, Aussage über das zu erwartende →Wetter. Je nach Vorhersagezeit unterscheidet man **Kurzfrist-** (für 1–3 Tage), **Mittelfrist-** (bis zu 10 Tage) und **Langfristprognosen.** Letztere sind eigentlich Witterungsprognosen; sie können gegebenenfalls nur den allgemeinen Witterungscharakter, aber keine einzelnen Wetterereignisse vorhersagen, denn die theoretische Obergrenze definitiver Wettervorhersa-

WETTERVORHERSAGE ***Das Wetter auf See***

1395

Die Wettervorhersage für das nächste Wochenende ist vielleicht ganz nützlich, Seewettervorhersagen sind hingegen unverzichtbar für die Schifffahrt, denn die Schiffe sollen ja heil im Zielhafen eintreffen. Deshalb ist die Kenntnis der Wetter- und Klimabedingungen auf See von entscheidender Bedeutung für die Sicherheit und den wirtschaftlichen Erfolg des weltweiten Schiffsverkehrs. Aktuelle Seewettervorhersagen werden heutzutage von privaten und staatlichen Wetterdiensten angeboten. Wie gut oder schlecht diese Vorhersagen sind, hängt oft auch von den verwendeten Wettervorhersagemodellen ab.

Für den Seemann oder die Seefrau gibt es viele Möglichkeiten, Seewettervorhersagen abzurufen bzw. zu empfangen. Am einfachsten geht es mit dem Radio, Berichte können aber auch telefonisch abgehört und natürlich auch über das Internet bzw. per E-Mail bezogen werden.

Eine legendäre Küstenfunkstelle war Norddeich Radio, das 1907 seinen Betrieb aufnahm und knapp einhundert Jahre lang Funktelegramme über Kurzwelle zu Schiffen auf allen sieben Weltmeeren sandte. Da zum Ende des 20. Jahrhunderts hin immer mehr Schiffe über Satellitentechnologie verfügten, wurde Norddeich Radio schrittweise abgeschaltet. Am 31. Dezember 1998 war endgültig Schluss.

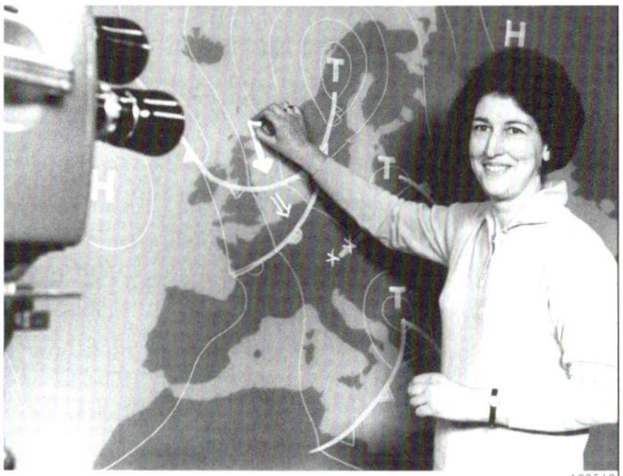

Wettervorhersage. Sie war ab 1968 die erste Frau, die im ZDF das Wetter vorhersagen durfte: Karla Wege.

gen liegt bei 2–4 Wochen (falls die Informationserfassungen beliebig genau wären). Für sehr kurzfristige Wettervorhersagen sind neuerdings die Begriffe **Kürzestfristprognose** (bis maximal 12 Stunden) und **Nowcasting** (»Ultrakurzfristvorhersage«, bis zu zwei Stunden) geprägt worden. Die Eintrittswahrscheinlichkeit einer eintägigen Wettervorhersage wird in Mitteleuropa meist mit 80–90 % angegeben.

■ **Empirische Methode** Wie die Wetteranalyse, so wird auch die darauf aufbauende Wettervorhersage mit den Hilfsmitteln der synoptischen Meteorologie erstellt. Dabei ist die früher bedeutsame empirische Methode mehr und mehr in den Hintergrund getreten. Sie beruhte auf der Verfolgung von Tief- und Hochdruckgebieten, Wetterfronten und anderen Phänomenen mithilfe von Wetterkarten u. a., um daraus manuell eine Extrapolation in die Zukunft abzuleiten. Begleitend existieren viele sogenannte Wetterregeln (von allgemeiner Natur oder ortsbezogen).

■ **Numerisch-theoretische Methode** Die numerisch-theoretische Methode der Wettervorhersage beruht dagegen auf der numerischen Integration geeigneter mathematisch-physikalischer Vorhersagegleichungen. Dafür werden zunächst sieben Grundgrößen benötigt: drei Windkomponenten (→ Zirkulation), Luftdruck, Temperatur, Luftdichte und Feuchte; hinzu kommen neuerdings noch spezielle Größen wie z. B. der Flüssigwassergehalt der Wolken. Für die Berechnung des zukünftigen Zustandes sind die betreffenden Grundgleichungen nötig: dreidimensionale Bewegungsgleichung, Kontinuitätsgleichung, erster Hauptsatz der Thermodynamik, Gaszustandsgleichung, mit deren Hilfe Zusammenhänge zwischen Dichte, Temperatur und Luftdruck erfasst werden, Wasserdampfgleichung, die Transport, Quellen und Senken des Wasserdampfs beschreibt, weitere Gleichungen zur Behandlung des Wolkenwassers.

Da solche Gleichungssysteme nicht lineare partielle Differenzialgleichungen enthalten, müssen aufwendige numerische Näherungsmethoden angewandt werden, die jeweils nur einen kleinen Zeitschritt (einige Minuten) in die Zukunft berechnen und erst durch die Aneinanderreihung zahlreicher Zeitschritte Vorhersageräume von mehreren Tagen erreichen. Dafür sowie für eine befriedigende räumliche Auflösung (derzeitiges sogenanntes GME-Modell des Deutschen Wetterdienstes mit 60 km Horizontalauflösung und 31 »Schichten«) sind wegen des hohen Rechenaufwandes sehr leistungsfähige Computersysteme erforderlich.

Numerische Produkte der Wettervorhersage können durch statistische Beziehungen mit bestimmten Vorhersagephänomenen (z. B. Gewitter, Nebel) verknüpft werden.

Wetterwarte, meteorologische Beobachtungsstation mit lokalem Wettervorhersagedienst.

Wetterwinkel, in Gebirgslandschaften die Gegend, aus der häufig Wetterverschlechterungen kommen.

Wetterzeichen, bestimmte atmosphärische Erscheinungen, die auf Änderung oder Fortbestand der Wetterlage hinweisen, z. B. Wolkenformen und -zugrichtung, Himmelsfarbe, Haloerscheinungen, fallender oder steigender Luftdruck, Schallausbreitung.

Wetterwarte. Seit über 110 Jahren beobachten Meteorologen auf dem Brocken, mit 1142 Metern Höhe der höchste Berg Norddeutschlands, das Wetter.

Whistler ['wɪslə; englisch, eigentlich »Pfeifer«], niederfrequente elektromagnetische Wellen, die z. B. bei Blitzentladungen in der Troposphäre entstehen. Sie durchlaufen den Raum entlang der Feldlinien des erdmagnetischen Feldes und machen sich im Gebiet, in dem diese Feldlinien die Erdoberfläche erreichen, als pfeifende Töne abnehmender Frequenz in Lautsprechern bemerkbar. Ursache der zeitlichen Frequenzaufspaltung des Whistler ist die Dispersion der Wellen bei der Ausbreitung.

White-out ['waɪtaʊt; englisch, eigentlich »das Aushellen«], extreme Tagesbeleuchtung bei bedecktem Himmel über verschneiten Gebieten, die durch wiederholte diffuse Reflexion des Lichtes zwischen der Erdoberfläche und der Wolkenunterseite v.a. in polaren Gegenden auftritt. Die Unebenheiten der schneebedeckten Erdoberfläche und die Umrisse des Horizonts sind nicht zu erkennen, sodass das Orientierungsvermögen und die Fähigkeit, Entfernungen abzuschätzen, verloren gehen können.

Wiebke, ein Orkan, der am 29. Februar und 1. März 1990 über Deutschland und Teile Österreichs und der Schweiz hinwegzog. Er gehört zu einer ganzen Reihe von Orkantiefs, die im Winter 1990 Europa trafen. Die Windgeschwindigkeiten bei Wiebke erreichten 200 km/h, in Böen bis über 280 km/h. Insbesondere in Mittelgebirgslagen knickten zahlreiche Bäume um; man schätzt das angefallene Sturmholz auf 60 bis 70 Millionen Festmeter. Mindestens 25 Menschen kamen durch Wiebke ums Leben.

wiensches Strahlungsgesetz, der Grenzfall des planckschen Strahlungsgesetzes für große Frequenzen ν bzw. kleine Wellenlängen λ und niedrige Temperaturen T. Das wiensche Strahlungsgesetz wurde 1896 von dem deutschen Physiker Wilhelm Wien (*1864, †1928) aus thermodynamischen Prinzipien abgeleitet.

Wild, Heinrich, schweizerischer Physiker und Meteorologe, *Uster 17.12.1833, †Zürich 5.9.1902; ab 1858 Professor der Physik in Bern, 1868–95 Direktor des Physikalischen Zentralobservatoriums in Sankt Petersburg. Wild entwickelte und verbesserte verschiedene Längenmess- und Wägungsmethoden zur Festlegung der Urmaße, konstruierte verschiedene neue Instrumente (u.a. Verdunstungsmesser, Polarimeter, Polarisationsfotometer) und verbesserte die Methoden der Wetterbeobachtung.

Willy-Willies ['wɪlɪwɪlɪz], tropische Wirbelstürme an der Küste Nordwestaustraliens.

Wilma, Hurrikan der Stufe 5 auf der → Saffir-Simpson-Hurrikan-Skala, der im Oktober 2005 südwestlich von Jamaika entstand und in der Karibik, in Mexiko, auf Kuba sowie in Florida schwere Schäden verursachte. Die Windgeschwindigkeit betrug bis zu 250 km/h. Wilma war der zwölfte Hurrikan der Saison 2005 und nach → Katrina und → Rita bereits der dritte Hurrikan der Stufe 5. In Haiti und Jamaika kamen 13 Menschen ums Leben, auf der mexikanischen Halbinsel Yucatán, die Wilma am 21. Oktober erreichte, wurden zahlreiche Häuser zerstört und Straßen überflutet. Auf der vorgelagerten Insel Cozumel kamen vier Menschen ums Leben, schwere Zerstörungen wurden in den beiden Touristenzentren Cancún und Playa del Carmen angerichtet. Am 24. Oktober überquerte Wilma den US-Bundesstaat Florida, hier kamen 22 Menschen ums

Wind. Verbreitung der Passate und Monsune sowie der wichtigsten Lokalwinde und Stürme

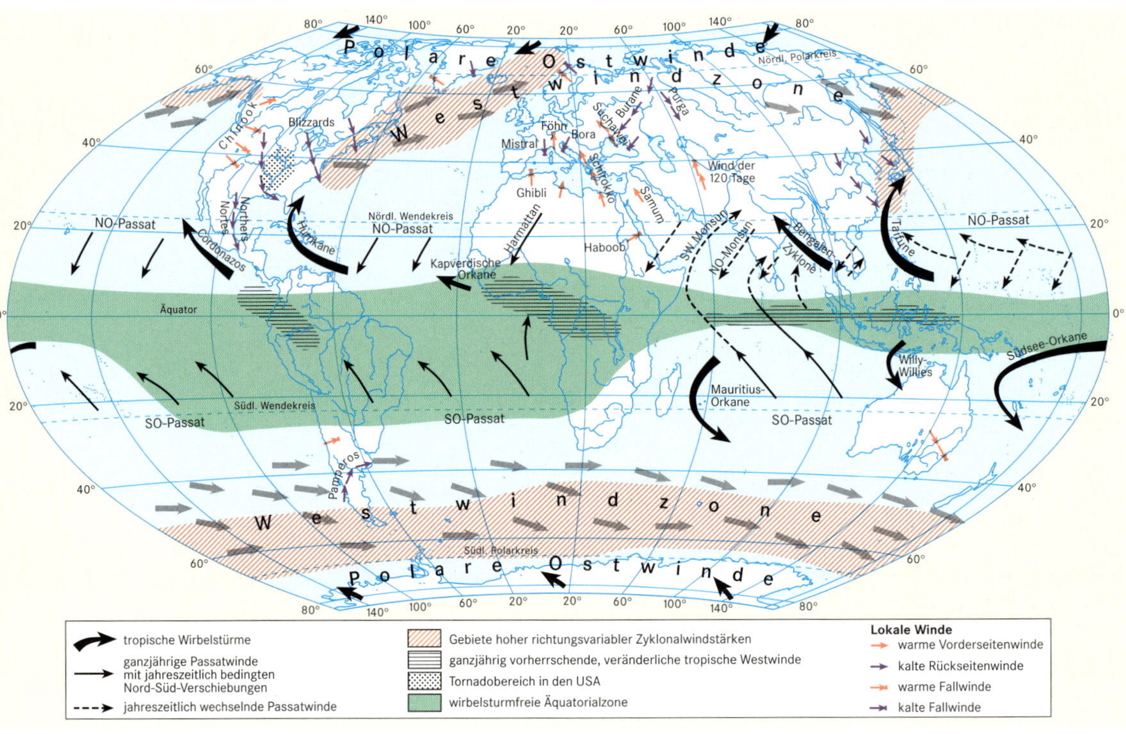

Leben. Viele Menschen hatten die Evakuierungsanweisungen der Behörden ignoriert und den Hurrikan, der in Florida wieder stärker wurde und von Kategorie 2 auf Kategorie 3 heraufgestuft wurde, unterschätzt.

Der Kerndruck von Wilma sank am 19. Oktober 2005 bis auf 882 hPa und lag damit noch unter dem Wert des bis dahin stärksten Hurrikans →Gilbert. Nur bei dem Taifun →Tip aus dem Jahr 1979, dem bislang stärksten tropischen Wirbelsturm, war der Kerndruck mit 870 hPa niedriger. Zudem trat bei Wilma der stärkste Luftdruckabfall innerhalb von 24 Stunden auf, der jemals registriert wurde (98 hPa).

Wilson [wɪlsn], Charles Thomson Rees, britischer Physiker, *Glencorse (bei Edinburgh) 14. 2. 1869, †Carlops (bei Edinburgh) 15. 11. 1959; ursprünglich Meteorologe, lehrte ab 1900 in Cambridge und war dort 1925–34 Professor. Er entdeckte 1896 bei Laborversuchen in Zusammenhang mit seinen Arbeiten zur Kondensation und Wolkenbildung, dass Ionen als Kondensationskeime in mit Wasserdampf übersättigter Luft wirken. Nach diesem Grundprinzip entwickelte er die nach ihm benannte Nebelkammer und wies mit dieser die Ionenbildung durch Röntgenstrahlen und 1923 Compton-Rückstoßelektronen nach. Dafür erhielt er 1927 zusammen mit Arthur H. Compton (*1892, †1962) den Nobelpreis für Physik. Wilson beschäftigte sich auch mit atmosphärischer Elektrizität, schloss auf die Existenz der kosmischen Strahlung und stellte 1956 eine Theorie der Gewitterelektrizität auf.

Wind, *Meteorologie:* Luftbewegung relativ zur Erdoberfläche, im Wesentlichen in horizontaler Richtung. Der Wind ist ein Wetter- und Klimaelement und wird zur Unterscheidung von Relativwind wie dem Fahrtwind auch als »wahrer Wind« bezeichnet. Durch Windmesser ermittelt, erfolgen die Richtungsangabe, aus der der Wind kommt, in Grad (O = 90°, S = 180°, W = 270°, N = 360°) und die Geschwindigkeitsangabe in Meter pro Sekunde (m/s). Bei Schätzungen dagegen wird die Richtung in Strichen der →Windrose, die →Windstärke in Grad Beaufort angegeben. Wind entsteht als Folge des Ausgleichs von Luftdruckunterschieden in der Atmosphäre, v.a. durch ungleichmäßige Erwärmung der Erdoberfläche durch die Sonneneinstrahlung. Die Luft strömt jedoch nicht in Richtung des Druckgefälles, sie wird infolge der ablenkenden Kraft der Erdrotation durch die Coriolis-Kraft auf der Nordhalbkugel nach rechts abgelenkt und bewegt sich in der freien Atmosphäre parallel zu den Isobaren, den Linien gleichen Luftdrucks (→geostrophischer Wind). In Bodennähe bewirkt die Reibung an der Erdoberfläche, dass der Wind (Bodenwind) nicht isobarenparallel, sondern aus einem Hochdruckgebiet heraus- und in ein Tiefdruckgebiet hineinweht. In der unteren bodennahen Schicht (Prandtl-Schicht, bis etwa 100 m Höhe) bleibt die Windrichtung nahezu gleich, in der oberen (Ekman-Schicht, bis etwa 1 000 m Höhe) dreht der Wind (auf der Nordhalbkugel) nach rechts (Ekman-Spirale), wobei seine Geschwindigkeit mit der Höhe zunimmt. Infolge der Ablenkung nach rechts auf der Nordhalbkugel umströmen die Winde ein Hochdruckgebiet im Uhrzeigersinn, ein Tiefdruckgebiet entgegen dem Uhrzeigersinn (auf der Südhalbkugel umgekehrt). Der Winkel zwischen Isobaren und der Windrichtung hängt von der Rauigkeit der Geländeoberfläche ab; er beträgt über See 0° bis 10°, über Land zwischen 30° und 45°. Folge der Veränderungen der Windgeschwindigkeiten und -richtungen mit der Höhe, aber auch von horizontalen Temperaturunterschieden, die das Druckgefälle und dadurch den Wind mit der Höhe beeinflussen (→barometrische Höhenformel), ist die vertikale Änderung des Winds oder Windscherung, die →Turbulenz erzeugt. Die durch großräumige Luftdruckgradienten verursachten planetarischen Winde (→Zirkulation der Atmosphäre) transportieren Wärme und Wasserdampf aus äquatorialen in polare Breiten. Auch die Sensibilität der Atmosphäre ist vom Wind abhängig; so ist in den mittleren Breiten die Niederschlagswahrscheinlichkeit bei Ostwind etwas geringer als bei Westwind. In Gegenden geringer Luftdruckgegensätze und hoher Einstrahlung, wie in Hochdruckgebieten oder in den Tropen, sind die lokalen Winde (→Land- und Seewind, →Berg- und Talwind, →Bora, →Föhn, →Mistral u.a.) von besonderer Bedeutung für das Wetter.

In der gesamten Atmosphäre übertrifft im Mittel die horizontale Komponente des Winds mit einigen Metern pro Sekunde die vertikale erheblich, die über einem größeren Gebiet durchschnittlich nur Zentimeter pro Sekunde erreicht. Kleinräumig kann der Aufwind, z.B. in einer Gewitterwolke, bis 50 m/s

100001

Wind.
Neben der Kälte sind es vor allem die stürmischen Winde, die die Antarktis besonders unwirtlich machen.

Zwischen **Wind** und Wetter besteht ein grundlegender Zusammenhang:
Das Wetter erkennt man am Winde wie den Herrn am Gesinde.

WIND — ***Turbulenzen auf Jupiter***

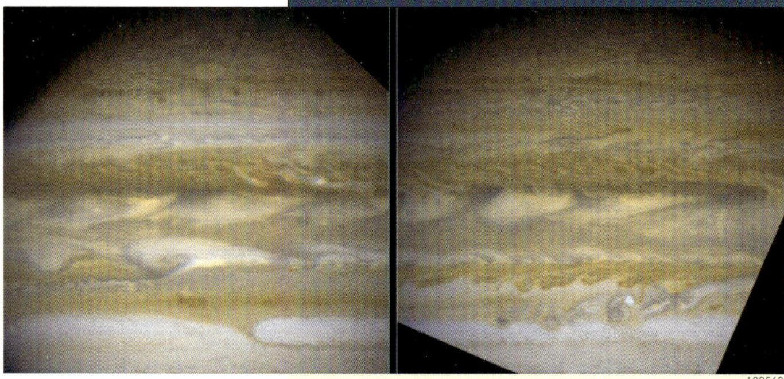

100562

Meteorologen hätten ihre Freude auf Jupiter, denn er verfügt über eine äußerst turbulente Atmosphäre. Im Jahr 2007 zeigten detaillierte Aufnahmen des Weltraumteleskops Hubble (Bild), dass sich innerhalb weniger Monate das Wetter auf Jupiter drastisch geändert hat, genauer: die um den Himmelskörper ziehenden Wolkenstreifen. Die Jupiter-Wolkenformationen werden mit Geschwindigkeiten von mehreren Hundert Kilometern um den Gasplaneten getrieben und bilden einen Gürtel aus hellen und dunklen Streifen. Die Wissenschaftler erklären die Wolkenfarben mit ihrer Höhe über dem Jupiter. Während in den höher liegenden und hellen Streifen Gasmassen aus tieferen Atmosphärenschichten in die Höhe schießen, wird in den tiefer liegenden und dunkleren Streifen das Gas in die Tiefe gesogen. Schon in den letzten 20 Jahren konnten die Astronomen mit Teleskopen größere Veränderungen in der Jupiteratmosphäre beobachten, allerdings nicht mit der hohen Genauigkeit, wie sie jetzt die Hubble-Aufnahmen liefern.

Eigentlich handelt es sich bei den spektakulären Jupiterbildern eher um Zufallsprodukte, wollten die NASA-Forscher doch eigentlich den Flug der Raumsonde New Horizons auf ihrem Weg vorbei an Jupiter zum Pluto verfolgen. Bei der Auswertung der Fotos wurden die Wissenschaftler von den drastischen Veränderungen der Jupiteratmosphäre – einige helle Zonen hatten sich in dunkle umgewandelt und umgekehrt – überrascht und deuteten diese Farb- und Strukturänderungen als einen Gas- und Materieaustausch zwischen den verschiedenen Atmosphärenschichten.

betragen. Höchste Windgeschwindigkeiten in Bodennähe mit Mittelwerten um 25 m/s treten am Rand der Antarktis auf. In der freien Atmosphäre werden im Bereich der →Jetstreams 60 m/s häufig überschritten.

■ **Wirkung** Auf Pflanzen wirkt der Wind unmittelbar ein bei der Bestäubung von Windblütern und in der Samenverbreitung. Größere Früchte und Samen haben zur besseren Flugfähigkeit oft flügelartige Verbreiterungen (Ahorn, Kiefer) oder haar- und federartige Anhängsel (Weide, Löwenzahn). Bei Sturmstärke kommt es zu Windbruch. Äste, Zweige und Kronenspitzen von Holzgewächsen, die ständig oder häufig Wind aus einer Richtung ausgesetzt sind, zeigen in die Richtung, in die der Wind weht. Kronendeformation der Bäume entsteht durch starke Windeinwirkung. Durch Förderung der Transpiration verändert der Wind stark die Wasserbindung der Pflanzen; hierbei kann es besonders im Winter zu Vertrocknungsschäden kommen.

Bei Tieren beeinflusst die Windwirkung häufig die Orientierungsweise. Manche Vögel und Säuger verharren in Ruhestellung mit dem Kopf gegen den Wind; Wanderheuschrecken z.B. fliegen immer gegen den Wind, manche Käfer und Pflanzensauger mit dem Wind. Viele Vögel nutzen Aufwind zum Segelflug aus, andere können durch Wind passiv getragen werden und gehören daher oft zu den ersten Besiedlern neu entstandener Inseln. Viele kleine Tiere werden vom Wind passiv verbreitet; manche, die auf eine solche Verdriftung angewiesen sind, bilden dafür besondere Hilfsstrukturen aus; z.B. besitzen die Eiräupchen des Schwammspinners lange Haare, die es ermöglichen, in der Luft zu schweben; oder es werden Spinnfäden als Transportmittel benutzt, so bei jungen Spinnen (»Altweibersommer«), bei ungeflügelten Blattläusen (Wachsfäden) oder manchen Raupen. Leicht schwebende Organismen können vom Wind bis in über 4000 m Höhe und 1000 km weit getragen werden; man bezeichnet sie in ihrer Gesamtheit als **Luftplankton.**

Für die Gestaltung der Erdoberfläche ist der Wind besonders in Wüsten u.a. Trockengebieten der Erde (auch in den Periglazialgebieten der Eiszeiten) von erheblicher Bedeutung, sowohl bei der Abtragung als auch bei der Ablagerung.

Wind-Chill ['wɪndtʃɪl; englisch »Windabkühlung«], spezielle Form einer Abkühlungsgröße, mit der in extremen Klimaten der turbulente Wärmeentzug (Kältereiz) aus Lufttemperatur und Windgeschwindigkeit ermittelt wird.

Wind|energie|anlagen, Windkraftmaschinen, Sammelbezeichnung für Maschinen, die die Strömungsenergie des Windes zu verschiedenen Zwecken nutzen; wesentliche Bauteile sind schräg zur Windrichtung gestellte, an einer Achse befestigte Flächen, die vom Wind in Drehung versetzt werden. Zur Gewinnung elektrischer Energie dienen Windkraftwerke, zum Antrieb von Arbeitsmaschinen Windräder, z.B. für Pumpen zur Wasserversorgung, Be- und Entwässerung oder für Mühlen und Sägewerke.

Windfahne, Wetterfahne, aus Blech geschnittene Standarte, die, auf Türmen und an Häusergiebeln beweglich angebracht, die Windrichtung anzeigt; meist silhouettenartig gestaltet, wobei oft Handwerk und Gewerbe (des Hausbesitzers), Fabelwesen oder christliche Symbole dargestellt werden.

Eine häufige Ausführung ist der **Wetterhahn,** oft auf Kirchtürmen. Der »tagankündigende« (krähende) Hahn ist Symbol der Wachsamkeit, auch als Mahnung, da er an die Verleugnung Christi durch Petrus (Matthäus 26,34 und 74) erinnert. In einigen Gebieten (z.B. im württembergischen Unterland) ist der Turmhahn das Kennzeichen protestantischer Kirchen. Der Volksglaube schrieb dem Wetterhahn schützende Kräfte zu, die das Haus vor allem vor Sturm- und Blitzschäden bewahren sollten.

Windgeschwindigkeit, die Geschwindigkeit der Luftbewegung, gemessen entweder in m/s, in km/h oder in Knoten. Es entspricht 1 m/s = 3,6 km/h und 1 Knoten = 1,852 km/h. Die Maßeinheit m/s (auch cm/s) wird überwiegend im wissenschaftlichen Bereich, die Einheit km/h in allen Angaben, die für die Öffentlichkeit bestimmt sind, verwendet. Die Maßeinheit Knoten wird von der internationalen Luftfahrt (bis auf wenige Ausnahmen) benutzt.

Die Bezeichnung Windgeschwindigkeit sollte nicht mit Windstärke verwechselt werden, die nicht eine Geschwindigkeit, sondern die Auswirkungen des Windes auf Gegenstände an der Erdoberfläche angibt.

Windgesetz, → barisches Windgesetz.

Windhose, → Tornado.

Windkraftwerk, Windkraftanlage, Wind|energiekonverter, Anlage zur Gewinnung elektrischer Energie aus der natürlichen Strömungsenergie des Windes. Wichtigstes Bauelement eines Windkraftwerks ist der Rotor (»Windrad«, »Windturbine«), der an einer Welle befestigt ist und dem Wind geeignet geformte und positionierte Angriffsflächen (Flügel, Schaufeln oder Ähnliches) bietet, sodass er von der zuströmenden Luft in Drehung versetzt wird. Über die Welle und zum Teil über ein Getriebe wird die Drehung auf einen Generator übertragen, der mechanische Energie in elektrischen Strom umwandelt. Die maximale Leistung eines Windkraftwerks steigt mit der dritten Potenz der Windgeschwindigkeit, die wiederum mit der Höhe über dem Boden zunimmt.

WIND

Götter des Windes

100314

Der große Aristoteles war nicht nur einer der bedeutendsten griechischen Philosophen, sondern auch ein großer Naturforscher. Sein Wirken markiert u.a. den Beginn der Meteorologie. Er prägte nicht nur den Begriff, sondern schrieb seine Erkenntnisse in vier Büchern nieder, die viele Jahrhunderte hindurch die Grundlage der Wetterkunde bildeten.

Natürlich hat Aristoteles vieles falsch beobachtet und interpretiert, wenn er auch von den Forschern seines Kulturkreises einer der besten war und beispielsweise bereits die Atmosphäre vom Weltraum trennte. Aus heutiger Sicht befremdlich sind allerdings seine Erkenntnisse zum Phänomen Wind. Aristoteles war der Meinung, dass dieser wie das Wasser einer Quelle entspringe und von der Himmelsbewegung mitgeführt werde. Dabei unterschied er acht Windgottheiten, für jede Himmelsrichtung eine: Boreas (N), Kaokas (NO), Apeliotes (O), Euros (SO), Notos (S), Lips (SW), Zephyros (W) und Skiron (NW).

Ihnen zu Ehren wurde im dritten Viertel des ersten Jahrhunderts v. Chr. der oktogonale Turm der Winde errichtet (Abb.). Auf den Seiten sieht man Reliefs der Windgötter. Im Inneren befand sich u. a. eine Wasseruhr, auf dem Dach war ein Windrichtungsanzeiger. Andronikos von Kyrrhos gilt als Ingenieur des Messwerkbaus.

Windkraftwerk. Offshorewindpark vor der dänischen Insel Lolland im Großen Belt

■ **Bauarten** Als häufigste Bauart von Windkraftwerken anzutreffen sind Anlagen mit schnell laufenden Rotoren und waagerecht, das heißt parallel zum Erdboden angeordneter Rotorwelle (Horizontalmaschinen) und zwei oder drei senkrecht dazu stehenden Rotorblättern (in der Regel aus Faserverbundwerkstoff gefertigt); die die Windenergie aufnehmende Welle wird in Windrichtung gedreht. Eine optimale Ausnutzung des Windes setzt aerodynamisch entsprechend gestaltete Blattprofile und eine effiziente Regelung voraus. Eine effektive Energieerzeugung ist je nach Anlagentyp von 3 bis 4 m/s möglich (Anlaufwindgeschwindigkeit). Bei zu hohen Windgeschwindigkeiten (etwa ab 25 m/s, das heißt Windstärke 10) muss zum Schutz vor mechanischer Überlastung der Rotor gebremst oder stillgesetzt und gegebenenfalls die Blätter aus dem Wind gedreht werden. Weitere, noch nicht sehr verbreitete Bauarten sind Horizontalmaschinen mit langsam laufenden vielblättrigen Rotoren (»Westernturbinen«), die in ihrem Aufbau dem herkömmlichen Windrad ähneln, sowie Vertikalmaschinen, deren Rotorwelle senkrecht zum Wind und zum Erdboden steht.

Windkraftwerk. Dieses 5-MW-Windrad gehört inzwischen zum Windpark »alpha ventus« 45 km vor der Küste Borkums in der Nordsee.

■ **Windenergienutzung** In Deutschland begann die Zeit der modernen Windenergienutzung Mitte der 1980er-Jahre. Die 1984 in Betrieb genommene 3-MW-Großanlage »Growian« im Kaiser-Wilhelm-Koog wurde 1988 wegen Dauerfestigkeitsproblemen wieder abgebaut. An gleicher Stelle befindet sich heute der »Windenergiepark Westküste«, bestehend aus 32 kleineren Windkraftwerken mit einer Gesamtleistung von etwa 1200 kW. Weitere Windparks mit mittleren Windkraftwerken befinden sich in Nordfriesland (12,5 MW Leistung), im Friedrich-Wilhelm-Lübke-Koog (8,75 MW) und in Krummhörn (4,8 MW Leistung). Heute sind Windparks mit Gesamtleistungen von über 50 MW üblich (z. B. 52,5 MW, bestehend aus 35 Anlagen je 1,5 MW in der ostfriesischen Gemeinde Holtriem). Eine Sonderentwicklung eines größeren Windkraftwerks ist die Einblattmaschine »Monopteros 50« mit einem asymmetrischen (einblättrigen) Rotor (Turmhöhe 60 m, Rotordurchmesser 56 m, Leistung 650 kW), von der drei Anlagen seit 1989 im »Jade-Windpark« in Wilhelmshaven betrieben werden. 1993 wurde dieser Windpark durch ein Windkraftwerk vom Typ »AEOLUS II« (Turmhöhe 92 m, Rotordurchmesser 80 m, Leistung 3 MW) auf rund 5 MW erweitert. Nachdem sich die spezifische Leistung der einzelnen Windkraftwerke von im Mittel 60 kW im Jahr 1990 auf 650 MW im Jahr 2000 erhöht hat, sind heute Anlagen bis zu 6 MW Generatorleistung gebaut worden. Insgesamt gab es Ende 2007 in Deutschland 19 460 Windkraftwerke mit einer installierten Gesamtleistung von mehr als 22 000 MW (Jahresproduktion über 39 TWh). Deutschland ist damit weltweit das Land mit der höchsten installierten Leistung, gefolgt von den USA, Spanien und Indien. Der plötzliche Aufschwung der Windenergie in den 1990er-Jahren ist vor allem auf die Einführung des Stromeinspeisungsgesetzes (1991) zurückzuführen, das durch ein zusätzliches Förderprogramm (200-MW-Windenergieprogramm) ergänzt wurde. Mit dem Stromeinspeisungsgesetz wurde den meist privaten Windenergiebetreibern eine feste Vergütung für die von diesen in das Stromnetz eingespeisten Kilowattstunden Windstrom zugesichert. Im April 2000 wurde das Gesetz durch das Erneuerbare-Energien-Gesetz abgelöst, das noch einmal verbesserte Bedingungen für die Netzeinspeisung garantiert.

■ **Potenzial** Das maximal für die Windenergie ausschöpfbare Potenzial wird in Deutschland auf rund 50 000 MW geschätzt. Damit könnten mehr als 80 TWh Strom bereitgestellt werden, mehr als 15 % der heutigen Nettostromerzeugung. Unberücksichtigt bleibt dabei das viel größere Nutzungspotenzial von im Meer installierten Windkraftwerken, das auf etwa 240 TWh beziffert werden kann (unter Einbeziehung von Standorten bis 40 m Wassertiefe und 30 km Entfernung von der Küste). Der hohe Installationsaufwand für die Anlagen wird an diesen Offshorestandorten durch deutlich höhere mittlere Windgeschwindigkeiten kompensiert.

■ **Beitrag** Der Beitrag der regenerativen Energien zur Stromerzeugung in Deutschland lag 2007 bei mehr als 14 %, wobei der Windkraftanteil mit 6,4 % den Anteil der Wasserkraft schon überflügelte, Tendenz steigend. Regional liegt der Anteil deutlich höher, in Schleswig-Holstein beispielsweise über 40 %. Aufgrund der starken Zunahme der in den letzten Jahren installierten Anlagen hat die Windenergie immer mehr mit Akzeptanzproblemen zu kämpfen. Dies gilt vor allem für den Landschaftsschutz. Entspannung wird unter anderem durch die Erschließung von Offshorestandorten erwartet; im Juli 2008 wurde mit dem Bau des ersten deutschen Offshorewindparks vor der Insel Borkum (alpha ventus, 12 Windkraftanlagen, 60 MW) begonnen. Abgesehen von landschaftlichen Gesichtspunkten (Erscheinungsbild »Verspargelung«, Flächenbedarf), Geräuschentwicklung und Schattenwurf (sogenannter Diskoeffekt) erweisen sich Windkraftwerke als äußerst umweltverträgliche Energielieferanten.

Windmesser, Sammelbegriff für Geräte, die zur Bestimmung von Windrichtung und -geschwindigkeit dienen. Dabei wird die Richtung bzw. Stärke des Bodenwindes im einfachen Fall mit einer Windfahne oder einem → Windsack angezeigt. Eine genaue Messung der Windgeschwindigkeit erfolgt mit → Anemometern. Wind der freien Atmosphäre wird meist mit → Pilotballons beobachtet.

Windrichtung, die Richtung, aus der der Wind an einem Ort kommt, angegeben in ° (Grad). Für eine zahlenmäßige Angabe der Windrichtung verwendet man im Allgemeinen die Einteilung des Vollkreises in 360°. In dieser Richtungsskala (→ Windrose) bedeuten: Nordwind 360°, Ostwind 90°, Südwind 180° und Westwind 270°. Neben dieser Einteilung sind vereinzelt noch Einteilungen in 32, 16 oder 8 Abschnitte (Sektoren) in Gebrauch. Die Windrichtungen Nord (N), Nordost (NO), Ost (O), Südost (SO), Süd (S), Südwest (SW), West (W) und Nordwest (NW) sind die **Hauptwindrichtungen.** Gebräuchliche Windrichtungsanzeiger sind Windfahnen und Windsäcke.

In den einzelnen Jahreszeiten treten für verschiedene **Windrichtungen** unterschiedliche Höchsttemperaturen auf, im Sommer sind beispielsweise bei Ostwind die Nächte recht warm:
Ostwind bringt Heuwetter, Westwind Krautwetter, Südwind Hagelwetter, Nordwind Hundewetter.
Ostwindnächte im Winter sind hingegen kalt:
Weht's aus Ost bei Vollmondschein, stellt sich strenge Kälte ein.

100563

Windrose. Holzstich aus dem Buch »Das Buch der Erfindungen und Gewerbe« von F. Reuleaux von 1887

Windrose, *Meteorologie:* mit einer Grad- bzw. Stricheinteilung versehene kreisförmige Windrichtungsskala. In der Meteorologie wird überwiegend die 36-teilige Windrose verwendet (→ Windrichtung). Eine klimatologische Darstellungsart ist die Kombination der Windrose mit der Häufigkeit eines bestimmten Klimaelements.

Windsack, konisch geformter, an beiden Enden offener Sack, der mit der größeren Öff-

Windsack
am Düsseldorfer Flughafen

nung an einem senkrecht aufgehängten, drehbaren Ring befestigt ist; zeigt durch Orientierung und Streckung weithin sichtbar Windrichtung und -stärke an (z. B. auf Flugplätzen und Autobahnbrücken).

Windschatten, Zone auf der windabgewandten Seite eines umströmten Objekts; durch geringere Windgeschwindigkeit gekennzeichnet.

Windscherung, unter bestimmten meteorologischen Bedingungen in der Atmosphäre auftretende starke Änderung der Windgeschwindigkeit nach Größe und/oder Richtung über geringe horizontale oder vertikale Entfernungen. Windscherungen erschweren die Führung von Luftfahrzeugen und können in der Start- oder Landephase Ursache von Unfällen sein, weil sie zu unerwarteten sprunghaften Luftkraftänderungen führen, die gegebenenfalls nicht mehr korrigierbare Höhen- oder Richtungsänderungen bewirken (→Fallbö, Microburst).

Windschreiber, der Anemograf (→Anemometer).

Windskala, →Windstärke.

Windsprung, das übergangslose Umspringen der Windrichtung.

Windstärke, Stärke des Windes in Boden- oder Wasseroberflächennähe. Sie wird nach der von dem britischen Admiral Sir Francis Beaufort (*1774, †1857) 1806 aufgestellten Windskala (Beaufortskala) in 13 Stufen (Beaufortgrade) entsprechend den Windwirkungen geschätzt. 1946–56 wurde eine 18-stufige (0–17) Windskala benutzt.

Windstau, Erhöhung des Wasserspiegels durch Wind; tritt auf 1) an der Küste bei auflandigem Wind, besonders wenn ausgedehnte Flachwassergebiete vorgelagert sind (bei starken Stürmen als Sturmflut); 2) in Binnengewässern, v. a. in großen Seen und in nicht oder nur schwach durchströmten Schifffahrtskanälen mit langen, geraden Haltungen.

Windstille, völlige Luftruhe oder nicht wahrnehmbare Windgeschwindigkeit (unter 0,2 m/s).

Windzonen, die auf der Erde in bestimmten Breitenzonen mit vorherrschenden Richtungen auftretenden Winde. Dazu zählen die tropischen Ostwinde bzw. Passate, die beiden außertropischen Westwindzonen und die in polaren Breiten vorhandenen Ostströmungen (→Zirkulation der Atmosphäre).

Winter, eine der vier Jahreszeiten. Astronomisch ist der Winter die Jahreszeit vom 21. bzw. 22. 12. bis zum 20. 3., meteorologisch vom 1. 12. bis zum 28.(29.) 2., umfasst also die Monate Dezember, Januar und Februar.

Im phänologischen Kalender ist der Winter die Zeit der Vegetationsruhe. Die letzten Bäume verlieren ihre Blätter, das Wintergetreide läuft auf, das heißt, das Getreidekorn hat

Windscherung.
Die Rauchwolke macht die Windscherung deutlich: Unten weht der Wind nach links, weiter oben nach rechts.

WINDSTÄRKE						
Beaufortgrad	Bezeichnung	Windgeschwindigkeit*			Auswirkungen des Windes	
		m/s	km/h	Knoten	im Binnenland	auf See
0	still	0-0,2	<1	<1	Windstille; Rauch steigt senkrecht empor	spiegelglatte See
1	leiser Zug	0,3-1,5	1-5	1-3	Windrichtung angezeigt nur durch den Zug des Rauches, aber nicht durch Windfahnen	kleine, schuppenförmige Kräuselwellen ohne Schaumkämme
2	leichte Brise	1,6-3,3	6-11	4-6	Wind am Gesicht fühlbar; Blätter säuseln; Windfahnen bewegt	kleine, kurze Wellen, Kämme sehen glasig aus und brechen sich nicht
3	schwache Brise	3,4-5,4	12-19	7-10	Blätter und dünne Zweige in dauernder Bewegung; Wind streckt Wimpel	Kämme beginnen, sich zu brechen, Schaum glasig, vereinzelt kleine, weiße Schaumköpfe
4	mäßige Brise	5,5-7,9	20-28	11-16	hebt Staub und loses Papier, bewegt dünne Äste	Wellen noch klein, werden aber länger, vielfach weiße Schaumköpfe
5	frische Brise	8,0-10,7	29-38	17-21	kleine Laubbäume beginnen zu schwanken; auf Seen bilden sich Schaumkämme	mäßige Wellen, die eine ausgeprägte lange Form annehmen, überall weiße Schaumkämme
6	starker Wind	10,8-13,8	39-49	22-27	starke Äste in Bewegung; Pfeifen in Telegrafendrähten; Regenschirme schwierig zu benutzen	Bildung großer Wellen (2,5-4 m); überall ausgedehnte weiße Schaumkämme, die brechen; etwas Gischt
7	steifer Wind	13,9-17,1	50-61	28-33	ganze Bäume in Bewegung; fühlbare Hemmung beim Gehen gegen den Wind	See türmt sich; weißer Schaum beginnt, sich in Streifen in Windrichtung zu legen
8	stürmischer Wind	17,2-20,7	62-74	34-40	bricht Zweige von den Bäumen; erschwert erheblich das Gehen	mäßig hohe Wellenberge von beträchtlicher Länge; Kanten der Kämme beginnen, zu Gischt zu verwehen
9	Sturm	20,8-24,4	75-88	41-47	kleinere Schäden an Häusern (Dachziegel werden heruntergeworfen)	hohe Wellenberge; dichte Schaumstreifen in Windrichtung; »Rollen« der See beginnt; Gischt kann die Sicht beeinträchtigen
10	schwerer Sturm	24,5-28,4	89-102	48-55	(im Binnenland selten) Bäume werden entwurzelt; bedeutende Schäden an Häusern	sehr hohe Wellenberge (6-9 m) mit langen, überbrechenden Kämmen; See weiß durch Schaum; Rollen der See schwer, stoßartig; Sicht beeinträchtigt
11	orkanartiger Sturm	28,5-32,6	103-117	56-63	(im Binnenland sehr selten) verbreitete Sturmschäden	außergewöhnlich hohe Wellenberge; See völlig von den langen, weißen Schaumflächen bedeckt; durch Gischt herabgesetzte Sicht
12	Orkan	>32,6	>117	>63	-	Luft mit Schaum und Gischt angefüllt; Wellenberge über 14 m; See vollständig weiß durch Gischt; Sicht sehr stark herabgesetzt

* in 10 m Höhe über offenem, flachem Gelände

Wurzeln gebildet und der junge Keim dringt durch die Bodenoberfläche.

■ **Extreme** Der Winter 2006/07 war der wärmste Winter seit Beginn der flächendeckenden Wetteraufzeichnungen im Jahre 1901. Seine mittlere Temperatur betrug 4,4 °C und lag damit über vier Grad höher als das langjährige Mittel. Bereits der Herbst 2006 war als wärmster Herbst seit 1901 in die Statistik eingegangen. Bis in die Hochlagen der Mittelgebirge fiel der Niederschlag als Regen, Wintersport war nicht möglich. Die mildesten Temperaturen wurden bei Föhnlage in Südbayern erreicht; in Oberstdorf stieg das Thermometer am 8. Dezember 2006 auf 17,9 °C, in Kempten auf 18,2 °C.

Unter den strengen Wintern der letzten Jahrhunderte ist unter anderem der Winter 1708/09 hervorzuheben. Aus dem zur Verfügung stehenden Quellenmaterial geht hervor, dass dieser Winter der bis dahin kälteste in ganz Mitteleuropa gewesen sein muss. Er war vor allem dadurch gekennzeichnet, dass er sich über große Teile Europas ausbreitete und bis in den April hinein dauerte. Fast die gesamte Ostsee muss mit Eis bedeckt gewesen sein, ebenso der Bodensee. Auch Teile des Mittelmeerraums waren vom Frost erfasst. Auch

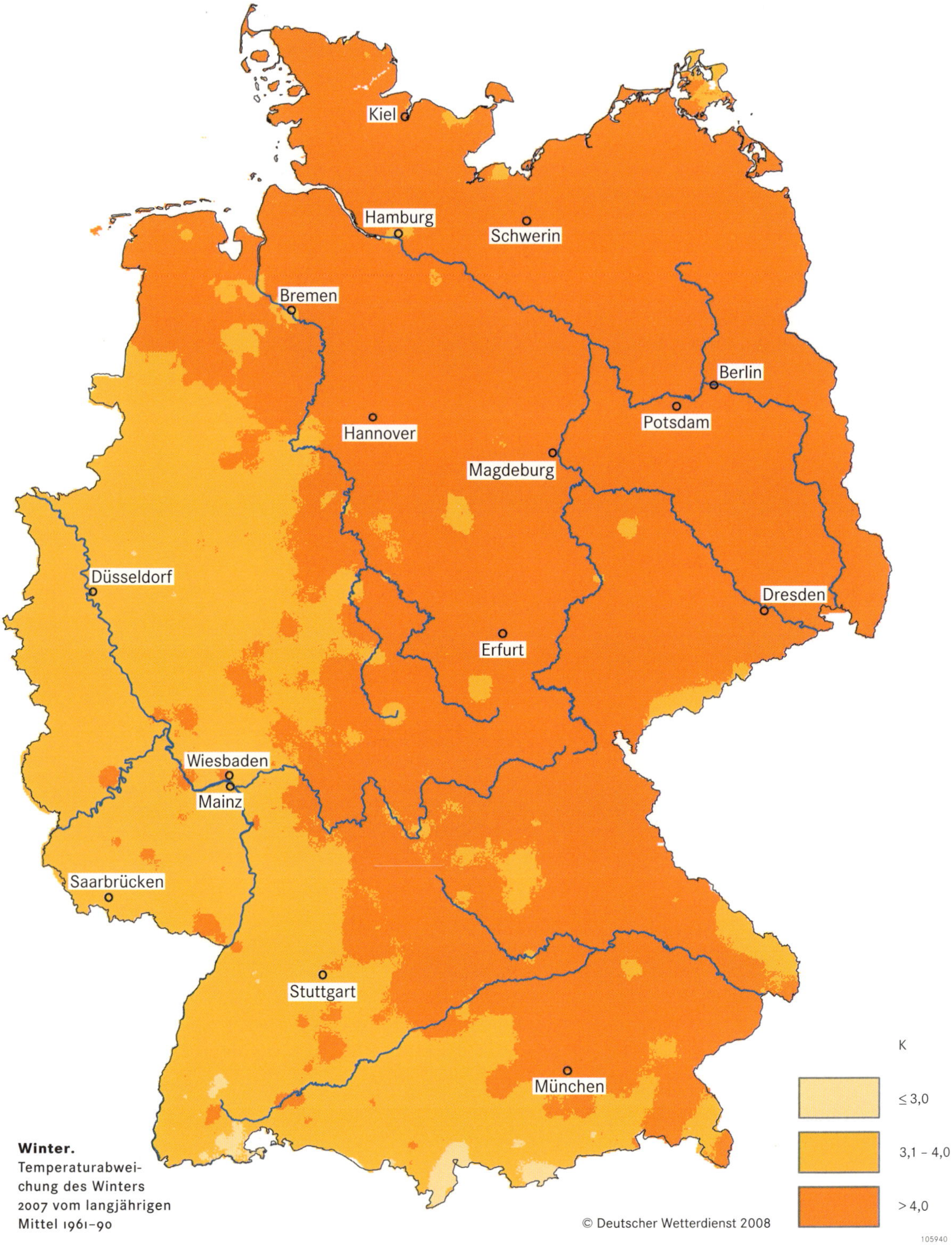

Winter. Temperaturabweichung des Winters 2007 vom langjährigen Mittel 1961–90

1829/30 gab es einen extremen Winter, seine mittlere Temperatur lag bei –1,7 °C. Im 20. Jahrhundert stechen die drei sehr kalten Kriegswinter 1939/40, 1940/41 und 1941/42, die sich auch spürbar auf den Kriegsverlauf auswirkten, sowie die »Jahrhundertwinter« 1929, 1947 und 1962/63. 1929 war der Rhein bei Bingen zugefroren; viele Bewohner nutzten die seltene Gelegenheit, den Fluss nicht mit dem Schiff, sondern zu Fuß zu überqueren. Der Winter 1962/63 hatte 125 Frosttage aufzuweisen, der Bodensee war in seiner ganzen Fläche zugefroren.

■ **Wetterregeln** Der Winter ist, was die Vegetation betrifft, eine ruhige Zeit. Bauern fürchten vor allem Kahlfröste ohne Schneedecke, die tief in den Erdboden eindringen: *»Januar ohne Schnee tut Bäumen und Tälern weh.«* Schnee hingegen hat eine isolierende Wirkung und verhindert außerdem, dass die Wärme aus tieferen Erdbodenschichten in die Luft entweicht: *»Dem Korn unter dem Schnee tut die Kälte nicht weh«*, *»Die Erde muss ein Betttuch haben, soll sie der Winterschlummer laben«*. Auch ein milder und feuchter, von ozeanischer Luft geprägter Winter ist dem Landwirt nicht recht, weil er dann unter Umständen die Saat zu früh treiben lässt: *»Dezember mild mit viel Regen ist für die Saat kein großer Segen«*, *»Regen im Januar bringt die Saat in Gefahr«*, *»Wächst das Korn im Januar, wird es auf dem Markte rar«*. Dadurch fehlt die Winterruhe, und nachwinterlicher Frost kann die Ernte zerstören: *»Bleibt der Winter fern, so nachwintert es gern.«* Eine wichtige Rolle spielt auch, dass ein milder Winter mehr Schädlinge überleben lässt: *»Im Januar sieht man lieber einen Wolf als einen Bauern ohne Jacke.«*

Winter|anomalie, eine Abweichung der Vorgänge in der →Ionosphäre von ihrer Sonnenstandsabhängigkeit. Die Winteranomalie der F_2-Schicht besteht darin, dass im Winter die maximale Elektronendichte v. a. in der nördlichen gemäßigten Zone wesentlich höher ist als im Sommer. Die angenommene Ursache ist, dass sich das Verhältnis von atomarem Sauerstoff zu molekularem Stickstoff und damit die Ionisierungsrate in Höhen um 300 km jahreszeitlich ändert. Die Winteranomalie der D-Schicht besteht einerseits darin, dass die Absorption von Radiowellen im D-Gebiet in der gemäßigten Zone im Winter insgesamt höher ist, als es dem Sonnenstand entspricht, andererseits darin, dass an Gruppen von Tagen Absorption auftritt, die sogar absolut höher ist als im Sommer. Diese Erscheinung wird auf eine erhebliche Zunahme der Elektronenkonzentration im Höhenbereich von 70 bis 85 km zurückgeführt. Es wird vermutet, dass die eigentliche Ursache in der (meteorologisch bedingten) Zirkulation der Mesosphäre zu suchen ist.

Winter. Der Winter 2006/07 war der wärmste Winter seit Beginn der flächendeckenden Wetteraufzeichnungen im Jahre 1901.

Wintergewitter, Gewitter, die im Winter auftreten und in Mitteleuropa selten sind, da zur Auslösung von Gewittern eine sehr labile Schichtung und eine warme Erdoberfläche erforderlich sind, die beide im Winter nur sehr selten vorkommen. In der kalten Jahreszeit kann die Labilisierung im Allgemeinen nur über warmen Meeresgebieten erfolgen. Sie wird am ehesten wirksam, wenn es sich um eine in der Höhe sehr kalte Polarluft handelt. Wintergewitter treten deshalb am häufigsten über dem Meer oder an der Küste auf; landeinwärts werden sie immer seltener.

Winter|regenklima, →Etesien, →Klimazonen.

Wirbel, allgemein, v. a. umgangssprachlich, Bezeichnung für einen mehr oder weniger kreisförmig oder spiralig rotierenden Stofftransport in Flüssigkeiten oder Gasen, v. a. in Gewässern und in der Atmosphäre.

■ **Bedeutung** Besondere Bedeutung haben Wirbel in Luft- und Wasserströmungen. Ihre räumliche Ausdehnung reicht von etwa

WIRBEL. ***Tornado in der Flasche***

Manchmal können Wirbel richtig hilfreich sein, zum Beispiel, wenn man eine Wasserflasche schnell leeren möchte. Dreht man eine volle Flasche einfach nur um, läuft das Wasser schluckweise heraus. Versetzt man dagegen ihren Boden in eine kreisende Bewegung, wobei man den Hals festhält, bis ein Strudel entsteht, dann läuft das Wasser ohne Unterbrechung und viel schneller aus. Der Grund: Durch die Rotation wird das Wasser in der Flasche nach außen gedrückt, und in der Mitte bildet sich ein »Rüssel«, durch den Luft einströmt. Anschließend tauschen Luft und Wasser ihren Platz, und das Wasser fließt aus der Flasche.

WMO.
Der Hauptsitz der WMO befindet sich in Genf.

103517

einem Millimeter (z. B. in Grenzschichten umströmter Hindernisse) bis zu Hunderten und über tausend Kilometer bei großen Wirbelsystemen von Hoch- und Tiefdruckgebieten oder bei Meeresströmungen. Im Meer kommen kleinskalige Wirbel (Durchmesser vom Millimeter- bis in den Meterbereich) als dreidimensionale Turbulenzballen ohne Vorzugsrichtung vor. Mesoskalige Meereswirbel (über 10 km bis wenige 100 km) mit vertikaler Rotationsachse entsprechen atmosphärischen Hoch- und Tiefdruckgebieten. Großräumige Wirbel (1 000 km und mehr) treten in Systemen von Meeresströmungen auf, z. B. die subtropischen und die subpolaren Wirbel. Bekannte atmosphärische Erscheinungen von Wirbeln sind →Tromben und →tropische Wirbelstürme.

Wirbelstürme, heftige, orkanartige Luftwirbel mit unterschiedlicher Ausdehnung. Am gefährlichsten sind die →tropischen Wirbelstürme. Die atlantischen Wirbelstürme bilden besonders in den Übergangsjahreszeiten eine Gefahr für die Schifffahrt und können Sturmfluten an den europäischen Küsten hervorrufen. Auch →Tromben und →Tornados können trotz geringer räumlicher Ausdehnung und kürzerer Lebensdauer verheerende Schäden anrichten.

Witterung, der allgemeine, durchschnittliche oder auch vorherrschende Charakter des Wetterablaufs eines bestimmten Zeitraums (von einigen Tagen bis zu ganzen Jahreszeiten); im Unterschied zu →Wetter und →Klima.

Witterungstypen, charakteristische Formen des Wetterablaufs über mehrere Tage, die durch bestimmte Großwetterlagen geprägt werden. Unterscheidungsmerkmale sind hauptsächlich die Advektion als Strömungsfaktor (z. B. Westwettertyp), die Strahlungsbilanz (z. B. Hochdruckwetter, Strahlungstyp) und die Vertikalbewegung (z. B. Schauerwettertyp). Zyklonale und antizyklonale Witterungstypen unterscheiden sich durch Bewölkung und Niederschlag.

w. L., *Geografie:* Abkürzung für **w**estlicher **L**änge.

WMO, Abkürzung für **World Meteorological Organization** [wəːld miːtjərəˈlɔdʒɪkl ɔːgənaɪˈzeɪʃn, englisch], dt. **Welt|organisation für Meteorologie,** aus der 1873 in Wien gegründeten **Internationalen Meteorologischen Organisation** hervorgegangene, in Washington (D. C.) 1947 beschlossene und am 23. 3. 1950 (Weltjahrestag der Meteorologie) in Kraft gesetzte Sonderorganisation der UNO, der 181 Mitgliedsstaaten und sechs Hoheitsgebiete angehören (die Bundesrepublik Deutschland seit 10. 7. 1954; ihr ständiger Vertreter ist der Präsident des Deutschen Wetterdienstes); Sitz: Genf. Zu den Aufgaben und Zielen gehören u. a. die internationale Zusammenarbeit auf dem Gebiet der Meteorologie und Hydrologie, der schnelle Austausch von meteorologischen Informationen, die Standardisierung der Beobachtungen und Koordinierung der Wetterdienste, die Schaffung eines weltumfassenden Netzes von Wetterstationen und Wettersatelliten (**Weltwetterwacht,** Voraussetzung für die →Wettervorhersage) sowie wissenschaftlich-technische Programme, u. a. das →Global Atmospheric Research Programme und das **Weltklimaprogramm** (Untersuchung der Abhängigkeit der Volkswirtschaften vom Klima, v. a. von anthropogenen Klimaänderungen).

Wolken [althochdeutsch wolka, eigentlich »die Feuchte«], sichtbare, in der freien Atmosphäre schwebende Ansammlungen von Kondensationsprodukten des Wasserdampfs, das heißt von sehr kleinen Wassertröpfchen (mittlerer Durchmesser unter 0,02 mm) und/oder Eiskristallen.

Damit sich in der Atmosphäre Wolken bilden können, muss Luft mit genügend Feuchtegehalt unter den →Taupunkt abgekühlt werden; gleichzeitig müssen Kondensationskerne vorhanden sein, an denen sich die Wasserdampfmoleküle bei der Kondensation anlagern können. Die Abkühlung der Luft erfolgt vor allem durch Vertikalbewegungen: bei Hebungsprozessen an orografischen Hindernissen, beim Aufgleiten an Fronten, durch Konvektion oder durch turbulente Mischungsvorgänge (Turbulenzwolken). Aufsteigende Luft kühlt sich trockenadiabatisch (→adiabatisch) ab, bis der in ihr enthaltene Wasserdampf den

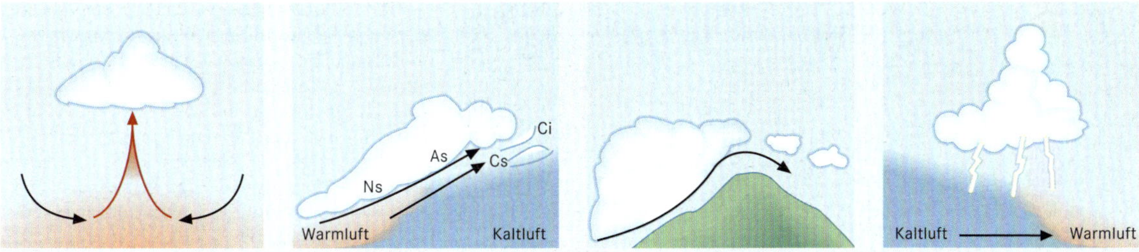

1 2 3 4

Wolkenbildung. Cumuluswolken entstehen, wenn warme Luft aufsteigt (1). In einem Tiefdruckgebiet können Wolken entstehen, wenn eindringende Warmluft auf kalter Luft aufgleitet und die aufsteigende Luft dabei abkühlt; aus den zu Beginn noch fedrigen Cirruswolken entstehen dichtere Cirrostratus- und Stratuswolken (2). Trifft feuchtwarme Luft auf ein Hindernis, wo sie zum Aufsteigen gezwungen wird, spricht man von orografischer Wolkenbildung; sie ist typisch für Föhn (3). Wenn kalte Luft in ein Warmluftgebiet eindringt, schiebt sie die warme Luft nach oben, wobei sich turmartige Haufenwolken bilden, die Schauer und Gewitter bringen (4).

Sättigungszustand (100% relative Feuchte) erreicht hat. In dieser Höhe (Kondensationsniveau) beginnt die Kondensation des Wasserdampfs, es bilden sich kleine Wassertröpfchen. Die weitere Abkühlung geht feuchtadiabatisch (langsamer) vor sich. Wenn die aufsteigende Luft den Gefrierpunkt unterschritten hat, tritt im Allgemeinen noch kein Gefrieren ein. Die Wassertröpfchen bleiben vielmehr flüssig, die Wolke befindet sich im unterkühlten Zustand (zwischen 0 °C und –15 °C, seltener sogar bis –40 °C). Ab etwa –12 °C gefrieren die ersten Wolkentröpfchen unter Mitwirkung von Gefrierkernen zu Eiskristallen. Aus der urspr. reinen **Wasserwolke** wird eine **Mischwolke.** Mit weiter abnehmender Temperatur (zunehmender Höhe der Wolken) vergrößert sich die Zahl der Eiskristalle ständig auf Kosten der Wassertröpfchen. Ab Temperaturen von –35 °C bestehen die Wolken überwiegend aus Eiskristallen **(Eiswolken).**

Wasserwolken haben gewöhnlich scharfe Ränder und sehen kompakt aus; Eiswolken zeigen dagegen ein faser- oder schleierförmiges Aussehen, sind weiß und seidig glänzend, haben diffuse, ausgefranste Umrisse. Mischwolken, je nach Wolkendicke hell- bis dunkelgrau aussehend, mit zum Teil klar umrissenen, zum Teil diffusen Rändern, sind in gemäßigten Breiten die wesentlichsten Niederschlag bildenden Wolken.

Aufgrund der Stärke der Vertikalbewegung, der sie ihre Entstehung verdanken, können die Wolken nach ihrer Form unterteilt werden: **Schichtwolken (stratiforme Wolken)** entstehen bei relativ langsamen Aufgleit- und Hebungsprozessen in der Atmosphäre (vor allem bei stabilen Temperaturgradienten); bei verhältnismäßig geringer Vertikalerstreckung können Schichtwolken eine sehr große horizontale Ausdehnung erreichen. **Haufenwolken** bilden sich als Folge starker aufsteigender Bewegungen; diese können durch besondere thermische oder strömungsmäßige Verhältnisse bedingt sein, treten aber vor allem bei einer labilen Temperaturschichtung der Atmosphäre auf. Haufenwolken können bei relativ kleiner Ausgangsbasis vertikal sehr mächtig werden, z.B. bei Gewitterwolken.

Wolkengattungen und -stockwerke

Nach internationaler Vereinbarung werden aufgrund von Form und Höhe zehn Wolkengattungen unterschieden, die den Wolkenstockwerken wie folgt zugeordnet sind:

Oberes Stockwerk (Polargebiete: 3–8 km; mittlere Breiten: 7–13 km; Tropen: 6–18 km): **Cirrus** (Ci, Zirrus) oder **Federwolken,** aus einzelnen Fasern (durch →Fallstreifen) oder Büscheln bestehende, weiße, seidig glänzende Eiswolken, entstehen durch Turbulenz, aber auch aus Kondensstreifen von Flugzeugen; **Cirrostratus** (Cs, Zirrostratus) oder **Schleierwolken,** dünner, weißer Eiswolkenschleier, der meist den ganzen Himmel überzieht und Haloerscheinungen hervorruft; **Cirrocumulus** (Cc, Zirrokumulus), feine Schäfchenwolken, Flecken, Felder oder Schichten kleiner, weißer Wolkenflocken oder -bällchen, in Reihen oder Rippen angeordnet, fast ausschließlich aus Eiskristallen.

Mittleres Stockwerk (Polargebiete: 2–4 km; mittlere Breiten: 2–7 km; Tropen: 2–8 km): **Altocumulus** (Ac, Altokumulus), höhere, gröbere Schäfchenwolken, Felder, Bänke oder Schichten aus weißen oder grauen, flachen Wolkenballen oder -walzen, gröber als Cirrocumulus, fast immer aus Wassertröpfchen; **Altostratus** (As), graue oder bläuliche, gleichmäßige Wolkenschicht aus Wassertröpf-

WOLKEN: SONDERFORMEN UND BEGLEITWOLKEN

lateinische Bezeichnung	Bedeutung	Abkürzung
Sonderformen		
incus	mit Amboss	inc
mamma	mit beutelförmigen Auswüchsen an der Wolkenunterseite	mam
virga	mit Fallstreifen	vir
praecipitatio	mit Niederschlag	pra
arcus	mit Wolkenschlauch	arc
tuba	mit Böenkragen	tub
Begleitwolken		
pileus	mit Kappe	pil
velum	mit Schleier	vel
pannus	mit Fetzen (Schlechtwetterfetzen)	pan

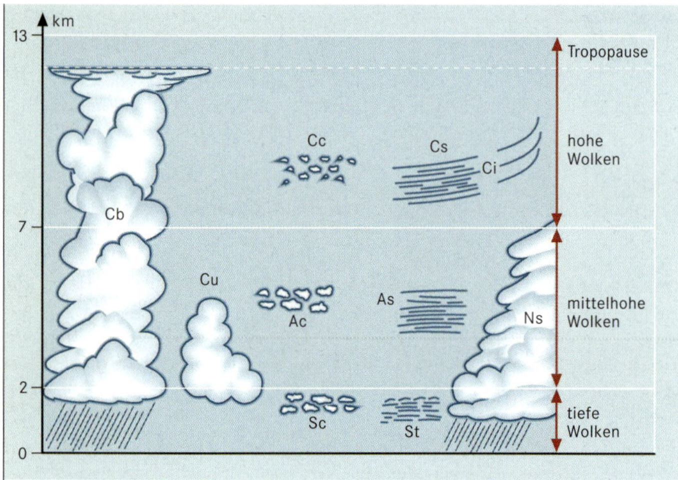

Wolken. Die zehn Wolkengattungen nach der internationalen Wolkenklassifikation, zusammengefasst in vier Wolkenfamilien

chen und Eiskristallen, große Teile des Himmels bedeckend; lässt die Sonne stellenweise als verwaschene Scheibe erkennen.

Unteres Stockwerk (0–2 km): **Nimbostratus** (Ns) oder **Regenschichtwolken,** gleichmäßig strukturlose graue bis dunkelgraue Wolkenschicht mit uneinheitlicher Untergrenze, aus der anhaltender Niederschlag fällt (Landregen); Mischwolken aus unterkühlten Wassertröpfchen, Schneekristallen und -flocken; unterhalb der Wolkenmasse sich bildende Wolkenfetzen können mit ihr zusammenwachsen; **Stratocumulus** (Sc, Stratokumulus) oder **Schichthaufenwolken,** tiefe, grobe Schäfchenwolken, Schicht oder Bänke aus grauen oder weißlichen, schollen-, ballen- oder walzenartigen Wolkenteilen, die auch zusammengewachsen sein können; **Stratus** (St) oder **Schichtwolken,** graue, gleichförmige Wolkenschicht mit tiefer Untergrenze (meist unter 600 m), aus der – im Gegensatz zu Nimbostratus – nur kleintropfiger Niederschlag (Sprühregen, auch feine Schneeteilchen) fallen kann; keine genaue Unterscheidung zum Hochnebel; **Cumulus** (Cu, Kumulus) oder **Haufenwolken,** dichte, scharf abgegrenzte Wasserwolken mit nahezu horizontaler Untergrenze; entweder verhältnismäßig flach (Schönwettercumulus) oder quellend in die Höhe wachsend (oft blumenkohlähnlich: Cumulus congestus); leuchtend weiß im Sonnenlicht, an der Unterseite oft dunkel; **Cumulonimbus** (Cb, Kumulonimbus), mächtig aufgetürmte Haufenwolken aus Wassertröpfchen und Eiskristallen (v. a. im oberen Teil), die höchsten Teile vielfach ambossartig (unter der Tropopause) ausgebreitet, aus der Schauerniederschläge, häufig von Gewittern begleitet **(Gewitterwolken),** fallen.

Cumulus und Cumulonimbus zählen zu den **Quellwolken** und zeigen eine labile Schichtung der Atmosphäre an.

■ **Arten und Unterarten** Zur genauen Kennzeichnung der Wolken werden innerhalb der Gattungen noch Arten und Unterarten unterschieden: Die Art bezeichnet im Allgemeinen die äußere Form oder die Mächtigkeit bestimmter Gattungen, z. B. fibratus (fib, »faserig«), castellanus (cas, »türmchenförmig«), stratiformis (str, »schichtförmig«), lenticularis (len, »linsenförmig«), fractus (fra, »zerrissen«); die Unterart kennzeichnet diese Form näher, z. B. undulatus (un, »wellenförmig«), vertebratus (ve, »grätenförmig«, »skelettartig«), oder gibt spezielle Eigenschaften an, z. B. translucidus (tr, »durchscheinend«), opacus (op, »nicht durchscheinend«, »dunkel«). Außerdem können Sonderformen und **Begleitwolken** durch Angaben wie incus (inc, »mit Amboss«), mamma (mam, »mit beutelförmigen Auswüchsen an der Unterseite«), velum (vel, »mit Schleier«) gekennzeichnet werden.

■ **Geschichte** Lange Zeit schien es kaum vorstellbar, Ordnung in die große Vielfalt der Wolkenformen – analog zur Systematik der Tiere und Pflanzen – zu bekommen. Doch schließlich haben sowohl J. B. de Lamarck als auch L. Howard nahezu identische Schemata vorgelegt. Allerdings verwendete Howard in Anlehnung an die Taxonomie des schwedischen Naturforschers Carl von Linné (*1707, †1778) lateinische Bezeichnungen, die sein System in der Fachwelt attraktiver machten. Howards Einteilung erschien 1803 zusammen mit einer Reihe von Skizzen und setzte sich gegenüber Lamarcks Klassifikation durch. Sie bildet bis heute das Grundgerüst des Internationalen Wolkenatlas der WMO. Bereits 1879 wurde der Wolkenatlas mit ersten Fotos illustriert, 1896 erschienen die ersten Farbaufnahmen. Trotzdem wurden in einem 1944 erstellten Wolkenatlas der deutschen Kriegsmarine immer noch Aquarelle des Künstlers und Naturwissenschaftlers E. Mylius (*1846, †1929) verwendet. – Weitere Bilder Seite 372/373

Wolkenband, in Satellitenbildern bandartig angeordnetes Wolkensystem, das meist

WOLKEN. *Einschätzung*

Die Höhe von Wolken – ein wichtiger Parameter bei der Wolkeninterpretation – mit bloßem Auge abzuschätzen, ist nicht ganz einfach. Relativ sicher kann man hohe Wolken bestimmen, die meist ein faseriges Erscheinungsbild und eine weiße Farbe besitzen. Schwieriger ist die Abgrenzung zwischen mittelhohen und tiefen Wolken, es sei denn, die Wolken hängen so tief, dass sie Bäume oder Kirchtürme einhüllen. Hilfreich kann es sein, auch den Schattenwurf und die scheinbare Zuggeschwindigkeit zu beobachten. Eine Wolke in sechs Kilometer Höhe und eine andere in 500 Metern Höhe, die sich mit der gleichen Geschwindigkeit bewegen, hätten vom Erdboden aus gesehen ganz unterschiedliche Geschwindigkeiten: Die tiefere wäre viel schneller. Deshalb scheinen Cirruswolken am Himmel still zu stehen, obwohl sie in Wirklichkeit die am schnellsten ziehenden Wolken sind.

Wolken. Von links nach rechts: oben: Cirrus, Cirrostratus, Mitte: Cirrocumulus, Altostratus, unten: Altocumulus, Nimbostratus

die Lage einer Front kennzeichnet. Auch Strahlströme sind oft an einem Wolkenband (Cirrusband) zu erkennen.

Wolkenbank, lang gestreckte, flache Wolkenschichten am Himmelshorizont (nicht bis zum Zenit reichend).

Wolkenbruch, →Regen.

Wolkencluster [-klʌstə], **Cloud-Cluster,** Zusammenballung konvektiver Wolken (Konvektionswolken) mit Durchmessern von 100 bis über 1000 km, wie sie erstmals mithilfe von Satellitenbildern in den Tropen festgestellt wurde. Ein solches Wolkensystem entsteht meist in einer Konvergenzzone (→innertropische Konvergenzzone); in seinem Bereich herrscht eine rege Schauer- oder Gewittertätigkeit.

Die tropischen Wolkencluster spielen beim Wärmetransport von der Erdoberfläche in höhere Luftschichten eine entscheidende Rolle und sind auch an der Entstehung tropischer Wirbelstürme beteiligt.

Wolkenorakel, die Zukunftsvorhersage oder Wahrsagerei durch Deutung von Wolkenformen. Diese werden im Zusammenhang mit dieser Tätigkeit zumeist mit der Ähnlichkeit mit Tieren oder gegenständlichen Objekten verglichen. Tierbilder, die man verbreitet

Wolken. von links nach rechts: oben: Stratus, Stratocumulus, unten: Cumulus, Cumulonimbus

in Wolken zu sehen glaubt, sind z. B. Schäfchen, Adler und Hase. Gegenstände, die oft aus Wolken gedeutet werden, sind z. B. Turm, Faust und Hammer.

Der Volksglaube früherer Zeiten kannte nur wenige Wolkenorakel. Erst im Zuge der Esoterikbewegung, und unterstützt durch Bücher und Internetportale, ist die Hellseherei mittels Wolkendeutung in den letzten Jahrzehnten in Mode gekommen. Die Gestaltdeutung der einzelnen Wolkenphänomene ist dabei willkürlich, und die Wahrsagung fußt auf keiner verifizierbaren Grundlage.

Alte Ausprägungen des Wolkenorakels bezogen sich in der Vergangenheit vor allem auf Wolkenform und -anzahl. In der Schweiz und in Schwaben bedeuteten z. B. viele Schäfchenwolken zum Zeitpunkt einer Geburt Glück für das neugeborene Kind. Der niederschlesische Volksglaube sah in verästelter Wolkenbildung am Weihnachts- oder Neujahrstag ein Vorzeichen für viele Todesfälle im kommenden Jahr. Fundierter als das Wolkenorakel war auch in der Vergangenheit schon die Wettervorhersage durch Wolkendeutung, der häufig meteorologisch nachvollziehbare Prozesse zugrunde liegen. (→ Wolken)

wolkig, → Bewölkung.

wolkig, bezeichnet einen Bedeckungsgrad, bei dem vier bis sechs Achtel des Himmels mit tiefen und/oder mittelhohen Wolken bedeckt sind. Die Wolken bilden dabei im Allgemeinen keine zusammenhängende Decke.

World Climate Programme ['wə:ld 'kleɪmɪt 'prəʊgræm], Abkürzung **WCP,** Fachprogramm der Weltorganisation für Meteorologie, dessen Durchführung (aufgrund einer Entschließung des Wirtschafts- und Sozialrates der UN) nach der Weltklimakonferenz (Februar 1979) im Mai 1979 von der Weltorganisation für Meteorologie beschlossen wurde und an dem alle Nationen im Rahmen ihrer Möglichkeiten mitarbeiten sollen. Ziel ist die Untersuchung der Abhängigkeit von Volkswirtschaften vom Klima, insbesondere bei Klimaveränderungen, und des anthropogenen Einflusses auf das Klima v. a. im Hinblick auf die stetige Zunahme von Kohlendioxid und anderer Spurengase. Das WCP setzt sich aus vier Komponenten zusammen: Weltklimadatenprogramm (englisch **World Climate Data and Monitoring Programme,** Abkürzung **WCDMP**); Weltklimaanwendungsprogramm (englisch **World Climate Applications and Services Programme,** Abkürzung **WCASP**); Weltklimaauswirkungsprogramm (englisch **World Climate Impact Assessment and Response Strategies Programme,** Abkürzung **WCIRP**); Weltklimaforschungsprogramm (englisch **World Climate Research Programme,** Abkürzung **WCRP**). Das WCP ist ein Langzeitprogramm, das die Weltorganisation für Meteorologie mit UNEP und dem International Council for Science durchführt, wobei die nationalen Institutionen die eigentlichen Aktivitäten übernehmen müssen.

World Meteorological Organization [wə:ld mi:tɪərə'lɔdʒɪkl ɔ:gənaɪ'zeɪʃn, englisch], die →WMO.

Wrasen [niederdeutsch], *allg.:* wasserhaltiger Dunst, svw. Brodem.

Wüste, im weiteren Sinne jedes vegetationslose oder sehr vegetationsarme (Bodenbedeckung unter 50 %) Gebiet der Erde. Wüsten sind entweder verursacht durch fehlende Wärme **(Kältewüsten** der subpolaren und subnivalen Regionen, **Eiswüsten),** oder sie entstehen durch Mangel an Wasser (**Trockenwüsten,** auch **Hitzewüsten** genannt, obwohl ihre Temperaturen nachts bis –10 °C absinken können). Die Hitzewüsten sind die Wüsten im engeren Sinn.

■ **Allgemeines** Hitzewüsten sind gekennzeichnet durch geringe Bewölkung, starke Einstrahlung (→Insolation), eine Verdunstung, die größer als die Niederschläge ist (daher Abflusslosigkeit); die Niederschläge betragen in voll ariden Wüsten unter 100 mm, in semiariden Wüsten bis 200 mm jährlich bei 11–12 niederschlagsfreien Monaten; die mittlere Tagestemperatur übersteigt im wärmsten Monat 26 °C, im kältesten beträgt sie 10–22 °C; das Jahresmittel liegt über 18 °C. Die täglichen Temperaturschwankungen sind erheblich (von +58 °C bis –10 °C).

■ **Wüstenklima** Das in der Wüste herrschende Klima, besonders die extremen Temperaturunterschiede zwischen Tag und Nacht, bewirken eine starke physikalische Verwitterung. Es kommt zu Abschuppung und Kernsprüngen des Gesteins, das in Schutt zerfällt, in dem die Erhebungen zu ertrinken scheinen. Die chemische Verwitterung in den Wüsten ist auf Feuchtigkeitsspuren zurückzuführen, die in das Gestein eindringen und dort lösliche Bestandteile aufnehmen. Infolge der Insolation gelangt der größte Teil dieser Verwitterungslösungen wieder an die Gesteins- oder Erdoberfläche, wo sie verdunsten und sich die gelösten Stoffe als Kruste wieder absetzen. Unter dieser harten Oberfläche ist oft das Gestein durch innere Auslaugung völlig zersetzt.

Bei dem starken Temperaturwechsel gerät die Luft tagsüber in kräftige Zirkulation; es kommt zur Wirbelbildung (Staub- und Windhosen, Tromben), und die Winde erreichen – auch wegen des Fehlens der Reibung

Wolken werden innerhalb der Gattungen noch in Arten und Unterarten unterschieden. Oben: Cirrus fibratus radiatus, Mitte: Cirrus fibratus undulatus, unten: Cirrus fibratus vertebratus radiatus

an einer Vegetationsdecke – hohe Geschwindigkeiten mit oft tagelang anhaltenden Staub- und Sandstürmen, besonders auf großen Ebenen.

Die Ausblasung des Sandes führt zur Bildung von großen Becken sowie Wannen und »Pfannen«, zwischen denen Rippen aus härterem Gestein stehen bleiben, oder es kommt nach Auswehung des Sandes zur Bildung von Steinpflaster. Durch den Windschliff werden (bizarre) Formen modelliert: Felslöcher, wabenartig durchlöcherte Felswände, Felskehlen, Pilzfelsen, Windkanter.

Nach der geografischen Lage unterscheidet man: **Passatwüsten (tropische Wüsten, Rossbreitenwüsten)** im Bereich der Wendekreise, wo ganzjährig die Hochdruckzellen der Rossbreiten mit den trockenen Passatwinden herrschen. Dazu gehören die Wüstenzonen Nordafrikas (Sahara) und Arabiens, die Wüsten im Südwesten der USA und in Nordmexiko, die Wüsten Zentralaustraliens. In Südamerika (Atacama, peruanische Küstenwüste) wie im südlichen Afrika (Namib) beschränken sie sich auf die westlichen Küsten, wo die Passate ablandig und daher trocken sind. Dazu kommen vor den Westküsten kalte Auftriebswasser oder polare Meeresströmungen; sie zwingen die auflandigen Winde zum vorzeitigen Niederschlag, sodass diese das Festland nur als Trockenwinde erreichen und es zur Bildung von **Küstenwüsten** kommt (z. B. an der Südwest- und an der Nordwestküste Afrikas). An den Ostküsten der Kontinente, wohin der feuchte Meerespassat Niederschläge bringt, fehlen Wüsten, abgesehen von der Wüstensteppe Ostpatagoniens.

Die **außertropischen Wüsten** werden auch als **Kontinental-, Binnen-** oder **orografische Wüsten** bezeichnet, weil ihre Trockenheit durch Meeresferne oder Reliefgestaltung verursacht ist (Vorderer Orient, Mittelasien, Zentralasien von Tibet über das Tarimbecken zur Gobi). Dementsprechend haben sie eine deutliche Ausbildung von thermischen Jahreszeiten, im Winterhalbjahr mit regelmäßigen Frosttemperaturen, im Sommerhalbjahr mit regelmäßiger Niederschlagsperiode.

Keine Wüste der Erde ist völlig niederschlagslos, doch sind die Niederschläge selten, unregelmäßig und manchmal durch jahrelange Pausen getrennt. Sie fallen meist wolkenbruchartig, dann bilden sich kurzlebige, reißende Gewässer, die sich alsbald mit Schlamm und Schutt füllen, die in breiten Schichtfluten ablaufen oder in Wadis gesammelt werden. Oft enden sie jedoch in abflusslosen Sammelwannen, wo das feinere Material abgelagert wird. Im tiefsten Teil bilden sich Salzpfannen, Salztonebenen sowie Salzseen. Ähnliche Salzausblühungen bewirkt auch schon die Verdunstung von kurzfristig eingesickerten Niederschlägen.

Wüstenklima, extremes Trockenklima mit stark ausgeprägtem Tages- und Jahresgang der Temperatur aufgrund ungehinderter Ein- und Ausstrahlung, sehr geringen oder fehlenden Niederschlägen, geringer relativer Feuchte und am Tage oft stark böigen Winden bzw. Tromben und Staubstürmen.

Zackenfirn, *Geografie:* der →Büßerschnee auf Firnfeldern.

Zehrgebiet, Gebiet eines →Gletschers unterhalb der Gleichgewichtslinie (und unterhalb des Nährgebietes), in dem die Ablation die Akkumulation überwiegt, wodurch ein Masseverlust des Gletschers stattfindet.

Zenitalregen, mit dem Höchststand der Sonne (im Zenit) verknüpfter Regen (vorwiegend Konvektionsniederschläge) im Bereich der innertropischen Konvergenzzone, meist von heftigen Gewittern begleitet. Man unterscheidet die **Äquinoktialregen** der inneren Tropen, bei denen die äquatoriale doppelte Regenzeit (bei einem relativ ausgeglichenen Jahresgang ohne absolute Trockenzeit) am deutlichsten nach den Äquinoktien (im April und November) ausgeprägt ist, und die **Solstitialregen** der äußeren Tropen, die etwa einen Monat vor der Sonnenwende einsetzen und bis zu zwei Monaten danach andauern; sie wechseln mit einer regenlosen Trockenzeit ab.

Zentralanstalt für Meteorologie und Geodynamik, Abkürzung **ZAMG,** seit 1904 Bezeichnung für die durch kaiserliches Dekret vom 23. Juli 1851 gegründete Zentralanstalt für Meteorologie und Erdmagnetismus in Wien; wissenschaftliches Institut und zugleich Zentrale des österreichischen Wetter- und Erdbebendienstes.

Von 1938 bis 1945 waren die meisten Aufgabengebiete und Beobachtungsnetze dem Reichswetterdienst in Berlin angegliedert; die Zentralanstalt blieb aber als Forschungsinstitut unter gleichem Namen erhalten. Durch Verfügung des Staatsamtes für Volksaufklärung, Unterricht, Erziehung und Kultusangelegenheiten vom 18. Juli 1945 wurde der Zentralanstalt für Meteorologie und Geodynamik der gesamte meteorologische Dienst in Österreich erneut übertragen.

Die Zentralanstalt für Meteorologie und Geodynamik umfasst die Abteilungen Synoptik, Klima, Umwelt, Geophysik, ADV, Technik und Verwaltung sowie die Regionalstellen für Tirol und Vorarlberg, für Kärnten, für Salzburg und Oberösterreich und für die Steiermark. Sie betreut rund 300 Beobachtungsstationen, die verschiedenen Netzen mit zweckgebundenen Beobachtungsprogrammen (z.B. 139 teilautomatisierte Wetter- und Klimastationen sowie 32 seismische Stationen) angehören. Bedeutende Außenstellen sind das Bergobservatorium auf dem Hohen Sonnblick in 3106 m (gegründet 1886) und das geophysikalische Conrad-Observatorium (gegründet 2002).

Zentraltief, *Meteorologie:* Endstadium eines →Tiefdruckgebiets.

Zeus, *griechische Religion und Mythologie:* der höchste der griechischen Götter, der einzige, dessen Name sicher indogermanisch ist und »lichter Himmel«, »Tag« bedeutet (vergleiche altindisch dyaus pitar). Offenbar wurde er von den Griechen ursprünglich im Freien als Himmels- und Berggott (Zeus Olympios) verehrt; in Dodona war sein heiliger Baum die Eiche. In der Mythologie wurde er zum Sohn der Titanen Kronos und Rhea. Die Weltherrschaft teilte er mit seinen Brüdern Poseidon und Hades. Zeichen seiner Allmacht und Sinnbild des Lebens ist seine unerschöpfliche Zeugungskraft.

Bei Homer und in der Folgezeit galt Zeus nicht nur als der physisch stärkste und gewaltig tätige Wettergott (»der Wolkenballer«, »Blitzschiebende«, »Hochdonnernde« auf dem Olymp), dessen Macht die Elementargewalten meistert, sondern auch als Schutzgottheit und Inbegriff der kosmischen Ordnung. Bildliche Darstellungen früherer Zeit bleiben ungesicherte Zuschreibungen, durch sein Blitzbündel ist er auf einigen Vasen des 7. und 6. Jahrhunderts v. Chr. als bärtige Gottheit nachgewiesen. Bronzestatuetten aus Dodona zeigen den nackten, den Blitze schleudernden Wettergott.

100001

Zirkulation der Atmosphäre. Die zonale Gliederung des planetarischen Luftdruck- und Windsystems unterliegt aufgrund der Land- und-Meer-Verteilung starken jahreszeitlichen Schwankungen.

Zirkulation [lateinisch circu(m)latio »das Herumtragen«, »Kreislauf«], *Strömungslehre:* eine ein Strömungsfeld kennzeichnende skalare Größe, mathematisch das Linienintegral der Strömungsgeschwindigkeit längs einer geschlossenen Kurve.

Beispiele für zirkulare Bewegungen sind in der *Hydrologie* und *Ozeanologie* die Zirkulation des Wassers, in der *Meteorologie* die durch Druckunterschiede in der Atmosphäre hervorgerufene Luftzirkulationen sowie die atmosphärische Zirkulation (Zirkulation der Atmosphäre). – Ein weiteres wichtiges Anwendungsfeld ist die *Luftfahrttechnik.* Bei der Umströmung eines Tragflügelprofils ist die Zirkulation längs einer den Tragflügel umschließenden Linie von null verschieden. Daraus erklärt sich die Erzeugung von Auftrieb durch den Tragflügel. Sind die Stromlinien bei

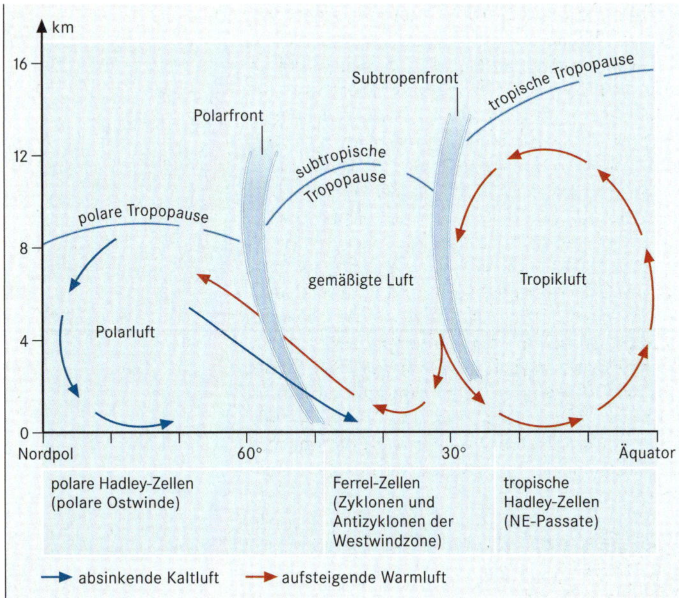

Zirkulation der Atmosphäre. Schema der vorherrschenden meridionalen und vertikalen Luftbewegungen auf der Nordhalbkugel im Winter

der Umströmung eines Körpers geschlossene Linien, spricht man von **Zirkulationsströmung.** Die wirkliche Strömung um einen Tragflügel kann man sich aus einer wirbelfreien Strömung (Potenzialströmung) und einer Zirkulationsströmung zusammengesetzt denken. Durch Grenzschichtbeeinflussung (v.a. Grenzschichtabblasung) lässt sich die Zirkulation und damit der Auftrieb verändern, was verschiedentlich als **Zirkulationssteuerung** bezeichnet wird. Wird durch einen besonders intensiven Blasstrom die Grenzschicht von ausgeschlagenen Flügel-Hinterkantenklappen abgeblasen, so ergibt sich durch **Superzirkulation** eine weitere wesentliche Auftriebszunahme.

Zirkulation der Atmosphäre, planetarische Zirkulation, die Gesamtheit aller großräumigen Luftbewegungen auf der Erde. Aus der unterschiedlichen Verteilung der Wärme auf der Erde und der daraus resultierenden Luftdruckverteilung ergeben sich Luftströmungen, die unter der Einwirkung der Erdrotation und der Reibungskraft zu einer komplizierten atmosphärischen Zirkulation führen. Sie übernimmt den meridionalen Wärmetransport von den tropischen Wärmeüberschuss- zu den polaren Wärmedefizitgebieten. Aber auch warme und kalte Meeresströmungen sind an der Aufrechterhaltung einer im Mittel ausgeglichenen Wärmebilanz des Systems Erde – Atmosphäre beteiligt. Motor dieser Zirkulation der Atmosphäre ist die Energie der Sonnenstrahlung.

Auf der rotierenden Erde werden die Luftströmungen, die durch die unterschiedliche Erwärmung der Erdoberfläche und die daraus resultierende Luftdruckverteilung entstehen, v.a. durch die ablenkende Kraft der Erdrotation (Coriolis-Kraft) und die Erhaltung des Drehimpulses modifiziert. Dadurch wird auf der Nordhalbkugel die vom Äquator nordwärts strömende Luft immer mehr nach Osten (nach rechts) abgelenkt, sodass schließlich ein Westwind entsteht, während die vom Pol ausgehenden Nordwinde zunehmend nach Westen (nach rechts) zu Ostwinden umbiegen (auf der Südhalbkugel in umgekehrter Richtung). Unter dem Einfluss der Erdrotation kann deshalb ein direkter Wärmeaustausch zwischen dem Äquator und dem Pol, wenn überhaupt, nur in sehr abgeschwächter oder modifizierter Form zustande kommen.

■ **Zirkulationsglieder** Der meridionale Wärmetransport vollzieht sich hauptsächlich in drei Zirkulationsgliedern, die teilweise ineinandergreifen, und zwar in tropischen und polaren →Hadley-Zellen sowie in der Ferrel-Zirkulation.

In den tropischen Hadley-Zellen steigt die in der →innertropischen Konvergenzzone zusammengeströmte, stark erwärmte und überwiegend feuchte Luft in die Höhe und fließt polwärts ab, wobei ihre Westwindkomponente aufgrund der Coriolis-Kraft immer mehr zunimmt. Jenseits von etwa 15° n. Br. sinkt die Luft großräumig ab, im Jahresmittel im gesamten Subtropenbereich (bis etwa 35° n. Br.). In diesem Divergenzgebiet befindet sich der subtropische Hochdruckgürtel, aus dem die Luft äquatorwärts als Passat und polwärts in die Westwindzone der gemäßigten Breiten abfließt. Die polaren Hadley-Zellen, besonders am Nordpol, sind weniger beständig und intensiv als die in den Tropen. In den polaren Hochdruckgebieten sinkt die durch Ausstrahlung stark abgekühlte Luft ab und strömt in Bodennähe auseinander, wobei östliche Winde vorherrschen. Zum Ersatz muss in der Höhe Luft polwärts transportiert werden.

Zwischen den tropischen und polaren Zirkulationszellen entwickeln sich in den gemä-

100001

Zirkulation der Atmosphäre. Der Motor der atmosphärischen Zirkulation ist die Strahlung der Sonne.

ßigten Breiten, etwa zwischen 35° und 65° n. Br., andere Zirkulationsformen, die durch Wirbel mit senkrechter Achse – zyklonal oder antizyklonal rotierend – gekennzeichnet sind **(Ferrel-Zirkulationen, Ferrel-Zelle, Ferrel-Typ).** Die in der Westwinddrift von West nach Ost wandernden Tief- und Hochdruckgebiete entstehen an der Polarfront, wo sich v.a. im Winterhalbjahr ein starkes meridionales Temperaturgefälle ausbildet. Auf der Vorderseite der Zyklonen oder der Höhentröge werden mit südlichen Winden warme Luftmassen nach Norden und auf ihrer Rückseite mit nördlichen Winden Kaltluftmassen nach Süden transportiert. Bei dieser thermisch indirekten oder dynamischen Zirkulation wird die in der subpolaren Tiefdruckrinne aufsteigende Luft in höheren Schichten zum Teil südwärts verfrachtet, sinkt im subtropischen Hochdruckgürtel ab und kehrt von hier aus als Ausgleichsströmung zur subpolaren Tiefdruckrinne zurück. Wie in den Hadley-Zellen wird auch bei diesen Zirkulationen potenzielle Energie in kinetische Energie umgewandelt.

Nach heutiger Auffassung sind die Zyklonen und Antizyklonen der Westwindzone und die mit ihnen verbundenen langen Wellen in der Höhenströmung keine »Störungen«, sondern wesentliche Bestandteile der allgemeinen atmosphärischen Zirkulation, indem sie mit ihren Luftmassentransporten immer wieder die strahlungsbedingten Temperaturgegensätze zw. südlichen und nördlichen Breiten verringern und damit die Herstellung einer ausgeglichenen Wärmebilanz ermöglichen.

■ **Planetarisches Luftdruck- und Windsystem** Die allgemeine Zirkulation der Atmosphäre kann schematisch durch das planetarische Luftdruck- und Windsystem dargestellt werden.

Die mittlere Luftdruckverteilung am Boden ist auf jeder Halbkugel durch vier Luftdruckgürtel gekennzeichnet, die annähernd parallel zu den Breitenkreisen angeordnet sind:

1) äquatoriale Tiefdruckrinne im Bereich des thermischen Äquators bei 10° bis 15° n. Br. (Nordsommer) und bei 5° s. Br. (Nordwinter). Sie deckt sich mit der innertropischen Konvergenzzone, die, dem Sonnenhöchststand folgend, auf den Festländern weit nach Norden und Süden wandern kann. Ihre mittlere Lage befindet sich bei 5° n. Br.;

2) subtropischer Hochdruckgürtel zwischen 25° und 40° n. Br. bzw. 25° und 35° s. Br., der in mehrere Hochdruckzellen aufgespalten ist (z. B. Azorenhoch, Pazifikhoch);

3) subpolare Tiefdruckrinnen zwischen 50° und 70° Breite (Hauptaktionszentren auf der Nordhalbkugel: Islandtief und Aleutentief);

4) polare Hochdruckzonen zwischen 70° und 90° Breite.

Aufgrund dieser Druckverteilung ergeben sich unter dem Einfluss der Erdrotation u. a. Faktoren (Reibungskraft, Land-und-Meer-Verteilung, Beschaffenheit der Erdoberfläche) mehr oder weniger beständige Windsysteme: 1) vorwiegend schwache östliche, gelegentlich auch westliche Winde in der äquatorialen Tiefdruckrinne; 2) beständige Passate (Nordost- bzw. Südostpassat) zwischen den subtropischen Hochdruckgürteln und der äquatorialen Tiefdruckrinne; 3) vorwiegend westliche Winde zwischen den subtropischen Hochdruckgürteln und den subpolaren Tiefdruckrinnen (Westwindzone der gemäßigten Breiten); 4) vorherrschend östliche Winde zwischen den polaren Hochdruckgebieten und den subpolaren Tiefdruckrinnen (polare Ostwinde).

100674

Zirkulation der Atmosphäre. Über den Tropen steigt stark erwärmte und feuchte Luft in die Höhe und fließt polwärts ab.

■ **Schwankungen** Die zonale Gliederung des planetarischen Luftdruck- und Windsystems unterliegt aufgrund der Land-und-Meer-Verteilung starken jahreszeitlichen Schwankungen. Diese wirken sich v. a. auf der Nordhalbkugel mit ihren großen Landmassen aus, die sich beim Übergang vom Winter zum Sommer immer mehr aufheizen und sich umgekehrt im Winter viel stärker abkühlen als die Ozeane. Als Folge davon bilden sich im asiatischen Raum die Monsunzirkulationen aus. Der jahreszeitliche Einfluss kommt auch in der mittleren vertikalen Windverteilung zum Ausdruck. Auf der Nordhalbkugel überwiegen im Winter westliche Winde bis in die Stratosphäre, während im Sommer Westwinde etwa bis 20 km Höhe auftreten (darüber wehen östliche Winde). Auf der Südhalbkugel findet man annähernd spiegelbildliche Verhältnisse: im Sommer westliche Winde bis in die Stratosphäre, im Winter Westwinde bis etwa 20 km Höhe (darüber östliche Winde). Im inneren Tropenbereich herrschen allgemein östliche Winde bis in große Höhen vor. Die polaren Ostwinde sind in beiden Hemisphären auf die untersten 2 bis 3 km beschränkt.

Zirkumzenitalbogen, *atmosphärische Optik:* → Halo.

Zirrocumulus, Cirrocumulus [zu Zirrus und Cumulus], → Wolken.

Zirrostratus, Cirrostratus [zu Zirrus und Stratus], → Wolken.

Zirrus, Cirrus [lateinisch »Federbüschel«, »Franse«], → Wolken.

Zodiakallicht

3804

Zodiakallicht [griechisch-lateinisch], **Tierkreislicht,** schwache, sich längs des Tierkreises (Zodiakus) bzw. der Ekliptik erstreckende Leuchterscheinung am nächtlichen Himmel über den Stellen des Sonnenaufgangs und -untergangs. Die hellsten Teile des Zodiakallichts reichen bis zu einem Winkelabstand von etwa 90° von der Sonne und sind daher als **Morgenhauptlicht** und **Abendhauptlicht** nur einige Zeit vor Sonnenaufgang bzw. nach Sonnenuntergang sichtbar. Mit zunehmendem Winkelabstand von der Sonne nehmen sowohl die Intensität als auch die Breite der Leuchterscheinung ab, sodass sich insgesamt der Eindruck einer verwaschen dreieckigen Figur über dem Horizont ergibt, deren Basis etwa 20° bis 30° breit und deren Höhe etwa dreimal so groß ist. Die Helligkeit dieser Figur erreicht die der hellsten Milchstraßengebiete. In Richtung auf die Sonne nimmt die Intensität des Hauptlichts zu, und das Zodiakallicht geht, wie bei totalen Sonnenfinsternissen beobachtet werden kann, kontinuierlich in die äußere Sonnenkorona über. In der Mitte, also im Gegenpunkt der Sonne, weist das Band des Zodiakallichts **(Zodiakallichtband)** eine merkliche Zunahme der Helligkeit, bis zu etwa $^1/_{20}$ derjenigen des Hauptlichts, auf. Dieser Bereich wird als **Gegenschein** bezeichnet.

Am besten ist das Zodiakallicht in den Tropen zu sehen. Auf der Nordhalbkugel (in unseren Breiten) wird es seltener beobachtet. Es ist dort am Abend am besten zu Frühlingsanfang und am Morgen zu Herbstanfang zu sehen (auf der Südhalbkugel umgekehrt).

Im weiteren Sinn wird das Zodiakallicht auch zum → Nachthimmelslicht gerechnet.

zonaler Index, Zonalindex, Maß für den mittleren zonalen → geostrophischen Wind zwischen zwei Breitenkreisen, gegeben durch die Differenz der mittleren geopotenziellen Höhen längs dieser Breitenkreise in einer Isobarenfläche. Der zonale Index kann für jede Isobarenfläche und zwischen verschiedenen Breitenkreisen bestimmt werden. Da man jedoch den Bereich der höchsten zonalen Windgeschwindigkeiten zu erfassen sucht, beschränkt man sich im Allgemeinen auf Breiten zwischen 40° und 60°. Der zonale Index wird entweder über den gesamten Breitenkreis oder über größere Teile desselben bestimmt. Im zeitlichen Verlauf weist er (von Tag zu Tag berechnet) beträchtliche Schwankungen auf; Zeiten mit hohen Werten (→ High-Index-Zirkulation) wechseln mit Zeiten niedriger Werte (→ Low-Index-Zirkulation) ab. Die Abfolge von hohen zu niedrigen und wieder zu hohen Werten bezeichnet man als **Indexzyklus.**

zonale Wetterlage, Wetterlage, bei der die großräumigen Luftströmungen in der freien Atmosphäre zonal, d. h. parallel zu den Breitenkreisen verlaufen.

Zone des Schweigens, bei der Schallausbreitung in der Atmosphäre ein ringförmiger, zwischen den Hörbarkeitszonen liegender Bereich um eine starke oberflächennahe Schallquelle in seinem Zentrum (z. B. Explosion, Geschützdonner), in den keine von dieser Quelle stammenden Schallwellen eindringen. Da die Schallgeschwindigkeit in Luft nur von deren Temperatur abhängt, beruhen das Vorhandensein einer Zone des Schweigens und die Hörbarkeit des Schalls jenseits derselben auf einer besonderen Temperaturschichtung in der Atmosphäre. Tagsüber nimmt die Temperatur der Troposphäre gewöhnlich mit zunehmender Höhe ab, wodurch Schallstrahlen dem Brechungsgesetz gemäß nach oben gelenkt werden und die direkte Reichweite des Schalls längs des Erdbodens entsprechend verringert wird. Bei großer Schallintensität können Schallwellen jedoch bis in die Stratosphäre vordringen, in der die Temperatur mit zunehmender Höhe zunimmt. Der Schall wird durch diesen Temperaturverlauf in einer Höhe von etwa 40 bis 50 km wieder nach unten gelenkt und gelangt in einer Entfernung von etwa 100 bis 150 km von der Schallquelle wieder zum Erdboden. Ein Eindringen der Schallwellen in die zwischen der ersten, kreisförmigen Hörbarkeitszone und der zweiten, ringförmigen Hörbarkeitszone liegende Zone des Schweigens ist unter den geschilderten Umständen nicht möglich.

Zugbahn, Zugstraße, der in eine geografische Karte eingetragene Weg, den ein Tief-

oder Hochdruckgebiet bei seiner Verlagerung zurückgelegt hat.

Zugstraßen, *Meteorologie:* →Tiefdruckgebiet.

Zustandsgleichung idealer Gase, →universelle Gasgleichung.

Zwei-Grad-Ziel, die von der Europäischen Union formulierte klimapolitische Vorgabe, die Erderwärmung auf maximal zwei Grad gegenüber dem vorindustriellen Niveau zu begrenzen. Dieser Wert wird von wissenschaftlichen Studien, die u.a. am Potsdam Institut für Klimafolgenforschung (→PIK) erstellt wurden und dem Klimabericht des →IPCC zugrunde liegen, als kritische Schwelle betrachtet, über die hinaus eine weitere Erwärmung katastrophale Folgen haben würde, etwa das langsame, aber unaufhaltsame Abschmelzen von Grönlands Eisschild und damit verbunden ein meterhoher Meeresspiegelanstieg. Nach Ansicht vieler Forscher reichen die von den Industriestaaten gefassten CO_2-Reduktionsziele jedoch nicht aus, die Zwei-Grad-Grenze einzuhalten. Aufgrund der Trägheit des Klimasystems kann eine Begrenzung der Erderwärmung auf zwei Grad vermutlich nur durch eine drastische Absenkung des Emissionsniveaus in der Größenordnung von 90% bis zum Jahr 2100 erreicht werden.

Zwischenhoch, *Meteorologie:* →Hochdruckgebiet.

Zyklogenese, *Meteorologie:* →Tiefdruckgebiet.

Zyklon [englisch cyclone, zu griechisch kýklos »Kreis«], *Meteorologie:* ein Luftwirbel, im engeren Sinn Bezeichnung für die tropischen Wirbelstürme im Golf von Bengalen; zu unterscheiden von der Zyklone (→Tiefdruckgebiet).

Zyklone entstehen über den tropischen Ozeanen, wenn die Wassertemperatur über 27°C steigt. Dann verdunstet mehr Wasser als üblich, steigt mit der warmen Luft auf und kondensiert in höheren Schichten. Dabei wird viel Energie freigesetzt, welche die Aufwärtsbewegung noch beschleunigt. An der Wasseroberfläche entsteht ein Tiefdruckgebiet, das weitere Luft ansaugt und durch die Erddrehung (→Coriolis-Kraft) in Rotation versetzt wird. In der Mitte des Tiefdruckgebiets bildet sich ein sturmfreies Auge, das wie ein Kamin in dem Luftwirbel wirkt. Der Zyklon dehnt sich immer weiter aus und erreicht im Mittel Durchmesser von 500 bis 700km und Windgeschwindigkeiten bis zu 250km/h. Ob tropische Zyklone mit dem Klimawandel zunehmen, ist aktueller Forschungsgegenstand. Einerseits erwärmen sich die Ozeane zunehmend, was zu stärkerer Verdunstung führt, andererseits nehmen womöglich Scherwinde zu, die einen entstehenden Zyklon abschwächen können, bevor er voll ausgebildet ist.

zyklonal, bezeichnet Luftströmungen, die auf der Nordhalbkugel entgegen dem Uhrzeigersinn (auf der Südhalbkugel im Uhrzeigersinn) um ein Tiefdruckgebiet gerichtet sind; zyklonal nennt man auch den Wettercharakter im Bereich von Tiefdruckgebieten (Vorherrschen von zu Niederschlägen neigendem Wetter).

Zyklone, das →Tiefdruckgebiet.

zyklostrophischer Wind, der bei gekrümmten Isobaren tangential zu diesen wehende Wind, bei dem sich Gradientkraft, Coriolis-Kraft und Zentrifugalkraft das Gleichgewicht halten. Die Zentrifugalkraft ist immer vom Krümmungsmittelpunkt oder Luftdruckzentrum nach außen gerichtet. Sie ist abhängig vom Krümmungsradius der Kreisbewegung und von der Geschwindigkeit der Luftbewegung.

Benutzerhinweise

Reihenfolge und Schreibweise der Stichwörter

Die Stichwörter sind in alphabetischer Reihenfolge angeordnet. Alphabetisiert werden alle fett gedruckten Buchstaben des Hauptstichworts, auch wenn es aus mehreren Wörtern besteht. Umlaute (ä, ö, ü) werden wie einfache Vokale eingeordnet, Buchstaben mit diakritischen Zeichen (z. B. à, é) werden behandelt wie Buchstaben ohne dieses Zeichen. Gleich lautende Stichwörter werden in der Reihenfolge: Sachstichwörter, geografische Namen, Personennamen angeordnet. Gleich lautende Stichwörter mit unterschiedlicher Bedeutung werden zu einem durch Ziffern untergliederten Artikelkomplex zusammengefasst. Synonyme des Hauptstichworts werden diesem – durch Komma getrennt – als Nebenstichwörter nachgestellt.
Die Schreibweise richtet sich im Allgemeinen nach der Duden-Rechtschreibung. Fachbegriffe werden so geschrieben, wie es die jeweilige Nomenklatur vorsieht. Wörter aus Sprachen mit nichtlateinischer Schrift erscheinen als Stichwörter in einer der Aussprache der Wörter oder dem allgemeinen Sprachgebrauch angepassten Umschrift (Transkription). Die zeichengetreue Umsetzung (Transliteration) wird gegebenenfalls als Nebenstichwort gebracht.

Betonung, Aussprache und Etymologie der Stichwörter

Fremdwörtliche und fremdsprachliche Stichwörter (einschließlich Personennamen) erhalten – sofern die Aussprache unklar ist – als Betonungshilfe einen Punkt (Kürze) oder einen Strich (Länge) unter dem betonten Vokal. Weicht die Aussprache eines Stichworts von der deutschen ab – etwa bei fremdsprachigen Stichwörtern –, so wird in der dem Stichwort folgenden eckigen Klammer die korrekte Aussprache in phonetischer Umschrift angegeben. Diese folgt dem internationalen Lautschriftsystem der Association Phonétique Internationale:

a = helles a, dt. Bl*a*tt, frz. p*a*tte
ɑ = dunkles a, dt. w*a*r, engl. r*a*ther
ã = nasales a, frz. gr*an*d
ʌ = dumpfes a, engl. b*u*t
β = halboffener Reibelaut b, span. Ha*b*anera
ç = Ich-Laut, dt. mi*ch*
ɕ = sj-Laut (stimmlos), poln *S*ienkiewicz
ð = stimmhaftes engl. th, engl. *th*e
æ = breites ä, dt. *Ä*ther
ɛ = offenes e, dt. f*e*tt
e = geschlossenes e, engl. *e*gg, dt. B*ee*t
ə = dumpfes e, dt. all*e*
ɛ̃ = nasales e, frz. f*in*
ɣ = geriebenes g, span. Tarra*g*ona, niederländ. *G*ogh
i = geschlossenes i, dt. W*ie*se
ɪ = offenes i, dt. b*i*tte
ĩ = nasales i, port. *In*fante
ʎ = lj, span. Sevi*ll*a
ŋ = ng-Laut, dt. Ha*ng*
ɲ = nj-Laut, Champa*gn*er
ɔ = offenes o, dt. K*o*pf
o = geschlossenes o, dt. T*o*r
ɔ̃ = nasales o, frz. b*on*
ø = geschlossenes ö, dt. H*ö*hle
œ = offenes ö, dt. H*ö*lle
œ̃ = nasales ö, frz. parf*um*
s = stimmloses s, dt. wa*s*
z = stimmhaftes s, dt. *s*ingen
ʑ = zj-Laut (stimmhaft), poln. *Zi*elona Gora
ʃ = stimmloses sch, dt. *Sch*uh
ʒ = stimmhaftes sch, Gara*g*e
θ = stimmloses th, engl. *th*ing
u = geschlossenes u, dt. K*u*h
ʊ = offenes u, dt. b*u*nt
ũ = nasales u, port. At*um*
v = stimmhaftes w, dt. *W*ald
w = halbvokalisches w, engl. *w*ell
x = Ach-Laut, dt. Kra*ch*
y = geschlossenes ü, dt. M*ü*tze
ʏ = konsonantisches y, frz. S*u*isse
: = bezeichnet Länge des vorhergehenden Vokals
ˈ = bezeichnet Betonung und steht vor der betonten Silbe, z.B. ˈætlɪ=Attlee
̯ = unter Vokalen, gibt an, dass der Vokal unsilbisch ist

b d f g h j k l m n p r t geben in den meisten Sprachen etwa den Lautwert wieder, den sie auch im Deutschen haben. Im Englischen wird »r« weder wie ein deutsches Zäpfchen-r noch wie ein gerolltes Zungenspitzen-r gesprochen, sondern mit der Zungenspitze an den oberen Vorderzähnen oder am Gaumen gebildet.
Angaben zur sprachlichen Herkunft eines Begriffs werden nur dann gebracht, wenn sie zum Verständnis eines Stichworts wesentlich beitragen; sie stehen dann nach dem Stichwort in eckiger Klammer, gegebenenfalls hinter der phonetischen Umschrift.

Verweise

Der Verweispfeil (→) zeigt an, dass unter dem dahinter stehenden Stichwort weiterführende Informationen zu finden sind.

Weiterführende Informationen

Aktuelle Links zu weiterführenden Internetsites finden sich unter der Adresse
www.brockhaus.de/sachlexika/wetter

Abkürzungen

Abb.	Abbildung
Abk.	Abkürzung
Ala.	Alabama
Alas.	Alaska
Ariz.	Arizona
Ark.	Arkansas
Bde.	Bände
bzw.	beziehungsweise
ca.	circa
Calif.	Kalifornien
Col.	Colorado
Conn.	Connecticut
Cty.	County
D. C.	District of Columbia
d. h.	das heißt
DDR	Deutsche Demokratische Republik
Del.	Delaware
eigtl.	eigentlich
f., ff.	folgende Seite, folgende Seiten
Fla.	Florida
Ga.	Georgia
Ha.	Hawaii
Hg.	Herausgeber
hg.	herausgegeben
Ia.	Iowa
Id.	Idaho
Ill.	Illinois
Ind.	Indiana
Jh.	Jahrhundert
Jt.	Jahrtausend
Kans.	Kansas
K	Kelvin
km	Kilometer
Ky.	Kentucky
La.	Louisiana
Lj	Lichtjahr
Mass.	Massachusetts
Md.	Maryland
Me.	Maine
Mich.	Michigan
Mio.	Million(en)
Minn.	Minnesota
Miss.	Mississippi
Mo.	Missouri
Mont.	Montana
Mrd.	Milliarde(n)
N	Norden
N. C.	North Carolina
n. Chr.	nach Christi Geburt
N. D.	North Dakota
Nebr.	Nebraska
Nev.	Nevada
N. H.	New Hampshire
N. J.	New Jersey
N. Mex.	New Mexico
Nr.	Nummer
N. Y.	New York (Bundesstaat)
O	Osten
Oh.	Ohio
Okla.	Oklahoma
Oreg.	Oregon
Pa.	Pennsylvania
R. I.	Rhode Island
S	Süden
S.	Seite
S. C.	South Carolina
S. D.	South Dakota
Tenn.	Tennessee
Tex.	Texas
u. a.	und andere, unter anderem
USA	United States of America
usw.	und so weiter
Ut.	Utah
v. a.	vor allem
Va.	Virginia
v. Chr.	vor Christi Geburt
Vt.	Vermont
W	Westen
Wash.	Washington
Wis.	Wisconsin
W. Va.	West Virginia
Wyo.	Wyoming
z. B.	zum Beispiel
z. T.	zum Teil

Darüber hinaus wird z. T. die Adjektivendung »-isch« abgekürzt (z. B. engl., französ., italien., span., griech., latein., russ.).

Zeichen

*	geboren
†	gestorben
®	Warenzeichen

Aus dem Fehlen des Zeichens ® darf im Einzelfall nicht geschlossen werden, dass ein Name oder Zeichen frei ist. Eine Haftung für ein etwaiges Fehlen des Zeichens wird ausgeschlossen.

Bildquellen

20 The Associated Press, Frankfurt am Main
170 Das Luftbild-Archiv, Kasseburg
194 Dr. H. Eichler, Heidelberg
209 ESA/ESOC, Darmstadt
393 Dr. V. Janicke, München
420 Dr. R. König, Preetz
471 F. K. Frhr. von Linden (†)
565 Nobelstiftelsen, The Nobel Foundation, Stockholm
660 picture-alliance/Helga Lade Fotoagentur, Frankfurt am Main
698 TopicMedia Service
967 Stiftung Geo-Forschungs-zentrum, Potsdam
1395 MAN, Augsburg und München
2599 Forschungszentrum Technik und Umwelt, Karlsruhe
2984 Sipa Press, Paris
3046 MEV Verlag, Augsburg
3804 E. Slawik, Waldenburg
4601 A. Burkatovski, Rheinböllen
5549 Schlaich, Bergermann & Partner, Stuttgart
5674 wpr communication, E. Rechenburg, Königswinter
5694 Photo Digital, München
5901 Dr. Roland Knauer, Berlin
6186 GEOSPACE; Austria, 2000, Original Data: Eurimage
6196 GEOSPACE/World Sat International Corp. 2000
50558 © DeA Picture Library
80506 Alfred-Wegener-Institut für Polar- und Meeresforschung in der Helmholtz-Gemeinschaft, Bremerhaven
80662 NASA, Washington D. C.
100001 © CORBIS/Royalty-Free
100112 Spektrum Akademischer Verlag, Heidelberg
100157 Bremer Touristik Zentrale
100167 Airbus S. A. S.
100264 aisa, Archivo iconográfico, Barcelona
100314 CvU/in-effigie.de
100395 Kleber PR Network/Repr. McCluskey & Ass., Kronberg
100437 Bild und Wort, Literatur- und Medienagentur, H.-J. Rech, Kaarst
100441 M. Geb, Freie Universität, Berlin
100442 W. Wehry, Freie Universität, Berlin
100443 National Oceanic & Atmospheric Administration, Washington, D. C.
100562 picture-alliance/dpa, Frankfurt am Main
100563 picture-alliance/akg- images, Frankfurt am Main
100573 Naturpix, B. Mühr und G. Müller, Karlsruhe
100619 picture-alliance/kpa photo archive, Frankfurt am Main
100674 picture-alliance/Bildarchiv Okapia, Frankfurt am Main
100696 Archiv Waldmann, Stuttgart
100721 picture-alliance/Picture Press, Frankfurt am Main
100773 L. Mager, Fußgönheim
100775 G. Röttler, Hagen
100880 akg-images, Berlin
100913 The Yorck Project, Berlin
101170 RIA Novosti, London
101172 EISCAT Scientific Association, Kiruna, Schweden
101278 Dr. Dieter Stüning, Meckenheim
101310 GEOSPACE; Austria, 2005, Original Data: NASA
101606 Dr. G. Jarms / U. Richter
102320 Digital Vision, New York
102344 picture-alliance/Picture Press/ Bernd Liedtke, Frankfurt am Main
102366 Aus: Lexikon der Geographie, 2002 © Elsevier GmbH, Spektrum Akademischer Verlag, Heidelberg
103071 NASA/GSFC
103509 picture-alliance/maxppp, Frankfurt am Main
103517 picture-alliance/Keystone, Frankfurt am Main
103754 Ulrich Kilian, Heildelberg
103755 Ocean Monitoring System, Fa. General Acoustics, Kiel, 2007
103758 NASA/GISS
103759 © CNES/Nathalie Journo, 2004
103761 meteomedia
103762 Stadtarchiv Magdeburg
103764 IPY IPO, Alfred-Wegener-Institut für Polar- und Meeresforschung in der Helmholtz-Gemeinschaft, Bremerhaven
105940 Deutscher Wetterdienst 2008
105963 Grafik: Michael Böttinger/ Deutsches Klimarechenzentrum; Simulation: Max-Planck-Institut für Meteorologie

Themenwechsel:

Astronomie

Gesundheit

Ernährung

Alternative Medizin

Kochkunst

Wein

Sport

Politik

Sie interessieren sich für Wetter und Klima? Dann finden Sie sicher auch die Astronomie spannend. Die Themen Gesundheit und richtige Ernährung sind Ihnen wichtig, alternativen Behandlungsmethoden gegenüber sind Sie aufgeschlossen? Sie haben Spaß am Kochen und genießen gern ein Glas Wein? Aber auch alles rund um die Themen Sport und Politik finden Sie interessant?

Wie gut, dass es zu all diesen und vielen weiteren Wissensgebieten ein Nachschlagewerk von Brockhaus gibt, das Sie umfassend informiert! Mit Sonderartikeln, Infokästen, zahlreichen Grafiken, Tabellen und Abbildungen. Kurz: ebenso fundiert und aktuell, verständlich und anschaulich, wie Sie es vom vorliegenden Band her kennen.

www.brockhaus.de/sachlexika

BROCKHAUS. DIE ANTWORTEN.